中国观赏园艺研究进展
（2015）

Advances in Ornamental Horticulture of China，2015

中国园艺学会观赏园艺专业委员会 ◎ 张启翔　主编

中国林业出版社

主　编：张启翔

副主编：兰思仁　蔡邦平　包满珠　葛　红　吕英民

编　委（以汉语拼音排序）：

包满珠　包志毅　车代弟　陈发棣　陈其兵　成仿云　程堂仁

戴思兰　邓传远　董建文　董　丽　范燕萍　高俊平　高亦珂

葛　红　何松林　胡永红　黄敏玲　黄启堂　贾桂霞　靳晓白

兰思仁　刘红梅　刘青林　刘庆华　刘　燕　龙　熹　吕英民

穆　鼎　潘会堂　彭东辉　沈守云　石　雷　宿友民　孙红梅

孙振元　王彩云　王　佳　王亮生　王四清　王小菁　王　雁

王云山　吴桂昌　夏宜平　肖建忠　杨秋生　义鸣放　尹俊梅

于晓南　张福军　张金政　张启翔　张延龙　张佐双　赵梁军

赵世伟　周耘峰　朱根发

图书在版编目（CIP）数据

中国观赏园艺研究进展. 2015／张启翔主编. —北京：中国林业出版社，2015.7

ISBN 978 - 7 - 5038 - 8076 - 6

Ⅰ. ①中…　Ⅱ. ①张…　Ⅲ. ①观赏园艺 - 研究进展 - 中国 - 2015　Ⅳ. ①S68

中国版本图书馆 CIP 数据核字（2015）第 168781 号

出版　中国林业出版社（100009　北京西城区刘海胡同 7 号）

网址　lycb. forestry. gov. cn　**电话**　83143562

发行　中国林业出版社

印刷　北京卡乐富印刷有限公司

版次　2015 年 7 月第 1 版

印次　2015 年 7 月第 1 次

开本　889mm×1194mm　1/16

印张　48. 75

字数　1557 千字

定价　150. 00 元

前　言

花卉产业既是美丽的公益事业，又是新兴的绿色朝阳产业。党的十八大以来，生态文明建设被纳入"五位一体"总体布局。大力推进生态文明建设，努力建设美丽中国，实现中华民族的永续发展，成为时代的主旋律。花卉产业是国民经济的重要组成部分，花卉产业在美化人居环境、优化产业结构、繁荣农村经济、建设美好家园、扩大社会就业、增加居民收入、促进新农村建设、推动城镇化进程、提高城乡居民生活质量和全面建设小康社会等方面发挥着重要作用，是实现建设"美丽中国"这一目标的重要途径。

改革开放以来，我国花卉产业得到了快速发展，产业规模稳步提升，生产格局基本形成，科技创新得到加强，市场建设初具规模，花文化日趋繁荣，对外合作不断扩大，形成了较为完整的现代花卉产业链。到 2011 年，花卉种植面积超过百万公顷，销售额突破千亿元，是世界上花卉种植面积最大的国家。2013 年，中国花卉生产面积达 122.7 万公顷，销售额达到 1288.1 亿元，出口创汇 6.5 亿美元，呈现出稳健增长的态势。

中国园艺学会观赏园艺专业委员会自 1985 年成立以来，走过了整整 30 年的发展历程，从规模扩张、稳步发展、不断壮大到走向繁荣，中国花卉园艺科教事业取得了长足的进步和发展，"百花齐放、百家争鸣"的学术氛围已然形成。全国的花卉教育教学、科研院所、企业和政府管理部门通力合作，协同创新，共同承担完成了一批以国家科技支撑计划、863 计划、国家自然基金重点基金、杰出青年基金、行业重大专项为代表的一批重要科研项目，获得 5 项国家科技进步奖和一批省部级科技奖等标志性成果，以梅花、中国莲、小兰屿蝴蝶兰等全基因组学研究和切花保鲜机理研究为代表的花卉基础研究处于国际前沿水平，涌现出以院士、国际登录权威专家、长江学者、杰出青年、国家重点学科带头人为代表的一大批领军人才，一批学者在国际园艺学会（ISHS）、国际园艺生产者协会（AIPH）等国际组织担任重要职务，建立起国家工程技术研究中心、国家产业技术创新战略联盟、省部重点实验室等科技创新与产业推动平台，培养了一大批行业高级专业人才，成为国家花卉产业技术创新的中坚力量和管理骨干，相继获国际园艺学会批准建立梅花、桂花、荷花、蜡梅、竹、姜花、海棠等七个国际登录权威，多次召开花卉种质资源、栽培植物分类学、梅花、菊花、百合等多项国际会议。中国园艺学会观赏园艺专业委员会对于推动中国花卉产业科技进步，促进国际学术交流和世界园艺事业发展做出了重要贡献，赢得了世界同行的认可和尊重。

中国园艺学会观赏园艺专业委员会学术年会也在不断地发展和创新。自 2004 年以来，年会的时间基本固定在 8 月份的第三周（个别年份由于和国际会议冲突或举办地的气候原因提前到 7 月份），每年有明确的办会主题，2011 年起设立"中国观赏园艺奖"，相继设立"中国观赏园艺终身成就奖"、"中国观赏园艺杰出贡献奖"、"中国观赏园艺优秀论文奖"、"中国观赏园艺年度特别荣誉奖"、"中国观赏园艺优秀 POSTER 奖"，2004～2015 年，中国园艺学会观赏园艺专业委员会学术年会参会代表超过 4600 名，《中国观赏园艺研究进展》已连续出版 12 卷，收录学术论文 1584 篇，大会交流超过 400 人次。在全国同行的大力支持和共同推动下，年会已经成为中国观赏园艺行业最为重要和最具影响的学术交流平台。

随着经济全球化的持续加速和国际市场竞争的不断加剧，创新能力和经营应变速度正逐渐成为花卉产业提升自身竞争的源动力。由于我国现代花卉产业的发展起步晚，时间短，底子薄，积累不足，产业尚处于由粗放经营向集约经营转变、由"多、散、小"向"规模化、专业化、集团化"转变、由劳动密集型向技术密集型转变、由资源依赖型向创新驱动型转变、由数量扩张型向质量效益型转变的过渡阶段。今年适逢十二五收官、十三五开局之年，国家十三五科技计划管理改革正在稳步推进，面对国家的经济从高速发展转为中高速发展的新常态，加快并大力推进观赏园艺产业发展和科技创新的任务刻不容缓，聚焦创新驱动，以下几方面仍然是全行业关注的焦点和难点：

1. 加强中国特色花卉的研制和开发，走特色发展之路。重点加强中国特色花卉和新花卉产品开发与推广，建立"中国花卉"品牌。

2. 加强自主创新能力建设，走创新发展之路。重点加强自主知识产权花卉新品种培育，加强企业自主产品的开发，提高企业参与国际竞争的能力和水平；加强花卉基础研究，解析重要观赏性状形成的分子机理，为分子设计育种和聚合育种奠定基础，提高育种效率。

3. 加强核心技术和共性技术研究，走绿色发展之路。重点改进和发展新型、低碳、环保的园艺生产技术，发展绿色化花卉产业。

4. 加强花卉产业链条拓展研究，走立体发展之路。重点推进花卉产业、旅游、生态建设、新型的花卉功能衍生产品加工"多位一体"的产业模式。

5. 加强产业保障体系研究与建设，走标准化发展之路。重点是产品标准建设，结合物联网、互联网技术，构建现代花卉产业技术体系、物流体系和电商平台体系；加强新品种保护与推广制度体系建设。

6. 加强政产学研用联合，走协同创新之路。整合政府、大专院校、科研院所、企业、行业协会等多方资源，围绕全产业链进行创新链布局，优势互补，协同创新；同时加强花卉高级专业人才培养。

从今年起，"中国园艺学会观赏园艺专业委员会学术年会"将正式更名为"中国观赏园艺学术研讨会"，2015 年中国观赏园艺学术研讨会将于 8 月 18～20 日在福建省风景秀丽、美丽宜人的"海上花园"——厦门市隆重召开，本次大会的主题是"发展观赏园艺，建设美丽家园"。

近年来，福建省观赏园艺产业发展不断取得新成效，2014 年，全省花木种植面积已达 104.65 万亩，实现销售额达 222.95 亿元，出口额达 1 亿美元，成为生态美、百姓富有机结合的重要新兴产业。花卉品牌建设和社会影响也不断扩大，全省花卉品牌建设取得重大突破，形成了漳州水仙、连城兰花等花卉知名品牌和全国驰名商标。各地培育的具有本省特色的花卉产品，在历届中国花卉博览会、海峡两岸花卉博览会中，屡获优秀产品奖等多项荣誉。

为配合此次学术会议，组委会编撰并出版《中国观赏园艺研究进展 2015》，共收到论文稿件 155 篇，经评审录用 127 篇，其中种质资源 8 篇，引种与育种 26 篇，繁殖技术 22 篇，生理学研究 45 篇，应用研究 26 篇。

本届年会由中国园艺学会观赏园艺专业委员会和国家花卉工程技术研究中心主办，福建农林大学艺术学院园林学院、厦门市园林植物园共同承办，厦门住总景观工程有限公司协办，国家花卉产业技术创新战略联盟（北京国佳花卉产业技术创新战略联盟）、厦门国家会计学院为办会支持单位，期间得到中国园艺学会、中国花卉协会、北京林业大学、中国林业出版社、中国农业出版社、《中国花卉园艺》、《中国园林》、《现代园林》、《园艺学报》、《温室园艺》杂志社和《中国花卉报》报社等单位的大力支持，特此谢忱，同时本次会议得到了国内外同行专家的大力支持以及全国从事花卉教学、科研和生产的专家、学者积极响应，在此深表感谢！

由于时间仓促，错误在所难免，敬请读者批评指正！

谨以此书献给为中国园艺学会观赏园艺专业委员会建设以及中国观赏园艺事业发展做出卓越贡献的人们！

中国园艺学会副理事长、观赏园艺专业委员会主任

2015 年 7 月 19 日·北京

目　录

繁殖技术

生理学研究

应用研究

种质资源

紫薇与千屈菜属间杂交亲和性研究[*]

胡玲 蔡明[①]

（花卉种质创新与分子育种北京市重点实验室，国家花卉工程技术研究中心，
城乡生态环境北京实验室，北京林业大学园林学院，北京 100083）

摘要 为研究紫薇（Lagerstroemia indica）和千屈菜（Lythrum salicaria）属间杂交亲和性，本试验以观察紫薇和千屈菜开花习性为基础，对两者进行属间授粉杂交，对各亲本花粉与柱头形态进行扫描电镜观察。结果表明，依据花朵形态可将千屈菜分为两种：千屈菜 A：柱头短于长雄蕊；千屈菜 B：柱头长于长雄蕊。亲本开花过程基本一致。亲本花粉、柱头、乳突细胞的类型和形态相似，但大小存在差异。与紫薇相比，千屈菜 A 花粉极轴较长，柱头直径较小；千屈菜 B 花粉较小，柱头直径与紫薇无明显差异。通过授粉杂交，获得 9 株杂种后代，其真实性与育性有待进一步验证。

关键词 紫薇；千屈菜；属间杂交；扫描电镜

Compatibility of Intergeneric Cross between *Lagerstroemia indica* and *Lythrum salicaria*

HU Ling   CAI Ming

（*Beijing Key Laboratory of Ornamental Plants Germplasm Innovation & Molecular Breeding*，
National Engineering Research Center for Floriculture，*Beijing Laboratory of Urban and Rural Ecological
Environment and College of Landscape Architecture*，*Beijing Forestry University*，*Beijing* 100083）

Abstract In order to investigate the compatibility of distant hybridization between *Lagerstroemia indica* and *Lythrum salicaria*，the flowering process of crape myrtles and purple loosestrifes were observed firstly. Then intergeneric crosses were made，as well as pollen shape and stigma pattern of parents were observed. The results showed that purple loosestrifes were defined as two types：The pollen of Type A was shorter than long stamens，while the pollen of Type B was longer. Crape myrtles and purple loosestrifes had similar flowering process，which made the contemporary hybridization available. The type and morphology of pollen，stigma and papilla cells were similar between two species with some differences in size. In comparison with crape myrtles，the pollens of purple loosestrifes（Type A）were longer and the stigmas were smaller，while the pollens of Type B were smaller and the stigmas showed no significant difference. After intergeneric crosses，nine seedlings were obtained but need further identification.

Key words *Lagerstroemia indica*；*Lythrum salicaria*；Intergeneric hybridization；Scanning electron microscope

　　紫薇（*Lagerstroemia indica*）原产中国，是我国的传统名花之一，栽培历史近 1500 年。目前我国现有的紫薇属植物共 21 种，其中原产 18 种（王献，2004）。但受气候条件的影响，在园林中应用的只有紫薇、南紫薇、福建紫薇和大花紫薇等少数几个种或品种，分布区域主要集中在南部、西南部地区（中国科学院中国植物志编辑委员会，1983），低温条件严重抑制了紫薇的生产与应用。

　　千屈菜（*Lythrum salicaria*）与紫薇同属千屈菜科，常生于河岸、湖畔、溪沟边和潮湿草地，最北分布至我国黑龙江省，具有较强的耐寒性。属间杂交是培育观赏植物新品种的有效方法，其已在菊科亚菊属（*Ajania*）、菊蒿属（*Tanacetum*）、太行菊属（*Opistho-pappus*）、木茼蒿属（*Argyranthemum*）和匹菊属（*Pyre-*

　　* 基金项目：中央高校基本科研业务费专项资金（XS2014-06、YX2013-05）；北京高等学校青年英才计划资助（YETP0743）。
　　① 通讯作者。Author for correspondence（E-mail：jasoncai82@163.com；Tel：13466604234）。

thrum)广泛应用(胡枭和赵惠恩,2008),国外也已利用菊属(*Chrysanthemum*)与菊科其他属进行了广泛的属间杂交工作(Douzono *et al.*,1998;Katsuhiko & Kondo,2003;Neil O & Aanderson,2006)。王文鹏等(2013)以夏蜡梅(*Sinocalycanthus chinensis*)和美国蜡梅(*Calycanthus floridus*)进行属间杂交发现亲本间没有受精前障碍,但结实率极低,存在受精后障碍。千屈菜科属间杂交研究较少,仅见于紫薇属(*Lagerstroemia*)与散沫花属(*Lawsonia*),二者杂交不亲和主要由花粉和柱头外形不匹配所引起(蔡明 等,2010)。紫薇属种间杂交已有较多报道,亲和性较好(蔡明,2010;王晓玉等,2012)。千屈菜与紫薇虽同科异属,但通过观察发现千屈菜的雌雄蕊外形与紫薇相似,有可能存在属间杂交亲和性,进而可将千屈菜的抗寒性状转移到紫薇中,得到抗寒性增强的紫薇品种。

本实验在观察亲本开花习性的基础上,利用紫薇和千屈菜进行属间杂交,并分别对各亲本花粉与柱头形态进行扫描电镜观察,从而对紫薇与千屈菜的杂交亲和性做出初步评价,以探讨通过紫薇和千屈菜杂交获得抗寒品种的可行性。

1 材料与方法

1.1 材料

试验所用紫薇品种为种植于国家花卉工程中心(北京小汤山)的品种'Dallas Red'、'Near East'、'Tonto'。千屈菜栽植于北京林业大学三顷园实习苗圃。

1.2 千屈菜开花习性观察

2014年7月,选取3株无病虫害、生长旺盛的千屈菜植株,在每株上选取不同朝向的3个花枝进行标记,连续4d从4:00 a.m.开始每隔30min对开花情况进行观察、记录并拍照。

1.3 杂交育种

1.3.1 花粉采集和储藏

散粉前(5:00 a.m.～7:00 a.m.),选取萼片刚开裂的新鲜花朵,用弯嘴镊子将长短花丝上的花药全部剥离下来,紫薇花药用硫酸纸袋收集,千屈菜花药用离心管收集,然后置于25℃室温下阴干。干燥的花粉去除杂质后装入离心管,放置于装有硅胶自封袋中,于-20℃保存待用(Akond A,2012)。

授粉前先用悬滴法测定亲本花粉生活力,培养基为150g·L⁻¹蔗糖 + 20mg·L⁻¹ H_3BO_3 + 20mg·L⁻¹ $CaCl_2$ + 100g·L⁻¹ PEG4000,25℃培养4h后显微观

察。各亲本花粉生活力均在30%以上,可用于授粉。每次授粉时根据需要的花粉量取出适量离心管放于单独的冰盒中,保持低温。

1.3.2 去雄和授粉

杂交试验在2014年7月14～28日进行。散粉前选取当天开花量大的花序,将要开放的花朵用弯嘴镊子将其全部花药去除干净,并剪去花序上多余的花、果及花芽等,用硫酸纸袋套好扎紧袋口并挂上标签做标记。待到亲本柱头大量分泌黏液的时间(约8:00 a.m.～11:00 a.m.)将其授上提前提前收集好的花粉(紫薇、千屈菜的去雄和授粉时间基本相同),授粉后用硫酸纸袋套好,挂上挂签记录授粉组合、授粉日期、授粉朵数。1周后去套袋,观察子房膨大情况,及时去除新长成的花枝。3周后统计结果率,结实率(%) = (结果数/授粉数) × 100%(Pounders *et al.*,2006)。

1.3.3 花粉和柱头的扫描电镜观察

材料经FAA固定、梯度乙醇脱水和乙酸异戊酯置换、二氧化碳临界点干燥后固定于金属台,经离子溅射仪喷金镀膜后,在日立S - 4800扫描电镜下进行观察并拍照。每次选5个花粉或柱头,重复3次。

1.4 数据统计

利用Image - Pro_ Plus 6.0测量花粉与柱头尺寸,Excel 2010进行数据统计,SPSS 21.0对数据进行邓肯氏新复极差多重比较。

2 结果与分析

2.1 千屈菜开花习性

通过观察发现,千屈菜有二型花:A型:短花柱,长雄蕊长,散绿色花粉,短雄蕊散黄色花粉。B型:长花柱,长雄蕊短,散黄色花粉,短雄蕊散黄色花粉。同一植株只开一种类型的花。两种类型花的短雄蕊长短相似。

开花进程为:千屈菜A 5:00 a.m.前,花萼中心红色部分明显;5:00 a.m.～7:00 a.m.,花瓣逐渐打开,长雄蕊明显可见;7:00 a.m.左右,花药开始分裂,柱头露出,开始分泌黏液;7:00 a.m.～10:00 a.m.,花瓣已全开,散粉量大,柱头黏液明显;10:00 a.m.以后,散粉量明显减少,柱头变粗糙;24h后,柱头和花药均萎蔫(图1)。

千屈菜B与千屈菜A开花过程大致相同,但其在花瓣打开之前先露出柱头。即:4:30 a.m.前,花萼中心红色部分明显;5:00 a.m.露出柱头;5:00 a.m.～7:00 a.m.,花瓣逐渐打开,柱头伸长,露出

长雄蕊；7：00 a. m. ～10：00 a. m.，花瓣已全开，柱头黏液明显，散粉量大，但长短雄蕊总体散粉量远不如 A；之后的过程与 A 类似(图2)。

与紫薇开花进程比较，发现千屈菜开花习性与紫薇基本一致(蔡明等，2010；王瑞文，2010；王晓玉等，2012)。因此授粉时可与紫薇杂交过程相一致，即 5：00 a. m. ～7：00 a. m. 去雄套袋，8：00 a. m. ～11：00 a. m. 授粉。

图1 千屈菜 A 单花开花进程

Fig. 1 Flowering process of *Lythrum salicaria*（A）

注：A1. 5：30 a. m.，花苞未开裂；A2. 6：30 a. m.，花瓣逐渐打开；A3. 7：30 a. m.，花瓣全开，露出柱头，开始分泌黏液；A4. 9：00 a. m.，柱头上明显可见黏液，散粉量大；A5. 11：00 a. m.，散粉量减少，柱头开始呈锈色；A6. 18：00 p. m.，花丝明显变红，柱头完全呈锈色；A7. 1d 后，柱头和花药收缩；A8. 2d 后，花朵已经萎蔫。(标尺表示0.5cm。)

Note：A1. Flower buds had not cracked at 5：30 a. m. A2. Calyx had cracked and the petals revealed at 6：30 a. m. A3. All of the Petals expanded. Both of long stamens and short stamens extended completely at 7：30 a. m. A4. Pollen spread with anther dehiscence and the stigma secreted a large number of mucous at 9：00 a. m. A5. Little pollen spread and the stigma started to be rusty at 11：00 a. m. A6. Filaments were red and the stigma was rusty completely at 18：00 p. m. A7. The stigma and stamens shrunk after one day. A8. The flower turned to be wilting after two days. (The scale length in all the pictures is 0.5cm.)

图2 千屈菜 B 单花开花进程

Fig. 2 Flowering process of *Lythrum salicaria*（B）

注：B1. 5：30 a. m.，花苞未开裂前先露出柱头；B2. 6：00 a. m.，花瓣逐渐打开，花柱逐渐伸长，露出黄色长雄蕊；B3. 7：30 a. m.，花瓣全开，花粉散出；B4. 9：00 a. m.，柱头明显可见黏液；B5. 11：00 a. m.，散粉量减少，柱头开始呈锈色；B6. 18：00 p. m.，柱头完全呈锈色，花瓣开始收缩；B7. 1d 后，柱头和花药收缩；B8. 2d 后，花朵已经萎蔫。(标尺表示0.5cm。)

Note：B1. Flower buds had not extended but the stigma revealed at 5：30 a. m. B2. Long stamens revealed and the stigma extended at 6：00 a. m. B3. All of the Petals expanded and pollen spread with anther dehiscence at 7：30 a. m. B4. The stigma secreted a large number of mucous at 9：00 a. m. B5. Little pollen spread and the stigma started to be rusty at 11：00 a. m. B6. Filaments were red and the stigma was rusty completely at 18：00 p. m. B7. The stigma and stamens shrunk after one day. B8. The flower turned to be wilting after two days. (The scale length in all the pictures is 0.5cm.)

2.2　紫薇属与千屈菜属远缘杂交结果率

千屈菜开放授粉共 372 朵,结果 67 个,结果率 18.01%。千屈菜自交授粉 244 朵,结果 24 个,结果率 9.84%。'Dallas Red'自交授粉 129 朵,结果 16 个,结果率 12.40%。获得紫薇品种'Dallas Red'自交实生苗 80 株,千屈菜自交实生苗 52 株。

累计杂交授粉 1136 朵,得到 22 个果实,结果率 1.94%。'Dallas Red'与千屈菜 B 杂交正反交均获得果实。千屈菜 B 作为父母本均可获得杂交果实。共获得疑似属间杂种苗 9 株,其真实性需进一步验证(表1)。

表1　紫薇和千屈菜远缘杂交结果率与杂种萌发率
Table 1　The percentage pod set and germination rate between intergeneric cross
of *Lagerstroemia indica* and *Lythrum salicaria*

	亲本 Parents	授粉花朵数 Number of pollinated flowers	结果数 Number of pods	结果率/% Pod set	平均种子数 Seeds/pod	种子萌发率/% Germination	实生苗数 Number of seedlings
开放授粉	千屈菜 A	194	47	24.23	78	38.5	24
	千屈菜 B	178	20	11.24	106	52.8	32
	'Dallas Red'	129	16	12.4	331	22.4	80
自交	千屈菜 A	82	13	15.85	141	49.6	49
	千屈菜 B	162	11	6.79	21	19.1	3
正交	'Dallas Red' × 千屈菜 A	189	0	0	0	0	0
	'Dallas Red' × 千屈菜 B	95	2	2.1	12	20.2	2
	'Tonto' × 千屈菜 A	121	0	0	0	0	0
	'Tonto' × 千屈菜 B	170	3	1.76	15	10.4	1
反交	千屈菜 A × 'Dallas Red'	99	0	0	0	0	0
	千屈菜 B × 'Dallas Red'	208	10	4.81	18	22.2	3
	千屈菜 A × 'Near East'	124	4	3.23	16	6.3	1
	千屈菜 B × 'Near East'	130	3	2.31	21	9.5	2

2.3　杂交亲本花粉和柱头的扫描电镜观察

各亲本花粉颗粒均具有长短二型雄蕊,但孢粉壁的纹饰及外壁形状存在差异。Pacini 和 Bellani(1986)观察到紫薇为球形花粉,孔沟区密布粗颗粒,花粉表面具疣状纹。本次实验扫描结果显示千屈菜花粉为椭圆形,具有条状沟并密布条状纹饰。千屈菜 A 的花粉极轴明显长于其他亲本,而千屈菜 B 的花粉赤道长和极轴长度短于其他亲本(图3)。

紫薇'Dallas Red'、'Tonto'柱头表面直径为 600.2 ~ 706.1μm;千屈菜 B 柱头直径比紫薇略小但差异不明显,千屈菜 A 柱头直径明显小于其他亲本。紫薇属各亲本柱头乳突细胞的长度为 62.3 ~ 74.6μm;

两类千屈菜在乳突细胞长度方面存在显著差异,A 类为 61.6μm,而 B 为 94.9μm,千屈菜 B 的乳突细胞较其他亲本更长(表2)。

自交时'Dallas Red'乳突细胞长/花粉极轴长约为 1.8,千屈菜 A 约为 1.3。千屈菜 B 约为 3.1,明显高于其他亲本。当以紫薇品种做母本、千屈菜 A 做父本时,母本乳突细胞和花粉极轴长度之比约为 1.4,千屈菜 B 做父本时则约为 2.2。反交时,千屈菜 A 柱头乳突细胞和花粉粒极轴长度之比为 1.5 ~ 1.6,千屈菜 B 则为 2.4 ~ 2.5。相比紫薇而言,千屈菜 A 花粉偏长、柱头偏小;千屈菜 B 花粉小、柱头大小无明显差异。

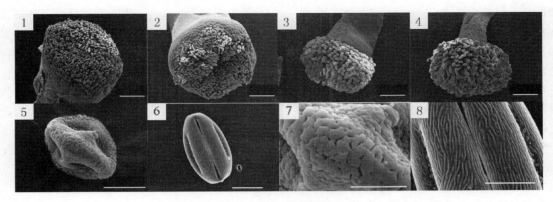

图3 紫薇和千屈菜扫描电镜

Fig. 3 The analysis of crosses between *Lagerstroemia* and *Lythrum* by scanning electron microscope

注：1. *L.* 'Dallas Red' 柱头；2. *L.* 'Tonto' 柱头；3. 千屈菜 A 柱头；4. 千屈菜 B 柱头；5. *L.* 'Dallas Red' 花粉赤道面观；6. 千屈菜 A 花粉赤道面观；7. *L.* 'Dallas Red' 花粉外壁纹饰；8. 千屈菜 A 花粉外壁纹饰。（1－4 标尺为 400μm，5－6 标尺为 20μm，7－8 标尺为 10μm。）

Note：1. The stigma of *Lagerstroemia indica* 'Dallas Red'；2. The stigma of *Lagerstroemia indica* 'Tonto'；3. The stigma of *Lythrum salicaria* (A)；4. The stigma of *Lythrum salicaria* (B)；5. The pollen of *Lagerstroemia indica* 'Dallas Red' in equatorial view；6. The pollen of *Lythrum salicaria* (A) in equatorial view；7. The pollen exine sculpture of *Lagerstroemia indica* 'Dallas Red'；8. The pollen exine sculpture of *Lythrum salicaria* (A). (The scale length in picture 1－4 is 400μm, 20μm in picture 5－6 and 10μm in picture 7－8.)

表2 花粉和柱头的形态数据

Table 2 Morphology data of pollen and stigma

亲本 Parents	花粉粒/ μm Pollen		柱头/ μm Stigma		乳突细胞长 / 极轴长 Papilla cells' length / Polar axis
	赤道轴 Equatorial axis	极轴 Polar axis	直径 Diameter	乳突细胞长度 Papilla cells' length	
'Dallas Red'	27.5 ± 2.3a	38.4 ±1.2b	670 ±69.8ab	68.0 ±5.7b	1.8
'Near East'	29.4 ±3.0a	40.0 ±1.5b	—	—	—
'Tonto'	—	—	684 ±22.1a	67.1 ±7.5b	—
千屈菜 A	27.6 ±0.5a	48.8 ±0.9a	588 ±18.1b	61.6 ±11.2b	1.3
千屈菜 B	16.7 ±0.8b	31.0 ±3.3c	653 ±44.8ab	94.9 ±8.5a	3.1

注：不同字母表示差异显著(P = 0.05)。

Note：Different letters indicate significant difference(P = 0.05).

3 结论与讨论

本实验发现千屈菜与紫薇开花过程基本一致，给授粉成功提供了时间条件。紫薇属与散沫花属试验中，因开花时间点差异，紫薇和尾叶紫薇上午授粉而散沫花下午授粉。在野鸢尾属与射干属间杂交试验中，上午对射干授粉下午对野鸢尾授粉（毕晓颖，2012）。亲本单花花期的差异往往增大杂交难度。王瑞文（2010）通过观察紫薇开花进程，发现其在 4：30～5：30 露出花药，8：00～9：30 柱头分泌大量黏液，很容易吸附花粉，下午 16：00 花萼收拢。王晓玉等（2012）观察到的尾叶紫薇（*Lagerstroemia caudata*）单花开花进程与其相似。本试验观察到千屈菜散粉、

分泌黏液的时间与紫薇基本吻合，两者在开花时间点上的一致为成功授粉提供了条件。

两亲本在花粉纹饰上有明显不同。在蔡明等（2010）以紫薇属和散沫花属间杂交试验中，发现两者存在受精前障碍，扫描电镜结果显示亲本花粉外壁结构相似。在贺丹等（2014）以芍药（*Paeonia lactiflora*）和牡丹（*P. suffruticosa*）为亲本进行的远缘杂交试验中，亲本花粉形态和大小相似，仅表面纹饰存在细部差异，然而两者仍存在受精前障碍。另外，李文钿等（1986）的研究中，即使胡杨（*Populus euphratica*）与小叶杨（*P. simonii*）花粉无明显差异，仍存在远缘杂交不亲和障碍的问题，因此可初步判断花粉外壁纹饰并不是影响远缘杂交结果的关键因素，不能以此判断

杂交亲和性。

　　亲本在花粉、柱头、乳突细胞类型和尺寸上类似，表明花粉有在柱头上附着并萌发的可能。散沫花做父本与紫薇属杂交时花粉能被紫薇和尾叶紫薇的柱头黏附，花粉也可萌发和伸长，但由于母本柱头结构过大，对花粉管的穿行产生阻碍作用，导致其无法顺利伸入花柱；散沫花做母本时，母本的柱头和乳突细胞较小，紫薇和尾叶紫薇的花粉粒较大，结构上的差异导致杂交不亲和（蔡明等，2010）。曹后男等（2003）、Salvador Perez 等（1985）发现花粉粒体积与花粉萌发及花粉管的生长速度呈正相关关系。同时曹后男等在以桃和李为亲本杂交统计雌蕊和雄蕊长度与亲和性间的关系实验中，发现母本和父本的雌、雄蕊长度之差越小，亲和性越高。在千屈菜 B 的自交试验中，其结果率很低，分析可能与其散粉量小且因长雄蕊较短，未伸出花萼筒外而增大了花药与柱头间的距离，导致自交难以成功。而在杂交时的花粉萌发过程中，千屈菜 A 花粉较大，相比千屈菜 B 而言，不易被紫薇柱头吸附并延长花粉管，导致以 A 为父本时得不到杂交结果，而千屈菜 B 为父本时可能因其花粉较小而容易授粉成功。

参考文献

1. Akond A，Pounders C T，Blythe E K，*et al.* 2012. Longevity of crapemyrtle pollen stored at different temperatures[J]. Scientia Horticulturae，139：53－57.

2. 毕晓颖，李卉，娄琦，郑洋. 2012. 野鸢尾和射干属间杂交亲和性及杂种鉴定[J]. 园艺学报，39（5）：931－938.

3. 蔡明. 2010. 紫薇种质资源评价和香花种质利用[D]. 北京：北京林业大学.

4. 蔡明，孟锐，潘会堂，张启翔，高亦珂，孙明，王学凤，王晓玉. 2010. 紫薇属与散沫花属远缘杂交亲和性的研究[J]. 园艺学报，37（4）：637－642.

5. 曹后男，宗成文，金英善，王兴国，朴永虎. 2003. 桃李间交配亲和性[J]. 延边大学农学学报，25（1）：1－7.

6. 中国科学院中国植物志编辑委员会. 1983. 中国植物志[M]（第52卷第2分册）. 北京：科学出版社.

7. Douzono M，Ikeda H. 1998. All year round productivity of F1 and BC1 progenies between *Dendranthemum grandiflorium* and *D. shiwogiku*[J]. Acta Hort，454：303－310.

8. 贺丹，王雪玲，高晓峰，吕博雅，刘艺平，何松林. 2014. 牡丹芍药远缘杂家亲和性[J]. 东北林业大学学报，第42卷第7期.

9. 胡枭，赵惠恩. 2008. 广义菊属远缘杂交研究进展[J]. 现代农业科学，第15卷第4期.

10. 李文钿，朱彤. 1986. 胡杨与小叶杨远缘杂交不亲和性的障碍[J]. 林业科学，第22卷第1期.

11. Katsuhiko，Kondo，Magdy Hussein，Reiko Idesawa，Shino Kimura and Ryuso Tanaka. 2003. Genome Plylogenetics in *Chrysanthemum sensulato*[J]. Plant Genome：Biodiversity and Evolution－Vol. 1，Part A：116－199.

12. Neil O，Aanderson. 2006. Flower Breeding and Genetics－Issues，Challenges and Opportunities for the 21st Century[M]. Springer.

13. Pacini E，Bellani L M. 1986. *Lagerstroemia indica* L. pollen：form and function[J]. Linnean Society Symposium Series，347－357

14. Pounders C，Reed S，Pooler M. 2006. Comparison of self－and cross－pollination on pollen tube growth，seed development，and germination in crapemyrtle[J]. HortScience，41（3）：575－578.

15. Salvador Perez，James N. Moore. 1985. Prezygotic endogenous barriers to interspecific hybridization in *Prunus*[J]. Journal of the American Society for Horticultural Science，110（2）：267－273.

16. 王瑞文. 2010. 紫薇开花生物学特性及杂交育种的初步研究[D]. 武汉：华中农业大学.

17. 王文鹏，周莉花，刘华红，包志毅，赵宏波. 2013. 夏蜡梅与美国蜡梅属间杂交障碍的组织学机理[J]. 园艺学报，40（10）：1943－1950.

18. 王献. 2004. 我国紫薇种质资源及其亲缘关系的研究[D]. 北京：北京林业大学.

19. 王晓玉，徐婉，胡杏，蔡明，潘会堂，张启翔. 2012. 尾叶紫薇开花及花粉萌发研究[J]. 浙江农林大学学报，29（6）：966－970.

我国中西部地区野生百合资源调查收集与评价研究*

梁振旭　张延龙① 牛立新　罗建让　任利益

（西北农林科技大学林学院，杨凌 712100）

摘要　为系统了解我国野生百合的自然分布及利用特性，对陕西、甘肃、湖北、重庆、四川及云南等中西部地区的野生百合资源进行了系统调查、收集及评价研究。在有关地区共收集保存野生百合 16 个种及 3 个变种：卷丹（*L. lancifolium*）、宜昌百合（*L. leucanthum*）、野百合（*L. brownii*）、宝兴百合（*L. duchartrei*）、山丹（*L. pumilum*）、川百合（*L. davidii*）、绿花百合（*L. fargesii*）、岷江百合（*L. regale*）、细叶百合（*L. tenuifolium*）、乳头百合（*L. papilliferum*）、泸定百合（*L. sargentiae*）、尖被百合（*L. lophophorum*）、淡黄花百合（*L. sulphureum*）、紫斑百合（*L. nepalense*）、玫红百合（*L. amoenum*）、大理百合（*L. taliense*）、百合（*L. brownii* var. *viridulum*）、紫脊百合（*L. leucanthum* var. *centifolium*）和黄绿花滇百合（*L. bakerianum* var. *delavayi*）；按照观赏价值、开发潜力和生态适应性等三方面的 15 个评价指标，应用层次分析法对不同野生百合进行综合评价，综合认为，淡黄花百合、岷江百合和宜昌百合具很高的观赏价值；岷江百合、细叶百合和卷丹的开发潜力最大；卷丹和川百合具有很好的生态适应性。

关键词　野生百合；层次分析法；评价

Investigation，Collection and Evaluation of the Genus *Lilium* Resources in China's Midwest Regions

LIANG Zhen-xu　ZHANG Yan-long　NIU Li-xin　LUO Jian-rang　REN Li-yi

（*College of Forestry，Northwest A & F University，Yangling* 712100）

Abstract　In order to systematically understand the natural distribution of wild *Lilium* native to China as well as its utilization characteristics，a comprehensive investigation was carried out in a group of midwestern regions in China such as Shannxi Province，Gansu Province，Hubei Province，Chongqing Province and Sichun Province. Afterwards，collection and evaluation was conducted on the subject as an indispensable part of this study. The result indicates that：①16 species and 3 variants of wild *Lilium*，including *L. lancifolium*，*L. leucanthum*，*L. brownii*，*L. duchartrei*，*L. pumilum*，*L. davidii*，*L. fargesii*，*L. regale*，*L. tenuifolium*，*L. papilliferum*，*L. sargentiae*，*L. lophophorum*，*L. sulphureum*，*L. nepalense*，*L. amoenum*，*L. taliense*，*L. brownii* var. *viridulum*，*L. leucanthum* var. *centifolium* and *L. bakerianum* var. *delavayi*，were collected and preserved from the target regions；②The analytic hierarchy process（AHP）was used as a way to extensively evaluate the diverse *Lilium* resources，based on 15 indicators concerning their ornamental value，exploitation potential and ecological adaptability. Taken together，*L. sulphureum*，*L. regale* and *L. leucanthum* showed relatively high ornamental value，while *L. regale*，*L. tenuifolium* and *L. lancifolium* possessed the best exploitation potential. Moreover，the greatest ecological adaptability was shown in *L. lancifolium* and *L. davidii*.

Key words　Wild *Lilium*；AHP；Evaluation

百合（*Lilium*），属多年生球根花卉，是百合科（Liliaceae）百合属所有植物的统称（龙雅宜 等，1999）。百合具有很高的观赏（Shimizu *et al.*，1971）、药用（童巧珍，2009；Man & Sher，2011）和食用（Jin *et al.*，2012）价值，其主要生长于北半球的亚洲、欧洲和北美洲，全世界大约有 100 种（张彩霞 等，

* 基金项目：国家高技术研究发展计划（'863'计划）项目（2011AA1008）。

① 通讯作者。Author for correspondence（E－mail：zhangyanlong@ nwsuaf. edu. cn）。

2008)。中国是世界百合属植物的自然分布中心，原产约 55 种、32 个变种（Du et al.，2013；中科院中国植物志编辑委员会，2004）。目前，我国野生百合属植物的收集和研究主要集中于三大地区：西南地区（鲍隆友 等，2004；吴学尉 等，2006；唐艳平 等，2010；周先客 等，2012），包括四川、贵州、重庆、云南和西藏，是百合属植物的最大自然分布区域，仅云南省就有约 36 个种，27 个变种；东北地区（Rong et al.，2010），包括黑龙江、吉林和辽宁，约有 10 种；西北地区（赵祥云 等，1990；车飞 等，2008），包括陕西、甘肃及其周边地区，约有 14 种。我国中西部地区（朱光有 等，2010）属温带和亚热带气候类型，地形复杂，横跨甘肃、陕西、四川、湖北、河南、重庆、云南七省市。先前有研究人员对该地区的野生百合种质资源做过部分调查（赵祥云 等，1990；鲍隆友 等，2004；吴学尉 等，2006；车飞 等，2008；唐艳平 等，2010；周先客 等，2012），但较少对主要种类收集后进行进一步系统比较研究。

本研究在系统调查并大量收集我国中西部地区野生百合种质资源的基础上，运用层次分析法（Saaty，1980，1990，2000，2008）对该地区的野生百合种质资源进行综合评价，明确保护、开发和利用方向，旨在为后续育种工作提供优良的种质资源，为进一步的野生百合分子生物学研究提供依据。

1 材料与方法

1.1 资源调查与收集

于 2011 ~ 2013 年野生百合花开的 6 ~ 8 月份期间，采取走访（Maja et al.，2010）、样地调查（辜云杰 等，2009）和线路调查（Pandey et al.，2008）相结合的方法，深入我国中西部地区的 55 个县区进行调查，共收集 147 份百合材料。收集的材料被保存在西北农林科技大学野生花卉种质资源圃。

1.2 评价方法

在 2013 年百合盛花期，每种随机选择 10 株进行形态特征观察、记录（Ronaldo et al.，2012），并选取观赏价值、开发潜力和生态适应性 3 方面的 15 个重要特征作为评价指标，运用层次分析法进行种质资源的综合评价（Rong et al.，2010；Neeta et al.，2013）。具体评价指标有：花色、花型、花姿、花径、花香、花期长度、着花量、株型和花梗长度 9 个指标属于观赏价值方面；抗逆性、濒危程度和开发程度 3 个指标属于开发潜力方面；引种成活率、分布范围和繁殖能力 3 个指标属于生态适应性方面。

2 结果与分析

2.1 主要种类的分布

通过调查发现 19 种野生百合：卷丹（L. lancifolium）、宜昌百合（L. leucanthum）、野百合（L. brownii）、宝兴百合（L. duchartrei）、山丹（L. pumilum）、川百合（L. davidii）、绿花百合（L. fargesii）、岷江百合（L. regale）、细叶百合（L. tenuifolium）、乳头百合（L. papilliferum）、泸定百合（L. sargentiae）、尖被百合（L. lophophorum）、淡黄花百合（L. sulphureum）、紫斑百合（L. nepalense）、玫红百合（L. amoenum）、大理百合（L. taliense）、百合（L. brownii var. viridulum）、紫脊百合（L. leucanthum var. centifolium）和黄绿花滇百合（L. bakerianum var. delavayi）。在调查区域内，宜昌百合分布最广泛，30 个县区有分布，常见生长于灌木丛、岩石壁及山坡；而在全国范围内分布较广的卷丹在该地区的分布范围次之，主要生长于灌木丛、岩石缝、林缘及河边；野百合的分布广度位列第三；岷江百合、细叶百合、泸定百合、尖被百合、乳头百合、玫红百合、黄绿花滇百合、大理百合等分布范围窄；罕见的乳头百合与绿花百合在该地区的个别地方亦有发现。

2.2 主要植物学特征

表 1 针对 19 个种或变种的植物学特征进行了系统记述，下面仅就一些主要植物学特征进行分析。

2.2.1 花

2.2.1.1 花型

山丹、细叶百合、绿花百合、川百合、宝兴百合、乳头百合、大理百合、卷丹与紫斑百合花为卷瓣型。野百合、百合、宜昌百合、紫脊百合、岷江百合、淡黄花百合与泸定百合花为喇叭型。玫红百合和黄绿花滇百合花为钟型。尖被百合花为球型。

2.2.1.2 花色

宝兴百合、大理百合、野百合、百合、宜昌百合、紫脊百合、岷江百合、淡黄花百合与泸定百合花为白色。山丹、细叶百合、卷丹与川百合花为橙红色。紫斑百合和黄绿花滇百合花为黄绿色。尖被百合、乳头百合、绿花百合和玫红百合的花分别为各自所特有的黄色、紫色、翠绿色和玫红色。

2.2.1.3 色斑

黄绿花滇百合和紫斑百合花内侧布满紫色斑块。紫脊百合花外侧为紫色片斑，野百合花外侧有时也会出现紫色片斑。宜昌百合、岷江百合和淡黄花百合花内侧有黄晕。宝兴百合、川百合、卷丹、绿花百合、乳头百合、尖被百合花内侧有紫黑色斑点；大理百合花内侧同时具黄晕和紫黑色斑点，且花瓣中间蜜腺处有紫色线条。百合、泸定百合、山丹、细叶百合和玫红百合花无色斑。

2.2.1.4 花香

岷江百合花香浓郁。宝兴百合、野百合、百合、岷江百合、尖被百合和绿花百合为甜香型花。大理百合、宜昌百合、紫脊百合、山丹、细叶百合、川百合、卷丹、紫斑百合、黄绿花滇百合和玫红百合为淡香型花。卷丹花无香味。乳头百合花具酵母味。泸定百合和淡黄花百合花开时伴有一股臭味。

2.2.2 珠芽

19 种野生百合中只有卷丹、泸定百合和淡黄花百合的叶腋处会在每年的 5、6 月份长出珠芽，秋天自动脱落。

2.2.3 叶

2.2.3.1 叶形

卷丹、野百合、宝兴百合、大理百合、紫斑百合、乳头百合和淡黄花百合叶为披针形。宜昌百合、紫脊百合、泸定百合叶为长披针形。尖被百合、黄绿花滇百合和玫红百合叶为椭圆形。岷江百合、川百合、山丹和绿花百合叶为长条形。百合叶呈倒披针形或勺状。细叶百合叶为线形。

2.2.3.2 质地

尖被百合叶为肉质。紫斑百合和黄绿花滇百合叶为革质。其余 16 种百合叶为膜质。

表1 我国中西部地区野生百合资源植物学特征
Table 1　Botanical characteristics of the *Lilium* accessions collected from China's Midwest regions

百合种类 Species	鳞茎 Bulb	茎 Stem	叶 Leaf	花 Flower
卷丹 *L. lancifolium*	白色；大；球形；鳞片披针形，宽大，厚	148.3cm；坚硬；棱；毛；珠芽	披针形；毛；浓密	下垂；橘色，有黑点；反卷；毛
宜昌百合 *L. leucanthum*	紫色或黄色；大；球形；鳞片披针形	131.5cm；坚硬	披针形；浓密	斜向上；淡香；白色；喇叭型
野百合 *L. brownii*	白色；大；球形；鳞片披针形	112.8cm；光滑	披针形	平伸；甜香；白色；喇叭型
宝兴百合 *L. duchartrei*	白色；小；球形；鳞片圆形	80.6cm；褐色；毛少	披针形	下垂；甜香；白色，有紫点；反卷
山丹 *L. pumilum*	白色；小；圆锥形；鳞片圆形，薄	63.8cm；毛少	窄	下垂；淡香；红色；反卷
川百合 *L. davidii*	白色；圆锥形；鳞片披针形	114.8cm；褐色；毛	窄；毛	下垂；橘红色，有黑点；反卷；毛
百合 *L. brownii* var. *viridulum*	白色；大；球形；鳞片披针形	82cm；光滑	倒披针形	平伸；甜香；白色；喇叭型
绿花百合 *L. fargesii*	白色；小；圆锥形；鳞片披针形，薄	54.6cm；翠绿色；有凸点；毛少	窄；翠绿色	下垂；甜香；绿色，有棕色点；反卷
岷江百合 *L. regale*	黑色；圆锥形；鳞片披针形，厚	103.7cm；坚硬；褐色	窄；浓密	斜向上；甜香；白色；喇叭型
紫脊百合 *L. leucanthum* var. *centifolium*	紫色；大；球形；鳞片披针形	110.5cm；坚硬；有紫褐色斑点	窄	斜向上；淡香；白色，有紫色斑块；喇叭型
细叶百合 *L. tenuifolium*	白色；小；圆锥形；鳞片圆形，薄	56.3cm；深绿色；毛少	细；深绿色；小；浓密	下垂；淡香；深红色；反卷
乳头百合 *L. papilliferum*	乳白色；小；球形；鳞片圆形，小	35cm；毛少	披针形	下垂；酵母味；紫色；反卷

（续）

百合种类 Species	鳞茎 Bulb	茎 Stem	叶 Leaf	花 Flower
泸定百合 *L. sargentiae*	紫色；大；球形；鳞片披针形	160.6cm；坚硬；棱；珠芽	长披针形；浓密	斜向上；臭味；白色；喇叭型
尖被百合 *L. lophophorum*	黄褐色；小；圆锥形；鳞片披针形，窄	37.3cm；光滑	椭圆形；基生	下垂；甜香；黄色，有黑点；钟型
淡黄花百合 *L. sulphureum*	黑色；大；球形；鳞片披针形大，厚	117.4cm；坚硬；棱；珠芽	披针形；浓密	斜向上；臭味；白色；喇叭型
黄绿花滇百合 *L. bakerianum* var. *delavayi*	黄褐色；球形；鳞片披针形	76.5cm；灰绿色	椭圆形	平伸；黄绿色；有紫色斑块；钟型
紫斑百合 *L. nepalense*	黄褐色；球形；鳞片披针形	80.6cm；紫色	披针形	下垂；淡香；黄绿色，紫色斑块；反卷
玫红百合 *L. amoenum*	白色；小；圆锥形；鳞片披针形	35.8cm；紫褐色	椭圆形	下垂；淡香；玫红色；钟型
大理百合 *L. taliense*	白色；小；球形；鳞片披针形	93.4cm；灰绿色	披针形	下垂；淡香；白色，有黑点；反卷

2.3 综合评价结果

根据不同评价指标的评分以及各因素的权重值，计算出不同百合种类的综合评价值，将所鉴定的 19 个种或变种划分为 4 个等级（表 2）。

Ⅰ级：岷江百合、淡黄花百合、卷丹、泸定百合和宜昌百合评价得分最高，其综合评价分值为 4.974 ~5.711。该类具有很高的观赏价值，其中岷江百合有很强的抗逆性，卷丹有很强的生态适应性。

Ⅱ级：包括紫脊百合、绿花百合、川百合、细叶百合、野百合和百合 6 个种类，其综合评价分值为 4.294~4.769。其中，绿花百合有稀有的绿颜色花，

紫脊百合、野百合和百合具有较大的喇叭形花，观赏价值大；川百合有很强的生态适应性。

Ⅲ级：该类有山丹、玫红百合、尖被百合和黄绿花滇百合 4 个种类，其综合评价分值为 3.703 ~ 3.940。在我国中西部地区产的野生百合中，仅玫红百合花为玫红色，且在自然界分布极其稀少，非常珍贵。

Ⅳ级：有紫斑百合、大理百合、宝兴百合和乳头百合 4 个种类，其综合评价分值仅为 2.612 ~ 3.320。这 4 类百合分布范围狭窄，数量稀少，在观赏价值、开发潜力和生态适应性三大方面得分也相对较低，但由于稀缺，应加以重点保护。

表 2　我国中西部地区 19 种野生百合综合得分及等级
Table 2　Score and rank of 19 *Lilium* species native to China's Midwest regions

百合种类 Species	观赏价值 Ornamental value		开发潜力 Utilization potential		生态适应性 Ecological adaptability		综合 Overall	
	得分 Score	等级 Rank	得分 Score	等级 Rank	得分 Score	等级 Rank	得分 Score	等级 Rank
卷丹 *L. lancifolium*	2.342	Ⅱ	1.260	Ⅰ	1.574	Ⅰ	5.176	Ⅰ
宜昌百合 *L. leucanthum*	2.952	Ⅰ	0.782	Ⅲ	1.240	Ⅱ	4.974	Ⅰ
野百合 *L. brownii*	2.852	Ⅱ	0.584	Ⅳ	0.929	Ⅲ	4.365	Ⅱ
宝兴百合 *L. duchartrei*	1.491	Ⅳ	0.904	Ⅲ	0.668	Ⅳ	3.063	Ⅳ
山丹 *L. pumilum*	1.674	Ⅳ	1.152	Ⅱ	1.114	Ⅲ	3.940	Ⅲ
川百合 *L. davidii*	2.072	Ⅲ	1.089	Ⅱ	1.432	Ⅰ	4.593	Ⅱ

（续）

百合种类 Species	观赏价值 Ornamental value		开发潜力 Utilization potential		生态适应性 Ecological adaptability		综合 Overall	
	得分 Score	等级 Rank	得分 Score	等级 Rank	得分 Score	等级 Rank	得分 Score	等级 Rank
百合 *L. brownii* var. *viridulum*	2.752	II	0.719	III	0.823	III	4.294	II
绿花百合 *L. fargesii*	2.222	II	1.054	II	1.322	II	4.598	II
岷江百合 *L. regale*	3.136	I	1.319	I	1.256	II	5.711	I
紫脊百合 *L. leucanthum* var. *centifolium*	2.885	II	0.862	III	1.022	II	4.769	II
细叶百合 *L. tenuifolium*	1.916	III	1.310	I	1.220	II	4.446	II
乳头百合 *L. papilliferum*	1.952	III	0.820	III	0.548	IV	3.320	IV
泸定百合 *L. sargentiae*	2.806	II	0.989	II	1.283	II	5.078	I
尖被百合 *L. lophophorum*	2.516	II	0.916	III	0.279	IV	3.711	III
淡黄花百合 *L. sulphureum*	3.427	I	1.168	II	1.067	III	5.662	I
黄绿花滇百合 *L. bakerianum* var. *delavayi*	2.573	II	0.550	IV	0.580	IV	3.703	III
紫斑百合 *L. nepalense*	1.827	III	0.408	IV	0.377	IV	2.612	IV
玫红百合 *L. amoenum*	2.605	II	1.022	II	0.239	IV	3.866	III
大理百合 *L. taliense*	1.665	IV	0.865	III	0.248	IV	2.778	IV

3 讨论

关于野生百合种质资源保护与利用问题，是百合资源研究中一个根本问题。由于商业利益的驱动，越来越多的科学家和育种家将目光集中于品种的革新和观赏特性的提高等方面，对野生资源大肆挖掘、掠夺，缺乏公益热情。因此，百合种质资源的收集和保护已迫在眉睫（Man & Sher，2011）。尤其是珍稀百合种类，一旦受到损害，就有可能绝灭（Van，1974）。早在20世纪初期，美国境内的野生百合种质资源就已被系统调查、记录，并制定相关法律条文进行保护；随后，俄罗斯、波兰、澳大利亚也对部分野生百合种类在法律范围内予以强调保护；除此之外，专门保护野生百合的社会组织——北美百合协会也在1995年成立（Rong et al.，2010）。然而，在我国至今没有建立专门保护稀有野生百合种质的组织或团体。

野生百合属植物的价值巨大，需要被足够重视。

资源评价能够指明野生百合的开发潜力和方向，并指导着种质资源的可持续利用（刘俊林 等，2002；Man & Sher，2011）。我国中西部地区的野生百合资源丰富多样，种质资源的收集、保护和利用有必要得到充分认识，加大保护力度，尽可能多地保存野生百合基因的完整性（李萍萍 等，2012）。此外，更多的研究应放在生物化学和分子生物学方面，以此来巩固资源评价。由于野生种具有很高的观赏价值和抗性，如中国产的岷江百合、台湾百合、卷丹及淡黄花百合，就在欧美的百合杂交育种中扮演极其重要的角色（张彩霞 等，2008）。因此，关注丰富的自然生物资源，可以给更深入的科学研究提供基础材料。总之，系统评价珍贵野生百合种质资源，切实保护，并有效利用，是开发资源的必经之路。

参考文献

1. 鲍隆友，周杰，刘玉军. 2004. 西藏野生百合属植物资源及其开发利用[J]. 中国林副特产，2，54 - 55.
2. 车飞，牛立新，张延龙，罗建让，谢松林，靳磊，邓涛. 2008. 秦巴山区野生百合资源及其生境土壤特性的调查[J]. 安徽农业科学，36（23），9955 - 9957.
3. Du Y P, He H B, Wang Z X, Wei C, Li S, Jia G X. 2013.

Investigation and evaluation of the genus *Lilium* resources native to China[J]. Genetic Resources and Crop Evolution, 1 - 18.
4. 辜云杰，罗建勋，吴远伟，曹小军. 2009. 川西云杉天然种群表型多样性[J]. 植物生态学报，33（2），291 - 301.

5. Jin L, Zhang Y L, Yan LM, Guo Y L, Niu L X. 2012. Phenolic compounds and antioxidant activity of bulb extracts of six *Lilium* species native to China［J］. Molecules, 17, 9361－9378.

6. 李萍萍, 孟衡玲, 陈军文, 孟珍贵, 李龙根, 杨生超. 2012. 云南岩陀及其近缘种质资源群体表型多样性［J］. 生态学报, 32 (24), 7747－7756.

7. 刘俊林, 解建团, 王孝安. 2002. 秦岭植物资源利用和可持续发展研究［J］. 陕西师范大学学报(自然科学版), 30 (2), 104－108, 114.

8. 龙雅宜, 张金政, 张兰年. 1999. 百合——球根花卉之王［M］. 北京: 金盾出版社: 1－6.

9. Maja P, Irma V, Irena V. 2010. A survey and morphological evaluation of fig (*Ficus carica* L.) genetic resources from Slovenia［J］. Scientia Horticulturae, 125, 380－389.

10. Man S R, Sher S S. 2011. Population biology of *Lilium polyphyllum* D. Don ex *Royle* – A critically endangered medicinal plant in a protected area of Northwestern Himalaya［J］. Journal for Nature Conservation, 19, 137－142.

11. Neeta S, N. C. T, Biseshwori T. 2013. Collection and evaluation of *Hedychium* species of Manipur, Northeast India［J］. Genetic Resources and Crop Evolution, 60, 13－21.

12. Pandey A, Bhatt K C. 2008. Diversity distribution and collection of genetic resources of cultivated and weedy type in *Perilla frutescens* (L.) Britton var. *frutescens* and their uses in Indian Himalaya［J］. Genetic Resources and Crop Evolution, 55 (6), 883－892.

13. Ronaldo C S, José L P, Ronan X C. 2012. Morphological characterization of leaf, flower, fruit and seed traits among Brazilian *Theobroma* L. species［J］. Genetic Resources and Crop Evolution, 59 (3), 327－345.

14. Rong L P, Lei J J, Wang C. 2010. Collection and evaluation of the genus *Lilium* resources in China［J］. Genetic Resources and Crop Evolution, 58, 115－123.

15. Saaty T L. 1980. The analytic hierarchy process［M］. New York: McGraw – Hill.

16. Saaty T L. 1990. How to make a decision: the analytic hierarchy process［J］. European journal of operational research, 48 (1), 9－26.

17. Saaty T L. 2008. Decision making with the analytic hierarchy process［J］. International Journal of Services Sciences, 1 (1), 83－98.

18. Saaty T L, Vargas L G. 2000. Fundamentals of decision making and priority theory with the analytic hierarchy process vol. 6［M］. Pitsburgh: RWS Publications.

19. Shimizu M. 1971. Lilies of Japan［J］. Tokyo: Seibundo Shinko – sha: 148－165. (in Japanese)

20. 唐艳平, 刘秀群, 傅强, 刘佳, 陈龙清. 2010. 长江中游地区野生百合资源调查及利用前景［J］. 中国野生植物资源, 29 (6), 18－22.

21. 中国科学院"中国植物志"编辑委员会. 2004. 中国植物志, 第十五卷［M］. 北京: 科学出版社.

22. 童巧珍. 2009. 湖南省药用百合种质资源的评价与利用研究［D］. 长沙: 湖南农业大学.

23. Van de K F. 1974. Conservation of wild *Lilium* species［J］. Biological Conservation, 6 (1), 26－31.

24. 吴学尉, 李树发, 熊丽, 屈云慧, 张艺萍, 范眸天. 2006. 云南野生百合资源分布现状及保护利用［J］. 植物遗传资源学报, 7 (3), 3327－3330.

25. 张彩霞, 明军, 刘春, 赵海涛, 王春城, 单红臣, 任君芳, 周旭, 穆鼎. 2008. 岷江百合天然群体的表型多样性［J］. 园艺学报, 35 (8), 1183－1188.

26. 赵祥云, 陈新露, 王树栋, 王聚瀛. 1990. 秦巴山区野生百合资源研究初报［J］. 西北农林科技大学学报(自然科学版), 18 (4), 80－84.

27. 周先客, 杨利平, 张薇. 2012. 重庆地区野生百合资源调查与评价［J］. 植物遗传资源学报, 13 (3), 357－362.

28. 朱光有, 张水昌, 张斌, 苏劲, 杨德彬. 2010. 中国中西部地区海相碳酸盐岩油气藏类型与成藏模式［J］. 石油学报, 31 (6), 871－878.

中国观赏园艺研究进展 2015: 13~21
Advances in Ornamental Horticulture of China, 2015: 13~21

西南野生牡丹的资源调查、濒危机制及利用分析[*]

杨勇[1,3] 张姗姗[2] 刘佳坤[3] 邓岚[2] 李青[2] 曾秀丽[2①] 张秀新[4]

([1]四川农业大学玉米研究所，农业部西南玉米生物学与遗传育种重点实验室，雅安 625014；
[2]西藏农牧科学院蔬菜研究所，拉萨 850032；[3]四川农业大学风景园林学院，成都 611130；
[4]中国农业科学院蔬菜花卉研究所，北京 100081）

摘要 通过查阅文献结合 7 年实地考察，对中国西南地区（四川、云南、西藏）野生牡丹资源的种类、分布和生物学特性进行了系统调查，对部分野生种通过播种繁殖进行了引种驯化。结果表明：中国西南地区共有野生牡丹 5 种，1 个亚种，且均为西南地区特有。对四川牡丹（*Paeonia decomposita*）及西藏黄牡丹（*P. lutea*）、大花黄牡丹（*P. ludlowii*）资源分布情况及特点进行了报道。引种驯化表明，西南所有野生种均能在西藏拉萨引种驯化成活：四川牡丹耐高温、干旱，忌水湿；狭叶牡丹适应性最强，在多地引种成活；黄牡丹和大花黄牡丹能在西藏拉萨、甘肃兰州和河南洛阳海拔 1700m 以上地区引种成活。结合实地调查，分析了西南野生牡丹濒危原因，并对其保护与开放利用提出建议。

关键词 肉质花盘亚组；牡丹；中国西南；分布；濒危

Present Situation of Wild Peony Resources in Southwest of China on Investigation, Analysis, Utilization and Endangered Mechanism

YANG Yong[1,3] ZHANG Shan-shan[2] LIU Jia-kun[3] DENG Lan[2] LI Qing[2] ZENG Xiu-li[2] ZHANG Xiu-xin[4]

([1]*Maize Research Institute of Sichuan Agricultural University/Key Laboratory of Maize Biology and Genetic Breeding on Southwest, Ministry of Agriculture, Ya`an 625014；*[2]*Institute of vegetables of Tibet Academy of Agricultural and Animal Husbandry Sciences, Lahas 850032；*[3]*School of Landscape Architecture of Sichuan Agricultural University, Chengdu 611130；*[4]*Institute of Vegetables and Flowers, Chinese Academy of Sciences, Beijing 100081）*

Abstract Referring to literature and on-site study, we investigated the resource distribution and biological of wild peony in southwest China, introduce some species by spreading seeds. Results indicate that there are 5 wild species and 1 subspecies, accounts for more than half of China's wild peony, and are unique in southwest China. In this paper, the resource distribution and the characteristic of *Paeonia decomposita*, *P. lutea* and *P. ludlowii* are reviewed. According to experiments on introduction and cultivation, all the wild species in southwest China can survived in Lhasa, *Paeonia decomposita* adaptives to high temperature and drought, does not bear wet. *Paeonia delavayi* Franch. var. *angustiloba* Rehder & E. H. Wilson is the most well adjusted. We also give an analysisi on the reasons of wild peony being endangered, and especially give a discussion on protection and unlization.

Key words Succulent faceplate subgroup; Wild peony; Southwest China; Distribution; Endangered

中国西南地区地形变化多样，自然条件复杂，野生植物资源异常丰富，是中国植物 3 个特有现象分布中心之一。西南地区也是牡丹组（Sect. Muotan）的分布中心之一，分布有 5 个种、1 个亚种的野生牡丹：四川牡丹（原亚种）*P. decomposita* subsp. *decomposita*、圆裂叶四川牡丹 *P. decomposita* subsp. *rotundiloba*、狭叶牡丹 *P. potanini*、紫牡丹 *P. delavayi*、黄牡丹 *P. lutea* 和大花黄牡丹 *P. ludlowii*，占了中国野生牡丹野

* 基金项目：四川农业大学博士后专项基金；西藏自治区科技厅重点项目"西藏特色观赏植物种质创新与产业示范基地建设"（藏财企指（专）字[2011]48 号）；西藏自治区科技厅园艺育种子课题"西藏野生花卉的驯化研究"；农业部行业专项(201203071)。

① 通讯作者。Author for correspondence（E-mail：zeng_ xiuli2004@ aliyun. com）。

生种类的一半以上。

牡丹组为芍药科（Paeoniaceae）芍药属（Paeonia）多年生落叶灌木，该组分两个亚组：革质花盘亚组（Subsect Vagiatae）和肉质花盘亚组（Subsect. Delavayanae）[1]，李嘉珏认为牡丹组共9个种，2个变种。所有野生种仅分布于中国，均为珍稀濒危植物[2]。该组所有野生种都有较高观赏和药用价值，随着对牡丹籽油的研究深入，牡丹野生种也是开发牡丹油用新品种的重要种质资源。

资料显示，西南地区野生牡丹还未参与到我国现有栽培牡丹的进化过程中[3]，但在国外的牡丹育种中黄牡丹、紫牡丹和狭叶牡丹均已参与其中，利用野生牡丹作为亲本培育出的品种具有较高观赏价值，同时适应性和抗性均优于中国现有栽培品种[4]。西南地区野生牡丹具有现有栽培牡丹中缺少的黄、紫、红和黑色，部分野生种具有较强的抗性和适应性，是培养新优牡丹品种的重要种质资源。伴随我国牡丹育种事业不断发展，牡丹育种工作者开始关注西南地区野生牡丹资源，并开展了西南牡丹的引种驯化和远缘杂交研究，获得了部分优良品种[5]；但关于西南地区野生牡丹的整体资源现状未有较为全面详细的调查资料。

本文作者于2007～2014年对西南地区的野生牡丹资源开展了调查，确定了牡丹组在该地区的分布与现状，其中关于四川牡丹和西藏黄牡丹的资源现状、种群特点为首次报道。此外，对部分野生牡丹种进行了资源收集与保存，结合实地调查对西南地区野生牡丹资源濒危原因、拯救保护策略及利用前景进行分析，以期为西南野生牡丹的保护和合理利用提供依据。

1 调查方法

1.1 环境概况

西南地区位于青藏高原东侧，地势西高东低、北高南低。由于青藏高原强烈隆升后不仅形成了独特的高原季风，也改变了东亚大气环流系统，使近地面层被季风环流控制，高原季风、东亚季风和西南季风都是西南区重要的水汽来源。西南地区群山起伏，河谷纵横交错，地形变化多样，自然条件复杂，形成小地貌和小气候区。复杂的地形和优越的气候，使该地区野生植物资源极其丰富，西南区植被类型除不含青藏区腹地的高寒草原、高寒荒漠和西北区的温带、暖温带荒漠、荒漠草原外，几乎包含了东部季风区从海南岛直到东北北端的所有地带性植被，野生植物资源多样性是中国乃至世界最丰富和典型的地区之一[6]。

野生牡丹主要分布在该地区的横断山地、云贵高原以及青藏高原，近几十年来伴随生境的恶化及人为干扰，西南地区野生牡丹种群发生了巨大变化，有必要对其重新开展调查，了解资源现状，为野生牡丹的合理利用和保护提供依据。

1.2 野外资源调查

2007～2014年，通过查阅文献[7-11]、咨询和实地走访等方式确定西南野生牡丹基本分布区域。在四川省阿坝藏族羌族自治州、甘孜藏族自治州、云南昆明市、大理白族自治州、丽江哈尼族自治州、迪庆藏族自治州和西藏林芝地区、山南地区进行了7年野外调查，对该地区野生牡丹生境、植株形态指标、花色、花期、果实形态指标进行调查和记录。

1.3 资源收集及保存

自2010年起陆续收集了部分野生牡丹种子，在位于西藏拉萨的西藏农牧科学院蔬菜研究所实验基地、四川成都四川农业大学成都校区农场以及河南驻马店市进行播种繁殖，记录成活状况。

2 调查结果

2.1 西南野生牡丹分布与生境

西南地区共有野生牡丹5个种、1个亚种，主要分布在四川省西北部的甘孜州和阿坝州，云南北部昆明、大理、丽江、迪庆等市，西藏林芝和山南地区，具体分布地区见图1，图中圆点表示实地考察分布有野生牡丹地点，椭圆形圈出地区为环境条件满足该野生种生长的潜在分布区。野生牡丹生境基本相似，多处于林缘及边坡地带（表1）。

2.2 西南野生牡丹资源特点

查阅文献并结合实地考察发现中国西南地区野生牡丹包括四川牡丹原亚种、圆裂叶四川牡丹、狭叶牡丹、黄牡丹、紫牡丹、大花黄牡丹5个种、1个亚种。西南野生牡丹分布范围较广，四川、云南、西藏均有分布，黄牡丹在3个省（自治区）均有分布，与紫牡丹、大花黄牡丹分布区有交叉，其他几个种分布范围相对独立狭窄。不同种之间分布垂直高度也有较大差异，其中四川牡丹2个亚种分布海拔相对最低，2000m左右；紫牡丹分布海拔最高，大于3000m；黄牡丹在西藏分布较广，从海拔2500～3650m均有分布；大花黄牡丹分布较为狭窄，仅自然分布于海拔2800～2900m的狭窄地带。

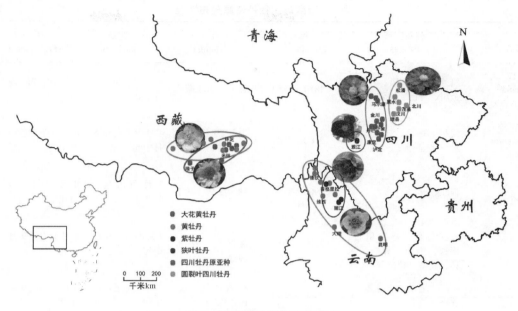

图1　西南野生牡丹资源分布

图2　a 四川牡丹原亚种，b 圆裂叶四川牡丹，c 狭叶牡丹，d 紫牡丹，e 黄牡丹，f 大花黄牡丹，g、h 黄牡丹紫牡丹天然杂交后代，i 矮黄牡丹，j 四川牡丹白花变异，k 四川牡丹雄蕊瓣化，l 四川牡丹基部出现色斑

表 1　西南野生牡丹资源分布情况

种名 Species	分布区域 Regions	海拔 Elevation(m)	生境 Habitat	花期 Florescence	果期 Fruit period	资源量 Deposit
四川牡丹原亚种 *Paeonia decomposita* subsp. *decomposita*	黑水、马尔康、小金、金川、丹巴、康定等	1850～2850	林下，山坡灌丛	4月中下旬至5月中旬	8月中下旬至9月上旬	少
圆裂叶四川牡丹 *Paenonia decomposita* subsp. *rotundiloba*	汶川、理县、茂县、黑水、松潘等	2100～2500	山坡灌丛、林缘灌丛	4月中下旬至5月中旬	8月中下旬至9月上旬	极少
狭叶牡丹 *Paeonia potanini*	雅江等	2900～3100	林缘灌丛、林下	5月中旬至6月初	8月下旬至9月中旬	极少
黄牡丹 *Paeonia lutea*	昆明西山、大理苍山、丽江鲁甸、香格里拉、德钦、维西、林芝、米林、波密、拉萨等	2500～3650	岩石草丛、林缘灌丛、农田边缘	4月中旬至6月中旬	8月上旬至9月中旬	少
紫牡丹 *Paeonia delavayi*	丽江文笔山、玉龙雪山、香格里拉等	3000～3500	林缘灌丛、农田边缘	5月上旬至6月中旬	8月下旬至9月中旬	少
大花黄牡丹 *Paeonia ludlowii*	林芝、米林、隆子等	2500～3500	林缘；山坡灌丛	5月上旬至6月中旬	9月上旬至9月下旬	少

2.2.1　四川牡丹原亚种

四川牡丹原亚种（图 2-a）属于革质花盘亚组，株高 0.7～2.2m，通体无毛，干皮灰黑色，当年生枝条紫红色，两年生以上枝条有片状剥落。叶片三至四回复叶，多为三回，小叶数 14～85 枚，小叶卵圆形或倒卵形，有裂[12]。花单生枝顶，多粉红色至玫瑰红色，在马尔康县一个居群发现有白花个体（图 2-j）；花瓣多数基部无斑，少数个体花瓣基部颜色明显加深（图 2-l）；同时也发现有少数个体雄蕊瓣化，出现重瓣花（图 2-k）。心皮数 3～6，多为 5，光滑无毛。在所调查的区域地区中，四川牡丹原亚种基本是沿大渡河分布，多处于干热河谷中，该地区常年降雨偏少。所调查居群，四川牡丹多生长在阴坡，其主要伴生植物为野花椒（*Zanthoxylum simullans*）、小叶蔷薇（*Rosa willmottiae*）、蚝猪刺（*Berberis julianae*）、金花小檗（*Berberis wilsonae*）和四川丁香（*Syringa sweginzoii*）、鸢尾（*Iris tectorum*）、野棉花（*Anemone vitifolia*）、川滇铁线莲（*Clematis clarkeana*）、瞿麦（*Dianthus superbus*）等[16]。不同居群因生境差异，四川牡丹原亚种长势差异较大，水源较为充足地区长势较好，当年生枝条较为粗壮，花朵相对较大。在调查的 12 个四川牡丹原亚种居群中，仅在马尔康县发现两个较大居群，成年植株数量超过 100 株，其他居群，成年植株数量一般不超过 20 株。四川牡丹原亚种在其生境中并非优势种，对生境要求相对苛刻，郁闭度过高或过低都不利于其生长[13]。部分资料显示的分布区域，在实地考察过程中未发现成年开花植株，一些地区甚至已经绝迹。当地老人回忆 50 年前很多地方还有大量分布，开花季节山上可以看到大片红色花朵，但因药农无节制的采挖，大部分种群已经消失。

2.2.2　圆裂叶四川牡丹

圆裂叶四川牡丹与四川牡丹原亚种区别主要体现在：小叶卵圆形，叶裂片较圆钝，先端圆，叶片比四川牡丹原亚种较厚。心皮多 3～4，果实成熟后蓇葖果表皮有浮点，触摸有明显凹凸感，其果皮较原亚种明显变厚。圆裂叶四川牡丹主要沿岷江分布，在调查过程中，共发现有 6 个居群，分布于理县的最大一个居群也仅发现 21 株成年个体，相比于原亚种其破坏程度更加严重，资源数量更加稀少，开花时节，仅能在陡峭悬崖边发现零星成年个体。

2.2.3　狭叶牡丹

狭叶牡丹属于肉质花盘亚组，株高 0.6～1.5m，茎圆，光滑。根纺锤状加粗，有发达地下走茎，兼性营养繁殖。二回三出复叶，二回裂片又 3～5 裂，裂片线形或狭披针形，宽度仅 0.5cm 左右。幼嫩叶片未完全展开时为红褐色，线形。成年植株在枝顶及靠近枝顶叶腋处形成 3 个左右花蕾，几乎全部可以正常开花，花红色至红紫色，花小，花径 5～6cm，花药黄色，心皮 2～3，多为 2，心皮表面光滑[15]。该种仅在四川雅江发现，多分布在林缘山谷中，该地区降雨量较为充足，狭叶牡丹长势较好，资源保存较为完好；但在调查中也发现，狭叶牡丹种子虫害严重，笔者随机摘取 20 个果实,调查后发现,有约 75% 种子被一种疑似蝇类幼虫的蛆虫破坏。另根据资料显示,在巴塘、乾宁、道孚、康定等地也有该种分布[12],还需要更深入调查。

2.2.4　紫牡丹

紫牡丹和狭叶牡丹外部特征较为接近,主要区别在于:叶裂片较宽,花药多为红色,花朵较大,径 5～12cm;心皮数 2～5,多 3～4。紫牡丹在本次调查中仅在丽江和香格里拉发现有分布,且两地植株差异明显,香格里拉紫牡丹在群落中处于优势地位,植株较为高大,大部分个体未发现有根出条,多在植株基部形成大量萌蘖枝条,最多一个植株有 32 根萌蘖枝;而丽江居群极少看到有个体有多个萌蘖枝呈簇状着生,多数为单枝,根出条扩展范围较远。紫牡丹种子也存在较严重虫害,虫食率约 45%。

2.2.5　黄牡丹

黄牡丹高 0.2～1.5m,茎圆形,灰色,无毛。根纺锤状加粗,有地下茎,兼性营养繁殖。二回三出复叶,小叶深裂。每枝枝顶及靠近枝顶叶腋着花 2～3 朵,花黄色、黄绿色,有时花瓣基部有棕红色斑,心皮 2～6,多为 4[12]。该种分布区域最广,四川、云南、西藏均有分布,各个居群之间花期差异较大,花期最早的为德钦一个居群,4 月初开花,最晚的为香格里拉和西藏居群,为 5 月中下旬。在香格里拉一个居群中,黄牡丹和紫牡丹生境有交叉,在该居群中发现有植株开花为橙红色,应为黄牡丹和紫牡丹的天然杂交后代(图 2-g,h)。另外该居群中还存在植株高度平均仅为 20cm 左右的黄牡丹开花个体,其中测量的一个开花个体高仅为 9cm(图 2-i)。

陈德忠认为这是黄牡丹一个变种,命名为矮黄牡丹(*P. lutea* var. *humilis*),该变种当年生萌蘖枝即开花,花朵较其他黄牡丹个体矮小,多数情况下不能正常形成种子,依靠根出条繁殖。云南黄牡丹居群数量及居群中个体数量较资料报道都已明显减少,昆明西山居群只能在岩石缝隙中发现少数个体,且长势较差。西藏黄牡丹的保存较好,少数居群黄牡丹甚至为优势种。西藏黄牡丹较云南黄牡丹叶片宽大,叶裂浅,且西藏黄牡丹花朵多数侧开而非垂头,花朵直径较云南黄牡丹大。西藏个别黄牡丹居群存在不结实现象,主要通过走茎进行繁殖,也有一些居群存在少量植株开花仅有雄蕊,雌蕊未发育[11]。经过多年的野外选种,获得野生黄牡丹优异新材料 9 个(图 3),分别表现为花瓣数或心皮数增加、色斑变大或颜色加深、花朵数增加或减少。目前国内外的黄牡丹新品种均为杂交育种培育出来的,表现为花色变浅,多数黄色牡丹新品种的花侧开或低头,从原生种选育出具有

独特价值的优异资源还是首次。

黄牡丹的分类地位问题一直备受争议,迄今未有定论。Hong 等[14]根据其对西藏、四川、云南的野生牡丹的考察认为前人定名的滇牡丹、黄牡丹、狭叶牡丹这 3 个种的主要形态特征没有相对稳定的数量特征,从整个分布区来看均为连续变异,没有一个性状或性状的组合可以把它们划分到不同的种甚至种下类型,故将其统一定名为:*P. delavayi*,即滇牡丹复合体。但李嘉珏等[12]根据 1996～1999 年的野外调查、引种栽培及实验分析结果以及蛋白谱带、花色素及分布地区等因素的分析,认为 3 个类群的遗传性状相对稳定,将 3 个种归并为 1 个种不妥,故仍采用 Stern[1]的分类处理。

2.2.6　大花黄牡丹

大花黄牡丹在 1995 年被提升到种的等级[15],该种在形态学上和黄牡丹有较多差异。大花黄牡丹为落叶大灌木,高度可达 3.5m,根粗壮,肉质。茎皮灰褐色,片状剥落。叶片大型,为二回三出复叶,小叶 9,两面光滑,侧小叶近无柄;小叶 3 深裂,裂片再二次齿裂,齿尖渐尖[13]。大花黄牡丹枝顶及靠近枝顶叶腋形成 3～4 朵花,花色稳定,为纯净的亮黄色,心皮 1～2,花期 5 月上中旬,果实 8 月下旬开始成熟,结实性强,种子比牡丹组其他种及栽培种都大,新鲜种子千粒重约为 2000g。大花黄牡丹在林芝地区的林芝、米林和山南地区的隆子有分布,在调查的 8 个居群中,除米林机场群体偏小外,其他居群数量在 2000 株以上,主要分布在路边、半山腰及河流附近[11]。大花黄牡丹生境主要有两种生境类型:灌木群落类型主要由灌木物种组成,大花黄牡丹生境中不存在高大乔木。灌木是大花黄牡丹生境地主要的植被生长型,一般为丛生状,骨柴(*Elsholtzia fruticosa*)、宽刺绢毛蔷薇(*Rosa sericea*)、腺果大叶蔷薇(*R. macrophylla* var. *glandulifera*)、粉叶小檗(*Berberis pruinosa*)、腰果小檗(*B. johanhis*)、短柄小檗(*B. brachypoda*)、西藏野丁香(*Leptodermis xizangensis*)及淡黄鼠李(*Rhamnus flavescens*)等。乔木群落类型中,由于大花黄牡丹主要分布在林缘、林窗及河谷台地等处,所以它的生境地群落中乔木的种类及数量相对较少。乔木种类主要有林芝云杉(*Picea likiangensis*)、光核桃(*Amygdalus mira*)、白柳(*Salix alba*)、川滇柳(*S. rehderiana*)及白桦(*Betula platyphylla*)等[16]。

2.3　资源迁地保存情况

通过连续 7 年实地考察发现,西南野生牡丹的生境破坏非常严重,部分文献记载的分布区已很难寻觅野生牡丹踪迹。为了能对现有野生牡丹资源进行保护

图3　9个西藏野生黄牡丹优异资源

和拯救，作者通过播种繁殖方式在西藏拉萨、四川成都和河南驻马店市对部分野生种进行了引种驯化。西藏拉萨牡丹资源圃中黄牡丹、大花黄牡丹已正常开花结实，成年植株数量约500株；狭叶牡丹、紫牡丹、四川牡丹幼苗长势良好。狭叶牡丹在四川成都和河南驻马店都能正常生长，且能不断萌发新枝；四川牡丹在河南驻马店长势良好，在2012年夏季持续高温和2013年夏季持续干旱高温天气下依然能正常生长，和栽培牡丹实生苗长势基本无异，已有约100株两年生幼苗；但四川牡丹在成都长势较差，夏季易出现枝叶干枯现象，这可能和当地夏季闷热潮湿有关；大花黄牡丹和黄牡丹在驻马店和成都能正常发芽，但均不能正常越夏。

3　分析与讨论

3.1　西南野生牡丹濒危原因

3.1.1　竞争力弱

　　喜阳但怕暴晒是所有牡丹的一个共同特点，通过调查发现西南地区大部分野生牡丹生长在林缘地带，且生长良好，其他地方则分布较少，该地带特点为相对郁闭度低。牡丹的萌动开花时间早于其他植物，故

在春季可以接受较为充足的阳光，夏季其他乔灌木的茂密枝叶又可为其提供庇护，减少夏日阳光的暴晒。野生牡丹与野外生存的2000多种维管束植物相比没有竞争优势。野生牡丹的竞争力非常弱，经过千百万年的物种进化与选择，野生牡丹作为一个较原始物种在自然环境中仅仅作为生态系统中的补充，在整个生态系统中受到许多其他物种的竞争排斥，其生态位非常狭窄，处于濒临灭绝的境地[17—18]。

3.1.2　自身特性

　　调查中发现，西南野生牡丹尤其是肉质花盘亚组下的几个种，部分花朵开放后，不能正常形成种子，这在云南的居群中尤为常见，可能和雌蕊发育不完全有关系。在对西藏的野生牡丹调查中也发现有部分植株的花朵只有雄蕊，雌蕊未发育。对西南野生牡丹正常发育的果实进行统计，发现其结实率仅为35%左右，这是在不考虑未发育成功的果实的情况下。芍药属植物结实率低在之前的多篇研究中已有报道[19-22]，这应该说是导致其濒危的一个重要因素。此外牡丹种子存在严重的上胚轴休眠现象，正常情况下萌发需要半年时间[18]，种子一旦失水就很难发芽；而在自然情况下，牡丹蓇葖果裂开后，在自然界中极易失水变

干，这就加深了其休眠，在种子落入土壤后一般 2 ~
3 年才能萌发，在这个过程中，部分种子被一些小动
物作为食物破坏。在调查中就发现，在一些老鼠的洞
穴附近有大量牡丹种皮碎屑存在。

3.1.3　自然灾害

在调查中发现，西南野生牡丹种子的虫食率非常
高[2,22]，从开花时候就开始有类似蛆虫的小虫破坏心
皮吞食胚珠，这个过程一直持续到果实成熟，其中狭
叶牡丹果实的虫食率高达 75%，这使得其通过种子
繁殖变得非常困难。另外西南地区地质结构非常不稳
定，在 7 ~ 9 月份的雨季非常容易产生滑坡和泥石流
现象，在野外调查中较容易发现牡丹在地质灾害后根
部完全裸露，根部长期缺水而死亡，其中也有部分牡
丹在地质灾害中被掩埋而死亡。

3.1.4　人为毁坏

20 世纪六七十年代，药材部门大量收购丹皮，
受利益的驱使，山民大量采挖野生牡丹，尤其是采挖
牡丹根皮的季节往往在春季，这个时间牡丹先于其他
植物抽枝展叶开花，容易在野外发现。然而，这时采
挖，牡丹尚未形成种子，使得野生牡丹无法更新，这
是导致部分资料记载的野生牡丹分布区消失的原因。
近些年，对于野生丹皮的采挖明显减少，但是因大部
分野生牡丹主要生长在林缘地带，农民为了获得更多
的收益，常常将这些地方开垦为农田，导致大量野生
牡丹被破坏。部分地区为了修路，也将大量的野生牡
丹破坏，被挖出的野生牡丹随处丢弃，任其死亡，这
种现象在西藏尤为突出。近几年伴随油用牡丹热潮的
到来，很多人将目光投向了野生牡丹，西南野生牡丹
也难逃厄运。为了获得足够的种子，"科研人员"在
野生牡丹分布区进行地毯式种子采收，导致野生牡丹
无法自然更新。2014 年笔者在对马尔康四川牡丹分
布较多的居群调查时发现，该居群往年都能产生大量
种子，今年却几乎看不到有果实存在。和当地老人了
解后才知道，该居群已有多批科研人员来采收过种
子。此外牲畜的践踏、人为砍伐、游客采摘也是导致
资源破坏的原因。

3.2　西南野生牡丹资源保护与拯救

西南野生牡丹有黄牡丹、大花黄牡丹、紫牡丹和
狭叶牡丹，而我国栽培牡丹黄色花和黑色花稀缺，这
些野生资源是培育黄色、橙色、黑色牡丹新品的重要
种质资源。通过引种驯化发现四川牡丹极耐高温和干
旱，但现有研究表明，其还未参与到我国现有栽培牡
丹进化当中[3,23]，在以后的新品种培育中，四川牡丹
也具极大利用价值。陈德忠、王莲英课题组等都已利
用西南野生牡丹培育出部分新花色且抗性和适应性都

较强的牡丹新品种[5,12]。因此，对西南地区野生牡丹
资源的保护和拯救对以后我国牡丹基础理论研究及新
品种的培育有着极其重要的价值。

结合前人经验及其他植物在保护和利用野生资源
上的成功案例，建议尽量在其原生地建立保护区进行
保护，让当地人参与到资源保护中。作者在调查中发
现，四川马尔康和云南香格里拉两个野生牡丹保存较
为完好的居群，都是因当地人常年保护，禁止采挖才
得以保存。对于一些自然更新困难的居群，可以选择
迁地保护，尽量选择历史上有野生牡丹分布的地区建
立迁地保护区，在人为干预下扩大其种群。对现有野
生牡丹资源进行合理开发利用，禁止任何名义的采
挖，科学研究尽量保证不破坏资源。国民教育对于野
生资源保护显得尤为重要，当人们都意识到这些野生
资源的价值，就会有更少的人破坏，更多的人去
保护。

3.3　西南野生牡丹合理利用

西南野生牡丹花色及抗性方面都有较大潜在开发
利用价值，是培养新花色及高抗牡丹新品种的优良
材料。

欧美国家于 19 世纪末最早开始使用黄牡丹、紫
牡丹与革质花盘亚组的普通牡丹进行组内杂交[24]，
并培育一系列种间杂种。据不完全统计，国外登录种
间杂交种约 500 个，其中部分品种如：'海黄'（High
Noon）、'金晃'（Alice Harding）、'金阁'（Souvenir de
Maxime Comu）、'黑海盗'（Black Pirate）、'中国龙'
（Chinese Dragon）等在引入中国后也大受欢迎。20 世
纪中期日本育种家利用日本芍药品种和'金晃'杂交
育成 4 个 Itoh 杂种[25-28]，后美国许多育种家紧随其
后利用芍药和黄牡丹杂种杂交，陆续培育出大约 100
个 Itoh 杂种。国内开展牡丹组内和芍药属组间杂交较
晚，20 世纪末，兰州榆中县陈德忠和甘肃省林业科
学技术推广总站李嘉珏、何丽霞等人在兰州对我国现
有的野生牡丹进行了引种[17]，并利用当地紫斑牡丹
品种与野生牡丹进行杂交，在 2005 ~ 2006 年先后育
成两个黄色花远缘杂交：'炎黄金梦'和'华夏金龙'，
同时有部分利用狭叶牡丹作为亲本的杂交后代已经开
始开花。中国芍药科植物野生种迁地保护课题组紧随
其后在洛阳伏牛山栾川县境内建立了野生芍药属资源
圃，现已育成牡丹组亚组间杂交新品种 25 个、Itoh
杂种 1 个，其主要野生亲本为黄牡丹和紫牡丹[5]。

前人研究发现，国内育种家虽然已经意识到西南
野生牡丹的重要价值，但仍然未能充分利用现有资
源，对西南野生牡丹的利用主要集中在黄牡丹和紫牡
丹上，狭叶牡丹、四川牡丹、大花黄牡丹基本还未得

到应用。狭叶牡丹适应性强、叶形纤细；四川牡丹高度抗旱耐高温；大花黄牡丹花色明艳植株高大，它们在杂交育种中都是极有应用价值的优异种质资源。我国对于芍药组内杂交育种工作开展较少[29]，Itoh 杂种主要依赖进口，且价格昂贵，急需培育具有自主知识产权的优良品种，满足国内市场需求。

牡丹组亚组间杂交新品种除了出现黄色、橙色、香槟色等新花色外，大部分品种还具有生命力强、抗逆性强、生育周期缩短、二次开花等特点[5]。Itoh 杂种结合了牡丹和芍药的双重优势，花形叶形似牡丹，生长习性似芍药，具有牡丹组亚组间杂交品种的所有优点，因此被预言为芍药属植物的未来[25]。这些新品种的优良特性大部分来自西南野生牡丹，因此，合理积极开发利用西南野生牡丹资源将成为中国牡丹芍药育种的重要出路。

2011 年 3 月 22 日，卫生部发布了"关于批准元宝枫籽油和牡丹籽油作为新资源食品的公告"，而这标志着牡丹籽油正式成为我国的一种木本食用油。同时牡丹籽油具有抗肿瘤、抗炎、改善心血管和调节免疫等医疗保健功能[6-9,30-33]，快速掀起油用牡丹开发利用的热潮，部分学者再次把牡丹研究聚集到西南野生牡丹上。四川牡丹和大花黄牡丹为专性种子繁殖，单株结实率高；黄牡丹、紫牡丹、狭叶牡丹可通过根出条繁殖，可提高单位面积种植密度获得较高产量，因此，利用西南野生牡丹选育油用牡丹新品种也可以得到实现。

我国芍药属育种虽然已经发现了西南野生牡丹的价值和优势，但是因芍药属植物育种周期漫长，极少有科研人员能长期坚持，国家提供必要的持续科研经费支持才能使芍药属新品种选育得到持续的研究。

参考文献

1. Stern F C. A Study of the genus Paeonia [M]. London：The Royal Horticultural Socity, 1946, 155.
2. 李嘉珏. 中国牡丹品种图志·西北、西南、江南卷[M]. 北京：中国林业出版社, 2005, 4 - 10.
3. 李嘉珏. 中国牡丹起源的研究[J]. 北京林业大学学报, 1998, 20(2): 22 - 26.
4. 成仿云. 紫斑牡丹有性生殖过程的研究[D]. 北京：北京林业大学, 1996, 1 - 82.
5. 王莲英, 袁涛, 王福, 李清道. 中国芍药科野生种迁地保护与新品种培育[M]. 北京：中国林业出版社, 2013, 8 - 22.
6. 孙永玉, 李昆. 西南地区野生植物资源保护和利用状况[C]. 世纪初的桉树研究——首届全国林业学术大会桉树分会论文集, 32 - 37.
7. 杨勇, 刘光立, 宋会兴, 陈娅龄. 四川牡丹胚乳浸提液对油菜种子萌发与幼苗生长的影响[J]. 西南农业学报, 2013, 26(1): 89 - 92.
8. 李奎, 郑宝强, 王雁, 朱向涛, 吴红芝. 野生滇牡丹资源调查与分析[J]. 中国城市林业, 2009, 7(4): 61 - 63.
9. 王二强, 王建章, 韩鲲, 王占营, 谢巧霞, 王晓晖, 卢林. 中国野生牡丹种质资源分布、保护现状及合理利用措施探讨[J]. 内蒙古农业科技, 2009(5): 25 - 27.
10. 邢震, 张启翔, 次仁. 西藏大花黄牡丹生境概况初步调查[J]. 江苏农业科学, 2007(4): 250 - 253.
11. 曾秀丽, 潘光堂, 唐琴, 次仁卓嘎, 邓岚. 西藏野生牡丹研究[M]. 郑州：河南科学技术出版社, 2013, 26 - 33.
12. 李嘉珏, 张西方, 赵孝庆, 等. 中国牡丹[M]. 北京：中国大百科全书出版社, 2011, 16 - 27.
13. 马莘, 夏颖, 马庆庆, 宋会兴. 四川牡丹群落物种生态位及空间关联度分析[J]. 重庆师范大学学报(自然科学版), 2007, 28(04): 57 - 61.
14. Hong Deyuan, Pan Kaiyu, Yu Heng. Taxonomy of the *Paeonia delavayi* complex (Paeoniaeeae) [J]. Annals of the Missouri Botanical Garden, 1998, 85: 554 - 564.
15. 李嘉珏, 陈德忠, 于玲, 等. 大花黄牡丹分类学地位的研究[J]. 植物研究, 1998, 18(2): 152 - 155.
16. 苏建荣, 刘万德, 郎学东, 等. 濒危植物大花黄牡丹与生境地群落特征的关系[J]. 林业科学研究, 2010, 23(4): 487 - 492.
17. 李睿, 何丽霞, 宋桂英. 野生牡丹在兰州地区的引种栽培试验[J]. 林业实用技术, 2011(7), 55 - 56.
18. 景新明, 郑光华. 4 种野生牡丹种子休眠和萌发特性及与其致濒的关系[J]. 植物生理学报, 1999, 25(3): 214 - 221.
19. Schlising R A. Reproductive proficiency in *Paeonia californica* (Paeoniaceae) [J]. Amer J Bot, 1976, 63(8): 1095 - 1103.
20. 红雨, 刘强. 芍药的传粉生物学研究[J]. 广西植物, 2006, 26(2): 120 - 124.
21. 罗毅波, 裴颜龙, 潘开玉, 等. 矮牡丹传粉生物学的初步研究[J]. 植物分类学报, 1998, 36(2): 134 - 144.
22. 李奎, 郑宝强, 王雁, 等. 滇牡丹的开花特征及繁育系统[J]. 东北林业大学学报, 2013, 41(1): 63 - 67.
23. Martin P. 1997. The gardener's guide to growing peonies [M]. Portland：Timber Press, Inc.
24. Greta Kessenich. 1976. A history of the peonies and their originations[J]. American Peony Society.
25. Donald S. 1995. A summery of registered and named intersectional hybids[J]. Paeonia, 25(4): 3 - 5.
26. Donald S. 1998. The *Suffruticosa* × *lactiflora* hybrids [J].

Paeonia，28（2）：5.

27. 肖佳佳. 2010. 芍药属杂交亲和性及杂种败育研究［D］. 北京：北京林业大学.

28. 韩宏毅，王剑. 多不饱和脂肪酸及其生理功能［J］. 中国临床研究，2010，23（6）：523－525.

29. 刘立新. ω-3 脂肪酸对高血压合并颈动脉粥样硬化患者血管内皮功能的影响［J］. 中国临床药理学杂志，2010，

26（5）：330－333.

30. 吴国豪. 营养支持在炎症性肠疾病治疗中的价值［J］. 中国实用外科杂志，2007，27（3）：197－199.

31. CLELAND L G, JAMES M J, PROUDMAN S M. The role of fish oils in the treatment of rheumatoid arthritis ［J］. Drugs，2003，63（9）：845－853.

武汉地区梅花切花品种筛选及分级模型初探[*]

毛庆山[1][①]　　杨艳芳[2]　　张云珍[2]　　晏晓兰[1]

（[1]中国梅花研究中心，武汉 430074；[2]湖北生物科技职业学院，武汉 430070）

摘要　本案通过对中国梅花研究中心品种资源圃的 50 个梅花品种进行综合调查分析，推荐出武汉地区梅花切花品种 10 个，其中 I 类品种有 3 个：'雪海宫粉''见惊梅'和'小绿萼'；II 类品种 5 个：'粉红朱砂''江南朱砂''多萼朱砂''江砂宫粉'和'人面桃花'；III 类品种 2 个：'武汉早红'和'东方朱砂'。并初步建立起梅花切花分级模型。

关键词　武汉；梅花；切花品种；分级；模型

Wuhan Mei-flower Varieties Screening and Classification Model of Cut Flower

MAO Qing-shan[1]　　YANG Yan-fang[2]　　ZHANG Yun-zhen[2]　　YAN Xiao-lan[1]

（[1]*China Mei Flower Research Center*，*Wuhan* 430074；[2]*Hubei Vocational College of Biological Science and Technology*，*Wuhan* 430070）

Abstract　The case of Chinese Mei- flower research center variety resources nursery comprehensive investigation and analysis of 50 varieties of Mei-flower，ecommended a cut in Wuhan were 10 varieties，of which type I breed has three：'Xuehai Gong-Fen' and 'Jiang jing mei' and 'Xiao lv e'；Class II five varieties：'Jiangnan cinnabar'，'Pink cinnabar'，'Duo e cinnabar'，'Jiang Sha GongFen' and 'Ren mian taohua'；Class III two varieties：'Wuhan early red' and 'Dongfang cinnabar'. And set up the Mei-flower cut classification model.

Key words　Wuhan；Mei- flower；The varieties of cut；Classification；Model

1　品种选择

1.1　品种数量

中国梅花品种资源圃现保留品种 340 多个，按照国际栽培植物命名法则，共分为 11 个品种群，分别是：江梅品种群、宫粉品种群、玉蝶品种群、黄香品种群、绿萼品种群、朱砂品种群、洒金品种群、龙游品种群、垂枝品种群、杏梅品种群、美人品种群等。我们选择其中的 50 个品种作为代表，进行调查统计分析。

1.2　选择原则

一是要具有广泛代表性；二是要有一定的栽培数量和成年树体；三是其枝条有采取切花的潜质。

1.3　选择方法

一是经验法，通过多年的经验积累进行判断，尽量选择复瓣和重瓣品种；二是目测法，通过现场观察，主要考察其花朵和切花枝的特性；三是市场法，我们于 2013 年、2014 年两年采切不同品种的梅花枝条作切花进行市场调查，收集顾客意见。

1.4　品种名称

我们最终选择的品种是：江梅品种群 5 个品种：'江梅''粉蝶''红雀''小红长丝''养老'；宫粉品种群 24 个品种：'江砂宫粉''粉皮宫粉''武汉早红''银红台阁''水红宫粉''惊蛰梅''人面桃花''雪海宫粉''曹溪宫粉''潮塘宫粉''大羽照水''晚碗宫

---

* 基金项目：湖北省科技厅项目任务书编号：2012BBA08004 湖北省重点新产品新工艺研究开发项目任务书。

① 通讯作者：毛庆山。职称：正高职高级工程师。主要研究方向：花卉栽培及育种。电话：15327306567　Email：806558169@qq.com
地址：湖北省武汉市东湖 中国梅花研究中心　邮编：430074。

粉'‘玫粉台阁'‘莲湖深粉'‘凝馨'‘见惊梅'‘崂山宫粉'‘艳红照水'‘粉皱宫粉'‘重瓣大红'‘莳出锦'‘千叶红'‘紫羽'‘晚花宫粉'；绿萼品种群4个品种：‘小绿萼'‘飞绿萼'‘变绿萼'‘米单绿'；朱砂品种群9个品种：‘佐桥红'‘粉红朱砂'‘江南朱砂'‘东方朱砂'‘骨里红'‘白须朱砂'‘多萼朱砂'‘南京红须'‘小红朱砂'；黄香品种群2个品种：‘绿萼台阁黄香'‘黄金鹤'；垂枝品种群2个品种：‘双碧垂枝'‘红台垂枝'；美人品种群1个品种：‘美人梅'；杏梅品种群1个品种：‘丰后'。另外有2个观测的新品种，分别是磨梅1号和磨梅2号。

2 考核指标

2.1 树体结构

主要包括树势、树冠、树体骨干枝分布及其角度。树势分为强、中、弱，它是树体生长强壮程度的表现，直接影响到枝条抽生能力；树冠有圆形、半圆形、卵形、倒卵形、伞形等形状，它直接影响树体的通风透光程度，一般来说，圆形、倒卵形、伞形通风透光程度较好；梅花是中型乔木，一般来说，以3~5个骨干枝为好，且要分布均匀。如果骨干枝过少，则影响树体平衡；过多，则影响通风透光和枝条抽生能力。

2.2 栽培表现

我们主要选取了两个指标进行衡量。抗逆性主要是指在干旱、渍涝、贫瘠土壤、病虫危害、高温、寒冷气候等不利条件下的反应，是栽培管理难易程度的体现；大小年是衡量梅花开花习性的重要指标，关系到切花产量和品质的稳定性。

2.3 枝条习性

我们选取了"萌芽率"、"成枝力"、"成花率"和"节间长度"等4个指标。"萌芽率"：表示一年生枝条上萌发芽占总芽数的比例，影响枝条量的增长速度和开花的早晚；"成枝力"：我们统计的是通过重剪以后，抽生长枝（50cm以上）的个数，直接影响切花的产量；"成花率"：我们统计的是花芽的数量占总芽数的比例，反映的是开花难易和花朵繁密程度；"节间长度"：表示的是单位长度的节间数量，影响切花的感官。

2.4 花朵特性

从5个方面来衡量。"花朵整齐度"：主要是看梅花花朵基部和顶部的花朵大小差别程度、开花早晚及

颜色的变化等。"花瓣"主要分为单瓣（5~8枚）、重瓣（9~12枚）、复瓣（大于12枚）及其开放时花朵的舒展程度；"花色"主要分为"白、红、粉、绿、黄及复色"，并考察其颜色是否纯正、明亮；"花径"主要衡量花朵的大小；"花香"主要考察其香味及其纯正性。

2.5 切花枝特性

分为4个方面来考察。"花枝类型"是表示一支合格的切花是一年生、二年生还是多年生枝条；"花枝造型"则考察切花的优美程度，分为"极优美、优美、较优美、一般、较差等"；"花枝整齐度"主要衡量一个品种的切花其长度、粗度和形状是否基本一致；"耐贮性"则主要衡量梅花切花低温贮藏时间及其是否能够正常开放。

3 调查方法

3.1 树势（5分）

观察成年树。树势中4~5分、强3~4分、弱1~2分。

3.2 树冠（5分）

树冠开张4~5分、树冠较开张3~4分、树冠紧凑1~3分。

3.3 骨干枝及角度（5分）

骨干枝分布合理、角度开张4~5分；骨干枝较为合理、有一定的开张角度3~4分；骨干枝分布不合理且紧凑1~3分。

3.4 抗逆性（5分）

每品种观察3~5年，进行统计。基本不受环境、气象和病虫害影响的5分；受环境、气象和病虫害影响小的4分；受环境、气象和病虫害有一定影响的3分；受环境、气象和病虫害影响较大的2分；受环境、气象和病虫害影响极大的0~1分。

3.5 大小年（5分）

每个品种观察3~5年，进行统计。基本没有大小年的4~5分、有一定大小年的3~4分、大小年严重的1~3分。

3.6 萌芽率（5分）

随机统计上年甩放符合切花品质的枝条3~5枝进行统计。其萌芽率达到95%赋5分、90%赋4分、85%赋3分、80%赋2分、80%以下的赋1分。

3.7 成枝力(5分)

随机统计上年重度修剪的8～10根枝条，以达到50cm以上为限，计算其平均值。达到5枝的极强赋5分、4枝的较强赋4分、3枝的中赋3分、2枝的稍弱赋2分、1枝及其以下的弱赋1分。

3.8 成花率(5分)

选取符合造型的切花枝3～5枝，按照成花率≥65%赋5分、≥55%赋分4分、≥45%赋分3分、≥35%赋分2分、35%及以下赋分1分。

3.9 节间长度(5分)

随机选取符合切花品质的二年生切花枝8～10枝进行统计，计算平均节间长度。≤2.5cm 5分、≤3cm 4分、≤3.5cm 3分、≤4cm 2分、超过4.1cm 1分。

3.10 花朵整齐度(5分)

每个品种随机采摘3～5枝符合切花品质的枝条进行统计，按照花朵大小高度一致，基部和顶部花朵均能开放5分、花朵大小一致，顶部花朵大多能够开放4分、花朵大小基本一致、顶部少数花朵可以开放3分、花朵大小差别较大，顶部花朵极少数开放2分、花朵大小差别极大、顶部花朵不能开放0～1分。

3.11 花瓣(5分)

每个品种随机采摘20朵盛开的花朵进行统计，重瓣5分、复瓣4分、单瓣3分。

3.12 花色(5分)

每个品种随机采摘20朵盛开的花朵进行统计，按照花瓣的颜色及明亮程度进行赋分。绿白色和红色（含粉红、桃红、玫瑰红、水红和紫红）4～5分；粉色和白色2～4分；暗色（含暗粉红、暗粉色、暗白色）1～3分。

3.13 花径(5分)

每个品种随机采摘20朵盛开的花朵进行统计，平均花径≥3.0cm赋5分、≥2.5cm赋4分、<2.5cm赋2分。

3.14 香味(5分)

盛花期选择同一品种5株（或者5根枝条）进行比较。极浓香或极甜香5分、浓香或甜香4分、芳香或清香3分、淡香2分、微香1分、不香0分。

3.15 花枝类型(5分)

随机选择一年生花枝10个进行统计，取平均值。分为刺状枝或花簇状枝、短花枝、中花枝、长花枝、徒长枝等5种，每一种开花枝记1分进行累计。

3.16 花枝造型(10分)

分为一年生和二年生。对于以一年生为切花对象的只统计一年生花枝；对于以二年生为切花对象的只统计二年生花枝。具体方法是：随机选取切花枝8～10枝（以≥50cm为限），按照极优美9～10分、优美7～8分、一般5～6分、差3～4分、极差1～2分的标准分别进行评分，计算平均值。

3.17 花枝整齐度(5分)

随机选择符合标准甩放中庸的二年生切花枝3～5枝，统计其一年生枝条的数量及其小于50cm一年生枝条的比例来进行衡量。其比例达95%的赋5分、90%的赋4分、85%的赋3分、80%的赋2分、80%以下的赋1分。

3.18 耐贮性(5分)

于每天清晨或旁晚，采切大部分花蕾现色并有少量展开的花枝12枝支，分成4个处理：每个处理各3支，分为对照，处理1（贮藏1周），处理2（贮藏2周）和处理3（贮藏3周）。贮藏在鲜花柜中，其温度0～5℃，相对湿度85%～95%，观察其耐贮性。根据其贮藏时间长短和开花情况进行综合分析，分别赋0～5分。

4 结果分析

4.1 数据采集

主要集中在2012年到2015年4年内完成。2012年我们筛选了50个品种进行了初步观察，到2013年进行了部分调整。主要调查指标"树体结构"以2013年现场调查为主。"栽培表现"主要以历史经验和前期的观察记载为主。"花朵特性"是以国际登录的记载为主，非登录品种则以现场调查数据为主。"枝条习性"和"切花枝特性"则主要以2013、2014年两年的调查数据进行综合分析。其中耐贮性研究主要是以2014和2015年的研究为主。

4.2 数据统计

4.2.1 梅花切花品种综合统计

梅花切花品质综合统计(一)

	粉红朱砂	粉皮宫粉	武汉早红	小绿萼	江梅	银红台阁	千叶红	江砂宫粉	水红宫粉	骨里红	东方朱砂	变绿萼	惊蛰梅	丰后	人面桃花	美人梅
树势(5)	5	5	5	5	5	5	5	5	5	5	5	5	4	5	5	5
树冠(5)	5	5	5	5	5	5	5	5	5	5	5	5	5	2	5	5
骨干枝及角度(5)	5	5	5	5	5	5	5	5	5	5	5	5	5	3	5	5
抗逆性(5)	4	4	4	5	4	4	4	4	4	4	4	4	4	5	4	5
大小年(5)	5	5	4	5	5	4	5	5	5	4	5	5	5	4	5	5
萌芽率(5)	3	3	3	5	4	5	5	3	3	3	5	3	5	2	5	4
成枝力(5)	3	3	3	3	3	2	2	3	5	3	3	3	2	2	3	3
座花率(10)	8	4	5	9	8	8	3	5	6	7	7	3	8	8	8	1
节间长度(5)	4	4	4	3	4	4	4	4	4	3	2	4	4	5	4	4
花朵整齐度(5)	4	4	4	4	4	4	4	4	4	4	4	4	4	5	4	5
花瓣(5)	5	5	5	5	3	5	5	5	5	5	5	5	5	5	5	5
花色(5)	5	4	5	5	3	5	5	5	5	5	5	3	5	5	5	5
花径(5)	5	4	4	5	2	2	4	4	4	4	4	4	2	5	4	5
香味(5)	3	2	3	4	4	4	4	3	4	3	3	3	4	0	4	0
花枝类型(5)	4	4	3	5	5	3	4	5	4	4	5	4	3	5	5	5
花枝造型(10)	8	8	7	9	8	7	3	5	8	6	6	8	8	5	7	6
花枝整齐度(5)	5	5	5	5	5	5	4	5	5	4	4	4	5	4	5	5
耐贮性(5)	5	5	5	5	5	5	5	5	5	4	5	4	5	5	5	5
合　计	85	79	82	91	79	77	73	85	78	79	84	79	79	74	86	78

	绿萼台阁	白须朱砂	雪海宫粉	漕溪宫粉	湖塘宫粉	大羽照水	多萼朱砂	红台垂枝	黄金鹤	佐桥红	晚碗宫粉	枚粉台阁	莲湖深粉	水红长丝	凝馨	见惊梅
树势(5)	5	5	5	4	4	4	5	5	4	4	4	4	4	4	5	5
树冠(5)	5	5	5	5	5	5	5	5	4	5	5	5	5	5	5	5
骨干枝及角度(5)	4	5	5	4	4	4	5	5	4	4	4	4	4	4	4	5
抗逆性(5)	4	4	5	3	4	4	4	4	4	4	4	4	4	4	4	4
大小年(5)	5	5	5	5	5	5	4	5	4	4	4	5	4	4	4	4
萌芽率(5)	4	3	4	5	3	5	5	5	4	5	4	4	5	4	4	4
成枝力(5)	3	2	1	2	4	4	4	4	4	4	4	4	4	3	1	3
座花率(10)	4	7	10	8	5	5	5	5	5	5	9	7	1	1	1	9
节间长度(5)	4	4	4	4	4	4	4	4	4	3	1	3	5	5	5	5
花朵整齐度(5)	4	4	5	4	4	4	4	4	4	4	4	4	4	4	4	5
花瓣(5)	5	4	5	5	5	4	5	5	5	5	5	5	4	4	5	4
花色(5)	5	5	5	5	5	5	5	5	5	5	5	5	5	4	4	4
花径(5)	5	4	4	2	2	5	4	4	2	4	4	4	2	4	4	4
香味(5)	4	4	4	2	4	3	4	2	3	2	4	3	5	3	4	4
花枝类型(5)	3	3	4	3	3	3	5	2	3	3	3	3	3	3	3	5
花枝造型(10)	6	5	8	7	7	7	8	6	7	6	8	7	6	6	6	9
花枝整齐度(5)	4	5	5	4	4	5	4	4	1	4	4	2	4	4	4	5
耐贮性(5)	5	5	5	5	5	5	5	5	5	5	5	5	5	5	5	5
合计	79	79	92	70	74	77	87	77	73	76	74	78	78	76	72	92

	蒴出锦	崂山宫粉	南京红须	江南朱砂	艳红照水	粉皱宫粉	重瓣大红	双碧垂枝	紫羽	小红朱砂	红雀	养老	米单绿	粉蝶	飞绿萼	晚花宫粉	磨梅1号	磨梅2号
树势(5)	4	5	5	5	5	5	5	5	5	5	5	5	5	5	5	5	5	5
树冠(5)	5	5	5	5	5	5	5	4	5	4	4	5	5	5	5	5	5	5
骨干枝及角度(5)	4	5	5	5	5	5	4	4	4	4	5	4	4	4	4	5	5	5
抗逆性(5)	4	4	5	5	4	5	4	4	4	4	5	4	4	4	4	4	4	4
大小年(5)	4	5	4	5	4	5	4	2	4	4	5	4	4	4	4	4	4	4

（续）

	蒔出锦	崂山宫粉	南京红须	江南朱砂	艳红照水	粉皱宫粉	重瓣大红	双碧垂枝	紫羽	小红朱砂	红雀	养老	米单绿	粉蝶	飞绿萼	晚花宫粉	磨梅1号	磨梅2号
萌芽率(5)	1	4	5	5	5	3	1	3	5	4	5	4	4	3	5	5	5	5
成枝力(5)	1	2	3	4	3	3	4	3	3	2	4	3	4	3	3	3	3	1
座花率(10)	5	7	7	8	5	2	8	8	8	7	8	5	5	3	5	7	7	8
节间长度(5)	4	4	5	3	4	1	4	3	4	5	4	4	4	4	4	4	3	3
花朵整齐度(5)	3	4	3	4	4	4	3	4	2	3	3	3	3	3	3	3	3	3
花瓣(5)	5	3	5	5	5	5	5	5	5	5	5	3	5	3	5	5	4	4
花色(5)	5	5	5	5	5	3	4.5	5	4	5	3	5	4	3	5	4	4	4
花径(5)	2	4	5	5	4	4	5	5	4	5	4	4	4	5	4	4	4	4
花味(5)	3	4	1	5	3	3	2	3	3	4	2	3	4	4	4	4	3	3
花枝类型(5)	2	3	3	4	3	4	2	3	4	4	3	4	4	4	4	4	3	3
花枝造型(10)	7	6	7	8	7	7	7	6	7	6	6	6	7	6	7	6	7	7
花枝整齐度(5)	4	3	5	5	4	4	3	5	5	5	4	3	3	1	3	5	5	4
耐贮性(5)	5	5	4	5	4	5	5	5	5	4	5	5	5	5	4	5	5	3
合　计	68	78	79	87	79	67	74.5	79	77	79	74	71	73	68	75	78	78	79

经过数据统计分析，我们发现，除了少数几个品种外，大部分梅花品种的综合表现趋于平衡，采用百分制方法进行统计，其结果差别不大，这也与我们平时的感官认识相一致。其主要区别在于"枝条习性"和"花朵特性"两个方面。如'蒔出锦'主要是萌芽率和成枝力较低；'粉皱宫粉'主要是节间较长和成花率较低；'粉蝶'主要是花朵特性表现一般，所以，综合评价较低，都在70分以下。得分较高的（80分以上）有以下10个品种：'武汉早红''雪海宫粉''江砂宫粉''见惊梅''人面桃花''粉红朱砂''江南朱砂''东方朱砂''多萼朱砂''小绿萼'等，我们将其列为武汉地区适合梅花切花的推荐品种。

4.2.2　梅花切花推荐品种特质统计

我们力图通过梅花切花10个推荐品种的切花品质综合分析，从采切长度、粗度、坐花数量、节间长度、花枝整齐度、病斑情况等方面进行考察，将推荐品种进行分类。在品种分类的基础上，建立起梅花切花分级模型。

4.2.2.1　梅花切花推荐品种特质分析

推荐品种特质统计分析表

品种	LA	DA	L20	U%	I.N	F.N
武汉早红	95	5.46	1	97.37	38	60
见惊梅	92	6.29	2	96.61	59	169
粉红朱砂	60.67	4.51	1	94.74	19	84
江南朱砂	87.33	5.97	1	96.43	28	118
雪海宫粉	105	9.31	3	93.02	43	210
江砂宫粉	85	7.5	1	98	50	111
多萼朱砂	75.67	5.99	2	93.33	30	108
东方朱砂	57.33	5.16	1	96.43	28	57
小绿萼	76.67	6.37	1	97.78	45	141
人面桃花	84	6.62	2	87.5	16	119
AV	81.87	6.32	1.5	95.79	35.6	117.7

4.2.2.2　梅花切花推荐品种采切长度分析

我们从推荐的梅花10个切花品种中，每个品种采切具有切花品质的2年生枝条3枝，分别测量其母枝长度（cm）、粗度（mm）、总节数、花朵总数、新枝≥20cm的支数，并计算出节间长度和花枝的整齐度。

梅花切花采切长度分析表

NO.	L(cm)	L20	I.X	U%	I.L	F.N
1	50	1	16	93.75	3.13	55
2	54	0	17	100	3.18	41
3	57	0	22	100	2.59	46
4	61	1	19	94.74	3.21	101
5	61	1	28	96.43	2.18	85
6	65	1	27	96.3	2.41	102
7	66	0	22	100	3	120
8	68	0	29	100	2.34	89
三级 AV	60.25	0.5	22.5	97.65	2.76	79.88
9	71	1	21	95.24	3.38	95
10	74	0	33	100	2.24	38
11	75	1	31	96.77	2.42	77
12	75	2	24	91.67	3.13	80
13	77	0	38	100	2.03	95
14	80	4	25	84	3.2	167
15	81	1	28	92.86	2.89	91
16	82	5	16	68.75	5.13	149
17	84	0	50	100	1.87	135
18	85	0	50	100	1.7	118
19	87	3	30	90	2.9	142
20	89	1	42	97.62	2.12	116
二级 AV	80	1.58	31.92	93.08	2.75	108.58
21	92	0	23	100	4	147

（续）

NO.	L（cm）	L20	I. X	U%	I. L	F. N
22	95	1	53	98.11	1.79	138
23	96	0	59	100	1.63	188
24	97	1	36	97.22	2.69	69
25	102	0	25	100	4.08	55
26	103	4	47	91.49	2.19	224
27	103	3	41	92.68	2.51	227
28	106	5	43	88.37	2.47	186
29	106	1	42	97.62	2.52	218
30	114	3	44	93.18	2.59	74
一级 AV	101.4	1.8	41.3	95.87	2.65	152.6

　　从采切长度的角度考察，我们可以将梅花切花分成三级：一级 90～120cm，平均坐花约为 150 朵；二级 70～89.9cm，平均坐花约为 100 朵；三级 50～69.9cm，平均坐花约为 80 朵。花枝的整齐度均超过 90%。

4.2.2.3　梅花切花推荐品种采切粗度分析

梅花切花采切粗度分析表

NO.	D（mm）	L20	I. X	U%	F. N
1	34	1	16	93.75	55
2	4.16	0	33	100.00	38
3	4.3	1	19	94.74	101
4	4.48	0	33	100.00	147
5	4.75	0	47	100.00	41
6	4.92	0	22	100.00	46
7	4.94	0	38	100.00	95
8	5.31	0	22	100.00	120
9	5.36	1	31	96.77	77
三级 AV	4.62	0.33	21.56	98.36	80
10	5.57	1	24	91.67	80
11	5.6	1	42	97.62	116
12	5.71	1	36	97.22	69
13	5.8	1	28	76.43	85
14	5.82	1	21	95.24	95
15	5.83	0	25	100.00	55
16	6.09	0	59	100.00	188
17	6.12	4	27	96.30	102
18	6.28	3	30	90.00	142
19	6.5	0	45	100.00	135
20	6.51	3	44	93.18	74
21	6.75	5	16	68.75	149
22	7.27	0	29	100.00	89
23	7.29	4	25	84.00	167
24	7.49	1	53	98.11	138
二级 AV	6.31	1.53	33.6	93.90	112.3
25	7.82	2	28	92.86	91

（续）

NO.	D（mm）	L20	I. X	U%	F. N
26	7.84	4	47	91.49	224
27	8.92	5	43	88.37	186
28	9.31	1	42	97.62	218
29	9.66	0	50	100.00	118
30	9.69	3	41	92.68	227
一级 AV	8.87	2.5	44.83	93.84	177.3

　　从采切粗度的角度考察，我们可以将梅花切花分成三级：一级 7.5～10mm，平均坐花约为 175 朵；二级 5.5～7.49mm，平均坐花约为 135 朵；三级 3.4～5.5mm，平均坐花约为 80 朵。花枝的整齐度均超过 90%。

4.3　结果分析

4.3.1　武汉地区梅花切花品种推荐

　　综合分析 50 个被调查的梅花切花品质，得分较高的（80 分以上）有以下几个品种：宫粉品种群 5 个品种，'武汉早红''雪海宫粉''江砂宫粉''见惊梅''人面桃花'；朱砂品种群 4 个品种，'粉红朱砂''江南朱砂''东方朱砂''多萼朱砂'；绿萼品种群 1 个品种，'小绿萼'，我们将其列为武汉地区适合梅花切花的推荐品种。

4.3.2　武汉地区梅花切花品种分类

　　通过对武汉地区梅花切花的 10 个推荐品种特质调查分析，可以将其分为 3 类。平均每支切花着花数量达到 140 朵及以上的为 I 类品种有 3 个：'雪海宫粉''见惊梅'和'小绿萼'；达到 80 朵及以上的为 II 类品种 5 个：'粉红朱砂''江南朱砂''多萼朱砂''江砂宫粉'和'人面桃花'；小于 80 朵的为 III 类品种 2 个：'武汉早红'和'东方朱砂'。其中最高的为'雪海宫粉'，平均为 210 朵，最低的为'东方朱砂'，仅为 57 朵，差别较大。

4.3.3　武汉地区梅花切花品种分级模型建立

　　通过对武汉地区梅花切花的 10 个推荐品种切花品质的综合分析，我们可以通过梅花切花的长度、粗度、花朵数、花枝整齐度、节间长度和病斑情况等指标分析，建立起梅花切花的分级模型：将梅花的切花分成三级：分别是一级粗度 7.5～10mm，长度 90～120cm，平均坐花达到 150 朵；二级粗度 5.5～7.49mm，长度 70～89.9cm，平均坐花约为 100 朵；三级粗度 3.5～5.5mm，长度 50～69.9cm，平均坐花约为 80 朵。花枝的整齐度均超过 90%，节间长度小于 40mm。无病斑。

5 讨论

5.1 权重比例

我们选取的指标过于繁杂，其权重比例确定缺乏一定的科学性。如果我们将主观因素和经验值较强的指标"树体结构"和"栽培表现"去掉，可能更加趋于科学。

5.2 立地条件

由于没有专门的切花圃，不同品种的立地条件差别较大，树龄也不尽相同，其结果会有一定的差异。

5.3 主观因素

"抗逆性"和"大小年"主要依靠经验值和历史表现为依据，主观性较大。"耐贮性"由于实验条件有限，主要集中在候选的 10 个品种，其他品种也主要依靠经验值。

5.4 统计误差

"节间长度"经过实测发现：不同的修剪处理其节间长度有一定的差别，其规律性表现为一年生枝条从重到轻依次递减：重剪大于中度修剪、中度修剪大于轻剪、轻剪大于甩放。二年生枝条大于一年生枝条。为了统计方便，我们主要测量适合做切花的二年生枝条进行统计。由于有些品种很难找到这样足够的枝条，我们测量其一年生甩放枝条的节间长度，可能造成数据采集标准不一，有一定的误差。

5.5 处理重复

由于有些品种的数量较少，在"花枝整齐度"、"节间长度"等指标的统计上，多的有十几个重复，少的仅 1~2 个重复，造成一定的误差。

5.6 品种的代表性

我们通过对梅花 50 个品种两年采集数据的综合分析，从"树体结构"、"栽培表现"、"枝条特性"、"花朵特性"和"花枝特征"等 5 大方面 18 个小项进行百分制评比，从中选择了 10 个较为优良的品种。但是，通过对 10 个品种的切花枝进行详细的比较分析，发现其差别较大，说明其品种的代表性不是很科学。而且中华人民共和国林业行业标准《LY/T2136 – 2013 梅花切花生产技术规程》中推荐的有些品种并不在其列。

5.7 分类分级的科学性

我们通过对武汉地区梅花切花的 10 个推荐品种的切花品质进行综合分析，主要从坐花数量、花枝整齐度、节间长度等方面考察，将其分为 3 类，只有一年的数据，同时，每个品种的采集标准不尽相同，势必影响分类的科学性；同理，分级模型的科学性有待在实践中验证。

参考文献

1. 晏小兰. 中国梅花栽培与鉴赏[M]. 北京：金盾出版社，2002.
2. 陈俊愉. 中国梅花[M]. 海口：海南出版社，1996.
3. 陈俊愉. 中国梅花品种图志[M]. 北京：中国林业出版社，1989.
4. 赵守边，刘小祥. 武汉梅花[M]. 武汉：武汉工业出版社，1996.
5. 中华人民共和国林业行业标准《LY/T2136 – 2013 梅花切花生产技术规程》.

萱草属商业育种的进展与趋势

董文珂[1,2]①　刘　辉[2]

（[1]北京市花木有限公司，北京 100044；[2]北京天卉苑花卉研究所，北京 100093）

摘要　通过综述国内外萱草属种质资源的引种、育种及其重要成就，总结了商业育种的进展与特点，指出了未来商业育种的主要方向以及部分可能实现的途径。从国内开展商业育种的必要性、种质资源的收集、育种者间的交流、行业组织的作用、育种者的权益保护等方面对国内萱草属商业育种提出了重要建议。

关键词　萱草属；观赏植物；育种；历史

Progress and Trends of Commercial Breeding in *Hemerocallis*

DONG Wen-ke[1,2]　LIU Hui[2]

（[1]*Beijing Florascape Co.，Ltd.，Beijing* 100044；[2]*Beijing Tian - hui - yuan Institute of Floriculture，Beijing* 100093）

Abstract　Introduction of germplasm resources，and breeding and its achievements in *Hemerocallis* home and abroad are reviewed. Progress and characteristics of commercial breeding are summarized. Then main trends and their approaches of commercial breeding in *Hemerocallis* in the future are pointed out. And lastly，the necessity of commercial breeding，collection of germplasm resources，communication between breeders，functions of the societies and associations，and protection of breeder's rights for China's commercial breeding in *Hemerocallis* are proposed.

Key words　*Hemerocallis*；Ornamental plants；Breeding；History

萱草属（*Hemerocallis*）仅 10 余个种，花色为不同明暗深浅的黄色和橙色，主要分布在亚洲东部温带和亚热带地区（Chen 和 Noguchi，2000；The Plant List，2012；Govaerts，2014）。经过 100 多年的杂交选育和推广应用（Fosler 和 Kamp，1954；Hu，1968 a），截止到 2015 年初在美国萱草学会（American Hemerocallis Society，AHS）登录的品种已近 8 万个（AHS，2015），在花色、花型、花径、花量、花期等观赏性上也显著不同且优于野生种，成为世界温带和亚热带地区广泛且易于栽培的园林花卉，深受各国人民喜爱，被称为"完美宿根花卉"，其育种成果堪称世界观赏植物育种的一大奇迹。我国是本属野生种质资源最丰富的国家，也是观赏栽培最早的国家，然而培育的商业品种却非常少，与欧美等观赏园艺发达国家和地区相比差距巨大，每年仍需从国外引进大量的新优品种用于环境美化。因此，回顾萱草属商业育种所取得的成就、总结进展、展望未来，能为国内开展萱草属商业育种提供重要指导。

1　初期的引种与育种

1.1　初期的引种

引种栽培为育种奠定了必不可少的重要物质基础。早在 2500 多年前中国华北地区就有萱草（*Hemerocallis fulva*）作为观赏栽培和北黄花菜（*H. lilioasphodelus*）生于林缘的文字记载，3 世纪便有了重瓣型萱草的记载（Hu，1968a；王钊 等，2013）。而 16 世纪中叶或更早北黄花菜和单瓣不结实的萱草可能才经陆路或水路从中国首先被引入欧洲观赏栽培，随后 100 多年间发现了叶色、花色、花径变异，其间又经由欧洲被引入美洲，18 世纪末已成为英国著名的观赏花卉（Hu，1968a）。此后，约 1800 年小黄花菜（*H. minor*）从西伯利亚、约 1830 年小萱草（*H. dumortieri*）从日本、1860 年大苞萱草（*H. middendorffii*）从西伯利

①　通讯作者。董文珂，男，园林绿化工程师，电话：010 - 60441700，E-mail：victor_ dawn@163.com，主要研究领域：观赏植物种质资源与商业育种。

亚、1860～1890 年间童氏黄花菜(*H. thunbergii*)和常绿萱草(*H. fulva* var. *aurantiaca*)从中国或日本、1890 年黄花菜(*H. citrina*)从中国被引入欧洲园林(Hu,1968*a*;1968*b*)。至此,萱草属商业育种最初和最重要的亲本均已从东方引入西方。

1.2 初期的育种

最初的品种主要是野生种质资源及其优良单株或后代间的有性杂交,品种不多,观赏特性不够突出,然而'Gold Dust''Hyperion''Orangeman'等少数品种仍栽培至今。这一时期的品种被称作"传统萱草",几乎都是二倍体,更接近于野生种质资源的性状,花色不够丰富,多为黄、橙、红色,花形多为喇叭形,不够平展,花瓣较窄、质地较薄,花径偏小,花期不够长,约 3～4 周等(Gatewood,2007;Godfrey,2007)。

1877 年英国的 G. Yeld 首先用小萱草、小黄花菜、童氏黄花菜等开始杂交育种,并于 1892 年用北黄花菜和大苞萱草杂交育出了第一个有记录的品种'Apricot'(Fosler 和 Kamp,1954;Hu,1968 *a*)。1924 年英国的 A. Perry 将玫红花的萱草变异引入欧洲,开启了花色育种。随着种质资源陆续被引入以及依靠气候优势,美国成为萱草属育种的中心,1946 年成立美国萱草学会,并涌现出一批重要的育种者及其育种成果。如 A. B. Stout 于 1934 年育出第一个红花品种'Theron',同年出版第一本萱草属专著,被后人誉为"现代萱草育种之父";E. Nesmith 夫人于 1938 年育出的'Sweetbriar'开启了粉花育种,1942 年育出的'Royal Ruby'成为重要的红花亲本;R. W. Wheeler于 1946 年育出的'Amherst'成为重要的紫花亲本;O. Taylor 夫人于 1946 年育出屡获殊荣的'Prima Donna',1949 年育出当时具前瞻性的宽瓣品种'Sugar Cane'等(Corliss,1968;Peat 等,2004)。他们开创性的育种成果,既让其荣获了 AHS 育种成就奖(Bertrand Farr Silver Medal)和最高品种奖(Stout Silver Medal),也让萱草属植物在花色、花型等观赏特性上有了一些突破。

2 商业育种成就

2.1 早期商业育种成就

20 世纪 50 年代前后,专门从事萱草属育种的人数逐渐增多,伴随四倍体品种的问世,人们逐渐意识到萱草属更多、更大的育种潜力,商业育种逐渐形成,1950 年形成的 AHS 评奖体系也为育种提供了交流与比拼的平台。这一时期的品种有了较大的变化:生长势更强、花色更丰富、色泽更佳,花形更平展,花瓣更宽、质地更厚实,花径更大,部分品种的花期更长,重瓣和蜘蛛型商业品种开始出现,"现代萱草"逐渐形成。

在二倍体育种方面,E. A. Claar 专注于褶皱边的宽瓣黄花和色泽艳丽的宽瓣红花育种,1951 年育出'Bess Ross'并影响着后来的红花育种;D. F. Hall 专注于粉花和玫红花育种,1957 年育出'May Hall';E. Spalding 夫人专注于粉花和紫花育种,1959 年育出'Luxury Lace'、1963 年育出'Lavender Flight';W. B. MacMillan 专注于浅粉花、黄花育种以及褶皱边、丰满花型育种,1966 年育出'Clarence Simon'、1974 年育出'Sabie'等(Peat 等,2004)。其间,J. E. Marsh 育出的 Prairie 系列,P. Henry 夫人育出的 Siloam 系列,W. Jablonski 先后育出的'Stella de Oro''Mini Pearl''Mini Stella'成为依旧流行的商业品种。其中,'Stella de Oro'以其优良的适应性、连续开花的特性、快速的分蘖能力等成为萱草属育种史上的一个里程碑,成为美国销量第一的萱草属品种。

在四倍体育种方面,1947 年 R. Schreiner 育出第一个四倍体品种'Brilliant Glow'(Gulia 等,2009),由于当时绝大多数育种者还没认识到四倍体的诸多优点,诱导四倍体的效率也不高,甚至有育种者拒绝四倍体育种,因此其育种很少。20 世纪 50～60 年代 O. W. Fay、R. A. Griesbach、T. Arisumi 先后改进了秋水仙素诱导四倍体萱草属植物的方法,提高了诱导效率;1967 年 C. Reckamp 在四倍体育种上的成果让其他萱草属育种者认识到了四倍体的优点,一些著名的育种者将二倍体育种逐渐转为四倍体育种,如 J. E. Marsh 育出的 Chicago 系列依旧是流行的商业品种;S. Moldovan 转为扩大品种的生态适应范围和花色育种;R. W. Munson 转为大花、多花、紫花等育种,并于 1989 年出版萱草属专著(Peat 等,2004)。

在欧洲,英国 20 世纪 50 年代 H. Randall 育出的四倍体红花品种'Amersham'和'Missenden'荣获英国皇家园艺学会展览一等奖(First Class Certificate),20 世纪 60 年代 L. W. Brummitt 育出当时倍受瞩目的 Banbury 系列,但不久就被 R. H. Coe 的育种成果所取代。这一时期的许多品种至今在英国流行。在亚洲,1974 年中国的龙雅宜等从国外获得一些多倍体种子,开始了萱草属育种,并将选育出的优良品种成功推广到全国多个城市应用(龙雅宜,龚维忠,1981)。

2.2 近期商业育种成就

20 世纪 80 年代前后,专门从事萱草属育种的人数持续增多，萱草属育种的潜力不断被挖掘，"现代萱草"形成并成为主流商业品种，与"传统萱草"相比在各方面均差异巨大、特性优良。商业育种体系的建立和 AHS 评奖体系的完善也促进了萱草属商业育种。

在美国，D. A. Apps 专注于花色、长花期育种，关注植株的整体表现，育出的 'Happy Returns' 成为美国销售量仅次于 'Stella de Oro' 的品种；J. Carpenter 和 E. Joiner 的育种目标多样，包括二倍体和四倍体的花色、花型、花径等育种；C. Hanson 专注于四倍体育种，育出品质优良的 'Primal Scream'；J. Joiner 夫人专注于重瓣育种；D. Kirchhoff 专注于重瓣育种，不同花色的大花四倍体育种；R. Klehm 专注于四倍体花色、花型、花量育种，并关注植株的整体表现；M. L. Morss 专注于四倍体的花眼、花边育种；E. H. Salter 夫人专注于小花二倍体的花眼育种，育出的 'Crystal Blue Persuasion' 成为当时最接近于蓝色的品种；J. Salter 专注于大花四倍体的花眼、花边育种，也关注植株的整体表现；V. M. Sellers 早年开展二倍体育种，而后以不同花色、花型、花期的四倍体育种为主；G. Stamile 夫人专注于小花、多花二倍体，四倍体的花色、花型、花径、花期育种等，并关注植株的整体美感；P. Stamile 专注于四倍体白花、粉花、花眼、蜘蛛型育种，育出的 Candy 系列倍受市场欢迎。这些著名育种者既获得了 AHS 各个奖项的肯定，也让萱草属植物的适应性、观赏性、经济性均有了新的更大突破，成为至今依旧活跃在商业育种前沿的重要人物。此外，A. J. Wild 育种成果颇丰，在 AHS 登录的品种超过 1800 个，其家族企业 Gilbert H. Wild & Son 成为美国最重要、最大的萱草属育种公司；P. Henry 夫人育出的 Siloam 系列品种越来越丰富，一些品种加倍后成为许多优良四倍体品种的亲本。

在欧洲，1993 年成立欧洲萱草组织（Hemerocallis Europa e. V.，HE），德国成为萱草属商业育种较活跃的国家，H. Juhr 则在自己的 Taunus Garden 开展小花、多花二倍体，大花二倍体，抗风、抗日灼蜘蛛型育种，部分品种在欧洲北部可实现雨养；T. Tamberg 以高型的黄花菜为主要亲本育出多花、花葶多分枝的商业品种，如二倍体 'Berlin Multi' 单花序花量达 70 朵、四倍体 'Pluralist' 单花序花量达 35 朵。在北美洲，加拿大也成为萱草商业育种较活跃的国家，J. P. Peat 专注于大花四倍体育种；T. L. Petit 专注于扩大品种的生态适应范围，四倍体的花边、花眼育种（Peat 等，2004）。此外，澳大利亚的 C. Carroll 是该国主要的育种者。

3 商业育种进展

进入 21 世纪的萱草属商业育种，目标越来越细化、人员越来越壮大、成果越来越丰硕。除上个时期活跃在商业育种前沿的重要育种者外，还有 J. Benz 专注于耐寒四倍体的花色育种；J. Gossard 专注于大花四倍体的花色育种、蜘蛛型和特殊花型的花边育种；D. Hansen 专注于四倍体花边育种；J. Kinnebrew 专注于四倍体褶皱边、流苏边、金边育种；L. Lambertson 专注于特殊花型育种；L. Pickles 专注于花眼花边育种；V. Santa Lucia 早年开展二倍体育种，而后专注于四倍体的花色、花型等育种；D. Trimmer 专注于将二倍体加倍成四倍体后的花眼、花边育种，他们共计登录品种约 10000 个，这些也成为当前最主要的商业品种。此外，美国的 D. A. Apps 育出二倍体连续开花的 Happy Ever Appster 系列和第一个连续开红花的极早花品种 'Endless Heart'（Apps，1997；2002；2003 a；2003 b；2003 c；2003 d；2004；2006；2008；2009），C. Meyer 育出 'Happy Returns' 的改良品种 'Going Bananas'（Meyer，2006）；加拿大的 T. L. Petit 育出四倍体连续开花、多花、株型紧凑、耐萱草锈病的 Enjoy 24/7 系列（Petit，2011；2012 a；2012 b；2012 c；2012 d；2013 a；2013 b），并与 J. P. Peat 自 2000 年起共出版 3 本萱草属专著；荷兰的 G. Heemskerk 育出一系列单株第三年开花总量达 500 朵的繁花品种，2014 年育出低矮紧凑、早花、连续开花的 EveryDaylily（EDL）系列，其家族企业 HeemskerkVastePlanten 也成为欧洲主要的萱草属育种公司。

在中国，山东农业大学育出长花期、红花品种 2 个（赵岩，2007）；台湾花莲区农业改良场育出长花期品种 5 个（蔡月夏，林学诗，2010；蔡月夏 等，2011 a；2011 b；2011 c；2011 d）；黑龙江省农业科学院育出品种 1 个（陈忠 等，2011）；苏州农业职业技术学院育出长花期、常绿品种 1 个（郭志海 等，2012）；河北省林业科学院育出品种 7 个（储博彦 等，2013；徐振华，2015）；北京林业大学登录品种 10 个（高亦珂 等，2014），并与北京市植物园合作出版了第一本萱草属中文专著。育种地区和育种者增多，但品种的商业特性还有待进一步提高。

近年来，野生种质资源又重新引起育种者的注意，主要有 3 种利用方法：一是野生种质资源间杂交获得商业品种，主要是美国的 G. G. Stoneking - Jones 用大花型的常绿萱草与北黄花菜杂交育出 'Crazy Horse's Vision'、用黄花菜和玫红花的萱草杂交育出 'Lemon Rose'、用矮萱草和北黄花菜杂交育出 'Spring Symphony Five' 等，另外还有德国的 T. Tamberg 和法国的 G. Savina；二是野生种质资源与品种间杂交获得商业品种，主要是美国的 G. G. Stoneking-Jones 和 B. Mahieu，另外还有 D. A. Apps、M. Huben、N. Oakes、V. Santa Lucia、G. Selter 和德国的 T. Tamberg 等，与此同时，中国的高亦珂（Geng 等，2012）、张金政、孙国峰等也在利用国产野生种质资源开展育种；三是野生种质资源染色体加倍后再利用，如 C. Hanson 利用加倍后的高型黄花菜与四倍体品种间杂交获得商业品种。然而，北萱草（*Hemerocallis esculenta*）、折叶萱草（*H. plicata*），以及 20 世纪末新发表的红岛萱草（*H. hongdoensis*）、泰安萱草（*H. taeanensis*）等未见杂交利用报道（Chung 和 Kang，1994；Kang 和 Chung，1997）。

另外，随着 2000 年萱草锈病（*Puccinia hemerocallidis*）在美国被发现且迅速蔓延至 20 多个州，甚至波及到加拿大部分地区，从现有品种中筛选出耐锈病品种成为一种便捷的方法（Mueller 等，2003；Hsiang 等，2004）。进而，利用耐锈病品种培育新的耐病品种，以及将叶片的全年表现作为田间筛选的重要指标也随之成为当前育种关注的热点之一。

4　商业育种趋势

历经 100 多年的萱草育种已让观赏园艺业界和萱草爱好者们看到了太多的不可思议，我们深信在可预见的将来会有更多的惊喜等着我们，其商业育种呈现出如下趋势。

花色育种：培育真正的蓝色品种，可通过扩大二倍体花眼的面积达到近蓝色的目标；培育更纯的白色和黑色品种；培育大花眼品种；培育双色花边品种（Bodalski，2011）；培育绿色品种（Huben，2010）；培育花色更加艳丽的品种，可通过质地厚实的花被片实现在高温、高光强下褪色不显著的目标。

花型育种：培育 4 瓣和 5 瓣的多瓣类型品种（Petit 和 Peat，2004）；培育更宽的花边、齿边、流苏边、毛刺边品种（Huben，2010）；培育具褶皱花眼的品种（Bodalski，2011）；培育具极高重瓣率、多样重瓣花型的品种。

花径育种：培育更长花被片的蜘蛛型品种（Huben，2010）；培育更大或更小花径的品种（Bodalski，2011）。

花期育种：培育在正常天气下单朵花期持续 24 小时以上的品种，可用夜间开花的黄花菜类种质资源做亲本；培育一个生长季花期超过 120 天的品种，可通过增加抽花莛的次数、单花莛的花量、植株的快速分蘖能力等达到长花期目标，如'Endless Heart'能抽 4 次花莛（Apps，2006）。

花量育种：培育多花品种，可通过提高单花莛的花量、单株一个生长季的花量等达到多花目标，可采用 G. Heemskerk 提出的以单株第三年开花总量作为评价指标。

花香育种：除追求视觉美外，提升花的嗅觉美也是一个育种方向。

株型育种：提高植株的整体协调性，如花莛高度与叶丛高度的比例，花莛分枝特性能让每朵花正常开放、相互间不拥挤；培育铺地型品种（Huben，2010）。

叶色育种：培育金叶、蓝灰叶、具稳定花叶的品种。

倍性育种：培育三倍体和非整倍体品种可能是解决花后不结实、残花不显著的途径之一。

抗病性育种：培育耐萱草锈病、叶枯病等的品种。

其他育种：培育多花、长花期、适应性强的新"传统萱草"品种；培育耐半阴且多花、长花期的品种；培育耐水湿、耐盐碱的品种。

5　国内商业育种建议

5.1　开展商业育种的必要性

萱草属是中国的母亲花，具有一定的文化内涵（王钊 等，2013），当前全国范围内的应用量巨大，但品种非常单一，主要是'Stella de Oro'和'Kwanso'等。虽然萱草属可在全球温带和亚热带地区广泛栽培，但是同一品种在不同气候类型间，同一气候类型下不同品种间的适应性、观赏性、经济性均有较大差异。另外，出于生物安全和国土安全等因素的考虑，国内植物进口审批变得日益困难。因此，在全国各主要气候类型地区开展各具特色的萱草属商业育种是很有必要的。另外，最近发布的《植物新品种特异性、一致性和稳定性测试指南萱草属》（NY/T 2584-2014）可能将有助于国内萱草属的商业育种。

5.2　注重有价值种质资源的收集

萱草属种质资源极其丰富，但相当一部分品种的杂交起源又很相近，因而收集有育种价值的种质资源就变得尤为重要。一方面要注重野生种质资源的深入研究，尤其是重要种类不同居群的收集、评价与利用，如同一种类不同居群间的花香、花色、花量、花期等均有不同程度的差异；另一方面由于许多国外尤其美国的新优商业品种很难在短期内获得，可考虑与国内育种者、引种机构交换或购买，或从欧洲萱草属爱好者那里收集优良栽培种质资源，如德国的爱好者

G. Hohls 收集了 3000 个品种。

5.3 注重育种者之间的交流

通过对国外，尤其是美国萱草属育种历史的总结，我们发现育种者之间的各种交流非常活跃。如 O. B. Whatley 曾请教 D. F. Hall 和 O. W. Fay 育种经验（Bouman，1999），R. A. Griesbach 与 O. W. Fay 合作育种（Johnson，2000），S. Moldovan 跟随 O. W. Fay 育种（Peat 等，2004），V. Santa Lucia 跟随 V. M. Sellers 育种，均取得了良好的育种成果；J. Carpenter 和 M. Carpenter 叔侄，E. Joiner 和 J. Joiner 夫妇，P. Stamile 和 G. Stamile 夫妇，J. Salter 和 E. H. Salter 夫妇，R. W. Munson 和 E. H. Salter 叔侄女等亲属间的育种合作也很常见；M. Huben 甚至在一个开花季造访了美国各主要育种者（Huben，2010）。R. W. Munson 和 O. B. Whatley 等还撰文将育种经验和心得传给后人，并影响着来的育种者。此外，目前仍活跃的老一辈育种者如 D. A. Apps、J. Carpenter、R. A. Griesbach、R. Klehm、V. M. Sellers 等萱草属育种均超过 40 年。这种开放交流的心态，用一生去育种的激情推动着萱草属育种工作的稳步向前。

5.4 注重发挥行业组织的作用

AHS 是世界萱草属行业的核心组织并设有许多分支机构，在促进萱草属育种、栽培、推广、应用上发挥了极为重要的作用。如在美国、加拿大和欧洲不同气候地区设立了数十个品种试种花园，培训了一批经验丰富的品种试种专家，制定了一套品种试种评价指标，并在此基础上推出一系列奖项，包括花型、花径、花期、品种表现、育种成就等共计 10 余个。AHS 也是萱草属栽培品种国际登录机构，把 120 多年的育种成果及其相关育种信息较好地保存下来并对外公开。此外，HE 把欧洲许多相关信息整合起来也对外公开，还设立了一些奖项，是 AHS 的一个有益补充。这些行业组织把萱草属的育种者、育种成果、育种标准等编织在一起，让整个萱草属植物产业焕发勃勃生机。

5.5 注重保护育种者的权益

商业育种的品种通常是在大样本量的基础上经过严格筛选出的具有优良性状的单株扩繁后得到的，如 D. A. Apps 从每 1000 株杂种后代中选出 1 个优株（Godfrey，2007）、R. A. Griesbach 每年从 3000 株杂种后代中选出 3 ~ 4 个优株（Johnson，2000）、J. P. Murphy 每年从 7000 株杂种后代中选出 12 个优株，但不是所有优株最终都能成为商业品种。因此，保护育种者的权益就变得非常重要，最新的美国商业品种均只能在美国、加拿大地区销售，一些育种者如 D. A. Apps、C. Meyer、T. L. Petit 等还将具有较大商业价值的品种申请了美国植物品种专利（US Plant Patent），而荷兰的 G. Heemskerk 则不透露其商业品种的具体亲本。当前，我们还应积极努力把萱草属列为农业部第 10 批农业植物新品种保护名录植物，为育种者权益保护提供必要的政策依据。

参考文献

1. American Hemerocallis Society. 2015. The American Hemerocallis Society Online Daylily Database [DB/OL]. [2015 – 05 – 05]. http：//www. daylilies. org/DaylilyDB.

2. Apps，D. A. 1997. Hemerocallis plant named 'Rosy Returns'. USA：US PP09，779 [P/OL]. [2015 – 5 – 29]. http：//www. freepatentsonline. com/PP09779. html.

3. Apps，D. A. 2002. Hemerocallis plant named 'Apricot Sparkles'. USA：US PP13，223 [P/OL]. [2015 – 5 – 29]. http：//www. freepatentsonline. com/PP13223. html.

4. Apps，D. A. 2003 a. Hemerocallis plant named 'Sunset Returns'. USA：US PP13，465 [P/OL]. [2015 – 5 – 24]. http：//www. freepatentsonline. com/PP13465. html.

5. Apps，D. A. 2003 b. Hemerocallis plant named 'When My Sweetheart Returns'. USA：US PP13，480 [P/OL]. [2015 – 5 – 24]. http：//www. freepatentsonline. com/PP13480. html.

6. Apps，D. A. 2003 c. Hemerocallis plant named 'Romantic Returns'. USA：US PP13，481 [P/OL]. [2015 – 5 – 24]. http：//www. freepatentsonline. com/PP13481. html.

7. Apps，D. A. 2003 d. Hemerocallis plant named 'Red Hot Returns'. USA：US PP13，499 [P/OL]. [2015 – 5 – 24]. http：//www. freepatentsonline. com/PP13499. html.

8. Apps，D. A. 2004. Hemerocallis plant named 'Just Plum Happy'. USA：US PP14，841 [P/OL]. [2015 – 5 – 29]. http：//www. freepatentsonline. com/PP14841. html.

9. Apps，D. A. 2006. Hemerocallis plant named 'Endless Heart'. USA：US PP16，515 [P/OL]. [2015 – 5 – 24]. http：//www. freepatentsonline. com/PP16515. html.

10. Apps，D. A. 2008. Hemerocallis plant named 'Stephanie Returns'. USA：US PP18，538 [P/OL]. [2015 – 5 – 24]. http：//www. freepatentsonline. com/PP18538. html.

11. Apps，D. A. 2009. Hemerocallis plant named 'Dynamite Returns'. USA：US PP20，002 [P/OL]. [2015 – 5 – 24]. http：//www. freepatentsonline. com/PP2002. html.

12. Bodalski, J. 2011. Progress in breeding daylilies round the world in 2010/2011 [R/OL]. [2015 – 5 – 24]. http://liliowce. net/en/postep – w – hodowli – liliowcow – na – swiecie – w – sezonie – 2010 – 2011.

13. Bouman, M. 1999. Oscie Whatley, man from Jakarta[J]. The Daylily Journal, winter. [2015 – 05 – 14]. Available: http://www. daylilylay. com/library/WhatleyProfile1998 _ DaylilyJournal. pdf.

14. 蔡月夏，林学诗. 2010. 萱草新品种"花莲1号"[J]. 花莲区农技报道，85：1 – 3.

15. 蔡月夏，林学诗，叶育哲. 2011 a. 萱草新品种"花莲2号—艳红佳人"[J]. 花莲区农技报道，91：1 – 3.

16. 蔡月夏，林学诗，叶育哲. 2011 b. 萱草新品种"花莲3号—甜蜜佳人"[J]. 花莲区农技报道，92：1 – 3.

17. 蔡月夏，林学诗，叶育哲. 2011 c. 萱草新品种"花莲4号—俏佳人"[J]. 花莲区农技报道，93：1 – 3.

18. 蔡月夏，林学诗，叶育哲. 2011 d. 萱草新品种"花莲5号—黄天鹅"[J]. 花莲区农技报道，94：1 – 3.

19. 陈忠，李岩，周乙良，杨龙，黄莹，沈东升，王洪成，甄灿福. 2011. 萱草新品种'煊景'[J]. 园艺学报，38（8）：1623 – 1624.

20. Chen, X., J. Noguchi. 2000. Hemerocallis [M]. In：Wu, Z., P. H. Raven, Hong D. Flora of China Vol. 24. Beijing, China：Science Press；St. Louis, MO, USA：Missouri Botanical Garden Press, 161 – 164.

21. 储博彦，尹新彦，赵玉芬. 2013. 萱草新品种"粉红宝"和"金红星"的选育[J]. 北方园艺，（8）：63 – 65.

22. Chung, M. G., S. S. Kang. 1994. Hemerocallis hongdoensis (Liliaceae), a new species from Korea [J]. Novon, 4：94 – 97.

23. Corliss, P. G. 1968. Cultivars of daylily [J]. The American Horticultural Magazine, 47（2）：152 – 163.

24. Fosler, G. M., J. R. Kamp. 1954. Daylilies for Every Garden [M]. Urbana, IL, USA：University of Illinois.

25. 高亦珂，高淑滢，贾贺燕，张启翔. 2014. 萱草系列新品种[J]. 园艺学报，41（5）：1047 – 1049.

26. Gatewood, B. 2007. Heirloom daylilies [J/OL]. Horticulture, [2015 – 05 – 14]. http://www. hortmag. com/plants/plant-profiles/heirloom_ daylilies.

27. Geng, J., S. Gao, Q. He, Y. Gao, Q. Zhang. 2012. Using Hemerocallis "yellow flowers" as parents to breed fragrant and big flower cultivars [J]. ActaHorticulturae, 593：255 – 260.

28. Godfrey, M. 2007. Darrel Apps, dayliliy breeder [J/OL]. Horticulture, [2015 – 05 – 14]. http://www. hortmag. com/plants/plant – profiles/darrel_ apps_ daylily_ breeder.

29. Govaerts, R. H. A. 2014. Hemerocallis. In：Royal Botanic Gardens, Kew. World Checklist of Selected Plant Families.

[DB/OL]. [2015 – 05 – 09]. http://apps. kew. org/wcsp/home. do.

30. Gulia, S. K., B. P. Singh, J. Carter, R. J. Griesbach. 2009. Daylily：botany, propagation, breeding[J]. Horticultural Review, 35：193 – 220.

31. 郭志海，金立敏，钱剑林. 2012. 大花萱草新品种古彤的选育与应用[J]. 江苏农业科学，40(7)：105 – 106.

32. Hsiang, T, S. Cook, Y. Zhao. 2004. Studies on biology and control of daylily rust in Canada[J]. The Daylily Journal, spring. 59 (1)：47 – 57.

33. Hu, S. – Y. 1968 a. An early history of daylily [J]. The American Horticultural Magazine, 47 (2)：51 – 85.

34. Hu, S. – Y. 1968 b. The species of Hemerocallis[J]. The American Horticultural Magazine, 47 (2)：86 – 111.

35. Huben, M. 2010. Daylily mecca 2010 [R/OL]. [2015 – 05 – 17]. http://world. std. com/ ~ mhuben/mecca2010. html.

36. Johnson, Q. 2000. Daylilies of the field [J/OL]. University of Chicago Magazine, 92 (6). [2015 – 05 – 19]. http://magazine. uchicago. edu/0008/features/daylilies. htm.

37. Kang, S. S., M. G. Chung. 1997. Hemerocallis taeanensis (Liliaceae), a new species from Korea [J]. Systematic Botany, 22 (3)：427 – 431.

38. 龙雅宜，龚维忠. 1981. 多倍体萱草新品种的选育[J]. 园艺学报，8(1)：51 – 58.

39. Meyers, C. 2006. Hemerocallis plant named 'Going Bananas'. USA：US PP17, 164, [P/OL]. [2015 – 5 – 24]. http://www. freepatentsonline. com/PP17164. html.

40. Mueller, D. S., J. L. Williams – Woodward, J. W. Buck. 2003. Resistance of daylily cultivars to the daylily rust pathogen, Puccinia hemerocallidis [J]. HortScience, 38 (6)：1137 – 1140.

41. Peat, J. P., T. L. Petit, R. W. Munson. 2004. Hybridizers and the changing daylily [M]. In：Peat, J. P., T. L. Petit. The Daylily：A Guide for Gardeners. Portland, OR, USA：Timber Press, Inc., 21 – 33.

42. Petit, T. L. 2011. Hemerocallis plant named 'Spd 06 – 02'. USA：US PP22, 181[P/OL]. [2015 – 5 – 24]. http://www. freepatentsonline. com/PP22181. html.

43. Petit, T. L. 2012 a. Hemerocallis plant named 'Spd 06 – 11'. USA：US PP23, 095[P/OL]. [2015 – 5 – 24]. http://www. freepatentsonline. com/PP23095. html.

44. Petit, T. L. 2012 b. Hemerocallis plant named 'Spd 06 – 01'. USA：US PP23, 096[P/OL]. [2015 – 5 – 24]. http://www. freepatentsonline. com/PP23096. html.

45. Petit, T. L. 2012 c. Hemerocallis plant named 'Spd 06 – 13'. USA：US PP23, 112[P/OL]. [2015 – 5 – 24]. http://www. freepatentsonline. com/PP23112. html.

46. Petit, T. L. 2012 d. Hemerocallis plant named 'Spd 06 –

16'. USA：US PP23，113［P/OL］.［2015 - 5 - 24］. http：//www. freepatentsonline. com/PP23113. html.

47. Petit, T. L. 2013 *a*. Hemerocallis *plant named* 'Spd 06 - 08'. USA：US PP23，402［P/OL］.［2015 - 5 - 24］. http：//www. freepatentsonline. com/PP23402. html.

48. Petit, T. L. 2013 *b*. Hemerocallis *plant named* 'Spd 06 - 12'. USA：US PP23，403［P/OL］.［2015 - 5 - 24］. http：//www. freepatentsonline. com/PP23403. html.

49. The Plant List. 2012. *The Plant List* 2013，*Version* 1. 1 ［DB/OL］.［2015 - 05 - 09］. http：//www. theplantlist. org/1. 1/browse/A/Xanthorrhoeaceae/Hemerocallis.

50. 王钊，储丽红，于翠，袁素霞，明军，刘春. 2012. 中国萱草文化探究［A］. 中国观赏园艺研究进展 2012：564 - 567.

51. 徐振华. 2015. 河北省林科院多个林木良种通过审定［J］. 中国花卉园艺，（4）：15 - 16.

52. 赵岩. 2007. 山东农大选育出 5 个优良草种［N］. 中国绿色时报，2007 - 3 - 6，B3.［2015 - 05 - 09］. *Available*：http：//www. greentimes. com/hcyl/html/2007 - 03/06/content_ 22961. htm.

芍药不同品种花粉活力鉴定与比较[*]

马慧　魏冬霞　于晓南[①]

（花卉种质创新与分子育种北京市重点实验室，国家花卉工程技术研究中心，城乡生态环境北京实验室，
北京林业大学园林学院，北京 100083）

摘要　通过对芍药品种花粉活力的测定，可以了解花粉的可育性，为其杂交育种提供科学依据，加速我国芍药育种进程。本文以国外引进的 8 个芍药品种的花粉为研究对象，通过花粉离体培养萌发法和 TTC 染色法对其生活力进行了鉴定和比较。主要研究成果如下：芍药的最适体外培养条件为蔗糖浓度与硼酸浓度分别为 10%＋0.15%；在 20℃ 时，最适培养时间为 24h；且蔗糖浓度显著影响花粉的萌发率。花粉萌发力与生活力呈显著相关，萌发率高的花粉生活力也高；8 个芍药品种花粉的生活力和萌发力皆在 50% 左右，认为可以在常规杂交育种中大量应用；TTC 染色法适于芍药花粉活力的快速测定；生活力数据偏高于萌发力数据。
关键词　芍药；花粉活力；方差分析

Pollen Viability and Germination of Some Herbaceous Peony Cultivars

MA Hui　WEI Dong-xia　YU Xiao-nan

（*Beijing Key Laboratory of Ornamental Plants Germplasm Innovation & Molecular Breeding*，
National Engineering Research Center for Floriculture，*Beijing Laboratory of Urban and Rural Ecological
Environment and College of Landscape Architecture*，*Beijing Forestry University*，*Beijing* 100083）

Abstract　By measuring pollen viability of peony varieties，we can understand the pollen fertility in order to provide the scientific basis for cross-breeding to accelerate our peony breeding process. Eight varieties of peony diploid pollen were used for the study，pollen viability identified by vitro culture and TTC staining. The main findings are as follows：the optimal vitro culture conditions for pollen is 10% sucrose + 0.15% boric acid，cultured under 20℃ for 24h，and the sucrose concentration significantly affect pollen germination rate. Pollen Viability was rated to pollen germination. Viability and germination capacity of 8 peony varieties are all around 50% thought can be used in regular crossbreeding. TTC staining method is suitable for rapid detection of peony pollen viability. Viability data are a little higher than germination capacity data.
Key words　Ornamental peony；Pollen viability；Variance analysis

芍药（*Paeonia lactiflora*）是我国原产的著名花卉，栽培历史悠久，久负盛名，素有"花相"之称[1]。其俏丽的花姿、丰富的花型花色不仅是我国人民喜爱的名花[6-8]，也是世界花卉市场重要的切花[2]。然而，国内芍药的育种工作相对于其地位却落后很多，新品种选育的成果更是鲜见。国内芍药工作者在 20 世纪 90 年代已认识到这一产业性问题，纷纷开始了相关新品种选育工作[3,4]。目前，杂交育种依然为新品种选育的重要常用手段，其首要问题就是要了解花粉的育性的高低，而花粉生活力的测定是保证花粉质量最为有效的途径之一，这对杂交育种中父母本的选择具有指导意义[5]。

红雨等研究表明单瓣芍药花粉室温下寿命一般为 7 天；单瓣型品种柱头的可授性强于重瓣花[9]。而李秉玲、尚晓倩等则发现大部分试验芍药品种超低温（-196℃）保存 4 年后，仍具有受精结实能力[10]。赵明、张松荣等探讨不同花型芍药的花粉活力，发现单瓣型芍药品种花粉活力大于其他品种，而重瓣的菊花型品种生活力最低；琼脂培养基发芽法以蔗糖 10%、琼脂 0.5%、硼酸 10mg/L 培养基为佳[11]。韩成刚对芍药花粉活力进行了测定，结果表明在 25℃ 下培养 6h，硼酸 50mg/L、蔗糖 100g/L、pH 值 7.0~

* 项目资助：国家自然科学基金（31400591）。
① 通讯作者。于晓南（1974—），女，博士，教授，主要从事园林植物研究，010-82371556-8048；Email：yuxiaonan626@126.com。

7.5 时，花粉有较高的萌发率。此外，芍药花粉活力的快速简便准确测定适合用 $I_2 - KI$ 染色法[12]。

关于花粉活力测定的方法有很多，目前主要有花粉离体培养萌发测定法、染色法（如 TTC 法，I_2-KI 染色法、甲基蓝染色法、荧光染色法等）和柱头萌发检测法等[13]。李畅、苏家乐等对一品红的花粉活力测定表明：过氧化物酶染色法测定值与对照不存在显著性差异，可用于一品红花粉活力快速测定[14]。胡春、刘左军以钝裂银莲花为研究对象，表明 TTC 染色法是简单快速测定钝裂银莲花花粉活力的最适方法[15]。可以看出，不同的试验对象（种间或种内）适用的花粉活力测定方法也不尽相同。

本试验以 8 个国外引进的二倍体芍药品种为研究材料，探讨了芍药花粉的最佳离体培养方案，通过 TTC 法与离体萌发培养法测定花粉生活力，筛选出生活力较高的品种，为杂交组合方案的制定提供理论参考依据。

1 试验材料与方法

1.1 试验材料

材料取自于北京林业大学小汤山试验基地和景山公园，于上午 9：00 ~ 11：00 采集芍药各品种花药，放入硫酸纸袋置于冰盒中，在实验室室温条件下阴干，至花粉完全散出待用。具体品种见表 1。

表 1 试验材料

Table1　Basic information of 8 peony cultivars

编号	品种名	倍性	品种群	花色
1	'Scarlett O'Hara'	2n = 2x = 10	Hybrid	Red
2	'Alexander Fleming'	2n = 2x = 10	Hybrid	Pink
3	'Paula Fay'	2n = 2n = 10	Hybrid	Pink
4	'Nippon Beauty'	2n = 2x = 10	Lactiflora	Dark red
5	'Sarah Bernhardt'	2n = 2x = 10	Lactiflora	Pink
6	'Kansas'	2n = 2x = 10	Lactiflora	Bright red
7	'White Wings'	2n = 2x = 10	Lactiflora	White
8	'Charlie's White'	2n = 2x = 10	Lactiflora	White

1.2 试验方法

1.2.1 不同培养基的筛选

培养基成分浓度的不同对花粉萌发的影响不同，适宜的培养基浓度可以使花粉正常萌发，否则会影响到花粉的正常发育及试验数据。试验选择中国芍药品种群中育性较好的 'White Wings' 芍药品种的花粉作为试验材料，分别对培养基中最重要的两种成分设置不同水平的处理，硼酸分别设置 0.05%、0.1%、0.15% 三个浓度，蔗糖分别设置 10%、15%、20% 三个浓度，室温下培养 24h。显微镜下观察花粉萌发情

况，并进行统计和比较。

1.2.2 离体培养时间的筛选

试验选取中国芍药品种群中花粉量较大的 'Nippon Beauty''White Wings' 与 'Sarah Bernhardt' 等育性较好的二倍体品种作为试验材料，选择预试验中最适培养基作为筛选离体培养时间的统一培养条件，分别在 20℃ 下培养 6h、12h、24h、48h。在显微镜下统计花粉萌发率并用统计软件进行检验。

1.2.3 芍药花粉离体培养萌发率的测定

挑选出最优的培养方案后，将培养基滴于凹形载玻片内，用毛笔蘸取适量花粉均匀散于培养基上，将载玻片放于带有滤纸的培养皿中并加盖，在恒温培养箱中培养（最适宜的培养时间）。以花粉管长度大于等于花粉直径作为萌发依据，用显微镜观察花粉的萌发情况。每个重复观察统计 10 ~ 15 视野，3 次重复。

1.3 TTC 染色法对芍药花粉生活力的测定

配制 0.5% 的 TTC 溶液，将少量花粉撒于载玻片上，滴加 TTC 溶液并盖盖玻片，置于有潮湿滤纸的培养皿中，室温下（20℃）10 分钟后（预实验得出），立刻在 X20 和 X40 倍显微镜下观察，取 3 个视野统计花粉总数和有活力的花粉数。按下列公式计算有活力花粉的百分数：

有生活力花粉百分数 = 变红色的花粉数目/花粉总数 ×100%

1.4 试验数据处理

运用统计分析软件 SPSS17.0 对各个结果进行处理，绘制不同关系的变化曲线和进行相关方差分析并对结果进行讨论。

2 结果与分析

2.1 不同培养基对芍药花粉萌发的影响

由表 2 可知，随着硼酸浓度的增加，萌发率逐渐升高；当硼酸浓度为 0.15% 时，萌发率反而有所下降，因此 0.10% 的硼酸浓度为最适宜浓度。其原因为：硼酸可促进花粉管的增长，还能促进形成果胶物质构造花粉壁，同时与蔗糖形成复杂的络合物以利于糖的代谢和吸收，但对于过量的硼酸浓度则会起到抑制的作用。对于蔗糖来说，浓度增高，花粉萌发率逐渐增高，当达到 10% 时，花粉萌发率最高；而随着蔗糖浓度的升高，花粉萌发率有所下降，至 15% 时下降幅度较大。其原因为：蔗糖不但为花粉萌发提供了碳源，还起到了调节渗透压的作用，若浓度过高则会使细胞脱水抑制花粉萌发。试验表明：当蔗糖浓度

为 10%，硼酸浓度为 0.10% 时，'White Wings' 的花粉萌发率最高，为 65.14%。因此将此作为芍药花粉离体萌发的培养条件。

由表 3 的方差分析和表 4 的多重比较可知：硼酸组间方差分析的 F 值为 0.015，相应概率值为 0.985，大于 0.05 的显著性水平，因此认为三组硼酸浓度对 'White Wings' 品种花粉萌发率贡献不显著；而蔗糖组间方差分析的 F 值为 43.731，相应概率值为 0，因此认为三组蔗糖浓度值对 'White Wings' 品种花粉萌发率贡献率显著。因此可以认为在培养基组分中，蔗糖浓度的不同显著影响芍药花粉的萌发率，而硼酸对萌发率影响效果则不显著。

表 2 不同浓度培养基的萌发率

Table2 The germination rate of different concentration medium

硼酸 / 蔗糖	5%	10%	15%
0.05%	37.22	50.91	19.85
0.10%	35.36	65.14	16.92
0.15%	30.37	52.55	16.05

表 3 不同浓度培养基方差分析

Table3 Variance analysis of different concentration medium

		平方和	d	均方	F	显著性
硼酸	组间	11.967	2	5.983	0.015	0.985
	组内	2389.983	6	398.331		
蔗糖	组间	2247.751	2	1123.876	43.731	0.000
	组内	154.199	6	25.7		

表 4 不同培养基组分浓度多重比较

Table4 Multiple comparisons of different concentration medium

蔗糖浓度		均值差	标准误差	显著性
1	b	21.88500 *	4.13922	0.002
	c	38.59500 *	4.13922	0.000
2	a	-21.88500 *	4.13922	0.002
	c	16.71000 *	4.13922	0.007
3	a	-38.59500 *	4.13922	0.000
	b	-16.71000 *	4.13922	0.007

（续）

蔗糖浓度		均值差	标准误差	显著性
1	b	1.34167	16.29582	0.937
	c	-1.48167	16.29582	0.931
2	a	-1.34167	16.29582	0.937
	c	-2.82333	16.29582	0.868
3	a	1.48167	16.29582	0.931
	b	2.82333	16.29582	0.868

注：均值差的显著性水平为 0.05。1、2、3 分别代表 5%、10%、15% 的蔗糖浓度，a、b、c 分别代表 0.05%、0.10%、0.15% 的硼酸浓度。

2.2 不同培养时间的筛选

对 3 个二倍体品种进行花粉离体萌发培养，由表 5 可知：随着培养时间的增加，花粉萌发率逐渐增高；在培养时间为 6h 时，花粉的萌发率普遍较低，随着时间的延长，萌发率不断上升；当培养时间为 24h 时，萌发率已经较高；当培养时间为 48h 时，基本与 24h 花粉萌发率一致。由表 4 的多重比较可得，两者的差异极不显著，因此可认为在 24h 时，芍药品种花粉萌发率最高。

对不同培养时间下花粉萌发率做多重性分析和方差分析可知：不同培养时间之间的 F 值为 14.923，相应概率值为 0.001，小于 0.05，因此认为培养时间的不同对花粉萌发率差异是显著的；而不同品种之间的 F 值为 1.239，相应概率值为 0.358，大于 0.05，因此不同品种之间在相同的培养时间下花粉萌发率不显著。

表 5 不同培养时间下花粉萌发率

Table5 Different pollen germinating rate under different cultivation time

品种	6h	12h	24h	48h
'Nippon Beauty'	15.43	30.07	46.16	46.90
'White Wings'	21.77	40.48	68.92	70.04
'Sarah Bernhardt'	17.65	39.05	63.47	62.95

表 6 不同培养时间多重比较

Table6 Multiple comparison of germinating rate under different time

培养时间		均值差	标准误	显著性	95% 置信区间	
					下限	上限
1	2	-18.25000 *	7.37083	.038	-35.2472	-1.2528
	3	-41.23333 *	7.37083	.001	-58.2305	-24.2362
	4	-41.80667 *	7.37083	.000	-58.8038	-24.8095
2	1	18.25000 *	7.37083	.038	1.2528	35.2472
	3	-22.98333 *	7.37083	.014	-39.9805	-5.9862
	4	-23.55667 *	7.37083	.013	-40.5538	-6.5595

（续）

培养时间		均值差	标准误	显著性	95％置信区间	
					下限	上限
3	1	41.23333*	7.37083	.001	24.2362	58.2305
	2	22.98333*	7.37083	.014	5.9862	39.9805
	4	-.57333	7.37083	.940	-17.5705	16.4238
4	1	41.80667*	7.37083	.000	24.8095	58.8038
	2	23.55667*	7.37083	.013	6.5595	40.5538
	3	.57333	7.37083	.940	-16.4238	17.5705

＊. 均值差的显著性水平为 0.05。1, 2, 3, 4 分别代表不同培养时间 6h, 12h, 24h, 48h。

表7　不同培养时间下花粉萌发率方差分析

Table7　Variance analysis of pollen germinating rate under different time

		平方和	df	均方	F	显著性
培养时间	组间	3648.395	3	1216.132	14.923	0.001
	组内	651.95	8	81.494		
品种	组间	1364.118	3	454.706	1.239	0.358
	组内	2936.227	8	367.028		

2.3　芍药品种生活力与萌发率测定

选定的 8 个二倍体品种中，测定的花粉生活力范围为 48.79% ~ 72.74%，萌发率范围为 41.90% ~ 65.01%；其中，'Paula Fay'生活力最低，只有 48.79%，'Charlie's White'最高，为 72.74%；萌发率中，'Alexander Fleming'萌发率较低，为 41.90%，'White Wings'萌发率最高，为 65.01%；且所测的各品种生活力普遍略高于其萌发率（表 8）。

表8　芍药品种生活力与萌发率

Table8　Pollen vitality of 8 peony cultivars in different detection methods

名称	花粉生活力（％）	花粉萌发率（％）
'Scarlett O'Hara'	52.22 ± 2.35	43.30 ± 1.13
'Alexander Fleming'	54.80 ± 4.51	41.90 ± 1.50
'Paula Fay'	48.79 ± 13.49	49.31 ± 0.90
'Nippon Beauty'	58.17 ± 3.68	45.38 ± 1.92
'Sarah Bernhardt'	67.9 ± 5.68	63.32 ± 0.83
'Kansas'	67.31 ± 4.37	50.32 ± 0.86
'White Wings'	69.39 ± 2.87	65.01 ± 1.30
'Charlie's White'	72.74 ± 2.96	61.83 ± 1.62

对 8 个芍药品种花粉的生活力与萌发率用 SPSS17.0 进行相关性分析，由表 9 可知：花粉生活力与萌发率的均值分别为 43.05 和 34.03。生活力与萌发率的 Pearson 相关系数为 0.928，说明两者相关性显著。通过表 10 进行两者相关性分析，得到其彼此不相关的双侧显著性为 0.00，说明两者相关性极其显著。即用 TTC 法测定花粉生活力与离体培养萌发法测萌发定率所得结果一致，均能反映一个品种花粉生活力大小的情况。

表9　描述性统计量

Table9　Descriptive statistic analysis

	均值	标准差	N
萌发率	34.0306	15.25907	26
生活力	43.0504	14.84408	26
编号	1.6923	0.92819	26

表10　花粉生活力与萌发率相关性分析

Table10　Correlation analysis of pollen viability and germination rate

		萌发率	生活力	编号
萌发率	相关性	1.000	0.942	0.915
	显著性（双侧）	—	0.000	0.000
	df	0	24	24
生活力	相关性	0.942	1.000	0.883
	显著性（双侧）	0.000	—	0.000
	df	24	0	24

3　结论与讨论

花粉活力的高低是决定杂交育种效率和质量的最主要因素，所以对花粉活力的鉴定就显得尤为必要。本文通过试验探索了花粉离体培养适宜条件为：蔗糖浓度与硼酸浓度分别为 10% 和 0.15%。并且蔗糖浓度显著影响花粉的萌发率，这也与前人的研究相一致[16]。蔗糖作为花粉离体培养的营养和能源提供者，其浓度高低对培养环境的渗透压也有一定的调节作用，因此其对花粉的萌发与否影响重大。另外，在20℃时，花粉的最适培养时间为24h，保证实际工作时的效率和质量。

根据我国对于花粉育性的划分情况，本试验中的8个芍药品种中'Scarlett O'Hara''Alexander Fleming''Paula Fay''Nippon Beauty'花粉萌发率在31%~50%之间，属于低不育；'Sarah Bernhardt''Kansas''White Wings''Charlie's White'花粉萌发率大于50%，尤其是'Sarah Bernhardt'，其花粉萌发力达60%以上，属于正常可育，所以对后4个品种的花粉可以在杂交育种中广泛利用[17]。实际上，在花粉的离体培养萌发率一般偏低于花粉真实育性，因为花粉离体培养受到外界环境如光照温度、培养基成分和浓度、激素水平等的影响。

TTC染色法的原理为：TTC(2,3,5-三苯基氯化四氮唑)的氧化态是无色的，可被氢还原成不溶性的红色三苯甲潜(TTF)。TTC的水溶液浸泡花粉，使之渗入花粉内，如果花粉具有生命力，其中的脱氢酶就可以将TTC作为受氢体使之还原成为红色的TTF；如果花粉死亡便不能染色；花粉生命力衰退或部分丧失生活力则染色较浅或局部被染色。因此，可以根据花粉染色的深浅程度鉴定种子的生命力。所以TTC法能够快速测量花粉的活性，简单快捷。花粉生活力与萌发率经过分析相关性及其显著，生活力大的花粉萌发率相对高，生活力低的品种萌发率一般较低。一定程度上，两者均能反映不同品种花粉生活力的情况。单一的染色法只能鉴定花胞质的一个指标，因此单一染色难以全面查明活力变化的原因，所以还要综合运用无机酸测定法、活体萌发法、染色检验法等多种技术及同工酶、过氧化物酶等生理生化指标[18,19]。

除试验方法检测花粉活力外，也可以通过花粉数量、花粉的表性特征等对花粉活力进行初步判定。

在探讨适宜的离体花粉培养条件时，除单方面调整培养基的配方之外，制定统一的花粉萌发与否的评价标准也是必要的，比如染色的深浅、花粉管的具体长度等。芍药种间或种内不同品种要求的离体培养条件也不同，有的品种还需要Ca+等少量元素的加入。如何找到适合特定品种花粉萌发的最适宜条件有待下一步的测定。

参考文献

1. 于晓南，苑庆嘉，宋焕芝. 中西方芍药栽培应用简史及花文化比较研究[J]. 中国园林，2011(6)：61–63.
2. 王历慧，于晓南，郑黎文，中西方芍药切花应用与市场趋势分析[J]. 黑龙江农业科学，2011(2)：147–149.
3. 于晓南，宋焕芝，郑黎文. 国外观赏芍药育种与应用及其启示[J]. 湖南农业大学学报(自然科学版)，2010，36(2)：159–162.
4. 陆光沛，于晓南. 美国芍药牡丹协会金牌奖探析[J]. 中南林业科技大学学报，2009(5)：191–194.
5. 郝青，刘政安，舒庆艳，等. 中国首例芍药牡丹远缘杂交种的发现及鉴定[J]. 园艺学报，2008，35(6)：853–858.
6. 王莲英，袁涛. 中国牡丹与芍药[M]. 北京：金盾出版社，1999.
7. 李嘉珏. 中国牡丹与芍药[M]. 北京：中国林业出版社，1999.
8. 方文培. 中国芍药属的研究[J]. 植物分类学报，1958(7)：297–324.
9. 红雨，刘强，韩岚. 芍药花粉活力和柱头可授性的研究[J]. 广西植物，2003，23(1)：90–92.
10. 李秉玲，尚晓倩，刘燕. 芍药花粉超低温保存4年后的生活力检测[J]. 北京林业大学学报，2008，30(6)：145–147.
11. 赵明，张荣松，仇道奎，等. 不同花型芍药的花粉生活力测定和比较研究[J]. 江苏农业科学，2009，(1)：177–178.
12. 韩成刚，盖树鹏. 芍药花粉活力测定方法的研究[J]. 江苏农业科学，2012，40(5)：124–126.
13. 胡适宜，1993. 植物学实验方法(一)：花粉生活力的测定[J]. 植物学通报，1993，(2)：60–62.
14. 李畅，苏家乐，刘小青，等. 一品红27个品种的花粉量、花粉活力及3种测定方法的比较[J]. 江西农业大学学报，2012，34(6)：1130–1135.
15. 胡春，刘左军，李富香，等. 钝裂银莲花花粉活力测定方法的研究[J]. 植物研究，2013，33(5)：582–586.
16. 赵长星，刘成连. 培养基种类及蔗糖浓度对部分果树花粉萌发率的影响[J]. 河北林果研究，2001，(03)：240–243.
17. 朱国英. 水稻雄性不育生物学[M]. 武汉：武汉大学出版社，2000：143–146.
18. 孙春丽，潘延云. 拟南芥花粉活力的测定及其在花粉发育研究中的应用[J]. 植物学通报，2008，25(3)：268–275.
19. 姜雪婷，杜玉虎，张绍铃，等. 梨43个品种花粉生活力及4种测定方法的比较[J]. 果树学报，2006，23(2)：178–181.

内蒙古桦木沟野生草本花卉资源及园林应用分析*

张艳¹ 刘雪¹ 仇云云¹ 袁涛¹① 国有清² 姜国峰² 付桂荣³

（¹花卉种质创新与分子育种北京市重点实验室，国家花卉工程技术研究中心，城乡生态环境北京实验室，
北京林业大学园林学院，北京 100083；²内蒙古赤峰市克什克腾旗青山林场，
赤峰 025350；³内蒙古赤峰市克什克腾旗桦木沟林场，赤峰 025350）

摘要 为了解和开发利用华北地区的野生花卉资源，对内蒙古桦木沟地区的野生花卉进行了调查，观察统计了 180 种野生植物，初步确定观赏价值高的野生花卉以菊科、毛茛科、蔷薇科、唇形科、玄参科、十字花科、蝶形花科居多，其生境有疏林草地、林下、河谷湿地、干旱盐碱地等，其中疏林草地植物种类最多。根据花色、花形、株形等观赏特性，结合其生长习性，认为这些野生花卉可以在花坛、花境、湿地绿化、假山、岩石园或荒坡绿化中应用；对野生花卉的开发利用提出了建议。

关键词 桦木沟；野生草本花卉；观赏特性；园林应用

Wild Herbaceous Flower Resources in Huamugou of Inner Mongolia and Analysis of Their Gardening Application

ZHANG Yan¹ LIU Xue¹ QIU Yun-yun¹ YUAN Tao¹ GUO You-qing² JIANG Guo-feng² FU Gui-rong³

（¹*Beijing Key Laboratory of Ornamental Plants Germplasm Innovation & Molecular Breeding*，
National Engineering Research Center for Floriculture，*Beijing Laboratory of Urban and Rural Ecological
Environment and College of Landscape Architecture*，*Beijing Forestry University*，*Beijing* 100083；
²*Castle Farm of Chifeng City*，*Chifeng* 025350；³*Huamugou Forest of Chifeng City*，*Chifeng* 025350）

Abstract   In order to understand and develop wild flowers in North China，an investigation was carried out in Huamugou of Inner Mongolia．One hundred and eighty wild plant species were observed，and most of them with great ornamental values were members of Asteraceae，Ranunculaceae，Rosaceae，Lamiaceae，Scrophulariaceae，Brassicaceae，and Fabaceae．Their habitats ranged from savanna，space under forest，wetland to arid and salty soils．The majority of plant species originated from the savannas．And we found that these wild flowers could be utilized in flower beds，flower borders，wetlands，rockeries，rock gardens，or slopes according to their ornamental characteristics such as flower colors，forms，and plant types and ecological habits．Suggestions on their exploitation and utilization were also proposed．

Key words   Huamugou；Wild herbaceous flower；Ornamental characteristics；Gardening application

城市园林建设已日益成为人们关注的热点，随着人类审美价值的提高，园林绿化不再局限于使用原有的园艺品种。现代城市绿化更加注重生态美、自然美，对观赏植物的需求也越来越高。野生花卉是指现在仍在原产地处于天然自生状态的观赏植物，它们是地方天然风景和植被的重要组成部分（陈俊愉，1996）。野生花卉是观赏植物的重要种质资源，其中草本花卉在形态、色彩上变化万千，极具观赏价值。野生花卉自成群落，抗逆性强，养护管理容易，种植和维护成本较低，观赏价值高，带有浓郁的本土气息，能够形成地域性植被特色（罗毅 等，2012）。在遵循其生态习性的基础上，把野生草本花卉进行合理的驯化和开发利用，对于丰富园林植物资源、更好地服务于园林建设具有深刻意义。

1 地理位置及生态条件

桦木沟国家森林公园位于内蒙古自治区赤峰市克什克腾旗西南部，地理坐标为东经116°40′~117°36′，北纬42°24′~42°52′。地处我国温带向寒带过渡带，四季变化明显。区内地表水系发达，水质较好，山谷

---

* 基金项目：北京市科技计划项目：北京市节水型宿根地被植物速繁及建植技术研究与示范（Z151100001015015）。
① 通讯作者。Author for correspondence（E－mail：yuantao1969@163．com）。

中溪水遍布，河流两侧有很发达的河岸沼泽构成湿地。桦木沟的自然条件使其具有丰富的野生花卉资源（代维 等，2007）。

2 调查时间、地点及方法

2014 年 7 月 31 日至 8 月 2 日在桦木沟国家森林公园自然草甸通过实地调查、资料收集、标本采集等方法对当地的野生花卉资源进行调查统计。

3 结果与分析

3.1 调查结果

调查期间，统计野生植物 180 种（含种下类群），其中草本植物 160 种，草类 13 种，灌木 7 种。观赏价值较高的以菊科、毛茛科、蔷薇科、唇形科、玄参科、十字花科、蝶形花科居多（表 1、表 2）。

3.2 生境分析

将所调查的野生草本植物按生境分类，主要可分为四大类：疏林草地、林下、河谷湿地、干旱盐碱地，以疏林草地的植物种类最多。具体见表 1。

表 1 内蒙古桦木沟主要野生草本花卉生境及其观赏特征

Table 1　Habitats and ornamental characteristics of main wild herbaceous flowers in Huamugou of Inner Mongolia

群落	种	学名	科属	观赏特性
疏林草地	火绒草	*Leontopodium leontopodioides*	菊科火绒草属	表面灰绿色，全株被柔毛
	棉团铁线莲	*Clematis hexapetala*	毛茛科铁线莲属	花白色
	高山蓍	*Achillea alpina*	菊科蓍属	舌片白色，管状花淡黄色或白色
	瓣蕊唐松草	*Thalictrum petaloideum*	毛茛科唐松草属	伞房花序，雄蕊瓣化，白色，三小叶
	梅花草	*Parnassia palustris*	虎耳草科梅花草属	基生叶心形，花白色，花瓣有脉纹
	防风	*Saposhnikovia divaricata*	伞形科防风属	基生叶丛生，鹿角状，花多，白色
	北点地梅	*Androsace septentrionalis*	报春花科点地梅属	花冠白，花小
	蔓茎蝇子草	*Silene repens*	石竹科蝇子草属	花萼筒状棒形，带紫色
	紫斑风铃草	*Campanula puncatata*	桔梗科风铃草属	花黄白，具有多数紫斑，钟状
	拳蓼	*Polygonum bistorta*	蓼科蓼属	穗状花序圆柱形，花白或粉红色
	细叶藁本	*Ligusticum tenuissimum*	伞形科藁本属	茎上部呈"之"字形弯曲，花白色
	野韭	*Allium ramosum*	百合科葱属	伞形花序半球状或球状，多花，白色，花被片具红色中脉
	穗花马先蒿	*Pedicularis spicata*	玄参科马先蒿属	花冠紫红色
	山丹	*Lilium pumilum*	百合科百合属	花鲜红色，下垂，花被片反卷
	狼毒	*Stellera chamaejasme*	瑞香科狼毒属	茎直立，丛生，花白色、黄色至带紫色
	地榆	*Sanguisorba officinalis*	蔷薇科地榆属	花红色
	白鲜	*Dictamnus dasycarpus*	芸香科白鲜属	花瓣白带淡紫红色或粉红带深紫红色脉纹
	柳兰	*Epilobium angustifolium*	柳叶菜科柳叶菜属	姿态优美，花紫红色或淡红色
	绶草	*Spiranthes sinensis*	兰科绶草属	总状花序螺旋状排列，紫红色
	香花芥	*Hesperis trichosepala*	十字花科香花芥属	花粉红色
	蓝刺头	*Echinops sphaerocephalus*	菊科蓝刺头属	复头状花序，蓝色，球形
	鳞叶龙胆	*Gentiana squarrosa*	龙胆科龙胆属	黄绿色或紫红色，花冠蓝色，小巧可爱
	箭报春	*Primula fistulosa*	报春花科报春花属	花冠玫瑰红色或红紫色，伞形花序密集呈球状
	麻花头	*Serratula centauroides*	菊科麻花头属	全部小花红色，红紫色或白色
	大野豌豆	*Vicia gigantea*	蝶形花科野豌豆属	花少，白色、粉红色、紫色或雪青色
	广布野豌豆	*Vicia cracca*	蝶形花科野豌豆属	花冠紫色、蓝紫色或紫红色
	亚麻	*Linum usitatissimum*	亚麻科亚麻属	花小，蓝色或紫蓝色

（续）

群落	种	学名	科属	观赏特性
	山岩黄耆	*Hedysarum alpinum*	蝶形花科岩黄耆属	直立，花冠紫红色，荚果扁平
	华北蓝盆花	*Scabiosa tschiliensis*	川续断科蓝盆花属	花多数，蓝紫色
	翠雀	*Delphinium grandiflorum*	毛茛科翠雀属	花蓝色，似雀鸟，姿态优美
	白婆婆纳	*Veronica incana*	玄参科婆婆纳属	花冠蓝色，蓝紫色或白色
	沙参	*Adenophora stricta*	桔梗科沙参属	花钟状，紫色
	阿尔泰狗娃花	*Heteropappus altaicus*	菊科狗娃花属	舌片浅蓝紫色，冠毛污白色或红褐色
	多裂叶荆芥	*Schizonepeta multifida*	唇形科荆芥属	花冠蓝紫色，干后变淡黄色
	斜茎黄耆	*Astragalus adsurgens*	蝶形花科黄耆属	花冠近蓝色或红紫色
	黄芩	*Scutellaria baicalensis*	唇形科黄芩属	花冠蓝紫色，二唇形
	并头黄芩	*Scutellaria scordifolia*	唇形科黄芩属	花冠蓝紫色，上唇盔状
	达乌里黄耆	*Astragalus dahuricus*	蝶形花科黄耆属	花紫红色，荚果上弯
	菊苣	*Cichorium intybus*	菊科菊苣属	花蓝色，有色斑
	大叶龙胆	*Gentiana macrophylla*	龙胆科龙胆属	花黄绿色或有时带紫色
	香青兰	*Dracocephalum moldavica*	唇形科青兰属	花淡蓝紫色
	蝟菊	*Olgaea lomonosowii*	菊科蝟菊属	被密厚的绒毛，头状花序单生枝端，总苞大，小花紫色
	花荵	*Polemonium coeruleum*	花荵科花荵属	花小，蓝色
	风毛菊	*Saussurea japonica*	菊科风毛菊属	小花紫色
	歪头菜	*Vicia unijuga*	蝶形花科野豌豆属	花冠蓝紫色
	毛连菜	*Picris hieracioides*	菊科毛连菜属	花小，黄色
	委陵菜	*Potentilla chinensis*	蔷薇科委陵菜属	花黄色
	北柴胡	*Bupleurum chinense*	伞形科柴胡属	花瓣鲜黄色
	蓬子菜	*Galium verum*	茜草科拉拉藤属	花小，黄色
	全缘叶橐吾	*Ligularia mongolica*	菊科橐吾属	舌状花和管状花都是黄色
	二裂委陵菜	*Potentilla bifurca*	蔷薇科委陵菜属	花顶生，疏散，花瓣黄色
	花苜蓿	*Medicago ruthenica*	蝶形花科苜蓿属	花冠黄褐色，中央深红色至紫色条纹
	披针叶野决明	*Thermopsis lanceolata*	蝶形花科野决明属	花冠黄色
	费菜	*Sedum aizoon*	景天科景天属	聚伞花序顶生，花黄色
	金莲花	*Trollius chinensis*	毛茛科金莲花属	花金黄色
	鹅绒委陵菜	*Potentilla anserina*	蔷薇科委陵菜属	植株匍匐，花黄
	华北大黄	*Rheum franzenbachii*	蓼科大黄属	植株高大，花绿白色
	柳穿鱼	*Linaria vulgaris*	玄参科柳穿鱼属	小花密集，黄色
	龙芽草	*Agrimonia pilosa*	蔷薇科龙芽草属	花多，黄色
	野罂粟	*Papaver nudicaule*	罂粟科罂粟属	花瓣4，黄色
林下	乌头	*Aconitum carmichaeli*	毛茛科乌头属	植株高大，花蓝紫色
	风毛菊	*Saussurea japonica*	菊科风毛菊属	小花紫色
	歪头菜	*Vicia unijuga*	蝶形花科野豌豆属	花冠蓝紫色
	花荵	*Polemonium coeruleum*	花荵科花荵属	花小，蓝色
	草甸老鹳草	*Geranium pratense*	牻牛儿苗科老鹳草属	蓝紫色花，蒴果形似鹳鸟喙

（续）

群落	种	学名	科属	观赏特性
	老鹳草	*Geranium wilfordii*	牻牛儿苗科老鹳草属	花瓣白色或淡红色，蒴果形似鹳鸟喙
	野火球	*Trifolium lupinaster*	蝶形花科车轴草属	花球状，淡红或淡紫
	石沙参	*Adenophora polyantha*	桔梗科沙参属	花淡紫色
	白芷	*Angelica dahurica*	伞形科当归属	花白色，果实黄棕色，有时带紫色
	独活	*Heracleum hemsleyanum*	伞形科独活属	复伞花序，花瓣白色
	蚊子草	*Filipendula palmata*	蔷薇科蚊子草属	花多，白色
	蹄叶橐吾	*Ligularia fischeri*	菊科橐吾属	基叶蹄形，花黄色
	败酱	*Patrinia scabiosaefolia*	败酱科败酱属	花冠黄色
	金莲花	*Trollius chinensis*	毛茛科金莲花属	花金黄色
	蓬子菜	*Galium verum*	茜草科拉拉藤属	花小，黄色
	柳兰	*Epilobium angustifolium*	柳叶菜科柳叶菜属	姿态优美，花紫红色或淡红色
	地榆	*Sanguisorba officinalis*	蔷薇科地榆属	花红色
	缬草	*Valeriana officinalis*	败酱科缬草属	花序伞房状，花冠淡紫红色或白色
河谷湿地	山岩黄耆	*Hedysarum alpinum*	蝶形花科岩黄耆属	直立，花冠紫红色，荚果扁平
	野火球	*Trifolium lupinaster*	蝶形花科车轴草属	花球状，淡红或淡紫
	返顾马先蒿	*Pedicularis resupinata*	玄参科马先蒿属	花冠淡紫红色
	毛水苏	*Stachys baicalensis*	唇形科水苏属	花冠淡紫色
	火绒草	*Leontopodium leontopodioides*	菊科火绒草属	表面灰绿色，全株被柔毛
	白芷	*Angelica dahurica*	伞形科当归属	花白色，果实黄棕色，有时带紫色
	金莲花	*Trollius chinensis*	毛茛科金莲花属	花金黄色
	毛茛	*Ranunculus japonicus*	毛茛科毛茛属	花瓣鲜黄色
	委陵菜	*Potentilla chinensis*	蔷薇科委陵菜属	花黄色
	柳穿鱼	*Linaria vulgaris*	玄参科柳穿鱼属	小花密集，黄色
	欧亚旋覆花	*Inula britanica*	菊科旋覆花属	花黄色
	花锚	*Halenia corniculata*	龙胆科花锚属	花冠钟状，淡黄色，形似船锚
	黄香草木犀	*Melilotus officinalis*	蝶形花科草木犀属	花冠黄色
	沙参	*Adenophora stricta*	桔梗科沙参属	花钟状，紫色
	广布野豌豆	*Vicia cracca*	蝶形花科野豌豆属	花冠紫色、蓝紫色或紫红色
	草甸老鹳草	*Geranium pratense*	牻牛儿苗科老鹳草属	蓝紫色花，蒴果形似鹳鸟喙
	瞿麦	*Dianthus superbus*	石竹科石竹属	瓣片流苏状，淡紫色
	地榆	*Sanguisorba officinalis*	蔷薇科地榆属	花红色
	路边青	*Geum aleppicum*	蔷薇科路边青属	花顶生，黄色
干旱盐碱地	多裂叶荆芥	*Schizonepeta multifida*	唇形科荆芥属	花冠蓝紫色，干后变淡黄色
	石竹	*Dianthus chinensis*	石竹科石竹属	花淡红色、粉红色或白色
	华北蓝盆花	*Scabiosa tschiliensis*	川续断科蓝盆花属	花多数，蓝紫色
	翠雀	*Delphinium grandiflorum*	毛茛科翠雀属	花蓝色，似雀鸟，姿态优美
	小花棘豆	*Oxytropis glabra*	蝶形花科棘豆属	花冠淡紫色或蓝紫色
	阿尔泰狗娃花	*Heteropappus altaicus*	菊科狗娃花属	舌片浅蓝紫色，冠毛污白色或红褐色

（续）

群落	种	学名	科属	观赏特性
	花旗杆	*Dontostemon dentatus*	十字花科花旗杆属	花瓣淡紫色
	水蔓菁	*Veronica linariifolia*	玄参科婆婆纳属	花冠淡紫色
	北柴胡	*Bupleurum chinense*	伞形科柴胡属	花瓣鲜黄色
	蓬子菜	*Galium verum*	茜草科拉拉藤属	花小，黄色
	委陵菜	*Potentilla chinensis*	蔷薇科委陵菜属	花黄色
	火绒草	*Leontopodium leontopodioides*	菊科火绒草属	表面灰绿色，全株被柔毛
	叉分蓼	*Polygonum divaricatum*	蓼科蓼属	植株外形呈球形，黄绿色
	棉团铁线莲	*Clematis hexapetala*	毛茛科铁线莲属	花白色
	狼毒	*Stellera chamaejasme*	瑞香科狼毒属	茎直立，丛生，花白色、黄色至带紫色
	钝叶瓦松	*Orostachys malacophyllus*	景天科瓦松属	第一年呈莲座状
	二色补血草	*Limonium bicolor*	白花丹科补血草属	花黄色，萼檐初时淡紫红或粉红色，后来变白

表 2 主要野生观赏草

Table 2 The main wild ornamental grasses

种名	学名	科属	生境
羊草	*Aneurotepidimu chinense*	禾本科赖草属	路边、草地
冰草	*Agropyron cristatum*	禾本科冰草属	路边、干旱草地
垂穗披碱草	*Elymus nutans*	禾本科披碱草属	山地阳坡、干旱草甸
无芒雀麦	*Bromus inermis*	禾本科雀麦属	林缘、草甸
针茅	*Stipa capillata*	禾本科针茅属	山间谷地、干旱山坡
短芒大麦草	*Hordeum brevisubulatum*	禾本科大麦属	山坡草甸
看麦娘	*Alopecurus aequalis*	禾本科看麦娘属	湿地
菵草	*Beckmannia syzigachne*	禾本科菵草属	湿地
异穗苔草	*Carex heterostachya*	莎草科苔草属	山谷
寸草苔	*C. duriuscula*	莎草科苔草属	草甸
灯心草	*Juncus effusus*	灯心草科灯心草属	河边、池旁、水沟，稻田旁、草地及沼泽湿处

4 主要野生草本花卉园林应用潜力分析

野生草本植物是丰富园林绿化植物种类的重要种质资源。它们在花色、花形、株形、抗逆性等多方面具有较栽培品种强的优势，是引种和育种工作重要的物质基础（姜洪波 等，2004）。将野生花卉应用于城市园林，可以把有限的城市空间融入自然，发挥野生花卉的生态效应和景观效应（周树榕 等，2003）。

4.1 野生草本花卉观赏特点分析

4.1.1 花色丰富多彩

野生草本花卉的花色具有园艺品种不可比拟的美。除了常见的黄、白、红等颜色以外，还具有栽培类群中有待丰富的蓝色、蓝紫色、紫色等，如蓝色的亚麻、翠雀、蓝刺头等，蓝紫色的华北蓝盆花、麻花头、黄芩、并头黄芩、沙参等，以及粉紫色的风毛菊、歪头菜等。

4.1.2 花形别具一格

花的形态变化万千，有形似船锚的花锚，有像翠雀鸟的翠雀，有形似铃铛的紫斑风铃草以及沙参类，还有果实极似鹳鸟嘴的老鹳草类等。这些花形独特可爱的草本花卉应用于园林中，能够增添园林景观的趣味性。

4.1.3 株形变化丰富

在株形方面，有自然成簇的草麻黄，天然成球形的叉分蓼、防风，茎直立的山岩黄耆等。这些花卉应用于园林绿化中，能够使园林景观变得生动多姿。

4.2 野生草本花卉在园林中的用途

野生花卉有许多资源，可用于花坛、花境、地被、室内盆栽、专类园、篱垣，或作切花等（尹衍峰和彭春生，2003）。野生花卉有不同的生长习性，可用于不同园林景观中。

4.2.1　优良的花坛、花境花卉

　　一些外形优美、花色艳丽、观赏价值极高的花卉可用于花坛、花境。如翠雀、小萱草、橐吾类、菊苣、金莲花、柳兰、华北蓝盆花、柳穿鱼、路边青、马先蒿、麻花头、花锚、狼毒等。在林缘或路边用植物材料配植成花境，形成高低错落的变化，柔化人工环境僵硬的线条。

4.2.2　用于湿地绿化

　　一些耐水湿的种类可应用于湿地的绿化。如毛茛、地榆、山岩黄耆、梅花草、欧亚旋覆花、毛水苏等。

4.2.3　用于假山、岩石园或荒坡绿化

　　调查结果中，耐盐碱、耐干旱、耐贫瘠的野生植物种类可考虑用于假山、岩石园或荒山坡地的绿化，以增添岩石园的色彩，以及柔化生硬感。如石竹、披针叶野决明、冷蒿、北柴胡、棘豆类、多裂叶荆芥、冰草、瓦松、钝叶瓦松、费菜、狼毒、硬皮葱等。

4.2.4　地被的应用

　　鹅绒委陵菜、二裂委陵菜、野火球、黄芩、直立黄耆、香花芥、北点地梅等矮生花卉，可用作地被植物，也可用于草坪的点缀，吸引人的视线。像蚊子草、花葱、地榆、路边青、草甸老鹳草、歪头菜、乌头、高山蓍、独活等耐阴性的花卉，可应用于林下绿化，以丰富园林景观的层次感。见图2。

图 2　野生草本花卉地被效果

Fig. 2　Effect of wild herbaceous flowers as ground covers

1. 直立黄耆　2. 香花芥

图 3　观赏草的形态及景观

Fig. 3　Forms and landscapes of ornamental grasses

1. 针茅　2. 无芒雀麦　3. 灯心草　4. 羊草

4.2.5 用于切花

一些花期较长、花色艳丽，尤其是能自然干燥的野花适合作为切花材料。如蓝刺头、地榆、二色补血草是优良的干花材料，除此之外，麻花头、棉团铁线莲、蓬子菜、高山蓍、蓝盆花、风毛菊、柳兰、黄花败酱等也可以考虑作为切花应用。

4.3 观赏草的应用

调查到的草类植物成簇、成片种植可形成别具一格的景观，如灯心草在水中成片种植会形成一道美丽的风景，针茅花序纤弱，线形美别具特色，无芒雀麦和羊草成簇、成片种植可使人们有回归田园的感受等。见图3。

4.4 自然野花群落的启发

自然的野花群落具有植物多样性和较强的自我维持、自然更新能力。自然条件下，随着季节变化，部分植物进入花后营养期逐渐衰老，下层幼苗则继续生长填补空间，群落的组成和结构不断发生变化（高亦珂 等，2011）。不同季节中，观赏期不同的植物可以互相更替，整个群落的观赏期长，为构建人工的观赏植物群落提供了依据。

自然的野花群落有其天然的色彩搭配、质感组合，乡土植物又能体现自然的地带特色，不同季节的优势种带给人们不一样的视觉冲击，这些都为我们在城市环境中模拟自然的野花组合提供了范例。与传统的园林绿化方式相比，模拟自然野花群落而构建的景观可以更好地吸引鸟类及昆虫，从而提高环境的生物多样性。另外，这样的景观具有自然野花群落自我更新的特性，观赏期增长，且后期养护管理费用较传统园林绿化方式低，是我们所追求的一种比较符合原生态的植物群落景观（图4）。

图4 自然的野花群落

Fig. 4 Natural wildflower communities

1. 香花芥优势群落 2. 全缘叶橐吾优势群落

5 引种利用与保护

我国复杂的地理条件孕育了种类丰富的野生花卉，但我们对野生资源的利用情况却不容乐观。国外引去的许多野生花卉，在欧美已成为栽培植物加以应用，但在我国仍在山野中自生自灭（陈俊愉 等，2001）。内蒙古桦木沟地区的许多野生植物不仅具有极高的观赏价值，还是非常名贵的中药材，有些植物在食用、饲用、精油的提取上具有很高的利用价值。虽然现在当地建立了金莲花保护基地、二色补血草生产基地，但总体开发缺少科学指导，数量、质量都开发较少（代维等，2007）。纵观园林建设的需要，我们只有掌握其生物学特性，研究其繁殖方法，加以人工繁殖，才能真正满足园林景观的需求。

另外，随着旅游业的发展，钟爱大草原景色的游客越来越多，一些有意无意的行为却造成野生资源的破坏。如旅游旺季时，随着大批游客的涌入，野花草甸遭到践踏，野花被采摘。同时某些人在狭隘的经济利益驱使下，不加保护地过度开采，在引种中整株挖走，而不用采种或采条、分株的方式，栽培时不能充分考虑生境和植物习性等都造成了野生花卉资源的极大浪费。因此，为了丰富园林植物资源，从而达到为城市园林建设服务的目的，在桦木沟野生植物资源的调查基础上，可以从以下几方面着手：

（1）加强种质资源的保存和扩繁技术研究。研究野花的有性繁殖和无性繁殖技术，生长发育规律，大力发展适宜不同野花的配套栽培技术，可以有效保护和繁殖野生花卉资源。利用现代生物技术手段开展种质收集、繁殖。对有观赏价值、药用价值和其他经济价值的种类进行有计划、有步骤地驯化、繁殖及开发利用，建立繁育基地，研究其生物学特性和繁殖栽培技术，是避免人们直接采挖野生资源的重要方法。

（2）禁止直接利用野生资源。对野生花卉的采集利用，应尽量采用采种和辅助采条方式进行繁殖，尽可能避免直接分株或整株移栽。

　　（3）野生植物资源保护的宣传工作。采取多种形式宣传野生植物保护条例，不断提高全民保护意识，减少人们在生产活动中对野生花卉资源的破环。

　　（4）注重保护珍稀濒危花卉资源。有目的、有步骤地开展濒危种基因资源的保护和导致濒危衰退的科学研究。

参考文献

1. 陈俊愉 . 1996. 中国农业百科全书·观赏园艺卷［M］. 北京：中国科学技术出版社 .
2. 罗毅 . 2012. 吉安市野生地被植物资源及其园林应用综合评价［J］. 中国野生植物资源，31（1）：73 - 77.
3. 代维，韩杰，申建军 . 2007. 内蒙古桦木沟地区野生花卉资源开发利用研究［J］. 内蒙古林业科技，33（1）：23 - 25.
4. 姜洪波，丁琼，贾桂霞，谢海燕 . 2004. 河北省龙头山区野生草本花卉植物资源及园林应用［J］. 林业科学，40（6）：102 - 109.
5. 周树榕 . 2003. 野生花卉在城市绿化中的应用［J］. 中国花卉园艺，（21）：30 - 31.
6. 尹衍峰，彭春生 . 2003. 百花山野生花卉资源的开发利用［J］. 中国园林，23（8）：72 - 74.
7. 高亦珂，吴春水，袁加 . 2011. 北京地区草花混播配置方法研究∥中国风景园林学会 . 中国风景园林学会 2011 年会论文集（下册）［C］. 北京：中国建筑工业出版社，752 - 754.
8. 陈俊愉 . 2001. 中国花卉品种分类学［M］. 北京：中国林业出版社，5 - 6.

中国观赏园艺研究进展 2015：49～56

Advances in Ornamental Horticulture of China, 2015：49～56

49

基于 SCAR 标记对 20 个晚樱品种的分子鉴别[*]

徐梁[1]　赵庆杰[1,2]　李海波[1]　屈燕[2]　王青华[3]　郭佳[4]

([1] 浙江省林业科学研究院，浙江省森林资源生物与化学利用重点实验室，杭州 310023；[2] 西南林业大学，昆明 650224；

[3] 武汉东湖生态旅游风景区，武汉 430074；[4] 浙江诚邦园林股份有限公司，杭州 310008)

摘要　樱花是世界著名的观赏植物，在园林上有极大的应用价值。晚樱品种大都引自日本，品种繁多，且表型具有很强的可塑性，用传统的形态学方法很难准确鉴别。本研究从全国范围内收集 20 个在园林中广泛栽培与应用的晚樱品种，基于 SAPD 和 SRAP 二种分子标记对 20 个樱花品种的基因组 DNA 扩增，分别筛选获得了 33 个 nSAPD 多态片段和 13 个 SRAP 多态性片段。通过对这些多态性片段的进一步克隆测序，成功将 18 个多态性片段转化为了稳定可靠的特异 SCAR 标记，可作为晚樱品种的特异 DNA 指纹，方便用于品种间的相互鉴别。本研究首次将 SCAR 分子标记用于樱花品种资源的研究上，不仅有助于樱花品种分类鉴定系统的建立，也为樱属植物资源的进一步研究提供了分子依据。

关键词　樱属；樱花；SAPD 标记；SCAR 标记；鉴别

SCAR Markers-based Molecular Identification of 20 Cultivars of Flowering Cherry (*Cerasus*)

XU Liang[1]　ZHAO Qing-jie[1,2]　LI Hai-bo[1]　QU Yan[2]　WANG Qing-hua[3]　GUO Jia[4]

([1] *Zhejiang Forestry Academy*, *Zhejiang Provincial Key Laboratory of Biological and Chemical Utilization of Forest Resource*, *Hangzhou* 310023；

[2] *Southwest Forestry University*, *Kunming* 650224；[3] *East Lake Scenic Area of Wuhan*, *Wuhan* 430074；

[4] *Zhejiang Chengbang Landscape Architecture Company*, *Hangzhou* 310008)

Abstract　Flowering cherry (*Cerasus*), a famous ornamental plant in the world, has a great application value in gardens. The cultivars of flowering cherry (*Cerasus*) are mostly from Japan. These too many Japanese cultivars with great morphological plasticity made it difficulty to distinguish them accurately only through traditional phenotypic and physiological features. In the present study, 20 cultivars of flowering cherry (*Cerasus*), which were widely cultivated in gardens, were collected from across the country and analyzed using Specifically Amplified Polymorphic DNA (SAPD) and polymorphic sequence – related amplified polymorphism (SRAP) techniques. 33 polymorphic SAPD bands and 13 SRAP bands were cloned and sequenced. 18 stable informative dominant sequence characterized amplified region (SCAR) markers were developed by designing 18 pairs of specific SCAR primers from these sequenced polymorphic bands, respectively. These SCAR makers can be used as specific DNA fingerprints to help in the rapid identification of 20 cultivars of flowering cherry (*Cerasus*). This study was the first report that SCAR markers – based molecular method was used in the research on molecular identification of *Cerasus* cultivars, which was helpful not only to establish the identification system of *Cerasus* cultivars, but also to provide molecular basis for the further study of *Cerasus*　plant resources.

Key words　*Cerasus*；Flowering cherry；SAPD；SCAR；Identification

樱属(*Cerasus*)植物分布广泛，目前全世界有 150 多种(Li *et al.*, 2003)。樱花隶属于蔷薇科(Rosaceae)樱属，是世界著名的观赏植物。目前已知樱花品种有 300 多个，因其株型优美、花色艳丽、整个花期延续期长，在园林上有极大的应用价值。近年来，我国各地大规模种植樱花并应用于公园、学校、街道、庭院等绿地中，成为早春主要观赏花木之一。北京、武汉、青岛、上海等城市每年纷纷举办樱花节，樱花

---

* 基金项目：浙江省花卉新品种选育重大科技专项重点项目(2012C12909－5)；浙江省科研院所扶持专项(2013F10020、2014F30002)；浙江省林业科研成果推广项目(2013B08)；杭州市科技项目(20130932H11)。

产业得到迅猛发展，这对于建设美丽中国，促进农民增收，推进山区综合开发和建设社会主义新农村，都具有十分重要的意义。

我国樱属植物资源丰富，分布广泛，且樱属植物表型具有较强可塑性，种间杂交容易，品种数量众多，有些品种间性状差异较小，传统形态分类很难快速、准确有效评价与区分。学术界对目前种植樱花品种的名称和描述都很混乱，"同物异名"或"同名异物"现象较为严重，缺乏统一规范的名称及科学系统的分类体系，不便于品种鉴定、推广、交流及新品种的培育，因此亟需建立一个科学合理的樱花品种分类鉴别系统。

近年来就全国范围内的樱花品种调查、分类和亲缘关系分析还仅仅是通过传统的形态学特征、过氧化物酶和酯酶同工酶技术、电镜扫描花粉粒、Q 型聚类以及随机扩增多态性 DNA（Random Amplified Polymorphic DNA，RAPD）分子标记等方法（赵莉，2005；王贤荣等，2007；周春玲等，2007；2008）。这些方法尽管有用，但很难对樱花品种间进行准确、快捷的相互鉴别和应用。而近年来在植物分类界已广泛应用的DNA 分子标记技术迄今尚未在樱花品种分类、品种间亲缘关系及遗传多样性、品种鉴别等研究上得以成功应用。因此，有必要利用分子标记技术手段，对我国现有的樱花品种进行科学鉴别，不仅有助于樱花品种分类鉴定系统的建立，也为樱属植物资源的进一步研究提供分子依据。

在迄今众多开发出的 DNA 分子标记中，将利用通用性引物所介导的分子标记如 RAPD、相关序列扩增多态性（sequence - related amplified polymorphism，SRAP）等转化为特征性片段扩增区域（Sequence Characterized Amplified Region，SCAR）分子标记已被证明是一种可用于葡萄、竹种、中草药、食用菌、杉木等众多物种鉴定的有效技术手段（Vidal et al.，2000；Das et al.，2005；Dnyaneshwar et al.，2006；Choi et al.，2008；Li et al.，2008；Wu et al.，2010；Shen et al.，2011）。近年来，又一 DNA 分子标记技术特异扩增多态性 DNA（Specifically Amplified Polymorphic DNA，SAPD）与 SCAR 标记、多重 PCR 技术的结合使用被证明可用于葡萄酒、黄酒中乳酸菌的高效鉴定（Fröhlich & Pfannebecker，2006；2007；Pfannebecker & Fröhlich，2008；Ke et al.，2014）。本研究将基于SAPD 和 SRAP 二种通用性的分子标记对樱花基因组DNA 的进行大规模筛选，并进一步通过分子克隆技术开发获得樱花品种特异性的 SCAR 分子标记，以达到对我国广泛栽培与应用的樱花品种快速分型鉴定的目的。该研究不仅有助于樱花品种分类鉴定系统的建

立，也为樱属植物资源的进一步研究利用提供分子依据。

1　材料与方法

1.1　实验材料

1.1.1　植物材料

用于本研究的 20 个晚樱品种的地理种源地均为从日本引进，分别从武汉、上海、无锡、北京、青岛等各大公园或樱花专类园内采集，采集部位均是春季萌发的幼嫩叶片，放硅胶密封保存以用于分子研究。晚樱品种的名称、采集地点、采集日期见表1。

1.1.2　主要试剂及引物

研究所用主要分子生物学试剂包括新型快速植物基因组 DNA 提取试剂（BioTeke，北京）、普通琼脂糖凝胶 DNA 回收试剂盒（TIANGEN，北京）、PCR 扩增试剂 2 × Power Taq PCR MasterMix（BioTeke，北京），基因克隆所用载体 pGEM - Teasy、感受态细胞 DH5 α购自大连宝生物工程公司（TaKaRa，大连），SAPD、nSAPD 引物和 SCAR 引物由上海生工生物技术公司（Sangon，上海）合成。

1.2　实验方法

1.2.1　基因组 DNA 的提取及浓度测定

研究所用的 20 个樱花品种 DNA 的提取方法参照新型快速植物基因组 DNA 提取试剂（BioTeke，北京）的说明，提取后的 DNA 测定浓度，并经 1.5% 琼脂糖凝胶电泳检测，于 -20℃ 保存备用。

1.2.2　nSAPD 和 SRAP 多态性分析

SAPD - PCR 的扩增体系为：2 × Power Taq PCR Master Mix 10 μl，SAPD（A - Not \ T - Not \ G - Not \ C - Not）引物（10uM）1 μl，DNA 模板 1 μl，加 ddH$_2$O 补齐到 20 μl。nSAPD - PCR 的扩增体系为：2 × Power Taq PCR Master Mix 10 μl，nSAPD（A - Not - A、- T、- G、- C \ T - Not - A、- T、- G、- C \ G - Not - A、T、G、C \ C - Not - A、- T、- G、- C）引物（10uM）1 μl，DNA 模板（SAPD - PCR 的产物）1 μl，加 ddH$_2$O 补齐到 20 μl。SRAP - PCR 的扩增体系为：2 × Power Taq PCR Master Mix 10 μl，SRAP 上下游引物（10uM）各 1 μl，DNA 模板（20ng/μl）3 μl，加 ddH$_2$O 补齐到 20 μl。

nSAPD 和 SRAP 的 PCR 扩增反应在 TC - XP 型（Bioer，杭州）上进行。对于 nSAPD，反应条件为95℃ 预变性 5min 后，94℃ 变性 1min、39℃ 退火 1min（A - Not - A、- T、- G、- C \ T - Not - A、- T、- G、- C）或 41℃ 退火 1min（G - Not - A、- T、-

G、－C\C－Not－A、－T、－G、－C)、72℃延伸
5min，共 30 个循环；最后于 72℃ 补平 10min，终止
温度为 4℃。对于 SRAP，反应条件为 94℃ 预变性
5min 后，94℃ 变性 1min、35℃ 退火 1min、共 5 个循
环，之后 72℃ 延伸 1min；继续 94℃ 变性 1min、52℃
退火 1min、72℃ 延伸 1min，共 30 个循环，最后于
72℃ 补平 10min，终止温度为 4℃。

PCR 扩增后的产物用 1.0% 的琼脂糖凝胶(EB 染
色)电泳，扩增图谱的摄取采用 JS－380A 自动凝胶图
像分析仪(上海培清)。

1.2.3 nSAPD 和 SRAP 特异片段回收、克隆及测序

采用普通琼脂糖凝胶 DNA 回收试剂盒(TIAN-
GEN，北京)从 1.5% 的琼脂糖凝胶中回收 nSAPD 和
SRAP 的特异片段，检测浓度。特异片段与 pGEM－
Teasy 载体连接过夜，转化于感受态细胞 DH5 α中，
经蓝白斑筛选后，每个样品均随机挑选 3 个阳性克隆
交付上海基康生物技术公司完成测序。

1.2.4 SCAR 引物设计

根据 nSAPD 和 SRAP 特异片段的测序数据，利用
Oligo 6.54(MBI，USA)软件设计 SCAR 引物。用软件
的"Analyse"菜单对设计出的 SCAR 引物进行分析评
价，包括引物二聚体、发夹结构、GC 含量等。最终
设计出一对 18～24bp 的特异 PCR 引物，交由上海生
工合成。

1.2.5 SCAR－PCR 分析

20 μl SCAR－PCR 的扩增体系为：2 × Power Taq
PCR Master Mix 10 μl，SCAR 上下游引物各 1 μl，DNA
模板(20ng/μl)3 μl，加 ddH$_2$O 补齐到 20 μl。扩增反
应在 TC－XP 型(Bioer，杭州)扩增仪上进行。反应条
件为 94℃ 预变性 6min 后；94℃ 变性 40s，退火时间
40s(不同 SCAR 引物的最佳退火温度不同)，72℃ 延
伸 2min，共 30 个循环；最后于 72℃ 补平 7min，终止
温度为 4℃。

表1 用于本研究的 20 个晚樱品种
Table 1 20 cultivars of flowering cherry (Cerasus) surveyed in this study

晚樱品种编号 Cultivars No.	晚樱品种 Cultivars of flowering cherry (Cerasus)	采集地点 Gathering place	采集时间 Gathering time	地理种源地 Geographical provenance
YH1	红笠 C. serrulata 'Benigasa'	上海顾村公园	2014.04.09	日本
YH2	红华 C. serrulata 'Kouka'	上海顾村公园	2014.04.09	日本
YH3	一叶 C. serrulata 'Hisakura'	上海植物园	2014.04.07	日本
YH4	福禄寿 C. serrulata 'Contorta'	上海植物园	2014.04.07	日本
YH5	普贤象 C. serrulata 'Albo－rosea'	上海植物园	2014.04.07	日本
YH6	松月 C. serrulata 'Superba'	武汉东湖樱园	2014.03.26	日本
YH7	郁金 C. serrulata 'Grandifora'	武汉东湖樱园	2014.03.26	日本
YH8	红丰 Cerasus × sieboldii 'Beni－yutaka'	武汉东湖樱园	2014.03.26	日本
YH9	御衣黄 C. serrulata 'Gioiko'	上海辰山植物园	2014.04.08	日本
YH10	关山 C. serrulata 'Kanzan'	上海辰山植物园	2014.04.08	日本
YH11	大提灯 C. serrulata 'Ojochin'	武汉东湖樱园	2014.03.28	日本
YH12	八重红枝垂 C. spachiana 'Plena Rosea'	武汉东湖樱园	2014.03.28	日本
YH13	市原虎之尾 C. serrulata 'Albo Plena'	武汉东湖樱园	2014.03.28	日本
YH14	咲耶姬 Cerasus × yedoensis 'Sakuyahime'	武汉东湖樱园	2014.03.27	日本
YH15	朱雀 C. serrulata 'Shujaku'	武汉东湖樱园	2014.03.27	日本
YH16	杨贵妃 C. serrulata 'Mollis'	上海植物园	2014.04.07	日本
YH17	雨情枝垂 C. spachiana 'Ujou－shidare'	武汉东湖樱园	2014.03.27	日本
YH18	菊垂樱 C. serrulata 'Plena－pendula'	上海辰山植物园	2014.04.08	日本
YH19	平野妹背 C. serrulata 'Imose'	武汉东湖樱园	2014.03.29	日本
YH20	旭山樱 C. serrulata 'Asahiyama'	武汉东湖樱园	2014.03.29	日本

2　结果与分析

2.1　nSAPD 和 SRAP 多态性分析、特异片段的克隆及测序

利用 4 条 SAPD（A－Not、T－Not、G－Not、C－Not）引物分别对 20 个晚樱品种的基因组 DNA 进行 PCR 扩增，然后用 16 条 nSAPD（A－Not－A、－T、－G、－C \ T－Not－A、－T、－G、－C \ G－Not－A、T、G、C \ C－Not－A、－T、－G、－C）引物分别对 SAPD－PCR 所得的产物进行 PCR 扩增。nSAPD 扩增图谱显示，A－Not－A、A－Not－T、A－Not－C、T－Not－A、G－Not－T、C－Not－G、C－Not－C 共 7 条引物在 20 个樱花品种间的扩增得到了多态性片段（图 1）。利用 96 对 SRAP 引物组合对 20 个樱花品种进行 PCR 扩增，SRAP 扩增图谱显示，仅 4 对 SRAP 引物（em3/me1、em3/me4、em4/me4、me8/em8）在 20 个樱花品种间扩增出了条带清晰、稳定的多态性片段（图 1）。这 10 条 nSAPD 和 4 条 SRAP 多态片段被进一步回收、克隆测序，待转化为 SCAR 标记。

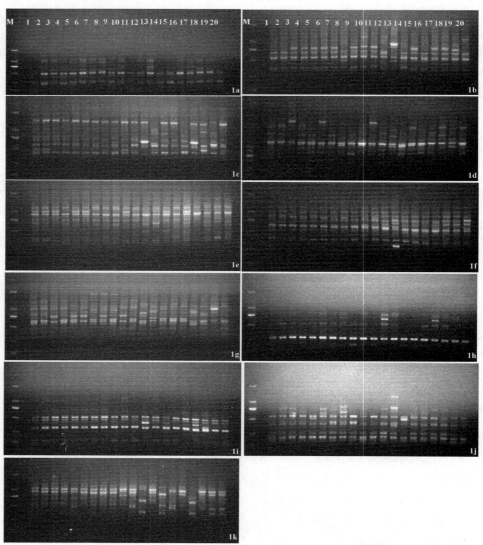

图 1　20 个樱花品种的 nSAPD 和 SRAP－PCR 扩增图谱

泳道 M 为 DNA 分子量标准 DL2000；泳道 1－20 为表 1 所示的 20 个樱花品种；图 1a 到 1k 依次为 SRAP 引物 me8/em8、nSAPD 引物 T－NOT－A、A－NOT－T、G－NOT－T、C－NOT－G、C－NOT－C、A－NOT－C、SRAP 引物 em3/me1、em5/me4、em3/me4、nSAPD 引物 A－NOT－A

Fig. 1　nSAPD/SRAP electrophoretic profile of 20 cultivars of flowering cherry (*Cerasus*) amplified with the primers of nSAPD and SRAP

Lane M, DNA marker DL2000; lanes 1 － 20 correspond to the 20 cultivars of flowering cherry (*Cerasus*) listed in Table 1; Fig. 1a－1k correspond to the SRAP primers me8/em8, nSAPD primer T－NOT－A, A－NOT－T, G－NOT－T, C－NOT－G, C－NOT－C, A－NOT－C, SRAP primers em3/me1, em5/me4, em3/me4, and nSAPD primer A－NOT－A

2.2　SCAR 标记的建立及 SCAR - PCR 检测

表 2 所示为 14 对 SCAR 特异引物的名称、核苷酸序列、最适退火温度、bp 数，以及这些 SCAR 引物可鉴别的樱花品种。每一对 SCAR 引物的设计均基于原先 nSAPD 和 SRAP 引物序列以及每一条 nSAPD 和 SRAP 多态片段的 3′ 端测序数据。为了保持原有 nSAPD 和 SRAP 分析的多态性，SCAR 上下游引物的序列均包含了原 nSAPD 和 SRAP 引物的碱基序列。最适退火温度的取得是通过在 SCAR - PCR 扩增实验中逐步提高退火温度。

用 14 对 SCAR 引物分别对 20 个樱花品种的基因组 DNA 进行扩增，在一定的退火温度下，引物对从 YH1R/YH1F 到 YH14R/YH14F 均从 20 个樱花品种中扩增出了预期的特异性条带（图 1a-1n），这表明 14 个 nSAPD 和 SRAP 标记已成功转化为了稳定的 SCAR 标记，这 14 个 SCAR 标记可作为特异 DNA 指纹对'平野妹背''八重红枝垂''雨情枝垂'等樱花品种进行快速的分子鉴别。

表 2　用于 20 个晚樱品种鉴别的特异 SCAR 标记
Table 2　Specific SCAR markers used for identification of 20 cultivars of flowering cherry (*Cerasus*)

可鉴别的晚樱品种 Distinguishable *Cerasus* cultivars	nSAPD/S - RAP 引物 nSAPD/S - RAP primer	SCAR 引物 SCAR primer	SCAR 引物核苷酸序列(5′-3′)° Sequence	最适退火温度(℃) Optimal annealing temperature	SCAR 标记(bp) SCAR marker (length in bp)
平野妹背	A - Not - T	YH1F	AGCGGCCGCATATGGATTGTTACC	68	YH1 (629)
		YH1R	GGCCGCATCGGGCGAAGA		
八重红枝垂、雨情枝垂	A - Not - A	YH2F	AGCGGCCGCAACTAGCTATAATG	65	YH2 (684)
		YH2R	AGCGGCCGCAAGAGAACG		
红丰、市原虎尾、平野妹背	T - Not - A	YH3F	AGCGGCCGCTAAGCAG	65	YH3 (938)
		YH3R	AGCGGCCGCTACCTTTAC		
松月、郁金	A - Not - C	YH4F	AGCGGCCGCACAAATTAAGAAAAA	65	YH4 (1746)
		YH4R	AGCGGCCGCACTTTGAACGAT		
市原虎尾	C - Not - C	YH5F	AGCGGCCGCCCCTAGATCAGTA	65	YH5 (310)
		YH5R	CGGCCGCCCCGCAAAGAT		
普贤象、大提灯、朱雀、平野妹背、旭山樱	A - Not - A	YH6F	AGCGGCCGCAACCTCTCC	65	YH6 (506)
		YH6R	AGCGGCCGCAATGTGGAG		
菊垂樱	G - Not - T	YH7F	AGCGGCCGCGTGGTATGGA	65	YH7 (1584)
		YH7R	AGCGGCCGCGTGTTGTAGAAG		
咲耶姬	me4/em3	YH8F	TGAGTCCAAACCGGACCGAGAAG	57	YH8 (491)
		YH8R	GACTGCGTACGAATTGACGGGAAT		
红丰、市原虎之尾	T - Not - A	YH9F	AGCGGCCGCTACTAAATAGACAGC	65	YH9 (466)
		YH9R	AGCGGCCGCTAGAAGAAGAACAAA		
八重红枝垂 雨情枝垂	me1/em3	YH10F	TGAGTCCAAACCGGATACTATTC	55	YH10 (640)
		YH10R	GACTGCGTACGAATTGACATAGTA		
八重红枝垂、咲耶姬、雨情枝垂	C - Not - G	YH11F	AGCGGCCGCCGCTAGATGAG	68	YH11 (519)
		YH11R	AGCGGCCGCCGAGACAAAGA		
郁金、御衣黄 朱雀、菊垂樱	me8/em8	YH12F	TGAGTCCAAACCGGTGTTCGAAG	60	YH12 (801)
		YH12R	GACTGCGTACGAATTAGCTTCGGC		
关山	me4/me4	YH13F	TGAGTCCAAACCGGACCAAGTT	60	YH13 (838)
		YH13R	GACTGCGTACGAATTTGAAAAGCT		
八重红枝垂、雨情枝垂	A - Not - A	YH14F	AGCGGCCGCAACTAGCTATAATGA	65	YH14 (684)
		YH14R	AGCGGCCGCAAGAGAACG		

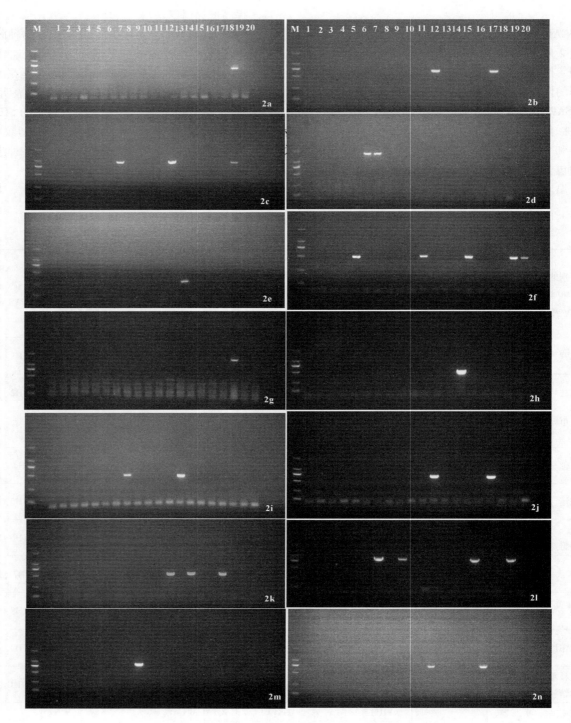

图2　20 个樱花品种的 SCAR – PCR 扩增图谱

泳道 M 为 DNA 分子量标准 DL2000；泳道 1 – 20 为表 1 所示的 20 个樱花品种；图 3a 到 3n 依次为表 2 所示的 SCAR 标记 YH1 到 YH14

Fig. 2　SCAR electrophoretic profile of 20 cultivars of flowering cherry (*Cerasus*)
amplified with the SCAR primers.

Lane M, DNA marker DL2000; lanes 1 – 20 correspond to the 20 *Cerasus* cultivars listed in Table 1; Fig. 2a – 2n correspond to the SCAR markers YH1 – YH14 listed in Table 2.

用 SCAR 引物对 20 个樱花品种的总 DNA 进行扩增均获得了预期的结果。见图 A – J，说明 nSAPD 标记成功转化为 SCAR 标记。

3　讨论

樱属植物在我国栽培历史悠久，但从古至今都只重视食用樱桃的栽培，对于观赏类樱花品种的培育不多，远落后于日本，以至于目前我国种植的樱花品种几乎都引自日本。本研究收集的 20 个晚樱品种隶属晚樱种系，其地理种源地均为从日本引进。晚樱种系并不是严格生物学意义上的日本晚樱种，而是以大岛樱（*C. speciosa*）为基础的人为杂交的栽培品种统称，具有极为复杂的遗传背景（张琼，2013），再加上樱花表型具有很强的可塑性且日本晚樱品种极为丰富，市场上品种名称与描述都很混乱，因而仅凭花部、叶部等形态特征对晚樱品种准确鉴别的难度很大，开发科学有效的分子技术手段来辅助鉴别晚樱种系是必由之路。

DNA 分子标记技术作为一种灵敏且稳定的检测技术为物种鉴别提供了一种新的技术途径。其中简单重复序列（Simple sequence repeats，SSR）也称微卫星 DNA（Microsatellite），由于其揭示基因组位点的复等位性和高分辨率特性而被广泛用于多个物种的品种鉴别及指纹图谱构建（何平，1998；麻丽颖 等，2012）。张琼（2013）利用 24 对 SSR 引物对 96 份樱属植物材料进行遗传多样性分析，利用 UPGMA 法对 96 份樱属材料进行聚类分析，聚类结果支持了形态学种系的分类处理，也表明晚樱种系具有极为复杂的遗传背景。但 SSR 标记的缺点是必须事先知道微卫星两翼序列信息才能设计引物，对于许多物种需构建文库，工作量很大，成本很高。本研究利用 SAPD 和 SRAP 二种通用性的分子标记转化为 SCAR 标记再次证明开发特异性

的分子标记这一技术手段同样适用于晚樱品种间的快速鉴别。相比 SSR 标记，该技术显然具有简便、高效、廉价的优势。通用性的 SAPD 分子标记的开发初衷是为了增强原 RAPD 标记的分辨率并克服其不稳定性（Fröhlich & Pfannebecker，2006）。高分辨率的 SAPD 标记已成功用于了细菌、酵母、真菌、植物、水稻以及人类的基因组研究（Pfannebecker & Fröhlich，2008），但由 SAPD 转化为特异性的 SCAR 标记用于品种鉴别迄今尚鲜被利用。在本研究对樱花品种的鉴别中，SAPD 显示了其比 SRAP 标记更高的分辨率、更低的工作量，对开发特异性的 SCAR 标记用于樱花品种的辨别具有重要的实用价值。因此，这种基于 SAPD – SCAR 模式的分子技术手段也可以考虑应用于樱花以外其他物种的鉴别上。

多重 PCR 是一种可以在一个 PCR 反应里同时检测多位点表型的分子技术手段。利用多重 PCR 技术将特异性的 SCAR 标记整合已成功用于了香菇、乳酸菌等的高效鉴别（Li *et al.*，2008；Wu *et al.*，2010；Ke *et al.*，2014）。因此对于本研究，可以进一步考虑优化建立不同晚樱品种的多重 PCR 技术体系，将某些品种例如'平野妹背'的 3 个 SCAR 标记、'八重红枝垂'和'雨情枝垂'的 4 个 SCAR 标记、'市原虎尾'的 3 个 SCAR 标记等整合，从而实现在一个 PCR 反应里同时检测多个 SCAR 标记而达到快速鉴别晚樱品种的目的。

SCAR 分子标记的一个显著特点是可以由显性标记发展为更加有用的共显性标记（Paran & Michelmore，1993）。因而本研究中获得的樱花显性 SCAR 分子标记可进一步发展为共显性的 SCAR 标记，用于今后樱花分子标记辅助育种（Marker assisted selection）中杂合子的高效鉴定，对于提高樱花育种目的性、精确性及其遗传改良效率具有重要意义。

参考文献

1. Choi Y E, Ahn C H, Kim B B, Yoon E S. 2008. Development of species specific AFLP – derived SCAR marker for authentication of *Panax japonicus* C. A. MEYER［J］. Biol Pharm Bull, 31：135 – 138.

2. Das M, Bhattacharya S, Pal A. 2005. Generation and characterization of SCARs by cloning and sequencing of RAPD products：A strategy for species – specific marker development in Bamboo［J］. Annals of Botany, 95：835 – 841.

3. Dnyaneshwar W, Preeti C, Kalpana J, Bhushan P. 2006. Development and application of RAPD – SCAR marker for identification of *Phyllanthus emblica* LINN［J］. Biol Pharm Bull, 29：2313 – 2316.

4. Fröhlich J, Pfannebecker J. 2006. Spezies-unabhängiges nachweisverfahren für biologisches Material［J］. Patent application：DE 10 2006 022 569. 4 – 41.

5. Fröhlich J, Pfannebecker J. 2007. Species – independent DNA fingerprint analysis with primers derived from the NotI identification sequence［J］. Patent number：EP2027285（AL）.

6. 何平. 1998. 真核生物中的微卫星及其应用［J］. 遗传, 20（4）：42 – 47.

7. Ke Leqin, Wang Liling, Li Haibo, Lin Haiping, Zhao Li. 2014. Molecular identification of lactic acid bacteria in Chinese rice wine using species – specific multiplex PCR［J］.

European Food Research and Technology, 239 (1)：59 – 65. DOI：10. 1007/s00217 – 014 – 2193 – 0.

8. Li C L, Bruce B. 2003. Flora of China［M］. Beijing：Science Publishing House：404 – 420.

9. Li Hai – bo, Wu Xue – qian, Peng Hua – zheng, Fu Li – zhong, Wei Hai – long, Wu Qing – qi, Jin Qun – ying, Li Nan. 2008. New available SCAR markers：potentially useful in distinguishing a commercial strain of the superior type from other strains of *Lentinula edodes* in China［J］. Appl Microbiol Biotechnol, 81：303 – 309.

10. 麻丽颖，孔德仓，刘华波，王斯琪，李颖岳，庞晓明. 2012. 36 份枣品种 SSR 指纹图谱的构建［J］. 园艺学报，39 (4)：647 – 654.

11. Paran I, Michelmore R W. 1993. Development of reliable PCR based markers linked to downy mildew resistance genes in lettuce［J］. Theor Appl Genet, 85：985 – 993.

12. Pfannebecker J, Fröhlich J. 2008. Use of a species – specific multiplex PCR for the identification of pediococci［J］. Int J Food Microbiol, 128：288 – 296.

13. Shen Aihua, Li Haibo, Wang Ke, Ding Hongmei, Zhang Xin, Fan Lin, Jiang Bo. 2011. Sequence characterized amplified region（SCAR）markers – based rapid molecular typing and identification of *Cunninghamia lanceolata*［J］. African Journal of Biotechnology, 10 (82)：19066 – 19074.

14. Vidal J R, Delavault P, Coarer M, Defontaine A. 2000. Design of grapevine（*Vitas vinifera* L.）cultivar – specific SCAR primers for PCR fingerprinting［J］. Theor Appl Genet, 101：1194 – 1201.

15. 王贤荣，孙美萍，时玉娣，伊贤贵，谢春平，许大鹏. 2007. 无锡樱花种与品种资源分类研究［J］. 南京林业大学学报（自然科学版），31 (6)：21 – 24.

16. Wu Xue – Qian, Li Hai – Bo, Zhao Wei Wei, Fu Li Zhong, Peng Hua Zheng, He Liang, Cheng Jun Wen, Wei Hai Long, Wu Qing Qi. 2010. SCAR makers and multiplex PCR-based rapid molecular typing of *Lentinula edodes* strains［J］. Current Microbiology, 61：381 – 389.

17. 张琼. 2013. 樱属观赏品种资源调查及部分种与品种 SSR 分析［D］. 南京：南京林业大学.

18. 赵莉. 2005. 青岛市樱花（*Cerasus serrulata* var. *lannesiana*）资源调查及品种分类研究［D］. 青岛：青岛农业大学.

19. 周春玲，陈芳，韩德铎，徐萌. 2007. 青岛市 19 个樱花品种的 RAPD 分析［J］. 西北植物学报，27 (12)：2559 – 2563.

20. 周春玲，陈芳，苗积广，韩德铎，李彩丽. 2008. 青岛市 19 个樱花品种的酯酶同工酶鉴定［J］. 西北林学院学报，23 (3)：40 – 43.

中国观赏园艺研究进展 2015：57~61

Advances in Ornamental Horticulture of China, 2015：57~61

引种与育种

青岛耐寒睡莲花粉生活力研究[*]

张亚栋[1]　郝青[1]　吕少杰[2]　刘庆华[1①]　王奎玲[1]

（[1]青岛农业大学园林与林学院，青岛 266109；[2]烟台市森林资源监测管理站，烟台 264000）

摘要　以 20 个耐寒睡莲品种的花粉为试验材料，采用氯化三苯基四氮唑（TTC）染色法和离体萌发法对其生活力进行了测定，探讨了不同蔗糖浓度、不同温度对花粉萌发的影响，筛选得到了耐寒睡莲花粉离体萌发最佳培养条件。并测定了不同生长状态花朵、不同贮藏条件下及不同品种间的花粉生活力的差异。结果表明：5% 蔗糖 + 15mg/L 硼酸 ± 20mg/L 氯化钙 + 1% 琼脂为最佳培养基，30℃ 为最佳培养温度；花开放花药开裂时采集的花粉萌发率高于花蕾期采集的花粉；4℃ 条件较室温条件更利于花粉的贮藏；不同品种间花粉生活力差异明显，'红仙子'染色率最高，为 71.6%，'黄乔伊''克里红'等 5 个品种的染色率为 0，'美洲之星'萌发率最高，为 34.3%，'黄乔伊''克里红''苏人'等 5 个品种未萌发。

关键词　睡莲；花粉生活力；贮藏条件；染色率；萌发率

Research on Pollen Viability of Hardy Water Lily in Qingdao

ZHANG Ya-dong[1]　HAO Qing[1]　LV Shao-jie[2]　LIU Qing-hua[1]　WANG Kui-ling[1]

（[1]College of Landscape Architecture and Forestry, Qingdao Agricultural University, Qingdao 266109;
[2]Management Station of Forest Resources Monitoring, Yantai 264000）

Abstract　The pollen viability of 20 kinds of Hardy water lily were detected by method of triphenyltetrazolium chloride (TTC) and germination in vitro, and the effects of sucrose concentration and temperature on the pollen germination were explored, the optimum culture conditions in vitro were obtained. Moreover, the differences of pollen viability were contrasted among growth conditions, storage methods, and varieties. The results showed that the appropriate pollen germination condition of hardy water lily is 5% sucrose concentration, 15mg/L boracic acid, 20mg/L calcium chloride and 1% agar under the 30℃. The germination rate of the pollen collected during anthers cracking stage was higher than that in the bud stage. Compared to the room temperature, 4℃ was more conducive to pollen storage. There was significant difference among hardy water lilies in pollen viability. 'Rose Arey' dyeing rate was the highest, 71.6%, The other five spcies including 'Joey Tomocik', 'Laydekeri Purpurata' etc. staining rate were 0, 'American Star' had the highest germination rate, The other five spcies including 'Joey Tomocik', 'Laydekeri Purpurata', 'Sioux' etc. did not germinate.

Key words　Water Lily; Pollen viability; Storage condition; Dyeing rate; Germination rate

　　睡莲（*Nymphaea* spp.）是睡莲科（Nymphaeaceae）睡莲属（*Nymphaea*）多年生水生宿根草本花卉，分为耐寒睡莲和热带睡莲 2 个生态类型（黄国振 等，2009）。耐寒睡莲因耐寒性强，在北方部分地区可露地越冬，在园林应用中具有重要的价值，但其较热带睡莲挺水幅度小，花色不丰富，缺乏蓝色、紫色品种，花型以单瓣为主，影响了其观赏价值，从而吸引

了越来越多的育种学家从事耐寒睡莲品种改良（黄国振 等，2000）。

　　花粉生活力与寿命是影响杂交育种效率的重要因素，但有关耐寒睡莲花粉活力测定方面的研究在国内还未见报道。本研究以青岛地区常见的 20 个不同品种的耐寒睡莲为材料，通过 TTC 染色法选择出 5 个染色率较高的品种，然后测定了耐寒睡莲最佳花粉离体

* 基金项目：青岛市科技局民生计划项目（13-1-3-102-nsh）。

① 通讯作者。Author for correspondence：刘庆华，男，青岛农业大学教授，E-mail：lqh6205@163.com。

萌发条件及最佳花粉采集时间，分析了不同贮藏条件下花粉生活力的差异，并对20个品种的花粉生活力进行了比较分析，筛选出了生活力较高的品种，以期为提高耐寒睡莲杂交育种效率提供理论依据。

1　材料与方法

1.1　试验材料

本试验20个睡莲品种的花粉均来自青岛泓莹水生花卉公司。上午采集花开放、花药开裂的花朵，并收集花粉放置于硅胶中干燥。同时，采集含苞待放的花蕾，在室温下干燥24h后，待花药开裂后收集花粉并放置于硅胶中干燥。两种状态下采集的花粉均部分于4℃冰箱贮藏，部分在室温(20±3℃)条件下保存。

1.2　方法

1.2.1　氯化三苯基四氮唑(TTC)染色法

取少量花粉置于载玻片上，加1~2滴浓度为5%的TTC溶液，放置于35℃恒温箱中培养2h后，在10×10倍显微镜下观察，凡是染成红色的花粉，其生活力较强，淡红色次之，无色为不具活力的花粉或不育花粉，每片取3个视野，每个视野统计至少100粒，并计算花粉的染色率(郭蓓 等，2014)。

有活力花粉的比率 = (红色花粉数 + 淡红色花粉数)/观察花粉总数×100%

1.2.2　不同培养条件对花粉萌发的影响。

根据1.2.1的试验结果，选择TTC染色率较高的耐寒睡莲品种的花粉为试验材料，然后设计不同蔗糖浓度(1%、5%、10%)的培养基，氯化钙的浓度均为20mg/L，硼酸的浓度为15mg/L，琼脂浓度为1%，将花粉均匀散落到培养基上，分别放置于25℃、30℃、35℃恒温箱中，24h后观察花粉粒的萌发情况。统计时，以花粉管长度等于或大于花粉直径者为萌发，每张凹玻片在显微镜下观察3个视野，每个视野观测至少100粒花粉。数取花粉总数及萌发数，计算萌发率(郭蓓 等，2014)。

1.2.3　不同生长状态花朵的花粉生活力的测定

利用1.2.2优化得到的培养条件及1.2.1的方法对花开放花药开裂与花蕾收集的睡莲品种的花粉进行离体萌发及TTC染色测定，方法及数据统计同上。

1.2.4　不同贮藏温度对花粉生活力的影响

以贮藏在室温和4℃两种条件下的花开放花药开裂时采集的睡莲品种的花粉为材料，贮藏24h后测定其TTC染色率和花粉离体萌发率，方法及数据统计同上。

1.2.5　不同耐寒睡莲品种之间花粉萌发率的比较

测定20个睡莲品种花粉(花开放、花药开裂时采集的花粉)的离体萌发率，方法及数据统计同上。

2　结果与分析

2.1　不同耐寒睡莲品种之间TTC染色率的比较

对20个睡莲品种的花开放、花药开裂时的花粉进行了TTC染色的测定。结果如表1所示，不同品种间的花粉染色率差异显著，其中TTC染色率较高的品种为：'红仙子'(71.6%)、'美洲之星'(60.3%)、'莹宝石'(49.7%)、'佛吉妮娅'(35.9%)、'雪白睡莲'(23.6%)。而'黄乔伊''克里红''苏人''布理先生''阿尔比'5个品种的花粉未被染色。

表1　睡莲花粉的TTC染色率
Table1　TTC dyeing rate of *Nymphaea* pollen

品种 Cultivar	染色率(%) Dyeing rate
黄乔伊	0
小东京	2.1±1.0 g
莹宝石	49.7±8.21 c
佛吉妮娅	35.9±3.78 d
荷兰粉	3.3±1.15 g
玛珊姑娘	1.0±1.0 g
克里红	0
苏人	0
布理先生	0
豪华	2.0±1.0 g
阿尔比	0
雪白睡莲	23.6±4.27 e
玫瑰	5.0±1.20 g
白仙子	2.4±1.21 g
荷兰豆	4.9±1.95 g
克里光	15.0±1.5 f
科罗拉多	1.0±1.0 g
美洲之星	60.3±6.12 b
红仙子	71.6±9.07 a
玛莎	26.0±5.29 e

注：同列不同小写字母表示差异显著(P<0.05)。

Note：Different small letters mean significant differences (P < 0.05).

2.2　睡莲花粉适宜培养条件的筛选

不同蔗糖浓度条件下，'红仙子''美洲之星'等5个品种的花粉离体萌发率均出现了差异，当蔗糖浓度为5%时，5个品种的花粉萌发率均为各组最高；当蔗糖浓度为1%、10%时，5个品种的花粉萌发率都出现了不同程度的降低，表明5%的蔗糖浓度适宜耐寒睡莲花粉的离体萌发(表2)。

温度对耐寒睡莲花粉萌发的影响较大，结果如表2所示，在30℃的培养条件下5个品种的花粉离体萌发率均高于在25℃和35℃的培养条件下的离体萌发

表 2　不同培养条件对睡莲花粉萌发的影响

Table2　Effect of different culture conditions on
Nymphaea pollen germinartion

品种 Cultivar	温度(℃) temperature	蔗糖浓度(%) Concentration of sucrose	萌发率(%) Germination rate
美洲之星	25	1	6.9±2.63 d
	25	5	10.7±3.46 d
	25	10	8.6±3.08 d
	30	1	10.0±0.82 d
	30	5	29.8±3.61 a
	30	10	7.9±2.47 d
	35	1	8.2±3.76 d
	35	5	25.5±1.12 b
	35	10	11.9±1.17 c
佛吉妮娅	25	1	5.4±2.01 de
	25	5	22.7±1.04 b
	25	10	8.2±0.78 d
	30	1	14.1±0.40 c
	30	5	29.4±3.43 a
	30	10	15.6±1.95 c
	35	1	4.0±0.75 e
	35	5	15.7±3.95 bc
	35	10	6.6±1.94 de
红仙子	25	1	6.3±0.57 d
	25	5	16.0±2.0 b
	25	10	4.5±1.0 e
	30	1	7.6±3.10 d
	30	5	20.1±0.58 a
	30	10	8.0±2.65 d
	35	1	4.3±1.53 de
	35	5	18.7±3.21 a
	35	10	15.1±1.52 c
莹宝石	25	1	7.3±1.52 b
	25	5	10.4±2.31 cd
	25	10	2.3±1.53 d
	30	1	5.9±1.52 cd
	30	5	18.3±2.10 a
	30	10	6.7±3.21 cd
	35	1	5.7±3.91 cd
	35	5	10.3±0.58 b
	35	10	7.0±1.05 bc
雪白睡莲	25	1	1.0±0.05 c
	25	5	3.0±1.0 b
	25	10	0
	30	1	0
	30	5	4.4±1.76 a
	30	10	0
	35	1	0
	35	5	3.0±1.10 b
	35	10	0

（续）

注：同列不同小写字母表示差异显著（$P<0.05$）。

Note：Different small letters mean significant differences（$P<0.05$）。

率，且差异显著，表明 30℃ 为睡莲花粉萌发的最适温度。

通过以上试验得出，最适培养温度为 30℃，最适培养基为：蔗糖浓度为 5%，硼酸浓度为 15mg/L，氯化钙浓度为 20mg/L、琼脂浓度为 1%。

2.3　不同生长期花朵的花粉生活力的测定

对两种在 4℃ 条件下贮藏的不同生长期花朵的花粉进行了 TTC 染色和离体萌发的测定，结果表明，花开放后采集的花粉的 TTC 染色率和花粉萌发率在不同的时间点均高于花蕾期收集的花粉（表3，表4）。说明了花开放花药开裂后采集的花粉更适宜用于杂交育种。

表 3　花药开裂后睡莲花粉的生活力

Table3　The viability of *Nymphaea* pollen collected after anther dehiscenc

品种 Cultivar	染色率(%) Dyeing rate				萌发率(%) Germination rate			
	0	1d	2d	3d	0	1d	2d	3d
美洲之星	61.0±1.49	59.6±3.80	50.4±0.90	10.2±1.01	36.2±3.76	35.3±1.61	3.3±0.58	0
佛吉妮娅	35.7±1.75	28.3±3.52	28.0±6.07	0	29.8±0.81	21.7±1.02	10.7±1.72	0
红仙子	70.9±2.55	53.5±4.32	7.3±2.15	0	19.7±1.85	9.3±2.52	6.3±0.57	0
莹宝石	49.9±1.47	49.3±0.60	3.7±1.57	0	18.2±1.01	12.3±1.59	6.7±1.52	0
雪白睡莲	22.9±0.75	22.0±2.41	20.0±1.86	0	6.2±1.10	4.3±2.08	0	0

注：同列不同小写字母表示差异显著（$P<0.05$）。

Note：Different small letters mean significant differences（$P<0.05$）。

表4　花蕾期收集的睡莲花粉的生活力

Table4　The viability of *Nymphaea* pollen collected in the bud stage

品种 Cultivar	染色率(%) Dyeing rate			萌发率(%) Germination rate		
	0	1d	2d	0	1d	2d
美洲之星	21.3 ± 2.36	6.3 ± 0.23	0	7.7 ± 1.03	0	0
佛吉妮娅	5.0 ± 0.54	4.6 ± 1.33	0	2.3 ± 1.20	0	0
红仙子	26.0 ± 3.21	7.0 ± 2.56	0	3.3 ± 1.0	2.3 ± 1.25	0
莹宝石	4.5 ± 1.0	0	0	5.5 ± 2.32	5.3 ± 2.31	0
雪白睡莲	4.3 ± 2.01	0	0	0	0.3 ± 0.20	0

注：同列不同小写字母表示差异显著(*P* < 0.05)。

Note：Different small letters mean significant differences(*P* < 0.05).

2.4　不同贮藏温度对睡莲花粉生活力的影响

5个睡莲品种的花粉在不同温度条件下贮藏后，其生活力结果如表5所示，4℃贮藏的花粉的 TTC 染色率和离体萌发率均高于室温(20 ± 3℃)条件下贮藏的花粉，说明4℃的低温条件更有利于睡莲花粉生活力的保持。

表5　不同贮藏温度下睡莲花粉的生活力

Table5　The pollen viability of *Nymphaea* in different storage temperature

品种 Cultivar	4℃ 4℃		室温(20 ± 3℃) Indoor temperature(20 ± 3℃)	
	染色率(%) Dyeing rate	萌发率(%) Germination rate	染色率(%) Dyeing rate	萌发率(%) Germination rate
美洲之星	58.2 ± 6.40	32.3 ± 2.51	0.3 ± 0.51	1.7 ± 0.57
佛吉妮娅	19.3 ± 5.33	23.0 ± 3.21	0	5.3 ± 2.12
红仙子	54.1 ± 10.7	8.9 ± 1.52	0	0
莹宝石	50.3 ± 9.01	13.8 ± 2.75	45.5 ± 2.64	5.3 ± 0.57
雪白睡莲	12.3 ± 1.0	4.3 ± 1.15	1.3 ± 0.57	2.0 ± 1.0

2.5　耐寒睡莲品种间花粉萌发率的比较

采集20个睡莲品种的花开放花药开裂时的花粉进行了离体萌发法的测定，结果如表6所示，不同品种间的花粉萌发率差异显著。'美洲之星'的离体萌发率最高，为34.3%，'黄乔伊''科罗拉多''苏人''布理先生''阿尔比'5个品种的花粉没有萌发。20个品种的离体萌发率均低于 TTC 染色率。'美洲之星''佛吉妮娅''红仙子''莹宝石'品种相对于其他品种萌发率较高，在耐寒睡莲品种改良中可以作为父本使用。

表6　睡莲花粉的离体萌发率

Table6 Germination rate of *Nymphaea* pollen in vitro

品种 Cultivar	萌发率(%) Germination rate
黄乔伊	0
小东京	1.3 ± 0.58 e
莹宝石	17.3 ± 2.65 b
佛吉妮娅	31.0 ± 5.56 a
荷兰粉	1.3 ± 0.54 e
玛珊姑娘	1.7 ± 0.57 e
克里红	0.3 ± 1.15 e
苏人	0
布理先生	0
豪华	3.0 ± 2.0 cde
阿尔比	0.3 ± 0.57 e
雪白睡莲	5.7 ± 0.57 cd
玫瑰	6.4 ± 2.20 c
白仙子	0.9 ± 1.06 e
荷兰豆	2.3 ± 0.57 de
克里光	0
科罗拉多	0
美洲之星	34.3 ± 4.52 a
红仙子	19.3 ± 5.85 b
玛莎	1.1 ± 0.28 e

注：同列不同小写字母表示差异显著(*P* < 0.05)。

Note：Different small letters mean significant differences(*P* < 0.05).

3　结论与讨论

蔗糖在花粉萌发的过程中不仅可以提供能量，还起到维持细胞渗透压的作用(王玲 等，2009)。当蔗糖浓度过低时，花粉得不到充足的养分导致其萌发率降低。但当蔗糖浓度过高时会导致原生质体脱水，影响花粉萌发(赵其龙，2012)。本研究中发现当蔗糖浓度为5%时，最适宜耐寒睡莲花粉萌发，过高过低均导致萌发率下降。这与杨贵等(2006)关于辣椒花粉的研究结果较一致，但蔗糖浓度高于赵其龙等（2012）对'柔毛齿叶'睡莲花粉萌发的研究，这可能是由于植物种类不同引起的差异。温度是决定花粉萌发率高低的重要因素之一，本试验得出睡莲花粉萌发的适宜温度为30℃，这与郭蓓等（2014）关于荷花花粉的研究结果相似。

本试验中发现睡莲花粉在30℃培养1h以后花粉开始萌发，24h后趋于稳定，这与郭蓓等（2014）关于荷花花粉萌发时间的研究结果一致，而律春燕等（2010）的研究认为黄牡丹花粉在4个小时后萌发趋于稳定，这可能是不同植物种类引起的差异。由于耐寒睡莲花粉萌发所需的时间较长，应在开花前一天以及开花当天对其重复授粉。

本试验中花粉TTC染色率要高于花粉萌发率。这是因为TTC染色法操作虽简单易行，但染色深浅的评判界限不易准确掌握，因此造成测定值偏高。离体培养法费时费力，但其结果能说明花粉的真实萌发率的高低，比染色法更为直观和准确，应采用离体萌发法测定睡莲花粉的生活力。

不同生长期的花朵，其花粉生活力具有显著差异（Nian-Jun Teng et al.，2012）。本试验中花蕾期收集的花粉较花开放花药开裂时收集的花粉数量少且生活力低。因此在睡莲杂交授粉试验中应在花朵开放前两天套袋，待花药开裂后采集花粉用于授粉试验。

温度是影响花粉储藏寿命的主要因素（乔红莲等，2010）。本试验中耐寒睡莲花粉生活力受贮藏温度影响较大，在4℃条件下有利于花粉活力的保持，而在室温（20±3℃）条件下花粉活力下降较快，这与刘饶等（2012）对景宁木兰花粉研究结果一致。

参考文献

1. 黄国振，邓惠勤，李祖修，李钢. 睡莲［M］. 北京：中国林业出版社，2009：1－9.

2. 黄国振，邹秀文. 碧波仙子——睡莲［J］. 植物杂志，2000，（4）：20－23.

3. 郭蓓，史芳芳，李晨，孟伟芳，孔德政. 20个荷花品种花粉活力测定及贮藏研究［J］. 河南科学，2014，32（1）：29－32.

4. 王玲，祝朋芳，毛洪玉. 不同培养基及不同贮藏条件对金娃娃萱草花粉生命力的影响［J］. 西北林学院学报，2009，24（3）：95－97.

5. 赵其龙. 硼酸和蔗糖对'柔毛齿叶'睡莲花粉萌发的影响［J］. 亚热带植物学，2012，41（4）：45－47.

6. 杨贵，罗慈文，张映南. 不同浓度蔗糖对辣椒花粉萌发的影响［J］. 辣椒杂志，2006，12（3）：24－26.

7. 律春燕，王雁，朱向涛，周琳，郑宝强. 黄牡丹花粉生活力测定方法的比较研究［J］. 林业科学研究，2010，23（2）：272－277.

8. Nian-Jun Teng, Yan-Li Wang, Chun-Qing Sun, Wei-Min Fang and Fa-Di Chen. Factors influencing fecundity in experimental crosses of water lotus（Nelumbo nucifera Gaertn.）cultivars［J］. BMC Plant Biology，2012，82（12）：34－41.

9. 乔红莲，刘忠华，霍喜颖. 贮藏温度对百合花粉生活力的影响［J］. 北方园艺，2010，19（5）：86－89.

10. 刘饶，蒋燕锋，许元科，毛昌会. 景宁木兰花粉生活力测定［J］. 浙江林业科技，2012，32（5）：60－62.

38 个百合品种花粉生活力的初步研究*

王冉冉　王文和①　张克　何祥凤　赵祥云　王树栋
（北京农学院园林学院，北京 102206）

摘要　通过对 38 个百合品种百合花粉萌发试验，从中选取部分品种研究其花粉贮藏时间、液体培养基中的蔗糖、硼酸和 $CaCl_2$ 浓度对花粉生活力的影响。结果表明：不同品种花粉生活力存在差异，'Jumpy'、'Premium Blond'、'Striker' 和 'Maurena' 的最大萌发率较高。不同品种最适培养基蔗糖、硼酸、Ca^{2+} 浓度不同，'Viviana' 在蔗糖浓度为 80~90mg/L 时萌发率较高，'Entertuiner' 在蔗糖浓度为 40~60mg/L 的状态下萌发率较高；'Indiana' 在硼酸浓度为 15mg/L 时萌发率较高，'Lexus' 在硼酸浓度为 20mg/L 的状态下萌发率较高，'Starlight Express' 和 'Premium Blond' 均是在 $CaCl_2$ 浓度为 12mg/L 时达到最大萌发率。
关键词　百合；花粉生活力；花粉贮藏；液体培养基

Preliminary Study on Pollen Vitality of 38 Cultivars in *Lilium*

WANG Ran-ran　WANG Wen-he　ZHANG Ke　He Xiang-feng　ZHAO Xiang-yun　WANG Shu-dong
（*Department of landscape，Beijing University of Agriclture，Beijing* 102206）

Abstract　An experiment was conducted to study the vitality of 38 cultivars in lilium spp. And several of the cultivars were selectde to study the effect of storage time and the concentration of sucrose, boric acid and $CaCl_2$ in culture solution on pollen germination. The result shows that：pollen germination of different cultivars is different. Germination percentages of 'Jumpy', 'Premium Blond', 'Striker' and 'Maurena' are high. The optimal culture solution of the concentration of sucrose, boric acid and $CaCl_2$ is different for different cultivars. The optimal sucrose concentrations for 'Viviana' and 'Entertuiner' were 80~90mg/L and 40~60mg/L, respectively. The optimal boric acid concentrations for 'Indiana' and 'Lexus' were 15mg/L and 20mg/L, respectively. The optimal $CaCl_2$ concentrations for 'Starlight Express' and 'Premium Blond' was 12mg/L.
Key words　Lily；Pollen vitality；Pollen storage；Culture solution

百合（*Lilium* spp.）是百合科百合属植物的总称，是具有很高的观赏价值和经济价值的一类球根花卉。中国是百合的起源中心，全世界野生百合有 96 个种，中国有 47 个种 18 个变种，占世界百合种类总数的一半以上；其中有 36 个种 15 个变种为中国所特有[1]。我国百合种类多，生态习性各异，丰富的资源为新品种的培育提供了便利条件，但我国的百合育种工作却远远落后于西方国家[2]。如何充分利用我国的野生百合种质资源和世界上的栽培品种资源，培育出具有自主知识产权的新品种，是我国百合育种工作的当务之急。

目前国内常用的百合育种方法为常规杂交育种，远缘杂交也有一定的突破，但是由于远缘杂交的各种障碍，其成果并不显著，百合远缘杂交仍然存在巨大的可利用空间。而在常规杂交育种中，花粉是有性繁殖植物遗传物质的载体，影响有性繁殖植物的授粉、胚胎发育、遗传基础。研究花粉生活力和短期贮藏特性，对解决百合杂交育种的花期不遇、亲本选配和远距离杂交等问题具有重要意义[2]。

关于百合花粉的生活力和贮藏特性的研究报道表明，不同品种百合的花粉生活力差异显著[7]；离体培养时，百合花粉萌发所需要的培养时间也不尽相同。

* 基金项目：北京市属高等学校创新团队建设与教师职业发展计划项目，编号 IDHT20150503。
① 通讯作者：王文和/1964/男/教授/博士/园林植物资源与育种 E-mail：wwhals@163.com。

不同化学因子对百合花粉萌发和花粉管生长表现出不同的效果，同一因子在不同浓度时的作用效果也有明显的区别[4]。因此，找出能够提高百合花粉萌发率的培养基配比也具有重要的理论意义与实践意义[4]。

本试验旨在以花粉生活力作为一项亲本选择的标准，进行亲本筛选，提高杂交授粉成功率。试验对保持花粉生活力的特性和贮藏方法进行研究，并通过单因子变量法确定蔗糖、硼、钙及不同化学试剂中的该因子对供试品种花粉萌发的影响，从而确定培养花粉的液体培养基最适浓度配比，为利用这些品种进行百合杂交育种奠定基础。

1 材料与方法

1.1 试验材料与试剂

取自北京农学院园林植物实践基地中处于盛花期的 38 个百合品种（见表 1）的花粉。这 38 个品种于 2013 年引种自荷兰。

本试验采用液体培养基[8]，分别是氯化钙-蔗糖液体培养基：$CaCl_2 \cdot 2H_2O$ 14mg/L，蔗糖 80mg/L，硼酸 20mg/L。硝酸钙-蔗糖液体培养基：$Ca(NO_3)_2 \cdot 6H_2O$ 25.85mg/L，蔗糖 80mg/L，硼酸 20mg/L。配制的液体培养基均置于 4℃冰箱内保存，滴管取用。

1.2 花粉采集、生活力测定与贮藏

采集时用镊子直接将花药取下装入信封内，为避免出现单株遗传或其他问题对试验的干扰，采集时同一品种需采收不同株的百合花粉。采集的花粉置于 4℃冰箱中保存，同时打开信封口，使其处于干燥状态[2]。

为研究不同品种新鲜花粉的生活力，取所有试验品种的花粉分别用 5ml 氯化钙-蔗糖液体培养基在 24.8℃条件下培养。培养 2h 后用显微镜观察，每个品种观察 5 个视野，统计萌发率（萌发率 = 某视野萌发花粉数/该视野统计花粉总数 × 100%）。根据不同品种的萌发能力每 1~2 个小时观察 1 次并记录统计萌发率，直至前后两次观察的花粉萌发率变化极小时停止培养[8]。每个处理重复 2 次，且为避免误差，重复的样品均同时培养。铺撒花粉时，保证最大密度，即花粉无法再扩散时产生絮状物质，此时便不再加花粉，并且用镊子将絮状物取出。

为研究贮藏时间对花粉生活力的影响，花粉在 4℃下低温干燥贮藏一段时间后用氯化钙-蔗糖液体培养基培养。试材选用新鲜花粉最大萌发率较高且开始萌发较早的 'Maurena' 和 'Jumpy' 以及新鲜花粉最大萌发率较低的 'Pollyanna' 'Santander' 和 'Le Reve'。

表1 花粉亲本信息

Table 1 Information of parents

编号 No.	品种英文名 The English name of lily cultivars	杂种系类型 Kind of hybrids	编号 No.	品种英文名 The English name of lily cultivars	杂种系类型 Kind of hybrids
1	Maurena	Oriental hybrids	20	Red Latin	Asiatic hybrids
2	Santander	Oriental hybrids	21	Indian Diamond	LA hybrids
3	Le Reve	Oriental hybrids	22	Royal trinity	LA hybrids
4	Roadstar	Oriental hybrids	23	Brindisi	LA hybrids
5	Jumpy	Oriental hybrids	24	Adoration	LA hybrids
6	Sanna	Oriental hybrids	25	Royal sunset	LA hybrids
7	Striker	Oriental hybrids	26	Bourbon street	LA hybrids
8	Sorbonne	Oriental hybrids	27	Rousseau	LA hybrids
9	Premium Bland	Oriental hybrids	28	Bonsoir	LA hybrids
10	Starlight Express	Oriental hybrids	29	Honesty	LA hybrids
11	Viviana	Oriental hybrids	30	Break out	LA hybrids
12	Entertuiner	Oriental hybrids	31	Oppourtunity	LA hybrids
13	Lexus	Oriental hybrids	32	Batistero	LA hybrids
14	Justina	Oriental hybrids	33	Algarve	LA hybrids
15	Indiana	Oriental hybrids	34	Ice Cube	OT hybrids
16	Mandaro	Oriental hybrids	35	Robina	OT hybrids
17	Pollyanna	Asiatic hybrids	36	Tabledance	OT hybrids
18	Tiny Bee	Asiatic hybrids	37	Savanne	LO hybrids
19	Val di Sole	Asiatic hybrids	38	White Triumph	LO hybrids

贮藏时间从花粉采集后第 2 天算起,实验当日截止。不同品种花粉采集时间不同,所以不同品种贮存时间亦不相同。

1.3 化学因子对花粉生活力的影响

采用培养基单因子变量法研究不同化学因子对花粉生活力的影响,即培养基配制中某一因子设置梯度浓度,其余化学因子的浓度不变。

研究蔗糖对这些品种花粉生活力的影响时,蔗糖浓度梯度为 0、40、60、70、80 和 90mg/L,试材选用上述实验结果中最大萌发率较高的'Viviana'和最大萌发率不高但萌发较早的'Entertuiner'。研究硼酸对这些品种花粉生活力的影响时,硼酸的浓度梯度为 0、5、10、15、20 和 25mg/L,试材选用花粉最大萌发率较高的'Lexus'和花粉最大萌发率不高但萌发较早的'Indiana'。研究 Ca^{2+} 对这些品种花粉生活力的影响时,使用氯化钙-蔗糖液体培养基培养,$CaCl_2 \cdot 2H_2O$ 的浓度梯度为 0、5、10、12、14 和 16mg/L,试材选用花粉最大萌发率较高的'Premium Bland'和花粉最大萌发率较低但萌发时间较早的'Starlight Express'。

2 结果与分析

2.1 不同品种新鲜花粉的生活力

不同品种新鲜花粉生活力存在差异。实验结果表明:'Maurena''Pollyanna'等 17 个品种的新鲜花粉都有不同程度的萌发,整体上随着培养时间的推移,各品种新鲜花粉的萌发率呈上升趋势(图 1),这与周蕴薇等的研究一致[2]。在这 17 个品种中,'Starlight express''Entertuiner''Val di Sole''Algarve''Justina''Santander''Le Reve'和'Indiana'的最大萌发率 < 10%,'Mandaro''Tiny Bee''Viviana''Lexus'和'Pol-lyanna'的最大萌发率分布于 10% ~ 50% 之间,'Jumpy''Premium Blond''Striker'和'Maurena'的最大萌发率在 50% ~ 80% 之间。且'Maurena'花粉萌发率在培养 0 ~ 2h 时即达到 40.71%,培养 10 ~ 12h 时达 78.39%(图 1),始终明显高于其他品种,说明其新鲜花粉生活力较强。而'Sanna''Bonsoir'等 21 个品种的新鲜花粉在 24 小时内未萌发。

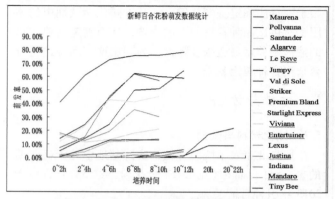

图 1 不同百合品种新鲜花粉萌发率变化

Fig. 1 The variation of fresh pollen germination percentage from different cultivars in *Lilium*

由图 1、图 2a 可以看出,'Maurena''Striker''Premium Bland''Jumpy''Starlight Express''Lexus''Viviana''Tiny Bee''Mandaro'和'Indiana'的花粉萌发较早,培养 0 ~ 2h 即开始萌发,'Santander'在培养 2 ~ 4h 时开始萌发,'Entertuiner''Justina'和'Pollyanna'在培养 4 ~ 6h 开始萌发,而'Le Reve''Algarve'和'Val di Sole'萌发最晚,培养 6h 以上才萌发。'Jumpy''Striker'和'Premium Bland'的花粉萌发率增长迅速,而'Viviana''Indiana''Santander''Le Reve''Justina'和'Algarve'的花粉萌发率增长缓慢(图 1)。花粉最大萌发率较高的品种有'Maurena''Jumpy''Striker''Premium Bland''Viviana'和'Lexus',都在 30% 以上(图 2b)。

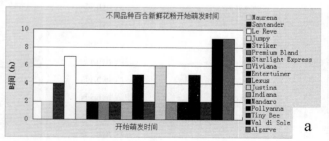
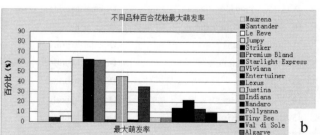

图 2 不同百合品种新鲜花粉开始萌发时间(a)和最大萌发率(b)

Fig. 2 Start germination time(a) and the biggest germination percentage(b) of pollen from different cultivars in *Lilium*

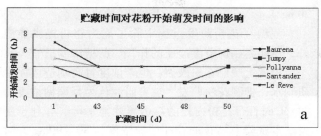
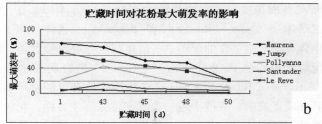

图 3 贮藏时间对花粉开始萌发时间(a)和花粉最大萌发率(b)的影响

Fig. 3　Effect of storage time on pollen start germination time and the biggest germination percentage of pollen

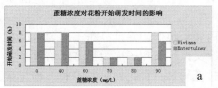
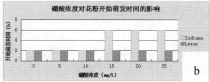
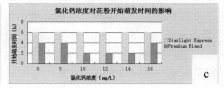

图 4 培养基中不同蔗糖(a)、硼酸(b)和钙浓度(c)对花粉开始萌发时间的影响

Fig. 4　The effect of different concentration of sucrose, boron and calcium on culture solution for pollen start germination time

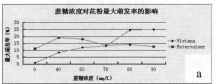
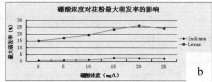
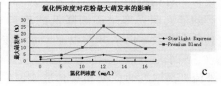

图 5 培养基中不同蔗糖(a)、硼酸(b)和钙浓度(c)对花粉最大萌发率的影响

Fig. 5　The effect of different concentration of sucrose(a), boron(b) and calcium(c) on culture solution for the biggest germination percentage of pollen

2.2 贮藏时间对花粉生活力的影响

随着贮藏时间的增加,5 个品种的花粉开始萌发时间先降低后增加;而不同品种花粉萌发率变化程度不同,但总体是呈下降趋势的(图 3),这与李志能对悬铃木花粉的研究[5]和周蕴薇等人对百合花粉生活力随贮藏时间变化的研究[2]一致。关于花粉最大萌发率的变化,'Maurena'和'Jumpy'呈逐渐降低的趋势,'Santander'和'Le Reve'变化不明显,'Pollyanna'的花粉在贮藏后萌发率有一定上升,然后下降(图 3b),分析原因可能是在做新鲜花粉萌发率测定时,未能记录到'Pollyanna'的最大萌发率或往培养基中铺撒花粉未达到最大密度,使其未能达到萌发最好的条件。贮藏 45 天,'Maurena'和'Jumpy'花粉最大萌发率仍在40% 以上,可以在育种上应用(图 3b)[2]。

2.3 化学因子对花粉生活力的影响

不同品种花粉萌发适宜蔗糖浓度不同。试验结果表明:'Viviana'在蔗糖浓度为 80~90mg/L 时萌发率较高,萌发较早;而'Entertuiner'在蔗糖浓度为 40~

60mg/L 的状态下萌发率较高,萌发较早,在 80~90mg/L 亦有一定的萌发能力(图 4a、图 5a)。硼酸浓度对'Indiana'开始萌发时间和'Lexus'的最大萌发率影响较大,硼酸浓度越高,'Indiana'开始萌发越晚,'Lexus'的最大萌发率越高(图 4b、图 5b)。当 Ca^{2+} 与蔗糖、硼酸共同存在时,Ca^{2+} 处于附属地位,虽然花粉萌发率随着 Ca^{2+} 浓度的改变发生波动,但变化范围不大。'Starlight Express'和'Premium Bland'均是在 $CaCl_2$ 浓度为 12mg/L 时达到最大萌发率,同时 $CaCl_2$ 浓度在 10~14mg/L 时'Premium Bland'花粉开始萌发的时间和达到萌发顶点的时间都较短(图 4c、图 5c)。

3 结论与讨论

百合花粉的萌发率在品种间存在差异[7],花粉生活力的高低主要取决于种(品种)自身的遗传特性[6],与引种栽培适应性也有一定的关系。在遗传特性方面,本试验中花粉萌发的品种大部分是二倍体($2n = 2x = 24$),也有三倍体($2n = 2x = 36$)如 LA 百合'Algarve'和四倍体($2n = 2x = 48$)如亚洲百合'Val di

Sole'；而花粉不萌发的品种大部分是三倍体，也有二倍体'Sorbonne''Roadstar'和'Sanna'，二倍体和四倍体容易产生可育的配子，三倍体减数分裂时染色体配对紊乱，通常雄性不育，'Algarve'花粉萌发和'Sorbonne''Roadstar''Sanna'花粉不萌发有可能是培养环境造成的，有待于进一步研究。另一个方面，花粉萌发需要能量，花粉在新陈代谢过程中积累的能量会影响到花粉的生活力[2]，这些品种都是引入的品种，对引入地的环境适应性有差异，因此其积累的能量会有差异，这也可能是导致不同品种花粉生活力差异的原因[8]。'Jumpy''Premium Blond''Striker'和'Maurena'的最大萌发率较高在50%～80%之间。'Mandaro''Tiny Bee''Viviana''Lexus'和'Pollyanna'的萌发率分布于10%～50%之间。可见，这些品种适合做杂交育种中的父本以提高授粉成功率。

周蕴薇等人研究表明百合花粉生活力随贮藏时间的延长而下降，本试验的结果整体上与此相符。在贮藏时间对花粉萌发力的试验中，'Maurena'和'Jumpy'的最大萌发率呈逐渐降低的趋势，但贮藏45天，其最大萌发率仍在40%以上，可以在育种上应用[2]。

纯水培养液会造成花粉原生质体破裂，内含物质外流；高浓度的蔗糖和盐会造成原生质体失水萎缩，质壁分离，这两种情况都抑制花粉萌发。年玉欣等人研究认为适宜的花粉培养液为：蔗糖100g/L + 硼酸20mg/L + CaCl$_2$ 20～30mg/L[8]。

蔗糖在花粉萌发过程中除了能为花粉提供能源外，还能起到调节渗透压的作用，蔗糖浓度适宜，在一定程度上缓解花粉破裂，但若浓度过高则造成原生质脱水，抑制花粉萌发[8]。有研究认为当蔗糖浓度为80g/L时百合花粉内外的渗透压才能平衡，有利于萌发。本试验中'Viviana'在蔗糖浓度为80～90mg/L时萌发率较高，萌发较早，与年玉欣的研究一致；而'Entertuiner'在蔗糖浓度为40～60mg/L的状态下萌发率较高，萌发较早，在80～90mg/L亦有一定的萌发能力。

硼在植物体内含量很低，并且分布不均匀，以花中含量最高，花中又以柱头和子房为最多，培养基中硼酸浓度过高或过低均对百合花粉萌发不利。硼与糖的结合，能极大提高供试百合花粉的萌发率，这可能是由于硼离子能与蔗糖形成络合物，使糖易于通过质膜在组织中运输，从而促进了糖的吸收与代谢，加之硼能参与果胶物质的合成，利于花粉管壁的建造[8]。当硼酸浓度为15～25mg/L时百合花粉萌发率较高，不同品种花粉萌发适宜的硼酸浓度不同。本试验中，'Indiana'在硼酸浓度为15mg/L时萌发率较高，'Lexus'在硼酸浓度为20mg/L的状态下萌发率较高，与年玉欣的研究基本一致。

参考文献

1. 杨春起. 观赏百合实用生产技术[M]. 北京：中国农业大学出版社，2008.
2. 周蕴薇，刘芳，李俊涛. 百合花粉生活力及贮藏特性[J]. 东北林业大学学报，2007，35(5)：39 - 46.
3. 罗风霞，年玉欣，孙晓梅，等. 贮藏温度对不同发育期东方百合花粉生命力的影响[J]. 沈阳农业大学学报，2005，36(3)：298 - 300.
4. 张福平，陈琼宣，陈振翔. 影响百合花粉活力的化学因子研究[J]. 北方园艺，2006，04：118 - 119.
5. 李志能，刘国锋，罗春丽. 悬铃木花粉生活力及贮藏力的研究[J]. 武汉植物学研究，2006，24(1)：54 - 57.
6. 王钦丽，卢龙斗，吴晓琴，等. 花粉的保存及其生活力测定[J]. 植物学通报，2002，19(3)：365 - 37.
7. Yoshiji N, ShiokawaY. A study onthe storage oflilium pollen [J]. Japan Soc Hort Sci, 1992, 61(2)：399 - 403.
8. 年玉欣，罗风霞，张颖，等. 测定百合花粉生命力的液体培养基研究[J]. 园艺学报，2005，32(5)：922 - 925.

中国观赏园艺研究进展 2015：67~70

Advances in Ornamental Horticulture of China, 2015：67~70

蝴蝶兰杂种一代的花朵材质、花斑及花型遗传分化的初步探讨[*]

李佐[1,2]　肖文芳[1,2]　陈和明[1,2]　吕复兵[1,2①]

（[1]广东省农业科学院环境园艺研究所，广州 510640；[2]广东省园林花卉种质创新综合利用重点实验室，广州 510640）

摘要　以大花型-粉底镶边-花瓣纸质-花型平整的 *Phalaenopsis* 'Ruey Lih Beauty'（瑞丽美人）为母本，大花型-白底紫红斑块－花瓣纸质－花型内弯的 *Phal.* SH127 为父本进行常规杂交，对其 F_1 代群体的花部性状分离进行研究分析。结果表明：杂交后代群体中出现了双亲都无的几大重要的花部性状，尤其值得关注的是花朵材质发生了明显规律的分离变异，其中出现了双亲都无的全蜡质纯色花的后代群体，同时花斑和花型也发生了多样性的分离变异现象，今后可以此为筛选优良单株或株系的主要指标，为部分花部性状的定向育种提供参考。

关键词　蝴蝶兰；杂交 F_1 代；花朵材质；花斑；花型；性状分离

Heritable Characteristics of Flower Texture, Flower Pattern and Flower Shape of Phalaenopsis F_1 Offspring

LI Zuo[1,2]　XIAO Wen-fang[1,2]　CHEN He-ming[1,2]　LV Fu-bing[1,2*]

（[1]*Environmental Horticulture Research Institute, Guangdong Academy of Agricultural Sciences, Guangzhou 510640*；
[2]*Guangdong Provincial Key Laboratory of Ornamental Plant Germplasm Innovation and Utilization, Guangzhou 510640*）

Abstract　Analyses of F_1 offspring characters separation from a cross-bred combination of *Phalaenopsis* 'Ruey Lih Beauty' (female parent, large type, pink ground color with mosaic pattern, papery petals, flat flower shape) with *Phal.* SH127 (male parent, large type, white ground color with red-purple pattern, papery petals, concave flower shape) were studied in the paper. The results indicated that：F_1 offspring have seperated some important flower characteristics which their parents haven't. Particularly notable is the obvious regularity variation of flower texture in the offspring, which appears a kind of whole waxy with pure color flower offspring groups. At the same time, the flower pattern and flower shape also have the various characters separation. These characteristics could be the main candidate traits in selecting fine quality cultivars in the future, and this research could supply directed breeding reference for certain floral traits.

Key words　*Phalaenopsis*；Crossed F_1 offspring；Flower texture；Flower pattern；Flower shape；Characteristics separation

蝴蝶兰（*Phalaenopsis*）的产业链大致分为 5 个环节，即新品种的研发、种苗的工厂化生产、中小苗培育、催花及花后管理。然而目前各地发展蝴蝶兰一般只重视迅速扩大生产规模，而对品种结构关心较少，开花株 80% 的供应量集中于少数品种，20% 的供应量则为多样品种。受我国传统文化影响，栽培的品种仍然主推红色系列。现今，花卉市场上，价格已经不是影响蝴蝶兰销量的主导因素，审美疲劳在一定程度上制约了蝴蝶兰市场的开发。近两年的年宵花市场上，迷你型糊蝶兰开始风靡（陈加忠，2011，2012；

岳汀和徐莜璇，2013）。为此，选育蝴蝶兰新品种以满足不同消费市场的需求，是蝴蝶兰产业发展的必然方向。杂交育种是蝴蝶兰主要的育种手段，但有关蝴蝶兰杂交亲本筛选依据的研究甚少。目前，蝴蝶兰新品种的选育往往是凭经验摸索去选择亲本，缺乏科学有效的评价依据和手段，许多优良组合漏选，特异性状流失，杂交育种效率低。为此，开展蝴蝶兰杂交亲本筛选依据研究，了解不同观赏性状的变异特性和遗传潜力，为今后杂交育种中性状的早期定向选择提供依据，有效地提高育种效率。

---

[*] 基金项目：国家自然科学基金（31201650）；广东省科技基础条件建设项目（2013B060400032）。

① 通讯作者。Author for correspondence（E-mail：13660373325@163.com）。

1　材料与方法

1.1　材料

供试材料为广东省名优花卉种质资源圃的一个杂交组合后代群体：

母本（♀）：*Phalaenopsis* 'Ruey Lih Beauty'（'瑞丽美人'），为粉色纸质大花，具浅粉色镶边，花型平整。

父本（♂）：*Phal.* SH127，为白底纸质大花，具紫红色不规则斑块，且紫红斑触摸有粗糙颗粒感，花型微内弯。

1.2　方法

2011 年 2 月进行授粉杂交，同年 7 月获得杂交果荚进行无菌播种与培养，2012 年 1 月出瓶种植 F₁代群体（5cm 苗），之后 2013 年 3～5 月 F₁代群体首次开花（8cm 苗）。连续两年的 2～5 月对该杂交后代群体的开花株（231 株）进行重要农艺及观赏性状的调查、测量、记录并拍照，具体测量数量性状 9 个，包括：株幅、花枝长、花梗直径、花朵数、花朵大小、花瓣大小、花瓣厚、花朵正面长/宽、花瓣长/宽；调查记录质量性状 5 个，包括：花瓣底色、花斑类型、花朵质地、花型、花瓣边缘是否波状（陈和明，2014）。

2　结果与分析

2.1　杂交 F₁代的花朵材质分离特征

由于 *Phalaenopsis* 'Ruey Lih Beauty' × *Phal.* SH127 杂交 F₁代的花部性状分离广泛，其中花朵材质分离出现了明显的分离变异，故现根据花朵的材质分离特征，将该杂交后代群体依次分为后代类群 1（纸质 F₁代）、后代类群 2（肉质 F₁代）及后代类群 3（蜡质 F₁代）三个类群（如图 1，2 所示）。

母本花瓣纸质且触感光滑，父本花瓣纸质，但花瓣上的紫红斑点具粗糙颗粒感；杂交后代的花瓣材质出现了 3 种类型的分离（见表 1）。其中后代类群 1 的

花瓣厚度与父母本接近，纸质且触感光滑；后代类群 2 的花瓣厚度略厚于父母本，呈现肉质状，触感根据花斑的不同类型有所差别；尤其值得特别关注的是分化出完全与父母本不同的纯蜡质花瓣后代，即后代类群 3，花瓣厚度几乎达到父母本的两倍（见表 1）。

2.2　杂交 F₁代花色及花斑分离特征

母本 *Phalaenopsis* 'Ruey Lih Beauty' 与父本 *Phal.* SH127 都是有斑纹的蝴蝶兰品种，杂交 F₁代在花色尤其是花斑上出现了显著的分离，其中后代类群 2 花色整体上遗传了双亲的花色，但紫红花色深浅有梯度变化，而花斑则出现了变化多样的类型，有大面积细小斑点、流彩状斑块、大面积斑块与镶边，但无特定规律（如图 2 所示）；同时杂交后代中还分离出了双亲之外的纯色花类型（后代类群 1 及后代类群 3），其中花色最浅的后代类群 1 与母本的镶边色近似，而花色最深的后代类群 3 与父本的斑块颜色接近（如图 1 所示）。杂交后代中花瓣无斑的植株占约 58%，有斑纹的占约 42%，杂交后代大多数出现花斑类型的变异。

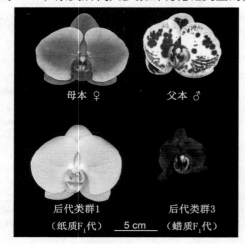

图 1　亲本及两类极端花瓣材质代表后代的花部性状分离对比

Fig. 1　Flower characters of *Phalaenopsis* parents and two kinds F₁ offspring groups with extreme petal texture

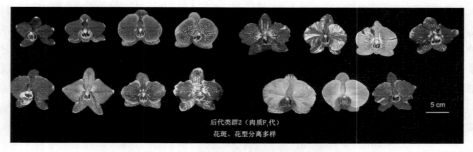

图 2　杂交后代类群 2 花部性状特征分离对比

Fig. 2　Flower characters description of *Phalaenopsis* F₁ offspring group 2

表1 蝴蝶兰亲本及杂交 F_1 代花部主要观赏性状分离表现

Table1 Main flower characters description of *Phalaenopsis* parents and F_1 offspring

性状	母本（♀）	父本（♂）	后代类群1	后代类群2	后代类群3
花瓣质地[a]（纸质/肉质/蜡质）	纸质/光滑	纸质/花斑具颗粒感	纸质/光滑	肉质／光滑&粗糙	蜡质／粗糙
花主色[a]	深粉红色	白底紫红斑	纯淡粉色	粉色	深紫红
花瓣斑纹类型[a]	具浅粉色宽镶边	不规则圆形斑块	无斑纹	流彩状斑纹&大面积紫红斑块&较窄白色镶边	无斑纹
花型[a]	平整	微内弯	平整	内弯&平整&外弯	内弯
花瓣边缘波状[a]	无	有	无	无/有	有
株幅[b]（cm）	30.6	38.2	39.8	36.1	37.1
花枝长[b]（cm）	51.2	59.2	61.3	55.2	51.5
花梗直径[b]（mm）	5.3	5.4	5.2	5.0	4.8
花朵数[b]（朵）	7.0	7.0	7.2	8.4	9.1
花朵正面长/宽[b]（cm）	8.6 / 10.6	8.7 / 10.5	9.1 / 10.7	8.9 / 10.1	5.6 / 5.1
花瓣长/宽[b]（cm）	5.1 / 6.6	5.2 / 6.7	5.1 / 6.5	4.8 / 6.0	2.6 / 3.9
花瓣厚[b]（mm）	0.75	0.81	0.75	0.86	1.5
株数[c]	/	/	126	96	9
比例值[c]（%）	/	/	54.55	41.56	3.90

注：[a]花部性状描述参照：国际新品种保护联盟（UPOV）制定的蝴蝶兰 DUS 测试指南（UPOV *Phalaenopsis* guidelines 2003；UPOV *Phalaenopsis* guidelines 2013）；

[b]数量性状取每个性状指标的平均值。

[c]每个类群的植株数量及占总杂交后代群体（总231株）的比例值。

Note：[a]Flower characters description refer to the *Phalaenopsis* guidelines for the conduct of tests for DUS（Distinctness，Uniformity and Stability）by the International Union for the Protection of New Varieties of Plants（UPOV）（UPOV *Phalaenopsis* guidelines 2003；UPOV *Phalaenopsis* guidelines 2013）；

[b]Quantitative traits using the average values.

[c]The number of plants per group，and the proportion of each group in the total hybrid offspring populations（total 231 plants）.

2.3 杂交 F_1 代花型分离特征

母本 *Phalaenopsis*'Ruey Lih Beauty'花型平整，父本 *Phal.* SH127 花型内弯，杂交 F_1 代在花型上出现了显著的分离变异，其中后代类群1遗传了母本花型平整，后代类群3遗传了父本花型内弯；而后代类群2的花型出现了明显的分化变异，除了遗传了双亲的两种类型，还出现了双亲都无的外弯型（如图2所示）。

此外，研究发现花朵的大小与花瓣的厚度呈现负相关，花朵薄的纸质类型花朵大，而花瓣厚的蜡质型则花朵小（见表1）。另外，花朵数量均高于双亲，表现为超亲优势。

3 讨论与展望

对经济作物的重要农艺及观赏性状的分离变异规律研究，可为杂交育种中性状的早期定向选择提供基础，可有效地提高育种效率。蝴蝶兰作为兰科植物中的"模式植物"，其商业价值和科研价值都很高，其依靠花朵来创造经济价值，因此花朵性状的分离规律是其杂交育种中首要的研究方向，是培育具自主知识产权新品种最重要的育种目标。

蝴蝶兰杂交育种过程中，对其亲本花朵材质、花色、花斑及花型等花部性状遗传表现的充分了解，可进行有目的地选择合适亲本，在品种改良方面具有重要的应用价值，能够创造出更优异的种质资源，增加遗传多样性，为新品种的选育提供基础并提高效率（黄玮婷，2012）。

花瓣彩斑是植物的花上的异色斑点或条纹等，是色素不均匀分布造成的（程金水，2000），花瓣彩斑的形成机制及遗传规律都极其复杂多变。本研究发现花斑与花瓣材质具有一定的遗传相关性，本研究的双亲都是纸质花品种，但由于父本具有颗粒粗糙感的花斑，后代成功分离得到与花斑颜色近似的纯色全蜡质花，猜测可能由于原本分布在父本花瓣上的花斑，通过杂交后全部均匀地分离分布在杂交后代类群3中，形成了与父本花斑色近似的全深紫色蜡质花，该研究结果可为今后进行花朵材质新品种方面的品种改良提供参考。

参考文献

1. 陈和明,朱根发,吕复兵,肖文芳,尤毅,李佐,李冬梅. 2014. 蝴蝶兰新品种 DUS 测试指南的研制[J]. 中国农学通报,30(10):182-185.

2. 陈加忠. 2011. 蝴蝶兰产业发展之我见[R]. 中国花卉报.

3. 陈加忠. 2012. 再谈蝴蝶兰种苗扩量之影响[R]. 中国花卉报.

4. 程金水主编. 2000. 园林植物遗传育种学[M]. 北京:中国林业出版社.

5. 黄玮婷,曾宋君,吴坤林,张建霞,段俊. 2012. 蝴蝶兰属植物杂交育种研究进展[J]. 热带亚热带植物学报,20(2):209-220.

6. 岳汀,徐莜璇. 2013. 从苗到花均成烫手山芋——蝴蝶兰产业现状调查[R]. 中国花卉报.

7. International union for the protection of new varieties of plants (UPOV). TG/213/1. *Phalaenopsis* (*Phalaenopsis* Blume.) guidelines for the conduct of tests for distinctness, uniformity and stability [S]. Geneva, 2003. 04. 09. http://www. upov. int/en/publications/tg-rom/tg213/tg_ 213_ 1. pdf.

8. International union for the protection of new varieties of plants (UPOV). TG/213/1. *Phalaenopsis* (*Phalaenopsis* Blume.) guidelines for the conduct of tests for distinctness, uniformity and stability [S]. Geneva, 2013. 03. 20. http://www. upov. int/edocs/tgdocs/en/tg213. pdf.

不同瓣型小菊的杂交结实率与杂种种子萌发特性研究[*]

宋雪彬　樊光迅　杨 舒　杨立文　戴思兰[①]

（北京林业大学，花卉种质创新与分子育种北京市重点实验室；国家花卉工程技术研究中心，

北京林业大学园林学院，北京 100083）

摘要　本研究以小菊不同瓣型品种为亲本进行人工杂交试验，研究了不同品种杂交组合的杂交结实率和杂种种子萌发特性。研究发现，以同一瓣型小菊品种为母本，不同瓣型的小菊品种为父本，杂交结实率不同，其中父母本瓣型一致的杂交组合结实率最高，为 11.64%。不同亲本杂交组合获得的杂交种子的形态差异不显著，而百粒重则表现出极显著的差异。通过比较不同处理条件下杂种种子萌发情况发现，在穴盘中播种的杂种种子比在培养皿中培养的种子发芽率高 10.90%，达到 85.16%；而在培养皿中培养的杂种种子萌发速度更快（3d），整齐度也更高；正常光周期下培养的杂种种子比遮光处理时的萌发率高 13.34%，为 66.67%；在播种前将种子用 1mol/L 的 HCl 溶液浸泡 20min 或将种子直接放在 0.1% 的 NaCl 溶液中进行培养可以分别将种子萌发率提高 3.33% 和 11.67%，分别达到 70% 和 85%；同时发现种子萌发率和播种密度相关，在直径为 9cm 的培养皿中，播种 20 粒杂种种子萌发率较高，为 66.67%。通过对不同亲本组合的杂交种子萌发特性比较分析发现，父母本瓣型一致的杂交组合的杂交种子发芽率（86.11%）、发芽势（72.22%）和发芽指数（2.06）均最高。这些研究结果为菊花杂交育种中亲本的选配提供了有益参考。

关键词　小菊；杂交；结实率；萌发特性

Cross-breeding Seed Setting Rate of Different Petal Types of Small Chrysanthemum and Germination Characteristics of Hybrid Seeds

SONG Xue-bin　FAN Guang-xun　YANG Shu　YANG Li-wen　DAI Si-lan

（*Beijing Forestry University，Beijing Key Laboratory of Ornamental Plants Germplasm Innovation & Molecular Breeding*；

National Engineering Research Center for Floriculture and College of Landscape Architecture，Beijing Forestry University，Beijing 100083）

Abstract　In this research, small chrysanthemum of different petal types were chosen as parents to conduct artificial cross-breeding experiment, seed setting rate as well as germination characteristics of different combinations were studied. We found out that the seed setting rate were different when cross-breeding were taken between same female parent and male parents whose petal types were different, among which, the seeds obtained from parents with same petal types had the highest seed setting rate (11.64%). Seeds of different combinations had no significant disparity in morphology, while their 100 seed weight showed significant difference. After evaluating the seed germination characteristics under different treatment, we found out, germination rate of seeds that grown in matrix were 10.90% higher than those grown in dishes, reach to 85.16%. However, they were less even and germinated slower (3d) than those grown in dishes. Seeds that placed in normal light treatment was 13.34% higher, rose to 66.67%, than those under shadowing treatment in germination rate and when treated with 1mol/L HCl solution for 20 min or cultured by 0.1% NaCl solution, germination rate will increase 3.33% or 11.67%, reach to 70% and 85%, besides, the density of seeds also had influence on it, in this case, 20/dish (diameter = 9cm) is the most suitable density, with the germination rate of 66.67%. We further learned the germination characteristics of seeds from different combinations, among which, the combination composed with same petal type had the highest germinate rate (86.11%), germinate energy (72.22%) and germinate index (2.06). This work could provide guidance on parents choosing of cross-breeding and further riches breeding theory of chrysanthemum.

Key words　Small chrysanthemum；Crossbred；Seed setting rate；Germination characteristics

　*　基金项目：项目名称（项目编号）：高等学校博士学科点专项科研基金（20130014110013）；国家自然科学基金面上项目（31471907）。

　①　通讯作者。戴思兰，博士，博士生导师。主要研究方向：园林植物资源与分子育种。电话：010—62336252　Email：silandai@si-na.com　地址：100083　北京市海淀区清华东路 35 号北京林业大学园林学院。

菊花是我国传统名花，也是世界上最重要的观赏花卉之一（Teixeira Da Silva，2014），在漫长的栽培过程中，人们培育出了大量的优良品种。在菊花多种育种方法中，有性杂交育种是目前最主要、最有效和最简便易行的途径（卢钰 等，2004）。利用不同瓣型的品种进行有性杂交可以获得花型变异的新品种。但由于其基因高度杂合，杂交结实率低，可用于新品种选育的杂交后代数量较少，严重降低了育种效率（陈俊愉，1990；李鸿渐 等，1991）。研究认为，杂交亲本间的亲和性、花粉的活性、杂交技术和气候条件等均会影响菊花杂交的结实率（唐岱，2000）。此外，菊花品种的重瓣性也会对杂交结实率产生较大的影响（毛洪玉 等，2006）。

种子萌发是指种子从相对静止状态转化到生理代谢旺盛的生长发育阶段，形态上表现为根、胚芽突破种皮并向外伸长，发育成新个体的过程（薛建国，2008）。影响种子萌发的外部因素有很多，如温度、光照、水分、土壤酸碱性、土壤盐分等。一些研究表明，盐胁迫对于植物种子萌发的影响与其浓度有关，即低浓度的盐胁迫可促进种子的萌发，而随盐浓度的升高则逐渐转为抑制（王军伟 等，2007；孟庆俊 等，2008；张剑云 等，2009）。酸碱处理则常用于打破种子机械障碍，促进种子快速萌发（王红明，2015），如王彦雕等（2013）发现，用70% H_2SO_4 和 0.5 mol/L NaOH 溶液处理可显著缩短种子初始萌发时间和萌发总天数。光主要是作为一种信号刺激影响种子萌发，从而打破种子的休眠（Bweley & Black，1982），且种子萌发对光照的需求因种而异。此外，种子的播种密度也会影响种子的萌发特性，在银斑百里香与云烟87包衣种子萌发试验中发现，播种在直径为10cm的培养皿中，每个培养皿播种100粒种子时萌发率最高（白永富 等，2007；张春梅和闫芳，2014）。在菊花的研究中发现，用一些化学药剂处理菊花种子会影响种子的萌发特性，如用菊花嫩株的提取液处理种子，种子萌发将受到抑制（Kil & Lee，1987）。除此之外，对菊花种子萌发特性的研究鲜见报道。

小菊是花径小于6cm的菊花品种（程金水 等，2010），因其用途多样，抗性好、色彩艳丽、着花繁茂，适合露地栽植，目前小菊已成为城市美化和绿化中的重要材料。虽然前人在小菊有性杂交育种及遗传规律方面做了大量工作，但是小菊育种工作中仍然存在很多问题亟待解决（郝洪波和李明哲，2007），特别是对小菊不同瓣型品种间杂交亲和性及杂种种子萌发特性的报道较少。因此，本研究对相同瓣型母本和不同瓣型父本进行杂交，通过对不同杂交组合的杂交亲

和性、结实率以及种子萌发特性进行研究，寻找适宜的杂交组合方式，并对比不同培养条件下小菊杂交种子的萌发情况，找出最适宜杂交种子萌发的外部条件，从而指导小菊杂交育种中不同瓣型品种亲本的选配以及为进一步改善杂交种子的萌发情况提供依据。

1　材料与方法

1.1　试验材料

本研究的试验材料种植于北京林业大学菊花种质资源圃中。表1和图1所示为4个亲本表型性状。

表1　小菊杂交亲本表型性状一览表

Table1　Morphological traits of cross-breeding parents

品种名称 Name of varieties	花色 Flower color	瓣型 Petal type	花径/cm Flower diameter	重瓣性（轮） Flower shape
'Candy'	粉红 Pink	平瓣 Flat	2.4	5 ~ 6
'A18'	玫红 roseo	平瓣 Flat	3.9	1 ~ 2
'A49'	黄 Yellow	匙瓣 Spoon	5.1	1 ~ 2
'225'	红 Red	管瓣 Tube	3.7	1

图1　小菊不同瓣型品种杂交亲本头状花序

Fig. 1　Inflorescences of cross-breeding
parents of different petal type

A. 'Candy' 花序；B. 'A18' 花序；C. 'A49' 花序；D. '225' 花序

A. Inflorescence of 'Candy'；B. Inflorescence of 'A18'；
C. Inflorescence of 'A49'；D. Inflorescence of '225'

1.2　试验方法

1.2.1　人工杂交

10 ~ 11月，以 'Candy' 为母本，'A18'、'A49'、'225' 为父本进行人工杂交，具体步骤如下：在父母本的花序未完全开放时先对其套袋。在外轮舌状花成

熟前剪去过长的花瓣以露出雌蕊柱头（王青，2013）。于晴天 10:00 ~ 15:00 采集父本花粉，并用毛笔蘸取采集到的花粉，授到母本舌状花伸出的雌蕊上，授粉后立即套袋。每隔 2 ~ 3d 授粉 1 次，重复授粉 2 ~ 3 次。授粉工作完成之后，对母株加强养护管理，去除掉多余的分枝和花序，并适当控制浇水。

1.2.2 种子采收

当年 12 月至次年 1 月逐步剪去成熟的花序、收集种子，置于在干燥环境下贮藏。

1.2.3 结实率统计

亲和指数（K）= 结实数/授粉花数；

杂交亲本亲和性分级：$0 \leqslant K < 0.01$ 为不亲和；$0.01 \leqslant K < 0.25$ 为半亲和；$K \geqslant 0.25$ 为亲和。

结实率 =（结实数/授粉花数）× 100%；

1.2.4 不同杂交组合杂种种子形态测量方法

取'Candy'דA18'、'Candy'דA49'、'Candy'ד225'3 个杂交组合的杂交种子，观测其颜色，于体视显微镜下测量其长度、宽度；随机选取 50 粒种子，用电子天平称重，重复 3 次，取其平均值，换算为种子百粒重。

1.2.5 不同的处理下的杂交种子萌发试验

播种前，用 1% NaClO 溶液浸泡种子，消毒 10min。根据试验设计，每个直径为 9cm 的培养皿每日分别加入 1 ~ 3mL 培养液，保持足够湿度。穴盘播种所使用的基质为，花卉营养土∶蛭石 = 1∶1，每穴播 1 粒种子。每个处理进行 3 次重复，所有处理如表 2 所示。

表 2 不同的处理方法
Table2 Different treatments

研究内容 Research content	对照 Control group	处理 Treatment
培养环境 Culture environment	培养皿培养	基质培养
酸碱处理 Acid and alkali treatment	蒸馏水处理	1mol/LNaOH 溶液浸泡 20min；1mol/LHCl 溶液浸泡 20min
遮光处理 Shading treatment	14h 光照/10h 黑暗	用锡箔纸包裹培养皿遮光 24h
盐胁迫 Salt stress	蒸馏水培养	0.1% 和 0.5% NaCl 溶液分别为培养液
播种密度 Sowing density	每培养皿 10 粒	每培养皿 20 粒；每培养皿 30 粒

1.2.6 杂交种子萌发特性比较试验

对'Candy'דA18'、'Candy'דA49'、'Candy'ד225'3 个杂交组合的种子进行在培养皿中的萌发试验，每培养皿 20 粒种子。

1.2.7 种子萌发培养条件

种子均放在光周期为 14h 光照/10h 黑暗，温度为 20℃ 的人工气候箱内培养。

1.2.8 种子萌发指标

以胚根伸出种皮长出 1cm 为萌发标准。

萌发时滞（d）：即发芽启动时间，指从播种到第 1 粒种子开始萌发所持续时间；

萌发持续时间（d）：种子开始萌发到最后 1 粒种子萌发的总时间；

发芽率 = 种子发芽总数/供试种子总数 × 100%；

发芽势 = 播种 6d 内发芽的种子数/供试种子数 × 100%；

发芽指数（GI）= $\sum$（Gt/Dt），其中 Gt 表示 t 日时的发芽数，Dt 表示相应的发芽天数。

1.3 数据处理和分析

数据使用 Microsoft Excel 2010 进行统计和处理，并用 IBM SPSS Statistics 20 软件进行单因素方差分析。

2 结果与分析

2.1 不同瓣型品种杂交的结实率

通过人工杂交发现，在以同一瓣型品种为母本，不同瓣型品种为父本所配组成的 3 个杂交组合中，'Candy'דA18'的结实率最高，为 11.64%，'Candy'דA49'组合的结实率最低，为 7.76%（表 3）。三个组合的亲和指数均介于 0.1 与 0.25 之间，表现为半亲和，父本为'A18'的杂交组合亲和性最好，达 0.1164；父本为'A49'的杂交组合亲和性最差，为 0.0776。因此，可以看出当父母本瓣型一致时，杂交结实率和亲和指数均最高。

表 3 不同瓣型品种杂交组合的结实情况
Table3 The fertility situation of crosses between different petal types

组合 Combination	小花数 Flower number	种子数 Seed number	亲和指数 K Affinity index	结实率（%） Germination rate
'Candy'דA18'	859	100	0.1164	11.64
'Candy'דA49'	876	68	0.0776	7.76
'Candy'ד225'	2439	245	0.1005	10.05

2.2 不同瓣型品种杂交所结种子的形态差异

对不同瓣型品种杂交所结的种子进行观测发现，

不同组合的杂交种子的形状相似，为卵形或窄卵形，颜色以黑褐色为主（图2）。

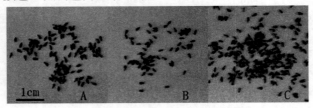

图2 小菊不同瓣型品种杂交组合所结种子的形态特征比较

Fig. 2 Morphological comparison between seeds of crosses between different petal types

A. 'Candy' × 'A18' 的种子 B. 'Candy' × 'A49' 的种子
C. 'Candy' × '225' 的种子

A. Seeds of 'Candy' × 'A18' B. Seeds of 'Candy' × 'A49'
C. Seeds of 'Candy' × '225'

表4 不同瓣型品种杂交所结种子的形态特征比较

Table4 Morphological comparison between seeds of crosses between different petal types

亲本组合 Parent combination	长度/mm Length	宽度/mm Thickness	百粒重/g 100 seed weight
'Candy' × 'A18'	1. 82 ± 0. 11	0. 73 ± 0. 09	0. 0380 ± 0. 0008 bB
'Candy' × 'A49'	1. 89 ± 0. 16	0. 77 ± 0. 10	0. 0414 ± 0. 0016 aA
'Candy' × '225'	1. 76 ± 0. 12	0. 64 ± 0. 15	0. 0345 ± 0. 0005 cC

注：不同小写字母表示显著差异（P = 0.05），不同大写字母表示极显著差异（P = 0.01）。

Note：Different lowercase letters refer to significant difference at 5% level, different capital letters refer to significant difference at 1% level.

表5 杂交种子在基质与蒸馏水中的萌发情况比较

Table5 Hybrid seeds' germination characteristics comparison in matrix and distilled water

环境 Environment	发芽率/% Germination rate	萌发时滞/d Germination time lag	萌发持续时间/d Germination duration	发芽势/% Germination energy	发芽指数 Germination index
基质 Matrix	85. 16	6	23	5. 55	4. 38 ± 0. 55
培养皿 Petri dish	74. 26	4	5	54. 07	8. 21 ± 0. 47

通过测量发现，不同组合所结种子的长度和宽度之间差异不显著，而百粒重则表现出极显著的差异。其中父本是'A18'的杂交种子长度和宽度分别为1.82和0.73，父本是'A49'的杂交种子长度和宽度分别为1.89和0.77，二者之间差异较小，且都大于父本是'225'的杂交种子的长度（1.76）和宽度（0.64）。'Candy'×'A18'、'Candy'×'A49'、'Candy'×'225'的杂种种子的百粒重分别为0.0380、0.0414和0.0345，两两之间均表现出极显著差异（表4）。

2.3 不同培养环境对种子萌发的影响

从表5可以看出，穴盘中的种子发芽率更高，为85.16%，较在培养皿中的发芽率高出10.90%，但发芽势显著降低了48.52%，发芽起始时间延后2d，发芽持续时间显著延长了18d，且发芽指数为4.38，远低于在培养皿中培养的种子的发芽指数（8.21），这说明穴盘中播种的种子发芽整齐度较差。分析认为基质有利于提高种子的萌发率，但在培养皿中播种更利于种子的快速整齐萌发。

2.4 酸碱处理对种子萌发的影响

通过对比酸碱处理对种子萌发的影响发现：用1mol/L HCl溶液处理的种子发芽率为70%，较对照组升高了3.33%，发芽势为40.0%，较对照组降低15.00%，但两者之间差异不显著；而用1mol/L

NaOH溶液处理的种子发芽率和发芽势分别为48.33%和16.67%，较对照组显著降低了18.44%和38.33%（表6）。杂交种子的萌发时滞均较短，且用HCl、NaOH溶液处理对此没有影响。杂交种子的萌发持续时间差异不大，从发芽指数方面来看，用蒸馏水处理与用HCl溶液处理的发芽指数仅相差0.15，但是用NaOH溶液处理过的种子，其发芽指数为1.38，极显著低于其他两种处理。通过比较HCl、NaOH溶液对种子萌发的影响，初步可以得出，培养前用1mol/L NaOH溶液处理会抑制小菊杂交种子的萌发，而用1mol/L HCl溶液处理则可略微促进其萌发。

2.5 盐胁迫对种子萌发的影响

由表7可看出，用0.1%的NaCl溶液培养的小菊种子的发芽率较对照组提高了11.67%，用0.5%的NaCl溶液培养则对发芽率无影响，但与对照组相比，两个处理的发芽势极显著的降低，差值分别达到26.67%和50.00%。经分析，发芽势与NaCl溶液浓度呈负相关，而发芽率则与之无明显相关性。用0.1% NaCl溶液培养的杂交种子与用蒸馏水培养的种子的发芽指数分别为1.11和1.34，两者差别较小，都显著高于用0.5% NaCl溶液培养的种子的发芽指数（0.76）。虽然用NaCl溶液培养的种子萌发时滞与对照组相差不多，但其萌发持续时间则延长了3d，因此推断一定浓度的盐溶液会延迟部分种子的萌发。

表6　杂交种子在酸碱处理下的萌发情况

Table6　Effects of acid and alkali treatment on germination of hybrid seeds

处理 Treatment	发芽率/% Germination rate	萌发时滞/d Germination time lag	萌发持续时间/d Germination duration	发芽势/% Germination energy	发芽指数 Germination index
蒸馏水（CK） Distilled water（CK）	66. 67 a	3	5	55. 00 aA	2. 56 ±0. 10aA
NaOH 溶液 NaOH solution	48. 33 b	3	7	16. 67 bB	1. 38 ±0. 19bB
HCl 溶液 HCl solution	70. 00 a	3	6	40. 00 abA	2. 41 ±0. 43aA

注：不同小写字母表示显著差异（P = 0. 05），不同大写字母表示极显著差异（P = 0. 01）。

Note：Different lowercase letters refer to significant difference at 5% level, different capital letters refer to significant difference at 1% level.

表7　杂交种子在不同浓度 NaCl 溶液培养下的萌发情况

Table7　Effects of different concentrations of NaCl solution on germination of hybrid seeds

处理 Treatment	发芽率/% Germination rate	萌发时滞/d Germination time lag	萌发持续时间/d Germination duration	发芽势/% Germination energy	发芽指数 Germination index
蒸馏水（CK） Distilled water	73. 33	3	5	56. 67 aA	1. 34 ±0. 15aA
0. 1% NaCl 溶液 0. 1% NaCl solution	85. 00	3	8	30. 00 bB	1. 11 ±0. 17aAB
0. 5% NaCl 溶液 0. 5% NaCl solution	73. 33	4	8	6. 67 bB	0. 76 ±0. 06bB

注：不同小写字母表示显著差异（P = 0. 05），不同大写字母表示极显著差异（P = 0. 01）。

Note：Different lowercase letters refer to significant difference at 5% level, different capital letters refer to significant difference at 1% level.

2.6　遮光处理对种子萌发的影响

由表8可看出，遮光处理种子仍可以萌发，但相比于对照组正常光周期处理的种子，其种子发芽率和发芽势分别降低了13.34%和33.33%。遮光后小菊杂交种子萌发时滞较光周期条件下延长了4d，发芽持续时间也延长了2d，且其发芽指数也降低了0.7。通过对比正常光照与遮光处理下小菊杂交种子的萌发情况，可以判定小菊的种子不是需光型或嫌光型，但是正常光周期更有利于其萌发。

表8　杂交种子在遮光处理下的萌发情况

Table8　Effects of shading treatment on germination of hybrid seeds

处理 Treatment	发芽率/% Germination rate	萌发时滞/d Germination time lag	萌发持续时间/d Germination duration	发芽势/% Germination energy	发芽指数 Germination index
光周期处理（CK） Light treatment	66. 67	3	5	55. 00	2. 56 ±0. 10
遮光处理 Shading treatment	53. 33	7	7	21. 67	1. 86 ±0. 91

2.7　播种密度对种子萌发的影响

由表9可看出，20 粒/培养皿的处理发芽率和发芽势最高，达80.00%和66.67%，10 粒/培养皿的处理发芽率为60.00%，显著低于其余两个处理，且其发芽势也最低（53.33%）。虽然在发芽率上表现出一定的差异，但种子在不同播种密度下的发芽势之间不存在显著差异。萌发时滞与种子密度相关性不大，而萌发持续时间随种子密度的增加而出现延长趋势。通过分析可以发现，小菊种子在一定密度时，其发芽率、发芽势等都较高，发芽情况较好，而高于、低于这一密度会使发芽率、发芽势等指标下降。本次试验发现每培养皿20 粒种子萌发情况最好。

表9　杂交种子在不同密度下的萌发情况

Table9　Effects of seed density on germination of hybrid seeds

处理 Treatment	发芽率/% Germination rate	萌发时滞/d Germination time lag	萌发持续时间/d Germination duration	发芽势/% Germination energy	发芽指数 Germination index
10 粒(CK)/培养皿 10/dish	60.00 [b]	3	4	53.33	1.22 ± 0.10[cC]
20 粒/培养皿 20/dish	80.00 [a]	2	6	66.67	3.30 ± 0.46[bB]
30 粒/培养皿 30/dish	74.44 [a]	2	8	54.44	4.64 ± 0.55[aA]

注：不同小写字母表示显著差异(P=0.05)，不同大写字母表示极显著差异(P=0.01)。

Note：Different lowercase letters refer to significant difference at 5% level, different capital letters refer to significant difference at 1% level.

2.8　不同瓣型品种杂交所结种子的萌发特性

由表10可看出，来源于瓣型相同的母本，不同瓣型父本的种子萌发特性不同，其中父本是'A18'（平瓣）的发芽率最高，达86.11%，父本是'A49'（匙瓣）的发芽率最低，为63.33%，但3个杂交组合种子发芽率之间不存在显著性差异。3种杂种种子萌发时滞均较短，在3d左右开始萌发，且萌发持续时间也均较短，4~5d完成萌发。父本为'A18'的种子具有最高的发芽势，为72.22%，且和父本为'225'的种子的发芽势(56.67%)都极显著高于父本为'A49'的杂交种子(33.33%)。同时，'Candy'×

'A18'的种子的发芽指数为2.06，显著高于'Candy'×'225'种子(1.34)，极显著高于'Candy'×'A49'的种子(0.98)，说明'Candy'×'A18'的种子不仅具有最高的发芽率和发芽势，其发芽的整齐度也最高。结合上述3种杂交种子的形态特征可以发现，其发芽率、发芽势、发芽指数、萌发时滞、萌发持续时间与种子的颜色、大小和质量没有相关性。而萌发情况可能与亲本组合的瓣型有一定相关性，即瓣型一致的亲本组合所得到的种子萌发情况、生长情况优于亲本瓣型不一致的组合，亲本均为平瓣的'Candy'×'A18'，其种子的萌发情况最好。

表10　不同瓣型品种杂交组合所结种子的萌发特性

Table10　Germination characteristics of seeds of crosses between different petal types

亲本组合 Parent combination	发芽率/% Germination rate	萌发时滞/d Germination time lag	萌发持续时间/d Germination duration	发芽势/% Germination energy	发芽指数 Germination index
'Candy'×'A18'	86.11	3	4	72.22[aA]	2.06 ± 0.18[aA]
'Candy'×'A49'	63.33	4	5	33.33[bB]	0.98 ± 0.42[bB]
'Candy'×'225'	73.33	3	5	56.67[aA]	1.34 ± 0.16[bAB]

注：不同小写字母表示显著差异(P=0.05)，不同大写字母表示极显著差异(P=0.01)。

Note：Different lowercase letters refer to significant difference at 5% level, different capital letters refer to significant difference at 1% level.

3　讨论

3.1　小菊杂交种子最适萌发条件

小菊种子无休眠期，发芽率因种而异。同一组合杂交种子大小、质量略有差异，但与种子萌发情况无显著相关。

在穴盘里播种的种子萌发率高于培养皿内使用滤纸蒸馏水培养的萌发率，分析认为可能是因为基质内环境较为稳定且降低了种子之间的互相干扰。然而，穴盘中播种的种子其发芽指数远低于培养皿中培养的种子，且发芽滞后，萌发期延长，说明穴盘播种的种

子发芽整齐度较差。

用1mol/L HCl溶液处理种子后其发芽率增加了3.33%，发芽势降低了15.00%，用1mol/L NaOH溶液处理后发芽率和发芽势显著降低了18.44%和38.33%。这可能是化学物质对种子的生理状态产生影响所造成的。郑芳昊等(2012)在研究酸碱处理对野菊种子发芽的影响时发现，经1mol/L HCl处理的种子发芽率、发芽势及发芽指数分别降低了8.00%、6.4%和0.94%，用1mol/L NaOH处理的种子发芽率和发芽势降低了13.80%和6.4%，但发芽指数升高了3.33%，并认为酸处理对野菊花种子萌发有一定

的抑制作用，碱处理在一定程度上可以促使野菊花种子快速萌发，但种子发芽率会受到影响。该结论与本研究结论不相符，分析认为这可能是因为不同种种子之间存在差异等原因造成的。

遮光处理下的小菊种子仍会萌发，但其发芽率、发芽势分别降低了13.34%和33.33%，说明小菊种子萌发对光不敏感，但是遮光会对小菊种子萌发产生不良影响，这与光照对小红菊的种子发芽率与发芽势的影响一致（高永华，2014）。本研究发现，用0.1%的NaCl溶液培养可将杂交种子的发芽率提高11.67%，而当NaCl浓度升高到0.5%时，发芽率又降至与蒸馏水培养相当。此趋势与盐胁迫对豆科以及其他植物种子的影响一致（王军伟 等，2007；孟庆俊 等，2008；张剑云 等，2009），即低浓度的盐胁迫可促进种子的萌发，而随盐浓度的升高则逐渐转为抑制。

培养密度同样会对种子萌发产生影响，本次试验中每培养皿20粒种子发芽率最高，为80.00%，10粒、30粒都低于此，说明种子之间存在互相影响，一定数量的种子能够促进萌发，但超过这个数量则可能由于争夺生长空间而抑制其萌发。

3.2 小菊不同瓣型品种间杂交亲和性的差异

小菊的杂交亲和性不高，本研究中每个花序平均有122.76朵小花，在多次重复授粉的情况下，平均每个花序得到12.14粒种子，结实的小花只占小花总数的10%左右，这与前人的研究结果相似（王涛 等，2010）。因此要想通过杂交获得大量后代，需要较多的杂交亲本以及多次授粉。

本研究发现父母本的瓣型与其结实率和亲和性有一定的相关性：父母本瓣型一致的杂交组合'Candy'דA18'的结实率最高，为11.64%，亲和性也最高，

为0.1164，均高于父母本瓣型不一致的杂交种子。许多研究都表示，在栽培菊花中，相同的瓣型可能意味着更近的亲缘关系（秦贺兰 等，2002；吴在生 等，2007；廖恒彬 等，2007；张辕，2014）。又有报道认为，父母本亲缘关系近的菊属植物以及栽培菊花拥有更近的遗传距离，杂交亲和性好，结实率更高（李辛雷，2004）。因此推测，在本研究中，'A18'与母本'Candy'瓣型一致，亲缘关系较其他两个组合更近，因而拥有更高的杂交亲和性和结实率，因此在小菊的杂交育种中选择合适瓣型组合的父母本可以提高杂交的亲和性和结实率。

3.3 小菊不同瓣型品种杂交所结种子萌发特性的差异

菊花不同瓣型品种杂交所得到杂种种子的萌发特性各异，朱珺和戴思兰（2007）在研究切花菊不同父母本配组方式的结实率与种子萌发力时，发现不同杂交组合得到的杂种发芽率差异很大，有发芽率在10%以下的组合，也有高达100%的组合，并认为这与杂交亲本的亲和性有很大关系。本研究中父本'A18'与母本'Candy'之间的亲和性最高，其杂交种子在发芽率（86.11%）、发芽势（72.22%）、发芽指数（2.06±0.18）等指标上也均高于其他两种的杂种种子，与前人的研究结果一致。

本研究通过不同处理下小菊杂交种子的萌发实验确定了其最适宜的萌发条件，研究了同一瓣型小菊品种为母本，不同瓣型的小菊品种为父本的杂交组合的亲和性以及结实率，并探索了不同瓣型的亲本组合对种子的萌发特性的影响，认为种子的萌发特性与亲本的瓣型之间存在一定的相关性。但由于试验样本量和处理数有限，可能造成试验误差，后续应扩大样本量并缩小处理梯度以进行更深入的研究。

参考文献

1. 白永富，于海芹，张谊寒. 2007. 不同播种密度和发芽条件对烤烟不育系云烟87包衣种子萌发的影响[J]. 中国农学通报，23(6)：299-302.

2. Bewley J D, Black M. 1982. Physiology and biochemistry of seeds[M]. Beilin：Springer.

3. 陈俊愉. 1990. 中国花经[M]. 上海：上海文化出版社，1990：121-126.

4. 程金水. 2010. 园林植物遗传育种学（第2版）[M]. 北京：中国林业出版社.

5. 高永华. 2014. 野生小红菊驯化栽培和花芽分化条件研究[D]. 太谷：山西农业大学.

6. 郝洪波，李明哲. 2007. 小菊育种研究现状及趋势[J]. 河北农业科学，11(4)：21-24.

7. Kil B, Lee S Y. 1987. Allelopathic effects of *Chrysanthemum morifolium* on germination and growth of several herbaceous plants[J]. Journal of Chemical Ecology, 13(2)：299-308.

8. 李鸿渐，张效平，王彭伟. 1991. 切花菊新品种选育的研究[J]. 南京农业大学学报，14(3)：31-35.

9. 李辛雷. 2004. 菊属植物自交、杂交及远缘杂种幼胚拯救研究[D]. 南京：南京农业大学.

10. 卢钰，刘军，丰震，张美蓉，韩进，杨传强. 2004. 菊花育种研究现状及今后的研究方向[J]. 山东农业大学学报（自然科学版），2004.35(1)：145-149.

11. 孟庆俊，冯启言，周东来，裴东升. 2008. 盐碱对绿豆和油菜种子萌芽的胁迫效应[J]. 安徽农业科学，36

（2）：430，587.

12. 缪恒彬，陈发棣，赵宏波.2007.85 个大菊品种遗传关系的 ISSR 分析[J].园艺学报，34：1243 - 1248.

13. Negi S S, Raghava S P S, Nancharaiah D. 1984. New cultivars of chrysanthemum[J]. Indian Horticulture, 19(1)：19 - 20.

14. 秦贺兰，游捷，高俊平.2002.菊花 18 个品种的 RAPD 分析[J].园艺学报，29：488 - 490.

15. 唐岱.2000.菊花杂交结实率与杂交种子发芽率问题探讨[J].西南林学院学报，20(4)：200 - 204，208.

16. Teixeira Da Silva J. A. 2014. Novel factors affecting shoot culture of Chrysanthemum (*Dendranthema × Grandiflora*)[J]. Botanica Lithuanica, 20(1)：27 - 40.

17. 王红明.2015.NaOH 溶液处理对 2 个种源白刺种子萌发的影响[J].东北林业大学学报，43(4)：31 - 33.

18. 王军伟，魏佑营，邱红，魏秉培.2007.盐胁迫对不同品种菠菜种子萌发特性的影响[J].山东农业科学，6：48 - 50，53.

19. 王青.2013.盆栽多头小菊株型改良的育种研究[D].北京：北京林业大学.

20. 王涛.2010.地被菊杂交育种技术的研究[D].乌鲁木齐：新疆农业大学.

21. 王涛，董玉芝，祝朋芳，王平.2010.地被菊品种间杂交结籽率的研究[J].西北农林科技大学学报(自然科学

版)，38(12)：203 - 209.

22. 王彦雕，张勇，陈年来，高海宁，李彩霞.2013.酸碱处理对不同条件贮藏的 2 种白刺种子萌发的影响[J].甘肃农业大学学报，48(1)：97 - 101.

23. 吴在生，李海龙，刘建辉，左志锐，田瑞昌.2007.65 个菊花栽培品种遗传多样性的 AFLP 分析[J].南京林业大学学报(自然科学版)，31(5)：67 - 70.

24. 薛建国.2008.水分、盐分和温度对几种荒漠植物种子萌发的影响[D].兰州：甘肃农业大学.

25. 张春梅，闫芳.2014.不同温度、播种密度和覆土厚度对银斑百里香种子萌发的影响[J].北京联合大学学报，28(3)：25 - 28.

26. 张剑云，陈水红，魏萍.2009.塔里木河流域 4 种野生豆科植物种子耐盐性研究[J].草业科学，26(6)：116 - 120.

27. 张辕.2014.基于三种标记的中国传统菊花品种鉴定及分类研究[D].北京：北京林业大学.

28. 郑芳昊，潘超美，赖珍珍，夏静，梁钻姬，刘欣.2012.野菊花种子发芽特性的研究[J].中药材，35(3)：351 - 354.

29. 朱珺，戴思兰.2007.若干切花菊品种间杂交亲和力分析[C].中国观赏园艺研究进展 2007.北京：中国林业出版社，121 - 126.

中国观赏园艺研究进展 2015：79~84
Advances in Ornamental Horticulture of China，2015：79~84

切花百合在平阳的引种试验研究初报*

刘洪见　郑坚① 　钱仁卷　张庆良　陈义增　张旭乐
（浙江省亚热带作物研究所，温州 325005）

摘要　本文对'罗宾娜'等4种切花百合品种在平阳地区的引种栽培进行了不同密度和不同栽培基质的试验，通过试验发现，栽培密度和栽培基质对百合生长高度有影响，但对百合开花数和花的大小无影响，密度越高，植株越高，说明百合的切花栽培可以适当提高栽培密度，从而提高栽培设施的有效利用率，对于较为矮品种，也可以通过适当密植，从而提高花枝长度，从而生产更多的高品质切花。

关键词　百合；引种；基质；密度

Preliminary Study on the Introduction of Cut Lily in Pingyang

LIU Hong-jian　ZHENG Jian　QIAN Ren-juan　ZHANG Qing-liang　CHEN Yi-zeng　ZHANG Xu-le
（*Zhejiang Institute of Subtropical Crops*，*Wenzhou* 325005）

Abstract　This paper studied on the introduction and cultivation of four lily varieties such as Robina in the Pingyang area, affection of different density and different substrates were experimented. The results showed that Planting density and cultivation substrate influence the growth of the lily, but have no effect on the lily flower number and the size of the flower, higher density, higher plants. It shows that Lily cutting flower cultivation can be properly increased planting density to improve the effective utilization rate of the greenhouse, for the more dwarf varieties, it can improve stem lenght through cultivating by the appropriate density to produce more high quality cutting flower.

Key words　Lily；Introduction；Substrate；Density

百合（*Lilium* spp.）是单子叶植物亚纲百合科（Liliaceae）百合属（*Lilium*）所有种类的总称[1]。切花百合是一种高档的鲜切花，也是目前世界上最受欢迎和销量最高的切花之一。随着保护地设施栽培的发展和种球处理技术的完善，在一些发达国家及地区，已经实现了百合鲜切花的周年生产，他们对品种的选定，已经积累了相当丰富的栽培技术经验[2]。

温州的花卉业是近年来迅速兴起的朝阳产业，虽然起步较晚，但发展却十分迅速，切花生产已经成为平阳农业产业结构调整的一大亮点，在菊花、非洲菊等常用切花生产上，技术已经日渐成熟。随着市场需求的增大，对切花品种需求也更趋向多样化，近年来，平阳的切花生产者们也在逐渐引入新的切花新品种，百合成为了他们的首选。为了适应种植业结构调整，选择出适合温州地区温室栽培的百合，使百合切花供应本地化，在平阳万泉镇舒卉园艺场基地的温室内栽培进口百合进行适应性栽培研究及品种比较，以筛选适合温州栽培推广的品种。

1　材料与方法

供试的百合共有4个品种，分别是'罗宾娜''木门''卡丽''西伯利亚'。这4个品种都属于东方百合系列。为研究百合在不同栽培基质、不同栽培密度的表现，本文设计一个正交试验。其试验如表1所示：

* 基金项目：温州种子种苗科技创新项目（N20140021）、浙江省成果转化资金项目（良种花卉种子种苗产业化关键技术集成创新与示范推广）、浙江省新农村建设项目（鲜切花种植标准化技术研究与示范）。

① 通讯作者。郑坚（1977 -），男，副研究员，主要从事生态林业领域的研究工作。

表 1 百合正交试验表

序号	基质	品种	密度 （cm×cm）
1	园土	罗宾娜	20×10
2	园土:泥炭1:1	木门	20×15
3	园土	卡丽	20×15
4	园土:泥炭1:1	罗宾娜	20×15
5	园土	卡丽	20×15
6	园土	罗宾娜	20×15
7	园土:泥炭1:1	西伯利亚	20×10
8	园土	卡丽	20×10
9	园土:泥炭1:1	罗宾娜	20×10
10	园土	西伯利亚	20×10
11	园土	罗宾娜	20×10
12	园土	西伯利亚	20×20
13	园土	木门	20×20
14	园土:泥炭1:1	西伯利亚	20×15
15	园土	罗宾娜	20×15
16	园土	西伯利亚	20×15
17	园土:泥炭1:1	木门	20×15
18	园土:泥炭1:1	罗宾娜	20×20
19	园土	木门	20×15
20	园土:泥炭1:1	卡丽	20×15
21	园土	木门	20×15
22	园土	罗宾娜	20×15
23	园土:泥炭1:1	卡丽	20×20
24	园土:泥炭1:1	罗宾娜	20×15
25	园土	罗宾娜	20×10

为保证试验的一致性，用于试验的种球直接从杭州虹越园艺有限公司代理购入，种球大小为16～18cm，大小均匀，均经过低温处理，统一进行解冻并栽培，每个处理小区面积为1.2m×1.5m。每个处理进行一个平行试验。所有数据均通过统计软件 SPSS13.0 进行分析统计。

2 观测指标

主要观测指标有以下几项：植株高度，花蕾长度（以着色为准，通常是由下往上第一朵花蕾的长度），花梗长度，茎秆直径。

3 试验结果与分析

3.1 各切花品种的生物学性状观测

从观测的数据统计（表2）来看，各品种的表现不一样，差别较大，从整体高度来说，'罗宾娜'的整体高度最高，平均在123cm以上，而'卡丽'高度仅仅只有81.9cm，但从目前百合的分级标准来看，切花的花枝长度在70cm以上即可达到1级花的标准，因而从切花的花枝长度的来说，试验的几个品种在平阳均有达到1级切花的潜力。从颜色上来看，4个品种各不相同，其中'罗宾娜'为红色花，'木门'为黄色花，'卡丽'颜色较'罗宾娜'淡，且花瓣边缘颜色为白粉色，而'西伯利亚'为白色花。

4个品种的百合统一在2013年12月29日进行栽培，栽培深度皆6～8cm，从采收期来看，'罗宾娜'较早，在2014年4月15日即可采收，其次是'木门'，在2014年4月22日采收，'卡丽'和'西伯利亚'较迟，其中'西伯利亚'的采收期为2014年5月15日，较'罗宾娜'迟了1个月。从花期上来说，4个品种的采收期不一致，可以错期上市，从而优化市场的供应。

不同品种在植株高度和开花数也不一样，'罗宾娜'的高度最高，但单株开花数相对来说较少，'西伯利亚'的单株花数最多，通常都在6朵以上，少数植株只有4～5朵花。从整体来说，这几个品种的开花表现都不错，'罗宾娜'的开花较少，只有1～4朵，但大多花都在3朵以上，开花良好，通常百合切花分级标准是在4朵及以上的花为1级花，因此这4个品种从整体上来说，都较为适合在平阳推广栽培。

表 2 各百合品种的性状表现

品种	种植时间	种球大小 （cm）	植株高度 （cm）	茎粗 （mm）	花头数	花蕾长度 （cm）	采收期	花色
罗宾娜	2013.12.29	16～18	123.9	11.02	1～4	9.23	2014.4.15	红色
木门	2013.12.29	16～18	101.5	10.20	2～5	8.13	2014.4.22	黄色
卡丽	2013.12.29	16～18	81.9	10.11	4～7	11.40	2014.5.12	粉紫色
西伯利亚	2013.12.29	16～18	99.4	10.42	4～9	10.08	2014.5.15	白色

3.2 品种、栽培基质和密度对百合植株高度和直径的影响

为了验证不同品种的百合在不同基质上进行不同密度栽培的生长表现，利用 spss13.0 对试验数据进行

了多因素分析统计，通过统计分析发现，品种、密度、基质对百合的生长高度都有显著性影响，从表3可以看出其显著性值 Sig. 小于0.05，而品种和密度影响百合植株的茎粗，但在两种栽培基质中，百合植

株的茎秆粗度无显著性差异。这说明百合在栽培基质和栽培密度对百合的植株生长有影响，改良栽培基质和调整栽培密度可以让百合植株生长更高更壮。表4和表5是不同密度不同品种间植株高度和茎粗的两两比较结果。从表中可以很清楚地看出不同品种及不同密度间百合的植株高度存在的差异性。由于基质只有两个处理，所以不再进行多重比较（下同）。

表3 各因素的显著性检验

源	因变量	III 型平方和	df	均方	F	Sig.
校正模型	植株高度	132926.379[a]	19	6996.125	78.071	.000
	茎粗	129.223[b]	19	6.801	5.672	.000
截距	植株高度	4173423.733	1	4173423.733	46571.830	.000
	茎粗	44138.460	1	44138.460	36807.573	.000
密度	植株高度	1181.063	2	590.531	6.590	.002
	茎粗	5.999	2	2.999	2.501	.023
品种	植株高度	106724.592	3	35574.864	396.985	.000
	茎粗	48.733	3	16.244	13.546	.000
基质	植株高度	99.552	1	99.552	1.111	.292
	茎粗	12.398	1	12.398	10.339	.001
密度 * 品种	植株高度	906.711	6	151.118	1.686	.122
	茎粗	8.000	6	1.333	1.112	.354
密度 * 基质	植株高度	237.000	2	118.500	1.322	.267
	茎粗	6.149	2	3.074	2.564	.078
品种 * 基质	植株高度	1398.711	3	466.237	5.203	.002
	茎粗	18.781	3	6.260	5.221	.001
密度 * 品种 * 基质	植株高度	57.361	2	28.681	.320	.726
	茎粗	5.785	2	2.892	2.412	.091
误差	植株高度	43014.058	480	89.613		
	茎粗	575.601	480	1.199		
总计	植株高度	5812505.750	500			
	茎粗	56460.716	500			
校正的总计	植株高度	175940.438	499			
	茎粗	704.824	499			

a. R 方 = .756（调整 R 方 = .746）
b. R 方 = .183（调整 R 方 = .151）

表4 不同密度对百合生长影响的多重比较

因变量	(I) 密度	(J) 密度	均值差值 (I－J)	标准误差	Sig.	95% 置信区间 下限	95% 置信区间 上限
植株高度	20×10	20×15	2.1475*	.94664	.024	.2874	4.0076
		20×20	4.8925*	1.15939	.000	2.6144	7.1706
	20×15	20×10	－2.1475*	.94664	.024	－4.0076	－.2874
		20×20	2.7450*	1.15939	.018	.4669	5.0231
	20×20	20×10	－4.8925*	1.15939	.000	－7.1706	－2.6144
		20×15	－2.7450*	1.15939	.018	－5.0231	－.4669
茎粗	20×10	20×15	.0284	.10951	.796	－.1868	.2435
		20×20	.3192*	.13412	.018	.0557	.5828
	20×15	20×10	－.0284	.10951	.796	－.2435	.1868
		20×20	.2909*	.13412	.031	.0273	.5544
	20×20	20×10	－.3192*	.13412	.018	－.5828	－.0557
		20×15	－.2909*	.13412	.031	－.5544	－.0273

* 均值差值在 .05 级别上较显著。

表 5　不同品种对百合生长影响的多重比较

因变量	（I）品种	（J）品种	均值差值（I－J）	标准误差	Sig.	95% 置信区间 下限	95% 置信区间 上限
植株高度	罗宾娜	木门	22. 4175 *	1. 15939	. 000	20. 1394	24. 6956
		卡丽	42. 0225 *	1. 15939	. 000	39. 7444	44. 3006
		西伯利亚	24. 5475 *	1. 15939	. 000	22. 2694	26. 8256
	木门	罗宾娜	－ 22. 4175 *	1. 15939	. 000	－ 24. 6956	－ 20. 1394
		卡丽	19. 6050 *	1. 33875	. 000	16. 9745	22. 2355
		西伯利亚	2. 1300	1. 33875	. 112	－ . 5005	4. 7605
植株高度	卡丽	罗宾娜	－ 42. 0225 *	1. 15939	. 000	－ 44. 3006	－ 39. 7444
		木门	－ 19. 6050 *	1. 33875	. 000	－ 22. 2355	－ 16. 9745
		西伯利亚	－ 17. 4750 *	1. 33875	. 000	－ 20. 1055	－ 14. 8445
	西伯利亚	罗宾娜	－ 24. 5475 *	1. 15939	. 000	－ 26. 8256	－ 22. 2694
		木门	－ 2. 1300	1. 33875	. 112	－ 4. 7605	. 5005
		卡丽	17. 4750 *	1. 33875	. 000	14. 8445	20. 1055
茎粗	罗宾娜	木门	. 8217 *	. 13412	. 000	. 5582	1. 0853
		卡丽	. 9175 *	. 13412	. 000	. 6539	1. 1810
		西伯利亚	. 6044 *	. 13412	. 000	. 3408	. 8679
	木门	罗宾娜	－ . 8217 *	. 13412	. 000	－ 1. 0853	－ . 5582
		卡丽	. 0958	. 15487	. 537	－ . 2085	. 4000
		西伯利亚	－ . 2174	. 15487	. 161	－ . 5217	. 0869
	卡丽	罗宾娜	－ . 9175 *	. 13412	. 000	－ 1. 1810	－ . 6539
		木门	－ . 0958	. 15487	. 537	－ . 4000	. 2085
		西伯利亚	－ . 3131 *	. 15487	. 044	－ . 6174	－ . 0088
	西伯利亚	罗宾娜	－ . 6044 *	. 13412	. 000	－ . 8679	－ . 3408
		木门	. 2174	. 15487	. 161	－ . 0869	. 5217
		卡丽	. 3131 *	. 15487	. 044	. 0088	. 6174

* 均值差值在 . 05 级别上较显著。

3.3　不同品种、不同栽培密度及不同栽培基质对百合花蕾长度及开花数的影响

表 6 是试验各项因素对百合花蕾长度和花头数的影响的检验，从表中数据可以看出，正交试验设计的 3 项因子对百合花头数和花蕾长度影响只有品种存在显著性差异，也就是说，在试验设定的栽培条件下，花头数和花蕾长度只受百合品种的影响，和密度及栽培基质关系不大，在适当密植下，百合切花的大小和花头数不受影响，因此在平阳当地的条件下，可以对百合进行适当密植，从而提高大棚单产面积，有效利用土地资源。

表 6　各因素对百合花蕾长度和花头数的效应检验

源	因变量	III 型平方和	df	均方	F	Sig.
校正模型	花头数	1004. 171 [a]	18	55. 787	39. 313	. 000
	花蕾长度	650. 941 [b]	18	36. 163	19. 125	. 000
截距	花头数	8442. 409	1	8442. 409	5949. 287	. 000
	花蕾长度	34245. 322	1	34245. 322	18110. 386	. 000
品种	花头数	824. 768	3	274. 923	193. 736	. 000
	花蕾长度	477. 604	3	159. 201	84. 193	. 000
基质	花头数	3. 212	1	3. 212	2. 264	. 133
	花蕾长度	. 049	1	. 049	. 026	. 873

（续）

源	因变量	III 型平方和	df	均方	F	Sig.
密度	花头数	5.784	2	2.892	2.038	.131
	花蕾长度	5.849	2	2.925	1.547	.214
品种 * 基质	花头数	3.094	3	1.031	.727	.536
	花蕾长度	23.323	3	7.774	4.111	.007
品种 * 密度	花头数	8.358	6	1.393	.982	.437
	花蕾长度	30.060	6	5.010	2.649	.015
基质 * 密度	花头数	5.603	2	2.801	1.974	.140
	花蕾长度	3.932	2	1.966	1.040	.354
品种 * 基质 * 密度	花头数	11.910	1	11.910	8.393	.004
	花蕾长度	1.786	1	1.786	.945	.332
误差	花头数	668.378	471	1.419		
	花蕾长度	890.624	471	1.891		
总计	花头数	11115.000	490			
	花蕾长度	46600.180	490			
校正的总计	花头数	1672.549	489			
	花蕾长度	1541.565	489			

a. R 方 = .600（调整 R 方 = .585）

b. R 方 = .422（调整 R 方 = .400）

表7　不同品种百合的花头数和花蕾长度的多重比较

因变量	（I）品种	（J）品种	均值差值（I－J）	标准误差	Sig.	95% 置信区间 下限	95% 置信区间 上限
花头数	罗宾娜	木门	-.7557 *	.14473	.000	-1.0401	-.4713
		卡丽	-2.7657 *	.14473	.000	-3.0501	-2.4813
		西伯利亚	-3.4107 *	.15651	.000	-3.7183	-3.1032
	木门	罗宾娜	.7557 *	.14473	.000	.4713	1.0401
		卡丽	-2.0100 *	.16847	.000	-2.3410	-1.6790
		西伯利亚	-2.6550 *	.17869	.000	-3.0061	-2.3039
	卡丽	罗宾娜	2.7657 *	.14473	.000	2.4813	3.0501
		木门	2.0100 *	.16847	.000	1.6790	2.3410
		西伯利亚	-.6450 *	.17869	.000	-.9961	-.2939
	西伯利亚	罗宾娜	3.4107 *	.15651	.000	3.1032	3.7183
		木门	2.6550 *	.17869	.000	2.3039	3.0061
		卡丽	.6450 *	.17869	.000	.2939	.9961
花蕾长度	罗宾娜	木门	1.0960 *	.16707	.000	.7677	1.4243
		卡丽	-2.1730 *	.16707	.000	-2.5013	-1.8447
		西伯利亚	-.8550 *	.18067	.000	-1.2100	-.5000
	木门	罗宾娜	-1.0960 *	.16707	.000	-1.4243	-.7677
		卡丽	-3.2690 *	.19447	.000	-3.6511	-2.8869
		西伯利亚	-1.9510 *	.20627	.000	-2.3563	-1.5457
	卡丽	罗宾娜	2.1730 *	.16707	.000	1.8447	2.5013
		木门	3.2690 *	.19447	.000	2.8869	3.6511
		西伯利亚	1.3180 *	.20627	.000	.9127	1.7233
	西伯利亚	罗宾娜	.8550 *	.18067	.000	.5000	1.2100
		木门	1.9510 *	.20627	.000	1.5457	2.3563
		卡丽	-1.3180 *	.20627	.000	-1.7233	-.9127

* 均值差值在 .05 级别上较显著。

4 结果与讨论

从上面的分析中可以看出，在平阳引种栽培 4 个百合切花品种都表现较好，开花数较多，植株高度最矮的品种都在 80cm 以上，4 个品种都能较好地展示品种特性，一级花较多，适宜在平阳推广。

百合的栽培基质、密度会对百合植株的营养生长造成一定影响。在一定范围内，栽培密度越高，植株的高度越高，茎秆越细，但不影响百合开花的数量和花的大小，从而说明在设施栽培中，可以适当密植，提高设施栽培的单产效益，充分利用有限的设施栽培面积。

参考文献

1. 沈才标，缪才敏，宋玲芳，等 . 鲜切花百合引种试验 [J]. 上海农业科技，2002，(3)：95－96.
2. John E. Royal O H. Temperature effects on Lily development rate and morphology from the visible bud stage until anthesis [J]. J. Amer. Soc. Hort. Sci, 1990，115（4）：644－646.
3. 北京林业大学园林系花卉教研组 . 花卉学［M］. 北京：中国林业出版社，2002.
4. 夏宜平，等 . 切花周年生产技术［M］. 北京：中国农业出版社 .

福禄考属植物表型性状和花粉形态研究[*]

曲彦婷[1]　熊燕[1]　唐焕伟[2]　韩辉[1]　陈菲[1]　李黎[1]　安凤霞[1]　张兴[2][①]

（[1]黑龙江省科学院自然与生态研究所，哈尔滨 150040；[2]黑龙江省科学院，哈尔滨 150040）

摘要　利用扫描电镜对福禄考属 12 个品种的花粉进行研究，同时对其花粉形态进行比较分析，结果表明：①福禄考花粉粒大都为近球形、花粉外壁纹饰为网状纹饰和刺状纹饰，各品种花粉大小，网脊差异大。②花粉形态聚类分析将福禄考材料分为 2 大类，第 1 类包括宿根福禄考品种，第 2 类包括针叶福禄考品种。其中宿根福禄考在遗传距离 4.0899 处，分为 3 类，第一类包括 Pan-01、Pan-02，花粉形态主要特点花粉粒大小明显较小，网眼面积大；第二类为 Pan-03、Pan-04、Pan-05，花粉粒大，网眼面积较小，花粉表面都有颗粒状突起。第三类仅 Pan-ru-06，花粉形态其花粉大网脊最宽，网眼面积最小。针叶福禄考品种在 5.6952 处，分为 3 类，第一类为 Sub-ja-01、Sub-05、Sub-ja-02，花粉形态主要特点花粉粒较小，且网脊浅，外壁纹饰 Sub-ja-01、Sub-05 为刺状纹饰；第二类为 Sub-06 花粉粒较大，网脊最深，网眼最小；第三类为 Sub-ja-03、Sub-04 花粉形态主要特点花粉粒大，网眼大，网脊窄。③结合表型性状分析结果和孢粉学分类结果相似，但不完全一致。

关键词　福禄考；扫描电镜；花粉形态；表型性状；分类

Study on Phenotypic Traits and Pollen Morphology of *Phlox paniculata* Cultivars

QU Yan-ting[1]　XIONG Yan[1]　TANG Huan-wei[2]　HAN Hui[1]
CHEN Fei[1]　LI Li[1]　AN Feng-xia[1]　ZHANG Xing[2]

（[1]*Institute of Natural Resources and Ecology*, *HAS*, *Harbin* 150040；[2]*Heilongjiang Academy of Sciences*, *Harbin* 150040）

Abstract　Twelve kinds of *Phlox paniculata* pollen grains were observed by using scanning electron microscopy. Meanwhile, their pollen morphology were comparative analysis. The results showed that：① *Phlox paniculata* pollen grains were nearly spherical, the ornamentation of pollen exine was reticulate ornamentation, but there were large differences in pollen size and net ridge among all varieties. ②Clustering analysis of the *Phlox* pollen morphology was divided into two categories. The first category included *Phlox paniculata* varieties. The second category included *Phlox subulata* varieties. *Phlox paniculata* were divided into three groups at genetic distance 4.0899. The first group included Pan-01、Pan-02. The main features of pollen morphology was pollen size significantly smaller and mesh area larger. The second group included Pan-03、Pan-04、Pan-05 which was large pollen grain, smaller mesh area and granular projections at pollen surface. The third group included Pan-ru-06 which was large pollen grain, the widest murus and the smallest mesh area. *Phlox subulata* were divided into three groups at genetic distance 5.6952. The first group included Sub-ja-01、Sub-05、Sub-ja-02. The main features of pollen morphology was pollen size smaller, shallow murus. Exine ornamentation of Sub-ja-01 and Sub-05 were needling ornamentation. The second group included Sub-06 which had the largest pollen grain, the deepest murus and the smallest mesh area. The third group included Sub-ja-03、Sub-04. The features of pollen morphology were large pollen grain, shallow murus and large mesh area. ③ The results of palynologic trait analysis were similar with palynological classification, but not exactly the same.

Key words　*Phlox*; Scanning electron microscope; Pollen morphology; Phenotypic traits; Classification

　　福禄考属（*Phlox*）植物为花葱科多年生草本花卉，耐寒性强，花朵色彩丰富，有很高的观赏价值，近些年在我国北方城市绿化中受到越来越多的关注。近些年，对于福禄考的研究主要集中在组织培养（张伟，2008）、栽培管理（唐焕伟 等，2014；陈银芬 等，1999）和生理（周强，2013）等方面。由于福禄考属下

*　基金项目：黑龙江省院所基本应用技术研究专项（STJB 2015-06）。

①　通讯作者。研究员。从事园林植物与观赏园艺，寒地花卉培育。E-mail：zhangxing0821@ vip. sina. com。

品种分类众多，出现了很多同物异名的现象，到目前为止还没有统一的划分标准。本研究利用福禄考形态性状和扫描电镜，以 12 个福禄考属植物为材料，从孢粉学和表型性状的角度对来源于中国、俄罗斯、日本的福禄考品种进行研究，为福禄考的品种分类、亲缘关系鉴定及杂交育种和品种选育等提供表型性状和孢粉学依据。

1 材料方法

1.1 材料

本研究供试福禄考属品种分别来源于中国、俄罗斯和日本，其主要观赏性状见表 1。

表 1 供试福禄考属种质资源

Table 1　Cultivars of *Phlox* Linn. in the present experiment

品种名 Cultivars	主要观赏性状 Main ornamental characters	来源 Source
Pan-01	高约 72.12cm　The plant height is about 72.12 cm 茎粗 0.63cm　The plant stem diameter is about 0.63 cm 花浅粉色 The flower color is pale pink 花径 4.34cm 左右　The flower diameter is about 4.34cm	中国 China
Pan-02	高约 96.1cm　The plant height is about 96.1 cm 茎粗 0.49cm　The plant stem diameter is about 0.49cm 花浅粉色，管喉部有红圈 The flower color is pale pink and throat Diameter color is red 花径 2.9cm 左右　The flower diameter is about 2.9 cm	中国 China
Pan-03	高约 64.32cm　The plant height is about 64.32 cm 茎粗 0.33cm　The plant stem diameter is about 0.33cm 花白色　The flower color is white 花径 2.5cm 左右　The flower diameter is about 2.5 cm	中国 China
Pan-04	高约 76.99cm　The plant height is about 76.99 cm 茎粗 0.58cm　The plant stem diameter is about 0.58cm 花桃红色　The flower color is pink 花径 2.9cm 左右　The flower diameter is about 2.9 cm	中国 China
Pan-05	高约 67.41cm　The plant height is about 67.41 cm 茎粗 0.41cm　The plant stem diameter is about 0.41cm 花玫瑰粉色　The flower color is pink-rose 花径 2.7cm 左右　The flower diameter is about 2.7 cm	中国 China

（续）

品种名 Cultivars	主要观赏性状 Main ornamental characters	来源 Source
Pan-ru-06	高约 76.99cm　The plant height is about 76.99 cm 茎粗 0.39cm　The plant stem diameter is about 0.39cm 花白色，管部有深红圈 The flower color is white and throat Diameter color is deep red 花径 3.4cm 左右　The flower diameter is about 3.4 cm	俄罗斯 Russia
Sub-ja-01	丛生 Rosette 花紫色 The flower color is purple	日本 Japan
Sub-ja-02	丛生 Rosette 花深红色 The flower color is deep red	日本 Japan
Sub-ja-03	丛生 Rosette 花浅红色 The flower color is red	日本 Japan
Sub-04	丛生 Rosette 花深粉色 The flower color is deep pink	中国 China
Sub-05	丛生 Rosette 花粉色 The flower color is pink	中国 China
Sub-06	丛生 Rosette 花白色 The flower color is white	中国 China

1.2 花粉形态分类方法

花粉电镜照片在东北农业大学生物技术与生命研究中心拍摄，选取成熟雄蕊的花序为样品，将花序收集干燥在滤纸袋内，清除大的杂质，加入 2.5% 的 pH6.8 的戊二醛固定液并置于 4℃ 冰箱中固定 1.5h。用 0.1mol·L^{-1} 的 pH6.8 磷酸缓冲液冲洗 3 次。分别用浓度为 50%、70%、80%、90% 及无水乙醇梯度脱水。用 ES-2030（HITACHI）型冷冻干燥仪对样品进行干燥。干燥后均匀撒于贴有双面胶的小金属台上，用解剖针挑破花序露出花粉粒，用 E-1010（Giko）型离子溅射镀膜仪在样品表面镀上一层 1500nm 厚金属膜（金或铂膜）。用 HITACHI（S-3400N）扫描电子显微镜观察、记录并拍照。对花粉的形状、花粉直径、外壁纹饰等进行观察，花粉描述有关术语参考王开发（王开发和王宪曾，1983）。

利用 DPS 软件对极轴长（P）、赤道宽（E）、网脊宽、网眼大小的平均值及 P/E 值等定量数据及外壁纹饰类型等定性数据进行标准化转换后，采用欧氏距离和类平均法进行聚类分析。其中定性数据采用二元赋值法进行赋值，肯定状态为"1"，否定状态为"0"。

1.3 表型性状分类方法

将 12 个福禄考属植物作为 12 个分类运算单位。通过分析整理筛选出表型性状进行编码，数据运算前对原始数据进行标准化处理,以标准化数据计算各运算单位之间的距离系数。用 DPS 软件采用平均欧氏距离平方系数进行聚类,分析各种间的表型性状相似程度。

2 结果与分析

2.1 花粉外部形态特征

由表 2 可知,福禄考品种的花粉大部分呈近球形(P/E 值为 1.03 ~ 1.09),只有针叶福禄考 Sub-ja-02 花粉呈长球形,极轴长在 38.0 ~ 57.6μm 之间,赤道轴长在 39.2 ~ 59.0μm 之间,品种 Sub-06、Sub-04、Sub-ja-02、Sub-ja-03 花粉粒最大,Pan-02 花粉粒最小(表 2,图版)。

表 2 福禄考花粉形态

Table 2 Pollen morphology of *Phlox* Linn.

品种名 Cultivars	花粉形状 Pollen shape	极轴/μm × 赤道轴/μm P × E	赤道轴/ 极轴 P/E	外壁纹饰 类型	网脊宽/μm Spine width	网脊深/μm Spine depth	网眼大小/μm Reticulum size
Pan-01	近球形 nearly spherical	(37.1 ~ 47.0)42.8 × (35.7 ~ 43.3)39.2	1.09	网状纹饰 reticulate ornamentation	(0.74 ~ 1.27)0.95	(0.58 ~ 0.76)0.71	(3.72 ~ 6.85)5.32
Pan-02	近球形 nearly spherical	(35.3 ~ 46.3)41.3 × (33.6 ~ 45.2)40.0	1.03	网状纹饰 reticulate ornamentation	(0.43 ~ 0.77)0.63	(1.91 ~ 3.11)2.53	(6.07 ~ 9.84)7.22
Pan-03	近球形 nearly spherical	(38.2 ~ 52.3)47.1 × (35.9 ~ 48.7)42.8	1.09	网状纹饰 reticulate ornamentation	(0.49 ~ 0.86)0.69	(1.56 ~ 2.92)2.07	(5.15 ~ 7.84)6.57
Pan-04	近球形 nearly spherical	(42.4 ~ 50.6)47.0 × (35.9 ~ 48.7)42.8	1.07	网状纹饰 reticulate ornamentation	(0.75 ~ 0.98)0.89	(2.11 ~ 3.65)3.03	(4.60 ~ 7.28)6.46
Pan-05	近球形 nearly spherical	(41.8 ~ 51.3)46.8 × (37.0 ~ 47.5)43.8	1.06	网状纹饰 reticulate ornamentation	(0.58 ~ 0.89)0.72	(1.16 ~ 2.46)1.68	(4.04 ~ 6.61)5.58
Pan-ru-06	近球形 nearly spherical	(40.3 ~ 48.5)53.2 × (30.6 ~ 46.1)42.0	1.09	网状纹饰 reticulate ornamentation	(0.81 ~ 1.47)1.04	(1.43 ~ 2.14)1.72	(2.69 ~ 4.38)3.84
Sub-ja-01	近球形 nearly spherical	(58.2 ~ 56.1)57.1 × (51.0 ~ 55.6)53.3	1.08	刺状纹饰	(0.46 ~ 1.15)0.80	(0.92 ~ 1.84)1.38	(9.07 ~ 5.46)7.27
Sub-ja-02	长球形 subsphaeroidal	(58.9 ~ 59.9) 59.4 × (46.8 ~ 54.5)50.6	1.17	网状纹饰 reticulate ornamentation	(0.51 ~ 0.83) 0.93	(0.62 ~ 0.52)0.57	(8.37 ~ 10.55)9.46
Sub-ja-03	近球形 nearly spherical	(58.37 ~ 59.6) 58.9 × (55.8 ~ 58.8)57.3	1.03	刺状纹饰	(1.03 ~ 1.44) 1.24	(2.38 ~ 3.31)2.84	(9.2 ~ 10.14)9.67
Sub-04	近球形 nearly spherical	(57 ~ 61.3) 59.2 × (56.7 ~ 59.4)58.0	1.08	网状纹饰 reticulate ornamentation	(0.69 ~ 1.31) 0.99	(2.27 ~ 2.53)2.40	(7.03 ~ 13.33)10.18
Sub-05	近球形 nearly spherical	(53.6 ~ 55.46) 54.5 × (53.2 ~ 54.0)53.6	1.01	网状纹饰 reticulate ornamentation	(0.95 ~ 1.60) 1.28	(1.67 ~ 2.17)1.92	(6.49 ~ 8.38)7.44
Sub-06	近球形 nearly spherical	(58.5 ~ 59.6) 59 × (57.3 ~ 57.9)57.6	1.02	网状纹饰 reticulate ornamentation	(1.12 ~ 1.26) 1.19	(3.16 ~ 4.86)4.01	(3.54 ~ 7.68)5.61

2.2　花粉外壁纹饰特征

12 个福禄考品种的外壁纹饰除 Sub-ja-01 和 Sub-ja-03 为刺状纹饰外均为网状纹饰，除品种 Pan-01、Pan-02、Sub-ja-02 表面光滑，其余品种表面均有颗粒状突起；网眼为不规则形状，Sub-04、Sub-ja-03 网眼大，Pan-ru-06 网眼小；网脊深浅不一，Sub-06 网脊深，Pan-01 网脊浅（表 2，图版）。

2.3　花粉扫描电镜聚类分析

聚类分析结果显示（图 1），将福禄考材料分为 2 个大类。第 1 类包括宿根福禄考品种，第 2 类包括针叶福禄考品种。其中宿根福禄考在遗传距离 4.0899 处，分为 3 类，第一类包括 pan-01、pan-02，花粉形态主要特点：花粉粒大小明显较小（赤道轴 41.3～42.8；极轴 39.2～40），网眼面积大（5.32～7.22）；第二类为 pan-03、pan-04、pan-05，花粉形态主要特点：花粉粒大（赤道轴 46.8～47.1；极轴 42.8～43.8），网眼面积较小（5.58～6.57），花粉表面都有颗粒状突起；第三类仅 pan-ru-06，花粉形态主要特点：花粉大（赤道轴 53.2；极轴 42），网脊最宽 1.04，网眼面积最小，仅为 3.84。而针叶福禄考品种在 5.6952 处，分为 3 类，第一类为 Sub-ja-01、Sub-05、Sub-ja-02，花粉形态主要特点：花粉粒较小（赤道轴 50.6～53.6；极轴 54.5～59.4），且网脊浅（0.57～1.92），外壁纹饰 Sub-ja-01、Sub-05 为刺状纹饰；第二类为 Sub-06，花粉粒较大（赤道轴 57.6；极轴 59.0），网脊最深为 4.01，网眼最小为 5.61；第三类为 Sub-ja-03、Sub-04，花粉形态主要特点：花粉粒大（赤道轴 57.3～58.0；极轴 58.9～59.2），网眼大（9.67～10.18），网脊窄（0.99～1.24）。

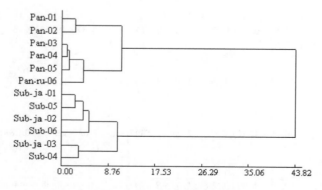

图 1　福禄考属花粉性状聚类分析树状图

Fig. 1 Dendrogram of *Phlox* Linn. based on pollen characteristics

2.4　表型性状编码及统计

12 个福禄考品种，分析整理筛选出 25 个表型性状进行编码，其中二元性状 14 个，编码 0，1；有序多态性状 2 个，编码 0，1，2……；数值性状 9 个，测定值即为编码。各性状编码统计结果见表 3。

表 3　表型性状编码表

Table 3　The code of morphologi

编号 No.	性状 Characters	类型 Types	详细编码情况 Codes
1	植株高（cm）	N	
2	节间（cm）	N	
3	茎	B	四棱，0；四棱不明显，1
4	茎基部径（cm）	N	
5	茎毛	B	有毛，0；无毛，1；
6	茎姿	B	直立，0；匍匐，1；
7	叶质	B	革质，0；厚革质，1
8	叶长	N	
9	叶宽	N	
10	叶形	O	长披针形，0；椭圆形，1；长椭圆形，2
11	叶毛	B	有毛，0；无毛，1
12	萼片毛	B	有毛，0；无毛，1
13	萼片形态	B	直立，0；卷曲，1；
14	单花花径	N	
15	单花冠长	B	
16	花序长	N	
17	花序	O	聚伞花序，0；圆锥花序，1；球状花序，2；
18	香气	B	香，0；不香，1；
19	花型	B	倒心型，0；高脚碟状，1；
20	花瓣基部	B	有圆环，0；无圆环，1
21	花瓣数	N	
22	花梗	B	有，0；无，1；
23	萼片长	N	
24	叶柄	B	有，0；无，1；
25	花径颜色	B	绿，0；红，1；

注：N：数值性状；O：有序多态性状；B：二元性状；

N：numberical character；O：ordered multistate character；B：binary character

2.5　表型性状聚类分析

分类结果（图 2）显示福禄考品种分为两类，一类为宿根福禄考品种，一类为针叶福禄考品种。宿根福禄考品种在遗传距离 0.5658 处分为了 3 类，第 1 类为 Pan-01、Pan-04、Pan-05，主要特点是花朵直径较小；第 2 类为 Pan-02、Pan-ru-06，主要特点是花朵管喉处有红圈；第 3 类为 Pan-03，主要特点是植株较矮。针叶福禄考品种在遗传距离 0.3658 处分为了 2

类，第 1 类为 Sub-ja-01、Sub-05、Sub-06，其花朵直径较小；第 2 类为 Sub-ja-02、Sub-ja-03、Sub-04，其节间距离较大，且花朵直径大。

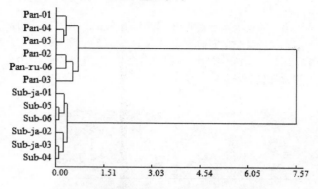

图 2 福禄考属表型性状聚类分析树状图

Fig. 2 Dendrogram of *Phlox* Linn. based on morphologi

3 讨论

3.1 福禄考品种花粉形态与品种演化的关系

花粉的形态特征是品种分类的重要参考依据，通常情况下，花粉的形状、萌发孔和外壁纹饰等都具有重要的演化意义（张勇 等，2013）。按席以真对伞形科花粉形态及早期演化的研究，一般原则下花粉粒形状以菱形的最原始，圆形或椭圆形的比较原始，长方形的较进化（席以真和孙湘君，1983）。同时 BORSCH T 的大网状进化原理及 Erdtman 关于被子植物的进化理论都提出了花粉外壁具刺状纹饰较为原始，由刺基部逐渐膨大延伸，彼此连接形成网状带刺的类型次之，然后网脊上的刺消失而发展成为类型则最为进化（BORSC H T 等，1998）。据此，供试的福禄考属内来源于日本的针叶福禄考 Sub-ja-01 和 Sub-ja-03 花粉形态为圆形，外壁纹饰为刺状纹饰为较原始的类型，而来源中国的宿根福禄考 Pan-01、Pan-02 和来源日本的针叶福禄考 Sub-ja-02 外壁纹饰网脊相对光滑为较进化类型。此种对于进化类型的研究在曹清河甘薯属的研究中也有体现（曹清河 等，2010）。

3.2 福禄考的形态学分类和孢粉学分类比较

植物的形态特征是科属及种以下分类工作的重要依据，观赏植物的品种分类大多是根据影响观赏价值的性状进行分类的（孙佳 等，2009），根据形态学特征对宿根福禄考进行分类后，聚类结果和孢粉学分类结果有相似之处，但不完全一致，在针叶福禄考和宿根福禄考的分类上孢粉学和形态学分类是一致的，不同来源地的不同品种在分类上有所不同。宿根福禄考品种中，俄罗斯品种 Pan-ru-06 孢粉学分类与 Pan-03、

Pan-04、Pan-05 的亲缘关系较近，而形态学分类中与 Pan-02 关系近。针叶福禄考品种中来源于日本的 Sub-ja-01 孢粉学分类与 Sub-05 亲缘关系较近；Sub-ja-02 与 Sub-06 亲缘关系近；Sub-ja-03 与 Sub-04 亲缘关系近，而形态学分类中 Sub-ja-01 与 Sub-05、Sub-06 亲缘关系近，Sub-ja-02、Sub-ja-03 与 Sub-04 亲缘关系近，结果与孢粉学相似。

福禄考属大部分起源于北美洲（李红伟 等，2005），Wherry 主要以雌雄蕊的长度比例、生境情况以及形态学特征来划分东部福禄考复杂类群，成为后人研究的参照系。但随着研究的深入，仅根据形态学数据无法判断种属间关系，无法确定种的进化地位（Wherry E T，1955）。所以单单应用表型性状分类很难断定福禄考之间的关系，故通过表型和孢粉学分别对福禄考分类进行分析，同样在花卉中，孙佳对微型月季品种分类结合不同微型月季品种外部形态指标的比较分析表明，孢粉学分类结果与形态学分类结果相似，但并不完全一致（孙佳 等，2009）。蔡秀珍对凤仙花属的部分植物进行研究，得到花粉特征与植物表型特征之间存在一定的相关性，具有重要的分类学意义（蔡秀珍 等，2008）。

4 结论

不同福禄考品种的花粉粒形状，外壁纹饰除 Sub-ja-01 和 Sub-ja-03 为刺状纹饰外均为网状纹饰，花粉粒大小，网眼大小差异大，花粉分类结果可以作为福禄考品种分类参考。但同表型性状分类比较，宿根福禄考和针叶福禄考的大类分类相似，但其中各个品种的分类不相同。

参考文献

1. BORSCH H T，BAR T HLO T T W. Structure and evolution of metrareticulate pollen[J]. *Grana*，1998，37：68 – 78.

2. 曹清河，张安，李强，等. 2010. 甘薯属 10 种植物花粉形态扫描电镜观察[J]. 西北植物学报，30（3）：0530 – 0534.

3. 蔡秀珍，刘克明，朱晓文，等. 2008. 凤仙花属部分植物的花粉形态[J]. 园艺学报，35（3）：389 – 394.

4. 陈银芬，田耕，徐庆林，等. 1999. 宿根福禄考引种及繁殖试验[J]. 宁夏农学院学报，20（5）：57 – 69.

5. 李红伟，张金政，张启翔. 2005. 福禄考属植物及其主要栽培种的园艺学研究展. 园艺学报，32（5）：954 – 959.

6. 孙佳，曾丽，刘正. 2009. 微型月季品种分类的花粉形态学. 中国农业科学，42（5）：1867 – 1874.

7. 唐焕伟，曲彦婷，韩辉，等. 针叶天蓝绣球引种栽培试验[J]. 国土与自然资源研究，（2）：88 – 89.

8. 王开发，王宪曾．1983．孢粉学概论[M]．北京：北京大学出版社：1–25.

9. Wherry E T..1955. The genus *Phlox*. Philadelphia：Morris Arboretum of the University of Pennsylvania[J]，1–174.

10. 席以珍，孙湘君．1983．中国伞形科花粉形态及早期演化[M]．中国科学院植物研究所．植物学集刊：第 1 集．北京：科学出版社，57–83.

11. 张伟．2008．两种福禄考组织培养再生及受体再生体系建立[D]．东北林业大学硕士论文．

12. 张勇，刘启新，王立松，等．2013．伞形科棱子芹属花粉形态特征及其演化意义[J]．植物资源与环境学报，22(4)：29–37.

13. 周兰英，王永清，张丽．2008.26 种杜鹃属植物花粉形态及分类学研究[J]．林业科学，44(2)：55–63.

14. 周强．2013．多效唑对宿根福禄考的矮化效应研究[D]．吉林农业大学硕士论文．

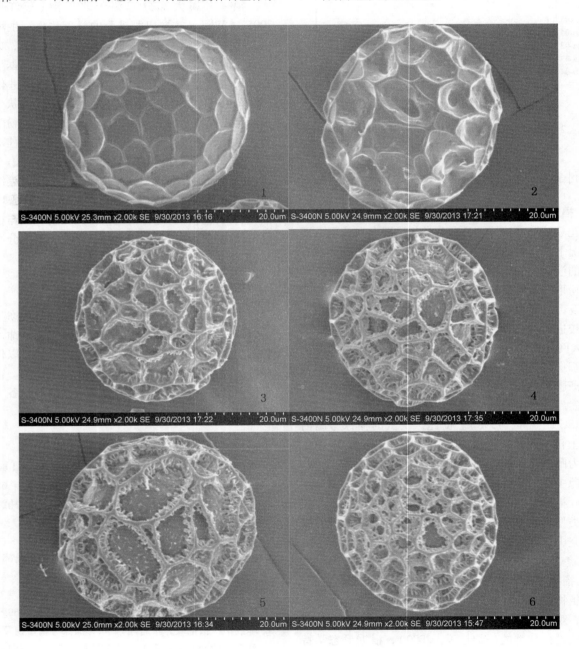

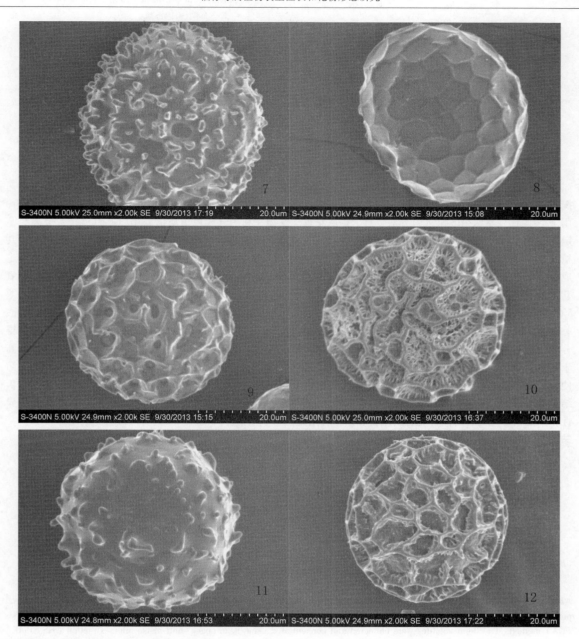

图版说明：宿根福禄考花粉形态电镜观察　1、Pan-01 ; 2、Pan-02 ; 3、Pan-03 ; 4、Pan-04; 5、Pan-05;
6、Pan-ru-06; 7、Sub-Ja-01 ; 8、Sub-Ja-02 ; 9、Sub-Ja-03 ; 10、Sub-04 ; 11、Sub-05 ; 12、Sub-06
Explanation of plates：Pollen morphology of *P. paniculata* SEM　1、Pan-01 ; 2、Pan-02 ; 3、Pan-03 ; 4、Pan-04;
5、Pan-05; 6、Pan-ru-06; 7、Sub-Ja-01 ; 8、Sub-Ja-02 ; 9、Sub-Ja-03 ; 10、Sub-04 ; 11、Sub-05 ; 12、Sub-06

中原牡丹品种主要花香挥发物的多元统计分析

李莹莹　王小文　孙霞　王文莉　孙宪芝　郑成淑[①]
（山东农业大学园艺学院，泰安 271018）

摘要　本研究比较 15 个中原牡丹品种鲜花花瓣花香挥发物的组分和含量，并进行主成分分析和聚类分析。用顶空-固相微萃取（HS-SPME）方法收集、提取花香挥发物并利用气相色谱质谱联用（GC-MS）技术分离与鉴定花香挥发物的成分及其含量，用 SAS9.0 统计软件对分析数据进行主成分分析和聚类分析。结果表明，共检测出 42 种物质成分，其中 26 种在牡丹花香挥发物中属首次报道。不同品种间各组分的含量差异较大。主成分分析表明，前 5 个主成分累计贡献率达 81.34%，β-苯乙醇、月桂醇、正十二烷、γ-依兰油烯和对甲氧基苯分别在前 5 个主成分中的荷载值最高，可确定为对牡丹花香挥发物组分贡献最大的物质成分。总方差50% 以上的贡献来自第 1 和第 2 主成分，可以认为正己醇、乙酸叶醇酯、乙酸己酯、香叶醇、香茅醇、丙酸香茅酯、1-正十三烷醇和 Z-7-十四碳烯醇等醇和酯也是牡丹花瓣花香挥发物的重要成分。各品种的主成分得分值分析结果与感官评价结果相一致，'景玉''小海黄''水晶白''豆绿''花二乔'和'蓝宝石'的得分高于其他品种。研究表明，主成分得分的二维分布图对区分供试品种花香挥发物组成的相似性及差异性具有简便直观的特点，系统聚类在揭示供试品种相对遗传距离及亲本利用上有一定参考价值，两种不同方法的分析结果基本一致，认为牡丹花香挥发物的组分及含量可能与其颜色特征有关系。两种方法既有共性又有特异性，都能较好地为牡丹品种花香的改良和亲本利用提供科学依据。

关键词　牡丹；花香挥发物；主成分分析；聚类分析

Multivariate Statistical Analysis of Main Floral Volatiles Emitted from Central Plains Tree Peony（*Paeonia suffruticosa*）

LI Ying-ying　WANG Xiao-wen　SUN Xia　WANG Wen-li　SUN Xian-zhi　ZHENG Cheng-shu
（*College of Horticulture Science and Engineering，Shandong Agricultural University，Tai'an 271018*）

Abstract　The floral volatiles and their concentrations in fresh petal of 15 different tree peony cultivars belonging to central plains of China were compared, and then were analysed by principal component analysis（PCA）method and cluster analysis（CA）method. The floral volatiles were collected and concentrated using head space solid-phase microextraction（HS-SPME）and then separated and identified using GC/MS. The dataset included analytical values from all volatile components measured. PCA and CA in SAS9.0 was used to evaluate the dataset. The results showed that fourty-two volatiles were identified, of which 26 were identified for the first time in tree peony blossoms. The volatile components and their contents of each cultivar differ greatly. PCA of blossom volatiles demonstrated that the first five PCs explained 81.34% of the cumulative. Benzeneethanol, duodecyl alcohol, dodecane, gamma-muurolen and p-dimethoxybenzene had the highest loading values, and they could be conformed to be the largest contributors to tree peony floral volatiles. As for the first two eigenvectors explained more than 50% of the total variance, hexanol, cis-3-hexenyl acetate, hexyl acetate, trans-geraniol, citronellol, citronellol propionate, tridecanol, Z-7-tetradecenol could also be the important compounds for tree peony floral volatiles. The PC scores of every sample corresponded to the results of organoleptic evaluation, that is 'Jingyu', 'Xiaohaihuang', 'Shuijingbai', 'Doulv', 'Huaerqiao' and 'Lanbaoshi' had higher score than other cultivars. The similarities and differences among cultivars could easily be found using PCA score plot for each sample in the first two dimensions, and the relative genetic distance among samples and the use of parents could be evaluated using CA. Though they are different methods, the analysis results were agreed that tree peony blossom volatiles may relate to morphological characteristics, such as floral color. There were both general and specific character between the two methods, and they could provide scientific basis for the improvement of tree peony floral volatiles or parents using.

Key words　Tree peony；Floral volatiles；Principal component analysis；Cluster analysis

---

① 通讯作者。

引言

　　牡丹(*Paeonia suffruticosa*)，芍药科芍药属落叶灌木，是我国的传统名花和候选国花，素有"国色天香"的美誉。因此，花色和花香是牡丹观赏价值高于一般观赏植物的主要因子，培育颜色奇特、味道芳香的品种也是牡丹育种的重要趋势之一(王宏伟，2007)。然而，在定向育种过程中，人工可以较容易地观察和辨别出花色性状而有针对性地选择亲本，却很难对花香性状进行准确的定性和定量评价，给花香育种的亲本选择及后代花香性状变化的识别带来很大不便，这也是多年来牡丹花香育种严重滞后的重要原因之一。随着花香挥发物提取技术与鉴定分析技术的进步与发展，关于牡丹花香性状的基础研究亟需突破。了解不同品种牡丹花瓣花香挥发物的组分及含量，并进行统计分析，对牡丹芳香品种的选育和栽培具有重要意义。花香挥发物是植物产生的内源有机化合物，有效的分析方法特别是样品的制备与成分的鉴定是研究花香挥发物的关键技术之一(Granero *et al.*，2005)。固相微萃取技术(SPME)是近年来国际上兴起的一种样品分析前处理新技术，利用纤维头将组分从样品基质中萃取出来并逐渐富集，完成样品前处理过程，省时省力、效率高，整个处理过程无需溶剂，而且萃取时温度较为温和，大大提高了样品组分分析的稳定性和准确性。该技术能方便地与气相色谱-质谱联用(GC/MS)对样品中的有机成分进行快速有效地分离和鉴定，目前SPME-GC-MS技术已成为最常用的测定花香挥发物的方法(张强 等，2009)。利用此技术国内外已对月季、矮牵牛、玫瑰、香石竹、文心兰等观赏植物花香挥发物的测定与鉴别、时空变化、生物合成与调节及影响因素等方面做了大量研究工作(Cherri *et al.*，2007；Oyama *et al.*，2005；Schade *et al.*，2001；冯立国 等，2008；张莹 等，2011)，但关于牡丹的研究多集中在种质资源收集与整理、组织培养、远缘杂交、花色及药用成分等方面(李保印 等，2011；贺丹 等，2011；郝青 等，2008；韩江南 等，2010；张健萍 等，2006)，对花香挥发物的研究还处

于起步阶段，关于牡丹鲜花花香挥发物的资料极少，而且仍停留在简单的测定与分析水平上，未对检测数据进行深层处理与分析(周海梅 等，2008；刘建华 等，1999)。主成分分析(PCA)是一种多元统计分析技术，是以无管理模式实现降维或者把多个指标转化为少数几个综合指标的一种方法，可以简化数据，常被用于寻找综合指标隐藏的信息以揭示事物的内在规律(Jabalpurwala *et al.*，2009；宋江峰 等，2010)。聚类分析(CA)也是一种无管理模式的识别方法，是多元数据分析的重要组成部分，可对生物体的综合特征进行分类[17]，在揭示供试材料相对遗传距离及亲本的利用上有一定的参考价值(陶爱芬 等，2008)。本文拟对15个中原牡丹品种花瓣花香挥发物的成分及其含量进行分析，确定各品种是否具有独特的香气物质；利用主成分分析法分析影响牡丹花瓣花香挥发物的主要因子，以期获得牡丹花香挥发物的主要赋香成分；通过系统聚类分析，探讨牡丹品种类群间的花香挥发物的遗传差异与相互关系，了解类群内品种的遗传相似性，旨在为科学评价、鉴定牡丹的观赏品质和牡丹花香育种奠定基础。

1　材料与方法

1.1　供试材料

　　牡丹鲜花，本实验选择了代表不同花色的15个常见的中原牡丹品种作为试验材料(表1)，2012年4月取自菏泽市百花园，露地栽培，栽培方式为常规管理。

1.2　香气的感官评价

　　各取25 g鲜花花瓣样品，置于具塞三角瓶中，放置30min后，对其进行感官评定。参照张忠义等(1996)的方法，将牡丹花香分为浓香、香、微香和不香4个等级，并以分值来区别，依次为12分、9分、7分和5分，得分越高则样品的香味越浓。对供试品种打分评价后，根据得分值再确定供试品种的花香等级(表1)。

表1　本实验所用的15个牡丹品种的花色及花香感官评定结果

Table1　Floral color and results on organoleptic evaluation of 15 tree peony cultivars in this study

品种 Cultivar	名称缩写 Abbreviation of name	花色 Floral Color	花香感官评定 Aroma sensory	等级 Grade
'大胡红''Duhuhong'	DHH	红色 Red	7.0	微香 Lightly Scented
'一品红''Yipinhong'	YPH	红色 Red	6.6	微香 Lightly Scented
'冠群芳''Guanqunfang'	GQF	红色 Red	7.8	微香 Lightly Scented
'赵粉''Zhaofen'	ZF	粉色 Pink	7.4	微香 Lightly Scented
'粉楼台''Fenloutai'	FLT	粉色 Pink	7.4	微香 Lightly Scented

（续）

品种 Cultivar	名称缩写 Abbreviation of name	花色 Floral Color	花香感官评定 Aroma sensory	等级 Grade
'蓝宝石''Lanbaoshi'	LBS	蓝色 Blue	8.4	香 Scented
'景玉''Jingyu'	JY	白色 White	10.8	浓香 Heavy Scented
'水晶白''Shuijingbai'	SJB	白色 White	10.2	香 Scented
'豆绿''Doulv'	DL	绿色 Green	9.8	香 Scented
'小海黄''Xiaohaihuang'	XHH	黄色 Yellow	10.4	香 Scented
'百园紫''Baiyuanzi'	BYZ	紫色 Purple	7.0	微香 Lightly Scented
'紫二乔''Zierqiao'	ZEQ	紫色 Purple	7.0	微香 Lightly Scented
'乌金耀辉''Wujinyaohui'	WJYH	黑色 Black	6.6	微香 Lightly Scented
'墨楼争辉''Molouzhenghui'	MLZH	黑色 Black	6.6	微香 Lightly Scented
'花二乔''Huaerqiao'	HEQ	复色(红-白) Multicolor(Red-white)	8.8	香 Scented

1.3 花香挥发物的测定

1.3.1 花香挥发物的萃取

采用固相微萃取法。室温下，将2.00g牡丹鲜花花瓣样品放入100mL三角瓶中，用双层铝箔纸封口，将老化好的50/30μmDVB/CAR/PDMS萃取头（2cm，美国Supelco公司制造）插入样品瓶上空，顶空萃取30min，用手动SPME手柄使纤维头退回到针头内，并立刻插入气-质联用仪的进样口，推出纤维头，于250℃解吸2.5min，同时启动仪器进行GC-MS检测。

1.3.2 花香挥发物的分析

用日本Shimadzu公司制造的GCMS-QP2010气相色谱-质谱联用仪进行GC-MS分析。色谱条件：Rtx-5MS色谱柱（30.0m×0.32mm×0.25μm）；进样口温度250℃；柱温：起始温度40℃，保持2min，以10℃·min^{-1}升至250℃，保持5min；载气He（99.99%），柱流量2.41mL·min^{-1}；分流进样，分流比为10.0。质谱条件：电离方式EI，电子能量70eV，离子源温度200℃，接口温度230℃。扫描质量范围45~450 amu。试验重复3次。

1.3.3 定性定量方法

参考C8-C25正构烷烃标样的总离子流图（TIC），计算出各样品TIC图中各离子峰对应的保留指数。将质谱图及保留指数与NIST08谱库提供的数据进行检索与比对进行双重定性，选择拟合指数大于80%和保留指数最接近的，并参考有关文献数据，确定花香挥发物的各个化学成分；根据各化合物峰面积与内标峰面积之比定量，内标为69.32mg·L^{-1}癸酸乙酯的乙酸乙酯溶液，测定时每个样品内标加样量为10μl。

1.4 数据分析

用SAS9.0统计软件对原始数据进行主成分分析，并求得每个样品的主成分得分值；按照类平均法根据欧氏距离进行系统聚类分析并作聚类图。原始数据的标准化由SAS9.0统计软件自动完成。

2 结果与分析

2.1 牡丹花香的感官评定结果

从15个牡丹品种的花香感官评定结果（表1）可以看出，'景玉''小海黄''水晶白''豆绿''花二乔''蓝宝石'的得分较高在8.0分以上，而红色、粉色、紫色及黑色品种的得分较低。'景玉'属于浓香型，'小海黄''水晶白''豆绿'等品种介于浓香和微香型之间，'乌金耀辉''墨楼争辉''紫二乔'等品种属于微香型。

2.2 花香挥发物的成分及其含量

据GC/MS分析（表2），15个牡丹品种花瓣的花香挥发物共检测出42种化合物，所含物质种类最多的品种是'墨楼争辉'（39种），其次是'赵粉'（38种）、'豆绿'（38种）、'一品红'（36种）、'景玉'（36种）、'水晶白'（36种）、'百园紫'（36种）和'花二乔'（36种），种类最少的品种是'粉楼台'，只含有23种，其他品种含有27到34种物质不等。42种物质中15个品种的共有物质有17种，但各品种间共有物质的含量差异较大。其中有正己醇、乙酸戊酯、乙酸叶醇酯、乙酸己酯、正十二烷、正十四烷、月桂醇、正十七烷、8-十七碳烯、3-甲基-Z,Z-4,6-十六碳二烯、Z,Z-10,12-十六碳二烯酮和正十八烷等12种脂肪族化合物，有间二甲苯、β-苯乙醇、乙酸苯乙酯和1,3,5-三甲氧基苯等4种苯环型化合物以及呋喃。各品种花香挥发物的总含量分布在1104.3 ng·g^{-1}至14485.4 ng·g^{-1}之间，品种间差异较大，'小海黄'>'花二乔'>'景玉'>'水晶白'>'豆绿'>'赵粉'>

'蓝宝石'>'粉楼台'>'百园紫'>'紫二乔'>'大胡红'>'一品红'>'冠群芳'>'乌金耀辉'>'墨楼争辉',这与感官评价结果基本一致。

2.3 主成分分析

从测定结果来看,不同品种牡丹花香挥发物的物质成分多且含量差异大,为了对样品的相似性和差异性进行明确评价,利用 SAS9.0 数据统计软件自动标准化处理原始数据后,对 15 个品种的 42 种化合物进行主成分分析。

2.3.1 基本分析

主成分分析结果显示(表3),第 1 主成分的贡献率为 31.23%,第 2 主成分的贡献率为 19.69%,第 3、4、5 主成分的贡献率分别为 12.00%、11.01%、7.41%,前 5 个主成分的累计贡献率已达 81.34%(>80%),表明这 5 个主成分所囊括的花香挥发物的信息量涵盖了原来 42 种物质总信息量的 81.34%,足以说明该数据的变化趋势,完全符合主成分分析的要求,因此,选取前 5 个主成分中荷载值最高的物质成分作为各主成分的主要因子,由表 3 可知,它们分别是 β-苯乙醇、月桂醇、正十二烷、γ-依兰油烯和对甲氧基苯,即 β-苯乙醇、月桂醇、正十二烷、γ-依兰油烯和对甲氧基苯等 5 种物质是对牡丹花香挥发物组成贡献最大的物质成分。

由表 3 还可以得出影响牡丹花香挥发物的主要化合物。对第 1 主成分贡献最大的 5 种物质分别是正己醇、乙酸叶醇酯、乙酸己酯、β-苯乙醇和香叶醇,其荷载值分别是 0.2385、0.2411、0.2382、0.2500、0.2428;对第 2 主成分贡献最大的 5 种物质分别是香茅醇、丙酸香茅酯、月桂醇、1-十三烷醇和 Z-7-十四碳烯醇,其荷载值依次为 0.2512、-0.2418、0.2882、0.2605 和 0.2537,第 1 主成分与第 2 主成分均代表了醇、酯因子;在第 3 主成分上荷载值较大的前 5 种物质是正十二烷、正十三烷、正十四烷、Z-3-十六碳烯和正十八烷,即烷烃因子;在第 4 主成分上荷载值较大的 5 种物质是 α-蒎烯、β-石竹烯、γ-依兰油烯、香叶烯 D 和 α-绿叶烯,可称之为萜烯类因子;对甲氧基苯、丙酸橙花酯、1,3,5-三甲氧基苯、Z-3-十六碳烯和正十八烷等 5 种物质在第 5 主成分上的荷载值较高。然而,总方差 50% 以上的贡献来自第 1 和第 2 主成分,所以可以认为正己醇、乙酸叶醇酯、乙酸己酯、香叶醇、香茅醇、丙酸香茅酯、1-十三烷醇和 Z-7-十四碳烯醇等醇和酯也是牡丹花瓣花香挥发物的主要物质成分。

表2　15个牡丹品种花香挥发物 GC/MS 分析结果
Table 2　Results of the analysis of floral volatiles with GC/MS of 15 tree peony cultivars

保留指数 RI	化合物名称 Compound	含量 Content（ng·g⁻¹）														
		DHH	YPH	GQF	ZF	FLT	LBS	JY	SJB	DL	XHH	BYZ	ZEQ	WJYH	MLZH	HEQ
857	乙苯 Ethylbenzene	—	—	—	30.0	—	—	29.9	85.1	58.6	18.9	—	13.1	—	27.0	—
892	正己醇 Hexanol	120.3	162.0	184.0	326.3	384.6	275.7	720.8	676.3	299.3	321.7	109.2	291.5	118.6	121.9	236.2
905	乙酸戊酯 Amyl acetate	45.6	33.3	11.3	37.5	16.4	74.4	58.1	70.0	15.2	150.5	22.9	77.6	15.1	33.3	80.8
922	间二甲苯 m-Dimethylbenzene	28.6	30.8	18.6	27.8	8.9	31.9	33.8	51.7	12.0	32.9	15.5	30.4	7.4	15.3	48.6
985	α-蒎烯 alpha.-Pinene	9.6	25.7	—	14.3	9.0	58.8	8.3	—	29.6	—	46.1		99.1	14.5	5.7
1088	乙酸叶醇酯 cis-3-Hexenyl Acetate	58.8	37.4	29.6	75.8	80.4	66.5	113.9	87.7	43.0	141.6	39.6	51.3	26.4	26.6	34.1
1096	乙酸己酯 Hexyl acetate	195.4	119.0	111.8	240.5	231.9	210.0	335.8	270.3	136.5	443.4	127.4	172.8	96.0	86.2	128.2
1191	正十二烷 Dodecane	147.6	44.8	12.0	22.4	35.3	219.2	68.7	51.5	169.2	101.8	24.4	66.4	56.2	13.1	12.3
1213	β-苯乙醇 * Benzeneethanol	45.2	34.1	26.7	70.4	61.7	71.0	104.0	95.3	31.4	128.9	32.3	46.7	20.2	30.3	48.4
1265	对甲氧基苯 p-Dimethoxybenzene	—	83.1	—	114.2	162.7	75.1	118.6	120.4	676.7	33.4	—	175.6	20.3	28.6	1539.2
1297	正十三烷 * Tridecane	—	20.4	11.6	15.3	—	13.5	25.7	32.1	—	—	—	—	—	6.6	21.1
1332	香茅醇 * Citronellol	306.3	—	264.6	176.6	263.6	219.9	192.7	321.7	405.6	4793.0	1096.1	27.3	7.2	19.4	1514.0
1358	香叶醇 * trans-Geraniol	—	6.4	—	10.0	10.6	8.4	13.8	11.0	10.2	17.1	—	—	—	—	—
1361	乙酸苯乙酯 beta.-Phenethyl acetate	13.0	105.1	—	23.1	51.3	50.7	20.0	29.1	184.7	1533.5	187.9	52.5	24.7	6.5	254.5
1397	正十四烷 * Tetradecane	102.1	116.5	14.5	132.1	136.9	245.8	123.0	53.5	172.8	556.8	110.9	172.1	238.7	65.3	31.1

（续）

保留指数 RI	化合物名称 Compound	含量 Content（ng·g⁻¹）														
		DHH	YPH	GQF	ZF	FLT	LBS	JY	SJB	DL	XHH	BYZ	ZEQ	WJYH	MLZH	HEQ
1451	丙酸香茅酯 Citronellol propionate	47.6	—	42.5	956.4	49.7	375.2	207.8	188.8	239.7	2271.4	670.6	39.9	10.6	7.6	903.7
1462	丙酸橙花酯 Neryl propionate	117.0	—	88.6	—	100.5	15.8	12.3	19.9	5.2	27.5	—	—	—	25.4	9.6
1475	异丁香酚 Isoeugenol	13.7	13.6	—	—	—	—	—	34.5	—	—	—	62.2	47.6	21.9	14.5
1479	丙酸香叶酯 Geranyl propionate	204.5	31.4	12.8	—	—	47.9	72.7	92.6	159.8	91.8	7.5	—	—	36.3	18.8
1485	月桂醇 Duodecyl alcohol	91.1	479.9	91.0	231.7	165.1	140.8	582.3	594.0	1018.6	69.6	255.1	409.0	460.3	154.2	187.0
1509	1，3，5-三甲氧基苯 * 1，3，5-Trimethoxybenzene	305.0	15.7	585.1	1120.9	1777.5	1265.9	2118.2	2078.9	591.4	292.5	13.2	16.3	38.6	23.9	133.5
1518	β-石竹烯 * beta-Caryophyllen	—	46.9	—	114.2	—	355.0	—	2.2	—	—	—	107.4	17.3	34.1	—
1546	γ-依兰油烯 gamma-Muurolen	—	2.8	—	8.4	—	13.3	—	—	—	—	—	7.8	11.2	3.4	—
1562	1-十三烷醇 Tridecanol	10.8	23.1	—	24.1	12.8	12.6	28.3	25.2	76.3	—	11.9	31.7	57.5	15.7	21.6
1572	香叶烯 D * Germacrene D	—	13.4	68.3	58.4	30.0	1043.5	13.7	99.9	61.2	47.9	90.7	348.3	96.3	49.2	36.2
1587	α-法尼烯 * alpha. -Farnesene	—	66.0	16.0	128.3	167.8	216.3	136.1	195.7	106.4	306.3	27.4	57.6	—	6.6	11.5
1602	呋喃 Furan	43.7	62.4	23.0	81.1	111.6	65.7	151.7	137.1	3.6	254.5	32.6	132.6	20.3	20.5	36.8
1630	2-甲基十六烷 * 2-Methylhexadecane	15.2	32.3	23.0	63.8	—	52.8	44.8	30.7	30.0	51.4	9.9	42.4	26.4	11.4	12.2
1632	3-十六碳炔 * 3-Hexadecyne	20.0	19.0	—	15.0	12.3	—	—	100.7	—	—	—	—	11.2	22.2	30.6
1636	Z-3-十六碳烯 * Z-3-Hexadecene	27.1	16.5	—	39.7	24.4	—	19.8	21.9	—	—	—	25.1	17.6	14.5	59.1
1668	α-绿叶烯 alpha. -Patchoulene	23.5	—	13.0	36.9	19.3	—	—	—	40.1	—	19.9	—	—	10.9	20.9
1692	正十七烷 * Heptadecane	35.6	28.1	32.2	59.7	68.0	35.3	138.9	95.6	78.3	38.4	22.4	69.9	38.6	38.8	77.8
1698	Z-7-十四碳烯醇 Z-7-Tetradecenol	—	15.3	—	6.2	8.0	4.0	22.9	19.6	19.5	—	—	12.3	5.6	—	—
1702	8-十七碳烯 * 8-Heptadecene	41.5	205.0	68.6	169.0	118.3	82.6	417.7	384.8	495.7	148.4	87.3	218.2	120.5	52.9	108.1
1705	1，2-环氧十六烷 Hexadecylene oxide	182.9	—	12.5	—	—	4.9	14.9	74.1	197.6	—	—	—	—	3.8	7.6
1712	植烷 Phytane	—	165.2	—	17.0	—	—	—	—	384.7	2461.1	364.7	37.3	24.2	—	532.3
1724	6，9-十七碳二烯 6，9-Heptadecadiene	15.4	45.3	7.8	24.0	23.1	21.1	64.2	58.7	74.7	37.2	14.6	37.5	16.4	8.5	—
1726	3-甲基-Z，Z-4，6-十六碳二烯 3-Methyl-Z，Z-4，6-hexadecadiene	8.3	29.9	4.7	11.7	10.6	9.9	37.0	29.7	38.8	17.5	6.3	19.7	10.0	4.4	17.5
1741	Z，Z-10，12-十六碳二烯酮 Z，Z-10，12-Hexadecadienal	14.4	41.7	8.7	21.8	22.2	18.7	65.6	55.6	55.6	43.1	14.4	31.2	13.8	6.2	11.5
1746	3-甲基十七烷 * 3-Methylheptadecane	—	5.2	5.8	12.6	10.2	8.4	34.7	25.0	7.9	16.0	—	15.0	—	10.6	17.6

（续）

保留指数 RI	化合物名称 Compound	含量 Content（ng·g⁻¹）														
		DHH	YPH	GQF	ZF	FLT	LBS	JY	SJB	DL	XHH	BYZ	ZEQ	WJYH	MLZH	HEQ
1794	鲸蜡醇 cetyl alcohol	—	15.0	—	10.6	18.9	6.1	66.7	27.9	6.4	22.0	—	—	—	3.5	11.7
1804	正十八烷 * Octadecane	13.4	12.9	10.2	20.9	12.0	28.9	41.4	31.3	12.7	15.0	13.1	10.3	10.9	23.1	51.2
	总含量 Total（42）	2303.4	2205.5	1811.7	5552.1	4215.0	5445.5	6258.7	6245.0	6084.7	14485.4	3427.8	2955.3	1784.8	1104.3	6285.4

"－"表示未检测到或不存在；15 个不同品种的共有物质已加粗；"＊"表示在参考文献 13、14 中报道过的化合物。

"－"：meansnot detected or not existed；The common components of the 15 different cultivars has been bolded；"＊"means compounds reported in the 13th or 14th references.

表3 入选的5个主成分的荷载矩阵及特征值与贡献率

Table 3 Loading matrix and eigenvalue and proportion of the first 5 PCs

变量 Variable	第一主成分 PC1	第二主成分 PC2	第三主成分 PC3	第四主成分 PC4	第五主成分 PC5
乙苯 Ethylbenzene	0.1648	0.1674	0.0343	−0.0569	−0.0124
正己醇 Hexanol	0.2385	0.0991	−0.1251	0.0709	−0.0886
乙酸戊酯 Amyl acetate	0.1702	−0.2010	0.0307	0.0274	0.2036
间二甲苯 m-Dimethylbenzene	0.1522	−0.0245	−0.1846	0.0641	0.2039
α-蒎烯 alpha. -Pinene	−0.0881	0.0593	0.2336	0.2828	0.1042
乙酸叶醇酯 cis-3-Hexenyl Acetate	0.2411	−0.1305	0.0104	−0.0168	−0.1176
乙酸己酯 Hexyl acetate	0.2382	−0.1454	0.0151	−0.0213	−0.0921
正十二烷 Dodecane	0.0592	0.0090	0.2951	0.0855	−0.1172
β-苯乙醇 Benzeneethanol	0.2500	−0.1307	−0.0392	0.0270	−0.0392
对甲氧基苯 p-Dimethoxybenzene	0.0091	0.0847	−0.0933	−0.1237	0.4151
正十三烷 Tridecane	0.1287	0.0991	−0.2686	0.1352	0.0709
香茅醇 Citronellol	0.1190	−0.2512	0.0789	−0.1795	0.1682
香叶醇 trans-Geraniol	0.2428	−0.0340	0.0822	−0.0087	−0.1094
乙酸苯乙酯 beta-Phenethyl acetate	0.1241	−0.2362	0.1512	−0.1677	0.1362
正十四烷 Tetradecane	0.1105	−0.2072	0.2881	0.0120	0.0488
丙酸香茅酯 Citronellol propionate	0.1239	−0.2418	0.0662	−0.1246	0.2092
丙酸橙花酯 Neryl propionate	−0.0585	−0.0684	−0.1042	−0.1787	−0.3688
异丁香酚 Isoeugenol	−0.0942	0.1242	0.2042	0.0632	0.2334
丙酸香叶酯 Geranyl propionate	0.0825	0.0698	0.1542	−0.2162	−0.1382
月桂醇 Duodecyl alcohol	0.0892	0.2882	0.1673	−0.0188	0.0715
1，3，5-三甲氧基苯 1，3，5-Trimethoxybenzene	0.1761	0.0837	−0.1472	0.1062	−0.2666
β-石竹烯 beta-Caryophyllen	−0.0116	−0.0657	0.0998	0.3739	−0.0153
γ-依兰油烯 gamma-Muurolen	−0.0705	−0.0315	0.1470	0.3893	0.0844
1-十三烷醇 Tridecanol	0.0029	0.2605	0.2250	0.0087	0.1721
香叶烯 D Germacrene D	−0.0069	−0.0644	0.1192	0.3543	−0.0342
α-法尼烯 alpha-Farnesene	0.2198	−0.1241	0.1006	0.0689	−0.1030
呋喃 Furan	0.2193	−0.1611	0.0010	0.0223	−0.0261
2-甲基十六烷 2-Methylhexadecane	0.1472	−0.0541	0.1443	0.2276	0.0768
3-十六碳炔 3-Hexadecyne	−0.0211	0.1976	0.1981	−0.2173	0.1319
Z-7-十六碳烯 Z-7-Hexadecene	−0.0049	0.0519	−0.2566	−0.0103	0.2866
α-绿叶烯 alpha-Patchoulene	−0.0681	0.0886	0.0253	−0.2531	0.0171
正十七烷 Heptadecane	0.1877	0.1834	−0.1370	0.0162	0.0574
Z-7-十四碳烯醇 Z-7-Tetradecenol	0.1624	0.2537	0.0448	0.0786	−0.0492
8-十七碳烯 8-Heptadecene	0.1858	0.2365	0.0955	−0.0319	0.0294

（续）

变量 Variable	第一主成分 PC1	第二主成分 PC2	第三主成分 PC3	第四主成分 PC4	第五主成分 PC5
1，2-环氧十六烷 Hexadecylene oxide	0.0136	0.1665	0.1645	− 0.2315	− 0.1195
植烷 Phytane	0.1177	− 0.2252	0.1497	− 0.1886	0.1672
6，9-十七碳二烯 6，9-Heptadecadiene	0.1986	0.1840	0.1637	− 0.0150	− 0.0687
3-甲基-Z，Z-4，6-十六碳二烯 3-Methyl-Z，Z-4，6-hexadecadiene	0.1907	0.2087	0.0791	− 0.0357	0.1007
Z，Z-10，12-十六碳二烯酮 Z，Z-10，12-Hexadecadienal	0.2354	0.1391	0.0935	− 0.0231	− 0.0303
3-甲基十七烷 3-Methylheptadecane	0.2264	0.0568	-0.1815	0.0644	0.0875
鲸蜡醇 cetyl alcohol	0.2254	0.0594	− 0.1488	0.0237	− 0.0602
正十八烷 Octadecane	0.1129	0.0422	− 0.2552	0.0730	0.2481
特征值 Eigenvalue	13.12	8.27	5.04	4.62	3.11
贡献率 Proportion（%）	31.23	19.69	12.00	11.01	7.41
累积贡献率 Cumulative（%）	31.23	50.92	62.92	73.93	81.34

2.3.2 样品的主成分得分与二维分布图

15 个牡丹品种在前 5 个主成分上的得分值（表 4）表明'景玉'在第 1 主成分上的得分值最高，为 6.892，'豆绿'在第 2 和第 3 主成分上的得分值最高，分别为 5.839 和 4.868，'蓝宝石'和'花二乔'分别在第 4 和第 5 主成分上的得分值最高，依次为 5.245 和 4.723。此外，'小海黄'和'水晶白'的第 1 主成分得分也较高，分别为 6.161 和 5.490。这个结果与感官评价结果相一致，即'景玉''小海黄''水晶白''豆绿''花二乔'和'蓝宝石'的得分高于其他品种。这说明第 1 主成分对'景玉''水晶白'和'小海黄'等牡丹品种花香挥发物组成的影响最大，第 2 和第 3 主成分代表了'豆绿'，而'蓝宝石'和'花二乔'的花香挥发物分别以第 4 和第 5 主成分为主。

表 4　15 个牡丹品种的主成分得分值

Table 4　PCA score values of 15 tree peony cultivars

品种 Cultivar	第一主成分 PC1	第二主成分 PC2	第三主成分 PC3	第四主成分 PC4	第五主成分 PC5
'大胡红''Duhuhong'	− 2.829	− 0.4584	0.2104	− 2.568	− 2.044
'一品红''Yipinhong'	− 0.7198	1.280	0.2806	0.5502	0.3284
'冠群芳''Guanqunfang'	− 3.700	− 0.9194	− 1.816	− 0.7636	− 1.892
'赵粉''Zhaofen'	0.6719	− 0.6090	− 0.8070	0.9525	0.6012
'粉楼台''Fenloutai'	− 0.3513	− 0.5153	− 1.533	− 0.9698	− 2.601
'蓝宝石''Lanbaoshi'	0.0477	− 2.213	1.710	5.245	− 0.8993
'景玉''Jingyu'	6.892	2.784	− 2.235	1.033	− 0.8224
'水晶白''Shuijingbai'	5.490	2.624	− 2.017	0.4434	− 0.8215
'豆绿''Doulv'	1.221	5.839	4.868	− 2.933	0.4700
'小海黄''Xiaohaihuang'	6.161	− 7.442	2.717	− 2.279	0.7706
'百园紫''Baiyuanzi'	− 3.352	− 1.508	− 0.2290	− 1.269	− 0.3616
'紫二乔''Zierqiao'	− 0.6911	0.5887	1.260	2.369	1.432
'乌金耀辉''Wujinyaohui'	− 4.179	0.8620	2.275	1.877	1.047
'墨楼争辉''Molouzhenghui'	− 3.696	− 0.1205	− 1.056	− 0.2701	0.0703
'花二乔''Huaerqiao'	− 0.9645	− 0.1924	− 3.628	− 1.419	4.723

因为第 1 和第 2 主成分的累积贡献率大于总方差的 50%，本研究分别以第 1 和第 2 主成分为横坐标和纵坐标做成主成分得分散点图（图 1），以便直观、简便地揭示牡丹品种间花香挥发物的差异状况与特点。

由图 2 可见，各品种的主成分得分没有出现重叠，说明每个品种花香挥发物组成都是相异的。但是，颜色相同的一些品种趋向于类聚，如黑色品种'乌金耀辉'和'墨楼争辉'、粉色品种'赵粉'与'粉楼台'等，

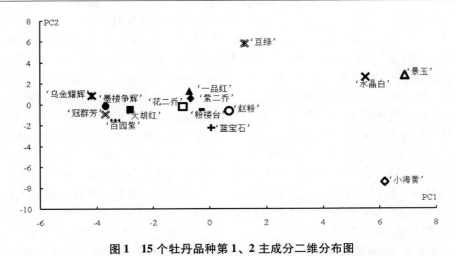

图1　15个牡丹品种第1、2主成分二维分布图

Fig. 1　Scatter plot based on the first and second PCs of 15 tree peony cultivars

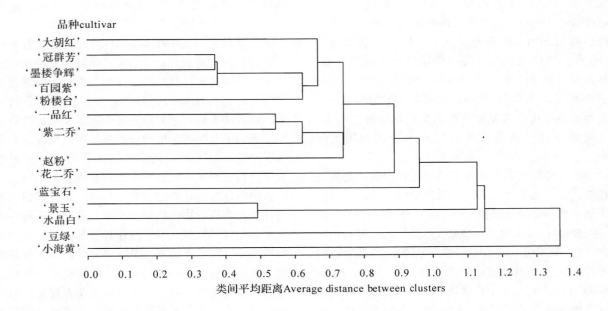

图2　15个牡丹品种的系统聚类图

Fig. 2　Hierarchical cluster diagram of 15 tree peony cultivars

但红色品种'大胡红''一品红'与'冠群芳'、紫色品种'紫二乔'和'百园紫'以及复色品种'花二乔'位于黑色品种与粉色品种之间，蓝色品种'蓝宝石'与上述品种略有分离，在粉色品种的下面，但距离较近，而黄色品种'小海黄'、白色品种'景玉'和'水晶白'以及绿色品种'豆绿'与其他品种高度分离，且白色的'景玉'与'水晶白'也趋于类聚。

2.3.3　系统聚类分析

15个品种牡丹花香挥发物成分的系统聚类结果如图2。当横切线取值在类间平均距离为1.0处时可把15个品种分成4类，即'小海黄''豆绿'各成一类，

'景玉'与'水晶白'聚为一类，'蓝宝石''花二乔'以及其他红、粉、紫、黑色品种类聚在一起，这与主成分分析二维分析结果相一致，这说明通过花香挥发物成分的多元统计分析，可以基本反映不同品种牡丹花香的风格特征，黄色、白色、绿色品种的花香挥发物与红色、粉色、黑色、紫色等近红色品种差异较大。当横切线取值在0.90处时，'蓝宝石'又独成一类，当取值在0.80时，'花二乔'也从最大的一类中脱离出来自成一类，即蓝色与复色品种也与近红色品种分离，这进一步表明不同品种牡丹花香挥发物的聚类分析结果可能与其颜色特征有关系。

3 讨论

刘建华等（1999）采用同时蒸馏萃取法（SDE）分析了牡丹花挥发油的化学成分，分离鉴定出 49 种化合物；周海梅等（2008）用 SPME 和 SDE 法分别分析了10 个不同品种牡丹花香挥发物的成分及含量，共检测出 34 种成分，不同品种挥发物成分及含量差异较大，且 SPME 法比 SDE 法检出的成分较多。本试验用SPME 方法分析了 15 个品种，共检测出花香挥发物42 种，与他们报道成分相同的有 16 种，分别是 β-苯乙醇、正十三烷、香茅醇、香叶醇、正十四烷、1，3，5-三甲氧基苯（周海梅 等，2008；刘建华 等，1999）、β-石竹烯、香叶烯 D、α-法尼烯、2-甲基十六烷、3-十六碳炔、正十七烷、8-十七碳烯、3-甲基十七烷、正十八烷，首次报道 26 种（周海梅 等，2008；刘建华 等，1999）。周海梅等用 SDE 法检测出了 β-苯乙醇，而用 SPME 法未能检测出，然而本试验采用SPME 方法在 15 个测试品种中均检测到了 β-苯乙醇。这种差异可能是因所选牡丹品种、SPME 纤维头等分析条件不同而引起的。此外，与周海梅等的报道相一致，本试验在花香挥发物中检测出的烷烃种类较多，关于烷烃对牡丹花香挥发物的影响及其利用尚需确定。

主成分分析和聚类分析均属于无管理模式的数据处理形式，是化学计量学中常用的分析方法，广泛应用于茶、酒等的质量评价体系（戴素贤 等，1999；郭丽 等，2010；岳田利 等，2007）以及作物育种材料的综合评价（陶爱芬 等，2008）中，在花香挥发物、精油挥发性成分等测定数据中的应用越来越多。Jabalpurwala 等（2009）对 8 个柑橘属 15 个品种的 76 种花香挥发物成分进行了主成分分析，结果表明前两个主成分的累计贡献率达到了 83%，其中芳樟醇、柠檬烯和月桂烯对这两个主成分具有较高的荷载值，而且各品种的第 1、2 主成分得分值分布图结果显示，柑橘、柠檬和柚子的不同品种分别形成了 3 个截然分开的群体，其他品种的得分值介于这 3 个属之间。而且柑橘属花香挥发物成分聚类分析结果表明聚类结果与一些形态特征如果实的大小有关系。Granero 等[2] 对 3 个南瓜品种花朵不同部位的花香挥发物进行主成分分析确定了 3 个主成分，并指出南瓜花的蜜腺是其花香挥发物的主要释放部位。黄健等（2009）对百里香精油中含量较高的 20 种成分进行了主成分分析并以主成分分析结果进行聚类，为百里香化学型的划分提供了新方法。

牡丹花香挥发物成分种类繁多，品种间含量差异大，仅靠感官评定来识别，主观性偏强且存在很大的

局限性，可以采用多元统计方法分析检测结果来确定牡丹花香挥发物的主要香气成分，并实现对不同品种牡丹花香挥发物的判别。本研究供试 15 个品种的主成分分析结果显示，在累计贡献率大于 80% 的前 5 个主成分上荷载值最高的 β-苯乙醇、月桂醇、正十二烷、γ-依兰油烯和对甲氧基苯等 5 种物质是牡丹花香挥发物组分的代表性物质成分，且第 1、2 主成分的累计贡献率高于 50%，说明醇、酯类物质对牡丹花香挥发物成分影响较大。此外，主成分得分二维分布图分析结果与聚类分析结果保持一致，黄色品种和'小海黄'、白色品种'景玉'和'水晶白'、绿色品种'豆绿'均与红色、粉色、黑色、紫色、蓝色及复色（红-白）品种等红色或类红色品种分离，而红色或类红色品种出现类聚，这一结果与陈向明等对不同花色牡丹品种亲缘关系的 RAPD 聚类分析结果相似，他们指出，地域来源相同、花色相同的品种类聚在一起，其亲缘关系较近（陈向明 等，2002）。这暗示着不同品种花香挥发物的成分及含量与各品种的颜色有一定的联系，从而启示牡丹育种工作者，为创造新香型的牡丹新品种选择亲本时，可以直观地先从颜色初步判断，以提高工作效率和降低花香挥发物分析的成本。

不同的花香挥发物成分能够体现植物种类和品种的差异性，是重要的化学标记化合物[25-27]。采用主成分分析法研究不同品种牡丹花香挥发物的组分，可以找出引起牡丹花香的主要化合物，亦可以找出不同品种间花香挥发物的相似与差异，有助于理解各化合物对其花香的贡献，但仍然存有不足，如在牡丹香气的构成中，除主要花香挥发物成分外，有些含量虽甚微，但作用很大的一些起协调、修饰或定香作用的化合物，这些化合物对不同品种牡丹花香挥发物的贡献值得进一步研究。系统聚类分析可以揭示品种类群间的遗传差异与相互关系，也可以了解类群内品种的遗传相似性（侯小改 等，2006），采用聚类分析法对牡丹花香挥发物成分检测数据进行处理，其结果对牡丹香气品质的欣赏与鉴定以及花香育种材料的选择具有较大的参考价值。

4 结论

供试 15 个中原牡丹品种共检测出花香挥发物成分 42 种，其中本试验首次报道的有 26 种，不同品种花香挥发物的组分及其含量差异较大，本试验首次对检测数据进行了多元统计分析。主成分分析结果表明β-苯乙醇、月桂醇、正十二烷、γ-依兰油烯和对甲氧基苯等物质对牡丹花香挥发物组成贡献最大，另外，醇类和酯类是牡丹花瓣花香挥发物的重要成分。各品种的主成分得分值分析结果与感官评价结果相一致，

即'景玉''小海黄''水晶白''豆绿''花二乔'和'蓝宝石'的得分高于其他品种。系统聚类分析与主成分得分的二维分析结果一致，两种不同方法，既有共性又有特异性，都能较好地为牡丹品种花香的改良和亲本利用提供科学依据。

参考文献

1. 曹慧，李祖光，沈德隆．桂花品种香气成分的 GC /MS 指纹图谱研究[J]．园艺学报，2009，36：391 – 398．

2. 陈向明，郑国生，孟丽．不同花色牡丹品种亲缘关系的 RAPD-PCR 分析[J]．中国农业科学，2002，35（5）：546 – 551．

3. Cherri-Martin M, Jullien F, Heizmann P, Baudino S. Fragrance heritability in Hybrid Tea roses[J]. Scientia Horticulturae, 2007, 113: 177 – 181.

4. Dobbon H E, Arroyo J, Bergström G, Groth I. Interspecific variation in floral fragrances within the genus *Narcissus*（Amaryllidaceae）[J]. Biochemical Systematics and Ecology, 1997, 25: 685 – 706.

5. 戴素贤，谢赤军，陈栋，郑如钦，谢振伦．七种高香型乌龙茶香气成分的主成分分析[J]．华南农业大学学报，1999，20（1）：113 – 117．

6. 冯立国，生利霞，赵兰勇，于晓艳，邵大伟，何小弟．玫瑰花发育过程中芳香成分及含量的变化[J]．中国农业科学，2008，41：4341 – 4351．

7. Granero A M, Gonzalez F J E, Guerra Sanz J M, Martínez Vidal J L. Analysis of biogenic volatile organic compounds in zucchini flowers: Identification of scent sources[J]. Journal of Chemical Ecology, 2005, 31（10）: 2309 – 2322.

8. 郭丽，蔡良绥，林智，王力．基于主成分分析法的白茶香气质量评价模型构建[J]．热带作物学报，2010（9），31（9）：1606 – 1610．

9. 韩江南，樊金玲，巩卫东，朱文学，马海乐，程源斌．中原牡丹品种基于花色测定的聚类分析[J]．北方园艺，2010（3）：75 – 79．

10. 郝青，刘政安，舒庆艳，王亮生，陈富飞．中国首例芍药牡丹远缘杂交种的发现及鉴定[J]．园艺学报，2008，35（6）：853 – 858．

11. 黄健，马莉，姚雷，吴亚妮．七种百里香精油的主成分分析及其化学型[J]．上海交通大学学报（农业科学版），2009（6），27（3）：206 – 209．

12. 贺丹，王政，何松林．牡丹试管苗生根过程解剖结构观察及相关激素与酶变化的研究[J]．园艺学报，2011，38（4）：770 – 776．

13. 侯小改，尹伟伦，李嘉珏，王华芳．部分牡丹品种遗传多样性的 AFLP 分析[J]．中国农业科学，2006，39（8）：1709 – 1715．

14. Jabalpurwala F A, Smoot J M, Rouseff R L. A comparison of citrus blossom volatiles[J]. Phytochemistry, 2009, 70: 1428 – 1434.

15. Kuanprasert N, Kuehnle A R, Tang C S. Floral fragrance compounds of some *Anthurium*（Araceae）species and hybrids[J]. Phytochemistry, 1998, 38: 521 – 528.

16. 李保印，周秀梅，张启翔．中原牡丹品种资源的核心种质构建研究[J]．华北农学报，2011，26（3）：100 – 105．

17. 刘建华，董福英，程传格，谷颜杰，李淑娥．菏泽牡丹花挥发油化学成分分析[J]．山东化工，1999，3：35 – 37．

18. Oyama-Okubo N, Ando T, Watanabe N, Marchesi E, Uchida K, Nakayama M. 2005. Emission mechanism of floral scent in *Petunia axillaris*[J]. Biosci. Biotechnol. Biochem., 69: 773 – 777.

19. Schade F, Legge R L, Thompson J E. Fragance volatile of developing and senescing carnation flowers[J]. Phytochemistry, 2001, 56: 703 – 710.

20. 宋江峰，李大婧，刘春泉，刘玉花．甜糯玉米软罐头主要挥发性物质主成分分析和聚类分析[J]．中国农业科学，2010，43（10）：2122 – 2131．

21. 陶爱芬，祁建民，林培青，方平平，吴建梅，林荔辉．红麻优异种质产量和品质性状主成分聚类分析与综合评价[J]．中国农业科学，2008，41（9）：2859 – 2867．

22. 王宏伟．中国牡丹育种的历史现状和发展方向[J]．现代园林，2007，7：74 – 75．

23. 岳田利，彭帮柱，袁亚宏，高振鹏，张菡，赵志华．基于主成分分析法的苹果酒香气质量评价模型的构建[J]．农业工程学报，2007，23（6）：223 – 227．

24. 张强，田彦彦，孟月娥．植物花香基因工程研究进展[J]．基因组学与应用生物学，2009，28（1）：159 – 166．

25. 张莹，李辛雷，王雁，田敏，范妙华．文心兰不同花期及花朵不同部位香气成分的变化[J]．中国农业科学，2011，44（1）：110 – 117．

26. 张健萍，李连珍，赵红江，王宪玲．牡丹皮的化学成分、药理作用及临床应用研究概况[J]．中华中医药杂志，2006，21（5）：295 – 297．

27. 周海梅，戚军超，董苗菊，李朴，马锦琦．固相微萃取 – 气相色谱 – 质谱分析牡丹花的挥发性成分[J]．化学分析计量，2008，17：21 – 23．

28. 张忠义，陈树国，王妙玲，张兆铭，翁梅，鲁琳，籍越．洛阳牡丹品种种质资源定量评价方法研究[J]．河南农业大学学报，1996（6），30（2）：133 – 138．

红苞凤梨嵌合体转录组测序及叶绿素合成代谢分析

钟小兰　李夏　余三淼　李瑞雪　马均①

（四川农业大学风景园林学院，成都 611130）

摘要　本文以红苞凤梨金边嵌合体扦插植株为材料，通过转录组测序分析，得到初始 reads 23.5M 对，总碱基数为 4.76 Gb。获得 39 条 Unigene 参与到卟啉和叶绿素代谢途径。叶绿素合成前体物质含量测定表明白色叶叶绿素合成受阻，胆色素原（PBG）向尿卟啉原 III（Uroporphyrinogen III）的转化是红苞凤梨白化细胞叶绿素合成受阻的关键步骤。

关键词　红苞凤梨；嵌合体；转录组；叶绿素合成

Transcriptome Sequencing and Chlorophyll Biosynthesis Analysis of *Ananas bracteatus*

ZHONG Xiao-lan　LI Xia　YU San-miao　LI Rui-xue　MA Jun

（*College of Landscape Architecture*，*Sichuan Agricultural University*，*Chengdu* 611130）

Abstract　Cutting seedlings of *Ananas bracteatus* chimera was used to do the RNA seq transcriptome sequencing. A total of 23.5 million high quality sequencing reads and 4.76 Gb bases were obtained. And total 39 unigenes were annoted involved in the porphyrin and chlorophyll metabolic pathways (Ko：Ko00860). The chlorophyll content of the white part of the leaves is significantly lower than that of green part. The transition of PBG to Uro III is the rate-limiting step of the chlorophyll biosynthesis of the albino leaves.

Key words　*Ananas bracteatus*；Chimera；Transcriptome sequencing；Chlorophyll biosynthesis

红苞凤梨（*Ananas bracteatus*）又名艳凤梨、斑叶凤梨，属凤梨科凤梨属多年生地生性常绿草本，果形独特美观，冠芽和叶红、白、绿相间，作插花时可保存 1 个月以上，已成为国际上重要的鲜切花。叶色镶嵌是许多观赏植物重要的观赏性状。而在繁殖过程中，叶色镶嵌性状很不稳定，常出现新的植株类型，颜色模式越复杂，嵌合性状消失或分离的就越快，大量变异苗失去彩叶特性而被淘汰，加大了彩叶植物苗木培育的生产成本，所以在花叶植物的繁育过程中，要尽量提高嵌合性状的稳定性。目前对于叶色嵌合的研究主要集中在镶嵌叶形态学、组织细胞学特性的观察上，而对于其形成的分子机理研究鲜见报道（Marco-trigiano，1986；Zonneveld and Van Iren，2000；Zhou *et al.*，2002；Zonneveld，2007）。

凤梨作为一类重要的花叶观赏植物，其嵌合性状明显，嵌合方式多样，是研究叶色镶嵌形成机理的优良材料。我们对嵌合性状变异规律和组织细胞学研究表明（曹丽，2011），凤梨叶色嵌合植株苗期呈绿白相嵌状，叶片中的灰白色部分是由失绿的白化细胞组成，白化细胞在花芽分化开始后因红色素积累逐渐呈黄红色，花后到果实成熟最终呈现为鲜艳的红色；而正常组织因叶色浓绿而呈现不出红色性状。探索红苞凤梨嵌合植株白化细胞失绿突变分子机理对于揭示其花叶嵌合性状形成原因及过程有重要意义，也对保持嵌合性状在繁殖过程中的稳定具有重要的应用价值。本论文通过高通量测序技术获得红苞凤梨转录组信息，并对叶绿素生物合成代谢途径相关基因的表达水平及合成代谢中间产物的含量进行分析，筛选红苞凤梨嵌合体白化细胞叶绿素合成的关键限速基因，探索白化细胞失绿的分子机制，为提高红苞凤梨嵌合体繁殖过程中的稳定性提供理论基础。

---

①　通讯作者。马均，副教授，硕士生导师，四川农业大学风景园林学院。E-mail：Junma365@hotmail.com。

1　材料与方法

1.1　试验材料

本试验以生长良好、无病虫害、具有金边嵌合性状的红苞凤梨嵌合体植株为材料。

1.2　转录组测序

采集生长良好、无病虫害、具有金边嵌合植株的叶、茎、根及带红晕叶片，用液氮迅速冷冻后提取RNA。样品总RNA的提取采用trizol法（Ma *et al.*, 2015）。利用Thermo公司的nanodrop2000超微量分光光度计进行RNA的浓度与纯度检测。质量合格的RNA样品送到北京百迈克生物技术有限公司采用Illumina HiSeqTM 2000进行转录组测序分析。

1.3　叶绿素合成前体物质含量测定

剪取长势一致、生长正常、无病虫害的2年生红苞凤梨扦插苗嵌合体植株叶片的全绿和全白部分进行测定，每个测定5个重复，每个重复取自3个不同的植株。ALA测定方法参照Dei（1985）的方法，略有改动。PBG含量测定参照Bogorad（1962）的方法。Uro III和Cop III提取液提取方法参照Czarnecki *et al.*（2011）的方法。Proto IX、Mg-ProtoIX和Pchlide含量测定参照陈友根等（2013）的方法。叶绿素含量测定参照熊庆娥（2003）的方法。

2　结果分析

2.1　转录组测序结果

通过实验测序，得到初始reads 31.33 M对，总碱基数为6.33 Gb。在测序质量值统计评估方面，平均Q20为100%，碱基Q30在81%以上，GC含量为51.92%，表明测序质量可靠。为了数据分析的准确性，对原始测序数据进行过滤，保证每条reads质量值低于20的碱基数不超过20%、N含量不超过5%，去除rRNA，共得到23.58M对高质量reads，总碱基数为4.76G。具体测序数据统计评估结果见表1。

表1　红苞凤梨测序质量评估表

Table1　Sequencing quality assessment of *Ananas bracteatus*

Samples	total reads	Total bases	Average Q20	GC%	Q30
红苞凤梨	23,584,613	4,763,599,918	100	50.33	93.54

注：Average Q20%指的是碱基质量总和比碱基数是否大于20；GC%为测序结果中G和C两种碱基所占总碱基的百分比；Q30%指质量值大于或等于30的碱基所占的百分比

Note：Average Q20% is the ratio that the sum of the number of nucleotide bases is greater than 20；GC% is The percentage of G and C in

sequencing results of the total bases；Q30% is the percentage of bases quality value greater than or equal to 30.

使用BLAST软件将Unigenes序列与NR、NT、Swiss-Prot、TrEMBL、GO、COG、KEGG数据库比对，获得Unigenes的注释信息。最终获得注释信息的Unigenes有24749个。仍然有40%的Unigenes序列在几个数据库中都没有得到注释。基因注释的统计结果见表2。

表2　红苞凤梨unigenes与公共数据库比对结果

Table 2　Summary of the annotation percentage of unigenes compared to public database

Annotated databases	All sequence	> = 300 nt	> = 1000 nt
COG	8505	7522	4837
GO	17748	15102	8482
KEGG	5825	4930	2840
TrEMBL	17579	15034	8252
Swiss-Prot	23134	19619	10444
NR	23275	19569	10343
NT	19817	16881	9671
All	24749	20403	10516

注：Annotated databases：表示各功能数据库；All sequence：注释到数据库的Unigenes数；> = 300 nt：注释到数据库的长度大于300nt的Unigenes数；> = 1000 nt：注释到数据库的长度大于1000nt的Unigenes数

2.2　叶绿素合成代谢途径基因注释

从转录组文库中共获得39条Unigene参与到卟啉和叶绿素代谢途径（Ko00860），见图1；基因名称、EC编号、pathway ID和UnigeneID的详细信息见表3。测序获得了叶绿素合成代谢途径上的27基因，为后期研究提供了数据基础。

2.3　红苞凤梨白化叶片叶绿素合成前体物质含量变化

从图2可以看出，可以看出，红苞凤梨绿叶部分的叶绿素a含量和叶绿素b含量和总叶绿素含量分别为白叶部分的35.2倍和16.7倍，全绿和全白叶片的δ-氨基乙酰丙酸（ALA）和胆色素（PBG）含量无显著差异，然而叶绿体合成前体中的尿卟啉原III（Uro III）、粪卟啉原III（Coprogen III）、原卟啉IX（ProtoIX）、镁原卟啉IX（Mg-ProtoIX）、Pchlide含量在绿叶和白叶之间均有极显著差异，其中绿叶部分Uro III为白叶部分的4.7倍。由此可以推测红苞凤梨白化叶片叶绿素合成的受阻位点起始于胆色素向尿卟啉原III的转化，从而导致其叶绿素含量降低。

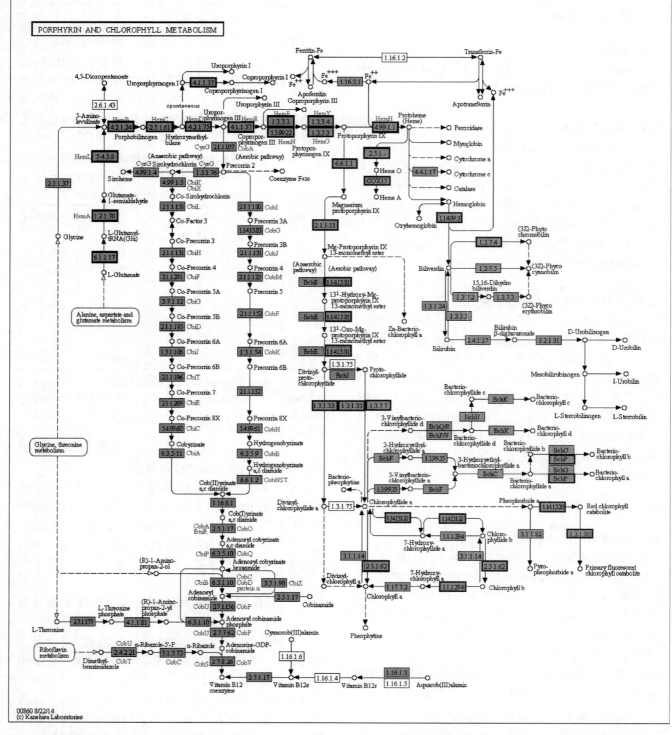

注：浅色方框内数字表示基因 EC 编号，深色框表示的是本次转录组文库获得的参与到该途径的基因（有重复）

Note：Blue box number is the Gene EC ID，small circles is metabolites and the genes red box marked is obtained from transcription library involved in this pathway（duplicate）

图 1　卟啉和叶绿素代谢途径 KEGG 图

Fig. 1　Porphyrin and chlorophyll metabolic

表3　参与到卟啉和叶绿素代谢途径的 Unigene 信息

Table 3　Unigene information of Porphyrin and chlorophyll metabolic

Gene name	Pathway ID	EC ID	Unigene ID
gltX	K01885	6.1.1.17	c50389. graph_ c0；c28477. graph_ c0
hemA	K02492	1.2.1.70	c49065. graph_ c0
hemB	K01698	4.2.1.24	c52084. graph_ c1
hemC	K01749	2.5.1.61	c46681. graph_ c0
hemD	K01719	4.2.1.75	c45731. graph_ c1
hemE	K01599	4.1.1.37	c48053. graph_ c0；c48697. graph_ c0
hemF	K00228	1.3.3.3	c44210. graph_ c0
hemG	K00231	1.3.3.4	c46909. graph_ c0；c49222. graph_ c0
hemH	K01772	4.99.1.1	c49733. graph_ c0；c52369. graph_ c0
hemL	K01845	5.4.3.8	c47886. graph_ c0
hemN	K02495	1.3.99.22	c42933. graph_ c0
ChlD	K03404	6.6.1.1	c45662. graph_ c1
ChlI	K03405	6.6.1.1	c51296. graph_ c0
ChlH	K03403	6.6.1.1	c52807. graph_ c0
ChlM	K03428	2.1.1.11	c48715. graph_ c1；c28998. graph_ c0
ChlP	K10960	1.3.1.83	c45261. graph_ c0；c36884. graph_ c0；c42584. graph_ c0；c42584. graph_ c1
ChlG	K04040	2.5.1.62	c47290. graph_ c0
Acsf	K04035	1.14.13.81	c46612. graph_ c0；c60115. graph_ c0
por	K00218	1.3.1.33	c45230. graph_ c0；c46657. graph_ c0；c46657. graph_ c2
PAO	K13071	1.14.12.20	c51011. graph_ c9
ACD2	K13545	1.3.1.80	c44041. graph_ c0
HY2	K08101	1.3.7.4	c46484. graph_ c0
NOL	K13606	1.1.1.294	c47488. graph_ c0；c49111. graph_ c0
HMOX	K00510	1.14.99.3	c48518. graph_ c0
COX15	K02259		c51164. graph_ c0
COX10	K02257	2.5.1.—	c51182. graph_ c1
CAO	K13600	1.14.13.122	c49769. graph_ c0

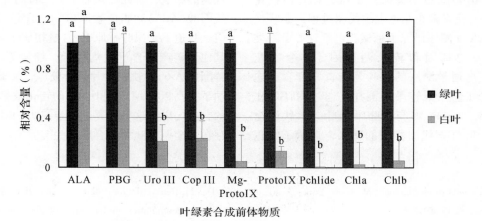

图2　红苞凤梨叶片叶绿素合成前体物质相对含量图

Fig. 2　Relative content of chlorophyll precursor in *Ananas bracteatus* leaf

3　结论与讨论

3.1　转录组测序结果极大地丰富了红苞凤梨基因序列信息

红苞凤梨转录组测序(RNA-seq)共获得 41052 条 Unigenes，平均长度为 877.62bp，与公共数据库进行比对，获得注释信息的 Unigenes 一共有 24749 个，共有 5825 个 Unigenes 参与到 117 个 KEGG 代谢通路。但是，仍有 40% 的 Unigenes 在几个数据库中都没有得到注释。造成这种现象的原因是数据库中有关凤梨植株的序列信息太少，所以红苞凤梨序列比对更多是与数据库中拟南芥、烟草、水稻、玉米、甘蔗等模式植物进行比对，这些植物大多属于三碳植物，而凤梨属于四碳景天酸代谢植物，二者之间亲缘关系较远，因此仍有部分红苞凤梨 Unigenes 在公共数据库中没有得到注释。

直到 2011 年 NCBI bdESTs 数据库中有关凤梨植物的核苷酸序列和表达序列标签(EST)等信息仅有 6000 条，主要来自于菠萝的根、果实等组织(Neuteboom et al.，2002；Moyle et al.，2005)。Ong 等(2012)对成熟的菠萝果实进行了转录组测序，获得平均长度约为 200bp 的转录本 28728 条，共有 16932 条单一的转录本在 NCBI 中得到注释，13598 条转录本被映射到 126 通道，但是其中 122 条通道都与果实代谢相关；直到 2014 年 10 月，数据库中关于红苞凤梨的序列信息仅有 110 个核苷酸序列和 3 个蛋白序列，无 EST 序列和基因序列信息。目前对国内外对红苞凤梨转录组测序仅限于本课题组，因此，通过本次红苞凤梨转录组测序这不仅丰富了红苞凤梨数据资源，为后续研究提供了大量的序列信息。

Qian 等(2014)通过葡萄风信子蓝色花与白色花转绿组测序研究花青素在花色中的代谢过程；李晓艳(2012)通过 Solexa 测序研究了越橘花色素苷等黄酮类物质合成相关的基因和转录调控因子；金雪花(2013)进行了高通量测序的瓜叶菊花青素苷合成途径研究。本次红苞凤梨转录组测序，通过 KEGG 比对，共有 39 条 Unigene 参与到卟啉和叶绿素代谢途径，涉及 27 个叶绿素代谢相关的基因，揭示了红苞凤梨叶绿素的合成途径，为后续研究红苞凤梨白化细胞失绿的分子机制提供了序列基础。

3.2　红苞凤梨白化细胞叶绿素合成受阻关键步骤

叶绿素生物合成途径发生障碍会导致植物叶绿素合成量减少，从而引起植物黄化甚至白化。本研究中，红苞凤梨金边嵌合体叶片绿叶部分的叶绿素 a 含量和叶绿素 b 含量分别为白叶部分的 35.2 倍和 16.7 倍，白化部分被证明在叶绿素合成过程中发生障碍，叶绿素含量极显著下降。白化部分相对于绿色部分 δ-氨基乙酰丙酸(ALA)含量和胆色素原(PBG)含量无显著差异，而尿卟啉原 III(UroIII)含量极显著减少，绿叶尿卟啉原 III(UroIII)含量是白叶的 4.7 倍，粪卟啉原 III(CopIII)、原卟啉 IX(ProtoIX)、镁原卟啉 IX(Mg-ProtoIX)、原脱植基叶绿素(Pchlide)含量均极显著地低于绿叶含量。说明红苞凤梨金边嵌合体叶片白化原因可能是叶绿素合成在 PBG 到 Uro III 的转化过程受阻。杨转英等(2012)利用水稻白化转基因株系中筛选的可转绿和不可转绿植株为研究材料进行研究，发现二者叶片中均无叶绿素，而可转绿白化苗中 δ-氨基乙酰丙酸(ALA)含量与对照绿苗相比变化不大，PBG 含量升高，但是尿卟啉原 III(UroIII)、粪卟啉原 III(Cop III)、原卟啉 IX(ProtoIX)、镁原卟啉 IX(Mg-ProtoIX)、原脱植基叶绿素(Pchlide)含量都降低，推测此株系叶绿素合成受阻的位点可能在 PBG 与 UroIII 之间。喻敏等(2006)探讨了低温缺钼条件下冬小麦叶绿素合成受阻位点，研究表明缺钼条件下尿卟啉原III急剧下降，δ-氨基乙酰丙酸(ALA)积累，所以叶绿素在 ALA 到 UroIII 的转化过程中合成受阻。陈新斌等(2012)研究了海水胁迫对 2 个菠菜品种叶绿素代谢的影响，研究结果显示，二者的叶片的 δ-氨基乙酰丙酸(ALA)和胆色素原(PBG)含量并无显著差异，但是胁迫下，尿卟啉原 III 含量相比于对照明显降低，其他下游产物含量也均降低。杨清等(2012)利用胺鲜酯(DA-6)对桃树叶片进行喷施，实验证明 DA-6 有助于提高植物 ALA 到 UroIII 的转化效率，促进叶绿素的合成。以上这些研究进一步说明 PBG 和 UroIII 之间存在某个调控叶绿素合成的关键因子。

参考文献

1. Bogorad L. Methods in enzymology[M]. New York：Academic Press，1962，885－891.

2. Czarnecki O，Peter E，Grimm B. Methods for analysis of photosynthetic pigments and steady-state levels of intermediates of tetrapyrrole biosynthesis[J]. Methods in Molecular Biology，2011，775：357－85.

3. Dei M. Benzyladenine-induced stimulation of 5-aminolevulinic acid accumulation under various light intensities in levulinic acid-treated. cotyledons of etiolate cucubmer[J]. Physiol Plant，1985，64(2)：153－160.

4. Jun Ma，Kanakala S，Yehua He，Junli Zhang，Xiaolan Zhong. Transcriptome sequence analysis of an ornamental

plant, *Ananas comosus* var. *bracteatus*, revealed the potential unigenes involved in terpenoid and phenylpropanoid biosynthesis. PLoS One. 2015, 10(3): e0119153.

5. Marcotrigiano M. Experimentally synthesized plant chimeras 3 qualitative and quantitative characteristics of the flowers interspecific *Nicotiana chimeras* Ann [J]. Bot. 1986, 57: 435 –442.

6. Moyle R, Crowe M, Ripi-Koia J, Fairbairn D, Botella J. Pineapple DB: an online pineapple bioinformatics resource[J]. BMC Plant Biology, 2005, 10(5): 5 – 21.

7. Neuteboom LW, Kunimitsu WY, Webb D, Christopher DA. Characterization and tissue-regulated expression of genes involved in pineapple (*Ananas comosus* L.) root development [J]. Plant science, 2002, 163: 1021 – 1035.

8. Ong WD, Christopher LY, Kumar VS. De Novo Assembly, Characterization and Functional Annotation of Pineapple Fruit Transcriptome through Massively Parallel Sequencing [J]. PLoS One, 2012, 7: e46937.

9. Qian L, Yali L, Yinyan Q *et al.* Transcriptome sequencing and metabolite analysis reveals the role of delphinidin metabolism in flower colour in grape hyacinth[J]. Journal of Experimental Botany, 2014, 5(15): 2 – 8.

10. Zhou JM, Hirata Y, Shiotani. Nou III-Sup, Shiotam H, Ito T. Interactions between different genotypic tissues in citrus graft chimeras[J]. Euphytica. 2002, 126: 355 – 364.

11. Zonneveld Ben JM, Van Iren Frank. Flow cytometric analysis of DNA content in *Hosta* reveals ploidy chimeras[J]. Euphytica, 2000, 111: 105 – 110.

12. Zonneveld Ben JM. Nuclear DNA content of ploidy chimeras of Hosta Tratt. (Hostaceae) demonstrate three apical layers in all organs, but not in the adventitious root[J]. Plant Syst. Evol. 2007, 269: 29 – 38.

13. 曹莉. 红苞凤梨嵌合体品种离体培养及其稳定性的研究 [D]. 华南农业大学, 2011.

14. 陈新斌, 孙锦, 郭世荣, 等. 海水胁迫对菠菜叶绿素代谢的影响[J]. 西北植物学报, 2012, 32(9): 1781 – 1787.

15. 陈友根, 崔利, 陈劲枫. 甜瓜属正反交杂种叶绿素生物合成与代谢研究[J]. 植物生理学报, 2013, 49(5): 452 – 456.

16. 金雪花. 基于高通量测序的瓜叶菊花青素苷合成途径研究[D]. 北京: 北京林业大学, 2013.

17. 李晓艳. Solexa 测序及花色素苷合成相关基因的表达分析[D]. 吉林: 吉林农业大学, 2012.

18. 熊庆娥. 植物生理学实验教程[M]. 成都: 四川科学技术出版社, 2003, 55 – 56.

19. 杨清, 艾沙江, 买买提, 等. DA-6 对桃树叶片叶绿素合成途径的调控研究[J]. 园艺学报, 2012, 39(4): 621 – 628.

20. 杨转英, 何小龙, 郑燕丹, 等. 水稻白化转基因株系叶绿素合成特性研究[J]. 广东农业科学, 2012, 39(14): 139 – 141.

21. 喻敏, 胡承孝, 王运华. 低温条件下钼对冬小麦叶绿素合成前体的影响[J]. 中国农业科学, 2006, 39(4): 702 – 70.

基于转录组测序的蝴蝶兰微卫星特征分析[*]

肖文芳[1,2]　李佐[1,2]　陈和明[1,2]　吕复兵[1,2][①]

（[1]广东省农业科学院环境园艺研究所，广州 510640；

[2]广东省园林花卉种质创新综合利用重点实验室，广州 510640）

摘要　以蝴蝶兰品种'满天红'及其花色突变体的花苞和花瓣为研究材料，利用 Illumina HiSeq[TM] 2000 测序平台进行高通量测序，并进行 SSR 位点搜索，结果搜索到 SSR 的序列共 6289 条，得到 7077 个 SSR，其中有 694 条序列不止含一个 SSR。微卫星序列主要以二碱基重复单元为主，占总数的 50.4%，其次为三碱基重复单元，占 39.3%。在所有重复类型中，最主要的优势重复单元为 AG/CT，占所有类型的 31.8%，其次为 AT/AT，占所有类型的 12.9%。分析发现，蝴蝶兰微卫星长度变化与重复单元长度呈负相关（$p < 0.05$），相关系数为 -0.759。本研究通过高通量测序获得了大量的蝴蝶兰转录组信息，为今后蝴蝶兰的分子标记和基因组研究的发展提供一定的理论基础。

关键词　蝴蝶兰；微卫星；转录组

Deep Sequenced-based Transcriptome Analysis of Microsatellites in *Phalaenopsis*

XIAO Wen-fang[1,2]　LI Zuo[1,2]　CHEN He-ming[1,2]　LV Fu-bing[1,2]

（[1]*Environmental Horticulture Research Institude of Guangdong Academy of Agricultural Sciences，Guangzhou* 510640；

[2]*Guangdong Provincial Key Laboratory of Ornamental Plant Germplasm Innovation and Utilization，Guangzhou* 510640）

Abstract　To obtain information of microsatellite of *Phalaenopsis*, the transcriptome of flowers were sequenced by Illumina HiSeq[TM] 2000. A total of 7077 SSRs were identified in 6289 sequences, with 694 sequences contain more than one SSR. Di-nucleotide repeats were the most abundant, accounted for 50.4% of all SSRs. The second were tri-nucleotide repeats, accounted for 39.3% of all SSRs. Among all the SSR motifs, (AG/CT)n was the most frequent repeat motif (31.8%), followed by the (AT/AT)$_n$(12.9%). There were significant negative correlation (P < 0.05) between the frequency of microsatellites and the length, the correlation coefficient was -0.759. In this study, abundant information of transcriptome of *Phalaenopsis* was obtained, which is significant for the development of molecular marker and genomic research in *Phalaenopsis*.

Key words　*Phalaenopsis*；Microsatellite；Transcriptome

蝴蝶兰为重要的兰科观赏植物，因其花型奇特、花色艳丽多彩而广受欢迎，经济价值较高。由于基因组复杂且高度杂合，分子辅助育种成为蝴蝶兰育种的必然发展方向。目前，原生种蝴蝶兰"小兰屿蝴蝶兰"的基因组测序完成，也有个别品种的转录组测序完成，但是蝴蝶兰功能基因组 SSR 标记的开发还非常有限。本研究利用 Illumina HiSeq[TM] 2000 高通量测序平台对蝴蝶兰花进行转录组测序，并对微卫星序列特征和组成进行展开分析，希望为今后蝴蝶兰的资源鉴定、基因表达调控、QTL 定位等提供一定的理论依据。

1　材料与方法

1.1　实验材料及测序数据

实验材料为种植于广东省农业科学院环境园艺研究所白云基地大棚内的蝴蝶兰，采集花苞及盛花期花

---

* 基金项目：广东省科技基础条件建设项目（2013B060400032）；国家自然科学基金（31201650）；广东省专业镇中小微企业公共服务平台建设（2012B091400032）；东莞市科技计划项目（2012108101021）。

① 通讯作者：E-mail：13660373325@163.com。

瓣提取 RNA，利用 Illumina HiSeq™ 2000 测序平台进行高通量测序后，共获得 clean reads 136042310 条，Unigene 81310 个。

1.2 SSR 分析搜索

利用 MISA 程序对得到的序列信息进行 SSR 位点搜索，查找 2~6 碱基重复的微卫星，其中参数设置为：二碱基重复最短为 6 个重复，三碱基重复最短为 5 个重复，四碱基重复最短为 4 个重复，五碱基重复最短为 4 个重复，六碱基重复最短为 4 个重复。复合 SSR 两个位点间的最大间隔碱基数为 100。

2 结果与分析

根据微卫星重复序列结构的不同，SSR 分为由串联重复序列以不间断的重复方式构成的完整 SSR，3 个或者 3 个一下的非重复碱基将 2 个或者 2 个以上的同种重复序列分隔开构成的不完整型 SSR 和 3 个或者 3 个以上连续的非重复碱基将 2 个或者 2 个以上的重复数不少于 5 的串联核心序列间隔开构成的复合型 SSR。利用 MISA 软件分析了 71690 条序列中 SSR 的特征，序列拼接总长度为 74427.241 kb，结果搜索到 SSR 的序列共 6289 条，得到 7077 个 SSR，其中有 694 条序列不止含一个 SSR。

微卫星序列主要以二碱基重复单元为主，共 3568 个，占 50.4%，其次为三碱基重复单元，占 39.3%，五碱基重复单元最少，只占 1.75%。二碱基重复中，以 6 个重复为主，占二碱基重复单元总数的 33.66%，而三碱基重复单元中以 5 个重复为主，四碱基、五碱基和六碱基重复单元中均以 4 个重复为主。在所有重复类型中，最主要的优势重复单元为 AG/CT，占所有类型的 31.8%，其次为 AT/AT，占

所有类型的 12.9%，三碱基重复类型中的 AAG/CTT 也为优势重复单元，占 10.4%。另外，AAAT/ATTT 和 AAAAT/ATTTT 分别在四碱基重复单元和六碱基重复单元中出现频率最高，分别占总数的 2.98% 和 0.83%。

表 1   不同类型不同重复次数 SSR 的数量

重复次数	二碱基重复	三碱基重复	四碱基重复	五碱基重复	六碱基重复
4	0	0	346	109	176
5	0	1554	58	13	7
6	1201	729	6	1	8
7	728	468	0	0	0
8	485	27	0	1	1
9	501	2	0	0	0
10	370	3	0	0	0
11	271	0	0	0	0
12	12	0	0	0	0
合计	3568	2783	410	124	192
比例/%	50.4	39.3	5.8	1.8	2.7

从图 2 可以看出，微卫星长度出现较大变异，从 12 个碱基到 48 个碱基不等，平均长度为 16.43 个碱基。如图 2 所示，蝴蝶兰微卫星多为重复长度小于 24 的短微卫星重复序列，其中 15bp 的数量最多，占总数的 21.96%，其次是 18bp 和 12bp 的短微卫星重复序列，分别占 17.38% 和 16.97%。长度大于 24bp 的长序列重复仅占总数的 0.51%。分析发现，蝴蝶兰微卫星出现频率与长度呈负相关（$p < 0.05$），相关系数为 -0.759，这表明蝴蝶兰基因组中重复单元较长的微卫星变异速率比重复单元较短的微卫星变异速率慢，相对较为稳定。

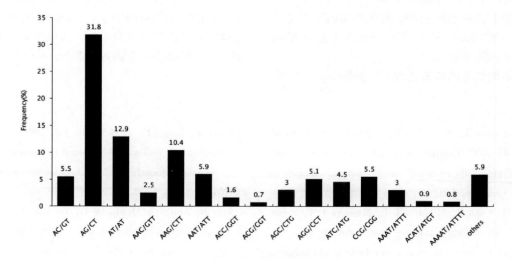

图 1   不同 SSR 类型的出现频率

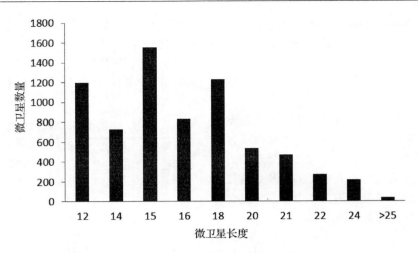

图2　不同长度 SSR 的数量分布

3　讨论

不同物种中 SSR 的优势重复类型并不相同，对从 NCBI 数据库中搜索的 5472 条蝴蝶兰无冗余 EST 序列进行 SSR 搜索发现，重复类型以二核苷酸和三核苷酸为主，分别占 67.1% 和 30.3%（李冬梅 等，2011），而对蝴蝶兰（*Phalaenopsis aphrodite* subsp. *formosana* E. A. Christ.）叶绿体 DNA 微卫星分析发现以单碱基重复为主，占总数的 78.3%（张君毅，2011），在建兰中，有发现以二、三核苷酸 SSR 为主要的重复类型（李小白 等，2014），也有发现以单核苷酸重复类型为主，三核苷酸重复和二核苷酸重复类型为辅的（李小白 等，2014b）。而本研究中也发现蝴蝶兰'满天红'的微卫星序列主要以二碱基重复单元为主，占 50.4%，其次为三碱基重复单元，占 39.3%。这两类重复序列的高比例与大部分植物中的报道结果类似（Cardle *et al.*，2000；Cordeiro *et al.*，2001；Thiel *et al.*，2003；Jung *et al.*，2005；Triwitayakorn *et al.*，2011），这在一定程度上也说明这些小基元 SSR 在生物体内更容易产生。李小白等则（2007）认为这可能是由于高级基元 SSR 自身长度的限制引起的。

另外，不同优势碱基单元在不同物种中也存在较大差异。本研究中发现，蝴蝶兰的微卫星重复单元中最主要的优势重复单元为 AG/CT，其次为 AT/AT，三碱基重复类型中的 AAG/CTT 也为优势重复单元。这与 NCBI 数据坤库中无冗余 EST 序列的 SSR 结构特征基本一致。但是蝴蝶兰（*Phalaenopsis aphrodite* subsp. *formosana* E. A. Christ.）叶绿体 DNA 微卫星以 A 和 T 重复为主（张君毅，2011）。而 GC 重复基元在很多植物中的相对频率较低（Gao *et al.*，2003；李小白等，2007；Schorderet *et al.*，1992），本研究中亦是如此。

当 SSR 长度大于 20 bp 时，多态性较高，而在 12～20bp 之间时多态性中等（Tenmykh *et al.*，2001）。本研究中搜索到的 SSR 长度在 12～20 bp 之间的占总数的 85.93%，而长度大于 20bp 的 SSR 占总数的剩余 14.07%，在搜索之初就将多态性潜能低的 SSR 滤掉了。另外，SSR 出现频率与长度呈显著负相关，这可能与选择压力有关。研究分析认为，微卫星长度越长，其承受的选择压力越大（Samadi *et al.*，1998）。

本研究结果可用于今后对蝴蝶兰资源进行 SSR 标记研究和遗传多样性分析等，为蝴蝶兰资源的保育和蝴蝶兰育种提供一定的理论基础。

参考文献

1. Cardle L, Ramsay L, Milbourne D, Macaulay M, Marshall D, Waugh R. 2000. Computational and experimental characterization of physically clustered simple sequence repeats in plants[J]. Genetics, 156(2): 847 – 854.

2. Cordeiro G M, Casu R, McIntyre C L, Manners J M, Henry R J. 2001. Microsatellite markers from sugarcane (*Saccharum* spp.) ESTs cross transferable to erianthus and sorghum [J]. Plant Science, 160(6): 1115 – 1123.

3. Gao L F, Tang J F, Li H W, Jia J Z. 2003. Analysis of microsatellites in major crops assessed by computational and experimental approaches[J]. Molecular Breeding, 12: 245 – 261.

4. Jung S, Abbott A, Jesudurai C, Tomkins J, Main D. 2005. Frequency type distribution and annotation of simple sequence repeats in rosaceae ESTs[J]. Functional & Integrative Genomics, 5(3): 136 – 143.

5. 李小白, 张明龙, 崔海瑞. 2005. 油菜 EST 资源的 SSR 信息分析[J]. 中国油料作物学报, 29(1): 20 - 25.

6. 李小白, 金凤, 金亮, 马广莹. 2014. 利用建兰转录数据开发 genic-SSR 标记[J]. 农业生物技术学报, 22(8): 1046 - 1056.

7. 李小白, 向林, 罗洁, 秦德辉, 孙崇波. 2014b. 建兰转录本的微卫星序列和单核苷酸多态性信息分析[J]. 浙江大学学报(农业与生命科学版), 40(4): 463 - 472.

8. 李冬梅, 吕复兵, 朱根发, 洪彦彬, 陈小平, 梁炫强, 操君喜, 孙映波. 2011. 蝴蝶兰 EST 资源的 SSR 信息分析[J]. 广东农业科学, 3: 117 - 120.

9. Samadi S, Artiguebielle E, Estoup A, Pointier J P, Silvain J F, Heller J, Cariou M L, Jarne P. 1998. Density and variability of dinucleotide microsatellites in the parthenogenetic polyploid snail *Melanoides tuberculata*[J]. Molecular Ecology, 7(9): 1233 - 1236.

10. Schorderet D F, Gartler S M. 1992. Analysis of CpG suppression in methylated and nonmethylated species [J]. PNAS, 89(3): 957 - 961.

11. Temnykh S, DeClerck G, Lukashova A, Lipovich L, Cartinhour S, McCouch S. 2001. Computational and experimental analysis of microsatellites in rice (*Oryza sativa* L.): frequency, length variation, transposon associations, and genetic marker potential[J]. Genome Research, 11: 1441 - 1452.

12. Thiel T, Michalek W, Varshney R K, Graner A. 2003. Exploiting EST database for the development and characterization of gene-derived SSR- markers in barley (*Hordeum vulgare* L.) [J]. Theoretical and Applied Genetics, 106(3): 411 - 422.

13. Triwitayakorn K, Chatkulkawin P, Kanjanawattanawong S, Sraphet S, Yoocha T, Sangsrakru D, Chanprasert J, Ngamphiw C, Jomchai N, Therawattanasuk K, Tangphatsornruang S. 2011. Transcriptome sequencing of *Hevea brasiliensis* for development of microsatellite markers and construction of a genetic linkage map[J]. DNA Research, 18(6): 471 - 482.

14. Weber J L. 1990. Informativeness of human (dC-dA)$_n$ · (dG-dT)$_n$ polymorphisms[J]. Genomics, 7(4): 524 - 530.

15. 张君毅. 2011. 蝴蝶兰叶绿体 DNA 微卫星分析与标记开发[J]. 江西农业学报, 23(12): 31 - 33.

菊花 *TFL1/CEN-like* 基因的克隆及序列分析

卜祥龙　高耀辉　范敏　郭彦超　朱琳　贾贺燕　高亦珂[①]

（花卉种质创新与分子育种北京市重点实验室，国家花卉工程技术研究中心，城乡生态环境北京实验室，
北京林业大学园林学院，北京 100083）

摘要　*TFL1* 基因在植物花序分生组织类型的维持及花期的调控方面起着极其重要的作用。以菊花［*Chrysanthemum moriforlium*］'金不凋'茎尖组织为试材，使用 RT-PCR 方法从中克隆到个新的 *TFL1* 基因，命名为 *CmTFL1*；生物信息学分析结果显示：*CmTFL1* 的 cDNA 序列全长均为 537 bp，含有 522 bp 的开放阅读框（ORF），编码 173 个氨基酸；推测其蛋白分子质量为 19.42 kD，等电点为 8.93；系统进化树分析表明，该蛋白属于 TFL1 家族，与葡萄 TFL1 蛋白的同源性高达 79.0%，说明 *TFL1* 在进化上是高度保守的。*CmTFL1* 的 cDNA 克隆和序列分析为该研究为今后从分子水平上研究菊花花期调控机理提供了理论基础。

关键词　菊花；*TFL1*；克隆；序列分析

Cloning and Sequence Analysis of Chrysanthemum *TFL1/CEN*-like Gene

BU Xiang-long　GAO Yao-hui　FAN Min　GUO Yan-chao　ZHU Lin　JIA He-yan　GAO Yi-ke

（*Beijing Key Laboratory of Ornamental Plants Germplasm Innovation & Molecular Breeding*，
National Engineering Research Center for Floriculture，*Beijing Laboratory of Urban and Rural Ecological Environment and College of Landscape Architecture*，*Beijing Forestry University*，*Beijing* 100083）

Abstract　*TFL1* gene plays an important role in maintaining the structure of inflorescence and flowering. In the present study，a novel *TFL1* gene，*CmTFL1* was cloned by RT-PCR from shoot apical meristem（SAM）of 'jin bu diao'［*Chrysanthemum morifolium*］. The results showed that the full length of cDNA sequence of the gene was 537bp and the open reading frame（ORF）was 522bp which encoded three polypeptides of 173 amino acids. The molecular weight of the protein was 19.42，with isoelectric point about 8.93. The phylogenetic analysis showed that the protein possesses 79.0% homology compared with that of *Vitis vinifera*. Such highly homology between *Chrysanthemum morifolium* and *Vitis vinifera* suggests that this gene is conserved in evolution. The cDNA cloning and sequence analysis of *CmTFL1* laid a foundation for further studying the molecular mechanism of regulation in chrysanthemum flowering.

Key words　*Chrysanthemum*；*TFL1* gene；Cloning；Sequence analysis

　　菊花是享誉世界的名花，但其短且集中的花期（大多 10～11 月）严重制约着菊花的周年生产和应用范围。随着人们的观赏需求不断增长，培育不同花色、花径、株高及连续开花等观赏性状的菊花品种已经成为菊花育种的一个重要目标。目前菊花连续开花的机理尚未见报道，显然在其他连续性开花植物上的研究具有重要的参考价值。前人的诸多研究结果表明，在蔷薇属植物中，*TFL1* 同源基因控制着蔷薇属植物的连续开花特性。

　　TFL1 在进化上非常保守，一般有 3 个内含子和 4 个外显子（Tahery，2011）。它是植物花序分生组织特异性表达基因，主要表达于茎顶端的分生组织中，抑制花分生组织特异基因 *LFY* 和 *AP1* 的表达，延迟植株开花（Ratcliffe，1998；Conti & Bradley，2007）。其在营养生长阶段极少积累，而在成花诱导以后，*TFL1* 的转录因子大量积累（Bradley *et al.*，1997；Ratcliffe *et al.*，1999）。*TFL1* 基因首先是由 Shannon 等通过甲基磺酸乙酯对哥伦比亚型拟南芥诱变处理，从开花提早突变体中鉴定得到（Shannon & Meeks-Wagner，1991）。*TFL1* 与 *FT* 同属于 PEBP 基因家族，但它们在功能竞争 FD 转录因子使得它们上成为一对颉颃基因（（Hanzawa，2005；Ahn，2006）。Randoux 等人推测，TFL1/FT 比率可能决定营养生长和生殖生长的转变。

　　近年来，*TFL1* 在植物开花响应机制被广泛研究。大量的研究表明 *TFL1* 及其同源基因在不同植物的表达模式及其功能不尽相同。在拟南芥中，*TFL1* 早在

———————————————
　　① 通讯作者。高亦珂，女，教授，博士生导师。Email：gaoyk@ bjfu. edu. cn。

营养期的顶端分生组织中已进行低水平表达，在发育后期，*TFL1* 的表达量提高。*TFL1* 突变体使其花序从无限花序转变为有限花序，并能够使拟南芥的花期提前（Bradley，1997）。金鱼草中 *TFL1* 的同源基因是 *CEN*，而 *CEN* 只在花序发育的后期表达，*CEN* 突变体同样使花序从无限花序转变为有限花序，但却不影响金鱼草的开花时间。烟草的中与 *TFL1* 同源性最高的基因为 *CET2* 和 *CEN4*，*CET2* 和 *CEN4* 只在营养生长的叶腋分生组织中，而在主茎的顶端没有检测到表达。水稻的 *TFL1* 同源基因 *RCN1* 和 *RCN2* 在叶片、节间、根部的维管束部位表达，而在顶端分生组织中不表达，水稻种过表达 *RCN1* 和 *RCN2* 使开花时间延迟，小穗排列也更加紧密，产生不正常的圆锥花序（Nakagawa，2002；zhang，2005）。黑麦草中 *TFL1* 同源基因 *LpTFL1* 几乎在所有的组织器官中均有表达，包括花、茎、花序分生组织、根等，黑麦草 *LpTFL1* 过表达能够恢复拟南芥突变体的表型（Christian，2001；Jensen，2001）。在豆科植物豌豆中与 *TFL1* 同源性最高的基因为 *TFL1a* 与 *TFL1c*，*TFL1c/LF*（*LATE FLOWERING*）在营养生长期的顶端则已有表达，而 *TFL1a/DET*（*DETERMINATE*）只在成花转变后的植株顶端表达。*TFL1a/DET* 突变后，顶端分生组织由无限生长变为有限生长习性，但不影响开花时间；而 *TFL1c/LF* 突变后，开花时间提前，但是不能引起顶端花序形态的改变（Foucher，2003）。豇豆中 *VuTFL1* 的突变也使得无限花序转变为有限花序（Dhanasekar，2014）。

TFL1 基因对维持木本植物无限生长和童期至关重要（Esumi，2005）。*MdTFL1* 为苹果 *FL1* 的同源基因，在花序分化的起始阶段，*MdTFL1* 在顶芽中的表达量很高，但在花发育阶段不表达。在拟南芥中过表达 *MdTFL1* 引起植株的晚花（Kotoda，2005）。同样，在拟南芥中过表达柑橘的 *TFL1* 同源基因也使其开花延迟（Pillitteri，2004）。Freiman 等用 RNAi 技术沉默日本梨 *PcTFL1* 获得了提前开花的植株（Freiman，2012）。杨树 *TFL1* 同源基因 *PopCEN1* 和 *PopCEN2* 不仅调控杨树开花时间和花序形态，还对控制芽的休眠转换起着一定的作用（Mohamed，2010）。早实枳 *TFL1/CEN* 同源基因 PtTFL1 和 PtTFL2 将其在烟草中过表达使其开花滞后。除了控制开花时间和影响花序发育结构外，*TFL1* 还参与植物茎的分枝方式、叶片及根的发育等方面的调控（Danilevskaya，2008）。

菊花文化内涵丰富，极具观赏和应用价值，若能克隆得到菊花的 *TFL1* 基因，并使其沉默则更容易获得幼年期短且连续开花的菊花新品种，更具意义的是所得后代是非转基因植株，巧妙地避免了目前关于转基因安全性的舆论。本研究中从菊花'金不凋'中克隆得到新的 *TFL1/CEN* 家族基因，并对 cDNA 全长及其蛋白结构做出初步分析，以期为菊花连续开花分子育种提供候选基因资源和理论依据，在分子层面推动连续开花菊花的育种工作。

1　材料与方法

1.1　试验材料

菊花'金不凋'栽植于北京昌平区小汤山试验基地，用锡箔纸包裹刚摘取的新鲜茎尖组织，迅速投入液氮中，最后置于 -80℃ 冰箱保存备用。

1.2　试剂及耗材

RNA 提取试剂盒（华越洋）；反转录试剂盒（TianGen）；胶回收试剂盒（AXYGEN）；DNA marker（TianGen）；质粒提取试剂盒（BIOMIGA）高保真酶（Clontech）；2 × MasterMix（TianGen）；pMD18-T 质粒载体（TAKARA）；Trans1-T1 Phage Resistant 化学感受态细胞（全式金）；LB 肉汤（Coolaber）；PCR 引物合成与质粒测序工作由北京擎科生物技术有限公司完成；其它化学试剂为国产分析纯。

1.3　菊花茎尖组织总 RNA 的提取及其 cDNA 的合成

采用华越洋公司的总 RNA 提取试剂盒，按其说明提取菊花茎尖组织总 RNA，利用 NaNoDrop DNA/RNA 浓度测定仪测定 RNA 浓度，1.0% 琼脂糖凝胶电泳检测其完整性。以总 RNA 为模板，利用 TianScript RT Kit 试剂盒进行 cDNA 的合成，并将 cDNA 产物保存在 -20℃ 作为基因克隆的模板备用。

1.4　菊花 *TFL1* 基因克隆

根据 GenBank 已知物种 *TFL1* 基因的氨基酸序列，将搜索到的同一基因的不同氨基酸序列利用计算机软件 DNAMAN 进行蛋白序列的同源比对，得出 *TFL1* cDNA 序列的保守区。根据该 cDNA 保守区和引物设计原则设计 PCR 引物 P1：5′TCGTCGTCTTCATCATGTC′、P2：5′TCATCTTCTACGGGCTGCAT 3′。使用第一链 cDNA 为模板与 PCR 扩增试剂 2 × PCR MasterMix 进行 PCR 扩增，获得菊花 *TFL1* 基因全长序列。PCR 扩增程序如下：95℃ 预变性 5min；95℃ 变性 30s，57℃ 退火 30s，72℃ 延伸 1min，35 个循环；72℃ 再延伸 10min；4℃ 保存。分别将 PCR 产物进行 1.0% 琼脂糖凝胶电泳分离，利用 DNA 回收试剂盒将 PCR 目的片段经回收、纯化，与 pMD18-T 载体连接，转化大肠杆菌感受态细胞，蓝白斑筛选，经菌液 PCR 鉴定的阳性克隆后送北京擎科生物技术有限公司完成测序。

2 结果与分析

2.1 *CmTFL*1 的 cDNA 序列分析及同源性比较

通过 RT-PCR 方法，从菊花中克隆到 *TFL*1 的 cD-NA 命名为 *CmTFL*1，测序和生物信息学分析结果表明：*CmTFL*1 的 cDNA 序列全长为 537bp（图 1），其中 ORF 长度为 522bp，编码 173 个氨基酸；通过 NCBI 在线应用 ORF finder 将碱基序列翻译成氨基酸序列，见图 2。

对 *CmTFL*1 和其它植物 *TFL*1 编码的氨基酸序列进行同源性比对，菊花 TFL1 蛋白与葡萄（NP_001267933.1）的同源性最高，为 79.0%；此外与豇豆（BAJ22383.1）、和龙胆（AGT41971.1）TFL1 蛋白同源性均为 76%，证明克隆出的基因属于植物 *TFL*1 基因家族，且在进化上是高度保守的。各种植物 TFL1-like 蛋白氨基酸序列比对见图 3。另外使用 MEGA6 软件构建各植物中 TFL1-like 蛋白序列进化树，结果见图 4。

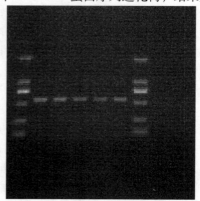

图 1 菊花 *CmTFL*1 基因 RT-PCR 产物的琼脂糖凝胶电泳

Fig. 1 Electrophoresis of RT-PCR products of *CmTFL*1

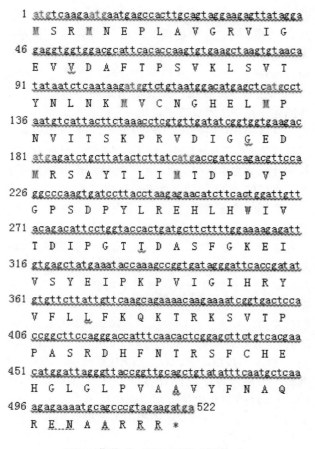

```
1   atgtcaagaatgaatgagccacttgcagtaggaagagttatagga
    M  S  R  M  N  E  P  L  A  V  G  R  V  I  G
46  gaggtggtggacgcattcacaccaagtgtgaagctaagtgtaaca
    E  V  V  D  A  F  T  P  S  V  K  L  S  V  T
91  tataatctcaataagatggtctgtaatggacatgagctcatgcct
    Y  N  L  N  K  M  V  C  N  G  H  E  L  M  P
136 aatgtcattacttctaaacctcgtgttgatatcggtggtgaagac
    N  V  I  T  S  K  P  R  V  D  I  G  G  E  D
181 atgagatctgcttatactcttatcatgaccgatccagacgttcca
    M  R  S  A  Y  T  L  I  M  T  D  P  D  V  P
226 ggcccaagtgatccttacctaagagaacatcttcactggattgtt
    G  P  S  D  P  Y  L  R  E  H  L  H  W  I  V
271 acagacattcctggtaccactgatgcttctttttggaaaagagtt
    T  D  I  P  G  T  T  D  A  S  F  G  K  E  I
316 gtgagctatgaaataccaaagccggtgataggattcaccgatat
    V  S  Y  E  I  P  K  P  V  I  G  I  H  R  Y
361 gtgttcttattgttcaagcagaaaacaagaaaatcggtgactcca
    V  F  L  L  F  K  Q  K  T  R  K  S  V  T  P
406 ccggcttccagggaccatttcaacactcggagcttctgtcacgaa
    P  A  S  R  D  H  F  N  T  R  S  F  C  H  E
451 catggattagggttaccggttgcagctgtatatttcaatgctcaa
    H  G  L  G  L  P  V  A  A  V  Y  F  N  A  Q
496 agagaaaatgcagcccgtagaagatga 522
    R  E  N  A  A  R  R  R  *
```

图 2 菊花 *CmTFL*1 碱基序列比对

Fig. 2 Alignment of predicted base sequence of *CmTFL*1

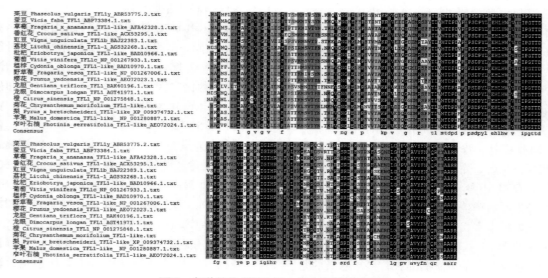

图 3 各种植物 TFL1-like 蛋白氨基酸序列比对

Fig. 3 Sequence alignment of TFL1-like proteins from different plant species

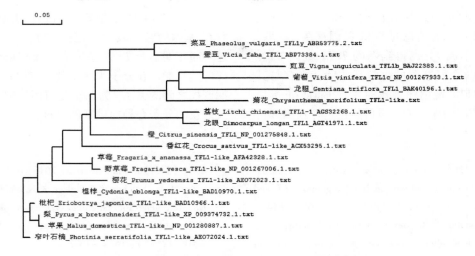

0.05

菜豆_Phaseolus_vulgaris_TFL1y_ABR53775.2.txt
蚕豆_Vicia_faba_TFL1_ABP73384.1.txt
豇豆_Vigna_unguiculata_TFL1b_BAJ22383.1.txt
葡萄_Vitis_vinifera_TFL1c_NP_001267933.1.txt
龙胆_Gentiana_triflora_TFL1_BAK40196.1.txt
菊花_Chrysanthemum_morifolium_TFL1-like.txt
荔枝_Litchi_chinensis_TFL1-1_AGS32268.1.txt
龙眼_Dimocarpus_longan_TFL1_AGT41971.1.txt
橙_Citrus_sinensis_TFL1_NP_001275848.1.txt
香红花_Crocus_sativus_TFL1-like_ACX53295.1.txt
草莓_Fragaria_x_ananassa_TFL1-like_AFA42328.1.txt
野草莓_Fragaria_vesca_TFL1-like_NP_001267006.1.txt
樱花_Prunus_yedoensis_TFL1-like_AEO72023.1.txt
榅桲_Cydonia_oblonga_TFL1-like_BAD10970.1.txt
枇杷_Eriobotrya_japonica_TFL1-like_BAD10966.1.txt
梨_Pyrus_x_bretschneideri_TFL1-like_XP_009374732.1.txt
苹果_Malus_domestica_TFL1-like_NP_001280887.1.txt
窄叶石楠_Photinia_serratifolia_TFL1-like_AEO72024.1.txt

图 4 CmTFL1 与其他植物 TFL1-like 蛋白系统进化树

Fig. 4 Phylogenetic tree of close homologues of the CmTFL1-like and other TFL1-like proteins

2.2 CmTFL1 蛋白序列分析及三维结构的预测

Protparam 在线分析显示：CmTFL1 蛋白分子式为 $C_{865}H_{1363}N_{245}O_{248}S_8$，由 20 种基本的氨基酸组成，其中含量最高的氨基酸是亮氨酸 Val（9.8%），含量最低的氨基酸是色氨酸 Trp（0.6%），酸性氨基酸（Asp + Glu）总数为 18 个，碱性氨基酸（Arg + Lys）总数为 21 个，预测 CmTFL1 相对分子量为 19.42kD，等电点为 8.93，总平均亲水性（GRAVY）为 – 0.288，不稳定指数 34.73，推测其属于稳定亲水性蛋白。通过 PROFsec 在线预测 CmTFL1 蛋白的二级结构，结果表明：CmTFL1 蛋白含 28.90% 螺旋结构，32.95% 折叠和 38.15% 环状结构；利用网站 Expasy 中 Swiss Model 程序同源建模，推测该蛋白的三维结构模型如图 5。

图 5 CmTFL1 蛋白三维结构预测模型

Fig. 5 Predicted 3D structure model of protein CmTFL1

3 讨论

TFL1 基因在一些连续性开花植物中起到重要的调控作用。刘青林等对 9 个月季品种 4 个不同发育时期进行取样，从中克隆得到了 3 个蔷薇属 *TFL1* 同源基因 *RTFL1a*、*RTFL1b*、*RTFL1c*，qRT-PCR 分析表明月季的 *RTFL1c* 在单次开花月季的生长过程中表达量渐增，而在连续开花月季的整个生长过程中都不表达或仅微量表达（Wang，2012）。Iwata 对月季和草莓 *KSN* 基因的研究结果也表明，月季和草莓的连续开花性状被各自的 *TFL1* 同源基因 *RoKSN* 和 *FvKSN* 控制（Iwata，2012；Shulaev，2010）。*RoKSN* 和 *FvKSN* 在结构上的突变或缺失促成了连续开花性状（Kumar，1999）。*RoKSN* 第二个内含子中的转座子是控制月季单次开花或连续开花的关键。在连续开花月季中这个转座子的存在使基因转录被限制，而开花抑制物质的缺失促成了连续开花。而单次开花月季该转座子被重新组合，使等位基因仅含终止序列，从而使该等位基因恢复了功能。在草莓中，在 *FvKSN* 编码区中有 2bp 的缺失，基因结构改变使其丧失功能导致了草莓的连续开花。*RoKSN* 和 *FvKSN* 在月季和草莓中属直系同源位点（Potter，2000；Sargent，2006；Spiller，2011）。在拟南芥中，*RoKSN* 基因填补了 *TFL1* 基因缺失突变体，恢复了其晚花和无限生长特性。Randoux 在连续开花月季中过表达 *RoKSN*，证实了 *RoKSN* 基因与月季连续开花性状具有直接关系（Randoux，2012；Randoux，2014）。上述的研究成果表明 *TFL1* 基因可能与植物的连续开花性状有着紧密的关联。

菊花是典型的短日照植物，但一些菊花却表现出连续性开花的性状。而目前关于菊花连续开花的分子机理的研究仍未见报道，基于上述的推论，我们假设菊花的连续性开花也与菊花的 TFL1 基因存在着关联。本研究中从'金不凋'分离得到新的 *TFL1* 基因 *CmTFL1*，其编码 173 个氨基酸的完整开放阅读框。与其他已知物种的 TFL1 蛋白序列比对发现 CmTFL1 蛋白在进化上具有较高的保守性。蛋白的稳定性预测分析

发现，CmTFL1 属于稳定性蛋白。上述结果为菊花 *TFL1* 基因的转录表达鉴定提供了实验依据，希望通过不同花期菊花 *TFL1* 基因表达模式的研究，进一步探讨其功能，在分子水平上探索 *TFL1* 表达与菊花花期调控之间的关系，为菊花花期调控的分子机理研究及菊花的分子育种提供基础资料。

参考文献

1. Ahn J H, Miller D, Winter V J, *et al*. A divergent external loop confers antagonistic activity on floral regulators *FT* and *TFL*1 [J]. The EMBO Journal, 2006, 25(3): 605 – 614.

2. Bradley D, Carpenter R, Copsey L, Vincent C, Rothstein S, Coen E. Control of inflorescence architecture in *Antirrhinum* [J]. Nature, 1996, 379: 791 – 797.

3. Bradley D, Ratcliffe O, Vincent C, Carpenter R, Coen E. Inflorescence commitment and architecture in *Arabidopsis* [J]. Science, 1997, 275: 80 – 83.

4. CHRISTIAN S, KLAUS S, *et al*. *A terminal flower*1-like gene from perennial ryegrass involved in floral transition and axillary meristem Identity [J]. Plant Physiol., 2001, 125(3): 1517 – 1528.

5. Conti L, Bradley D. *TERMINAL FLOWER*1 is a mobile signal controlling *Arabidopsis* architecture [J]. The Plant Cell Online, 2007, 19(3): 767 – 778.

6. Danilevskaya O N, Meng X, Hou Z, *et al*. A genomic and expression compendium of the expanded PEBP gene family from *maize* [J]. Plant physiology, 2008, 146(1): 250 – 264.

7. Dhanasekar P, Reddy K. A novel mutation in *TFL1* homolog affecting determinacy in cowpea (*Vigna unguiculata*) [J]. Mol Genet Genomics, 2014.

8. Esumi T, Tao R, Yonemori K. Isolation of *LEAFY* and *TERMINAL FLOWER* 1 homologues from six fruit tree species in the subfamily Maloideae of the Rosaceae [J]. Sexual plant reproduction, 2005, 17(6): 277 – 287.

9. Foucher F, Morin J, Courtiade J, *et al*. *DETERMINATE* and *LATE FLOWERING* are two *TERMINAL FLOWER*1/*CENTRORADIALIS* homologs that control two distinct phases of flowering initiation and development in pea [J]. The Plant Cell Online, 2003, 15(11): 2742 – 2754.

10. Freiman A, Shlizerman L, Golobovitch S, *et al*. Development of a transgenic early flowering pear (*Pyrus communis* L.) genotype by RNAi silencing of *PcTFL*1-1 and *PcTFL*1-2 [J]. Planta, 2012, 235(6): 1239 – 1251.

11. Hanzawa Y, Money T, Bradley D. A single amino acid converts a repressor to an activator of flowering [J]. Proc Natl Acad Sci USA, 2005, 102(21): 7748 – 7753.

12. Iwata H, Gaston A, Remay A, *et al*. The *TFL1* homologue *KSN* is a regulator of continuous flowering in rose and straw-

berry [J]. The Plant Journal, 2012, 69(1): 116 – 125.

13. Jensen C S, Salchert K, Nielsen K K. *A TERMINAL FLOWER*1-like gene from perennial ryegrass involved in floral transition and axillary meristem identity [J]. Plant Physiology, 2001, 125(3): 1517 – 1528.

14. Kotoda N, Wada M. *MdTFL*1, a *TFL*1-like gene of apple, retards the transition from the vegetative to reproductive phase in transgenic *Arabidopsis* [J]. Plant Sci, 2005, 168: 95 – 104.

15. Kumar A, Bennetzen J L. Plant retrotransposons [J]. Annual review of genetics, 1999, 33(1): 479 – 532.

16. Mohamed R, Wang C T, Ma C, *et al*. Populus *CEN/TFL*1 regulates first onset of flowering, axillary meristem identity and dormancy release in *Populus* [J]. Plant J., 2010, 62(4): 674 – 688.

17. Nakagawa M, Shimamoto K, Kyozuka J. Overexpression of *RCN*1 and *RCN*2, rice *TERMINAL FLOWER* 1/*CENTRORADIALIS* homologs, confers delay of phase transition and altered panicle morphology in rice [J]. The Plant Journal, 2002, 29(6): 743 – 750.

18. Ordidge M, Chiurugwi T, Tooke F, *et al*. *LEAFY*, *TERMINAL FLOWER*1 and *AGAMOUS* are functionally conserved but do not regulate terminal flowering and floral determinacy in Impatiens balsamina [J]. The Plant Journal, 2005, 44(6): 985 – 1000.

19. Potter D, Luby J J, Harrison R E. Phylogenetic relationships among species of *Fragaria* (Rosaceae) inferred from noncoding nuclear and chloroplast DNA sequences [J]. Systematic Botany, 2000, 25(2): 337 – 348.

20. Pillitteri L, Lovatt C, Walling L. Isolation and characterization of *A terminal FLOWER* homolog and its correlation with juvenility in *citrus* [J]. Plant Physiology, 2004, 135: 1540 – 1551.

21. Randoux M, Jeauffre J, Thouroude T, *et al*. Gibberellins regulate the transcription of the continuous flowering regulator, *RoKSN*, a rose *TFL*1 homologue [J]. Journal of experimental botany, 2012, 63(18): 6543 – 6554.

22. Randoux M, Jeauffre J, Foucher F, *et al*. RoKSN, a floral repressor, forms protein complexes with RoFD and RoFT to regulate vegetative and reproductive development in rose

[J]. New Phytologist, 2014, 202: 161 –173.

23. Ratcliffe O, Amaya I, Vincent C, Rothstein S, Carpenter R, Coen E, Bradley D. a common mechanism controls the life cycle and architecture of plants [J]. Development, 1998, 125: 1609.

24. Ratcliffe O J, Bradley D J, Coen E S. Separation of shoot and floral identity in *Arabidopsis* [J]. Development, 1999, 126(6): 1109 –1120.

25. Sargent D J, Clarke J, Simpson D W, *et al*. An enhanced microsatellite map of diploid *Fragaria* [J]. Theoretical and Applied Genetics, 2006, 112(7): 1349 –1359.

26. Shannon S, Meeks-Wagner D R. A mutation in the *Arabidopsis TFL*1 gene affects inflorescence meristem development [J]. The Plant Cell Online, 1991, 3(9): 877 –892.

27. Shulaev V, Sargent D J, Crowhurst R N, *et al*. The genome of woodland strawberry (*Fragaria vesca*) [J]. Nature genetics, 2010, 43(2): 109 –116.

28. Spiller M, Linde M, Hibrand-Saint Oyant L, *et al*. Towards a unified genetic map for diploid roses [J]. Theoretical and applied genetics, 2011, 122(3): 489 –500.

29. Tahery Y, Abhul-Hamid H, Tahery E. *Terminal Flower* 1 (*TFL*1) homolog genes in dicot plants [J]. World Appl Sci J, 2011, 12(545): 551.

30. Wang L, Liu Y, Zhang Y, *et al*. The expression level of Rosa *Terminal Flower* 1 (*RTFL*1) is related with recurrent flowering in roses [J]. Molecular biology reports, 2012, 39 (4): 3737 –3746.

31. Zhang S, Hu W, Wang L, *et al*. *TFL* 1/ *CEN*-like genes control intercalary meristem activity and phase transition in rice [J]. Plant Science, 2005, 168: 1393 –1408.

中国观赏园艺研究进展 2015：118～124
Advances in Ornamental Horticulture of China，2015：118～124

蜡梅 H3 组蛋白基因 *CpH*3 的克隆及表达分析

李 瑞　杨汶源　马 婧　李名扬[①]
（西南大学园艺园林学院，重庆市花卉工程技术研究中心，南方山地园艺学教育部重点实验室，重庆 400715）

摘要　通过随机克隆测序的方法从蜡梅花 cDNA 文库中获得蜡梅组蛋白基因，命名为 *CpH*3（GenBank 登录号为：JQ952597）。扩增得到的 *CpH*3 最大 ORF 框为 400bp，编码一个长 136 个氨基酸的蛋白质，且扩增获得的 DNA 序列与 cDNA 序列不一致，表明该基因具有内含子。与多个物种的蛋白质序列同源比对，发现其同源性高达 99%。实时荧光定量 PCR 分析表明 *CpH*3 基因在蜡梅成熟叶片中的表达量最高；在花发育过程中，该基因在外瓣和中瓣中的表达量较高。在对蜡梅幼苗进行高温、低温、干旱、ABA、高盐 5 种非生物胁迫处理后，通过实时荧光定量 PCR 对 *CpH*3 在幼叶中的表达量进行分析，结果表明高温、低温、干旱、ABA 处理下抑制了该基因的表达，而高盐处理 15 分钟后促进了该基因的表达，1 小时之后抑制该基因的表达。表明该基因可能在蜡梅花发育以及非生物胁迫反应响应方面发挥作用。

关键词　蜡梅；H3 组蛋白基因；基因克隆；表达分析

Cloning and Expression Analysis on Histone Factor Gene *H*3 from *Chimonanthus praecox*（L.）

LI Rui　YANG Wen-yuan　MA Jing　LI Ming-yang
（*College of Horticulture and Landscape*，*Southwest University*，*Chongqing Engineering Research Center for Floriculture*，
Key Laboratory of Horticulture Science for Southern Mountainous Regions，*Ministry of Education*，*Chongqing* 400715）

Abstract　In this study，a new plant gene was identified by randomly cloning and sequencing from cDNA library constructed from *Chimonanthus praecox* flowers，which was named as *CpH*3（GenBank accession No. JQ952597）. The *CpH*3 has an open reading frame（ORF）of 400 bp encoding a putative 136aa-polypeptide . And that the Amplification of DNA sequences do not a-gree with cDNA sequence showed that the gene have introns. Alignment of *CpH*3 encoding protein with other plant histone H3 proteins revealed that the homology is as high as 99%. Real-time fluorescence quantitative PCR demonstrated that the expression level of *CpH*3 in Climax leaves is higher than that in Roots and Tender leaves. During the lifespan，the expression of *CpH*3 was more abundant in Outer and Medial perianths. In the developmental stages of flower，the expression level of *CpH*3 in Bloom period is more abundant than that in other periods. The expression of *CpH*3 was induced under various abiotic stresses such as high salinity. However，various abiotic stresses can inhibit The expression of *CpH*3 including high temperature，hypothermia，drought and ABA. In conclusion，we propose that the *CpH*3 gene may play a significant role in *Chimonanthus praecox* flower development and abiotic stress responses.

Key words　*Chimonanthus praecox*；Histone 3；Gene clone；Expression analysis

　　组蛋白（histones）是存在于真核生物染色体内的与 DNA 结合的一类低分子量的碱性蛋白质，是染色体基本结构单位核小体的重要组成成分（郑新欣，2009）。组蛋白主要有 5 类：H1、H2A、H2B、H3、H4，其中组蛋白 H3 在进化上极为保守，是目前已经发现的所有蛋白质中最保守的一类蛋白（茅卫锋 等，2004）。

　　组蛋白 H3 有多种翻译后的修饰，包括甲基化、乙酰化、磷酸化、泛素化以及类泛素化修饰（Shilati-fard，2006）。这些修饰通常发生在组蛋白的氨基端尾部，会引起染色质结构以及功能上的变化，进一步影响基因表达（Loidl，2004）。研究发现，组蛋白 H3 的乙酰化通常发生在组蛋白 H3 赖氨酸（Lys）的 9、14、18、23、27 位点（Earley *et al.* 2007）；在玉米的研究

---

①　通讯作者。

中发现，组蛋白 H3Ser10 的磷酸化主要发生在有丝分裂和减数分裂前期，并且是染色体浓缩启动后发生（Zhang *et al.* 2008）；Tachibana 等发现，组蛋白 H3－9 位的 Lys（H3—K9）甲基化是转录沉默的标志（Torres-Padilla *et al.* 2007）；Wu 等发现组蛋白（HD2）的乙酰化相关基因缺失会影响植物正常的发育（Wu，Tian *et al.* 2000）。

2001 年 Allis 等人提出了组蛋白密码学说（Jenuwein & Allis, 2001），其对于解释植物开花、生长发育、抗逆性、进化等重要生理过程以及揭示这些生命活动的本质有重大意义。因而越来越多的研究者把目光聚焦在植物组蛋白的研究上。但有关蜡梅组蛋白特别是组蛋白 H3 基因的结构以及表达调控等方面的报道还很少。

蜡梅（*Chimonanthus praecox*）是蜡梅科蜡梅属落叶丛生灌木，冬季开花并且耐寒，耐旱，耐剪切。蜡梅组蛋白 H3 基因是否参与其生长发育调控以及逆境防御机制值得深入研究。本试验中通过克隆获得蜡梅 *CpH3* 基因，并使用实时荧光定量 PCR 方法对其转录水平进行表达分析，以期能够揭示该基因的生理功能。

1 材料与方法

1.1 植物材料与试剂

试验所用材料磬口蜡梅（*Chimonanthus praecox var. grandiflora*）采自西南大学校园内。蜡梅花 cDNA 文库构建及保存由重庆市花卉工程技术研究中心眭顺照等完成（2007）。将蜡梅种子催芽后放置人工气候箱中培养，培养温度为昼 25℃/夜 20℃；湿度为 85%；光周期为昼 16h/夜 8h；光照强度为 20 000lx。幼苗生长至五叶期时备用。

大肠杆菌 DH5α 由重庆市花卉工程技术研究中心保存。ExTaq 酶（Lot#I202708）、克隆载体 pMD19-T、反转录试剂盒 PrimeScriptTM RT Reagent Kit 均购于大连宝生物有限责任公司。RNA 提取试剂盒（RNAprep Pure Plant Kit）购于北京天根公司。SsoFast^TE Eva Green Supermix 试剂盒购于 Bio-Rad 公司。DNA Marker、胶回收试剂盒均购自 Bio Flux 公司。其他常用试剂购自上海生物工程有限公司。引物合成及 DNA 测序由北京六合华大基因有限公司完成。

1.2 目标克隆子的获得及序列分析

随机挑选蜡梅花 cDNA 文库阳性克隆，送华大基因进行正向序列测定得到 EST 序列，然后运用 DNAStar 软件包的 SeqMan 进行 EST 聚类。运行 NCBI 网站的 BLASTX（NCBI http：//blast. ncbi. nlm. nih. gov/Blast）与 nr 库进行比对，获得目标克隆子，再以 SP5 和 T7 为测序引物进行两次正反向序列测定，得到蜡梅 H3 组蛋白基因的 cDNA 序列，并将其命名为 *CpH3*。

通过生物信息学方法对该基因的序列特征及其编码蛋白的特征进行分析。主要借助 DNAStar5.0、Mega5.0 等软件包以及网络在线软件进行。

1.3 蜡梅 DNA、RNA 的提取与 cDNA 第一链的合成

采用 CTAB 法提取蜡梅叶片总 DNA，获得的总 DNA 于-20℃保存。选取处于花期的 3 株长势良好无病虫害的蜡梅，在同一植株上分别采集不同时期（包括萌动、蕾期、露瓣期、初开期、盛开期和落花期）花芽，以及盛花期不同花器官（包括根、茎、叶、外瓣、中瓣、内瓣、雄蕊和雌蕊）（吴昌陆 & 胡南珍，1995）；选取长势一致的蜡梅四叶期幼苗分别进行高温（42℃）、低温（4℃）、高盐（1mol·L⁻¹ NaCl）、ABA 胁迫胁迫和模拟干旱胁迫（PEG 胁迫）处理，在处理 0、0.25、1、6 和 12h 时取 3 株幼苗相同部位的嫩叶。

使用 RNAprep pure 植物总 RNA 提取试剂盒（天根生化科技有限公司）提取上述材料的总 RNA，然后以 1μL 总 RNA 为模板，按 PrimeScript RT Master Mix Perfect Real Time（大连宝生物有限责任公司）试剂盒说明书合成 cDNA 第一链。

1.4 蜡梅 *CpH3* 表达分析

以提取的总 RNA 为模板，以 *Tublin* 和 *Actin-b* 为内参基因，根据 3 对特异引物在相同模板下的不同扩增曲线来筛选合适的目标基因扩增引物（表1），采用 Eva Green 荧光染料法，用 CFX96（Bio-Rad）实时荧光定量 PCR 仪对 *CpH3* 在不同组织、不同发育时期的表达量进行实时荧光定量 PCR（real-time quantitative PCR）分析，根据 SsoFast^TE Eva Green Supermix 试剂盒（Bio-Rad）说明配制反应体系，每个样品设 3 个重复反应。体系中包括 5 μL SsoFast^TE Eva Green Supermix，上下游引物（10μmol·L⁻¹）各 0.5μL，模板（50ng/μL）0.5μL，ddH₂O 3.5μL，总体 10μL。反应程序：98℃预变性 30s，95℃变性 5s，55~65℃退火，延伸 5s（每次循环后采集荧光），40 个循环；95℃变性 10s，65 ~ 95℃ 做熔解曲线分析，每个循环增加 0.5℃，每个温度停留 5s。试验数据通过 Bio-Rad Manager™（Version 1.1）软件进行分析，用 $2^{-\Delta\Delta CT}$ 法获得 *CpH3* 的相对表达量（Livak & Schmittgen，2001）。

表1 实时荧光定量 PCR 引物序列

Table1 Primer sequences used in real-time quantitative PCR

基因名称 Gene	上游引物序列(5′-3′) Forward primers	下游引物序列(5′-3′) Reverse primers
Actin-b	TTGGTCGCAGCTGATTGCTGTG	AGGCTAAGATTCAAGACAAGG
Tublin	CAAGCTTCCTTATGCGATCC	GTGCATCTCTATCCACATCG
*CpH*3-1	TTTCTCTCGCTCTCCAGATGGCTCG	ATCTGTGGGGCTTCTTCACTCCTCC
*CpH*3-2	GGAGTGAAGAAGCCCCACAGAT	CCAGCCTTTGGAATGGCAGTTT
*CpH*3-3	CAGAAGAATCCGTGGCGAGAGG	ACGACAACACTTGAGAAACTACACG

2 结果与分析

2.1 *CpH*3 基因克隆子的获得及基因序列分析

随机测序后 EST 分析显示文库相应的克隆子 *CpH*3 上的 cDNA 片段可能属于蜡梅组蛋白基因，以 SP5 和 T7 为测序引物的测序结果初步表明该克隆子是来自蜡梅的组蛋白 cDNA 序列，命名为 *CpH*3（GenBank 登录号：JQ952597）。

以跨 ORF 框的引物进行 PCR，从蜡梅基因组 DNA、蜡梅花 cDNA 中扩增出大小不一致的特异产物（图1），即大小分别约为 1200bp 和 400bp 的两条片段（图1），克隆到 pMD19-T vector 中进行测序分析。结果表明 *CpH*3 基因序列含有一个 400bp 的最大 ORF

框，编码 136 个氨基酸残基的蛋白质；*CpH*3 基因序列中含有 3 段内含子序列，而且内含子都为 GT-AG 类型（图2）。

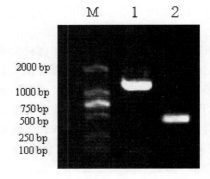

图1 *CpH*3 的克隆

M：DL2000 marker；1：基因组 DNA；2：cDNA。

Fig. 1 Amplification of *CpH*3

M：*DL2000 marker*；1：*Genomer DNA*；2：*cDNA*.

图2 内含子分析

Fig. 2 Intron analysis

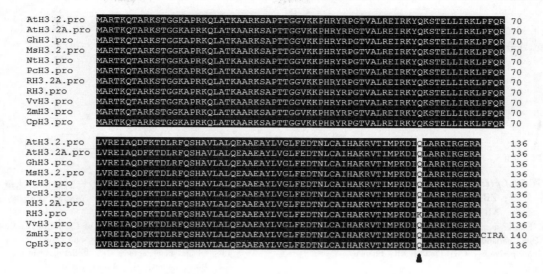

图 3　*CpH3* 与同源基因编码区氨基酸序列比对

AtH3.2：拟南芥（CAA42958）；AtH3.2A：拟南芥（CAB38917）；GhH3：棉花（AAB97162）；MsH3.2：紫花苜蓿（AAB36498）；NtH3：烟草（BAA31218）；PcH3：稻属（AAC97380）；RH3.2A：水稻（AAS19511）　RH3：水稻（AAL78367）；VvH3：葡萄（AAP30739）；ZmH3：玉米（AFW71933.1）；Cp：梅（JQ952597）

Fig. 3 Alignment of the deduced amino acid sequences of ORF of *CpH3* and homologous genes

AtH3.2：*Arabidopsisthaliana*（CAA42958）；AtH3.2A：*Arabidopsis thaliana*（CAB38917）；GhH3：*Gossypiumhirsutum*（AAB97162）；MsH3.2：*Medicago sativa*（AAB36498）；NtH3：*Nicotianatabacum*（BAA31218）；PcH3：*Porteresiacoarctata*（AAC97380）；RH3.2A：*Oryza sativa*（AAS19511）；RH3：*Oryza sativa*（AAL78367）；VvH3：*Vitisvinifera*（AAP30739）；ZmH3：*Zea mays*（AFW71933.1）；Cp：Chimonanthuspraecox（JQ952597）

2.2　*CpH3* 编码蛋白序列分析及同源分析比较

通过 EXPASY 服务器上的 GOR 程序对 *CpH3* 蛋白的二级结构进行预测，发现该蛋白主要由 α 螺旋和无规则卷曲组成，其中 α 螺旋、β 折叠和无规则卷曲的含量分别占 59.56%、5.15% 和 35.29%。

CpH3 编码的蛋白的理论分子量为 15.4kD，预测等电点为 11.15。其中包含 34 个碱性氨基酸残基（K、R、H）、11 个酸性氨基酸残基（D、E）、48 个疏水性氨基酸残基（A、I、L、F、V）、35 个极性氨基酸残基（N、C、G、Q、S、T、Y）。

信号肽在线分析（http://www.cbs.dtu.dk/services/SignalP/）表明 *CpH3* 前体蛋白不含信号肽，蛋白质亚细胞定位（http://psort.nibb.ac.jp/form.html）分析表明该蛋白主要存在于细胞核。

氨基酸序列同源检测，发现 *CpH3* 与拟南芥（*Arabidopsis thaliana*）、水稻（*Oryza sativa*）、苜蓿（*Medicago truncatula*）、葡萄（*Vitis vinifera*）、烟草（*Nicotiana tabacum*）等都有非常高的同源性（图 3）。

2.3　*CpH3* 的表达分析

CpH3 的实时荧光定量分析表明，在蜡梅不同组织中 *CpH3* 均有表达，但表达水平差异较大（图 4）。在成熟叶片中的表达量最高，在茎、子叶和花中的表

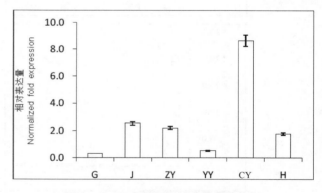

图 4　*CpH3* 在不同组织中的表达分析

G：根；J：茎；ZY：子叶；YY：幼叶；

CY：成熟叶；H：盛开期花芽。

Fig. 4 Expression analysis of *CpH3* in various tissues

G：Roots；J：Stems；ZY：Cotyledons；YY：Tender leaves；

CY：Climax leaves；H：Fully open flowers.

达量次之，在根和幼叶中的表达量最低。

对 *CpH3* 在蜡梅花器官中的表达进行分析（图 5），结果显示 *CpH3* 在外瓣和中瓣中的表达量较高，内瓣、雌蕊、雄蕊中表达量较低。

CpH3 在蜡梅开花过程中不同时期的表达分析表明（图 6），该基因在花发育过程中盛开期表达最高，蕾期和落花期次之，但总体来说其他时期表达量相对较低。

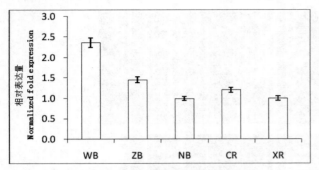

图 5　*CpH*3 在 3 轮花器官的表达分析

WB：外瓣；ZB：中瓣；NB：内瓣；

CR：雌蕊；XR：雄蕊。

Fig. 5　Expression analysis of *CpH*3 in various tissues

WB：Outer perianths；ZB：Medial perianths；

NB：Inner perianths；CR：Pistils；XR：Stamens.

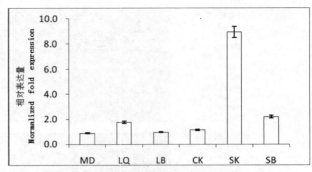

图 6　*CpH*3 在不同花发育时期的表达量

MD：萌动期；LQ：蕾期；LB：露瓣期；CK：初开期；

SK：盛开期；SB：落花期。

Fig. 6　Expression analysis of *CpH*3 during flower

MD：Sprout period；LQ：Flower-bud period；

LB：Display-petal period；CK：Initiating bloomperiod；

SK：Bloom period；SB：Wither period

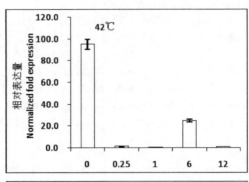

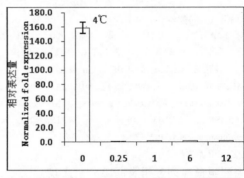

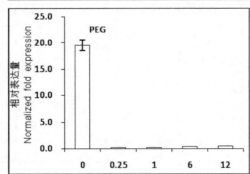

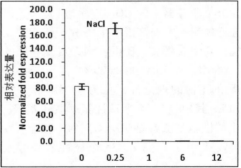

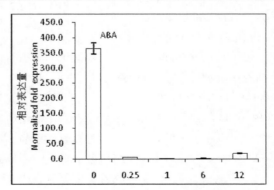

图 7　不同胁迫下 *CpH*3 表达的分析

0 为对照，依次为处理 15min、1h、6h、12h

Fig. 7　Expression analysis of *CpH*3 in different stresses

0 for comparison，followed by treatment for 15 min，1 h，6 h，12 h

非生物胁迫处理表明，5 种非生物胁迫对 *CpH3* 表达都有影响，且该基因的表达变化各不相同。高温处理 15min、1h 后，*CpH3* 的表达量都明显降低，直至 6h 后明显升高，但 12h 后 *CpH3* 的表达量又明显降低了；低温处理 15min 后，*CpH3* 的表达量明显降低，而且随处理时间的延长，*CpH3* 的表达量也未得到恢复；干旱胁迫（PEG）处理 15min 后，*CpH3* 的表达量明显降低，随处理时间的增加，*CpH3* 的表达量呈现微弱上升的趋势，但是其表达量依然很低；高盐处理 15min 后，*CpH3* 的表达量明显升高，但随处理时间的延长，该基因的表达量都持续明显降低；ABA 处理 15min 后，*CpH3* 的表达量明显降低，而且随处理时间的延长，其表达量还有微弱降低的趋势，直至 12h 后 *CpH3* 的表达量才表现上升。

以上结果表明：*CpH3* 基因在 ABA、高温、干旱、低温处理下抑制了该基因在幼叶中的表达，而高盐处理 15 分钟后显示促进了该基因在幼叶中的表达，一小时之后抑制该基因在幼叶中的表达。

3 讨论

研究表明，核心组蛋白都很保守，且 H3 在序列与长度上表现高度保守（茅卫锋 等，2004）。即使是在亲缘关系较远的种属中，氨基酸序列也极为相似（Torres－Padilla *et al*. 2007）。本试验中首次从蜡梅中克隆到组蛋白 H3 基因 *CpH3*，与其他物种的组蛋白 H3 序列相比具有高度的同源性，且同源性达 99%。这与前人的研究表现出一致性。

本文从蜡梅基因组 DNA、蜡梅花 cDNA 中分别扩增出 1200bp、400bp 的特异产物，表明所克隆的蜡梅组蛋白 *CpH3* 基因含有内含子。有研究表明，在植物中的组蛋白 H3 有两类，复制依赖型组蛋白 H3.1 和非复制依赖型组蛋白 H3.2，且其主要区别在于 H3.2 这一类组蛋白含有内含子（Kanazin, Blake, & Shoemaker, 1996）。因此，我们推测克隆的 *CpH3* 基因属于 H3.2 型组蛋白。

本研究中发现 *CpH3* 在蜡梅的大部分组织中均表达，但在老叶中表达量显著高于其他组织的表达量，

推测它可能与老叶叶片的发育存在一定关系。组蛋白 H3 为细胞分裂过程中形成染色体的必要组成成分，一般在生长旺盛的组织活细胞中表达丰度较高（杨文源，2013）。本实验得出的结果表明，该基因在蜡梅的幼嫩组织表达较低，在成熟组织中表达反而较高。我们推测这可能是因为该蛋白是组蛋白 H3.2 型组蛋白，此蛋白是高度乙酰化的，在分生组织中表达量很高（Sheng-Ping *et al*. 2006）。该基因在花器官中外瓣、中瓣中表达丰度高于内瓣、雌蕊和雄蕊，表明该基因可能参与花瓣的发育调控。

非生物胁迫实验表明 *CpH3* 基因在受到高温、低温、干旱、高盐以及 ABA 处理后，该基因的表达水平与对照时期明显不同，说明该基因在生物胁迫下发生了改变。Lam 等的研究也表明，组蛋白 H3 会受到干旱和 ABA 胁迫的诱导（Lam & Chua, 1991）；水稻组蛋白 RH3 不仅受到盐胁迫，还会受到干旱胁迫的调节（Wang *et al*. 2003）。我们还发现，*CpH3* 基因进行高盐胁迫 15min 后的表达水平迅速提高，1h 后该基因表达水平下降，并且远低于对照水平，这与李健等在小麦中的研究结果也一致（李健，赵双宜，2008）。由此我们推测，蜡梅 *CpH3* 基因与植物的抗逆性相关。前人的研究表明，组蛋白 H3 作为染色体的重要组成成分，可通过翻译后修饰诱导或抑制基因的表达，开启植物抵抗非生物胁迫状态下的代谢途径（Waterborg & Robertson, 1996；李健 & 赵双宜，2008）。由此我们推测，蜡梅幼苗很可能通过组蛋白 H3 表达水平以及翻译后修饰途径来调节其代谢途径从而提高蜡梅的抗非生物胁迫能力。

本试验中从蜡梅中获得了 *CpH3* 基因，并对其进行了一些功能分析，在对其组织、发育时期以及胁迫的响应研究说明该基因参与了植物的生长发育及胁迫反应，然而对其调控非生物胁迫响应的途径有待进一步研究。其在蜡梅中的作用受体也未知。今后将从 *CpH3* 作用的受体、与受体的作用机理及其如何调控植物生长发育等方面进行更深入的研究，以期能揭示 *CpH3* 在蜡梅中的生理作用。

参考文献

1. Earley, K. W., Shook, M. S., Brower-Toland, B., Hicks, L., & Pikaard, C. S. 2007. In vitro specificities of Arabidopsis co-activator histone acetyltransferases: implications for histone hyperacetylation in gene activation [J]. The Plant Journal, 52(4): 615 – 626.

2. Jenuwein, T., & Allis, C. D. 2001. Translating the histone code [J]. Science, 293(5532): 1074 – 1080.

3. Kanazin, V., Blake, T., & Shoemaker, R. C. 1996. Organization of the histone H3 genes in soybean, barley and wheat [J]. Molecular and General Genetics MGG, 250(2): 137 – 147.

4. 李健，赵双宜. 2008. 小麦组蛋白基因的表达与其耐盐性 [D]. 山东大学.

5. Lam, E., & Chua, N. 1991. Tetramer of a 21-base pair syn-

thetic element confers seed expression and transcriptional enhancement in response to water stress and abscisic acid[J]. Journal of Biological Chemistry, 266(26): 17131 – 17135.

6. Livak, K. J., & Schmittgen, T. D. 2001. Analysis of relative gene expression data using real-time quantitative PCR and the 2^{-ΔΔCT} method[J]. methods, 25(4): 402 – 408.

7. Loidl, P. 2004. A plant dialect of the histone language[J]. Trends in plant science, 9(2): 84 – 90.

8. 茅卫锋, 汪亚平, 孙永华, 吴刚, 陈尚萍, 朱作言. 2004. 虹鳟鱼 (*Oncorhynchus mykiss*) 组蛋白 H3 启动子的分子克隆及在稀有鮈鲫 (*Gobiocypris rarus*) 中的表达活性分析 [J]. 自然科学进展, 14(1): 46 – 50.

9. Sheng-Ping, Q., Huang, J., Li-Juan, P., Mei-Mei, W., & ZHANG, H. -S. 2006. Salt induces expression of RH3. 2A, encoding an H3. 2 – type histone H3 protein in rice (*Oryza sativa* L.) [J]. Acta Genetica Sinica, 33(9): 833 – 840.

10. Shilatifard, A. 2006. Chromatin modifications by methylation and ubiquitination: implications in the regulation of gene expression [J]. Annu. Rev. Biochem., 75: 243 – 269.

11. Torres-Padilla, M. -E., Parfitt, D. -E., Kouzarides, T., & Zernicka-Goetz, M. 2007. Histone arginine methylation regulates pluripotency in the early mouse embryo[J]. Nature, 445(7124): 214 – 218.

12. Wang, X., Weng, Q., You, A., Zhu, L., & He, G. 2003. Cloning and characterization of riceRH3 gene induced by brown planthopper[J]. Chinese Science Bulletin, 48 (18): 1976 – 1981.

13. Waterborg, J. H., & Robertson, A. J. 1996. Common features of analogous replacement histone H3 genes in animals and plants [J]. Journal of molecular evolution, 43 (3): 194 – 206.

14. 吴昌陆, 胡南珍. 1995. 蜡梅花部形态和开花习性研究 [J]. 园艺学报, 22(3): 277 – 282.

15. Wu, K., Tian, L., Malik, K., Brown, D., & Miki, B. 2000. Functional analysis of HD2 histone deacetylase homologues in *Arabidopsis thaliana*[J]. The Plant Journal, 22 (1): 19 – 27.

16. 杨汶源. 2013. 梅 H3 组蛋白基因 *CpH3* 的克隆及功能初步分析[D]. 西南大学.

17. 郑新欣. 2009. 普通小麦编码组蛋白 H3 基因的克隆与分析[D]. 首都师范大学.

18. Zhang, W., Lee, H. -R., Koo, D. -H., & Jiang, J. 2008. Epigenetic modification of centromeric chromatin: hypomethylation of DNA sequences in the CENH3-associated chromatin in *Arabidopsis thaliana* and maize[J]. The Plant Cell Online, 20(1): 25 – 34.

中国观赏园艺研究进展 2015：125～130

Advances in Ornamental Horticulture of China, 2015：125～130

125

蜡梅过氧化物酶体生成蛋白基因 *CpPEX22* 的克隆及表达分析

周仕清　赵亚红　马婧　李名扬[①]

（西南大学园艺园林学院，重庆市花卉工程研究中心，南方山地园艺学教育部重点实验室，重庆 400715）

摘要　从蜡梅花 cDNA 文库获得了了 1 个过氧化物酶体蛋白基因的 cDNA 全长序列，命名为 *CpPEX22*，扩增获得的 DNA 序列与 cDNA 序列一致，表明该基因不具有内含子，该基因 cDNA 包一个 804bp 的最大开放阅读框，编码一个 268 个氨基酸的蛋白质。蛋白质序列同源比对发现 *CpPEX22* 与豌豆、大豆、葡萄等植物的 PEX22 序列高度相似，且该基因序列在 C 端比较保守。实时荧光定量 PCR 分析表明，该基因在蜡梅不同组织中老叶中表达最高，在盛开期花的各个部位又以中瓣表达量最高，在开放过程中衰败期的表达量最高。在对蜡梅幼苗进行高低温、H_2O_2、ABA 等非生物胁迫处理后，结果表明 H_2O_2、ABA 处理可诱导 *CpPEX22* 表达。表明该基因可能在蜡梅衰老和非生物胁迫应答的过程中发挥重要作用。

关键词　蜡梅；过氧化物酶体生成蛋白；分子特征；表达分析

Cloning and Functional Analysis of the Peroxisome Generate Protein Gene *CpPEX*22 from *Chimonanthus praecox*

ZHOU Shi-qing　ZHAO Ya-hong　MA Jing　LI Ming-yang

（*College of Horticulture and Landscape*，*Southwest University*，*Chongqing Engineering Research Center for Floriculture*，*Key Laboratory of Horticulture Science for Southern Mountainous Regions*，*Ministry of Education*，*Chongqing* 400715）

Abstract　Inthisstudy，a new plant gene was identified by randomly cloning and sequencing from cDNA library constructed from Chimonanthus praecox flowers，which was named as CpPEX22. The CpPEX22 an open reading frame（ORF）of 804bp encoding a putative 268aa-polypeptide . And that the Amplification of DNA sequences do not agree with cDNA sequence showed that the gene have introns. Alignment of CpPEX22 encoding protein with Peas，beans，grapes and other plants PEX22 sequence is highly homology，And the gene sequence in the c-terminal conservative. Real-time fluorescence quantitative PCR demonstrated that the expression level of CpPEX22 in leaflets is higher than that in Roots and Tender leaves. During the lifespan，the expression of CpPEX22 was more abundant in Medial perianths. In the developmental stages of flower，the expression level of CpPEX22 in The decline periods is more abundant than that in other periods. The expression of CpPEX22 was induced under various abiotic stresses including high temperature，hypothermia，H2O2 and ABA. In conclusion，we propose that the CpPEX22 gene may play a significant role in Chimonanthus praecox flowers anti-aging and abiotic stress responses.

Key words　Chimonanthus praecox；The Peroxisome Generate Protein Gene CpPEX22；Gene clone；Expressionanalysis

Pex22 是一种过氧化物酶体的膜整合蛋白，属于过氧化物酶体膜蛋白（*peroxisome generate protein*）家族成员，这类蛋白质总称为 peroxin。是在 1954 年被发现的，过氧化物酶体氧化代谢变化是植物衰老的一种表现，PEX 的过表达可促进过氧化物酶体的增殖，可抵抗氧化胁迫，多种 PEX 基因在其中发挥着不同的作用，对研究植物的抗氧化和抗衰老具有重要意义。过氧化物酶体包含有两大类蛋白质分子，一类是镶嵌在膜上的蛋白质分子；另一类是内部的酶分子。过氧化物酶体的功能是由这两类蛋白质分子来完成的。

过氧化物酶体有以下功能：使毒性物质失活，对氧浓度的调节作用，脂肪酸的氧化，含氮物质的代谢等。过氧化物酶体产生的模型有很多种，刚开始认为过氧化物酶体是由内质网（endoplasmic reticulum ER）萌发而来的。1985 年，Lazarow 与 Fujik 提出"生长和分裂"模型：新的过氧化物酶体由已存在的成熟的过氧化物酶体分裂产生。此说法被人们广泛接受。来源于内质网等内膜上的泡状体参与过氧化物酶体膜的形

---

① 通讯作者。

成,因此内质网可能与过氧化物酶体的从头合成相关。

蜡梅(*Chimonanthus praecox*)是蜡梅科蜡梅属落叶丛生灌木,冬季开花并且耐寒,耐旱,耐剪切,是我国特有的传统名贵观赏花木。过氧化物酶体生成蛋白是否参与其生长发育调控以及逆境防御机制值得深入研究。本实验通过克隆获得蜡梅 *CpPEX22* 基因,并使用实时荧光定量 PCR 方法对其转录水平进行表达分析,以期能揭示该基因的生理功能。

1 材料与方法

1.1 植物材料与试剂

实验所用材料磬口蜡梅(*Chimonanthus praecox var. grandiflora*)于 2014 年 12 月至 2015 年 1 月采自西南大学校园内。蜡梅花 cDNA 文库构建及保存由重庆市花卉工程技术研究中心眭顺照等(2007)年完成。蜡梅四叶期的幼苗采用种子繁殖获得,将种子催芽后放置人工气候箱中培养,培养温度为昼 25℃/夜 20℃;湿度为 85%;光周期为昼 16h/夜 8h;光照强度为 200001x。

大肠杆菌 DH5a 由重庆市花卉技术研究中心保存。EasytaqDNA 聚合酶购自北京全式金生物技术有限责任公司,克隆载体 pMD19-T 购自宝生物工程(大连)有限公司,DNA 连接试剂盒购自 TaKaRa 有限公司,质粒提取试剂盒和胶回收试剂盒购自 BioFlux 公司,普通 Taq 酶及 PCR 相关试剂购自天为时代公司,引物合成由华大基因有限公司合成。

1.2 目标克隆子的获得及序列分析

随机挑选文库克隆,提取质粒 DNA 以 5ptripl ex-sequeence primer 为测序引物,采用 ABI3700DNA Sequence DNA 自动测序仪进行正向序列测定,得到 EST 序列。然后运用 DNAStar 软件的 SeqMan 进行 EST 聚类,通过 NCBI 的 Blast 在线程序和 nr 库进行比对,初步确认该基因的功能及属性,再以 SP5 和 T7 为引物进行两次正反方向序列测定。得到蜡梅过氧化物酶体生成蛋白基因 cDNA 序列。并将其命名为 *CpPEX22*,生物信息学分析主要采用 DNAMAN4.0 和 DNAStar7.0 软件包进行。

1.3 蜡梅 DNA、RNA 的提取与 cDNA 第一链的合成

采用 CTAB 法提取蜡梅叶片总 DNA,获得的总 DNA 于 -20℃ 保存。选取 3 株蜡梅幼苗,分别取根、茎、子叶以及嫩叶;选取 3 棵成熟蜡梅树取其成年叶片;分别采集成熟叶、萌动期、蕾期、露瓣期、初开期、盛开期和衰败期花芽及盛开期花的外瓣、中瓣、内瓣、雄蕊和雌蕊用于植物组织总 RNA 的提取。以提取的总 RNA 为模板,使用 PrimeScript RT Master Mix Perfert Real Time(大连宝生物有限责任公司)试剂盒合成 cDNA 第一链。

1.4 蜡梅 *CpPEX22* 表达分析

采用 SYBR Green 荧光染料法,用 CFX96(Bio-Rad)实时荧光定量 PCR 仪对 *CpPEX22* 在不同组织,不同发育时期以及 H_2O_2、ABA、高温和低温 4 种非生物胁迫下的表达量进行实时荧光定量 PCR(real-time quantitative PCR)分析,所用蜡梅内参基因为 Tublin 和 Actin-b(表1),根据 SsoFast Eva Green Supermix 试剂盒(百乐科技有限公司)说明配制反应体系,每个样品设 3 次重复反应。

体系中包括 5μl SsoFast EvaGreen Supermix,上下游引物(10ul/L)各 0.5μl,模板(50μl/μl)0.5μl,ddH$_2$O 3.5μl,总体 10μl,3 次重复。反应程序:98℃ 预变性 30s,95℃ 变性 5s,57℃ 退火,延伸 5s(每次循环后采集荧光),40 个循环:95℃ 变性 10s,65 ~ 95℃ 做熔解曲线分析,每个循环增加 0.5℃,每个温度停留 5s。实验数据通过 Bio-Rad Manager(Version1.1)软件进行分析,用 2-AACT 法获得 *CpPEX22* 的相对表达量(Livak Schmittgen,2001)。

表1 实时荧光定量 PCR 引物序列

Table 1 Primer sequences used in real-time quantitative PCR

基因名称 Gene	上游引物序列(5′-3′) Forward primers	下游引物序列(5′-3′) Reverse primers
Actin-b	AGGCTAAGATTCAAGACAAGG	TTGGTCGCAGCTGATTGCTGTG
Tublin	GTGCATCTCTATCCACATCG	CAAGCTTCCTTATGCGATCC
CpPEX22	CGGTTCATTAGATACCAACTCCAC	ATGAAAAAGTGAAAGCAGAGATTAC

2 结果与分析

2.1 *CpPEX*22 克隆子的获得及其序列分析

随机测序后 EST 分析显示文库相应的克隆子上的 cDNA 片段可能属于蜡梅过氧化物酶体生成蛋白基因。以跨 ORF 框的引物进行 PCR，从蜡梅基因组 DNA，蜡梅花 cDNA 扩增出大小一致的特异引物（图1），克隆到 pMD19-T vector 中进行测序分析，结果也完全一致，表明获得的是源于蜡梅过氧化物酶体生成蛋白基因编码框全长 cDNA，且无内含子的存在，命名为 *CpPEX*22。

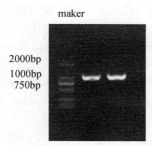

图 1 *CpPEX*22 基因的 PCR 扩增

Fig. 1   Amplification of *CpPEX*22

2.2 *CpPEX*22 编码蛋白序列分析及同源分析比较

运用生物信息学的方法对 *CpPEX*22 基因编码蛋白的结构特点与性质进行了分析，*CpPEX*22 编码蛋白的二级结构主要由占总蛋白 46.82% 的随机卷曲（Radom coil）、41.95% 的α螺旋（Alpha helix）以及含量为 11.24% 的延伸链（Extend strand）组成；不含信号肽序列；共有 17 个磷酸化位点，包含有 15 个丝氨酸（Serine）磷酸化位点，1 个苏氨酸（Thremnine）磷酸化位点，1 个酪氨酸（Tyrosine）磷酸化位点；含有跨膜结构；主要定位在膜上发挥作用。

氨基酸序列同源检测，*CpPEX*22 与多个物种的 PEX22 具有较高的相似性，其中与豌豆、大豆、葡萄等植物的 PEX22 序列高度相似，同源性分别为 99%、98%、98%。

同源比对发现 *CpPEX*22 基因序列在 C 端保守（图 2）。

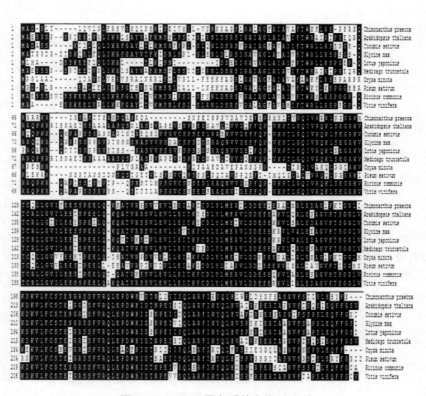

图 2 *CpPEX*22 蛋白质的多序列比对

Fig. 2   The multiple sequence alignment of *CpPEX*22 with homologous proteins

Chimonanthus praecox：蜡梅；*Vitis vinifera*：葡萄；*Glycine max*：大豆；*Cucumis sativus*：黄瓜；*Arabidopisis thaliana*：拟南芥；*Pisum sativum*：豌豆；*Oryza minuta*：水稻小粒；*Medicago truncatula*：苜蓿；*Lotus japonicus*：百脉根，*Ricinus communis*：蓖麻

2.3　*CpPEX22* 的表达分析

CpPEX 的实时荧光定量分析表明，在蜡梅的不同组织中 *CpPEX*22 均表达，在成熟叶中的表达量最高，其他组织中表达较少，在茎中基本不表达（图 3）。

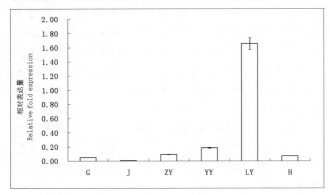

图 3　*CpPEX*22 基因在不同组织中的表达分析
（依次为根、茎、子叶、幼叶、老叶，花）

Fig. 3　Expression analysis of *CpPEX*22 in various tissues
(Followed by the roots、stems、cotyledons、young leaves、
mature leaves、flowers)

对 *CpPEX*22 在蜡梅花器官中进行表达分析（图 4），结果显示 *CpPEX*22 在中瓣表达最高，外瓣、雄蕊和内瓣中表达量低于中瓣并依次降低，而在雌蕊中表达量非常低。

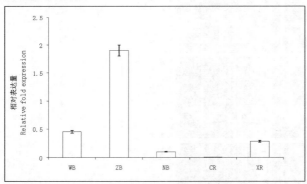

图 4　*CpPEX*22 基因在不同花器官的表达分析
（依次为外瓣、中瓣、内瓣、雌蕊、雄蕊）

Fig. 4　Expression analysis of *CpPEX*22 in three floral organs
(Followed by the outer perianths、medial perianths、
inner perianths、stamens、pistils)

*CpPEX*22 在蜡梅花开放过程中的表达分析如图 5，衰败期的表达量最高，其次是露瓣期和初开期，萌动期和盛开期的表达量较低，蕾期几乎不表达，由此推测出该基因可能参与蜡梅花的衰败。

*CpPEX*22 在不同胁迫处理下，其表达变化如图 6。高温胁迫时，基因表达量有明显下降，低温胁迫

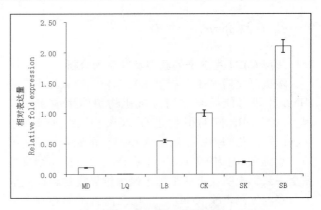

图 5　*CpPEX*22 基因在不同花期的表达分析
（依次为：萌动期、蕾期、露瓣期、初开期、
盛开期、衰败期）

Fig. 5　Expression analysis of *CpPEX*22 during flower opening
(Followed by the sprout period、flower-bud period、
display-petal period、initiating bloom period、
bloom period、wither period)

时，基因表达量迅速有明显下降，但随着时间的推移，在处理 12 小时之后基因表达量又稍微升高。推测该基因表达及编码的蛋白可能与某些酶的作用有关，在高温、低温的处理下酶活性下降，直接影响该基因的表达；在 ABA 和 H_2O_2 胁迫时，短时间内基因表达量迅速升高至最高点，之后则逐渐下降。推测该基因与蜡梅叶的衰老及脱落有关，在活性氧 H_2O_2 和脱落酸（ABA）的胁迫处理都可以在短时间内诱导高表达。

3　讨论

*CpPEX*22 编码的蛋白的二级结构中不含信号肽序列，说明该基因编码的蛋白不属于分泌蛋白，是一类细胞器蛋白，在细胞器中发挥作用；存在一个跨膜结构，说明该基因编码的蛋白可能作为膜受体起作用，也可能是定位于膜的锚定蛋白。根据对 *CpPEX*22 基因编码的蛋白进行生物信息学预测，结果与文献中所证明的功能大体一致：*CpPEX*22 编码的蛋白不属于分泌蛋白，属于过氧化物酶体膜蛋白，在过氧化物酶体膜上发挥作用，其蛋白序列上存在有跨膜结构，存在 PEX4 蛋白附着的锚定位点。

本研究发现 *CpPEX*22 在不同组织中成熟叶的表达量最高，*CpPEX*22 在蜡梅盛花期时 3 轮花器官中中瓣表达量最高，植物衰老时都可能产生大量的 ROS；*CpPEX*22 在老叶具有超高表达量，推测该基因可能在蜡梅叶片的抗衰老机制及清除 ROS 等方面具有相关或重要的作用。王支槐研究发现蜡梅花在衰老时，花细胞内的原生质迅速解体，加强了对蛋白质等有机物

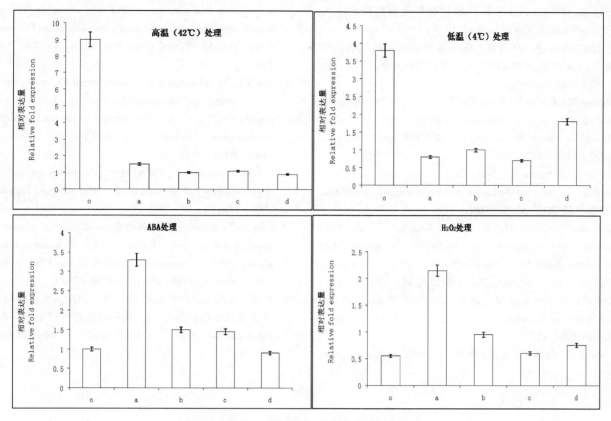

图 6　*CpPEX*22 基因在不同胁迫下的表达分析

0 为对照，a b c d 依次为处理 15min、1h、6h、12h

Fig. 6　Expression analysis of *CpPEX*22 in different stresses

的降解，蛋白质含量也会降低，氨基酸含量虽有所降低但仍保持较高水平，过氧化物酶的活性增高，该基因在花的衰败期表达量上升到最高点，推测该基因与花的衰老和脱落有关系。

*CpPEX*22 在不同胁迫处理的蜡梅幼苗嫩叶中，其表达变化各不相同。高温胁迫时，基因表达量有迅速明显的下降，低温胁迫时，基因表达量有明显的下降，但随着时间的推移，在处理 12 小时之后基因表达量又稍微的升高。推测该基因表达及编码的蛋白可能与某些酶的作用有关，在高温、低温的处理下酶活性下降，直接影响该基因的表达，可能没有抗高温低温逆境胁迫的能力；在 ABA 和 H_2O_2 胁迫时，短时间内基因表达量迅速升高至最高点，之后则逐渐下降。活性氧分子 H_2O_2 近年来被认为是重要的信号分子，

参与调节植物的生长和发育，且 ABA 能够诱导 H_2O_2 的产生，推测该基因与蜡梅叶的衰老及脱落有关，也证实了前人研究结果：过氧化物酶体是细胞内存在抗氧化剂的场所，当 H_2O_2 作为胁迫信号分子进行胁迫时，都会对过氧化物酶体生物合成基因进行诱导。

本试验中从蜡梅中获得了 *CpPEX*22 基因，并对其进行了一些功能分析，在对其组织、发育时期以及胁迫的响应研究说明该基因参与了植物的生长发育及胁迫反应，然而对其调控非生物胁迫响应的途径有待进一步研究。其在蜡梅中的作用受体也未知。今后将从 *CpPEX*22 作用的受体、与受体的作用机理及其如何调控植物生长发育等方面进行更深入的研究，以期能揭示 *CpPEX*22 在蜡梅中的生理作用。

参考文献

1. Baerends RJS, Faber KN, Kiel JAKW, *et al*. Sorting and function of peroxisomal membrane proteins［J］. FEMS Microbiology Reviews, 24(2000): 291 – 301.

2. Baerends, R. J., F. A. Salomons, K. N. Faber, J. A. Kiel, I. J. van der Klei, and M. Veenhuis. 1997. Deviant Pex3p levels affect normal peroxisome formation in Hansenula polymorpha: high steady-state levels of the protein fully abolish matrix protein import［J］. Yeast, 13: 1437 – 1448.

3. 刘林川，王永飞，马三梅. 微体的概念及其发展［J］. 生命科学, 2007, 19(1): 83 – 85.

4. 田国忠，李怀方，裘维蕃. 植物过氧化物酶研究进展[J]. 武汉植物学研究，2001，19(4): 332 – 344.

5. 王教瑜，吴小燕，杜新法，等. 植物病原真菌过氧化物酶体的发生机制及功能[J]. 微生物学报，2008，48(12): 1681 – 1686.

6. Fransen M, Wylin T, Brees C, et al. Human Pex19p binds peroxisomal integral membrane proteins at regions distinct from their sorting sequences[J]. Mol Cell Biol, 2001, 21(13): 4413 – 4424.

7. Thoms S, Erdmann R. Dynamin-related proteins and Pex11 proteins in peroxisome division and proliferation[J]. FEBS, 2005, 272(20): 5169 – 5181.

8. Kiel JAKW, vander Klei IJ, vanden Berg MA, et al. Over-production of a single protein, Pc-Pex11p, results in 2-fold enhanced penicillin production by Penicillium chrysogenum[J]. Fungal Genet Biol, 2005, 42(2): 154 – 164.

9. Kiel JAKW, Veenhuis M, vander Klei IJ. PEX genes in fungal genomes: common, rare or redundant. Traffic, 2006, 7(10): 1291 – 1303.

10. Kiel JA, van den Berg M, Bovenberg RA, et al. Penicillium chrysogenum Pex5p mediates differential sorting of PTS1 proteins to microbodies of the methylotrophic yeast Hansenula polymorpha[J]. Fungal Genet Biol, 2004, 41(7): 708 – 720.

11. Tam YY, Torres-Guzman JC, Vizeacoumar FJ, et al. Pex11-related proteins in peroxisome dynamics: a role for the novel peroxin Pex27p in controlling peroxisome size and number in Saccharomyces cerevisiae[J]. Mol Biol Cell, 2003, 14(10): 4089 – 4102.

12. Parsons M, Furuya T, Pal S, et al. Biogenesis and function of peroxisomes and glycosomes[J]. Mol Biochem Parasitol, 2001, 115(1): 19 – 28.

13. Yahraus T, Braverman N, Dodt G, et al. The peroxisome biogenesis disorder group 4 gene, PXAAA1, encodes a cytoplasmic ATPase required for stability of the PTS1 receptor[J]. EMBO J, 1996, 15(12): 2914 – 2923.

14. 张军，宋亮年. 过氧化物酶体增殖物激活受体的结构、功能及其生物学意义[J]. 国外医药分册(Foreign Medical Sciences (Section of Pharmacy)), 1996, 23(3): 143 – 147.

中国观赏园艺研究进展 2015：131～141
Advances in Ornamental Horticulture of China，2015：131～141

建兰唇瓣和侧内瓣的比较蛋白组学分析[*]

李小白[1][①]　　金凤[2]　　金亮[3]　　马广莹[3]

（[1]浙江省农业科学院园艺研究所，杭州 310021；[2]湖北大学生命科学学院，武汉 430062；
[3]浙江省农业科学院花卉研究开发中心，杭州 311202）

摘要　兰花花器官为独特的左右对称结构，第二轮花被为 3 个内瓣，且中间的内瓣高度特化成舌状，故称之为"唇瓣"。唇瓣在形状和大小上往往不同于其同源的两个侧内瓣。在此研究中，我们利用双向电泳技术发现在建兰唇瓣和侧内瓣的蛋白谱比较中发现 30 个差异表达的蛋白。然后以建兰的转录组数据为基础，结合串联飞行质谱的指纹数据，鉴定到了 21 个蛋白，并得到了其对应的核酸序列。对这 21 个蛋白进行功能分析发现这些蛋白与苯基丙烷生物合成、固碳以及细胞壁形成等途径有关。这些基因与唇瓣特殊结构和功能的关系需要进一步研究，但这些信息为今后兰科植物唇瓣的研究奠定了基础。

关键词　唇瓣；侧内瓣；兰科；建兰；蛋白组

Proteomic Comparison between Labellum and Inner Lateral Petals in *C. ensifolium* Flowers

LI Xiao-bai[1]　　JIN Feng[2]　　JIN Liang[3]　　MA Guang-ying[3]

（[1]*Institute of Horticulture，Zhejiang Academy of Agricultural Sciences，Hangzhou* 310021；
[2]*College of Life Sciences，Hubei University，Wuhan* 430062；[3]*Research & Development
Centre of Flower，Zhejiang Academy of Agricultural Sciences，Hangzhou* 311202）

Abstract　Orchid has unique zygomorphic structure and three inner tepals（petals）in the second whorl. The labellum in orchids shares homology with the inner lateral petals of the flower. The labellum is a modified petal and often distinguished from other petals and sepals due to its large size and irregular shape. In this study，we combined two-dimensional gel electrophoresis（2-DE）and matrix assisted laser desorption/ionization time of flight/time of flight（MALDI-TOF/TOF）approaches to identify the differentially expressed proteome between labellum and inner lateral petal in one of Orchid species（*C. ensifolium*），which resulted in a total of 30 proteins. Compared with *C. ensifolium* transcriptome（sequenced in house），21 proteins matched the translated nucleotide. These proteins were involved in the phenylpropanoid pathway，carbon fixation pathway and cell wall formation. The identification of such differentially expressed proteins provides new insights to understand the biological function and morphology of labellum.

Key words　Labellum；Inner lateral petals；Orchid；*Cymbidium ensifolium*；Proteome

　　兰科植物的花形具有独特的对称结构，第一轮花被为 3 个萼片、第二轮花被为 3 个内瓣，且中间的内瓣高度特化为舌状，称之为"唇瓣"，其为近轴发育但位置是轴向反转倒置（Rudall and Bateman 2002）。唇瓣很可能与其他单子叶植物的轴向花被同源，但位置往往处于花被片中最低端，因其随花梗或子房发育发生了 180°的扭转（Arditti 2002；Bateman and Rudall 2006）。除少数例外，唇瓣往往不同于其他花被，有的长有瘀伤、马刺或腺体，以及具有一些不同颜色的形式。唇瓣这一结构可能是对特异性授粉者的适应（Rudall and Bateman 2002），在大多数兰科植物中，唇瓣常常成为昆虫登陆的平台（Rudall and Bateman 2002）。这一特殊结构涉及的分子发育学信息很值得研究（Mondragon-Palomino and Theissen 2009）。然而，

　　[*]　基金项目：国家自然科学基金资助项目（31201648）；钱江人才计划（2013R10081）；中国博士后科学基金（2012M521203）；浙江省博士后科研项目择优资助（Bsh1201032）；中国博士后科学基金特别资助（2013T60607）和留学人员科技活动项目择优资助。

　　[①]　通讯作者。博士，副研究员。主要从事植物资源利用与开发的研究工作。Email：hufanfan1982815@gmail.com。

目前兰科植物的发育生育学和分子学研究相对于模式植物是比较少的（Aceto and Gaudio 2011）。

花器官的同源异形基因的功能主要是分析模式植物如拟南芥和金鱼草的突变体而了解的。MADS-box是其中最为重要的一类，在 ABCDE 模型中一定程度上解释了花发育这一复杂的过程。在拟南芥中，如 AP1 的 A 类基因控制着第一轮花被的发育，同时与如 PI 和 AP3 的 B 类基因一起控制第二轮花被的形成。而 B 类基因在第三轮花被中表达，同时与如 AG 的 C 类基因一起控制雄蕊的发育。在第四轮花被中，C 类基因单独控制心皮的形成。如 STK 和 SHP 的 D 类基因决定了在心皮内的胚珠的形成。还有如 SEP 的 E 类基因在整个花分化的过程中都有表达，对整个花器官的发育过程都起到了作用（Aceto and Gaudio 2011）。在兰科植物中，研究者提出了一个关于兰科植物花被特性形成的潜在遗传发育模型，称为"兰花密码"（Mondragon-Palomino and Theissen 2008）。兰花密码认为：在兰科植物中，不同形态的花被是由 B 类基因的四个旁系 DEF-like/AP3 基因和一个 GLO-like/PI 基因共同决定的。这些 DEF 基因分为四类：PeMADS2-like（第一类）、OMADS3-like（第二类）、PeMADS3-like（第三类）和 PeMADS4-like（第四类）（Mondragon-Palomino and Theissen 2008），这些基因高度保守且有特殊的表达模式。第一类和第二类基因共同表达决定了第一轮花被的形成，第一类、第二类和第三类基因共同决定第二轮花被的形成，唇瓣则是由第四类基因和其他所有 DEF 基因共同决定的，第三类基因决定了内外花被的差异，第四类基因则决定了内侧瓣和唇瓣的差异。

然而，这些研究仅仅局限于基因表达的转录水平。虽然转录水平的基因表达为基因组向细胞机制过度提供了重要信息，但 mRNA 与其同源蛋白的丰富性不总是一致的（Gygi et al. 1999；Ideker et al. 2001）。此外，由于不同的选择性剪接，mRNA 加工、蛋白水解、蛋白磷酸化，一个基因往往都能够产生许多不同的蛋白（Pandey and Mann 2000；Service 2001）。蛋白是大部分生物过程的最后执行者。分析蛋白的修饰和表达量的蛋白组学能够更加全面地了解潜于表象的生化过程，这一方法是其他方法所不能够替代的。蛋白组学是一门快速发展的生物学科，在许多模式植物中蛋白组学的发展是十分迅速的，但是兰科植物的蛋白组学由于序列信息的缺乏，很难对差异的蛋白进行鉴定。只有很少的一些关于兰科植物双向蛋白的报道，例如，Palam（Palama et al. 2010）利用双向蛋白技术对香子兰（*Vanilla planifolia*）瘢伤组织出芽过程中生化和分子机理进行了研究（Palama et al. 2010）。此外，

Chen 等（Chen et al. 2012）利用蛋白组学技术对蝴蝶兰叶片体外培植的褐化相关蛋白进行了研究。

在此研究中，我们利用双向电泳和质谱技术比较了建兰的唇瓣和侧瓣的蛋白组，试图揭示它们在生长和功能特征上的差异。为了更好地鉴定到与唇瓣和侧瓣差异相关的基因，我们同时测定了建兰花和花苞的 9G 的转录组数据。最终，我们比较两个蛋白组的差异并进行了质谱测序确定了这些差异蛋白。这些信息将为我们探索到建兰唇瓣和侧瓣的分化和唇瓣的特殊功能机制提供重要信息。

1　材料与方法

1.1　植物材料

保育于中国杭州浙江省农科院温室苗圃中的建兰'铁骨素'，开花呈草绿色。植株种植在玻璃温室中，温室温度约为白天 25℃/晚上 19℃，并伴有自然日光的照射。在开花期的上午（10 月），摘取两年生植株的成花，并从花朵上分离唇瓣和侧瓣（图 1）。每个实验，从 10 个植株中分别取得 30 个唇瓣和侧瓣，分别建立两个池，迅速冻于液氮，然后存于 −70℃ 用于蛋白提取。

1.2　蛋白提取和质量控制

利用三氯乙酸/丙酮沉淀法提取。将 6g 样品转入研钵然后于 10% 的聚乙烯吡咯烷酮下用液氮研磨。粉末匀浆于冷丙酮溶液中（含 10% 的三氯乙酸和 0.07% 的 DTT），−20℃ 沉淀 1 小时，然后于 4℃ 下 12000rpm 离心 45 分钟。100% 三氯乙酸洗 3 次然后冷冻干燥 30 分钟，存于 −70℃ 以备后续分析。干燥的粉末重悬于 500μL 再水化缓冲液（7M 尿素，2M 硫脲，4% 的 3-[（3-cholamidopropyl）dimethylammonio]-1-propanesulfonate（CHAPS），然后于冰浴超声。不溶物通过 4℃ 下 12000rpm 离心 45min 去除，重复 3 次。收集上清并通过 0.22μm 膜过滤。浓缩蛋白以 bovine serum albumin（BSA）作为校准标样并用 Bradford Protein 试剂盒（SK3071，Sangon Ltd.，Shanghai，China）定量。

1.3　双向电泳

含有 80μg 的每个样品溶于 350μL 的溶液中（8M 尿素，2M 硫脲，2% CHAPS，0.5% Biolyte（pH 3~10），0.75%M DTT，0.002% 溴酚蓝）。每个样品上样于 17cm 固定 pH（3~10）梯度的胶条（Bio-Rad）上。胶条再水化于 30V 的电压下 12 小时。等点聚焦分 4 个步骤：500V 电压下 1hr；1000V 电压下 1hr；8000V

电压下 8 小时；500v 电压下 4 小时。在等电泳后，胶条平衡于缓冲液中（50mMTris-HCl，pH8.8，6M 尿素，20% 甘油，2% SDS，2% DTT），然后再在 2.5%（w/v）碘乙酰胺溶液下各 15 分钟。胶条然后放入 1mm 厚的 12.5%（w/v）SDS 聚丙烯酰胺胶中并用 1%（w/v）琼脂糖封胶，并于 Bio-Rad PROTEAN 电泳仪上以 15mA 先电泳 30min，然后改为 30mA 直至溴酚蓝至板底部。蛋白胶使用银染的方法显色并串联质谱，蛋白胶每个样品至少重复 3 次。

1.4　图像取得与分析

利用 calibrated densitometer（GS-800，Bio-Rad）扫描胶片，然后利用 PDQuest 软件（ver. 8.0.1，Bio-Rad）描述胶片上点的排布。图像分析包括图像过滤、点检测、背景剪除和点匹配。每个蛋白的分子量通过比较标准 marker 来估算的，等电点是根据固定 pH 梯度位置来测量的，只有那些有显著差异和重复性好的点认为是有差异聚集的蛋白。

1.5　胶内蛋白的消化和质谱分析

银染蛋白点被手工取出并于 1∶1（v/v）30mM 铁氰化钾和 100mM 硫代硫酸钠的溶液中脱色 10 分钟。胶片涡旋脱色然后在 300μL 的 Milli-Q 水中脱色 5 次，然后再 150μL 乙腈溶液中再水化。然后，割胶回收样品溶解于含有胰蛋白酶（Sigma，Cat. No. 089K6048）的 50mM 的 NH₄HCO₃ 溶液中消化，分别是 4℃温浴 30 分钟，然后 37℃温浴 12 小时。在室温下，用 5% 的三氟醋酸（TFA）/50% 的氰化甲烷（ACN）从胶中提取的肽段。提取物混合然后冷冻干燥。冻干胰蛋白酶消化肽段重悬于 0.7μL 溶液中（0.2M 的 CHCA 和 0.1% TFA /50% CAN），然后加入到平板中（Applied Biosystems，USA）干燥。肽段然后分别加载于脉冲辅助激光吸收/离子化时间飞行质谱。蛋白用 Mascot（Matrix Science）的肽段质谱指纹模块和实验肽段质量来鉴别，The UniProt 数据库（http://www.ebi.uniprot.org）和 9G 转录数据的建兰本地数据库也用来鉴定目的序列。每个肽段允许一个缺口，一个质量范围规定为 50 ~ 150ppm。半光氨酸的脲基甲基化修饰作为固定修饰，允许蛋氨酸的氧化。鉴定到得有肽段质量指纹的蛋白必须符合以下特点：1）至少 5 个不同预测的肽段质量符合观测到的蛋白。2）对于 Swissprot 数据库，蛋白评分必须有大于 57 的一致性且有极显著性（p < 0.05）。在 GOanna（http://agbase. msstate. edu/GOAnna. html）数据库中，根据分子功能（molecular function）、生物学过程（biological processes）和细胞组分（cellular component）三大类进行

了 GO 分类。另外，在 KAAS（http：//www. genome. jp/tools/kaas/）数据中进行了途径注释分析。

2　结果和分析

2.1　唇瓣和侧瓣蛋白谱差异分析

双向蛋白呈现了大约 1500 个 PI 从 3 到 10 和分子量从 14.4 到 116 kDa 的蛋白点。我们着重分析了唇瓣和侧瓣的蛋白差异。唇瓣和侧瓣的大部分蛋白都处于可比较的水平上，且有着相同的表达模式。然后通过数量分析显示唇瓣和侧瓣的 30 个点在丰度上有显著差异（表达强度上是大于 1.5，且显著性检验 < 0.01）。那些点阵区域呈现在图 2 中。差异点的覆盖区域大约在 PI 的 4 和 9 之间，分子量大约在从 14.4 到 116 kD 之间。在这些 30 个差异蛋白中，唇瓣中 17 个为上调（Spots 119，141，334，393，430，449，472，591，611，940，972，1007，1028，1090，1125，1146 and 1201），同时 9 个为下调（Spots 66，73，173，243，245，302，411，412 和 554）。这些蛋白表达差异大约为两倍（表 1）。我们发现其中 4 个点（Spots 1535，1545，1547，1548）特异性在唇瓣中表达，这些点可能与唇瓣的特殊表现和生理特征有关。

2.2　结合转录组数据对差异蛋白进行鉴定和功能分类

所有的 30 个差异点割胶并通过 MALDI-TOF/TOF 分析。分析的指纹数据在绿色植物数据库中比对分析，但是只有 9 条数据获得了相关注释。余下的 21 个蛋白未能与任何已知的蛋白序列相匹配，这可能与建兰已经注释的序列数量相对较少有关。此外，为更准确地鉴定这些差异蛋白，我们还构建了建兰转录组本地数据并与这些数据共同分析，最后我们发现 21 个蛋白与建兰的核酸翻译序列匹配。另外，先前 9 个与公共数据库有匹配的蛋白序列在此本地的数据库也得到了相应匹配，同时具有比较高的分值。

为了进一步分析差异蛋白的功能，我们进行了 GO 分类分析。这 21 个鉴定到的蛋白根据分子功能（molecular function）、生物学过程（biological processes）和细胞组分（cellular component）进行了 GO 分类（图 3）。根据分子功能，这些基因大致有 4 大类：具有抗氧化活性（antioxidant activity）（1 isogene）、催化反应活性（catalytic activity）（4）、结构性分子活性（structural molecule activity）（1）和结合功能（binding）（8）。至于生物学过程，鉴定到了 12 类生物学过程，它们分别是细胞成分的生物合成（cellular component biogenesis)（2）、发育进程（developmental process）（1）、细胞成分的组织（cellular component organization）（3）、生物学支撑（biological adhesion）（1）、代谢加工（metabolic process）（7）、色素淀积（pigmentation）（2）、免疫系统过程（immune system process）（1）、应激反应（response to stimulus）（10）、多细胞有机过程（multicellular organismal process）（1）、细胞过程（cellular process）（8）、多生物体进程（multi \ -organism process）（4）、生物学调节（biological regulation）（2）。细胞组分大致有：细胞外区域（extracellular region）（4）、细胞（cell）（17）、膜封闭腔（membrane-enclosed lumen）（1）、包膜（envelope）（1）、大分子复合物（macromolecular complex）（1）、细胞器（organelle）（14）、细胞器零件（organelle part）（6）、细胞零件（cell part）（17）、共质体（symplast）（3）。

把 21 个表达差异的基因通过 KEGG 数据库注释，我们取得了 17 个注释信息（表 2）。这些注释基因涉及 22 个代谢途径（表 3）。一些关键基因与新陈代谢途径密切相关，例如：苹果酸脱氢酶（NADP +）（K00029）、β-葡糖苷酶（K01188）、磷酸丙糖异构酶（TPI）（K01803）和光合系统 II 的氧进化增强蛋白 1（psbO）（K02716）。除新陈代谢途径外，光合生物的固碳途径，类苯基丙烷生物合成途径，次级新陈代谢的生物合成途径和在多环境下的微生物的新陈代谢途径也被鉴定到了。在生物系统方面，包括 11 个成员的酶类是最丰富的类别，其次就是 KEGG 的同源簇类别包含有 10 个成员。

3 讨论

目前，兰属的基因序列极其有限，这给兰属植物的基础研究造成了很大的困难。为此，我们针对花器官进行了大规模的转录组测序，为花相关性状的研究做了前期准备（Li et al. 2013）。在对建兰唇瓣和内侧瓣的研究中，我们结合转录组数据，并利用双向蛋白技术以及串联质谱鉴定了一系列蛋白。这些蛋白在唇瓣形态学建成和维持其特殊功能上起着重要的作用。

过氧化物酶是植物细胞中去除活性过氧化物的主要酶（Welinder et al. 1992）。低浓度过氧化物作为底物和信号分子是细胞新陈代谢、生长和分化所必需的（Dietz et al. 2006）。先前已有研究者报道过氧化物酶和花发育的密切关系（Sood et al. 2006）。在高浓度时，活性氧簇（reactive oxygen species, ROS）参与了防伪反应、基因表达和细胞凋亡的过程，但它们也可能摧毁生物大分子和生物膜（Davies 1995）。花的凋谢往往与高的活性氧胁迫和抗氧化物活性的下降有关（Djanaguiraman et al. 2004；Wang et al. 2012）。在我们的研究中，过氧化物酶家族如抗坏血酸过氧化物酶（ascorbate peroxidase）（spot 591）、超氧化物歧化酶（superoxide dismutase）（Cu-Zn）（Spot 1535）和半胱氨酸过氧化物酶（2-cysteine peroxiredoxins, 2-Cys Prx）（spot 1201）在侧瓣中远远低于在唇瓣中的表达。这种生物抗氧化酶在唇瓣和侧瓣中的差异表达可能与它们的特殊功能有关，如唇瓣在授粉中有着重要作用，高抗氧化活性有助于长期维持其特殊功能。

脱落酸胁迫成熟相关蛋白（ASR）（Spot 173）在不同的环境胁迫或果实成熟时会上调（Saumonneau et al. 2008），同时也是一种普遍的下游信号因子，涉及植物细胞对不同环境因子的应答。在以前的研究中发现，热处理能够很大程度地压制 ASR 从而延迟桃的成熟（Zhang et al. 2011）。在植物中，乙醇脱氢酶（ADH）催化发酵的逆反应以保证提供持续的 NAD^+。ADH 在幼苗植物根系中组成性的低水平表达；但是如果缺氧，ADH 的表达水平会迅速增加（Chung and Ferl 1999）。ADH 会随着脱水、低温和脱落酸的胁迫而增加表达；其在果实成熟、幼苗和花粉发育中起到重要的作用（Thompson et al. 2010）。成色素细胞的类胡萝卜素相关蛋白（CHRC）（spot 302）是一类成色素细胞的胡萝卜素脂蛋白复合体的主要成分。已经证明应答赤霉素的 CHRC 积累在花发育中起到了重要作用。相反，在许多发育系统中脱落酸作为赤霉素的颉颃剂是下调 CHRC 的表达水平的（Vishnevetsky et al. 1996）。此外，类胡萝卜素对于传粉者和其他物种、光保护作用和紫外辐射保护都起到了重要作用（Stracke et al. 2007）。这些与激素相关的蛋白在控制建兰花器官形态学建成中扮演着重要角色。

木葡聚糖水解酶是细胞壁酶（XTH9），用于催化裂解并转移木葡聚糖链，这样松散和重排细胞壁（Imoto et al. 2005；Hyodo et al. 2003）（Hyodo et al., 2003；Imoto et al., 2005）。因为它们涉及修饰细胞壁的承重组分，其一直被认为是在条件生长和发育起重要作用的（Maris et al., 2011）。这可能与唇瓣作为昆虫起降的平台，需要坚韧的结构有关。另外，Hyodo 等（Hyodo et al. 2003）在拟南芥中还发现 XTH9 往往在快速生长和扩张的组织中有很丰富的表达。

此研究中，我们利用多种先进的组学技术为建兰以至整个兰属的基础研究提供了新的思路。同时，鉴定到的这些差异蛋白及其目前注释的功能为揭示兰科植物唇瓣的特殊生物学意义提供重要信息。

表1　21个在侧瓣和唇瓣中差异表达的蛋白

Table1　Identification of 21 proteins that differentially expressed in lip and petal

差异点 /Spot	蛋白名称 /Protein Name	参考物种 /Reference organism	登录号 /Accessions	比对分值 /Blast Score	比对出差概率 Blast Expect	表达差异 Spots % volume variations(P < 0.05)
Spot 430	SVB hypothetical protein	[Arabidopsis thaliana]	Q9FXB0	164	2E-48	
Spot 1535	Superoxide dismutase [Cu-Zn], chloroplastic	[Oryza sativa Japonica Group]	P93407	306	9E-103	
Spot 1201	2-Cys peroxiredoxin BAS1, chloroplastic	[Arabidopsis thaliana]	Q96291	376	6E-129	
Spot 119	Triosephosphate isomerase	[Gossypium mexicanum]	D2D303	424	2E-147	
Spot 334	NAD(P)-binding Rossmann-fold-containing protein	[Arabidopsis thaliana]	O80934	424	2E-144	
Spot 173	Leucine-rich repeat extensin-like protein 3	[Arabidopsis thaliana]	Q9T0K5	53.1	4E-11	
Spot 66	chromoplast specific carotenoid associated protein	[Oncidium hybrid cultivar]	EU583501.1	505	3E-158	

（续）

差异点 /Spot	蛋白名称 /Protein Name	参考物种 /Reference organism	登录号 /Accessions	比对分值 /Blast Score	比对出差概率 Blast Expect	表达差异 Spots % volume variations（P<0.05）
Spot 554	cDNA clone：006-311-B02，full insert sequence	[Oryza sativa subsp. japonica]	Q943W1	522	0	
Spot 1545	Xyloglucan endotransglucosylase/hydrolase protein 22	[Arabidopsis thaliana]	Q38857	420	1E-144	
Spot 1007	Mannose-specific lectin	[Allium sativum]	P83886	63.2	3E-11	
Spot 245	Guanine nucleotide-binding protein subunit beta-like protein A	[Oryza sativa subsp. japonica]	P49027	521	0	
Spot 412	NADP-dependent alkenal double bond reductase P2	[Arabidopsis thaliana]	Q39173	479	2E-166	
Spot 1146	NADP-dependent malic enzyme，chloroplastic	[Oryza sativa subsp. japonica]	P43279	926	0	
Spot 1548	Putative nucleic acid binding protein	[Oryza sativa subsp. japonica]	Q8S7G1	170	3E-67	

（续）

差异点 /Spot	蛋白名称 /Protein Name	参考物种 /Reference organism	登录号 /Accessions	比对分值 /Blast Score	比对出差概率 Blast Expect	表达差异 Spots % volume variations（P < 0.05）
Spot 1028	Putative elongation factor	[Oryza sativa subsp. japonica]	Q9ASR1	1524	0	
Spot 302	Putative uncharacterized protein	[Oryza sativa subsp. indica]	B8BK98	437	4E-146	
Spot 411	Proteasome subunit alpha type-7-B	[Arabidopsis thaliana]	O24616	443	3E-156	
Spot 940	Quinone oxidoreductase-like protein At1g23740, chloroplastic	[Arabidopsis thaliana]	Q9ZUC1	489	1E-166	
Spot 591	Cytosolic ascorbate peroxidase 1	[Gossypium mexicanum]	A7KIX5	439	4E-152	
Spot 141	Xyloglucan endotransglucosylase/hydrolase, putative, expressed	[Oryza sativa subsp. japonica]	Q2R336	486	3E-170	
Spot 1090	Beta-glucosidase 12	[Oryza sativa subsp. japonica]	Q7XKV4	562	0	

表2 总共21个差异表达蛋白在KEGG数据库中的注释

Table 2 A total of 21 difererntial expression genes annotated in KEGG database

蛋白点 /Spot	登录号 /Entry	注 释 /Definition
Spot_ 430		
Spot_ 1535	ko：K04565	SOD1；superoxide dismutase，Cu-Zn family［EC：1.15.1.1］
Spot_ 1201	ko：K03386	E1.11.1.15，PRDX，ahpC；peroxiredoxin（alkyl hydroperoxide reductase subunit C）［EC：1.11.1.15］
Spot_ 119	ko：K01803	TPI，tpiA；triosephosphate isomerase（TIM）［EC：5.3.1.1］
Spot_ 334		
Spot_ 173		
Spot_ 66		
Spot_ 554	ko：K02716	psbO；photosystem II oxygen-evolving enhancer protein 1
Spot_ 1545	ko：K14504	TCH4；xyloglucan：xyloglucosyl transferase TCH4［EC：2.4.1.207］
Spot_ 1007		
Spot_ 245	ko：K14753	RACK1；guanine nucleotide-binding protein subunit beta-2-like 1 protein
Spot_ 412	ko：K08070	E1.3.1.74；2-alkenal reductase［EC：1.3.1.74］
Spot_ 1146	ko：K00029	E1.1.1.40，maeB；malate dehydrogenase（oxaloacetate-decarboxylating）（NADP +）［EC：1.1.1.40］
Spot_ 1548	ko：K13162	PCBP2_ 3_ 4；poly（rC）-binding protein2/3/4
Spot_ 1028	ko：K03234	EEF2；elongation factor 2
Spot_ 302	ko：K09756	SCPL19，SNG2；serine carboxypeptidase-like 19［EC：3.4.16.-2.3.1.91］
Spot_ 411	ko：K02731	PSMA7；20S proteasome subunit alpha 4［EC：3.4.25.1］
Spot_ 940		
Spot_ 591	ko：K00434	E1.11.1.11；L-ascorbate peroxidase［EC：1.11.1.11］
Spot_ 141	ko：K08235	E2.4.1.207；xyloglucan：xyloglucosyl transferase［EC：2.4.1.207］
Spot_ 1090	ko：K01188	E3.2.1.21；beta-glucosidase［EC：3.2.1.21］

表3 相应的基因在KEGG途径的概述

Table 3 Summary of KEGG pathways and corresponding genes

途 径 /Pathway	途径登录号 /ID	相关基因数量 /Nmuber	对应的差异蛋白的基因 /Differentially expressed genes
Metabolic pathways	ko01100	4	malate dehydrogenase（oxaloacetate-decarboxylating）（maeB）（NADP +）［EC：1.1.1.40］；beta-glucosidase［EC：3.2.1.21］；triosephosphate isomerase（TIM）（TPI）［EC：5.3.1.1］；photosystem II oxygen-evolving enhancer protein 1（psbO）
Carbon fixation in photosynthetic organisms	ko00710	2	malate dehydrogenase（oxaloacetate-decarboxylating）（NADP +）（maeB）［EC：1.1.1.40］；triosephosphate isomerase（TIM）（TPI）［EC：5.3.1.1］
Phenylpropanoid biosynthesis	ko00940	2	beta-glucosidase［EC：3.2.1.21］；serine carboxypeptidase-like 19（SCPL19）［EC：3.4.16.-2.3.1.91］
Biosynthesis of secondary metabolites	ko01110	2	beta-glucosidase［EC：3.2.1.21］；triosephosphate isomerase（TIM）（TPI）［EC：5.3.1.1］
Microbial metabolism in diverse environments	ko01120	2	malate dehydrogenase（oxaloacetate-decarboxylating）（NADP +）（maeB）［EC：1.1.1.40］；triosephosphate isomerase（TIM）（TPI）［EC：5.3.1.1］
Inositol phosphate metabolism	ko00562	1	triosephosphate isomerase（TIM）（TPI）［EC：5.3.1.1］
Glutathione metabolism	ko00480	1	L-ascorbate peroxidase［EC：1.11.1.11］
Starch and sucrose metabolism	ko00500	1	beta-glucosidase［EC：3.2.1.21］
Glycolysis / Gluconeogenesis	ko00010	1	triosephosphate isomerase（TIM）（TPI）［EC：5.3.1.1］
Photosynthesis	ko00195	1	photosystem II oxygen-evolving enhancer protein 1（psbO）
Peroxisome	ko04146	1	superoxide dismutase，Cu-Zn family［EC：1.15.1.1］（SOD1）
Ascorbate and aldarate metabolism	ko00053	1	L-ascorbate peroxidase［EC：1.11.1.11］
Amyotrophic lateral sclerosis（ALS）	ko05014	1	superoxide dismutase，Cu-Zn family［EC：1.15.1.1］（SOD1）
Measles	ko05162	1	guanine nucleotide-binding protein subunit beta-2-like 1 protein（RACK1）
Fructose and mannose metabolism	ko00051	1	triosephosphate isomerase（TIM）（TPI）［EC：5.3.1.1］

（续）

途 径 /Pathway	途径登录号 /ID	相关基因数量 /Nmuber	对应的差异蛋白的基因 /Differentially expressed genes
Cyanoamino acid metabolism	ko00460	1	beta-glucosidase［EC：3.2.1.21］
Pyruvate metabolism	ko00620	1	malate dehydrogenase（oxaloacetate-decarboxylating）（NADP+）（maeB）［EC：1.1.1.40］
Plant hormone signal transduction	ko04075	1	xyloglucan：xyloglucosyl transferase（TCH4）［EC：2.4.1.207］
Huntington's disease	ko05016	1	superoxide dismutase, Cu-Zn family［EC：1.15.1.1］（SOD1）
Biosynthesis of amino acids	ko01230	1	triosephosphate isomerase（TIM）（TPI）［EC：5.3.1.1］
Proteasome	ko03050	1	20S proteasome subunit alpha 4（PSMA7）［EC：3.4.25.1］
Prion diseases	ko05020	1	superoxide dismutase, Cu-Zn family［EC：1.15.1.1］（SOD1）

图1 建兰花器官的解剖结构

Fig. 1 Floral organ of *C. ensifolium*

注：a 萼片（第一轮花被片）；b. 侧瓣和 c. 唇瓣（第二轮花被片）；d. 蕊柱和 e. 药帽（第三轮花被片）

Note：a. Sepals（whorl 1）；b Petals and c. Lip（whorl 2）；d. Column and e. Anther cap（whorl 3）

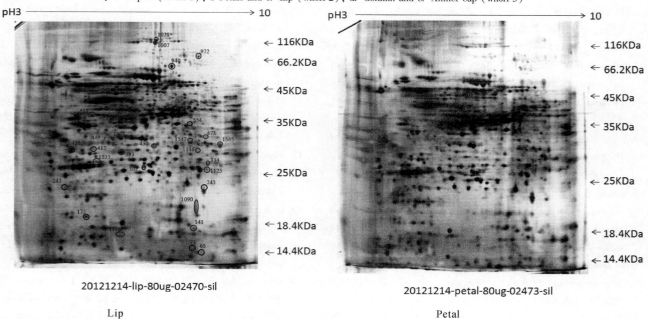

20121214-lip-80ug-02470-sil   20121214-petal-80ug-02473-sil

Lip   Petal

图2 唇瓣和侧瓣的蛋白谱分析

Fig. 2 Protein expression profiles for lip and petal

注：蛋白分离的第一向为等点聚焦（pH 3～10），第二项为 12.5% SDS-PAGE 聚丙烯凝胶。胶片为银染。红色标定的蛋白是在唇瓣中表达上调的，蓝色的则是下调的。

Note：Proteins were separated in the first dimension by isoelectric focusing（pH 3～10），in the second dimension by SDS-PAGE in 12.5%（w/v）polyacrylamide gels, and then silver stained. Proteins that were upregulated（red circles）or downregulated（blue circles）in lip

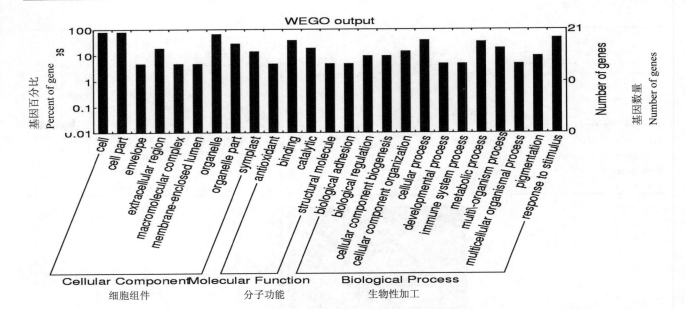

图3 根据细胞组件、分子功能和生物性加工三大类，GO 分析在唇瓣和侧瓣中差异表达蛋白的序列

Fig. 3 Gene ontology of 21 differentially expressed proteins that differentially expressed in lip and petal. Categorization of proteins was performed according to cellular component, molecularfunction and biological. process

参考文献

1. Aceto S, Gaudio L. 2011. The mads and the beauty: genes involved in the development of orchid flowers[J]. Curr Genomics, 12 (5): 342 – 356. doi: 10. 2174/ 138920-211796429754.

2. Arditti J. 2005. Resupination. In: Arditti J, Nair H (eds) In Proceedings of the 17th World Orchid Conference, Shah Alam, Malaysia, 2002 [J]. Natural History Publications, Borneo, pp 111 – 121.

3. Bateman R M, Rudall P J. 2006. The good, the bad, and the ugly: using naturally occurring terata to distinguish the possible from the impossible in orchid floral evolution[J]. Aliso, 22: 481 – 496.

4. Chen G, Chen D, Wang T, Xu C, Li L. 2012. Analysis of the proteins related to browning in leaf culture of *Phalaenopsis* [J]. Scientia Horticulturae 141: 17 – 22.

5. Chung H, Ferl R J. 1999. Arabidopsis alcohol dehydrogenase expression in both shoots and roots is conditioned by root growth environment[J]. Plant Physiol (Rockv), 121 (2): 429 – 436.

6. Davies K J. Oxidative stress: the paradox of aerobic life[M]. In: Biochemical Society Symposia, 1995. PORTLAND PRESS-LONDON, pp 1 – 32.

7. Dietz K J, Jacob S, Oelze M L, Laxa M, Tognetti V, de Miranda S M, Baier M, Finkemeier I. 2006. The function of peroxiredoxins in plant organelle redox metabolism[J]. J Exp Bot, 57 (8): 1697 – 1709. doi: 10. 1093/jxb/erj160.

8. Djanaguiraman M, Devi D D, Shanker A K, Sheeba J A, Bangarusamy U. 2004. The role of nitrophenol on delaying abscission of tomato flowers and fruits[J]. Journal of Food Agriculture and Environment, 2: 183 – 186.

9. Gygi S P, Rochon Y, Franza B R, Aebersold R. 1999. Correlation between protein and mRNA abundance in yeast[J]. Mol Cell Biol, 19: 1720 – 1730.

10. Hyodo H, Yamakawa S, Takeda Y, Tsuduki M, Yokota A, Nishitani K, Kohchi T. 2003. Active gene expression of a xyloglucan endotransglucosylase/hydrolase gene, XTH9, in inflorescence apices is related to cell elongation in *Arabidopsis thaliana*[J]. Plant Mol Biol, 52 (2): 473 – 482.

11. Ideker T, Galitski T, Hood L. 2001. A new approach to decoding life: systems biology[J]. Annu Rev Genomics Hum Genet, 2 (1): 343 – 372.

12. Imoto K, Yokoyama R, Nishitani K. 2005. Comprehensive approach to genes involved in cell wall modifications in *Arabidopsis thaliana*[J]. Plant Mol Biol, 58 (2): 177 – 192.

13. Li X, Luo J, Yan T, Xiang L, Jin F, Qin D, Sun C, Xie M. 2013. Deep sequencing-based analysis of the *Cymbidium ensifolium* floral transcriptome[J]. PLoS ONE, 8 (12): e85480. doi: 10. 1371/journal. pone. 0085480.

14. Maris A, Kaewthai N, Eklöf J M, Miller J G, Brumer H, Fry S C, Verbelen J-P, Vissenberg K. 2011. Differences in enzymic properties of five recombinant xyloglucan endotransglucosylase/hydrolase (XTH) proteins of *Arabidopsis thaliana*[J]. J Exp Bot, 62 (1): 261 – 271.

15. Mondragon-Palomino M, Theissen G. 2008. MADS about the evolution of orchid flowers[J]. Trends Plant Sci, 13: 51 – 59.

16. Mondragon-Palomino M, Theissen G. 2009. Why are orchid flowers so diverse? Reduction of evolutionary constraints by paralogues of class B floral homeotic genes[J]. Ann Bot (Lond), 104: 583 – 594.

17. Palama T L, Menard P, Fock I, Choi Y H, Bourdon E, Govinden-Soulange J, Bahut M, Payet B, Verpoorte R, Kodja H. 2010. Shoot differentiation from protocorm callus cultures of *Vanilla planifolia* (Orchidaceae): proteomic and metabolic responses at early stage[J]. BMC Plant Biol, 10: 82. doi: 10. 1186/1471 – 2229-10-82.

18. Pandey A, Mann M. 2000. Proteomics to study genes and genomes[J]. Nature, 405 (6788): 837 – 846.

19. Rudall P J, Bateman R M. 2002. Roles of synorganisation, zygomorphy and heterotopy in floral evolution: the gynostemium and labellum of orchids and other lilioid monocots[J]. Biol Rev Camb Philos Soc, 77 (03): 403 – 441.

20. Saumonneau A, Agasse A, Bidoyen M T, Lallemand M, Cantereau A, Medici A, Laloi M, Atanassova R. 2008. Interaction of grape ASR proteins with a DREB transcription factor in the nucleus[J]. FEBS Lett, 582 (23 – 24): 3281 – 3287. doi: 10. 1016/j. febslet. 2008. 09. 015.

21. Service R. 2001. Gold rush-High-speed biologists search for gold in proteins[M]. AMER ASSOC ADVANCEMENT SCIENCE 1200 NEW YORK AVE, NW, WASHINGTON, DC 20005 USA.

22. Sood S, Vyas D, Nagar P K. 2006. Physiological and biochemical studies during flower development in two rose species[J]. Scientia Horticulturae 108: 390 – 396.

23. Stracke R, Ishihara H, Huep G, Barsch A, Mehrtens F, Niehaus K, Weisshaar B. 2007. Differential regulation of closely related R2R3-MYB transcription factors controls flavonol accumulation in different parts of the *Arabidopsis thaliana* seedling[J]. Plant J, 50 (4): 660 – 677. doi: 10. 1111/j. 1365 – 313X. 2007. 03078. x.

24. Thompson C E, Fernandes C L, de Souza O N, de Freitas L B, Salzano F M. 2010. Evaluation of the impact of functional diversification on Poaceae, Brassicaceae, Fabaceae, and Pinaceae alcohol dehydrogenase enzymes[J]. Journal of molecular modeling, 16 (5): 919 – 928. doi: 10. 1007/s00894-009-0576-0.

25. Vishnevetsky M, Ovadis M, Itzhaki H, Levy M, Libal - Weksler Y, Adam Z, Vainstein A. 1996. Molecular cloning of a carotenoid - associated protein from *Cucumis sativus* corollas: homologous genes involved in carotenoid sequestration in chromoplasts [J]. The Plant Journal, 10 (6): 1111 – 1118.

26. Wang Z, Jin Z-Q, Wang J-S, Li M-Y, Jia C-H, Liu J-H, Zhang J-B, Xu B-Y. 2012. Cloning and characterization of an ascorbate peroxidase gene regulated by ethylene and abscisic acid during banana fruit ripening[J]. Afr J Biotechnol, 11 (43): 10089 – 10097.

27. Welinder K G, Mauro J M, Norskov-Lauritsen L. 1992. Structure of plant and fungal peroxidases[J]. Biochem Soc Trans, 20 (2): 337 – 340.

28. Zhang L, Yu Z, Jiang L, Jiang J, Luo H, Fu L. 2011. Effect of post-harvest heat treatment on proteome change of peach fruit during ripening[J]. Journal of proteomics, 74 (7): 1135 – 1149. doi: 10. 1016/j. jprot. 2011. 04. 012.

牡丹 *PsF3H*1 与 *PsANS*1 基因启动子序列克隆与瞬时表达分析[*]

高树林　张超　杜丹妮　董丽[①]

（花卉种质创新与分子育种北京市重点实验室，国家花卉工程技术研究中心，城乡生态环境北京实验室，
北京林业大学园林学院，北京 100083）

摘要　利用接头染色体步移法从牡丹'洛阳红'（*Paeonia suffruticosa* 'Luoyang Hong'）叶片基因组中克隆到 *PsF3H*1 和 *PsANS*1 基因上游 1127 bp 和 858 bp 的启动子序列。生物信息学软件分析结果显示，2 个启动子片段除了含有 TATA-box、CAAT-box 等基本的启动子元件外，还含有多个参与光响应的顺式作用元件，与 MYB 转录因子相结合的作用元件以及多种与抗逆性密切相关的调控作用元件。利用双酶切方法，用 2 个启动子片段分别替换 pBI121 载体上的 35S 启动子，将新构建的植物表达载体通过农杆菌介导法侵染烟草叶片。瞬时表达结果表明，所克隆得到的 *PsF3H*1 和 *PsANS*1 基因启动子片段均具有驱动下游报告基因表达的功能。

关键词　牡丹；花青素苷合成途径；启动子；瞬时表达

Cloningand Transient Expression Assay of *PsF3H*1 and *PsANS*1 Promoters in *Paeonia suffruticosa*

GAO Shu-lin　ZHANG Chao　DU Dan-ni　DONG Li

（*Beijing Key Laboratory of Ornamental Plants Germplasm Innovation & Molecular Breeding*，
National Engineering Research Center for Floriculture，*Beijing Laboratory of Urban and Rural Ecological
Environment and College of Landscape Architecture*，*Beijing Forestry University*，*Beijing* 100083）

Abstract　The 1127 and 858 bp promoter fragments of *PsF3H*1 and *PsANS*1 genes were cloned from tree-peony genomic DNA by genomic walking method. Promoter software analysis showed that the promoter fragments contain a number of TATA-box and CAAT-box elements, and also contain many other promoter elements, such as the MYB transcription factor combination elements, the light response cis-acting elements, and multiple elements closely related to plant resistance. Using double enzyme digested method to build a new plant expression vector, which the original 35S promoter in vector pBI121 was replaced by the two promoter fragments respectively. After transforming the new vectors into tobacco leaves, the transient expression analysis showed that the two cloned promoter fragments could drive the expression of downstream reporter gene.

Key words　*Paeonia suffruticosa*；Anthocyanin pathway；Promoter；Transient expression analysis

花色是观赏植物最重要的观赏性状之一，花青素苷是影响花色变化的重要色素类群，在植物呈色中起到重要作用。*F3H* 和 *ANS* 是花青素苷合成途径中两个关键的结构基因，其中黄烷酮 3-羟基化酶（F3H）催化 4，5，7-3 羟基黄烷酮（naringenin）生成二氢黄酮醇（dihydrokaempferol），为花色素合成提供前体物质；花青素苷合成酶（ANS）最终催化无色花青素转变成有色花青素，后者是花色素生物合成途径中的第一个显色化合物（Springob K *et al.*，2003）。在观赏海棠（田佶 等，2010；Shen H X *et al.*，2012）、石蒜（黄春红 等，2013）、洋桔梗（阮春燕 等，2013）、菊花（唐杏娇 等，2011）等植物的研究中表明，*F3H* 和 *ANS* 基因表达量直接影响植物体内花青素苷的积累。

生物合成途径中基因的协同转录调控是决定代谢产物的一个重要机制，是由转录因子和基因的上游调控序列相互作用实现的。启动子是基因表达调控的重要顺式元件，花青素合成过程中，各种转录因子与催化酶基因启动子的顺式作用元件相结合，从而激活或抑制基因的表达（Palapol *et al.*，2009；Hichri *et al.*，2011；段岩娇 等，2012）。对不同植物的研究发现，*F3H*、*ANS* 基因表达受光照、温度、糖类物质等外界因素调控（Azuma *et al.*，2012；Solfanelli *et al.*，

* 基金项目：高等学校博士学科点专项科研基金（20130014110014）。
① 通讯作者。Author for correspondence（E-mail：dongli@bjfu.edu.cn）。

2006，Zheng *et al.*，2009），同时还受到 MYB、bHLH 等转录因子调控。如在菊花中，*CmF3H*、*CmANS* 基因受光诱导，同时可能受 MYB 转录因子调控（胡可，2010；韩科厅，2010）。启动子的克隆对于研究基因表达调控、构建基因工程载体、表达目的蛋白等都有着重要的意义（王婧 等，2014）。

本课题组在前期研究葡萄糖处理对牡丹切花'洛阳红'呈色作用的实验中发现，葡萄糖和乙烯通过信号转导途径调控牡丹花青素苷合成途径中关键基因的表达，进而影响切花体内花青素苷的合成及切花呈色，其中 *PsF3H*1 和 *PsANS*1 是响应糖信号及乙烯信号的重要基因。由于信号调控途径本身的复杂性，研究结构基因在转录水平上的表达调控机制，全面揭示其内在调控机制还需要进一步的研究。本研究在课题组前期工作的基础上，克隆了牡丹 *PsF3H*1 和 *PsANS*1 基因启动子片段并对其进行功能分析。这一研究将有助于进一步在分子水平上揭示牡丹呈色机理，对于通过基因工程手段改造牡丹花色合成基因，有目的地提高牡丹花色品质具有实际意义。

1　材料与方法

1.1　材料

试验材料牡丹'洛阳红'叶片取自河南省洛阳市孟津县卫坡村。傍晚采收健壮叶片，用报纸包好并放置于四周盛有冰块的泡沫箱中低温保存。次日回到实验室后立即用液氮速冻并保存于 -80℃ 备用。野生型烟草组培苗由本实验室培养。植物基因组提取试剂盒为天根公司产品，离心柱型琼脂糖凝胶 DNA 回收试剂盒为北京康润诚业生物技术有限公司产品，DNA 纯化试剂盒、质粒 DNA 小量提取试剂盒、DNA 限制性内切酶、T4 连接酶和 EX Taq 酶为 TaKaRa 公司产品。克隆载体 pMD18-T vector 为 Promega 公司产品，大肠杆菌感受态细胞 TOP10 购于全式金生物技术有限公司，X-Gluc 购于拜尔迪公司，ACC 购于易秀博古生物科技有限公司，其他化学药品为国产分析纯。表达载体 pBI121 为北京林业大学亓帅师姐惠赠，根癌农杆菌菌株 EHA105 为北京林业大学徐宗大师兄惠赠。

1.2　方法

1.2.1　引物设计与合成

根据本课题组已获得的 *PsF3H*1 基因序列（GenBank 登录号：KJ466966）（Zhang *et al.*，2014）设计一对下游巢氏引物 F3HP1 和 F3HP2。根据已获得的部分 *PsF3H*1 启动子序列再次设计巢式引物 F3HP3 和 F3HP4 继续向上游扩增。根据本课题组已获得的 *PsANS*1 基因序列（GenBank 登录号：KJ466969）（Zhang *et al.*，2014）设计两个下游巢氏引物 ANSP1 和 ANSP2。按照 Genome Walker 说明书合成上游巢氏引物 AP1 和 AP2。以上引物均由上海生物工程有限公司合成，引物序列见表1。

1.2.2　总 DNA 提取与基因组酶切文库构建及 5′接头的添加

按照基因组 DNA 提取试剂盒说明书提取 -80℃ 保存的牡丹叶片总 DNA，分别用平末端限制性内切酶 *Dra*I、*Eco*R V、*Ssp*I 和 *Sca*I 对基因组 DNA 进行酶切，构建基因组酶切文库。按照 DNA 纯化试剂盒说明书纯化酶切产物，并用 T4 DNA 连接酶将接头序列添加至基因组 DNA 酶切片段的 5′末端。接头序列按照 Genome Walker 说明书合成。

1.2.3　巢氏 PCR

用已添加过接头的 DNA 片段做模板，使用接头引物 AP1 分别与下游基因特异性引物 F3HP1 或 ANSP1 配对进行第一轮 PCR。反应体系：模板 1μL，接头引物 AP1（10μmol/L）1μL，基因特异引物 F3HP1 或 ANSP1（10μmol/L）1 μL，dNTP（10mmol/L）0.5μL，EX Buffer（10×）2.5μL，EX Taq 酶 0.15μL，ddH$_2$O 补足至 25 μL。反应程序：94℃ 预变性 1min，94℃ 变性 25s，65℃ -58℃ 退火 30s（每轮降1℃），72℃ 延伸 3min，7 个循环之后，94℃ 变性 25s，58℃ 退火 30s，72℃ 延伸 3min，30 个循环后 72℃ 延伸 10min，10℃ 条件下停止。将第一轮 PCR 的产物稀释 50 倍作为模板，使用接头引物 AP2 分别与 F3HP2 或 ANSP2 配对进行第二轮 PCR。反应体系：模板 2μL，接头引物 AP2（10 μmol/L）2μL，基因特异引物 F3HP2 或 ANSP2（10μmol/L）2μL，dNTP（10mmol/L）1μL，EX Buffer（10×）5μL，EX Taq 酶 0.25μL，ddH$_2$O 补足至 50μL。反应程序：94℃ 预变性 5min，94 ℃ 变性 45s，58℃ 退火 45s，72℃ 延伸 3min，35 个循环后 72℃ 延伸 10min，10℃ 条件下停止。使用 F3HP3 和 F3HP4 引物继续向上游扩增的反应体系及程序同上。

1.2.4　PCR 产物回收、连接、转化、鉴定及序列测定与分析

按天根公司琼脂糖凝胶 DNA 回收试剂盒说明书进行 PCR 产物回收。连接反应按 TaKaRa 公司 pMD18-T 载体说明书进行。连接后的重组质粒导入大肠杆菌 TOP10 感受态细胞中，在 100mg/mL 氨苄青霉素的固体 LB 培养基上进行蓝白斑筛选，挑取白色单菌落菌液 PCR 检测后将阳性克隆送公司测序。序列初步分析采用 DNAMAN 软件进行。启动子序列作用元件分析采用 PLACE 和 PlantCARE 分析软件进行。

1.2.5　表达载体的构建及瞬时表达分析

　　根据上述试验获得的 *PsF3H*1 和 *PsANS*1 基因启动子序列，设计引入 Hind Ⅲ和 BamH Ⅰ酶切位点及保护碱基的上下游引物进行载体构建。*PsF3H*1 启动子上游引物 F3H-F，下游引物 F3H-R；*PsANS*1 启动子上游引物 ANS-F，下游引物 ANS-R（表 1）。以牡丹基因组 DNA 为模板进行 PCR 扩增，将 PCR 产物再次与 pMD18-T 载体连接，构建中间表达载体。将构建好的中间表达载体与 pBI121 质粒分别转入大肠杆菌 TOP10 中，摇菌后采用质粒 DNA 小提试剂盒提取质粒。将中间表达载体质粒和 pBI121 质粒分别用 Hind Ⅲ和 BamH Ⅰ进行双酶切。琼脂糖凝胶电泳分离酶切片段，将启动子目的片段与去除 35S 启动子的 pBI121 线性载体进行连接。将连接产物转化大肠杆菌 TOP10 感受态细胞，在加有 50mg/L Kan 的 LB 固体培养基上进行筛选，挑取白色单菌落进行 PCR 检测。选择 PCR 反应呈阳性的菌株摇菌培养过夜，提取质粒后进行进一步双酶切鉴定。将重组表达载体质粒采用冻融法导入农杆菌 EHA105 感受态后，侵染烟草组培苗叶片，采用化学染色法进行 GUS 活性检测，染色结果用 Nikon D90 拍照。

表 1　本研究所用引物序列
Table 1　Primer sets used in this study

引物名称 Primer name	序列(5′-3′) Sequence(5′-3′)
F3HP1	ACTATTTCACGCCAATCTCGCACAGC
F3HP2	GAGGGAGATGATTGGGATTTCGTTGCT
F3HP3	CTTGTGGGACAACTACCCGATGGTTCA
F3HP4	TAAGAGGAGCGTATTAAACCACGTCAG
ANSP1	CGTATTCGCTGGTTGCCCTCAGTGTAAT
ANSP2	AAGATGTTGGTGATGCTGGTTTGCTCT
AP1	GTAATACGACTCACTATAGGGC

（续）

引物名称 Primer name	序列(5′-3′) Sequence(5′-3′)
AP2	ACTATAGGGCACGCGTGGT
F3H-F	CCC AAGCTTATCGATCAACCTTCTCTT
	（下划线部分为 Hind Ⅲ酶切位点）
F3H-R	CGC GGATCCTGTTCCTTTATTTTCT
	（下划线部分为 BamH Ⅰ酶切位点）
ANS-F	CCC AAGCTTATCGACGAGATCTTCG
	（下划线部分为 Hind Ⅲ酶切位点）
ANS-R	CGC GGATCCTTTTGCAGCAACGTTT
	（下划线部分为 BamH Ⅰ酶切位点）

2　结果

2.1　启动子克隆结果

　　以牡丹叶片总 DNA 为模板，经过引物 F3HP1、F3HP2 的巢式 PCR 扩增，获得片段长度约 850bp 的 *PsF3H*1 基因上游序列（图 1）。对获得序列测序并与 *PsF3H*1 基因序列比对分析后发现，其在 3′端与 *PsF3H*1 cDNA 5′端的 184bp 的序列完全一致。为获得更完整的表达调控区域，以获得的序列为模板设计引物 F3HP3、F3HP4，继续向上游扩增。PCR 产物凝胶电泳显示，再次扩增得到长度约 800bp 的 DNA 序列。测序结果表明该序列 3′端与第一次扩增所得序列 5′端有 306bp 的重复区域，因此认为第二次所获得的序列为第一次获得序列的上游序列。最终，经过序列拼接得到 *PsF3H*1 基因翻译起始位点上游长为 1127bp 的启动子片段，命名为 *F3HP*。

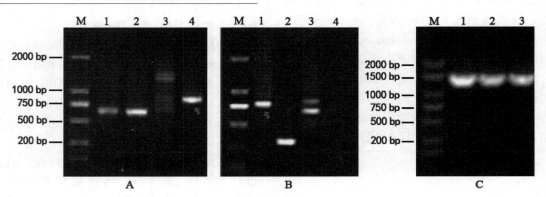

图 1　*PsF3H*1 启动子 PCR 产物电泳结果

M：DL2000 marker；A：第一次巢式 PCR 扩增产物，其中 1-4 个泳道分别以不同限制性内切酶构建的基因组酶切文库做模板，箭头所示为切胶回收目的片段，下同；B：第二次巢式 PCR 扩增产物；C：连接 pMD18-T 载体后菌落 PCR 产物。其中 1-3 泳道为 3 次重复，下同。

Fig. 1　Promoter PCR products of *PsF3H*1

M：DL2000 marker. A：The first-time amplification of genomewalker, 1-4 lanes separately used genomic DNA cutted by different restriction enzymes, signed by arrow is the purpose fragment. B：The second-time amplification of genomewalker. C：Promoter PCR product of pMD18 + *F3HP*, 1-3 lanes are 3 repetitions, The same below.

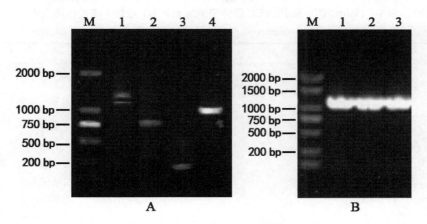

图 2　*PsANS*1 启动子 PCR 产物电泳结果

M：DL2000 marker；A：巢式 PCR 扩增产物；B：连接 pMD18-T 载体后菌落 PCR 产物。

Fig. 2　Promoter PCR products of *PsANS*1

M：DL2000 marker；A：The amplification products of genomewalker；B：Promoter PCR products of pMD18 ＋ *ANSP*.

```
   1  ATCGATCAACCTTCTCTTGTGCAGCATGACAACCACATACACAATGTCCAAGTTCACCATAACGGTAACA
                                              box E
  71  CACAGAGGTCGGATCACAATGAGCTTTGTGGCGTTGGAAACTCATCAAGGGCTGCAACTTTGGTGTTTGA
 141  GTTTTTCGATTTGAGAGACAAAACGTGTTAAATATGCGTGTATTTTAGTTTGAGAGAAAATAGACACCCA
 211  ATTTGATTAGATTTCTCATAGAAAAATACCCTCTAGAACACTTTTTATTTATAGAGTGACTCGCTTATAA
 281  CCCAAGTAAAGTAAATTTATACGGTAGTGAAAGCTCAATAAAATTTAGAATCTTTGAAAATATTCATCTA
 351  CCAAATTTATATTTATAACAAATATGTAAATATATTATTAACAAATAATTCACAAATTTACGGTCGAGAT
                                                                        GA-motif
 421  GTTTGATAAATAATTTTCTTGTCAATTAGTAACTTTTTTAAAAGTACGATATGTAATTTGACTGAAAGAT
 491  GAAAAATTCTATGACTGAAGGAAACAAGTCACGCGTAATATCAAAAAGTGTTGAGTAGACACATGCTGCA
                                    ABRE/G-Box/G-box                    MRE
 561  CCACCTTCACGGGCTATACCCGTTAGGTAAAGTCACGTGGTATGACTGCCGTTGAAACCTAACCTTGGAA
 631  ATTTGTTTTAGTTAGTTTCATTATTCTGGAAGTAAATAGCATCTCATAACATTATGAGACTCATTTTTCT
          G-box  ARE
 701  ATAGCTGACGTGGTTTAATACGCTCCTCTTATTTCACGAAACACAGAGATTTTGCTATCATCAAGTTATT
                                                                   Box III
 771  TTCAACCGGCGTATATTACGCTCATGTCGACACATATACTCTGTACAAATTTGCTACTCATTAACACTTT
          TGACG-motif                    O2-site                I-box
 841  TAATGTGTGACGCTTCGTGTGCATACTGAATTGATTACATGAGATGTGCGGTGCGCGGAGAAGGTGAACC
 911  ATCGGGTAGTTGTCCCACAAGGGGGGAGGGACGGAGGGAGGTAGGTAGAGCTGCCACATAAAAACGAACTT
                                Sp-1                                         LTR
 981  CCACATCCACCATTATAAACGGCTCCCTCCCTTGCCCCTTAAAGCAAGCAGCACCGCTGGAGAAGCCGAA
                   box E                                AAGAA-motif
1051  AATCAAGAATTTATAAATACCCAGCAAGAATTCCTTATACCACACACGGTTGTGGAGAGAAAGAAAATAA
1121  AGGAACAATGGCTCCTACGGCCACTACCCTTACAGCTCTCGCAGGTGAGAAAACCC
```

图 3　*PsF3H*1 启动子序列及顺式作用元件分析

Fig. 3　Nucleotide sequence and cis-acting elements analysis of *F3HP*

表 1　PlantCARE 和 PLACE 软件预测的 *PsF3H1* 启动子顺式作用元件

Table 1　Cis-acting elements of *F3HP* predicted by PlantCARE and PLACE

调控元件	核心序列(5′-3′)	位置	功能
G-Box	CACGTT/CACGTG	-161　+593	光响应元件
G-box	CACGTT/CACGTC/CACGTG GCCACGTGGTA/TGACGTGG	-161、-706、+593 +591、+705	光响应元件
GA-motif	AAAGATGA	+484	光响应元件
I-box	GGATAAGGTG	+896	光响应元件
MRE	AACCTAA	+615	光响应元件、MYB 结合元件
Sp1	CC(G/A)CCC	-932、+1005、-944	光响应元件
ATCT-motif	AATCTAATCT	-213	光响应元件
BOX I	TTTCAAA	-332	光响应元件
CCAAT-box	CAACGG	-608	MYBHv1 结合位点
ABRE	CACGTG	+593	脱落酸响应元件
CGTCA-motif	CGTCA	-705、-847	茉莉酸甲酯应答元件
TGACG-motif	TGACG	+705、+847	茉莉酸甲酯应答元件
HSE	AAAAAATTTC	-627	热激信号响应元件
LTR	CCGAAA	+1045	低温调控应答元件
CCGTCC-box	CCGTCC	-937	分生组织特异性激活元件
MSA-like	(T/C)C(T/C)AACGG(T/C)(T/C)A	-576	细胞周期调控应答元件

```
                                                                      GAG-motif        GCC box
  1 ATCGACGAGATCTTCGAAACTGTGGGGGTCCGGTTGCCGGAAACTGGCCGGAGATGAGCGCCGAAGCCGC
          TGACG-motif          Box-W1/W box
 71 CGGAAATTTGACGCCCTTCAAATTTTGACCTTCTTTTCTGGAGGCTACAGTGGTCGGATTTCGATGTTCC
141 AGATACCGTTGGAAAGATCTCGACGAGAGCTACAACTTTCGTGTTTTGAGTTTTTTTGATTTGAGAGACG
211 GATCGTGCTGATAACATGTTAGAAAGTTTAGGGTATCTAGGATTTAGAGAGAAAAAATAACACCAGCTTT
                           Box-W1/W box
281 TGGCCGAGAAACACATAGGGTTTTGACCCTTTGGAGAGCATCTTATTTATAGAGAGAGGTAGTGTTACAA
                                                                  TC-rich repeats
351 TTATGGTCAATTACCATTTAATGGAGATCCTTTGTGATCTTCTATTTATCATATATACCGTAATTTCTCC
421 AATTACGATATATTCTAACAGTTAACTTGTTATTTTAGTAATTTTTGAAGGCTCATGTTAGCTTTATAA
                               Skn-1-motif   GT1-motif                    GA-motif
491 TTTTATTCCAAAAATATGTTAATTCAGTCATTTTGAGAGGTTAACCCAAAAACTAATTTACACAATAAGG
                                                              MBS
561 AAGAACGAAAGTCTTAATATGAAACTTGTGGCGCATTATACAATTTGAGGGCACACTTTCGGTCAAACCA
631 GAAAAATGACACTAGAGTTGAAACCTGATACGTCCATGGATGGTACCCATAGATAGGTTAGCTGAAACGT
               GT1-motif                                 TGA-element
701 GCAATACTTACCTGGTGGTTGGCTTCATCTTCTTCACGCGCTCTTAAGTGCCAACGACATTCATTTGGTT
                                           +1                GARE-motif/GAG-motif
771 CTCCACGCAGCCTATAAAAGTCTAGCATTTATGCATCTTAGTTCACACAACAATCAATAGAAAACAGAGA
841 GTAAACGTTGCTGCAAAAATGGTGAATTCAGTAGCTCCAAGAGTTGAAAGCTTGGCTATCAGTGGATC
```

图 4　*PsANS1* 启动子序列及顺式作用元件分析

Fig. 4　Nucleotide sequence and cis-acting elements analysis of *ANSP*

表 2　PlantCARE 和 PLACE 软件预测的 *PsANS*1 启动子顺式作用元件

Table 2　Cis-acting elements of *ANSP* predicted by PlantCARE and PLACE

调控元件	核心序列(5′-3′)	位置	功能
5-UTR Py-rich stretch	TTTCTTCTCT	-257	高转录水平相关顺式作用元件
G-Box	CACGTG	-695	光响应元件
G-box	CACGTT	-695	光响应元件
GA-motif	AAGGAAGA	+556	光响应元件
GAG-motif	GGAGATG/ AGAGAGT	+49、+835	光响应元件
GT1-motif	GGTTAA/ ATGGTGGTTGG/ GGTTAA	+528、+711、-530	光响应元件、MYB 结合元件
MNF1	GTGCCC(A/T)(A/T)	-606	光响应元件
MBS	TAACTG/ CGGTCA	-438、+619	光响应元件
CCAAT-box	CAACGG	-145	MYBHv1 结合位点
TCA-element	CAGAAAAGGA	-100	水杨酸调控响应元件
CGTCA-motif	CGTCA	-78	茉莉酸甲酯应答元件
TGACG-motif	TGACG	+78	茉莉酸甲酯应答元件
TGA-element	AACGAC	+752	生长素调控响应元件
HSE	AAAAAATTTC	-457	热胁迫响应元件
LTR	CCGAAA	-616	低温调控应答元件
MSA-like	TCCAACGGT	-144	细胞周期调控应答元件
circadian	CAANNNNATC	-141	昼夜节律调控元件
TC-rich repeats	ATTTTCTCCA/ ATTTTCTTCA	+411、+726	防御与胁迫响应元件
W-box	TTGACC	+94、+302、-354、-620	损伤诱导响应、MRKY 结合作用元件

巢式 PCR 的扩增产物进行琼脂糖凝胶电泳，扩增得到 *PsANS*1 启动子片段约 1000 bp（图 2）。获得序列经测序并与 *PsANS*1 基因序列比对，发现其在 3′端与 *PsANS*1 cDNA　5′端的 157bp 的序列完全一致，因此认为获得序列即为 *PsANS*1 基因上游的启动子片段。测序后去除上游引物和 3′端与 *PsANS*1 cDNA 的 5′端重叠区域后，获得 858bp 的启动子片段，命名为 *ANSP*。

2.2　启动子序列分析

采用 PLACE 和 PlantCARE 软件对所得到的启动子序列进行分析发现（图 3），*PsF3H*1 基因转录位点可能位于翻译起始位点上游 -102bp（GCAAGCA）位置处。*F3HP* 中除含有大多数高等植物启动子具有的保守元件 TATA-box（转录起始位点上游 -33bp 处）和 CAAT-box（转录起始位点上游 -209bp 处）外，还含有多个光调控作用元件、MYB 结合位点元件。另外，序列中还存在脱落酸响应元件、茉莉酸甲酯应答元件、高低温调控应答元件、分生组织特异性激活元件等一些与抗逆密切相关的顺式作用元件（表 1）。

对克隆到的 *PsANS*1 基因启动子片段 *ANSP* 序列分析发现（图 4），其转录起始位点可能位于翻译起始

位点上游 -47bp（TTCACAC）位置处。转录起始位点上游 -31bp 处有一个 TATA-box，-110bp 处有一个 CAAT-box，推测该区域可能构成 *PsANS*1 基因启动子的核心区域。在 3′端还存在一个参与基因转录水平调控的 5-UTR Py-rich，表明该启动子是一个强启动子。分析还发现，*ANSP* 序列还含有多个与 MYB 和光诱导相关的顺式作用元件、激素响应顺式作用元件（脱落酸响应元件、生长素调控响应元件、水杨酸调控响应元件）以及其他与抗逆性相关的作用响应元件，如茉莉酸甲酯应答元件、高低温调控应答元件、分生组织特异性激活元件、昼夜节律调控元件、防御与胁迫响应元件、损伤诱导响应元件等（表 2）。

2.3　植物表达载体构建与瞬时表达分析

在 *F3HP* 及 *ANSP* 序列两侧引入 Hind Ⅲ和 BamH Ⅰ酶切位点，将其连接到去除 35S 启动子的 pBI121 载体上构建表达载体 pBI121 + *F3HP*、pBI121 + *ANSP*。重组表达载体经菌液 PCR 及双酶切鉴定（图 5），确认载体构建成功且 *F3HP*、*ANSP* 序列已正向插入到 GUS 基因上游。对照载体 pBI121（原载体）及重组表达载体 pBI121 + *F3HP*、pBI121 + *ANSP* 结构示意如图 6 所示。

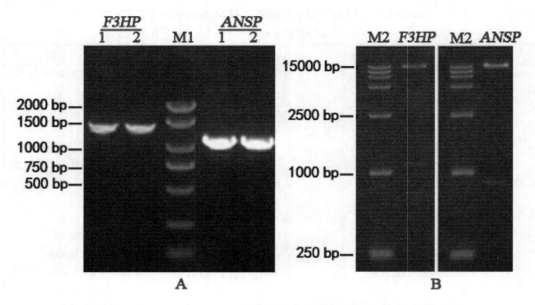

图5　pBI121 + *F3HP/ANSP* 重组质粒菌液 PCR 及酶切检测电泳结果

M1：DL2000 marker；M2：DL15000 marker；A：菌液 PCR 检测；B：pBI121 + *F3HP/ANSP* 酶切检测。

Fig. 5　PCR and digestion results of pBI121 + *F3HP/ANSP* recombinant plasmids

M：DL2000 marker；M2：DL15000 marker；A：Colony PCR results；B：Digestion results of pBI121 + *F3HP/ANSP*

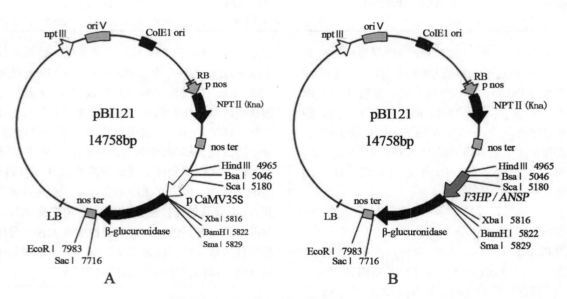

图6　对照载体 pBI121 与重组载体 pBI121 + *F3HP/ANSP*

A：对照载体；B：重组载体。

Fig. 6 Control vector pBI121 and recombinant vector pBI121 + *F3HP/ANSP*

A：Control vector；B：Recombinant vector

以 EHA105 空菌株为阴性对照（CK1），以含 PBI121 载体菌株为阳性对照（CK2），对已构建的含牡丹 *PsF3H*1 和 *PsANS*1 基因启动子的重组载体进行瞬时表达分析，试验结果见图7。从图中可以看出，在农杆菌侵染后的烟草叶片中能检测到 GUS 基因的产物，说明所克隆的 *PsF3H*1 和 *PsANS*1 基因的启动子序列均具有启动下游 GUS 表达的功能，可以用于后续

的实验研究。

3　讨论

随着基因工程的发展，常常需要构建一种能在植物体内高水平表达异源蛋白的表达载体。启动子对外源基因的表达水平影响很大，是基因工程表达载体的重要元件。特异型或诱导型启动子能启动外源基因在

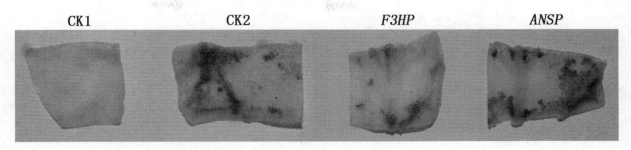

图7　瞬时表达检测结果

CK1：阴性对照；CK2：阳性对照；F3HP：pBI121 + *F3HP* 重组质粒；ANSP：pBI121 + *ANSP* 重组质粒。

Fig. 7　Detection of transient expression

CK1：Blank Agrobacterium control；CK2：35S promoter control；*F3HP*：pBI121 + *F3HP* plasmid；*ANSP*：pBI121 + *ANSP* plasmid.

受体植物中特异、高效、专一的表达，从而克服了组成型启动子引起的非特异性持续表达所造成的浪费甚至是对植物体的伤害（皮灿辉 等，2003）。因此，特异型或诱导型启动子一直以来都是植物基因工程中研究的热点。Sasaki 等利用拟南芥花器官特异型启动子与 MYB24-SRDX 基因融合构建重组载体转化夏堇，获得了理想的花色表型且没有引起其他生理变化（Sasaki，2011）。

　　对不同植物研究发现，*F3H*、*ANS* 基因表达受光强及光质影响，且已证明该调控作用与结构基因上游启动子区域的顺式元件相关。UV-A 能够诱导津田芜菁块根根皮中 *F3H* 基因的表达，从而促进其花青素苷的积累（Zhou *et al.*，2007），进一步研究表明该基因启动子序列中含有许多与光诱导相关的顺式作用元件，且很可能存在着响应 UV-A 特异反应的元件（赵霞，2010）。UV-B 照射苹果后，其表皮中 *ANS* 表达量增加（Ubi *et al.*，2007），且通过对其 *ANS* 启动子研究发现序列中含有多个光响应元件（Ban *et al.*，2007）。菊花在黑暗条件下，舌状花中 *MYB* 表达受抑制，*ANS* 基因几乎不表达（胡可，2010）。对菊花 *ANS* 基因启动子分析发现，序列中含有多个光响应元件和 MYB 转录因子结合位点（唐杏娇 等，2012）。课题组前期研究表明，牡丹切花'洛阳红'在高光处理下，花瓣中 *PsF3H*1 和 *PsANS*1 基因表达量均增加，而黑暗条件下则显著下降（数据未显示）。本研究表明，*PsF3H*1 和 *PsANS*1 基因启动子片段中都含有多个光响应顺式作用元件及 MYB 结合位点。因此推测 *MYB* 表达受光调控，其编码的转录因子通过与结构基因 *PsF3H*1 和 *PsANS*1 启动子的顺式作用元件结合，共同响应光信号调控。

　　*PsF3H*1 和 *PsANS*1 基因被证明在牡丹花器官中高丰度表达（张超，2014），用葡萄糖和乙烯处理牡丹切花'洛阳红'的实验中发现，糖和乙烯通过信号转导途径调控牡丹花青素苷合成途径中关键基因的表达，进而促进或抑制切花体内花青素苷的合成，其中 *PsF3H*1 和 *PsANS*1 是响应糖信号及乙烯信号的重要基因。本实验通过对克隆到的 *PsF3H*1 和 *PsANS*1 基因启动子片段序列进行分析，并未发现与花器官特异性表达相关的作用元件，也没有发现响应葡萄糖及乙烯诱导的相关作用元件。分析原因可能有以下几点：一是分离到的序列只是 *PsF3H*1 和 *PsANS*1 基因启动子的一部分，远端调控元件尚需进一步研究；二是分离到的片段中存在一些新的尚未被发现，或功能尚未确定的作用元件，对此还需要展开进一步研究；三是 *MYB* 基因表达受葡萄糖和乙烯信号调控，其编码的转录因子通过与结构基因 *PsANS*1 及 *PsF3H*1 启动子的顺式作用元件结合调控基因表达，从而使 2 个结构基因在不含响应葡萄糖及乙烯诱导的相关作用元件情况下，也能间接受其调控。

　　以上分析初步表明本研究所克隆得到的启动子具有相应的活性特征。许多与光诱导、及抗逆性相关的顺式作用元件的存在，表明该基因很可能受相应外界因子的调控，具体调控机制有待于进一步通过启动子的缺失试验进行分析验证。

参考文献

1. Azuma A, Yakushiji H, Koshita Y, *et al*. Flavonoid biosynthesis-related genes in grape skin are differentially regulated by temperature and light conditions［J］. Planta, 2012, 236 (4)：1067 – 1080.

2. Ban Y, Honda C, Hatsuyama Y, *et al*. Isolation and functional analysis of a MYB transcription factor gene that is a key regulator for the development of red coloration in apple skin［J］. Plant and Cell Physiology, 2007, 48（7）：958 – 970.

3. Hichri I, Heppel S C, Pillet J, *et al*. The basic helix-loop-helix transcription factor MYC1 is involved in the regulation of the flavonoid biosynthesis pathway in grapevine［J］. Molecular plant, 2010, 3(3)：509 – 523.

4. Palapol Y, Ketsa S, Lin-Wang K, *et al*. A MYB transcription factor regulates anthocyanin biosynthesis in mangosteen (*Garcinia mangostana* L.) fruit during ripening[J]. Planta, 2009, 229(6): 1323 – 1334.

5. Sasaki K, Yamaguchi H, Narumi T, *et al*. Utilization of a floral organ-expressing AP1 promoter for generation of new floral traits in Torenia fournieri Lind[J]. Plant Biotechnology, 2011, 27(6): 181 – 188.

6. Springob K, Nakajima J, Yamazaki M, *et al*. [J]. Natural product reports, 2003, 20(3): 288 – 303.

7. Shen H, Zhang J, Yao Y, *et al*. Isolation and expression of *McF3H* gene in the leaves of crabapple[J]. Acta Physiologiae Plantarum, 2012, 34(4): 1353 – 1361.

8. Solfanelli C, Poggi A, Loreti E, *et al*. Sucrose-specific induction of the anthocyanin biosynthetic pathway in *Arabidopsis* [J]. Plant physiology, 2006, 140(2): 637 – 646.

9. Ubi B E, Honda C, Bessho H, *et al*. Expression analysis of anthocyanin biosynthetic genes in apple skin: effect of UV-B and temperature[J]. Plant Science, 2006, 170(3): 571 – 578.

10. Zhang C, Wang W N, Wang Y J, *et al*. Anthocyanin biosynthesis and accumulation in developing flowers of tree peony *Paeonia suffruticosa* 'Luoyang Hong'[J]. Postharvest Biology and Technology, 2014, 97: 11 – 22.

11. Zheng Y, Tian L, Liu H, *et al*. Sugars induceanthocyanin accumulation and flavanone 3-hydroxylase expression in grape berries[J]. Plant Growth Regulation, 2009, 58(3): 251 – 260.

12. Zhou B, Li Y, Xu Z, *et al*. Ultraviolet A-specific induction of anthocyanin biosynthesis in the swollen hypocotyls of turnip (*Brassica rapa*)[J]. Journal of experimental botany, 2007, 58(7): 1771 – 1781.

13. 黄春红, 高燕会, 朱玉球, 等. 石蒜黄烷酮 3 – 羟化酶基因 *LrF3H* 的克隆及表达分析[J]. 园艺学报, 2013, 40 (5): 960 – 970.

14. 段岩娇, 张鲁刚, 何琼, 等. 紫心大白菜花青素积累特性及相关基因表达分析[J]. 园艺学报, 2012, 39(11): 2159 – 2167.

15. 韩科厅. 花青素苷合成关键结构基因导入对菊花花色的影响[D]. 北京: 北京林业大学, 2010.

16. 胡可. 花青素苷合成途径中结构基因的表达对菊花和瓜叶菊花色的影响[D]. 北京: 北京林业大学, 2010.

17. 皮灿辉, 易自力, 王志成. 提高转基因植物外源基因表达效率的途径[J]. 中国生物工程杂志, 2003, 23(1): 1 – 4.

18. 阮春燕, 韦银凤, 姚超, 等. 洋桔梗黄烷酮 3-羟化酶基因的克隆及其反义表达载体的构建[J]. 江苏农业科学, 2013, 41(11): 35 – 38.

19. 唐杏姣, 戴思兰. 光调控花青素苷合成及呈色的机理 [J]. 分子植物育种, 2011, 9. 2011(9): 1284 – 1290.

20. 唐杏姣, 韩科厅, 胡可, 等. 菊花 *CmDFR* 与 *CmANS* 基因启动子序列克隆与瞬时表达分析[J]. 生物技术通报, 2012 (05): 81 – 88.

21. 田佶, 沈红香, 张杰, 等. 苹果属观赏海棠 *McANS* 基因克隆与不同叶色品种间表达差异分析[J]. 园艺学报, 2010, 37(6): 939 – 948.

22. 王婧, 李冰, 刘翠翠, 等. 启动子结构和功能研究进展 [J]. 生物技术通报, 2014 (8): 40 – 45.

23. 赵霞. 津田芜菁 *BrF3H* 表达特性与启动子活性鉴定[D]. 东北林业大学, 2010.

24. 张超. 葡萄糖调控牡丹切花花青素苷合成的分子机理 [D]. 北京林业大学, 2014.

牡丹切花 *PsDREB*1 基因的分离及诱导表达分析[*]

吴凡[1]　郭加[1]　刘爱青[2]　董丽[1①]

（[1]花卉种质创新与分子育种北京市重点实验室，国家花卉工程技术研究中心，城乡生态环境北京实验室，

北京林业大学园林学院，北京 100083；[2]菏泽市曹州牡丹园，菏泽 274000）

摘要　本研究旨在克隆牡丹 DREB 转录因子，对其进行生物信息学分析，并研究其对水分胁迫和外源激素处理的响应。利用已构建的牡丹花瓣转录组数据库，筛选出 1 个与植物 DREB 蛋白同源性较高的 Unigene 序列，命名为 *PsDREB*1。利用 RACE 及 RT-PCR 技术，设计特异性引物对 *PsDREB*1 最大阅读框（ORF）序列进行扩增并测序。生物信息学分析表明 *PsDREB*1 序列包含一个 831bp 的 ORF，编码一个 276aa 的肽链，含有一个典型的 AP2 结构域。氨基酸多序列比对及进化分析表明 PsDREB1 属于 DREB-A4 组。实时定量 PCR 分析表明，*PsDREB*1 表达受到水分胁迫的诱导，但对乙烯和脱落酸没有响应。结果表明牡丹切花中 *PsDREB*1 可能参与了水分胁迫诱导的信号转导途径。

关键词　牡丹；切花；DREB；转录因子；诱导表达

Isolation and Induced Expression Analysis of *PsDREB*1 in Tree Peony Cut Flowers

WU Fan[1]　GUO Jia[1]　LIU Ai-qing[2]　DONG Li[1]

（[1]*Beijing Key Laboratory of Ornamental Plants Germplasm Innovation & Molecular Breeding*，

National Engineering Research Center for Floriculture，*Beijing Laboratory of Urban and Rural Ecological*

Environment and College of Landscape Architecture，*Beijing Forestry University*，*Beijing* 100083；[2]*Caozhou Peony Garden*，*Heze* 274000）

Abstract　The purpose of this study was to clone the *Paeonia suffruticosa* DREB transcription factor，analyse the information of the gene by using bioinformatical methods and and investigate the response pattern to water deficit stress and exogenous hormones. One unigene sequence that share high homology with DREB protein in plants was obtained from previous-constructed tree peony petal transcriptome database and named as *PsDREB*1. Sequence of open reading frame（ORF）in *PsDREB*1 were cloned with designed specific primers using RACE and RT-PCR technology. With the bioinformatics analysis，*PsDREB*1 contains a 831bp ORF encoding 276 amino acid residues，in which a typical AP2 domain was included. Molecular formula of the predicted protein is $C_{1311}H_{2047}N_{381}O_{421}S_9$，which has a relative molecular mass of 30. 17kDa and isoelectric point of 5. 60. Alignment and phylogenetic analysis showed that PsDREB1 belongs to DREB-A4 group. Quantitative real-time PCR analysis indicated that was induced by water deficit stress，but not by ethylene and abscisic acid treatment. The results suggested that *PsDREB*1 might be involved in water deficit stress signal pathway in tree peony cut flowers.

Key words　*Paeonia suffruticosa*；Cut flowers；DREB；Transcription factor；Induced expression

　　DREB（dehydration responsive element binding）转录因子属于 AP2/EREBP（Apetla2/Ehylene responsive element binding protein）类转录因子超家族中的一类，具有 AP2/EREBP 类转录因子所共有的 AP2 特征结构域，可激活具有 DRE 顺式作用元件的植物抗逆响应，是一类与植物逆境胁迫密切相关的重要转录因子。Sakuma 等（2002）按照结构域的数量和类型将拟南芥（*Arabidopsis thaliana*）中 145 个 AP2/EREBP 类转录因子进行了分类，其中 DREB 亚家族共 56 个成员，进一步分成 A1-A6 共 6 个组，但各组成员在功能上可能存在冗余。

　　由于其在改良植物对环境条件的适应性上具有重要的应用前景，DREB 类转录因子已成为植物抗逆性分子机制研究的热点。目前已经从欧洲油菜（*Brassica napus*）（Jaglo *et al*.，2001）、大豆（*Glycine max*）（Li *et al*.，2005）、辣椒（*Capsicum annuum*）（Hong *et al*.，

---

* 基金项目：国家自然科学基金（30972030）；高等学校博士学科点专项科研基金（20130014110014）。

① 通讯作者。Author for correspondence（E-mail：dongli@ bjfu. edu. cn）。

2005)、大麦(*Hordeum vulgare*)(Choi *et al.*,2002)、菊花(*Dendronthema × moriforlium*)(Yang *et al.*,2009)、月季(*Rosa hybrida*)(王婷 等,2009)等多种植物中分离出了 *DREB* 基因。研究表明,DREB 类转录因子能够则特异性结合 DRE(dehydration responsive element)/C-repeat 元件,并通过依赖或不依赖 ABA 的信号途径参与植物对高温、低温和水分等胁迫的响应。

乙烯是一种气态植物激素,在植物生长发育的许多过程中发挥重要作用。细胞水平的研究证明,乙烯能够促进细胞器衰老,加速花瓣萎蔫与脱落,因此在一定程度上决定了切花的瓶插寿命(Van Doorn *et al.*,2008)。AP2/EREBP 类转录因子中的 ERF 类转录因子能够特异性结合启动子中含有 GCC-box 的元件,而 GCC-box 存在于许多乙烯响应基因中,因此 ERF 类转录因子通常被认为和乙烯参与的信号途径相关(Bleecker & Kende,2000)。事实上,DRE/C-repeat 元件与 GCC-box 具有一定的相似性(Yamaguchi-Shinozaki & Shinozaki,1994),乙烯也能够通过对某些 *DREB* 基因的诱导作用参与调控植物对逆境胁迫的响应(Zhao *et al.*,2009),且乙烯与 ABA 途径之间存在复杂的信号交叉(Beaudoin *et al.*,2000)。但是,有关 DREB 类转录因子是否参与了切花采后对乙烯、脱落酸以及水分胁迫响应的研究至今鲜见报道。

我国对于切花的采后生理研究起步较晚,尤其是缺乏对于传统名花的研究,限制了我国优良的花卉种质资源在切花市场上的应用。牡丹(*Paeonia suffruticosa*)是我国十大传统名花之首,深受人们的喜爱。但牡丹花期集中,切花瓶插寿命较短,制约了牡丹切花市场的规模化发展。本研究以牡丹'雪映桃花'切花为试材,研究牡丹 DREB 基因对外源乙烯、ABA 及水分胁迫的响应,以期为延长牡丹切花瓶插寿命,改善牡丹切花观赏品质提供理论依据。

1　材料与方法

1.1　材料与试剂

牡丹'雪映桃花'(*Paeonia suffruticosa* 'Xue Ying Tao Hua')1 级切花取自山东省菏泽市曹州牡丹园苗圃中。切花采收后运回北京林业大学园林学院花卉生理和应用实验室。切花经水剪、复水后用于后续实验。

1.2　切花处理

取牡丹'雪映桃花'1 级切花,分别进行 $10\mu L/L$ 乙烯、$1\mu L/L$ 1-甲基环丙烯(乙烯抑制剂)、$100\mu M$ 脱落酸、$10\mu M$ 氟啶酮(脱落酸抑制剂)以及干置处理,对照组直接瓶插于盛有 0.05% NaClO 溶液的玻璃瓶中,处理前及处理 6h 后取各处理切花中层花瓣,每个处理 3 个重复,每 0.3g 左右花瓣用锡箔纸包好后液氮速冻,并保存于 $-80℃$ 冰箱用于后续试验。

1.3　基因分离

使用 Quick RNA Isolation Kit(华越洋公司,北京)提取牡丹切花花瓣总 RNA,用于 cDNA 合成:使用 5'-Full RACE Kit with TAP(TaKaRa 公司,大连)进行用于 5'RACE 扩增的 cDNA 第一链合成;使用 M-MLV 反转录酶(Promega 公司,北京)及 Oligo dT 引物进行总 RNA 反转录反应,用于 ORF 验证反应。

根据前期本课题组已构建的牡丹花瓣转录组数据库(Zhang *et al.*,2014),筛选出 1 个与 DREB 转录因子蛋白同源性较高的片段 unigene21593,利用片段信息设计引物(表 1),对牡丹 *DREB* 基因进行分离。PCR 反应产物经 1% 琼脂糖凝胶电泳检测后回收,与 pGEM-T(Promega 公司,北京)载体连接,转化大肠杆菌 *Trans*5α 感受态细胞(全式金公司,北京),蓝白斑筛选阳性克隆,经菌液 PCR 鉴定后送至北京擎科新业生物技术有限公司测序。

表 1　牡丹 *PsDREB*1 基因分离及 ORF 验证所用引物

Table 1　Primers for isolation and confirmation of ORF sequences of *PsDREB*1 in tree peony

基因 Gene	引物名称 Primer name	引物序列(5'–3') Primer sequence (5'–3')
*PsDREB*1	DREB1-5' outer	GCCGCCATTTCTGGTGTCGCATA
	DREB1-5' inner	CCATTTCTGGTGTCGCATAGGTT
	DREB1-F	ATGGATGATTCTGATTCCAAGTCTA
	DREB1-R	AGTCTATCTGAATTATGAGCATGTT

1.4　生物信息学分析

用 DNAMAN 和 MEGA5.1 软件进行序列比对、序列拼接及构建系统进化树;用 ExPASy(http://www.expasy.org/)和 CBS Prediction Servers(http://www.cbs.dtu.dk/services/)等在线软件对推测蛋白的基本性质、蛋白质结构域和高级结构等信息进行分析。

1.5　基因表达引物设计及其扩增效率测定

设计荧光定量 PCR 引物:上游引物为 5'-ACAAT-GTCTGAGTTGACCGAGGAAA-3',下游引物为 5'-TAT-CAAACAATGCCTCTTCATCAAT-3',并制作该引物荧光定量 PCR 标准曲线:将 1 级切花中层花瓣总 RNA

反转录所得的 cDNA 样品以 10 倍浓度梯度稀释，共设 5 个浓度梯度，以稀释后的 cDNA 为模板进行实时荧光定量 PCR 反应，以 Cq 值与 cDNA 浓度的 log10 作图得到标准曲线，计算引物扩增效率：E = [10(-1/斜率) -1] ×100%。

1.6 实时荧光定量 PCR 表达分析

将切花中层花瓣总 RNA 反转录所得的 cDNA 样品稀释 15 倍后作为荧光定量 PCR 反应的模板。参照 SYBR© Premix Ex Taq™（TaKaRa 公司，大连）说明书进行荧光定量 PCR 反应。每个样品重复 3 次，并设阴性对照。以牡丹 *Psubiquitin* 和 *PsGAPDH* 作为内参基因计算处理前后 *PsDREB*1 的相对表达量（王彦杰等，2012）。

2 结果与分析

2.1 基因分离及序列特征分析

根据本课题组已得到的牡丹花瓣转录组数据库，利用 RACE 及 RT-PCR 技术，对牡丹 *PsDREB*1 基因进行克隆，获得了该基因 ORF 全长序列，长度为 831bp，编码一个 276aa 的肽链，其中包含一个由 57 个氨基酸构成的 AP2 结构域（图 1，图 2）。推测蛋白的分子式为 $C_{1311}H_{2047}N_{381}O_{421}S_9$，相对分子质量为 30.17kDa，理论等电点为 5.60，蛋白不稳定系数为 61.22，总平均输水指数为 -0.609，即为不稳定亲水性蛋白。

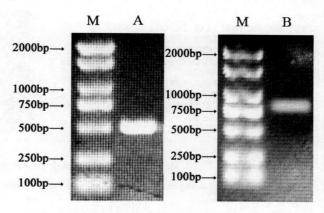

图 1　牡丹 *PsDREB*1 基因 5′末端序列（A）及 ORF 序列（B）PCR 扩增产物电泳图

Fig. 1　PCR amplification of 5′ end (A) and ORF (B) sequences of *PsDREB*1 from tree peony

2.2 氨基酸序列同源性及系统发育分析

将牡丹 PsDREB1 蛋白氨基酸序列与其他物种进行多序列比对分析发现，牡丹 PsDREB1 的 AP2 结构域与其他物种中 AP2/ERF 类转录因子的 AP2 结构域高度相似，结构域的第 14 位和第 19 位的保守氨基酸分别为缬氨酸（Val）和谷氨酸（Glu）（图 3），N-端均有 3 个反向平行的 β-折叠，C-末端具有 1 个 α-螺旋结构。完整蛋白序列中螺旋结构、β-折叠和无规卷曲分别占 13.77%、4.71% 和 81.52%，与荷花（*Nelumbo nucifera*）中 ERF026-like 蛋白的相似性为 63%。

将牡丹 DREB1 转录因子与拟南芥中 147 个 AP2/ERF 转录因子进行同源性比对并进行系统发育分析（图 4），按照 Sakuma 等（2002）的分类方法，Ps-DREB1 属于 DREB 亚家族的 A4 组。

```
  1 atggatgattctgattccaagtctatagtgcgccaaactgaccaaccaccaccccttagtattacgacacgacaacccaacttctaat
    M  D  D  S  D  S  K  S  I  V  R  Q  T  D  Q  P  H  P  L  V  L  R  H  D  N  P  T  S  N
 91 gtgcaccagtggaccaacctcacctagtggaccaatctcaccagcctttagtattaggacacgacaacccaccttataatgtgcaccta
    V  H  L  V  D  Q  P  H  L  V  D  Q  S  H  Q  P  L  V  L  G  H  D  N  P  P  Y  N  V  H  L
181 gtggaccaacctcaccaccattagtttaggacacgacaacccaccttctaatgtgcacctagtggaccagccaccacccattcttct
    V  D  Q  P  H  H  P  L  V  L  G  H  D  N  P  P  S  N  V  H  L  V  D  Q  P  P  Y  S  S
271 acccttcaagtcccttctacccttgaagtctcatcacctaaaggtacctcaggctcatcccgccgacttgccaccggcagacacccagtc
    T  L  Q  V  P  S  T  L  E  V  S  S  P  K  G  T  S  G  S  S  R  R  L  A  T  G  R  H  P  V
361 tttcgtggaatccggtgccggagcgggaagtgggtgtcggagatacgagagccaggtcaaagtaagaggatatggctgggaacctatgcg
    F  R  G  I  R  C  R  S  G  K  W  V  S  E  I  R  E  P  G  Q  S  K  R  I  W  L  G  T  Y  A
451 acaccagaaatggcggcggctgcatacgacgtggccgcactcaaattaaaaggccccagcgccacctctaaacttccccaactcaattcat
    T  P  E  M  A  A  A  A  Y  D  V  A  A  L  K  L  K  G  P  S  A  T  L  N  F  P  N  S  I  H
541 tcgtatccctatcccggcatctcaatcccccgcgatatacaagctctgccccgattgtcaacaatgtctgag
    S  Y  P  I  P  A  S  Q  S  P  R  D  I  Q  A  A  A  A  N  A  A  S  A  R  L  S  T  M  S  E
631 ttgaccgaggaaagcaagaatacatcggaaagtcgcacctccggggaagaattcattgatgaagaggcattgtttgatatgccgaatttg
    L  T  E  E  S  K  N  T  S  E  S  R  T  S  G  E  E  F  I  D  E  E  A  L  F  D  M  P  N  L
721 ctggttgggcatgcggaggggaatgctagtaagtccgccgaggatgatgtcgccaccgtctgatgacacgccggaaagttcggatgcggaa
    L  V  G  M  A  E  G  M  L  V  S  P  P  R  M  M  S  P  P  S  D  D  T  P  E  S  S  D  A  E
811 aatctatggagctatcattaa 831
    N  L  W  S  Y  H  *
```

图 2　*PsDREB*1 基因的 ORF 核苷酸序列及其编码的氨基酸序列

阴影：AP2 结构域；星号：终止密码子

Fig. 2　Nucleotide and amino acid sequence of *PsDREB*1 transcription factor in tree peony

Shadow：AP2 domain；Asterisk：termination codon

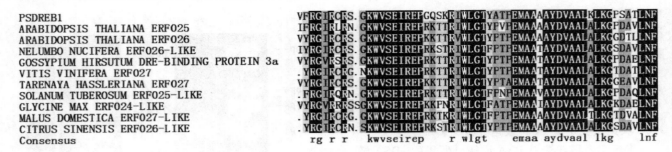

图3 牡丹与其他物种中 DREB 转录因子保守结构域氨基酸序列比对

Fig. 3 Alignment of amino acid sequences of conservative domains in DREB transcription factors from tree peony and other plants

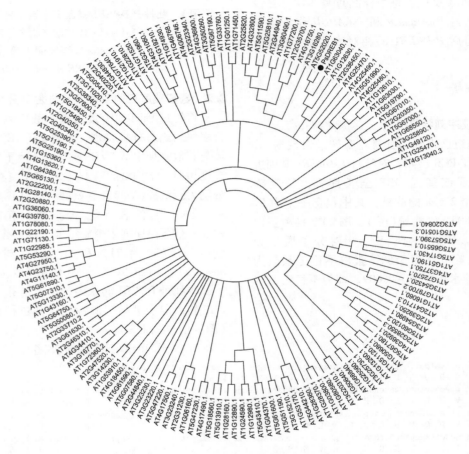

图4 牡丹 DREB1 转录因子进化分析

Fig. 4 Phylogenetic analysis of DREB1 transcription factor in tree peony

2.3 牡丹 *PsDREB*1 基因对外源激素及水分胁迫的响应

利用实时荧光定量 PCR 检测了个牡丹 *PsDREB*1 基因在牡丹'雪映桃花'切花盛开阶段不同花器官中的表达量(图5)及其对各处理的响应(图6)。在不同花器官中,*PsDREB*1 基因在内瓣中表达量最高,在雌蕊中表达量最低,在中层及外层花瓣、萼片和雄蕊中的表达量则没有明显差异。瓶插 6h 后与处理前相比,乙烯、1-MCP、ABA 及氟啶酮处理后 *PsDREB*1 基因

表达量均有所降低,但各处理与对照相比差异不大;干置处理 6h 后 *PsDREB*1 基因表达则量明显上升,为对照的 4.02 倍。结果表明 *PsDREB*1 基因可能与牡丹'雪映桃花'切花的水分胁迫响应有密切关系,但不受乙烯和 ABA 的诱导。

3 讨论

切花采后脱离母体,在鲜花储存运输及瓶插过程中,由于缺少水分供应或导管阻塞等原因造成的吸水

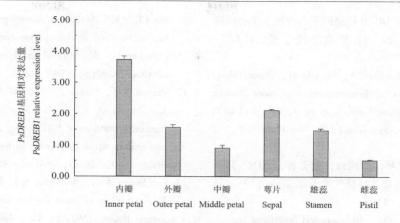

图 5　*PsDREB*1 基因在不同花器官中的表达模式

Fig. 5　Expression pattern of *PsDREB*1 in different flower organs

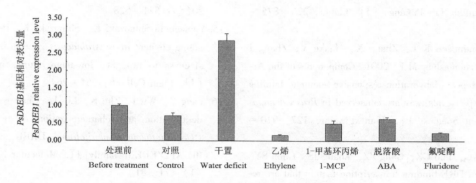

图 6　*PsDREB*1 基因对不同处理的响应

Fig. 6　Responses of *PsDREB*1 to different treatments

受阻, 给切花的采后发育造成了不利影响。乙烯和脱落酸是两类主要的致衰激素, 在切花的衰老过程中常常相伴而生, 对切花开放与衰老进程有重要的调控作用。DREB 是植物对逆境条件响应途径中的重要转录因子, 通过与 DRE 顺式作用元件的结合, 调控编码 RNA 结合蛋白、糖转运及代谢相关蛋白、胚胎发育晚期丰富蛋白 (late embriogenesis abundant protein, LEA)、冷诱导蛋白及蛋白酶抑制因子等的多种下游基因的表达, 与植物对水分胁迫、盐胁迫、低温、高温等多种非生物胁迫的响应密切相关, 并可能参与多种信号途径 (冯军和郑彩霞, 2011)。

本研究利用 RACE 及 RT-PCR 技术, 获得了 1 个牡丹 *DREB* 基因, 并检测其在乙烯、1-MCP、ABA、氟啶酮及水分胁迫诱导下的表达情况。结果表明, 水分胁迫 6h 对牡丹 *PsDREB*1 基因有明显的诱导作用, 但该基因对乙烯、脱落酸及二者的抑制剂处理没有明显响应。因此, *PsDREB*1 基因可能参与了牡丹切花'雪映桃花'对水分胁迫响应的信号途径, 但没有在转录水平上介导乙烯、脱落酸和水分胁迫信号间的互作。本课题组前期对不同牡丹切花品种水分平衡值变

化的研究表明, 牡丹切花的开放进程与切花水分平衡关系密切相关 (郭闻文 等, 2004)。'雪映桃花'属于乙烯非跃变型切花, 也是乙烯不敏感型切花, 乙烯在其切花开放与衰老进程中不是主要的影响因子, 推测切花吸水受阻以及花瓣水分的大量散失导致的水分胁迫可能对'雪映桃花'切花的开放与衰老有更主要的影响, 因此 *PsDREB*1 基因的功能及其作用机理对于了解其衰老机制具有重要意义。另外, *PsDREB*1 基因在其他牡丹切花品种中与失水胁迫的关系也将是后续研究中需要解决的问题。

参考文献

1. Beaudoin N, Serizet C, Gosti F, Giraudat J. 2000. Interactions between abscisic acid and ethylene signaling cascades [J]. Plant Cell, 12: 1103 – 1115.

2. Bleecker A B, Kende H. 2000. Ethylene: a gaseous signal molecule in plants [J]. Annual review of cell and developmental biology, 16(1): 1 – 18.

3. Choi D W, Rodriguez E M, Close T J. 2002. Barley Cbf3 gene identification, expression pattern, and map location [J]. Plant Physiology, 129(4): 1781 – 1787.

4. 冯军，郑彩霞. 2011. DREB 转录因子在植物非生物胁迫中的作用及应用研究[J]. 植物生理学报，47（5）：437－442.

5. Fujimoto S Y, Ohta M, Usui A, Shinshi H, Ohme-Takagi M. 2000. Arabidopsis ethylene-responsive element binding factors act as transcriptional activators or repressors of GCC box－mediated gene expression[J]. The Plant Cell, 12 (3)：393－404.

6. 郭闻文，董丽，王莲英，陈瑞修，刘爱青. 2004. 几个牡丹切花品种的采后衰老特征与水分平衡研究[J]. 林业科学，40（4）：89－93.

7. Hong J P, Kim W T. 2005. Isolation and functional characterization of the Ca-DREBLP1 gene encoding a dehydration responsive element binding-factor-like protein 1 in hot pepper (*Capsicum annuum* Lcv Pukang) [J]. Planta, 220：875－888.

8. Jaglo K R, Amundsen K L, Zhang X, Haake V, Zhang J Z, Deits T, Thomashow M F. 2001. Components of the Arabidopsis C-Repeat/dehydration-responsive element binding factor cold response pathway are conserved in *Brassica napus* and other plant Species[J]. Plant Physiol, 127：910－917.

9. Li XP, Tian AG, Luo GZ, Gong ZZ, Zhang JS, Chen SY. 2005. Soybean DRE-binding transcription factors that are responsive to abiotic stresses[J]. Theoretical and Applied Genetics, 110：1355－1362.

10. Park J M, Park C J, Lee S B, Ham B K, Shin R, Paek K H. 2001. Overexpression of the tobacco Tsi1 gene encoding an EREBP/AP2－type transcription factor enhances resistance against pathogen attack and osmotic stress in tobacco[J]. The Plant Cell, 13(5)：1035－1046.

11. Sakuma Y, Liu Q, Dubouzet J G, Abe H, Shinozaki K, Yamaguchi-Shinozaki K. 2002. DNA-binding specificity of the ERF/AP2 domain of Arabidopsis DREBs, transcription factors involved in dehydration-and cold-inducible gene expression[J]. Biochemical and biophysical research communications, 290(3)：998－1009.

12. Sharma M K, Kumar R, Solanke A U, Sharma R, Tyagi A K, Sharma A K. 2010. Identification, phylogeny, and transcript profiling of ERF family genes during development and abiotic stress treatments in tomato[J]. Molecular Genetics and Genomics, 284(6)：455－475.

13. Van Doorn W G, Woltering E J. 2008. Physiology and molecular biology of petal senescence[J]. Journal of Experimental Botany, 59(3)：453－480.

14. 王彦杰，董丽，张超，王晓庆. 2012. 牡丹实时定量 PCR 分析中内参基因的选择[J]. 农业生物技术学报，20(5)：521－528.

15. Yamaguchi-Shinozaki K, Shinozaki K. 1994. A novel cis-acting element in an *Arabidopsis* gene is involved in responsiveness to drought, low-temperature, or high-salt stress [J]. Plant Cell, 6：251－264.

16. Yang Y, Wu J, Zhu K, Liu L, Chen F, Yu D. 2009. Identification and characterization of two chrysanthemum (*Dendranthema × morifolium*) DREB genes, belonging to the AP2/EREBP family[J]. Molecular biology reports, 36 (1)：71－81.

17. Zhang C, Wang Y, Fu J, Dong L, Gao S, Du D. 2014. Transcriptomic analysis of cut tree peony with glucose supply using the RNA-Seq technique[J]. Plant cell reports, 33 (1)：111－129.

18. Zhao D, Shen L, Fan B, Yu M, Zheng Y, Lv S, Sheng J. 2009. Ethylene and cold participate in the regulation of LeCBF1 gene expression in postharvest tomato fruits[J]. FEBS Letters, 583：3329－3334.

百合新品种引种试验[*]

王晓静　王文和[①]　张克　何祥凤　赵祥云　王树栋

（北京农学院园林学院，北京 102206）

摘要　本文对 2013 年从荷兰引进的 26 个百合新品种进行引种试验。于 2013 年 10 月，以草炭为基质，用筐植方式种植在北京农学院园林植物实践基地日光温室内。经过两年观测，对其茎、叶、花的生物学性状进行观察记录。结果发现品种'Indian Diamond'表现出极好的适应性，而'Savanne'和'White Triumph'适应性极差，第二年全部死亡。最后综合各项指标，筛选出表现良好的'Indian Diamond''Cobra''Sanna''Menorca''Ice Cube'五个切花品种和'Red Latin''Batistero''Royal sunset'3 个盆栽品种适合在北京地区温室种植。

关键词　百合；引种；生物性状

Study on Introduction of New Lily Varieties in Beijing

WANG Xiao-jing　WANG Wen-he　ZHANG ke　HE Xiang-feng　ZHAO Xiang-yun　WANG Shu-dong

（*Department of landscape，Bejing University of Agriculture，Beijing* 102206）

Abstract　In this study, 26 new cultivars of lily were introduced from Holland in 2013. It was planted in the planting box with ground substance as the matrix in the solar greenhouse at Base of Landscape Plants Beijing University of Agricultural. We have investigated its biological characteristics in this two years. Its stem traits, leaf traits and flowers traits were observed and recorded. The results indicated that Indian Diamond showed good adaptability, while Savanne and White Triumph died in the second year. The five new lily varieties 'Indian Diamond''Cobra''Sanna''Menorca''Ice Cube' with good characteristics were suggested to be treated as greenhouse cut-flower cultivars planted in Beijing, while 'Red Latin''Batistero''Royal sunset' as greenhouse potted cultivars.

Key words　Lily；Introduction；Biological characteristics

百合是百合科百合属的一种多年生草本植物，是重要的球根花卉。其花色多样，气味芬芳，是四大切花之一。依据英国皇家园艺协会（RHS）和北美百合协会（NALS）分类，百合可以分为以下几大系列：①亚洲百合杂种系（Asiatic Hybrids）；②东方百合杂种系（Oriental Hybrids）；③麝香百合杂种系（铁炮百合）（Longiflorum Hybrids）；④白花百合杂种系（Candidum Hybrids）；⑤星叶百合杂种系（Martagon Hybrids）；⑥美洲百合杂种（American Hybrids）；⑦喇叭形杂种系和奥瑞莲杂种系（Trumpet and Aurelian Hybrids）；⑧其他类（Miscellaneous hybfids）[1]。广泛用于切花的栽培品种主要有亚洲百合杂种系（Asiatic hybrids）、东方百合杂种系（Oriental hybrids）、麝香百合杂种系（Longiflorum hybrids）和其他类（Miscellaneous hybfids）[2]。

我国是世界百合的分布中心，原产于中国的野生百合品种约 47 种，资源丰富，特有种多[1]。但由于我国的百合育种工作与国外相比较落后，市场上中国主要球根花卉的生产都依赖向荷兰等国家进口种球[3]。北京是百合集中消费城市之一，也是百合育种集中地，在北京引种有利于丰富市场品种、降低生产成本、提供科研材料[4]。本试验从荷兰引进 26 个新品种，通过引进与筛选，旨在选取适应北京地区的新品种。

1　材料与方法

1.1　试验材料

本试验 2013 年引进了 26 个新品种，均为荷兰进口种球。其中亚洲百合有 4 种，东方百合 5 种，LA

---

* 项目资助：北京市教委科技提升项目"延庆四季花海景观植物新品种创造与产业化"（PMX2014-014207-0000081）。

① 通讯作者。/1964/男/教授/博士/园林植物资源与育种/Email：wwhals@163.com。

杂种系14种，LO杂种系2种，OT杂种系1种。具体品种名称见表1。

表1 引种品系及名称

Table 1 Cultivars of lily intriduced in the study

编号	名称	英文名称	品系	编号	名称	英文名称	品系
1	波利安娜	Pollyanna	亚洲	14	记忆(卢梭)	rousseau	LA
2	热恋(拉丁红)	Red Latin	亚洲	15	英姿(诚实)	Honesty	LA
3	金秋	Val di Sole	亚洲	16	黎明	break out	LA
4	绽放	Vermeer	亚洲	17	紫云(机会)	oppourtunity	LA
5	豆蔻年华	Justina	东方	18	热辣	Batistero	LA
6	希望	Roadstar	东方	19	对联	Couplet	LA
7	俏佳人(桑娜)	Sanna	东方	20	蒙娜丽莎	Menorca	LA
8	粉佳人(莫瑞娜)	Maurena	东方	21	赤兔	Original love	LA
9	边缘	Cobra	东方	22	黑色魔术	Forza red	LA
10	岁月(印度钻石)	Indian Diamond	LA	23	金斗	Indian summerset	LA
11	妩媚(三一)	Royal trinity	LA	24	热带草原	savanne	LO
12	辉煌(日落)	Royal sunset	LA	25	瑞雪(白色胜利)	White Triumph	LO
13	街边	Bourbon street	LA	26	白色浪漫(冰块)	Ice Cube	OT

1.2 试验方法

1.2.1 试验时间及地点

2013年10月至2015年3月，北京农学院园林植物实践基地。

1.2.2 种植

各品种采取随机区组设计，各品种株距均为20cm×15cm，选取每个品种各10株，保存完好、大小均一的百合种球。分别栽于种植框中，栽种2行，每行栽种5株。种植时，在种植箱内铺放10cm厚的草炭，百合芽朝上摆放，然后覆盖草炭将种植框填满。将种植框放置到室温25℃的大棚内。

种植基质：本试验主要使用透气性好，有机质含量大的进口草炭作为基质，并事先施入100g·m²复合肥和1/1000浓度的多菌灵以增强肥力和灭菌。

种植温度：温室大棚温度保持在夜间最低温度不低于15℃，白天最高温不高于28℃。通过加热设备以及电动卷铺和揭膜透气来控制大棚温度。

水分管理：种植结束，统一浇水至基质透湿，之后根据生长情况和基质水分浇水以保持湿度和水分。

土壤病害管理：对百合生长过程中会出现叶烧等生长不良现象及杂草生长等情况进行管理，保证百合的正常生长。

2014年5月养球结束后，收集各品种的种球，用多菌灵消毒后送入冷库，0～5℃保存。2015年10月23日种植解除休眠的二茬种球。

1.2.3 试验观测与记录

本试验测量了2013年26个品种株高、叶片数以及花朵花蕾数和2014年24个品种更详细的数量及质量性状。由于本试验主要观察花期的性状，本试验的测量时间选取在现蕾之后。

(1)株高：指植株地面(基质)以上高度(单位：cm)

(2)径粗：本试验选取基部以上2cm处测量(单位：cm)

(3)叶数：从基部至花蕾下方的叶片总数(单位：枚)

(4)叶长：叶片的长度(单位：cm)

(5)叶宽：叶片的宽度(单位：cm)

(6)花径：开花第一天的花朵其花冠的直径(单位：cm)

(7)花型：花型有喇叭型、碗型、盘型、下垂反卷型、倒杯型

(8)花蕾数：记录将要开花的花蕾的数量(单位：个)

表2 26种百合2013、2014年茎叶观察结果

Table 2　Stems and Leaves observation of 26 new lily varieties in 2013 and 2014

编号	株高(cm)		叶长	叶宽	叶数(枚)		株径	编号	株高(cm)		叶长	叶宽	叶数(枚)		株径
	2014	2013	(cm)	(cm)	2014	2013	(cm)		2014	2013	(cm)	(cm)	2014	2013	(cm)
1	55	59	11.4	1.6	85	65	0.78	14	62	72	12.5	2.5	48	57	0.70
2	31.4	67	8.4	1.2	95	56	0.79	15	64.5	61	10.9	1.8	75	62	0.72
3	52.0	44	13.0	1.7	41	43	0.72	16	40.8	69	10.12	1.4	42	62	0.70
4	83.8	60	17.06	1.84	75	50	0.70	17	40.2	64	11.7	2.0	37	45	0.74
5	80.0	69	15.6	5.2	22	61	0.70	18	38.8	71	15.0	2.1	45	61	0.82
6	43.9	76	9.1	1.62	48	49	0.72	19	47.8	66	8.7	1.4	53	56	0.76
7	83.5	94	11.3	3.1	43	58	0.74	20	63.4	80	11.12	2.24	45	64	0.82
8	65.0	69	12.2	3.7	27	48	0.64	21	61	74	13.78	2.66	41	52	0.75
9	63.3	76	11.6	2.7	21	45	0.68	22	54.3	58	12.5	2.3	37	58	0.76
10	83.8	80	17.06	1.84	75	74	0.99	23	62.4	77	16.4	2.3	70	62	0.80
11	50.1	77	10.8	2.0	76	51	0.76	24	缺失	69	缺失	缺失	缺失	46	缺失
12	41.0	70	11.0	1.1	84	56	0.74	25	缺失	52	缺失	缺失	缺失	30	缺失
13	51.2	78	10.4	1.5	56	47	0.72	26	82	101	13.8	4.0	26	43	0.804

2　结果与分析

2.1　茎、叶数量性状

由表2中2013年和2014年各品种的株高对比中可以看出，只有4号和5号、10号品种2014年株高比2013年高，只有1号、2号、4号、10号、12号、15号、23号2014年叶片数比2013年多。由此可大致判断，第二年的百合品种发生了退化。表中24号和25号品种的2014年数据为空白，这是由于这两个品种的种球发生了烂球现象，第一年种植后没有收集到种球，引种失败。

表3 2013、2014年花朵性状观测结果

Table 3　Flowers observation of 26 new lily varieties in 2013 and 2014

编号	名称	花径(cm)	单花花期(d)	花蕾数(个)		形状	花头	香味	斑点	花色
				2014	2013					
1	波利安娜	13.5	7	1	4	盘状	向上	无	有	黄色
2	热恋(拉丁红)	14.6	6	2	5	盘状	向上	无	有	洋红
3	金秋	14.5	5	2	4	盘状	向上	无	无	金黄色
4	绽放	11.5	4	1	4	碗状	向上	无	无	红色
5	豆蔻年华	22.3	4	2	4	盘状	向上	淡香	有	粉色
6	希望	12.5	7	3	4	碗状	向上	无	极少	粉色
7	俏佳人(桑娜)	13.5	5	3	5	盘状	向上	淡香	有	淡粉色
8	粉佳人(莫瑞娜)	15.4	5	2	5	盘状	向上	有	有	粉色
9	边缘	13.4	4	2	5	碗状	向上	淡香	有	边缘白色内圈洋红色
10	岁月(印度钻石)	14.5	3	2	4	碗状	向上	无	无	橙色
11	妩媚(三一)	15.0	4	1	4	碗状	向上	淡香	无	杏黄色
12	辉煌(日落)	16.0	5	2	4	碗状	向上	无	有	橙/红
13	街边	14.5	5	2	4	盘状	向上	无	有	洋红色
14	记忆(卢梭)	16.0	4	3	5	碗状	侧向	无	无	橙色
15	英姿(诚实)	13.8	4	1	4	碗状	向上	无	无	橙色
16	黎明	15.8	3	1	4	碗状	向上	无	有	红色
17	紫云(机会)	16.4	4	2	4	碗状	向上	淡香	无	紫红
18	热辣	15.5	4	1	4	碗状	向上	淡香	有	玫红色

（续）

编号	名称	花径（cm）	单花花期（d）	花蕾数（个）2014	花蕾数（个）2013	形状	花头	香味	斑点	花色
19	对联	14.1	3	1	4	碗状	向上	无	有	白/红
20	蒙娜丽莎	13.2	4	3	4	碗状	向上	无	无	橙色
21	赤兔	17.5	6	1	4	碗状	向上	无	有	洋红
22	黑色魔术	17.0	5	2	5	碗状	向上	淡香	有	灰紫色
23	金斗	14.4	3	2	4	碗状	向上	无	无	红色
24	热带草原				3					
25	瑞雪		品种缺失		4			品种缺失		
26	白色浪漫（冰块）	22.5	3	2	4	盘状	向上	淡香	无	白色

2.2　花朵性状

花径：26个品种中，仅观测到24个品种的开花性状，其中26号品种'白色浪漫'和5号品种'豆蔻年华'的花径最大，超过20cm，其他品种的花朵直径都在13～17cm的范围内。

花蕾数：对比各品种2013年和2014年的花蕾数后发现，2014年以上品种的花蕾数均减少了1～4朵，由此也说明了二茬球发生了一定程度的退化。同时在试验中发现2014年10号百合的少数植株花蕾数比头茬球多，表现出良好的适应性。

花型：以上品种的花型以碗状为主，仅有7个品种是盘状，占29%。

香味：以上品种中，7个品种有淡香，其中3个品种为东方百合，另外4个品种均为LA品系。

颜色：所观察品种的花色较丰富，有红色系、橙色系、黄色系、白色系，另外有两个双色品种，例如'对联'和'边缘'，和部分粉色品种。花色较明亮纯正的品种有'金秋''岁月''英姿''热辣''金斗'等。颜色较暗淡的品种例如'对联''黎明'。还有一些品种的颜色较柔和，如'蒙娜丽莎''妩媚''俏佳人''粉佳人'等。

2.3　综合记录与评分

为更好综合评价本次引种的26个品种，将这些品种按株高初步分为切花品种和盆栽品种，然后各自结合茎秆硬度及成花率高低、色泽长势进行记录和评分评价，评分等级见表4和表5。评分结果见表6和表7。选取切花百合评分＞40分的品种作为优良切花品种，选取盆栽百合评分≥34分的品种作为优良盆栽品种。

表4　切花百合筛选评分表
Table 4　The lily score sheet of cut-flower

性状＼分数	10分	8分	6分	2分
株高（cm）	≥80	70～80	60～70	50～60
茎秆硬度	强	良好	中等	弱
成花率	高	较高	中等	低
色泽	明亮纯净	柔和	暗淡	杂乱
花头朝向	向上	侧向		

表5　盆栽百合筛选评分表
Table 5　The lily score sheet of potted-flower

性状＼分数	10分	8分	6分	2分
株高（cm）	30～40	40～50		
茎秆硬度	强	良好	中等	弱
成花率	高	较高	中等	低
色泽	明亮纯净	柔和	暗淡	杂乱
花头朝向	向上	侧向		

由表6和表7可知，在切花品种中，评分最高的是10号'岁月'、7号'俏佳人'、9号'边缘'、20号'蒙娜丽莎'、26号'白色浪漫'，这5个品种茎叶及花的性状都表现良好，尤其是'岁月'。它们可以作为切花品种在北京地区试推广。盆栽品种中18号'热辣'、2号'热恋'、12号'辉煌'表现良好。值得注意的是，按照本试验所划分的切花、盆栽分类，盆栽品种在2013年均为切花品种，在2014年由于株高大幅下降被淘汰而划分为盆栽品种。

表6 切花百合性状综合评分表

Table 6 The score of cut-flower lily

编号 性状	1	3	4	5	7	8	9	10	11	13	14	15	20	21	22	23	26
株高	2	2	10	10	10	6	6	10	2	2	6	6	6	6	2	6	10
茎秆硬度	8	6	6	6	8	8	8	10	8	8	8	8	8	8	8	8	6
成花率	6	10	6	6	8	8	8	10	6	6	10	2	10	6	6	6	6
色泽	8	10	6	6	8	8	10	10	6	6	8	10	8	6	10	10	10
花头朝向	10	10	10	10	10	10	10	10	10	10	8	10	10	10	10	10	10
总分	34	38	38	38	44	40	42	50	32	32	40	36	42	36	32	40	42

表7 盆栽百合性状综合记录评分表

Table 7 The score of potted-flower lily

编号 性状	2	6	12	16	17	18	19
株高	10	8	8	8	8	10	8
茎秆硬度	6	6	8	8	8	10	8
成花率	2	6	6	6	6	6	6
色泽	8	6	6	2	6	10	2
花头朝向	10	10	10	10	10	10	10
总分	36	34	36	30	34	38	32

3 讨论

本试验引进26个品种的百合，经过试验后发现适应性最好的是'岁月'，其茎、叶、花性状均表现良好且二茬球退化较少。相对的，LO杂种系的'热带草原'和'瑞雪'出苗率低，存在烂球等现象，至第二年这两个品种已在种植地缺失。'岁月''俏佳人''边缘''蒙娜丽莎''白色烂漫'等品种表现良好，可作为切花品种试推广；'热辣''热恋''辉煌'可考虑作为盆栽品种试推广。其他品种可根据具体情况选择性引种。

李云飞等（2013）引进31个品种进行试验，筛选出适合京郊地区种植的品种[5]，肖海燕等（2015）将垂花百合引种到北京并进行观测，认为可以进行推广[6]。本次引种筛选了表现较好的切花品种和盆栽品种，可以进行试推广，但还需继续试验以观察探索性状稳定等问题。且本次引种中大部分品种出现了种球退化的现象，品种退化的主要原因有病毒侵染、繁殖方法不当、管理粗放、储存技术不过关等原因[7]。下一步的研究方向是对初步筛选出的品种针对北京的地理位置和夏季干热、冬季寒冷的气候条件总结出配套的栽培管理方法，为推广这些品种奠定基础。

参考文献

1. 龙雅宜，等. 百合——球根花卉之王[M]. 北京：金盾出版社，1999.

2. 高俊平，姜伟贤. 中国花卉科技二十年[M]. 北京：科学出版社，2000.

3. 熊丽，王祥宁，等. 百合种球国产化的回顾及发展商榷[J]. 西南农业学报，2008，03：859－862.

4. 孟圣华，张健. 百合在北京地区的引种栽培试验[J]. 农业科技通讯，2012，08：109－111.

5. 李云飞，朱莉，王忠义，李雁，杨林，赵菲. 北京地区百合新品种引进栽培试验[J]. 北方园艺，2012，05：94－95.

6. 肖海燕，刘青林. 垂花百合在北京引种栽培试验初报[J]. 农业科技与信息（现代园林），2015，04：261－265.

7. 张延涛. 东方百合品种的引种与区试研究[D]. 西北农林科技大学，2009.

蜡梅 *CpPLP* 基因的克隆及表达分析

黄仁维　赵含嫣　李名扬[①]

（西南大学园艺园林学院，重庆市花卉工程研究中心，南方山地园艺学教育部重点实验室，重庆 400715）

摘要　依据蜡梅花 cDNA 文库所获得的蜡梅 Patatin-like 蛋白基因的 EST 序列，采用 PCR 方法进行该基因 cD-NA 全长克隆，并利用 real-timePCR 分析其在不同组织、不同花期以及干旱胁迫下的的表达模式，获得该基因 cDNA 全长，命名为 *CpPLP*（登录号：KC894747）。该基因 cDNA 全长 1489bp，其中，5′非编码区 125bp，3′非编码区 232bp，开放读码框 1131bp，编码 376 个氨基酸，与葡萄（*Vitis vinifera*）Patatin-like 1 蛋白氨基酸序列相似性最高，为 56%。Real-time PCR 结果显示，在不同组织中，*CpPLP* 基因在蜡梅的花器官中尤其是在雄蕊中的表达量最高，而在根、茎、叶以及雌蕊中几乎没有表达，表明 *CpPLP* 基因具有很强的组织特异性；而对不同花期的荧光定量分析显示，*CpPLP* 基因主要是在露瓣期及其以后表达，在盛开期的表达量达到最高，而在萌动期和蕾期则微量表达。干旱胁迫可以诱导 *CpPLP* 表达上调，表明 *CpPLP* 基因在干旱胁迫防御中起作用。

关键词　蜡梅；*CpPLP* 基因；克隆；表达；real-time PCR

Cloning and Expression of *CpPLP* Gene in *Chimonanthus praecox*

HUANG Ren-wei　ZHAO Han-yan　LI Ming-yang

（*College of Horticulture and Landscape，Southwest University，Chongqing Engineering Research Center for Floriculture，Key Laboratory of Horticulture Science for Southern Mountainous Regions，Ministry of Education，Chongqing 400715*）

Abstract　Based on the Patatin-like protein gene EST sequence of the cDNA library of *Chimonanthus praecox*，a full-length cDNA sequence was cloned from *Chimonanthus praecox* through PCR and the gene expression characters were analyzed by the real time PCR. The full-length cDNA sequence designated as *CpPLP*（GenBank：KC894747）from *Chimonanthus praecox* was 1489 bp in length，contains a 1131bp open reading frame（ORF）encoding a 376 amino acid proteins，with125 bp in the 5' UTR and 232 bp in the 3' UTR. Homologous alignment shows that it has 56% homologies with Patatin-like 1 amino acid sequence in *Vitis vinifera*. Real time PCR analysis revealed that *CpPLP* gene in organs especially in stamens has a highest expression. And there is no expression of *CpPLP* gene in root，stem，leaf and pistil. The results showed that the expression level of *CpPLP* is tissue-specific. and the fluorescent quantitative analysis of flowers during different florescence showed that，*CpPLP* gene is mainly expressed in the later period and open flap，reaching the highest expression level in the blooming period，and no expression in the germination stage and bud stage. under drought stress，the fluorescent quantitative analysis showed，the expression of *CpPLP* was significantly increased，suggesting that the *CpPLP* gene can help plants to resist drought stress.

Key words　*Chimonanthus praecox*；*CpPLP* gene；Cloning；Expression；Real-time PCR

Patatin-like 蛋白最初是被 Racusen 和 Foote 两位科学家于 1980 年在马铃薯的块茎中发现并且命名的（Racusen 等，1980；Park 等，1983；李灿辉和王军等，1998）。Patatin-like Protein（PLP）作为一种新发现的脂肪分解酶，主要具有酯酰水解酶（Lipid acyl hydrolase；LAH）、酯酰和酰基转移酶（蜡合酶）的活性，PLP 主要存在于动物病原体、植物病原体或共生生物中，同时在植物也有少量存在（Boulter and Harvey，1985；Mignery 等，1984；Pikaard 等，1986；Twell and Ooms，1988）。研究发现，在植物中，PLP 的脂解酶活性可能是植物防御病虫害的一种手段（Matos 等，2001；Christina 等，2011；Hannapel 等，1985），并且对开花植物来说，PLP 对花粉发育起保护作用（Vancanneyt 等，1989），它主要存在于花药表

---

①　通讯作者。

皮外层细胞，有效保护花药抵抗病原体侵害。此外还有研究表明，PLP 有助于植物应对干旱胁迫（Matos 等，2001；Christina 等；Vancanneyt 等，1989）。植物叶片及花药的表皮蜡质可以起到保水的作用，有利于植株及花粉的发展及生长，在疏水条件下有助于植株存活（McCue 等，2000；Kim 等，1994）。蜡梅（*Chimonanthus praecox*）属于落叶丛生灌木，是我国特产的传统观赏花木，本次实验选择的植物材料是磬口蜡梅。在分子生物学方面，蜡梅的分子生物学研究是近几年的热点所在，本研究从蜡梅中克隆了 *CpPLP* 基因，对其序列进行了生物信息学分析，研究其在蜡梅中的时空表达情况及对干旱胁迫的响应，以期为研究 *CpPLP* 基因奠定基础。

1　材料与方法

1.1　材料

蜡梅花 cDNA 文库由本实验室构建并且保存，此 cDNA 文库是以磬口蜡梅花的各个时期（包括蕾期、露瓣期、初开期、盛花期）为材料构建的。

大肠杆菌（*Escherichia coli*）菌株 TOP10 由本实验室保存，克隆载体 pMD19-T 购自 TaKaRa 公司，PCR 相关试剂均为 ThKaRa 公司产品，胶回收试剂盒购自天根生化科技有限公司，荧光定量试剂盒购自 life technology 公司。

1.2　*CpPLP* 基因 cDNA 全长及其基因组全长克隆

根据已构建的蜡梅花 cDNA 文库获得的 EST 序列设计引物，引物序列由 Primer 5.0 引物设计软件评价生成，并委托华大基因科技有限公司合成。

*CpPLP*F：5'-GCTCTAGACGGGAGAAGAAGACAC-CAACAAT-3'；

*CpPLP*R：5'-CGAGCTCATGACGCCAAAGCATCA-AATC-3'。

分别以蜡梅花 cDNA 和总 DNA 作为 PCR 模板进行 PCR 扩增。扩增产物回收、纯化，连接 pMD-19 载体（TaKaRa），转化大肠杆菌 DH5α 的感受态细胞，挑取阳性克隆子，PCR 检测后送至华大基因科技有限公司测序。

1.3　序列分析

通过 DNASTAR 软件对所得的片段的核苷酸序列进行拼接，获得全长 cDNA 序列。利用 NCBI 网站的 BLASTp 程序进行同源序列比对；DNAman 软件分析基因的 ORF 和氨基酸序列；使用 MEGA5.1 软件进行同源序列系统发育树的构建。

1.4　*CpPLP* 的荧光定量 Real-time PCR 表达分析

1.4.1　组织表达分析

根据本实验克隆得到的蜡梅 *CpPLP* 序列和内参基因（Actin-b 和 Tublin）设计荧光定量 PCR 引物，分别为 qCpPLPF、qCpPLPR、Actin-bF、Actin-bR、TublinF、TublinR。分别提取不同组织（根、茎、叶、外瓣、中瓣、内瓣、雄蕊和雌蕊）、不同花期的总 RNA，反转录成 CDNA 为模板，利用荧光定量 PCR 对 APX 在不同部位的表达进行分析。在 Bio-Rad CFX96Real-time PCR 仪进行，反应体系的配制，反应参数等均按 SsoFastTMEvaGreen©Supermix 试剂盒说明书进行。95℃预变性 30s，95℃ 5s，57℃ 5s。

1.4.2　蜡梅 *CpPLP* 对干旱胁迫的响应

采用 30% 的 PEG$_{6000}$ 溶液处理蜡梅幼苗，处理 0h、0.25h、1h、6h 和 12h 后取第 3、4 片叶分析 *CpPLP* 表达。*CpPLP* 的表达分析方法同上。

2　结果与分析

2.1　蜡梅 *CpPLP* 基因克隆和序列分析

已构建的蜡梅花 cDNA 文库获得的 EST 序列设计出的引物，以蜡梅花 cDNA 和蜡梅总 DNA 为模板进行 PCR 扩增，都获得了一条约为 1500bp 的目的片段（图 1）。测序结果表明，该目的片段全长为 1489bp，具有完整的开放阅读框 1131bp，编码 376 个氨基酸，编码产物的分子量为 41122.5，理论等电点为 4.84。两端分别为 125bp 的 5'-非翻译区（5'-UTR）和 232bp 的 3'-非翻译区（3'-UTR）。将 cDNA 序列命名为 *CpPLP*，已登录 GenBank，登录号为：KC894747。

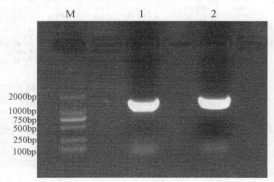

图 1　*CpPLP* 基因的 PCR 扩增

Fig. 1　PCR amplification of *CpPLP* gene

M：DL2000 DNA marker；1：amplification of cDNA；
2：amplification of DNA

将蜡梅 CpPLP 编码的氨基酸序列登录到 NCBI 网站，用 BLAST 进行核苷酸和氨基酸同源性检索，发现该序列与葡萄（*Vitis vinifera*，PRJNA33471）、蓖麻（*Ricinus communis*，XM_ 002510213）等的氨基酸序列一致性分别为56%、56%。

利用 Bioedit 软件对蜡梅和其他植物 *PLP* 基因的氨基酸序列进行多重比较发现，蜡梅 PLP 蛋白具有 Patatin-like 蛋白所具有的 4 个保守结构域（图2），分别为富含甘氨酸以及精氨酸和赖氨酸残基的保守结构域 I、含有 G-X-S-X-G 水解酶基序保守结构域 II、包含一个保守基序的保守结构域 III 以及含有 DXG 基序的保守结构域 IV。

在进一步的进化关系分析中，对包括蜡梅在内的 11 个 Patatin-like 蛋白的氨基酸序列构建了系统进化树（图3）。结果分析表明，蜡梅与葡萄、无油樟、拟南芥的亲缘关系较近。

2.2　不同组织中 *CpPLP* 的定量 PCR 分析

CpPLP 基因的定量 PCR 分析结果表明，该基因表达水平具有组织特异性，*CpPLP* 基因在外瓣、中瓣、内瓣、雄蕊可以检测到 *CpPLP* 的表达，其中在雄蕊中表达量最高，根、茎、叶、雌蕊中没有表达或者极少量表达。

2.3　*CpPLP* 基因在不同花期的定量 PCR 分析

在蜡梅不同的花期，*CpPLP* 在萌动期、蕾期、露瓣期、盛开期、衰败期中都有表达，在萌动期表达量最低，在盛开期表达量最高。

2.4　*CpPLP* 对干旱胁迫的响应

采用荧光定量 PCR 技术分析蜡梅 *CpPLP* 表达，以未处理的蜡梅为对照，结果表明，30% PEG_{6000} 处理 0.25h 表达量最低，随着处理时间增加，在 1h、6h 和 12h 的处理中，*CpPLP* 的表达量呈依次逐渐上升的趋势，并且在 12h 的时候，其表达量达到了最高。

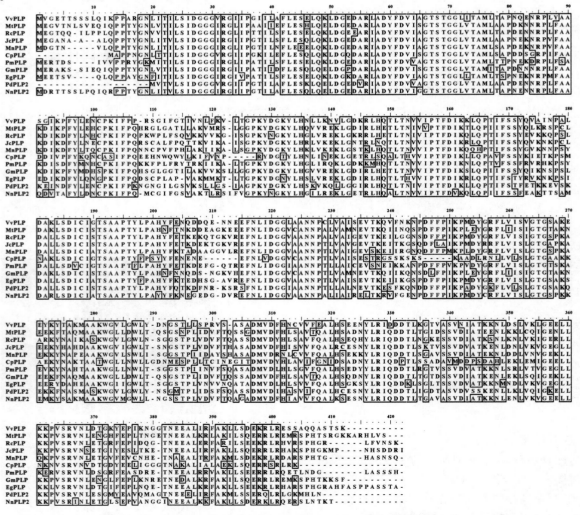

图2　蜡梅 *CpPLP* 与其他 Patatin-like 的氨基酸序列比对

Fig. 2　The multiple sequence alignment of *CpPLP* in *Chimonanthus praecox* with other Patatin-like proteins

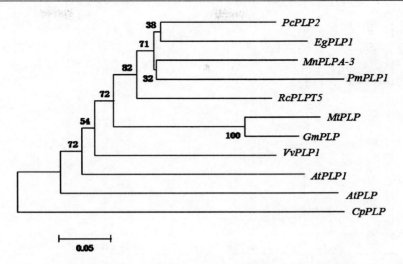

图 3 蜡梅 *CpPLP* 与其他 10 个 Patatin-like 蛋白的系统进化分析

Fig. 3 Phylogenetic analysis of *CpPLP* in *Chimonanthus praecox* with 10 others plant Patatin-like proteins

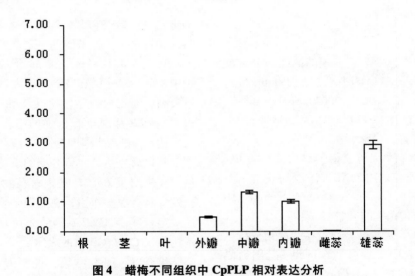

图 4 蜡梅不同组织中 CpPLP 相对表达分析

Fig. 4 Relative expression of *CpPLP* in different tissues of *Chimonanthus praecox*

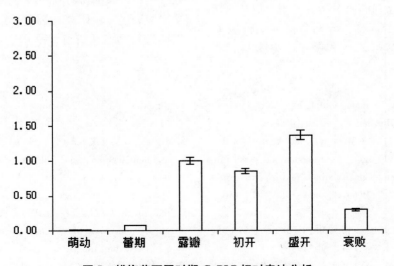

图 5 蜡梅花不同时期 *CpPLP* 相对表达分析

Fig. 5 Relative expression of *CpPLP* during different flowering stage of *Chimonanthus praecox*

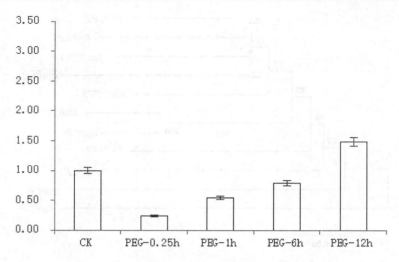

图 6 *CpPLP* 在蜡梅干旱胁迫处理下的相对表达分析

Fig. 6   Relative expression of *CpPLP* in drought stress of *Chimonanthus praecox*

3   讨论

    Patatin-like 蛋白作为一个新发现的的脂肪分解酶家族,它和早前在马铃薯块茎中发现的 Patatin 蛋白的结构及功能相似(Sangeeta 等,2004;Sonnewald 等,1989)。目前已发现存在有 PLP 基因的植物种类有:拟南芥、葡萄、马铃薯、苜蓿、蓖麻和茄属等。本研究中根据蜡梅花 cDNA 文库所获得的蜡梅 Patatin-like 蛋白基因的 EST 序列,采用 PCR 方法成功获得了一个 Patatin-like 蛋白基因(*CpPLP*)cDNA 全长,该 cD-NA 全长 1489bp,具有完整的开放阅读框(ORF),共1131 个碱基,编码 376 氨基酸。通过在线序列分析软件 Blast protein 分析表明,蜡梅 Patatin-like 基因编码的氨基酸序列与葡萄(*Vitis vinifera*)和蓖麻(*Ricimis communis*)有较高的同源性。通过对多种细菌和真核生物中 PLP 的氨基酸序列的比对研究发现,PLP 的保守区域一共包含了 4 个部分,分别是保守结构域 Ⅰ、保守结构域 Ⅱ、保守结构域 m 和保守结构域 Ⅳ,在

本研究中,蜡梅 PLP 同样具有这 4 个保守的氨基酸区域,并且这 4 个氨基酸区域是高度保守的。

    对 *CpPLP* 相对表达量的研究显示,在蜡梅各组织中,*CpPLP* 基因在花器官中尤其是在雄蕊中的表达量最高,而在根、茎、叶以及雌蕊中几乎没有表达,表明 *CpPLP* 基因具有很强的组织特异性;不同花期的表达量分析结果则表明,*CpPLP* 基因主要是在露瓣期及其以后表达,在盛开期的表达量达到最高,结果进一步表明了 *CpPLP* 基因对植物花朵尤其是雄蕊生长发育具有保护作用;在受到干旱胁迫时,当胁迫到达一定程度,*CpPLP* 基因的表达量明显上升,说明干旱诱导了 *CpPLP* 基因的表达。

    综合以上研究结果,说明 *CpPLP* 基因参与了保护蜡梅花粉发育以及干旱胁迫响应的过程。后续的研究工作中,我们将对其在转基因植物中的表达情况及功能鉴定进一步研究,更多了解 *CpPLP* 功能和特性,以期为 *CpPLP* 在蜡梅育种上的应用奠定基础。

参考文献

1. Racusen D and M Foote. A major soluble glyco protein of potato tubers[J]. J FoodBiochem, 1980, 4:43 – 52.

2. Park WD, CB lack wood, G A Mignery et al. Analysis of the-heterogeneity of the 40000 molecular weight tuber glycol protein of potatoes by immunological methods and by NH₂-terminal sequence analysis[J]. Plant Physiol, 1983, 71:156 – 160.

3. 李灿辉,王军. 马铃薯块茎特异蛋白 Patatin 研究进展[J]. 马铃薯杂志,第 12 卷,第 3 期,1998.

4. Boulter D, Harvey PJ. Accumulation , strcture and ultilisation of tuber storage proteins with partiular reference to Dioscorea

rotundata 〔J〕. Physiologie Vegetable, 1985, 23 (1):61 – 74.

5. Mignery GA, Pikaard CS, Hannapel DJ, WD Park. Isolation and sequence analysis of cDNA for the major potato tuber protein, patatin 〔J〕. Nucleic AcidsRes, 1984, 12 (21):7987 – 8000.

6. PikaardCS, GAMignery, DPMaet al. Sequence of two apparent pseudogenses of the major potato tuber protein, patatin 〔J〕. Nucleic Acids Res, 1986, 14(13):5564 – 5566.

7. Twell Dand GOoms. Structural diversity of the patatin gene family inpotato cv. Desiree〔J〕. Mol Gen Genet, 1988, 212:

325 – 336.

8. Matos AR, D'Arcy – Lameta A. A novel patatin – like gene stimulated by drought stress encodes a galactolipid acyl hydrolase[J]. FEBS Lett , 2001, 491: 188 – 192.

9. Christina Lang, Antje Flieger. Characterisation of Legionella pneumophila phospholipases and their impact on host cells [J]. European Journal of Cell Biology 2011, 90: 903 – 912.

10. HannapelDJ, J CMiller Jr, WDPark. Regulation of potato tuber protein accumulation by gibberellic acid[J]. Plant Physiol, 1985, 78: 700 – 703.

11. Expression of a Patatin – like Protein in the Anthers of Potato and Sweet Pepper Flowers[J]. American Society of Plant Physiologists. 1989, 5: 1, 533 – 540.

12. McCue, L. A., McDonough, K. A. & Lawrence, C. E.. Functional classification of cNMP-binding proteins and nucleotide cyclases with implications for novel regulatory pathways, 2000.

13. Kim SY, GD May and WD Park. Nuclear protein factors binding to a class I patatin promoter region are tuber specific and sucrose-inducible[J]. Plant Mol Biol, 1994, 26: 603 – 615.

14. Sangeeta Banerji, Antje Flieger. Patatin-like proteins: a new family of lipolytic enzymes present in bacteria[J]. Microbiology, 2004 , 150(3): 522 – 525.

15. Sonnewald U, A Sturm, M J Chrispeels and L Willmizter. Targeting and glycosylation of patatin the major potato tuber protein in leavesof transgenic tobacco[J]. Planta, 1989, 179: 171 – 180.

芍药 Hybrid 品种群品种的引种观察*

杨柳慧　袁艳波　于晓南①

（花卉种质创新与分子育种北京市重点实验室，国家花卉工程技术研究中心，城乡生态环境北京实验室，

北京林业大学园林学院，北京 100083）

摘要　以北京林业大学从美国引进的 24 个 Hybrid Group（HG）品种群的芍药品种为研究对象，对其在北京的生长、形态和物候表现情况进行了观测记录研究。大部分引种芍药在北京地区露地栽培条件下正常生长，适应性较强例如'Athena''Brightness''Charlie's White'等；大部分引进品种花型端正、花色纯正和香味，并且雄蕊正常、花药量较多、生长势强；早花品种共计 5 个，中花品种共计 8 个，晚花品种共计 3 个。引进的 HG 的芍药品种对于丰富我国芍药品种种质资源和远缘杂交有极大的促进作用。

关键词　芍药；HG 品种群；生长情况；形态特征；物候期

Study on the Introduction and Adaptability of Herbaceous Peony of Hybrid Group

YANG Liu-hui　YUAN Yan-bo　YU Xiao-nan

（*Beijing Key Laboratory of Ornamental Plants Germplasm Innovation & Molecular Breeding，*
National Engineering Research Center for Floriculture，Beijing Laboratory of Urban and Rural Ecological
Environment and College of Landscape Architecture，Beijing Forestry University，Beijing 100083）

Abstract　This paper introduced 24 new varieties of herbaceous paeony to Beijing from Portland of United States，and its growth，morphology and phenological observations have been observed and recorded. Most of them have a normal growth and strong adaptability under the condition of open field in Beijing such as 'Athena'，'Brightness'，'Charlie's White' and so on；and a large amount of them had regular pattern，pure color and fragrance，at the same time，they have a normal stamens，spend dose and strong growth potential；early flowers total to 5 varieties；middle-season flowers total to 8 varieties；late lowers total to 3 varieties. The introduction will play an important role for enriching the germplasm source of peony and improving Chinese peony varieties.

Key words　Herbaceous peony；Hybrid group；Adaptive observation；Ornamental characteristic；Phonological phase

芍药（*Paeonia lactiflora*）是指芍药科芍药属的多年生宿根花卉。北美芍药牡丹协会（American Peony Society）将芍药品种分为 3 个类群，即中国芍药品种群（Lactiflora Group，LG）、杂种芍药品种群（Hybrid Group，HG）和伊藤芍药品种群（Itoh Group，IG）。其中杂种芍药品种群（HG）是指由多个种参加杂交组合而形成的品种系列，亲本资源丰富，产生品种与中国芍药品种有很大不同，且其形态优美，抗性较强。我国芍药栽培品种约有 300 多个，大多隶属于中国芍药品种群，新品种的选育进程缓慢，远远落后于欧美国家。引种可以迅速而经济地丰富中国芍药品种，提高芍药的观赏价值；同时可以为新优品种的培育提供育种材料，但本领域相关的芍药引种工作研究报道较少

（孙菊芳 等，2007；高志民 等，2001；郭霞 等，2005；于晓南 等，2011）。笔者对从美国俄勒冈州引进 24 个 HG 的芍药品种的生物学特性和生态适应性进行了观察分析，旨在构建杂种芍药品种群的核心种质资源，在当前可获得的流行品种中，精选遗传背景最丰富、最有代表性的优良品种，以最少的品种数量，代表最广泛的原种资源，为后期远缘杂交、遗传多样性测试、栽培起源的研究打下基础。

1　材料与方法

1.1　供试品种

2011 年 9 月从美国俄勒冈州引进 24 个 HG 的芍药品种为试验材料，分别为'Apache''Athena'

* 基金项目：国家自然科学基金（31400591）。

① 通讯作者。于晓南，博士，教授。主要研究方向：园林植物资源与育种。Email：yuxiaonan626@126.com。

'Brightness''Charlie′s White''Cream Delight''Fern-leaf Hybird''Firelight''Garden Peace''Halcyon''John Harvard''Laddie''Little Red Gem''Lovely Rose''May Lilac''Nosegay''Nova''Old Faithful''P. officinals

rubra plena''Paladin''Picotee''Pink Teacup''Rose-lette''Salmon Beauty''White Innocence',每个品种 4~5 株。各引进品种在原产地基本特征见表 1。

表1　引进品种在引种地的基本特征
Table 1　Characteristics of introduced materials in local place

品种名称 Cultivars name	花色 Flower color	花型 Flower type	花香 Flower fragrance	花期 Floweriing phase	株高(cm) Plant height(cm)
'Apache'	Red	single	lightly fragrant	late	36
'Athena'	White	single	lightly fragrant	very early	30
'Brightness'	Brilliant red	single	lightly fragrant	very early	30
'Charlie′s White'	White	crown-type double	lightly fragrant	early	36
'Cream Delight'	Cream	single	lightly fragrant	very early	32
'Fernleaf Hybrid'	Magenta	single	lightly fragrant	very early	24
'Firelight'	Bright pink	single	lightly fragrant	early	36
'Garden Peace'	White	single	lightly fragrant	early midseason	36
'Halcyon'	White	single	lightly fragrant	early	32
'John Harvard'	Very dark red	single to semi-double	lightly fragrant	midseason	36
'Laddie'	Red	single	lightly fragrant	very early	12~18
'Little Red Gem'	Red	single	lightly fragrant	early	20
'Lovely Rose'	Carmine-rose pink	semi-double	lightly fragrant	early	32
'May Lilac'	Lilac	single	very fragrant	early	32
'Nosegay'	Pink	single	lightly fragrant	early	30
'Nova'	Pale yellow	single	lightly fragrant	very early	30
'Old Faithful'	Dark velvet red	double	lightly fragrant	midseason	36
'P. officinals rubra plena'	Red	double	lightly fragrant	very early	14
'Paladin'	Carmine-red	semi-double	lightly fragrant	midseason	20
'Picotee'	White	single	lightly fragrant	very early	18
'Pink Teacup'	Pink	single	lightly fragrant	early	20
'Roselette'	Blush-pink	single	lightly fragrant	very early	34
'Salmon Beauty'	Pink	double	lightly fragrant	early	30
'White Innocence'	White	single	lightly fragrant	late midseason	48

1.2　试验地点及气候条件

根据"米丘林学说"（朱慧芬和张长芹，2003）、"气候相似论"（吴中伦，1994）、"生态历史分析法"（王名金 等，1990）等著名的引种驯化原理学说，比较和分析原产地与引种地之间的气候条件、了解植物本身的生物学特性等是引种的前提和基础。

波特兰市位于美国西北部太平洋沿岸，地理位置为 45°32′N，122°40′W，为海洋季风气候。北京市地处华北平原的西北隅，地理位置为 39°28′N~41°05′N，115°25′E~117°30′E，为暖温带半湿润半干旱季风气候。根据专业气象网（http：//www.wrh. no-

aa. gov/pqr/）和北京市气象局将引种植物的原产地（俄勒冈州波特市）与引入地（北京市昌平区）的气温与降水的月动态绘制成图。从图 1 可以看出，引入地的 1 月平均气温较原产地低、7 月平均气温较原产地高，气温变化的浮动稍大。从图 2 可以看出，引入地昌平区的降水多集中在夏季，原产地各月的降水量比较均匀（除 7、8 月份）；从表 2 可知，原产地与引种地近五年的平均气温、年平均降水量等主要气候因子差异不明显；此外，引进品种的生物学特性也决定了其具有广泛的适应性。故将 HG 的芍药品种从波特兰市引种到北京市昌平区是完全可行的。

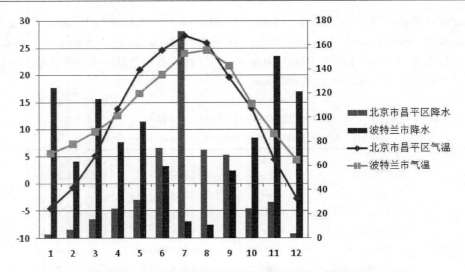

图 1　波特兰市与北京市昌平区的气温和降水量比较（2009～2013）

Fig. 1　Temperature and rainfall comparison of Portland and Changping of Beijing（2009～2013）

表 2　美国波特兰市与北京市昌平区主要气候因子比较（2009～2013）

Table 2　Comparison of main climatic factors Portland of America and Changping of Beijing（2009～2013）

地　点 Location	年平均气温（℃） Annual average temperature	1 月平均气温（℃） Average temperature in January	7 月平均气温（℃） Average temperature in July	年平均最低气温 （℃） Annual average minimum temperature	年平均最高气温 （℃） Annual average maximum temperature	年平均降水量 （mm） Annual average precipitation
波特兰	14.2	5.6	24.0	7.6	16.8	81.3
北京	12.3	−4.5	27.3	9.3	15.4	46.0

1.3　栽培方法与田间管理

栽培地点为北京昌平区小汤山花卉基地。在基地选择地势高敞、背风向阳、土层深厚肥沃、排水良好处，种植前一周进行深翻，清除杂草和石头，并结合整地施足鸡粪，最后耙成平地备用。

2011 年 10 月中下旬，将购买的杂种芍药品种进行栽植。栽植前先用 1000 倍的多菌灵溶液浸泡 30min 左右，然后取出晾晒 1～2d。栽植时，使根系均匀分布，填放细土到 1/2 时，将苗木稍微向上提起，使根系与土壤充分结合，再将土填平，此时根颈稍低于土面，最后用铁锹捣实。每年施肥 3 次，施肥后及时浇水。第一次为早春土壤化冻后，施以海藻肥，施肥量为每株 40～60g。第二次为花谢后半个月左右，以速效复合肥为主。第三次在秋后土壤封冻前，结合浇冻水，施以鸡粪。将肥料均匀地撒于植株的四周，然后覆土。浇水以保持土壤湿润、不积水为原则，新苗栽种后浇透水。春季在芽萌动前，浇水一次。秋季适当控水，浇水 1～2 次。冬季浇一次封冻水。花前花后各浇水 2～3 次。除草生长期进行中耕 3～5 次，伴随除草。花前一般 2～3 次，花后每月 1～2 次。

1.4　实验方法与数据统计

2012 年为数据统计的第一年，2013 年为第二年。主要测量以下几个指标：第一统计生长表现指标，即在引种后的前两年，统计成活率、株高、花径、成花率、分枝数指标。第二进行形态学观察，在引种后的第 2 年，观察记录花色、花型、花香、花瓣数量、雄蕊、叶色等指标。其中花色和颜色在接近"自然"白昼光中用英国皇家园艺学会比色卡（Royal Horticultural Society Color Chart，RHSCC）进行观察记录。第三是物候期指标，由于引种后的第一年植株生长不稳定，所以只在在引种后的第二年观测各品种的物候期。主要将物候期划分为萌动期、萌发期、抽茎期、展叶期、显蕾期、透色期、开花期 7 个阶段。观测频率为花前每周两次、花时隔天一次、花后每周一次，观测时段为 60% 的植株达到该时期的特征为标准。

2　结果与分析

2.1　生长情况记录

通过对 24 个品种连续两年的生长情况观察，发现大部分品种在北京地区露地栽培条件下正常生长，适应性较强，具体情况见表3。

表3 HG 品种群的观赏芍药品种在北京的生长情况（2012～2013 年）

Table 3 Growth performance of introduced cultivars of HG in Beijing（2012～2013）

品种名称 Cultivar name	成活率（%） Survive rate		株高（cm） Plant height		花径（cm） Pedicel		成花率（%） Flowering rate		分枝数（枝） Plant branch	
	2012	2013	2012	2013	2012	2013	2012	2013	2012	2013
'Apache'	100	75	16.25 ±1.80	37.45 ±19.64	—	9.80 ±0.57	0	50	1	1
'Athena'	100	100	27.52 ±4.79	31.35 ±2.25	8.15 ±0.60	9.05 ±0.39	100	100	2～3	1～3
'Brightness'	100	100	16.60 ±2.37	19.00 ±7.20	9.10 ±1.11	9.30 ±0.63	75	75	1～2	2～3
'Charlie's White'	100	100	25.65 ±11.86	26.38 ±0.99	11.40 ±0.39	—	80	0	1	1～2
'Cream Delight'	100	75	14.67 ±12.94	28.83 ±2.39	9.45 ±0.31	10.83 ±0.77	25	75	1～2	1～3
'Fernleaf Hybird'	100	75	23.43 ±3.22	24.03 ±3.29	7.03 ±0.43	7.53 ±0.51	75	75	1～2	3～5
'Firelight'	100	50	23.84 ±9.12	29.25 ±13.36	9.53 ±0.17	10.00 ±0.70	100	25	1～2	1
'Garden Peace'	100	100	25.87 ±9.43	55.10 ±4.70	10.93 ±0.96	9.35 ±0.42	100	100	1～2	1～2
'Halcyon'	100	40	23.70 ±11.03	18.50 ±9.33	10.33 ±0.88	10.98 ±0.54	80	20	1～2	1～2
'John Harvard'	100	100	36.48 ±10.38	37.50 ±7.78	9.45 ±2.16	8.75 ±0.39	80	40	1～2	1～3
'Laddie'	100	80	28.14 ±6.73	23.48 ±11.05	8.58 ±1.02	8.20 ±0.34	100	60	1～2	2～3
'Little Red Gem'	100	60	20.76 ±5.16	13.37 ±5.12	7.45 ±0.97	6.60 ±0.44	40	20	1～3	1～3
'Lovely Rose'	100	40	22.26 ±4.29	17.85 ±0.57	8.50 ±1.13	—	60	0	2～4	1～3
'May Lilac'	100	60	25.87 ±9.43	26.07 ±8.92	9.90 ±1.28	—	20	0	1～2	1～3
'Nosegay'	80	60	29.10 ±6.15	22.97 ±1.64	8.95 ±1.08	9.85 ±0.62	80	60	2～3	1～4
'Nova'	40	50	24.73 ±4.07	28.35 ±	11.40 ±0.57	—	20	0	1	2
'Old Faithful'	40	20	15.21 ±0.00	28.77 ±1.90	—	9.90 ±0.65	0	20	1	1～2
'P. officinalis rubra plena'	50	0	13.50 ±0.00	—	—	—	0	0	1	
'Paladin'	100	100	16.40 ±0.67	21.60 ±4.47	7.40 ±1.18	—	75	75	1～2	2～3
'Picotee'	100	60	9.23 ±2.50	15.00 ±2.12	6.78 ±0.90	—	20	0	1	1
'Pink Teacup'	100	100	24.25 ±3.35	25.70 ±9.18	8.13 ±0.56	9.05 ±0.71	50	75	1～2	1～3
'Roselette'	100	100	44.18 ±3.86	47.80 ±4.84	9.68 ±0.84	9.72 ±1.04	75	75	1～5	2～5
'Salmon Beauty'	100	50	33.23 ±6.37	15.50 ±0.00	9.15 ±0.65	—	75	0	1	2
'White Innocence'	100	100	51.32 ±13.27	31.36 ±7.07	12.60 ±1.30	—	80	0	1～2	1～3

注："-"表示未记录到。

2.2 形态特征观察

根据连续两年的形态学观察，发现大部分引进品种花色纯正、具有香味、花型端正，并且雄蕊正常、花药量较多、生长势强，为远缘杂交提供了良好的亲本条件。除了'P. officinalis rubra plena'生长势弱，两年均未开花，故未能观察到其开花性状。各品种的具体情况见表4。

2.3 物候观察

引进品种在2012年秋季定植于大田后，经过冬季的低温春化阶段，于2013年春季开始萌发，大致的萌发过程如下：4月初气温开始回升并稳定在4℃以上时，远缘杂种的芽体开始膨大，顶端开裂，开始萌发。不同品种的萌发时间有早有晚，个别品种的萌发甚至晚1个月左右，如'Nova'。同一品种不同植株间的萌发时间也有早晚，芽体萌发较早的植株，后期生长也较快，如'Little Red Gem'和'Nosegay'。4月中上旬，嫩叶开始生长，叶色多为紫红或黄绿，叶缘带红晕。4月下旬，随着气温的升高，植株生长迅速，新叶开始展开，叶色逐渐变绿，花蕾显现并逐渐增大。4月底至5月中下旬开始透色、开花，详细物候期见表5。引进品种的群体花期可长达1个月，单株花期5～11d，10d以上的有'Garden Peace'和'Laddie'，7～10d之间的有'Pink Teacup'、'Fernleaf Hybird'等7个品种，推测花期较长的原因在于品种自身的适应性较强，生长势强健，可为开花活动提供更多的物质基础。

表4　引进品种的花器官特征（2012～2013）

Table 4　Characteristic of flower of introduced varieties in Beijing（2012～2013）

品种名称 Cultivar name	花色 Flower color	RHSCC值 RHSCC	香味 Fragrance	瓣化程度 Petalody degree	花瓣数 Petal number	花瓣轮数 Petal round number	花头是否直立 Erectness of flower heads	花瓣顶端形状 Shape of top of petal	花瓣是否同色 Consistency of flower color	花萼数量 Calyx number	花萼瓣化性 Petalody of calyx	雄蕊特征 Characteristic of stamen	花药量 Amount of anther	花丝颜色 Filament color	心皮数 Carpel number	心皮颜色 Carpel color	心皮是否被毛 Quantity of coat of carpel	柱头颜色 Sigma color	房衣是否残存 Carpellary disc residues
'Apache'	红色	53-A	浓香	单瓣	11	2～3	是	顶端偶有裂	基部有白斑	5	无瓣化	正常	较多	浅黄	3	浅黄绿	无毛	玫红	否
'Athena'	黄白色	158-D	浓香	单瓣	8～9	2	是	顶端偶有裂	基部有白斑	5	无瓣化	正常	较多	下部紫红上部浅黄	2～3	青绿	有毛	玫红或浅粉	否
'Brightness'	深红色	46-B	浓香	单瓣	14	2～3	是	稍向外卷	外部有白斑	4～5	无瓣化	正常	较多	嫩黄	2～3	浅绿	有毛	淡粉色或乳白	否
'Charlie's White'	白色	N155-D	浓香	重瓣	多数	多轮	是	顶端有裂，微褶皱	纯色	4	无瓣化	正常	较多	紫红色	4	—	—	紫红色	否
'Cream Delight'	奶油黄	2-C	浓香	单瓣	10	2	是	顶端稍有裂	基部有浅黄斑	4	无瓣化	正常	较多	嫩黄	1～2	浅黄绿	有毛	淡粉色	否
'Fernleaf Hybird'	紫红色	71-A	浓香	单瓣	10	2	是	呈扇形	纯色	4	边缘绿色瓣化	正常	较多	基部紫红色上部白色	3～4	浅绿	有毛	淡粉色	否
'Firelight'	紫红色	N75-C	浓香	单瓣	7	2	是	倒卵形	基部有紫红斑	5	边缘紫色瓣化	正常	较多	嫩黄	2～4	青绿	有毛	玫红色	残存，白色
'Garden Peace'	白色	155-D	浓香	单瓣	8～9	2	是	顶端有开裂	基部到中间有淡紫到紫线状斑	4	略瓣化	正常	较多	紫红色	3～4	暗紫红色	有毛	紫红色	否
'Halcyon'	淡紫色	69-B	浓香	单瓣	9	2	是	部分顶端稍开裂	内侧基部有玫红条纹	5	边缘紫色瓣化	正常	较多	玫红色	4	灰红	有毛	玫红色	否
'John Harvard'	深紫红色	59-A	浓香	单瓣或半重瓣	18～30	3～5	是	花瓣由外向内变小	基部有紫红斑	6	边缘紫色瓣化	正常或部分瓣化	—	玫红	3～7	鹅黄	有毛	玫红色	否
'Laddie'	红色	46-B	浓香	单瓣	8～10	2	是	顶端微开裂	纯色	5	略瓣化	正常	较多	红色	5	粉红	有毛	红色	否
'Little Red Gem'	紫红色	187-D	无	单瓣	9	2	是	倒卵形	纯色	4	边缘紫色瓣化	正常	较多	白色	2～3	浅绿	密被白色或红色革毛	白色或浅绿略红	否
'Lovely Rose'	粉红色	55-A	浓香	单瓣	14	2～3	是	顶端有开裂	纯色	4～5	无瓣化	正常	较多	柠檬黄	2	白中带红	有毛	白色	残存，白色
'May Lilac'	紫色	N78-C	浓香	单瓣	9	2	是	顶端稍有裂，聚拢	基部有淡紫	4	无	正常	较多	基部紫色	3	玫红	有毛	紫红色	否
'Nosegay'	红色	37-D	浓香	单瓣	10	2	是	外层花瓣略带深粉色	基部乳白色	4	边缘淡粉色	部分瓣化	较多	下部玫红上部白色	3～4	玫红	有毛	玫红	否
'Nova'	浅黄色	155-B	无	单瓣	10	2	是	顶端稍褶皱	纯色	5	无瓣化	正常	较多	浅黄色	2	—	—	白色	否

（续）

品种名称 Cultivar name	花色 Flower color	RHSCC 值 RHSCC	香味 Fragrance	瓣化程度 Petalody degree	花瓣数 Petal number	花瓣轮数 Petal round number	花头是否直立 Erectness of flower heads	花瓣顶端形状 Shape of top petal	花瓣是否同色 Consistency of flower color	花萼数量 Calyx number	花萼瓣化性 Petalody of calyx	雄蕊特征 Characteristic of stamen	花药量 Amount of anther	花丝颜色 Filament color	心皮数 Carpel number	心皮颜色 Carpel color	心皮是否被毛 Quantity of coat of carpel	柱头颜色 Stigma color	房衣是否残存 Carpellary disc residues
'Old Faithful'	深紫红色	60-A	淡香	重瓣	多	多	—	花瓣由外向内变小	纯色	3	1瓣化	大部分瓣化	较少	—	7	浅黄绿	有毛	乳白色	否
'Paladin'	洋红色	61-B	淡香	单瓣或半重瓣	多数	多轮	是	花瓣由外向内变小,稍内卷	基部有乳白斑	6	略有瓣化	正常	较多	洋红色	2	淡绿	—	白色	否
'Picotee'	白色	155-A	淡香	单瓣	5	1	是	顶端向心聚拢	纯色	5	无瓣化	正常	较多	紫红色	2	—	有毛	紫红色	否
'Pink Teacup'	深红色	52-A	浓香	单瓣	10	2~3	是	顶端褶皱裂	基部有乳白斑	7~8	—	正常	较多	—	3~4	水红	有毛	淡粉色	否
'Roselette'	粉红	55-C	浓香	单瓣	10	2	是	稍有内卷	纯色	5	无瓣化	正常	较多	嫩黄	3~4	淡黄绿	有毛	紫红色	否
'Salmon Beauty'	粉色	65-C	淡香	重瓣	多数	多轮	是	内花瓣稍狭长	纯色	—	—	瓣化	无	无	3	淡绿	—	粉色	否
'White Innocence'	白色	155-C	无	单瓣	10	2	是	顶端有开裂	纯色	5	无瓣化	正常	较少	柠檬黄	2	浅绿	有毛	白色	残存,白色

表5　引进品种在北京的物候表现（2013 年）

Table 5　Observation of phenophases of introduced materials in Beijing(2013, month. date)

品种名 Cultivar name	萌动期 Budding dates	萌发期 Germination stage	抽茎期 Stooling stage	展叶期 Sprout leaves stage	显蕾期 Squaring stage	透色期 Translucent color stage	初开期 First blossoming stage	衰老期 Senescence stage
'Little Red Gem'	4. 2	4. 4	4. 8	4. 11	4. 15	4. 18	5. 1	5. 5
'Nosegay'	4. 5	4. 8	4. 11	4. 18	4. 22	4. 26	5. 1	5. 8
'Fernleaf Hybird'	4. 5	4. 8	4. 11	4. 15	4. 18	4. 22	5. 3	5. 9
'Laddie'	4. 5	4. 8	4. 11	4. 15	4. 18	5. 5	5. 5	5. 15
'Roselette'	4. 5	4. 8	4. 15	4. 18	4. 22	5. 7	5. 8	5. 14
'Athena'	4. 8	4. 15	4. 18	4. 22	4. 26	5. 7	5. 11	5. 15
'Halcyon'	4. 8	4. 15	4. 18	4. 22	4. 26	5. 8	5. 11	5. 15
'Pink Teacup'	4. 8	4. 11	4. 15	4. 18	4. 22	5. 9	5. 11	5. 19
'Garden Peace'	4. 8	4. 15	4. 18	4. 22	4. 26	4. 30	5. 13	5. 22
'John Harvard'	4. 5	4. 8	4. 15	4. 18	4. 22	5. 9	5. 13	5. 18
'Firelight'	4. 5	4. 8	4. 15	4. 18	4. 22	4. 26	5. 8	5. 14	5. 18
'Brightness'	4. 5	4. 8	4. 11	4. 15	4. 22	5. 9	5. 15	5. 21
'Cream Delight'	4. 5	4. 8	4. 15	4. 18	4. 22	5. 15	5. 15	5. 21
'Apache'	4. 5	4. 8	4. 18	4. 26	5. 8	5. 20	5. 20	5. 25
'Paladin'	4. 5	4. 8	4. 18	4. 22	5. 5	5. 13	5. 22	5. 27
'Old Faithful'	4. 8	4. 18	4. 26	4. 30	5. 10	5. 17	5. 24	6. 1

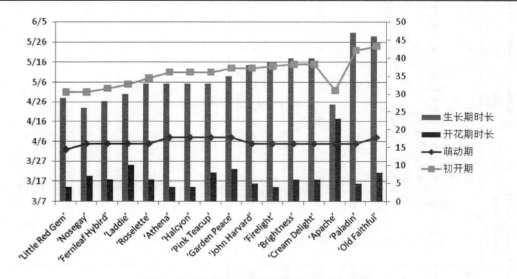

图2　引进品种在北京的物候表现（2013 年）

Fig. 2　Observation of phenophases of introduced materials in Beijing(2013)

　　将整个物候期以初开期为界限，分为生长期和开花期，得到各品种的物候条形图，见图2。从图2可以明显看出各品种花期的早晚和长短，如'Little Red Gem''Nosegay'等5个品种为早花品种，其亲本之一均为细叶芍药（P. tenuifolia），所以其品种继承了亲本的早花性状。'Athena''Halcyon'等8个品种为中花品种，'Apache'等3个品种为晚花品种。花期较长的有'Laddie'和'Garden Peace'，单株花期可长达10d；花期较短的有'Little Red Gem''Athena'和'Halcyon'，

单株花期只有5d。而整个物候期较长（50d 以上）的品种有'Apache''Paladin'和'Old Faithful'。

3　结论与讨论

　　在无需特殊养护管理的条件下，大部分 Hybrid 芍药品种在华北地区可以正常生长，适应性较强，无病虫害，并保持了较高的观赏价值。但是综合两年的情况来看，只有'Athena'和'Garden Peace'2 个品种两年的成花率为100%。经过两年的连续观察，发现

大部分引进品种花色纯正、具有香味、花型端正，并且雄蕊正常、花药量较多、生长势较强，为远缘杂交提供了良好的亲本条件。其中 13 个品种的花型端正，花色纯正，其纯度和明度均较高；20 个品种具有香味，其中 9 个品种具有浓香的特点；18 个品种的雄蕊正常、花药量较多；14 个品种的生长势较强。远缘杂种引种第三年的群体花期在 5 月初到 6 月初，单株花期 5 ~ 11d，10d 以上的有 'Garden Peace' 和 'Laddie'，7 ~ 10d 之间的有 'Pink Teacup' 'Fernleaf Hybird' 等 7 个品种。群体花期整整持续了 1 个月，而北京地区芍药花期为 5 月中下旬至 6 月初，从而延长了芍药的总体观赏期。

HG 的芍药品种在北京的良好生长表现可能与其本身的生物学特性及广泛的适应性有关。总体来说，本引种试验基本达到了预期的结果。对于成活率较低的品种，建议在今后的栽培管理过程中，通过合理的养护管理措施，如夏季应适当进行遮阴、喷雾等降温处理，冬季覆盖薄膜等保温处理，来最大程度地提高引种成活率。对于成花率明显下降的品种，可以通过创造小气候环境和适当的肥水管理来提高成花率。对于花色纯正、具有香味、花型端正，并且雄蕊正常、花药量较多、生长势较强的品种，可以适当加大引种的数量，并将其作为亲本参与远缘杂交的试验，获得更多的杂交可能性。引进的远缘杂种不仅可以丰富国内的芍药品种群，加上其整体较长的观赏期，还可以为进一步的远缘杂交带来更多的可能性，具有非常高的杂交育种价值。

参考文献

1. 高志民，王雁，王莲英. 2001. 牡丹、芍药繁殖与育种研究现状[J]. 北京林业大学学报，23(4)：75 – 79.

2. 郭霞，薛杰，马书燕. 2005. 日本芍药引种栽培试验[J]. 林业实用技术，(7)：39 – 40.

3. 胡建忠. 2002. 植物引种栽培试验研究方法[M]. 郑州：黄河水利出版社.

4. 孙菊芳. 2007. 芍药属远缘杂种的引种与繁育研究[D]. 北京：北京林业大学.

5. 王名金，刘克辉，伍寿彭. 1990. 树木引种驯化概论[M]. 南京：江苏科学技术出版社.

6. 吴中伦. 1983. 国外树种引种概论[M]. 北京：科学出版社.

7. 于晓南，宋焕芝，王琪. 2011. 北美新芍药品种引种适应性初报[J]. 林业实用技术，(12)：50 – 51.

8. 于晓南，苑庆磊，宋涣芝. 2011. 中西方芍药栽培应用简史以及花文化比较研究[J]. 中国园林，(03)：77 – 81.

9. 朱慧芬，张长芹. 2003. 植物引种驯化研究概述[J]. 广西植物，23(1)：52 – 60.

10. http：//www. americanpeonysociety. org/

11. http：//www. bjmb. gov. cn/

12. http：//peonyparadise. com/

13. http：//www. wrh. noaa. gov/pqr/

不同倍性芍药植物杂交育种初探*

杨柳慧　袁艳波　于晓南[①]

（花卉种质创新与分子育种北京市重点实验室，国家花卉工程技术研究中心，城乡生态环境北京实验室，
北京林业大学园林学院，北京 100083）

摘要　本试验以 16 个芍药品种为材料。从倍性的角度出发，设计了 27 个杂交组合并获得 483 粒种子，次年得到 17 株幼苗；不同倍性的杂交组合的结实率差异显著，在二倍体与三倍体的杂交组合中，'莲台'×'Laddie'、'莲台'×'Pink Teacup'的结实率较高；在二倍体与四倍体的杂交组合中，出苗率较高的组合为'朱砂判'×'Cream Delight'；在三倍体与二倍体的杂交组合中，均没有结实；适宜的母本材料有'朱砂判'和'莲台'等芍药品种，父本材料有'Laddie'和'Pink Teacup'等芍药品种。

关键词　芍药；二倍体；三倍体；四倍体

Study on Combination of Different Ploidy of Herbaceous Peony

YANG Liu-hui　YUAN Yan-bo　YU Xiao-nan

（*Beijing Key Laboratory of Ornamental Plants Germplasm Innovation & Molecular Breeding*，
National Engineering Research Center for Floriculture，*Beijing Laboratory of Urban and Rural Ecological
Environment and College of Landscape Architecture*，*Beijing Forestry University*，*Beijing* 100083）

Abstract　The experiment of distant hybridization had been conducted with 16 cultivars of herbaceous peony. The main results are as follows：according to their ploidy to design the experiment，then the experiment with 27 cross combinations produced 483 seeds，from which 17 seedlings were got in the following year；setting percentage varied with different ploidy combination and in most cases，the combinations of diploid and triploid had a higher setting percentage，such as 'Lian Tai'×'Laddie'、'Lian Tai'×'Pink Teacup'；in the combinations of diploid and tetraploid，'Zhu Sha Pan'×'Cream Delight' had a high germination rate；in the combinations of triploid and diploid，no combinations had seed；'Zhu Sha Pan' and 'LianTai' were suitable female materials，'Laddie' and 'Pink Teacup' were suitable male materials.

Key words　*Paeonia lactiflora*；Diploid；Triploid；Tetraploid

芍药（*Paeonia lactiflora*）属于芍药科芍药属，是我国传统名花，也是世界花卉市场的重要切花（于晓南等，2011）。中国芍药约占世界上芍药组植物的 1/3，栽培历史悠久，距今已有数千年，在栽培史上曾数度辉煌。而如今世界观赏芍药品种已达 1000 多个，但我国自主培育的品种仅占到 30% 左右，且以传统品种居多，新品种的选育进程缓慢，远远落后于欧美国家（沈苗苗，2013）。杂交，特别是远缘杂交，是获得变异的重要来源，也是芍药属植物育种的主要方式（Sang T 等，1995，1997）。

多倍体的观赏植物一般具备花色、重瓣性、芳香和抗性较强等多方面的优良特性，在园林生产中发挥了很大的作用。在芍药属中，仅芍药组有二倍体和四倍体的分化。据观察，与芍药组内二倍体种容易杂交的有细叶芍药（*P. tenuifolia*）、多花芍药（*P. emodi*）；而芍药与日本产草芍药（*P. obovata*）则几乎和所有的种杂交困难。但近年来，菏泽等地分别以草芍药（*P. obovata*）为亲本，与芍药品种杂交，获得若干开花比牡丹还早的品种，但花朵较小，且不育；在四倍体种中，药用芍药（*P. officinalis*）杂交容易，它们和另外几个二倍体种杂交时一般难以产生杂种；由芍药（*P. lactiflora*）×药用芍药（*P. officinalis*）育出了三倍体杂种（2n = 3x = 15），形态特征大体表现出双亲的中间性状（程金水 等，2010）。但是总体来说，中国芍药品种群（Lactiflora Group）的品种大多是二倍体，多倍体的品种较少。本研究利用了从美国引进的芍药多倍

* 基金项目：国家自然科学基金（31400591）。

① 通讯作者。于晓南，博士，教授。主要研究方向：园林植物资源与育种。Email：yuxiaonan626@126.com。

体及我国传统二倍体品种资源,根据其倍性进行杂交组合的选定,筛选适宜的亲本材料和亲和力较高的杂交组合,从而获得一批杂交后代材料,为选育新品种提供一定的种质基础,最后使得多倍体品种的优良性状能够转移到二倍体品种,进一步提高芍药的观赏价值。

1 材料与方法

1.1 试验材料

杂交亲本材料有 16 个芍药品种,详细情况见表 1。

表1 杂交亲本材料

Table 1　Material of parents

类群 Group	名称 Cultivar name	倍性 Ploidy	类群 Group	名称 Cultivar name	倍性 Ploidy
芍药品种	'粉玉奴'	二	芍药品种	'John Harvard'	三
	'朱砂判'	二		'Laddie'	三
	'莲台'	二		'Nosegay'	三
	'Apache'	三		'Roselette'	三
	'Brightness'	三		'Pink Hawaiian Coral'	三
	'Buckeye Belle'	三		'Pink Teacup'	三
	'Coral Sunset'	三		'Athena'	四
	'Halcyon'	三		'Cream Delight'	四

a. 试验材料来自北京市昌平区小汤山基地。

1.2 试验方法

第一,调查分析北京市昌平区小汤山基地的种质资源,选定参与杂交亲本。第二,及时做好授粉前的准备工作和授粉,将需要采集花粉的品种的花药于露色期收集采回阴干 24h,再轻拍花药至花粉完全散出,用筛子分离花粉与花药,把筛出的花粉收集于干净的小瓶中,贴上标签放置于 -20℃ 的冰箱贮藏备用;在母本花蕾风铃期或于露色期去掉花瓣和雄蕊,再用硫酸纸套袋套在花头上并用回形针将袋口扎紧;母本套袋 3~4 天后,柱头开始分泌黏液时开始授粉。授粉于 11:00 前或 17:00 后进行,连续授 3 天,授粉时用毛笔蘸取父本花粉涂抹在柱头表面并套袋。第一次授粉后,挂牌标记杂交组合。授粉后 7 天在柱头萎蔫、表面黏液硬化时去除套袋。试验期间,要经常进行检查套袋的花朵,防止花朵霉化及套袋开裂。第三,授粉后及时采收种子以及做好后续工作,杂交当年 7 月下旬至 9 月初,当母本变为心皮蟹黄色且微裂时摘下,剥出种子统计结实数,并计算结实率和平均有效结实数;采收种子后直接条播于大田,播种后进行正常的养护管理,于次年 5 月初统计出苗数,计算出苗率。

2 结果与分析

2.1 二倍体与三倍体杂交试验

共 24 个杂交组合,授粉 411 朵,获得 419 粒种子,出苗 15 棵。具体情况见表 2。以二倍体(2n = 2x = 10)的'粉玉奴'作母本时,共 11 个杂交组合,三倍体(2n = 3x = 15)的'Nosegay''Roselette''Pink Teacup''Laddie''Apache''Brightness''Coral Sunset''Pink Hawaiian Coral'作父本时均有一定的结实率,由此说明三倍体的杂种材料可以得到花粉作父本。特别是'粉玉奴'×'Nosegay'的结实率可高达 63.27%;其次是'粉玉奴'×'Apache'和'粉玉奴'×'Pink Teacup',结实率分别为 50% 为 41.67%;'粉玉奴'×'Roselette'和'粉玉奴'×'Brightness'的结实率分别为 20% 和 12.50%,结实可能与其亲本的种源为中国芍药品种群有关;结实率较低的组合为'粉玉奴'×'Coral Sunset'和'粉玉奴'×'Pink Hawaiian Coral'。'Halcyon'、'Buckeye Belle'作父本时败育严重、均未结实,原因很可能是花粉量较少,而且雄性不育。虽然'Halcyon'的母本、'Buckeye Belle'的父本种源为中国芍药品种群,但也存在不育的现象,说明三倍体的杂种作父本时,即使其亲本种源为中国芍药品种群,与中国芍药杂交并不一定都能结实,结实能力很可能与其自身的育性密切相关。

以二倍体的'朱砂判'作母本时,共 7 个杂交组合,三倍体的杂种作父本时,均有一定的结实率,其中'Coral Sunset'和'Apache'的结实率最高,分别为 64.29% 和 60.00%;其次是'Pink Hawaiian Coral'和'Nosegay',结实率分别为 46.15% 和 35.14%。由此说明,三倍体的杂种材料可以得到花粉作父本。

以'莲台'作母本时,共 6 个杂交组合,只有'莲台'×'Nosegay'杂交组合未结实。其他三倍体的'Laddie'、'Pink Teacup'、'Roselette'、'Coral Sunset'和'Pink Hawaiian Coral'均有不同程度的结实率,说明三倍体的杂种材料可以得到花粉作父本。其中'Laddie'、'Pink Teacup'和'Roselette'的结实率都较高,分别为 100.00%、87.50%、62.50%。

表 2 芍药属二倍体与三倍体杂交组合的结实与出苗统计

Table 2 Seed-set ratio of 2n × 3n hybridization combination

编号 No.	杂交母本 Female parent	杂交父本 Male parent	杂交朵数（朵） Hybridization number	结实朵数（朵） Fruiting number	结实率（%） Setting rate	种子总数（粒） Total number of seeds	平均结实数（粒/朵） Average setting number	出苗率（%） Emergence rate
1	粉玉奴	'Nosegay'	49	31	63. 27	106	3. 4	0. 00
2		'Apache'	4	2	50. 00	3	1. 5	0. 00
3		'Pink Teacup'	60	25	41. 67	33	1. 3	0. 00
4		'Roselette'	20	4	20. 00	10	2. 5	0. 00
5		'Coral Sunset'	19	3	15. 79	4	1. 3	0. 00
6		'Laddie'	34	5	14. 71	19	3. 8	0. 00
7		'Brightness'	8	1	12. 50	2	2. 0	0. 00
8		'Pink Hawaiian Coral'	23	1	4. 35	1	1. 0	0. 00
9		'Halcyon'	5	0	0. 00	0	0. 0	0. 00
10		'Buckeye Belle'	7	0	0. 00	0	0. 0	0. 00
11		'John Harvard'	11	0	0. 00	0	0. 0	0. 00
12	朱砂判	'Coral Sunset'	14	9	64. 29	21	2. 3	4. 76
13		'Apache'	5	3	60. 00	10	3. 3	20. 00
14		'Pink Hawaiian Coral'	13	6	46. 15	33	5. 5	15. 15
15		'Nosegay'	37	13	35. 14	46	3. 5	4. 35
16		'Pink Teacup'	14	4	28. 57	8	2. 0	0. 00
17		'Laddie'	9	2	22. 22	8	4. 0	0. 00
18		'Roselette'	21	1	4. 76	1	1. 0	0. 00
19	莲台	'Laddie'	6	6	100. 00	44	7. 3	2. 27
20		'Pink Teacup'	8	7	87. 50	12	1. 7	16. 67
21		'Roselette'	8	5	62. 50	46	9. 2	2. 17
22		'Coral Sunset'	10	4	40. 00	9	2. 3	11. 11
23		'Pink Hawaiian Coral'	11	2	18. 18	3	1. 5	0. 00
24		'Nosegay'	15	0	0. 00	0	0. 0	0. 00

2. 2 二倍体与四倍体的杂交试验

共 3 个杂交组合，杂交朵数 91，种子总数 64，出苗 2 棵。具体情况见表 3。以四倍体（2n = 4x = 20）'Athena'作父本时，没有获得结实的种子。一方面可能与杂交朵数、杂交组合较少有关，使得数据不完全具有统计性，所以可以通过扩大杂交数量的方式，做进一步的实验研究，另一方面由于'Athena'自身结实率较低，表现为较大程度的不孕性。但是四倍体的'Cream Delight'作父本时，表现出了一定的亲和力。'粉玉奴' × 'Cream Delight'组合的结实率为54. 24%，出苗率为 1. 72%。

表 3 芍药属二倍体与四倍体杂交组合的结实与出苗统计

Table 3 Seed – set ratio of 2n × 4n hybridization combination

编号 No.	杂交母本 Female parent	杂交父本 Male parent	杂交朵数（朵） Hybridization number	结实朵数（朵） Fruiting number	结实率（%） Setting rate	种子总数（粒） Total number of seeds	平均结实数（粒/朵） Average setting number	出苗率（%） Emergence rate
1	粉玉奴	'Athena'	3	0	0. 00	0	0. 0	0. 00
2		'Cream Delight'	59	32	54. 24	58	1. 8	1. 72
3	朱砂判	'Cream Delight'	29	3	10. 34	6	2. 0	16. 67

2. 3 母本亲和力比较

此次实验过程中以'粉玉奴''朱砂判''莲台'3个芍药品种作为母本，其结实率、出苗率各不相同。此次杂交以'粉玉奴'作母本共杂交 302 朵，结实 104 朵，结实率为 34. 44%，出苗率为 0. 42%，以'朱砂判'作母本总共杂交 142 朵，结实 41 朵，结实率为 28.87%，出苗率为 8.27%，以'莲台'作母本共杂交 58 朵，结实 24 朵，结实率为 41.38%，出苗率为 4.39%。由图 1 可看，从结实率来看，'莲台'作为母本的结实率最高，'粉玉奴'次之，'朱砂判'结实率最低。从出苗率来看，'朱砂判'出苗率最高，'莲台'次之，'粉玉奴'最低。由此可见，'莲台'和'朱砂判'的亲和性比较好，比较适宜做母本，今后，在试验过程中，应该增加这两个品种的杂交量。

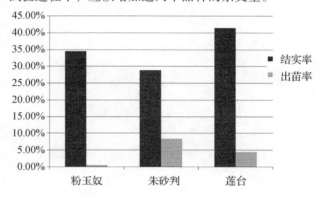

图 1　母本的结实率与出苗率

Fig. 1　The setting and emergence rate of female parent

3　结论与讨论

在二倍体作母本的杂交组合中，三倍体的杂种材料可以得到花粉作父本，如'Nosegay''Roselette''Pink Teacup''Laddie''Apache''Brightness''Coral Sunset''Pink Hawaiian Coral'，特别是 Nosegay'和'Apache'，与'粉玉奴''朱砂判'和'莲台'均表现出较好的亲和力。同时发现，二倍体作父本进行杂交时，一旦结实，种子很少发生干瘪、皱缩等败育现象。三倍体虽然减数分裂异常，一般很难做父本，但是偶有结实，本文中的三倍体作父本时，大多数都能结实，获得较多的种子。本文中四倍体的'Cream Delight'作父本时，也表现出了一定的亲和力。但是'Athena'作

父本时，就没有结实，说明母本的育性和杂交组合的亲和力是影响结实率的关键因素。

三倍体虽然减数分裂异常，一般花粉不育，但是其雌蕊是正常的，在育种过程中常有人选择三倍体作为母本。本文在实验过程中，运用三倍体作母本，芍药野生种跟牡丹品种作父本，但是均未获得结实，说明三倍体作母本可能具备较低的育性，同时远缘杂交存在一定的生殖隔离（律春燕，2010；宋春花，2011；宋佳佳，2010）。此次实验中并没有设计组内的杂交组合，今后可适当增加二倍体芍药品种的组合，以此进一步分析三倍体作母本时的育性。

对于杂交亲本选择，马燕和陈俊愉（马燕和陈俊愉，1990）认为母本的自交结实能力是影响杂交亲和性的重要因素之一，而在此次杂交组合的实验中印证了这一观点。因此，在选择杂交亲本时，事先掌握品种的自交结实力情况，将有利于提高杂交亲和性，促进育种工作的成功开展。而且研究发现，总体来说二倍体之间的杂交组合的结实率明显高于其他倍性的组合，与何琦（何琦，2012）的观点一致，即二倍体之间的杂交组合不论结实率还是种子数都明显高于其他倍性的组合，她还认为可能与三倍体、四倍体减数分裂的异常有关。郭印三等人（郭印三，2004）的研究也发现，以二倍体为母本比以四倍体为母本的种子获得率高。关于不同倍性杂交亲和性问题，Endospom balance Number（EBN）的假说认为（Johnston，S 等，1980），在杂种胚乳中，只有当母本与父本的基因组成比例为 2:1 时，胚乳才能正常地发育，形成健全的种子，否则父母本染色体组成比例容易发生紊乱，胚乳中途发育停滞，从而造成胚的败育。因此，在二倍体×四倍体杂交组合获得的种子中，胚乳中母本与父本的 EBN 比分别为 1:1 和 4:1，导致胚乳和胚发育不完全，而难以发育成正常的种子，因而杂交结实率较低，如本实验中的杂交组合'朱砂判'דCream Delight'。

参考文献

1. 程金水，刘青林. 2010. 园林植物遗传育种学（第 2 版）[M]. 北京：中国林业出版社.

2. 郭印三，郭修武，李坤，李轶晖，李成祥. 2004. 葡萄不同倍性品种间杂交亲和性和后代染色体变异的研究[J]. 沈阳农业大学学报，35(3)，192 – 194.

3. 何琦. 2012. 不同倍性萱草（Hemerocallis spp. & cvs.）杂交育种研究[D]. 北京：北京林业大学.

4. Johnston, S. A. Den Nijs, TP, Peloquin, S. J, Hanneman, R E Jr. 1980. The significance of genic balance to endosperm development in interspecific crosses[J]. Theoretical and Applied Genetics, 57：5 – 9.

5. 律春燕. 2010. 黄牡丹与牡丹、芍药栽培品种远缘杂交[D]. 北京：中国林业科学院.

6. 马燕，陈俊愉. 1990. 培育刺玫月季新品种的初步研究（Ⅰ）：月季远缘杂交不亲和性与不育性的探讨[J]. 北京林业大学学报，12(3)：18 – 24.

7. Sang T, Crawford D J, Stuessy T F. 1995. Documentation of reticulate evolution in Peonies（Paeonia）using internal transcribed spacer sequences of nuclear ribosomal DNA：implications for biogeography and concentrated evolution[J]. Proceedings of the National Academy Sciences of the United States of America, 92(15)：6813 – 6817.

8. Sang T, Crawford D, Stuessy T. 1997. Chloroplast DNA Phylogeny, Reticulate Evolution and Biogeography of *Paeonia* (Paeoniaceae)［J］. American Journal of Botany. Amer. J. Bot, 84(8)：1120 - 1136.

9. 沈苗苗. 2013. 观赏芍药胚培养及茎段愈伤组织诱导研究［D］. 北京：北京林业大学.

10. 宋春花. 2011. 芍药杂交亲和性的细胞学研究［D］. 泰安：山东农业大学.

11. 肖佳佳. 2010. 芍药属杂交亲和性及杂种败育研究［D］. 北京：北京林业大学.

12. 于晓南，苑庆磊，宋焕芝. 2011. 中西方芍药栽培应用简史以及花文化比较研究［J］. 中国园林，(03)：77 - 81.

中国观赏园艺研究进展 2015：181~184
Advances in Ornamental Horticulture of China，2015：181~184

宁波木犀遗传多样性的荧光 SSR 分析[*]

左美银　段一凡　伊贤贵　陈林　王贤荣[①]

（南京林业大学生物与环境学院，南京 210037）

摘要　利用筛选出的 11 对 SSR 荧光引物，对 32 份宁波木犀 Osmanthus cooperi 的遗传多样性进行了研究。11 对 SSR 引物共扩增出 181 个等位基因。其中江苏南京的宁波木犀群体 Shannon 信息指数（I）、期望杂合度（He）和 Nei's 遗传多样性指数（H）最低，分别为 0.3549、0.0997 和 0.1258。桂花和宁波木犀亲缘关系较远，相同来源的宁波木犀常聚类在一起。

关键词　宁波木犀；遗传多样性；荧光 SSR；亲缘关系

An Assessment of Genetic Diversity of *Osmanthus cooperi* with Fluorescence-labeled SSR Markers

ZUO Mei-yin　DUAN Yi-fan　YI Xian-gui　CHEN Lin　WANG Xian-rong

（*College of Biology and the Environment，Nanjing Forestry University，Nanjing* 210037）

Abstract　Eleven pairs of fluorescence – labeled SSR primers were used to assess the genetic diversity of *Osmanthus cooperi* and amplified 181 alleles detected. The genetic diversity of population Nanjing，Jiangsu，was found to be the lowest，with the fact that I，He and Ne was 0.3549、0.0997 and 0.1258，respectively. *O. fragrans* was with a relatively distant relationship with *O. cooperi*，whose individuals from the same population often cluster together.

Key words　*Osmanthus cooperi*；Genetic diversity；Fluorescence – labeled SSR；Relationship

宁波木犀（*Osmanthus cooperi*）属木犀科（Oleaceae）木犀属（*Osmanthus*），常绿灌木或小乔木，花芳香，是我国华东特有分布的一种优良观赏植物。宁波木犀与桂花（*O. fragrans*）形态上近似，其与桂花的亲缘关系仍不清楚（向其柏和刘玉莲 2008；Guo *et al.* 2011）。

目前宁波木犀相关研究还十分有限，分子层面的研究鲜有报道。SSR 标记具有共显性遗传、多态性丰富、技术简单、稳定性好等优点，被广泛应用于各种园艺植物种质资源的品种鉴定以及遗传多样性的研究（张东 等，2007；陈琛 等，2011；麻丽颖 等，2012）。本研究将荧光测序技术与 SSR 检测技术相结合，对 3 个地区的 32 份宁波木犀样本和 10 份桂花样本进行了分析，旨在探讨宁波木犀的遗传多样性及其与桂花的亲缘关系，为木犀属植物种质资源开发和利用提供理论基础。

1　材料与方法

1.1　试验材料

32 份宁波木犀样本，分别来自于安徽黄山、江苏南京和浙江金华，各个样本均采摘植株幼嫩叶片，放入自封袋用硅胶干燥，于 -20℃ 冰箱保存备用。另取 10 份桂花样本作为对照，具体材料信息详见表 1。

1.2　试验方法

1.2.1　DNA 提取与引物合成

DNA 提取，采用张博等的 CTAB – 硅珠法（张博 等，2004），稍作改进。用 1.0% 琼脂糖凝胶电泳检测 DNA 质量，经紫外分光光度计测定纯度后，最终用 TE 稀释至约 20ng/μL。选用的 11 对 SSR 引物来源

[*]　基金项目：江苏省林业三新工程 LYSX[2015]17；江苏省研究生创新工程（CXZZ12 – 0518）。

[①]　通讯作者。Author for correspondence（E-mail：wangxianrong66@ njfu. edu. cn）。

表 1　42 个实验材料信息

Table 1　The information of 42 study materials

Code 编号	Species/Cultivar 物种/品种	Collection Site 采集地	Code 编号	Species/Cultivar 物种/品种	Collection Site 采集地
1	宁波木犀	安徽黄山	22	宁波木犀	浙江金华
2	宁波木犀	安徽黄山	23	宁波木犀	浙江金华
3	宁波木犀	安徽黄山	24	宁波木犀	浙江金华
4	宁波木犀	安徽黄山	25	宁波木犀	浙江金华
5	宁波木犀	安徽黄山	26	宁波木犀	浙江金华
6	宁波木犀	安徽黄山	27	宁波木犀	浙江金华
7	宁波木犀	安徽黄山	28	宁波木犀	浙江金华
8	宁波木犀	安徽黄山	29	宁波木犀	浙江金华
9	宁波木犀	安徽黄山	30	宁波木犀	浙江金华
10	宁波木犀	安徽黄山	31	宁波木犀	浙江金华
11	宁波木犀	安徽黄山	32	宁波木犀	江苏南京
12	宁波木犀	江苏南京	33	四季桂	江苏南京
13	宁波木犀	江苏南京	34	日香桂	江苏南京
14	宁波木犀	江苏南京	35	橙黄四季桂	江苏南京
15	宁波木犀	江苏南京	36	晚银桂	江苏南京
16	宁波木犀	江苏南京	37	籽银桂	江苏南京
17	宁波木犀	江苏南京	38	早银桂	江苏南京
19	宁波木犀	江苏南京	40	波叶金桂	江苏南京
20	宁波木犀	江苏南京	41	雄黄桂	江苏南京
21	宁波木犀	江苏南京	42	状元红	江苏南京

于课题组自己设计的序列和已报道的序列（Zhang *et al.* 2011），将其中正向引物分别用 FAM、HEX 和 ROX 荧光标记（表 2）。引物由上海杰瑞公司合成。

1.2.2　PCR 扩增

PCR 扩增体系为 12.5μL：6.25μL 2 × Taq Master mix（100U/mL Taq polymerase，400μM dNTPs and 4mM MgCl；Generay Bio - Tec，Shanghai，China），0.3μM 上下游引物（Generay Bio - Tec，Shanghai，China）和 20 ng DNA 模板扩增程序为：94℃ 预变性 5min，94℃ 复性 30s，46 ~ 65℃ 退火 30s，72℃ 延伸 30 s，共计 35 个循环，最后 72℃ 延伸 8min。

1.2.3　扩增产物荧光检测及分析

扩增产物遮光密封完好后送上海美吉生物进行测序。运用 POPGENE 1.32 软件，计算观察等位基因数（Na）、有效等位基因数（Ne）、Shannon's 信息指数（I）、期望杂合度（He）、观测杂合度（Ho）和 Nei's 相似性系数和遗传距离。同时，运用利用 NTSYS 软件进行聚类分析。

2　结果与分析

2.1　多态性分析

11 对荧光 SSR 引物共检测到 181 个等位基因，

不同 SSR 引物扩增的等位基因存在差异性，引物 OFP019 扩增效果最好，共计得到 26 个等位基因，引物 OFP023 的扩增效果较差，只得到 8 个等位基因。平均每个位点 16.45 个等位基因。多态性等位基因的大小在 68 ~ 289bp 之间。其中引物 OFP006 的扩增片段范围最大，为 114 ~ 174bp，引物 OFP023 的扩增片段范围最小，为 83 ~ 111bp。

表 2　11 对 SSR 荧光引物信息

Table 2　Characterics of 11 microsatellite primers

Primer No. 引物编号	Primer sequences (5' to 3') 引物序列	Ta（℃）退火温度	Fluorescence type 荧光类型
OFP002	F：TTGCATCTTCATTTTACA	46	HEX
	R：ATGGAAGATAATGAACAA		
OFP003	F：AGTCAGGGGTATTCCAGG	50	FOX
	R：AAGCCCAAAGTATGTTCC		
OFP004	F：AACATGATATTCTTGGAG	50	FAM
	R：GTTTTGCCTTAGGGTTAG		
OFP006	F：CCAAAGCCATCACATACC	52	HEX
	R：CAAGGAGACCTACCCACT		
OFP016	F：TATTCACCAGCAGAGGAG	46	FAM
	R：AGTTGCTTGTAGAAATGG		
OFP019	F：TCAGTGAATGCCTGTGCT	52	HEX
	R：ACCCTTTCTTCTGTGCTT		
OFP020	F：TTGTTTTCTCCCTCTTCC	48	HEX
	R：TTCGGTTGTAATGGTTGT		
OFP023	F：TTGGTGGTGCTGGGAAGA	50	FOX
	R：GTGCCAAACTACCTAACCA		
OFP028	F：TAGCTTATGCATTGAGTG	50	FAM
	R：AAAACCACAGGTAGATGA		
OSM061	F：AGAAGGTGGCGGTCACAGAT	65	HEX
	R：CACCAACTCTCCTCACTCCA		
OSM063	F：ACTCTCGGTCAGATCGTAGA	60	FAM
	R：TCCAGACTTCCATTTATTGT		

2.2　遗传多样性分析

不同地区宁波木犀的 Shannon 信息指数在 0.3357 ~ 0.5706 之间变化，物种水平上为 0.5559。期望杂合度 He 在 0.997 ~ 0.2705 之间变化，物种水平上期望杂合度为 0.1419。Nei's 遗传多样性指数在 0.1258 ~ 0.2570 之间变化，物种水平上为 0.1401。有效等位基因数在 1.4972 ~ 2.7917 之间变化，物种水平上有效等位基因数为 4.0931。物种水平上各项数值均高于居群的平均数值，这说明同一地区内个体比较相似，差异性较小（陈曦，2009）。

根据 Shannon 多样性信息指数（I）、期望杂合度（He）和 Nei's 遗传多样性指数（H）比较浙江金华、安徽黄山和江苏南京 3 个地区宁波木犀的遗传变异，结

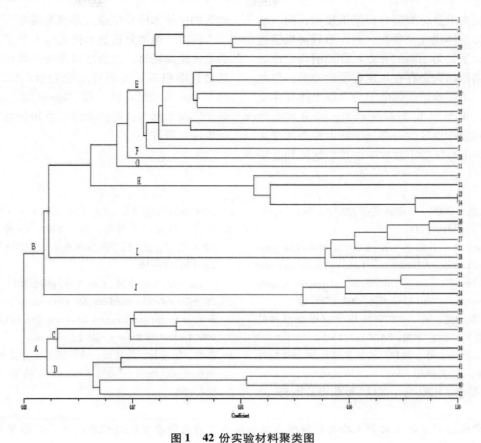

图1　42 份实验材料聚类图

Fig. 1　The cluster tree of 42 study materials

果都表明 POP3（浙江金华）> POP1（安徽黄山）> POP2（江苏南京），POP2（江苏南京地区）最低，依次为 I = 0. 3549，He = 0. 0997，H = 0. 1258。

2.3　聚类分析

利用软件 NTSYS 软件对 42 份材料进行聚类分析，聚类结果如图 1 所示。从图中可以看出在遗传相似系数为 0.83 时，10 个桂花样本首先从 42 个样本中分离出来，这表明宁波木犀与桂花在遗传上存在一定的程度差异性。A 类群又大致可分为 C 和 D 两个类群，C 类群包含 5 个样本，分别为 33 号四季桂、37 号籽银桂、39 号球桂和 36 号晚银桂聚为一类，34 号日香桂则单独聚为一类；D 类群包含 5 个样本，分别为 35 号橙黄四季桂、41 号雄黄桂聚为一类，38 号早银桂和 40 号波叶金桂聚为一类，42 号状元红单独聚为一类。B 类群在遗传相似性系数为 0.87 时大致可以分为 E、F、G、H、I、J 六个类群。根据遗传相似性系数 E 类群又可两个分支，上面的一个分支包含 5 个样本，为黄山地区的 1、2、4、8 号宁波木犀和金华地区的 29 号宁波木犀，下面的一个类群包含 10 个样本，为黄山地区的 3、5、6、7、10 号宁波木犀和

金华地区的 22、25、27、30、32 号宁波木犀。说明黄山地区宁波木犀和金华地区宁波木犀在遗传上相似度较高，两个地区的宁波木犀亲缘关系比较接近。黄山地区的 11 号宁波木犀以及金华地区的 28 号宁波木犀分别独自聚为 G、F 两个类群。H 类群包含黄山地区的 9 号宁波木犀和南京地区的 12、13、14、15 号宁波木犀，共 5 个样本。其中 13、14 号的遗传相似性系数接近为 1。而这连个样本分别来自于南京中山植物园和南京林业大学校园，排除样本采摘错误的影响，分析其原因为这两个样本都为栽培种，可能具有相同亲本来源。I 类群为南京地区的 16 - 21 号宁波木犀，共 6 个宁波木犀样本。J 类群为金华地区的 23、24、26、31 号宁波木犀，共 4 个宁波木犀样本。

3　讨论

SSR 荧光标记具有快速高效、精确、灵敏度高的特点，实现了数据收集和处理的自动化，克服了银染法的不足，能区分大小相差 1 ~ 2 个碱基的片段之间的差异，适用于宁波木犀遗传变异的研究。

11 对 SSR 引物对 42 个样本进行扩增，共计检测到 181 个等位基因，表明 42 份材料的多态性较高，

遗传变异资源较为丰富。聚类分析结果显示，同一地区内的宁波木犀个体优先聚集在一起，然后再根据遗传距离的大小，聚类为不同的分支。这说明同一地区内宁波木犀在遗传结构上存在一定程度的差异，但差异性相对较小。不同地区的部分宁波木犀个体存在交叉聚类的现象，聚类图 E 类群所示为一部分黄山地区的宁波木犀和金华地区的一部分宁波木犀个体聚为一类，这表明 3 个地区的宁波木犀中黄山地区和金华地区的宁波木犀在亲缘关系更为接近。

同时，聚类分析显示桂花与 3 个宁波木犀群体间的遗传距离较远，二者之间亲缘关系相对较远，这个结果与李梅等相关研究结论吻合（李梅 等，2009），但与 Guo 等结果不甚一致（Guo et al.，2011）。因此，对于宁波木犀与桂花的亲缘关系和分类处理还有待进一步深入研究。

参考文献

1. 向其柏，刘玉莲．2008. 中国桂花品种图志［M］. 杭州：浙江科学技术出版社，2008.
2. Guo S. Q., Xiong M., Ji C. F., et al. 2011. Molecular phylogenetic reconstruction of *Osmanthus* Lour. (Oleaceae) and related genera based on three chloroplast intergenic spacers［J］. Plant Systematics and Evolution，294：57 – 64.
3. 张东，舒群，滕元文，等．2007. 中国红皮砂梨品种的 SSR 标记分析［J］. 园艺学报，34(1)：47 – 52.
4. 陈琛，张兴桃，程斐，等．2011. 秋甘蓝品种的 SSR 指纹图谱的构建［J］. 园艺学报，38(1)：159 – 164.
5. 麻丽颖，孔德仓，刘华波，等．2012. 36 份枣品种 SSR 指纹图谱的构建［J］. 园艺学报，39(4)：647 – 654.
6. 张博，张露，诸葛强，等．2004. 一种高效的树木总 DNA 提取方法［J］. 南京林业大学学报（自然科学版），28(1)：13 – 16.
7. Zhang Z R, Fan D M, Guo S Q, et al. 2011. Development of 29 microsatellite markers for *Osmanthus fragrans* (Oleaceae), a traditional fragrant flowering tree in China［J］. American Journal of Botany，2011，e1 – e4.
8. 李梅，侯喜林，单晓政，等．部分桂花品种亲缘关系及特有标记的 ISSR 分析［J］. 西北植物学报，29(4)：674 – 682.

致谢：非常感谢南京林业大学生物与环境学院植物学系夏涛老师在实验过程中所给予的指导与帮助！

聚石斛花粉生活力及贮藏的研究[*]

邓茜玫　郑宝强　郭欣　王雁[①]

（国家林业局林木培育重点实验室，中国林业科学研究院林业研究所，北京 100091）

摘要　以聚石斛花粉为试材，研究了其花粉生活力的检测方法及贮藏方法。结果表明：①检测聚石斛花粉萌发适宜的培养基为 100g·L^{-1} 蔗糖 + 100mg·L^{-1} H$_3$BO$_3$ + 80mg·L^{-1} CaCl$_2$，TTC 染色法不适用于聚石斛花粉生活力的检测；②聚石斛开花第 0～8 天的花粉生活力高于 65%，作为父本，授粉结实率高于 85%，显著高于蕾期和衰败期。③不同贮藏方法对聚石斛花粉生活力的影响较大，4℃冷藏干燥贮藏 80 天后，花粉生活力下降为 0，而 4℃冷藏湿润贮藏、–20℃冷冻湿润贮藏和干燥贮藏 90 天后，花粉生活力分别为 1.4%、21.7%、6.4%。经 –20℃冷冻湿润贮藏 90 天后的花粉经杂交授粉后仍然能够正常结实，其他处理的结实率明显降低。

关键词　聚石斛；花粉生活力；可授性；花粉贮藏

Pollen Viability and Preservation of *Dendrobium lindleyi*

DENG Xi-mei　ZHENG Bao-qiang　GUO Xin　WANG Yan

（*Research Institute of Forestry*，*Chinese Academy of Forestry*，*Key Laboratory of Tree Breeding and Cultivation*，*State Forestry Administration*，*Beijing* 100091）

Abstract　The pollen of *Den. lindleyi* was employed as experimental material to investigate the determination method of pollen viability and pollen storage. The results showed that：①he optimum culture medium was 100g L^{-1} sucrose + 100mg L^{-1} H$_3$BO$_3$ + 80mg L^{-1} CaCl$_2$. TTC staining is not adapted to detect pollen viability of *Den. lindleyi*，②The pollen germinating rate was over 65 % during 0～8 days after blooming. As pollen parents, male receptivity was over 85% during this period，which showed a better result than bud stage and droop stage. ③Different storage methods had different effects on pollen viability of *Den. lindleyi*. The viability of pollen which stored at dry condition in 4℃ had declined to 0 after 80 days. However，after stored at humid condition in 4℃，freeze-wetting and freeze-drying in –20℃ for 90 days，the pollen viabilities were about 1.4%、21.7%、6.4% respectively. As pollen parents, the pollen which was freeze-wetting stored in –20℃ for 90 days could still set seeds normally. While the setting rate was obviously decreased when using other storage methods.

Key words　*Dendrobium lindleyi*；Pollen viability；Receptivity；Pollen storage

　　石斛兰（*Dendrobium*）是兰科石斛属植物的总称，与卡特兰（*Cattleya*）、蝴蝶兰（*Phalaenopsis*）、文心兰（*Oncidium*）同为世界上四大观赏洋兰[1]。随着人们对观赏石斛消费需求的扩大，观赏石斛的育种已成为越来越受关注的热点。至 2012 年，已有超过 10000 种石斛兰杂交种在国际兰花品种登录机构上登录[2]。现今世界洋兰发展趋向微型化，人们正努力从原生种或杂交种中选择这方面的资源，而石斛属植物中的矮小型原生种——聚石斛（*Den. Lindleyi* Stendel.）正是这方面的代表。聚石斛又名"上树虾"，肉质茎短小且密集的簇生，花序悬垂，形如金币[3]，是石斛兰矮化育种的优良亲本，但聚石斛作为母本杂交结实率低，一般以聚石斛作为父本。至今，聚石斛作为父本登录的杂交种有 7 个[2]。由于经常出现聚石斛与杂交对象花期不一致，所以需要对聚石斛的花粉进行贮藏以解决杂交花期不遇的问题，但目前针对聚石斛花粉贮藏及花粉生活力检测方法未见相关的研究报道。

　　本研究采用液体培养基，研究了蔗糖、硼酸、钙

---

* 基金项目："十二五"农村领域国家科技计划课题（2013BAD01B0703），北京市园林绿化局计划项目（Y1HH200900304）。

① 通讯作者。Corresponding author。email：chwy8915@sina.com。

三因素对花粉萌发的影响；比较了不同开花期的花粉生活力及可授性；对比了不同贮藏温度、不同贮藏方法、不同贮藏时间对花粉生活力的影响。以期找出最佳花粉离体萌发培养基、确定适宜的花粉采集时间、找出适合聚石斛花粉贮藏的方法，为有效开展石斛兰杂交育种工作提供技术支撑。

1 材料与方法

1.1 材料

试验于 2011 年 6～9 月进行，试验材料为石斛兰原生种聚石斛，生长于中国林业科学研究院科研温室中。

1.2 试验方法

1.2.1 花粉生活力的测定

单因子培养液的选择：将蔗糖培养液设 0、50、100、150、200、250、300g·L^{-1} 7 个浓度梯度，H$_3$BO$_3$、CaCl$_2$ 培养液各设 20、40、60、80、100、150、200mg·L^{-1} 7 个浓度梯度。每个处理将 5～6 个开花当天的新鲜花粉块放入指形管中，加入 2 mL 培养液，等花粉块在培养液中吸胀 1h 后用玻璃棒沿管壁摩擦捣碎，25℃条件下恒温培养，光照强度为 60μmol·m^{-2} s^{-1}，24h 后在 Olympus BH－2 显微镜下观察花粉萌发情况。每处理重复 3 次，每个重复观察 5 个视野，每个视野观察至少 100 粒花粉。统计时，花粉管长度达到花粉粒直径以上视为萌发，统计萌发率。

在单因子试验的基础上，设计不同组合的 4 种培养液对花粉进行离体培养，统计萌发率。处理方法同上。

配制 0.5% TTC 染色液，每个处理将 5～6 个开花当天的新鲜花粉块放入指形管中，加入 2mL 染色液，花粉块在染色液中吸胀 1h 后用玻璃棒沿管壁摩擦捣碎，37℃暗培养 12h 后观察染色情况，统计染色率。

1.2.2 不同开花期花粉生活力及可授性的比较

采集同株系不同开花期的聚石斛花粉—大蕾显色期（早期）、开花第 0 天（当天）、开花第 4 天（盛花初期）、开花第 8 天（盛花末期）、开花第 12 天（衰败期），以花粉离体萌发率作为衡量花粉生活力的标准。将不同开花期的花粉放入最适培养液中进行离体培养，统计萌发率，处理方法同 1.2.1。

将不同开花期的聚石斛花粉作为父本，以盛花初期的喉红石斛（*Den. christyanum* Rchb. f.）为母本进行杂交，以母本的结实率作为评价花粉可授性的标准。每处理授粉 12 朵花，不设重复。在授粉 1 个月后统计结实率。

1.2.3 低温贮藏对花粉生活力的影响

取盛花末期的聚石斛新鲜花粉块，除去药帽、杂质，分别采用湿存和干存 2 种方法进行贮藏，其中湿存指将新鲜花粉块直接放入指形管中，干存指将新鲜花粉块与硅胶粒干燥剂混合后放入指形管中，分别进行 4℃冷藏和 －20℃冷冻贮藏，并分别在 0、10、20、30、40、50、60、70、80、90 天采用离体萌发法检测花粉生活力。以不同条件下贮藏 90 天后的花粉作父本对盛花初期的杂种石斛兰（*Den.* Little Green Apple）进行人工授粉，每处理授粉 12 朵花，不设重复。在授粉 1 个月后统计结实率。

2 结果与分析

2.1 花粉生活力的测定

培养液中蔗糖因子的浓度对花粉萌发具有较大的影响（表 1）。当蔗糖浓度为 100g·L^{-1} 时，花粉萌发率最高，达到 68.8%（图 1），而在蒸馏水中培养的花粉萌发率仅为 8.5%，当蔗糖浓度上升到 300g·L^{-1} 时，花粉萌发率仅为 4.2%，高浓度蔗糖导致大部分花粉原生质体脱水发生质壁分离（图 2）。单因子 H$_3$BO$_3$ 浓度为 100mg·L^{-1} 时，花粉萌发率最高（37.4%），并且花粉管能够快速生长（图 3）。单因子 CaCl$_2$ 对花粉萌发率影响不大，在浓度为 80mg·L^{-1} 时萌发率能达到 16.4%，但 CaCl$_2$ 培养液可以有效的抵消花粉萌发积聚效应，便于花粉观察和计数（图 4）。

表 1 聚石斛花粉萌发的单因子试验结果

蔗糖		H$_3$BO$_3$		CaCl$_2$	
ρ蔗糖/ (g·L^{-1})	萌发率 / %	ρH$_3$BO$_3$/ (mg·L^{-1})	萌发率 / %	ρCaCl$_2$/ (mg·L^{-1})	萌发率 / %
0	8.5f	20	14.1d	20	10.8b
50	45.5c	40	18.7cd	40	9.5bc
100	68.8a	60	22.5c	60	12.1b
150	60.4b	80	31.6b	80	16.4a
200	32.2d	100	37.4a	100	11.2b
250	20.0e	150	25.5c	150	10.4b
300	4.2g	200	6.4e	200	8.9c

注：数据后不同小写字母表示差异显著，相同小写字母表示差异不显著（$P < 0.05$）。下同。

在单因子试验基础上，选取各单因素的最佳浓度，设计以下 4 种不同组合的培养液：

（1）蔗糖 100g·L^{-1} + H$_3$BO$_3$ 0mg·L^{-1} + CaCl$_2$ 0mg·L^{-1}

（2）蔗糖 100g·L^{-1} + H$_3$BO$_3$ 100mg·L^{-1} + CaCl$_2$ 0mg·L^{-1}

（3）蔗糖 100g·L^{-1} + H$_3$BO$_3$ 0mg·L^{-1} + CaCl$_2$ 80mg·L^{-1}

（4）蔗糖 100g·L^{-1} + H$_3$BO$_3$ 100mg·L^{-1} + CaCl$_2$ 80mg·L^{-1}

4 种培养液中花粉萌发情况见表2。

表2 不同培养液中聚石斛花粉的生活力

培养液号	观察花粉数/粒			萌发数/粒			花粉生活力/%
	处理1	处理2	处理3	处理1	处理2	处理3	
（1）	578	603	552	392	442	358	68.78 ± 3.10b
（2）	618	662	543	457	523	451	78.50 ± 3.15a
（3）	553	548	592	386	384	401	69.17 ± 0.98b
（4）	576	505	544	451	378	409	76.18 ± 1.46a

表2 所示：聚石斛花粉在培养液2中的萌发率最高，为78.50%，在培养液4中萌发率次之，为76.18%；培养液1和培养液3中的萌发率较低，分别为68.78%和69.17%。培养液2与培养液4的聚石斛花粉萌发率的差异不显著，但由于培养液4加入了$CaCl_2$，可以有效抵消花粉萌发积聚效应，便于统计时对花粉粒和花粉管计数，因此选择培养液4（蔗糖$100g \cdot L^{-1}$ + $H_3BO_3 100mg \cdot L^{-1}$ + $CaCl_2 80mg \cdot L^{-1}$）作为检测聚石斛花粉生活力的最佳离体萌发培养液（图5）。

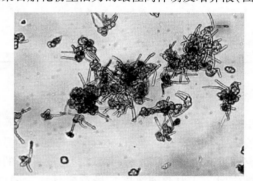

图1 蔗糖单因素培养液中聚石斛花粉萌发情况

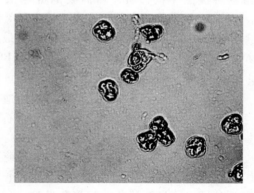

图2 高浓度蔗糖培养液中聚石斛花粉的质壁分离现象

采用 TTC 染色法，经过12h 后部分花粉粒被染成浅红色，染色与未被染色的花粉粒颜色差异不明显，无法准确的判断花粉有无生活力（图6）。

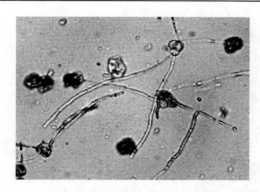

图3 硼酸单因素培养液中聚石斛花粉萌发情况

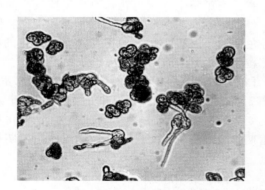

图4 $CaCl_2$单因素培养液中聚石斛花粉萌发

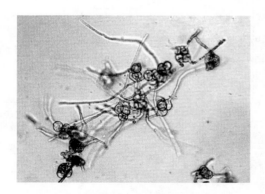

图5 最佳培养液中聚石斛花粉萌发情况

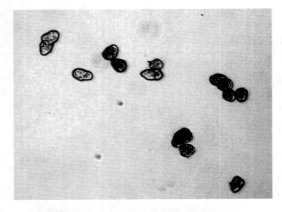

图6　聚石斛花粉的 TTC 染色情况

2.2　不同开花期的花粉生活力及花粉可授性

在温室环境条件下，聚石斛单花从开放到凋落约经历12天。不同开花期的花粉生活力和可授性都具有一定的差异（图7）。聚石斛大蕾显色期的花粉生活力为57.8%，随后花粉生活力逐渐升高，开花第8天的花粉生活力最高（80.5%），随后花粉生活力下降，开花第12天的花粉生活力最低（35.5%）。

在聚石斛整个花期内花粉块均保持较高的可授性，母本结实率都保持在65%以上。其中，利用大蕾显色期到盛花末期（开花第8天）这段时期内的花粉进行授粉后，母本的结实率都稳定大于80%，衰败期（开花第12天）的花粉相对可授性较低（68.8%）。由图7可以看出：花粉生活力和可授性在整个开花期内的变化趋势基本保持一致，花粉的生活力和可授性在蕾期和衰败期较低，在开花当天至盛花末期相对较高。

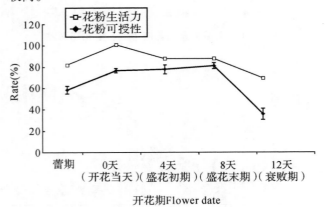

图7　不同开花期花粉生活力及可授性

2.3　低温贮藏对花粉生活力和可授性的影响

表3表明：随着贮藏时间的延长，花粉块生活力逐渐丧失。花粉在 −20℃ 冷冻湿润贮藏的条件下生活力下降最慢，贮藏90天后生活力仍有21.7%，授粉

结实率达到83.3%；其次在 −20℃ 冷冻干燥贮藏条件下，花粉经90天贮藏后，花粉生活力降至6.4%，授粉结实率在25%；花粉在4℃冷藏湿润贮藏条件下贮藏90天后，花粉生活力仅有1.4%，授粉结实率为16.7%；而在4℃冷藏干燥贮藏条件下，贮藏80天后的花粉生活力即下降为0，贮藏90天后的花粉仍存在一定的授粉结实率（8.3%）。

表3　不同贮藏条件下贮藏不同时间的聚石斛花粉生活力

贮藏时间/天	花粉的生活力/%			
	4℃冷藏湿润贮藏	4℃冷藏干燥贮藏	−20℃冷冻湿润贮藏	−20℃冷冻干燥贮藏
0	76.2a	76.2a	76.2 a	76.2 a
10	72.4 a	61.5 b	77.4 a	51.2 b
20	66.8 ab	48 c	69.5a	39.3 c
30	58.1 b	42.5c	59.8 bc	36.4c
40	54.8 b	24.42d	60.6 b	23.2d
50	36.7c	11.7e	55.7 bc	21.6d
60	22.1d	10.8e	54.4 c	15.4de
70	14.2e	6.6e	32.6d	17.8d
80	6.8e	0f	24.5e	10.5e
90	1.4f	0f	21.7e	6.4e

3　结论与讨论

由于兰科植物花粉块不易分散，与固体培养基相比，液体培养基能提高花粉离体萌发的效率，另外多数研究都发现蔗糖、硼酸和钙对兰科植物花粉的萌发起关键作用，其中蔗糖浓度是最重要且独立的因素，根据植物种类的不同，萌发所需要的蔗糖浓度为5% ~ 30%[4]；而其他因素的浓度由于植物种类的不同也会有明显的差异。郑宝强等[5]认为卡特兰最适合的培养液为 $100g \cdot L^{-1}$ 蔗糖 + $40mg \cdot L^{-1} H_3BO_3$ + $150mg \cdot L^{-1} CaCl_2$。郭丽霞等[6]认为 $100g \cdot L^{-1}$ 蔗糖 + $20mg \cdot L^{-1} H_3BO_3$ + $5mg \cdot L^{-1} CaCl_2$ 的培养液最适合野生墨兰花粉的离体萌发。本研究认为，适合聚石斛花粉萌发的培养液为 $100g \cdot L^{-1}$ 蔗糖 + $100mg \cdot L^{-1} H_3BO_3$ + $80mg \cdot L^{-1} CaCl_2$，蔗糖对聚石斛花粉萌发起关键作用。另外，硼酸能有效促进花粉管的伸长，而 $CaCl_2$ 的添加可以明显抵消花粉积聚萌发效应。尽管本研究发现是否添加钙对萌发率影响不大，但是加入 $CaCl_2$ 可抵消花粉的积聚萌发效应，所以建议培养液应该添加 $CaCl_2$，以便更准确地进行花粉的观察和计数。

部分兰科植物拥有四合花粉结构，本研究观察到聚石斛花粉块在培养液中分离出许多四合花粉，而四合花粉不再分散成花粉单粒。有研究表明，造成四合花粉互不分离的原因在于类脂膜的包裹、四合花粉中有内壁形成的桥、花粉之间形成胞质通道和不完全细胞壁等[7]。本研究观察到聚石斛四合花粉通常四个花粉单粒一起萌发或都不萌发，原因可能是由于四合花粉内的花粉单粒发育程度相同，而四合花粉之间发育不同步，还有可能因为已丧失活力的花粉单粒产生的次生代谢物质会强烈影响到同一个四合花粉中的其他花粉单粒，造成4个花粉单粒同时失活[8]。

TTC染色法是根据花粉粒的呼吸酶活性来判断花粉生活力的一种快速简便的检测方法，用该方法检测牡丹、芍药等新鲜花粉生活力的准确性很高[9,10]；但可能是由于兰科植物的花粉块有类脂膜的包裹而不易分散，且花粉壁相对较厚，导致染色剂无法在短时间内使兰科植物的花粉着色[11]。本研究通过延长染色时间、增加TTC染色液浓度等方法仍然无法对花粉粒进行清楚的染色，因此认为在实际应用中TTC染色法不适用于聚石斛花粉生活力的检测。

李振坚等[12]针对重唇石斛（Den. hercoglossum Rchb. f.）进行研究时发现花开第4天后花粉才发育饱满，重唇石斛花开第5～12天花粉萌发率稳定大于70%。本研究发现聚石斛盛花末期（开花第8天）的花粉生活力最高，且花粉生活力基本与花粉可授性保持一致。衰败期和蕾期的生活力及可授性都相对较低，而其他开花期（0～8天）的花粉生活力和可授性都相对较高，因此聚石斛开花当天到盛花末期（0～8天）适合作为父本进行花粉采集。

有研究认为兰科植物花粉外部的类脂膜包裹使兰科花粉粒不易受到外界干扰，能忍耐干燥、寿命长[13]。在25℃常温条件下，新鲜的聚石斛花粉通常在4天后完全丧失生活力。本研究发现无论是干燥或湿润贮藏，－20℃冷冻条件比4℃冷藏条件更适合聚石斛花粉的贮藏；同时本研究发现聚石斛花粉更适合湿润贮藏，这与欧阳英针对密花石斛（Den. densiflorum Lindl.）的研究相一致[14]，推测石斛兰花粉脱水后不容易吸水膨大发生水合，直接导致花粉生活力的丧失。在－20℃冷冻湿润贮藏的聚石斛花粉，能在3个月内保持较高的生活力且不影响授粉结实率，因此－20℃冷冻湿润贮藏是聚石斛花粉有效的贮藏方法。另外本研究发现聚石斛花粉生活力检测为0的情况下，仍存在较低的授粉结实率，这说明离体萌发法检测得出的花粉生活力略比真实值低。

参考文献

1. 王雁，李振坚，彭红明. 石斛兰——资源·生产·应用 [M]. 北京：中国林业出版社，2007：11

2. The International Orchid Register. The Royal Horticultural Society Horticultural Database [DB/OL] [2012 – 12 – 25]. http：//apps. rhs. org. uk/horticulturaldatabase/orchidregister/ parentageresults. asp

3. 吉占和，陈心启，罗毅波，等. 中国植物志：第19卷 [M]. 北京：科学出版社，2006：78

4. E. Pacini . Orchid pollen dispersal units and reproductive consequences [C]// Kull, Tiiu, Arditti, J., Wong, . Orchid biology：reviews and perspectives Ⅹ. Springer-Verlag New York Inc. 2009, 185 – 194

5. 郑宝强，王雁，彭镇华，等. 杂种卡特兰花粉萌发和花粉贮藏性研究[J]. 热带亚热带植物学报，2012，20(1)：13 – 18.

6. 郭丽霞，莫饶. 海南原生墨兰花粉萌发试验初报[J]. 热带农业科学，2007，23(6)：594 – 597.

7. 胡适宜，杨坚. 春兰花粉壁的结构及其与花粉粘合的关系[J]. 植物学报，1989，31(6)：414 – 421.

8. Pritchard H W, Prendergast F G. Factors influencing the germination and storage characteristics of orchid pollen [M]// Pritchard H W. Modern Methods in Orchid Conservation：The Role of Physiology, Ecology and Management. Cambridge：Cambridge University Press, 1989：1 – 16.

9. 律春燕，王雁，朱向涛，等. 黄牡丹花粉生活力测定方法的比较研究[J]. 林业科学研究，2010，23（2）：272 – 277.

10. 朱惜晨. 芍药花粉生活力测定与杂交亲本选择初步研究[J]. 福建林业科技，2007，34(2)：121 – 123.

11. 李枝林，王玉英，王卜琼. 兰花远缘杂交育种技术研究[J]. 中国野生植物资源，2007，26（4）：53 – 56.

12. 李振坚，亢秀萍，王雁. 重唇石斛传粉生物学与显微研究动态[J]. 西北植物学报，2009，29（9）：1804 – 1810.

13. 吴应祥. 中国兰花[M]. 北京：中国林业出版社，1993：106 – 107.

14. 欧阳英. 几种兰科花卉的离体保存技术研究[D]. 北京：北京林业大学，2010.

卡特兰 *ChCHS*1 和 *ChDFR*1 基因的克隆及表达分析[*]

王紫珊　周琳　王雁[①]

（国家林业局林木培育重点实验室，中国林业科学研究院林业研究所，北京 100091）

摘要　以卡特兰（*Cattleya hybrida*）品种'粉女郎'为材料，采用 RT-PCR 和 RACE 方法从花瓣中分离得到了一个卡特兰查尔酮合酶（chalcone synthase，CHS）和一个卡特兰二氢黄酮醇 4-还原酶（dihydroflavonol 4-reductase，DFR）基因的 cDNA 全长，分别命名为 *ChCHS*1 和 *ChDFR*1，GenBank 登录号分别为 KP171693 和 KP171694。生物信息学分析表明，*ChCHS*1 的 cDNA 序列全长 1508bp，编码 394 个氨基酸；*ChDFR*1 基因的 cDNA 序列全长 1250bp，编码 350 个氨基酸。序列分析与同源性检索表明这两个基因编码的蛋白都具有各自的功能位点和保守特征多肽序列。氨基酸序列比对与系统进化树分析显示，*ChCHS*1、*ChDFR*1 基因在兰科中与蕙兰、石斛兰关系最近，与百合科关系较近。相对实时荧光定量 PCR 结果表明，*ChCHS*1 基因在盛开期时表达量最高，而 *ChDFR*1 在接近开放时表达量最高，且都在蕾期第一期表达量最低。

关键词　卡特兰；查尔酮合酶基因；二氢黄酮醇 4-还原酶基因；克隆；表达分析

Cloning and Real-time Expression Analysis of *ChCHS*1 and *ChDFR*1 Genes From Cattleya

WANG Zi-shan　ZHOU Lin　WANG Yan

（*Research Institute of Forestry*, *Chinese Academy of Forestry*, *Key Laboratory of Tree Breeding and Cultivation*, *State Forestry Administration*, *Beijing* 100091）

Abstract　The full-length cDNA sequences of chalcone synthase（CHS）and dihydroflavonol 4-reductase（DFR）genes were cloned from *Cattleya hybrida* 'Pink lady' by using RT-PCR and RACE, named *ChCHS*1 and *ChDFR*1. Their GenBank accession was No. KP171693 and No. KP171694. The bioinformatics analysis indicated that *ChCHS*1 is 1508 bp in full length and encoding a polypeptide of 394 amino acids while *ChDFR*1 is 1250 bp in full length and encoding a 350 predicted amino acids residues. The sequence and homology of GenBank revealed that CHS and DFR had their conserved active sites and the family signature. Sequence and phylogenetic analysis indicated a high degree homeotic between *Cattleya* and *Cymbidium* or *Dendrobium*, and in different family CHS and DFR shared more than 70% homology with Liliaceae. Relative real-time PCR analysis showed that the highest expression of *ChCHS*1 was when flower was in bloom. When the flower is nearly open, *ChDFR*1 had a highest abundant transcript. In bud stage, *ChCHS*1 and *ChDFR*1 had the low level expression.

Key words　*Cattleya hybrida*; Chalcone synthase gene; Dihydroflavonol 4-reductase gene; Cloning; Expression analysis

花色是观花植物最重要的观赏特征之一，直接影响花卉的观赏价值和经济价值，新奇花色的培育和创造一直是观花植物育种的重要目标和研究热点[1]。类黄酮是植物中研究最透彻的第二大代谢物，其代谢途径已经在拟南芥、玉米和矮牵牛等植物中得到深入研究[2-3]。通过对其类黄酮化合物合成中的突变体进行研究，分离了很多类黄酮生物合成途径中的功能基因及调节基因[4-5]，逐步阐明了类黄酮生物合成途径，并从分子角度对花色调控机理的研究逐步深入[6-7]。

在类黄酮色素的合成途径中，查尔酮合成酶（chalcone synthase，CHS）是一个重要的关键酶，它催化 1 分子的香豆酰 CoA（coumary CoA）与 3 分子的丙二酰 CoA（malonyl CoA）缩合形成 4,5,7-三羟基黄烷

* 基金项目：国家林业局 948 项目（2014-4-15）。

① 通讯作者：王雁，E-mail：chwy8915@ sina. com@ caf. ac. cn。

酮(narigeninchalcone),再经过异构后在不同酶作用下形成花色素苷、黄酮及异黄酮类等黄酮物质。*CHS*作为花色素合成途径中的第一个关键酶,Reimold等[8]在 1983 年分离得到了第一个欧芹 *CHS* 基因。到目前为止,已经从多种观赏植物(矮牵牛[9]、金鱼草[10]、兰花[11]、金花茶[12]、牡丹[13]等)中克隆了 *CHS* 基因。二氢黄酮醇 4-还原酶(dihydroflavonol 4-reductase,DFR)是花色素苷合成途径下游中的第一个关键酶,可以催化花色素苷必要的前体物质二氢山柰酚(DHK)、二氢栎皮酮(DHQ)、二氢杨梅黄酮(DHM)最终形成矢车菊素、天竺葵素、飞燕草素[2]。牵牛中的 *DFR* 不能将二氢黄酮醇转化为合成天竺葵素糖苷的中间产物,因此自然界缺少橘红色的牵牛牛,Meyer 等[14]将玉米中分离得到的 *DFR* 基因转入牵牛中,最终培育出橘红色的牵牛花。Tanaka 等[15]将玫瑰中分离的 *DFR* 基因转入粉红色的矮牵牛中得到了开橙红色的花。Holton[16]将正义 *DFR* 基因与正义矮牵牛 *F3′5′H* 基因导入白色的康乃馨,最终得到开紫色花的转基因植株。

卡特兰(*Cattleya hybrida*)因其花大形美、色彩丰富艳丽被世界公认为"洋兰之王",经长期传统育种,已形成紫红色系、橙红色系及砖红色系、浅色及粉色系、白色系、白花红(紫)唇及白底五剑花、蓝色系、黄色系、绿色系等八大色系[17]。近年来尽管通过杂交等手段使卡特兰花色组合越来越丰富,但目前国内外针对卡特兰花色形成的分子机理研究未见报道,造成卡特兰花色分子育种缺乏必要的理论基础和依据。本研究中选择紫色卡特兰品种'粉女郎'为试材,利用 RT-PCR 和 RACE 技术分离克隆一个卡特兰 *ChCHS*1 基因全长和一个 *ChDFR*1 基因全长,并对该基因的时空表达特异性进行分析,旨在为进一步启动卡特兰花色形成分子机制的相关研究,为未来通过转基因技术培育新型花色的卡特兰品种奠定基础。

1 材料与方法

1.1 材料及 RNA 的提取和 cDNA 第一链的合成

卡特兰'粉女郎'(Cattleya Acker's Spotlght 'Pink lady')种植于中国林业科学研究院国家重点实验室智能温室。选取 5 个不同发育阶段(图1)的花瓣 P1(花芽 1.5cm 长)、P2(花芽 2.5cm 长)、P3(花芽 4cm 长)、P4(花芽 5cm 长,即将开放)、P5(盛开期),取后立将材料用液氮速冻,于 -80℃冰箱储存备用。

RNA 提取试剂盒(RNAprep Pure Plant Kit)、DNaseI(RNase free)及大肠杆菌 TOP10 菌株均购自 TIANGEN 公司;pMD 19 - T vector、SYBR 荧光染料、Pri-

meScript™ II 1st Strand cDNA Synthesis Kit(Cat #6210A/B)、DL2000 DNA Marker、反转录试剂盒、rTaq 酶均购自 TaKaRa 公司;SMART™ RACE cDNA Amplification Kit(Cat. No. 634923)购自 Clontech 公司;其他试剂均为国产分析纯试剂。

总 RNA 提取用天根生化科技有限公司 RNAprep Pure Plant Kit 试剂盒,取 1μg RNA,分别使用 PrimeScript™ II 1st Strand cDNA Synthesis Kit、SMART™ RACE cDNA Amplification Kit 反转录合成 cDNA,然后进行 RT - PCR、RACE - PCR。

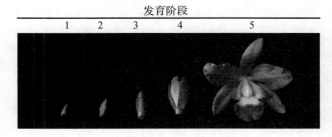

发育阶段

图1 卡特兰花器官发育阶段

Fig. 1 The developmental stages of cineraria inflorescence

1.2 *CHS* 及 *DFR* 基因的克隆

1.2.1 中间同源片段扩增

在 NCBI 上搜索兰科 *CHS*、*DFR* 基因,比对石斛兰(*Dendrobium nobile*)、兰花(*Bromheadia finlaysoniana*)、蝴蝶兰(*Phalaenopsis hybrid cultivar*)、蕙兰杂交种(*Cymbidium hybrid cultivar*)、文心兰(*Oncidium Gower Ramsey*)等 *CHS*、*DFR* 基因的 mRNA 序列,根据基因保守区分别设计中间片段的一对简并引物 *CHS - F*:5′AT(C/A)(T/A)C(T/C)CA(C/T)CT(A/C)ATCTTCT-GCAC(C/G)AC3′;*CHS - R*:5′AT(A/G)TT(C/G/A)CC(A/G)TACTC(C/T)GC(A/C)AGCAC3′;*DFR - F*:5′C(T/G/C)GCAGGAACAGT(A/G/C)AA(C/T)GTGGA(A/G)GA3′,*DFR - R*:5′GAGGAATG(G/T)CATA(T/C)GTG(G/A)(G/C)ATATCT3′。以花蕾的第一链 cDNA 为模板进 RT - PCR 扩增,PCR 条件为 94℃预变性 3min,94℃变性 30s,57~59℃退火 30s,72℃延伸 40s,共 30 个循环,最后 72℃延伸 7min。将 PCR 产物以 1.2% 的琼脂糖凝胶中进行电泳分析并用 AxyPrep DNA 凝胶回收与预期片段大小一致的条带,将目的片段与载体 pMD 19 - T vector 连接,并送上海生工公司测序。

1.2.2 *CHS* 和 *DFR* 基因 3′RACE 扩增

依据所得到的中间序列,分别设计 *CHS* 及 *DFR* 5′端上游引物:*CHS* 基因 3′RACE 引物:5′CGTCTCGGC-TTCCCAAACCATCCT3′;*DFR* 基因 3′RACE 引物 5′

CCCGAAGCAAACGGCAGATACATT3′。以 SMART™ RACE cDNA Amplification Kit 反转录合成的 cDNA 为模板进行 3′RACE，将与预期片段大小一致的 PCR 产物回收后，连接到 pMD 19 - T 载体上，送上海生工公司进行测序。

1.2.3　CHS 和 DFR 基因 5′RACE 扩增

根据已得到的中间序列，分别设计 CHS 及 DFR 3′端下游物：CHS 基因 5′RACE 引物 5′GGTAGAGCATTATG CGGTTGACGGAC3′；DFR 基因 5′RACE 引物：5′GCT-GCTTGGTGTTCCTCCACATTGAC3′。以第一链 cDNA 为模板进行 5′RACE 扩增，得到与预期大小一致的片段并进行 PCR 产物回收后，连接到 pMD 19 - T 载体上，送上海生工公司进行测序。

1.3　基因序列分析

将测序所得的 CHS 及 DFR 不同基因片段分别用 Contig Express 软件进行拼接成 cDNA 全长，用 ORF Finder 软件对全长进行开放阅读框的分析。用 DNA-MAN 进行 chCHS1 和 chDFR1 的翻译；用 ProtParam 软件分析 ChCHS1 及 ChDFR1 蛋白的基本性质；用 Blastp 搜索 chCHS1 和 chDFR1 的同源基因，使用 BioEdit 软件对搜索得到的蛋白序列进行多重比对，最后使用 MEGA6.0 软件中的 Neighbor - joining 法进行系统进化树的构建，并用 Bootstrap 进行检测。

1.4　CHS 和 DFR 基因的实时荧光定量表达分析

提取卡特兰 5 个发育阶段的花瓣总 RNA，反转录后得到不同时期的 cDNA。采用 SYBR Premix Ex Taq™ II kit（TaKaRa），反应体系为 20μl，在 Applied Biosystems 7500 Real - Time PCR System 荧光定量仪上进行时期特异性表达的 RT - PCR 分析。PCR 条件为 95℃ 30s；95℃ 5s，60℃ 35s，40 个循环；95℃ 15s，60℃ 1min，95℃ 15s。Actin 基因的上游引物为：5′ACTGG-TATTGTGCTGGATTCTGG3′；下游引物为：5′ ACGCTCTGCGGTAGTTGTGAA3′。检测目的基因和管家基因的 CT 值，每个样品 3 次 PCR 重复，使用 Excel 2007 分析数据。

2　结果与分析

2.1　ChCHS1 及 ChDFR1 基因全长 cDNA 的克隆

以 'Pink lady' 花的 cDNA 为模板，分别用 CHS - F、CHS - R 和 DFR - F、DFR - R 进行扩增，得到一条约 641bp 的 CHS 中间序列（图 2 A）和一条 429bp 的 DFR（图 2 D）中间片段。将测序结果用 Blastn 分析，

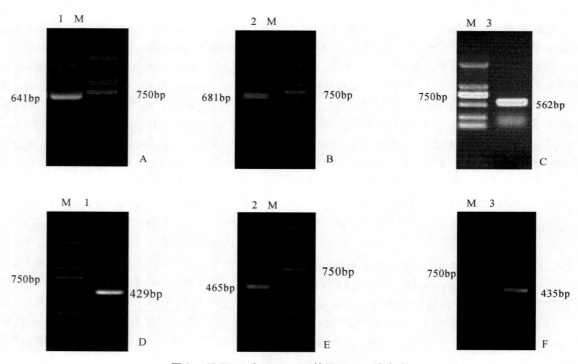

图2　ChCHS1 和 ChDFR1 基因 cDNA 的克隆
M. DL2000；A. ChCHS1 中间片段；B. ChCHS1 3′片段；C. ChCHS1 5′片段；
D. ChDFR1 中间片段；E. ChDFR1 3′片段；F. ChDFR1 5′片段
Fig. 2 Electrophoresis results of PCR amplification of cDNAs of ChCHS1 and ChDFR1
M. DL2000；A. Intermediate fragment of ChCHS1；B. 3′ - RACE of ChCHS1；C. 5′ - RACE of ChCHS1；
D. Intermediate fragment of ChDFR1；E. 3′ - RACE of ChDFR1；F. 5′ - RACE of ChDFR1

该片段与 GenBank 数据库中的兰科植物的 CHS 和 DFR 基因有较高的相似性。用 RACE 法分别获得 CHS 基因 3′端 681bp（图 2 B）、DFR 基因 3′端 465bp（图 2 E）和 CHS 5′端 562bp（图 2 C）、DFR 5′端 435bp（图 2 F）的目的片段，最后通过序列拼接得到 CHS 基因全长 1508bp，命名为 ChCHS1，登录号 GenBank KP171693；DFR 基因全长 1250bp，命名为 ChDFR1，GenBank 登录号为 KP171694。

2.2 ChCHS1 及 ChDFR1 基因全长 cDNA 及其氨基酸序列分析

在 NCBI 的 ORF Finder 平台上分析发现，CHS 全长 1508bp，包含一个长度为 1185bp 的开放阅读框，该基因的 cDNA 序列在 80bp 处有起始密码子 ATG，在 1186bp 处有终止密码子 TGA，在 1478bp 处有 polyA 附加信号，该序列 ORF 编码一个包含 394 个氨基酸的蛋白质，用 ProtParam 软件预测所编码蛋白质的分子量为 42.92kD，理论等电点（pI）为 5.76。

利用 NCBI 中的 BlastP 对 CHS 编码的蛋白保守域进行预测发现，CHS 编码的蛋白含有普遍 CHS 蛋白共有的两个保守域：cd00831（CHS_ like，Chalcone and stilbene synthases，type III plant – specific polyketide synthases，III 型聚酮合酶）和 PLN03172（chalcone synthase family protein，查尔酮合成酶）。

功能位点分析发现[18 – 19]（图 3），ChCHS1 含有多个在查尔酮合酶中起必要功能的活性位点，其中查尔酮合酶所特有的高度保守三联催化位点 Cys（C）、His（H）和 Asn（N），分别在第 165、304、337 处；以及 7 个袋状环化位点，即 Thr（T）、Met（M）、两个 Phe（F）、Ile（I）、Gly（G）和 Pro（P），分别位于 CHS 蛋白序列的第 133、138、216、266、255、376 处；5 个袋状香豆酰结合位点：两个 Ser（S）、Glu（E）、两个 Thr，分别位于第 134 和 339 处、第 193 处、第 195 和 198 处；以及辅酶 A 结合位点 Lys（K）（第 56、63 处）和 Arg（R）（第 59 处）。在 CHS 基因中这些位点高度保守，且各位点相对位置大体保持不变。在（http：// prosite. expasy. org/）网站上分析发现，CHS 还具有查尔酮合酶家族的特征多肽序列：RIMLYQQGCFAG-GTVLR。

在 NCBI 的 ORF Finder 上分析发现，ChDFR1 的 cDNA 序列包含长度 82bp 的 5′非翻译区和 841bp 的 3′非翻译区，在 1284bp 处有 polyA 附加信号，该序列 ORF 编码一个包含 350 个氨基酸的蛋白，预测的分子量为 39.35KD，理论等电点（pI）为 5.57。在 NCBI Conserved domains on 检索发现，卡特兰 ChDFR1 编码的氨基酸序列包含 PLN0650（Dihydroflavanol 4 – reductase，DFR）中多个保守域，属于 SDR 超家族（cl21454）。其功能位点分析发现，DFR 中存在一个与 NADPH 结合的保守基序（V11 – Y34）且含有 26 个氨基酸组成的底物特异结合的保守基序（T135 – K160）；N134 氨基酸是决定还原 DHK 活性的特异天冬酰胺位点（图 4）。

通过 BlastP 软件与相近物种比对检索发现，卡特兰 ChCHS1 氨基酸序列与石斛 Dendrobium nobile（ABE77392）、兰花 Bromheadia finlaysoniana（AAB62876）、蕙兰杂交种 Cymbidium hybrid cultivar（AIM58717）、小兰屿蝴蝶兰 Phalaenopsis equestris（AIS35912）高度同源，同源性分别达到 96%、94%、94%、92%；与姜黄 Curcuma longa（AEU17693）、油点草 Tricyrtis hirta（BAH16615）、葡萄 Vitis vinifera（BAB84112）、美丽百合 Lilium speciosum（BAE79201）、福斯特郁金香 Tulipa fosteriana（AGJ50587）、银白杨 Populus alba（ABC86919）、牡丹 Paeonia suffruticosa（AIU98510）有较高的同源性，分别为 85%、85%、85%、84%、84%、82%、82%。利用 BioEdit 软件将卡特兰 ChCHS1 与其他 11 个物种的 CHS 蛋白氨基酸序列进行多重比对，结果如图 5。

卡特兰 ChDFR1 氨基酸序列与兰花 Bromheadia finlaysoniana（AAB62873）、细茎石斛 Dendrobium moniliforme（AEB96144）、文心兰杂交种 Oncidium hybrid cultivar（AAY32602）、蕙兰杂交种 Cymbidium hybrid cultivar（AAC17843）、朵丽蝶兰 x Doritaenopsis hybrid cultivar（AHA36975）、小兰屿蝴蝶兰 Phalaenopsis equestris（AIS35914）同源性较高，同源性分别达到 88%、86%、84%、84%、82%、82%；与葡萄风信子 Muscari armeniacum（AIC33028）、淫羊藿 Epimedium sagittatum（AFU90826）、普通小麦 Triticum aestivum（BAD11018）、姜荷花 Curcuma alismatifolia（ADK62520）、也有较高的同源性，分别达到 71%、71%、70%、68%。利用 BioEdit 软件将卡特兰 ChDFR1 与其他 10 个物种的 DFR 蛋白氨基酸序列进行多重比对，结果如图 6。

基于不同植物的 CHS 基因的氨基酸序列，用 Mega 6.06 软件构建了 ChCHS1 蛋白的分子系统树（图 7），如图 7 所示，卡特兰 ChCHS1 与同科中的蕙兰关系最近，与蕙兰、兰花、小兰屿蝴蝶兰、蝴蝶兰分为同一分支；与石斛、细茎石斛、文心兰同属一大簇；在同科中与文心兰关系较远。相比之下，与单子叶植物中的凹唇姜、姜黄、油点草、美丽百合、福斯特郁金香亲缘关系较近，与其他双子叶植物关系较远。

```
1     GGTATCAACGCAGAGTACATCGGAGTGCCTAAGAAACTCTCTCGGCTGTTTGGGTTGCGA
61    GGGAGGAAGAGGGAGTCGATGGCGCCGGCGATGGAAGAGATCAGGCGAGCCCAGAGGGCT
1                        M  A  P  A  M  E  E  I  R  R  A  Q  R  A
121   GAGGGCCCGGCGACTGTGCTCGCAATCGGCACCTCGACGCCGCCGAACGCAGTGTATCAG
15    E  G  P  A  T  V  L  A  I  G  T  S  T  P  P  N  A  V  Y  Q
181   GCGGACTATGCGGACTATTACTTCAGAATTACCAAGTGCGAGCATCTCACTGAGCTCAAG
35    A  D  Y  A  D  Y  Y  F  R  I  T  K  C  E  H  L  T  E  L  K
241   GAGAAGTTCAAACGAATGTGTGACAAATCGATGATAAAAAAGCGATACATGTACCTAACA
55    E  K  F  K  R  M  C  D  K  S  M  I  K  K  R  Y  M  Y  L  T
301   GAAGAAATTCTTCAGGAAAATCCAAATATATGTGCGTTCATGGCGCCGTCACTGGACGCC
75    E  E  I  L  Q  E  N  P  N  I  C  A  F  M  A  P  S  L  D  A
361   AGGCAAGACATAGTGGTGACCGAAGTCCCAAAGCTCGCCAAAGAGGCGTCGGCCGCGCC
95    R  Q  D  I  V  V  T  E  V  P  K  L  A  K  E  A  S  A  R  A
421   ATAAAGGAATGGGGACAGCCCAAATCCCACATTACTCATCTCATCTTCTGCACTACAAGC
115   I  K  E  W  G  Q  P  K  S  H  I  T  H  L  I  F  C  T  [T] S
481   GGCGTCGACATGCCCGGGGCCGACTACCAGCTCACCCGCCTCCTCGGCCTACGCGTCC
135   G  V  D  [M] P  G  A  D  Y  Q  L  T  R  L  L  G  L  R  P  S
541   GTCAACCGCATAATGCTCTACCAACAAGGTTGCTTCGCCGGCGGCACCGTCCTTCGCCTT
155   V  N  R  I  M  L  Y  Q  Q  G  C  F  A  G  G  T  V  L  R  L
601   GCCAAAGACCTCGCCGAGAACAACGCAGGCGCGCGCGTTCTCGTCGTCTGCTCCGAAATC
175   A  K  D  L  A  E  N  N  A  G  A  R  V  L  V  V  C  S  E  I
661   ACGGCCGTCACCTTCCGTGGCCCGTCCGAGTCTCATCTCGATTCTCTGGTCGGACAGGCG
195   T  A  V  T  F  R  G  P  S  E  S  H  L  D  S  L  V  G  Q  A
721   CTTTTCGGCGATGGGGCCGCAGCCATCATCGTCGGCTCCGACCCCGACTGGGCCACCGAG
215   L  F  G  D  G  A  A  A  I  I  V  G  S  D  P  D  S  A  T  E
781   CGCCCGCTCTTCGAACTCGTCTCGGCTTCCCAAACCATCCTCCCGGAGTCGAAGGCGCC
235   R  P  L  F  E  L  V  S  A  S  Q  T  I  L  P  E  S  E  G  A
841   ATAGATGGCCACCTCCGCGAGATCGGGCTAACCTTCCACCTACTCAAAGACGTCCCCGGC
255   I  D  G  H  L  R  E  I  G  L  T  F  H  L  L  K  D  V  P  G
901   CTGATTTCTAAAAACATTCAAAAGAGCCTCGTGGAGGCGTTCAAGCCGCTCGGCATTCAR
275   L  I  S  K  N  I  Q  K  S  L  V  E  A  F  K  P  L  G  I  Q
961   GAYTGGAATTCTATCTTCTGGATCGCGCACCCCGGCGGCCCGGCCATACTCGACCAAGTC
295   D  W  N  S  I  F  W  I  A  H  P  G  G  P  A  I  L  D  Q  V
1021  GAGATCAAGCTCGGCCTGAAGGCAGACAAGCTCGCCGCCAGCAGGAACGTGCTGGCGGAG
315   E  I  K  L  G  L  K  A  D  K  L  A  A  S  R  N  V  L  A  E
1081  TATGGAAATATGTCCAGCGCGTGCGTGCTTTTCATACTGGATGAAATGAGGCGGCGGTCG
335   Y  G  N  M  S  S  A  C  V  L  F  I  L  D  E  M  R  R  R  S
1141  ACGGAGGCCGGCGGGCTACGACGGGCGAAGGGTTGGAGTGGGGCGTTCTTTTCGGCTTT
355   T  E  A  G  R  A  T  T  G  E  G  L  E  W  G  V  L  F  G  F
1201  GGCCCGGGGCTCACGGTGGAAACCGTCGTGCTGCGCGGCGTTCCGATCGCCGTTGCGGAG
375   G  P  G  L  T  V  E  T  V  V  L  R  G  V  P  I  A  V  A  E
1261  TGAGCTCAACCTGCCGGTGGCCATTGGTGCGTTTTGGTATTTTGTACTTTTTCTTGGACT
1321  TATTCGACTTAAATTGAATGGCCGTAGGAATCACCGAATCGTAAAAGGTTTGTGGGTAAT
1381  GGAATGCTGATCAATTCGTTGTATAAGTCAATATTGTTTCTTTTACGCTGTGCCACAGGG
1441  TTATATTATTAATAAAGAAGTTTTATGAAGGTTTTATGTAAAAAAAAAAAAAAAAAAAAA
1501  AAAAAAAA
```

图 3　CHS 基因 cDNA 全长及推导的氨基酸序列

ATG 为起始密码子；TGA 为终止密码子。阴影灰色部位为 3 个三联催化位点 C165，H304，和 N337；方框处为 7 个袋状环化位点 T133，M138，F216，I255，G257，F266，和 P376；粗体处表示 5 个袋状香豆酰结合位点 S134，E193，T195，T198 和 S339。斜体加粗表示 CoA 结合位点 K56，R59 和 K63。查尔酮合酶家族的特征多肽序列（RIMLYQQGCFAGGTVLR）。

Fig. 3　Nucleotide and deduced amino acid sequences of the complete cDNA of ChCHS1

Start and stop codons are underlined. The catalytic triad sites are shaded which are C165, H303, and N336. The seven amino acide residues of the cyclization pocket are framed, including the

```
1     CTAATACGACTCACTATAGGGCAAGCAGTGGTATCAACGCAGAGTACATGGGGAACTGGA
61    ATTAAGGAGGGAGGAAGAATAAATGGGGAATGAGAAGAAGGGTCCGGTAGCGGTGACTGG
1                              M  G  N  E  K  K  G  P  V  A  V  T  G
121   AGCCAGTGACTACGTGGGTTCATGGCTGGTGAAGAAGCTTCTTCAAGAGGGTTATGAAGT
14     A  S  D  Y  V  G  S  W  L  V  K  K  L  L  Q  E  G  Y  E  V
181   CAGAGCTACAGTTAGAGATCCAACAAATGATGAAAAAGTGAAGCCGTTGCTGGATCTCCT
34     R  A  T  V  R  D  P  T  N  D  E  K  V  K  P  L  L  D  L  L
241   GCGCGCTAATGAGCTGCTCAGCATTTGGAAAGCGGACCTAAATGATGCAGATAGCTTCGA
54     R  A  N  E  L  L  S  I  W  K  A  D  L  N  D  A  D  S  F  D
301   TGAGGTGATACGTGGCTGTGTTGGGGTGTTCCACGTGCCACTCCATGAATTTTCAATC
74     E  V  I  R  G  C  V  G  V  F  H  V  A  T  P  M  N  F  Q  S
361   CAAGGATCCTGAGAATGAAGTGATAAAACCGGCAATCAACGGTTTATTGGGCATATTGAG
94     K  D  P  E  N  E  V  I  K  P  A  I  N  G  L  L  G  I  L  R
421   GTCCTGCAAGAAGGCCGGCACTGTAAAGCGAGTGATATTCACATCCTCTGCAGGAACAGT
114    S  C  K  K  A  G  T  V  K  R  V  I  F  T  S  S  A  G  T  V
481   CAATGTGGAGGAACACCAAGCAGCGGTGTACGACGAGAGCTCCTGGAGCGACCTCGACTT
134    N  V  E  E  H  Q  A  A  V  Y  D  E  S  S  W  S  D  L  D  F
541   CGTCAACCGAGTCAAGATGACGGGTTGGATGTACTTCGTATCGAAAACGCTCGCAGAGAA
154    V  N  R  V  K  M  T  G  W  M  Y  F  V  S  K  T  L  A  E  K
601   GGCTGCGTGGGACTTTGTGAAGGAAAATGACATTCATTTTATAGCAATAATTCCGACTTT
174    A  A  W  D  F  V  K  E  N  D  I  H  F  I  A  I  I  P  T  L
661   GGTGGTGGGGTCCTTCATAACATCCGAAATGCCACCGAGCATGGTCACTGCATTATCGTT
194    V  V  G  S  F  I  T  S  E  M  P  P  S  M  V  T  A  L  S  L
721   AATTACAGGAAATGAAGCACATTACTCCATACTAAAGCAAGCCCAATATGTTCATTTGGA
214    I  T  G  N  E  A  H  Y  S  I  L  K  Q  A  Q  Y  V  H  L  D
781   TGACTTATGTGACGCACACATCTTTCTATTTGAGCATCCGAAGCAAACGGCAGATACAT
234    D  L  C  D  A  H  I  F  L  F  E  H  P  E  A  N  G  R  Y  I
841   TTGCTCTTCCCATCACTCAACTATTTATGGCTTAGCAGAAATGCTGACCACCAGATATCC
254    C  S  S  H  H  S  T  I  Y  G  L  A  E  M  L  T  T  R  Y  P
901   CACATATGCCATTCCTCAGAAGTTTAAGGAAATTGATCCAAATATTAAGAGTGTAAGCTT
274    T  Y  A  I  P  Q  K  F  K  E  I  D  P  N  I  K  S  V  S  F
961   CTCTTCTAAGAAGCTAATGGACCTTGGGTTTAAGTACAAGTACACCATGGAGGAGATGTT
294    S  S  K  K  L  M  D  L  G  F  K  Y  K  Y  T  M  E  E  M  F
1021  TGATGATGCTATTAAGACCTGCAGGGATAAGAAGCTCATACCGCTCAGCACTGAGGAAAT
314    D  D  A  I  K  T  C  R  D  K  K  L  I  P  L  S  T  E  E  I
1081  AGTCTCAGCTACTGAGAAATTTGACGAAGTCAGAGAACAAATTGCTGTTAAGTGAGAAAT
334    V  S  A  T  E  K  F  D  E  V  R  E  Q  I  A  V  K
1141  GAATGAGAATTGGACTCCAGACCTTCACTTTGAAAATAAGGTGGGCTATAGCACAACAAT
1201  ATAAGCAAAGTAGCTAGTGATGTCGAGTTTGTAAATGTAAATGTATCAGATTAGAGTGCA
1261  GGTTGCTACGAAGTGATTTTTGAGAAAAAAAAAAAAAAA
```

图 4 *ChDFR*1 基因 cDNA 全长及推导的氨基酸序列

起始密码子和终止密码子分别加粗显示。阴影部位是 NADP 结合区，底物特异结合区用下划线表示，其中方框处代表特异的天冬酰胺 N 位点。

Fig. 4 Full-length sequences of *ChDFR*1 cDNA and its deduced amino acid sequence of *Cattleya*

Start and stop codons are in bold. The conserved motif (V11 ~ y31) for binding NADPH is shaded; The substrates pecificity of DFR is the conserved motif (T132 ~ K157); The conserved sites about cataylsis are framed.

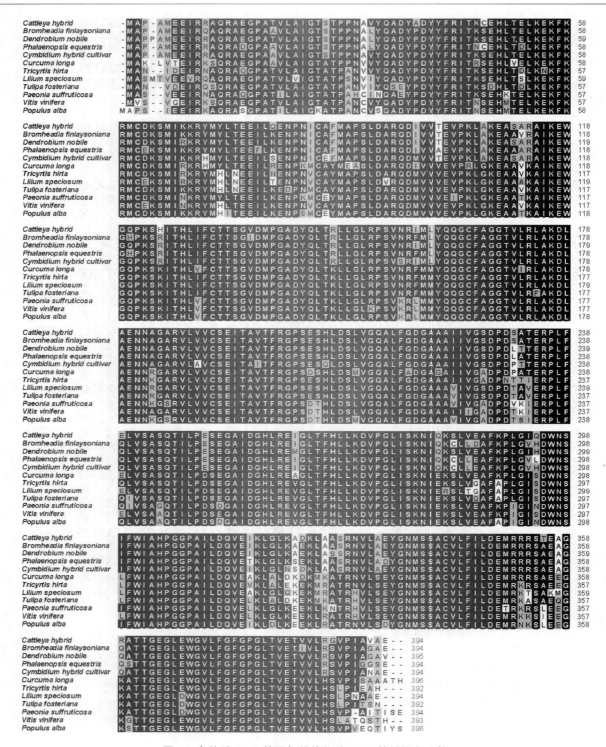

图 5　卡特兰 CHS 基因与其他物种 CHS 基因蛋白比较

石斛（ABE77392）、兰花（AAB62876）、蕙兰杂交种（AIM58717）、小兰屿蝴蝶兰（AIS35912）、姜黄（AEU17693）、油点草（BAH16615）、葡萄（BAB84112）、美丽百合（BAE79201）、福斯特郁金香（AGJ50587）、银白杨（ABC86919）、牡丹（AIU98510）

Fig. 5　Comparisons of the Cattleya CHS amino acid sequences and other organism proteins

Dendrobium nobile（ABE77392），*Bromheadia finlaysoniana*（AAB62876），*Cymbidium hybrid* cultivar（AIM58717），*Phalaenopsis equestris*（AIS35912），*Curcuma longa*（AEU17693），*Tricyritis hirta*（BAH16615），*Vitis vinifera*（BAB84112），*Lilium speciosum*（BAE79201），*Tulipa fosteriana*（AGJ50587），*Populus alba*（ABC86919），*Paeonia suffruticosa*（AIU98510）

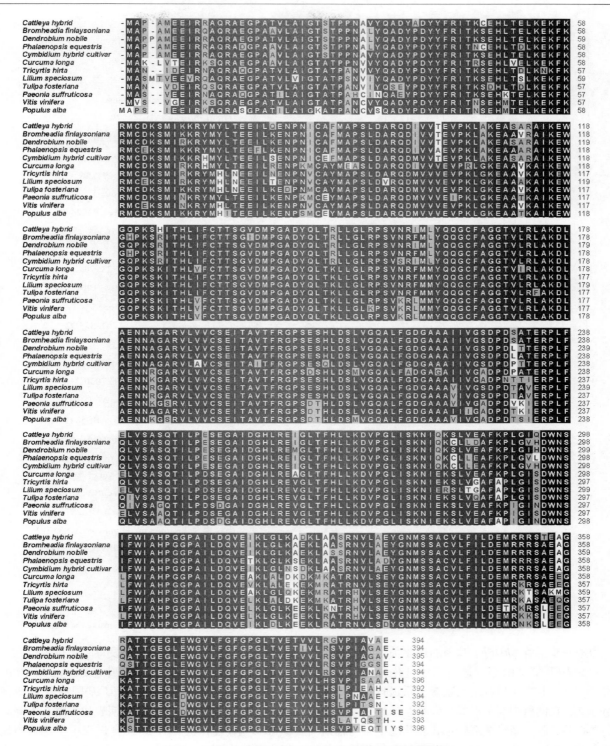

图 6　卡特兰 DFR 基因与其他物种 DFR 基因蛋白比较

兰花（AAB62873）、细茎石斛（AEB96144）、文心兰杂交种（AAY32602）、蕙兰杂交种（AAC17843）、朵丽蝶兰（AHA36975）、小兰屿蝴蝶兰（AIS35914、葡萄风信子（AIC33028）、淫羊藿（AFU90826）、普通小麦（BAD11018）、姜荷花（ADK62520）

Fig. 6　Comparisons of the Cattleya DFR amino acid sequences and other organism proteins

Bromheadia finlaysoniana（AAB62873）, *Dendrobium moniliforme*（AEB96144）, *Oncidium hybrid cultivar*（AAY32602）, *Cymbidium hybrid cultivar*（AAC17843）, x *Doritaenopsis hybrid cultivar*（AHA36975）, *Phalaenopsis equestris*（AIS35914）, *Muscari armeniacum*（AIC33028）, *Epimedium sagittatum*（AFU90826）, *Triticum aestivum*（BAD11018）, *Curcuma alismatifolia*（ADK62520）

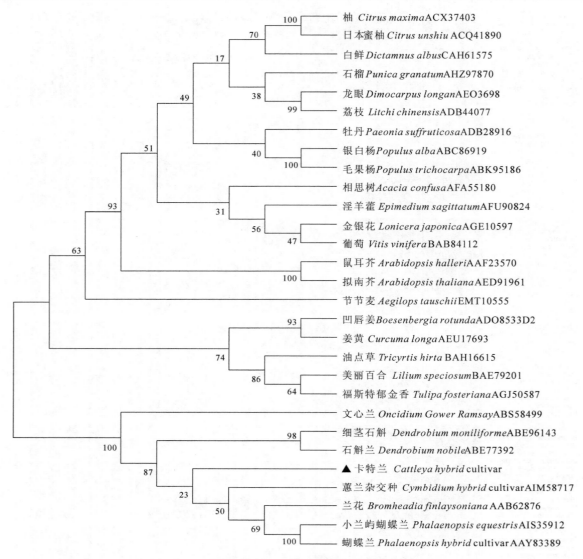

图7 卡特兰ChCHS1氨基酸系统进化树分析

各节点处数字表示重复500次分析的Bootstrap值。卡特兰ChCHS1用▲标记

Fig. 7 Phylogenetic analysis of ChCHS1 proteins

The numbers on the branches indicate the bootstrap values for 500 replicate analyses. Proteins ChCHS1 are marked with▲.

为进一步了解ChDFR1基因的进化关系，选择已知植物的DFR氨基酸序列进行系统进化分析，结果表明(图8)：卡特兰与石斛兰亲缘关系最近，聚为同一小分支，在同科中与朵丽蝶兰、小兰屿蝴蝶兰、兰花、文心兰、蕙兰亲缘关系较远；相比之下，与福斯特郁金香、美丽百合、洋葱、旱花百子莲、葡萄风信子、风信子、姜荷花关系较近，同属一大簇；与长穗薄冰草、普通小麦、拟山羊草、玉米、淫羊藿、牡丹关系较远，属于两大簇。

2.3 ChCHS1及ChDFR1基因的表达特性

分析ChCHS1及ChDFR1基因在花朵开放过程中的表达模式发现，在花序早期发育时表达量极低，随着花发育进程表达量呈基本上升趋势。但ChCHS1与ChDFR1基因略有不同，ChDFR1基因在花蕾即将开放时表达量达到最大，在盛开期表达量略有下降。而ChCHS1基因的表达在花蕾发育进程中呈现很明显的直线上升趋势，在开放期ChCHS1基因表达量达到最高。比较ChCHS1与ChDFR1基因的表达发现，前3期ChCHS1与ChDFR1基因表达量基本相同，而在花蕾即将开放时及盛开期ChCHS1基因的表达量明显高于ChDFR1基因(图9)。

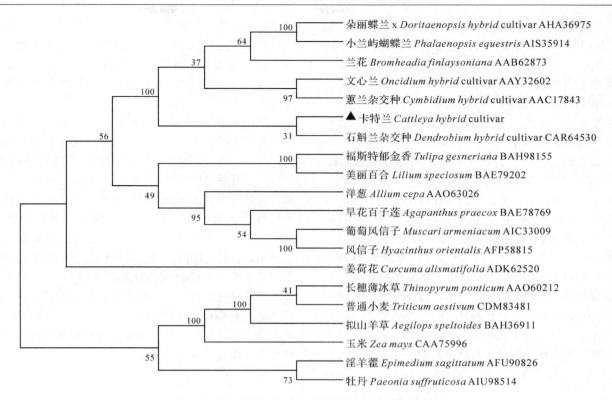

图 8　卡特兰 *ChDFR*1 DFR 氨基酸系统进化树分析

各节点处数字表示重复 500 次分析的 Bootstrap 值。卡特兰 ChDFR1 用▲标记。

Fig. 8　Phylogenetic analysis of *ChDFR*1 proteins

The numbers on the branches indicate the bootstrap values for 500 replicate analyses. Proteins *ChDFR*1 are marked with ▲.

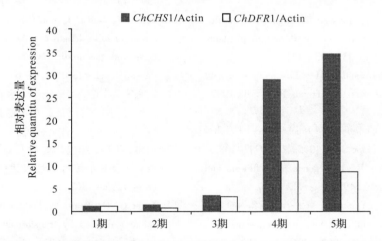

图 9　卡特兰花瓣不同发育时期 *ChCHS*1 和 *ChDFR*1 基因的相对表达量

Fig. 9　Relative quantity of *ChCHS*1 and *ChDFR*1 expression in different stage of Cattleya's petal

3　讨论

本研究通过 RT - PCR 和 RACE 方法从卡特兰花瓣中成功分离出两个类黄酮代谢途径中的关键基因：查尔酮合成酶 CHS 和二氢黄酮醇 4 - 还原酶 DFR。基因序列及氨基酸序列比对分析发现，这两个基因的编码区与目前已知的相应基因的氨基酸序列都有很高的同源性，在不同科植物间核苷酸水平上的同源性超过

70%；在氨基酸水平上 *ChCHS*1 基因的同源性超过 80%，*ChDFR*1 基因同源性超过 70%。系统进化树分析表明，这两个基因的进化具有较明显的种属特性，分别都与百合科、姜科亲缘关系近；在同科之间的进化关系不太一致，在 *ChCHS*1 基因的进化进程中，文心兰与卡特兰关系较远，而文心兰 *ChDFR*1 基因与卡特兰关系较近；但卡特兰 *ChCHS*1 和 *ChDFR*1 基因都与蕙兰和石斛兰关系较近。

Mudalige-Jayawickrama 等[20]用 Northern blot 方法对 CHS 和 DFR 基因在石斛兰花器官开放进程中不同时期的表达差异进行分析发现，这两个基因在中等蕾期时表达量最高，在开放期时几乎无法检测到其表达。Hieber 等[21]发现，DFR 基因的表达贯穿文心兰花朵发育整个进程，无论在蕾期还是开放期，其表达水平一直为上游调控。而在兰花中[11]，DFR 基因的表达仅在幼嫩叶片中，在花器官中表达量很低。Pitakdantham 等[22]在两种紫色石斛兰的开花进程中发现，花蕾接近开放时表达量高，在最小蕾期和盛开期不表达。Ying－ying 等[23]分离了 5 个 CHS 家族基因，这 5 个 CHS 基因都在蕾期及开放期有表达，在盛开期时不表达。本试验通过相对实时荧光定量 PCR 的方法对 CHS 和 DFR 基因在卡特兰开花不同时期中的表达情况进行分析发现，这两个基因在每个时期都有表达，但表达水平有明显差异，CHS 基因随着花朵开放及着色，其表达含量逐渐升高，在盛开期时达到顶峰；DFR 基因在即将开放时达到最高，在盛开期时表达量略有下降。卡特兰 CHS 及 DFR 基因在花色素合成过程中表达量的变化，说明这两个基因的表达与花青素的合成有关，并具有一定的时空特异性，推测 CHS 及 DFR 可能在转录水平上对卡特兰花色的形成起到调控作用。

CHS 和 DFR 基因分别为花色素苷生物合成途径中上游和下游的第一关键酶。目前，通过基因工程技术，利用 CHS 和 DFR 基因改花色的研究在矮牵牛、非洲菊、月季、康乃馨、三色堇等观赏植物中均有报道，而具有丰富花色的兰科植物虽然是研究花色的理想材料[24]，其分子育种却明显落后于其他观赏植物[20,25-27]。卡特兰被誉为"洋兰之王"，与其他兰科植物相比，目前国内外有关其花色分子生物学的研究仍鲜见报道。本试验成功分离了卡特兰 CHS 及 DFR 基因，并对花朵着色时期的表达特异性进行分析，为进一步研究 CHS 和 DFR 基因的功能及花色形成机制中的作用奠定基础，也为卡特兰花色新品种的分子育种提供了理论基础和可操作基因。

参考文献

1. Stephen Chandler, Yoshikazu Tanaka. Genetic Modification in Floriculture [J]. Critical Reviews in Plant Sciences, 2007, 26: 169 – 197.

2. Nishihara, M. ; Nakatsuka, T. Genetic engineering of flavonoid pigments to modify flower color in floricultureal plants [J]. Biotechnol Lett, 2011, 33: 433 – 441.

3. Dixon RA, Steele CL. Flavonoids and isoflavonoids – a gold mine for metabolic engineering[J]. Trends Plant Sci, 1999, 4: 394 – 400.

4. Holton TA, Cornish EC. Genetics and biochemistry of anthocyanin biosynthesis[J]. Plant Cell, 1995, 7: 1071 – 1083.

5. Mol J, Grotewold E, Koes R. How genes paint flowers and seeds[J]. Trends Plant Sci, 1998, 3: 212 – 217.

6. Springob K, Nakajima J, Yamazaki M, et al. Recent advances in the biosynthesis and accumuation of anth – ocyanins [J]. Natural Products Report, 2003, 20: 288 – 303.

7. Koes R, Verweij W, Quattrocchio F. Flavonoids: a colorful model for the regulation and evolution of biochemical pathways[J]. Trends Plant Sci, 2005, 10: 236 – 242.

8. Reimold U, Kroeger M, Kreuzaler F, et al. Coding and 3'noncoding nucleotide sequence of chalcone synthase messenger RNA and assignment of amino acid sequence of the enzyme[J]. EMBO J, 1983, 2: 1801 – 1806.

9. Holton T A, Brugllera F, Tanaka Y. Clong and expression of chalcone synthase from Petunia hybrida[J]. Plant J, 1993, 4: 1003 – 1010.

10. Sommer H, Saedler H. Structure of the chalcone synthase gene of Antirrhinum majus[J]. Mol Gen Genet, 1986, 202: 429 – 434.

11. Liew C F, Goh C J, Loh C S, et al. Cloning and characterization of full – length cDNA clones encoding chalcone synthase from the orchid Bromheadia finlaysoniana[J]. Plant Physiol Biochem, 1998, 9: 647 – 655.

12. 周兴文, 李纪元, 范正琪. 金花茶查尔酮合成酶基因全长克隆与序列分析[J]. 生物技术通报, 2011, 6: 58 – 64.

13. 周琳, 王雁, 彭镇华. 牡丹查尔酮合成酶基因 Ps – CHS1 的克隆及其组织特异性表达[J]. 园艺学报, 2010, 37 (8): 1295 – 1302.

14. Meyer P, Heidmann I, Forkmann G. A new petunia flower colour generated by transformation of mutant with a maize gene[J]. Nature, 1987, 330: 677 – 688.

15. Tanaka Y, Fukul Y, Fukuchi – Mizutani M, et al. Moclecular cloning and characterization of Rosa hybrida dihydroflavonol 4 – reductase gene[J]. Plant Cell Physiol, 1995, 36 (6): 1023 – 1031.

16. Holton T: Transgenic plants exhibiting altered flower colour and methods for producing the same[P]. PCT – International Patent Application NO. WO, 1996, 96/36716.

17. 王雁, 陈振皇, 郑宝强, 等. 卡特兰[M]. 北京: 中国林业出版社, 2012: 160 – 286.

18. Ferrer JL, Jez JM, Bowman ME, Dixon RA, Noel JP.

Structure of chalcone synthase and the molecular basis of plant polyketide biosynthesis[J]. Nat Struct Biol, 1999, 6 (8): 775 – 784.

19. Michacl B. Austin, Joseph P. Noel. The chalcone synthase superfamily of type III polyketide synthases[J]. Nat Struct Biol, 2003, 20(1): 79 – 110.

20. Mudalige, R. G. and A. R. Kuehnle. Orchid biotechnology in production and improvement[J]. HortScience, 2004, 39: 11 – 17.

21. Hieber AD, Mudalige – Jayawickrama RG, Kuehnle AR. Color genes in the orchid Oncidium Grower Ramsey: identification, expression, and potential genetic instability in an interspecific cross[J]. Planta, 2006, 223: 521 – 531.

22. Pitakdantham W, Sutabutra T, Chiemsombat P. Isolation and Characterization of Dihydroflavonol 4 – reductase Gene in *Dendrobium* Flowers[J]. Journal of Plant Sciences, 2011, 6(2): 88 – 94.

23. Han YY, Ming F, Wang JW, *et al.* Molecular evolution and functional specialization of chalcone synthase superfamily from *Phalaenopsis* Orchid[J]. Genetica, 2006, 128: 429 – 438.

24. Hao Yu and Chong Jin Goh. Molecular Genetics of Reproductive Biology in Orchids[J]. Plant Physiology, 2001, 127 (4): 1390 – 1393.

25. Kuehnle AR, Lewis DH, Markham KR, Mitchell, *et al.* Floral flavonoids and pH in *Dendrobium* orchid species and hybrids[J]. Euphytica, 1997, 95: 187 – 194.

26. Holton T A, Brugllera F, Tanaka Y. Cloning and expression of chlacone sythase from *Petunia hybrida*[J]. Plant J, 1993, 4: 1003 – 1010.

27. Wen – Huei Chen, Chi – Yin Hsu, Hao – Yun Cheng, *et al.* Downregulation of putative UDP – glucose: flavonoid 3-*O*-glucosyltransferase gene alters flower coloring in *Phalaenopsis*[J]. Plant Cell Rep, 2011, 30: 1007 – 1017.

卡特兰不同花期的香气成分及其变化[*]

郑宝强[1]　赵志国[2]　任建武[2]　王雁[①]

（[1]国家林业局林木培育重点实验室，中国林业科学研究院林业研究所，北京 100091；
[2]北京林业大学生物科学与技术学院，北京 100083）

摘要　采用活体植株动态顶空套袋—吸附采集法与 GC/MS（气相色谱/质谱联用）分析技术，研究了卡特兰'大新 1 号'的香气成分及不同花期的香气变化规律。结果表明：卡特兰花蕾期的香气组成成分有 42 种，始花期有 39 种，盛花期有 66 种，衰落期有 56 种；随着花朵的开放，烯类化合物的相对含量呈先上升后下降的趋势，烷烃类和苯类化合物的相对含量总体呈上升趋势，醇类和醛酮类化合物的相对含量总体呈下降趋势。从感官分析与 GC/MS 的测试结果综合判断，烯类物质是影响卡特兰香气的重要化合物，3,7 - 二甲基 - 1,3,6 - 辛三烯、α - 蒎烯、β - 月桂烯、D - 柠檬烯、苯甲醛、苯甲酸甲酯是卡特兰'大新 1 号'的特征香气化合物。

关键词　卡特兰；花期；香气成分；GC/MS 技术

Changes of Aroma Components in *Rhyncholaeliocattleya* King of Taiwan 'Ta Shin#1' in Different Florescence

ZHENG Bao-qiang[1]　ZHAO Zhi-guo[2]　REN Jian-wu[2]　WANG Yan[1]

（[1]SFA，*Key Laboratory of Tree Breeding and Cultivation，Research Institute of Forestry，CAF，Beijing* 100091；
[2]*College of Biological Sciences and Biotechnology，Beijing Forestry University，Beijing* 100083）

Abstract　The changes of aroma components in *Rhyncholaeliocattleya* King of Taiwan 'Ta Shin#1' in different florescence were analyzed by dynamic headspace collection and TCT - GC/MS. The results indicted that there were 42 components at bud stage，39 at first flowering dates，66 at flowering stage and 56 at declining period. With the flower blooming and senescence，the contents of alkenes raised first and then decreased，the contents of alkanes and benzene raised，alcohol and aldehydes decreased. On the basis of organoleptic evaluation and GC/MS results，alkenes was the most important compounds for 'Ta Shin# 1' volatile. 3,7-dimethyl - 1,3,6-Octatriene，Alpha. -pinene，Beta. -myrcene，D-limonene，Benzaldehyde，Benzoic acid methyl ester were the characteristic constituents of aroma.

Key words　*Rhyncholaeliocattleya* King of Taiwan；Florescence；Aroma components；GC/MS

卡特兰，属兰科（Orchideceae）、树兰族（Epidendreae），又名卡多利亚兰、卡多丽雅兰、卡得利亚兰、嘉德丽雅兰（王雁 等，2012），有"热带兰之王"之称，哥伦比亚、巴西、哥斯达黎加等国都以卡特兰为国花（Chadwick & Arthur，2006）。香气成分是构成和影响花卉观赏价值的主要因子之一，培育花大、色艳且芳香的品种是卡特兰育种的重要趋势之一。目前国内外对杓兰（Barkman *et al.*，1999）、蝴蝶兰（杨淑珍和范燕萍；2008）、石斛兰（张莹 等，2011）、文心

兰（张莹 等，2010；2011）等兰科植物的挥发性成分进行了研究，但大部分研究还仅停留在对特定时段花香的简单测定及分析水平上。花香的释放是伴随着花朵的开放而产生的，花朵从花蕾期到衰落期的发育过程中，香气成分及在开花过程中香气组分的变化是一个动态过程，目前关于卡特兰香气成分以及在开花中的动态变化尚未见到相关研究报道。本研究采用动态顶空套袋—吸附采集法及 GC/MS 联用技术对卡特兰不同花期的挥发性成分及含量进行分析测定，明确卡

＊基金项目：中央级公益性科研院所专项"卡特兰新品种选育和种苗快繁研究"（K0060）；北京市园林绿化局计划项目（Y1HH200900304）。

① 通讯作者。E - mail：wangyan@ caf. ac. cn。

特兰花朵发育过程中的香气组分及其含量变化，为研究其香气形成机制以及芳香品种的育种提供一定理论依据。

1 材料与方法

1.1 实验材料

实验在中国林业科学研究院科研温室中进行，实验品种为杂种卡特兰'大新1号'（*Rhyncholaeliocattleya King of Taiwan 'Ta Shin#1'*）。

1.2 卡特兰挥发性物质的测定

1.2.1 香气采集

采用活体植株动态顶空套袋–吸附采集法（Agelopoulos & Pickett，1998）。将卡特兰的释香过程分为4个阶段，即花蕾期、始花期、盛花期和衰落期，每次采样选在 10：00 ~ 14：00 进行。同种环境条件下选择生长、开花正常的3株作为采集对象，每个处理采样时间为30min。每株重复采样2次。

1.2.2 TCT–GC/MS 分析

Turbo Matrix 650 工作条件：二级热脱附技术，一级热脱附温度为 260℃，保持 10min；二级热脱附技术温度为 300℃，保持 5min。注入量为 4.1%。色谱柱为 30m×0.32mm×0.25μm 的 Elite–5 MS 石英毛细管柱。

MS 工作条件：电离方式为电子电离源（EI）；电子能量为 70eV；扫描质核比范围为 29 ~ 500；接口温度为 260℃；离子源温度为 220℃；溶剂延迟 1min。

GC 工作条件：初始温度 40℃，保持 2min，然后以 6℃/min 的速率升到 180℃，然后以 15℃/min 的速率升至 270℃，保持 3min。载气为 N_2，载气流速为 2ml/min。

1.2.3 香气成分定性和定量方法

使用 Xcalibur1.2 版本软件并检索 NIST98 标准谱图库，对基峰、相对丰度和保留时间3个参数进行直观比较，结合拟合指数，并参考有关文献，对各香气成分进行定性；用总离子流峰面积归一化法计算各成分在总挥发物中的相对百分含量。

1.2.4 香气的感官测定

取4个花期的卡特兰各5盆，分别放到环境条件一致的房间，30min 后对花香进行感官鉴定。将香气浓度分为5个等级（谢超 等，2008），0、0.5、1.0、1.5、2.0，等级越高，香气浓度越大。根据卡特兰开放过程中的嗅觉感官评定不同花期的香气浓度并确定其香气浓度指数。

2 结果与分析

2.1 不同花期挥发性香气成分

经 GC/MS 分析，如图1所示，从卡特兰花蕾中检测到 42 种挥发性物质，3,7-二甲基-1,3,6-辛三烯、甲苯和壬烷含量较高，分别占总量的 36.05%、12.14% 和 9.40%；始花期中检测出 39 种挥发性物质，主要以 3,7-二甲基-1,3,6-辛三烯为主，占60.31%，其次含有 7.14% 的苯甲醛和 4.36% 的甲苯；盛花期中检测出 66 种挥发性物质，在4个时期组成最为复杂，总量分别是花蕾期和初花期的 1.55倍和 1.69 倍，其中 3,7-二甲基-1,3,6-辛三烯占38.52%，苯甲醛占 11.60%，甲苯占 5.62%，在盛花期检测到 2.43% 的 2,6-二甲基-1,3,5,7-辛四烯，此化合在其他其他3个时期均未检出；在衰败期检测到 56 种挥发性物质，其中壬烷占 34.58%，甲苯占10.91%，正十五烷占 8.12%。香气组分中相对含量较高的化合物名称、出峰时间及相对含量见表1。

由表1可知，随着花朵的开放，花香逐渐释放，在初花期 3,7-二甲基-1,3,6-辛三烯急剧升高，其相对含量由花蕾期的 36.05% 上升到 60.31%，甲苯、壬烷、对二甲苯等化合物的相对含量却急剧下降，由此推断，3,7-二甲基-1,3,6-辛三烯对卡特兰的花蕾期和初花期香气释放有贡献，是卡特兰花蕾期和初花期的主要香气成分。由花蕾期至衰落期，随着花朵的开放和凋谢，α-蒎烯、苯甲醛、β-月桂烯、D-柠檬烯、苯甲酸甲酯的相对含量都是在盛花期达到最高，随后下降；3,7-二甲基-1,3,6-辛三烯在盛花期虽然含量有所下降，但也达到了 38.52%，是盛花期的主要香气成分。在衰败期，3,7-二甲基-1,3,6-辛三烯相对含量仅为 1.71%，壬烷、甲苯、正十五烷含量都较高，可能与此段时间的香气释放有关系。

2.2 不同花期挥发性香气类别与含量

将卡特兰的香气成分划分为烯类、醇类、醛酮类、烷烃类、苯类和其他（包括酯类、萘类和酚类等）共6类，4个花期阶段6类化合物的组成及相对含量变化如图2所示：花期不同，各类化合物的相对含量变化明显。在花蕾期以烯类和苯类化合物为主，分别占总香气成分的 39.20% 和 26.34%；随着花朵进入始花期，烯类化合物增加幅度最大，占总香气成分的 65.44%；进入盛花期后，还是以烯类化合物为主，占 49.70%，醛酮类和烷烃类化合物含量有所上升，分别占 14% 左右；在衰败期，烯类化合物含量只有 3.43%，烷烃类和苯类化合物的相对含量较高，

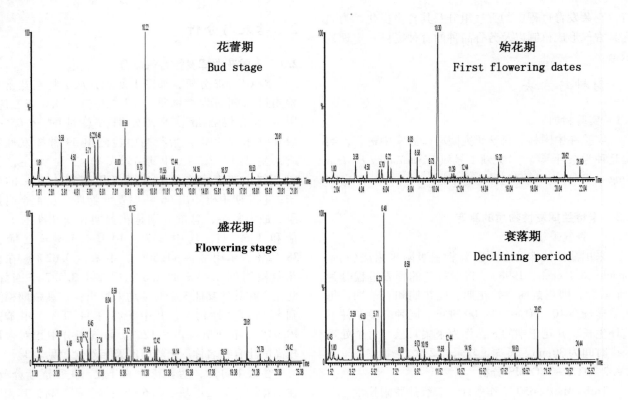

图1　不同发育时期卡特兰'大新1号'花朵香气成分的 GC-MS 总离子图

Fig. 1　GC-MS total ionic chromatogram of aroma components in *Rlc.* King of Taiwan 'Ta Shin#1' at different development stages

表1　卡特兰'大新1号'释香过程中的主要香气成分及其含量变化

Table1 Changes of mainaroma components and relative content in *Rlc.* King of Taiwan 'Ta Shin#1' in different florescence

序号 No.	保留时间 Retain time(min)	化合物名称 Component name	相对含量 Relative content（%）			
			花蕾期	始花期	盛花期	衰败期
1	1.43	2-甲基丁烷 Butane，2-methyl-	—	—	—	6.69
2	1.45	异丁烷 Isobutane	—	—	0.87	—
3	1.79	1-甲基己基氢过氧化物 Hydroperoxide，1-methylhexyl	6.10	—	3.81	3.93
4	1.8	正己烷 Hexane	—	1.71	—	—
5	1.99	4-甲基戊烯 1-Pentene，4-methyl-	—	—	—	0.45
6	2.6	戊醛 Pentanal	1.01	—	—	0.69
7	3.58	甲苯 Toluene	12.14	4.36	5.62	10.91
8	4.21	己醛 Hexanal	1.28	0.68	0.65	1.71
9	5.49	乙苯 Ethylbenzene	5.32	1.88	1.82	6.18
10	5.7	1,3-二甲苯 Benzene，1,3-dimethyl-	—	2.53	—	—
11	5.71	邻二甲苯 O-xylene	8.39	—	2.83	—
12	5.71	对二甲苯 P-xylene	—	—	—	11.13
13	6.45	壬烷 Nonane	9.40	1.79	5.47	34.58
14	6.72	丁内酯 Butyrolactone	—	0.92	—	—
15	7.25	α-蒎烯 . Alpha. -pinene	0.36	0.65	2.35	0.32
16	8	苯甲醛 Benzaldehyde	3.44	7.14	11.60	1.06
17	8.72	β-月桂烯 . Beta. -myrcene	0.18	0.46	0.72	—
18	9.73	D-柠檬烯 D-limonene	1.88	2.16	3.82	—
19	10.2	3,7-二甲基-1,3,6-辛三烯 1,3,6-Octatriene，3,7-dimethyl-	36.05	60.30	38.52	1.72

（续）

序号 No.	保留时间 Retain time（min）	化合物名称 Component name	相对含量 Relative content（%）			
			花蕾期	始花期	盛花期	衰败期
20	11.4	苯甲酸甲酯 Benzoic acid methyl ester	—	0.78	0.87	—
21	11.6	3,7-二甲基-1,6-辛二烯-3-醇 1,6-Octadien-3-ol，3,7-dim-ethyl-	1.11	0.78	0.95	0.82
22	11.7	壬醛 Nonanal	0.96		0.60	1.01
23	12.3	2,6-二甲基-1,3,5,7-辛四烯 2,6-Dimethyl-1,3,5,7-octa-tetraene，E，E-			2.43	
24	12.7	（1S）-1,7,7-三甲基-二环［2.2.1］庚-2-酮 Bicyclo［2.2.1］heptan-2-one，1,7,7-trimethyl-，（1s）-	0.60	0.23		0.75
25	14.2	癸（烷）醛 Decanal	1.51	0.79	0.73	1.20
26	15.2	牻牛儿醇 2,6-Octadien-1-ol，3,7-dimethyl-（E）-	—	3.03	—	—
27	18.5	十四烷 Tetradecane	1.45	0.51	0.71	1.11
28	18.7	长叶烯 1,4-Methanoazulene，decahydro-4,8,8-trimethyl-ene，-9-methylene-，（1s）-	0.58			0.46
29	18.9	1,4-二甲基萘 Naphthalene，1,4-dimethyl-				0.22
30	18.9	［1R-（1R），4］-4,11,11-三甲基-8-亚甲基-二环［7.2.0］-十一烯 Bicyclo［7.2.0］undec-4-ene，4,11,11-trimethyl-8-methylene，［1R-（1R），4］			0.73	
31	20.6	正十五烷 Pentadecane		2.85	5.20	8.20
32	20.8	（S）-1-甲基-4-（5-甲基-1-亚甲基-4-己基）环己烯 Cyclo-hexene，1-methyl-4-（5-methyl-1-methylene-4-hexenyl）-，（S）-		0.48		
33	21.8	橙花叔醇 1,6,10-Dodecatrien-3-ol，3,7,11-trimethyl-，（E）-			2.18	

B.S：Bud stage；F.F.D：First flowering dates；F.S：Flowering stage；D.P：Declining period。"—"该成分未检测到。
"-" Not detected.

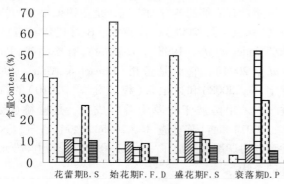

□ 烯类 Alkens □ 醇类 Alcohol ▨ 醛、酮类 □ 烷烃类 Alkans □ 苯类 ▤ 其他 Others

图2 卡特兰'大新1号'不同花期挥发性香气类别及其含量

Fig. 2 Volatile compounds categories and their contents of different florescence of *Rlc.* King of Taiwan 'Ta Shin#1'

分别占51.96%和29.07%。由此可知，随着花朵的开放和凋谢，烯类化合物呈先上升后下降的趋势，烷烃类和苯类化合物的相对含量总体呈上升趋势，在始花期含量达到最低后，其相对含量一直上升，在衰落期达到最高；醇类和醛酮类化合物的相对含量总体呈下降趋势，其中醇类化合物的相对含量在初花期达到最高后降低，醛酮类物质的相对含量在盛花期达到最高后降低。

2.3 卡特兰香气成分的感官评定结果

不同花期卡特兰的香气感官评定结果及香气浓度指数见表2。结果表明，卡特兰花朵在花蕾期略有香气，初花期时释放出其特有的香气，至盛花期花朵香气最为浓郁，随着开放时间的延长，花香逐渐变淡。

表2 卡特兰'大新1号'的香气感官评定结果及香气浓度指数
Table 2 Results of organoleptic evaluation of aroma quality and aroma concentration index of *Rlc.* King of Taiwan 'Ta Shin#1'

花期 Florescence	香气感官评定 Organoleptic evaluation of aroma	浓度指数 Concentration index
花蕾期 Bud stage	略有香气 Faint fragrance	0.5
始花期 First flowering dates	香气清新 Fresh flavor	1.5
盛花期 Flowering stage	香气浓郁 Rich flavor	2
衰落期 Declining period	淡淡香气 Slight fragrance	1

3 结论与讨论

本试验利用动态顶空套袋—吸附采集法与GC/

MS 联用技术对卡特兰的香气成分及其变化进行了分析。动态顶空套袋—吸附采集法与 GC/MS 联用分析技术，是一种采集—吸附—分析相结合的、活体植株挥发物成分分析的试验技术，该技术不仅可以有效排除外界挥发物的干扰，而且对样品破坏性小、较真实地反映花香成分及其释放量，比较适合于近自然状态下植物挥发物的定性、定量分析（郑华 等，2002）。目前该技术已经在珍珠梅（李海东 等，2004）、梅花（金荷仙 等，2003；2005）、桂花（金荷仙 等，2006）、菊花（孙明 等，2008）等植物的香气成分分析中成功应用。

本研究从卡特兰花朵发育各时期共检测到烯类、醇类、醛酮类、烷烃类、苯类等多种挥发性成分。从花蕾期到凋谢期，卡特兰花内的挥发性成分不断变化。随着花朵的开放，香气成分的种类和含量逐渐增多，并随着花朵的开放释放量增加，在盛花期达到最多，这与文心兰（张莹 等，2011）、蜡梅（谢超 等，2008）释香过程中香气组分的变化规律一致。在感官体验上，其香型也由初花期的清香逐步转变为盛花期的浓郁花香。有研究指出，香气不仅与挥发性物质含量有直接关系，还与挥发性物质种类的多少有关，由于感官互作，香气成分种类多时香气会更为强烈（Johannes et a.l，2002），所以盛花期香气种类多也是其香气浓郁的原因之一。

仅凭某种香气成分含量的高低不能准确判断其对样品整体香气贡献的大小，不同的香气化合物对样品香味的贡献依据其香气值（浓度/嗅感阈值）来划分，具有较高香气值的成分构成样品的特征香气（张序 等，2007）。卡特兰的香气构成以烯类化合物为主，这与其他兰科植物如蝴蝶兰（杨淑珍 等，2008）、石斛兰（张莹，2011）、文心兰（张莹 等，2010；2011）香气构成相一致。烯类化合物阈值非常低，它们对嗅觉的影响是相互增效的（RibéreauGayon et al.，2000）。在花朵开放过程中，α-蒎烯、β-月桂烯、D-柠檬烯含量不断升高，在盛开期达到最高水平，3,7-二甲基-1,3,6-辛三烯虽然在盛花期不是最高值，但仍然是香气的主体成分，苯甲醛和苯甲酸甲酯也在盛花期达到最高值，结合感官分析，卡特兰花朵香气此时达到最浓。随着花朵的凋谢以上成分迅速减少，花的香气也大大减弱，因此它们应该是影响卡特兰香气释放的主要成分。研究表明，3,7-二甲基-1,3,6-辛三烯（López et al.，2007）、苯甲醛（杨荣华 等，2003）、柠檬烯（TØnder et al.，1998）、β-月桂烯（Ahmed et al.，1978）、α-蒎烯（Plotto et al.，2004）这些化合物的阈值较低，因此这几种化合物为卡特兰的特征香气化合物。烯类化合物主要呈现出淡雅幽香（李祖光 等，2008），香气中烯类化合物和酯类化合物相对含量的比例关系会引起香气感官特征的改变，酯类化合物与香气浓度和刺激性相关，含量越高，香气浓度越高，刺激性越强（黄新安 等，2007），在盛花期苯甲酸甲酯虽然只有0.87%，但相对含量高于其他花期，其应该对卡特兰香气的构成有重要影响。另外，在盛花期还检测出含量较高而其他3个时期都没有的2,6-二甲基-1,3,5,7-辛四烯，但其香气阈值和香气类型未曾报道，是否为卡特兰的特征香气物质需要进一步确认。

卡特兰'大新1号'的花香是由各种芳香成分共同作用而形成的，我们认为3,7-二甲基-1,3,6-辛三烯、α-蒎烯、β-月桂烯、D-柠檬烯、苯甲醛、苯甲酸甲酯等香味化合物共同作用形成卡特兰的独特香味。其主体香气成分3,7-二甲基-1,3,6-辛三烯，具有的橙花油气味，是文心兰（张莹 等，2011）的特征香气；苯甲酸甲酯具有浓郁的冬青油香气，是费约果果实的特征香气（张猛 等，2008）；柠檬烯、β-月桂烯具有橘子味（TØnder et al.，1998），α-蒎烯具有松油味（Plotto et al.，2004），它们是蜜柑（Elmaci & Altug，2005；乔宇 等，2008）和述杧果（魏长宾 等，2010）的特征香气；苯甲醛属于青草型香气成分，是樱桃（张序 等，2007）和杏（陈美霞 等，2005）的特征香气；这些香型的协调配合组成了'大新1号'浓郁香甜并带水果味的香味。

参考文献

1. Ag elopoulos N G, Pickett J A. Headspace analysis in chemical analysis in chemical ecology: Effects of different sampling methods on ratios of volatile compounds present in headspace samples[J]. Journal of Chemical Ecology, 1998, 24(7): 1161 – 1172.

2. Ahmed E M, Dennison R A, Dougherty R H, Shaw P E. 1978. Flavor and odor thresholds in water of selected orange juice components[J]. Journal of Agricultural and Food Chemistry, 26(1): 187 – 191.

3. Barkman T J, Beaman J H, Gage D A. Floral fragrance variation in *Cypripedium*: Implications for evolutionary and ecological studies[J]. Phytochemistry, l999, 44(5): 875 – 882.

4. Chadwick A A, Arthur E C. The Classic Cattleyas[M]. Timber press, 2006, 190.

5. 陈美霞，陈学森，周杰，刘扬岷，慈志娟，吴燕. 杏果实不同发育阶段的香味组分及其变化[J]. 中国农业科学, 2005, 38(6): 1244 - 1249.

6. 黄新安, 宛晓春, 夏涛. 小花茉莉清香品质研究[J]. 茶业通报, 2007, 29(2): 73 - 74.

7. Elmaci Y, Altug T. Flavor characterization of three *Mandarin* cultivars (Satsuma, Bodrum, Clemantine) by using GC/MS flavor profile analysis techniques[J]. Journal of Food Quality, 2005, 28: 163 - 170.

8. 金荷仙, 陈俊愉, 金幼菊, 陈秀中. '南京晚粉'梅花香气成分的初步研究[J]. 北京林业大学学报, 2003, 25(1): 49 - 51.

9. 金荷仙, 陈俊愉, 金幼菊. 南京不同类型梅花品种香气成分的比较研究[J]. 园艺学报, 2005, 32(6): 1139.

10. 金荷仙, 郑华, 金幼菊, 陈俊愉, 王雁. 杭州满陇桂雨公园4个桂花品种香气组分的研究[J]. 林业科学研究, 2006, 19(5): 612 - 615.

11. Johannes H F B, Hendrik N J K, Jacques P R, Estanislau D B, Alphonsi G J V, Jan H A K. Sensory evaluation of character impact components in an apple model mixture[J]. Chemical Senses, 2002, 27: 485 - 494.

12. 李海东, 高岩, 金幼菊. 珍珠梅花挥发性物质日动态变化的研究[J]. 内蒙古农业大学学报, 2004, 25(2): 54 - 59

13. 李祖光, 曹慧, 朱国华. 三种桂花在不同开花期头香成分的研究[J]. 林产化学与工业, 2008, 28(3): 75 - 80.

14. López M L, Villatoro C, Fuentes T, Graell J, Lara I, Echeverría G. Volatile compounds, quality parameters and consumer acceptance of 'Pink Lady' apples stored in different conditions[J]. Postharvest Biologyand Technology, 2007, 43: 55 - 66.

15. Plotto A, Margaría C A, Goodner K L, Graell J, Lara I, Echeverría G. Odour and flavour thresholds for key aroma components in an orange juice matrix: terpenes and aldehydes[J]. Flavour and Fragrance Journal, 2004, 19: 491 - 498.

16. 乔宇, 谢笔钧, 张妍, 范刚, 徐晓云, 周海燕, 潘思轶. 三种温州蜜柑果实香气成分的研究[J]. 中国农业科学, 2008, 41(5): 1452 - 1458.

17. Ribéreau G, Glories Y, Maujean A, Dubourdieau D. Handbook of enology[M]. American: Wiley & Sons Ltd., 2000, 178 - 205.

18. 孙明, 刘华, 张启翔, 陈华君. 3个地被菊品种香气成分的分析[J]. 沈阳农业大学学报, 2008, 39(1): 92 - 95.

19. TØnder D, Petersen M A, Poll L, Poll L, Olsen C E. Discrimination between freshly made and stored reconstituted orange juice using GC odor profiling and aroma values[J]. Food Chemistry, 1998, 61(12): 223 - 229.

20. 王雁, 陈振皇, 郑宝强, 周照川, 黄祯宏. 卡特兰[M]. 北京: 中国林业出版社, 2012, 15.

21. 魏长宾, 邢姗姗, 刘胜辉, 武红霞, 王松标, 臧小平, 马蔚红. 紫花杧果实香气成分的GC - MS分析[J]. 食品科学, 2010, 31(2): 220 - 223.

22. 谢超, 王建辉, 龚正礼. 蜡梅释香过程中香气成分的分析研究[J]. 茶叶科学, 2008, 28(4): 282 - 288.

23. 杨荣华. 柚果皮油特征香气成分的分析[J]. 浙江农业科学, 2003, (3): 9 - 11.

24. 杨淑珍, 范燕萍. 蝴蝶兰2个品种挥发性成分差异性分析[J]. 华南农业大学学报, 2008, 29(1): 114 - 117.

25. 张猛, 汤浩茹, 王丹, 彭凌, 康德灿. 费约果果实香气成分的GC - MS分析[J]. 食品科学, 2008, 29(8): 489 - 491.

26. 张序, 姜远茂, 彭福田. '红灯'甜樱桃果实发育进程中香气成分的组成及其变化[J]. 中国农业科学, 2007, 40(6): 1222 - 1228.

27. 张莹, 李辛雷, 陈胜, 田敏, 范妙华. 三种文心兰挥发性成分的比较[J]. 植物生理学通讯, 2010, 46(2): 178 - 179.

28. 张莹, 李辛雷, 王雁, 田敏, 范妙华. 文心兰不同花期及花朵不同部位香气成分的变化[J]. 中国农业科学, 2011, 44(1): 110 - 117.

29. 张莹, 王雁, 李振坚. 不同石斛兰香气成分的GC - MS分析[J]. 广西植物, 2011, 31(3): 422 - 426.

30. 郑华, 金幼菊, 李文彬, 周金星. 绿化植物气味污染的仪器检测技术[J]. 林业实用技术, 2002, (5): 30.

云南野生黄牡丹 *PlbHLH*3 转录因子基因的克隆与表达[*]

史倩倩　周琳　李奎　王雁[①]

（国家林业局林木培育重点实验室，中国林业科学研究院林业研究所，北京 100091）

摘要　以云南野生黄牡丹为试材，根据已构建的云南野生黄牡丹花瓣转录组数据库提供的 bHLH 转录因子的 Unigene 筛选得到了 24 个与花青素苷合成相关的 bHLH 转录因子蛋白同源性高的 Unigene 序列，命名为 *PlbHLH*1～24. 利用 RACE 技术对 *PlbHLH*1～24 的最大阅读框（ORF）序列扩增并进行氨基酸序列比较和系统进化树分析，结果显示 *PlbHLH*3 可能参与调控花青素苷合成，其 ORF 包含一个 2040bp 的开放阅读框，编码一个 679 个氨基酸的蛋白；其氨基酸序列与葡萄 *VvMYC*1 和苹果 *MdbHLH*3 的亲缘关系最近，相似性达 60% 以上。相对荧光定量 PCR 分析表明，*PlbHLH*3 在黄牡丹和紫牡丹的不同组织中均有表达，在黄牡丹的组织中，表达量从高到低依次为叶片、萼片、花药、心皮、花瓣和茎，在叶片中的表达量显著高于在花瓣中的表达量，而在紫牡丹的萼片中的表达量最高，在心皮中的表达量最低；在黄牡丹的硬蕾期高丰度表达；而在紫牡丹的硬蕾期表达量最低，在其他 4 个时期的表达量显著或极显著高于在硬蕾期的表达量。本研究推测 *PlbHLH*3 参与黄牡丹花青素苷合成的调控作用，为今后深入探讨黄牡丹花色形成机制奠定理论基础。

关键词　黄牡丹；bHLH；花青素合成；基因克隆；表达分析

Isolation and Expression of *PlbHLH*3 Transcription Factor Genes in *Paeonia lutea*

SHI Qian-qian　ZHOU Lin　LI Kui　WANG Yan

（*SFA*，*Key Laboratory of Tree Breeding and Cultivation*，*Research Institute of Forestry*，*CAF*，*Beijing* 100091）

Abstract　In this work，24 unigene sequences that shared high homology with bHLH transcription factor protein involved in plant anthocyanin biosynthesis were obtained from previous – constructed tree peony（*Paeonia lutea*）petal transcriptome database and named *PlbHLH*1～24. Sequences of Open Reading Fram（ORF）in *PlbHLH*1～24 were amplified using RACE technology，made compare analysis of amino acid sequence and phylogenetic tree analysis. Results showed that *PlbHLH*3 was considered to be related to regulate anthocyanin biosynthesis，contained a 2040bp ORF encoding 679 amino acid residues with typical bHLH structural domain；the predicted protein sequence of *PlbHLH*3 also shared high similarity with other bHLH transcription factor that related to anthocyanin biosynthesis such as *VvMYC*1 and *MdbHLH*3. Relative Real – Time PCR analysis indicated that *PlbHLH*3 expressed in different tissues of *P. lutea* and *P. delavayi*. The order of expressed quantity from high to low in *P. lutea* is leaf，sepal，anther，carpel，petals and stems，the expression in leaf was higher significantly than that in petals；In *P. delavayi*，the expression in sepals was the highest and the expression in leaves was the lowest. And PlbHLH3 reached the highest abundance at early stage of *P. lutea* while it reached the lowest level at early stage，was significantly or extremely significantly lower than other four stages in P. delavayi. In conclusion，we inferred that *PlbHLH*3 might associate with the regulatory of anthocyanin biosynthesis in *P. lutea* and this would provide the basis for insight into the molecular mechnisms underlying tree peony yellow flower pigmentation.

Key words　*Paeonia. Lutea*；bHLH；Anthocyanin biosynthesis；Gene cloning；Expression analysis

　　花青素属于黄酮类化合物，是植物重要的次生代谢物质，多分布于种子植物的叶、花、果实、种子及其他组织的液泡中。花青苷生物合成由结构基因和调控基因共同调控（Holton，1995），其中目前研究证明花青苷合成的转录因子包括 MYB 蛋白、bHLH 蛋白和 WD40 重复蛋白（Ramsay，2005）。

---

* 基金项目：“863”计划（SQ2010AA1000687008）、国家自然科学基金项目（31201654）。

① 通讯作者。王雁，国家林业局林木培育重点实验室（中国林业科学研究院林业研究所），研究员。E-mail：chwy8915@ sina. com。

bHLH（basic helix – loop – helix，碱性螺旋 – 环 – 螺旋）转录因子构成了真核生物蛋白质中的一个大家族，其成员在生物的生长发育调控过程中起着非常重要的作用。每个 bHLH 基序约由 60 个氨基酸组成，其中的 19 个位点具有高度保守性，含有两个亚功能区，即位于 C 末端的 HLH 区域和 N 末端的碱性氨基酸区域（张全琪等，2011）。bHLH 转录因子在植物的花青素合成（Nesi *et al.*，2000）、花器官发育（Heisler *et al.*，2001；Sorensen *et al.*，2003）、光形态建成（Leivar *et al.*，2008）、激素应答（Abe *et al.*，2003；Lorenzo *et al.*，2004；Li *et al.*，2007；Bou – Torrent *et al.*，2008）、金属离子体内平衡（Rampey *et al.*，2006；Long *et al.*，2010）等方面发挥重要作用。目前拟南芥（*Arabidopsis thaliana*）*TT*8、玉米（*Zea mays*）（*Lc*、*B*、*R/B*）、水稻（*Oryza sativa* Linn）*OSB*1、矮牵牛（*Petunia hybrida*）（*AN*1、*AN*4、*AN*11）、金鱼草（*Antirrhinum majus*）Delila、牵牛（*Ipomoea nil*）（*InDEL*、*InIVS*、*InbHLH*3）、非洲菊（*Gerbera jamesonii*）*gmyc*1、龙胆（*Gentiana scabra*）*GtbHLH*1、亚洲杂交百合（*Asian hybrid lily*）*LhbHLH*2、苹果（*Malus domestica*）*MdbHLH*3 等多种植物的调控花色素合成相关基因的 bHLH 转录因子得到了克隆并进行了功能鉴定（Ludwig *et al.*，1989；Chandler *et al.*，1989；Goff *et al.*，1992；Goodrich *et al.*，1992；Elomaa *et al.*，1998；Sakamoto *et al.*，2001；Park *et al.*，2007b；Nakatsuka *et al.*，2008；Espley *et al.*，2007；Franken *et al.*，1994；Spelt *et al.*，2000；Yamagishi *et al.*，2010；Wang *et al.*，2010；王勇江 等，2008）。

云南野生黄牡丹（*Paeonia lutea*）是中国西南地区特有种，属于芍药科芍药属牡丹组的落叶亚灌木，不仅是我国特有的珍贵木本花卉和具极高药用价值的药用植物，而且是牡丹花色改良育种的珍稀育种资源（王志芳 等，2007）。目前虽然中原牡丹的花青素合成途径的部分结构基因（*PsCHS*1、*PsCHI*1、*PsDFR*1、*PsF3H*1、*PsF3'H*1、*PsANS*1）已被分离（周琳，2010），但关于黄牡丹的花青素代谢途径的结构基因和转录因子基因 bHLH 还未见报道。因此本研究拟依据黄牡丹转录组测序获得的 unigene 信息并结合 RT – PCR 和 RACE 技术，克隆并筛选出与花青素苷相关的候选 bHLH 基因，并对其在黄牡丹和紫牡丹（*P. delavayi*）不同发育阶段和盛开期的不同组织中的表达模式进行分析，为探究 bHLH 转录因子在黄牡丹花色形成过程中的作用，特别是为牡丹花色定向遗传改良和品种创新提供新的理论依据和基因资源。

1　材料与方法

1.1　实验材料

4 月底至 5 月上旬，采取位于滇西北香格里拉县城以西 25km 左右的滑雪场附近（27°57′N，99°35′E）的黄牡丹（*P. lutea*）和紫牡丹（*P. delavayi*）的 5 个时期（stage 1：硬蕾期、stage 2：圆桃期、stage 3：透色期、stage 4：初开期和 stage 5：盛开期）的花瓣及盛开期（stage 5）的叶片、茎、萼片、雄蕊和雌蕊，并剪下盛开期花瓣的紫色斑纹，取下后分别用锡箔纸包好，立即用液氮速冻后于 –80℃ 冰箱中保存备用。

tage1　　　Stage2　　　Stage3　　　　　　Stage4　　　　　　Stage5

黄色 Yellow　　　紫色 Purple

图 1　试验材料

Fig. 1　The materials for this experiment

1.2 基因全长序列的克隆

采用改进的 CTAB 法(孟丽 等,2006)提取试验材料的总 RNA。检测质量合格后,以 1μg 总 RNA 为模板,利用 M - MLV 反转录酶(Promega 公司)合成 cDNA 第一链。然后根据已测得的黄牡丹转录组数据库中的 bHLH 转录因子 Unigene 信息设计特异引物(表1)。PCR 扩增产物经 1.2% 琼脂糖凝胶检测,凝胶回收与预期片段大小一致的条带,连接到 PMD - T19 载体(Takara)上,再转化到大肠杆菌 DH5a,通过蓝白筛选及质粒酶切鉴定后,由北京中美泰和科技公司进行测序。其中引物设计采用 PrimerPremier5.0 和 DNA-MAN(ver. 6. 0. 3. 99)软件进行。除 RACE 实验中通用引物为试剂盒附带以外(序列见 SMART™RACE cDNA Amplification Kit 说明书),其余各基因扩增引物委托上海生工生物公司合成,序列如表 1 所示。

表 1　黄牡丹 *bHLH* 基因克隆及表达分析所用引物

Table1 Primers used to isolate and analyze the expression of *PlbHLH*

作用 Function	引物名称 Primer name	引物序列(5'-3')	
分离基因 gene Isolation	*PlbHLH3*	CACTACTCCCCTCCACAATCCTCATCT/TTTAGCGTGCCCATTTCTTCACAACA	5'3'
	PlbHLH5	TGGAGTGGTAGAATTGGGGTCTGTG	3'
	PlbHLH8	CCTTTGCTTCTCAGGCTGTATGGTT/TCTGGAGGCAATGGATTACATACGAT	5'3'
	PlbHLH9	AAGGGGTTTGCCATATCGCTGA/TGGGGCTTCTTCTTGTTCCTCTGC	5'3'
	PlbHLH11	TCCTAGCTTTCTTTAGAGCCCCACC	5'
	PlbHLH12	ACCACTGACTATTGGAACCTGCTTTG/TCCCAGTTCGGTTGGAATGTATGA	5'3'
	PlbHLH15	CCTTTGATTTTCTTGTCCTTGTTCTCG/AGAGGCAAAGAGGTCGTATGAAGTGG	53'
	PlbHLH17	TCTTTGTCCACTGGTTCATTCGTCTT/GACCTATCCCACTCAAGCACCTCC	5'3'
	PlbHLH24	TGTAAGGGAACCACAAAGACAGGAGC/AGTCGGATCAGCAGAATAATGGAAAGG	5'3'
qRT - PCR	*PlbHLH3*	GGAACCGCAAAGGACGACTA/CGTAGGCGGCAAACTATCCA	

1.3 生物信息学分析

利用 DNAMAN6.0 软件进行序列翻译和氨基酸相似性比对,并通过 ExPASY Protparam(http://www. expasy. org/compute_ pi/)运用 Compute pI/Mw 软件对目的基因编码蛋白等电点和分子量进行预测,并运用 ProtScale 软件对其疏水性预测分析。联网至 http://www. ncbi. nlm. nih. gov/structure/cdd/. wrpsb. cgi 预测蛋白质保守结构域。利用 MEGA5. 2. 2 软件中的 Neighbor - Joining(邻位相连法,NJ)法进行系统进化树分析。

1.4 qRT - PCR 表达分析

以 *Helicase* 为内参基因,应用 qRT - PCR 法分析 *PlbHLH3* 在不同发育阶段和不同组织的表达模式,引物序列见表1。反转录反应体系为:总 RNA 2μL,5×PrimeScript™RT Enzyme Mix Ⅰ 1μL,Random primer(100 μmol · L⁻¹)和 Oligo dT primer(50 μmol · L⁻¹)各 1μL,RNAfree H₂O 11μL。参照 TaKaRa 公司的荧光定量试剂盒 STBR PrimeScript™RT - PCR Kit 说明书,建立 20μL 反应体系:cDNA 模板 2μL,2×SYBR Premix Ex Taq™ 10μL,特异引物(10 μmol · L⁻¹)0.4μL,50 × ROX Reference Dye Ⅱ 0.4μL,H₂O 6.8μL。荧光定量 PCR 在 ABI 7500 实时定量 PCR 仪上进行,反应程序为 95℃,30s;40 个循环:95℃,5s;60℃,30s;通过加热扩增产物 60~95℃,获得溶解曲线。每个试验设 3 次重复,利用 ABI 7500 PCR 仪 Sequence Detection software 软件($2^{-\triangle\triangle CT}$法)(Livak 和 Schmittgen,2001)进行数据分析。

2　结果与分析

2.1 黄牡丹 *PlbHLH* 基因家族的分离及花青素苷相关 *bHLH* 转录因子的筛选

对本课题组前期构建的黄牡丹花瓣转录组数据库(未发表)分析发现有 31 个 Unigene 与 bHLH 转录因子同源性较高。但其中同一 unigene 的不同 contig 的序列一致性很高,如 CL6977. contig1 与 CL6977. contig2 的序列一致,CL10589. contig1 与 CL10589. contig2 序列完全相同,CL13397. Contig1 与 CL13397. Contig2 序列相同,CL14660. Contig1 与 CL14660. Contig2 序列相似等。据此推测 24 个 *bHLH* 序列可能参与调控花青素苷合成(表2)。然后根据 unigene 信息设计特异引物,利用 RACE 技术进行 ORF 全长扩增,分别命名为 *PlbHLH1~24*。将这 24 个 *PlbHLH* 成员与已经鉴定了调控花青素合成的 *bHLH* 转录因子,如拟南芥 *TT8*、玉米(*Lc*、*B*、*R/B*)、水稻 *OSB1*、矮牵牛(*AN1*、*AN4*、*AN11*)、金鱼草 *Delila*、牵牛(*Ipomoea purpurea*)(*InDEL*、*InIVS*、*InbHLH3*)、非洲菊 *gmyc1*、龙胆 *GtbHLH1*、亚洲杂交百合 *LhbHLH2*、苹果(*MdbHLH3*、

*MdbHLH*33）等多种植物进行系统进化树分析（Ludwig *et al.*，1989；Chandler *et al.*，1989；Goff *et al.*，1992；Goodrich *et al.*，1992；Elomaa *et al.*，1998；Sakamoto *et al.*，2001；Park *et al.*，2007b；Nakatsuka *et al.*，2008；Espley *et al.*，2007；Franken *et al.*，1994；Spelt *et al.*，2000；Yamagishi *et al.*，2010；Wang *et al.*，2010；王勇

江 等，2008）（图 2）。由图可见：*PlbHLH*3 与葡萄 *VvMYC*1 先聚类在一起，再与苹果 *MdbHLH*3、矮牵牛 *PhAN*1 聚为一支，与其他植物调控花青素合成的 *bHLH* 基因聚类在一起；而其他 23 个 *bHLH* 成员聚为一大支，这说明 *PlbHLH*3 可能参与花青素合成的调控。

表 2　与 *bHLH* 转录因子基因相关的 24 个 Unigene 基本信息

Table2　24 Unigenes related on Transcription factor *bHLH*

Unigene 编号 UnigeneID.	Unigene 长度（bp） Unigenelength	Blastx 比对结果
CL6535. Contig1	1635	transcription factor bHLH13 [*Vitis vinifera*]
CL6977. Contig1	1284	transcription factor bHLH123 – like [*Vitis vinifera*]
CL6977. Contig2	330	transcription factor bHLH123 – like [*Vitis vinifera*]
CL7910. Contig2	753	transcription factor bHLH35 – like [*Fragaria vesca* subsp. *vesca*]
CL10589. Contig1	1593	transcription factor bHLH49 – like [*Vitis vinifera*]
CL10589. Contig2	249	transcription factor bHLH49 – like [*Vitis vinifera*]
CL13397. Contig1	396	Transcription factor bHLH61 isoform 2 [*Theobroma cacao*]
CL13397. Contig2	477	Transcription factor bHLH61 isoform 2 [*Theobroma cacao*]
CL14660. Contig1	1620	transcription factor ICE1 isoform 1 [*Vitis vinifera*]
CL14660. Contig2	1620	transcription factor ICE1 isoform 1 [*Vitis vinifera*]
Unigene1483	1008	transcription factor bHLH68 [*Vitis vinifera*]
Unigene2862	1491	Transcription factor bHLH69, putative isoform 1 [*Theobroma cacao*]
Unigene6893	645	transcription factor bHLH104 – like [*Vitis vinifera*]
Unigene9277	456	transcription factor bHLH113 – like [*Fragaria vesca* subsp. *vesca*]
Unigene9293	699	transcription factor bHLH51 – like [*Vitis vinifera*]
Unigene9522	819	transcription factor bHLH63 – like [*Vitis vinifera*]
Unigene9596	864	transcription factor bHLH71 [*Vitis vinifera*]
Unigene9611	861	transcription factor bHLH96 – like [*Vitis vinifera*]
Unigene11808	2169	transcription factor bHLH140 – like [*Vitis vinifera*]
Unigene12352	2115	DNA – binding superfamily protein, putative isoform 1 [*Theobroma cacao*]
Unigene13617	918	transcription factor UNE12 [*Vitis vinifera*]
Unigene20504	711	transcription factor bHLH147 [*Vitis vinifera*]
Unigene22890	837	transcription factor bHLH79 isoform 1 [*Vitis vinifera*]
CL2253. Contig1	930	Transcription factor bHLH69, putative [*Theobroma cacao*]
CL2253. Contig2	1041	Transcription factor bHLH69, putative [*Theobroma cacao*]
CL2306. Contig2	372	transcription factor bHLH62 – like [*Vitis vinifera*]
CL2306. Contig4	1299	transcription factor bHLH62 – like [*Vitis vinifera*]
CL2843. Contig1	789	bHLH – like DNA binding protein [*Vitis vinifera*]
CL2843. Contig2	789	bHLH – like DNA binding protein [*Vitis vinifera*]
CL2997. Contig6	645	transcription factor bHLH47 – like isoform 1 [*Vitis vinifera*]
CL2997. Contig7	387	transcription factor bHLH47 – like isoform 1 [*Vitis vinifera*]

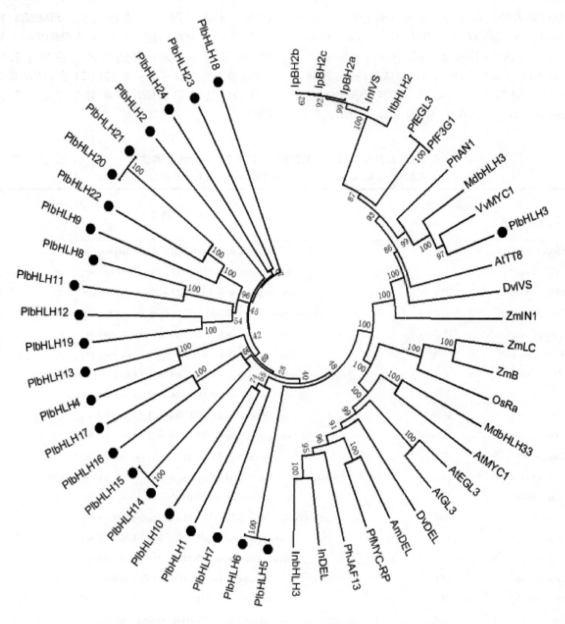

图 2 *PlbHLH*1 ～ 24 与其他物种 **bHLH** 氨基酸序列的系统进化树分析

Fig. 2 A phylogenetic tree of the *PlbHLH*1 ～ 24 in *P. lutea* and bHLH proteins from other species

2.2 黄牡丹 *PlbHLH*3 cDNA 序列分析

利用 NCBI 提供的 ORF Finder 进行分析发现 *Pl-bHLH*3 cDNA 包含一个 2040bp 的开放阅读框（open-readingframe，ORF）和一个 poly（A）尾巴，5'非编码区长 265bp，3'非编码区长 39bp。其 ORF 编码一个含 679 个氨基酸的蛋白质（图 3），Protparam（http：//www. expasy. org/compute_ pi/）预测所编码蛋白的分子量（Mw）为 167. 364kD，理论等电点（pI）为 4. 90。

利用 BlastP 对 *PlbHLH*3 编码的蛋白保守域进行预测发现，*PlbHLH*3 编码的蛋白的保守结构域为 HLH（图 4 – A）。在 HLH 保守域的特异位点（图 3）包括由 8 个残基组成的 DNA 结合位点（第 4、5、11、12、

13、15、40、43 个氨基酸残基），1 个残基组成的 E – box/N – box 特异位点（第 14 个氨基酸残基）和 14 个残基构成的二聚接口（第 20、21、24、25、27、28、43、46、50、52、53、57、59、60 个氨基酸残基）；HLH 保守域的非特异位点分两类：一类是螺旋 – 环 – 螺旋 DNA 结合域（图 4 – A），另一类是 helix loop helix 域（图 4 – A），属于典型的碱性 – 螺旋 – 环 – 螺旋（basic helix – Loop – Helix）结构域。其编码蛋白的疏水性分析表明，编码蛋白均为为亲水区（图 4 – B）。三级结构预测，其模型相似度与 4f2lB 模型达到 34. 55%（图 4 – C）。

```
   1 atgttgcagtcggcggtgcaatctgttcaatgacttacagtctcttttggcagctttgcccacaacaagggatcttagttttgggggagac
     M  L  Q  S  A  V  Q  S  V  Q  W  T  Y  S  L  F  W  Q  L  C  P  Q  Q  G  I  L  V  W  G  D
  91 ggatattacaacgggcaataaagaccgaaaaacaattcaaccaatggaagtcagtaccgaagaggcatcactccagagaagtcaacag
     G  Y  Y  N  G  A  I  K  T  R  K  T  I  Q  P  M  E  V  S  T  E  E  A  S  L  Q  R  S  Q  Q
 181 ctgagggaactatatgattcactttcagcaggagagaccaaccagccagcacggcggccgtgtgctgccttgtcgccggaagacttaacc
     L  R  E  L  Y  D  S  L  S  A  G  E  T  N  Q  P  A  R  R  P  C  A  A  L  S  P  E  D  L  T
 271 gaatcagagtggttttatctcatgtgtgtctcattctcattcctcctggggtagggctaccgggaaaggcatttgcaaaaaggcaact
     E  S  E  W  F  Y  L  M  C  V  S  F  S  F  P  P  G  V  G  L  P  G  K  A  F  A  K  R  Q  H
 361 gtatggcttacgggtgcaaatgaggttgatagcaaagttttacaagagccattcttgccaagagtgctcgtattcagacggtggtatgc
     V  W  L  T  G  A  N  E  V  D  S  K  V  F  T  R  A  I  L  A  K  S  A  R  I  Q  T  V  V  C
 451 attcctctcatggatggtgttgttgaatttggaacgaccgatcggattcaagaagatctaagcctcatccaacacgtcaagacttctttt
     I  P  L  M  D  G  V  V  E  F  G  T  T  D  R  I  Q  E  D  L  S  L  I  Q  H  V  K  T  F  F
 541 gtcgaccaccaccaccatccaccaccaaaaccagctctctctgagcactccacttcaaaccctccagcaaccgaccatcctcgcttccac
     V  D  H  H  H  H  P  P  P  K  P  A  L  S  E  H  S  T  S  N  P  P  A  T  D  H  P  R  F  H
 631 tcaccatcacttccacccatgtatgcagcagctaacccaccagtcaatgctaaccaagaagaccaagaagacgaggaagaagaagatgaa
     S  P  S  L  P  P  M  Y  A  A  A  N  P  P  V  N  A  N  Q  E  D  Q  E  D  E  E  E  D  E
 721 gatgaagatgaagatggtgagtcagactcagaaggtgaaaccgcacgtcaggttttgattgctaatattcctcagggaacagctgccggt
     D  E  D  E  D  G  E  S  D  S  E  G  E  T  A  R  Q  V  L  I  A  N  I  P  Q  G  T  A  A  G
 811 catatggcaacagaaccgagtgaactcatgcaactggagatgtctgaggatatccgcctcggttctcctgatgacgcctcgaacaatttg
     H  M  A  T  E  P  S  E  L  M  Q  L  E  M  S  E  D  I  R  L  G  S  P  D  D  A  S  N  N  L
 901 gattcagattttcatatgctggctgtgagccaagcggatgggaacctgctgatcaccggcgaagagctgactcgtatagggctgagtcg
     D  S  D  F  H  M  L  A  V  S  Q  A  D  G  N  P  A  D  H  R  R  R  A  D  S  Y  R  A  E  S
 991 acccggaggtggccaatgattgtacatgaccctatgactagtggtcttcaaccaccaccaggaccgccttctctggaggaggaattgaca
     T  R  R  W  P  M  I  V  H  D  P  M  T  S  G  L  Q  P  P  P  G  P  P  S  L  E  E  E  L  T
1081 caagaagacacccattactcccaaactgtctcaaccatcctccaccaccaacccagccggtggtcggaatcttcctctgccagctatgtc
     Q  E  D  T  H  Y  S  Q  T  V  S  T  I  L  H  H  Q  P  S  R  W  S  E  S  S  S  A  S  Y  V
1171 ctttacacctcccaatccgccttctccaaatggagcatccgctccgaccatcatcacctccctgtaccactggagggcacgtctcagtgg
     L  Y  T  S  Q  S  A  F  S  K  W  S  I  R  S  D  H  H  H  L  P  V  P  L  E  G  T  S  Q  W
1261 ctcctcaaatacattctatttagcgtgccatttcttcacaacaagtaccgggaagaaacttccccaaaatctcgagacaccaccgccgac
     L  L  K  Y  I  L  F  S  V  P  F  L  H  N  K  Y  R  E  E  T  S  P  K  S  R  D  T  T  A  D
1351 ccagcatctcggtttcgtaaaggcaacaccccacaagacgagctgagcgccaaccacgtcctggcggagcgccgccgtcgcgagaagctt
     P  A  S  R  F  R  K  G  N  T  P  Q  D  E  L  S  A  N  H  V  L  A  E  R  R  R  R  E  K  L
1441 aacgagcggttcattatattacgttcattagtcccgttcgtgaccaaaatggataaggcttcgatattaggcgatacaattgagtatgtc
     N  E  R  F  I  I  L  R  S  L  V  P  F  V  T  K  M  D  K  A  S  I  L  G  D  T  I  E  Y  V
1531 aaacagttgaggagaaaaatacaagacctcgagataaggacacgtcagatggaaactgacaaccaacggttgagatcagtggaaccgcaa
     K  Q  L  R  R  K  I  Q  D  L  E  I  R  T  R  Q  M  E  T  D  N  Q  R  L  R  S  V  E  P  Q
1621 aggacgactagtggttcgaaaagagcagcgaagcgggggttacggctttggagcgggcacgggggttgtgtcctcccgggtcagaaaagagg
     R  T  T  S  G  S  K  E  Q  R  S  G  V  T  A  L  E  R  A  R  G  L  C  P  P  G  S  E  K  R
1711 aagatgaggattgtggaggggagtagtggtgttgccaagcctaaagtagtggatagtttgccgcctacggcggggaacgctgtgcaggta
     K  M  R  I  V  E  G  S  S  G  V  A  K  P  K  V  V  D  S  L  P  P  T  A  G  N  A  V  Q  V
1801 gaggtatcgataattgagagtgatgcgttggtggagttgcaatgtccatacagagaagggttgttgtgggatactatgatgacgctccgg
     E  V  S  I  I  E  S  D  A  L  V  E  L  Q  C  P  Y  R  E  G  L  L  W  D  T  M  M  T  L  R
1891 gagcttcgcgtggaggccaccaccgttcagtcttcgctgaataacggagttttgttgctgaattaagagccaaggtgaaggaaaatgtg
     E  L  R  V  E  A  T  T  V  Q  S  S  L  N  N  G  V  F  V  A  E  L  R  A  K  V  K  E  N  V
1981 aatgggaagaaagcaagcataatagaagtaaagcgagcaatacaccaaataattcctga 2040
     N  G  K  K  A  S  I  I  E  V  K  R  A  I  H  Q  I  I  P  *
```

图 3 *PlbHLH3* 基因 cDNA 序列及推定氨基酸序列

Fig. 3 Nucleotide and deduced amino acid sequences of the complete cDNA of *PlbHLH3*

方框处为 8 个 DNA 结合位点；三角形为 1 个 E – box/N – box；单下划线为 13 个二聚接口

The eight DNA binding sites are framed; one E – box/N – box specificity site is noted with triangle; the thirteen dimerization interface are single – underlined.

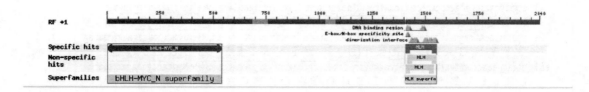

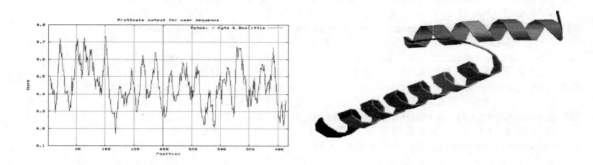

图 4　黄牡丹 *PlbHLH*3 基因的生物信息学分析

Fig. 4　Bioinformatics analysis of *PlbHLH*3 gene in *P. lutea*

A. 结构域分析；B 疏水性分析．；C. 三级结构预测

A Conserved domain analysis．；B. Hydrophobicity analysis；C. Three – dimensional structure prediction

利用 DNAMAN 软件对黄牡丹 *PlbHLH*3 编码氨基酸与其他物种花青素苷合成相关的 bHLH 蛋白进行同源性分析。结果发现，黄牡丹 *PlbHLH*3 与已知其他植物的调控花青素合成的 bHLH 蛋白氨基酸序列有相似的同源性，其中与葡萄 *VvMYC*1 相似性最高，达63.37%；其次与苹果 *MdbHLH*3 和 *PhAN*1 相似性也较高，分别为 62.50% 和 51.98%；与玉米 *ZmIN*1 和拟南芥 *AtTT*8 相似性最低，分别为 34.03% 和 34.65%（图 5）。氨基酸序列比对结果分析与构建的系统进化树（图 2）分析结果一致，说明 *PlbHLH*3 基因参与花青素合成的调控。

2.3　相对荧光定量 PCR 表达分析

以黄牡丹 *Helicase* 基因为内参照，采用荧光定量 PCR 方法对黄牡丹和紫牡丹的不同发育时期（图 6 – A）和盛开期的不同组织（图 6 – B）中 *PlbHLH*3 的表达进行检测，结果表明，*PlbHLH*3 在黄牡丹和紫牡丹的不同时期的表达模式不同，在黄牡丹的硬蕾期高丰度表达，在其他 4 个开放时期的表达量相似，极显著低于在硬蕾期的表达量；而在紫牡丹的硬蕾期表达量最低，在其他 4 个时期的表达量显著或极显著高于在硬蕾期的表达量，在第 2、3、4 时期的表达量相似。

*PlbHLH*3 在黄牡丹和紫牡丹的不同组织中均有表达。在黄牡丹的组织中，表达量从高到低依次为叶片、萼片、花药、心皮、花瓣和茎，在叶片中的表达量显著高于在花瓣中的表达量，在茎中的表达量极显著低于花瓣。而在紫牡丹的萼片中的表达量最高，在心皮中的表达量最低，花瓣和叶片中的表达量相似。

3　讨论

bHLH 转录因子蛋白具有典型的碱性螺旋 – 环 – 螺旋（basic Helix – Loop – Helix，HLH）结构域，以二聚体的形式结合到特异的 DNA 序列上，调控下游基因的表达（Fan *et al*．，2004）。本研究分离得到的 *Pl-bHLH*3 基因所推测编码的蛋白序列也具有 bHLH 结构域，表明黄牡丹 *PlbHLH*3 基因属于 bHLH 类转录因子基因。

bHLH 转录因子以多基因家族形式存在植物体内，参与多种植物生命活动，如类黄酮生物合成（Nesi *et al*．，2000）、植物逆境胁迫响应（Jiang Y *et al*．，2009、2006）、雄蕊和花粉粒发育（Heisler *et al*．，2001；Sorensen *et al*．，2003）等，其中调节类黄酮生物合成是植物 bHLH 转录因子最重要的功能之一。本研究分离得到的 24 个 *bHLH* 基因中，*PlbHLH*3 基因所编码的蛋白质序列与调控花青素苷合成的 bHLH 蛋白同源性较高，如葡萄 *VvMYC*1（Hichri *et al*．，2010）、苹果 *MdbHLH*3（Xie *et al*．，2012）和矮牵牛 *PhAN*1（Quattrocchio *et al*．，1998），推测 *PlbHLH*3 基因可能参与调控黄牡丹花青素的生物合成。*PlbHLH*3 基因的生物学功能还需后续工作进行阐明，如探究其表达规律、研究基因功能等。

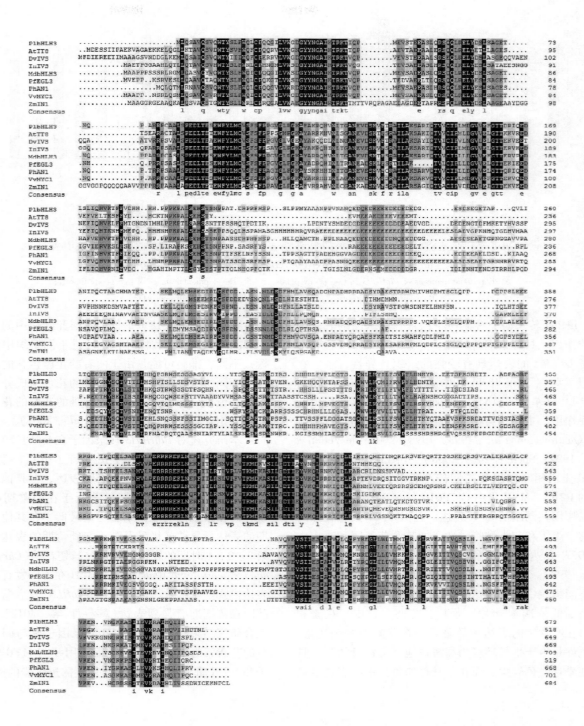

图5 ***PlbHLH3*** **与其他植物氨基酸序列的同源性比较**

AtTT8：拟南芥，DvIVS：大丽花，InIVS：牵牛花，MdbHLH3：苹果，PfEGL3：白苏，PhAN1：矮牵牛，VvMYC1：葡萄，ZmIN1：玉米。

Fig. 5 Homology comparison of *PlbHLH3* in *P. lutea* and other plants

AtTT8：*Arabidopsis thaliana*，DvIVS：*Dahlia pinnata*，InIVS：*Ipomoea nil*，MdbHLH3：*Malus domestica*，PfEGL3：*Perilla frutescens*，PhAN1：*Petunia* × *hybrida*，VvMYC1：*Vitis vinifera*，ZmIN1：*Zea mays*.

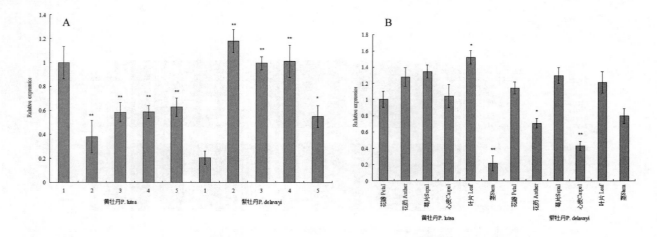

图6　在黄牡丹和紫牡丹中 *PlbHLH*3 转录因子的相对表达量

A. *PlbHLH*3 在不同发育阶段的表达模式，1~5：花瓣的五个发育阶段；B. *PlbHLH*3 在盛开期的不同组织中的表达模式

Fig. 6 Relative quantity of *PlbHLH*3 in *P. lutea* and *P. delavayi*

A. Expression patterns of *PlbHLH*3 in tree peony petals. 1~5: Developmental stages of tree peony flowers;

B. Expression patterns of *PlbHLH*3 in different tissues in full open stage

　　bHLH 转录因子对植物花色素合成基因的表达的调控作用，具有组织特异性。如金鱼草的 bHLH 转录因子 *DELILA* 的表达具有较强的组织特异性，主要在花冠、萼片、子叶和茎中起作用（Martin *et al.*，1991）；矮牵牛 *PhAN*1 在其花青苷生物合成调控中起重要作用，主要参与花瓣或花药花青苷生物合成的调控（Quattrocchio *et al.*，1993，1998，2006；de Vetten *et al.*，1997；Spelt *et al.*，2000）。bHLH 转录因子与 MYB 蛋白相互作用共同调控花青苷的合成，如非洲菊的 R2R3－MYB 蛋白 GMYB10 与 bHLH 蛋白 GMYC1 相互作用共同激活 *DFR* 表达，且 GMYC1 具有较强的器官、组织和花类型特异性。如其调节花冠和心皮中的 *DFR* 表达，对冠毛和雄蕊中却不调节（Elomaa *et al.*，1998）。本研究中，*PlbHLH*3 在黄牡丹和紫牡丹的不同组织中均有表达。在黄牡丹的组织中，表达量从高到低依次为叶片、萼片、花药、心皮、花瓣和茎，在叶片中的表达量显著高于在花瓣中的表达量，这也许是由于生长环境为高海拔地区黄牡丹的叶片具有红晕且颜色较深。而在紫牡丹的萼片中的表达量最

高，在心皮中的表达量最低，花瓣和叶片中的表达量相似。*PlbHLH*3 在黄牡丹和紫牡丹不同组织中的表达模式不同，推测可能是由于两者的花瓣包含的花青苷成分不同所致，在黄牡丹的花瓣的花色素成分包括类黄酮类色素（Li，2009），而紫牡丹的花瓣的花色素成分主要是花青苷类色素（Wang *et al.*，2001）。

　　本研究还对 *PlbHLH*3 转录因子在黄牡丹和紫牡丹的不同发育时期的表达模式进行了分析，发现 *PlbHLH*3 在黄牡丹的硬蕾期高丰度表达，在其他 4 个开放时期的表达量相似，极显著低于在硬蕾期的表达量；而在紫牡丹的硬蕾期表达量最低，在其他 4 个时期的表达量显著或极显著高于在硬蕾期的表达量，在第 2、3、4 时期的表达量相似，与切花菊（*Chrysanthemum* × *morifolium* Ramat.）的 bHLH 在不同发育时期的表达模式基本一致，即转录因子 bHLH 表达先于结构基因在蕾期即有强烈表达（韩科厅 等，2012）。因此综合研究结果表明，*PlbHLH*3 转录因子参与调控黄牡丹的花青素合成，其如何发挥作用及与 MYB 转录因子和 WDR 重复蛋白的协调作用还需进一步的探讨。

参考文献

1. Abe H, Urao T, Ito T, Seki M, Shinozaki K, Yamaguchi－Shinozaki K. 2003. Arabidopsis AtMYC2（bHLH）and AtMYB2（MYB）function as transcriptional activators in abscisic acid signaling［J］. Plant Cell, 15（1）: 63－78.

2. Bou－Torrent J, Roig－Villanova I, Galstyan A, Martinez－Garcia JF. 2008. PAR1 and PAR2 integrate shade and hormone transcriptional networks［J］. Plant Signal Behav, 3

（7）: 453－454.

3. ChandlerV L, Radieella J P, Robbins T P, Chen J, Turks D. 1989. Two regulatory genes of the maize anthocyanin pathway are homologous: Isolation of B utilizing R genomic sequenees［J］. Plant Cell, 1（12）: 1175－1183.

4. de Vetten N, Quattrocchio F, Mol J, Koes R. 1997. The an11 locus controlling flower pigmentation in petunia encodes

a novel WD – repeat protein conserved in yeast, plants, and animals[J]. Genes & Development, 11: 1422 – 1434.

5. Elomaa P, Mehto M, Kotilainen M, Hlariutta Y, Nevalainen L, Teeri TH. 1998. A bHLH transcription factor mediates organ, region and flower type specific signals on *dihydrofl avonol – 4 – reductase* (*dfr*) gene expression in the inflorescence of *Gerbera hybrida* (Asteraceae) [J]. Plant J., 16 (1): 93 – 99.

6. Espley RV, Hellens RP, Putterill J, Stevenson DE, Kutty – Amma S, Allan AC. 2007. Red colouration in apple fruit due to the activity of the MYB transcription factor, MdMYB10 [J]. Plant J., 49: 414 – 427.

8. Fan C, Purugganan M D, Thomas D T, Wiegmann B M. 2004. Heterogeneous evolution of the Myc – like Anthocyanin regulatory gene and its phylogenetic utility in *Cornus* L. (Cornaceae) [J]. Mol Phylogenet Evol, 33 (3): 580 – 594.

9. Franken P., Schrell S., Peterson P A., Saedler H, Wienand U. 1994. Molecular analysis of protein domain function encoded by the myb – homologous maize genes CI, Zm1 and Zm 38[J]. The Plant Journal, 6 (1): 21 – 30.

10. Goff SA, Cone KC, Chandler VL. 1992. Functional analysis of the transcriptional activator encoded by the maize B gene: evidence for a direct functional interaction between two classes of regulatory proteins[J]. Genes Dev., 6 (5): 864 – 875.

11. Goodrich J, Carpenter R and Coen E S. 1992. A common gene regulates pigmentation patten in diverse plant species [J]. Cell, 68(5): 955 – 964.

12. 韩科厅，赵莉，唐杏姣，胡可，戴思兰. 2012. 菊花花青素苷合成关键基因表达与花色表型的关系[J]. 园艺学报，39 (3): 516 – 524.

13. Heisler MG, Atkinson A, Bylstra YH, Walsh R, Smyth DR. 2001. SPATULA, a gene that controls development of carpel margin tissues in Arabidopsis, encodes a bHLH protein[J]. Development, 128: 1089 – 1098.

14. Hichri I, Heppel S C, Pillet J, Léon C, Czemmel S, Delrot S, Lauvergeat V, Bogs J. 1995. The basic helix – loop – helix transcription factor MYC1 is involved in the regulation of the flavonoid biosynthesis pathway in grapevine [J]. Mol Plant, 2010, 3(3): 509 – 523.

15. Holton T A, Cornish E C. Genetics and biochemistry of anthocyanin biosynthesis[J]. Plant Cell, 7(7): 1071 – 1083.

16. Jiang Y, Deyholos M K. 2006. Comprehensive transcriptional profiling of NaCl-stressed *Arabidopsis* roots reveals novel classes of responsive genes [J]. BMC Plant Biol, 6 (1): 25.

17. Jiang Y, Yang B, Deyholos M K. 2009. Functional characterization of the Arabidopsis bHLH92 transcription factor in

abiotic stress[J]. Mol Genet Genomics, 282 (5): 503 – 516. 225

18. Leivar P, Monte E, Oka Y, Liu T, Carle C, Castillon A. 2008. Multiple phytochrome – interacting bHLH transcription factors repress premature seedling photomorphogenesis in darkness[J]. Curr Biol, 18 (23): 1815 – 1823.

19. Li CH, Du H, Wang L, Shu Q, Zheng Y, Xu Y, Zhang J, Zhang J, Yang R, Ge Y. 2009. Flavonoid composition and antioxidant activity of tree peony (*Paeonia* section *Moutan*) yellow flowers. J Agric [J]. Food Chem., 57: 8496 – 8503.

20. Li H, Sun J, Xu Y, Jiang H, Wu X, Li C. 2007. The bHLH – type transcription factor AtAIB positively regulates ABA response in *Arabidopsis*[J]. Plant Mol Biol., 65 (5): 655 – 665

21. Long TA, Tsukagoshi H, Busch W, Lahner B, Salt DE, Benfey PN. 2010. The bHLH transcription factor POPEYE regulates response to iron deficiency in *Arabidopsis* roots[J]. Plant Cell, 22 (7): 2219 – 2236.

22. Lorenzo O, Chico JM, Sánchez – Serrano JJ, Soano R. 2004. JASMONATE – INSENSITIVE1 encodes a MYC transcription factor essential to discriminate between different jasmonate – regulated defense responses in *Arabidopsis*[J]. Plant Cell, 16 (7): 1938 – 1950.

23. Ludwig SR, Habera LF, Dellaporta SL, Wessler SR. 1989. Lc, a member of the maize R gene family responsible for tissuespecific anthocyanin production, encodes a protein similar to transcripti24. onal activators and contains the myc – homology region[J]. Proc Natl Acad Sci USA, 86 (18): 7092 – 7096.

25. Martin C, Prescott A, Mackay S, Bartlett J, Vrijlandt E. Control of anthocyanin biosynthesis in flowers of *Antirrhinum majus*[J]. Plant J. 1991, 1(1): 37 – 49.

26. 孟丽，周琳，张明珠，戴思兰. 2006. 一种有效的花瓣总RNA 的提取方法[J]. 生物技术，16(1): 38 – 40.

27. Nakatsuka T, Haruta KS, Pitaksutheepong C, Abe Y, Kakizaki Y, Yamamoto K. 2008. Identification and characterization of R2R3 – MYB and bHLH transcription factors regulating anthocyanin biosynthesis in gentian flowers[J]. Plant Cell Physiol, 49: 1818 – 1829.

28. Nesi N, Debeaujon I, Jond C, Pelletier G, Caboche M, Lepiniec L. 2000. The *TT8* gene encodes a basic helix – loop – helix domain protein required for expression of *DFR* and *BAN* genes in *Arabidopsis siliques*[J]. Plant Cell, 12 (10): 1863 – 1878.

29. Park K – 1, Ishikawa N, Morita Y, Choi JD, Hoshino A, Lida S. 2007b. A bHLH regulatory gene in the common morning glory, *Ipomoea purpurea*, controls anthocyanin biosynthesis in flowers, proanthocyanidin and phytolnelanin pig-

mentation in seeds, and seed trichome formation[J]. The Plant Joumal, 49(4): 641 – 654.

30. Quattrocchio F, Baudry A, Lepiniec L, Grotewold E. 2006. The regulation of flavonoid biosynthesis. In: Grotewold E (ed) The science of flavonoids[M]. New York, Springer, pp.: 97 – 122.

31. Quattrocchio F, Wing J F, Va K, Mol J N, Koes R. 1998. Analysis of bHLH and MYB domain proteins: species – specific regulatory differences are caused by divergent evolution of target anthocyanin genes[J]. Plant J, 13(4): 475 –488.

32. Quattrocchio F, Wing J F, Leppen H, Mol J, Koes R E. 1993. Regulatory genes controlling anthocyanin pigmentation are functionally conserved among plant species and have distinct sets of target genes[J]. The Plant Cell, 5(11): 1497 – 1512.

33. Quattrocehio F, Wing J, van der Woude K, Mol JN, Koes R. 1998. Analysis of bHLH and MYB domain proteins: species – specific regulatory differences are caused by divergent evolution of target anthocyanin genes[J]. Plant Journal, 13(4): 475 –488.

34. Rampey R A, Woodward AW, Hobbs BN, Tierney MP, Lahner B, Salt DE, Bartel B. 2006. An *Arabidopsis* basic helix – loop – helix leucine zipper protein modulates metal homeostasis and auxin conjugate responsiveness[J]. Genetics, 174(4): 1841 – 1857.

35. Ramsay N A, Glover B J. 2005. MYB – bHLH – WD40 protein complex and the evolution of cellular diversity[J]. Trends Plant Sci, 10(2): 63 – 70.

36. Sakamoto W, Ohmori T, Kageyama K, Miyazaki C, Saio A, Murata M, Noda K, Maekawa M. 2001. The purple leaf (Pl) locus of rice: The pl allele has a complex organization and includes two Genes encoding basie helix – loop – helix proteins involved in anthocyanin biosynthesis[J]. Plant Cell Physiol, 42(9): 982 – 991.

37. Sorensen A M, Kröber S, Unte U S, Huijser P, Dekker K, Saedler H. 2003. The *Arabidopsis* ABORTED MICROSPORES (AMS) gene encodes a MYC class transcription factor[J]. Plant J, 33(2): 413 –423.

38. Spelt C, Quattrocchio F, Mol JNM, Koes R. 2000. *anthocyanin*1 of petunia encodes a basic helix – loop – helix protein that directly activates transcription of structural anthocyanin genes[J]. Plant Cell, 12(9): 1619 – 1631.

39. Wang Kui – lin, Bolitho, K., Grafton, K., Kortstee A. 2010. An R2R3 MYB transcription factor associated with regulation of the anthocyanin biosynthetic pathway in Rosaceae[J]. BMC Plant Biology, 10: 50.

40. Wang LS, Hashimoto F, Shiraishi A, Shimizu K, Aoki N, Li JJ, Sakata Y. 2001. Phenetics in tree peony species from China by flower pigment cluster analysis[J]. J. Plant Res., 114: 213 – 221.

41. 王勇, 陈克平. 姚勤. 2008. bHLH 转录因子家族研究进展[J]. 遗传, 30(7): 821 – 830.

42. 王志芳, 王雁, 岳桦. 2007. 珍稀资源: 黄牡丹[J]. 中国城市林业, 5(2): 59 – 60.

43. Xie X B, Li S, Zhang R F, Zhao J, CHEN Y C, Zhao Q, Yao Y X, You C X, Zhang X S, Hao Y J. 2012. The bHLH transcription factor MdbHLH3 promotes anthocyanin accumulation and fruit colouration in response to low temperature in apples[J]. Plant Cell Environ, 35(11): 1884 – 1897.

44. Yamagishi M, Shimoyamada Y, Nakatsuka T, Masuda K. 2010. Two R2R3 – MYB genes, homologs of petunia AN2, regulate anthocyanin biosyntheses in flower tepals, tepal spots and leaves of Asiatic hybrid lily[J]. Plant Cell Physiol, 51: 463 – 474.

45. 张全琪, 朱家红, 倪燕妹, 张治礼. 2011. 植物 bHLH 转录因子的结构特点及其生物学功能[J]. 热带亚热带植物学报, 19(1): 84 – 90.

46. 周琳. 2010. 牡丹花色形成分子机制的研究及云南野生黄牡丹色素成分的分析与鉴定[D]. 中国林业科学研究院.

中国观赏园艺研究进展 2015：219～227
Advances in Ornamental Horticulture of China，2015：219～227

219

云南野生黄牡丹谷胱甘肽转移酶基因 GSTs 的分离及表达分析[*]

史倩倩　周琳　李奎　王雁[①]

（国家林业局林木培育重点实验室，中国林业科学研究院林业研究所，北京 100091）

摘要　本研究从已构建的云南野生黄牡丹花瓣转录组数据库中得到了 10 个与花青素苷转运相关的谷胱甘肽转移酶（GST）蛋白同源性高的 Unigene 序列，分别命名为 *PlGST*1 ~10. 利用 RT – PCR 和 RACE 技术对 *PlGST*1 ~10 最大阅读框（ORF）序列扩增并进行氨基酸序列比较和系统进化树分析，结果显示 *PlGST*5 可能与花青素苷转运相关，包含一个 675bp 的开放阅读框，编码一个 224 个氨基酸的蛋白，含有 2 个内含子和 3 个外显子，属于 phi 型 GST；其氨基酸序列与葡萄 *VvGST*4、矮牵牛 *PhAn*19、仙客来 *CkmGST*3、拟南芥 *AtTT*19、瓜叶菊 *ScGST*3 和香石竹 *DcGSTF*2 等花青素苷转运 GST 具有较高的相似性。*PlGST*5 在不同花色的花发育时期及盛开期的不同组织的 qRT – PCR 分析表明 *PlGST*5 在含有花青素苷积累较多的组织中高丰度表达，在黄牡丹和紫牡丹的盛开期表达量最高，而在'赵粉'和'玉板白'的花发育早期表达量最高。本研究推测 *PlGST*5 参与黄牡丹花青素苷转运，为今后深入探讨黄牡丹花色形成机制奠定理论基础。

关键词　黄牡丹；谷胱甘肽转移酶；花青素苷；基因克隆；表达分析

The Transcriptional Regulation Involved in Anthocyanin Biosynthesis in Plants

SHI Qian-qian　ZHOU Lin　LI Kui　WANG Yan

（*SFA*，*Key Laboratory of Tree Breeding and Cultivation*，*Research Institute of Forestry*，*CAF*，*Beijing* 100091）

Abstract　In this study，In this study，10 unigene sequences that shared high homology with GST protein involved in plant anthocyanin transfering were obtained from previous – constructed tree peony（*Paeonia lutea*）petal transcriptome database and named *PlGST*1 ~ 10. Sequences of Open Reading Fram（ORF）in *PlGST*1 ~ 10 were amplified with designed specific promers using RT – PCR and RACE technology，made compare analysis of amino acid sequence and phylogenetic tree analysis. Results showed that *PlGST*5 was considered to be an alternative gene which related to anthocyanin transferring，contained a 675bp ORF encoding 224 amino acid residues with 2 introns and 3 excons and belonged to phi type GST；the predicted protein sequence of *PlGST*5 also shared high similarity with other GSTs that related to anthocyanin transferring such as *VvGST*4、*PhAn*19、*CkmGST*3、*AtTT*19、*ScGST*3 and *DcGSTF*2 so on. The expression patterns of *PlGST*5 in different tissues and petals with different flower colors during flower development were investigated using qRT – PCR. The results indicated that *PlGST*5 had a higher expression level in the tissues which contained more anthocyanin，and reached the highest level when flower fully opened in. and *P. delavayi* while reached the highest abundance at early stage of 'Zhao Fen' and 'Yu Ban Bai'. In conclusion，we inferred that *PlGST*5 might associate with the transfer of anthocyanin in *P. lutea* and this would provide the basis for insight into the molecular mechnisms underlying tree peony yellow flower pigmentation.

Key words　*Paeonia lutea*；Glutathione S – transferase；Anthocyanin；Gene clone；Expression analysis

　　植物谷胱甘肽转移酶（GlutathioneS – transferases，GSTs）是由多个基因编码、具有多种功能的超家族酶，根据蛋白质同源性和基因组结构，分为 U（tau）、T（theta）、F（phi）、Z（zeta）、L（lamda）5 类（Buetler and Eaton，1992），在植物的初级和次级代谢、胁迫和信号传导过程中具有许多不同的功能（Moons，2003）。

　　花色作为观赏植物的一个重要观赏性状，也是观赏植物重要的品质指标之一。因此，培育具有新型花色的新品种一直是观赏植物育种领域的研究热点。花

* 基金项目："863"计划（SQ2010AA1000687008）。

① 通讯作者。王雁，国家林业局林木培育重点实验室（中国林业科学研究院林业研究所），研究员。E-mail：chwy8915@sina.com。

青素苷是决定花色的主要色素（Harborne and Williams，2000），能控制花的黄色、橘黄、红色、紫色和蓝色等颜色的形成，其在细胞质中合成，然后转运到液泡。花青素苷在液泡中的积累对花色的形成和改变具有重要作用（Winkel-Shirley，1999；Winkel，2004；Grotewold，2004）。另外，矮牵牛的花青素苷甲基转移酶（Jonsson et al.，1983）及龙胆和紫苏的花青素苷酰基转移酶（Fujiwara et al.，1998；Yonekura-Sakakibara et al.，2000）在细胞质中的定位证明了所有花青素苷被转运到液泡中。

基因敲除和互补试验证明，谷胱甘肽转移酶（GSTs）家族的一些成员参与了花青素苷的运输。在玉米中，由于 BZ2 基因的敲除突变，导致了花青素苷只在细胞质中积累（Mueller and Walbot，2001；Goodman et al.，2004）。后来花青素苷转运基因 GSTs 还在其他物种中发现，如拟南芥（Arabidopsis thaliana）的 TT19（Kitamura et al.，2004）、矮牵牛（petunia hybrida）AN9（Alfenito et al.，1998）、紫苏（Perilla frutescens）的 pfGST1（Yamazaki et al.，2008）、葡萄（Vitis vinifera）的 VvGST4（Conn et al.，2008）、仙客来（Cyclamen persicum）的 CkmGST3（Kitamura et al.，2012）、香石竹（Dianthus caryophyllus）的 DcGSTF2（Larsen et al.，2003；Sasaki et al.，2012）和瓜叶菊（Senecio cruentus）的 ScGSTs（金雪花 等，2013）。

云南野生黄牡丹（P. lutea）作为中国西南地区特有种，属于芍药科芍药属牡丹组的落叶亚灌木，是具

有极高观赏价值的特有园艺资源和极高药用价值的药材资源。因其花为黄色，在牡丹花色改良研究中具有重要地位（王志芳 等，2007）。目前中原牡丹的花青素合成途径的部分结构基因已被分离（周琳，2010），但关于黄牡丹的花青素代谢途径的基因和 GSTs 基因还未见报道。因此本研究根据黄牡丹转录组测序获得的 unigene 信息设计特异性引物，结合 RACE 技术，克隆并筛选出与花青素苷相关的候选基因 PlGST5，并对其在不同色系不同发育阶段和盛开期的不同组织中的表达模式进行分析，以期为研究花青素苷转运机制、探讨牡丹黄色花形成机理奠定基础。

1 材料与方法

1.1 实验材料

4 月底至 5 月上旬，采取位于滇西北香格里拉县城以西 25km 左右的滑雪场附近（27°57′N，99°35′E）的黄牡丹（P. lutea）和紫牡丹（P. delavayi）的 5 个时期（硬蕾期、圆桃期、透色期、初开期和盛开期）的花瓣及盛开期的叶片、茎、萼片、雄蕊和雌蕊，并剪下盛开期花瓣的紫色斑纹，取下后分别用锡箔纸包好，立即用液氮速冻后于 −80℃ 冰箱中保存备用；采用同样的方法采取玉泉山牡丹圃中的'赵粉'（粉色）和'玉板白'（白色）的 5 个时期（硬蕾期、圆桃期、透色期、初开期和盛开期）的花瓣（图 1）及盛开期的叶片、茎、萼片、雄蕊和雌蕊，并保存于 −80℃ 冰箱中。

| Stage | Stage | Stage | Stage | Stage |

| 白色White | 粉色Pink | 黄色Yellow | 紫色Purple |

图 1 试验材料

Fig. 1 The materials for this experiment

1.2 总 RNA 提取及目的基因全长序列的克隆

采用改进的 CTAB 法（孟丽 等，2006）提取试验材料的总 RNA。检测质量合格后，以 1μg 总 RNA 为模板，利用 Promega 公司的 M – MLV 反转录酶合成 cDNA 第一链。然后根据转录组测序获得的 Unigene 信息设计特异引物（表1）。PCR 扩增产物经 1.2% 琼脂糖凝胶检测、回收目的条带，然后连接到 PMD – T19 载体（Takara）上，再转化到大肠杆菌 TOP10，在 X – gal/IPTG 琼脂糖平板上挑选白色克隆，由北京中美泰和科技公司进行测序。其中引物设计采用 PrimerPremier5.0 和 DNAMAN（ver. 6.0.3.99）软件进行。除 RACE 实验中通用引物为试剂盒附带以外（序列见 SMART™ RACE cDNA Amplification Kit 说明书），其余各基因扩增引物委托上海生工生物公司合成，序列如表1所示。

表1 黄牡丹 GST 基因克隆及表达分析所用引物

Table1 Primers used to isolate and analyze the expression of PlGSTs

作用 Function	引物名称 Primer name	引物序列（5'－3'）	
	*PlGST*1	ATGGCGGAAGAGGTTATTCTGTTGGAC /CTCTATCCCGTGCTTCTTTCTCAGTCCC	
	*PlGST*2	GCAGCCAACCAACTCATCAATC/CAAGTCAAATCCCGTCCACAAG	53'
	*PlGST*3	ATTGCTCGCTTCTGGGCTGCCTATG	3'
	*PlGST*4	ATCAGCCAGGGAAACTTCGTCT/GCTCTTGCTCTTACCGTGTTCG	53'
分离基因 Isolate gene	*PlGST*5	GAAGGGCAAAGTTTCAACCCACCAAG	3'
	*PlGST*6	ATGAAATTGAAAGTATACGCTGATCGAATG/CAACTTTGAATGTGGTGCTGTTTTCGAGTT	
	*PlGST*7	ATGCAGCTATATCATCATCCCTGCTCTTTG/ATATCTCTTCAACATACTTCGGATGCG	
	*PlGST*8	TGAAGCAAGTGGGTCAAACTGGTG/GCGACAATCTAACGATGGGAGCA	53'
	*PlGST*9	GAAATCCAGTCTCGGAATCCCTCA	3'
	*PlGST*10	TGCTGCTTCTTGCTCCAACCCT/GAAATCCAGTCTCGGAATCCCTCA	53'
qRT – PCR	*PlGST*5	TTCTCACCTGCCAAACACG/CATAGCAACCACCTTCTTCCA	
PCR	*PlGST*5	ATGGCAGCTGCAGTGAAAGT/GCATAAAATAAAGAACAAAGAACCA	

1.3 生物信息学分析

利用 DNAMAN6.0 软件进行序列翻译和氨基酸相似性比对，并通过 ExPASY Protparam（http://www.expasy.org/compute_ pi/）预测编码蛋白的分子量和理论等电点，联网至 http://www.ncbi.nlm.nih.gov/structure/cdd/.wrpsb.cgi 预测蛋白质保守结构域。利用 MEGA5.2.2 软件中的 Neighbor – Joining（邻位相连法，NJ）法进行系统进化树分析。

1.4 表达模式分析

以 *Helicase* 为内参基因，应用 qRT – PCR 法分析 *PlGST*1 ~ 10 在不同发育阶段和不同组织的表达模式，引物序列见表1。参照 TaKaRa 公司的荧光定量试剂盒 STBR PrimeScript™ RT – PCR Kit 说明书，建立 20μL 反应体系（见表2）。荧光定量 PCR 在 Roche-LightCyder480 实时定量 PCR 仪上进行，反应程序为 95℃，30s；40 个循环：95℃，5s；60℃，30s；通过加热扩增产物 60 至 95℃，获得溶解曲线。目的基因相对表达量的计算参照 Livak 和 Schmittgen（2001）的方法，计算公式为 $2^{-\triangle\triangle CT}$。所有的 qRT – PCR 反应均进行生物学重复和技术重复（每个样品 3 个生物学重复，每个生物学重复 3 个技术重复）。

表2 实时定量 PCR 反应体系

Table 2 qRT – PCR reaction systems

组分 Ingredient	体积 Volume（μL）
SYBRPremixExTaqTM	10
PCRForwardPrimer（10μm）	0.8
PCRReversePrimer（10μm）	0.8
cDNA	2
dH₂O	6.4
Total	20

2 结果与分析

2.1 黄牡丹 *PlGST* 基因家族的分离及花青素苷相关 GST 的筛选

对本课题组前期构建的黄牡丹花瓣转录组数据库（未发表）分析发现有 19 个 Unigene 与 GSTs 基因同源性较高（表3）。但其中同一 unigene 的不同 contig 的序列基本相同，如 CL7322.contig1 与 CL7322.contig2、3、4、5 的序列一致；CL5164.contig1 与 CL5164.contig2 序列完全相同，因此推测 10 个序列可能与参与花青素苷运输的 GST 酶有关。根据 unigene 信息设计特异引物，进行 PCR 扩增，分别命名为 *PlGST*1 ~ 10。将这 10 个 GST 成员与前研究与拟南芥 GSTs 成员（Wagneretal.，2002；Kitamura *et al.*，

2004）和其他前研究与花青素相关的 GSTs 成员如紫苏（Perillafrutescens）的 *PfGST*1（Yamazaki *et al*．，2008），葡萄的 *VvGST*4（Conn *et al*．，2008），仙客来的 *Ck-mGST*3（Kitamura *et al*．，2012），香石竹的 *DcGSTF*2（Larsen *et al*．，2003；Sasaki *et al*．，2012），瓜叶菊的 *ScGST*3（金雪花 等，2013）和矮牵牛 *PhAn*9（Alfenito *et al*．，2012）构建系统进化树（图 2）。由图可见：

*PlGST*2、3、4、9、10 先聚类在一起，然后与 *PlGST*1 聚在 tau 型（*AtGSTU*）分支上。*PlGST*5、8 与拟南芥 phi 型（*AtGSTF*）聚在一支；*PlGST*6、7 与拟南芥 theta 型（*AtGSTT*）聚类在一起。分析发现 *PlGST*5 与花青素相关 GST（*AtTT*19、*DcGSTF*2、*PfGST*1、*VvGST*4、*Ck-mGST*3 和 *PhAn*9）的同源性最高。

表 3 与 GST 基因相关的 10 个 Unigene 基本信息

Table 3 10 Unigenes related on GSTs

Unigene 编号 UnigeneID.	Unigene 长度（bp） Unigenelength	Pl–FPKM	Blastx 比对结果
CL7322. Contig1	672	91. 8751	glutathiones–transferase，putative［Ricinuscommunis］
CL7322. Contig2	372	4. 0244	glutathionetransferaseGSTU33［Populustrichocarpa］
CL7322. Contig3	657	41. 7271	glutathiones–transferase，putative［Ricinuscommunis］
CL7322. Contig4	669	9. 5762	glutathiones–transferase，putative［Ricinuscommunis］
CL7322. Contig5	231	1. 9791	glutathioneS–transferase–like［Vitisvinifera］
Unigene14312	633	4. 02439	tauclassglutathionetransferaseGSTU45［Populustrichocarpa］
CL5164. Contig1	684	0. 762	glutathioneS–transferaseU17isoform1［Vitisvinifera］
CL5164. Contig2	684	1. 0755	glutathioneS–transferaseU17isoform1［Vitisvinifera］
CL8420. Contig1	630	99. 5902	glutathione–S–transferase［Pyruspyrifolia］
CL8420. Contig2	630	18. 2519	glutathione–S–transferase［Pyruspyrifolia］
Unigene11611	651	6. 07743	glutathione–s–transferasetheta，gst，putative［Ricinuscommunis］
CL3028. Contig1	750	12. 1528	glutathione–s–transferasetheta，gst，putative［Ricinuscommunis］
CL3028. Contig2	723	35. 2049	glutathione–s–transferasetheta，gst，putative［Ricinuscommunis］
CL3028. Contig3	198	6. 6846	glutathioneS–transferase［Panaxginseng］
CL10364. Contig1	801	3. 0869	glutathioneS–transferasefamilyprotein［Theobromacacao］
Unigene14840	642	4. 9979	phiclassglutathioneS–transferaseprotein［Bruguieragymnorhiza］
Unigene22976	663	38. 3865	glutathionetransferase，partial［Vitisvinifera］
CL592. Contig1	306	2. 0048	probableglutathioneS–transferase［Vitisvinifera］
CL592. Contig3	612	2. 12	ProbableglutathioneS–transferaseparA［Nicotianatabacum］

2.2 黄牡丹 *PlGST*5 cDNA 序列分析

利用 NCBI 提供的 ORF Finder 进行分析发现 *PlGST*5 cDNA 的扩增序列全长 919bp，包含 675bp 的开放阅读框（openreadingframe，ORF）和一个 poly（A）尾巴，5'非编码区长 64bp，3'非编码区长 154bp。其 ORF 编码一个含 224 个氨基酸的蛋白质，Protparam（http：//www. expasy. org/compute_ pi/）预测所编码蛋白的分子量（Mw）为 25. 1378kD，理论等电点（pI）为 8. 65。

利用 BlastP 对 *PlGST*5 编码的蛋白保守域进行预测发现，*PlGST*5 编码的蛋白的保守结构域为 GST（PIN02395，glutathione S–transferase），含有两个保守域，一个为 Thioredoxin_ like superfamily 结构域（cl00388，蛋白质二硫氧化还原酶和其他具有硫氧还

蛋白折叠的蛋白质，GST_ N_ Phi subfamily）；另一个为 GST_ C_ family superfamily 结构域（cl02776，GST 家族的羧基端，a 螺旋域，GST_ C_ Phi subfamily）（图 3）。

每个可溶性 GST 是由约 26kD 亚基组成的二聚体。每一个 GST 亚基包含独立的催化位点，该位点由两部分组成：一是由氨基端 TRX–折叠域的氨基酸残基形成的 GSH 特异结合位点（G 位点），二是包括羧基端 a 螺旋域残基的非特异底物结合位点（H 位点）。*PlGST*5 氨基酸序列分析结果显示，位于第 14、45、46、47、58 和 59 氨基酸残基为 G 位点（图 4"#"表示）；而位于第 112、113、116、117、119、120、124、127、175 和 178 氨基酸残基为 H 位点（图 4"＊"表示）。

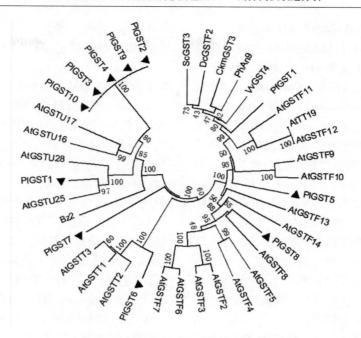

图 2　PlGSTs 与不同物种 GSTs 的系统进化树

AtGSTU：tau 型；AtGSTF：phi 型；AtGSTT：theta 型

Fig. 2　The phylogenetic tree derived from deduced amino acid
sequences of PlGSTs and other known GSTs

AtGSTU：tau type；AtGSTF：phi type；AtGSTT：theta type

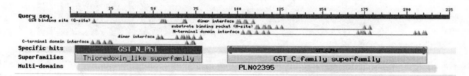

图 3　BlastP 推导的 PlGST5 氨基酸序列保守区检索

Fig. 3　Search for conserved domains in deduced sequence of amino acid of PlGST5 gene

```
  1  CTTTTATGGTGGAGAACCAAACACAAGAACACAAATCCAGAGAAAGAAAAGCAGCACCAACGGT
 65  ATGGCAGCTGCAGTGAAAGTGTACGGCCCCCTTTGTCCACGGCTGTGTCGAGGGTTCTG
  1   M  A  A  A  V  K  V  Y  G  P  P  L  S  T# A  V  S  R  V  L
125  GTCTGCCTCATAGAGAAAGATGTTGAGTTTCAACTCAGTACCATTAACATGTCCAAAGGA
 21   V  C  L  I  E  K  D  V  E  F  Q  L  S  T  I  N  M  S  K  G
185  GAACACAAGAAGCCAGATTTCCTCAAGATTCAGCCATTTGGCCAAGTACCAGCTTTTGAA
 41   E  H  K  K  P# L# F# L  K  I  Q  P  F  G  Q  V  P  A# F# E
245  GATGATAGTATCTCCCTCTTCGAGTCTAGAGCGATATGTCGGTACATTTGTGAGAAGCAT
 61   D  D  S  I  S  L  F  E  S  R  A  I  C  R  Y  I  C  E  K  H
305  GCTGGCAGAGGAAACAAGGATTTATATGGCACCAATTATCAAAAGCATCCATAGAT
 81   A  G  R  G  N  K  D  L  Y  G  T  N  P  L  S  K  A  S  I  D
365  CAGTGGCTGGAAGCTGAAGGGCAAAGTTTCAACCCACCAAGTTCAG CTCTGGTTTTCCAG
101   Q  W  L  E  A  E  G  Q  S  F  N  P* P* S  S  A* L* V  F* Q*
425  CTCGCATTTGCACCTCGAATGAAGCTCAAGCAAGACCCGGGACTGATTAAACAGAGCGAG
121   L  A  F  A* P  R  M* K  L  K  Q  D  P  G  L  I  K  Q  S  E
485  GAGAAGCTAGCCAAGGTGTTGGATGTGTACGAAAAGAAGCTTGGAGAGAGCCGGTTCCTG
141   E  K  L  A  K  V  L  D  V  Y  E  K  K  L  G  E  S  R  F  L
545  GCGAGTGATGAGTTCTCGCTGGCTGATTTGTCTCACCTGCCAAACACGCAGTATTTGGTG
161   A  S  D  E  F  S  L  A  D  L  S  H  L  P  N* T  Q  Y* L  V
605  AATGCGACTGATAAGGGGGGAGATGTTCACTTCGAGGAAGAATGTGGGGAGGTGGTGGGAG
181   N  A  T  D  K  G  E  M  F  T  S  R  K  N  V  G  R  W  W  E
665  GAAATTTCGAGCAGAGATTCGTGGAAGAAGGTGGTTGCTATGCAGAATTCTCCGCCTCCT
201   E  I  S  S  R  D  S  W  K  K  V  V  A  M  Q  N  S  P  P  P
725  CCTAAGAGGGGCTTGAAAGTGTTGAATCTTGTTTTCATGCTTTGAATTCGAGACTGTTGTGGTTC
221   P  K  R  A
790  TTAATGAGCTCTGGTTCCTTCGGCACTCATTTCAACTTTGTTGTTGTTTCATTCCTCTGGATTTC
855  TGCTCTTTATTTTATGGTTCTTTGTTCTTTATTTTATGCAAAAAAAAAAAAAAAAAAAAAAAA
```

图 4　PlGST5 基因 cDNA 全长及推导的氨基酸序列

ATG 为起始密码子；TGA 为终止密码子。标注"#"处为 6 个 G 位点；标注"∗"处为 10 个 H 位点。

Fig. 4　Nucleotide and deduced amino acid sequences of the complete cDNA of PlGST5

Start and stop codons are underlined. The six amino acide residues of the G site are noted with "#", while "∗" denote
the residues of ten H sites.

2.3　黄牡丹 *PlGST5* 编码氨基酸的同源性分析

为对黄牡丹 *PlGST5* 与其他物种 GST 进行同源性分析，利用 DNAMAN 软件对包括 *PlGST5* 在内的 8 个物种的 GST 蛋白氨基酸序列（Wagner et al.，2002；Kitamura et al.，2004；Yamazaki et al.，2008；Conne et al.，2008；Kitamura et al.，2012；Sasaki et al.，2012；金雪花 等，2013）进行了多重比对。结果发现，黄牡丹 *PlGST5* 与已知的花青素相关的 GST 蛋白氨基酸序列有相似的同源性，其中与葡萄 *VvGST4* 相似性最高，达 45.15%；与拟南芥 *AtTT19* 和香石竹 *DcGSTF2* 相似性相对较低，为 39.24%。多重比对结果如图 5。

对构建的系统发育树（图 2）分析发现，10 个 GST 成员中，仅有 *PlGST5* 与已知花青素苷转运相关的 GST 聚类在一起。这意味着 *PlGST5* 可能与上述已报道的 GST 具有相似功能，即参与花青素的转运。

以黄牡丹花瓣 gDNA 为模板，扩增了 *PlGST5* 基因组 DNA。gDNA 从起始密码子到终止密码子共 821bp，含有 2 个内含子和 3 个外显子，内含子总长为 146bp（图 6），属于 GT－AG 内含子。Blastn 比对结果说明 *PlGST5* 属于 phi 型 GST。

2.4　*PlGST5* 表达模式分析

qRT－PCR 分析 *PlGST5* 在黄牡丹（黄色）、紫牡丹（紫色）、'玉板白'（白色）和'赵粉'（粉红色）花瓣在不同开放时期的表达模式发现，在花青素苷含量较高的黄牡丹、紫牡丹和'赵粉'花瓣中表达量较高，而在不含花青素苷或含量极少的'玉板白'花瓣中的表达量很少（图 7）。在花色较深的黄牡丹和紫牡丹的盛开期（第五阶段），*PlGST5* 表达量最高，与第 1 阶段的表达量极显著差异，这与黄牡丹和紫牡丹在盛开期（第 5 阶段）的花色着色最深相符合。在花色为粉红色的'赵粉'的第 1 时期（硬蕾期）表达最高，随着花的开放表达量不断下降，且在第 3、4、5 阶段的表达量较第 1 阶段显著降低。花色为白色的'玉板白'在第 1 阶段高丰度表达，随着花朵的开放不断降低，最终在盛开期基本无表达。

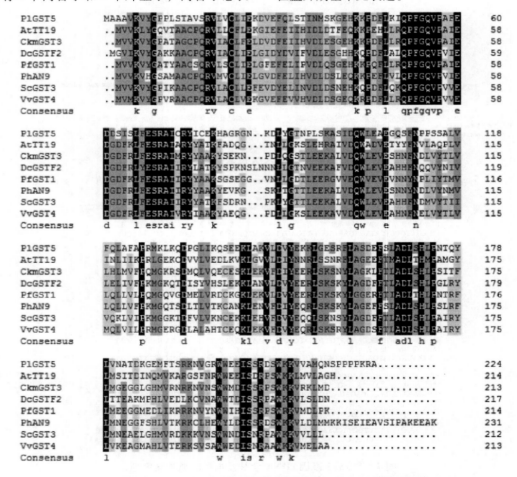

图 5　黄牡丹 *PlGST5* 与其他已知花青素苷相关 GST 氨基酸序列比对

Fig. 5　Alignment of amino acid sequence of *PlGST5* in *P. lutea* and other known GST related to anthocyanin

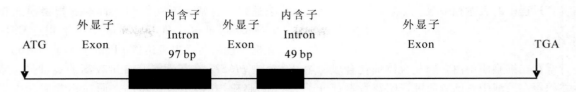

图 6　黄牡丹 *PlGST*5 基因组结构

Fig. 6　The structure of *PlGST*5 genome in *P. lutea*

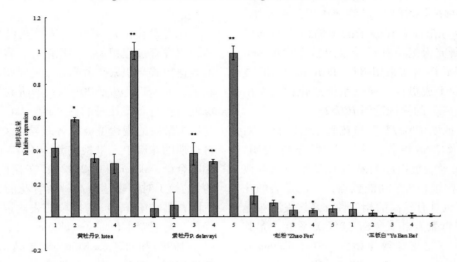

图 7　*PlGST*5 在不同花色牡丹花瓣中的表达模式

1 ~ 5 牡丹花发育阶段。

Fig. 7　Expression patterns of *PlGST*5 in tree peony petals with different flower color 1 ~ 5

Developmental stages of tree peony flowers

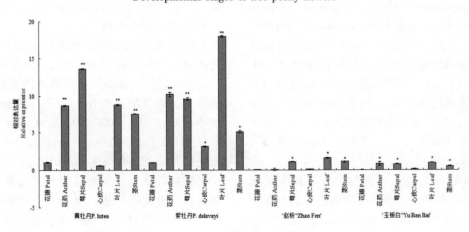

图 8　*PlGST*5 在不同色系牡丹的不同组织中的表达模式

Fig. 8　The expression pattern of *PlGST*5 in different tissues of tree peony with different flower color

进一步对黄牡丹（黄色）、紫牡丹（紫色）、'玉板白'（白色）和'赵粉'（粉红色）的盛开期的花瓣、萼片、雄蕊、心皮和叶片、茎中的表达模式进行了 qRT－PCR 分析发现，*PlGST*5 在花瓣和心皮中表达最低，在萼片、叶片和茎中高丰度表达。*PlGST*5 在黄牡丹、紫牡丹和'玉板白'中各组织中的表达模式相似，在花药、萼片、叶片和茎中的表达量比花瓣中的表达量

极显著或显著升高，而在黄牡丹心皮中的表达量比黄牡丹花瓣中的表达量稍低，在紫牡丹的心皮中的表达量较花瓣中的表达量显著升高。*PlGST*5 在'赵粉'的萼片、叶片和茎中的表达显著比花瓣高，而在花药和心皮中表达与花瓣中的表达相似。整体上看，*PlGST*5 在浅色系的'赵粉'和'玉板白'各组织中的表达量比深色系的黄牡丹和紫牡丹的表达量低，这与在各色系

的花瓣发育过程中的表达相一致。

3　讨论

花青素苷在细胞质中由多酶复合体催化合成，然后转运并积累在液泡中。已有研究证明花青素苷分子运输到液泡中有3种方式：以膜为介质、以囊泡为介质和以转运子为介质。其中以膜为介质的运输途径中，谷胱甘肽转移酶（GST）是起关键作用的两个酶，在多种植物中参与花青素苷分子的运输（Goodman et al.，2004）。本研究根据黄牡丹转录组数据中的 unigene 序列设计特异性引物采用 RT - PCR 和 RACE 技术克隆了10个 GST 成员，并通过系统进化树筛选出了花青素苷相关 GST 的候选基因 PlGST5。

为了进一步证明 PlGST5 参与花青素苷转运，对其进行了序列及表达模式分析。序列分析表明，PlGST5 所推测编码的蛋白序列具有 GST 蛋白家族典型的2个保守结构域和2个功能位点，与已发表的花青素苷相关 GST 也具有较高的相似性。系统发育树显示，PlGST5 与花青素苷相关 GST 亲缘关系近，尤其是和葡萄和拟南芥的花青素苷相关 GSTs（Wagner et al.，2002；Kitamura et al.，2004；Conn et al.，2008）。上述分析结果说明 PlGST5 具有相似的功能，同时说明花青素苷相关 GST 在物种之间具有高度保守性。这也许是 GSTs 比 ATP 结合盒式蛋白（ATP - binding cassette transporter，ABC）、转运蛋白和多药抗性转运蛋白（multidrug and toxic compound extrusion，MATE）研究更广泛的原因之一。ABC 转运蛋白是直接水解 ATP 供能的转运蛋白，底物可以是离子、单糖、氨基酸、磷脂、肽、多糖和蛋白质；而植物 MATE 蛋白是一种能利用 ATP 的能量将各种药物从细胞质转运到细胞外，与次生代谢物相关的内源性和外源性解毒机制有关（Omote et al.，2006；Yazaki et al.，2008；谢小东 等，2011）。

花青素苷相关 GST 表达模式与花青素苷积累模式密切相关。矮牵牛 PhAn9 在花瓣中表达模式与花色素苷的合成一致（Alfenito et al.，2012）。在果实着色过程中，山葡萄 VAmGST4 在果皮中的表达随花色苷的合成上调（刘海峰和王军，2011）。紫苏 PfGST1

表达模式与紫苏不同组织花青素苷积累模式相吻合（Yamazaki et al.，2003，2008），且有报道 GSTs 蛋白在橙黄色果实优先表达（Lo Piero et al.，2006）。本研究中 PlGST5 在花青素苷含量较高的黄牡丹、紫牡丹和'赵粉'花瓣中表达量高，而在不含或含少量花青素苷的'玉板白'花瓣中的表达量极少；不同组织中，在萼片、叶片和茎中高丰度表达，而在花瓣和心皮中表达最低。

花青素苷相关 GSTs 表达模式也与合成花青素苷的组织发育过程相关。如拟南芥花青素苷相关 AtTT19 的表达模式与积累类黄酮物质的组织的发育阶段密切相关（Kleindt et al.，2010）。本研究发现，在花色较深的黄牡丹和紫牡丹的盛开期，PlGST5 表达量最高，与第1阶段的表达量极显著差异，这与在香石竹花发育后期的花瓣中大量检测到 DcGST2 的转录本的报道相吻合（Sasaki et al.，2012）；在花色为粉红色的'赵粉'的第1时期表达最高，随着花的开放表达量不断下降，且在第3、4、5阶段的表达量较第1阶段显著降低，与矮牵牛（Quattrocchio et al.，1993；Alfenito et al.，1998）和仙客来（Kitamura et al.，2012）中的研究结果相似，即在花发育早期高表达，而在发育后期表达很弱。本研究中出现的关于花发育过程中的两种不同表达模式可能与试验材料所属的居群不一样有关，即黄牡丹和紫牡丹均为云南野生种，而'赵粉'和'玉板白'均为中原牡丹的栽培品种，它们花青素苷合成的变化趋势也许不同。

综上所述，PlGST5 编码的蛋白可能在黄牡丹中与花青素苷的转运和积累相关。由于 GST 在植物体内行使多种功能，如解除外界毒素以及内源有毒代谢物的侵害、调节细胞程序衰老和作为胁迫信号等功能（Edwards et al.，2000；Dixon et al.，2002；Loyall et al.，2000）。本研究中克隆的其他9个 GST 成员具体行使哪种功能还有待进一步研究。

黄牡丹花青素苷转运相关候选基因 PlGST5 的分离及表达模式的分析，将为下一步研究 PlGST5 在黄牡丹花瓣着色过程中的功能，探究花青素苷转运机制，开展花色分子育种奠定理论基础。

参考文献

1. Alfenito M R，Souer E，Goodman C D，et al. 1998. Functional complementation of anthocyanin sequestration in the vacuole by widely divergent glutathione S - transferases[J]. Plant Cell, 10: 1135 - 1149.
2. Buetler TM，Eaton DL. 1992. Glutathione S - transferases: amino acid sequence comparison, classification and phylogenetic relationship[J]. Environmental Carcinogen and Ecotoxicology Reviews C, 10, 181 - 203.
3. Conn S，Curtin C，Bézier A，et al. 2008. Purification, molecular cloning an, characterization of glutathione S - trans-

ferases(GSTs)from pigmented *Vitis vinifera* L. cell suspension cultures as putative anthocyanin transport proteins[J]. J Exp Bot, 59: 3621 – 3634.

4. Dixon DP, Lapthorn A, Edwards R. 2002[J]. Genome Biology, 3(3): 3004. 1 – 3004. 10.

5. Edwards R, Dixon D P. 2000. In herbicides and their mechanisms of action Edited by Cobb AH, Kirkwood RC[M]. Sheffield: Sheffield Academic Press, 33 – 71.

6. Fujiwara H, Tanaka Y, Yonekura – Sakakibara K, *et al.* 1998. cDNA cloning, gene expression and subcellular localization of anthocyanin 5 – aromatic acyltransferase from Gentiana triflora[J]. The Plant Journal, 16: 421 – 431.

7. Goodman C D, Casati P, Walbot V. 2004. A multidrug – resistance associated protein involved in anthocyanin transport in Zea mays[J]. The Plant Cell, 16: 1812 – 1826.

8. Grotewold E. 2004. The challenges of moving chemicals within and out of cells: Insights into the transport of plant natural products[J]. Planta, 219: 906 – 909.

9. Harborne J B, Williams C A. 2000. Advances in flavonoid research since 1992[J]. Phytochemistry, 55: 481 – 504.

10. Jonsson L M V, Donker – Koopman W E, Uitslager P, *et al.* 1983. Subcellular localization of anthocyanin methyltransferase in flowers of *Petunia hybrida*[J]. Plant Physiology, 72, 287 – 290.

11. Kitamura S, Akita Y, Ishizaka H, *et al.* 2012. Molecular characterization of an anthocyanin – related glutathione S – transferase gene in cyclamen[J]. Journal of Plant Physiology, 169: 636 – 642.

12. Kitamura S, Shikazono N, Tanaka A. 2004. *TRANSPARENT TESTA* 19 is involved in the accumulation of both anthocyanins and proanthocyanidins in *Arabidopsis*[J]. Plant J, 37: 104 – 114.

13. Larsen E S, Alfenito M R, Briggs W R, Walbot V. 2003. A carnation anthocyanin mutant is complemented by the glutathione S – transferases encoded by maize Bz2 and petunia An9[J]. Plant Cell Rep, 21 (9): 900 – 904.

14. Livak K J, Schmittgen T D. 2001. Analysis of relative gene expression data using real – time quantitative PCR and the 2 – ΔΔCT method[J]. Methods, 25: 402 – 408.

15. Lo Piero A R, Puglisi I, Petrone G. 2006. Gene isolation, analysis of expression, and *in vitro* synthesis of glutathione S – transferase from orange fruit [*Citrus sinensis* L. (Osbeck)] [J]. J Agric Food Chem, 54: 9227 – 9233.

16. Loyall L, Uchida K, Rraun S *et al.* 2000[J]. Plant Cell, 2: 1939 – 1950.

17. Moons A. 2003. *Osgstu*3 and *osgtu*4, encoding tau class glutathione S – transferases, are heavy metal – and hypoxic stress – induced and differentially salt stress – responsive in rice roots[J]. FEBS Letters, 553 (3): 427 – 432.

18. Mueller LA, Walbot V. 2001. Models for vacuolar sequestration of anthocyanins. Recent Advances in Phytochemistry 35, 291 – 312.

19. Omote H, Hiasa M, Matsumoto T, *et al.* 2006. The MATE proteins as fundamental transporters of metabolic and xenobiotic organic cations[J]. Trends Pharmacol Sci, 27: 587 – 593.

20. Quattrocchio F, Wing J F, Leppen H T C, *et al.* 1993. Regulatory genes controlling anthocyanin pigmentation are functionally conserved among plant species and have distinct sets of target genes[J]. Plant Cell, 5: 1497 – 1512.

21. Sasaki N, Nishizaki Y, Uchida Y, *et al.* 2012. Identification of the glutathione S – transferase gene responsible for flower color intensity in carnations[J]. Plant Biotechnology, 29: 223 – 227.

22. Wagner U, Edwards R, Dixon D P, Mauch F. 2002. Probing the diversity of the *Arabidopsis* glutathione S – transferase gene family[J]. Plant Mol Biol, 49: 515 – 532.

23. Winkel B S J. 2004. Metabolic channeling in plants[J]. Annu Rev Plant Biol, 55: 85 – 107.

24. Winkel – Shirley B. 1999. Evidence for enzyme complexes in the phenylpropanoid and flavonoid pathways[J]. Physiol Plant, 107 (1): 142 – 149.

25. Yamazaki M, Nakajima J, Yamanashi M, *et al.* 2003. Metabolomics and differential gene expression in anthocyanin chemo – varietal forms of *Perilla frutescens*[J]. Phytochemistry, 62: 987 – 995.

26. Yamazaki M, Shibata M, Nishiyama Y, *et al.* 2008. Differential gene expression profiles of red and green forms of *Perilla frutescence* leading to comprehensive identification of anthocyanin biosynthetic genes [J]. FEBS J, 275: 3494 – 3502.

27. Yazaki K, Sugiyama A, Morita M, *et al.* 2008. Secondary transport as an efficient membrane transport mechanism for plant secondary metabolites [J]. Phytochemistry Reviews, 7: 513 – 524.

28. Yonekura – Sakakibara K, Tanaka Y, Fukuchi – Mizutani M, *et al.* 2000. Molecular and biochemical characterization of a novel hydroxycinnamoyl – CoA: anthocyanin3 – O – glucoside – 6 – O – acyltransferase from *Perilla frutescens*[J]. Plant and Cell Physiology, 41, 495 – 502.

29. 金雪花, 洪艳, 黄河, 等. 2013. 瓜叶菊谷胱甘肽转移酶基因 GST 的分离及表达分析[J]. 园艺学报, 40 (6): 1129 – 1138.

30. 刘海峰, 王军. 2011. 山葡萄谷胱甘肽 S – 转移酶基因 (VAmGST4) 克隆及表达分析[J], 植物生理学报, 2011, 12: 1161 – 1166.

31. 孟丽, 周琳, 张明珠, 等. 2006. 一种有效的花瓣总 RNA 的提取方法[J]. 生物技术, 16(1): 38 – 40.

32. 王志芳, 王雁, 岳桦. 珍稀资源: 黄牡丹[J]. 中国城市林业, 2007, 5(2): 59 – 60.

33. 谢小东, 程廷才, 王根洪, 等. 2011. 植物 ABC 和 MATE 转运蛋白与次生代谢物跨膜转运[J]. 植物生理学报, 47 (8): 752 – 758.

34. 周琳. 2010. 牡丹花色形成分子机制的研究及云南野生黄牡丹色素成分的分析与鉴定[D]. 北京: 中国林业科学研究院.

中国观赏园艺研究进展 2015：228～232
Advances in Ornamental Horticulture of China，2015：228～232

西安地区忍冬属观赏植物引种研究初报*

刘安成　尉倩　王庆　王宏　庞长民

（陕西省西安植物园，陕西省植物研究所，西安 710061）

摘要　忍冬属植物部分种具有较高的观赏价值，对其在西安地区引种栽培、生长发育、扦插繁殖、种子发芽等进行了初步研究。共收集栽培藤本类忍冬 27 种（包括园艺栽培种），建立了忍冬属种质资源圃，通过研究表明绝大多数种都能在西安地区自然越冬、越夏，为今后西安及其周边地区选择适合栽植的种类提供了依据。

关键词　忍冬属；引种；栽培；繁殖

Preliminary Studies on Introduction of Ornamental *Lonicera* in Xi'an

LIU An-cheng　WEI Qian　WANG Qing　WANG Hong　PANG Chang-min

（*Xi'an Botanical Garden of Shaanxi Province/Institute of Botany of Shaanxi Province*，*Xi'an* 710061）

Abstract　Some *Lonicera* varieties have high ornamental value in gardening, the preliminary studies on introduction, cutting propagation, seed germination, growth and development were conducted. Totally 27 liana Lonicera plants were collected and cultivated(Including gardening cultivated species), a *Lonicera* Linn. germplasm nursery also has been established. The result showed that most of the varieties can over wintering and over summer naturally, so provide the basis for selection suitable varieties of Xiaan and surrounding areas in future.

Key words　*Lonicera* Linn.；Introduction；Cultivation；Reproduction

忍冬属（*Lonicera* Linn.）隶属于忍冬科（Caprifoliaceae），约 200 种，分布于北美洲、欧洲、亚洲和非洲北部的温带和亚热带地区。忍冬属植物常为直立灌木或矮灌木，很少呈小乔木状，有时为缠绕藤本，落叶或常绿；花冠白色（或由白色转为黄色）、黄色、淡红色或紫红色，钟状、筒状或漏斗状，近 5 裂或唇形（徐炳声 等，1988）。本属因其含有不少药用植物而闻名，其中忍冬（*L. japonica*）是具有悠久历史的著名中药金银花药源植物，灰毡毛忍冬（*L. macranthoides*）、黄褐毛忍冬（*L. fulvotomentosa*）、华南忍冬（*L. confusa*）等为山银花的药源植物（国家药典委员会，2010）。同时，本属内还有许多具有观赏价值的植物，灌木类如金银忍冬（*L. maackii*）、蓝叶忍冬（*L. korolkowii*）等；藤本类如忍冬（*L. japonica*）、台尔曼忍冬（*L.* × *tellmanniana*）、京红久忍冬（*L.* × *heckrottii*）等已广泛应用，还有许多优良品种可在园林绿化中发挥重要的作用。

《中国植物志》第 72 卷收录中国忍冬属植物有 97 种、5 亚种、18 变种。中科院华南植物园杨亲二研究员和美国、英国植物分类学者合作，对忍冬科进行了修订，修订后忍冬属植物包括 41 种、41 变种（Qiner Yang et al.，2011）。我国南北各地都非常重视忍冬科观赏植物的开发利用，如新疆、山东、福建、重庆、河南、甘肃、青海等地都有忍冬科植物资源及其园林应用的文献报道，目前西安地区城市园林中应用仅见金银忍冬和忍冬，与我国丰富的忍冬属植物资源不相适应，另外目前未见忍冬属植物资源圃的建立和专属研究，为了解决上述问题，保存、评价和利用我国的忍冬属植物资源，西安植物园 2011 年开始从秦巴山区和国内外植物园、园艺公司等引种保存忍冬属藤本植物，建立了忍冬属种质资源圃，并着手进行相关的基础生物学研究，目前正处于实施过程中。本文主要报告西安植物园原栽植的忍冬属植物和新引入我园已开花的种（品种）的生长、开花等情况。

---

* 基金项目：陕西省科学院应用基础研究专项（2013K－08）；西安市农业及区县工业创新计划－农业技术研发项目（NC1407－1）。

1 材料和方法

1.1 引种地基本情况

陕西省西安植物园位于西安市南郊大雁塔西南，距秦岭北麓30km，经度为108°58′，纬度为34°14′，海拔高度为429.29～445.65m。1月份平均气温为−0.8℃，7月份平均气温为27.5℃，年平均温度为13.3℃，年降水量604mm，7～9月平均降雨267mm，无霜期208d。

1.2 材料

西安植物园展览区及忍冬属资源圃引种栽培的已开花忍冬属植物。

1.3 方法

1.3.1 种质资源收集与保存

2011年来从中国科学院植物研究所北京植物园、上海上房园艺公司、云南腾冲等地引种忍冬属植物，针对不同的引种方式，对直接引入的种苗进行地栽，有枝条的进行扦插，得到种子的进行播种。

1.3.2 观测记载

观测所引植株的生长、开花等生物学特性，记录物候、花色情况等。

1.3.3 扦插试验

2013年9月，剪取部分种的当年生枝条，去掉未木质化嫩尖，每个插穗保留3个节，剪口在节下1～2cm，顶端节上保留1片叶，用绿肽尔（潍坊沃星肥业有限公司）200倍液浸泡5min，以干净河沙为基质，沙床设在塑料大棚内，内设有喷雾装置。插入1～2个节，常规喷水管理，保持沙床潮湿，1个月后检查统计生根率、生根能力、生根部位。

比较京红久忍冬插穗不同木质化程度对扦插生根的影响。9月29日剪取枝条，分木质化、半木质化和当年生嫩枝3个不同处理插穗，3个节为1个插穗，扦插方法同1.3.2.1。

1.3.4 播种试验

2014年对已开花结实的贯月忍冬、'红白'忍冬和滇西忍冬的种子在育苗盘中进行播种，发现'红白'忍冬和滇西忍冬种子出苗良好，而贯月忍冬种子很难出苗，因而在2015年对贯月忍冬进行种子5℃贮藏、种子冬季直播、种子蛭石包埋室外层积处理和种子室内常温保藏4种处理播种试验，还对贯月忍冬种子在12℃、16～27℃变温、18℃、23℃和28℃，5种温度条件进行培养皿中发芽试验。

1.3.5 病虫害调查及防治

在生长的不同阶段，观察植株生长情况，统计叶片和茎上病虫害发生情况。

2 结果与分析

2.1 引种情况

除金银忍冬、郁香忍冬（L. fragrantissima）等5种灌木和忍冬为西安植物园原引种栽培外，其余藤本类均为2010年来通过不同渠道首次引种到西安植物园。目前，总计引种52种次，其中5种次未成活，其余都已保存成活植株或小苗，除去重复种类，经鉴定统计藤本类共有27种（包括园艺栽培种），其中国内原变种6份，国外原变种7份，国内外园艺栽培种11份，金银花药用栽培品种3个。目前在西安植物园园区铁栅栏处栽培成株15个品种110余株，并已经开花，逐步形成景观效果。

2.2 生长及开花情况

忍冬属植物生长迅速，一般扦插苗3～4年完全可以成型，覆盖整个栅栏，达到绿化效果。部分种类如贯月忍冬（L. sempervirens）、京红久忍冬等夏秋季扦插苗，第二年春季就可开花，是绿篱和花墙的优良绿化材料。

忍冬属植物的花色相对单调，大部分种类都是花蕾初期绿色，膨大后变为白色，开花初期为白色或淡红色，1～2d后变为黄色，台尔曼忍冬花冠为橘红色，盘叶忍冬花冠为黄色，京红久忍冬为紫红色，贯月忍冬为红色（见表1）。栽培中发现，光照对花色影响明显，光照充足的条件下花色鲜艳，光照不足的树荫条件下，花色明显变淡。

表1　部分品种开花情况

Table 1　Flowering of some *Lonicera* cultivars

中文名	学名	生活型	花色	花期	二次花
金银忍冬	*L. maackii*	落叶灌木	先白后黄	4月中旬～5月上旬	
郁香忍冬	*L. fragrantissia*	半常绿灌木	先白后黄	2月中旬～3月下旬	
蓝叶忍冬	*L. korolkowii*	落叶灌木	先白后黄	4月上旬～4月下旬	
苦糖果	*L. standishii*	半常绿灌木	先白后黄	2月下旬～3月中旬	

（续）

中文名	学名	生活型	花色	花期	二次花
新疆忍冬	*L. tatarica*	落叶小乔木	先白后黄	4 月上旬~4 月中旬	
忍冬	*L. japonica*	半常绿藤本	先白后黄	5 月上旬~5 月下旬	6 月中旬
'红白'忍冬	*L. japonica* 'Chinensis'	常绿藤本	先淡红后黄	5 月上旬~5 月下旬	6 月下旬~8 月下旬
'垂丝'金银花	*L. japonica* 'Haliana'	常绿藤本	先白后黄	5 月上旬~5 月下旬	
'花叶'忍冬	*L. japonica* 'Homeysuckle'	半常绿藤本	先白后黄	5 月上旬~6 月上旬	
金脉金银花	*L. japonica* var. *aureo - reticulata*	半常绿藤本	先白后黄	5 月上旬~5 月中旬	
盘叶忍冬	*L. tragophylla*	落叶藤本	黄色	5 月下旬~6 月中旬	
滇西忍冬	*L. buchananii*	常绿藤本	先白后黄	5 月上旬~5 月下旬	6 月下旬~8 月下旬
贯叶忍冬	*L. sempervirens*	落叶藤本	红色	4 月上旬~5 月上旬	4~11 月持续有花
台尔曼忍冬	*L. ×tellmaniana*	落叶藤本	橘红色	4 月下旬~5 月中旬	6 月上旬~6 月下旬
京红久忍冬	*L. ×heckrottii*	落叶藤本	紫红	4 月下旬~5 月下旬	4~11 月持续有花
淡红忍冬	*L. henryi*	常绿藤本	先淡红后黄	4 月中旬~5 月上旬	
无毛淡红忍冬	*L. acuminata* var. *depilata*	常绿藤本	紫红	5 月上旬~5 月中旬	
蔓生盘叶忍冬	*L. caprifolium*	半常绿藤本	先淡红后黄	5 月上旬~5 月下旬	
蔓生盘叶忍冬'英伽'	*L. caprifolium* 'Inga'	半常绿藤本	先淡红后黄	4 月中旬~4 月下旬	
Implexa 忍冬	*L. implexa*	半常绿藤本	先淡红后黄	4 月下旬~5 月中旬	
匍匐忍冬	*L. crassifolia*	常绿小藤本	–		
亮金忍冬	*L. nitida* 'Aurea'	常绿小灌木	先白后黄	4 月中旬~4 月下旬	
亮叶忍冬	*L. ligustrina* subsp. *yunnanensis*	常绿匍匐	先白后黄	4 月上旬~4 月下旬	

忍冬属植物花期较长，大部分种类具有二次开花现象，如忍冬、'红白'忍冬等，部分种类多季开花，如贯月忍冬、京红久忍冬等 4 月上旬~5 月上旬第一次盛花期过后，在 6 月份又会进入第二次盛花期，并且持续到 10 月底，一直到冬季下雪都有花朵陆续开放，在栽培中发现西安地区冬季京红久忍冬和'红白'忍冬仍有部分红色花蕾生长在枝头，虽然气温低不开花，但经久不落。'红白'忍冬、滇西忍冬、匍匐忍冬、亮金忍冬和亮叶忍冬等在西安地区为常绿植物，生长旺盛，可以作为地被或边坡绿化材料进行推广应用。

2.3 扦插繁殖

2.3.1 不同种扦插试验结果

扦插 35d 后统计，发现 5 个种间生根率、生根能力、生根部位差异显著。滇西忍冬仅见于愈伤基部上生根，台尔曼忍冬切口未见形成愈伤组织，在节和节间部位生根，'红白'忍冬和京红久忍冬在节、愈伤基部生根，而贯月忍冬在愈伤基部、节、节间都有根生长（见表 2）。'红白'忍冬生根率最高，为 76%，可以看出野生种的生根率、根长、根数明显高于栽培园艺种。扦插季节及插床条件对植物扦插生根存在影响，需要进一步进行细化试验，探讨不同种类最佳扦插繁殖条件。

表 2　2013 年秋季不同忍冬属植物扦插生根情况统计表

Table 2　The rooting condition of different *Lonicera* cultivars in autumn of 2013

种类	数量	生根数	最长根长（cm）	平均根数（条）	生根率（%）	是否愈伤	生根部位
滇西忍冬	105	70	12.8	22.6	66.7	是	愈伤基部
'红白'忍冬	100	76	12.5	23.2	76.0	是	节、愈伤基部
京红久忍冬	83	19	2.0	4.3	22.9	是	节、愈伤基部
台尔曼忍冬	40	8	5.6	14.9	20.0	无	节、节间
贯月忍冬	300	72	12.0	21.6	24.0	是	愈伤基部、节、节间

2.3.2 不同木质化程度'京红久'忍冬插穗的扦插试验结果

9月29日扦插后，由于气温降低生根缓慢，11月27日对扦插苗全部挖出进行统计，发现当年生未木质化嫩枝条生根率为56.3%，明显高于半木质化和已木质化枝条。可以看出1年生枝条木质化程度越高越难以生根，在扦插繁殖上可以利用当年生嫩枝进行扦插，特别是徒长枝条，既达到修剪的目的，又能得到较多的插穗。

表3 2013年京红久忍冬不同木质化程度扦插生根情况

Table 3　The rooting condition of different lignified degrees on *L. × heckrottii* in 2013

插条类型	扦插数量	生根数	形成愈伤	未见愈伤	插条死亡	生根率（%）	是否愈伤	生根部位
木质化	38	14	6	18	–	36.8	是	节、愈伤基部
半木质化	48	23	3	19	3	47.9	是	节、愈伤基部
嫩枝	64	36	3	21	4	56.3	是	节、愈伤基部

2.4 贯月忍冬播种试验

2.4.1 贯月忍冬不同处理播种出苗结果

通过不同保存处理对贯月忍冬种子出苗的影响试验发现，冬季对种子5℃低温贮藏，春播后出苗率为44.4%，在4种处理中出苗率最高，种子冬前直播出苗率最低，仅为9.6%（见表4），可能冬季温度低，种子在穴盘内并未发芽，反而长时间在土壤中容易由于水分管理等原因造成种子腐烂。

表4 不同种子处理对贯月忍冬种子出苗的影响

Table 4　The influence of different seed treatment for seed emergence of *L. sempervirens*

处理	播种时间（月. 日）	播种数（粒）	出苗数（株）	出苗率（%）
种子5℃贮藏	5.1	45	20	44.4
种子冬季直播	1.15	52	5	9.6
种子蛭石包埋室外层积处理	5.1	50	10	20.0
种子室内常温保藏	5.1	51	18	35.3

2.4.2 不同温度对贯月忍冬种子发芽的影响

不同温度对贯月忍冬种子发芽的影响试验结果表明培养皿在18℃条件下，种子发芽率高，为63.3%，12℃条件下为43.3%，16～27℃变温、23℃和28℃条件下培养都未见种子发芽（见表5）。可见温度对贯月忍冬种子发芽存在一定影响，推测23℃以上的高温条件抑制贯月忍冬种子萌发，因而播种需选择适当的低温条件，其他种类种子萌发条件将进一步进行相关研究。

表5 不同温度对贯月忍冬种子发芽的影响

Table 5　The influence of different temperature for seed germination of *L. sempervirens*

处理	培养时间（月. 日）	培养数（粒）	发芽（粒）					发芽总数（粒）	发芽率（%）
			4.17	4.24	5.1	5.15	5.23		
12℃	3.23	30	0	2	5	6	0	13	43.3
16～27℃变温	3.23	30	0	0	0	0	0	0	0
18℃	3.23	30	3	3	5	5	3	19	63.3
23℃	3.23	30	0	0	0	0	0	0	0
28℃	3.23	30	0	0	0	0	0	0	0

2.5 病虫害情况

忍冬属植物抗病性强，栽培过程发现主要有白粉病和蚜虫的危害。

白粉病多发生于 5 月中旬到 7 月上旬，发病初期，叶片上产生白色小点，后逐渐扩大成白色绒状霉斑，继续扩展布满全叶，造成叶片发黄，皱缩变形，最后引起落花、落叶、枝条干枯。防治方法：发生期用敌百虫、乐果、粉锈宁、50％甲基托布津等药剂喷雾防治。感病较严重的有金脉金银花、'垂丝'金银花、Implexa 忍冬等，园艺栽培种很少见病虫害发生。

蚜虫一般在清明前后开始发生，危害叶片背面、嫩枝，引起叶片和花蕾卷曲，生长停止。4~6 月虫情较重，"立夏"前后、特别是阴雨天，蔓延更快。防治方法：用 40％乐果、灭蚜灵液喷杀，连续多次，直到杀灭。

3 讨论

从已引种的忍冬属植物表现来看，绝大多数品种都能在西安地区自然越冬、越夏，为今后西安及其周边地区选择适合栽植的品种提供了依据。栽培中发现金银忍冬结实率最高，忍冬、贯月忍冬、'红白'忍冬、滇西忍冬等部分结实，台尔曼忍冬、京红久忍冬等极少结实或者不结实。败育率较高的原因，除栽培园艺种杂交不结实外，可能与水分不够充足有一定关系，开花植株都栽培在高坎铁栏杆旁，西安地区夏季干旱时极易缺水，营养生长状况不良，另外发现高温对忍冬属植物花粉具有明显影响，当温度高于 28℃

左右时，花药就会干褐而无法授粉。因而在繁殖上采用扦插繁殖，操作简单，生根快，生长迅速。为进一步提高忍冬属植物在西安地区的园林推广应用，提出以下几点建议：

（1）扩大引种和应用范围

扩大引种范围，引入国内外优良观赏园艺栽培品种，近几年来国外培育出一批观赏价值优良的栽培品种，并广泛应用于园林中，一些园艺公司也通过引种在国内进行销售。同时，加大对国内原生种的引种工作，选择适应性强、稳定性好、观赏性状良好的品种进行繁殖栽培和推广应用，这些种类可以应用于城市园林中，特别是藤本类可应用于立体绿化中，获得更好的社会和经济效益。

（2）加强栽培管理，注意技术环节

忍冬属植物虽然抗旱、耐瘠薄，但应选择光照充足、土层深厚、排水好的栽植地，在生长过程中及时浇水施肥，增强土壤肥力，在冬前进行修剪造型和冬灌。加强田间管理，尽早防治病虫害，特别是白粉病，如果不及时防治，植株叶片和枝条就会干枯，造成下部叶片大量脱落，甚至导致植株死亡。

（3）推广利用与科学研究协同发展

严格遵循引种规范，详细记载引种信息，注意所引野生种类鉴定的准确性，栽培园艺种的可靠性，避免出现重复引种或者同名异物、同物异名现象；开展相关科学研究，进行生物学特性、逆境生理、分子生物学试验研究；加强日常管理，进行种质资源的保存；充分利用资源集中的优势，进行新品种选育工作。

参考文献

1. 国家药典委员会. 2010. 中华人民共和国药典一部［M］. 北京：中国医药科技出版社，28－29，205－206.
2. Yang Qin－er, Sven L, Joanna O, *et al.* CAPRIFOLIACE-AE//Wu, Z. Y. , P. H. Raven & D. Y. Hong, . eds. 2011. Flora of China［M］. Beijing：Science Press. St. Louis：Missouri Botanical Garden Press. 19：620－641.
3. 徐炳声，胡嘉琪，王汉津. 1988. 中国植物志［M］. 北京：科学出版社，72：143－144.

中国观赏园艺研究进展 2015：233～237
Advances in Ornamental Horticulture of China，2015：233～237

繁殖技术

朱顶红幼嫩子房和小花梗体外诱导试管小鳞茎研究*

于波　黄丽丽　孙映波　朱根发[①]

（广东省农业科学院环境园艺研究所，广东省园林花卉种质创新综合利用重点实验室，广州 510640）

摘要　利用朱顶红幼嫩子房和小花梗进行体外培养，建立了植株再生体系。外植体消毒 70% 乙醇浸泡的适宜时间为 10min。小花梗不定芽诱导适宜培养基为 MS + 0.5mg · L^{-1} TDZ + 1.0mg · L^{-1} 2,4-D ＋ 30g · L^{-1} 蔗糖，pH6.0；子房不定芽诱导适宜培养基为 MS + 1.0mg · L^{-1} TDZ + 1.0mg · L^{-1} 2,4-D + 30g · L^{-1} 蔗糖，pH6.0。不定芽在不含生长调节剂的培养基上，可以生根并形成膨大的小鳞茎。平均每个小花梗外植体形成 17.5 个小鳞茎，平均每个子房外植体可形成 15.4 个小鳞茎。利用扫描电镜和组织切片技术对小鳞茎淀粉粒分布和形态特征进行分析，淀粉粒集中分布于鳞茎外层细胞，内层细胞较少；成熟淀粉粒呈圆球形，直径约 25μm，表面较光滑。本研究为朱顶红的育种、种苗高效生产提供了技术支持，并为朱顶红鳞茎发育膨大机理研究提供科学依据和指导。

关键词　朱顶红；花器官；试管小鳞茎；再生

A Study on In vitro Bulblets Induced from Tender Ovaries and Pedicels in *Hippeastrum hybridum*

YU Bo　HUANG Li-li　SUN Ying-bo　ZHU Gen-fa

（*Environmental Horticulture Institute，Guangdong Academy of Agricultural Sciences，Guangdong Key Lab. of Ornamental Plant Germplasm Innovation and Utilization，Guangzhou* 510640）

Abstract　This study established plant regeneration system of *Hippeastrum hybridum* through In vitro bulblets induced from tender ovaries and pedicels. The results suggested that the most optimal conditions of cultivation included：sterilizing explants by soaking in 70% ethyl alcohol for 10min；adventitious buds from tender peduncles were induced in Murashige and Skoog (MS) medium supplemented with 0.5mg · L^{-1} N-phenyl-N'-1，2，3-thiadiazol-5-ylurea (TDZ)，1.0mg · L^{-1} 2,4-Dichlorophenoxyacetic acid (2,4-D)，and 30g · L^{-1} sucrose (pH6.0)；adventitious buds from ovaries were induced in MS medium supplemented with 1.0mg · L^{-1} TDZ and 1.0mg · L^{-1} 2,4-D，and 30g · L^{-1} sucrose (pH6.0). Adventitious buds could root and further expand into bulblets in culture medium without growth regulators. Under these circumstances，17.5 bulblets were formed from each tender peduncle，and 15.4 for each ovary in average. Through scanning electron microscope and histological section technique，moreover，the distribution and morphological characteristics of starch grains in bulblets were analyzed. The results showed that starch grains centrally distributed in outer bulblet cells but fewer in inner cells；mature starch grains shaped in spherosomes with a diameter in 25μm and smoother surfaces. These results provided good technique supports for effecient production of seedlings，as well as in studying the bulblets development and expanding mechanism in *Hippeastrum hybridum*.

Key words　*Hippeastrum hybridum*；Floral organ；In vitro bulblet；Regeneration

朱顶红（*Hippeastrum hybridum* Hort.）又名朱顶兰、孤挺花、华胄兰、并蒂莲、君子红、对红等，石蒜科多年生的草本植物，原产热带美洲，是世界著名的球根花卉。朱顶红的组织培养研究始于 20 世纪 70 年代，常采用鳞茎或鳞茎盘为起始材料，经诱导培养获得愈伤组织、不定芽或体细胞胚，然后进行分化培养

*　基金项目：广东省重点实验室建设支撑项目“石蒜科重要花卉资源收集、鉴评与关键产业技术研究”（2012A061100007）；广东省主体科研机构创新能力建设专项“华南农业基因研究与创新平台建设”（2011070703）。

① 通讯作者。Author for correspondence（E - mail：zhugf@163.com）。

获得完整植株(王纪方等,1989;Okubo et al.,1990;De Bruyn et al.,1992;Tombolato et al.,1994;Okubo et al.,1999;张松等,2002;张亚玲,2006;Mujib et al.,2007;刘群龙等,2007;裴东升,2008;邵素娟,2008;娄晓鸣等,2009;Sultana et al.,2010;孙红梅和宋利娜,2009;Aslam et al.,2012;龚雪琴等,2012;Zakizadeh et al.,2013;Aamir et al.,2013),采用其他组织器官组培获得成功的报道相对较少。采用鳞茎组培需要破坏种球,这种方式不能用于对育种初期获得的优良单株的组培扩繁,因此,对鳞茎以外的部位进行植株再生研究具有重要意义。

本研究将采用朱顶红幼嫩子房和小花梗进行体外培养,建立植株再生体系,并对试管小鳞茎淀粉粒的分布和形态特征进行观察分析,以期为今后朱顶红的种苗高效生产提供技术支持,并为今后朱顶红鳞茎发育膨大机理研究提供科学依据和指导。

1　材料与方法

1.1　外植体表面消毒与不定芽诱导

供试材料为荷兰进口大花朱顶红品种'粉色惊奇'('Pink Surprise'),保存在广东省名优花卉种质资源圃,于2月份取刚刚抽出的幼嫩花苞,在超净工作台里用70%乙醇分别浸泡1、3、5、10和15min,然后用灭菌水冲洗3次,剥掉外苞片,取出小花蕾,将小花梗和子房切成大约0.1mm厚的薄片,接种到诱导培养基上,25±1℃,暗培养。诱导培养基成分:MS + TDZ(0.25、0.5、1.0或2.0mg·L⁻¹) + 2,4-D 1.0mg·L⁻¹,附加蔗糖30g·L⁻¹,琼脂8.0g·L⁻¹,pH6.0,121℃高温高压灭菌20min,冷却至60℃时在超净工作台内分装至直径9cm的无菌培养皿中。8周后,观察和统计不同消毒时间的污染和不定芽诱导等情况,计算公式:污染率(%) = (污染的外植体数÷接种的外植体总数)×100%;不定芽诱导率(%) = (诱导出不定芽的外植体数÷接种的未污染外植体总数)×100%,每个处理观察统计50个外植体,重复3次。

1.2　试管小鳞茎形成

诱导培养8周后,将外植体转移至MS + 蔗糖30g·L⁻¹,琼脂8.0g·L⁻¹,pH6.0。温度25±1℃,光照强度54μmol·m⁻²·s⁻¹,光周期为光照14h/黑暗10h。8周后,统计试管小鳞茎形成等情况。计算公式:小鳞茎形成率(%) = (形成小鳞茎的外植体数÷接种的外植体总数)×100%;不同诱导处理的小花梗和子房2种外植体各观察50个外植体,重复3次。

1.3　统计分析

各个试验处理使用 SAS V8.02 软件进行数据分析。采用 Duncan's(1955)多重比较法进行差异显著性测验。

1.4　组织切片淀粉染色分析

取直径大于0.5cm的试管小鳞茎从中部横切成2mm薄片浸泡于含有2%戊二醛和2.5%多聚甲醛的0.1mol·L⁻¹磷酸盐缓冲液(pH7.4),24h以上。制片流程:样品经70%、85%、95%和100%乙醇脱水(每种乙醇脱水20min,其中100%乙醇脱水分为两次,每次10min)、浸蜡(石蜡熔点60~62℃,浸蜡温度64℃)4h、包埋、切片(10μm)、粘片、展片(37℃,12h)、TO透明剂脱蜡(2min);然后95%乙醇浸泡1min,苏木精染色30min,然后用碘—碘化钾溶液染色10s;染色后用0.1mol·L⁻¹磷酸盐缓冲液(pH7.4)平衡1min,再经100%乙醇脱水(2min)、TO透明剂浸泡2min、中性树脂封片和烘干(37℃)做成永久制片。苏木精染色液配制方法:将2g苏木精放入80ml无水乙醇中充分摇动溶解;另将20g硫酸铝钾溶解于900ml去离子水中。将两者混匀,加入0.2g碘酸钠溶解,再加入20ml冰醋酸混匀即可使用。碘—碘化钾溶液配制方法:将1g碘溶解于50ml无水乙醇,然后加入150ml去离子水摇匀,再加入2g碘化钾溶解混匀。

1.5　扫描电镜观察

取试管小鳞茎从中部横切,取外层较厚鳞片浸泡于含有2%戊二醛和2.5%多聚甲醛的0.1mol·L⁻¹磷酸盐缓冲液(pH7.4),真空排气10min,4℃固定24h。系列乙醇分级脱水,液氮冷冻切割断面,粘贴至样品台上,喷金。在加速电压15kV下,扫描电子显微镜(Jeol,JSM-6360LV,日本)观察拍照。

1.6　显微观察

活体显微观察采用 ZEISS 体视显微镜(SteREO Lumar.V12,德国);组织切片观察采用 ZEISS 正置显微镜(Axio Scope A1,德国)。使用 AxioVision 软件进行图像捕捉和保存。

2　结果与分析

2.1　外植体表面消毒和不定芽诱导

暗培养8周后,各个消毒处理的外植体污染情况如表1所示,70%乙醇浸泡1min,外植体污染率最高，达 40.7%；随着 70% 乙醇浸泡时间的延长，污染率逐渐下降，当乙醇浸泡 5min 时，污染率下降至 6.0%；乙醇浸泡 10min 时，污染率为 0。

表1 70%乙醇消毒时间对朱顶红外植体污染的影响

Table 1 Effects of sterilization time using 70% ethyl alcohol on *H. hybridum*

70%乙醇消毒时间(min) sterilization time using 70% ethyl alcohol(min)	污染率(%) contamination rate(%)
1	40.7 ± 5.0^a
3	20.7 ± 5.0^b
5	6.0 ± 3.5^c
10	0
15	0

注：不同字母表示不同试验处理条件下的显著性测验(P≤0.05)，下同。

Note：Different lowercases mean significant difference at 5% level. The same as below.

在黑暗培养过程中，小花梗和子房的外表面陆续形成突状物，8周后形成不定芽(图1，A，B)，由于形成时间有先后，不定芽发育也有早晚，最早形成的不定芽已经形成黄绿色叶片，而较晚形成的不定芽仍呈现白色。不同 TDZ 和 2,4-D 组合培养基上不定诱导情况如表2所示，对于小花梗，当培养基中 TDZ 浓度为 0.25mg·L^{-1} 时，不定芽诱导率为 79.3%；当 TDZ 浓度为 0.5mg·L^{-1} 时，不定芽诱导率最高达 100%；随着 TDZ 浓度的提高，不定芽诱导率逐渐下降，当 TDZ 浓度为 2.0mg·L^{-1} 时，不定芽诱导率为 66.7%。对于子房，当培养基中 TDZ 浓度为 0.25mg·L^{-1} 时，

不定芽诱导率为 71.3%；随着 TDZ 浓度的提高，不定芽诱导率逐渐提高，当 TDZ 浓度为 1.0mg·L^{-1} 时，不定芽诱导率达到最高 100%；当 TDZ 浓度为 2.0mg·L^{-1} 时，不定芽诱导率降为 91.3%。

2.2 试管小鳞茎的形成

将形成不定芽的外植体转移至不含任何生长调节剂的 MS 固体培养基上，光照培养1周后，叶片逐渐变绿(图1，C)，8周后，叶片基部膨大陆续形成小鳞茎(图1，C)，部分小鳞茎直径达 0.5cm 以上(图1，D，E)。前期不同诱导培养基上的外植体形成试管小鳞茎如表2所示，对于小花梗，当前期诱导培养基中 TDZ 浓度为 0.25mg·L^{-1} 时，小鳞茎形成率为 76.7%，平均每个外植体上可形成 10.1 个小鳞茎；当 TDZ 浓度为 0.5mg·L^{-1} 时，小鳞茎形成率最高达 100%，平均每个外植体上可形成 17.5 个小鳞茎；随着 TDZ 浓度的提高，小鳞茎形成率逐渐下降，当 TDZ 浓度为 2.0mg·L^{-1} 时，小鳞茎形成率为 64.0%，平均每个外植体上仅可形成 8.9 个小鳞茎。对于子房，当前期诱导培养基中 TDZ 浓度为 0.25mg·L^{-1} 时，小鳞茎形成率为 64.7%，平均每个外植体上可形成 8.9 个小鳞茎；随着 TDZ 浓度的提高，小鳞茎形成率逐渐提高，当 TDZ 浓度为 1.0mg·L^{-1} 时，小鳞茎形成率最高达 100%，平均每个外植体上可形成 15.4 个小鳞茎；当 TDZ 浓度为 2.0mg·L^{-1} 时，小鳞茎形成率降为 87.3%，平均每个外植体上仅可形成 8.5 个小鳞茎。

表2 生长调节剂对朱顶红子房和小花梗不定芽诱导、小鳞茎形成的影响

Table 2 Effects of growth regulators on inducing adventitious buds and bulblets from tender ovaries and pedicels in *H. hybridum*

外植体类型 Explant type	生长调节剂(mg·L^{-1}) Growth regulator(mg·L^{-1})		不定芽诱导率(%) Induction percentage of adventitious buds(%)	小鳞茎形成率(%) Formation percentage of bulblets(%)	每外植体上形成小鳞茎数(个) Number of bulblets from each explant
	TDZ	2,4-D			
小花梗	0.25	1.0	79.3 ± 5.0^c	76.7 ± 3.1^c	10.1 ± 0.7^d
	0.5	1.0	100^a	100^a	17.5 ± 0.9^a
	1.0	1.0	91.3 ± 3.1^b	84.7 ± 6.1^b	12.4 ± 0.7^c
	2.0	1.0	66.7 ± 4.2^d	64.0 ± 5.3^d	8.9 ± 0.4^{de}
子房	0.25	1.0	71.3 ± 3.1^d	64.7 ± 4.2^d	8.9 ± 0.5^{de}
	0.5	1.0	83.3 ± 3.1^c	80.0 ± 6.0^{bc}	11.4 ± 0.8^c
	1.0	1.0	100^a	100^a	15.4 ± 0.8^b
	2.0	1.0	91.3 ± 2.3^b	87.3 ± 3.1^b	8.5 ± 0.7^e

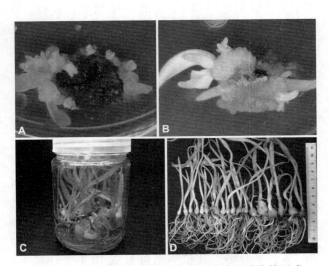

图1　朱顶红外植体不定芽诱导和试管小鳞茎的形成

A：小花梗形成不定芽；B：子房形成不定芽；C 和 D：试管小鳞茎。

Fig. 1 induction of adventitious buds and formation of bulblets from explants of *H. hybridum* 'Half&Half'

A：Adventitious buds formed from pedicel；B：Adventitious buds formed from ovary；C and D：In vitro bulblets.

2.3　淀粉积累和分布

对获得的试管小鳞茎进行组织切片淀粉染色分析如图2所示，小鳞茎中已经积累了淀粉，呈圆球形颗粒状，多集中分布于细胞壁周围。在鳞茎片中，淀粉粒分布明显不均匀，外层明显多于内层细胞（图2，A）；在不同层次的鳞茎片中，较成熟的外层鳞茎片

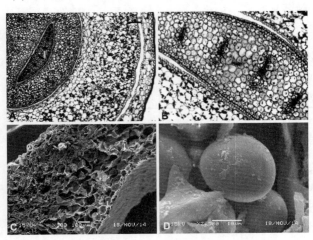

图2　组织切片和扫描电镜分析小鳞茎中淀粉粒

A 和 B：组织切片分析鳞茎片中淀粉粒分布；C：扫描电镜分析鳞茎片中淀粉粒分布；D：扫描电镜分析细胞中淀粉粒形态。

Fig. 2　Tissue slice and scanning electron microscopy analysis of starch grains in bulblet

A and B：Tissue slice analysis of starch grains distribution in a bulb；C：Scanning electron microscopy analysis of starch grains distribution in a bulb；D：Scanning electron microscopy analysis of starch grains in cell.

中淀粉粒明显多于幼嫩的内层鳞茎片，外层鳞茎片中淀粉颗粒直径亦明显大于内层鳞茎片（图2，B）。扫描电镜观察进一步证实了鳞茎片中外层多于内层的分布特征（图2，C）；淀粉粒形状呈圆球形，直径约25μm，表面较光滑，有极少量的絮状物（图2，D）。

3　讨论与结论

朱顶红组织培养通常采用鳞茎作为外植体进行诱导培养（王纪方等，1989；Okubo et al. ，1990；De Bruyn et al. ，1992；Tombolato et al. ，1994；Okubo et al. ，1999；张松等，2002；张亚玲，2006；Mujib et al. ，2007；刘群龙等，2007；裴东升，2008；邵素娟，2008；娄晓鸣等，2009；Sultana et al. ，2010；孙红梅和宋利娜，2009；Aslam et al. ，2012；龚雪琴等，2012；Zakizadeh et al. ，2013；Aamir et al. ，2013），获得再生植株。本研究采用春季刚刚抽薹的幼嫩的花蕾进行组培研究，取得较好的效果。由于此时花序尚未打开，小花蕾由外苞片紧紧包裹，故表面消毒剂只采用70% 乙醇。结果表明，70% 乙醇浸泡10min 即可达到理想的消毒效果。本研究不仅简化了表面消毒操作步骤，还避免了使用氯化汞等有毒试剂可能带来的风险。

Huang 等（2005）使用朱顶红花序进行诱导植株再生研究时，植株再生和小鳞茎形成过程只在一种培养基即诱导培养基上进行，其中含有细胞分裂素常会抑制根的发生，从而制约小鳞茎的形成和进一步发育膨大。本研究对 Huang 等（2005）的研究作了重要改进，在诱导获得的不定芽后，转移至不含任何生长调节剂的培养基上，获得了更多的膨大小鳞茎。

在百合中，鳞茎具有"库"和"源"的双重功能，在不同时期起着不同的作用（吴沙沙等，2010），淀粉是鳞茎碳水化合物的重要储藏形式（Shin et al. ，2002），通常以淀粉粒的形式储存于组织细胞中（杨建伟，1996），为植物发育提供主要能量和碳架来源。但目前有关朱顶红鳞茎淀粉粒的研究尚少。本研究利用扫描电镜技术和组织切片对首次朱顶红试管小鳞茎中淀粉粒分布和淀粉形态进行了观察。结果表明，朱顶红试管小鳞茎细胞中，淀粉粒主要分布于细胞壁附近，张月等（2007）在发育中的百合鳞茎观察也发现相似的现象；朱顶红试管小鳞茎同一部位内外层鳞茎淀粉分布具有明显差异，石蒜中也有类似现象（邵京等，2010）。此外，还发现在同一片鳞茎中，淀粉粒主要集中于靠近外层的薄壁细胞，而内层细胞中分布较少，这一现象较少有报道。

本研究利用组织切片法观察淀粉时，应先用苏木

精染出细胞轮廓，然后再用碘—碘化钾溶液染出淀粉粒，染色顺序和染色时间较为重要。若先用碘—碘化钾溶液染色再用苏木精，则会出现淀粉颜色变浅现象；同时，染色时间上，碘—碘化钾溶液不易过长，否则之前的苏木精染色会被氧化变浅。另外，苏木精然也长期存放后会出现沉淀，使用时应先用滤纸或250目尼龙网滤除沉淀物。碘—碘化钾溶液则宜现配

现用，若长期存放，则不宜超过两年。

综上，本研究朱顶红幼嫩子房和小花梗进行体外培养，建立了高效植株再生体系，同时对试管小鳞茎淀粉粒的分布和形态特征进行了观察分析。本研究为今后朱顶红的种苗高效生产提供了技术支持；同时，也为今后朱顶红鳞茎发育膨大机理研究提供科学依据和指导。

参考文献

1. Aamir A, Niazi R S, Saira Y, Abdul M, Naveed N H. 2013. Effect of different cytokinins and auxins on microopropagation and callogenesis in amaryllus (*Amaryllis vittata*) [J]. Asian Journal of Chemistry, 25(1): 287 – 291.

2. Aslam F, Habib S, Naz S. 2012. Effect of different phytohormones on plant regeneration of *Amaryllis hippeastrum* [J]. Pakistan Journal of Science, 64(1): 54 – 60.

3. De Bruyn M H, Ferreira D I, Slabbert M M, Pretorius J. 1992. In vitro propagation of *Amaryllis belladonna* [J]. Plant Cell, Tissue and Organ Culture, 31: 179 – 184.

4. 龚雪琴, 由翠荣, 曲复宁, 陈礼学, 于文胜, 解晓旭. 2012. 朱顶红体细胞胚胎发生及植株再生研究[J]. 园艺学报, 39(2): 381 – 386.

5. Huang C L, Kuo Cheng Chang K C, Okubo H. 2005. In vitro morphogenesis frorn ovaries of *Hippeastrum × hybridum* [J]. J. Fac. Agr., Kyushu Univ., 50 (1): 19 – 25.

6. 刘群龙, 段国峰, 周兰. 2007. 朱顶红鳞茎芽诱导及植株再生体系的建立[J]. 西北植物学报, 27 (12): 2551 – 2554.

7. 娄晓鸣, 周玉珍, 孔贤, 吕文涛, 张文婧. 2009. 杂交朱顶红鳞茎不定芽诱导研究[J]. 安徽农业科学, 37 (34): 16769 – 16770.

8. 马媛媛, 吴沙沙, 焦雪辉, 吕英民. 2010. 朱顶红的栽培与应用[J]. 温室园艺, 8: 55 – 61.

9. Mujib A, Banerjee S, Ghosh P D. 2007. Callus induction, somatic embryogenesis and chromosomal instability in tissue culture – raised *Hippeastrum* (*Hippeastrum hybridum* 'United Nations') [J]. Propagation of Ornamental Plants, 7: 4, 169 – 174.

10. Okubo H, Huang C W, Kishimoto F. 1999. Effects of anti – auxins and basal plate on bulblet formation in scale propagation of amaryllis (*Hippeastrum × hybridum* hort.) [J]. Horticultural Science, 68(3): 513 – 518.

11. Okubo H, Huang C W, Uemoto S. 1990. Remove from marked Records Role of outer scale in twin – scale propagation of *Hippeastrum hybridum* and comparison of bulblet formation from single – and twin – scales [J]. Acta Horticulturae, 266: 59 – 66.

12. 裴东升. 2008. 植物生长调节剂对朱顶红不定芽诱导影响的研究[J]. 山西农业科学, 36(6): 62 – 63.

13. 邵京, 王晓静, 周坚. 2010. 中国石蒜鳞茎中淀粉粒的分布特征[J]. 西北植物学报, 30(4): 0645 – 0651

14. 邵素娟, 史益敏. 2008. 朱顶红小鳞茎切割繁殖及其影响因素[J]. 上海交通大学学报: 农业科学版, 26(1): 5 – 8.

15. Shin K S, Chakrabarty D, Paek K Y. 2002. Sprouting rate, change of carbohydrate contents and related enzymes during cold treamtent of lily bulblets regenerated in vitro [J]. Scientia Horticulturae, 96: 195 – 204.

16. Sultana J, Sultana N, Siddique M N A, Islam A K M A, Hossain M M, Hossain T. 2010. In vitro bulb production in *Hippeastrum* (*Hippeastrum hybridum*) [J]. Journal central European agriculture, 11(4): 469 – 474.

17. 孙红梅, 宋利娜. 2010. 大花朱顶红鳞茎不定芽的诱导[J]. 中国农学通报, 26(14): 247 – 250.

18. Tombolato A F C, Azevedo C, Nagai V. 1994. Effects of auxin treatments on in vivo propagation of *Hippeastrum hybridum* hort. by twin scaling [J]. HortScience, 29(8): 922.

19. 王纪方, 贾春兰, 金波. 1989. 朱顶红组培株生长习性的观察[J]. 中国农业科学, 22(1): 53 – 56.

20. 吴沙沙, 吕英民, 张启翔. 2010. 百合鳞茎发育过程中鳞片超微结构的变化[J]. 园艺学报, 37(2): 247 – 255.

21. 杨建伟. 1996. 利用 PAS 反应显示植物组织细胞内的淀粉粒[J]. 农业与科技, 1: 38 – 39.

22. Zakizadeh S, Kaviani B, Onsinejad R. 2013. In vitro rooting of amaryllis (*Hippeastrum johnsonii*), a bulbous plant, via NAA and 2 – iP [J]. Annals of Biological Research, 4 (2): 69 – 71.

23. 张亚玲, 张延龙, 原雅玲. 2006. 6-BA 和 NAA 对朱顶红组织培养的影响[J]. 陕西林业科技, (1): 7 – 9.

24. 张松, 达克东, 曹辰兴, 姜璐琰, 朱瑞芙, 吴禄平. 2002. 朱顶红离体培养快速繁殖体系及胚状体发生[J]. 园艺学报, 29 (3): 285 – 287.

25. 张月, 孙红梅, 沈向群, 陈伟之. 2007. 百合鳞茎发育和低温贮藏过程中淀粉粒亚显微结构的变化[J]. 园艺学报, 34 (3): 699 – 704.

中国观赏园艺研究进展 2015：238～242
Advances in Ornamental Horticulture of China，2015：238～242

桂花未成熟合子胚诱导体细胞胚再生*

邹晶晶　袁　斌　高　微　蔡　璇　王彩云[①]

（华中农业大学园艺植物生物学教育部重点实验室，武汉 430070）

摘要　本研究以结实桂花（*Osmanthus fragrans* Lour.）花后 150 天的未成熟合子胚为外植体，探索了不同浓度及组合的细胞生长素和细胞分裂素对桂花体细胞胚发生途径植株再生的影响。结果表明当 2,4-D 浓度小于等于 0.1mg L^{-1} 时，不利于体胚性愈伤组织产生；最佳胚性愈伤诱导的初代培养基为 MS + 0.5mg/L 2,4-D + 1.0mg/L 6-BA。随后转入 MS 基本培养基中，体细胞胚进一步分化和成熟，其体胚分化率和外植体平均体细胞胚分化数分别为 65% 和 4.44 个。在 MS + 2.0mg/L NAA 中光照培养 2 个月后生根，平均生根率为 65%；经炼苗后 70% 以上的再生植株存活。

关键词　桂花；未成熟；合子胚；体细胞胚；植株再生

Somatic Embryogenesis and Plant Regeneration from Immature Zygotic Embryos of *Osmanthus fragrans*

ZOU Jing-jing　YUAN Bin　GAO Wei　CAI Xuan　WANG Cai-yun

（*Key Laboratory for Biology of Horticultural Plants，Ministry of Education，College of Horticulture & Forestry Sciences，Huazhong Agricultural University，Wuhan 430070*）

Abstract　An in vitro regeneration protocol of *Osmanthus Fragrans* Lour through embryogenesis pathway was developed by using immature zygotic embryos 150 days after flowering as explants. Different concentrations of 6 – BA and 2,4-D were used to induce the embryogenic callus. The results showed that a low concentration of 2,4-D（0.1mg/L）is not beneficial to induce the embryogenic callus. MS medium with 1.0 mg/L 6 – BA and 0.5 mg/L 2,4-D was found the most appropriate medium for the induction of embryogenic callus and so matic embryogenesis（SE）. Somatic embryos formed and matured in MS basal medium with a frequency of somatic embryo（%）and mean NO. of somatic embryo per explants at 65% and 4.44 respectively. Then the regenerated plant root in the rooting medium containing MS with 2.0mg/L NAA in the light treatment two months later and 70% of them survived in a greenhouse environment after successfully transplanted.

Key words　Sweet osmanthus；Immature；Zygotic embryos；Somatic embryogenesis；Plant regeneration

桂花（*Osmanthus fragrans* Lour.）为木犀科（Oleaceae）木犀属（*Osmanthus*）园林观赏植物，享有"独占三秋压众芳"的美誉，其树姿优美，四季常绿，是中国十大传统名花之一（蔡璇等，2010）。桂花飘香四溢，不仅拥有较高的观赏价值，同时桂花也有着较高的经济价值和社会效益，广泛用于食品加工、高档化妆品、精油以及天然色素的提取等多种产业，因此拥有极为广阔的市场需求。而组织培养作为一种新兴的繁殖技术，不但繁殖系数大，而且能保持品种的优良性状，从根本上解决常规繁殖的缺点，满足市场的需求（宋会访等，2005；袁王俊等，2005）。但是在离体培养过程中，桂花愈伤组织难以分化，至今国内外尚无关于桂花高效体细胞胚再生体系建立方法的相关报道（彭尽晖等，2003；刘萍，袁王俊，2008）。本研究以桂花未成熟合子胚为外植体，建立了桂花体细胞胚再生体系，为桂花进一步工厂化育苗和遗传改良及分子育种工作提供了良好的技术支撑。

---

* 基金项目：武汉市科技攻关计划项目：桂花新品种引进、筛选及商品苗繁育新技术研究（项目编号：2013020602010308）。

① 通讯作者。Author for correspondence（E-mail：wangcy@ mail. hzau. edu. cn）。

1 材料与方法

1.1 实验材料

试验材料取自华中农业大学校园内生长健壮的结实金桂植株(基因型 yld)。于 2011 年及 2012 年 3 月中旬左右(花后 150 天)晴好天气的上午,将未成熟的桂花果实采回室内后,用自来水冲洗 1~2h, 75% 酒精浸泡30s,转入 0.1% 升汞溶液中消毒 10min,消毒后从未成熟合子胚中切下子叶部分进行愈伤组织诱导培养。

1.2 胚性愈伤组织的诱导及组织形态学观察

愈伤组织诱导培养基为 MS 基本培养基,添加不同植物生长调节剂如下:①0.5mg/L 6-BA + 0.1mg/L 2,4-D;②0.5mg/L 6-BA + 0.5mg/L 2,4-D;③0.5mg/L 6-BA + 2.5mg/L 2,4-D;④1.0mg/L 6-BA + 0.5mg/L 2,4-D;⑤2.5mg/L 6-BA + 0.5mg/L 2,4-D 的组合。

实验所用基本培养基 MS,添加 30g/L 蔗糖、7g/L琼脂,灭菌前用 1M NaOH 将 pH 调到 5.8~6.0, 121℃20min 高温灭菌。培养室温度为 25±2℃,黑暗培养 30d 后观察和进行数据统计。每个处理至少有 4 个重复,每个重复接入 5 个外植体。

将暗处培养 30 天后诱导得到的愈伤组织大致分为两类,一类愈伤组织呈黄色、有光泽,具明显颗粒状;另一类愈伤组织略带棕褐色,质地软,无规则外形。分别取 5 个诱导 1 个月后的此两类愈伤组织用 70% FAA 固定,制作常规石蜡切片。

1.3 未成熟子叶诱导体细胞胚再生

将诱导培养 1 个月后得到的胚性愈伤组织转入到体细胞胚分化培养基上培养。体细胞胚分化培养基为 MS 基本培养基,添加不同植物生长调剂:①不添加植物生长调节剂;②0.5mg/L NAA;③5.0mg/L 6-BA + 0.1mg/L NAA + 0.5mg/L TDZ;④5.0mg/L 6-BA + 0.5mg/L NAA + 0.5mg/L TDZ;⑤2.5mg/L 6-BA + 0.5mg/L NAA + 0.5mg/L TDZ;⑥10mg/L 6-BA + 0.5mg/L NAA + 5.0mg/L TDZ。培养条件和数据统计方法同上述胚性愈伤组织诱导实验。

1.4 再生植株的萌发生根和移栽

将上述发育至外观呈乳白色子叶型胚期的体细胞挑出,转入生根培养基中培养 2 个月,获得完整的再生植株。生根培养基为 MS 基本培养基,添加不同植物生长调节剂如下:①不添加植物生长调节剂;②2.0mg/L NAA;③1.0mg/L 6-BA + 0.5mg/L IAA。

该实验材料置于光照培养,光照强度为 3000lx,每天光照14h/d 的条件下,培养 60d 后观察和进行数据统计。每个处理至少有 4 个重复,每个重复接入 5 个外植体。

生根苗长至 2~3cm 高时,经炼苗后移栽到腐殖土中,1 个月后统计成活率。

1.5 数据分析

胚性愈伤诱导率(%)=诱导出胚性愈伤组织的外植体数/接入的外植体总数×100%

体胚诱导率(%)=诱导出体细胞胚的胚性愈伤数/接入的胚性愈伤总数×100%

平均出胚数(个)=诱导的体细胞胚个数/分化出体细胞胚的外植体总数

生根率(%)=生根的体细胞胚总数/接入的体细胞胚总数

移栽存活率(%)=存活的再生苗总数/移栽的再生苗总数

实验采用单因素完全随机设计,所得数据采用 SAS 8.0 软件进行方差分析和多重比较分析(Duncan, $P = 0.05$),数据为百分数时经反正弦($Y = \arcsin \sqrt{x}$)转换,再进行比较和分析。

2 结果与分析

2.1 胚性愈伤与非胚性愈伤的组织形态学观察

以 MS 为基本培养基,添加不同浓度2,4-D 和6-BA 组合,诱导愈伤组织的实验结果发现,未成熟合子胚的子叶端接种 1 周后开始膨大,且由原来的白色略透明变成浅黄色,15~20 天后,开始出现愈伤组织。暗处培养 30 天后得到的愈伤组织,根据其外观形态上的差异大致可以分为两种类型,一种是略带棕褐色,质地软,无规则外形的非胚性愈伤组织,这类愈伤组织在之后的分化培养中会逐渐褐化死亡或者生长新的白色愈伤组织,但这些愈伤组织最终都无法分化出体细胞胚(图 1c)。另一种是呈黄色、有光泽,具明显颗粒状外形的胚性愈伤组织,这类愈伤组织在之后的分化培养中可以进一步分化成体细胞胚(图 1d)。

石蜡切片的进一步观察表明,胚性愈伤组织与非胚性愈伤组织相比,具有体积小、致密、细胞核大等典型特征。它们或者呈胚性细胞团分布于愈伤组织内部(图 1a);或者从愈伤组织表面发生突起(图 1b),在随后的培养中能进一步分化成体细胞胚。

2.2 胚性愈伤诱导培养基的筛选

以 MS 为基本培养基,6-BA 浓度为 0.5, 1.0, 2.5 mg/L, 2,4-D 浓度为 0.1, 0.5, 2.5mg/L,采用单因

素完全随机设计，共5个组合，探讨最佳胚性愈伤诱导培养基(表1)。培养1个月后，统计实验结果的方差分析和多重分析表明：一定浓度2,4-D对胚性愈伤和体细胞胚发生有显著影响，即当2,4-D浓度小于等于0.1时，基本无胚性愈伤组织产生；而当其浓度大于0.5时，对胚性愈伤组织的诱导没有显著性差异。鉴于考虑到经济性原则以及高浓度2,4-D对组织有毒害性作用，因此选择其最低浓度0.5mg/L。虽然随着6-BA浓度的增大，胚性愈伤组织之间的诱导率差异不显著，但是综合考虑体细胞胚发生率和平均体细胞胚发生数，1.0 mg/L的6-BA浓度最佳。故后续试验中选择胚性愈伤诱导的初代培养基为MS + 0.5mg/L 2,4-D + 1.0mg/L 6-BA，其胚性愈伤诱导率为83%，体胚诱导率为65%，平均出胚数为4.44个。

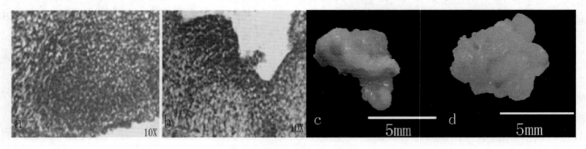

图1 愈伤组织形态学观察

a. 愈伤组织内部的胚性细胞团 b. 愈伤组织表面的胚性细胞突起 c. 非胚性愈伤组织 d. 胚性愈伤组织

Fig. 1 Morphological and histological observation of SE

a. Embryogenic cell mass in callus, b. Embryogenic callus occurred from epidermal cells of somatic embryogenic callus.

c. Non-embryogenic callus. d. Embryogenic callus.

表1 不同浓度6-BA和2,4-D组合对胚性愈伤组织诱导的影响

Table 1 Influences of different concentration of 6-BA and 2,4-D on inducing of embryogenic callus

处理 Trial	组合 Combination($mg \cdot L^{-1}$)		胚性愈诱导伤率 Frequency ofEmbryogenic callus（%）	体胚诱导率 Frequency ofsomatic embryo（%）	平均出胚数 Mean NO. of somatic embryo per explants
	BA	2,4-D			
1	0.5	0.1	16 ± 7.48 b	8 ± 4.90 d	0.6 ± 4.00 c
2	0.5	0.5	65 ± 5.00 a	50 ± 5.77 ab	2.42 ± 0.44 b
3	0.5	2.5	60 ± 0.00 a	40 ± 8.16 bc	1.92 ± 0.21 bc
4	1.0	0.5	83 ± 5.90 a	65 ± 6.27 a	4.44 ± 0.60 a
5	2.5	0.5	75 ± 5.00 a	20 ± 0.00 c	2.25 ± 0.25 bc

备注：表中的数值为平均值±标准误，各数值后不同字母表示数值 Duncan's 多重比较后在 P≦0.05 水平下的显著性差异。

Note：Mean ± SE（standard error）followed by different letters are significantly different according to Duncan's multiple range test at p < 0.05 same as for below except for special statement.

表2 不同浓度6-BA、TDZ、NAA对体细胞胚发生的影响

Table 2 Influences of different concentration of 6-BA, TDZ and NAA on formation of somatic embryos

组合 Combination($mg \cdot L^{-1}$)			体胚诱导率 Frequency of somatic embryo（%）	平均出胚数 Mean NO. of somatic embryo per explants
6-BA	TDZ	NAA		
10.0	5.0	0.5	20 ± 0.00 d	2.50 ± 0.65 b
5.0	0.5	0.5	25 ± 5.00 cd	2.38 ± 0.24 b
5.0	0.5	0.1	24 ± 4.47 cd	1.90 ± 0.22 b
2.5	0.5	0.5	40 ± 0.00 bc	2.13 ± 0.24 b
0	0	0.5	45 ± 5.00 b	2.71 ± 0.36 b
0	0	0	65 ± 6.27 a	4.44 ± 0.60 a

备注：表中的数值为平均值±标准误，各数值后不同字母表示数值 Duncan's 多重比较后在 P≦0.05 水平下的显著性差异。

Note：Mean ± SE followed by different letters are significantly different according to Duncan's multiple range test at p < 0.05 same as for below except for special statement.

2.3 体细胞胚分化培养基的筛选

以 MS 为基本培养基，以添加或不添加不同浓度 6-BA、TDZ 和 NAA 等植物生长调节剂的组合，采用单因素完全随机设计（表 2）。暗处分化培养 30 天后形成体细胞胚，统计实验结果。在高浓度的细胞分裂素存在条件下（5.0，10.0mg/L 6-BA 和 5.0mg/L TDZ），桂花的胚性愈伤组织依然没有朝着器官发生途径进行形成不定芽，而是朝着体细胞胚发生途径发展，形成了少量体细胞胚。高浓度的细胞分裂素的存在不仅抑制了体细胞胚的发生和发育，还导致部分畸形胚的产生。综合考虑体细胞胚诱导率和体细胞胚发生数，不添加任何植物生长调节剂的 MS 更适合体细胞胚的分化培养，体胚诱导率为 65%，平均出胚数为 4.44 个。

2.4 体细胞培的成熟萌发和炼苗

将分化培养基上培养 1 个月的早期无色透明的体细胞胚（图 2a），继代到 MS 培养基上继续暗处培养 1 个月，体细胞胚逐渐成熟发育至乳白色成熟子叶期，且随后继续成熟萌发至子叶变为浅绿色（图 2b）。将此萌发的体细胞胚转到生根培养基中，光照下培养两个月后统计生根率、根数和根长结果（表 3）。结果表明，MS + 2.0mg/L NAA 生根效果较好，生根率达 65%，平均生根数为 2.07 条，平均根长为 2.24cm，根较粗壮，生根再生苗健壮（图 2c）。

图 2 体细胞胚的分化成熟和生根炼苗

a. 体细胞胚的分化 b. 体细胞胚的成熟萌发 c. 体细胞胚的生根 d. 体细胞胚的移栽炼苗

Fig. 2 Formation, maturation, rooting and hardening of somatic embryos

a. Formation of somatic embryos. b. Maturation of somatic embryos. c. Regenerated plants root. d. Plants established after hardening.

表 3 不同植物生长调节剂对再生植株生根的影响

Table 3 Influences of different PGRs on rooting of regenerated plant

NAA（mg/L）	0.0	2.0	0.0
BA（mg/L）	0.0	0.0	1.0
IAA（mg/L）	0.0	0.0	0.5
根长 Root length（cm）	2.38 ±0.19 a	2.24 ±0.74 a	3.03 ±0.66 a
根数 Root No.	2.00 ±0.28 a	2.07 ±0.24 a	2.00 ±0.41 a
生根率 Rooting ratio（%）	35.83 ±7.53 b	65.00 ±5.48 a	23.75 ±6.25 b

备注：表中的数值为平均值 ± 标准误，各数值后不同字母表示数值 Duncan's 多重比较后在 P≦0.05 水平下的显著性差异。

Note：Mean ± SE standard error）followed by different letters are significantly different according to Duncan's multiple range test at p < 0.05 same as for below except for special statement.

将长 2 ~ 3cm 生长健壮的生根再生苗试管苗瓶口打开，在培养室散射光下进行开口炼苗，使嫩苗逐渐与外界接触，提高适应能力，3d 后取出移栽到温室中。空气相对湿度应保持在 60% ~ 80%，避免直射光照射。移栽基质为腐殖质土和蛭石混合物（腐质土：蛭石 = 2 : 1）。移栽前将基质浇透水，移栽后前两周，每天喷水 3 ~ 4 次，移栽 1 个月后统计移栽成活率可达 70%（图 2d）。

3 讨论

植物体细胞胚发生过程可分为直接发生和间接发生两种方式。直接发生是从外植体材料直接长出体胚，而不经过愈伤组织阶段；间接发生则是先从植物组织形成愈伤组织，再从胚性愈伤组织表面或内部形成体胚，多数来源于表皮细胞或表皮下数层细胞脱分化形成愈伤组织（张启香等，2011）。本试验中石蜡切片观察到胚性愈伤组织的内部（图 1a）和表皮（图 1b）这两种起源方式与间接体细胞胚发生情况相符。

在本研究发现，使用 2,4-D 和 6-BA 组合对合子胚愈伤组织的诱导率基本可达到 100%。但添加 0.1mg/L 2,4-D 诱导出来的愈伤组织，量少、致密、呈浅绿色，无法进一步分化。只有当 2,4-D 浓度大于等于 0.5mg/L 时，60% 以上划伤的子叶能长出黄色、光泽、颗粒状含水量较低的胚性愈伤组织。研究表明

2,4-D 是诱导愈伤组织必不可少的生长激素，据统计 57.7% 的双子叶植物和几乎所有的单子叶植物在体细胞胚的诱导阶段均使用了 2,4-D（冯大领等，2007；习洋等，2012）。当 6-BA 浓度固定时，随着 2,4-D 浓度进一步上升，胚性愈伤组织的诱导率虽然没有显著的差异，但是由于随着 2,4-D 浓度的升高，愈伤组织的水渍状严重且高浓度的 2,4-D 对体细胞胚的进一步发育有抑制作用（宋会访，2004；Rai 等，2007），因此其选用浓度以 0.5mg/L 较为合适。细胞分裂素也是体细胞胚诱导中不可缺少的，它可促进一些植物胚性愈伤组织形成，有助于体细胞胚的成熟，综合考虑体细胞胚诱导率和平均出胚数结果，当 6-BA 浓度为 1.0mg/L 时效果最佳。

理论上，任何外植体在合适条件下均可经历脱分化和再分化过程，通过体细胞胚和器官发生两条途径形成再生植株。但在实际操作过程中，不同物种的不同外植体材料不同途径发生的难易程度有很大差异。本实验在预备实验中尝试了桂花不同外植体的愈伤组织诱导，结果发现叶片、花芽、花梗、合子胚均可诱导出愈伤组织，但桂花不同外植体诱导产生的愈伤组织的质地和量上都存在差异，其中只有合子胚诱导出的愈伤组织经过分化培养后较容易诱导出体细胞胚，且体细胞胚一般发生在合子胚的子叶端。因此，对于桂花来说合子胚的子叶端是诱导体细胞胚发生的良好外植体，这一结果与木犀科一些其他物种相似（Tonon 等，2001；孔冬梅，2004；Capuana 等，2007）。

在白蜡属中以其胚轴或子叶为外植体材料，添加 2.0 ~ 5.0mg/L 6-BA 和 0 ~ 1.5mg/L TDZ 可以不同程度诱导不定芽再生（Palla，Pijut，2011；Stevens，Pijut，2012），而对于桂花来说添加 0 ~ 10.0mg/L 6-BA 和 0 ~ 5.0mg/L TDZ 没有使其胚性愈伤组织朝着器官发生途径的不定芽再生方向分化，仍然以分化体细胞胚为主，但分化率和出胚数都显著低于不添加任何植物生长调节剂的 MS 培养基，而且在高浓度细胞分裂素的作用下会导致部分畸形胚的产生。由此可见，就器官发生途径而言，桂花的体细胞胚发生途径相对更容易，当然我们也不排除激素组合是否最佳等因素的影响，这一结论有待进一步试验验证。不添加任何植物生长调节剂的 MS 培养基有利于体细胞胚的形成和发育，这与细胞分裂素能束缚体胚的生长发育的观点相符（Choi 等，1998）。

本实验用桂花未成熟合子胚为外植体，成功地建立了桂花体细胞胚再生体系，该研究为桂花名优品种的遗传改良及分子育种工作打下了坚实的基础。

参考文献

1. Capuana, M., Petrini, G., Di Marco, A., Giannini, R. 2007. Plant regeneration of common ash (*Fraxinus excelsior* L.) by somatic embryogenesis [J]. In Vitro Cellular & Developmental Biology-Plant. 43 (2): 101 – 110.

2. Choi, Y. E., Yang, D. C., Park, J. C., Soh, W. Y., Choi, K. T. 1998. Regenerative ability ofsomatic single and-multiple embryos from cotyledons of Korean ginseng on hormone freemedium [J]. Plant Cell Reports. 17 (544 – 551).

3. Palla, K. J., Pijut, P. M. 2011. Regeneration of plants from *Fraxinus americana* hypocotyls and cotyledons [J]. In Vitro Cellular & Developmental Biology-Plant. 47 (2): 250 – 256.

4. Rai, M. K., Akhtar, N., Jaiswal, V. S. 2007. Somatic embryogenesis and plant regeneration in *Psidium guajava* L. cv. Banarasi local. Scientia Horticulturae [J]. 113 (2): 129 – 133.

5. Stevens, M. E., Pijut, P. M. 2012. Hypocotyl derived in vitro regeneration of pumpkin ash (*Fraxinus profunda*) [J]. Plant Cell Tissue and Organ Culture. 108 (1): 129 – 135.

6. Tonon, B. G., Capuana, M., Rossi, C. 2001. Somatic embryogenesis and embryo encapsulation in *Fraxinus angustifolia* Vhal [J]. J Hortic Sci Biotech. 76 (6): 753 – 757.

7. 孔冬梅. 2004. 水曲柳体细胞胚胎发生及体细胞胚和合子胚的发育 [D]. 东北林业大学.

8. 宋会访. 2004. 桂花组织培养技术体系的研究 [D]. 华中农业大学图书馆.

9. 宋会访，葛红，周媛，王彩云. 2005. 桂花离体培养与快速繁殖技术的初步研究 [J]. 园艺学报，32 (4): 738 – 740.

10. 袁王俊，董美芳，尚富德. 2005. 桂花胚的离体培养 [J]. 园艺学报，32 (6): 1136 – 1139.

11. 彭尽晖，吕长平，周晨. 2003. 四季桂愈伤组织诱导与继代培养 [J]. 湖南农业大学学报（自然科学版），29 (2): 131 – 133.

12. 蔡璇，苏繁，金何仙，姚崇怀，王彩云. 2010. 四季桂花瓣色素的初步鉴定与提取方法 [J]. 浙江林学院学报，27 (4).

13. 习洋，胡瑞阳，王欢，孙鹏，袁存权，李允菲，戴丽，李云. 2012. 刺槐未成熟合子胚的体细胞胚胎发生和植株再生 [J]. 林业科学，48 (1): 60 – 69.

14. 冯大领，孟祥书，王艳辉，刘霞，李明，赵锦，白志英. 2007. 植物生长调节剂在植物体细胞胚发生中的应用 [J]. 核农学报，21 (3): 256 – 260.

15. 刘萍，袁王俊. 2008. 桂花愈伤组织的诱导与增殖 [J]. 安徽农业科学，36 (34): 14889 – 14890.

16. 张启香，胡恒康，王正加，袁佳，万俊丽，黄坚钦. 2011. 山核桃间接体细胞胚发生和植株再生 [J]. 园艺学报，38 (6): 1063 – 1070.

中国观赏园艺研究进展 2015：243～247

Advances in Ornamental Horticulture of China，2015：243～247

牡丹试管苗不定根诱导阶段相关蛋白质差异分析[*]

王 政　张丹丹　尚文倩　王海云　贺 丹　何松林[①]

（河南农业大学林学院，郑州 450002）

摘要　以牡丹品种'乌龙捧盛'试管苗为材料，利用双向凝胶电泳技术（two-dimensional echocardiography，2－DE），探讨牡丹试管苗生根诱导过程蛋白质差异表达，揭示牡丹试管苗生根诱导的分子机制。结果表明：根原基蛋白质经双向电泳分析及差异检测，获得了 8 个发生差异表达蛋白质，经液质联用串联质谱仪分析（LC/ESI/MS/MS），8 个蛋白点为同一种蛋白，同属于叶绿体中的 ATP 合成酶 β 亚基。推测 ATP 合成酶 β 亚基与不定根诱导发生有关。

关键词　牡丹；试管苗；生根诱导；差异蛋白

Analysis of Protein Changes Associated with Adventitious Root Induction Phase of Tree Peony (*Paeonia suffruticosa* Andr.) Plantlets in Vitro

WANG Zheng　ZHANG Dan-dan　SHANG Wen-qian　WANG Hai-yun　HE Dan　HE Song-lin

（*College of Forestry，Henan Agricultural University，Zhengzhou* 450002）

Abstract　In this study，test-tube plantlet of tree peony 'wulongpengsheng' was used as the experimental material. In order to reveal the molecular mechanism of root induction of test-tube plantlet for tree peony，two-dimensional echocardiography was used to explore differential expression of proteome during root induction process of tree peony plantlets in vitro. The results indicated that eight protein spots of occurring differential expression were acquired by 2－DE analysis and the difference detection for root primordium protein. These spots were analyzed by tandem mass spectrometer（LC/ESI/MS/M），indicating that the eight spots were the same kind of protein belong to the chloroplast ATP synthase β subunit. This suggested that ATP synthase β subunit played a role in induction of adventitious roots.

Key words　*Paeonia suffruticosa*；Test-tube plantlet；Rooting induction；Proteomics

牡丹（*Paeonia suffruticosa*）属于芍药科芍药属落叶灌木，是中国的传统名花之一，作为花卉栽培至今已有约 1600 年的历史（仲健，2000），目前主要依靠传统的嫁接与分株技术进行繁殖，繁殖系数低，速度慢，无法满足市场发展的需要（高志民和王莲英，2001）。组织培养技术具有繁殖系数高，便于大规模生产等特点。自 1965 年，Partanen 等对有关牡丹组织培养研究报道以来，国内外学者对其进行了大量的研究（Beruto and Curir，2007；Qin *et al.*，2012；Silva *et al.*，2012）。但牡丹试管苗根系发生困难，是制约牡丹组培的一个难点（Silva *et al.*，2012）。

蛋白质组学（proteomics）是在大规模水平上对蛋白质的整体研究，包括在生长发育中和各种外界因素作用下的蛋白质结构、功能和丰度的变化等（Pandey & Mann，2000）。自从 1994 年蛋白质组概念提出以来，蛋白质组学及相关技术的研究取得很大进展，双向电泳是目前蛋白质组学分析的基本工具（Eschen *et al.*，2004）Han *et al.*，2014）。而有关牡丹试管苗生根诱导期间蛋白质组学的研究尚无报道。因此本文采用蛋白质组学分析技术，对牡丹试管苗生根诱导的关键时期进行蛋白质组差异表达分析，探讨与生根相关的蛋白，初步揭示牡丹蛋白分子水平上不定根发生机理，为建立牡丹高效植株再生体系提供理论及技术支撑。

[*]　基金项目：国家自然科学基金（31272189），国家自然科学基金（31400596），河南省教育厅重点项目科技攻关项目（14A220003）。

[①]　通讯作者。Author for correspondence（Email：hsl213@163.com）。

1　材料和方法

1.1　材料处理

供试材料为牡丹品种'乌龙捧盛'试管苗。2014年1月10日于洛阳市国花园和土桥村采取的'乌龙捧盛'鳞芽,在河南农业大学园林植物生物技术重点开放实验室进行组织培养。将牡丹鳞芽灭菌后接种到 MS + 6-BA 0.5mg·L^{-1} + NAA 0.5mg·L^{-1} + 蔗糖 30g·L^{-1} + 琼脂 7g·L^{-1}(pH = 5.8)的固体培养基上,在常规条件下(温度 24 ± 1℃,光强 36μmol·m^{-2}·s^{-1},光照时间 12h·d^{-1})进行诱导培养,培养 35d 后,获得无根试管苗。将无根试管苗转入生根培养基 WPM + IBA 4mg·L^{-1} + 糖 30g·L^{-1} + Gellan gum 2g·L^{-1}(pH = 5.8)中,常规条件下(同上)培养。根据本课题组前期研究牡丹试管苗第 3d 根原基诱导发生,第 5d 根原基的诱导基本形成(贺丹 等,2011),在生根培养 0d(CK)、1d、2d、3d、5d、7d 分别取样,每次随机取 30 株试管苗,用纯水将其冲洗干净,吸干水后切取茎基部,用液氮迅速研磨成细粉后存放于 -70℃ 冰箱中备用。

1.2　测定项目与方法

1.2.1　蛋白质提取及浓度测定

采用三氯乙酸/丙酮法提取蛋白质,进行蛋白质浓度的测定,具体方法如下:

三氯乙酸/丙酮法参考 Damerval 等(1986)的方法,并略作改进。

蛋白质样品浓度的测定:参考 Bradford(1976)的方法,以牛血清白蛋白为标准蛋白。

1.2.2　等电聚焦电泳(IEF)

采用 Ettan IPGhor Ⅱ 等电聚焦系统,主要参照 Görg 等(1999)的方法和 GE 公司双向电泳实验指南进行。根据所测浓度和上样量,取相应体积的蛋白样品,加入适量水化液(7mol·L^{-1} 尿素,2mol·L^{-1} 硫脲,4% CHAPS,65mmol·L^{-1} DTT)至终体积为 500μl,加入 2.5μl 载体两性电解质使其终浓度为 0.5%,加入微量溴酚蓝溶液,充分混匀后,室温条件下 30000g 离心 30min。用移液枪移取 450μl 蛋白溶液均匀铺于胶条槽内,注意不能有气泡。对准正负极,将 IPG 胶条胶面朝下覆盖在样品上(胶条需提前 15min 左右从冰箱取出,使其和室温平衡),在胶面上均匀覆盖 2ml 矿物油,盖上电极槽盖,静置 20min,待蛋白样品均匀进入胶条后,将电极槽对准正负极放于等电聚焦电泳系统(型电泳仪)上,按照设定的程序和参数(见表 1)进行等电聚焦电泳(温度为 18℃,

最大电流为 50μA/gel)。

表1　IEF 程序与参数

Table1　Procedures and parameters of IEF

步骤 Procedure	电压 Voltage	时间 Time	作用 Function
S1	50v	12h	水化
S2	250v	1h	除盐
S3	500v	1h	除盐
S4	1000v	1h	升压
S5	10000v	0.5h	升压
S6	10000v	10h	聚焦
S7	500v	12h	保持

1.2.3　胶条平衡

等电聚焦完成后,将 IPG 胶条在 10ml 平衡液 Ⅰ(50mmol·L^{-1} Tris-HCl,pH 8.8,6mol·L^{-1} 尿素,20% 甘油,4% SDS,1.5% DTT)中平衡 15min,再在 10ml 的平衡缓冲液 Ⅱ(50mmol·L^{-1} Tris-HCl,pH8.8,6mol·L^{-1} 尿素,20% 甘油,4% SDS,2.5% 碘乙酰胺,痕量溴酚蓝)中平衡 15min,用湿润的滤纸吸去胶条上多余的平衡液。胶条也可于 -70℃ 下保存。

1.2.4　SDS-PAGE

SDS 凝胶配制,参照郭尧君的方法。在 IPG 胶条平衡后,将胶条置于 SDS 凝胶上,用封胶液封住顶部(注意胶条与凝胶间不能有气泡)进行 SDS-PAGE 电泳。起始电泳功率设为 2w/gel,等样品完全移出 IPG 胶条浓缩成一条直线后约 30min,再将功率调为 10w/gel 进行,待溴酚蓝指示剂到达凝胶底部边缘时结束电泳。

1.2.5　胶体染色与图像的扫描分析

凝胶染色采用"Blue Silver"考马斯亮蓝染色法(Candiano *et al.*,2004)。电泳结束后,将凝胶立即置于固定液(40% 甲醇,10% 冰乙酸)中,固定 40min 后置于胶体考马斯亮蓝染色液(0.12% 考马斯亮蓝 G-250,10% 硫酸铵,10% 磷酸,20% 甲醇)中染色 8h 或过夜染色。然后用 Milli-Q 超纯水漂洗脱色,直到蛋白点清晰。

脱色后的凝胶利用 alpha 凝胶成像系统扫描获取图像,使用 Image Master 2D Platinum Software version 5.0 分析软件对图像进行分析。

1.2.6　质谱分析

选取差异蛋白质点切下,利用电喷雾电离(ESI)和串联质谱仪(Tandem MS,MS/MS)进行分析,质谱分析数据通过 Genbank 的 NCBI 非冗余数据库(http://www.ncbi.nlm.nih.gov/)和 Swiss-prot(http://www.expasy.ch)进行检索查询。

2 结果与分析

2.1 生根诱导时期茎基部蛋白差异表达

由图 1 可知，以诱导 0d 为对照，大部分蛋白点集中在酸性端，等电点(pI)主要在 4 ~ 7 范围内，碱性端的蛋白质点较少，说明牡丹试管苗茎基部的蛋白质大部分属于酸性蛋白。不同生根诱导培养时期的蛋白质 2 - DE 图谱有着很强的相似性，但也表现出一定的差异。在生根诱导前后和不同的诱导时期，蛋白质的表达点数有所不同，在表达量上也存在着差异。

经检测，对照(生根诱导培养前)有 434 个蛋白质点，生根诱导 1d 的有 392 个蛋白质点，诱导培养 2d 的有 462 个蛋白质点，诱导 3d 的有 388 个蛋白点，培养 5d 的为 373 个，培养 7d 的为 421 个蛋白点。差异表达的蛋白质点大部分为表达量上的差别。随着生根诱导培养时间的延长，表达量明显上调的为 1 号、2 号、3 号蛋白点；下调表达明显的为 4 号、5 号、6 号和 7 号蛋白点；8 号蛋白点在生根培养的第 5d 单独出现特异表达。

2.2 差异表达蛋白点的质谱鉴定

对生根诱导培养时期发生可重复显著变化的 8 个差异蛋白质点用液质联用串联质谱仪(LC/ESI/ MS/MS)进行肽序列信息鉴定，根据 MS/MS 图谱信息，进入数据库 NCBI 非冗余数据库(http://www.ncbi.nlm.nih.gov/)和 Swiss-prot(http://www.expasy.ch)进行蛋白质信息检索，结果见表 2。

8 个蛋白点的鉴定结果虽有不同，但均为叶绿体内 ATP 合成酶 β 亚基。点 1、2、3、4 和 8 的结果相同，分子量为 52753，等电点为 5.14，所得肽序列均与数据库中牡丹叶绿体 ATP 合成酶 β 亚基一致；点 5 的肽段信息与细叶芍药叶绿体 ATP 合成酶 β 亚基相同，分子量为 41003，等电点为 4.94；蛋白点 6 的质谱分析结果和加州芍药叶绿体 ATP 合成酶 β 亚基情况吻合，分子量为 52886，等电点为 5.02；点 7 肽段信息与美国西部野生芍药的情况一致，分子量为 52867，等电点为 5.13。

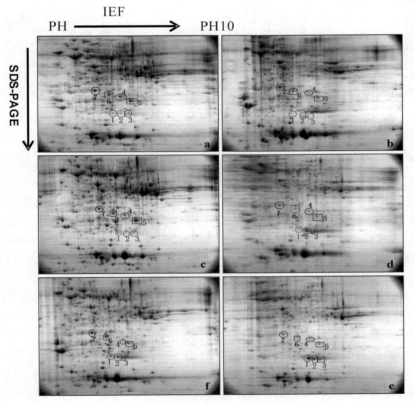

图 1 不同生根诱导时期的 2 - DE 图谱

Fig. 1 2 - DE maps of protein in different phases of root-induction

(a：生根诱导培养前，ck；b：生根诱导培养 1d；c：生根诱导培养 2d；d：生根诱导培养 3d；e：生根诱导培养 5d；f：生根诱导培养 7d)

(a：without root-induction culture, ck；b：root-induction culture for 1 day；c：root-induction culture for 2 days；

d：root-induction culture for 3 days；e：root-induction culture for 5 days；f：root-induction culture for 7 days)

表 2　蛋白质鉴定结果

Table 2　Proteins identified by MS/MS analysis

Spot No.	Protein Name	Accession No.	Protein MW	Protein pI
1	ATP synthase beta subunit〔Paeonia suffruticosa〕	gi｜6017818｜gb｜AAF01643.1｜	52753	5.14
2	ATP synthase beta subunit〔Paeonia suffruticosa〕	gi｜6017818｜gb｜AAF01643.1｜	52753	5.14
3	ATP synthase beta subunit〔Paeonia suffruticosa〕	gi｜6017818｜gb｜AAF01643.1｜	52753	5.14
4	ATP synthase beta subunit〔Paeonia suffruticosa〕	gi｜6017818｜gb｜AAF01643.1｜	52753	5.14
5	ATP synthase beta subunit〔Paeonia tenuifolia〕	gi｜9799482｜gb｜AAF98991.1｜	41003	4.94
6	ATP synthase beta subunit〔Paeonia californica〕	gi｜9799486｜gb｜AAF98993.1｜	52886	5.02
7	ATP synthase beta subunit〔Paeonia brownii〕	gi｜9799484｜gb｜AAF98992.1｜	52867	5.13
8	ATP synthase beta subunit〔Paeonia suffruticosa〕	gi｜6017818｜gb｜AAF01643.1｜	52753	5.14

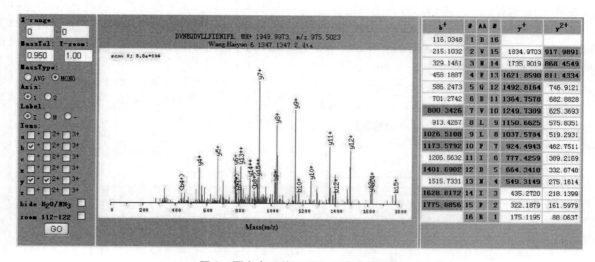

图 2　蛋白点 6 的 MS/MS 质谱分析图

Fig. 2　Identification of spot 6 by MS/MS

　　虽然属于同一种蛋白，分子量和等电点都比较相近，但是它们却分布在双向凝胶上的不同位置，这很有可能因为它们是同一个蛋白的不同表现形式，具有不同的翻译后修饰或加工，或者是样品制备过程中发生了蛋白的化学修饰或降解等（Porubleva et al.，2001；Zhu et al.，2006）。

3　讨论

　　ATP 合酶广泛分布于线粒体内膜和叶绿体类囊体膜上，参与氧化磷酸化与光合磷酸化反应，在跨膜质子动力势的推动下合成 ATP，是高等植物能量代谢的关键酶之一（Boyer，1997）。Sukumar 等（2013）在对拟南芥不定根诱导机理的研究中发现，ATP 结合盒转运蛋白 B19 的高表达能够促进 IAA 的转运和积累，从而诱导不定根的形成。同样，Haissig（1990）在对短叶松（Pinus banksiana）插条生根的研究中发现，ATP 浓度与插条生根呈正相关，且在诱导生根后的第 4d 浓度最大。本试验研究结果表明，在诱导初期有所下调，但在中期时又有部分上调表达，这可能是因为试管苗刚从增殖培养基中转入生根诱导培养基，并且切掉了茎基部下面的愈伤部分，导致诱导初期的光合能力减弱和 ATP 合成酶 β 亚基表达量的下降；经过 3d 左右，部分 ATP 合成酶 β 亚基的表达量明显上调，贺丹等（2011）对牡丹试管苗生根细胞学的观察发现，牡丹试管苗根原基的诱导发生于诱导培养的第 3d，表明经过一段时间的激素诱导积累后，试管苗基部开始一系列复杂的生根活动，需要有较多 ATP 合成酶 β 亚基参与能量合成。这与 Bellamine 和 Gaspar（1998）在杨树试管苗生根诱导研究中发现，经生根诱导后粗微粒囊泡中 ATP 合成酶活性升高一致，表明 ATP 合成酶可能在试管苗不定根诱导和形成所必需的。

　　本试验提出 ATP 合成酶 β 亚基与牡丹试管苗不定根发生相关，但 ATP 合成酶 β 亚基在此过程中的具体作用还需深入研究。且还可能存在着其他一些与不定根发生相关的调控蛋白，由于其微量表达，容易丢失且不易发现和检测，还有待于下一步结合更精确的蛋白质组学技术（荧光定量蛋白技术等）进行深入详尽的研究。

参考文献

1. Bellamine J, Gaspar T. 1998. The relationship between rooting of poplar shoots and ATPase activity of their crude microsomal vesicles[J]. Plant growth regulation, 24(1): 43 – 48.

2. Beruto M, Curir P. 2007. In vitro culture of tree peony through axillary budding[J]. Protocols for Micropropagation of Woody Trees and Fruits: 477 – 497.

3. Boyer PD. 1997. The ATP synthase-a splendid molecular machine[J]. Annual review of biochemistry, 66(1): 717 – 749.

4. Bradford MM. 1976. A rapid and sensitive method for the quantitation of microgram quantities of protein utilizing the principle of protein-dye binding[J]. Analytical biochemistry, 72(1): 248 – 254.

5. Candiano G, Bruschi M, Musante L, Santucci L, Ghiggeri GM, Carnemolla B, Orecchia P, Zardi L, Righetti PG. 2004. Blue silver: a very sensitive colloidal Coomassie G - 250 staining for proteome analysis[J]. Electrophoresis, 25(9): 1327 – 1333.

6. Damerval C, De Vienne D, Zivy M, Thiellement H. 1986. Technical improvements in two - dimensional electrophoresis increase the level of genetic variation detected in wheat - seedling proteins[J]. Electrophoresis, 7(1): 52 – 54.

7. Eschen M, Kotzyba G, Jeitschko BK, Nnenwolfgang. 2004. Current two-dimensional electrophoresis technology for proteomics[J]. Proteomics, 4(12): 3665 – 3685.

8. Görg A, Obermaier C, Boguth G, Weiss W. 1999. Recent developments in two - dimensional gel electrophoresis with immobilized pH gradients: Wide pH gradients up to pH 12, longer separation distances and simplified procedures[J]. Electrophoresis, 20(4 – 5): 712 – 717.

9. Haissig BE. 1990. ATP concentrations in *Pinus banksiana* cuttings during adventitious rooting[J]. Journal of plant physiology, 136(4): 499 – 502.

10. Li M, Leung DWM. 2001. Protein Changes Associated with Adventitious Root Formation in Hypocotyls of *Pinus radiata*[J]. Biologia Plantarum, 44(1): 33 – 39(37).

11. Pandey A, Mann M. 2000. Proteomics to study genes and genomes[J]. Nature, 405(6788): 837 – 846.

12. Porubleva L, Velden KV, Kothari S, Oliver DJ, Chitnis PR. 2001. The proteome of maize leaves: use of gene sequences and expressed sequence tag data for identification of proteins with peptide mass fingerprints[J]. Electrophoresis, 22(9): 1724 – 1738.

13. Qin L, Cheng F, Zhong Y. 2012. Advances in the in vitro culture and micropropagation of tree peonies during the past half century [C]. Proc International Conference on Germplasm of Ornamentals, 977: 39 – 51.

14. Silva JATD, Shen M, Yu XN. 2012. Tissue culture and micropropagation of tree peony (*Paeonia suffruticosa* Andr.) [J]. Journal of Crop Science & Biotechnology, 15(3): 159 – 168.

15. Sukumar P, Maloney GS, Gk. M. 2013. Localized induction of the ATP-binding cassette B19 auxin transporter enhances adventitious root formation in *Arabidopsis*[J]. Plant Physiology, 162(3): 1392 – 1405.

16. Zhu J, Chen S, Alvarez S, Asirvatham VS, Schachtman DP, Wu Y, Sharp RE. 2006. Cell wall proteome in the maize primary root elongation zone. I. Extraction and identification of water-soluble and lightly ionically bound proteins[J]. Plant physiology, 140(1): 311 – 325.

17. 高志民，王莲英. 2001. 牡丹、芍药繁殖与育种研究现状[J]. 北京林业大学学报，23(4): 75 – 79.

18. 贺丹，王政，何松林. 2011. 牡丹试管苗生根过程解剖结构观察及相关激素与酶变化的研究[J]. 园艺学报，38(4): 770 – 776.

19. 仲健. 2000. 中国牡丹：培育与鉴赏及文化渊源[M]. 北京：中国林业出版社.

培养基成分对牡丹愈伤组织褐化的影响*

王 政　周方方　尚文倩　牛佳佳　贺 丹　何松林①

（河南农业大学林学院，郑州 450002）

摘要　以牡丹品种'珊瑚台'鳞芽诱导组培苗的叶柄愈伤组织为材料，探讨不同浓度激素组合、铁盐、无机盐、琼脂以及 pH 值等培养基成分对愈伤组织继代培养褐化的影响。结果表明：不同梯度 NAA 结合 6 - BA 和 KT，珊瑚台愈伤组织的褐化情况表现出不同变化规律，呈现对 KT 更为敏感，以 NAA0.5mg·L^{-1} + KT0.3mg·L^{-1}处理中褐化率最低，为 13.3%。在不同无机盐和铁盐组合中，以为 1/4MS + 1/4Fe 的褐化率最低。pH 为 6.5 时，培养 30d 后褐化率为 0；以 6.0g·L^{-1}琼脂浓度下愈伤组织生长最好，培养 30 后的褐化率为 5%。得出牡丹愈伤组织继代培养的最佳培养基配方为：1/4MS + 1/4Fe + KT 0.3mg·L^{-1} + NAA 0.5mg·L^{-1} + PVP 1g·L^{-1} + LH 0.5g·L^{-1} + 蔗糖 30g·L^{-1} + 琼脂 6g·L^{-1}，pH 为 6.5。

关键词　牡丹；愈伤组织；培养基成分；褐化

The Effect of Medium Components on the Browning of Callus in Subculture of Tree Peony (*Paeonia suffruticosa*)

WANG Zheng　ZHOU Fang-fang　SHANG Wen-qian　NIU Jia-jia　HE Dan　HE Song-lin

(*College of Forestry*, *Henan Agricultural University*, *Zhengzhou* 450002)

Abstract　The callus of Tree Peony (*Paeonia suffruticosa*) 'Shan Hu Tai' that induced from the petiole of plantlets were used as materials in this research，to study the effects that the medium content of different concentration of hormone combination，iron salt，inorganic salt，Agar and PH on the browning of callus in subculture. Results showed that followed the combination of different concentration of NAA，6 - BA and KT，the browning of the callus of *Paeonia suffruticosa* 'Shan Hu Tai' showed different change rule，and KT performed more sensitive，with the additives of NAA(0.5mg·L^{-1}) + KT(0.3mg·L^{-1})，the browning rate reduced to 13.3%. In different combination of inorganic salt and iron salt，the browning rate was the lowest at the combination of 1/4MS + 1/4Fe. Under the pH of 6.5，after the callus was culture for 30d in the dark environment，the browning rate was 4%；As the concentration of Agar was 6.0g·L^{-1}，the growth of the callus was the best，and the browning rate was only 5% after it was culture for 30d. Concluded from the experiment，the best culture medium formula for the peony callus in subculture was：1/4MS + 1/4Fe + KT0.3mg·L^{-1} + NAA0.5mg·L^{-1} + PVP1g·L^{-1} + LH0.5g·L^{-1} + Sugar 30.0g·L^{-1} + Agar 6.0g·L^{-1}，pH6.5.

Key words　*Paeonia suffruticosa*；Callus；Culture medium；Browning

牡丹(*Paeonia suffruticosa*)，芍药科芍药属木本花卉，是中国的传统名花，原始的繁殖方法主要是播种繁殖和以嫁接、分株为主的无性繁殖，随着市场需求的增长，这些繁殖方式表现出一定的局限性，难以满足市场对牡丹新品种繁育和优良品种的栽培和推广的需求(高志民等，2001)。因此，利用植物组织培养的周期短、繁殖系数高等优点，是解决牡丹快速繁殖的

有效途径之一。有关牡丹组培，国内外学者开展相应的研究，并取得了一定的进展(何松林等，2009)。愈伤组织的诱导、分化和增殖是组培中的重要部分，但在诱导牡丹愈伤组织过程中存在严重的褐化问题(郎玉涛等，2007；Darrhua Yu *et al.*，1986)，制约了愈伤组织的正常生长与分化增殖，甚至造成愈伤组织难以继代保存，成为影响愈伤组织培养的关键性因子

* 基金项目：国家自然科学基金(31272189)，国家自然科学基金(31400596)，河南省教育厅重点项目科技攻关项目(14A220003)。

① 通讯作者。Author for correspondence (Email：hsl213@163.com)。

（吴银凤等，2001；王军娥等，2008）。

在组织培养过程中影响褐化的因素较多，所选材料的种类与品种、外植体材料的生理状态、生长部位、培养基成分、添加激素的含量及比例、培养条件等都会影响褐化的发生（何松林等，2005，2009；周俊辉等，2000；吴银凤，2003；范小峰等，2005；肖显华等，1999）。本研究以牡丹中观赏价值较高的品种'珊瑚台'组培苗叶柄诱导的愈伤组织为试验材料，探讨不同浓度激素组合、铁盐、无机盐、琼脂以及pH值对牡丹愈伤组织培养过程中褐化的影响，以筛选出适宜牡丹愈伤组织继代培养的条件，为牡丹建立体细胞胚培养体系提供参考依据。

1 材料与方法

1.1 材料

供试材料'珊瑚台'于2014年12月采自洛阳市土桥花木种苗有限公司牡丹苗木基地。以'珊瑚台'的鳞芽为外植体，参考何松林（2009）牡丹鳞芽诱导丛生芽方法获得无根试管苗，并利用试管苗叶柄诱导愈伤组织，选取大小生长状态基本一致的愈伤组织为试验材料。

1.2 方法

1.2.1 不同浓度激素配比的筛选

添加6-BA（0mg·L^{-1}、0.5mg·L^{-1}、1.0mg·L^{-1}、2.0mg·L^{-1}）和KT（0.3mg·L^{-1}、0.5mg·L^{-1}、1.0mg·L^{-1}、1.5mg·L^{-1}）分别与NAA（0.5mg·L^{-1}、1.0mg·L^{-1}、2.0mg·L^{-1}）完全随机组合，共计24个处理，进行试管苗愈伤组织诱导培养。

1.2.2 不同浓度无机盐和铁盐组合的筛选

以1/4MS、1/2MS培养基与不同浓度的铁盐（1/4、1/2、3/4、1和5/4）完全随机组合，共计10个处理，进行试管苗愈伤组织诱导培养。

1.2.3 不同pH值的筛选

分别在pH值为4.0、4.5、5.0、5.5、6.0、6.5、7.0、7.5条件下在培养基内进行试管苗愈伤组织诱导培养。

1.2.4 不同浓度琼脂的筛选

在培养基中分别添加3.0g·L^{-1}、3.5g·L^{-1}、4.0g·L^{-1}、4.5g·L^{-1}、5.0g·L^{-1}、6.0g·L^{-1}、7.0g·L^{-1}、8.0g·L^{-1}、9.0g·L^{-1}、10.0g·L^{-1}琼脂浓度，进行试管苗愈伤组织诱导培养。

上述处理培养基模板为1/2MS+铁盐（MS）+6-BA 1.0mg·L^{-1}+NAA 0.5mg·L^{-1}+PVP 1g·L^{-1}+LH 0.5g·L^{-1}+蔗糖30g·L^{-1}+琼脂7g·L^{-1}，pH=5.8～6.0，在不同的处理中其对应成分替换入该模板培养基，培养条件：温度24±1℃，光强36μmol·$m^{-2}s^{-1}$光照时间12h·d^{-1}；每个处理接种5瓶，每瓶接种6块大小生长状态基本一致的愈伤组织进行继代培养，重复3次。培养时间30d，并观察记录其褐化情况。0～10d，每隔2d统计褐化率；10～30d每隔5d统计褐化率。褐化程度级别：0级——材料无褐变，且周围培养基色泽呈乳白色；1级——材料出现淡褐色，周围培养基色泽基本呈乳白色；2级——材料大部分已褐化，周围培养基色泽开始出现褐色；3级——材料褐化致死。

褐化率=褐化愈伤组织个数/接种个数×100%

所有数据处理，均采用邓肯氏新复极差测验法（SSR法）测验其差异显著性，显著水平P<0.05。数据统计采用DPS软件3.01版和Excel2003进行数据处理。

2 结果与分析

2.1 激素对愈伤组织继代培养褐化的影响

从表1中看出，培养基中添加不同激素，愈伤组织褐化率不同，且各处理间差异显著。当培养基同时添加NAA0.5mg·L^{-1}和KT0.3mg·L^{-1}时，愈伤组织的褐化率最低，仅为13.3%，其次为添加NAA2.0mg·L^{-1}和KT0.3mg·L^{-1}的处理，但二者差异显著；当培养基同时添加NAA2.0mg·L^{-1}和KT0.5mg·L^{-1}时，愈伤组织褐化最为严重，达61.5%。

2.2 不同铁盐、无机盐浓度对愈伤组织继代培养褐化的影响

从表2中可看出，培养基中无机盐含量不同，愈伤组织褐化率也不同，且各处理间差异显著。当培养基无机盐为1/4MS+1/4Fe时，愈伤组织的褐化率最低，仅为18.2%，其次为1/2MS+1/4Fe的处理，但二者差异显著；当培养基为1/2MS+5/4Fe时，愈伤组织褐化最为严重，达85.7%。

2.3 不同pH值对愈伤组织继代培养褐化的影响

从表3中可看出，培养基在不同的pH值下愈伤组织褐化率不同，且各处理间差异显著。当pH值为6.5时，愈伤组织褐化率整体最低，培养30d后仅为4%，其次为6.0的处理，但二者差异显著；当pH值为4时培养基呈液态，愈伤组织褐化最为严重，达43.8%。

2.4 不同琼脂浓度对愈伤组织继代培养褐化的影响

从表4可看出，培养基中添加不同浓度的琼脂，

愈伤组织褐化率不同，且各处理间差异显著。当琼脂浓度 $6.0g \cdot L^{-1}$ 时效果最好，愈伤组织生长良好，甚至在原已褐化的组织上又长出愈伤组织，培养 30d 后的褐化率为 5%；其次是琼脂浓度为 $7.0g \cdot L^{-1}$ 的处理，但二者差异显著；当琼脂在 $3.0 \sim 4.5g \cdot L^{-1}$ 时，培养基状态不稳定，且后期褐化率很高，达 43.8%。

表 1 不同浓度 NAA 与 6-BA、KT 组合对愈伤组织褐化的影响

Table 1 Effect of different NAA、6-BA and KT on the browning of callus

处理号 No.	激素组合 Hormone combination		褐化率 Browning rate（%）	处理号 No.	激素组合 Hormone combination		褐化率 Browning rate（%）
	NAA（mg·L^{-1}）	6-BA（mg·L^{-1}）			NAA（mg·L^{-1}）	KT（mg·L^{-1}）	
1	0.5	—	30.0ef	13	0.5	0.3	13.3k
2	0.5	0.5	25.0f	14	0.5	0.5	55.6 b
3	0.5	1.0	36.8cd	15	0.5	1.0	33.3gh
4	0.5	2.0	50.0b	16	0.5	1.5	55.0bc
5	1.0	—	50.0b	17	1.0	0.3	35.3fgh
6	1.0	0.5	38.1cd	18	1.0	0.5	50.0 cd
7	1.0	1.0	50.0b	19	1.0	1.0	45.0de
8	1.0	2.0	55.6b	20	1.0	1.5	55.0bc
9	2.0	—	26.3f	21	2.0	0.3	20.0j
10	2.0	0.5	42.1c	22	2.0	0.5	65.0a
11	2.0	1.0	33.3de	23	2.0	1.0	40.0ef
12	2.0	2.0	61.5a	24	2.0	1.5	36.8fg

注：表中不同字母表示不同处理间的差异显著（P < 0.05，SSR 测验）。下同。

Note：Different letters show significant difference between treatments at P < 0.05 according to SSR test. The same below.

表 2 不同无机盐和铁盐浓度对愈伤组织褐化的影响

Table2 Different iron and mineral influences on the browning of callus

处理号 No.	无机盐组合 Combination of inorganic salt		褐化率 Browning rate %	处理号 No.	无机盐组合 Combination of inorganic salt		褐化率 Browning rate %
	MS	Fe			MS	Fe	
（CK）	1	—	55b	6	1/2	1/4	30.4d
1	1/4	1/4	18.2e	7	1/2	1/2	39.1cd
2	1/4	1/2	52.2 b	8	1/2	3/4	70a
3	1/4	3/4	29.4de	9	1/2	1	50bc
4	1/4	1	36.4d	10	1/2	5/4	85.7a
5	1/4	5/4	81.2a				

表 3 不同 pH 对愈伤组织褐化的影响

Table 3 Different pH influences on the browning of callus

pH 值 pH value	培养基状态 Medium state	褐化率 Browning rate（%）						
		2d	4d	6d	8d	10d	15d	30d
4.0	不凝固，液态	18.8	18.8	18.8	18.8	31.3	31.3	43.8a
4.5	凝固，轻摇即散	29.6	25.9	18.5	18.5	22.2	22.2	22.2ab
5.0	凝固，轻摇即散	26.9	23	19.2	19.2	19.2	19.2	19.2b
5.5	凝固，猛摇不散	39.3	32.1	35.7	35.7	28.6	21.4	7.1ce

（续）

pH 值 pH value	培养基状态 Medium state	褐化率 Browning rate（%）						
		2d	4d	6d	8d	10d	15d	30d
6.0（ck）	凝固，猛摇不散	30	13.3	10	10	10	10	4e
6.5	凝固，猛摇不散	15	10	10	5	5	5	4f
7.0	凝固，猛摇不散	31	10.3	10.3	10.3	10.3	10.3	10.3c
7.5	凝固，猛摇不散	31.8	13.6	9.0	13.6	13.6	13.6	13.6c

表4　不同琼脂浓度对愈伤组织褐化的影响

Table 4　Different agar potency influences on the browning of callus

琼脂浓度 Agar（g·L^{-1}）	培养基状态 Medium state	褐化率 Browning rate（%）						
		2d	4d	6d	8d	10d	15d	30d
3.0	半液半固	31.8	13.6	13.6	13.6	13.6	43.8	43.8a
3.5	凝固，轻摇即散	35	25	20	10	15	15	15c
4.0	凝固，猛摇即散	21.7	21.7	21.7	17.4	17.4	8.7	8.7d
4.5	凝固，猛摇即散	25	43.8	43.8	22.7	13.6	18.2	13.6c
5.0	凝固，猛摇不散，硬度较软	13.6	13.6	18.2	22.7	18.2	13.6	13.6cd
6.0	凝固，猛摇不散，适中	45	35	40	40	30	15	5e
7.0（CK）	凝固，猛摇不散，较硬	40	28	28	20	12	12	8de
8.0	凝固，猛摇不散，硬	47.6	47.6	42.8	33.3	28.6	28.6	14.3c
9.0	凝固，猛摇不散，硬	21.7	21.7	21.7	21.7	26.1	30.4	34.8bc
10.0	凝固，猛摇不散，硬	25	25	25	25	25	25	56.2a

3　结论与讨论

基本培养基保证了培养物成活的最低生理活动，只有在配合使用适当的植物生长调节剂时，才能使其健壮地生长（潘瑞炽等，2004）。林顺权（2005）曾指出，器官分化受生长素和分裂素的绝对浓度支配，而非二者的比值。也有研究表明，这一比值的确会对分化发育过程产生影响，而且会随培养材料的不同及组培的不同阶段或目的而发生显著变化（刘华英等，2002）。本试验研究发现 KT 的浓度变化比 6-BA 对愈伤组织继代中褐化率影响更大。可见 KT 对愈伤组织分化的能力高于 6-BA，以 NAA0.5mg·L^{-1} + KT0.3mg·L^{-1} 处理中褐化率最低。

试验发现降低无机盐浓度能减轻褐化现象，褐化率 1/4MS < 1/2MS < MS，从生长状况和褐化率综合考虑，1/4MS 更适合牡丹愈伤组织继代。褐化率随铁盐浓度增加而呈加重趋势，这与茶树茎段愈伤组织试验（赵玮等，2008）、棕榈科外植体酚的氧化（崔元方等，1986）中得出褐化率与铁盐浓度关系结论一致，但不同的是牡丹愈伤组织在 1/4 铁盐条件下仍生长良好。培养基中的无机物可能是一些氧化酶合成及进行生理生化作用所必需的，浓度过高的无机盐可以引起外植体酚类外溢进而发生氧化，促进褐化的发生。因此，盐分越大，褐化程度越高（刘兰英等，2002）。核桃的组培中也证实，将 DKW 培养基的无机盐浓度减少一半，能减轻褐变现象。

近年来有学者发现过高浓度的琼脂会对离体培养物造成毒害，而过低则支持效果差。从本试验中看出琼脂 5.0g·L^{-1} 时，凝固效果较好，随琼脂浓度的增大，培养基硬度增大而褐化率降低。高浓度用量的琼脂初期褐化率低，而后期因培养基的硬度影响酚类物质扩散使有害物质积累导致自身褐化加剧。在 pH 值为 5.5 时培养基凝固良好，随着 pH 值的升高褐化率呈下降趋势；当 pH 值为 6.5 时，黑暗培养 30d 后，愈伤组织褐化率最低。初步推断培养基的 pH 值对酚类物质和多酚氧化酶结合部位产生影响。研究发现随着培养时间的增加，部分愈伤组织的褐化率呈下降趋势，推测愈伤组织在培养过程中具有自我修复能力。

本试验研究不同培养基成分对牡丹愈伤组织继代培养中褐化的影响，并筛选出最适于牡丹'珊瑚台'品种愈伤组织继代生长的配方为：1/4MS + 1/4Fe + KT0.3mg·L^{-1} + NAA0.5 mg·L^{-1} + PVP 1g·L^{-1} + LH 0.5g·L^{-1} + 蔗糖 30g·L^{-1} + 琼脂 6g·L^{-1}，pH 值为 6.5。但其在愈伤组织继代过程中对褐化的作用机理有待深入研究。

参考文献

1. 崔元方，龚铮．1986．油棕的组织培养［M］．北京：高等教育出版社，466－480．

2. 潘瑞炽．2004．植物生理学［M］．北京：高等教育出版社．

3. 范小峰，范小玲．2005．三种牡丹茎尖培养研究［J］．陇东学院学报（自然科学版），15(2)：38－41．

4. 高志民，王雁，王莲英，等．2001．牡丹、芍药繁殖与育种研究现状［J］．北京林业大学学报，23(4)：75－79．

5. 何松林，陈莉，陈笑蕾，等．2009．牡丹鳞芽诱导与增殖过程中影响因子研究［J］．河南农业大学学报，43(5)：511－516．

6. 何松林，陈笑蕾，陈莉，等．2005．牡丹叶柄离体培养中褐化防止的初步研究［J］．河南科学，23(1)：47－50．

7. 何松林，牛佳佳，贺丹，等．2009．牡丹离体培养中褐化问题的研究进展［J］．中国农学通报，25(11)：34－37．

8. 朗玉涛，罗晓芳．2007．牡丹愈伤组织的诱导及愈伤褐化抑制的研究［J］．河南林业科技，2(1)：4－7．

9. 李新凤，巩振辉，等．2008．不同品种牡丹几个生理参数的比较及其与组培中褐化的关系［J］．西北农业学报，17(1)：142－145．

10. 林顺权．2005．园艺植物生物技术［M］．北京：高等教育出版社．

11. 刘华英，萧浪涛，等．2002．植物体细胞胚发生与内源激素的关系研究进展［J］．湖南农业大学学报，4(28)：349－354．

12. 刘兰英．2002．'薄壳香'核桃组培中的褐化及防止措施研究［J］．园艺学报，29(2)：171－72．

13. 吴银凤．2003．牡丹初始外植体褐变机理及影响因素的研究［D］．泰安：山东农业大学．

14. 肖关丽，杨清辉．2001．植物组织培养过程中内源激素研究进展［J］．云南农业大学学报，16(2)：136－138．

15. 赵玮．2008．茶树组织培养中外植体褐化的控制［J］．甘肃农业科技，6：10－12．

16. 周俊辉，周家容，曾浩森．2000．园艺植物组织培养中的褐化现象及抗褐化研究进展［J］．园艺学报，27(S1)：481－486．

17. Darrhua Yu，Carole Pmeredith．1986．The influence of explant origin on tissue browning and shoot production in shoottip cultures of grapecine［J］．Jamer Soc Hort Sci，456－466．

中国观赏园艺研究进展 2015：253~255
Advances in Ornamental Horticulture of China, 2015：253~255

西藏虎头兰组培快繁技术研究[*]

陈和明　吕复兵[①]　李佐　肖文芳　尤毅　朱根发

（广东省农业科学院环境园艺研究所，广东省园林花卉种质创新综合利用重点实验室，广州 510640）

摘要　通过一系列培养基的筛选，使西藏虎头兰的种子直接萌发成小苗。研究结果表明：适宜种子萌发和小苗增殖的培养基为 MS + 0.50mg/L NAA + 100.0g/L 马铃薯 + 30.0g/L 糖 + 1.0g/L 活性炭，适宜小苗壮苗生根的培养基为 MS + 1.00mg/L NAA + 100.0g/L 香蕉 + 30.0g/L 糖 + 1.0g/L 活性炭。

关键词　西藏虎头兰；种子；组培快繁

The Tissue Culture and Rapid Propagation of *Cymbidium tracyanum* L. Castler.

CHEN He-ming　LV Fu-bing　LI Zuo　XIAO Wen-fang　YOU Yi　ZHU Gen-fa

（*Environmental Horticulture Research Institute of Guangdong Academy of Agricultural Sciences*，*Guangdong Provincial Key Laboratory of Ornamental Plant Germplasm Innovation and Utilization*，*Guangzhou* 510640）

Abstract　The seeds of *Cymbidium tracyanum* L. Castler. germinated directly into seedlings through a series of culture medium. The results show that：The suitable culture medium for seed germination and proliferation was MS + 0.50mg/L NAA + 100.0g/L potato + 30.0g/L sugar + 1.0g/L AC，The suitable culture medium for rooting and seedling was MS + 1.00mg/L NAA + 100.0g/L banana + 30.0g/L sugar + 1.0g/L AC.

Key words　*Cymbidium tracyanum* L.；Seed；Tissue culture and rapid propagation

西藏虎头兰（*Cymbidium tracyanum* L. Castler.）属兰科兰属植物，在我国主要分布于贵州西南部、云南西南部至东南部和西藏东南部，生于海拔 1200~1900m 的林中大树干上或树杈上，或溪谷旁岩石上。目前关于西藏虎头兰组培快繁的研究报道不多，所用的外植体主要是种子，其过程如下：种子→原球茎→原球茎增殖和分化→壮苗生根→完整植株（金辉等，2004；王莲辉等，2009；蓝玉甜等，2010）。虽然这一途径可以获得数量巨大的种苗，但因西藏虎头兰生长较慢、原球茎分化率不高等原因导致组培育苗过程耗时较长（蓝玉甜等，2010）。因此，本研究通过一系列的培养基配方的筛选，使种子直接萌发成小苗，缩短组培育苗时间，建立一套西藏虎头兰种子快速繁殖体系，为种质资源的保存及种苗生产提供技术支撑。

1　材料与方法

1.1　材料

所用材料均采自西藏墨脱地区野生西藏虎头兰未开裂的成熟蒴果。

1.2　方法

1.2.1　种子消毒

先用棉花蘸 75% 的酒精擦洗西藏虎头兰蒴果表面，并用刀片轻轻刮去表面的脏物，然后在 75% 酒精中浸泡 30s，接着用 0.1% 升汞浸泡 15~20min，期间不断摇动，再用无菌水冲洗 5 次，每次 3~5min，最后用无菌滤纸吸干蒴果表面水分。

* 基金项目：广东省省级科技计划项目（2013B020315001）；华南农业基因研究与创新平台建设项目（2011070703）。

① 通讯作者。Author for correspondence（E-mail：13660373325@163.com）。

1.2.2　种子萌发

在无菌条件下将消毒好的蒴果沿果中缝线纵向切开，用镊子将细小的种子均匀地撒在培养基表面。观察并记录在不同配方培养基下种子萌发情况，筛选出适宜种子萌发的培养基。

1.2.3　小苗增殖

选取相同培养基条件下生长良好的小苗，接种到以 MS 为基本培养基，并添加不同质量浓度的 NAA（0.0～1.0mg/L）和添加物（马铃薯）的培养基上。每种处理接种 10 瓶。培养 60d 后，调查出适宜的增殖培养基。

1.2.4　壮苗与生根

选取相同培养基条件下的株高 2～3cm，真叶 2～3 片的小苗，转移到壮苗生根培养基中。以 MS 为基本培养基，并添加不同质量浓度的 NAA（0.0～1.0mg/L）和添加物（香蕉汁）的培养基上，每种处理接种 10 瓶。培养 60d 后，确定适宜的生根培养基。

1.2.5　培养条件

以上培养基均添加 30.0g/L 的糖、6g/L 的琼脂和 1.0g/L 的活性炭，pH 值为 5.4，培养温度 25 ± 2℃，种子萌发培养前 10 天弱光培养，后期与小苗增殖、小苗壮苗与生根一样，光照强度均为 1500～2000lx，光照时间每天 12 小时。

2　结果与分析

2.1　种子萌发培养

以 MS 为基本培养基进行西藏虎头兰种子萌发试验，结果见表 1。从表 1 可以看出，马铃薯对西藏虎头兰种子萌发效果明显，能促进种子直接萌发成小苗。没有添加马铃薯的培养基中，种子萌发慢，4～5 个月后，原球茎略有变绿。在添加马铃薯的培养基中，随着 NAA 浓度的增加，50～60 天原球茎均变绿，经 4～5 个月生长后，均有小苗长出，但当 NAA 浓度 0.2mg/L 和 1.0mg/L 时，小苗长势较整齐，而 NAA 浓度 0.5mg/L 时，小苗长势整齐。因此，西藏虎头兰种子萌发适宜的培养基为：MS + 0.50mg/L NAA + 100.0g/L 马铃薯 + 30.0g/L 糖 + 1.0g/L 活性炭。

表 1　不同培养基对种子萌发的影响

编号	培养基组成	培养结果
1	MS + 0.20mg/L NAA	50～60 天，种子呈乳白色原球体状；120～150 天，原球茎略有变绿
2	MS + 0.20mg/L NAA + 100.0g/L 马铃薯	50～60 天，原球茎变绿；120～150 天，长出小苗，长势较整齐
3	MS + 0.50mg/L NAA + 100.0g/L 马铃薯	50～60 天，原球茎变绿；120～150 天，长出小苗，长势整齐
4	MS + 1.00mg/L NAA + 100.0g/L 马铃薯	50～60 天，原球茎变绿；120～150 天，长出小苗，长势较整齐

图 1　种子呈乳白色原球体状

图 2　原球茎变绿并长出小苗

2.2　小苗增殖培养

将种子萌发获得的小苗转接到不同配方的增殖培养基中，结果见表 2。从表 2 可知，在马铃薯、糖和活性炭一样的条件下，NAA 有利于西藏虎头兰小苗的增殖，随着 NAA 浓度的增加，增殖效果越来越好，但当 NAA 浓度达到 1.0mg/L 时，小苗部分出现玻璃化。因此，西藏虎头兰小苗增殖适宜的培养基为：MS + 0.50mg/L NAA + 100.0g/L 马铃薯 + 30.0g/L 糖 + 1.0g/L 活性炭。

表 2　不同培养基对小苗增殖的影响

编号	培养基组成	培养结果
1	MS + 0.10mg/L NAA + 100.0g/L 马铃薯	增殖效果较好，小苗健壮
2	MS + 0.20mg/L NAA + 100.0g/L 马铃薯	增殖效果较好，小苗健壮
3	MS + 0.30mg/L NAA + 100.0g/L 马铃薯	增殖效果较好，小苗健壮
4	MS + 0.50mg/L NAA + 100.0g/L 马铃薯	增殖效果好，小苗健壮
5	MS + 1.00mg/L NAA + 100.0g/L 马铃薯	增殖效果好，小苗部分玻璃化

2.3　壮苗与生根培养

选取相同培养基条件下的株高 2～3cm，真叶 2～3 片的小苗，转移到壮苗生根培养基中，结果见表 3。从表 3 可以看出，NAA 和香蕉汁对西藏虎头兰壮苗生根影响较大。仅添加香蕉汁或 NAA 时，小苗生长较

图3 增殖效果好，小苗健壮

图4 增殖效果好，但小苗部分玻璃化

图5 小苗较弱，根系较多

图6 小苗粗壮，根系发达

慢，小苗瘦弱或较弱，根系较多或较发达。当添加了香蕉汁后，小苗生长较快，植株粗壮、根系较多，随着 NAA 浓度的增加，当浓度为 1.0mg/L 时效果最佳，小苗根系发达，植株健壮。因此，在不添加任何激素的情况下，小苗生长比较瘦弱；当添加了 NAA 和香蕉汁时，小苗生长粗壮，根系较多或发达。适宜西藏虎头兰壮苗生根的培养基为：MS + 1.00mg/L NAA + 100.0g/L 香蕉 + 30.0g/L 糖 + 1.0g/L 活性炭。

表3 不同培养基对小苗壮苗生根的影响

编号	培养基组成	培养结果
1	MS + 100.0g/L 香蕉	小苗瘦弱，根系较多
2	MS + 0.20mg/L NAA	小苗较弱，根系较多
3	MS + 0.20mg/L NAA + 100.0g/L 香蕉	小苗粗壮，根系较多
4	MS + 0.50mg/L NAA	小苗较弱，根系较多
5	MS + 0.50mg/L NAA + 100.0g/L 香蕉	小苗粗壮，根系较多
6	MS + 1.00mg/L NAA	小苗较弱，根系较多
7	MS + 1.00mg/L NAA + 100.0g/L 香蕉	小苗粗壮，根系发达

3 结论与讨论

西藏虎头兰具有很高的观赏价值，其特征表现为总状花序，通常有 10～18 朵花，花径 10～14cm，主要为黄色和绿色花并多具紫色脉纹，大部分的花朵有淡香味，一般在 1～3 月开花，花期长达 1～2 个月。其种子与蝴蝶兰一样，在自然条件下萌发率极低，主要靠分株繁殖，速度慢（王莲辉等，2009；蓝玉甜等，2010；陈和明等，2012）。本研究通过种子萌发、小苗增殖和壮苗生根培养，使种子直接萌发成小苗，缩短了组培育苗时间，且小苗粗壮、根系发达。

王莲辉等（2009）认为，同时添加 6-BA 和 NAA 有利于西藏虎头兰原球茎的增殖和分化，但随着 6-BA 浓度的增加，植株有弱化的趋势。因此，本研究中没有添加 6-BA，直接让小苗在添加 NAA 和马铃薯的培养基中增殖获得丛生芽且小苗健壮，但在添加马铃薯的条件下，6-BA 和 NAA 的组合配方还有待于进一步研究。

参考文献

1. 金辉，席刚俊，王光萍，等. 野生虎头兰的组织培养[J]. 林业科技开发，2004，18(5)：49-51.
2. 王莲辉，姜运力，余金勇，等. 西藏虎头兰的组织培养与快速繁殖[J]. 植物生理通讯，2009，45(1)：45-46.
3. 蓝玉甜，吴天贵，刘世勇，等. 野生西藏虎头兰组培技

术研究[J]. 福建林业科技，2010，37(1)：77-79.
4. 陈和明，吕复兵，朱根发，等. 若干蝴蝶兰品种间杂交及种子萌发特性研究[J]. 中国观赏园艺研究进展 2012，116-119.

白鹤芋花序体细胞胚胎快繁体系的建立[*]

张桂芳[1]　刘静[1]　刘春[2]　张黎[1][①]

（[1]宁夏大学农学院，银川 750021；[2]中国农科院蔬菜花卉研究所，北京 100081）

摘要　以白鹤芋的花序为外植体，研究影响白鹤芋花序体细胞胚胎诱导、增殖、萌发和植株再生转化的主要因素。试验结果表明：体胎直接诱导的最适培养基为 MS + 6-BA5.0mg/L + KT1.0mg/L + NAA 0.1mg/L，体胚增殖最适培养基为 MS + 6-BA5.0mg/L + ZT0.3mg/L + NAA0.2mg/L，体胚萌发最适培养基为 MS + IBA 0.1mg/L + GA$_3$0.4mg/L + 蔗糖 30g/L，植株再生转化的最佳激素配方为 6-BA0.5mg/L + IBA0.1mg/L + GA$_3$ 0.5mg/L。

关键词　白鹤芋；花序；体细胞胚胎；再生转化

Establishment on the System of Rapid Propagation of the Somatic Embryos in *Spathiphyllum* Inflorescence

ZHANG Gui-fang[1]　LIU Jing[1]　LIU Chun[2]　ZHANG Li[1]

（[1] *College of Agriculture*, *Ningxia University*, *Yinchuan* 750021；

[2] *Vegetable and Flower Research Institute*, *Chinese Academy of Agricultural Sciences*, *Beijing* 100081）

Abstract　In this study, *Spathiphyllum* inflorescence as the test material, the main factors that affect the inflorescence somatic embryo direct induction、synchronized proliferation、germination and plant regeneration are studied. The results indicated that MS + 6-BA5.0mg/L + KT 1.0mg/L + NAA0.1mg/L is suitable for the inflorescence somatic embryo direct induction. MS + 6-BA5.0mg/L + ZT0.3mg/L + NAA0.2mg/L is suitable for the inflorescence somatic embryo synchronized proliferation. MS + IBA 0.1mg/L + GA$_3$ 0.4mg/L + sucrose 30 g/L is suitable for the inflorescence somatic embryo germination. 6-BA 0.5mg/L + IBA 0.1mg/L + GA$_3$ 0.5mg/L is the best hormone formula for plant regeneration.

Key words　*Spathiphylium*, Inflorescence；The somatic embryogenesis；Plant regeneration

白鹤芋（*Spathiphyllum floribundum*），是天南星科白鹤芋属多年生草本花卉，花序为肉质花序。白鹤芋广泛应用于盆栽观赏，被视为"清白之花"，有纯洁、安泰、一帆风顺之意（于丽萍，2002；周淑荣 等，2011），是理想的花叶兼赏花卉。随着种植量的逐步扩大，技术水平和产品质量也得到相应的提高。白鹤芋常采用种子和分株法繁殖，但是因繁殖系数过低，影响了规模化和商品化生产（于丽萍，2002）。采用组织快繁技术进行种苗的扩繁，短期内可获得大量优质种苗，以满足生产需求。但以白鹤芋的叶片和叶柄为外植体的组培，不仅易发生褐变而且诱导率低。以植株的根茎为外植体，则其灭菌困难污染率高，而且繁殖系数也较低。但以白鹤芋的花序为外植体，其外植体不仅取材方便，灭菌容易，而且增殖率高，因此相比之下，以白鹤芋的花序体为外植体而建立的体细胞胚胎快繁体系，有着更为广泛的应用前景。

1　材料与方法

1.1　试验材料

试验材料为白鹤芋'美酒'的肉质花序。

1.2　试验方法

1.2.1　白鹤芋花序体细胞胚的诱导

剪取白鹤芋的花序，在自来水下冲洗 60min，在超净工作台内，先用 75% 酒精处理 30s，用无菌水冲

* 基金项目：宁夏科技支撑计划项目"宁夏设施园艺提升发展研究与示范"子课题——小盆花品种资源收集与种苗快繁技术研究与示范。

① 通讯作者：张黎，教授，硕士生导师，主要从事观赏园艺研究，E-mail：zhang_ li9988@163.com。

洗 3 遍，再用 0.1% 的 $HgCl_2$ 溶液进行处理 10min，用无菌水冲洗 4 遍。将肉质花序切成切成 0.5cm × 0.5cm 的小块，然后接种于 MS + 蔗糖 30g/L + 琼脂 6g/L + 不同浓度的 6-BA（1mg/L、3mg/L、5mg/L）、KT（0.5mg/L、1mg/L、1.5mg/L）和 NAA（0.1mg/L、0.3mg/L、0.5mg/L）的培养基，对 6-BA、KT 和 NAA 进行正交实验，共 9 个处理，每个处理重复 10 次，每瓶记为 1 次重复，每瓶接 5 个花序小块。25℃下黑暗培养 15d 后转到光暗比为 12∶12 的条件下培养。50d 后，统计体胚诱导率及体胚的生长情况。

1.2.2　体细胞胚增殖最佳培养基的筛选

将供试正常的体细胞胚切成 0.2 ~ 0.3cm 小块，接种于 MS + 蔗糖 30g/L + 琼脂 6g/L + 不同浓度的 6-BA、NAA、ZT 培养基中，方案设计如下表，共设 12 个处理中，每个处理重复 10 次，每瓶记为 1 次重复，每瓶接 5 个体胚小块。40d 后统计体胚再生率和增殖倍数。

表 1　激素浓度和种类配比设计表

处理号	A. 6-BA（mg/L）	B. ZT（mg/L）	C. NAA（mg/L）
A1	3	0.1	0.2
A2	4	0.1	0.2
A3	5	0.1	0.2
A4	6	0.1	0.2
B5	5	0.1	0.2
B6	5	0.3	0.2
B7	5	0.5	0.2
B8	5	0.7	0.2
C9	5	0.1	0.2
C10	5	0.1	0.3
C11	5	0.1	0.4
C12	5	0.1	0.5

1.2.3　白鹤芋体胚的萌发

以 MS 培养基 + 30g/L 蔗糖 + 6g/L 琼脂为基本培养基，对 IBA（0.1mg/L、0.2mg/L、0.3mg/L）、GA_3（0.2mg/L、0.4mg/L、0.6mg/L）及蔗糖（10g/L、20g/L、30g/L）进行 $L_9(3^4)$ 正交试验，共 9 个处理，每个处理 10 次重复，每瓶记 1 次重复，每瓶接 5 个发育成熟的体胚小块。30d 后，统计体胚的萌发率。

1.2.4　白鹤芋植株的再生转化

以 MS 培养基为基本培养基，对 6-BA（0mg/L、0.5mg/L、1.0mg/L）、IBA（0.1mg/L、0.2mg/L、0.3mg/L）及 GA_3（0.3mg/L、0.5mg/L、0.7mg/L）进行 $L_9(3^4)$ 的正交试验，共 9 个处理，每个处理 10 次重复，每瓶记为 1 次重复，每瓶接 3 个萌发的成熟体胚块。培养 40d 后，统计植株再生率，记录小植株的生长形态以及根生长情况。

2　结果与分析

2.1　白鹤芋花序体细胞胚的诱导

在初级体胚诱导的过程中，处理 1、处理 2、处理 3 培养基中的花序，35d 后大部分花序褐化、死亡，只有极少部分花序产生微小的黄绿色颗粒突起。随着 6-BA 浓度的增加，处理 4 到处理 9，10d 后白色的花序均逐渐膨大，并变为绿色。45d 后肉眼观察到，处理 4、处理 5 与处理 6 产生少量的黄绿色体胚，其中处理 8，花序表面形成大量紧密的簇状体细胞胚。在解剖镜下可观察到白色透明的球形胚、心形胚和鱼雷胚。

由表 2 可知，9 个处理均能诱导初级体胚的形成，但不同的处理对初级体胚的诱导能力存在差异。处理 8 为白鹤芋花序初级体细胞胚诱导的最佳培养基，诱导率达 56.67%，其激素组合为 6-BA 5.0mg/L + KT 1.0mg/L + NAA 0.1mg/L。而 6-BA、KT 和 NAA 这 3 种激素在白鹤芋花序初级体胚的诱导作用中，6-BA 的影响作用最大，其次是 KT，NAA 最弱，但 KT 和 NAA 的影响作用相差不大。各激素对白鹤芋花序初级体胚诱导的能力依次为 6-BA > KT > NAA。

表 2　体胚诱导率正交设计结果分析表

处理号	A. 6-BA（mg/L）	B. KT（mg/L）	C. NAA（mg/L）	初级体胚诱导率（%）
1	1	0.5	0.1	4.44eD
2	1	1.0	0.3	5.55eD
3	1	1.5	0.5	5.56eD
4	3	0.5	0.3	24.44dC
5	3	1.0	0.5	30.00cdC
6	3	1.5	0.1	33.33cC
7	5	0.5	0.5	44.44bB
8	5	1.0	0.1	56.67aA
9	5	1.5	0.3	47.78bB
K1	5.1844	29.2589	49.6289	/
K2	24.4433	30.7400	28.8889	/
K3	31.4811	25.9244	26.6667	/
R	44.44	6.30	5.56	/

注：数据采用 DPS 软件进行处理，并采用 Duncan's 新复极差法进行差异显著性比较，不同小写字母表示 P = 0.05 水平差异显著性，不同大写字母表示 P = 0.01 水平差异极显著性。同一列中不同字母代表差异显著，相同字母代表差异不显著，下同。

2.2　体细胞胚增殖最佳培养基的筛选

由表 3 可知，处理号 B6 为体胚增殖的最佳培养基，其激素组合为 6-BA 5mg/L + ZT 0.3 mg/L + NAA 0.2mg/L，增殖倍数达到了 10。当 ZT 和 NAA 浓度不变，6-BA 浓度为 5mg/L 时，体胚增殖能力达到最强，但当 6-BA 浓度继续增加时，体胚增殖受到抑制；控制 6-BA 和 NAA 浓度不变，ZT 浓度为 0.3mg/L 时，体胚增殖效果最好；当 6-BA 与 ZT 浓度一定，NAA 浓度为 0.2mg/L 时体胚的增殖效果显著。

表 3   体胚增殖正交设计结果分析表

处理号	体胚再生数	体胚增殖倍数	体胚增殖量
A1	16.67 ± 1.53cC	5.43 ± 0.61cC	+
A2	19.33 ± 0.58bBC	6.13 ± 0.59cBC	+ +
A3	24.67 ± 1.53aA	9.43 ± 0.61aA	+ + +
A4	21.00 ± 1.00bB	7.60 ± 0.76bB	+ +
B5	17.33 ± 2.08bB	6.83 ± 0.68bB	+
B6	26.67 ± 1.53aA	10.50 ± 0.80aA	+ + + +
B7	19.00 ± 1.73bB	7.03 ± 0.31bB	+ +
B8	19.33 ± 1.53bB	6.8 ± 1.37bB	+
C9	25.00 ± 1.00aA	9.67 ± 0.78aA	+ + +
C10	22.00 ± 1.00bB	7.43 ± 0.50bB	+ +
C11	19.67 ± 0.58cBC	6.67 ± 0.38bCB	+
C12	18.00 ± 1.00cC	6.10 ± 0.20cB	+

注：表中值表示"平均值 ± 标准差"，"+"表示体胚增殖生长 0.3cm×0.3cm~0.5cm×0.5cm；"+ +"表示体胚增殖生长 0.5cm ×0.5cm~0.7cm×0.7cm；"+ + +"表示体胚增殖生长 0.7cm ×0.7cm~1.0cm×1.0cm；"+ + + +"表示体胚增殖生长 1.0cm× 1.0cm~1.2cm×1.2cm。

2.3   白鹤芋体胚的萌发

将白鹤芋花序的成熟体胚转接到萌发培养基中，10d 后，发现胚根不断延伸，明显的主根出现。出根 15d 后子叶逐渐膨大，且由黄绿色变成绿色，但不产生芽。

表 4   体胚萌发率正交设计结果分析表

处理号	A. IBA（mg/L）	B. GA$_3$（mg/L）	C. 蔗糖（g/L）	体胚萌发率均值(%)
1	0.1	0.2	10	70.06abAB
2	0.1	0.4	20	74.50aA
3	0.1	0.6	30	67.11bcABC
4	0.2	0.2	20	61.55cdeBCDE
5	0.2	0.4	30	63.92cdBCD
6	0.2	0.6	10	53.73fE
7	0.3	0.2	30	56.01efDE
8	0.3	0.4	10	60.23deCDE
9	0.3	0.6	20	62.11cdBCDE
K1	70.5533	59.7317	59.4450	/
K2	62.5367	66.2133	60.9800	/
K3	61.3367	66.0517	62.3417	/
R	11.1083	5.2333	4.7150	/

由表 4 可以看出，IBA 对体胚的萌发起主导作用，各因素对白鹤芋花序体胚的萌发率影响程度依次为 IBA > GA$_3$ > 蔗糖。由正交设计试验结果的分析表

可得到，白鹤芋花序体胚萌发最佳的激素和蔗糖的组合为 IBA 0.1mg/L + GA$_3$ 0.4mg/L + 蔗糖 30g/L，此组合不在试验所做的 9 个处理中，对此组合进行验证性试验，结果发现体胚的萌发率为 77.58%，比试验中处理 2 的体胚萌发率（74.5%）增加了 3.08%，因此可确定 IBA 0.1mg/L + GA$_3$ 0.4mg/L + 蔗糖 30g/L 为体胚萌发的最佳组合。

2.4   白鹤芋植株再生转化

根据正交设计试验结果分析表中 K 值的大小，可得白鹤芋植株再生转化最佳激素组合为 6-BA 0.5mg/L + IBA 0.1mg/L + GA$_3$ 0.5mg/L，为处理 4，植株再生率可达 88.56%。6-BA 的 R 值最大，说明 6-BA 在体胚萌发株再生转化起主导作用，为主要因素，各激素对白鹤芋花序体胚植株再生转化率效应依次为 6-BA > GA$_3$ > IBA。

表 5   白鹤芋植株再生率正交试验结果分析表

处理号	A. 6-BA（mg/L）	B. IBA（mg/L）	C. GA$_3$（mg/L）	植株再生率均值(%)
1	0	0.1	0.3	73.00cBCD
2	0	0.2	0.5	71.11cdCD
3	0	0.3	0.7	64.33dD
4	0.5	0.1	0.5	88.56aA
5	0.5	0.2	0.7	68.97cdCD
6	0.5	0.3	0.3	81.45aAB
7	1.0	0.1	0.7	69.78cdCD
8	1.0	0.2	0.3	74.87bcBC
9	1.0	0.3	0.5	69.33cdCD
K1	69.4822	79.6567	71.3333	/
K2	77.1111	71.6556	71.7056	/
K3	76.4456	76.3333	67.6933	/
R	10.1744	5.4556	8.7522	/

3   结论与讨论

3.1   结论

体胚诱导的最佳激素配方为 6-BA 5.0mg/L + KT 1.0mg/L + NAA 0.1mg/L，其诱导率达 56.67%，且 6-BA 的影响作用最大。体胚增殖的最佳激素组合为 6-BA 5mg/L + ZT 0.3mg/L + NAA 0.2mg/L，其增殖倍数达到了 10。白鹤芋花序体胚萌发最佳的激素和蔗糖的组合为 IBA 0.1mg/L + GA$_3$ 0.4mg/L + 蔗糖 30g/L，体胚的萌发率为 77.58%。白鹤芋植株再生转化最佳激素组合为 6-BA 0.5mg/L + IBA 0.1mg/L + GA$_3$0.5mg/L，其植株再生率可达 88.56%，且 6-BA 为植株再生转化的主要因素。

3.2 讨论

体胚的诱导通常需较高浓度的细胞分裂素和较低浓度的生长素或不需要生长素（M. L. Centeno et al, 1997）。白鹤芋花序直接体胚诱导率与发育时期、取材部位具有一定的相关性。在鹅掌楸体细胞胚胎增殖中细胞分裂素 ZT 是关键因素，适宜的 ZT 浓度能有效地提高体胚增殖（陈金慧，2003），这与本试验的结果一致。由翠荣（由翠荣，2009）的研究结果显示，适量高浓度的蔗糖可显著提高体细胞胚的发生数量和质量。对文冠果体胚发生的研究指出，GA$_3$ 抑制文冠果体胚的发生，但对文冠果的体胚萌发与植株再生有促进作用（郏艳红和熊庆娥，2003）。赵苹静的研究同样也说明成熟的体胚在 GA$_3$ 及低蔗糖浓度条件下，能促进体胚的萌发再生成小植株（赵苹静，2009）。

在组培苗扩繁的过程中会有畸形苗和黄化苗的出现，此情况的出现可能与体胚诱导过程中所形成的体胚本身的质量有关。所以如何提高体胚的质量，从而提高组培苗的质量，可作为今后研究的一个内容。本试验只研究了体细胞胚胎快繁体系的最佳培养基配方，没有更深层次地研究体胚形成的机理，这有待于进一步的研究。

参考文献

1. 周淑荣，包秀芳，郭文场，等. 白掌的盆栽养护管理与应用[J]. 特种经济动植物，2011，(4)：27 – 28.
2. 于丽萍. 花叶俱美的室内植物——白掌[J]. 绿化与生活，2002，(2)：28.
3. 李银华. 白鹤芋规模化生产技术[J]. 北方园艺，2012，(18)：104 – 105.
4. M. L. Centeno, R. Rodrigue, B. Berros. Endogenous hormonal content and somatic embryogeniccapacity of *Corylus avellana* L. cotyledons [J]. Plant Cell Reports. 1997，17：139 – 144.
5. 陈金慧. 杂交鹅掌楸体细胞胚胎发生研究[D]. 南京林业大学，2003.
6. 由翠荣. 仙客来体细胞胚胎发生、发育及 SERK 基因在体细胞胚性转化过程的表达特性[D]. 中国海洋大学，2009.
7. 郏艳红，熊庆娥. 植物体细胞胚胎发生的研究进展[J]. 四川农业大学学报，2003，21(1)：59 – 63.
8. 赵苹静. 珍珠相思体细胞胚胎发生及愈伤组织培养[D]. 福建农林大学，2009.

附 录

图版 Ⅰ　白鹤芋花序体胚不同发育阶段

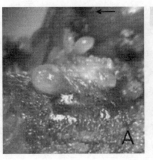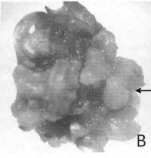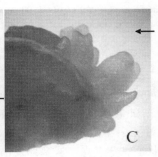

A. 球形胚（Globular embtyos）　　B. 心形胚（Heart – shapde embtyos）　　C. 鱼雷胚（Torpedo – shapedembryos）

图版 Ⅱ　体胚萌发、植株再生转化

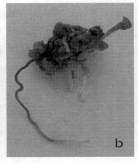

a. 子叶形成（cotyledon formation）　　b. 体胚萌发（somatic embryo germination）　　c. 植株再生（plant regeneration）

北极菊组培快繁体系的建立

谢 菲　浦 娅　赵惠恩[①]

（花卉种质创新与分子育种北京市重点实验室，国家花卉工程技术研究中心，城乡生态环境北京实验室，
北京林业大学园林学院，北京 100083）

摘要　本试验对北极菊（*Arctanthemum arcticum*）进行了组培快繁的初步探索，以北极菊带芽茎段为试验材料，通过试验设计和方差分析筛选出初代培养以 MS + 6-BA1.00mg · L^{-1} + NAA0.10mg · L^{-1}为最适培养基配方，启动率高达 91.50%，出芽指数 4.50；在继代培养中不定芽增殖培养的最优组合是 MS + 6-BA 1.00mg · L^{-1} + NAA 0.20mg · L^{-1}，增殖系数达 6.73；生根培养的最适宜培养基配方为 1/2MS + NAA 0.30mg · L^{-1} + 蔗糖 15g/L，生根率为 92.50%，平均根数 5.33 条，移栽成活率 77.50%。
关键词　北极菊；组织培养；快速繁殖；茎段

Tissue Culture and Rapid Propagation of *Arctanthemum arcticum*

XIE Fei　PU Ya　ZHAO Hui-en

（*Beijing Key Laboratory of Ornamental Plants Germplasm Innovation & Molecular Breeding*，
National Engineering Research Center for Floriculture，*Beijing Laboratory of Urban and Rural Ecological*
Environment and College of Landscape Architecture，*Beijing Forestry University*，*Beijing* 100083）

Abstract　The study was mainly to find out the most efficient way for rapid propagation of *Arctanthemum arcticum*. The stems with buds of *Arctanthemum arcticum* were taken as explants. Initial medium of the stems with buds：MS + 6-BA1.00 mg · L^{-1} + NAA0.10 mg · L^{-1} was more suitable，in which the starting rate was 92.50%；The optional culture medium combination for buds proliferation was：MS + 6-BA 1.00 mg · L^{-1} + NAA 0.20 mg · L^{-1}，the proliferation index was 6.73；Rooting culture：1/2MS + NAA 0.30 mg · L^{-1} + suger 15 g · L^{-1} in which the rate of rooting was 92.50%，the quantity of roots was 5.33.
Key words　*Arctanthemum arcticum*；Tissue Culture；Rapid propagation；The stems

北极菊 *Arctanthemum arcticum*（*Chrysanthemum articum*）原产于阿拉斯加北极的冻原生境，喜湿润、抗盐碱，耐寒性极好。多年生草本，高 10~30cm，无毛或附有少量星状毛；茎直立，从基部发出，下半部分枝。叶光滑，无腺点，叶基部楔形，掌状裂或羽状裂。头状花序顶生或 2~5 个排成伞房状。光滑或有少量星状毛；舌状花白色，花期 7~9 月（胡枭，2008）。目前在欧洲部分国家用作多年生草本花卉栽培。由于北极菊特有的抗寒性，可为菊花耐寒基因工程和转基因育种工作提供理论基础和实验依据，将有效推进菊属植物抗性生物技术育种进程。

但北极菊在我国没有分布，较难采集，且引种后越夏困难，不易成活。传统播种繁殖速度慢，种子极易丧失活力。然而利用植物组织培养技术，可以实现北极菊的快速繁殖，保存种质资源，提高引种成功率。目前关于北极菊的组培快繁研究至今未见报道，因此系统研究适合北极菊快速繁殖的培养基，建立高效稳定的组培扩繁体系，可以为深入研究北极菊的抗性育种工作奠定基础。

1　材料与方法

1.1　植物材料与无菌体系的建立

本实验所用外植体为北极菊茎段。选取生长健壮的北极菊植株，将茎段的部分叶片去掉，剪取 1.0~1.5cm 带有 1 个腋芽的小段，用洗洁精稀释溶液进行清洗后用流水冲洗 30min 左右。在超净工作台上先用 75% 的酒精浸泡 30s，无菌水冲洗 3 次，再用 10% 的次氯酸溶液消毒处理 15min 后取出，无菌水震荡冲洗

① 通讯作者。赵惠恩（1969—），男，河南人，博士，副教授，主要从事花卉资源育种研究。E-mail：zhaohuien@ bjfu. edu. cn。

4次，得到无菌材料(尹佳蕾和赵惠恩，2006)。接种于启动培养基上。每水平处理10个外植体，重复3次。

1.2 培养条件

培养室的温度 20 ± 2)℃，光照强度 1500 ~ 2000lx，光照 12h·d⁻¹。本文培养基中植物生长调节剂单位均为 mg·L⁻¹。除生根培养基外，其他培养基均选用 MS 培养基，琼脂 7g·L⁻¹，pH 值 5.8 ~ 6.0，蔗糖为 30g·L⁻¹。

1.3 初代培养

试验外植体选用北极菊的带芽茎段，将茎段切成 1.5cm 一段，带有 1 个腋芽，接入 MS 培养基中，根据杨悦等人对小红菊组培快繁的研究结果设置了试验因素和水平，植物生长调节剂选用 6-BA(0.50；1.00；2.00mg·L⁻¹)，NAA(0.05；0.10；0.20mg·L⁻¹)(杨悦，潘林等，2012)，采取二因素三水平完全随机化试验设计(续九如和黄智慧，1995)，每处理接 10 个，各处理重复 3 次。30d 后天后统计接种茎段的启动率、出芽指数。

启动率 = 启动的外植体数/接种外植体总数 ×100%

出芽指数：发生芽的外植体上的出芽数的平均数

1.4 增殖培养

当初代茎段腋芽长至 1.5cm 左右时，剪下腋芽接种到增殖培养基中诱导丛生芽，以提高植物材料的利用率和繁殖系数。植物生长调节剂选用 6-BA(0.50；1.00；2.00mg·L⁻¹)，NAA(0.05；0.10；0.20mg·L⁻¹)，试验采用二因素三水平完全试验。每个处理接种 10 个芽，重复 3 次，30d 后统计增殖系数。

增殖系数 = 统计时总芽数/接种时总芽数

1.5 生根培养

选择长约3cm左右健壮的北极菊组培无根苗接入生根培养基中，蔗糖 g·L⁻¹，琼脂 6g·L⁻¹，每个处理接入 20 个组培苗，重复 3 次。试验采用二因素三水平完全试验设计，培养基分别设为(MS；1/2MS；1/4MS)，NAA(0.10；0.20；0.30mg·L⁻¹)，分别在 20d 后统计生根率和平均根数。

生根率 – 生根的芽苗数/接种芽苗总数 ×100%

平均根数 = 总的根数/生根的苗数

1.6 数据分析

试验数据采用 Excel 和 DPS(Data Processing System)软件进行数据统计、方差分析与多重比较，对百分率等数据进行方差分析时，先将数据进行反正弦转换。

2 结果与分析

2.1 带芽茎段有效芽诱导试验

从表1试验结果中看出，不同的激素种类和浓度配比对带芽茎段腋芽的启动有着明显的影响。其中 A5 处理 MS + 6-BA1.00mg·L⁻¹ + NAA0.10mg·L⁻¹ 的启动率和出芽指数显著的优于其他处理，启动率 91.50%，出芽指数 4.50，大部分茎段可以分化出3 ~ 4 个腋芽，长势较好，是处理中的最适培养基。此外 A4 处理的启动率和出芽指数也较高，仅次于A5。A1 处理的启动率最低，芽分化得较慢，可能是因为外源激素浓度较低。

表 1 腋芽诱导的试验结果

Table 1 Experimental data of buds induction of stems and multiple comparisons

试验 Code	6-BA (mg·L⁻¹)	NAA (mg·L⁻¹)	启动率(%) The germination rate	出芽指数 The shoot forming index
A1	0.50	0.05	37.50g	2.11f
A2	0.50	0.10	82.50b	2.73d
A3	0.50	0.20	60.00d	2.38e
A4	1.00	0.05	72.50c	3.84b
A5	1.00	0.10	91.50a	4.50a
A6	1.00	0.20	52.50e	3.12c
A7	2.00	0.05	67.50d	2.30e
A8	2.00	0.10	77.50c	3.17c
A9	2.00	0.20	47.50f	2.65d

注：同一列中不同字母表示在 0.05 水平上差异显著(下同)。

Note：Different letters in the same column mean significant differences obtained by Duncan test at P = 0.05(the same below).

2.2 不定芽增殖试验

表 2 带芽茎段不定芽的增殖培养试验结果

Table 2 The result of buds proliferation of stems

试验 Code	6-BA (mg· L⁻¹)	NAA (mg· L⁻¹)	增殖系数 The multipli- cation rate	增殖芽生长 状况 State of shoots
B1	0.50	0.05	3.18d	丛生芽数量较多，叶片绿
B2	0.50	0.10	2.93de	芽数量较少，长势一般
B3	0.50	0.20	2.88de	芽数量较少，叶绿，长势一般
B4	1.00	0.05	5.58b	芽数量多，密，健壮
B5	1.00	0.10	6.73a	芽多，密集，长势较好
B6	1.00	0.20	2.53e	芽少，叶黄绿，长势细弱
B7	2.00	0.05	4.38c	芽数量较多，叶绿，长势较好
B8	2.00	0.10	3.08d	叶片绿，芽长势稍弱
B9	2.00	0.20	1.80f	芽数量少，叶黄绿，长势弱

从表2中数据来看增殖系数最高的为 B5 处理 MS + 6-BA 1.00mg·L^{-1} + NAA 0.20mg·L^{-1}，增殖系数 6.73，显著优于其他处理，增殖的新芽密集，长势良好，节间短粗，较健壮，为最适培养基。增殖系数最低为 B9 处理，仅 1.80，且新生芽细弱，叶黄，生长缓慢，可能是植物激素用量较高，对幼苗的正常生长产生抑制作用。

2.3　生根培养

生根培养 1 周后，处理中的北极菊幼苗开始生根，在不同激素的诱导下根系呈白色、浅绿色、褐色几种不同类型。由表 3 中数据可以分析出，C5 处理 1/2MS + NAA0.20mg·L^{-1} 显著优于其他处理，生根率为 95.00%，平均根数 6.15 条，根系呈白色，辐射状，根毛丰富，较为健壮。生根情况较弱的为 C1 处理，生根率为 37.5%，根系呈浅绿色，部分根尖有褐变现象，可能是由于培养基中大量元素浓度较高，对根系发育产生抑制作用。

表3　生根试验结果

Table 3　The result of rooting culture

试验 Code	培养基	NAA (mg·L^{-1})	生根率（%） The rate of rooting	单苗根数（条） The qtuantity of roots
C1	MS	0.1	37.50e	4.23d
C2	MS	0.2	62.50c	4.15d
C3	MS	0.3	42.50de	5.83c
C4	1/2MS	0.1	55.00d	4.95cd
C5	1/2MS	0.2	95.00a	6.15b
C6	1/2MS	0.3	80.50b	7.33a
C7	1/4MS	0.1	47.50de	4.25d
C8	1/4MS	0.2	67.50c	5.05cd
C9	1/4MS	0.3	52.50d	5.68c

2.4　炼苗与移栽

首先选择较为健壮，高 7cm 左右，根长 1～3cm 的组培苗进行驯化。在出瓶之前，将培养容器置于较强光下，打开瓶盖增加通气，在开口 3d 后进行组培苗的出瓶移栽。先将试管苗在 40℃ 左右的温水中洗去沾附于组培苗根部的培养基，再放入 1% 的 KMnO$_4$ 的溶液中浸泡 5min（张东旭，周增产等，2011）。冲洗干净，栽入装有经过高温灭菌的基质中，基质选用 1/2 珍珠岩 +1/2 草炭。

将移栽后的苗置于人工气候箱 1 周，调节湿度保持在 70% 以上、温度 20℃ 左右，待生长稳定后放到阳光下让其生长（韩磊，吕鑫等，2009）。每次移栽 30 株苗，重复 3 次试验，30d 后观察统计移栽成活率为 77.50%。

3　讨论与结论

由外植体的启动率、出芽指数和腋芽的生长状况综合来看，北极菊带芽茎段的腋芽诱导培养中 MS + 6-BA1.00mg/L + NAA0.10mg/L 培养基的诱导效果最佳，启动率 91.50%，出芽指数 4.50。继代培养中北极菊的不定芽增殖的最佳培养基是 MS + 6-BA 1.00mg/L + NAA 0.20mg/L，增殖系数 6.73，增殖的新芽密集，长势良好，节间短粗，较健壮。北极菊的生根培养试验中生根率较高的培养基是 1/2MS + NAA 0.30mg/L + 蔗糖 15g/L，生根率为 92.50%，平均根数 5.33 条，移栽成活率为 77.5%。在试验中发现形成新根的状态与炼苗的成活率有着密切的关系。当根健壮，根毛较多，整体呈白色，长度在 1～3cm，直径 1mm 左右时炼苗成活率最高。而根细长，根数较多，根毛很少，根末端呈褐色，长度大于 3cm 的植株炼苗成活较低。所以，选择根系最适的幼苗进行炼苗可以提高成活率。

结合菊属其他野生资源的组织培养的研究情况来看，北极菊不定芽的增殖系数相比神农香菊、小红菊较高（何淼，董春艳 等，2010），生根率略低于其他菊属植物。综合来看，北极菊的组织快繁体系的建立相对容易，在其生根诱导和移栽成活率方面有待于进一步的探索提高。

本次试验采用的植物生长调节剂有 6-BA 和 NAA。试验结果表明，在初代培养中，适当添加 6-BA 和 NAA 可以有效促进芽的萌动。在继代培养中 6-BA 对不定芽的增殖有较好的促进效果，但在试验观察中发现高浓度的 6-BA 培养基中长期培养会出现较多玻璃化的现象。玻璃化现象只是组培苗的一种生理失调症状，其玻璃化的组织器官在一定条件下仍可恢复。

玻璃化苗的产生是由于在芽分化启动后的生长过程中，碳、氮代谢和水分发生生理异常所引起，实质是植物细胞分裂与体积增大的速度超过了干物质产生与积累的速度，植物只好来充涨体积，从而表现为玻璃化现象（蔡祖国，徐小彪等，2005）。

玻璃化形成与过高的细胞分裂素用量、高温培养、瓶内湿度过高、光照不足、继代次数过多等因素相关。针对这些原因，可以采取以下措施来控制玻璃化现象：①降低培养基中细胞分裂素的浓度；②控制适宜的培养温度、光照条件，避免高温低光照；③使用透气性好的封口材料，改善容器通风换气条件；④适当增加培养基中琼脂的含量，降低培养基水势；⑤控制继代次数。

参考文献

1. 续九如，黄智慧. 林业试验设计[M]. 北京：中国林业出版社，1995，8－9.

2. 蔡祖国，徐小彪，周会萍. 植物组织培养中的玻璃化现象及其预防[J]. 生物技术通讯，2005，16（3）：353－355.

3. 尹佳蕾，赵惠恩. 黄花小山菊的组织培养和快速繁殖[J]. 植物生理学通讯，2006，42（5）：907－908.

4. 胡枭. 广义菊属远缘杂交初步研究（Ⅲ）[D]. 北京林业大学，2008.

5. 韩磊，吕鑫，张文静，等. 野菊花蕾的组培与快繁技术研究[J]. 北方园艺，2009，5：103－105.

6. 何淼，董春艳，冯博，等. 神农香菊组织培养和植株再生[J]. 东北林业大学学报，2010，38（007）：64－66.

7. 张东旭，周增产，卜云龙，等. 植物组织培养技术应用研究进展[J]. 北方园艺，2011，6：209－213.

8. 杨悦，潘林，吴琼，等. 野生小红菊变异植株组织培养及快速繁殖技术的研究[J]. 农业科技通讯，2012，8：042.

图1 北极菊的组培快繁

A：北极菊花期；B：北极菊的无菌苗；C：茎段快繁；D诱导出的丛生芽；E：生根培养形成的根系；F：移栽后的北极菊

切花菊品种'丽金'再生体系的优化

洪艳　周琼　戴思兰①

（北京林业大学园林学院，花卉种质创新与分子育种北京市重点实验室，北京 100083）

摘要　切花菊品种'丽金'（*Chrysanthemum × morifolium* 'Raegan'）是目前花卉市场上的主销品种，并已逐渐成为菊花栽培技术、生理特性以及分子机理研究的重要试材，但至今仍缺乏高效的再生体系，严重阻碍了该品种优质种苗产业化周年生产的进程以及进一步分子育种工作的开展。本研究以该品种为试验材料，以叶片、节间横切薄层、管状花和舌状花分别作为外植体进行组织培养，通过愈伤组织途径成功优化了'丽金'的再生体系，并探索了舌状花不同放置方式接触培养基及伤口密集处理对其再生的影响；最后对不定芽进行生根试验，筛选出了最佳生根培养基。主要结果如下：①以叶片或舌状花为外植体，筛选出了在培养基 MS + NAA 3.0mg/L + 6-BA 1.0mg/L + 2,4-D 1.0mg/L → MS + NAA 3.0mg/L + 6-BA 1.0mg/L 下的优化再生体系；②舌状花上部正面接触培养基更有利于不定芽再生，正面接触培养基出愈伤组织既快又多；舌状花伤口密度增加可以提高不定芽的再生效果；③短时间和长时间的最佳生根培养基分别为 1/2MS + NAA 0.1mg/L 和 1/2MS + IBA 0.1mg/L。本研究丰富了外植体的种类及接触培养基的方式，探究了 2,4-D 激素"先添加后去除"的方式对'丽金'不定芽再生的影响，为解决该品种产业化周年生产中种苗繁殖效率低的问题提供了参考，并为其分子育种研究奠定了基础。

关键词　切花菊；节间横切薄层；愈伤组织诱导；再生体系；产业化周年生产

The Optimization of Effective Regeneration System for the Cut-chrysanthemum Cultivar 'Reagan'

HONG Yan　ZHOU Qiong　DAI Si-lan

（*College of Landscape and Architecture*，*Beijing Forestry University*，*the Beijing Key Laboratory for Flower Germplasm Innovation & Molecular Breeding*，*Beijing* 100083）

Abstract　*Chrysanthemum × morifolium* 'Raegan' is one of the best-selling cultivars on the entire flower market, as well as an important material for the study of cultivation techniques, physiological properties and molecular mechanisms on chrysanthemums. Its effective regeneration system, however, is deficient till date, seriously restricting the progress of the industrial and anniversary production for high-quality seedlings and the further molecular breeding works. In the present study, this cultivar was selected as material, and tissue culture was performed using leaf, transverse thin layer of internode, ray floret and disc floret, respectively. Regeneration system was successfully optimized using callus induction method. Simultaneously, we investigated the effects of different placements of ray floret on the regeneration, and also screened out the best rooting medium after rooting tests. The main results are the followings: ① the best medium for adventitious bud regeneration with MS + NAA 3.0mg/L + 6-BA 1.0mg/L + 2,4-D 1.0mg/L → MS + NAA 3.0mg/L + 6-BA 1.0mg/L was screened out with the explants of leaf and ray floret; ② the upper front of the ray floret contacting the medium was more conducive to adventitious bud regeneration, which generated callus more and faster than others; increasing the wound area of the ray floret also improved the adventitious bud regeneration; and ③ the best rooting medium for short and long periods were 1/2MS + NAA 0.1mg/L and 1/2MS + IBA 0.1mg/L, respectively. In the present study, we optimized the effective regeneration system for 'Reagan' by enriching the types of explants and the ways of medium contact, and investigated the effects of the hormone 2,4-D on the adventitious bud regeneration via a "adding first and then removing" way, which provides references for resolving the problem of low-efficient seedling propagation in the progress of industrial and anniversary production, as well as lays foundations for the molecular breeding studies on this cultivar.

---

① 通讯作者。silandai@ sina. com。

Key words Cut-chrysanthemum；Transverse thin layer of internode；Callus induction；Regeneration system；Industrial and anniversary production

切花菊（*Chrysanthemum × morifolium* Ramat.）是世界著名的四大鲜切花之一，具有色彩丰富、花型多样、用途广泛、耐储运、瓶插寿命长、繁殖栽培容易、生产周期短以及低成本、高产出等优点，在世界花卉产业中占有极其重要的地位（陈俊愉，2001）。虽然多年的研究使我国的切花菊产业迅速壮大、产量逐年增加，但仍面临着严峻的挑战，如品种退化导致产品整齐度差，品质难以提升，并且缺乏自主知识产权的品种等（李娜娜和戴思兰，2010）。

近年来，国内切花菊育种主要采用杂交育种、选择育种、引种驯化育种以及辐射诱变与组织培养相结合等方法（高亦珂 等，2001）。在这些育种方法的基础上，转基因技术为切花菊的性状改良育种提供了一条新的途径。转基因成功的基础是获得高效的再生体系，虽然菊花的再生体系已经很成熟，但其高效再生体系的建立仍然存在很多问题。例如，①由于菊花具有很强的品种特异性，导致不同菊花品种的再生体系差异很大，并且相同品种的不同外植体的再生能力也有较大差异（刘军 等，2004）；②由于菊花的再生对基因型有很强的依赖性，导致一些品种无论在什么部位取材，其再生都很困难（于鑫 等，2010）；③我国现有的菊花品种来源广泛，目前已经优化的菊花再生体系并不一定完全适用（刘冰 等，2011）。作为基因转化的受体系统，菊花必须有高效而稳定的再生能力、充足的外植体来源和较高的遗传稳定性（吴月亮，2007），因此针对不同的菊花品种必须建立适合且高效的再生体系。

菊花的组织培养一般使用 MS 培养基或其改良配方；常用的植物生长调节剂有 NAA、6-BA、2,4-D 和 IBA 等（韩科厅 等，2009），激素种类及配比浓度因菊花的不同品种、同品种的不同外植体以及不同的诱导途径而异（Renou *et al.*，1993），因此有必要针对不同的试验体系分别加以研究。对于菊花再生体系的建立，可用作外植体的植物组织主要包括叶片、茎段、茎尖、节间横切薄层、腋芽、花梗、舌状花、管状花、根以及原生质体（Mnadal & Datta，2005）。在菊花的整个生长周期中，叶片和茎段最容易获得，且可取材时间长，既可以来源于试管苗，也可以直接源于温室内的植株，因此它们在菊花的遗传转化研究中应用最为广泛（薛建平 等，2004；徐清镛，2005；秦恩华和罗文华，2007；刘冰 等，2011；王一娟 等，2012）。此外，菊花的舌状花和管状花内部无菌的特点可以在很大程度上克服以叶片和茎段等组织为外植

体消毒时易产生褐变的困难，建立的再生体系高效且稳定，因此同样可以为菊花基因工程育种提供较好的受体系统（张文娥 等，2008）。节间横切薄层最大的优势在于材料体积小，并且植株的再生基本依赖于外源植物生长调节剂，可以降低内部因素对植株生长发育的影响（孙磊和张启翔，2007）。然而，由于在菊花节间横切薄层不定芽的再生过程中，容易发生节间缩短、多分枝、多芽簇生和玻璃化等不定芽畸形现象（韩科厅 等，2009），尚需对这一外植体类型展开深入的优化研究。

切花菊品种'丽金'是目前花卉市场上的主销品种，并已逐渐成为菊花栽培技术、生理特性以及分子机理研究的重要试材，但至今仍缺乏高效的再生体系，严重阻碍了该品种优质种苗产业化周年生产的进程以及进一步分子育种工作的开展。基于此，本研究以该品种为试验材料，对不同外植体及其接触培养基的方式进行优化筛选，并探讨植物生长调节剂对其愈伤组织的诱导和分化的影响，全面优化其再生体系，以期为解决该品种产业化周年生产中种苗繁殖效率低的问题提供参考，并为其分子育种研究奠定基础。

1 材料与方法

1.1 试验材料

以植株生长健壮、花期正常、无病虫害的切花菊品种'丽金'粉色系为试验材料，种植于北京林业大学人工气候室，常规管理。人工气候室温度为 24 ± 2℃；光源为普通荧光灯，平均光照强度为 3000lx，光周期为 12h 光照/12h 黑暗。

1.2 外植体的选择及无菌体系的建立

分别取植株的带腋芽茎段以及未散粉状态的管状花和舌状花，进行灭菌，灭菌方法参照韩科厅等（2009）；之后以 MS 培养基进行培养，生成无菌植株。等以带腋芽茎段为外植体的组培苗生长成熟后，分别以叶片、节间横切薄层、管状花和舌状花作为外植体。其中，叶片大小为 8mm×8mm；节间横切薄层取材部位为茎尖第 3 节下，厚度为 0.5~1.0mm；管状花直接接种；舌状花上部和下部两等分剪取，长约 1.0cm，以上部正面、上部背面、下部正面和下部背面分别接触培养基的 4 种放置方式接种。以上每组试验重复 3 次。

1.3　试验设计及高效再生体系的建立

以 MS 为基本培养基,针对愈伤组织诱导(IM)采用 3 因素 4 水平的正交设计,对 4 种外植体分别进行培养,以诱导愈伤组织的生成和分化。各处理的培养基配方见表 1。再生培养基(RM)不添加 2,4-D,其余 2 种植物激素的浓度与愈伤组织诱导培养基相同。之后观察和计算出现愈伤组织的时间、出愈率、再生率和繁殖系数等,并使用 Microsoft Excel 2010 和 SPSS 19.0 软件进行分析和多重比较。各项指标的计算方法参照韩科厅等(2009)。最后,根据上述愈伤组织的诱导情况以及不定芽再生的效果,初步建立高效再生体系,并对其进行再现实验以验证初步筛选的结果。

1.4　最佳生根培养基的筛选

将愈伤组织长出的不定芽分离后接种于 5 种不同的生根培养基中(以 1/2MS 为基本培养基),各处理的培养基配方见表 2。14d 后统计生根数、生根率以及根长等指标,筛选最佳的生根培养基。

2　结果与分析

2.1　'丽金'再生体系的优化

4 种外植体的出愈率都达到 100%。其中,叶片和舌状花的再生率明显高于节间横切薄层和管状花,繁殖系数也相对较高,且舌状花的再生率略高于叶片。相反,节间横切薄层和管状花在相同的处理下,不定芽再生率和繁殖系数均较低,不适宜作为'丽金'高效再生体系的外植体材料(表 1)。

不同的激素配比对叶片不定芽再生率的影响是显著的(表 1)。总体上看,4 组处理下的繁殖系数相差不大。其中,NAA 3.0mg/L + 6-BA 1.0mg/L + 2,4-D 1.0mg/L 处理下的繁殖系数和不定芽再生率最高,分别为 1.21 和 66.67%,是处理中最适合的培养基。因此,以叶片为外植体诱导愈伤组织和不定芽分化具有相对的高效性,最优培养基为 MS + NAA 3.0mg/L + 6-BA 1.0mg/L + 2,4-D 1.0mg/L → MS + NAA 3.0mg/L + 6-BA 1.0mg/L。

不同的激素配比对舌状花不定芽再生率的影响也很显著,随着 2,4-D 浓度的增高,不定芽再生率呈现递减趋势。与叶片相同,NAA 3.0mg/L + 6-BA 1.0mg/L + 2,4-D 1.0mg/L 处理下的繁殖系数和不定芽再生率最高,分别为 1.80% 和 74.44%,不定芽长势也最优,说明以舌状花为外植体诱导'丽金'的愈伤组织和不定芽分化也具有一定的高效性。

由此,我们初步筛选出叶片和舌状花作为'丽金'再生体系优化的外植体材料。

表 1　不同培养基对 4 种外植体再生体系的影响

Table 1　Effect of different mediums on the regeneration systems of four explants

外植体 Explant	处理 Treatment	繁殖系数 Reproduction coefficient	再生率/% Regeneration rate
叶片	1. NAA 3.0mg/L + 6-BA 1.0mg/L + 2,4-D 1.0mg/L	1.21 ± 0.36 a	66.67 ± 0.01 c
	2. NAA 3.0mg/L + 6-BA 1.0mg/L + 2,4-D 2.0mg/L	1.00 ± 0.01 a	24.83 ± 2.53 a
	3. NAA 3.0mg/L + 6-BA 1.0mg/L + 2,4-D 3.0mg/L	1.17 ± 0.29 a	66.02 ± 1.13 c
	4. NAA 3.0mg/L + 6-BA 1.0mg/L + 2,4-D 4.0mg/L	1.13 ± 0.23 a	39.82 ± 1.61 b
节间横切薄层	1. NAA 3.0mg/L + 6-BA 1.0mg/L + 2,4-D 1.0mg/L	1.00 ± 0.03 a	10.00 ± 0.02 c
	2. NAA 3.0mg/L + 6-BA 1.0mg/L + 2,4-D 2.0mg/L	0.67 ± 1.15 a	5.00 ± 0.05 b
	3. NAA 3.0mg/L + 6-BA 1.0mg/L + 2,4-D 3.0mg/L	0 a	0 a
	4. NAA 3.0mg/L + 6-BA 1.0mg/L + 2,4-D 4.0mg/L	0.33 ± 0.58 a	10.18 ± 0.02 c
管状花	1. NAA 3.0mg/L + 6-BA 1.0mg/L + 2,4-D 1.0mg/L	0.94 ± 0.82 a	11.67 ± 2.89 c
	2. NAA 3.0mg/L + 6-BA 1.0mg/L + 2,4-D 2.0mg/L	0 a	0 a
	3. NAA 3.0mg/L + 6-BA 1.0mg/L + 2,4-D 3.0mg/L	0.67 ± 0.58 a	15.26 ± 0.46 d
	4. NAA 3.0mg/L + 6-BA 1.0mg/L + 2,4-D 4.0mg/L	0.33 ± 0.58 a	5.19 ± 0.32 b
舌状花	1. NAA 3.0mg/L + 6-BA 1.0mg/L + 2,4-D 1.0mg/L	1.36 ± 0.32 a	74.44 ± 0.96 b
	2. NAA 3.0mg/L + 6-BA 1.0mg/L + 2,4-D 2.0mg/L	1.40 ± 0.34 a	70.56 ± 4.19 b
	3. NAA 3.0mg/L + 6-BA 1.0mg/L + 2,4-D 3.0mg/L	1.30 ± 0.28 a	64.82 ± 3.21 a
	4. NAA 3.0mg/L + 6-BA 1.0mg/L + 2,4-D 4.0mg/L	1.30 ± 0.27 a	61.20 ± 1.25 a

注:不同小写字母表示在 $P < 0.05$ 水平上存在显著差异。

Note:Different letters represent significance on $P < 0.05$.

2.2 舌状花的不同放置方式对愈伤组织形成和不定芽分化能力的影响

舌状花上部、下部以及正面和背面接触培养基的再生率均随 IM 阶段 2,4-D 浓度的增加到 RM 阶段 2,4-D 的去除变化趋势呈负相关关系，且上部和正面接触培养基以及下部和背面接触培养基的变化趋势两两相符（图1）。其中，NAA 3.0mg/L + 6-BA 1.0mg/L + 2,4-D 1.0mg/L 处理下舌状花上部和正面接触培养基以及 NAA 3.0mg/L + 6-BA 1.0mg/L + 2,4-D 2.0mg/L 下舌状花下部和背面接触培养基的植株再生率最高，均为 79.63%。因此，结合初步筛选出的高效外植体舌状花的最优培养基，在以舌状花为外植体建立'丽金'的再生体系时，可以选择上部正面接触培养基的方式来接种，更有利于提高不定芽的再生效果。

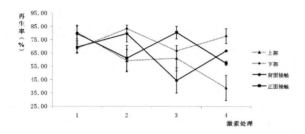

图1 不同培养基和舌状花放置方式影响不定芽再生率的比较分析

Fig. 1 Comparison among the effects of different mediums and placements of ray floret on the adventitious bud regeneration

2.3 最佳生根培养基的筛选

5 组处理的生根率均为 100%。与对照组相比，添加不同浓度的 NAA 和 IBA 激素对试管苗的生根及根的粗壮度都具有促进作用（表2）。其中，对照组植株的生根数最少（12.43 条）、根最长（2.24cm），但根系较细弱。随着 NAA 和 IBA 浓度的增加，根都会增粗，但平均生根数减少（IBA 的作用尤为明显），根长也缩短。上述结果表明，NAA 和 IBA 对根长具有抑制作用，同一时间内，根伸长的速度极慢；然而，就生根数来看，两者在低浓度时对试管苗的生根都具有促进作用，而随着浓度的增高，促进作用会逐渐减弱，进而可能出现抑制作用。实际上，菊花的规模化生产需要组培快繁技术的支持，在一定时间内根长达不到可移栽长度，也会制约生产效率。因此，综合考虑下，1/2MS + NAA 0.1mg/L 为'丽金'的最佳生根培养基；然而由于 IBA 对生根数的促进作用十分显著，长时间培养时则可选择 1/2MS + IBA 0.1mg/L 作为最佳生根培养基。

表2 不同激素配比对试管苗生根的影响

Table 2 Effects of different growth regulator combinations on plant rooting

处理 Treatment	单株生根数/条 Number of roots	根长/cm Root length
1. 不添加激素（对照）	12.43 ± 1.13 a	2.24 ± 0.44 e
2. NAA 0.1mg/L	13.17 ± 1.21 a	1.61 ± 0.15 d
3. NAA 0.2mg/L	12.53 ± 1.08 a	1.17 ± 0.14 c
4. IBA 0.1mg/L	21.37 ± 2.11 c	0.53 ± 0.05 b
5. IBA 0.2mg/L	14.80 ± 2.76 b	0.24 ± 0.04 a

注：不同小写字母表示在 $P < 0.05$ 水平上存在显著差异。

Note：Different letters represent significance on $P < 0.05$.

3 讨论

3.1 不同外植体类型诱导不定芽再生与分化的差异

由于植物的体细胞具有全能性，理论上，在适宜的人工环境条件下，植物体的任何部位都能够通过组织培养的方法获得再生植株。但实际上，植物体不同组织的细胞及细胞不同生长阶段的再生能力差异十分显著，因此筛选用于菊花组织培养的高效外植体十分关键。本研究分别以叶片、节间横切薄层、管状花和舌状花为外植体，诱导'丽金'的愈伤组织发生与分化，愈伤组织的诱导率均为 100%，且出愈伤组织速度较快。相同处理下，叶片和舌状花对不定芽分化的效果优于节间横切薄层和管状花，各项数值均高于洪艳等（2013）的研究。相反，节间横切薄层和管状花的再生率极低，且在统计数据时大部分愈伤组织仍处于旺盛生长阶段，因此初步推断这 2 种外植体不适于'丽金'不定芽的再生。

刘冰等（2011）以'神马'和'出水芙蓉'2 个切花菊品种的叶片为外植体建立了不定芽再生体系，结果表明'神马'的再生率高达 95.5%，而'出水芙蓉'的再生率仅为 46.3%；中国传统菊花品种'小林静'的不定芽再生率为 92.8%（姜宁宁等，2012），而同样以叶片为外植体，菊花品系'2'和'5-17'却未分化出不定芽（徐式近和徐忠传，2013）。与本研究相符，曾凡力（2007）、杨际双等（2007）以及李平等（2009）的研究表明，以菊花舌状花为外植体也能够获得较高的不定芽再生率，而以管状花为外植体获得的不定芽再生率较低。以节间横切薄层为外植体，不同菊花品种的不定芽再生率差异较大，如孙磊和张启翔（2007）的研究结果表明，2 个切花菊品种的不定芽再生率高达 97.9%，而韩科厅等（2009）发现 4 个多头切花菊品种的不定芽再生率仅为 70% 左右。以上结果表明基因型是影响菊花叶片和节间横切薄层不定芽再生与分化的重要因素之一。

此外，本研究以舌状花的不同部位（上部、下部、正面和背面）分别接触培养基，探讨了其对植株再生效果的影响，发现在相同处理下，4 种不同放置方式所获得的不定芽再生效果不同。其中，舌状花上部、正面和下部、背面接触培养基的植株再生率变化趋势两两一致，且正面接触培养基的舌状花出愈快、愈伤组织面积较大，再生效果最佳。本研究还发现，增加舌状花伤口密度也有利于愈伤组织形成和植株再生，这些结果在前人的研究中均未见报道，可为以菊花舌状花为外植体的组织培养研究提供参考。

3.2　植物激素对不定芽分化与生根的影响

Renou 等（1993）的研究表明，促进菊花不定芽分化的最佳植物生长调节剂是 NAA 和 6-BA，但对于不同品种激素的浓度配比有所不同。对于外植体，叶片对 NAA 的敏感性比茎段强，而对于不定芽的分化，NAA 的作用强于 6-BA；此外，2,4-D 在促进愈伤组织的形成上活力最高，在没有任何外源细胞分裂素的存在下，能十分有效地促进愈伤组织的增殖（Kaul et al.，1990）。李永文等（2007）的研究也表明，使用不同种类、浓度和配比的植物生长调节剂可以调节培养物的生长发育进程、分化的方向和器官的发生。其中，细胞分裂素与生长素比值高时，有利于不定芽的分化，反之则有利于根的形成；二者比例相当时，植株处于愈伤组织的旺盛生长状态，无器官分化。基于这些研究结果，本研究分为两个阶段培养愈伤组织，即 IM 阶段（添加 NAA、6-BA 和 2,4-D）和 RM 阶段（去除 2,4-D）。试验结果表明，当生长素浓度高于细胞分裂素时，的确能够促进根的分化，但同时对芽的分化也具有促进作用，与李永文等（2007）的研究结果不完全一致，说明对于不同种或品种，细胞分裂素对不定芽分化的影响也不尽相同。

本研究还发现，IM 阶段不同外植体的出愈率均为 100%，说明适当添加 NAA、6-BA 和 2,4-D 可以有效诱导愈伤组织的生成，与 Kaul 等（1990）的研究结果一致。然而，将愈伤组织转入去除 2,4-D 的 RM 后，相同处理下的不同外植体和不同处理下的相同外植体对不定芽再生的影响差异显著。其中，以叶片和舌状花为外植体的不定芽分化效果最佳，说明 2,4-D "先添加后去除"的方式对叶片和舌状花不定芽的再生具有显著的促进作用；相反，以节间横切薄层和管状花为外植体的不定芽分化效果都极差，说明 2,4-D "先添加后去除"的方式对这 2 种外植体不定芽的再生影响较小或存在抑制作用。此外，我们还发现，在 IM 阶段添加低浓度的植物激素，当转入 RM 后有利于不定芽的再生，且不定芽质量较好，与洪艳等（2013）的研究结果一致。

在生根培养基中，与对照（处理 1）相比，NAA 和 IBA 都有利于根的萌动、促进根的伸长和加粗，且低浓度的激素对生根的促进作用最为明显；相反，随着激素浓度的增加，这种促进作用逐渐减弱，甚至可能出现了抑制作用。基于生产方面的考虑，我们筛选出了短期培养（2 周左右）的最佳生根培养基，即 1/2MS + NAA 0.1mg/L；然而，IBA 在低浓度（0.1mg/L）时对生根数也具有很强的促进作用，但总体根长偏短，持续培养才可能达到移苗状态，因此 1/2MS + IBA 0.1mg/L 也可作为长期培养的最佳生根培养基，与刘军等（2004）的研究结果相符。刘冰等（2011）的研究结果表明，NAA 对菊花再生植株根的诱导效果明显强于 IBA，与本研究的试验结果不一致，可能是由于 NAA 和 IBA 对菊花生根的作用与培养时间有关，即短期内 NAA 更有利于生根及壮根。

参考文献

1. 陈俊愉. 2001. 中国花卉品种分类学[M]. 北京：中国林业出版社.

2. 高亦珂，赵勃，丁国勋，张启翔. 2001. 菊花茎叶外植体再生体系的研究[J]. 北京林业大学学报，23(1)：32 – 33.

3. 韩科厅，王娟，戴思兰. 2009. 多头切花菊节间横切薄层不定芽再生的研究[J]. 北京林业大学学报，31(2)：102 – 107.

4. 洪艳，伏静，戴思兰. 2013. 多头切花菊品种'丽金'再生体系的建立[C]. 中国观赏园艺研究进展（2013）.

5. 姜宁宁，付建新，戴思兰. 2012. 中国传统菊花品种'小林静'再生及转化体系的建立[J]. 生物技术通报，(4)：87 – 92.

6. Kaul V，Miller R M，Hutchinson J F. 1990. Shoot regeneration from stem and leaf explants of *Dendranthema grandiflora* Tzvelev[J]. Plant Cell, Tissue and Organ culture, 21：21 – 30.

7. 李娜娜，戴思兰. 2010. 我国切花菊育种研究进展[J]. 北方园艺，(17)：224 – 228.

8. 李平，李庆伟，贺爱莉，樊亚敏，孙新政. 2009. 菊花花瓣的组织培养技术研究[J]. 北方园艺，(9)：68 – 70.

9. 李永文，刘新波，黄海帆，缑艳霞，李红，董凤丽，贾晓梅，张彩玲，梁明勤，尹振君. 2007. 植物组织培养技术[M]. 北京：北京大学出版社.

10. 刘冰，杨际双，肖建忠，黄兆平，李单. 2011. 切花菊高效不定芽再生体系的建立[J]. 河北农业大学学报，34(1)：25 – 29.

11. 刘军. 2004. 菊花再生体系的建立及农杆菌介导绿色荧光蛋白（GFP）基因转化的研究[D]. 泰安：山东农业大学.

12. Mnadal A K A，Datta S K. 2005. Direct somatic embryogenesis and plant regeneration from ray florets of chrysanthe-

mum[J]. Biologia Plantarum，49：29-331.

13. 秦恩华，罗文华. 2007. 两个菊花品种再生体系的建立[J]. 湖北民族学院学报（自然科学版），25（1）：97-101.

14. Renou P，Brochard P，Jalouzot R. 1993. Recovery of transgenic chrysanthemum（*Dendranthema grandiflora* Tzvelev）after hygromycin resistance selection[J]. Plant Science，89：185-197.

15. 孙磊，张启翔. 2007. 利用薄层细胞培养技术建立'铺地金'等菊花高效再生体系的研究[J]. 西北农业学报，16（4）：148-151.

16. 王一娟，于鑫，裴雁曦. 2012. 菊花品种'黄金虎'再生体系的建立[J]. 山西大学学报（自然科学版），35（1）：136-140.

17. 吴月亮，蒋细旺，孙磊，张启翔. 2007. 菊花2个品种高效再生体系的建立[J]. 西南林学院学报，27（2）：50-52.

18. 徐清燏. 2005. 5个重要菊花品种高效不定芽再生体系的研究[D]. 北京：北京林业大学.

19. 徐式近，徐忠传. 2013. 不同菊花品种高效直接再生体系的构建[J]. 江苏农业科学，（11）：52-54.

20. 薛建平，张爱民，常玮. 2004. 安徽药菊叶片直接再生植株技术的研究[J]. 中国中药杂志，29（2）：132-135.

21. 杨际双，范姗姗，李建国. 2007. 食用菊花花瓣组织培养初探[J]. 安徽农业科学，35（16）：4831-4832.

22. 于鑫，乔增杰，裴雁曦. 2010. 菊花分子育种研究进展[J]. 生命科技通讯，21（2）：285-290.

23. 曾凡力. 2007. 菊花花瓣的组织培养[J]. 北方园艺，（9）：207-208.

24. 张文娥，潘学军，刘进平，何远宽. 2008. 菊花花器官再生体系的建立[J]. 山地农业生物学报，27（2）：173-176.

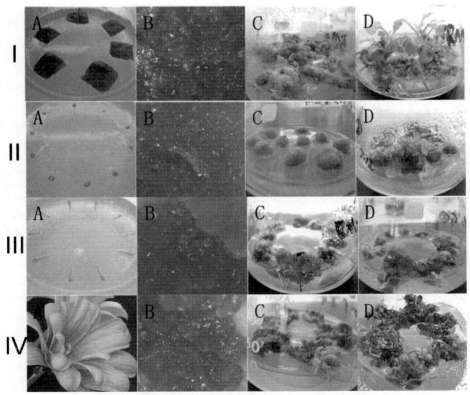

图版1 不同外植体诱导愈伤组织与不定芽的生长情况

注：Ⅰ. 叶片诱导愈伤组织与不定芽的生长情况。A. 叶片外植体；B. 愈伤组织（IM 30 d）；C. 不定芽芽点（RM 60 d）；D. 再生不定芽（RM 90 d）。Ⅱ. 节间横切薄层诱导愈伤组织与不定芽的生长情况。A. 节间横切薄层外植体；B. 愈伤组织（IM 30 d）；C. 愈伤组织继续增殖（RM 60 d）；D. 再生不定芽（RM 90 d）。Ⅲ. 管状花诱导愈伤组织与不定芽的生长情况。A. 管状花外植体；B. 愈伤组织（IM 30 d）；C. 不定芽芽点（RM 60 d）；D. 再生不定芽（RM 90 d）。Ⅳ. 舌状花诱导愈伤组织与不定芽的生长情况。A. 舌状花外植体；B. 愈伤组织（IM 30 d）；C. 不定芽芽点（RM 60 d）；D. 再生不定芽（RM 90 d）。

Plate 1 Growth conditions of callus and adventitious bud induced by different explants

Note：Ⅰ. Growth conditions of callus and adventitious bud induced by leaf. A. Explant of leaf；B. Callus（IM 30 d）；C. Apex of adventitious bud（RM 60 d）；D. Regenerative adventitious bud（RM 90 d）. Ⅱ. Growth conditions of callus and adventitious bud induced by transverse thin layer of internode. A. Explant of transverse thin layer of internode；B. Callus（IM 30 d）；C. Hyperplasia of callus（RM 60 d）；D. Regenerative adventitious bud（RM 90 d）. Ⅲ. Growth conditions of callus and adventitious bud induced by disc floret. A. Explant of disc floret；B. Callus（IM 30 d）；C. Apex of adventitious bud（RM 60 d）；D. Regenerative adventitious bud（RM 90 d）. Ⅳ. Growth conditions of callus and adventitious bud induced by ray floret. A. Explant of ray floret；B. Callus（IM 30 d）；C. Apex of adventitious bud（RM 60 d）；D. Regenerative adventitious bud（RM 90 d）.

不同百合品种花器官组织培养研究[*]

吴杰　王文和[①]　何祥凤　赵祥云　张克　王树栋

（北京农学院园林学院，北京 102206）

摘要　以 O、A、O/T 和 L/A 四类不同杂种系百合栽培品种的花器官中雌雄蕊为外植体，研究雌蕊和雄蕊以及花丝不同部位之间组织培养的难易程度。结果表明：a. 用即将开放的百合花蕾作为外植体材料消毒较容易，污染率低；b. 同一杂种系百合品种组培难易程度相似，而不同杂种系品种之间组织培养难易程度存在差异，从高到底依次为 LA、OT、O、A；c. 雌蕊和雄蕊不定芽诱导率不同：其中花丝 > 子房 > 花柱；d 雄蕊中花丝不同部位不定芽诱导率也存在差异，其中基部 > 中部 > 顶部．。本研究以期对百合的扩繁、种质资源的保存以及脱毒培养和新品种培育提供可靠的技术依据。

关键词　百合；花器官；组织培养；

Studies on Tissue Culture of Different Lily Varieties from Flower Organs

WU Jie　WANG Wen-he　HE Xiang-feng　ZHAO Xiang-yun　ZHANG Ke　WANG Shu-dong

（*Department of Landscape*，*Beijing University of Agriculture*，*Beijing* 102206）

Abstract　The floral organs of O/A/OT/LA lily varieties were selected as explants in vitro culture to study on the degree among floral organ of the pistil and stamens and different parts of filament. The result indicated：a. The upcoming opening of lily flower buds used as explants with plant regeneration technology were disinfection easy with low pollution rate；b. The same lily varieties hybrid system were the same degree of difficulty on tissue culture，while the germination of adventitious bud induction rate were different between the four varieties. LA was the easiest variety for inducing，followed by OT，O and A；c. The adventitious bud induction rate were different in the pistil and stamens of floral organs and the sequence was filament > ovary > style；d. The adventitious bud induction rate were different in three parts of filament and the sequence was base > central > top。Hopes this experiment provide reliable technical basis on the propagation of lily，germplasm collections、virus-free culture and cultivation of new varieties lilies.

Key words　Lily；Flower organs；Tissue culture

百合（*Lilium* spp.）属于百合科百合属多年生具有地下鳞茎的草本植物，是重要的商品花卉和园林绿化植物[1]。我国拥有丰富的百合资源，全世界约 90 余种百合属植物，有 48 种、18 个变种分布在我国，我国不仅是百合属植物分布最多的国家也是世界百合属植物的自然分布中心。根据英国皇家园艺学会和北美百合学会把百合的各个栽培品种和其原始亲缘种与杂种的遗传衍生关系分为久类，分别为：亚洲百合杂种系（Asiatic hybrids）、欧洲百合杂种系（Martagon hybrids）、纯白百合杂种系（Candidum hybrids）、美洲百合杂种系（American hybrids）、麝香百合杂种系（Longiflorum hybrids）、喇叭形和奥列莲百合杂种系（Trumpet hybrids and Aurelian hybrids）、东方百合杂种系（Oriental hybrids）、百合原种系（Lily Species）、以及其他杂种系（Miscelaneus hybrids），而这些类别中有不少类型是利用中国百合种质资源杂交培育而成的。[2] 目前市场上主营的百合品种为东方百合杂种系（简称 O 系列）、亚洲百合杂种系（简称 A 系列）、麝香百合与亚洲百合杂交品种（简称 L/A 系列）以及目前越来越受欢迎的东方百合与喇叭百合杂交品种（简称 O/T 系列）。

传统的百合繁殖主要包括分球、扦插鳞片等，但

*　基金项目：北京市属高等学校创新团队建设与教师职业发展计划项目，编号 IDHT20150503。

①　通讯作者。1964/男/教授/博士/园林植物资源与育种 E-mail：wwhals@163.com。

是因其繁殖系数较小，且种植多代以后种性退化，甚至积累病毒，严重影响百合产量和质量。组织培养技术不仅极大提高了百合的繁殖系数，也为百合新品种的培育提供了方法。百合的许多器官、组织都可作为外植体进行诱导分化和植株再生，如鳞片、叶片、子房、种子、花梗、花托、花瓣等。关于百合的组织培养已有许多报道，但多以鳞茎、叶片、带腋芽茎段等作为研究材料[4-5]。但是百合鳞茎等易染病菌，因此用其做外植体时污染率较高，从而严重影响繁殖育苗。对百合花器官方面组织培养报道较少。本试验以O、A、O/T、L/A四类百合杂种系20个品种的百合花丝、花柱、子房为外植体进行组织培养，探讨不同品系百合品种的不定芽诱导率，以及不同花器官的不定芽诱导率，以期为不同品系的百合组培提供帮助，培育出更多新优品种，丰富百合市场。

1　材料与方法

1.1　试验材料

本试验所用的亚洲百合杂种系（Asiatic hybrids）、东方百合杂种系（Oriental hybrids）、麝香百合与亚洲百合杂交品种（简称 L/A 系列）、东方百合与喇叭百合杂交品种（简称 O/T 系列）种植于北京农学院种质植物资源圃，选用长势一致、未开放但成熟的花蕾各5个，共20个品种作为外植体进行研究，如表1所示。

表1　百合品种名称及类别

Table 1　Name and categories of lily cultivars

编号	品种名称	类别	编号	品种名称	类别
1	adoration	LA	11	Val di Sole	A
2	algarve	LA	12	Vermeer	A
3	Bonsoir	LA	13	Pollyanna	A
4	Couplet	LA	14	Red Latin	A
5	break out	LA	15	Brunello	A
6	Justina	O	16	Ice Cube	OT
7	Indiana	O	17	Viviana	OT
8	Roadstar	O	18	Tabledance	OT
9	Jumpy	O	19	Zambesi	OT
10	Striker	O	20	Sambuca	OT

1.2　试验方法

1.2.1　实验设计

试验采用单因素随机区组设计。将每个花蕾的花丝分基部、中部和顶部3段，以瓶为重复，20次重复，每瓶接6个花丝段，每段1~1.5cm。花柱、子房同样以瓶为重复，重复20次，每瓶接1个子房、1个花柱。

1.2.2　材料处理与消毒

将采集20个品种未开放的花蕾，先在自来水下冲洗4h左右，用滤纸吸干表面水分后进行消毒。先将未开放的花蕾在超净工作台上用75%酒精浸泡消毒10s，然后在酒精灯外焰上烤15s即可用于接种。

1.2.3　接种

用剪刀和镊子除去花蕾外层花瓣，取出里面的雄蕊和雌蕊，摘掉花药，将花丝切成顶部、中部、基部，每段1~1.5cm，花柱和子房分开，接种于预备试验的附加 6-BA 0.5mg/L 和 NAA0.2mg/L 的 MS 固体培养基上。材料平放于培养基表面并用镊子往下轻压，让外植体充分接触培养基。

1.2.4　培养与观察

将接种好的外植体培养在 25±℃，光照强度1500lx，每日光照14小时条件下培养，15天后统计污染率，30天后开始观察诱导情况，45天后统计诱导成活率。污染率=（发生污染的外植体数/试验的总外植体数）×100%；不定芽诱导率=（产生不定芽的外植体数/未发生污染的外植体数量）×100%

1.3　数据处理

通过 Microsoft Excel 2010 对数据进行分析和图表绘制。

2　结果与分析

2.1　雌蕊和雄蕊之间诱导愈伤组织和不定芽的差异

由表2可知，百合雌蕊和雄蕊之间不定芽诱导率明显存在差异，雄蕊诱导率为32%，而雌蕊诱导率为15%，其中花丝基部诱导率最高为54.2%，花丝中部诱导率仅次于花丝基部为30.8%，同时，子房诱导率为25%，而花丝顶部和花柱诱导率相近，各为9%和10%。由此可见，用花丝做外植体诱导愈伤组织和不定芽更易获得成功。子房虽然诱导率也不低，但分化时间较长，不利于工厂化生产使用。但是，因其完全遗传母本的优良性状，可在育种过程中作为种质资源进行保存。

表2　雌蕊和雄蕊不定芽诱导率

Table 2　Adventitious buds rates in the pistil and stamens

外植体名称		接种数	分化数	诱导率（%）	
雌蕊	子房	20	5	25.0	15.0
	花柱	40	4	10.0	
雄蕊	花丝顶部	120	11	9.0	32.0
	花丝中部	120	37	30.8	
	花丝基部	120	65	54.2	

2.2 花丝各部分诱导愈伤组织及分化不定芽的差异

本实验将花丝分为顶部、中部、基部，接种45天后，观察各部分的分化结果。不同部位分化结果不同，出现愈伤所用时间也不同。由表3可知，其中基部花丝诱导率最高为54.2%，中部诱导率为30.8%，而顶部诱导率最低仅为9%。所有花丝的3个部分所产生愈伤组织和不定芽的部位均出现在其形态学下端的切口处。

表3　不同外植体不定芽诱导率

Table 3　Adventitious buds rate of different explants

外植体名称	接种数	分化数	诱导率(%)
子房	20	5	25.0
花柱	40	4	10.0
花丝顶部	120	11	9.0
花丝中部	120	37	30.8
花丝基部	120	65	54.2

2.2.1 花丝顶部愈伤组织及不定芽的形成

接种30天后，多数外植体花丝顶部颜色逐渐变红，少数无变化。接种45天后，仅少数外植体顶部可以在形态学下端切口处开始膨大，如图1A。而培养60天后，由图1B可知，膨大处长出愈伤，并逐渐形成不定芽。但多数花丝由绿色变为浅红色，逐渐褐化，然后死亡。诱导率低。

2.2.2 花丝中部愈伤组织及不定芽的形成

接种30天后，仅有少数花丝中部从切口处开始膨大，但尚未形成愈伤。培养45天后，如图1C，开始由淡黄色转为淡绿色的愈伤组织，且呈颗粒状。培养60天后，由图1D可知开始从绿色的愈伤组织上长出少数不定芽。

2.2.3 花丝基部愈伤组织及不定芽的形成

接种30天后，花丝基部的形态学下端切口处开始膨大，颜色由淡黄色转为绿色，切口两端向上或向下弯曲。并出现乳白色至淡绿色的疏松颗粒型愈伤组织。培养45天后，如图1E，大部分花丝基部愈伤组织逐渐增多，并在切口或愈伤组织边缘长出不定芽，有些品种还会形成根。60天后，由图1F可知，从愈伤组织部位长出越来越多的丛生芽。

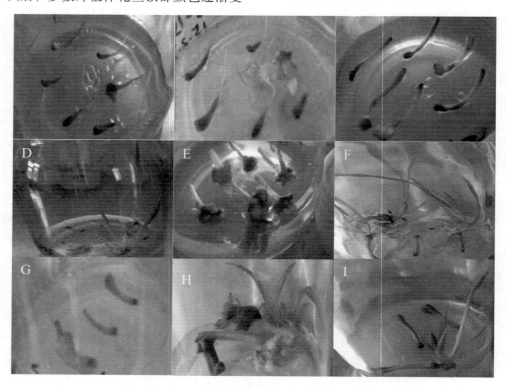

图1　不同部位外植体的诱导效果

A. 诱导45天后花丝顶部部分开始膨大；B. 诱导60天后花丝顶部；C. 诱导45天后花丝中部；D. 诱导60天后花丝中部；

E. 诱导45天后花丝基部；F. 诱导60天后花丝基部；G. 诱导45天后子房和花柱；

H. 诱导60天后花柱长出苗；I. 诱导60天后子房长出根

Fig. 1 Induction results of different positions as explants

A. Top（after 45 days）B. Top（after 60 days）C. Central（after 45 days）D. Central（after 60 days）E. Base（after 45 days）

F. Base（after 60 days）G. Ovary and style（after 45 days）H. Style grew roots（after 60 days）I. Ovary grew roots（after 60 days）

2.3 雌蕊愈伤组织及不定芽的形成

2.3.1 花柱愈伤组织及不定芽的形成

花柱愈伤组织的形成较花丝而言比较慢，在接种30天后，外植体几乎没有变化，接种45天后，部分外植体花柱顶部开始膨大，长出淡绿色愈伤组织，接种60天后，由图1H可知，从愈伤组织边缘长出不定芽或者根。同时，由表3可知，其诱导率为12.5%，明显低于花柱基部。多数外植体在接种45天后，如图1G所示，开始褐化，最后逐渐死亡。

2.3.2 子房愈伤组织及不定芽的形成

由表3可知，子房诱导率为35%，虽然没有花丝高，但明显高于花柱。接种30天后，子房没有明显变化，接种45天后，部分子房基部开始膨大，而另一边逐渐变小褐化，如图1G所示。接种60天后，由图1 I可知长有愈伤组织的子房上开始长出不定芽，有些长出根。

2.4 四个类别杂种系品种花器官诱导的差异

本实验所用的A、O、L/A、O/T四个系列的百合品种，每种各5个品种。通过表4可知，L/A诱导率最高为53%，O/T和O系列诱导率接近，分别为29%和24%，而A系列最低仅为11%。L/A系列在接种30天后，外植体开始由原来的白色或淡黄色逐渐转为绿色，形态学下端开始膨大。接种45天后，外植体诱导出的愈伤组织逐渐增多，部分开始长出不定芽和根。接种60天后，大量的丛生芽长出。O/T系列诱导时间并不集中，有些品种在30天左右外植体开始在切口处膨大，在45天长出很多愈伤组织，随后长出不定芽，而多数品种诱导时间较晚，在45天左右开始顶端膨大长出部分愈伤组织，随后长出不定芽。O系列的5个品种中，30天后，仅1个品种花丝基部切口开始膨大，其他品种均无明显变化，45天后，多数品种切口处开始膨大，少数长出愈伤，接种60天后，从愈伤组织部分长出不定芽。A系列，在接种30天后，外植体没有显著变化，而接种45天后，少数品种切口处开始膨大，出现愈伤组织，接种60天后，少数品种形成不定芽，多数品种褐化最终死亡。

表4 四个百合杂种系不定芽诱导率

Table 4 Adventitious buds rates of four lily varieties

杂种系名称	接种数	分化数	诱导率(%)
L/A	105	56	53.0
O/T	105	30	29.0
O	105	26	24.0
A	105	11	11.0

3 结论与讨论

在本实验中，因对未开放的成熟花蕾进行消毒，所以外植体不会受到消毒剂的伤害，同时，由于花蕾内部为无菌环境，因此本实验组织培养过程中花丝污染率为0。因此，在进行百合脱毒处理和规模化生产时，以未开放的花器官作为外植体，不仅材料本身带菌少，同时在灭菌消毒中也不会受到消毒剂的伤害，分化也较快，且花器官数量多，取材较鳞片等容易，是组培较好的材料。

植物生长调节剂种类和浓度是影响组织培养中细胞分化与形态建成的关键因子，适合的生长调节剂配比可使不定芽分化大大加快。根据王刚[6]等研究表明，6-BA与NAA的浓度比介于5:1到10:1之间时，不定芽诱导率较高。同时，根据前人研究表明，A系列百合在生长调节剂6-BA与NAA之间浓度比为2:1到1:1之间为最佳培养基[7-8]，L/A、O/T、O系列在6-BA与NAA浓度比多为5:1~5:3之间[9-12]。而本研究采用6-BA与NAA的浓度比为5:2的培养基，对不同杂种系百合外植体进行诱导。试验结果显示，不同杂种系品种百合分化率不同，其原因是同一配比培养基，对不同品种的影响不同，该配比培养基不适合部分品种的生长分化。

不同品种的花器官在离体培养中的分化能力各有不同，同一品种花器官的不同部位分化能力也有很大的差异[13]。本试验表明，花丝的分化能力大于花柱和子房，这与前人的研究结果一致[13-14]。花丝顶部分化能力小于花丝中部和基部，花丝基部分化率最高。而前人的研究发现，花丝的顶部、中部和基部3部分的分化能力不同，其大小顺序为：中部 > 基部 > 顶部[9]。上述差异可能是由于培养基及外植体不同，以及不同材料对激素的反应不同造成的。同时，所有产生愈伤组织和不定芽的部位都是该部分的形态学下端。这可能与外植体激素的调节与运输有关，植物内源激素与营养物质均由上往下运输，下端细胞中积累的激素和营养高，有利于细胞的启动和分化。姚绍嫦等通过细胞学形态研究发现，组织培养过程中，细胞启动和愈伤组织的形成仅发生在形态学下端切口附近的数层细胞，之后器官再生也在该部位，而其他部位未变化[15]。这也可以解释，花丝顶部分化能力小于基部的现象，由于花丝顶部细胞所含的激素和营养较少，因此分化成功率低。但本试验发现，子房在其两端均出现分化现象，并长出不定芽，具体原因需要进一步研究。

试验中发现L/A、O/T、O、A四个系列的百合诱导率有很大的差异，L/A诱导率最大，其次为

O/T，诱导率最低为 A。该结论与其相应营养体植株的长势相似，L/A 和 O/T 杂种系基因型多为三倍体，植株较为高大，生长适应性好。产生上述现象的原因可能是与外植体的基因型差异有关，两个杂交品种综合了亲本优良性状，且多为三倍体，为细胞的发育提供了较好的条件，营养繁殖能力强。但尚未有科学依据证明其营养繁殖能力强。同时，由于不同系列的百合对生长调节剂的吸收和运输能力不同，但本实验所用培养基为 6-BA 与 NAA 之间浓度比 5:2，可能不适合 A 系列对生长调节剂的吸收和运输，从而导致细胞分化能力降低，不易产生不定芽。目前对百合花丝组织培养的相关研究较少，具体导致不同系列百合分化差异的研究还需进一步研究。

参考文献

1. 赵样云，王树栋，陈新露，等. 百合[M]. 北京：中国农业出版社，2000.
2. 龙雅宜，张金政，张兰年. 百合——球根花卉之王[M]. 北京：金盾出版社，1999.
3. Robb S M. The culture of excised tissue bulb scales of *Lilium speciesum*[J]. Exp Bot，1957(8)：348－352.
4. 王继华，唐开学，张仲凯，等. 百合病毒及脱毒检测进展[J]. 北方园艺，2004(6)：73－75.
5. Liu Juhua，Jin Zhiqiang，Xu Biyu，*et al*. The regeneration and transformation of Longya Lilium[J]. Molecular plant Breeding，2003，1(4)：465－474.
6. 王刚，杜捷，李桂英，等. 兰州百合和野百合组织培养及快速培养研究[J]. 西北师范大学学报：自然科学版，2002，38(1)：69－71.
7. 周蕴薇，刘艳萍，岳莉然，等. 亚洲百合'普瑞头'的组织培养及休眠小鳞茎获得的研究[J]. 北方园艺，2011(04)：146－148.
8. 刘雅莉，张剑侠，潘学军，等. 东方百合'索邦'的花器官培养与快速繁殖[J]. 西北植物学报，2004，24(12)：2350－2354.
9. 李莺，徐薇，李星，刘琼，等. 百合黄天霸花丝离体快速繁殖体系的建立[J]. 种子，2013.
10. 赵得萍，唐道城."OT"型百合花器官培养研究[J]. 北方园艺，2010(18)：103－106.
11. 孙红梅，宋胜利，申屠玥，董航，等. 亚洲百合 Strawberry and Cream 花器官组培快繁技术研究[J]. 沈阳农业大学学报，2015，46(1)：7－2.
12. 赵得萍，唐道城，刘米会，郭志，等. 东方百合花器官组织培养研究[J]. 北方园艺，2008(2)：198－200.
13. 刘丽敏，卢赛清，等. 百合花器官的组织培养[J]. 广西农业科学，2007，38(3)：219－222.
14. 周艳萍，郑红娟，贾桂霞. 两个亚洲百合品种离体再生体系的建立[J]. 北京林业大学学报，2007，28(1)：123－127.
15. 姚绍嫦，艾素云，杨美纯，凌征柱，等. 亚洲百合花丝离体培养器官形成的细胞形态学研究[J]. 广西植物，2009，29(6)：812－816.

中国观赏园艺研究进展 2015：275～278
Advances in Ornamental Horticulture of China，2015：275～278

彩叶杞柳的嫩枝扦插研究

朱倩玉　刘庆华①　王奎玲　李　伟　姜新强
（青岛农业大学园林与林学院，青岛 266109）

摘要　彩叶杞柳是一种观赏价值高、适应性强的彩叶树种，具有很高的园林价值。为了掌握其嫩枝扦插繁育技术，本研究选取当年生半木质化的枝条进行实验，采用单因素随机区组设计，探索了不同浓度的 ABT 生根粉对彩叶杞柳生根率、生根条数及根长的影响。结果表明：使用 ABT 生根粉处理的插条各项指标比对照组有所提高，但差异不显著，以 $150\text{mg} \cdot \text{L}^{-1}$ 的 ABT 生根粉处理的彩叶杞柳插穗生根条数最多，生根率较好且根长较长。

关键词　彩叶杞柳；嫩枝扦插；生根粉浓度

The Softwood Cutting Propagation of *Salix integra* 'Hakuro Nishiki'

ZHU Qian-yu　LIU Qing-hua　WANG Kui-ling　LI Wei　JIANG Xin-qiang
（*College of Landscape Architecture and Forestry*，*Qingdao Agricultural University*，*Qingdao* 266109）

Abstract　*Salix integra* 'Hakuro Nishiki' is a kind of color-leafed plants with very high ornamental value and strong adaptability，it has significant value in landscape. In order to master its softwood cutting propagation，this research selected the annual semi-lignified shoots，using single factor randomized block design，studied the influence of different ABT concentration treatment on cutting's rooting rate，root numbers and root length. Results show that each rooting index that cuttings had used ABT were increased than control group，the cuttings which had treated by $150 \text{ mg} \cdot \text{L}^{-1}$ ABT has the maximum rooting number and higher rooting rate、longer root length，but these influence have no obvious difference.

Key words　*Salix integra* 'Hakuro Nishiki'；Softwood cutting propagation；ABT concentration

彩叶杞柳（*Salix integra* 'Hakuro Nishiki'）原产日本，别名花叶杞柳，是杨柳科柳属的落叶灌木（中国植物志，1984）。彩叶杞柳自然状态下呈灌丛状，新叶先端粉白色，基部黄绿色密布白色斑点，之后叶色变为黄绿色带粉白色斑点。喜光，稍耐阴；喜水湿亦耐干旱，对土壤要求不严，在干瘠沙地、低湿河滩和弱盐碱地上均能生长；耐寒性强，在我国北方大部分地区都可越冬。同时，彩叶杞柳主根较深，并有分布广泛的侧根和须根，具有很好的固土作用，常用于绿篱、公路、河道两侧的绿化美化以及公园植物园等的点缀，具有良好的生态效益。

目前，在园林绿化树种中，粉色叶的树种较为稀少。彩叶杞柳以其极高的观赏价值、生长速度快、适应性较强的特点，应用前景极为广阔。本研究旨在探索适宜的彩叶杞柳扦插 ABT 生根粉浓度，建立其快速繁育体系，并为其繁育栽培提供理论指导和实践价值。

1　材料与方法

1.1　试验地概况

试验地设在即墨市青岛农业大学科研基地的现代温室大棚内。温室内相对湿度控制在 50%～70%；温度控制在 25～30℃，每天定时进行人工浇水。

1.2　试验材料

插条于 2015 年 4 月 28 日采于青岛市城阳区国学公园，选取生长健壮、无病虫害、生长状况整齐一致的彩叶杞柳植株，剪取无机械损伤的当年生半木质化枝条，直径约 2mm，采下后及时放入蒸馏水中，防止

① 通讯作者。Author for correspondence：刘庆华，男，青岛农业大学教授，E-mail：lqh6205@163.com。

插条失水。

生根粉选用北京艾比蒂公司的 ABT-2 号生根粉。基质采用珍珠岩:草炭 = 1:1 混合而成。

1.3 试验方法

1.3.1 实验设计

采用单因素随机区组设计(续九如,1995;李松岗,2004),共设置 5 种处理,分别为 50、100、150、200mg·L^{-1} 的 ABT-2 号生根粉,以清水处理为对照。每处理插条 10 枝,重复 3 次。

1.3.2 基质准备

选用 10×5 的 50 孔穴盘,将草炭和珍珠岩混合均匀后放入穴盘中,压实装满后,用 500 倍的多菌灵进行消毒。插前用少量水喷湿,以手能捏成团,放下能松散并以捏不出水为宜(成铁龙,2003)。

1.3.3 插穗处理

插条采回后应及时修剪扦插,扦插前将插条剪成 10～15cm 长,带 3～4 个芽,2～4 片叶子,插条下部剪成斜切口,切口整齐,上部平切口,每 10 株绑成一捆。将成捆的插穗在 500 倍的多菌灵溶液中浸泡 0.5 小时,随之并进行激素处理。激素处理分别采用 50、100、150、200mg·L^{-1} 的 ABT-2 号生根粉浸泡 30 分钟,以清水处理为对照。

1.3.4 扦插

按照 1 孔 1 苗将处理过的插穗插入穴盘中。扦插时要先用小木棍对基质进行打孔,然后将插条放入,以免直接插入导致插条擦伤。插入深度 3cm 左右,用喷壶浇透水并将基质进行压实(王涛,1987;才淑英,2003)。

1.3.5 插后管理

扦插完成后要每天定时浇水,使插条叶面一直保持湿润状态,喷水时间与次数应根据气温以及基质的干湿程度确定,中午光照过强时搭盖遮阳网。及时清理穴盘中落叶与杂草,修剪枯萎枝叶,观察记录彩叶杞柳生长状况,直至生根后减少浇水次数,避免根部腐烂。约 30 天后统计生根状况(段新玲等,1999)。

1.3.6 观测指标

在扦插 30 天后,将插穗挖出,做好标记,洗净根部泥土确认插穗成活并统计各项指标。本试验观察统计的指标包括:生根插条数、生根率、平均根数、平均根长、最长根长。全部数据在起苗后上盆前进行统计,以小区平均数进行整理(徐华金,2007)。

1.3.7 统计分析

试验数据收集后,采用 Excel 软件进行统计并用 SPSS 软件进行方差分析。

2 结果与分析

通过观察记录发现,在第 15 天插穗开始长根,第 20 天开始大量生根,生根类型为皮部生根型,生根粉处理过的插条生根状况略优于未处理的。30 天后测量的各不同处理下插条的生根状况如表 1 及附图 1-6 所述:

表 1 不同浓度生根粉处理对生根情况的影响

Table 1 The influence of different ABT concentration treatment on rooting

生根粉浓度 (mg·L^{-1})	生根率 (%)	平均根数 (条)	平均根长 (cm)	最长根长 (cm)
0	86.67±3.33A	3.88±0.76B	3.01±0.16A	8.13±1.90A
50	86.67±3.33A	4.55±0.62AB	3.15±0.34A	8.50±0.98A
100	90.00±5.77A	4.47±0.46AB	3.13±0.18A	8.57±2.11A
150	86.67±3.33A	5.20±0.48A	3.26±0.24A	8.77±0.51A
200	76.67±3.33A	5.00±0.33A	3.20±0.21A	10.30±1.21A

2.1 不同浓度生根粉处理对生根率的影响

由表 1 可知,随着生根粉浓度的增加,生根率呈现先上升后下降的趋势,在 100mg·L^{-1} 时达到最大值 90%,该浓度的生根粉对插条生根有一定的促进作用。实验表明:较低浓度的生根粉能促进彩叶杞柳的生根,随着浓度的升高,生根率有所提高,由 86.67% 提高到 90%,而当浓度超过 150mg·L^{-1} 时,生根率则是随着生根粉浓度的提高而降低,至 200mg·L^{-1} 时生根率仅有 76.67%,说明较高浓度的生根粉反而会抑制插条的生根。但不同浓度 ABT 处理间的差异无显著性。

2.2 不同浓度生根粉处理对生根数的影响

不同浓度的 ABT 生根粉对插条生根数有显著影响,未经生根粉处理的插条生根数明显低于处理组。平均根数与生根粉浓度存在正比关系,在 150mg·L^{-1} 时平均根数达到最大值:5.2 根/条,50mg·L^{-1} 和 100mg·L^{-1} 的处理平均根数相近,超过 150mg·L^{-1} 后插条平均根数开始下降,在 200mg·L^{-1} 时为 5.0 根/条,但下降幅度较小,与 150mg·L^{-1} 的处理差异不明显。即选择生根粉浓度在 150mg·L^{-1} 时,彩叶杞柳插条生根的平均根数最多,可获得较多的不定根,得到比较理想的生根效果(表 1)。

2.3 不同浓度生根粉处理对根长的影响

不同浓度处理对平均根长亦有影响,但从表 1 可以得知,差异并不显著,平均根长的最大值仍出现在

150mg·L^{-1}的生根粉处理中，随着生根粉浓度的增加，平均根长呈现先增加后减小的趋势，使用生根粉处理的平均根长均高于未使用的。但最大值与最小值之差也仅为 0.25cm，平均根长大约均为 3cm 左右，差异不显著。

随着生根粉浓度的增加，插条最长根长也随之增加，对照组未经处理的为 8.13cm，在 200mg·L^{-1}时达到最大值 10.3cm，说明生根粉的使用对此有一定的影响，可以促进根的生长，较高浓度的处理会使最长根长增加，但虽有影响，差异却不显著，200mg·L^{-1}以上的范围还有待研究（表1）。

3　结论与讨论

从以上研究可以看出，虽然适当的激素处理可以提高彩叶杞柳嫩枝扦插的生根能力，但未经激素处理，在其他的管理措施较好的情况下，仍具备较强的生根能力，成活率可在 80% 左右，生根粉的使用处理与不处理间差异并不显著，为了操作简便，节约成本，在生产上可以不加激素处理直接扦插，成活率也比较理想。

该结果与柳属的一些其他种的研究结果类似：如对旱柳的扦插实验结果表明生根剂对旱柳插穗生根率没有显著影响，对平均根数和平均根长有显著影响，使用生根剂的插穗生根率、平均根数及平均根长均高于未使用生根剂，说明使用生根剂的生根效果好（张兴钰等，2011）；在生产上，由于杞柳扦插极易生根成活，大量的生产栽培时一般不用任何药物处理，水分充足时，截穗后可直接扦插（诸葛令堂等，2007）；对竹柳和北沙柳的扦插研究结果也显示不同浓度生根粉处理对扦插繁殖无明显影响，竹柳扦插中使用激素处理穗条，生根效果均比对照好，说明生根剂的使用对扦插生根有促进作用（张晓飞等，2015；毛晓霞，2013）；与生根剂的浓度相比，插穗粗度对杞柳扦插生根的影响更为显著，随插穗粗度的增加，根系的生长呈现先增加后减小的趋势（孙洪刚等，2014）。

整个试验中，本试验仅就 4 种不同浓度生根粉处理对花叶柳的嫩枝扦插生根的影响进行了探讨，没有经 200mg·L^{-1}以上浓度的生根剂处理，不能确定其浓度上限范围；影响扦插生根的因素还有很多，如激素种类、基质、插穗的木质化程度、扦插时间等（苏雪梅，2011），在以后的试验中，可以采取不同浸泡时间或蘸取处理做对比、不同基质处理等，以寻求适宜彩叶杞柳扦插生根的最佳效果。

参考文献

1. 王战，方振富. 中国植物志[M]. 北京：科学出版社，1984：第20(2)卷. 347.
2. 续九如，黄智慧. 林业试验设计[M]. 北京：中国林业出版社，1995：18 – 41.
3. 李松岗. 实用生物统计[M]. 北京：北京大学出版社，2003：124 – 169，285 – 287.
4. 成铁龙，施季森. 中国枫香嫩枝扦插繁殖技术[J]. 林业科技开发，2003，17 (1)：36 – 37.
5. 王涛. 扦插生根的生理基础[J]. 植物扦插繁殖科技，1987 (3)：1 – 12.
6. 才淑英. 园林花木扦插育苗技术[M]. 北京：中国林业出版社，2003.
7. 段新玲，任东岁. 金叶红瑞木嫩枝扦插繁殖试验[J]. 林业科技，1999.6(24)：46 – 48.
8. 徐华金. 几种彩叶植物的引种栽培及适应性研究[D]. 北京林业大学，2007.
9. 张兴钰，蔡永立. 不同处理对旱柳扦插繁殖的影响[J]. 安徽农业科学，2011.39(22)：13492 – 13494.
10. 诸葛令堂，刘桂英. 杞柳生产栽培技术[J]. 现代农业科技，2007，2：35 – 36.
11. 张晓飞，白瑞琴，李晓燕，宋志强，张海勃. 基质和生根粉对2种柳树扦插繁殖的影响[J]. 安徽农业科学，2015.43 (6)：195 – 198.
12. 毛晓霞. 三种激素对竹柳扦插生根的影响[J]. 湖北农业科学. 2013..5(52)：1086 – 1089.
13. 孙洪刚，邵文豪，刁松锋，姜景民. 插穗粗度和扦插深度对杞柳萌条和生根的影响[J]. 东北林业大学学报，2014，2(42)：17 – 20.
14. 苏雪梅. 园林树木扦插繁殖研究进展[J]. 安徽农业科学，2011，39(16)：9626 – 9628，9632.

附图：
Figures：

图 1　彩叶杞柳的扦插繁育
Fig. 1　The cutting propagation
of *Salix integra* 'Hakuro Nishiki'

图 2　对照组插条的生根状况
Fig. 2　The rooting condition of
cuttings in control group

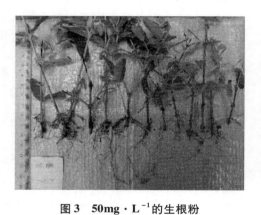

图 3　50mg・L^{-1} 的生根粉
处理插条生根状况
Fig. 3　The rooting condition of
cuttings in 50mg・L^{-1} ABT

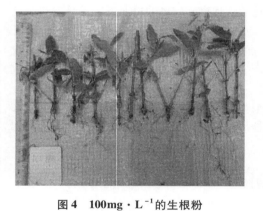

图 4　100mg・L^{-1} 的生根粉
处理插条生根状况
Fig. 4　The rooting condition of
cuttings in 100mg・L^{-1} ABT

图 5　150mg・L^{-1} 的生根粉
处理插条生根状况
Fig. 5　The rooting condition of
cuttings in 150mg・L^{-1} ABT

图 6　200mg・L^{-1} 的生根粉
处理插条生根状况
Fig. 6　The rooting condition of
cuttings in 200mg・L^{-1} ABT

中国观赏园艺研究进展 2015：279~282

Advances in Ornamental Horticulture of China，2015：279~282

非洲茉莉叶片愈伤组织诱导条件优化研究[*]

刘 璐　毛永成　王倩影　申亚梅[①]

（浙江农林大学风景园林与建筑学院，临安 311300）

摘要 以非洲茉莉（*Fagraea ceilanica*）幼嫩叶片为外植体寻求诱导愈伤组织的最佳培养条件。分别对外植体最佳消毒时间，最佳激素组合，最佳接种方式，最佳暗处理时间等方面进行了研究。结果表明：外植体经 70% 的酒精消毒 40s 后再用 0.1% 的氯化汞溶液消毒 8min 较为适宜，污染率与褐化率相对而言都处于较低水平；最适合的生长调节物质组合 6-BA2.0mg/L + NAA0.5mg/L，对于 3 种不同的放置方式的选择，实验发现更适合选取叶片远轴面朝下放置；最佳暗处理的时间为 6d，可使诱导率达 53.3%。

关键词 非洲茉莉；愈伤组织；组织培养；叶片

Study on Callus Induction Conditions of *Fagraea ceilanica* Leaf

LIU Lu　MAO Yong-cheng　WANG Qian-ying　SHEN Ya-mei

（*School of Landscape Architecture*，*Zhejiang A & F University*，*Lin' an* 311300）

Abstract Using the *Fagraea ceilanica* tender leaves as explants to confirm the optimum culture conditions for callus induction. The best disinfection time of explants, the most suitable hormone combination, the best optimum inoculation method, the best dark treatment time etc. are studied. The results showed that the explants after 70% alcohol disinfection 40s and then in 0.1% $HgCl_2$ disinfection solution 8min is suitable, the contamination rate and browning rate are in lower level; the best combination of growth regulators is 2.0mg/L 6-BA + 0.5mg/L NAA, and it is found that the selection of the abaxial side down of the lead is the best choice for three different placement methods; the optimal dark treatment time is 6d, which can make the induction rate reached 53.3%.

Key words *Fagraea ceilanica*；Callus；Tissue culture；Leaf

非洲茉莉（*Fagraea ceilanica*）原名华灰莉木，为马钱科（Loganiaceae）灰莉属（*Fagraea*）观花植物。非洲茉莉原产于我国南部及东南亚等国，常绿灌木或小乔木，高 5~12m，常附生或攀缘（何平 等，2005）。非洲茉莉产生的挥发性油类具有显著的杀菌作用，可使人放松、有利于睡眠，还能提高工作效率。大多数的茉莉在生产上多采用扦插和高空压条繁殖方法，不但操作程序繁琐，成本高且繁殖系数小，生根率低；此外，非洲茉莉在长期的营养繁殖过程中，造成大部分植株携带病毒，严重影响其生长速度、产量和品质，致使这一珍贵花卉不能大量发展（郎明林，2000）。目前，组织培养技术已广泛地应用于珍贵花卉的快速繁殖中。有关非洲茉莉组织培养的研究已有少量的报道（董永义 等，2008；张树河 等，2005）。本文以非洲茉莉叶片为材料，诱导愈伤组织并对诱导条件进行优化研究。采用正交设计（黄江 等，2012；陆美莲 等，2004），利用非洲茉莉无菌的叶片进行培养，探索非洲茉莉诱导愈伤组织的最佳培养基激素浓度配比；以及对最佳消毒方案、最佳接种方式、最佳暗处理时间也进行探索。本研究以期为非洲茉莉规模化生产，种质保存，离体快繁提供一定的理论和实践指导。

* 基金项目：浙江省林学重中之重学科研究生创新项目（201532），浙江省科技厅花卉育种专项（2012C12909 - 4）。

① 通讯作者。申亚梅，女，副教授，博士，硕士生导师，主要研究方向：园林植物遗传育种、引种与应用。E-mail：2013407591@163.com。

1 材料与方法

1.1 材料

非洲茉莉选自浙江农林大学东湖校区植物园内。

1.2 外植体最佳消毒时间的筛选

选用非洲茉莉幼嫩叶片作为外植体，先用70%的酒精表面消毒40s，再用0.1%的氯化汞溶液分别消毒4min、6min、8min、10min、12min，接种在MS+2mg/L 6-BA+0.2mg/LNAA+30g/L 蔗糖的培养基上，每种处理接种10瓶，重复3次，1周后观察其污染情况和褐变情况（刘江娜 等，2013）。

1.3 植物生长调节剂种类和配比对愈伤组织诱导的影响

非洲茉莉愈伤组织诱导选用不同浓度的萘乙酸NAA和6-苄基氨基嘌呤6-BA。采用L9(34)正交试验设计，各种处理均接种30瓶，20d后每天观察一次，45d后统计诱导率。

愈伤组织诱导率＝（产生愈伤组织的外植体数/接种外植体总数）×100%（刘艳 等，2013）。

1.4 接种方式对愈伤组织诱导的影响

在最佳消毒时间与最佳激素组合的基础上，将外植体按三种方式放置于培养基中。放置方式分别为：叶片远轴面向上，远轴面向下和竖直插入。每种放置方式接种30瓶，重复3次，定期观察记录三种不同的接种方式对愈伤组织诱导的影响。

1.5 暗处理时间对愈伤组织诱导的影响

在愈伤组织诱导之前，先进行一定时间的暗培养，暗处理分别设为0d、3d、6d、9d、12d，然后进行光照培养，每个处理接种30瓶，重复3次，30d后观察诱导情况，45d后统计诱导率（彭丽萍等，2007）。

2 结果分析

2.1 最佳消毒时间的筛选研究结果

植物组织培养中菌类污染被称为组织培养的三大难题之一，外植体的灭菌处理非常重要。大量研究表明，70%的酒精配合0.1%的氯化汞溶液是较好的灭菌方法（杨玉红和林海，2011）。将冲洗过的非洲茉莉叶片用70%的酒精消毒40s后，分别用0.1%的氯化汞溶液消毒4min、6min、8min、10min、12min，接种在MS+2.0mg/L6-BA+0.2mg/LNAA+30g/L 蔗糖+6g/L 琼脂的培养基中。结果表明，灭菌4min时外植

体污染率最高56.5%，延长消毒时间到6min时，污染率降低为34.5%，但同时发现消毒时间过长会引起外植体褐化现象，虽然消毒时间越长，消毒越彻底，但伴随着褐化外植体的增多，时间过长亦会导致外植体枯死。由图1知，当消毒时间超过6min时，污染率虽有所降低，但褐化率却又升高，综合考虑污染率与褐化率两个因素后，发现在8min左右的消毒时间为最佳时间。

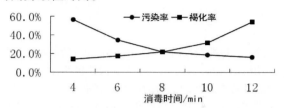

图1 消费时间对污染率以及褐化率的影响

Fig. 1 The effect of disinfection time on the pollution rate and the browning rate

2.2 植物生长调节剂配比对愈伤组织诱导的影响

在MS基本培养基中添加不同浓度的植物生长调节剂，配制成9种培养基，按L9(34)进行正交实验设计，以生长良好的非洲茉莉幼嫩叶片为外植体，每种处理接种30瓶，每瓶3个外植体进行实验，按时观察并且统计诱导率。如表1所示：随着基本培养基中植物生长调节剂浓度的不同，对非洲茉莉叶片愈伤组织的诱导存在一定的影响，对愈伤组织的诱导效果最好的培养基为MS+6-BA2.0mg/L+NAA0.5mg/L，此培养基配比诱导愈伤组织时间短，见效快，诱导率高，可达50.1%。

表1 叶片愈伤组织的L9(34)正交实验方案与实验结果

Table 1 The orthogonal and experimental results of L9(34) of the leaf callus

实验号 No.	激素		开始出现愈伤组织的时间/d	45d 愈伤组织诱导率(%)
	6-BA/(mg/L)	NAA/(mg/L)		
1	1.0	0.1	33	20.1
2	1.0	0.5	33	25.4
3	1.0	1.0	29	32.7
4	2.0	0.1	26	43.5
5	2.0	0.5	23	50.1
6	2.0	1.0	26	46.7
7	3.0	0.1	28	34.2
8	3.0	0.5	29	26.6
9	3.0	1.0	30	24.3

2.3 接种方式对愈伤组织诱导的影响

本试验分别采取叶片远轴面向上、远轴面向下和

竖直插入培养基3种方式进行接种，试验不同的接种方式对愈伤组织诱导的影响。实验表明：所示叶片远轴面向下放置接种，愈伤组织出现的最快。主要原因为远轴面有大量气孔更有利于其从培养基中吸收养分。

2.4 暗处理对愈伤组织诱导的影响

为了研究暗处理对愈伤组织诱导的影响，本试验采用叶片接种后分别给予0d、3d、6d、9d、12d的暗培养处理，然后转移至光下培养，如表2所示。结果表明，暗处理对愈伤组织诱导存在一定的影响，前期暗处理可一定程度的提高愈伤组织诱导率，但暗处理时间过长易引起外植体黄化，从而降低诱导率，暗处理的时间以6d为最好。

表2 暗处理对非洲茉莉叶片愈伤组织诱导的影响

Table 2 The effect of dark treatment on callus induction of *Fagraea ceilanica* leaves

光照条件	外植体数目	30d后诱导情况	45d后诱导率（%）
暗处理0 d	90	少数略有愈伤组织	39.3
暗处理3 d	81	半数愈伤组织明显	44.4
暗处理6 d	84	多数有明显愈伤组织	53.3
暗处理9 d	93	半数愈伤组织明显	41.2
暗处理12 d	84	少数略有愈伤组织	38.5

3 结论与讨论

非洲茉莉组织培养愈伤组织的诱导较为困难，影响非洲茉莉愈伤组织诱导的因素很多。非洲茉莉茎段和叶片还有叶柄均可作为外植体，进行愈伤组织诱导，目前国内以茎段作为诱导愈伤组织的外植体，对叶片和叶柄的研究很少。本研究以叶片为外植体分别从最佳消毒时间，最佳激素组合，最佳接种方式，最佳暗培养时间等方面进行了研究。

本研究结果表明：70%的酒精配合0.1%的氯化汞溶液对非洲茉莉叶片的灭菌效果较好，但氯化汞的灭菌时间须进行控制，以8min左右为好，因为在8min的处理下污染率和褐化率都比较低。植物生长调节剂对器官脱分化和再分化很重要，本研究中合理的激素组合可使非洲茉莉叶片进行脱分化，以6-BA 2.0mg/L + NAA0.5mg/L为好，可使分化率达50.0%以上，但分化率还有待于进一步提高。不同的接种方式影响愈伤组织的诱导率，非洲茉莉叶片远轴面接触培养基有利于愈伤组织的诱导，主要因为叶远轴面含有大量气孔，这些气孔有利于营养物质的吸收，这一研究与师校欣对樱桃（*Cerasus pseudocerasus*）叶片培养的结论相符（师校欣等，2006）。光照的强度对愈伤组织及器官发生有较大影响，随着光照强度的减弱，细胞的分裂速率会适当提高，弱光更有利于诱导细胞分裂。非洲茉莉叶片前期进行暗培养（6d）可促进其愈伤组织诱导，暗培养处理有利于细胞的代谢，促使代谢物质朝着有利于细胞脱分化的方向发展。以非洲茉莉的叶片为外植体诱导愈伤组织，可为今后采用植物生物技术生产非洲茉莉活性成分和基因转化奠定基础。

参考文献

1. 何平，陈建雄，李元良，等. 2005. 非洲茉莉的繁殖和栽培[J]. 四川农业科技，（8）：18-26.
2. 郎明林. 2000. 鸳鸯茉莉试管快繁[J]. 植物生理学通讯，36（5）：437.
3. 董永义，宋旭，郭圆. 2008. 非洲茉莉组织培养研究[J]. 北方园艺，（9）：3-10.
4. 张树河，周龙生，林加耕，吴维坚. 2005. 非洲茉莉组织培养[J]. 亚热带植物科学，（2）：11-20.
5. 黄江，廖思红，方元平，张配，赵娜，项俊. 2012. 大别山野生蕙兰愈伤组织诱导条件的优化[J]. 湖北农业科学，23：5505-5507.
6. 陆美莲，许新萍，周厚高，等. 2004. 均匀正交设计在百合组织培养中的应用[J]. 西南农业大学学报（自然科学版），26（6）：699-702.
7. 刘江娜，李东方，张爱萍，等. 2013. 甘薯组织培养外植体消毒方法的研究[J]. 新疆农垦科技，（9）：35-36.
8. 刘艳，李会珍，张志军. 2013. 紫苏愈伤组织诱导及继代培养条件优化[J]. 西北农业学报，10：146-151.
9. 彭丽萍，张远兵，汪露润，等. 2007. 菘蓝离体叶片高频再生体系的建立[J]. 安徽科技学院学报，（4）：14-17.
10. 杨玉红，林海. 2011. 金线兰愈伤组织诱导条件的优化[J]. 贵州农业科学，3：28-30.
11. 师校欣，杜国强，马宝焜，等. 2006. 甜樱桃砧木离体叶片愈伤组织诱导及不定芽再生[J]. 果树学报，23（4）：538-541.

实验内容照片：

 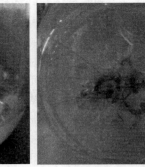 

a．不定芽的形成　　　　b．不定根的形成　　　　c．再生植株

a. Adventitious buds formed from leaf

b. Root formed from Adventitious bud

c. The small plant from regeneration of tissue culture

红叶腺柳组织培养及快速繁殖技术研究

胡珊　李青①

（花卉种质创新与分子育种北京市重点实验室，国家花卉工程技术研究中心，城乡生态环境北京实验室，
北京林业大学园林学院，北京 100083）

摘要　本文采用红叶腺柳在生长期（5~7 月）的枝条，经消毒灭菌（75% 酒精处理 30~35s + 2% 次氯酸钠（NaClO）处理 15min）后，选取健壮的带芽茎段进行组织培养，结果表明：适宜侧芽萌发的培养基为 WPM 空白培养基；适宜继代增殖的培养基为 WPM + 6-BA0.5 mg·L^{-1} + NAA0.1 mg·L^{-1} + 活性炭 1 g·L^{-1}，继代周期为 6 周，平均增殖系数为 2.70；适宜生根的培养基为 1/2WPM + NAA0.05 mg·L^{-1} + 活性炭 1 g·L^{-1}。

关键词　红叶腺柳；带芽茎段；组培快繁

The Study on Tissue Culture and Rapid Propagation of *Salix chaenomeloides* 'Variegata'

HU Shan　LI Qing

（*Beijing Key Laboratory of Ornamental Plants Germplasm Innovation & Molecular Breeding*，
National Engineering Research Center for Floriculture，*Beijing Laboratory of Urban and Rural Ecological
Environment and College of Landscape Architecture*，*Beijing Forestry University*，*Beijing* 100083）

Abstract　*Salix chaenomeloides* 'Variegata' was micropropagated with nodal segments. The plant materials were collected from May to July，which was surface sterilized with 75% ethanol for 30 – 35s，followed by 15min in 2% NaClO. Lateral bud induction response was best on WPM supplemented without any Plant Growth Regulators（PGRs）. Shoot multiplication was best recorded when WPM containing BA 0.5 mg·L^{-1} + NAA0.1 mg·L^{-1} + active carbon1 g·L^{-1} With the average proliferation value of 2.70 on completion of 6 weeks culture period. In vitro rooting of shoots was best achieved in half-strength WPM containing NAA0.05 mg·L^{-1} + active carbon1 g·L^{-1}.

Key words　*Salix chaenomeloides* 'Variegata'；Nodal segments；Tissue culture and rapid propagation

　　红叶腺柳（*Salix chaenomeloides* 'Variegata'）为杨柳科柳属腺柳（*Salix chaenomeloides* Kimura）的栽培变种[1]，为落叶乔木，因其顶端新叶 4~5 片，于 4~9 月上旬呈红色，树冠叶色红、黄、绿三色相间[2]，故命名为红叶腺柳[3]。红叶腺柳在生长期，外围呈亮红的球状，十分鲜艳，可作行道树或景观区点缀，其耐湿性，可作为河、湖边的绿化新秀，极具开发价值[4]，具有广阔的市场开发前景，目前正处于推广阶段，种苗需求量大[5]。有关红叶腺柳的组织培养研究尚未见有报告，因为选用带芽茎段进行组织培养不仅提高了繁殖系数，并且可以充分保持繁殖材料遗传的稳定性[6]，所以本文以红叶腺柳的带芽茎段为初始外植体，探索其组培快繁的关键技术，为实现工厂化育苗提供技术支撑，并为后续的红叶腺柳的转基因和基因图谱研究及种质资源保存奠定理论基础。

1　材料与方法

1.1　材料

　　北京林业大学温室的红叶腺柳盆栽苗。

1.2　方法

1.2.1　不同取材时间及 2% 次氯酸钠（NaClO）处理时间对无菌体系建立的影响

　　对红叶腺柳，分 3 个时段进行取枝，分别为萌芽期（2~4 月）、生长期（5~7 月）、休眠期（11~1 月）。

---

　　①　通讯作者。李青，北京林业大学园林学院，副教授。E-mail：wliqing@ sina.com

先用清水将采集的枝条的外部灰尘、泥土等杂质洗净，萌芽期、生长期的枝条要剪去叶片，保留部分叶柄以防止消毒液对幼嫩的腋芽产生伤害，休眠期的枝条要用刀片切除芽磷外部多余的部分。用毛笔蘸取洗涤液仔细清洗枝条各个部分，剪成3cm左右的茎段，放在洗涤液中振荡20~30min，在流水下冲洗至少1h。将冲洗干净的外植体转到超净工作台上进行表面消毒处理，先用75%酒精摇晃30~35s，再用2%次氯酸钠（NaClO）浸泡进行表面灭菌。处理完成后，剪成1cm左右的带芽茎段，用经过高压灭菌后的滤纸吸去表面水分后，接种于WPM空白培养基上。2%次氯酸钠（NaClO）设置不同的处理时间。2周后，统计污染率及成活率，筛选出最佳取材时间及消毒灭菌时间。

1.2.2　不同基本培养基对侧芽萌发的影响

分别以MS、1/2MS、WPM、B$_5$、White作为基本培养基，将经消毒灭菌处理后正常生长的外植体接入各类空白培养基中，外植体接种4周后统计侧芽萌发率、平均侧芽数、平均侧芽长及生长状况。

1.2.3　不同激素组合对侧芽萌发的影响

基本培养基WPM，添加不同浓度梯度的细胞分裂素6-BA及生长素NAA、IBA。6-BA设置4个质量浓度水平：0.1、0.2、0.5、1mg·L^{-1}。NAA、IBA分别设置3个质量浓度水平：0.1、0.2、0.5mg·L^{-1}。外植体接种4周后统计侧芽萌发率、平均侧芽数及平均侧芽长。

1.2.4　不同细胞分裂素种类及浓度对继代增殖的影响

基本培养基WPM，添加活性炭1g·L^{-1}。添加不同浓度梯度的细胞分裂素6-BA、KT及TDZ，分别设置5个质量浓度水平：0.1、0.5、1、1.5、2mg·L^{-1}。接种6周后统计平均增殖系数、平均苗高。

1.2.5　不同生长素种类及浓度对继代增殖的影响

基本培养基WPM，添加6-BA 0.5mg·L^{-1}、活性炭1g·L^{-1}。添加不同浓度梯度的生长素NAA、IBA，分别设置4个质量浓度水平：0.01、0.05、0.1、0.2mg·L^{-1}。接种6周后统计平均增殖系数、平均苗高。

1.2.6　不同基本培养基及生长素NAA浓度对生根培养的影响

当继代苗苗高在3cm以上且长势强壮时，即可转入生根培养。基本培养基选择WPM，1/2WPM，添加活性炭1g·L^{-1}。添加不同浓度梯度的生长素NAA，设置4个质量浓度水平0.01、0.05、0.1、0.2mg·L^{-1}。接种3周后统计生根率、平均根数及平均根长。

1.3　培养条件

接种后置于培养室中培养，培养温度24±2℃，光周期14h·d^{-1}，日光灯光源，光照强度2000lx。培养基中其他成分：3%蔗糖、0.6%琼脂，pH值为5.8~6。

1.4　数据统计

污染率（%）=污染的外植体数（个）/接种总外植体数（个）×100%；成活率（%）=成活的外植体数（个）/接种总外植体数（个）×100%；平均侧芽数（个）=诱导出侧芽的苗数（个）/接种外植体数（个）。增殖系数=增殖后苗的个数（个）/接种苗的个数（个）。生根率（%）=生根苗的个数（个）/接种苗的个数（个）×100%。每个梯度处理30株，重复3次。使用SPSS19.0对数据进行处理分析，运用Duncan多范围检验比较分析数据的差异显著性。

2　结果与分析

2.1　不同取材时间及2%次氯酸钠（NaClO）处理时间对无菌体系建立的影响

为快速、高效地建立无菌培养体系，选择合适的取材时期及把握好2%次氯酸钠（NaClO）的处理时间十分关键。将处理完成的外植体接种于WPM空白培养基上，2周后，统计污染率及成活率，筛选出最佳取材时间及消毒灭菌时间。

表1　不同取材时间及2%次氯酸钠（NaClO）处理时间对无菌体系建立的影响

Table 1　Effect of different explants and different time with 2% NaClO on establishing sterile system

编号	取材时间	2%NaClO处理时间/min	污染率/%	成活率/%
1		10	17.78±2.22c	72.59±3.40b
2	萌芽期（2~4月）	15	11.85±1.28e	68.15±2.56c
3		20	7.04±1.28f	57.04±2.56d
4		10	35.56±2.23b	64.44±2.23c
5	生长期（5~7月）	15	16.30±1.28cd	81.48±3.39a
6		20	14.81±1.70d	78.52±2.31a
7		10	100.00±0.00a	0.00±0.00e
8	休眠期（11~1月）	15	100.00±0.00a	0.00±0.00e
9		20	100.00±0.00a	0.00±0.00e

注：表中污染率与成活率为平均值±标准差，同列不同字母表示差异显著，相同字母表示差异不显著。显著水平为5%。

由表1可知，随着2%次氯酸钠（NaClO）处理时间加长，污染率开始降低，但同时成活率亦降低。试验发现，萌芽期的外植体虽污染率低，但因为枝条刚萌发，细弱，经消毒灭菌后成活率低，因为消毒过度而褐化死亡，且接入初代培养基后，长势弱，不易萌发及增殖。休眠期的枝条木质化程度高，污染率达到100%。用生长期的枝条作为外植体进行初代培养，污染率低且长势良好。对生长期的枝条，2% 次氯酸钠(NaClO)最佳的处理时间为 15min，此时污染率为 16.67%，虽然处理 20min 污染率更低，但是处理时间过长，成活率降低，故选择最佳消毒时间为 15min。综合考虑，消毒方法以 75% 酒精处理 30 ~ 35s + 2% 次氯酸钠(NaClO)处理 15min 为宜。

2.2　不同基本培养基对侧芽萌发的影响

基本培养基由于所含成分不同，对植物生长的效果亦不同。分别以 MS、1/2MS、WPM、B_5、White 作为基本培养基，外植体接种 4 周后统计侧芽萌发率、平均侧芽数、平均侧芽长及生长状况。

表 2　不同基本培养基对侧芽萌发的影响

Table 2　Effect of different medium on Lateral bud induction

编号	基本培养基	侧芽萌发率/%	平均侧芽数/个	平均侧芽长/cm	生长状况
1	MS	60.00 ± 5.88c	1.33 ± 0.89c	1.16 ± 0.64c	玻璃化显著
2	1/2MS	75.56 ± 8.01b	2.00 ± 0.60b	1.84 ± 0.27b	茎较细弱
3	WPM	96.67 ± 2.94a	2.83 ± 0.39a	2.32 ± 0.44a	正常
4	B_5	47.04 ± 2.80d	1.25 ± 0.62c	1.29 ± 0.57c	不良
5	White	53.71 ± 3.21cd	0.83 ± 0.71c	0.83 ± 0.70c	不良

注：表中侧芽萌发率、平均侧芽数与平均侧芽长为平均值 ± 标准差，同列不同字母表示差异显著，相同字母表示差异不显著。显著水平为 5%。

由表 2 可知，不同的基本培养基对侧芽萌发各方面指标的影响均达到了显著差异。WPM 基本培养基在侧芽萌发率(96.67%)、平均侧芽数(2.83 个)及平均侧芽长(2.32cm)上与 MS、1/2MS、B_5、White 之间达到了显著差异。B_5 基本培养基效果最差。这些差异是由于不同的基本培养基所含元素种类及浓度不同，对植物生长产生的作用也不同所致。MS 基本培养基上植物体玻璃化显著，茎呈透明状，芽发育不良。可能是由于 MS 培养基里 $NO_3^- - N$ 和 $NO_4^+ - N$ 浓度过高，促进了乙烯的释放，而容易导致叶片黄化，试管苗玻璃化及过早衰老[7]。1/2MS、B_5、White 培养基大量元素中无机盐含量较少，所以可能致使试管苗生长不良。

2.3　不同激素组合对侧芽萌发的影响

植物的组织培养中，外源激素的调控对植物的萌发、生长极为重要。将经消毒灭菌后正常生长的外植体接种到添加有不同细胞分裂素、生长素种类及质量浓度配比组合的培养基上，培养 4 周后统计侧芽萌发率、平均侧芽数及平均侧芽长。

表 3　不同激素组合对侧芽萌发的影响

Table 3　Effect of different Plant Growth Regulators combination on Lateral bud induction

编号	6-BA/mg·L^{-1}	NAA/mg·L^{-1}	IBA/mg·L^{-1}	侧芽萌发率/%	平均侧芽数/个	平均侧芽长/cm
1	—	—	—	96.67 ± 2.94a	2.83 ± 0.39a	2.32 ± 0.44a
2	0.1	—	—	71.48 ± 5.70c	1.50 ± 0.52cd	1.14 ± 0.37fgh
3	0.2	—	—	82.96 ± 2.80b	2.17 ± 0.84bc	1.39 ± 0.52def
4	0.5	—	—	96.30 ± 3.40a	3.00 ± 0.60a	2.07 ± 0.27ab
5	1	—	—	72.59 ± 4.21c	1.67 ± 0.65cd	1.60 ± 0.46cd
6	0.5	0.1	—	74.07 ± 2.80c	1.83 ± 0.94bcd	1.27 ± 0.31defg
7	0.5	0.2	—	92.59 ± 0.64a	2.42 ± 0.90ab	1.87 ± 0.48bc
8	0.5	0.5	—	71.11 ± 5.88c	1.50 ± 0.52cd	1.20 ± 0.23efg
9	0.5	—	0.1	67.78 ± 2.22c	1.33 ± 0.89d	0.86 ± 0.33h
10	0.5	—	0.2	91.10 ± 2.94a	2.08 ± 0.80bc	1.51 ± 0.50de
11	0.5	—	0.5	72.97 ± 6.51c	1.67 ± 0.65cd	0.97 ± 0.24gh

注：表中侧芽萌发率、平均侧芽数与平均侧芽长为平均值 ± 标准差，同列不同字母表示差异显著，相同字母表示差异不显著。显著水平为 5%。

由表 3 可知，不同激素组合对芽的诱导萌发有显著影响。在侧芽萌发率上，WPM 空白培养基、单独添加 6-BA0.5mg·L^{-1}、6-BA0.5mg·L^{-1} + NAA0.2mg·L^{-1}、6-BA0.5mg·L^{-1} + IBA0.2 mg·L^{-1}，此 4 组与其他组之间呈显著差异。在平均侧芽数上，WPM 空白培养基、单独添加 6-BA0.5mg·L^{-1}、6-BA0.5mg·L^{-1} + NAA0.2mg·L^{-1}，此 3 组与其他组之间呈显著差异。在平均侧芽长上，WPM 空白培养基、单独添加 6-BA0.5mg·L^{-1}，此 2 组与其他组之间呈显著差异。从工厂化生产考虑，不施加激素在很大程度上降低了成本，所以综合考虑，侧芽萌发培养基选择不加任何激素的 WPM 空白培养基为宜，侧芽萌发率为 96.67%、平均诱导芽数为 2.83 个、平均侧芽长为 2.32cm，侧芽生长状况良好，茎干无玻璃化现象，叶片浓绿舒展。

随着 6-BA 浓度加大，侧芽萌发率、平均侧芽数及平均侧芽长均上升，但当 6-BA 浓度超过 0.5mg·L^{-1} 时，侧芽萌发率、平均侧芽数及平均侧芽长开始降低，芽长势变弱。这可能是因为细胞分裂素 6-BA 浓度高于红叶腺柳内源生长素，打破顶端优势，会增加侧芽数，但细胞分裂素浓度过高反而会起抑制作用。当细胞分裂素与生长素配合使用时，在侧芽萌发率、平均侧芽数、平均侧芽长上效果不如单独添加细胞分裂素，这可能是由于红叶腺柳本身蕴含内源生长素丰富，所以施加外源生长素反倒抑制侧芽的生长。

2.4　不同细胞分裂素种类及浓度对继代增殖的影响

将初代培养诱导出的侧芽切成 2cm 左右的带芽茎段接种于继代培养基中，继代周期为 6 周。在继代增殖培养过程中，外源激素的调控对试管苗生长、增殖极为重要，尤其细胞分裂素在继代增殖过程中起十分重要的作用，故先筛选细胞分裂素的种类及浓度。

表 4　不同细胞分裂素种类及浓度对继代增殖的影响
Table 4　effect of different kinds and concentration of cytokinins on multiplication

编号	6-BA/ mg·L^{-1}	KT/ mg·L^{-1}	TDZ/ mg·L^{-1}	平均增殖系数	平均苗高/cm
1	—	—	—	1.16±0.60cd	2.67±0.82cde
2	0.1	—	—	2.00±0.92b	4.17±1.81b
3	0.5	—	—	2.43±0.94a	5.11±1.81a
4	1	—	—	2.25±0.69ab	4.80±1.33ab
5	1.5	—	—	1.18±0.64cd	2.58±0.94cde
6	2	—	—	1.06±0.24d	2.24±0.58de
7	—	0.1	—	1.26±0.45cd	2.70±0.90cde
8	—	0.5	—	1.28±0.57cd	2.93±0.93cde
9	—	1	—	1.50±0.71c	3.30±1.04c
10	—	1.5	—	1.29±0.47cd	2.96±0.74cd
11	—	2	—	1.11±0.32cd	2.59±0.71cde
12	—	—	0.1	0e	2.07±0.13e
13	—	—	0.5	0e	2.29±0.24de
14	—	—	1	0e	2.18±0.27de
15	—	—	1.5	0e	2.19±0.22de
16	—	—	2	0e	2.08±0.17e

注：表中平均增殖系数与平均苗高为平均值±标准差，同列不同字母表示差异显著，相同字母表示差异不显著。显著水平为 5%。

由表 4 可知，不施加任何激素的 WPM 基本培养基，平均增殖系数及平均苗高较低，且试管苗长势弱，说明细胞分裂素在继代增殖过程中十分重要。细胞分裂素在组织培养中对腋芽萌发及增殖作用显著。但是它的有效种类与最佳浓度根据植物种类的不同作用会有显著差异[6]。细胞分裂素在促进 DNA 合成及细胞分裂中起关键作用。

添加 TDZ 后，叶片弯曲呈浅黄色，植株矮化、节间短、茎呈扁平状，初期略有伸长，2 周后伸长停止，5 周后显著玻璃化，平均增殖系数为 0。添加 KT 后，不同浓度之间，平均增殖系数及平均苗高均无显著差异，试管苗增长缓慢，叶片易脱落。

试验发现，6-BA 在红叶腺柳继代增殖过程中影响显著。当 6-BA 浓度为 0.5、1mg·L^{-1} 时，平均增殖系数及平均苗高与浓度为 0.1、1.5、2mg·L^{-1} 时形成了显著差异，说明在继代增殖过程中，6-BA 浓度要适宜。6-BA 浓度过高，将导致试管苗玻璃化、茎尖坏死等现象，这在前人的文献中亦有报导过[8]。

茎尖坏死现象表现为试管苗继续伸长后茎细弱，茎尖及叶端在 3 周后开始卷曲发黑，极易枯死，这可能是由于外源激素不足或激素种类不适宜导致顶端分生组织停止分化及细胞坏死所致[8]。在本试验中，当 6-BA浓度超过 1.5mg·L^{-1} 时，试管苗细弱，茎发红，叶卷曲，3 周后茎尖及叶端开始发黑卷曲，玻璃化显著，平均增殖系数及平均苗高显著下降。当 6-BA 浓度为 0.5、1mg·L^{-1} 时，平均增殖系数及平均苗高间无显著差异，且苗长势均良好，但从生产上考虑，6-BA 用量少更能节约成本。故细胞分裂素 6-BA 浓度选择 0.5mg·L^{-1} 为宜。

继代过程中茎段底部会出现褐化现象。植物组织培养中的褐化现象是指当试管苗被切割和接种时，切割面的细胞受到损伤，其中的酚类物质在多酚氧化酶（PPO）的作用下与氧气聚合发生氧化反应，形成有毒的醌类物质，切面迅速变成褐色，这些褐色物质会扩散到培养基中，抑制其他酶的活性，进而毒害整个试管组织[9,10]。一般研究均表明 6-BA 不仅能促进酚类物质形成，还能刺激多酚氧化酶（PPO）的活性[11]，故在培养过程中加入 1g·L^{-1} 的活性炭可以吸附产生的有害物质，有效地抑制褐化现象。

2.5　不同生长素种类及浓度对继代增殖的影响

生长素种类及浓度不同对继代增殖效果亦有所差异。在添加 6-BA 0.5mg·L^{-1} 的基础上，添加不同浓度梯度的生长素 NAA、IBA，接种 6 周后统计平均增殖系数、平均苗高。

表 5　不同生长素种类及浓度对继代增殖的影响
Table 5　Effect of different kinds and concentration of auxins on multiplication

编号	NAA/ mg·L^{-1}	IBA/ mg·L^{-1}	平均增殖系数	平均苗高/cm
1	0.01	—	2.00±0.76b	3.96±0.82bc
2	0.05	—	2.04±0.84b	4.34±1.32b
3	0.1	—	2.70±1.02a	5.62±1.99a
4	0.2	—	1.63±0.69bc	3.58±1.09bc
5	—	0.01	1.35±0.59c	3.07±0.94c
6	—	0.05	1.81±0.75bc	3.84±0.90bc
7	—	0.1	2.08±0.95b	4.13±1.69bc
8	—	0.2	1.75±0.72bc	3.57±1.18bc

注：表中平均增殖系数与平均苗高为平均值±标准差，同列不同字母表示差异显著，相同字母表示差异不显著。显著水平为 5%。

由表 5 可知，细胞分裂素与生长素协同作用时比单独添加细胞分裂素时效果好。当 NAA 浓度为 0.1mg·L^{-1} 时，平均增殖系数为 2.70，平均苗高为 5.62cm，与其他组合形成显著差异。试验发现，在添加 IBA 的培养基里，试管苗培养 3 周后，叶失绿黄化，易产生茎尖坏死现象。添加 NAA 的培养基无茎尖坏死现象，且叶色浓绿，试管苗健壮。但若未及时继代，亦会出现茎尖坏死现象，导致下一次继代时增殖系数大幅降低或不增殖且慢慢变黑死亡。

综上所述，适宜继代增殖培养基为：WPM + 6-BA 0.5mg·L⁻¹ + NAA0.1mg·L⁻¹ + 活性炭 1g·L⁻¹。

2.6 不同基本培养基及生长素 NAA 浓度对生根培养的影响

红叶腺柳生根容易，放入生根培养基，培养 3 ~ 5d 后茎底部出现白色根点，10d 便可生成根系。添加 NAA 及不加任何激素的 1/2WPM、WPM 空白培养基均能使其生根，但是在平均根数、平均根长及根的生长状况上有所差异。

表 6 不同基本培养基及生长素 NAA 浓度对生根培养的影响
Table 6 Effect of different medium and concentration of NAA on rooting

编号	基本培养基种类	NAA 浓度/mg·L⁻¹	生根率/%	平均根数/根	平均根长/cm
1	1/2WPM	0	100.00	1.50 ± 0.51d	0.72 ± 0.50e
2	1/2WPM	0.01	100.00	2.22 ± 0.94c	1.72 ± 0.68cd
3	1/2WPM	0.05	100.00	3.68 ± 1.04a	2.28 ± 0.43a
4	1/2WPM	0.1	100.00	3.30 ± 1.44ab	2.24 ± 0.44ab
5	1/2WPM	0.2	100.00	1.21 ± 0.85d	1.38 ± 1.13d
6	WPM	0	100.00	1.25 ± 0.40d	0.72 ± 0.31e
7	WPM	0.01	100.00	1.17 ± 0.72d	1.63 ± 1.18cd
8	WPM	0.05	100.00	2.85 ± 1.23bc	1.95 ± 0.46abc
9	WPM	0.1	100.00	2.68 ± 0.95bc	1.78 ± 0.45bcd
10	WPM	0.2	100.00	1.42 ± 0.90d	1.28 ± 0.71d

注：表中平均根数与平均根长为平均值 ± 标准差，同列不同字母表示差异显著，相同字母表示差异不显著。显著水平为 5%。

由表 6 可知，所有组合生根率均为 100%，但在平均根数、平均根长上，基本培养基为 1/2WPM，NAA 为 0.05、0.1mg·L⁻¹时，与其他组合之间呈显著差异。从节约成本方面来看，选择 NAA 浓度为 0.05mg·L⁻¹为宜，平均根数为 3.68 根，平均根长为 2.28cm，根系粗壮，须根丰富，继续伸长后试管苗健壮，叶色浓绿不卷曲。1/2WPM 较 WPM 无机盐含量低，更利于生根。试验发现，当 NAA 浓度为 0.2mg·L⁻¹时，根系发生时间延长，且根细弱，须根量少并发黑。综上所述适宜的生根培养基为 1/2WPM + NAA0.1mg·L⁻¹ + 活性炭 1g·L⁻¹。

3 结论与讨论

选用带芽茎段进行组织培养可以有效地扩大繁殖，并且由于未经过愈伤组织脱分化及再分化阶段，可以有效地避免繁殖过程中产生的体细胞无性系变异，充分保持繁殖材料遗传的稳定性[6]。

外植体选择生长期(5 ~ 7 月)的枝条，消毒以 75% 酒精处理 30 ~ 35s + 2% 次氯酸钠(NaClO)处理 15min 为宜。萌芽期(2 ~ 4 月)枝条过于幼嫩，极易因为消毒过度而死亡。休眠期(11 ~ 1 月)枝条木质化程度高，污染率高，不适宜做外植体。

初代培养基选择 WPM 空白培养基诱导腋芽效果好且节约成本，且萌芽率高，侧芽生长状况良好，茎干无玻璃化现象。

继代培养阶段的目的是在短时间内获得大量适合生根的试管苗。试验发现：最初转入增殖培养基时，增殖倍数较低，试管苗长势弱，当经过多次继代培养以后，试管苗明显长壮。一般关于柳属组织培养的文献指出，适当的细胞分裂素与生长素比例可以促进侧芽分化成丛生芽[12-18]，但本试验发现，红叶腺柳的增殖不适宜用丛生芽的增殖方法，因为丛生芽虽然能增殖较多，但相对长势弱，不易伸长，易玻璃化及茎尖坏死，故采用先使红叶腺柳伸长后，切成 2cm 左右的带芽茎段接入继代增殖培养基，再伸长再切的方式进行增殖。

继代增殖培养基选择：WPM + 6-BA0.5mg·L⁻¹ + NAA0.1mg·L⁻¹ + 活性炭 1g·L⁻¹。试管苗的继代周期为 6 周，增殖系数为 2.70，试管苗生长旺盛，达到了快速繁殖的目的。若未及时转代，将会出现茎尖坏死现象，影响增殖系数及试管苗质量。

1/2WPM 比 WPM 无机盐含量低，更利于生根。生根培养基选择：1/2WPM + NAA0.05mg·L⁻¹ + 活性炭 1g·L⁻¹。根系粗壮，须根丰富，继续伸长后试管苗健壮，叶色浓绿不卷曲。

目前我们主要正在研究扩大繁殖，对于如何继续提高试管苗的增殖系数及成苗速度，建立高效的遗传转化等问题还有待进一步研究。

图版：红叶腺柳组织培养的几个阶段
Several stages on tissue culture of *Salix chaenomeloides* 'Variegata'.
图版说明：A. 外植体消毒灭菌；B. 侧芽萌发；
C. 试管苗继代增殖；D. 茎尖坏死现象；E. 生根培养

参考文献

1. 郑万钧. 中国树木志：第2卷[M]. 北京：中国林业出版社, 1985.
2. 侯元凯. 彩叶植物研究进展[J]. 世界林业研究, 2010 (06)：24-28.
3. 侯元凯, 刘松杨, 张彦. 红叶柳等彩叶树种栽培与管理[M]. 北京：中国农业出版社, 2008.
4. 张建涛, 朱东方, 韩传明. 红叶腺柳嫩枝扦插试验研究[J]. 山东林业科技, 2012(05)：57-58.
5. 黄国学, 王永清, 高宇, 等. 红叶腺柳扦插育苗技术[J]. 辽宁农业科学, 2010(03)：101-102.
6. Khan M, Ahmad N, Anis M. The role of cytokinins on in vitro shoot production in *Salix tetrasperma* Roxb.: a tree of ecological importance[J]. Trees, 2011, 25(4)：577-584.
7. Khan M, Anis M. Modulation of in vitro morphogenesis in nodal segments of *Salix tetrasperma* Roxb. through the use of TDZ, different media types and culture regimes[J]. Agroforestry Systems, 2012, 86(1)：95-103.
8. Amo-Marco J B, Lledo M D. In vitro propagation of *Salix tarraconensis* Pau ex Font Quer, an endemic and threatened plant[J]. In Vitro-Plant, 1996, 32(1)：42-46.
9. 李浚明编译. 植物组织培养教程[M]. 北京：中国农业大学出版社, 1996：345.
10. 周俊辉, 周家容, 曾浩森, 等. 园艺植物组织培养中的褐化现象及抗褐化研究进展[J]. 园艺学报, 2000(S1)：481-486.
11. 王雅群, 李辛晨, 陈玉珍, 等. 北京颐和园西堤古柳组织培养体系的建立[J]. 林业科技开发, 2009(03)：48-51.
12. 关亚丽, 陈英, 黄敏仁. 簸箕柳组织培养初步研究[J]. 海南师范大学学报（自然科学版）, 2009(02)：204-208.
13. 朱美秋, 李燕玲, 杜克久. 垂柳组织培养初步研究[J]. 河北林果研究, 2006(03)：269-271.
14. 王善娥, 吴德军, 李善文, 等. 金丝垂柳组织培养体系建立研究[J]. 山东林业科技, 2007(01)：28-30.
15. 张云慧, 姜长阳. 三蕊柳的组织培养及快速繁殖的研究[J]. 哈尔滨师范大学自然科学学报, 2011(03)：76-79.
16. 唐晓杰, 孙宏刚, 黄德福, 等. 金枝柳组织培养快速繁殖技术[J]. 北华大学学报（自然科学版）, 2011(01)：80-82.
17. Park S Y, Kim Y W, Moon H K, *et al.* Micropropagation of Salix pseudolasiogyne from nodal explants[J]. Plant Cell, Tissue and Organ Culture, 2008, 93(3)：341-346.
18. Dhir K K, Angrish R, Bajaj M. Micropropagation of *Salix babylonica* throughin vitro shoot proliferation[J]. Proceedings: Plant Sciences, 1984, 93(6)：655-660.

中国观赏园艺研究进展 2015：289～294

Advances in Ornamental Horticulture of China，2015：289～294

华北珍珠梅组织培养研究

陈伟　李青①

（花卉种质创新与分子育种北京市重点实验室，国家花卉工程技术研究中心，城乡生态环境北京实验室，
北京林业大学园林学院，北京 100083）

摘要　本文以华北珍珠梅的带芽茎段为外植体，研究不同消毒时间、基本培养基、激素种类和浓度对华北珍珠梅组织培养各阶段的影响，结果发现：取 4 月份的外植体用 75% 酒精消毒 30s 结合 5% 次氯酸钠（NaClO）溶液消毒 8min 污染率较低，为 12.20%，成活率最高，为 83.24%；适宜的初代培养基为 MS + 6-BA 0.5mg · L^{-1} + NAA0.1mg · L^{-1}，有效萌芽率为 95.56%；适宜的增殖培养基为 MS + TDZ0.1mg · L^{-1} + NAA0.1mg · L^{-1}，增殖系数为 4.18；适宜的生根培养基为 1/4MS + NAA0.1mg · L^{-1} + IBA0.5mg · L^{-1}，生根率为 94.32%，平均根数为 8.73 根，平均根长为 5.35cm。

关键词　华北珍珠梅；茎段；腋芽；组织培养

Study on Tissue Culture of *Sorbaria kirilowii*

CHEN Wei　LI Qing

（*Beijing Key Laboratory of Ornamental Plants Germplasm Innovation & Molecular Breeding，
National Engineering Research Center for Floriculture，Beijing Laboratory of Urban and Rural Ecological
Environment and College of Landscape Architecture，Beijing Forestry University，Beijing 100083*）

Abstract　The research used sterm segment with axillary buds of *Sorbaria kirilowii* to study　effects of different disinfection time，categories of basic media，categories and concentrations of hormone on each stage of tissue culture. The results showed that explants collected in April sterilized with 75% ethanol for 30s，followed by 8 min in 5% NaClO，the Contamination rate was low to 12.20% and the effective survival rate of explants was highest to 83.24%. The suitable culture medium for primary culture was MS + 6-BA0.5mg · L^{-1} + NAA0.1mg · L^{-1} with the rate of effective germination of 95.56%. The suitable culture medium for subculture was MS + TDZ0.1mg · L^{-1} + NAA0.1mg · L^{-1} with the proliferation value of 4.18. The suitable culture medium for rooting was 1/4MS + NAA0.1mg · L^{-1} + IBA0.5mg · L^{-1}. The rate of rooting was 94.32%. The average number and length of root were 8.73 and 5.35cm.

Key words　*Sorbaria kirilowii*；Stem segments；Axillary buds；Tissue culture

华北珍珠梅（*Sorbaria kirilowii*），又名吉氏珍珠梅、珍珠梅，是蔷薇科珍珠梅属落叶灌木，花期 5 月底至 10 月初，大型圆锥花序，花色洁白，叶形秀丽，植株生性强，耐寒耐旱耐荫，是北方优良的夏季观花植物（陈桂林 等，2002）。此外在水土保持（张历敏，2009）、食品加工（周杨 等，2007a，2007b）、干花工艺（刘峰 等，2011）等方面均有应用价值，而且因其植物体各部分含有多种药用成分（关丽萍 等，2005；全红梅和张学武，2006；姬志强 等，2008），在医药卫生领域具有很高的研究应用价值（郑华 等，2003；张学武 等，2003；张学武和金园哲，2004；陈丽艳

等，2005；高岩 等，2005）。但其在花色、叶色、株型等观赏性状上较单一，园艺商品化程度低等。华北珍珠梅的常规繁殖方法有播种（胡喜梅 等，2008）、扦插（高晋东，2005）和分根，相较之下，组织培养作为快速生产优质苗木的有效途径，在同属植物珍珠梅上已有初步研究和成果（董雅茹 等，1994；马生军 等，2008），而有关华北珍珠梅的组织培养研究目前国内外均无报道。因此系统研究和建立华北珍珠梅的组培快繁技术体系，不仅可加速优质华北珍珠梅苗木在园林绿化中的生产应用，还可为建立其再生和遗传转化体系、培育优良新品种等研究奠定基础。

---

① 通讯作者。

1 材料与方法

1.1 材料

本试验所用外植体为华北珍珠梅带芽茎段，于春季4月初从北京林业大学校园内生长健壮的多年生华北珍珠梅植株上取得。

1.2 外植体无菌体系建立

将户外取回的华北珍珠梅茎段用加洗洁精的清水洗净后剪成4—5cm长的小段装入广口瓶中，用纱布封口，放于水龙头下流水冲洗约1h，然后转入超净工作台用75%酒精消毒30s，无菌水涮洗2次，之后用5% NaClO溶液分别消毒8min、12min、16min，最后无菌水涮洗4次。将消毒后的外植体剪成约2cm长的带芽茎段，接种于添加不同基本培养基（MS、WPM、B5、N6）和不同激素浓度组合（TDZ、6-BA、KT、NAA、IBA）的培养基中，每瓶接3个，每处理12瓶，重复3次，定期观察记录污染死亡情况，4周后统计污染率、死亡率、成活率、萌芽率、畸芽率和有效萌芽率。

1.3 继代培养条件筛选

取生长良好、长势一致的无菌苗接种于添加不同基本培养基（MS、WPM、N6）、不同质量浓度细胞分裂素（TDZ、6-BA、KT）和生长素（NAA、IBA）的培养基中，每瓶接3个，每处理12瓶，重复3次，5周后统计增殖系数、株高及生长状况。

1.4 生根培养条件筛选

取生长健壮、长势一致的无菌苗接种于添加不同基本培养基（MS、WPM）、不同质量浓度生长素（NAA、IBA）的培养基中，每瓶接3个，每处理12瓶，重复3次，5周后统计生根率、生根数、根长及生长状况。

1.5 培养基及培养条件

本试验所用培养基均添加蔗糖30g·L^{-1}、琼脂6g·L^{-1}，pH值5.8~6.0，经121℃高温高压灭菌20min。培养条件为温度24±2℃，光照强度约2000lx，光周期14h·d^{-1}。

1.6 数据统计与分析

污染率（%）=污染数/接种数×100%；
死亡率（%）=死亡数/接种数×100%；
成活率（%）=成活数/接种数×100%；
萌芽率（%）=萌芽数/成活数×100%；
畸芽率（%）=畸形芽数/成活数×100%；
有效萌芽率（%）=形态正常的萌芽数/接种成活数×100%；
增殖系数=增殖后苗数/接种数；
生根率（%）=生根苗数/接种数×100%。

本试验采用完全随机区组实验设计，数据用Excel 2010整理，并用SPSS 20.0软件进行方差分析和多重比较（LSD法，结果用标记字母法表示，差异显著水平为0.01）。

2 结果与分析

2.1 消毒时间对外植体灭菌的影响

表1 不同消毒时间对外植体灭菌的影响

Table 1 Effects of different disinfection time on sterilization of explants

编号	消毒时长/min	污染率/%	死亡率/%	成活率/%
1	8	12.20A	4.56C	83.24A
2	12	11.08A	9.30B	79.52B
3	16	8.83B	15.72A	74.45C

外植体消毒后以MS+6-BA0.5mg·L^{-1}的培养基进行培养，试验结果见表1。可以看出3个实验组的外植体污染率均较低，最高为12.20%，最低为8.83%，随着消毒时间的延长，外植体的污染率虽有一定程度下降，但死亡率却有极显著上升，导致最终的成活率呈下降趋势，尤其是消毒16min的成活率最低，仅为74.45%。由此得出本试验的最佳消毒时间为8min，成活率为83.24%。

2.2 基本培养基对初代培养的影响

将消毒8min的带芽茎段外植体接入同样添加6-BA0.5mg·L^{-1}的不同基本培养基后，腋芽陆续萌发，4周后基本成苗。

表2 不同基本培养基对初代培养的影响

Table 2 Effects of different categories of media on primary culture

编号	基本培养基	萌芽率/%	畸芽率/%	有效萌芽率/%	生长状况
1	MS	93.25A	2.15D	91.10A	萌芽较快，茎叶舒展，叶色绿
2	WPM	91.62AB	5.30C	86.32B	萌芽快，茎叶舒展，个别发黄
3	B5	90.40B	13.75A	76.65D	萌芽较快，较多茎叶扭曲发黄
4	N6	89.47B	8.45B	81.02C	萌芽快，少数茎叶扭曲发黄

从表2可见，外植体在4种基本培养基中的萌发率均较高，大于89%，但不同试验组的畸芽率差异极显著，且生长状况不一。其中以MS培养基最佳，有效萌芽率为91.10%，畸芽率最低，为2.15%，且芽的生长状况好，WPM培养基次之，为86.32%，而

N6 培养基和 B5 培养基则表现较差，畸形芽和茎叶扭曲发黄现象严重，不宜用于华北珍珠梅的初代培养。

2.3 植物激素对外植体启动培养的影响

将消毒 8min 的外植体接种于添加不同激素的 MS 培养基中，4 周后绝大多数腋芽萌发并生长，结果统计见表 3。

表 3 不同激素种类及浓度对初代培养的影响

Table 3 Effects of different categories and concentrations of hormone on primary culture

编号	细胞分裂素 $(mg \cdot L^{-1})$	生长素 $(mg \cdot L^{-1})$	有效萌芽率 /%	生长状况
1	TDZ 0.05	NAA 0.1	95.60A	萌芽快，长势较好
2	TDZ 0.1	NAA 0.1	90.38CD	萌芽快，长势较好
3	6BA 0.5	NAA 0.1	95.56A	萌芽较快，长势好
4	6BA 1.0	NAA 0.1	91.45BC	萌芽较快，长势好
5	KT 1.0	NAA 0.1	91.22BC	萌芽较快，长势一般
6	KT 2.0	NAA 0.1	89.43D	萌芽较快，长势一般
7	6BA 0.5	0	90.1CD	萌芽较快，长势较好
8	6BA 0.5	NAA 0.05	92.51B	萌芽较快，长势好
9	6BA 0.5	IBA0.1	90.33CD	萌芽较快，长势好
10	6BA 0.5	IBA0.3	92.41B	萌芽较快，长势较好
CK	0	0	86.04E	萌芽较快，长势一般

由表 3 可见，不论培养基中有无添加激素，华北珍珠梅带芽茎段的有效萌发率均较高，超过 86%。但较之空白对照组，各试验组添加激素后在芽的萌发和生长速度方面则有不同程度的促进作用。对比同样添加 NAA0.1mg·L^{-1} 的 6 个试验组的萌芽情况，以 TDZ0.05mg·L^{-1}（有效萌芽率 95.60%）和 6-BA0.5mg·L^{-1}（有效萌芽率 95.56%）最佳，且萌芽速度快，长势较好。但考虑实际生产中 6-BA 较 TDZ 常用且价格更低，故选用 6-BA0.5mg·L^{-1} 作为初代培养其他试验的适宜激素种类和浓度水平。在添加 6-BA0.5mg·L^{-1} 的培养基中，分别加入不同质量浓度的 NAA 和 IBA，各试验组有效萌芽率无显著差异，但均略高于未加生长素的对照组。而 NAA 在萌发速度和苗的生长质量方面效果好于 IBA 和对照组，且浓度为 0.1mg·L^{-1} 时有效萌芽率最高，为 95.56%，平均株高为 2.71cm，且无菌苗的长势好。综上可见，适宜外植体生长的初代培养基为 MS + 6-BA0.5mg·L^{-1} + NAA0.1mg·L^{-1}。

2.4 基本培养基对继代培养的影响

将无菌苗接种于 MS + 6-BA1.0mg·L^{-1} + NAA0.1mg·L^{-1} 的培养基中，约 2 周后无菌苗基部丛生芽长出，5 周后丛生芽长大成苗，同时还发现丛生芽基部伴有不同程度的生根现象发生，具体结果见表 4。

表 4 不同基本培养基对继代培养的影响

Table 4 Effects of different categories of basic media on subculture

编号	基本培养基	增殖系数	生根率/%	平均株高/cm	生长状况
1	MS	3.86A	12.75C	2.46BC	生长快，长势较好
2	1/2MS	3.35B	20.51B	2.68B	生长较快，长势较好
3	WPM	2.68C	43.80A	4.35A	生长较快，长势好
4	N6	2.72C	10.64C	2.17C	生长较慢，长势一般

从表 4 可见，N6 培养基在无菌苗继代培养各方面的生长指标均最差，表明其不适合华北珍珠梅的继代培养。而 MS 培养基的增殖效果最佳，增殖系数为 3.86，与其他试验组的差异达到极显著水平，且苗的生长快，长势较好，适宜用作华北珍珠梅的增殖培养。1/2MS 培养基的增殖率稍低于 MS 培养基，但明显高于其他两个试验组，且无菌苗的生根率高于 MS 培养基，表明降低 MS 培养基中大量元素的浓度在一定程度上可以促进生根。而 WPM 培养基虽然增殖率最低，为 2.68%，但是生根率最高，为 43.80%，且对无菌苗的高生长有极显著促进作用，平均株高为 4.35cm，远高于其他 3 个试验组，可考虑将其用于无菌苗生根试验前的壮苗培养阶段。

2.5 细胞分裂素对继代培养的影响

在 MS 培养基中添加不同种类和浓度的细胞分裂素，接种华北珍珠梅无菌苗进行继代培养，5 周后统计结果于表 5。从各试验组丛生芽的增殖系数可以看出，3 种细胞分裂素的影响差异水平极显著，作用力大小依次为 TDZ > 6-BA > KT。在每种细胞分裂素内作比较发现，不同梯度浓度对增殖系数的影响差异不大，其中 6-BA 和 KT 的 3 个浓度试验组均无显著差异。从苗的生长状况来看，TDZ 对苗的生长速度促进作用最大，但对株高和长势的作用效果稍差于 6-BA，表明 6-BA 有利于促进植株的高生长，且浓度为 1.0mg·L^{-1} 时平均株高最大，为 2.71cm。而 KT 对无菌苗的增殖和生长促进作用均不突出。综合几方面的指标，可以发现适合无菌苗增殖培养的细胞分裂素种类及浓度为 TDZ0.1mg·L^{-1}，增殖系数为 4.18，平均株高为 2.46cm，且无菌苗的生长速度快，长势较好。

表 5 不同细胞分裂素种类及浓度对继代培养的影响

Table 5 Effects of different categories and concentrations of cytokinin on subculture

编号	细胞分裂素 $(mg \cdot L^{-1})$	NAA $(mg \cdot L^{-1})$	增殖系数	平均株高 /cm	生长状况
1	TDZ0.05	NAA0.1	3.62BC	2.41ABC	长速快，长势较好
2	TDZ0.1	NAA0.1	4.18A	2.36BC	长速快，长势较好

（续）

编号	细胞分裂素 (mg·L^{-1})	NAA (mg·L^{-1})	增殖系数	平均株高 /cm	生长状况
3	TDZ0.2	NAA0.1	3.9AB	2.24CD	长速快，长势一般
4	6-BA0.5	NAA0.1	3.2C	2.47ABC	长速较快，长势好
5	6-BA1.0	NAA0.1	3.58BC	2.71A	长速较快，长势好
6	6-BA1.5	NAA0.1	3.34CD	2.58AB	长速较快，长势较好
7	KT0.5	NAA0.1	2.97D	2.03D	长速一般，长势一般
8	KT1.0	NAA0.1	3.14CD	2.11CD	长速一般，长势较好
9	KT2.0	NAA0.1	3.35CD	2.25CD	长速较快，长势一般

2.6 生长素对继代培养的影响

在 MS + TDZ0.1mg·L^{-1} 的培养基中，分别添加不同质量浓度的 NAA 和 IBA 进行继代培养。从表6中结果可见 NAA 和 IBA 对无菌苗的增殖效果有极显著促进作用，增殖系数均高于未添加生长素的对照组，其中以 NAA 的作用更为显著，在 NAA0.1mg·L^{-1} 水平时增殖系数最高，为 4.18。在平均株高方面，各试验组间差异均未达到显著水平，表明生长素对苗的高生长作用不大，但可看到 NAA 效果略微好于 IBA。从生长状况看来，添加 NAA 的试验组结果普遍好于 IBA 和对照组。由此可见，继代培养阶段的生长素种类及浓度宜选用 NAA0.1mg·L^{-1}。

表6　不同生长素种类及浓度对继代培养的影响

Table 6　Effects of different categories and concentrations of auxin on subculture

编号	TDZ (mg·L^{-1})	NAA (mg·L^{-1})	IBA (mg·L^{-1})	增殖系数	平均株高 /cm	生长状况
1	0.1	0.05		3.89AB	2.39A	长势好
2	0.1	0.1		4.18A	2.36A	长势好
3	0.1	0.2		3.66BC	2.43A	长势好
4	0.1		0.1	3.43C	2.14A	长势一般
5	0.1		0.3	3.57BC	2.35A	长势较好
6	0.1		0.5	3.38C	2.28A	长势较好
CK	0.1			3.35C	2.27A	长势较好

2.7 基本培养基及大量元素浓度对生根的影响

无菌苗接种于生根培养基中 12～18d 后，各实验组陆续开始有根长出，5 周后根系生长明显，结果统计于表7。可见各实验组对生根率的影响差异均达到极显著水平，表明添加不同浓度大量元素以及不同基本培养基对生根效果的影响差异很大，其中以 1/4MS 培养基的生根率最高，达 90.14%。同时可以看出，不论是 MS 还是 WPM 培养基，生根率、平均根数、平均根长都随大量元素浓度的降低呈增大趋势，这点在 MS 培养基上表现尤其明显。而在苗的生长状况方面，MS 试验组的须根数多于 WPM，但在苗的苗壮程度方面的表现差于后者。综合各项指标，可以得出适宜生根阶段的基本培养基为 1/4MS，其在无菌苗的生根率、平均根数、平均根长、须根数等方面的指标均最优。

表7　不同基本培养基及大量元素浓度对生根的影响

Table 7　Effects of different categories of basic media and concentratios of macroelements on rooting

编号	培养基	生根率 /%	平均根数 /条	平均根长 /cm	生长状况
1	MS	69.27F	4.45D	3.46D	须根较多，苗较壮
2	1/2MS	80.36D	5.87BC	3.92BC	须根多，苗一般
3	1/4MS	90.14A	7.64A	4.87A	须根多，苗一般
4	WPM	75.93E	5.46C	3.74CD	须根较少，苗壮
5	1/2WPM	84.4B	5.93BC	4.02BC	须根较多，苗壮
6	1/4WPM	82.61C	6.32B	4.21B	须根较多，苗较壮

2.8 生长素对生根的影响

在 1/4MS 培养基中分别添加不同种类和浓度的 NAA 和 IBA，无菌苗接种 12～20d 后，各试验组均开始生根，5 周后根系生长明显，结果见表8。从编号组 1、2、3、4、7 的结果可看出，不添加任何生长素的试验组生根率最低，仅为 18.42%，且平均根数、平均根长、生长状况等指标均最差，而单独使用 NAA 或 IBA 对生根效果均具有极显著性影响，且效果随使用浓度的升高而增大，其中 NAA 的效果要优于 IBA。对比两种生长素单独使用和混合使用的结果可发现，后者促进生根的效果要显著优于前者，表明 NAA 和 IBA 二者组合的交互效应对生根的促进作用大于其各自的主效应，并且在 NAA0.1mg·L^{-1} + IBA0.5mg·L^{-1} 时生根效果达到最佳，生根率为 94.32%，平均根数为 8.73 根，平均根长为 5.35cm，且生根快，须根多。

表8　不同生长素种类及浓度对生根的影响

Table 8　Effects of different categories and concentrationsof auxin on rooting

编号	NAA (mg·L^{-1})	IBA (mg·L^{-1})	生根率 /%	平均根数/条	平均根长/cm	生长状况
1	0	0	18.42I	3.46F	2.83G	生根慢，须根少
2	0	0.1	75.26H	5.41E	3.54F	生根较慢，须根少
3	0	0.5	82.53G	6.2D	4.07E	生根较快，须根较多
4	0.1	0	85.31F	6.32D	4.27DE	生根较快，须根较多
5	0.1	0.1	89.54D	8.02B	4.86BC	生根快，须根多
6	0.1	0.5	94.32A	8.73A	5.35A	生根快，须根多
7	0.2	0	87.94E	7.05C	4.6CD	生根快，须根较多
8	0.2	0.1	92.75C	8.46A	5.13AB	生根快，须根多
9	0.2	0.5	93.80B	8.54A	4.94ABC	生根快，须根多

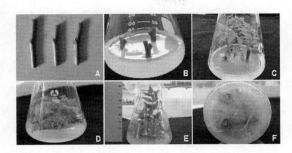

图版 1　华北珍珠梅带芽茎段组织培养的各阶段

Fig. 1　Tissue culture of stem segment of
Sorbaria kirilowii at each stage

图版说明：A 外植体；B 外植体接种；C 腋芽萌发；
D 诱导丛生芽；E 壮苗；F 生根

3　讨论

外植体无菌体系建立是组培快繁的第一步，前人有关于同属植物珍珠梅的无菌体系建立试验以 HgCl₂ 为消毒试剂，且取材季节和地点与本试验均不同（马生军 等，2008）。而本试验以更为环保、低毒的 NaClO 溶液对春季取材的华北珍珠梅外植体进行消毒处理，得到可以替代 HgCl₂ 且污染率较低、成活率较高的消毒方法。因为在北京地区华北珍珠梅 3 月底新芽开始萌动，4 月中旬的茎叶较为幼嫩，在外界环境中暴露时间较短，且腋芽活性强、生长快，是建立外植体无菌体系的较好时期。此外，研究中发现茎段中下部的腋芽萌发能力更强，长势更好，原因是枝条下部芽更饱满，茎段中养分更充足，对长时间化学试剂消毒处理的耐受性相对也更强一些。

在初代培养阶段，前人研究仅使用 MS 作为基本培养基（董雅茹 等，1994；马生军 等，2008），本试验在此基础上对比了 4 种基本培养基对萌芽效果的影响，并得出 MS 培养基最佳。在激素对外植体初代培养的影响试验中，对比不同浓度细胞分裂素（TDZ、6-BA、

KT）、生长素（NAA、IBA）的作用，发现激素对萌芽率的促进作用差异不甚显著，但以较低浓度的 TDZ 或 6-BA 结合一定浓度的 NAA 效果最佳。此结论与前人结果不一致（马生军 等，2008），或因种间差异及取材时间、地点不同等因素导致植物材料生长对激素种类及浓度的需求量不同。

在继代培养试验阶段，发现一定浓度的 TDZ 和 NAA 组合对无菌苗的增殖效果促进作用最大，此结果与前人结论不一（董雅茹 等，1994；马生军 等，2008），或因激素种类的选用上不同所致。试验中也发现，TDZ 虽对促进增殖最有效，但部分诱导产生的不定芽会出现茎叶轻微发红扭曲的现象，且 TDZ 浓度越高，此现象越明显。后续研究会考虑适当降低 TDZ 浓度，用多种细胞分裂素浓度组合代替单一的 TDZ，进一步优化增殖培养条件。此外，试验发现 WPM 培养基在继代培养阶段对无菌苗的壮苗和生根有显著促进效果，植株高生长明显，对其进行带芽茎段剪切然后增殖培养，发现亦有不错的增殖效果，这一发现为华北珍珠梅的增殖培养提供了新的途径，后续试验中将对此作进一步系统研究。

在生根培养阶段，发现华北珍珠梅生根较为容易，生根率高、根数多且须根密。改良 MS 培养基对生根的效果虽优于 WPM，但在植株整体生长状况长势如苗高、茎粗、叶片浓绿程度等方面差于后者，此结论与继代培养阶段的试验有一致的地方，进一步验证了 WPM 培养基对华北珍珠梅植株的伸长生长和壮苗促进作用大。但也有不同之处，发现 MS 对生根的作用潜力大于 WPM。此外研究还发现 NAA 和 IBA 的交互作用对生根的效果大于单一作用效果，此结论与前人研究一致（马生军 等，2008）。后续阶段将对生根植株进行炼苗和移栽试验，以进一步完善华北珍珠梅的组培快繁技术体系。

参考文献

1. 陈桂林，刘学爽．2002．珍珠梅及其园林价值[J]．特种经济动植物，21(7)：33.

2. 陈丽艳，柳明洙，郑寿焕，等．2005．珍珠梅提取物对 S180 荷瘤小鼠肿瘤增长的抑制作用[J]．延边大学学报，28（4）：261 – 264.

3. 董雅茹，王瑞库，王丽艳．1994．石刁柏、珍珠梅、柳叶绣线菊腋芽茎段的离体培养[J]．黑龙江八一农垦大学学报，7（4）：23 – 26.

4. 高晋东．珍珠梅全光照扦插育苗试验[J]．山西林业科技，（4）：16 – 18.

5. 高岩，金幼菊，邹祥旺，等．2005．珍珠梅花挥发物对小鼠旷场行为及学习记忆能力的影响[J]．北京林业大学

学报，27（3）：61 – 66.

6. 胡喜梅，滕玉凤，丁丽萍．2008．日光温室珍珠梅播种育苗技术[J]．北方园艺，（6）：165 – 166.

7. 姬志强，王金梅，孙磊．2008．河南产珍珠梅花蕾和花的挥发性成分研究[J]．河南大学学报：医学版，27(5)：17 – 20.

8. 刘峰，刘占海，刘慧芹，钱爱丽．2011．珍珠梅压花花材染色与保色效果的研究［J］．北方园艺，12：145 – 147.

9. 马生军，韩晶，陆婷，等．2008．药用植物珍珠梅腋芽茎段的离体培养[J]．新疆农业大学学报，31（6）：38 – 41.

10. 全红梅, 张学武. 2006. 长白山珍珠梅化学成分的研究[J]. 时珍国医国药, 17 (3)：318.

11. 云学英, 罗素琴, 吴宁远, 等. 2006. 珍珠梅花及茎中多糖含量测定及成分分析[J]. 内蒙古医学院学报, 28 (5)：422 - 424.

12. 张历敏. 2009. 珍珠梅应用价值及其速繁技术[J]. 现代农业科技, 25(5)：59.

13. 张学武, 孙权, 金明, 等. 2003. 珍珠梅提取物对化学致癌前病变大鼠抗氧化活力的影响[J]. 中西医结合学报, 5 (5)：47 - 50.

14. 张学武, 金园哲. 2004. 珍珠梅提取物抗炎、镇痛、耐缺氧及抗疲劳作用的研究[J]. 中国实验方剂学杂志, 10 (4)：33.

14. 郑华, 金幼菊, 周金星, 等. 2003. 活体珍珠梅挥发物释放的季节性及其对人体脑波影响的初探[J]. 林业科学研究, 16 (3)：328 - 334.

15. 周杨, 龚加顺, 陈伟, 等. 2007. 珍珠梅果酒的产酒发酵研究[J]. 中国酿造, 34 (3)：101 - 103.

16. 周杨, 龚加顺, 陈伟, 等. 2007. 珍珠梅果醋的产酸发酵研究[J]. 中国酿造, 172 (7)：75 - 77.

3 种生长素对金叶接骨木和胶东卫矛扦插生根的影响[*]

王萌 李彬 朱永超 牛丽涓 金鑫 许晴晴 廖伟彪[①]

（甘肃农业大学园艺学院，兰州 730070）

摘要 以金叶接骨木（*Sambucus canadensis* 'Aurea'）和胶东卫矛（*Euonymus kiautshovicus*）为材料，研究了不同浓度（50、100mg·L^{-1}）和处理时间（30、60min）的吲哚乙酸（IAA）、吲哚丁酸（IBA）、萘乙酸（NAA）对金叶接骨木和胶东卫矛扦插生根的影响。结果表明：IAA、IBA、NAA 三种生长素均能促进扦插生根，但促进效果各不相同。100mg·L^{-1} 的 NAA 处理 60min 能显著促进金叶接骨木生根，在生根率和生根数方面都明显高于对照；胶东卫矛经 50mg·L^{-1} IBA 处理 30min 后，生根率、生根数和平均根长都显著增加；虽然 IAA 处理能显著提高金叶接骨木的生根数和胶东卫矛的生根率，但没有 NAA 和 IBA 处理的效果好。另外，生长素的浓度水平以及处理时间都对金叶接骨木和胶东卫矛插穗的生根效果影响显著。

关键词 扦插生根；生长素；IAA；IBA；NAA

Effects of Different Auxin on Rooting of *Sambucus canadensis* 'Aurea' and *Euonymus kiautshovicus* Cuttings

WANG Meng LI Bin ZHU Yong-chao NIU Li-juan JIN Xin XU Qing-qing LIAO Wei-biao

（*College of Horticulture*，*Gansu Agricultural University*，*Lanzhou* 730070）

Abstract *Sambucus canadensis* 'Aurea' and *Euonymus kiautshovicus* were used to research the effects of different auxin （IAA，IBA and NAA） concentrations （50、100mg·L^{-1}） and processing times （30、60 min） on cutting rooting. The results showed that three kinds of auxin （IAA，IBA and NAA） all significantly improved cutting rooting, but promoting effect each were not identical. Compared with the control, the rooting percentage and root number of *Sambucus canadensis* 'Aurea' were improved remarkably with 100mg·L^{-1} NAA treatment for 60min. As to *Euonymus kiautshovicus*，50mg·L^{-1} IBA treatment for 30min significantly increased rooting percentage, root number and root length. Although IAA treatment could improve markedly the root number of *Sambucus canadensis* 'Aurea' and rooting percentage of *Euonymus kiautshovicus*，the promoting effect was not good compared with IBA and NAA. In addition, different auxin concentrations and processing times brought the striking difference on cutting rooting.

Key words Cutting rooting；Auxin；IAA；IBA；NAA

　　嫩枝扦插是利用半木质化的嫩枝和嫩梢为材料的无性繁殖途径，在林业和园艺等行业都有广泛应用，但存在生根率和成活率低的问题，尤其是难以扦插繁殖的植物。1934 年荷兰生物学家第一次发表了关于植物生长激素对不定根形成具有促进作用后，许多研究者进行了大量的实验，发现生长素对插穗的生根起着显著的促进作用（Christensen *et al.*，1980；Puri and Verma，1996；Liao *et al.*，2011）。金叶接骨木（*Sambucus canadensis* 'Aurea'）为忍冬科接骨木属，落叶灌木。生长迅速，树势强健，耐寒抗旱，是一种极具观赏价值及发展潜力的城市绿化树种。胶东卫矛（*Euonymus kiautshovicus*）为卫矛科卫矛属，直立或蔓性半常绿灌木。在园林中常用作绿篱和地被，具有很高的观赏价值和经济价值。因此，如何提高这两种植物的扦

---

* 基金项目：国家自然基金（31160398）；中国博士后科学基金项目（20100470887、2012T50828）；教育部科学技术研究重点项目（211182）；教育部高校博士点新教师基金（201162020005）；甘肃省自然科学基金（1308RJZA179）；甘肃省高等学校基本科研业务费项目；兰州市科技局科技攻关项目（2011129）。

① 通讯作者。Author for correspondence（E-mail：liaowb@ gsau. edu. cn）。

插生根能力具有很高的经济效益、社会效益和生态效益。鉴于此，本试验研究了不同生长素种类（IAA、NAA 和 IBA）、不同浓度处理（50 和 100mg·L^{-1}）、不同时间处理（30 和 60min）对金叶接骨木和胶东卫矛嫩枝扦插的影响，为提高嫩枝扦插的成苗率提供理论基础。

1 材料与方法

试验用材为金叶接骨木和胶东卫矛，插穗来源于兰州市植物园苗圃展示园引进的 3 年生扦插苗。2014 年 7 月 18 日剪取金叶接骨木和胶东卫矛枝条，选择当年生、半木质化、生长健壮和无病虫害的嫩枝为扦插材料。材料采集后，插穗一般长 7～10cm，每穗含有 2 个节和 2～3 个充实的芽，上节 2 叶保留，下节叶片摘除。上端距顶芽 1cm 处截平，下端腋芽处（距节间约 0.5cm 处）削成马耳形斜面。

试验在兰州市园林科学研究所智能化室进行。基质为蛭石和珍珠岩按 3∶1 配制，平均温度为 23～25℃，pH 值为 6.5～7.5，厚度为 8～10cm。扦插前 3～5d 用 0.5% 高锰酸钾对基质进行消毒，随后将基质搅拌混合均匀。

供试的 3 种生长素为吲哚乙酸（IAA）、吲哚丁酸（IBA）和萘乙酸（NAA），均为中国上海化学试剂厂产品。各生长素的处理质量浓度为 50、100mg·L^{-1}，处理时间分别为 30min 和 60min。另设清水处理为对照组（CK，0min），共设 26 个处理，每个处理 3 次重复，每个重复 20 个接穗。插穗每 10 穗一把，基部 2～3cm，分别浸泡到不同的处理液中。扦插方式为垂直插入基质，扦插深度为 3～5cm，穗距 10cm。扦插完成后，空气温度保持在 25～30℃，扦插后的前 7d 每 2h 进行一次喷雾式浇水，每次 3min；随后，1～2d 浇一次水。扦插 2 周后，用 800 倍多菌灵杀菌剂喷雾消毒，以防病害发生。

扦插 10d 后测定生根率、生根数和平均根长。生根率为生根插穗成活数占总扦插数的百分数；单株平均根长 = 单株根总长/单株生根数。所有数据使用统计软件 SPSS17.0 进行处理。试验结果用 3 个重复的平均值 ± 标准差表示。采用 Duncan's 检验对各处理间的差异显著性进行分析。用 Excel 软件计算标准差并绘制相关图标。

2 结果与分析

2.1 生根率

由表 1 可见，经 IAA 和 IBA 处理后，金叶接骨木的生根率与对照相比无显著促进效果，但经 100mg·

L^{-1} 的 NAA 处理 60min 后金叶接骨木的生根率显著高于对照。分别用 50mg·L^{-1} 和 100mg·L^{-1} 的 NAA 对金叶接骨木插穗浸泡 60min 后，50mg·L^{-1} 的生根率与对照相比无显著差异，而 100mg·L^{-1} 的生根率显著高于对照，这说明同一浓度的 NAA 不同处理时间对金叶接骨木的生根率影响显著。同样的，用 100mg·L^{-1} 的 NAA 分别对金叶接骨木插穗浸泡 30 和 60min 后，30min 的生根率显著低于对照，而 60min 的生根率明显高于对照，这说明同一时间不同浓度的 NAA 对金叶接骨木的生根率影响显著。由此可见，生长素种类、浓度和处理时间都会影响金叶接骨木的生根率。

胶东卫矛经 IAA、IBA、NAA 处理后，其生根率都显著高于对照，其中 IBA 的处理效果最为明显，50mg·L^{-1} 的 IBA 处理 60min 和 100mg·L^{-1} 的 IBA 处理 30 或 60min 后，胶东卫矛的生根率显著高出对照 18%（表 1）。

可见，NAA 能显著提高金叶接骨木的生根率，最优组合为 NAA + 100mg·L^{-1} + 60min。另外，IAA、IBA、NAA 都能显著提高胶东卫矛的生根率，最优组合为 IBA + 50mg·L^{-1} + 60min 和 IBA + 00mg·L^{-1} + 30 或 60min。

表 1 3 种生长素对金叶接骨木和胶东卫矛扦插生根率的影响（%）

Table 1 Effects of different auxin on rooting percentage of *Sambucus canadensis* 'Aurea' and *Euonymus kiautshovicus*

处理 Treatment	浓度/ （mg·L^{-1}） Concentration	处理时间/ （min） Processing time	金叶接骨木	胶东卫矛
CK	0	0	65.56 ± 2.22bc	83.33 ± 2.89cd
IAA	50	30	55.00 ± 5.00de	81.67 ± 5.77d
		60	68.33 ± 2.89b	81.67 ± 2.89d
	100	30	66.67 ± 2.89bc	93.33 ± 2.89ab
		60	56.67 ± 2.89de	95.00 ± 5.00a
IBA	50	30	50.00 ± 5.00e	96.67 ± 2.89a
		60	66.67 ± 5.77bc	98.33 ± 2.89a
	100	30	73.33 ± 2.89b	98.33 ± 2.89a
		60	66.67 ± 2.89bc	98.33 ± 2.89a
NAA	50	30	68.33 ± 2.89b	95.00 ± 5.00a
		60	60.00 ± 8.66cd	96.67 ± 2.89a
	100	30	50.00 ± 5.00e	88.33 ± 2.89bc
		60	81.67 ± 2.89a	93.33 ± 2.89ab

2.2 生根数

从表 2 可以看出，与对照相比，金叶接骨木插穗用不同浓度和处理时间的 IBA 处理后对生根数的影响不显著，但 IAA 浓度的高低和处理时间的长短与金叶接骨木生根数密切相关，随着浓度的增加和时间的延长，生根数显著增加，100mg·L⁻¹ 的 IAA 处理 60min 后，金叶接骨木的平均根长显著高于对照，可以看出金叶接骨木对 IAA 的浓度和处理时间都比较敏感。不同激素之间 NAA 处理的的生根数显著高于 IAA 和 IBA 处理，不同浓度和处理时间的 NAA 都能显著增加金叶接骨木的生根数，比对照增加了 110.1% ~ 138.92%，以 100mg·L⁻¹ NAA 处理 60min 的效果最好。

IAA、IBA、NAA 的浓度和处理时间都对胶东卫矛生根数影响显著。当处理时间相同时，经 100mg·L⁻¹ 的 IAA 和 NAA 处理后，其生根数要显著高于 50mg·L⁻¹ 的生根数，同样的，当浓度相同时，经 IAA 和 NAA 处理 60min 的生根数要明显高于 30min 的生根数，但 IBA 的处理效果正好相反。不同激素之间 IBA 处理的胶东卫矛生根数显著高于 IAA、NAA 处理，以 50mg·L⁻¹ 的 IBA 处理 30min 的效果最明显，可高出对照 118.56%（表 2）。

金叶接骨木经 100mg·L⁻¹ NAA 处理 60min 后，其生根数达到最高。胶东卫矛生根数与 IAA、IBA 和 NAA 的浓度和处理时间关系密切，并且 50mg·L⁻¹ IBA 处理 30min 的效果最好。

表 2　3 种生长素对金叶接骨木和胶东卫矛
枝条扦插生根数的影响(个)

Table 2　Effects of different auxin on root number of *Sambucus canadensis* 'Aurea' and *Euonymus kiautshovicus*

处理	浓度 (mg L⁻¹)	处理时间 (min)	金叶接骨木	胶东卫矛
CK	0	0	13.13 ± 0.72d	11.10 ± 0.55fgh
IAA	50	30	9.87 ± 0.67e	9.20 ± 0.63h
		60	12.50 ± 2.17d	10.04 ± 0.61h
	100	30	14.03 ± 0.67cd	12.20 ± 0.55efg
		60	15.81 ± 1.05c	13.42 ± 0.21de
IBA	50	30	13.04 ± 0.42d	24.26 ± 0.74a
		60	13.47 ± 0.76cd	22.42 ± 0.08b
	100	30	13.77 ± 2.56cd	19.75 ± 1.51c
		60	15.10 ± 1.55cd	15.06 ± 1.79d
NAA	50	30	27.70 ± 1.08b	9.47 ± 1.30h
		60	28.07 ± 1.51b	10.41 ± 0.82gh
	100	30	28.00 ± 2.21b	12.57 ± 0.96ef
		60	31.37 ± 0.51a	13.09 ± 1.91e

2.3　平均根长

表 3　3 种生长素对金叶接骨木和胶东卫
矛枝条扦插平均根长的影响(cm)

Table 3　Effects of different auxin on root length of *Sambucus canadensis* 'Aurea' and *Euonymus kiautshovicus*

处理	浓度 (mg L⁻¹)	处理时间 (min)	金叶接骨木	胶东卫矛
CK	0	0	7.40 ± 0.38abcd	3.92 ± 0.61c
IAA	50	30	7.75 ± 0.65abc	4.29 ± 0.78abc
		60	6.83 ± 1.24cd	4.73 ± 0.30abc
	100	30	7.58 ± 0.33abcd	4.61 ± 0.49abc
		60	8.70 ± 0.22a	4.80 ± 0.20abc
IBA	50	30	7.09 ± 1.10bcd	5.23 ± 0.75a
		60	8.48 ± 0.33ab	5.16 ± 0.04ab
	100	30	8.58 ± 0.66ab	4.83 ± 0.41abc
		60	6.13 ± 0.71d	4.72 ± 0.24abc
NAA	50	30	8.12 ± 1.12abc	4.00 ± 0.98c
		60	7.82 ± 0.92abc	4.07 ± 0.42c
	100	30	8.16 ± 1.08abc	4.17 ± 0.10bc
		60	8.85 ± 0.54a	4.74 ± 0.58abc

由表 3 可知，不同浓度和处理时间的 IAA、IBA 和 NAA 对金叶接骨木平均根长的影响都不显著，说明经 100mg·L⁻¹ 的 NAA 处理 60min 后，虽能显著提高金叶接骨木的生根率和生根个数，但对平均根长并没明显影响。

IBA 对胶东卫矛平均根长的影响显著，其平均根长随着 IBA 浓度的升高和处理的延长而下降，50mg·L⁻¹ 的 NAA 处理 30min 或 60min 与对照相比都能显著增加胶东卫矛的平均根长，其中以 50mg·L⁻¹ 的 NAA 处理 30min 的效果最为明显。胶东卫矛经 IAA 和 NAA 处理后平均根长也轻微增加但不显著。

结果表明 IAA、IBA 和 NAA 处理均不显著影响金叶接骨木的平均根长，但是 50mg·L⁻¹ 的 IBA 处理 30min 后能显著增加胶东卫矛的平均根长。

3　讨论

扦插育苗过程是一个复杂的生理过程，插穗的生根率和成活率由植物内在的因素和外界环境共同决定。已有研究表明影响植物扦插生根的内部因素有树种和品种(曾端香 等，2005)、插穗年龄(Tarrago et al.，2005) 和采集部位(Fachinello，1982)、插穗形态(插穗粗度、长度、留叶量; Atangana et al.，2006)、营养状况(敖 红 等，2002)、内源激素水平(程水源和王燕，1996) 以及酶活力(Szabolcs et al. 2002) 等。另外，生根剂种类及浓度(周贱平 等，1994)、扦插基质(张海洋 等，2008)、扦插时期(周俊新，2008)、温度(郭云文 等，2008)、湿度等外部因素也会影响植物扦插生根。因此，在扦插过程应综合考虑各种影响因子，对可能影响扦插生根的内外部因素进行全面分析。其中，使用生长调节剂来促进生根在生产上的应用非常广泛，生长素在不定根形成中起关键作用(Liao et al.，2011)。本实验研究了3种生长素(IAA、NAA、IBA)对金叶接骨木和胶东卫矛扦插生根的影响。

不同种类的外源生长素对生根的影响不同。研究表明在桉树扦插试验中，IBA的生根效果比IAA好(许方宏 等，2003)。同样的，本实验也表明IAA、IBA和NAA 3种生长素对扦插生根的效果不同，NAA处理组对金叶接骨木生根的促进作用明显好于IAA、IBA处理组(见表1、2)，在促进胶东卫矛扦插生根方面IBA的效果又明显好于IAA、NAA(见表1、2、3)，总体来看IAA对胶东卫矛和金叶接骨木扦插生根的效果较IBA和NAA差(见表1、2、3)。

另外，激素的浓度水平和处理时间对扦插生根也有一定的影响。本实验中IAA、IBA、NAA的浓度和处理时间都对胶东卫矛生根数影响显著，其生根数会随着IAA和NAA浓度的增加和处理时间的延长而增加，而NAA的效果正好相反，随着NAA浓度和增加和处理时间的延长，胶东卫矛的生根数减少(表2)。前人研究表明不同IBA浓度和处理时间对青海云杉插穗生根质量的影响显著不同(陈广辉 等，2005)。因此，对IAA、NAA和IBA浓度和处理时间的最有效组合的研究是极有必要的。

综上所述，IAA、NAA和IBA 3种植物生长调节剂对金叶接骨木和胶东卫矛扦插生根均产生了不同程度的影响。$100mg \cdot L^{-1}$的NAA处理60min显著地促进了金叶接骨木生根及其根的长度，而胶东卫矛经$50mg \cdot L^{-1}$IBA处理30min后，生根率、生根数和平均根长都显著增加。综合比较3种生长素促进生根的效果，IAA的较差。并且，激素的浓度水平和处理时间对金叶接骨木和胶东卫矛的扦插生根效果影响显著。

参考文献

1. 敖 红，王昆，陈一菱，张杰. 2002. 长白落叶松插穗内的营养物质及其对扦插生根的影响[J]. 植物研究，22(3)：301 – 304.

2. Atangana A R, Tchoundjeu Z, Asaah E K, Simons A J, Khasa D P. 2006. Domestication of *Allanblackia floribunda*: Amenability to vegetative propagation[J]. Forest Ecology and Management, 237(1 – 3)：246 – 251.

3. 陈广辉，王军辉，张建国，张守攻. 吲哚丁酸对青海云杉硬枝扦插生根效应的影响[J]. 2005. 林业科学研究，18(6)：688 – 694.

4. 程水源，王 燕. 1996. 银杏插穗生根与酶及内源激素的关系[J]. 园艺学报，23(4)：407 – 408.

5. Christensen M V, Erinksen E N, Andersen A S. 1980. Interaction of stock plant irradiance and auxin in the propagation of apple rootstocks by cuttings[J]. Scientiv Horticultural, 78(1)：11 – 17.

6. Fachinello J G. Effect of IBA on the rooting of hardwood peach cuttings from cultivars Diamante[J]. 1982. Hort Abst, 52(12)：65 – 77.

7. 郭云文，苏德荣，刘泽良. 不同因子对山荞麦扦插繁殖影响的研究[J]. 2008. 辽宁林业科技，02：3 – 7.

8. Liao W B, Huang G B, Yu J H. Nitric oxide and hydrogen peroxide are involved in indole-3-butyric acid-induced adventitious roots development in marigold[J]. 2011. J Hortic Sci Biotech, 86(2)：159 – 165.

9. Puri S, Verma C. 1996. Vegetative propagation of *Dalbergi sissoo* Roxb. Using softwood and hardwood stem cuttings[J]. Journal of Arid Environments, 34(2)：235 – 245.

10. Szabolcs F, Andrea M, Eva S B. 2002. Change of peroxidase enzyme activities in annual cuttings during rooting[J]. Acta Biologica Szegediensis, 46(3 – 4)：29 – 31.

11. Tarrago J, Sansberro P, Filip R, Lopez P, Gonzalez Ana, Mroginski L. 2005. Effect of leaf retention and flavonoids on rooting of *Ilex paraguariensis* cuttings[J]. Scientia Horticulturae, 103：479 – 488.

12. 许方宏，方良，李孟. 影响桉树插穗生根的几个因素研究[J]. 2003. 广东林业科技，19(1)：6 – 10.

13. 曾端香，尹伟伦，王玉华，赵孝庆，王华芳. 2005. 5个矮生牡丹品种黄化嫩枝扦插技术研究[J]. 园艺学报，32(4)：725 – 728.

14. 张海洋，徐秀芳，陈建中. 2008. 紫景天扦插繁殖技术研究[J]. 北方园艺，2008(2)：172 – 174.

15. 周贱平，卢俊鸿，廖伟清. 基质和植物生长调节剂对九重葛插条生根的影响[J]. 园艺学报，1994，21(2)：205 – 206.

16. 周俊新. 野鸦椿扦插育苗适宜技术研究[J]. 2008. 安徽农业通报，14(15)：156 – 158.

图版 I　说明：3 生长素处理的金叶接骨木插穗生根状况

1. IAA 处理：从左往右依次为 50mg·L^{-1} 处理 30min 和 60min；100mg·L^{-1} 处理 30min 和 60min；对照。

2. IBA 处理：从左往右依次为 50mg·L^{-1} 处理 30min 和 60min；100mg·L^{-1} 处理 30min 和 60min。

3. NAA 处理：从左往右依次为 50mg·L^{-1} 处理 30min 和 60min；100mg·L^{-1} 处理 30min 和 60min。

德国鸢尾'印度首领'种胚苗继代增殖的研究[*]

贾红姗[1]　肖建忠[1][①]　储博彦[2]　尹新彦[2]

（[1]河北农业大学园林与旅游学院，保定 071000；[2]河北省林业科学研究院，石家庄 050061 ）

摘要　以德国鸢尾'印度首领'胚培养萌发得到的苗高 2～3cm 左右的丛生幼苗为外植体，研究了 6-BA、IBA、NAA 不同浓度及配比对种胚苗增殖倍数及生长状况的影响，并对最适接种株丛数进行了筛选。研究发现：影响不定芽增殖倍数和生长状况的主要因素是培养基中 6-BA/IBA 的浓度比，但变化趋势并不相同；NAA 具有抑制芽丛分化与生长的作用；不定芽的继代增殖不能仅用增殖倍数这一个指标来评价。德国鸢尾'印度首领'种胚苗继代增殖应采用多株/丛（＞3）的不定芽数，最佳增殖培养基为 MS + 6-BA4.0mg/L + IBA0.5mg/L，增殖倍数可达 5.76，生长状况良好（＋＋）以上植株占 80%。

关键词　'印度首领'；种胚苗；增殖；生长调节剂

Subculture Research of *Iris germanica*'Indian chief' Embryo Seedlings

JIA Hong-shan[1]　XIAO Jian-zhong[1]　CHU Bo-yan[2]　YIN Xin-yan[2]

（[1]*College of Landscape and Tourism*，*Agricultural University of Hebei*，*Baoding* 071000；

[2]*Hebei Province Engineering Technology Center of Forest Improved Varieties*，*Shijiazhuang* 050061）

Abstract　The embryo seedlings about 2～3cm height of *Iris germanica* 'India chief' were used as explants. We studied the effects of 6-BA、IBA、NAA concentrations and ratios on embryo seedlings multiplication ratio and growth conditions, and the optimum cluster number were screened. In our studies, the main factors affecting adventitious buds propagation and growth status is the concentration of 6-BA/IBA in the culture medium, but the trends are not the same. NAA could inhibit the bud differentiation and growth condition. Adventitious buds subculture proliferation can not be evaluated only by the index proliferation multiples. There should be at least 3 plants each cluster for the inoculation of adventitious buds. The best subculture medium for *Iris germanica* 'India chief' is MS + 6-BA4.0mg/L + IBA0.5mg/L whose multiplication coefficient is 5.76, and the growth status（＋＋）accounts for 80% of the plant.

Key words　'Indian chief'；Embryo seedlings；Subculture；Growth regulators

德国鸢尾（*Iris germanica*）原产欧洲，是鸢尾属的模式种，它是一个天然杂交种，是现代有髯鸢尾的重要亲本（郭翎，2000）。该品种花大色艳，姿态优雅，园艺品种繁多，耐旱耐瘠薄，非常适合于北方城市的道路绿化和街心花园、公园、广场、庭院等地的绿化美化（王振一，2005）。德国鸢尾在园林中一般不结实，自然状态下的播种和分株繁殖系数过低，远不能满足园林绿化建设的需要（沈云光等，2005）。因此，通过组培快繁是尽快满足应用需求的有效途径。迄今为止，国内外对德国鸢尾的组织培养与快速繁殖已有相当多的报道（黄洁，2008；陈晨等，2010；王鹏等，

2009；Radojevic *et al*，1987）。由于不同品种间所需条件差异较大，对一些新品种进行组培和繁殖方面的研究十分必要。本研究在胚培养获得丛生苗的基础上，选择不同的培养基和生长调节剂浓度进行继代增殖试验，探讨德国鸢尾'印度首领'继代扩繁的最佳条件，为其快速繁殖提供技术参考。

1　材料与方法

1.1　材料

本研究种子为德国鸢尾'印度首领'人工自交结

* 基金项目：河北省林业科学技术研究项目（141520862A）。

① 通讯作者。Author for correspondence（E-mail：xiaojianzhong@ hebau. edu. cn）。

实的种子，取其胚培养萌发得到的苗高 2～3cm 左右的丛生幼苗为外植体进行试验。

1.2　培养基的选择

在查阅大量相关文献（黄洁，2008；陈晨等，2010；王鹏等，2009）的基础上，本研究采用 MS 基本培养基，并添加一定浓度生长调节剂进行继代增殖培养研究。本研究每升 MS 培养基含 30g 蔗糖与 5g 琼脂，pH 值调至 5.6～5.8。

1.3　生长调节剂 6-BA、IBA、NAA 浓度的筛选

将丛生幼苗切去根系，分成每 3 株/丛，小心地接种到表 1 所列添加不同浓度生长调节剂的 JD1-JD6 培养基中。每处理接种 20 瓶，每瓶接种 2 丛不定芽，重复 3 次。培养过程中，观察其生长状况并拍照记录。培养 7d 后统计污染率，28d 后统计增殖倍数及株丛生长状况（＋、＋＋、＋＋＋）的百分比。组培室温度 25℃，光照和黑暗交替处理，每天光照 12h，光照强度 1000～1500lx。

表 1　继代增殖培养基
Table 1　Mediums of subculture

培养基	JD1	JD2	JD3	JD4	JD5	JD6
6-BA（mg/L）	2	4	4	5	4	4
IBA（mg/L）	0.5	0.5	1	1	0.5	0.5
NAA（mg/L）					0.1	0.2

1.4　不同株丛数筛选

将丛生幼苗切去根系，分成 1 株、2 株、3 株、多株为一丛，分别接种到最佳增殖培养基中，每处理接种 20 瓶，每瓶接种 2 丛不定芽，重复 3 次。培养过程中，观察其生长状况并拍照记录。培养 7d 后统计污染率，28d 后统计增殖倍数。

2　结果与分析

2.1　生长调节剂 6-BA、IBA、NAA 不同浓度及配比对不定芽继代增殖的影响

2.1.1　增殖倍数

表 2　不定芽增殖倍数统计
Table 2　Adventitious bud proliferation multiples statistics

培养基	生长调节剂浓度（mg/L）				增殖倍数
	6-BA	IBA	NAA	6-BA/IBA	
JD2	4	0.5	/	8	5.76a
JD1	2	0.5	/	4	3.5 ab
JD4	5	1.0	/	5	3.44 ab
JD3	4	1.0	/	4	3.34 ab
JD5	4	0.5	0.1		2.74 b
JD6	4	0.5	0.2		2.3 b

从表 2 可以看出，把丛生不定芽转接到增殖培养基中培养 28d 后，仅 1 瓶出现污染情况，芽丛增殖明显。在 6 个处理中，培养基 JD2，即添加 6-BA 2.0mg/L＋IBA 0.5mg/L 的效果最好（图 1），其增殖倍数为 5.76，高于其他添加不同浓度 6-BA 和 IBA 的处理，显著高于附加 NAA 的培养基 JD5 和 JD6。

图 1　JD2 继代增殖 28d 的株丛
Fig. 1　Cluster of 28d subculture micropropagation in JD2

不定芽的增殖倍数随 6-BA/IBA 比值的增大而升高，但不存在显著差异。当 6-BA 浓度为 2.0mg/L 时（6-BA/IBA 比值为 4），不定芽的增殖倍数反而大于 6-BA/IBA 比值为 5 的 JD3 培养基。这可能与 6-BA 和 IBA 浓度同时降低有关。在添加 6-BA 和 IBA 基础上又附加了 NAA 时，不定芽的增殖倍数显著降低。说明 NAA 具有抑制芽丛分化的作用，且随添加浓度的增加，抑制作用增强。德国鸢尾'印度首领'种胚苗继代增殖的最佳增殖倍数培养基为 MS＋6-BA 4.0mg/L＋IBA 0.5mg/L，增殖倍数可达 5.76。

2.1.2　植株生长状况

表 3　不定芽生长状况统计
Table 3　Adventitious bud growth statistics

培养基	生长调节剂浓度（mg/L）				生长状况（%）			
	6-BA	IBA	NAA	6-BA/IBA	＋	＋＋	＋＋＋	总得分
JD1	2	0.5	/	4	0	0.75	0.25	2.25
JD2	4	0.5	/	8	0.2	0.4	0.4	2.2
JD3	4	1.0	/	4	0.2	0.8	0	1.8
JD4	5	1.0	/	5	0.4	0.2	0.4	2
JD5	4	0.5	0.1		0.4	0.6	0	1.6
JD6	4	0.5	0.2		0.6	0.2	0.2	1.6

注：生长状况 ＋：植株长势一般，偶有黄叶现象（图 2-1），记为 1 分；＋＋：植株长势良好，浅绿卷缩（图 2-2），记为 2 分；＋＋＋：植株长势很好，深绿健壮（图 2-3），记为 3 分。

从表 3 和图 2 可知，把丛生不定芽转接到增殖培

养基中培养 28d 后,仅 1 瓶出现污染情况,芽丛生长良好。在 6 个处理中,培养基 JD1、JD2,即添加 IBA0.5mg/L 并附加 6-BA2.0mg/L、4.0mg/L 的培养基株丛生长状况最佳,总得分分别为 2.25、2.2 分;JD5、JD6 株丛长势最差,植株黄叶现象较严重,为 1.6 分。

不定芽的生长状况随 6-BA/IBA 比值的增大而变好。当 6-BA 浓度为 2.0mg/L 时(6-BA/IBA 比值为 4),生长状况反而优于 6-BA/IBA 比值为 8(最大)的 JD2 培养基。在添加 6-BA 和 IBA 基础上又附加了 NAA 时,不定芽的增殖倍数显著降低。说明生长调节剂 6-BA、IBA 的添加浓度要适宜;NAA 具有抑制芽丛生长的作用,且随添加浓度的增加,抑制作用增强。德国鸢尾'印度首领'种胚苗继代增殖的植株最佳生长状况培养基为 JD1,即 MS + 6-BA2.0mg/L + IBA0.5mg/L,长势良好(+ +)的植株占 75%。

2-1 生长状况+植株　　2-2 生长状况++植株　　2-3 生长状况+++植株

图 2　继代 28d 植株生长状况统计

Fig. 2 Cluster growth conditions of 28d subculture micropropagation

2.2　不同株丛数对不定芽增殖的影响

表 4　不同株丛数增殖倍数统计

Table 4　Proliferation multiples statistics of different cluster

植株数量(株/丛)	增殖倍数	显著性
多(>3)	4.28	a
3	3.38	ab
2	2.6	ab
1	2	b

由表 4 和图 3 可知,把不定芽分成不同芽丛数转接到增殖培养基中培养 28d 后,未出现污染情况,芽丛增殖明显,生长良好。株丛数量为多株/丛(>3)时,增殖倍数最高为 4.28,高于 3 株/丛、2 株/丛,显著高于 1 株/丛的株丛增殖倍数。说明继代增殖时,单芽接种不利于株丛增殖。种胚苗继代增殖的最佳株丛数为多株/丛(>3),具体的数量可根据芽块大小及不定芽生长状态决定。

3-1 1株/丛　　3-2 2株/丛　　3-3 3株/丛

图 3　不同株丛数继代 28d 增殖情况

Fig. 3　Different clusters multiplication ratio of 28d

3　结论与讨论

生长调节剂对细胞分化起着重要作用,高浓度细胞分裂素与低浓度的生长素有利于芽的形成,反之则促进生根(杨增海,1987)。本研究发现,影响德国鸢尾'印度首领'不定芽继代增殖的主要因素是培养基中 6-BA 与 IBA 的质量浓度比。董艳芳等(2014)对'金娃娃'和'黑骑士'组织培养体系进行了研究,发现影响不定芽增殖系数的主要因素是培养基中 6-BA/NAA 的浓度比值,黄苏珍等(1999)对荷兰鸢尾的研究也有相同结论。但本试验所得结论与之不同,所以仍需进一步深入的研究。NAA 具有抑制芽丛分化的作用,且随添加浓度的增加,抑制作用增强。陈德芬等(1997)以花茎为外植体研究了外源激素对鸢尾组织培养的影响,与本试验结论一致。

株丛生长状况和不定芽增殖倍数随 6-BA、IBA 浓度的变化趋势不同,说明不定芽的继代增殖不能仅用增殖倍数这一个指标来评价。应建立一个综合的评价体系,对德国鸢尾及其他植物组培过程中的每一级指标和性状进行完善的评价。

种胚苗继代增殖的最佳株丛数为多株/丛(>3)。这与张芳等(2012)对德国鸢尾'魂断蓝桥'的离体快繁结论一致,赵春莉等(2012)对鸢尾'白天鹅'和'黑色旗帜'组培苗生根的研究与本试验也有类似的结论。

综合本研究所测指标,德国鸢尾'印度首领'种胚苗继代增殖应采用多株/丛(>3)的不定芽数,最佳培养基为 MS + 6-BA4.0mg/L + IBA0.5mg/L,增殖倍数可达 5.76,植株生长状况(+ +)以上植株占 80%,无黄叶、焦叶及褐变、玻璃化等现象。

参考文献

1. 郭翎 . 2000. 中国名花丛书——鸢尾[M]. 上海：上海科学技术出版社，17.

2. 王振一 . 2005. 德国鸢尾的栽培技术[J]. 河北林果研究，291 – 293.

3. 沈云光，管开云，王仲朗，等 . 2005. 4 种国产鸢尾属植物种子萌发特性研究[J]. 种子，24(12)：21 – 25.

4. 黄洁 . 2008. 德国鸢尾的组织培养试验[J]. 青海农林科技，(1)：15 – 16.

5. 陈晨，毕晓颖，卢明艳 . 2010. 德国鸢尾组织培养快速繁殖技术研究[J]. 沈阳农业大学学报，02，41(1)：27 – 32.

6. 王鹏，王文静，牛小花，等 . 2009. 3 种鸢尾组织培养直接成苗培养基筛选[J]. 福建林业科技，36(3)：85 – 87.

7. Radojevic, L., Sokic, O., Tucic, B. . 1987, Somatic embryogenesis in tissue culture of Iris (*Iris pumila* L.). Acta Horticulturae, 212：719 – 723.

8. 杨增海 . 1987. 植物生根培养基对百合组织培养繁殖的效应[J]. 西北农业大学学报，15(3)：72 – 77.

9. 董艳芳，郭彩霞，周媛，等 . 2014. 2 种德国鸢尾组织培养体系的建立[J]. 西北农林科技大学学报，42(2)：107 – 112.

10. 黄苏珍，谢明云，佟海英，等 . 1999. 荷兰鸢尾(*Iris xiphium* L. var. *hybridum*)的组织培养[J]. 植物资源与环境，8(3)：48 – 52.

11. 陈德芬，杨焕婷，马钟艳 . 1997. 外源激素对鸢尾组织培养的影响[J]. 天津农业科学，(3)：18 – 20.

12. 张芳，董然，赵和祥，等 . 2011. 德国鸢尾新品种'魂断蓝桥'离体快繁的研究[J]. 北方园艺，(09)：146 – 148.

13. 赵春莉，张芳，顾德峰，等 . 2012. 两个鸢尾新品种组培苗生根培养的研究[J]. 安徽农业科学，40(27)：13251 – 13253.

现代月季抗寒新品系'2010-10'快繁技术研究

黄晓玲　李晓芳　张晓莹　徐长贵　车代弟[①]

（东北农业大学园艺学院，园林植物遗传育种与生物技术研究室，哈尔滨 150030）

摘要　现代月季（*Rosa hybrida*）品系'2010-10'花色淡雅，花型优美，是抗寒性强的优良品系。该文对'2010-10'进行组织培养快速繁殖研究，经过实验对比，得出最适宜诱导芽萌发的培养配方为 MS + 6-BA1.0mg·L^{-1} + NAA0.05mg·L^{-1}，萌发率可以达到92%；最适宜芽增殖的培养基配方为 MS + 6-BA2.0 mg·L^{-1} + NAA0.01mg·L^{-1}，芽增殖系数达到6.0；最佳生根培养基配方为 1/2MS + IBA0.2mg·L^{-1}；最佳生根基质为以蛭石效果最佳，成活率达92%。

关键词　月季；组织培养；快速繁殖

Study on Rapid Propagation Technology of *Rosa* '2010-10'

HUANG Xiao-ling　LI Xiao-fang　ZHANG Xiao-ying　XU Chang-gui　CHE Dai-di

（*Ornamental Plants Genetic Breeding and Biotechnology Lab*，*Northeast Agricultural University*，*Harbin* 150030）

Abstract　*Rosa hybrida* '2010-10' is a type of rose，which has pastel color，beautiful shape. And it is has a strong cold resistance. The study researched tissue culture rapid propagation of '2010-10'. The formula for germination，multiplication and rooting was found. The suitable formula for bud germination is MS + 6-BA1.0mg·L^{-1} + NAA0.05mg·L^{-1}，and germination rate is 92%；The suitable formula for bud multiplication is MS + 6-BA2.0mg·L^{-1} + NAA0.01mg·L^{-1}，bud multiplication coefficient is 6.0；The suitable rooting medium was also formulated as 1/2MS + IBA0.2mg·L^{-1}.

Key words　Rose；Tissue culture；Rapid propagation

月季是蔷薇科蔷薇属的多年生木本花卉，花姿优美，花型丰富，是中国十大名花之一，被誉为"花中皇后"。月季具有花色多、花期长、枝叶繁茂、适应性强、管理容易等特点，具有极高的观赏价值和商业价值（陈俊愉，2001；高莉萍，2005）。哈尔滨地区冬季气温低，大多数月季无法安全越冬致使在园林绿化应用中受到限制。'2010-10'为实验室经过多年杂交育种选育的抗寒性优良品系，适合在东北地区露地越冬，由于原有苗木较少，期望通过本试验探究出繁育大量苗木的方法，以满足园林应用。前人对月季离体快速繁殖体系的研究主要包括培养基激素及浓度（Noodezh H M *et al*，2012）、对外植体的选取（沈国正，2006）、继代时间（宋丽莎，2010）等方面，关于组培苗生根问题已有很多研究（Rajendra P M *et al*，2013）。但是由于品种间在繁殖方法上存在很大差异，

对于'2010-10'还没有进行过相关研究，因此，本试验以其为实验材料开展了快繁体系的探究。

1 材料与方法

1.1 实验材料

实验材料为现代月季（*Rosa hybrida*）'2010-10'，现保存于东北农业大学园艺学院园林实验站。

1.2 试验方法

1.2.1 外植体的消毒与接种

将枝条剪成带有腋芽的茎段（长约1.5cm），流水冲洗1小时。在无菌条件下进行消毒处理：75%酒精浸泡30s后，无菌水3~4次，置于0.1%升汞溶液中处理7~10min，最后用无菌水冲洗4~6次，放到无菌滤纸上吸干水分备用。基础培养基为 MS 培养基，

---

①　通讯作者。Author for correspondence（E-mail：daidiche@aliyun.com）。

并附加蔗糖 30mg·L^{-1}，卡拉胶 6.5g·L^{-1}，pH 值 5.83 ~ 5.85，经 121℃高压灭菌 20min，接种后培养条件为 25℃，光照强度 2000lx，周期为 16h/8h。

1.2.2　芽的诱导培养

将单芽茎段接种于芽诱导培养基。芽诱导培养基中分别添加不同浓度配比的细胞分裂素(6-BA)和生长素(NAA)(见表1)；每种培养基重复接种 30 个单芽茎段，接种 15d 后分别观察组培苗生长状况并进行统计分析。

表1　6-BA 与 NAA 不同浓度配比对芽萌动的影响
Table 1　Effect of 6-BA and NAA on bud germination

培养基编号 culture medium number	6-BA 浓度(mg·L^{-1}) Concentration of 6-BA (mg·L^{-1})	NAA 浓度(mg·L^{-1}) Concentration of NAA (mg·L^{-1})
A1	0.5	0
A2	0.5	0.01
A3	0.5	0.05
A4	0.5	0.10
A5	1.0	0
A6	1.0	0.01
A7	1.0	0.05
A8	1.0	0.10
A9	1.5	0
A10	1.5	0.01
A11	1.5	0.05
A12	1.5	0.10

1.2.3　丛生芽的诱导培养

将已萌发长至 1.5cm 的丛生芽切成单芽，接种于继代培养基中(见表2)。每种培养基重复接种 30 个单芽，接种 20 d 后分别观察组培苗生长增殖状况并进行统计分析。

表2　6-BA 与 NAA 不同浓度配比对芽增殖的影响
Table 2　Effect of 6-BA and NAA on bud proliferation

培养基编号 culture medium number	6-BA 浓度(mg·L^{-1}) Concentration of 6-BA (mg·L^{-1})	NAA 浓度(mg·L^{-1}) Concentration of NAA (mg·L^{-1})
B1	0.5	0.1
B2	0.5	0.2
B3	0.5	0.5
B4	1.0	0.1
B5	1.0	0.2
B6	1.0	0.5
B7	1.5	0.1
B8	1.5	0.2
B9	1.5	0.5
B10	2.0	0.1
B11	2.0	0.2
B12	2.0	0.5

1.2.4　生根培养

生根培养基采用 1/2MS 培养基，添加不同浓度的 NAA，IBA，进行生根培养。NAA 设置的浓度梯度为：0.1mg·L^{-1}、0.5mg·L^{-1}、1.0mg·L^{-1}，IBA 设置的浓度梯度为：0.2mg·L^{-1}、0.4mg·L^{-1}、0.6mg·L^{-1}。

1.2.5　移栽与驯化

接种至生根培养基中后，当根长在 0.5 ~ 1.5cm 之间，株高 4.0 ~ 7.0cm 时可进行移栽。将根系生长良好的试管苗在室内炼苗 2 ~ 3d 后移栽。选用的栽培基质分别为：蛭石；草炭；沙；蛭石与草炭(1:1)；草炭与沙(1:1)；蛭石与沙(1:1)；草炭、蛭石与沙(1:1:1)。每种基质栽培 30 株组培苗，移栽 20 天后进行观察统计。

2　结果与分析

2.1　不同激素浓度对芽诱导的影响

带腋芽茎段在接种 3d 后开始萌芽，由于所处培养基的植物激素浓度不同，其萌芽率也有所差异(见图1)。经过观察，A6 号(MS + 6-BA1.0mg·L^{-1} + NAA0.05mg·L^{-1})培养基中的茎段芽诱导长势最佳，A10 号(MS + 6-BA1.5mg·L^{-1} + NAA0.05mg·L^{-1})培养基中芽长势较好，A5 号(MS + 6-BA1.0mg·L^{-1})培养基中芽生长缓慢。由此可见细胞分裂素配合低浓度的生长素可以使腋芽诱导达到最佳效果；当培养基中不添加生长素时，芽的伸长长度较短；当生长激素浓度过高时，芽伸长一段时间后就很难再生长，生长受到抑制。

2.2　不同激素浓度对芽的增殖的影响

本实验通过使用 6-BA 与 NAA 两种激素配比来探究适合芽增殖的最适激素浓度。6-BA 浓度范围为：0.5 ~ 2.5mg·L^{-1}，NAA 的浓度范围为 0.1 ~ 0.5mg·L^{-1}。通过不同的配比组合实验，得出如下结果(见表3)。

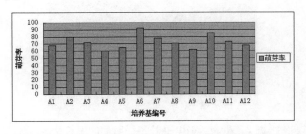

图1　6-BA 与 NAA 不同浓度配比对芽萌动的影响
Fig. 1　Effect of 6-BA and NAA on bud germination

表3　6-BA 与 NAA 不同浓度配比对芽增殖的影响

Table 3　Effect of 6-BA and NAA on bud proliferation

培养基编号 culture medium number	6-BA 浓度 （mg·L⁻¹） Concentra- tion of 6-BA （mg·L⁻¹）	NAA 浓度 （mg·L⁻¹） Concentra- tion of NAA （mg·L⁻¹）	增殖系数 （Growth coefficient）	方差 （Difference significant）
B1		0.1	2.8	0.030
B2	0.5	0.2	3.9	0.057
B3		0.5	1.9	0.069
B4		0.1	4.4	0.044
B5	1.0	0.2	4.5	0.062
B6		0.5	2.8	0.030
B7		0.1	3.0	0.012
B8	1.5	0.2	6.0	0.020
B9		0.5	2.0	0.035
B10		0.1	4.9	0.056
B11	2.0	0.2	5.2	0.049
B12		0.5	2.6	0.052
B13		0.1	2.9	0.036
B14	2.5	0.2	5.8	0.046
B15		0.5	1.1	0.054

　　经过实验对比，结果表明，6-BA 与 NAA 不同浓度的组合对芽的增殖存在差异。在 NAA 为 0.1～0.5mg·L⁻¹ 时，随着 6-BA 浓度增高，芽增殖数呈现先升高后下降的趋势；在 6-BA1.5mg·L⁻¹ 时增殖系数达到最高；当 NAA0.1～0.5mg·L⁻¹ 范围内芽增殖数呈现先升高后下降的趋势，在 NAA0.2mg·L⁻¹ 时增殖系数达到最高。对所得结果进行方差分析后得出：B7 号的方差最小，苗的生长状况较均匀，但是增殖系数较小；B3 号方差最大且增殖系数较低；B8 号方差较低，但是增殖系数最高。所以，6-BA1.5mg·L⁻¹ + NAA0.2mg·L⁻¹ 为最适增殖培养基配方。

2.3　不同生长素对无菌苗生根的影响

　　本实验结果说明，2 种生长素对该品系的生根效果不同。NAA 处理的苗平均每株生根 2～6 条，当 NAA 浓度达到 0.5mg·L⁻¹ 时生根率明显下降；IBA 处理的苗平均每株生根 4～12 条（见图2），当 IBA 浓度为 0.4mg·L⁻¹ 时生根数量达到最多。

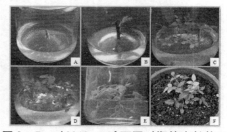

图2　Rosa '2010－10' 不同时期的生长状况

Fig.2　Situation of different periods of growth
A. 茎段接种状况；B. 茎段接种 5d 生长状况；
C. 继代培养 5d 生长状况；D. 继代培养 20d 生长状况；
E. 生根培养 20d 生长状况；F. 移栽培养 20d 状况；

2.4　基质对移栽成活率的影响

　　设置了 7 种栽培基质，将生长良好、长势一致的幼苗移栽 20d 后进行观察统计，蛭石作为基质，成活率最高，达到 92%，草炭为基质成活率最低，为 69%（见图3）。

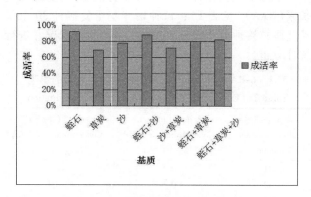

图3　不同基质对苗成活的影响

Fig.2　Effect of different substrate on percentage
of success of seedling

3　讨论

　　组织培养技术是无性繁殖的重要手段，尽管成本比较高，但是对于插穗缺乏且短期内需要大量植株的情况下，组织培养技术无疑是最为合适的手段。植物组织培养的成功与否与植物激素配比的相关性十分密切，不同种类的外源激素对外植体的诱导作用不同（何恩铭，2005）。

　　本实验中用到了细胞分裂素（6-BA）和生长素（NAA）来促进月季芽的诱导。在月季品系 '2010-10' 的初代培养中，细胞分裂素 6-BA1.0mg·L⁻¹ 附加生长素 NAA0.05mg·L⁻¹ 的配比是最适宜芽萌动的，此研究结果与李青（1999）的研究结果一致。可以得出，当培养基中不添加生长素时芽生长缓慢；生长素浓度过高时，芽的萌发率呈下降趋势，可见低浓度的生长素能够促进芽萌发，浓度过高时，会抑制其细胞分裂，从而降低了形成芽细胞的生理活性，由此抑制了芽的萌发。在芽的增殖试验中，使用 6-BA 与 NAA 两种激素，通过不同浓度的配比来探究适宜芽增殖的最适浓度，在生长素 NAA 浓度为 0.2mg·L⁻¹ 附加细胞分裂素 6-BA 浓度为 1.5mg·L⁻¹ 时增殖系数达到 6.0，并且丛生芽长势粗壮，颜色为深绿色（见图2），此研究结果与刘小夫（2013）的研究结果相近。由于品系间存在很大差异，所以所得的实验结果也不尽相同，经过实验得知 6-BA1.5mg·L⁻¹ + NAA0.2mg·L⁻¹ 是最适宜芽增殖的激素配比。6-BA 可以促进细胞分裂，

NAA 可以促进细胞生长，二者合理的浓度配比，可使丛生芽增殖达到最佳状态。生根培养时，经过 NAA 与 IBA 两种激素对比可知，IBA 比较适合生根培养，实验结果得知当 IBA 浓度为 0.4mg·L^{-1} 时，生根效果最佳，此研究结果与前人（Baig M M Q et al，2013）研究结果相一致。幼苗移栽时，栽培基质对试管苗的移栽成活率影响显著（Chabaud M et al，1996），采用蛭石作为基质时，成活率达到最高，为 92%；草炭为基质成活率最低，为 69%。由此可见，蛭石是保水透水的良好材料，是最理想的移栽基质。而珍珠岩虽透气，但保水性太差，而泥炭吸水力过强，根系因水分过多而易腐烂，两者均导致移栽成活率下降（Hutteman CA，1993）。

随着月季育种研究的快速发展，出现了越来越多的新品种，不同品种的培育方法又不尽相同。本实验针对月季品系'2010-10'进行了组织培养研究，初步建立了快繁体系，为以后的大量繁殖提供了一定的理论基础，但在日后的实践中，要考虑多方面的影响因素才能实现苗木的良好生长，早日实现月季种苗工厂化生产以满足市场的需求。

参考文献

1. Baig M M Q, Hafiz I A, Hussain A, et al. An efficient protocol for in vitro propagation of *Rosa* gruss an teplitz and Rosa centifolia [J]. African Journal of Biotechnology, 2013, 10 (22): 4564 – 4573.

2. 陈俊愉. 中国花卉品种分类学[M]. 北京：中国林业出版社，2001

3. Chabaud M, Clotilde L, Cornne M, et al. Transformation of barrel medic (*Medicago truncatula*) by Agro becteruum tumefaciens and regeneration viasomatic embryogenes is of transgenic and plants with the M t ENOD12 nodulin promoted fused to the gus reporter gene[J]. Plant Cell Report, 1996, 15：305 – 310.

4. 高莉萍，包满珠. 月季'萨蔓莎'愈伤组织的诱导及植株再生[J]. 园艺学报，2005，32(3)：534 – 536.

5. 何恩铭，齐香君，陈秀清，等. 大豆愈伤组织的诱导与离体培养[J]. 陕西科技大学学报，2005(5)：34 – 36.

6. Hutteman CA, Preece J E. Thidiazuron：a potent cytokinin for woody plant tissue culture[J]. Plant Cell, Tissue and Organ Culture, 1993, 33：105 – 119.

7. 李青，苏雪痕，李湛东. 藤本月季组织培养快繁研究[J]. 北京林业大学学报，1999，06：21 – 25.

8. 刘小夫. 5 个丰花月季优良品系的组培快繁技术研究[D]. 东北农业大学，2013. 74 – 76.

9. Noodezh H M, Moieni A, Baghizadeh A. In vitro propagation of the Damask rose (*Rosa damascena* Mill.)[J]. In Vitro Cellular & Developmental Biology-Plant, 2012, 48(5)：530 – 538.

10. Rajendra P M, Ram C Y, Godara N R, et al. Beniwal. In vitro plant regeneration of rose (*Rosa hybrida* L.) CV. 'Banjamin Paul' through various explants [J]. Journal of Experimental Biology and Agricultural Sciences, 2013, 1(2s)：111 – 119.

11. 沈国正，钱丽华，赵杭苹. 盆栽微型月季离体培养繁殖技术探讨[J]. 浙江农业科学，2006(4)：398 – 400.

12. 宋丽莎，黎轿凌，黄希莲，等. 微型月季组织培养技术的研究[J]. 农技服务，2010，27(7)：925 – 926.

LA 系列百合'Freya'组织培养技术研究

吕侃俐　李青①

（花卉种质创新与分子育种北京市重点实验室，国家花卉工程技术研究中心，城乡生态环境北京实验室，
北京林业大学园林学院，北京 100083）

摘要　本试验对 LA 系列百合品种'Freya'进行了组织培养技术的初步探索。以鳞片作为外植体，对影响 LA 百合组织培养的主要因子进行研究，包括灭菌药剂和时间的不同组合、灭菌方法、不同层次鳞片的灭菌效果；不同鳞片层次、同一鳞片不同部位、不同接种方式的诱导效果；各培养阶段的激素种类及浓度配比。得出各影响因素的最佳值，为建立 LA 系列百合的快繁体系提供理论与技术依据。

关键词　LA 系列百合；灭菌；组织培养；鳞片；位置效应

Research on Tissue Culture Technology of LA Hybrids Lily'Freya'

LV Kan-li　LI Qing

（*Beijing Key Laboratory of Ornamental Plants Germplasm Innovation & Molecular Breeding*，
National Engineering Research Center for Floriculture，*Beijing Laboratory of Urban and Rural Ecological
Environment and College of Landscape Architecture*，*Beijing Forestry University*，*Beijing* 100083）

Abstract　Scales were used as explants，the study was mainly to explore the tissue culture technology of 'Freya'，a cultivar of LA hybrids Lily. Any possible influencing factors such as sterilization methods，layers and parts of scales and diverse hormone concentration combinations on cultural effect were investigated. This study came to several conclusions，which may provide a theoretical and technical foundation for rapid propagation of LA hybrids lily.

Key words　LA hybrids lily；Sterilization；Tissue culture；Scale；Position effect

　　LA 系列百合是铁炮百合与亚洲百合的远缘杂交种，花形规整、花色众多、芳香淡雅，同时由于杂种优势，比亲本更具有抗病性强、长势旺盛且栽培管理简便的特点，不仅是目前国际市场上最受欢迎和畅销的百合品系之一，更有逐渐取代亚洲百合的趋势，是非常有发展前景的百合品系（Zhou S *et al.*，2008）。

　　目前国内高品质百合切花的种球主要依赖进口，成本较高。为降低成本而通过鳞片扦插、分球分珠芽、包埋等方法对种球进行多代重复生产，造成繁殖率下降、种性退化、病毒积累等严重后果。此外，市场上所售百合大多为远缘杂交系，杂交育种易发生不亲和、性状分离等现象，为新品种的选育和品种改良增加了难度。为了解决这些问题，利用组织培养的方法自主繁育高品质百合种球显得非常必要。目前，我国在东方百合、亚洲百合和一些野生百合原种的组织培养领域的研究已较完善，但关于 LA 系百合的组培快繁技术的研究报道则鲜少见到（张伟，贾桂霞，2011）。本试验的研究目的在于填补国内对于 LA 系列百合组织培养研究的空缺，探究在 LA 系列百合的组培各阶段中各因素所起的作用并建立起快繁体系。有利于实现 LA 系百合高品质国产化，以及组培苗的大规模工厂化生产，同时为 LA 系百合的分子生物学、细胞学特性研究和基因工程中遗传受体系统的建立奠定基础。

1　材料与方法

1.1　试验材料

　　试验所用材料为 LA 系列百合品种'Freya'的鳞茎。

①　通讯作者。李青，北京林业大学园林学院，研究生导师，副教授，E-mail：wliqing06@sina.com。

1.2　试验方法

1.2.1　外植体的最适灭菌处理筛选

去除鳞茎最外腐烂、带有病斑的鳞片，以鳞茎的最外 1～3 层作为外层、4～6 层为中层、7～9 层为内层，分别进行处理。首先洗净鳞片表层泥土，并在洗涤液中浸泡 15min，再在流水下冲洗 2h 后，采用不同灭菌处理组合对其进行表面灭菌。试验中采用了一组二次灭菌处理，具体灭菌组合如下（每个消毒步骤后均用无菌水进行涮洗）：

A1：70% 酒精消毒 30s→2% NaClO 消毒 10min；

A2～A4：70% 酒精消毒 60s→2% NaClO 消毒 10/15/20min；

A5：70% 酒精消毒 60s→2% NaClO 消毒 15min→冰箱中放置 1d→70% 酒精消毒 15s→2% NaClO 消毒 5min。

考虑到不同层次鳞片的耐受性，外层、中层鳞片分别进行 5 组灭菌试验，内层鳞片进行前 4 组试验。重复 3 次，15d 后统计污染率和死亡率，并计算外植体总耗损率。

1.2.2　启动培养

（1）不同层次鳞片的丛生芽诱导

分别以 'Freya' 鳞茎的外层、中层、内层 3 个层次的鳞片作为外植体，以鳞片近轴面向上接种于培养基中，比较处于鳞茎不同层次鳞片的诱导分化能力。

（2）鳞片不同部位的丛生芽诱导

以中层、内层鳞片的端部、中部、基部为外植体，鳞片近轴面向上平放接种，比较鳞片不同部位的诱导分化率。培养基配方均为：MS + 6-BA1.0mg · L^{-1} + NAA0.1mg · L^{-1}，35d 后统计诱导率和平均出芽数。

（3）不同接种方式对丛生芽诱导的影响

以中层鳞片为外植体，以鳞片远轴面向上接种于培养基中，与试验（1）中近轴面向上接种的中层鳞片试验比较不同接种方式对诱导的影响。

（4）丛生芽诱导培养基激素配比筛选

设置 6-BA 和 NAA 的不同水平，采取二因素三水平完全随机试验设计（表1）。以中层鳞片为外植体，近轴面向上接种，重复 3 次，45d 后统计诱导率。

表 1　百合启动培养基激素配方
Table 1　Hormone combination in the initiation medium

水平	因子	
	6-BA(mg · L^{-1})	NAA(mg · L^{-1})
1	0.50	0.10
2	1.00	0.30
3	2.00	0.50

1.2.3　增殖培养

将启动诱导培养得到的丛生芽分割成独立的单芽，接入 MS 培养基进行增殖培养。培养基中添加 6-BA、NAA，设置不同浓度水平，采取二因素三水平完全随机试验设计（表2）。接种后观察并记录生长情况及增殖情况，30d 后统计增殖系数。

表 2　百合增殖培养基激素配方
Table 2　Hormone combination in the multiplication medium

水平	因子	
	6-BA(mg · L^{-1})	NAA(mg · L^{-1})
1	0.20	0.10
2	0.50	0.30
3	1.00	0.50

1.2.4　生根培养

选取生长状况一致的组培苗，以 MS 为基本培养基，分别添加不同浓度的 NAA 和 IBA，采用单因素三水平完全试验设计（表3），比较不同浓度水平的 NAA、IBA 对组培无根苗的生根的影响，重复 3 次。20d 后统计生根率和平均根数。

表 3　不同浓度 NAA、IBA 的生根处理
Table 3　Different concentration of NAA, IBA in the rooting medium

试验号	激素种类	浓度(mg · L^{-1})
1	IBA	0.10
2		0.30
3		0.50
4	NAA	0.10
5		0.50
6		1.00

1.2.5　数据计算公式

污染率（%）= 污染的外植体数/接种的外植体数 ×100%

死亡率（%）= 死亡的外植体数/接种的外植体数 ×100%

总耗损率（%）= 污染率 + 死亡率

诱导率（%）= 已诱导分化的外植体数/未污染的外植体数 ×100%

平均出芽数（个）= 总出芽数/出芽的鳞片数

增殖系数 = 新形成的芽数/接种的芽数

生根率（%）= 生根的芽苗数/接种芽苗总数 ×100%

平均生根数（条）= 总根数/生根的苗数

1.3　培养条件

培养室采用 36W 的全光谱日光灯，光照强度 2000～2500lx，光照 14h/d，培养温度 24 ±2℃。本文

中植物生长调节剂单位均为 mg·L^{-1}, 所有试验的基本培养基均选用 MS 培养基, 添加琼脂 6g·L^{-1}, 蔗糖 30g·L^{-1}, pH 值 5.8~6.0。

2 结果与分析

2.1 外植体灭菌处理筛选

表 4 不同层次鳞片的灭菌效果

Table 4 Sterilization effects on different layer scales

鳞片层次	接种数(瓶)	污染数(瓶)	污染率(%)
外层	90	59	65.56
中层	90	17	18.89
内层	90	4	4.44

从表 4 可以看出, 在同一灭菌条件下, 污染率高低依次为外层 > 中层 > 内层。并且不同层次鳞片间的污染率相差较大, 外层鳞片污染率高达 65.56%, 而内层鳞片污染率仅为 4.44%。外层鳞片污染率比中层鳞片污染率高出 46.67%, 比内层鳞片高出 61.12%。此外, 除了污染, 灭菌过度导致的鳞片失活也造成了一定程度的外植体耗损。

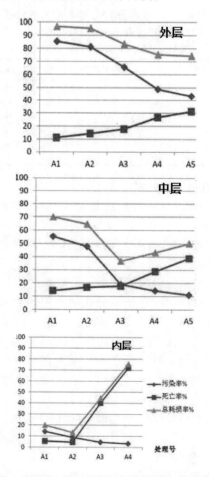

图 1 不同处理下不同层次鳞片的灭菌效果

Fig. 1 Effects of different layer scales on sterilization result

从图 1 可以进一步看出不同的灭菌处理对不同层次鳞片的灭菌效果和鳞片活力的影响。从总体趋势看, 外植体的污染率随灭菌时间的延长而下降, 死亡率随灭菌时间的延长而上升, 但不同层次鳞片的反应程度有所不同。

对于外层鳞片, A3、A4 处理的污染率与其前一处理相比明显下降, 分别降低了 15.55% 和 16.67%, 同时死亡率逐渐上升。A4、A5 两处理的总体耗损率接近, 为 75.56% 和 74.44%, 但 A5 处理所需时间较长, 操作更复杂, 故 A4(即 70% 酒精消毒 60s + 2% NaClO 消毒 20min) 为适宜的外层鳞片灭菌处理。对于中层鳞片, 污染率在 A3 处理时下降明显, 降幅达 28.89%, 同时总耗损率在 A3 处理下达到最低, 为 36.67%, 故 A3(即 70% 酒精消毒 60s + 2% NaClO 消毒 15min) 为中层鳞片最适灭菌处理。内层鳞片的污染率与外层、中层鳞片相比明显较低, 总耗损率在 A2 处理下达到最低, 为 13.33%, 故 A2(即 70% 酒精消毒 60s + 2% NaClO 消毒 10min) 为内层鳞片的最适灭菌处理。

对于二次灭菌的 A5 处理, 虽然能有效降低污染率, 但由于处理过程中鳞片脱离营养源的时间较长, 营养消耗较大, 在第二次灭菌中容易导致鳞片死亡, 整个灭菌过程对鳞片的损伤较大, 试验结果证明可行性不高。此外, 在各处理下外层鳞片的污染率和总耗损率都远高于中层和内层鳞片, 故在工厂化生产中不建议使用外层鳞片作为外植体。

2.2 启动培养

观察发现, 第 7d 左右鳞片表面逐渐开始变成浅紫色, 随后逐渐变深; 第 9d 起鳞片陆续开始返绿; 第 14d 左右在靠近鳞片被切割的边缘上开始冒出淡黄色、呈环状突起的不定芽原基(图 2-a), 随后继续生长分化为丛生芽(图 2-b, c); 第 28d 起至第 35d 新的不定芽原基的产生逐渐减少直至停止。

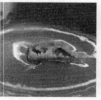

a b c

图 2 鳞片启动培养生长形态

Fig. 2 Growth morphology of scales in initiation culture

2.2.1 不同层次鳞片的丛生芽诱导

从表 5 中可以看出, 在分化能力上外层、中层、内层鳞片有明显的差异。内层鳞片分化能力最强, 诱导率为 85.45%，而外层仅为 22.58%，两者间相差近 4 倍，总体分化能力表现为内层 > 中层 > 外层。分析原因，可能是由于内层鳞片形成时间较短，较为幼嫩，活性和分化能力较强，而外层鳞片较为老化以及灭菌时受损害最大。此外，在试验中观察到，内层鳞片最先分化出芽原基，中层鳞片次之，外层鳞片最晚。在生长情况上，内层鳞片诱导出的丛生芽普遍抽条细长；中层鳞片诱导出的丛生芽较粗壮，外层鳞片诱导出的丛生芽基部较膨大。这可能是由于外层、中层鳞片较厚，生长时间较久，生物量积累较多，用以提供丛生芽生长所需的能量。

表 5 不同层鳞片的丛生芽诱导效果

Table 5 Result of multiple buds inducing on different scale layers

鳞片层次	接种数（瓶）	未污染数（瓶）	分化数（瓶）	诱导率（%）	平均出芽数（个）
外层	60	31	7	22.58	11.67
中层	60	46	35	76.09	10.29
内层	60	55	47	85.45	11.04

2.2.2 鳞片不同部位的丛生芽诱导

表 6 的结果表明鳞片不同部位诱导效果差异较大。中层鳞片基部诱导率为 77.78%，是端部的 9.6 倍，是中部的 2.2 倍。内层鳞片由于较小只分为端部和基部 2 个部分，基部诱导率为 84.62%，是端部的 4.4 倍。诱导率和平均出芽数都表现为基部 > 中部 > 端部的状态（图 3）。此外，试验中观察到芽原基出现所需培养时间也表现为基部早于中部，端部最晚。

表 6 中层、内层鳞片不同部位的丛生芽诱导效果

Table 6 Result of multiple buds inducing on different parts of middle and inner layer scales

鳞片的不同部位	中层鳞片		内层鳞片	
	诱导率（%）	平均出芽数（个）	诱导率（%）	平均出芽数（个）
端部	8.11	5.67	19.15	7.78
中部	35.56	6.88	—	—
基部	77.78	10.57	84.62	12.03

a   b   c

图 3 鳞片不同部位的丛生芽诱导效果

Fig. 3 Result of multiple buds inducing on different parts of scales

a. 鳞片基部；b. 鳞片中部；c. 鳞片端部

a. basal part of scale；b. middle part of scale；c. end part of scale

2.2.3 鳞片不同接种方式的丛生芽诱导

在相同的培养条件下，以中层鳞片为试验材料，采取近轴面向上平放和远轴面向上平放两种接种方式进行比较培养。

表 7 外植体不同接种方式的丛生芽诱导效果

Table 7 Result of multiple buds inducing on explants with different laying ways

接种方式	接种数（瓶）	未污染数（瓶）	分化数（瓶）	诱导率（%）	平均出芽数（个）
近轴面向上	60	46	30	65.22	8.43
远轴面向上	60	47	5	10.64	3.20

从表 7 中数据可以得出，近轴面向上平放接种的诱导率为 65.22%，远高于远轴面向上平放接种，为后者的 6.1 倍，平均出芽数也为后者的 2.6 倍。并且，通过观察发现，远轴面向上平放接种的鳞片仍旧首先在近轴面形成芽原基继而形成小芽，随着丛生芽的不断生长，幼苗从培养基中沿鳞片边缘钻出，并将鳞片顶

图 4 远轴面向上接种鳞片的丛生芽生长情况

Fig. 4 Growth of multiple buds with the abaxial plane of explant inoculated upward

起，然后向上生长，有回复到近轴面向上状态的倾向（图 4）。说明芽的发生主要在鳞片近轴面。

2.2.4 丛生芽诱导培养基激素配比筛选

将外植体接入不同激素配方的培养基后，观察其诱导情况以及丛生芽的生长状况，并在培养 45 d 后进行统计，数据和结果见表 8。

表 8 不同激素浓度组合的丛生芽诱导效果

Table 8 Effect of different hormone concentration on multiple buds inducing

试验号	6-BA（mg·L⁻¹）	NAA（mg·L⁻¹）	诱导率（%）	平均出芽数（个）	生长状况
1	0.5	0.1	50.70	4.40cd	生长缓慢，白绿色，少量玻璃化
2	0.5	0.3	43.06	3.60d	丛生芽少，叶浅绿，少量玻璃化
3	0.5	0.5	45.07	4.47cd	丛生芽少且小，长势缓慢
4	1	0.1	71.23	8.47b	出芽密集，长势好
5	1	0.3	50.67	7.07b	丛生芽较多，叶黄绿色
6	1	0.5	46.48	5.13c	生长状态不整齐，少量玻璃化
7	2	0.1	79.17	10.27a	芽密集，叶片绿
8	2	0.3	80.56	10.53a	芽密集，基部膨大，叶片绿
9	2	0.5	53.33	8.20b	芽数稍少，叶片绿

注：表格中不同字母表示在 0.05 水平上差异显著（下同）。

使用 SPSS 软件进行方差分析，通过 F 检验得出两种激素的交互作用差异显著。进一步利用 LSD 法进行多重比较，得出在 6-BA 浓度相同时，只有第 5、9 两组试验与组内其他两处理有显著差异，即 NAA 的浓度变化导致的差异不明显，6-BA 的浓度在启动诱导培养中为主导因素，NAA 浓度起配合辅助作用。

从表 8 中可以看出，当 6-BA 浓度分别为 0.5mg·L^{-1}、1.0mg·L^{-1}、2.0mg·L^{-1}时，平均诱导率分别在 45%、55%、70% 水平，即从整体上诱导率随着 6-BA 浓度的增加而上升。6-BA 浓度相同时，诱导率随 NAA 浓度的增加而有所下降，说明 6-BA 与 NAA 之间的浓度比值会影响丛生芽的诱导效果。第 7 和第 8 组的诱导率分别达到了 79.19% 和 80.56%，明显高于其他配比。从生长状况来看，第 4、7、8 组试验中诱导的芽较为茂密和健壮，且第 8 组试验的丛生芽基部较膨大。综合而言，第 8 组的激素浓度配比即 MS +6-BA2.00mg·L^{-1} + NAA0.30mg·L^{-1} 为最适丛芽诱导培养基。

2.3　增殖培养

将鳞片上诱导产生的丛生芽分成单芽，接种于不同激素配比的增殖培养基中。接种后丛生芽基部逐渐膨大，约第 10d 起基部出现浅黄至亮黄色的突起，随后突起逐渐膨大且颜色逐渐变绿，逐渐出现鳞茎结构，或长成新的丛生芽。接种 30d 后增殖培养效果见表 9。

表 9　不同激素水平组合的增殖培养效果

Table 9　Effect of different hormone concentration on multiplication

试验号	6-BA (mg·L^{-1})	NAA (mg·L^{-1})	增殖系数	生长状况
1	0.2	0.1	2.58c	稍有鳞茎结构，绿色
2	0.2	0.3	1.17e	数量少，生长良好
3	0.2	0.5	1.12de	数量少，健壮
4	0.5	0.1	2.48cd	数量较多，生长稍弱
5	0.5	0.3	2.08cd	结构不明显，呈丛生芽状
6	0.5	0.5	1.97d	数量偏少，长势健壮
7	1	0.1	5.83a	数量多，结构较明显，健壮
8	1	0.3	3.95b	数量较多，健壮，叶较少
9	1	0.5	2.18cd	数量稍少，健壮，少量枯叶

使用 SPSS 软件进行方差分析，通过 F 检验得出两种激素的交互作用差异显著。进一步利用 LSD 法进行多重比较，得出在相邻的两处理中除第 4 和第 5 两组间差异不显著外，其余相邻处理间都有显著的差异，表明在增殖培养中 6-BA 和 NAA 的作用效果同等重要。

将试验结果分为 1~3、4~6、7~9 三组进行比较，可以得出在同一浓度 6-BA 条件下，NAA 浓度增高时增殖的丛生芽更健壮，但增殖数量逐渐减少。再将 NAA 浓度相同时 6-BA 浓度不同的处理试验分为三组进行比较，可以得出增殖数量随 6-BA 浓度的增加而增多。从表 9 中可以得出，第 7 组试验中丛生芽增殖数量最多，且生长状态好，健壮，故较合适的增殖培养基配方为 MS + 6-BA1.00mg·L^{-1} + NAA0.10mg·L^{-1}。

2.4　生根培养

接入生根培养基后约 7d 起，无根苗底部出现白色凸起，随后逐渐生长成为根。根系呈近辐射状生长，绿色，有些呈黄绿色或褐色；生长于培养基中的根基本无根毛，生长于培养基表面或悬空生长的根有的具根毛。接种 20d 后各处理的生根培养效果见表 10。

表 10　不同激素组合的生根培养效果比较

Table 10　Effect of different hormone concentration on rooting

试验号	激素种类	浓度 (mg·L^{-1})	生根率 (%)	平均生根数 (根)	生长状况
1	IBA	0.1	96.67	7.60	根毛极少，根细且较短
2		0.5	100	7.58	根毛极少，根稍细，稍长于 1 号
3		1.0	100	7.98	根毛极少，根较长，但短于 5 号
4	NAA	0.1	100	8.92b	根毛发达，根粗，长度稍短于 5 号
5		0.3	100	9.50a	根毛发达，根粗而长
6		0.5	100	8.32c	根毛较多，根较短

使用 SPSS 软件对两种激素的作用效果进行方差分析，通过 F 检验得出 IBA 作用下差异不显著，NAA 作用下差异显著。进一步利用 LSD 法对 NAA 作用下的结果进行多重比较，得出 NAA 不同浓度处理的两两间差异显著。

观察表 10 中数据，除第 1 组处理中生根率为 96.67% 外，其他处理生根率都为 100%，表明百合无根苗的生根性较强，容易生根。从诱导效果来看，与 IBA 相比，采用 NAA 诱导出的根的根毛明显较多，并且在数量、长度、粗细、健壮程度上都较优。对于不同浓度的 NAA 处理，第 5 组的试验结果比其他两组更优，形成的根粗而长，绿色，根毛发达。故 MS + NAA0.30mg·L^{-1} 为较适宜的生根培养配方。

3　讨论

在实际的工厂化生产中，由于百合鳞片具有取材方便、数量多、增殖系数高等特点，其组织培养多采用鳞片作为外植体。但由于百合鳞茎在地下生长，长期与土壤中大量病菌、微生物接触,所以鳞片的灭菌处理是百合组织培养成功的关键技术之一。试验结果表明虽然百合鳞片厚肉质结构为承受较强程度的灭菌处理提供了可能,但仍存在承受限度,灭菌时间过长会对外植体造成不可逆性损伤,死亡率过高,故在消毒时间上的把握应尤为注意。因此,根据植物地下器官的结构特点,有针对性地探索最适宜的灭菌剂组合和处理时长,同时发掘新的兼具高效和环保特点的灭菌剂是百合组织培养乃至所有球根类植物组织培养中一项有待探索的议题。

在现有的研究结果中,对于不同层次的鳞片的诱导能力存在不同看法。在本试验中,内层鳞片的诱导率最高,中层鳞片次之,均远高于外层鳞片;但从长势和健壮程度比较内层鳞片较弱,所以本试验的结论更倾向于中层鳞片为适宜外植体。关于鳞片不同部位的诱导效率,现有研究及本试验结果都较为一致地显示为诱导率基部 > 中部 > 端部,位置效应非常明显。有研究认为这一现象可能与生物全息率的遗传优势理论有关(李宝平,郝建平,1992),即鳞片的基部在整块鳞片中的遗传势和产生小鳞茎的能力最强。另有研究发现,鳞片内脱落酸含量呈基部 > 中部 > 端部,细胞分裂素和赤霉素含量则为基部 < 中部 < 端部(杨成德 等,1988),所以内源植物激素的分布不均以及相互间的浓度比例也可能是造成鳞片内位置效应的原因。此外,近轴面向上接种的诱导率远大于远轴面向上平放接种,这一现象与鳞茎的形态发生途径密不可分。研究发现,组织培养中最先脱分化恢复分生能力的是鳞片近轴面的表皮以内的第一层薄壁细胞,而鳞片远轴面细胞始终没有出现脱分化的特征(姚绍嫦,2006)。

在百合组织培养的各个阶段中,培养基中激素的应用影响着试验的效果,不同激素及其浓度的配比掌控着不同的生长趋势。6-BA 在丛生芽的诱导中必不可少,本试验结果表明在启动诱导阶段,一定范围内较高浓度的 6-BA 效果较好,且 6-BA 与 NAA 的浓度比例不能过小,这与傅玉兰(2001)、苏彩霞(2013)的研究结果一致。在增殖培养阶段较高浓度的 NAA 对丛生芽的健壮程度有好处,但同时会抑制增殖数量。生根培养阶段,通过比较试验得出 NAA 的生根效果优于 IBA,这个结论与庞新霞(2008)、苏彩霞等(2013)的研究结果一致。同时,不同种或品种的百合由于基因型、生物学特性的不同,所适宜的激素种类和配比也不尽相同,在进行大批量生产前仍需有针对性地进行研究试验,得出最适宜最高效的激素种类和配比,再应用于生产之中。

参考文献

1. Zhou S, Ramanna M S, Visser R G F, *et al*. Analysis of the meiosis in the F₁ hybrids of Longiflorum × Asiatic (LA) of lilies (*Lilium*) using genomic in situ hybridization[J]. Journal of Genetics and Genomics, 2008, 35(11): 687 – 695.

2. 张伟,贾桂霞. LA 百合品种 Eyeliner 组培繁殖技术研究[J]. 江苏农业科学,2011(6): 32 – 34.

3. 张本厚,陈集双,胡燕花,等. 百合组织培养中脱除外植体内生菌的方法[P]. 中国专利:CN103283604A, 2013-09-11.

4. 李宝平,郝建平. 发育环境对兰州百合组织培养产生小鳞茎及小鳞茎数量的影响[J]. 植物学通报,1992, 9: 30.

5. 杨成德,种康,敬兰花. 百合鳞片不同部位的小鳞茎分化与激素调节研究[J]. 兰州大学学报(自然科学版),1988, 24(3): 95 – 99.

6. 姚绍嫦. 亚洲百合组织培养与其形态发生途径的研究[D]. 广西大学,2006.

7. 傅玉兰,何风群. 影响百合试管鳞茎增殖因素的研究[J]. 安徽农业大学学报,2001, 28(2): 179 – 181.

8. 苏彩霞,霍秀文,李惠芝,等. 野生毛百合植株再生体系的建立[J]. 内蒙古农业大学学报(自然科学版),2013(6).

9. 庞新霞. 东方百合离体培养与试管鳞茎诱导的研究[D]. 广西大学,2008.

槭叶草的组织培养研究

王克凤[1]　桑瀚旭[1]　董然[2]　顾德峰[2]　赵和祥[1]

（[1]长春科技学院，长春 130600；[2]吉林农业大学，长春 130118）

摘要　以槭叶草叶片、叶柄、带节点的花莛、嫩芽、根芽及种子等为外植体，MS 为基本培养基，通过升汞灭菌及在基本培养基内添加不同种类和浓度的激素，筛选出槭叶草组织培养的最佳外植体和最适培养基。结果表明：槭叶草种子为组织培养的最佳外植体；最适槭叶草种子萌发的培养基为 MS + 6-BA0. 5mg/L，其萌发天数最短为 4 天，萌发率为 96.2%；不定芽增殖的最适培养基为 MS + 6-BA1mg/L + NAA0. 1mg/L，繁殖系数高达 5.1。

关键词　槭叶草；外植体；不定芽增殖；组织培养

Tissue Culture of *Mukdenia rossii*(Oliv.) Koidz

WANG Ke-feng[1]　SANG Han-xu[1]　DONG Ran[2]　GU De-feng[2]　ZHAO He-xiang[1]

([1] *Changchun University of Science and Technology*, *Changchun* 130600；[2] *Jilin Agricultural University*, *Changchun* 130118)

Abstract　The experiment was based on MS culture media and the explants were from leaf、peeiolts、scape with node、sprout、radical bud and seedlings of *Mukdenia rossii*(Oliv.) Koidz. Using the 1 ‰ HgCl$_2$ and appropriate culture medium what was obtained via regulating the concentrations of cytokinin and auxin to choose the best explants and tissue culture. Seedlings of *Mukdenia rossii*(Oliv.)Koidz was the best explant；The best medium to germinat was Ms + 6-BA0. 5mg/L. The germination duration was 4 days. The germination rate was 96.2%. The Propagation Coefficient of 5.1times indicated that MS + 6-BA0. 1 mg/ L + NAA0. 1mg/ L was the optimal culture medium for subculture proliferation.

Key words　*Mukdenia rossii*(Oliv.)Koidz；Explant；Multiplication of adventitious bud；Tissue culture

槭叶草（*Mukdenia rossii*(Oliv.)Koidz）为虎耳草科槭叶草属多年生草本植物，产于东北长白山一带，多生于海拔 300~900m 的水边沟谷石崖上及江河边石砾上[1]。其嫩叶是长白山地区人民广泛食用的特色野菜；东北通化地区民间有用其根部水煎液口服，据称心脏病人服用后夜间睡眠良好；槭叶草植株矮小（株高10~30cm），叶形奇特，形似槭树的叶子，花穗大，花洁白素雅，花繁似锦，早春开花，可广泛应用于公园、花园、庭院等栽培，亦可作花坛、花径材料或用于假山的绿化，还可以作为盆花单独栽培。因此槭叶草是难得的集食用药用与观赏为一体的植物资源[2-3]。

近年来人们肆意采挖，槭叶草数量急剧减少。为了有效地保存槭叶草种质资源并在短时间内获得大量的槭叶草种苗，本试验对槭叶草的组织培养技术进行了研究，为槭叶草的快速繁殖及工厂化育苗提供理论依据，亦可为其进一步的开发利用奠定基础。

1　材料与方法

1.1　试验材料

试验中所用外植体均采自于吉林农业大学园艺学院实验基地，4 月中下旬选取生长健壮、无病虫害及机械损伤的槭叶草叶片、叶柄、带节点的花莛、嫩芽及根芽等作为外植体，5 月中下旬收集成熟的槭叶草种子作为外植体进行试验。

1.2　试验方法

1.2.1　外植体的选择

在植物的组织培养过程中，把好材料"灭菌"关是提高接种成活率的关键。培养材料的灭菌主要是用药剂进行表面灭菌。培养材料在消毒之前都要用自来水冲洗干净，去掉材料表面的尘土或者其他的附属物。4 月中下旬分别选取健康槭叶草的叶片、叶柄、带节点的花莛、根芽、嫩芽作为外植体，5 月中下旬收集成熟的槭叶草种子作为外植体，用 0.1% 的升汞进行表面灭菌处理 5min 后，无菌水冲洗 6~8 次，滤纸吸干外植体表面的水分，切去伤口部分，接种到 MS + 6-BA2.0mg/L + NAA0.2mg/L 的培养基中培养。每种外植体接种 30 瓶，试验重复 3 次。培养 10d 后，观察记录槭叶草外植体的污染率、褐化率和死亡率等状况，20d 后统计启动率，以便筛选出最佳的槭叶草外植体种类。

1.2.2 种子萌发培养基的筛选

将在无菌条件处理过的种子分别接种到 MS、1/2MS 培养基上，以及添加了不同浓度的植物生长调节剂 6-BA(0.5mg/L、1mg/L、1.5mg/L、2.0mg/L) 的培养基中。置于适宜的条件下培养，每个处理接种 30 瓶，试验重复 3 次，接种 10d 后，观察统计槭叶草种子的萌发情况，及在不同培养基上槭叶草种子的萌发天数。

1.2.3 不定芽的增殖培养

在初代培养的基础上，通过槭叶草种子萌发所获得的芽苗数量是有限的，还需要通过组织培养的技术进一步继代增殖培养以扩大繁殖的数量，获得更多的幼苗量，最大限度地发挥出组织培养快速繁殖技术的优势。

以无菌条件下种子萌发获得的实生苗为外植体，接种于增殖培养基中进行增殖培养。以 MS 培养基为基本培养基，其中添加了 6-BA 和 NAA，分别进行不同种类与浓度的组合试验(具体的浓度设置见表 2、表 3)。每个处理为 20 瓶，试验重复 3 次，25d 后统计不定芽的增殖情况。

2 结果与分析

2.1 不同种类外植体的接种效果

从表 1 可以看出，以槭叶草的叶片、叶柄、带节点的花莛、根芽、嫩芽和成熟的种子等作为外植体，进行接种效果的比较发现，槭叶草种子的污染率、褐化率和死亡率最低，并且启动率最高，效果最好。其次为槭叶草的根芽和嫩芽，根芽的污染率又较嫩芽的高。分析其原因，可能是因为根芽长期处于地下，细菌较多，不易灭菌，并且根芽的内生菌污染也很严重；对于嫩芽来说，其污染率高则多是因为内生菌严重污染。

叶片、叶柄和带节点的花莛极易褐化，分析其原因可能是因为灭菌的时间太长，造成了植物材料的药害作用。即使经过处理的叶片、叶柄和带节点的花莛没有褐化、污染或者死亡，其在培养中亦不启动，并且一段时间之后，材料会干枯死亡。对于叶片、叶柄

和带节点的花莛的适宜灭菌时间和启动培养基需要作进一步的试验摸索。因此，从无菌材料获得的角度来看，槭叶草的最佳外植体为其成熟的种子。

表 1 不同取材部位对槭叶草接种效果的影响

Table 1　Effect on inculation of different position in *Mukdenia rossii*（Oliv.）Koidz

外植体类型 explant type	污染率% contamination rate%	褐化率% browning rate%	死亡率% mortality%	启动率% rate of initiation%
叶片	16.67e	66.67c	16.67a	0d
叶柄	23.33d	70.00b	6.67b	0d
带节点的花莛	10.00f	83.33a	6.67b	0d
根芽	66.67a	10.00d	3.33c	20.00c
嫩芽	50.00b	10.00d	6.67b	33.33b
种子	26.67c	0e	6.67d	66.67a

＊注：不同的小写字母代表用 Dunean's 新复极差法进行差异显著性测验在 P = 0.05 水平上有显著差异。

Note：Different small letters indicated significant differences determined by Dunean's multiple range at P = 0.05(以下同)

2.2 不同培养基对槭叶草种子萌发的影响

从表 2 中可以看出，槭叶草的种子接种在添加了不同浓度 6-BA 的 MS 培养基上均可以萌发，但是在没有添加 6-BA 的 MS 培养基上萌发率较高，可达 97%。从表中还可以看出，随着 MS 培养基中 6-BA 浓度的升高，槭叶草种子的萌发率逐渐降低。从种子萌发的天数上来看，在含有 6-BA 0.5mg/L 的 MS 培养基中，槭叶草的种子萌发时间最短，4d 即可萌发。分析其原因，可能是因为少量的 6-BA 促进了槭叶草种子的细胞分裂，加快了其萌发的速度；而较高浓度的 6-BA 则抑制了槭叶草种子的细胞活动，造成其萌发速度的减慢。接种 15d 后观察幼苗的生长状况发现，在不含 6-BA 的培养基中，幼苗生根较多，给下一步的继代增殖工作造成了麻烦；含有 6-BA 的培养基中，幼苗不生根或极少生根，个别还有增殖现象产生。无论是否含有 6-BA，培养基上部的幼苗生长状态均健壮。因此综合考虑得出，适合槭叶草种子萌发的最佳培养基为 Ms + 6-BA0.5mg/L。

表 2 不同培养基对槭叶草种子萌发效果的比较

Table 2　Comparison of sterilizing effect of different culture media of *Mukdenia rossii*（Oliv.）Koidz

培养基 medium	萌发天数(天) The ays of germination(d)	萌发率% Germination%
MS	5	97.0
1/2MS	6	95.3
MS + 6-BA0.5mg/L	4	96.2
MS + 6-BA1mg/L	5	88.7
MS + 6-BA1.5mg/L	5	85.3
MS + 6-BA2mg/L	6	83.2

2.3 NAA 和 6-BA 对槭叶草不定芽增殖的影响

将生长良好的槭叶草不定芽转入不同激素配比的增殖培养基中，进行不定芽的增殖培养。经过 12d 的诱导培养，外植体的基部开始逐渐形成幼芽，25d 后则有大量的丛生芽形成（见图 1，图 2）。试验结果表明，细胞分裂素和生长素的相互作用能够很好地促进不定芽的增殖与生长。由表 3 可以看出，在添加激素 6-BA 1mg/L 和 NAA 0.1mg/L 的基本培养基 MS 中，槭叶草的增殖效果最好，增殖率高达 5.1。在本项试验所设计的激素浓度范围内，随着细胞分裂素与生长素浓度比值的不断提高，不定芽增殖的数量也逐渐增多，但是增殖出的新植株叶片出现细长、徒长、叶片颜色偏黄等不健康状态，并且丛生苗的整体过于细弱，不适合继续增殖及生根移栽。当细胞分裂素6-BA 的浓度高于 1mg/L 时，植株的情况与高浓度激素比下生长的植株相似，均有大量的细弱丛生苗产生，不利于槭叶草的增殖。这说明在本试验所设计的激素浓度范围内，较高浓度的细胞分裂素及高浓度的细胞分裂素与生长素比都不适合槭叶草的增殖继代培养。从表 3 中可以看出槭叶草增殖继代的最适培养基为 MS + 6-BA 1mg/L 和 NAA 0.1mg/L，该条件下培养的植株增殖倍数高且苗生长状态良好，能够满足快速繁殖的目的。一般说来，最优化的增殖培养基不仅仅要求较高的增殖率，还要求新增殖的植株生长健壮。

图 1 增殖培养 15d 后的幼苗

Fig. 1 Proliferation of seedlings after training 15 days

图 2 增殖培养 25d 后的幼苗

Fig. 2 Proliferation of seedlings after training 25 days

表 3 不同培养基对槭叶草不定芽增殖的影响

Table 3 Effect of different culture medium on proliferation of adventitious buds of *Mukdenia rossii* (Oliv.) Koidz

6-BA 浓度 mg/L Concentration of 6-BA mg/L	NAA 浓度 mg/L Concentration of NAA mg/L	增殖个数 Number of proliferation	增殖倍数 Proliferation multiple	不定芽诱导情况 Induction of adventitious buds	
				丛生苗数 The number of tufted seedling	T 不定芽状态 he state of adventitious buds
0.1	0.05	80	4	少	生长正常，有有根植株
0.1	0.1	74	3.7	少	生长正常
0.5	0.05	84	4.2	少	皆为有效苗
0.5	0.1	92	4.6	少	皆为有效苗
1	0.05	96	4.8	少	有细弱苗，有有根植株
1	0.1	102	5.1	少	少有细弱苗
2	0.2	170	8.5	多	整体细弱
3	0.2	240	12	多	整体过于细弱

3 结论

本项试验采用槭叶草同一时期的不同部位组织或器官包括叶片、叶柄、花莛、嫩芽、根芽和成熟的种子作为外植体，进行灭菌处理并培养的试验，比较不同外植体的灭菌以及诱导培养的难易程度，发现槭叶草成熟的种子最易进行灭菌处理，并且经过消毒后其培养成功率最高，得到的外植体数也最多，且在其无菌苗期未发现有任何明显的变异现象。

将槭叶草成熟的种子作为外植体，以 MS 为基本培养基发现添加较低浓度的 6-BA 可以促进槭叶草种子的萌发，有利于槭叶草无菌苗外植体的获得。而最适合槭叶草种子萌发的培养基组合为 MS + 6-BA 0.5mg/L。

槭叶草不定芽增殖的最适宜培养基为：MS + 6-BA 1mg/L + NAA 0.1mg/L，其增殖的系数最高可达 5.1，增殖所产生的不定芽数量多，幼苗健壮，夜色深绿，整株的生长状态良好，可以满足工厂化生产中快速繁殖的目的。槭叶草不定芽增殖以 20～25d 的继代周期最佳。

参考文献

1. 周繇. 中国长白山植物资源志[M]. 北京：中国林业出版社，2010.
2. 柏广新，崔成万，王永明. 中国长白山野生花卉[M]. 北京：中国林业出版社，2003.
3. 黄弘轩，任同庆，韩文志. 槭叶草对兔心房肌的正性肌力作用[J]. 吉林医学院学报，1988，2(2)：21-23.

中国观赏园艺研究进展 2015：317~321
Advances in Ornamental Horticulture of China，2015：317~321

两种石蒜属植物组培快繁体系的建立

高燕会　童再康　朱婷

（浙江农林大学亚热带森林培育国家重点实验室培育基地，临安 311300）

摘要　本研究以石蒜及中国石蒜带基盘双鳞片为材料，建立其组培快繁体系，选出各个阶段的最适培养基。诱导阶段最适培养基为 MS + 6-BA 1mg·L^{-1} + NAA 0.2mg·L^{-1} + 蔗糖 30g·L^{-1}；增殖阶段最适培养基为 MS + 6-BA 0.5mg·L^{-1} + 2,4-D 1mg·L^{-1} + 蔗糖 30g·L^{-1}；壮苗阶段最适培养基为 MS + 6-BA 1mg·L^{-1} + 2,4-D 0.5mg·L^{-1} + 蔗糖 30g·L^{-1}；生根阶段最适培养基为 1/2MS + NAA 0.5mg·L^{-1} + 蔗糖 30g·L^{-1}。再利用已选出的最适培养基，对中国石蒜的 7 种外植体进行组培研究，以完善中国石蒜的组培快繁体系。结果显示：带基盘双鳞片、不带基盘单鳞片及种胚的诱导率分别为 86.4%、81.6% 及 93.3%，幼嫩叶片的诱导率达到 73.7%，花葶及花萼的诱导率分别为 18.8% 和 14.3%，而根尖未能成功诱导。

关键词　石蒜；中国石蒜；组织培养；不同外植体

The Rapid Propagation System of *Lycoris radiata* and *Lycoris chinensis*

GAO Yan-hui　TOGN Zai-kang　ZHU Ting

（*Zhejiang Agriculture and Forestry University*，*The Nurturing Station for the State Key Laboratory of Subtropical Silviculture*，*Lin' an* 311300）

Abstract　Using double bulb-scale of *Lycoris radiata* and *Lycoris chinensis* as the experimental materials to develop its rapid propagation systems and found the best medium at every stage. At the culture establishment stage, the best medium was MS + 6-BA 1mg·L^{-1} + NAA 0.2mg·L^{-1} + suc. 30g·L^{-1}; at the stage of bulblet reproduction, the best medium was MS + 6-BA 0.5mg·L^{-1} + 2,4-D 1mg·L^{-1} + suc. 30g·L^{-1}; MS + 6-BA 1mg·L^{-1} + 2,4-D 0.5mg·L^{-1} + suc. 30g·L^{-1} was benefit for plantlet-promoting and 1/2MS + NAA 0.5mg·L^{-1} + suc. 30g·L^{-1} was benefit for root induction. Next, seven kinds of explants from *Lycoris chinensis* were cultured in the best medium for perfecting its rapid propagation system. The results showed that: the induction rate of double bulb-scale, single bulb-scale, embryo, young leaf, scape, calyx and root were 86.4%, 81.6%, 93.3%, 73.7%, 18.8%, 14.3% and 0, respectively.

Key words　*L. radiata*；*L. chinensis*；Tissue culture；Different explants

石蒜 *Lycoris radiation* 和中国石蒜 *Lycoris chinensis* 为石蒜科 Amaryllidaceae 石蒜属 *Lycoris* 植物，是优良的球根花卉和药用植物，主要分布在长江流域以南的广大温暖湿润地区[1,2]。石蒜和中国石蒜分别为石蒜属红色花和黄色花的典型代表，花形奇特，花期正值炎热少花的夏季，在园林应用等方面有很大的开发潜力。目前，石蒜类球根花卉在杭州、上海等城市绿化中已得到广泛的应用，在鲜切花生产，以及药物开发等领域也得到一定程度的应用。

在自然条件下，石蒜主要依靠种子和鳞茎分球繁殖，中国石蒜则主要依靠种子进行繁殖，繁殖系数很低[3]，而且种子播种至开花需要较长时间（一般为3~5 年），且一些三倍体石蒜只能依靠鳞茎进行繁殖，难以满足实际生产需求。因此，对这两种石蒜属植物的组培快繁技术进行系统研究和总结具有重要的实际意义。

组织培养作为植物快繁中最为有效的方法之一，已在石蒜等球根植物中得到应用。朱景存[4]等以石蒜带基盘的双鳞片作为外植体，培养得到再生植株。但其鳞茎部分埋于地下，消毒操作较难进行，污染率偏高，且鳞片培养需要破坏母球，不利于珍稀种质的保存。本研究选取两种石蒜属植物鳞茎、生殖器官、叶片、根尖等不同部位的组织为外植体，开展系统的研究，筛选适合的诱导、增殖、壮苗、生根培养基和培养条件，以期建立更加完善的组培快繁体系。

1 材料与方法

1.1 试验材料

供试材料石蒜和中国石蒜均来自浙江农林大学石蒜资源圃,取材时间为 2011 年 3 ~ 11 月。石蒜以带基盘双鳞片为外植体,中国石蒜以带基盘双鳞片、不带基盘单鳞片、幼嫩叶片、种胚、花莛、花萼、根尖等为外植体。

鳞茎的处理:于开花前挖取鳞茎,冲洗干净,然后消毒。将鳞茎下半部切成 0.8 ~ 1cm 带基盘的双鳞片[5-7],上半部则切成 1cm 左右的单鳞片,接种。

种胚的处理:选用饱满的中国石蒜种子,75% 酒精、0.1% 升汞消毒。然后用解剖刀小心取出完整幼胚[8,9],接种。

叶片[10,11]、花莛、花萼及根尖的处理:选取中国石蒜叶片、花莛、花萼和根尖[12,13]幼嫩部分,根尖由水培鳞茎得到,75% 酒精、0.1% 升汞消毒。然后切成 0.8cm 左右,接种。

1.2 试验方法

预处理:以石蒜和中国石蒜鳞茎为实验材料,选取 0.1% $HgCl_2$、多菌灵及冷藏时间等 3 个因素,设计 5 种预处理方式和 1 组对照(表 1),接种半个月后记录每种处理的接种数及污染数。

初代培养:从 MS、B5、H、wpm 和 1/2MS 中选出最适合双鳞片诱导小鳞茎的基本培养基。在选取的最适基本培养基的基础上,对 6-BA 及 NAA 两种激素进行不同浓度组合试验。

增殖培养:以筛选出的最佳基本培养基为基础,对 6-BA 和 2,4-D 进行不同浓度的组合试验,1 个月后分别记录每组处理小鳞茎的增殖情况。

生根培养:以筛选出的最佳基本培养基为基础,设计 3 个 NAA 浓度进行试验,半个月后记录 3 个处理小鳞茎的长根情况。

外植体研究:选用增殖培养基,对中国石蒜的 7 种外植体(带基盘双鳞片、单鳞片、叶片、种胚、花莛、花萼、根尖)分别进行诱导培养,比较其培养效果。

1.3 培养条件

培养条件为:光强 1000 ~ 1200lx,光照时间 16h/天,温度 25 ± 2℃。

2 结果与分析

2.1 鳞茎不同预处理方法比较

鳞茎外植体的彻底灭菌较为困难,进行预处理可以有效降低材料的污染率。经试验组与对照组的比对(见表 1),可以看出,石蒜鳞茎经过不同方式的预处理后,其污染率都有一定程度的降低。由组合 1 和组合 2 的比较可知,冷藏时间对污染率的降低效果不明显,可能由于本试验的冷藏时间比较长,两者都已达到冷藏的最佳效果,而过长时间的冷藏对外植体细胞的活性会产生一定的影响,不利于后期试验的进行,因此,两者中选择时间较短的 2 个月冷藏为宜。由组合 3 和组合 5 的比对可知,用多菌灵进行预处理,灭菌效果较明显,其污染率从 26.8% 降到了 8.3%。再由组合 4 和组合 5 的比对可知,用 0.1% $HgCl_2$ 溶液进行预处理,其污染率由 28.4% 降到了 8.3%,效果非常显著。经以上分析得出石蒜鳞茎的最佳预处理方法为:先用 0.1% $HgCl_2$ 溶液处理 10min,再用 800 倍液的多菌灵进行 2 天的水培,然后放在 4℃下冷藏 2 个月。

表 1 鳞茎不同预处理方法比较

Table 1 The results of different pretreatment of bulb

预处理	升汞	多菌灵	冷藏时间	接种数(块)	染菌数(块)	染菌率(%)
1	/	/	2 个月	42	6	14.4
2	/	/	6 个月	60	6	10.0
3	10min	/	2 个月	168	45	26.8
4	/	2d	2 个月	81	23	28.4
5	10min	2d	2 个月	108	9	8.3
对照	/	/		52	17	32.7

2.2 基本培养基对双鳞片诱导效果的比较

由表 2 可知,石蒜及中国石蒜双鳞片培养的最适基本培养基为 MS 培养基。MS 培养基与其他几个基本培养基相比,含有较高浓度的无机盐,而 B5 培养基铵盐的含量偏低,wpm 培养基硝酸盐含量偏低,H 培养基钾盐含量偏低,1/2MS 培养基的无机元素减半,都不适合石蒜及中国石蒜双鳞片的组织培养,因此,这两种植物鳞片的组织培养要求较高浓度的无机盐成分,低浓度的基本培养基不适于石蒜和中国石蒜的组织培养研究。

表 2 基本培养基对双鳞片诱导的影响

Table 2 Effect of differentbasic culture medium on the induction rate scales regeneration

培养基编号	基本培养基	6-BA (mg·L⁻¹)	NAA (mg·L⁻¹)	试验结果
1	MS	2	0.2	各方面长势较好
2	B5	2	0.2	生长较慢
3	H	2	0.2	生长较慢
4	wpm	2	0.2	培养基变褐
5	1/2MS	2	0.2	生长较慢,几乎没芽诱出

2.3 不同培养基对双鳞片诱导效果的比较

以 MS 为基本培养基,对 6-BA 和 NAA 不同浓度组合进行研究,试验结果见表3。当 NAA 浓度为 $0.2mg \cdot L^{-1}$ 时,小鳞茎的诱导率及长势较好。对 6-BA 浓度进行比较,发现当 NAA 浓度为 $0.2mg \cdot L^{-1}$ 时,$1mg \cdot L^{-1}$6-BA 和 $2mg \cdot L^{-1}$6-BA 的培养效果差别不大,但考虑到试验成本问题,6-BA 浓度选择 $1mg \cdot L^{-1}$,得出最佳的初代培养基为 MS + 6-BA1mg $\cdot L^{-1}$ + NAA 0.2 mg $\cdot L^{-1}$。

表3 6-BA 和 NAA 配比对双鳞片诱导率的影响

Table 3 Effect of different 6-BA and NAA combinations on the induction rate scales regeneration

培养基编号 No.	6-BA (mg·L⁻¹)	NAA (mg·L⁻¹)	试验结果 Result
1	0.5	0.1	生长较缓慢
2	1	0.2	各方面长势较好
3	2	0.4	玻璃化
4	5	1	生长一般,愈伤较小
5	2	0.2	生长较好

2.4 不同培养基对小鳞茎扩繁效果的比较

由石蒜及中国石蒜的小鳞茎在不同培养基中的增殖效果(见表4、图1)可知,当 2,4-D 的浓度为 $1mg \cdot L^{-1}$ 时,增殖率较高,表明 2,4-D 促进石蒜及中国石蒜细胞分裂的效果较 6-BA 明显。4 号培养基的增殖率最高,石蒜达到543%,中国石蒜达到515%,而 2 号培养基的增殖率最低,但该培养基的壮苗效果明显(见图1-2)。1 号培养基的增殖率也较低,可能是由于两种激素的浓度较低;6 号培养基的增殖率较高,但不是最优激素组合,可能由于该激素的组合与小鳞茎体内的激素水平不平衡。

综上,可得出最佳增殖培养基为:MS + 6-BA $0.5mg \cdot L^{-1}$ + 2,4-D $1mg \cdot L^{-1}$,最佳壮苗培养基为:MS + 6-BA $1mg \cdot L^{-1}$ + 2,4-D $0.5mg \cdot L^{-1}$。

表4 不同激素组合对小鳞茎增殖的影响

Table 4 Effect of multiplication of bulblet with different hormone combination

试验号 NO.	激素组合 (mg·L⁻¹) 6-BA	2,4-D	石蒜 转接芽数(块)	总增殖率(%)	中国石蒜 转接芽数(块)	总增殖率(%)
1	0.5	0.5	41	293	35	318
2	1.0	0.5	33	275	37	264
3	2.0	0.5	41	342	55	393
4	0.5	1.0	76	543	67	515
5	1.0	1.0	43	307	39	300
6	2.0	1.0	70	412	76	447

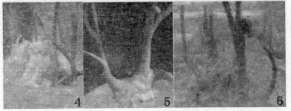

图1 不同培养基对小鳞茎增殖的影响

图1-1:1 号培养基 MS + 6-BA0.5mg $\cdot L^{-1}$ + 2,4-D0.5mg $\cdot L^{-1}$;

图1-2:2 号培养基:MS + 6-BA1mg $\cdot L^{-1}$ + 2,4-D0.5mg $\cdot L^{-1}$;

图1-3:3 号培养基:MS + 6-BA2mg $\cdot L^{-1}$ + 2,4-D0.5mg $\cdot L^{-1}$;

图1-4:4 号培养基:MS + 6-BA0.5mg $\cdot L^{-1}$ + 2,4-D1mg $\cdot L^{-1}$;

图1-5:5 号培养基:MS + 6-BA1mg $\cdot L^{-1}$ + 2,4-D1mg $\cdot L^{-1}$;

图1-6:6 号培养基:MS + 6-BA2mg $\cdot L^{-1}$ + 2,4-D1mg $\cdot L^{-1}$

Fig. 1 Pictures of multiplication of bulblet of *L. radiata* with different hormone combination

Fig. 1-1 Culture medium 1:MS + 6-BA0.5mg $\cdot L^{-1}$ + 2,4-D0.5mg $\cdot L^{-1}$;

Fig. 1-2 Culture medium 2:MS + 6-BA1mg $\cdot L^{-1}$ + 2,4-D0.5mg $\cdot L^{-1}$;

Fig. 1-3 Culture medium 3:MS + 6-BA2mg $\cdot L^{-1}$ + 2,4-D0.5mg $\cdot L^{-1}$;

Fig. 1-4 Culture medium 4:MS + 6-BA0.5mg $\cdot L^{-1}$ + 2,4-D1mg $\cdot L^{-1}$;

Fig. 1-5 Culture medium 5:MS + 6-BA1mg $\cdot L^{-1}$ + 2,4-D1mg $\cdot L^{-1}$;

Fig. 1-6 Culture medium 6:MS + 6-BA2mg $\cdot L^{-1}$ + 2,4-D1mg $\cdot L^{-1}$

表5 不同激素组合对小鳞茎生根的影响

Table 5 Effect of bulblet take root with different hormone combination

NAA 含量 (mg·L⁻¹)	石蒜 接种数	生根数	平均根数	生根率(%)	中国石蒜 接种数	生根数	平均根数	生根率(%)
0.2	30	23	2.6	76.7	30	23	2.1	76.7
0.5	31	27	2.5	87.1	30	25	3.6	83.3
1.0	31	27	2.8	87.1	30	21	1.6	70.0

2.5 不同培养基对小鳞茎生根效果的比较

由于石蒜属植物为球根类植物,生根较容易,对营养需求不大,因此,本研究在预试验的基础上选择以 1/2MS 为基本培养基,设定 3 个 NAA 浓度进行试验。如表5 所示,当 NAA 浓度为 $1mg \cdot L^{-1}$ 时,石蒜和中国石蒜都产生了大量的板状根,表明激素浓度过高。当 NAA 浓度为 $0.5mg \cdot L^{-1}$ 时,石蒜和中国石蒜的生根率都达到了 80% 以上，且根系生长健壮。当 NAA 浓度为 0.2mg·L^{-1} 时，两者的生根率均为 76.7%，低于 0.5mg·L^{-1} NAA 时的生根率，且根系生长势较弱。因此，可得出生根阶段的最适培养基为 1/2MS + NAA 0.5 mg·L^{-1} + 蔗糖 30g·L^{-1}。

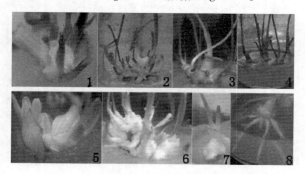

图2　石蒜及中国石蒜双鳞片的组培快繁过程

图 2-1 至图 2-4 为石蒜组培过程；图 2-5 至图 2-8 为中国石蒜组培过程；图 2-1 和图 2-5 为诱导阶段；图 2-2 和图 2-6 为增殖阶段；图 2-3 和图 2-7 为壮苗阶段；图 2-4 和图 2-8 为生根阶段

Fig. 2 Pictures of cultivation process of *L. radiata* and *L. chinensis* with double bulb-scale

Fig. 2-1 to fig. 2-4 are the process of *L. radiata*;

Fig. 2-5 to fig. 2-8 are the process of *L. chinensis*

Fig. 2-1 and fig. 2-5: inducing period; Fig. 2-2 and fig. 2-6: proliferating period; Fig. 2-3 and Fig. 2-7: plantlet-promoting stage; Fig. 2-4 and Fig. 2-8: rooting stage

表6　中国石蒜不同外植体的分化情况

Table 6　Effects of different explants of *L. chinensis* cultured on the medium

外植体类型	接种总数（块）	诱导愈伤数（块）	诱导鳞茎数（块）	总诱导率（%）
带基盘双鳞片	81	19	51	86.4
不带基盘单鳞片	141	73	42	81.6
叶片	76	24	32	73.7
种胚	30	28	0	93.3
花萼	14	2	0	14.3
花莛	16	2	1	18.8
根尖	30	0	0	0

2.6　不同外植体培养效果的比较

在双鳞片组培体系（图2）的基础上，以中国石蒜不同部位组织为外植体进行对比研究，结果如表6。可知，中国石蒜的大部分组织都具有全能性，可诱导出小鳞茎，只有根尖没有诱导成功。其中种胚的诱导效率最高，但种胚外植体的缺陷在于其遗传背景较复杂，容易产生变异。两种鳞片的诱导效率都在 80%

以上，且后期小鳞茎的长势及繁殖数量都有明显优势。外植体单鳞片来自鳞茎的上半部，对组培中鳞茎的有效利用起到了相当大的作用，有一定的实际意义。以叶片作为外植体，其诱导率达到 73.7%，但其小鳞茎后期的生长势及数量不及鳞片外植体。叶片组培的优势在于其取材简单，不破坏母鳞茎且不受花期限制，因此叶片组培可以作为中国石蒜组培体系的重要补充。花莛和花萼的诱导率分别为 18.8% 和 14.3%，效率较低，不适宜做大量生产，可能由于接种基数过小，或者培养条件不适宜，还需深入研究。中国石蒜不同外植体的具体分化情况见图 3。

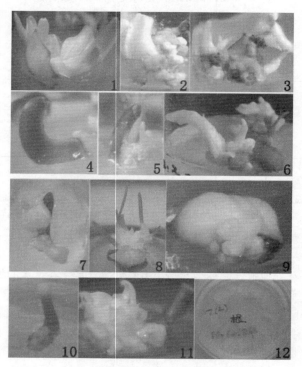

图3　不同外植体的培养图

图 3-1 为双鳞片；图 3-2 和图 3-3 为不带基盘单鳞片；图 3-4 至图 3-6 为叶片；图 3-7 和图 3-8 为种胚；图 3-9 为花莛；图 3-10 和图 3-11 为花萼；图 3-12 为根尖

Fig. 3 Pictures of different explants of *L. chinensis* cultured on the medium

Fig. 3-1: Double bulb-scale with base; Fig. 3-2 and Fig. 3-3: Single bulb-scale; Fig. 3-4 to Fig. 3-6: Young leaf; Fig. 3-7 and Fig. 3-8: Embryo; Fig. 3-9: Scape; Fig. 3-10 and Fig. 3-11: Calyx; Fig. 3-12: Root

3　结论与讨论

对石蒜和中国石蒜鳞茎的预处理试验表明，预处理对于降低组织培养污染率有重要作用，最佳的预处理方法为：0.1% HgCl$_2$ 溶液处理 10min，多菌灵 800 倍液水培 2 天，然后 4℃ 冷藏 2 个月。由于石蒜鳞茎长期与土壤接触，含有大量的菌丝体，组培时消毒灭菌较难彻底。在组培前，先用 0.1% HgCl₂ 及多菌灵进行处理，可以大幅度减少其含菌量，再进行冷藏可以有效抑制菌丝体的扩增。在冷藏试验中发现，未经冷藏的鳞茎黏液较多，易污染，冷藏 2 个月后的鳞茎黏液较少[14]，污染率明显下降，但冷藏 6 个月的鳞茎虽然污染率也得到了控制，但后期生长不如冷藏 2 个月的鳞茎，可能是由于过长时间的冷藏引起了营养物质的过度消耗。该结果与朱景等[15]对石蒜进行低温预处理从而降低污染率的结果相一致，但本研究在低温预处理的基础上再进行升汞及多菌灵的处理，对污染率降低的效果更加显著。

对石蒜和中国石蒜组培过程不同阶段的研究，表明不同基本培养基、激素类型、浓度对培养效果有重要作用。诱导阶段最适培养基为 MS + 6-BA 1mg·L⁻¹ + NAA 0.2mg·L⁻¹ + 蔗糖 30g·L⁻¹；增殖阶段最适培养基为 MS + 6-BA 0.5mg·L⁻¹ + 2,4-D 1mg·L⁻¹ + 蔗糖 30g·L⁻¹；壮苗阶段最适培养基为 MS + 6-BA 1mg·L⁻¹ + 2,4-D 0.5mg·L⁻¹ + 蔗糖 30g·L⁻¹；生根

阶段最适培养基为 1/2MS + NAA 0.5mg·L⁻¹ + 蔗糖 30g·L⁻¹。生长素 NAA 的主要生理作用是诱发植物内源生长素的合成，在双鳞片诱导小鳞茎的阶段，由于鳞茎盘处已有芽原基存在[14]，因此选用 NAA 即可促进小鳞茎诱导。在小鳞茎的增殖阶段发现 2,4-D 对小鳞茎的增殖作用大于 6-BA，与鲁雪华等研究结果一致[9]。

由于植物细胞具有细胞全能性，因此本研究选用的 7 种中国石蒜外植体，其中 6 种都不同程度的诱导出了小鳞茎，但根尖没有诱导成功，花莛和花萼等生殖器官的诱导效率低于 20%，可能是培养基或培养条件不适宜，具体原因还需要进一步的深入研究。中国石蒜叶片组织培养并再生植株，表明中国石蒜成熟组织仍然具有较强的脱分化和再分化能力[16]，与时剑[8]、Ogawa[10]等利用换锦花、石蒜叶片培养再生植株过程相似，但本研究通过愈伤途径得到小鳞茎，没有直接得到大量的丛生芽。总的来说，利用中国石蒜种胚培养效果最好，其次为鳞茎和叶片组织。

参考文献

1. 浙江植物志编委会. 浙江植物志第 7 卷[M]. 杭州：浙江科学技术出版社，1993.

2. 王仁师. 关于石蒜属(Lycoris)的生态地理[J]. 西南林学院学报，1990，10(1)：41 –48.

3. 林定勇. 石蒜属球根花卉之分类形态生长与开花[J]. 中国园艺，1993，39(2)：67 –72.

4. 朱景存，张玉琼，刘春滟，等. 石蒜组织培养和植株再生的研究[J]. 生物学杂志，2010，27(6)：46 –48.

5. 刘志高，童再康，储家淼，等. 乳白石蒜组织培养[J]. 浙江林学院学报，2006，23(3)：347 –350.

6. 龙祥友，孙长生. 稻草石蒜的组织培养与快速繁殖[J]. 植物生理学通讯，2009，45(12)：1207 –1208.

7. 王清，彭菲，肖艳. 黄花石蒜的组织培养和植株再生[J]. 植物生理学通讯，2006，42(2)：259 –259.

8. 时剑，童再康，刘志高，等. 换锦花种胚和叶片的组织培养研究[J]. 江西农业大学学报，2011，33(4)：0665 –0669.

9. 鲁雪华，陈杨春. 忽地笑胚外植体的培养[J]. 云南植物研究，1986，8(4)：467 –469.

10. Biao Ma, Isao Tarumoto, Takeshi Ogawa, and Toshiobu Morikawa. Microprogation using Leaf Blades in Genus *Lycoris* [J]. Sci. Rep. Agric. &Biol. Sci. Osaka Pref. Univ. (2001). 54：1 –5.

11. Rajesh K Nema, Suchismita Dass, Meeta Mathur and K G Ramawat. Morphactin and cytokinin promote high frequency bulbil formation from leaf explants of *Curculigo orchioides* grown in shake flask cultures[J]. Indian Journal of Biotechnology Vol7, October 2008, pp 520 –525.

12. 袁娥. 石蒜属植物快速繁殖技术研究与综合评价[D]. 南京：南京林业大学，2003.

13. 郭兆武，郭旭春，高建芳，等. 黄花石蒜不同外植体的组织培养研究[J]. 西北植物学报，2010，30(8)：1695 –1700.

14. 林田. 石蒜的组织培养及超低温保存技术初步研究[D]. 华中农业大学，硕士学位论文，2006.

15. 朱景. 石蒜组织培养的研究[D]. 南京林业大学，2002.

16. 王玉英，高新一. 植物组织培养技术手册[M]. 北京：金盾出版社，2006：55 –60.

抗寒月季新品种'花仙子'快繁技术研究

李晓芳　黄晓玲　张晓莹　徐长贵　董婕　车代弟[①]

（东北农业大学园艺学院，哈尔滨 150030）

摘要　月季是蔷薇科蔷薇属的木本植物，花色丰富、姿态优美，是我国十大传统名花之一。但是抗寒能力相对较差，没有能够在哈尔滨地区露地越冬的品种。针对这种现象，我们培育出了能在哈尔滨地区露地越冬的月季新品种'花仙子'。但是受到植物材料稀少的限制，很难在短时间内获得大量的苗木，不能满足市场的需求和科研的用途，所以我们对月季新品种'花仙子'采用组织培养的方式进行大量繁殖。对月季新品种'花仙子'的组织培养的方法和激素浓度进行探索，结果表明：月季新品种'花仙子'最适合的灭菌时间是 2%的 NaClO 浸泡 10 分钟；初代培养基为 MS + 0.4mg/L 6-BA；继代培养基为：MS + 0.2mg/L 6-BA + 0.1mg/LNAA；最适合的生根培养基为 1/2MS + 0.5mg/L IBA。

关键词　月季；组织培养；快繁

Study on Rapid Propagation Technology of Cold Resistant New Varieties of *Rosa hybrida* 'Flower fairy'

LI Xiao-fang　HUANG Xiao-ling　ZHANG Xiao-ying　XU Chang-gui　DONG Jie　CHE Dai-di

（*College of Horticulture，Northeast Agricultural University，Harbin* 150030）

Abstract　Rose is woody plant of Rosaceae *Rosa* L, has rich color, beautiful gesture and is one of the ten traditional Flowers in china. But the ability of cold resistance is relatively poor, there is no species to overwintering in the Harbin area. In view of this phenomenon, we developed new varieties of rose that is able to overwintering 'Flower fairy' in Harbin. But by the limit of rare plants material, what is difficult in a short period of to get a large number of seedlings, can not meet the market demand and research purposes, so we cultivate new varieties of rose 'Flower fairies' of extensive breeding by tissue culture, tissue culture of the new varieties of rose 'Flower fairies' method and hormone concentration to explore, results show that：The most suitable sterilization condition is 10 minutes of NaClO immersion for 2%；the most suitable of Primary culture medium is MS + 0.4mg/L 6-BA；subculture medium is：MS + 0.2mg/L 6-BA + 0.1mg/L NAA；the most suitable rooting medium is 1/2MS + 0.5mg/L IBA.

Key words　*Rosa hybrida* 'Flower fairy'；Tissue culture；Micropropagation

月季是蔷薇科蔷薇属的木本植物，因花色丰富、姿态优美、芳香浓郁等特点，在园林中被广泛应用，具有很高的商品价值[1]。但是由于抗寒能力相对较差，没有能够在哈尔滨地区露地越冬的品种。导致月季品种在哈尔滨地区的应用受到限制。针对这种现象，我们培育出了能在哈尔滨地区露地越冬的月季新品种'花仙子'。但是受到植物材料稀少的影响，很难在短时间内获得大量的苗木，不能满足市场的需求和科研的用途，所以我们对月季新品种'花仙子'采用组织培养的方式进行大量繁殖，以期获得大量适合在哈尔滨地区露地越冬的植物材料，丰富哈尔滨地区的绿化种类，同时满足科研需求。

1　实验材料与方法

1.1　试验材料

试验所用月季品种'花仙子'种质资源保存于东北农业大学园艺学院园林实验室。

---

①　通讯作者。Author for correspondence（E-mail：daidiche@ aliyun. com ）。

1.2 外植体的消毒

对外植体采用不同的消毒方法,最终选出适合月季新品种'花仙子'消毒的方法,将外植体流水冲洗 1~1.5h,5% 清洁剂冲洗 5min,在 75% 的酒精中浸泡 30s,2% 的 NaClO 浸泡 5min、8min、10min、12min,无菌水冲洗干净。接种 5 天后统计污染率。

1.3 外植体的选择

选取长势良好、无病虫害的植株,以长 2cm 的幼嫩茎段为外植体进行组织培养。

1.4 初代培养

分别将茎段接到初代培养基内,基础培养基为 MS,6-BA 的浓度分别为 0.1mg/L、0.2mg/L、0.3mg/L、0.4mg/L、0.5mg/L、0.6mg/L、0.7mg/L、0.8mg/L,加入 30 g/L 的蔗糖和 6.8 g/L 的琼脂,pH 值调到 5.8,培养 20 天观察外植体生长状况。

1.5 继代培养

以 MS 为基础培养基,6-BA 和 NAA 浓度分别是 0.1~0.4mg/L、0.05~0.20mg/L,加入 30g/L 的蔗糖和 6.8g/L 的琼脂,pH 值调到 5.8(见表 1)。切取初代培养的腋芽接种到各继代培养基中,培养 30 天统计丛生芽数量。

表 1 丛生芽培养基配比

Table 1 Proportion of cluster bud medium

处理	6-BA (mg/L)	NAA (mg/L)	处理	6-BA (mg/L)	NAA (mg/L)
D1	0.1	0.05	D9	0.3	0.05
D2	0.1	0.10	D10	0.3	0.10
D3	0.1	0.15	D11	0.3	0.15
D4	0.1	0.20	D12	0.3	0.20
D5	0.2	0.05	D13	0.4	0.05
D6	0.2	0.10	D14	0.4	0.10
D7	0.2	0.15	D15	0.4	0.15
D8	0.2	0.20	D16	0.4	0.20

1.6 生根培养

将丛生芽接种于生根培养基中,基础培养基为 1/2MS,IBA 浓度分别为 0.1mg/L、0.5mg/L、1.0mg/L,加入 30g/L 的蔗糖和 6.8 g/L 的琼脂,pH 调到 5.8,培养 15 天统计生根的丛生芽数量。

1.7 组培苗的驯化与移栽

先将生根的试管苗打开瓶塞炼苗 3~5 天,然后洗净培养基,将其转移到培养基中,基质为沙子和草炭 1:1 混合,并安装遮阴网,空气温度 18~25℃,空气相对湿度为 60%~80%。

2 结果与分析

2.1 消毒时间对外植体污染率的影响

外植体消毒效果(见表 2),实验结果反映 4 个梯度中 2% 的 NaClO 处理时间 10min 时,污染率最低,为 37.5%,灭菌效果最好,并且发现灭菌时间过长外植体由绿色逐渐变成黄褐色,导致芽萌发时间延长甚至不能萌发,可能是由于灭菌时间过长,对芽造成了一定程度的损伤,也可能与茎段离体时间存在一定关系,还有待进一步研究。

表 2 不同灭菌时间污染率变化情况

Table 2 Pollution rate changes of different sterilization time

2% 的 NaClO 处理时间(min)	接种茎段数(个)	污染茎段数(个)	污染率(%)
5	40	19	47.5
8	40	23	57.5
10	40	15	37.5
12	40	19	47.5

2.2 激素 6-BA 对茎段萌发的影响

本研究发现(见图 1),当 6-BA 的浓度为 0.4mg/L 时,茎段长势良好,可以看到茎段上的芽萌发程度较大且均匀一致,颜色嫩绿,当 6-BA 的浓度高于或低于 0.4mg/L 时,芽表现出萌发较晚,长势不够整齐一致的特点,所以当 6-BA 浓度为 0.4mg/L 时繁殖效果最好。

2.3 激素 6-BA、NAA 对丛生芽数量的影响

从表 3 研究可见:细胞分裂素(6-BA)和生长素(NAA)配合使用对芽增殖率总体上来看是比较好的。特别是 6-BA 浓度为 0.2mg/L、NAA 浓度为 0.1mg/L 时,即培养基 MS + 0.2mg/L 6-BA + 0.1mg/L NAA 芽增殖率最高,最高丛生芽平均数为 4.17。进行方差分析发现 6-BA 浓度为 0.2mg/L、NAA 浓度为 0.1mg/L 时芽的总体生长水平一致性最高为 0.14,虽然当 6-BA 浓度为 0.2mg/L、NAA 浓度为 0.2mg/L 时方差与其相同,但丛生芽的平均数没有 D6 组高;同时研究发现,当 6-BA 浓度为 0.1mg/L 时,无论 NAA 浓度如何,丛生芽的增长速度都十分缓慢,当 6-BA 浓度为 0.3mg/L、0.4mg/L 时,虽然丛生芽平均数高于 6-BA 0.1mg/L 时,但总体都低于 6-BA 为 0.2mg/L 时。

表3 激素6-BA、NAA与丛生芽数量的分析

Table 3 Analysis between hormone 6-BA、NAA and bud number

处理	丛生芽平均数	方差	处理	丛生芽平均数	方差
D1	0.67	0.56	D9	3.50	0.92
D2	0.83	0.47	D10	3.50	1.58
D3	0.67	0.22	D11	3.33	0.89
D4	1.00	0.17	D12	3.17	1.14
D5	3.50	2.92	D13	2.67	0.22
D6	4.17	0.14	D14	2.67	0.89
D7	4.00	0.33	D15	2.50	0.58
D8	3.83	0.14	D16	2.33	0.89

2.4 激素IBA对生根率的影响

从表4研究可见：当IBA浓度为0.5mg/L时，芽的生根率达到最大，为94%，当IBA浓度为0.1mg/L和1.0mg/L时，芽的生根率都低于浓度为0.5mg/L时芽的生根率，并且在IBA浓度为0.5mg/L时，根生长粗壮，并且根的长度相对较长，所以最理想的生根培养基为：1/2MS + 0.5mg/L IBA。

表4 激素浓度对月季新品种'花仙子'生根的影响

Table 4 the effect of hormone concentration on the rooting of *Rosa hybrida* 'Flower fairy'

处理	IBA(mg/L)	处理	接种芽数	生根芽数	生根率(%)
C1	0.1		50	34	68
C2	0.5		50	47	94
C3	1.0		50	42	84

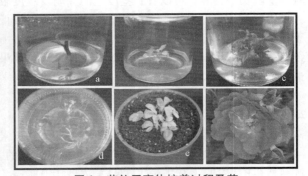

图1 花仙子离体培养过程及花

Fig. 1 State period of tissue culture of *Rosa hybrida* 'Flower fairy' and flower

3 讨论

植物生长调节剂是植物生长发育必不可少的物质，它能以极微小的量影响植物的多种生理生化活动。生长素的作用主要是促进细胞伸长和细胞分裂，诱导受伤的组织表面恢复分裂能力，形成愈伤组织，促进生根等。细胞分裂素（6-BA）有诱导芽的分化、促进侧芽萌发生长的作用，当组织内细胞分裂素/生长素的比值高时诱导芽的分化，这时细胞分裂素起着主导作用[2]。

试验结果表明，最佳外植体消毒时间是2%的NaClO浸泡10min，这与Shabbir A等人的研究存在一定的一致性，也存在一定的差异性[3-7]。初代培养时当细胞分裂素6-BA浓度为0.4mg/L时，茎段的生长状况良好。在继代培养基中MS + 0.2mg/L 6-BA + 0.1mg/L NAA芽增殖率最高，最高值为4.17，当6-BA浓度为0.1mg/L时，无论NAA浓度如何，丛生芽的增长速度都十分缓慢，说明浓度过低，对植物的促进作用较弱；当6-BA浓度为0.3mg/L、0.4mg/L时，无论NAA浓度如何，丛生芽的生长速度相对于6-BA为0.2mg/L时，均有下降，说明生长素浓度较高时抑制了细胞的分裂，从而降低了形成芽细胞的生理活性，使某些芽的萌发受到了明显的抑制[6-8]，在增殖阶段6-BA的浓度为0.2mg/L，NAA的浓度为0.1mg/L时培养基是比较适宜芽增殖的，不过从增殖率来看还不是特别理想，较赵培培、刘小夫、Carelli B P[9-14]等研究的其他品种的增殖率要低。在生根培养中只用生长素IBA，表2结果表明：IBA浓度为0.5mg/L时生根效果较好。但是由于仅研究了'花仙子'1个品种，总体上看与他人对月季品种的研究存在一致性，但也有一定差异[15-17]，这可能和植物自身的生理生化指标和基因型有一定的关系，但还有待进一步研究，因此对月季每一个不同品种进行研究时，都会有不同的激素配比，甚至是不同的培养基[11]。

综上所述：最佳外植体消毒时间是2%的NaClO浸泡10min；初代培养时，用基础培养基MS，其中蔗糖浓度30g/L，pH值调至5.8，其中6-BA的浓度以0.4mg/L为宜；寄代培养时，用基础培养基MS，其中蔗糖浓度30g/L，pH值调至5.8，培养基中6-BA的浓度以0.2mg/L、NAA浓度为0.1mg/L时芽的增殖率最大，可以达到4.17，且芽的一致性较高，其他浓度时芽增殖率相对6-BA为0.2mg/L、NAA为0.1mg/L较弱，并出现了玻璃化的现象，这也可能影响了芽的增殖，使芽的增殖率下降；在生根培养基中，IBA浓度达到0.5mg/L时，生根率最大，过高或者过低，生根情况都不是十分理想。

参考文献

1. 金波，等. 中国名花［M］. 北京：中国农业大学出版社，1997，9.
2. 张红晓，经剑颖. 木本植物组织培养技术研究进展［J］. 河南科技大学学报(农学版)，2003，03：66－69.
3. Shabbir A, Hameed N, Ali A, *et al*. Effect of different cultural conditions on micropropagation of rose (*Rosa indica* L.)［J］. Pak. J. Bot, 2009, 41(6): 2877－2882.
4. Asadi A A, Vedadi C, Rahimi M, *et al*. Effect of plant growth hormones on root and shoot regeneration in Rose (Morrasia) under in-vitro conditions［J］. Bioscience Research, 2009, 6(1): 40－45.
5. Jabbarzadeh Z, Khosh-Khui M. Factors affecting tissue culture of Damask rose (*Rosa damascena* Mill.)［J］. Scientia horticulturae, 2005, 105(4): 475－482.
6. Noodezh H M, Moieni A, Baghizadeh A. In vitro propagation of the Damask rose (*Rosa damascena* Mill.)［J］. In Vitro Cellular & Developmental Biology-Plant, 2012, 48(5): 530－538.
7. Das P. Mass cloning of Rose and Mussaenda, popular garden plants, via somatic embryogenesis［J］. Horticultural Science, 2010, 37(2): 70－78.
8. 胡彦，赵艳. 植物组织培养技术的应用以及在培养过程中存在的问题［J］. 陕西师范大学学报(自然科学版)，2004，S1：130－134.
9. 赵培培，车代弟，王金刚，樊金萍，龚束芳. 丰花月季再生体系的建立［J］. 东北农业大学学报，2008，06：30－32.
10. 刘小夫，李彩华，张金柱，黄嘉鑫，杨涛，车代弟. 丰花月季YJ'2004-2'组培快繁技术研究［J］. 作物杂志，2012，06：74－76＋1.
11. Carelli B P, Echeverrigaray S. An improved system for the in vitro propagation of rose cultivars［J］. Scientia Horticulturae, 2002, 92(1): 69－74.
12. 陈雪，张金柱，潘兵兵，桑成瑾，马雪，杨涛，车代弟. 月季愈伤组织的诱导及植株再生［J］. 植物学报，2011，05：569－574.
13. 张东旭，周增产，卜云龙，张洁，张晓文，张成波，蔡伟健，康静，肖政. 植物组织培养技术应用研究进展［J］. 北方园艺，2011，06：209－213.
14. 陈雪. 丰花月季杂交后代'NH2013-6'组织培养研究［J］. 中国园艺文摘，2015，01：22－23＋30.
15. 李海燕，胡国富，胡宝忠. 月季组培快繁技术的研究［J］. 东北农业大学学报，2004，01：84－88.
16. 周晓馥，杨伟新，丁雪，杜丰平，张鑫，徐洪伟. 月季茎段快繁体系的优化［J］. 北方园艺，2014，22：98－102.
17. 牟会斌. 微型月季微繁体系的构建及组培生根机理研究［D］. 南京农业大学，2001.

亚洲百合杂交后代胚拯救及组织扩繁研究[*]

章毅颖　杨　舒　吕英民[①]

（花卉种质创新与分子育种北京市重点实验室，国家花卉工程技术研究中心，城乡生态环境北京实验室，
北京林业大学园林学院，北京 100083）

摘要　本试验以亚洲百合品种'底特律'和'穿梭'的杂交后代无菌苗的叶片和鳞片作为外植体材料，以 MS 为基本培养基，探究不同质量浓度的 6-BA、NAA 以及活性炭组合对外植体分化增殖能力的影响，并诱导其不定芽和不定根的生成，进而建立其组织扩繁再生体系。试验结果表明：亚洲百合杂交后代无菌苗叶片不同部位诱导愈伤组织的能力有显著差异，分化能力为叶片基部＞中部＞顶部；在叶片初代诱导中，MS + 1.0mg/L 6-BA +0.3mg/L NAA 处理下诱导出愈伤组织的效果最好，诱导率为 17.4%；在鳞片初代诱导中，MS + 1.5mg/L 6-BA + 0.1mg/L NAA 处理下诱导出不定芽的效果最好，诱导率达 57.1%；而在鳞片的生根试验中，0.2% 活性炭浓度的培养基可诱导的生根率为 92.2%，但 0.6% 的活性炭浓度使根部平均伸长量达到最大值，平均长度为 1.8cm。

关键词　亚洲百合杂交后代；组培培养；叶片；鳞片

The Embryo Rescue and Tissue Propagation in Hybrids of Asiatic Lily

ZHANG Yi-ying　YANG Shu　LV Ying-min

（*Beijing Key Laboratory of Ornamental Plants Germplasm Innovation & Molecular Breeding*，
National Engineering Research Center for Floriculture，*Beijing Laboratory of Urban and Rural Ecological*
Environment and College of Landscape Architecture，*Beijing Forestry University*，*Beijing* 100083）

Abstract　The sterilized leaf and bulb blade of hybrids of 'Detroit' and 'Tresor' (Asiatic lily varieties) and MS (the basic medium) were used as the explants in order to explore the effect of different quality concentrations of 6-BA, NAA and activated carbon combination on differentiation and proliferation abilities of explants, induce the generation of the adventitious bud and root and establish the organization propagation and regeneration system. The results showed that there was significant difference in the ability to induce callus among different parts of sterilized leaf, base > middle part > top part. The optimal medium for leaf callus induction was MS + 1.0 mg/L 6-BA +0.3 mg/L NAA, and the inductivity reached 17.4%. The best medium for inducing adventitious buds in bulb blade was MS + 1.5 mg/L 6-BA + 0.1 mg/L NAA and the inductivity was 57.1%. The optimal medium for inducing roots of bulb blade was 0.2% activated carbon concentration, the rooting rate reached 92.2%, however, the 0.6% activated carbon concentration could make the average elongation of roots come to the maximum which was 1.8cm.

Key words　Hybrids of Asiatic lily；Tissue culture；Leaf explants；Bulb scales

　　百合是百合科（Liliaceae）百合属（*Lilium*）多年生球根花卉，百合花色丰富，花形端庄，分布范围广，适应性强，在园林中应用方式多样，是世界著名的切花之一。1982 年，国际百合学会将百合分为 9 大类，这种分法被广泛接受（赵祥云 等，2000），其中亚洲百合杂种系（*Asiatic hybrids*）为中型植物，花直立向

外，花型和花色丰富，绝大多数无香味，特点是不耐高温、抗寒性强、耐贮藏，是由东亚和中亚的百合原生种形成。

　　1957 年，Robb 首次发表了百合鳞片离体培养的成功报道；到 20 世纪初，欧美一些国家就开始对百合新品种的选育及杂交技术等开展了大量的工作；而

---

　　* 基金项目：本研究由"863"项目（2011AA100208）；国家自然科学基金项目（31071815 和 31272204）；教育部博士点基金项目（20110014110006）共同资助。

　　① 通讯作者。Author for correspondence（E-mail：luyingmin@bjfu.edu.cn）。

近些年我国也逐步开展百合杂交品种的育种工作，并在百合组织快繁以及新品种培育方面积累了大量经验。例如亚洲百合'雨荷'（周厚高 等，2012）、'初夏'（席梦利 等，2012）等成为第一批国际植物新品种登录的百合品种，并获得新品种登录证书。目前百合新品种的培育仍然是以常规杂交为主（周晓杰，2009），但是杂交后代的成活率不尽相同，主要是由于百合的亲和性高低所影响（周厚高，2000）。杂种胚培养技术作为组织培养的一个重要领域研究，在植物育种工作中发挥着极为重要的作用（邢大洲，2009）。姚绍嫦（2006）以亚洲百合'Mirella'的鳞片、花器官与无菌苗的叶片为外植体，建立了其无性繁殖系统；陈燕霞（2007）以两个亚洲百合品种'新中心'、'布鲁诺'的鳞片以及鳞茎内的叶片为外植体，对胚性愈伤组织的增殖和分化，不定芽的增殖，生根结鳞茎和移栽五个阶段进行了研究；此外，Tribulato、Tang 等都曾利用百合叶片诱导可再生的愈伤组织（Tribulato *et al*，1997；Tang *et al*，2010），这些可能对基因转化有很大作用（Ahn *et al*，2004；Kamo & Han，2008）；在激素选择方面，2,4-D、NAA、BA 都可以诱导愈伤组织的产生（于晓英 等，2000）。因此为了避免杂交胚的胚乳发育不正常而使得杂种胚的早期败育，通过胚的离体培养这种胚拯救的方法，可使大量杂交后代的胚能继续发育成正常种子，尽快进入选育程序，缩短育种周期（邢大洲，2009）；同时，在材料较少的情况下，对现有的植株组织器官进行合理的利用和有效的扩繁也是保证种质资源数量、品质的重要途径之一，而且利用百合叶片来替代鳞片作为外植体材料可以极大地保护供体植株，使供体植株的损害降到最低（Jin *et al*，2014）。

本试验是以亚洲百合杂交后代组培苗的叶和鳞片作为外植体材料，对最佳的组织培养条件进行探究；而在两个亲本中，'底特律'（'Detroit'）花色呈红色，'穿梭'（'Tresor'）花色呈橘黄色，两者在花色上差异较大，通过本次试验可以拯救获得更多新的亚洲百合系间杂交基因型，可能会得到花色新颖、丰富的杂交后代，并且建立起亚洲百合杂交后代高效稳定的组织扩繁体系，为暖色系花色新品种的挖掘和种质资源的保存奠定基础。

1 材料与方法

1.1 实验材料

实验是以百合杂交后代无菌苗叶片及其鳞茎作为外植体材料，该百合杂交后代的父母本分别是亚洲百合系的'底特律'（'Detroit'）和'穿梭'（'Tresor'）。

1.2 实验方法

1.2.1 胚拯救

摘取授粉 60～70d 后膨大的子房，将采摘的果实用流水冲洗 1h 以上，在无菌接种台内用 75% 酒精灭菌 1min，无菌水冲洗 3 遍，1.0% 的 NaClO 溶液灭菌 20～30min，无菌水冲洗 3 遍，无菌条件下在铺有滤纸的盘子上用手术刀将子房沿着心皮线切开，选取其中有胚的种子接种到培养基上，离体培养基的配方为 MS + NAA 0.01mg/L + 3% 蔗糖 + 0.6% 琼脂，pH = 5.8，培养期间每隔 2 个月更换一次培养基。培养 3 个月左右得到的幼苗转接到最适生根培养基上，生根培养基的配方为 MS + 1.0mg/L NAA + 1.0g/L 活性炭 + 3% 蔗糖 + 0.6% 琼脂，pH = 5.8，培养期间每隔 3 个月更换一次培养基。

1.2.2 诱导无菌苗叶片愈伤组织的形成及不定芽的发生

选取胚拯救出来的无菌苗叶片，叶片要求浓绿健康，将叶片切成基部、中部、顶部 3 个部分，每个部分长度约为 1～1.5cm，接种于表 1 所示的培养基（以 6-BA、NAA 为双因素，采用正交设计，共得到 12 种培养基）中，叶段的近轴面向上，每 3d 观察叶片的变化情况，30d 后统计愈伤组织的诱导率和不定芽的增殖系数。

表 1 不同浓度激素培养基配方
Table1 Media formulations of different concentrations of hormones

组数	编号	基本培养基	6-BA（mg/L）	NAA（mg/L）	蔗糖（%）	琼脂（%）
1	A1	MS	0.5	0.1	3.00	0.65
2	A2	MS	0.5	0.2	3.00	0.65
3	A3	MS	0.5	0.3	3.00	0.65
4	A4	MS	0.5	0.4	3.00	0.65
5	B1	MS	1.0	0.1	3.00	0.65
6	B2	MS	1.0	0.2	3.00	0.65
7	B3	MS	1.0	0.3	3.00	0.65
8	B4	MS	1.0	0.4	3.00	0.65
9	C1	MS	1.5	0.1	3.00	0.65
10	C2	MS	1.5	0.2	3.00	0.65
11	C3	MS	1.5	0.3	3.00	0.65
12	C4	MS	1.5	0.3	3.00	0.65

1.2.3 不同活性炭浓度以及不同激素配比诱导无菌苗鳞片不定根和不定芽的形成

将直径约 6mm 的鳞茎剥离，选取健壮、无损伤且部位相同、大小一致的鳞片，分别接种到不同活性炭浓度的培养基中(如表2)以及不同浓度激素配比的培养基(表1中5~12组配方)中,鳞片的近轴面向上,每3d观察叶片的变化情况,30d后统计不定根的增殖系数。

表2　不同活性炭浓度培养基配方

Table 2　Media formulations of different concentrations of activated carbon

组数	基本培养基	NAA (mg/L)	活性炭浓度 (%)	蔗糖 (%)	琼脂 (%)
1	MS	1.0	0.20	3.00	0.65
2	MS	1.0	0.40	3.00	0.65
3	MS	1.0	0.60	3.00	0.65

1.3　数据统计与分析

通过正交设计及完全随机试验设计进行实验设计,实验数据采用 Microsoft Excel 2007 进行数据处理,并用统计分析软件 SPSS17.0 进行数据分析。

愈伤组织的诱导率(%) = (形成愈伤组织的叶段数/接种的叶段总数) × 100%;

增殖系数(%) = (外植体的增殖鳞茎数/分化的外植体个数) × 100%。

2　结果与分析

2.1　胚拯救

将有胚的种子接种到培养基1个星期后,有胚的种子陆续开始萌发;30d后,幼嫩的叶片已经伸长,长度为3~5cm不等;60d后,叶基部鳞茎开始膨大,此时将杂种幼苗剪掉叶片及根系后接到生根培养基上,幼苗所生根多呈现白色,平均生根数目在5条以上(如图1)。通过采用以上胚拯救技术方案来实现百合杂种胚的高效离体培养,得到的亚洲百合杂交后代无菌苗可作为后续的实验材料。

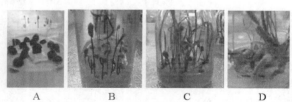

图1　百合杂交后代胚拯救及其离体培养各阶段形态

Fig. 1　Embryo rescue and each phase of the form for in vitro culture of lily hybrids

注:A. 胚培养;B. 胚萌发;C. 初代培养;D. 无菌苗生根。

Note:A:embryo culture;B:embryo germination;C:primary culture;D:rooting culture.

2.2　无菌苗叶片不同部位作为外植体分化能力的比较

将无菌苗叶片接种在培养基后,第3d开始,有些叶段特别是基部叶段切口处颜色最先由绿色变为淡黄色,第7d叶段的两端开始翘起,并有一些小突起产生,随后大约25d时,叶段的切口处就有明显地膨大,颜色会变浅,最终在叶片端部长出幼嫩的叶子(如图3)。通过表3结果可以看出,叶片的基部相对于其他部位对于其分化能力存在显著差异,诱导率达32.6%,增殖系数也最大;中部叶片较难分化,诱导率只有基部的1/6,而且几乎没有增殖的出芽;顶部叶片没有产生愈伤组织,10d后,叶段颜色渐渐变褐,最终死亡。出现这样的结果可能是由于叶片基部是其生长点,分生组织活跃,并且营养物质丰富造成,而随着远离生长点的叶片中部和顶部,其分生组织活跃度低,营养物质较基部少,因此叶片不同位置诱导情况有所差异。

表3　无菌苗叶片不同部位器官分化情况

Table 3　Organogenesis result on different sterilized leaf positions

叶片位置	接种叶段总数 (个)	分化总数 (个)	诱导率 (%)	增殖系数 (%)
顶部	39	0	0.0B	0.0B
中部	34	2	5.8B	0.0B
基部	43	14	32.6A	1.5A

注:不含相同的大写字母说明在 0.001 水平上差异显著。

Note:Do not contain the same letters show significance at 0.001 level.

2.3　不同激素配比对百合杂交后代无菌苗叶段初代培养的影响

从表4的结果可以看出,总体上,当6-BA的浓度为1.0mg/L时,无菌苗叶段诱导愈伤组织的能力最强,都在15%左右,再看相同6-BA水平下,NAA为0.3mg/L时的诱导率都是最高的,由此可以得出,最高诱导叶片愈伤组织形成的激素配比是1.0mg/L的6-BA和0.3mg/L的NAA,诱导率为17.4%(如图2);而当6-BA的浓度为1.5mg/L时,叶段的诱导率差异较大,其中NAA浓度为0.3mg/L时,愈伤组织诱导率达13.8%,是同等6-BA激素浓度水平下,其他NAA浓度诱导率的2倍;在6-BA为0.5mg/L的浓度下,愈伤组织诱导率普遍较低,值得注意的是,虽然在NAA 0.2~0.4mg/L浓度下的增殖系数为0,但是在0.1mg/L NAA浓度下,增殖系数高达9.0,同样,B组和C组中,0.1mg/L和0.4mg/L浓度的NAA都有利于增殖分化,特别是在6-BA 0.5mg/L和NAA 0.1mg/L激素配比的水平下。

表4 不同激素配比对无菌苗叶段器官分化的影响

Table 4 Effect on different hormone matched inducing organogenesis of sterilized leaf segments

编号	6-BA （mg/L）	NAA （mg/L）	诱导率 （%）	增殖系数 （%）
A1	0.5	0.1	3.1k	9.0a
A2	0.5	0.2	0.0l	0.0f
A3	0.5	0.3	7.7f	0.0f
A4	0.5	0.4	3.4j	0.0f
B1	1.0	0.1	14.3c	1.0e
B2	1.0	0.2	10.3e	0.0f
B3	1.0	0.3	17.4a	0.0f
B4	1.0	0.4	15.4b	1.5d
C1	1.5	0.1	3.6i	2.0c
C2	1.5	0.2	7.4g	0.0f
C3	1.5	0.3	13.8d	1.3de
C4	1.5	0.4	6.9h	2.5b

注：不含相同的大写字母说明在0.05水平上差异显著。

Note：Do not contain the same letters show significance at 0.05 level.

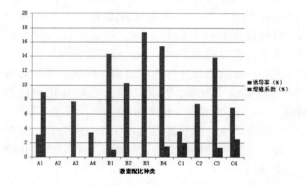

图2 不同激素配比对无菌苗叶段器官分化的影响

Fig. 2 Effect on different hormone matched inducing organogenesis of sterilized leaf segments

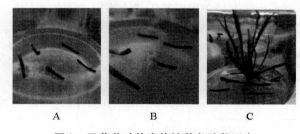

A   B   C

图3 无菌苗叶片离体培养各阶段形态

Fig. 3 Each phase of the form for in vitro culture of sterilized leaf

注：A. 膨大阶段；B. 生根阶段；C. 幼苗阶段。

Note：A：the stage of enlargement；B：the stage of rooting；C：the stage of seeding.

2.4 不同活性炭浓度对百合杂交后代无菌苗鳞片生根的影响

一般来说，培养基中添加活性炭会对外植体生根具有积极作用，因此，该实验通过添加不同浓度的活性炭，来探究其对无菌苗鳞片生成不定根效果的影响。表5结果显示，当活性炭浓度为0.2%时，诱导鳞片生根率最高，为92.2%；而活性炭浓度为0.4%和0.6%时，诱导生根率相差不大，诱导率相对0.2%活性炭减少了一半；以根长作为考核指标分析结果显示，0.6%浓度的活性炭下，鳞片平均生根长度为1.8cm，随着活性炭浓度的递减，生根长度也呈下降趋势。综上所述，0.2%浓度的活性炭诱导生根的能力较强，但促进根部伸长的能力较弱，而0.6%浓度活性炭则恰恰相反，这可能是由于0.2%活性炭更容易促进根部分生区细胞的活动能力，0.6%活性炭对根部伸长区细胞的活动有促进作用。

表5 不同活性炭浓度对无菌苗鳞片不定根形成的影响

Table 5 Effect on different concentrations of activated carbon inducing adventitious root of sterilized bulb scales

活性炭浓度 （%）	平均生根数 （条）	鳞片平均生根长度 （cm）	诱导生根率 （%）
0.2	8.3	0.7c	92.2a
0.4	5.5	1.4b	50.0b
0.6	4.1	1.8a	45.6c

注：不含相同的大写字母说明在0.05水平上差异显著。

Note：Do not contain the same letters show significance at 0.05 level.

2.5 不同激素配比对百合杂交后代无菌苗鳞片初代培养的影响

激素对于外植体器官分化非常重要，实验结果如表6，从鳞片的诱导率方面看，在B1激素配比下，无菌苗鳞片的诱导率最高，为57.1%，随着NAA浓度的升高，鳞片的诱导率却逐渐降低，而6-BA的浓度对诱导鳞片分化没有太大影响；从增殖系数方面看，整体的趋势与诱导率相似，都是随着NAA浓度的升高而降低，其中增殖系数最大的是C1激素配比，为2.7%；从生长的平均叶片数看，B组激素与C组激素所呈现出的趋势不尽相同，B组中，NAA浓度高的情况下生长的叶片数要多，而在C组中却相反，整体看来，C1激素配比下叶片生长情况最好，平均每个鳞片上有4.7个叶片；从生根的角度看，只有B1、B2激素配比下有生根，但平均仅有1条根系，所以以下激素配比对于鳞片生根的影响不大，因此，综合考虑各个因素，C1激素配比即1.5mg/L 6-BA +

0.1mg/L NAA 的培养基最适合杂交后代无菌苗鳞片的初代培养。在后期观察中，B3 激素配比中的外植体出现玻璃化现象，而 C3 激素配比中的外植体出现褐化现象，可能是由于取材时对鳞片造成损伤或者是激素成分造成。

表 6 不同激素配比对无菌苗鳞片器官分化的影响

Table 6 Effect on different hormone matched inducing organogenesis of sterilized bulb scales

编号	6-BA (mg/L)	NAA (mg/L)	平均叶片数（个）	平均生根数（条）	诱导率（%）	增殖系数（%）
B1	1.0	0.1	2.3c	1.0a	57.1a	1.5b
B2	1.0	0.2	0.0f	1.0a	25.0c	0.0e
B3	1.0	0.3	3.0b	0.0a	14.3d	1.0d
C1	1.5	0.1	4.7a	0.0a	50.0b	2.7a
C2	1.5	0.2	2.0d	0.0a	50.0b	1.3c
C3	1.5	0.3	1.0e	0.0a	14.3d	0.0e

注：不含相同的大写字母说明在 0.05 水平上差异显著。

Note：Do not contain the same letters show significance at 0.05 level.

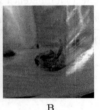

A　　　　　　B

图 4 无菌苗鳞片离体培养各阶段形态

Fig. 4 Each phase of the form for in vitro culture of sterilized bulb scales

注：A. 萌发阶段；B. 增殖阶段。

Note：A：the stage of budding；B stage of proliferation.

3 结论与讨论

本试验针对亚洲百合杂交后代胚拯救后，成活率较低、材料稀少这一现状，对已有的材料进行组织扩繁，从而获得更多的杂交后代个体。试验中，利用已培育出的无菌苗叶片、鳞茎作为外植体材料，探究最佳诱导愈伤组织、鳞茎增殖、生根的培养基，进行无菌快繁体系的建立。有实验表明，在高无机盐浓度并附加高浓度 BA 和低浓度 NAA 的 MS 培养基上适合百合杂交苗的继代培养（孙晓梅 等，2005），本实验也用 6-BA 和 NAA 作为基本激素，通过不同浓度的配比得出：无菌苗叶片的最适合诱导愈伤组织的激素配比是 1.0mg/L 6-BA + 0.3mg/L NAA；而其鳞片诱导分化的最佳激素配比是 1.5mg/L 6-BA + 0.1mg/L NAA。

当然外植体不同的取材部位也对组织分化有影响，本实验将无菌苗叶片分成顶部、中部、基部 3 个部分，基部叶段诱导愈伤组织并出芽的能力最高，达 32.6%，而中部叶段愈伤组织诱导率则明显下降，顶部叶段几乎不能诱导出愈伤组织，也不能直接生产不定芽；周艳萍 等（2007）在对亚洲百合 'Prato'、'Brunello' 进行试管苗培育是发现，叶片基部分化能力非常强，直接从剥离伤口处分化不定芽，基本不经过愈伤阶段；而叶片上部几乎没有出芽，中部有个别出芽，均经过愈伤阶段再分化出芽，且出芽速度明显慢于基部，这与本试验结果一致。虽然叶片基部可以分化出愈伤组织形成不定芽，但是诱导结果并不是特别高，可能是由于该亚洲百合杂交后代无菌苗叶片的大小有关，亚洲百合 '底特律'（'Detroit'）和 '穿梭'（'Tresor'）杂交后代无菌苗叶片细长、叶片组织较薄，叶片最宽处叶不超过 5mm，基部叶片内卷成筒状，横截面直径约为 2mm，因此可能由于材料的切口面积较小，导致诱导分化的能力相对较低；李小玲 等（2007）在试验中发现，叶片切段大小对分化率也有影响，1～2cm 的切段分化率为 90.6%，显著好于 5～8cm 的切段 29%，这可能也是由于切口表面积与体积之比较小，物质交换的能力就越弱，从而导致分化能力也会越弱。

组培苗的生根能力的强弱也直接影响着以后移栽成活率的大小，而移栽是百合快繁技术中的一个重要技术环节，它直接关系到百合组培苗生产能否产业化（陈晓明 等，2007）。本试验对无菌苗鳞片不定根的形成进行探究，在培养基中加入不同浓度的活性炭，结果显示 0.2% 浓度活性炭诱导生根率为 92.2%，0.6% 浓度活性炭虽没有前者诱导不定根的数量多，但其诱导出的平均根长有 1.8cm，远远大于前者，所以我们可以根据生产的具体要求来选择活性炭浓度。

参考文献

1. Ahn B J；Joung Y H；Kamo K K. 2004. Transgenic plants of Easter lily（*Lilium longiflorum*）with phosphinothricin resistance[J]. J. Plant Biotechnol. 6：9 – 13.

2. Jin S M；Wang J；Wang X W；Sun D；Li G L；Genovesi A D；Liu S K. 2014. Direct and indirect shoot and bulblet regeneration from cultured leaf explants of *Lilium pumilum*, an endangered species[J]. In Vitro Cell. Dev. Biol. Plant. 50：69 – 75.

3. Kamo K；Han B H. 2008. Biolistic-mediated transformation of *Lilium longiflorum* cv Nellie White[J]. HortScience. 43：1864 – 1869.

4. Tang Y P；Liu X Q；Gitutu R W；Chen L Q. 2010. Callus

induction and regeneration from in vitro cultured leaves, petioles and scales of *Lilium leucanthum*(Baker) Baker[J]. Biotechnol. Biotechnol. Equip. 4：2071 - 2076.

5. Tribulato A; Remotti P C; Löffler H J M; van Tuyl J M. 1997. Somatic embryogenesis and plant regeneration in *Lilium longiflorum* Thunb[J]. Plant Cell Rep. 17：113 - 118.

6. 陈晓明，韦璐阳，覃剑峰，吴幼媚. 2007. 麝香百合组培苗移栽技术[J]. 广西热带农业，(3)：40 - 42.

7. 陈燕霞. 2007. 亚洲百合组织培养快繁研究[D]. 南宁：广西大学.

8. 赵祥云，王树栋，陈新霞，刘建斌. 2000. 百合[M]. 北京：中国农业出版社，56 - 60.

9. 李小玲，刘雅莉，王跃进，华智锐，陈远. 2007. 亚洲百合遗传转化受体系统的建立[J]. 干旱地区农业研究，25(1)：219 - 224.

10. 孙晓梅，崔文山，王亚斌，年玉欣，罗凤霞. 2005. 百合杂交种培育研究[J]. 辽宁林业科技，(5)：16 - 17.

11. 席梦利，吴祝华，傅伟，祁福娟，张睿婧，施季森. 2012. 百合新品种'初夏'[J]. 园艺学报，(05)：1013 - 1014.

12. 邢大洲. 2009. 百合胚拯救育种技术及引进百合新品种筛选研究[D]. 北京：北京林业大学.

13. 姚绍嫦. 2006. 亚洲百合组织培养与其形态发生途径的研究[D]. 南宁：广西大学.

14. 于晓英，吴铁明，倪沛，等. 2000. 百合幼胚的离体培养和植株再生[J]. 湖南农业大学学报，26(4)：286 - 288.

15. 周厚高，张西丽. 2000. 百合品种交配亲和性研究[J]. 广西农业生物学，(4)：223 - 227.

16. 周晓杰. 2009. 百合杂交育种及杂交种子特性的研究[D]. 哈尔滨：东北农业大学.

17. 周艳萍，郑红娟，贾桂霞. 2007. 两个亚洲百合品种离体再生体系的建立[J]. 北京林业大学学报，29(1)：123 - 127.

广东地区金花茶扦插繁育研究[*]

张佩霞　陈金峰　于波　黄丽丽　邹春萍　孙映波[①]

（广东省农业科学院环境园艺研究所，广东省园林花卉种质创新综合利用重点实验室，广州 510640）

摘要　本试验以金花茶扦插繁育为研究内容，通过生根剂 ABT(0.5g/L)、IBA(0.5g/L)及对照组 CK 3 种处理来探究金花茶扦插繁育效果。2 个月后统计扦插生根情况，并对试验结果进行方差分析和多重比较，生根率方面，三者效果依次是 IBA > ABT > CK；平均根数方面，ABT > IBA > CK；平均根长方面，三者差异不显著；生根指数方面，ABT > IBA > CK；以生根指数为综合判断指标，本研究认为 ABT(0.5g/L)处理最利于金花茶扦插繁育。

关键词　金花茶；扦插；生根剂；方差分析；多重比较

Studies on the Cutting Propagation of *Camellia nitidissima*

ZHANG Pei-xia　CHEN Jin-feng　YU Bo　HUANG Li-li　ZOU Chun-ping　SUN Ying-bo

（*Environmental Horticulture Research Institute，Guangdong Academy of Agricultural Sciences，Guangdong Key Lab of Ornamental Plant Germplasm Innovation and Utilization*，*Guangzhou* 510640）

Abstract　This experiment studies on the cutting propagation of *Camellia nitidissima*, by rooting agent ABT (0.5g/L), IBA (0.5g/L) and the control group CK treatment to explore the effect for cutting propagation. Statistical rooting Condition has been done after two months cutting, Through variance analysis and multiple comparison. the results show that, for the aspect of rooting rate, the effect followed by IBA > ABT > CK; for the average root number, ABT > IBA > CK; for the average root length, there is not significant difference; for the rooting index, ABT > IBA > CK; Putting the rooting index as a synthetical judgment index, this study shows that the ABT(0.5g/L) is most conductive to the cutting propagation of *Camellia nitidissima*.

Key words　*Camellia nitidissima*; Cutting propagation; Rooting agent; Variance Analysis; Multiple Comparison

金花茶（*Camellia nitidissima*）是山茶科山茶属植物，为常绿灌木或小乔木，主产于我国广西南部和越南北部，分布范围极为狭窄，资源数量十分有限，为世界濒危珍稀观赏植物，并被列为我国一级重点保护植物（王静和张建林，2008；傅立国，1992）。

山茶科植物过去一直缺少黄颜色花。20 世纪 60 年代金花茶在广西被发现，引起国内外关注，金花茶是山茶家族中唯一具有金黄色花瓣的种，因之闻名于世，享有"茶族皇后"、"植物界中的大熊猫"之美誉（梁盛业，1993；广西植物研究所，1965），与其他山茶族茶花品种相比，金花茶花瓣金黄、蜡质、肥厚，看上去晶莹剔透、雅致脱俗，可堪称世界花坛之尊。

此外，金花茶还具有较高药用保健价值。据研究报道，金花茶所含的化学成分黄酮类、茶多酚、茶多糖等物质，具有显著抑菌、抑制肝癌、抗氧化活性、降血脂等功效（陈月园 等，2009；韦霄 等，2011）。无论是用于园林景观还是药用保健方面，金花茶均具有较高开发价值，产业化前景较好。

由于金花茶种质资源的珍贵性和其较高的经济价值，金花茶的研究一直是学术界的热点，主要集中于金花茶的分类学、群落学、杂交育种、引种驯化等方面（程金水和陈俊愉，1994；张宏达，1979；闵天禄和张文驹，1993），开发利用研究缺乏。金花茶繁育上存在坐果率低、繁育困难，生产上种苗愈合生根时

---

* 基金项目：广东省现代农业产业技术体系建设专项"花卉创新团队岗位专家及综合示范与培训站长建设任务"（粤财教［2009］356 号）。

① 通讯作者。Author for correspondence(E-mail：sunyingbo20@163.com)。

间长、成活率低等问题，导致市场上金花茶种苗供应较少。直接从野外大量引种野生金花茶，不但成活率低，而且会对野生资源造成浪费和破坏，不利于珍稀植物保护，因此，提高金花茶种苗扦插繁育技术是保护和开发利用金花茶资源的关键。通过扦插技术，可短时间内实现金花茶种苗数量的增加，有效保护种质资源。金花茶扦插繁殖相关技术研究主要集中在广西地区（蒋桥生 等，2007；唐文秀 等，2009），广东地区金花茶扦插繁育研究较少。由此本研究依据广东地区气候条件，以黄土和沙体积 5∶1 作为基质，结合生根剂 ABT（0.5g/L）、IBA 吲哚-3-丁酸（0.5g/L）及对照组 CK（不用生根剂）3 种处理探究广东地区 4 月份金花茶扦插繁育情况，为金花茶在本地区广泛引种和大量生产提供技术支持。

1   材料与方法

1.1   试验材料

试验于 2014 年 4 月 9 日进行，以广州市云台花园资源圃内金花茶做采穗母株，插床设在广东省农业科学院环境园艺研究所苗圃基地塑料大棚内，荫蔽度约 70%。在穴盘内扦插种植，穴盘深约 6cm，长 5cm，宽 5cm，试验所用插穗为当年生的半木质化、木质化枝条，采自生长健壮、无病虫害、无机械损伤的金花茶植株。

1.2   试验设计

2014 年 4 月 9 日剪取采穗母株当年萌发半木质化枝条，试验选取生根剂种类为处理因素，每个处理 30 条插穗，设置 3 次重复。

1.3   试验前准备

试验基质采用黄土、沙混合基质，两者体积比例为 5∶1，插前将基质充分灌透水，然后用 1g/L 百菌清及 1g/L 多菌灵溶液喷淋，彻底消毒。待基质含水量在 70% 左右时进行扦插。

扦插当日早上采集插穗，插穗长 6 ~ 8cm，每个插穗保留 2 ~ 4 片叶片，且叶片均剪去 2/3，下端切口剪成 45°斜口。

插穗 30 条一组，按照试验方案，分别用生根剂 ABT（0.5g/L）、IBA 吲哚-3-丁酸（0.5g/L）相应浸泡 2h 备用。

1.4   扦插与扦插后管理

将插穗扦插在穴盘基质中，扦插深度为插穗的 1/3 ~ 1/2。先用直径 0.5cm 左右的木棒在基质中插孔，然后插入插穗，再在穗条周围轻轻按实。

在插床上用竹片搭起 50cm 高的棚，用塑料薄膜覆盖。视温度和基质水分状况进行适当的通风、淋水。基质含水量保持在 60% ~ 70%，塑料膜内相对湿度 90% 以上，温度保持在 25 ~ 30℃，中午气温过高时，温室插床应进行适当通风。插后每周喷1g/L多菌灵等杀菌剂水溶液，以防插条感染病菌，试验期间及时清除干枯、霉变的插穗。

1.5   数据收集与分析

扦插 60d 后，采用全面调查法统计插穗的生根情况，包括扦插生根率、平均根数、平均根长，并计算其生根指数，生根指数 = 生根率×平均根数×平均根长，指单株扦插苗的平均总根长（扈红军 等，2008），所得数据用 SPSS 软件进行 ANOVA 分析。

2   结果与分析

2.1   试验统计结果

扦插 2 个月后，全面统计金花茶扦插后的生根情况，统计结果见表 1。根据试验结果，采用方差分析法探讨不同生根剂处理对金花茶扦插生根率、平均根数、平均根长及生根指数的影响。

表 1   统计结果

Table 1   The determination results

处理 Treat-ment	编号 Num-ber	生根率 Rooting rate/%	平均根数/条 Average root number/strips	平均根长/mm Average root length /mm	生根指数/mm Rooting index /mm
ck1	1	0.33	8.60	19.38	55.00
ck2	1	0.50	9.40	25.20	118.44
ck3	1	0.47	10.57	20.71	102.89
ABT1	2	0.63	17.42	24.86	272.83
ABT2	2	0.60	17.50	28.22	296.31
ABT3	2	0.83	18.04	25.65	384.06
IBA1	3	0.67	18.85	24.95	315.11
IBA2	3	0.83	16.64	23.22	320.70
IBA3	3	0.87	11.35	23.99	236.89

2.2   方差齐性检验

利用 SPSS 软件对试验结果进行 ANOVA 分析，先对生根率、平均根数、平均根长及生根指数的数据结果进行方差齐性检验，显著水平为 0.05，检验结果见表 2。其平均根数的显著性 $P = 0.041 < 0.05$，方差不齐，其他指标 P 值均大于 0.05，方差表现为齐性。

表 2 方差齐性检验

Table 2 The homogeneity test of variance

指标 Index	Levene 统计量 Levene statistic	df1	df2	显著性 Significant
生根率 Rooting rate	.347	2	6	.720
平均根数 Average root number	5.734	2	6	.041
平均根长 Average root length	3.061	2	6	.121
生根指数 Rooting index	.925	2	6	.447

表 3 方差分析

Table 3 Variance analysis

		平方和 Square sum	Df	均方 Mean square	F	显著性 Significant
生根率 Rooting rate	组间 Groups	.202	2	.101	8.644	.017
	组内 Intraclass	.070	6	.012		
	总数 Total	.272	8			
平均根长 Average root length	组间 Groups	30.111	2	15.055	3.438	.101
	组内 Intraclass	26.276	6	4.379		
	总数 Total	56.386	8			
生根指数 Rooting index	组间 Groups	91143.380	2	45571.690	20.326	.002
	组内 Intraclass	13452.369	6	2242.061		
	总数 Total	104595.749	8			

2.3 方差分析和多重比较

对符合方差齐性的指标采用"LSD"方法进行方差分析和多重比较(表3、表4),平均根数指标则采用"Tamhane"方法进行方差分析和多重比较(表5、表6)

根据表3分析结果,其生根率的显著性 P=0.017 <0.05,不同处理对生根率存在显著差异,生根指数的显著性 P=0.002<0.05,同样呈显著性;平均根长其 P 值大于0.05,差异不显著。对差异显著的两个指标,采用 LSD 方法进行多重比较,进一步分析其显著差异性。

表 4 多重比较(LSD)

Table 4 Multiple comparison(LSD)

因变量 Dependent variable	(I)处理 Treatment	(J)处理 Treatment	均值差(I~J) Mean difference	标准误 Standard error	显著性 Significant	95% 置信区间 Confidence interval	
						下限 Lower limit	上限 Upper limit
生根率 Rooting rate	1.00	2.00	-.25333*	.08828	.028	-.4693	-.0373
		3.00	-.35667*	.08828	.007	-.5727	-.1407
	2.00	1.00	.25333*	.08828	.028	.0373	.4693
		3.00	-.10333	.08828	.286	-.3193	.1127
	3.00	1.00	.35667*	.08828	.007	.1407	.5727
		2.00	.10333	.08828	.286	-.1127	.3193
生根指数 Rooting index	1.00	2.00	-225.62333*	38.66145	.001	-320.2245	-131.0222
		3.00	-198.79000*	38.66145	.002	-293.3912	-104.1888
	2.00	1.00	225.62333*	38.66145	.001	131.0222	320.2245
		3.00	26.83333	38.66145	.514	-67.7678	121.4345
	3.00	1.00	198.79000*	38.66145	.002	104.1888	293.3912
		2.00	-26.83333	38.66145	.514	-121.4345	67.7678

LSD 多重比较结果可看出,对于生根率,处理1(CK)和处理2(ABT)的显著性 P=0.028<0.05,差异显著;处理1(CK)和处理3(IBA)的显著性 P=0.007<0.01,差异极显著;处理2和处理3的显著性 P=0.286>0.05,差异不显著。说明处理3(IBA)对金花茶扦插生根率的影响最为明显,使用 IBA 更利于促进生根,其次是使用 ABT。生根指数来看,处理1(CK)和处理2(ABT)的显著性 P=0.001<0.01,差异极显著;处理1(CK)和处理3(IBA)的显著性 P=0.002<0.01,差异极显著;处理2和处理3的显著性 P=0.514>0.05,差异不显著,说明相较于处理1

(CK),处理2(ABT)和处理3(IBA)更利于金花茶扦插生根。考虑到处理间显著性 P 值大小,认为处理2(ABT)效果略优于处理3(IBA)的效果。

表 5 平均根数方差分析

Table 5 Variance analysis for the average root number

	平方和 Square sum	Df	均方 Mean square	F	显著性 Significant
组 Groups	107.347	2	53.673	10.096	.012
组内 Intraclass	31.897	6	5.316		
总数 Total	139.243	8			

由表5看出，平均根数方差的显著性 P = 0.012 < 0.05，0.05 水平下差异显著。在此基础上采用"Tamhane"方法进行多重比较，进一步分析具体差异。

表6　平均根数多重比较（Tamhane）
Table 6　Multiple comparison for the average root weight（Tamhane）

(I)处理 Treatment	(J)处理 Treatment	均值差 (I ~ J) Mean difference	标准误 Standarderror	显著性 Significant	95%置信区间 Confidence interval	
					下限 Lower limit	上限 Upper limit
1.00	2.00	− 8.13000 *	.60425	.007	− 11.6655	− 4.5945
	3.00	− 6.09000	2.29744	.280	− 20.8759	8.6959
2.00	1.00	8.13000 *	.60425	.007	4.5945	11.6655
	3.00	2.04000	2.23359	.839	− 14.5339	18.6139
3.00	1.00	6.09000	2.29744	.280	− 8.6959	20.8759
	2.00	− 2.04000	2.23359	.839	− 18.6139	14.5339

根据表6平均根数多重比较结果看出，处理1（CK）和处理2（ABT）的显著性 P = 0.007 < 0.01，差异极显著；处理1和处理3的 P = 0.28 > 0.05，差异不显著；处理2和处理3的显著性 P = 0.839 > 0.05，差异不显著；即处理2（ABT）更有利于金花茶扦插后平均根数的增加。

3　讨论

本试验以金花茶扦插繁育为研究内容，开展金花茶扦插繁育技术研究，不仅可以扩大金花茶种苗规模，而且对于金花茶种质资源的保存、开发利用具有重要意义。试验用黄土和沙体积5：1混合基质，通过生根剂 ABT、IBA 及对照组 CK 3 种处理来探究金花茶扦插繁育效果。扦插于当年4月进行，2个月后其生根率最高即可达到87%，平均根数最高接近19条，平均根长最大值为28.22mm，生根指数最大值为 384.06mm，ABT 和 IBA 处理效果高于柴胜丰等（2012）扦插毛瓣金花茶的生根率和平均根长，高于韦记青等（2012）扦插金花茶的根条数，同样高于杨泉光等（2010）金花茶扦插的生根率。高于廖美兰等（2013）扦插金花茶的平均根数和平均根长，及其根的生长速度，本试验金花茶扦插繁育生长较好，且生根快，这可能与基质、气候及管理等因素有关，同时也说明相对于金花茶的原产地广西，广东地区也非常适合金花茶扦插繁育，扦插 2 个月即可萌发较多幼根，与广西地区扦插繁育相比，生长速度较快。

对试验结果进行方差分析和多重比较，"LSD"法分析结果显示，生根率和生根指数差异显著，平均根长差异不显著。生根率多重比较分析发现，与 CK 相比，生根剂 ABT 和 IBA 明显利于金花茶扦插生根，其中 IBA 效果更为显著。生根指数来看，相较于 CK，生根剂 ABT 和 IBA 更利于金花茶扦插生根，且 ABT 效果略优于 IBA。采用"Tamhane"方法对平均根数分析发现，ABT 最利于金花茶扦插后根数量的增加。综上，生根率方面，三者效果依次是 IBA > ABT > CK，与杨泉光等（2010）试验结论一致，即 0.5g/L 浓度处理金花茶插穗，IBA 的生根率要高于 ABT；平均根数方面，ABT > IBA > CK；平均根长方面，三者差异不显著；生根指数方面，ABT > IBA > CK；以生根指数为综合判断指标，本研究认为 ABT 处理最利于金花茶扦插繁育。廖美兰等（2013）也认为 ABT 对金花茶的生根率较好。

本试验还需改进，应增设多组处理组合，深入研究生根剂浓度梯度、生根剂种类和基质类型等作用效果，以筛选促进金花茶扦插繁育的优良方法。此外，不同季节金花茶扦插繁育情况也应加强研究，选出广东地区金花茶扦插繁育的最佳时间，为金花茶资源的保存、扩大及规模化繁育生产提供技术指导。

参考文献

1. 柴胜丰，史艳财，陈宗游，王代容，文香英，宁世江. 珍稀濒危植物毛瓣金花茶扦插繁殖技术研究[J]. 种子，2012，31(6)：118 – 121.
2. 陈月园，黄永林，文永新. 金花茶植物化学成分和药理作用研究进展[J]. 广西热带科学，2009，1：14 – 16.
3. 程金水，陈俊愉，赵世伟. 金花茶杂交育种研究[J]. 北京林业大学学报，1994，16(4)：55 – 59.
4. 傅立国. 中国植物红皮书——稀有濒危植物（第一册）[M]. 北京：科学出版社，1992.
5. 广西植物研究所. 广西植物志[M]. 南宁：广西科技出版社，1965：780 – 785.
6. 扈红军，曹帮华，尹伟伦，翟明普. 榛子嫩枝扦插生根相关氧化酶活性变化及繁育技术[J]. 林业科学，2008，44(6)：60 – 65.
7. 蒋桥生，李洁维，李纯，胡兴华. 金花茶大棚设施扦插育苗技术[J]. 广西园艺，2007，18(4)：41 – 42.
8. 梁盛业. 金花茶[M]. 北京：中国林业出版社，1993.
9. 廖美兰，王华新，杜铃. 3 种生根剂对金花茶扦插生根的影响[J]. 广西林业科技，2013，42(2)：159 – 161.
10. 闵天禄，张文驹. 山茶属古茶组和金花茶组的分类问题[J]. 云南植物研究，1993，15(1)：1 – 15.
11. 唐文秀，盘波，毛世忠，黄仕训，王燕，葛玉珍. 凹脉金花茶和东兴金花茶的繁殖试验研究[J]. 西北林学院学报，2009，24(2)：63 – 67.
12. 王静，张建林. 金花茶的种质资源、引种及在园林中的应用[J]. 南方农业，2008，2(6)：34 – 37.

13. 韦记青，蒋运生，唐辉，韦霄，柴胜丰，陈宗游. 珍稀濒危植物金花茶扦插繁殖技术研究[J]. 广西师范大学学报：自然科学版，2010，28(3)：70 - 74.

14. 韦霄，黄兴贤，蒋运生，唐辉，漆小雪，陈宗游. 3种金花茶组植物提取物的抗氧化活性比较[J]. 中国中药杂志，2011，36(5)：639 - 641.

15. 杨泉光，宋洪涛，张洪，杨海娟，廖南燕，陈勇棠. 几种处理措施对金花茶扦插成活的影响[J]. 绿色科技，2010，12：36 - 38.

16. 张宏达. 华夏植物区系的金花茶组[J]. 中山大学学报：自然科学版，1979，19(3)：69 - 74.

中国观赏园艺研究进展 2015：337~345
Advances in Ornamental Horticulture of China, 2015：337~345

生理学研究

烯萜合酶基因的生物信息学分析*

张腾旬　孙明①

（花卉种质创新与分子育种北京市重点实验室，国家花卉工程技术研究中心，城乡生态环境北京实验室，
北京林业大学园林学院，北京 100083）

摘要　萜类化合物是花香物质非常重要的一类，GPP 在不同烯萜合酶（terpene synthase，TPS）的作用下形成不同的萜类化合物。根据 GenBank 上已登录的百合、牛至栽培种、猕猴桃、百里香、TPS 的蛋白质氨基酸残基序列，应用生物软件对以'西伯利亚'百合（*Lilium* 'Siberia'）为研究重点的 4 种植物 TPS 基因核苷酸序列以及对应的氨基酸序列的理化性质、疏水性与亲水性、导肽、跨膜区域和二级结构进行分析，其功能结构域及高级结构等进行预测和分析。得到如下结果：4 种植物的 TPS 不具有信号肽和导肽，不存在跨膜结构，推测 TPS 蛋白可能定位于细胞质中发挥功能，多肽链总体表现为亲水性；二级结构的主要结构元件是 α-螺旋、无规则卷曲、β-转角和延伸链，均以 α-螺旋为最主要的结构元件；4 种植物 TPS 蛋白均具有高度保守的结构域 Terpene_ synth 和 Terpene_ synth_ C。

关键词　烯萜合酶基因；生物信息学分析；蛋白功能预测

Bioinformatics Analysis of Terpene Synthase Genes

ZHANG Teng-xun　SUN Ming

（*Beijing Key Laboratory of Ornamental Plants Germplasm Innovation & Molecular Breeding*,
National Engineering Research Center for Floriculture，*Beijing Laboratory of Urban and Rural Ecological
Environment and College of Landscape Architecture*，*Beijing Forestry University*，*Beijing* 100083）

Abstract　Terpenoids are the most important classes of floral scent. Substrate GPP forms different terpenoids under the action of different terpene synthase(TPS). The residual amino acid sequences of TPS of *Lilium* 'Siberia', *Origanum vulgare* cultivar *d*0601, *Actinidia chinensis* and *Thymus vulgaris*, were adopted from GenBank. The composition of the residual amino acid sequences, leader peptide, signal peptide, transmembrane topological structure, hydrophobicity/ hydrophilicity, the secondary structure of all plant species were analyzed, the tertiary structure and functional domains of the proteins were predicted and analyzed. The results showed that TPS of 4 plant species was a non – transmembrane protein without leader peptide and signal peptide. It was supposed that TPS was positioned to the cell matrix to function directly, the polypeptide chain was generally hydrophobic. There were 4 types of secondary structure including α-helix, β-turn, random coil and extended stand, in which α-helix was the most principal structure motif of all plant species. Terpene_ synth and Terpene_ synth_ C were two highly conserved domains in protein TPS.

Key words　Terpene Synthase Gene；Bioinformatics Analysis；Protein function prediction

　　萜类化合物是花香物质非常重要的一类，多数具有挥发性，可形成多种植物特有香气，也是许多名贵植物精油的主要成分（Munoz-Bertomeu *et al.*，2006）。2C-甲基-D-赤藓醇-4-磷酸途径（MEP 途径）是植物中萜类物质生物合成途径中重要的一条代谢途径，主要参与单萜、二萜、类胡萝卜素、异戊二烯等的生物合成（李莉等，2008）。植物萜类物质的 MEP 途径在质

体中发生，前体物质 IPP 和 DMAPP 在 GPPS 的作用下形成 GPP，GPP 在不同烯萜合酶（terpene synthase，TPS）的作用下形成不同的萜类化合物。在植物萜类生物合成途径中，TPS 被认为是单萜类物质合成途径中的关键酶，TPS 通常也称为环化酶，因为此类酶的产物通常为环化结构。萜类合酶催化分子内环化反应，将 GPP、FPP 和 GGPP 这 3 种非环化的底物转化

*　基金项目：北京高等学校"青年英才计划"（YETP0747），十二五国家科技支撑计划课题（#2013BAD01B07，#2012BAD01B07）。
①　通讯作者。Author for correspondence（E – mail：13683295193@163. com）。

成不同的萜类(Lesburg et. , 1997)。从植物中得到的萜类合酶与从微生物中得到的相同功能的萜类合酶在三级结构的相似性较高,但一级结构的相似性则较小(Bohlmann et. , 1998)。

生物信息学是以基因组 DNA 序列(包括数据库中记载的)为基础,分析蛋白质的序列,对基因与其对应蛋白质的结构和功能进行预测的一门科学(原晓龙, 2013)。本文应用生物信息学的方法,以'西伯利亚'百合(*Lilium* 'Siberia')为研究重点,对牛至栽培种(*Origanum vulgare* cultivar d0601)、猕猴桃(*Actinidia chinensis*)和百里香(*Thymus vulgaris*)4 种植物 TPS 基因核苷酸序列以及对应的氨基酸序列的理化性质、疏水性与亲水性、导肽、跨膜区域、二级结构、功能结构域及高级结构等进行预测和分析。进一步了解该蛋白的生化活性机制,以便对该蛋白进行改造,控制或提高其生化活性在植物体内发挥重要的作用。

1 材料与方法

核苷酸序列及其对应的氨基酸序列均来自于 National Center for Biotechnology Information(NCBI)中已经登录的数据序列:东方百合杂种系'西伯利亚'百合(KF73459)、牛至栽培种(GU385980. 1)、猕猴桃(KF319035. 1)和百里香(KC461937. 1)。

表1 生物信息学在线分析网址

Table1 Bioinformatics online analysis site

在线工具	网址
ProtParam	http://web. expasy. org/protparam/
TargetP 1. 1 Server	http://www. cbs. dtu. dk/services/TargetP/
SignalP 4. 1 Server	http://www. cbs. dtu. dk/services/SignalP/
ProtScale	http://web. expasy. org/protscale/
TMHMM Server v. 2. 0	http://www. cbs. dtu. dk/services/TMHMM/
SMART	http://smart. embl-heidelberg. de/
SOPMA	https://npsa-prabi. ibcp. fr/cgi-bin/npsa_automat. pl? page = npsa_ sopma. html
SWISS-MODEL	http://swissmodel. expasy. org/interactive

本文在生物信息学分析时所用的在线工具及其网址见表1。

本文从 http://www. ncbi. nlm. nih. gov/上下载氨基酸残基序列,同时应用 http://www. cbs. dtu. dk/index. shtml、http://www. expasy. org/等网址提供的各类在线软件及其他生物软件进行分析。氨基酸序列和理化性质的分析应用在线工具 ProtParam;氨基酸的同源比对及构建进化树应用 MEGA5. 0 软件,采用默认参数,自检举 1000 次;导肽的预测和分析应用在线工具 TargetP 1. 1 Server;信号肽应用 SignalP 4. 1 Server;亲水性与疏水性分析用 ProtScale;跨膜结构的预测和分析使用 TMHMM Server v. 2. 0;功能域的分析使用 SMART;二级结构使用 SOPMA;三级结构以拟南芥中 TPS 结构域的晶体结构作为 *LiTPS* 结构建模的参考蛋白,用同源建模服务器 SWISS-MODEL 进行蛋白质三维结构预测,再使用 PyMol 构建三维结构,再用 Swiss-PdbViewer 对其合理性进行检验。

2 结果与分析

2.1 蛋白质一级结构的分析

2.1.1 氨基酸序列的组成成分及生理生化特性分析

利用在线分析软件 ExPASy Proteomics tools 中的 ProtParam 对所有植物的 *TPS* 基因所对应氨基酸序列的理化性质进行分析。发现 TPS 的氨基酸残基数大约在 550 ~ 600 之间;分子量猕猴桃最大,相对分子量为 70. 19kD,百合最小,分子量为 67. 62kD;理论等电点各不相等,百合最大为 5. 99,百里香最小,为 5. 23。分析稳定性,可以看出只有百合 TPS 比较稳定,不稳定指数为 36. 64,剩下的所有蛋白均不稳定,百合含量最丰富的氨基酸为 Leu 和 Ser,其余的均为 Leu 和 Glu,但含量最丰富的均为 Leu,可能与维持 TPS 空间结构稳定性有关;总的平均亲水性都在 −0. 2 ~ −0. 4 之间,所有的均为亲水性蛋白。

表2 TPS 氨基酸序列的分子结构和理化性质

Table 2 Molecular structure and physicochemical properties of TPS amino acid sequence of ten plant species

分析指标	氨基酸残基数	分子量/kDa	等电点	摩尔消光系数	含量最丰富的氨基酸/%	蛋白质不稳定指数	总平均亲水性
百合	586	67. 62	5. 99	85675	Leu 12. 3% Ser 8. 7%	36. 64	−0. 259
牛至栽培种	601	69. 64	5. 57	103625	Leu 11. 8% Glu 7. 8%	42. 69	−0. 371
猕猴桃	603	70. 19	5. 78	113845	Leu 10. 8% Ile 7. 1% Glu 7. 1%	44. 08	−0. 335
百里香	597	69. 18	5. 23	102385	Leu 11. 7% Glu 8. 2%	41. 93	−0. 347

2.1.2 蛋白质疏水性/亲水性的预测和分析

蛋白质亲疏水性氨基酸的组成是蛋白质折叠的主要驱动力。一般通过亲水性分布图反映蛋白质的折叠情况。蛋白质折叠时会形成疏水内核和亲水表面,同时在潜在跨膜区出现高疏水值区域,据此可以测定跨膜螺旋等二级结构和蛋白质表面氨基酸分布(薛庆中,2009)。利用在线工具 ProtScale 预测,*LiTPS* 氨基酸序列的疏水性/亲水性,预测结果表明,多肽链第 48位谷氨酸(Glu)具有最低分值 -2.533,亲水性最强;第 335 位亮氨酸(Leu)具有最高分值 2.356,疏水性最强。但总体上看,亲水区域明显大于疏水区域。因此,整个多肽链表现为亲水性(图 1)。对其余 3 种植物的 TPS 氨基酸序列的疏水性与亲水性进行分析与预测,其预测结果与拟南芥相似,均为亲水性的,可以推测 TPS 蛋白是亲水性的。

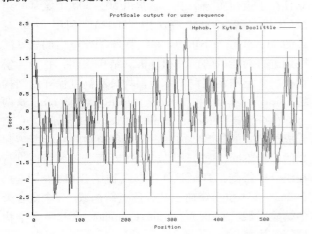

图 1 百合 *LiTPS* 蛋白疏水性/亲水性预测

Fig. 1 *LiTPS* protein predicted hydrophobicity / hydrophilicity

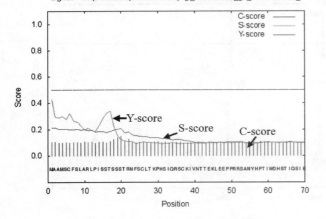

图 2 百合 *LiTPS* 蛋白信号肽预测

Fig. 2 *LiTPS* protein predicted signal peptide

2.1.3 蛋白质信号肽的预测和分析

信号肽位于蛋白质的 N 端,指导分泌性蛋白内质网膜上合成,在蛋白质合成结束之前被切除,它一般有 16~26 个氨基酸残基,其中包括疏水核心区、信号肽的 C 端和 N 端(翟中和等,2000)。利用在线工具 SignalP 4.1 Server 分析,*LiTPS* 蛋白的氨基酸序列的信号肽的存在位置及序列,结果表明,氨基酸序列无信号肽。可以推测百合 TPS 基因在游离核糖体上起始合成后,可能不进行蛋白转运,而是保留在细胞质基质中进行烯萜类物质的合成(图 2)。对其余 3 种植物 TPS 进行信号肽的相应分析,TPS 氨基酸序列可能不具信号肽,可推测出 TPS 可能不是分泌性蛋白。

2.1.4 蛋白质导肽的预测和分析

导肽是一段新合成肽链进入细胞器的识别序列,通常带正电荷的碱性氨基酸含量较为丰富,如果它们被不带电荷的氨基酸取代就不起引导作用,说明这些氨基酸对于蛋白质的定位具有重要作用(强毅,2007)。在本试验中,利用在线工具 TargetP 1.1 Server对,*LiTPS* 蛋白的氨基酸序列进行预测。结果表明,该序列没有氨基酸残基切割位点,因此认为,*LiTPS* 可能不存在导肽酶切位点,不具导肽,所以,可以推测出,百合的 TPS 直接在细胞质中发挥自身的功能,合成烯萜类物质。对剩余植物的 TPS 氨基酸序列进行同样的分析,结果表明,它们均不存在导肽酶切位点,不存在导肽。

2.1.5 蛋白质跨膜结构的预测和分析

跨膜结构域常常是由跨膜蛋白的效应区域所展现,一般由 20 个左右的疏水性氨基酸残基组成,主要形成 α-螺旋(翟中和等,2007)。利用在线工具 TMHMM Server v. 2.0 预测百合 TPS 氨基酸序列的跨膜结构域。结果表明(图 3),TPS 整条肽链都在细胞膜的外面,说明其不具跨膜结构。同时也对剩余植物的 TPS 氨基酸序列进行分析和预测,发现它们均不具有跨膜结构。由此推测,植物的 TPS 蛋白在细胞质基质中合成,不经过跨膜转运,而是留在细胞质中,催化合成烯萜类物质。

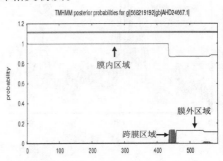

图 3 百合 *LiTPS* 蛋白跨膜结构域预测

Fig. 3 *LiTPS* protein predicted transmembrane domain

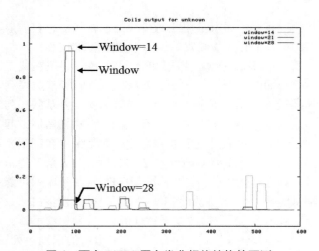

图4 百合 *LiTPS* 蛋白卷曲螺旋结构的预测

Fig. 4 *LiTPS* protein predicted coiled-coil structure

2.1.6 蛋白质卷曲螺旋结构的预测和分析

蛋白质卷曲螺旋是一种超二级结构，通常由2～7个α-螺旋互相缠绕形成麻花状结构，其中以2个或4个α-螺旋互相缠绕最为常见（Liu *et al.*，2006）。通过在线分析工具 COILS 对，*LiTPS* 蛋白进行卷曲螺旋预测分析，结果如图8所示，可能有一个 coils-coil 位于80～100区域。对其他3种植物进行分析，猕猴桃、百里香和牛至栽培种均有1个跨膜区域，但每一个存在的区域不同。由此表明，植物种类不同，其 TPS 基因编码蛋白质的跨膜区域存在情况可能不同。

2.2 蛋白质的二级结构预测和分析

蛋白质的二级结构是指蛋白质多肽链氨基酸残基借助氢键折叠和盘绕形成的α-螺旋、β-转角、β-折叠片、延伸链、无规则卷曲以及基序等组件。用 SOP-MA 对，*LiTPS* 蛋白氨基酸序列的二级结构进行预测，结果如图5表明，*LiTPS* 蛋白质二级结构的主要结构元件是α-螺旋（56.14%）和无规则卷曲（23.72%），其次是β-转角（7.85%）和延伸链（12.29%）。对其余3种植物的 TPS 氨基酸序列的二级结构进行预测，发现它们同百合相似，均有α-螺旋、β-转角、延伸链和无规则卷曲4种二级结构，其中以α-螺旋为最主要的二级结构元件。

2.3 蛋白质功能域的预测和分析

蛋白质的功能域，能够独立折叠为蛋白质一部分或全部的稳定三级结构多肽链，是介于蛋白质二级结构和三级结构中的功能、结构和进化的单元，并能独立存在于蛋白质分子中，通常由50～300个氨基酸组成（王镜岩等，2002；薛庆中，2009）。利用 NCBI 提供的 BLAST 以及 SMART 在线软件 TPS 蛋白的氨基酸序列进行功能域的预测和分析。结果表明，百合、猕猴桃、牛至和百里香 TPS 蛋白均具有高度保守的结构域 Terpene_ synth 和 Terpene_ synth_ C（图6），这两个部位分别是 Terpene_ synth 和 Terpene_ synth_ C 家族成员共有的典型结构域，但每种植物的功能能域起始的位置不同（表3）。用 BLAST 对百合 TPS 蛋白进行在线分析得到：TPS 蛋白具有底物结合口袋（图7）、第263～531位为镁离子结合位点结构域、2个富含天冬氨酸区域、Terpene_ cyclase_ plant_ C1 保守结构域等结构域。

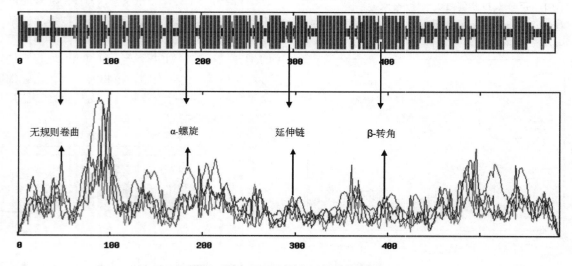

图5 百合 *LiTPS* 蛋白二级结构预测

Fig. 5 *LiTPS* protein secondary structure prediction

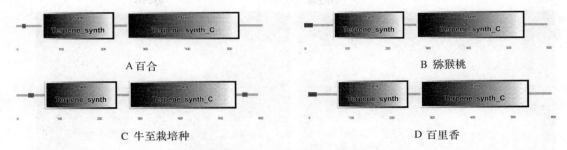

图 6　TPS 氨基酸序列功能域分析

Fig. 6　Domain analysis of TPS amino acid sequence of *Lilium* 'Siberia', *Actinidia chinensis*, *Origanum vulgare* cultivar d0601 and *Thymus vulgaris*.

表 3　TPS 氨基酸序列高度保守结构域的起止位点

Table 3　Highly conserved domain start and stop sites of TPS amino acid sequence

结构域	百合	猕猴桃	牛至栽培种	百里香
Terpene_ synth	61～233	72～248	71～250	71～247
Terpene_ synth_ C	263～531	278～546	280～547	277～543

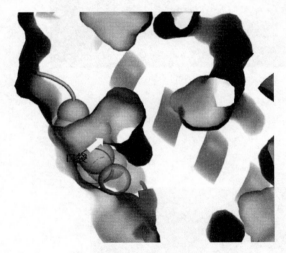

图 7　百合 *LiTPS* 蛋白结构域中底物结合'口袋'之一

Fig. 7　One of substrate binding sites in domain of *LiTPS*

2.4　蛋白质高级结构分析和同源建模

蛋白质的高级结构是指蛋白质在其二级结构的基础上依靠氨基酸侧链之间的疏水相互作用、氢键、范德华力和静电作用等进一步盘绕、折叠所形成的天然构象(王镜岩等, 2002)。蛋白质的功能和它的结构之间存在着重要的联系, 通过了解蛋白质的结构, 可以进一步地了解其功能, 由此, 就需要预测和分析蛋白质的高级结构(陈克克和武雪, 2009)。本文利用 SWISS-MODEL 同源建模的方法预测各个植物 TPS 蛋白的三级结构(图 8)。一般模型蛋白序列(目标序列)与参考蛋白序列间的同源性在 50% 以上, 则以参考蛋白为模板搭建起来的蛋白具有很高的准确性; 在

30%～50% 之间, 则具有较好的准确性; 在 30% 以下, 则很难得到好的结果(李军等, 2008)。从同源建模的结果得知, 百合、牛至和百里香均在 60% 左右, 具有很高的准确性, 猕猴桃为 48.71%, 具有较好的准确性。用 Swiss-PdbViewer 对其合理性进行检验, 再使用 PyMol 对三维结构进行处理和分析, 并得出 Ramachandran 图(图 9)。Ramachandran 图主要分为允许区、最大允许区和不允许区, 为避免主链和支链之间形成空间障碍, 蛋白质的骨架的集合必须分布在 Ramachandran 图可接受区域内, 即主链必须有合理的 ψ 角和 Φ 角。一般情况下, 模型氨基酸落在允许区和最大允许区的比例占整个蛋白质的比例高于 90% 就可以认为该蛋白其空间结构构象符合立体化学的规则。结果表明, 它们的二面角基本上都是在黄线区域以内, 说明其立体三维结果比较稳定, 所以其同源建模的结果是相对可靠的。

2.5　*LiTPS* 基因编码蛋白同源性比对分析及 *LiTPS* 蛋白家族系统进化树的构建

本文利用 NCBI 上 BLAST 程序对百合、猕猴桃、牛至和百里香的 *TPS* 基因完整开放阅读框编码的氨基酸序列进行同源性多重对比分析, 发现烯萜合酶蛋白序列相似性多集中在 55%～65% 之间, 具有典型的 TPS 蛋白功能结构域。

可以用进化树来描述来自于同一祖先的不同植物在进化过程中的关系, 通过构建植物进化树, 可以了解一种植物在进化过程中的地位(龙芳, 2013)。为了进一步了解 *LiTPS* 蛋白与其他植物 TPS 之间的进化关系, 对所选取的 4 种植物的 TPS 氨基酸序列, 运用 MAGA5.0 中 Neighbor-Jioning(邻位连接法, NJ)法构建系统进化树, 采用 bootstrap 法重复计算 1000 次。结果表明: 从系统发育树可以看出, 百合的单萜合酶与猕猴桃的烯萜合酶进化距离相接近。

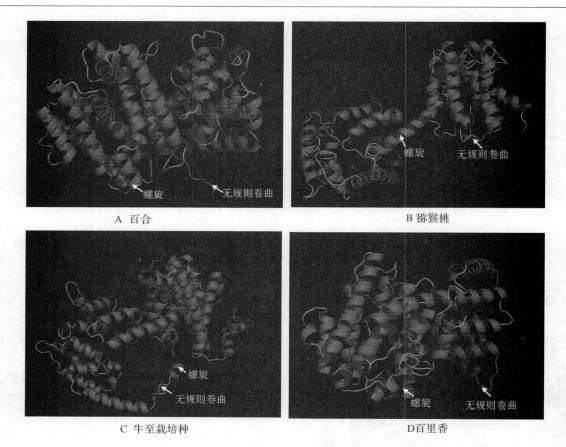

图 8 TPS 蛋白的三维结构模型

Fig. 8 Three-dimensional structural model of the protein TPS of *Lilium* 'Siberia', *Actinidia chinensis*, *Origanum vulgare* cultivar d0601 and *Thymus vulgaris*.

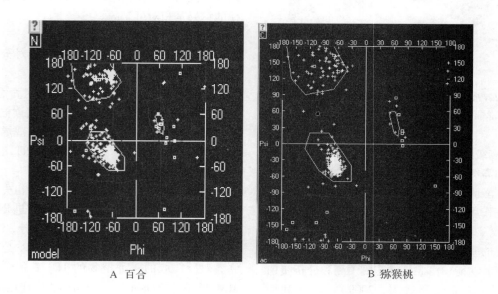

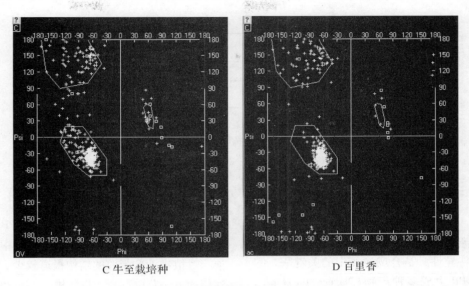

C 牛至栽培种   D 百里香

图 9   TPS 蛋白模型的 Ramachandran 图

Fig. 9   Ramachandran plots of simulated TPS protein models of *Lilium* 'Siberia', *Actinidia chinensis*, *Origanum vulgare* cultivar d0601 and *Thymus vulgaris*.

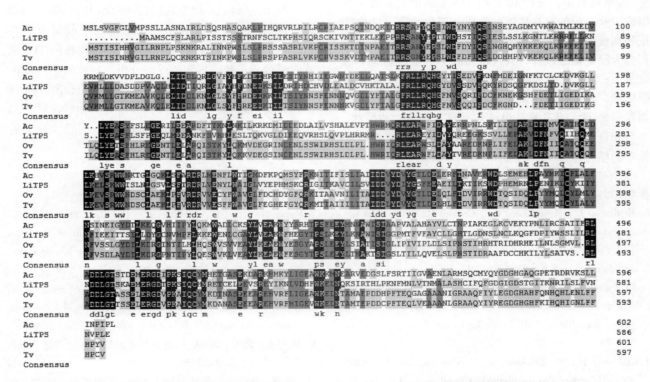

图 10   百合 *LiTPS* 蛋白序列与猕猴桃 (*Actinidia chinensis*, Ac)、牛至栽培种 (*Origanum vulgare* cultivar d0601, Ov)、与百里香 (*Thymus vulgaris*, Tv) 烯萜合酶多重比对

Fig. 10 Alignment of the predicted *LiTPS* amino acid sequence with terpene synthase from *Actinidia chinensis*, *Origanum vulgare* cultivar d0601 and *Thymus vulgaris*.

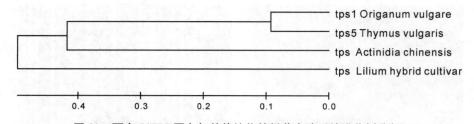

图 11　百合 *LiTPS* 蛋白与其他植物的烯萜合酶系统进化树分析

Fig. 11　Phylogenetic analysis of *LiTPS* protein with terpene synthase proteins
selected from tomato and other plant species.

3　讨论

从烯萜类化合物合成途径中不难看出，烯萜合酶（TPS）具有底物特异性，是合成途径中的关键酶，它催化单一底物 GPP 生成多种产物（Nagegowda *et al.*，2010），其表达的效率直接关系到植物次生代谢产物单萜类物质的产量。

本文从生物信息学的角度，以东方百合'西伯利亚'为研究对象，分析 10 种的 TPS 基因的核苷酸序列组成以及对应的氨基酸序列组成、理化性质、结构特征和高级结构等进行预测和分析。预测结果显示，除百合为稳定蛋白以外，其余植物的 TPS 蛋白均为不稳定蛋白；均可能不具信号肽，不具有导肽，不具有跨膜结构，多肽链总体上表现为亲水性，α-螺旋和无规则卷曲是 TPS 的主要二级结构元件。百合、猕猴桃、牛至和百里香 TPS 蛋白的氨基酸残基序列均具有高度保守的结构域 Terpene_ synth 和 Terpene_ synth_ C，

这两个部位分别是 Terpene_ synth 和 Terpene_ synth_ C 家族成员共有的典型结构域。以 GPP 为底物合成单萜类物质，是烯萜类化合物合成途径中的关键酶。目前，对植物 TPS 蛋白的结构报道较少。本文利用同源建模的方法获取百合、猕猴桃、牛至和百里香 TPS 蛋白的高级结构模型，结果表明，通过同源建模建立起模型，Ramachandran 图显示所建立的模型理论上符合立体化学的规则。

利用生物信息学的方法对 TPS 蛋白的结构和功能进行预测和分析，有利于利用试验的手段研究植物 TPS 的分子生物学性质和理化性质，对物种间 TPS 家族的亲缘关系和遗传相似性的分析，对新的 TPS 基因的发现和研究有较大的帮助。蛋白质的定位和功能分析，有助于从基因和代谢等方面研究植物特定性状的遗传改良，为最终获得具较强观赏性、较佳实用性的植物新品种作出积极的贡献。

参考文献

1. Bohlmann J. , MeyerGauen G. , Croteau R. 1998. Plant terpenoid synthases：molecular biology and phylogenetic analysis [J]. Proc Natl Acad Sci USA, 95：4126－4133.

2. Chandler S. , and Brugliera F. 2011. Genetic modification in floriculture[J]. Biotechnology Letters. 33（2）：207－214.

3. Dudareva, N. and Pichersky E. . 2006. Biology of Floral scent [M]. Boca Raton：CRC Press/Taylor and Francis Group, p：55－78.

4. Knudsen, J. , R. Eriksson, J. Gershenzon, and B. Ståhl. 2006. Diversity and distribution of floral scent[J]. The Botanical Review. 72：1－120.

5. Lesburg C. A. , Zhai G. , Cane D. E. , Christianson D. W. . 1997. Crystal structure of pentalenene synthase：mechanistic insights on terpenoid cyclization reactions in biology[J]. Science, 277：1820－1824.

6. Liu J. , Zheng Q. , Deng Y. , Cheng C. S. , 2006. Kallenbach N. R. , and Lu M. , A seven－helix coiled coil[J]. Proc Natl Acad Sci USA, 103（42）：15457－15462.

7. Munoz-Bertomeu J. , Arrillaga I. , Ros R. 2006. Upregulation of 1-deoxy-D-xylulose-5-phosphate synthase enhances production of essential oils in transgenic spike lavender[J]. Plant Physiol, 142（3）：890－900.

8. Nagegowda D. A. , 2010. Plant volatile terpenoid metabolism：Biosynthenic genes, transcription regulation and subcellular compartmentation[J]. Febs Lett. 584（14）：2965－2973.

9. 陈克克，武雪．2009．植物查耳酮异构酶生物信息学分析[J]．生物信息学，7（3）：163－167.

10. 李莉，高凌云，董越，等．2008．植物类异戊二烯生物合成相关酶基因研究进展[J]．浙江师范大学学报（自然科学版），31：461－466.

11. 李军，张丽娜，温珍昌．2008．生物软件选择与使用指南[M]．北京：化学工业出版社，210.

12. 龙芳，李绍鹏，李茂富．2013.7 种植物 ALAD 基因的生物信息学分析[J]．基因组学与应用生物学，32（6）：802－814.

13. 马靓，丁鹏，杨广笑，何光源．2006．植物类萜生物合成

途径及关键酶的研究进展[J]. 生物技术通报(增刊):
26 – 30.

14. 强毅. 2007. 植物蔗糖磷酸合成酶的生物信息学分析
[J]. 现代生物医学进展, 7(4): 557 – 560.

15. 王镜岩, 朱圣庚, 徐长法. 2002. 生物化学(第三版)
[M]. 北京: 高等教育出版社, 222 – 223.

16. 薛庆中. 2009. DNA 与蛋白质序列数据分析工具[M].
北京: 科学出版社, 72 – 100.

17. 原晓龙, 周军, 辛晓培. 2013. 8 种植物 CHI 基因的生物
信息学分析[J]. 西南林业大学学报, 33(2): 88 – 95.

18. 翟中和, 王喜忠, 丁明孝. 2000. 细胞生物学[M]. 北
京: 高等教育出版社, 191.

19. 张长波, 孙红霞, 巩中军, 祝增荣. 2007. 植物萜类化合
物的天然合成途径及其相关合酶[J]. 植物生理学通讯,
43(4): 779 – 786.

中国观赏园艺研究进展 2015：346～351
Advances in Ornamental Horticulture of China，2015：346～351

绿化有机物覆盖对风信子生长发育的影响*

陈进勇[1,2,4]①　桑　敏[1,2]　赵世伟[1,2,3]

（[1]北京市植物园，[2]北京市花卉园艺工程技术研究中心，[3]城乡生态环境北京实验室，北京 100093；
[4]中国园林博物馆，北京 100072）

摘要　以风信子品种'Jan Bos'为试材，选择腐熟 1 年的绿化粉碎物基质（A、B）、当年腐熟的基质（D、E）、树枝直接粉碎的木屑（L、M）、切削的木块（R、S）进行地面覆盖，厚度分别为 5cm 和 10cm，设不覆盖（CK）为对照。结果表明，进行有机物覆盖后，自 11 月中旬至次年 2 月，10cm 土层的地温较无覆盖的对照普遍高 2～3℃，而 3 月 15 日后对照的 10cm 地温较覆盖处理高 2℃左右；同时覆盖后 10cm 土层的含水率比对照提高 2%～5%。有机覆盖处理对风信子的营养生长作用要大于生殖生长，R、S 和 CK 处理在叶芽和花序萌出时间、成花率、叶片长度、单株叶面积和叶片干重、花序直径、花冠长度、地上部茎叶与鳞茎的干重比等指标上要低于其他处理。覆盖材料之间存在显著性差异，碎木屑和腐熟基质要优于切削木块，而覆盖厚度的差异不显著。

关键词　风信子；有机覆盖；土壤温湿度；生长发育

Influence of Organic Mulching on the Growth and Development of *Hyacinthus orientalis*

CHEN Jin-yong[1,2,4]　SANG Min[1,2]　ZHAO Shi-wei[1,2,3]

（[1]*Beijing Botanical Garden*，[2]*Beijing Engineering Technology Research Center for Floriculture*，[3]*Beijing Laboratory of Urban and Rural Ecological Environment*，*Beijing* 100093；[4]*The Museum of Chinese Gardens and Landscape Architecture*，*Beijing* 100072）

Abstract　*Hyacinthus* 'Jan Bos' was mulched for 5cm and 10cm thick by one-year-old compost，fresh compost，wood chips and blocks. The results showed that 10cm deep soil moisture under mulching was 2% −5% higher than the control，and the soil temperature was 2−3℃ higher than the control during November and next February，whereas it was 2℃ lower than the control after middle of March. Organic mulching had more compact on vegetative growth than reproductive development. The wood blocks and control were less favorable than the other mulching materials in terms of leaf sprouting time，inflorescence emergence time，blooming rate，leaf length，total leaf area and dry material weight per plant，inflorescence diameter，corolla length etc. Mulching materials had significant effect on the growth and development of hyacinthus，and wood chips and composts were better than wood blocks. There was no significant difference between mulching thickness.

Key words　*Hyacinthus orientalis*；Organic mulching；Soil temperature and moisture；Growth and development

地面有机物覆盖法在我国历史悠久，农田和果园中广泛应用秸秆和稻草等覆盖地表，起到改善土壤结构、保墒蓄水、调节土温、抑制杂草，防止水土流失，提高光、热利用效率和促进作物根系发育等作用[1]。园林绿化中修剪粉碎的枝干可以直接覆盖，枯枝落叶等则可以堆肥处理后再覆盖，在美国、英国、德国等发达国家，园林地面覆盖成为非常普遍的措施，且有相应的覆盖技术规范和要求[2]。由于园林有机覆盖物可以保持土壤湿度，调节土壤温度，控制杂草，有助于减少水土流失，改善土壤结构，增强土壤肥力，还能有效阻止裸露地表土壤扬尘，防止雨水溅起泥土将植株弄脏等作用，在北京等国内大中城市正在大力推广[3]。更为重要的是，绿化废弃物处理后进行地面覆盖，还能起到节约资源、变废为宝的作用，对城市生态文明建设具有积极的意义。

风信子（*Hyacinthus orientalis* L.）为百合科风信子

---

* 基金项目：北京市科委北京市科技创新基地培育与发展工程专项"利用园林废弃物开发有机覆盖材料的研究与示范"项目。
① 通讯作者。陈进勇，电话 18310710630；邮箱 chenjinyong71@163.com，512706900@qq.com。

属多年生草本植物，具鳞茎，原产地中海沿岸与亚洲小亚细亚一带，花期早，可用于公园美化和盆栽观赏[4]。风信子是早春重要的球根花卉，北京市植物园举办的世界名花展每年都要展出大面积的风信子，由于其品种众多，花色明快艳丽，芳香宜人，深受人们喜爱。风信子喜冬季温暖湿润，夏季凉爽干燥，北京露地栽培往往要在冬季进行一定的覆盖处理。北京市植物园绿化废弃物处理场能生产各种类型的有机覆盖物，为此进行不同材料不同厚度的覆盖处理试验，研究出合理有效的有机覆盖物应用方式。

1 材料与方法

风信子选择在北京应用效果较好的红色早花品种'Jan Bos'，鳞茎规格17～18cm，从荷兰进口。2014年11月初种植于北京市植物园门头村基地，种植深度约10cm，覆土后浇透水，然后进行不同覆盖物的处理。

有机覆盖物采用北京市植物园绿化废弃物处理场堆肥腐熟1年的枯枝落叶粉碎物基质（A、B）、当年腐熟的基质（D、E）、树枝直接粉碎的木屑（L、M）、切削的木块（R、S），其中碎木屑长度不超过3cm，粗度不超过0.5cm；木块长和宽3～6cm，厚度约0.5cm。覆盖厚度分别为5cm和10cm，共8个处理，每个处理3重复，并设不覆盖的对照（CK）6块，共30小块，采用随机排列方式布置，每块面积3m×3m，栽植10个种球。

2015年春季土壤化冻后浇水进行正常养护管理，定期观测叶芽、花芽出现及开花、花谢等物候，并测定花序、花、叶片、鳞茎等生长发育指标。叶芽和花芽出现时间为露出覆盖物表面为准，花序和花冠的数据在花序基部花盛开时测定，叶片和鳞茎在植株花谢后集中挖出测定，每个处理3株，称取单株鲜重后在烘箱中干燥至恒重，得出干重。叶面积通过打孔器计算比叶重后换算得出单株总叶面积。所有数据用SPSS 17.0软件进行差异显著性分析。

还在试验地悬挂HOBO温湿度记录仪，设定每小时记录一次大气温度和湿度；在同样覆盖处理的空白地埋入MicroLite温度计，每小时记录一次地温；并埋入PR2探管，连接HH2定期测定不同深度的土壤含水率（体积百分比）。对数据进行统计分析，计算出日均温、土壤含水率等数据进行比较。

2 结果与分析

2.1 绿化有机物覆盖对土壤温湿度的影响

选择D、E、S覆盖处理进行地温跟踪测定（图1），结果表明，进行有机物覆盖后，自11月中旬至

下旬，10cm土层的地温在6～10℃，较无覆盖的对照普遍高2～3℃，这有利于风信子鳞茎栽植后生根。12月初各处理的地温明显下降，无覆盖的10cm土层地温跌破0℃，而覆盖后较对照要高2℃以上，其中E处理（覆盖物厚10cm）比D（覆盖5cm）高出1℃左右。从12月至次年2月，无覆盖的地下10cm土层低于0℃，处于结冻状态，而覆盖后的10cm土层基本在0℃以上，有利于风信子鳞茎越冬。

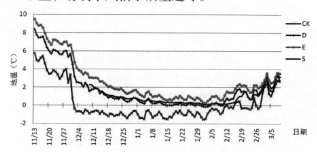

图1 有机物覆盖处理对10cm土层冬季温度的影响
Fig. 1 The effect of organic mulching on the soil temperature at 10cm depth in winter

3月上旬土壤解冻后，10cm土层温度上升较快，覆盖处理与对照的地温相近（图1），3月15日后对照的10cm地温快速上升，较覆盖处理高2℃左右，覆盖处理的以S（切削木块10cm厚）的地温最低，覆盖5cm的D处理较覆盖10cm的E处理地温略高（图2）。

可见采用有机覆盖物后，能减缓地温的升降幅度，与对照相比较，在冬季（11月至次年2月）提高土壤温度，春季（3～5月）降低土壤温度。

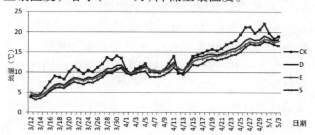

图2 有机物覆盖处理对10cm土层春季温度的影响
Fig. 2 The effect of organic mulching on the soil temperature at 10cm depth in the spring

从气温监测可以看出（图3），春季地温的回升与气温的变化密切相关，只是地温没有气温变化剧烈，变幅更为缓和一些。

从11月至次年4月的土壤含水率测定结果看（图4），采用有机物覆盖后，能有效保持土壤含水量，以E处理（基质覆盖10cm）最好，其次D（覆盖5cm），S（切削木块10cm厚）稍差，对照CK最差，冬季土壤含水率在10%～17%，其他处理在17%～22%，比

对照提高 2% ~ 5% 土壤含水率。可见地面采用有机覆盖可以起到保墒的作用，切削木块由于空隙大，效果较基质略差，覆盖物越厚保湿效果越好。

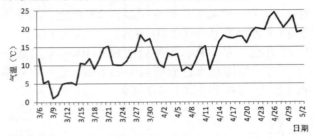

图 3　试验地春季气温的变化

Fig. 3　The ambient temperature during the spring at the experimental site

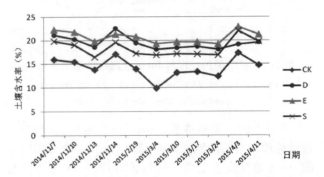

图 4　有机物覆盖处理对 10cm 土层土壤湿度的影响

Fig. 4　The effect of organic mulching on the soil moisture at 10cm depth

2.2　绿化有机物覆盖下风信子的萌发与发育

风信子在 4 月 4 日开始陆续萌动（此时气温和 10cm 地温均在 10℃左右），4 月中旬最为集中，一直持续到 5 月初，其中 D、A、M 等覆盖处理的比对照提早萌动，且出苗较快，R、S 覆盖处理则萌动较慢，且植株出苗率不到 80%（图 5）。表明切削木块覆盖对风信子的萌动产生不利的影响，其他覆盖处理则较好。

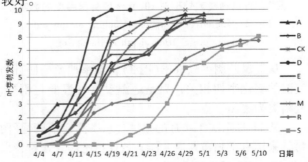

图 5　有机物覆盖处理对风信子叶芽萌出的影响

Fig. 5　The effect of organic mulching on the leaf sprouting of hyacinthus

风信子叶片露出地面时，花序也往往同时出现或略晚。与叶芽不同的是，R、S 覆盖处理的由于萌出延迟，不少植株花序发育不正常而不能抽出花茎，花序萌出率不到 60%；对照处理的花序发育迟缓，萌出率不到 70%；其他处理均超过 90%，表现较好（图 6）。

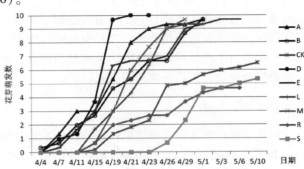

图 6　有机物覆盖处理对风信子花芽萌出的影响

Fig. 6　The effect of organic mulching on the inflorescence emergence of hyacinthus

风信子花序露出后逐渐生长，4 月 15 日后陆续开花（日均温 16℃以上），4 月下旬达到高峰（图 7）。不同覆盖处理的开花植株数存在差异，R、S 和 CK 的开花植株率低于 50%，其他处理能达到 90% 以上。单个植株花期持续 6 天左右。

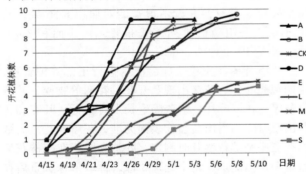

图 7　有机物覆盖处理对风信子开花的影响

Fig. 7　The effect of organic mulching on the blooming of hyacinthus

2.3　绿化有机物覆盖处理对风信子生长发育指标的影响

不同有机物的地面覆盖处理对风信子叶片生长产生了影响（表 1），R 和 S 处理的植株叶片长度与对照 CK 均较低（19 ~ 21cm），其他处理均比对照高，以 D 和 E 处理叶片最长（大于 26cm），方差分析表明不同处理产生了显著性差异。叶片宽度差异不大，均在 2.5cm 左右。单株叶片数在 6 片左右，不同处理间无显著性差异（表 1）。单株叶面积及叶片鲜重和干重，

表 1　有机物覆盖处理对风信子单株生长发育指标的影响

Table 1　The effect of organic mulching on the growth and development of hyacinthus

处理	叶片长 (cm)	叶片数	叶鲜重 (g)	叶干重 (g)	叶面积 (cm²)	花序长 (cm)	花序直径 (cm)	花冠长 (cm)	花冠直径 (cm)	花茎鲜重 (g)	花茎干重 (g)	鳞茎鲜重 (g)	鳞茎干重 (g)	鳞茎叶/球	干茎叶/球
CK	21.33±1.24abc	5.93±0.70a	32.34±4.90ab	2.25±0.31a	475.26±82.47ab	16.02±2.40a	5.95±0.52abc	1.84±0.12ab	2.28±0.28a	9.34±1.79a	0.55±0.11a	65.90±6.31ab	17.98±1.93a	0.59±0.11ab	0.15±0.02a
A	23.44±2.60bcd	6.40±0.52a	33.12±5.89ab	2.33±0.40ab	514.22±80.97ab	16.21±3.10a	6.18±0.48bcd	1.91±0.17b	2.40±0.27a	7.96±2.49a	0.53±0.12a	60.67±4.95ab	16.96±2.40a	0.68±0.09abc	0.17±0.03ab
B	25.56±3.21d	6.00±0.82a	35.60±5.92abc	2.36±0.42ab	548.42±67.09abc	17.35±4.43a	6.32±0.66cd	1.89±0.22b	2.39±0.31a	9.43±2.68a	0.56±0.14a	60.46±5.68a	15.36±2.26a	0.73±0.15bc	0.19±0.05ab
D	26.78±2.59d	6.47±0.83a	45.05±5.98c	3.01±0.45bc	619.37±79.33bc	17.97±2.11a	6.41±0.35cd	1.97±0.11b	2.47±0.24a	10.55±1.94a	0.66±0.28a	69.73±4.47b	17.90±2.08a	0.79±0.13bc	0.20±0.05ab
E	26.00±3.67d	6.30±0.48a	37.81±7.05bc	2.55±0.43abc	604.34±95.55bc	17.94±2.30a	6.62±0.39d	1.93±0.12b	2.44±0.19a	11.65±4.80a	0.62±0.18a	65.89±8.52ab	16.38±3.00a	0.76±0.18bc	0.20±0.07ab
L	24.89±2.52cd	6.40±1.00a	35.90±9.18abc	2.55±0.62abc	538.04±101.93abc	16.44±2.27a	5.99±0.95abc	1.91±0.13b	2.32±0.19a	11.75±2.93a	0.65±0.14a	62.60±5.77ab	15.29±1.16a	0.76±0.11bc	0.21±0.03ab
M	25.22±3.27d	6.53±0.52a	44.95±11.07c	3.10±0.62c	662.93±161.18c	16.74±2.52a	6.54±0.40cd	1.94±0.17b	2.37±0.25a	12.27±2.48a	0.67±0.09a	68.23±5.04ab	16.41±1.07a	0.84±0.15c	0.23±0.04b
R	21.00±1.41ab	6.00±0.71a	26.86±4.54a	1.92±0.31a	403.86±76.96a	15.25±2.48a	5.54±0.50a	1.69±0.10a	2.29±0.24a	7.95±1.99a	0.49±0.09a	61.37±8.12ab	15.61±2.24a	0.53±0.14a	0.15±0.04a
S	18.67±2.18a	5.80±0.45a	29.20±6.72ab	1.98±0.48a	457.83±111.70a	15.58±2.19a	5.63±0.38ab	1.83±0.15ab	2.29±0.25a	9.33±1.98a	0.58±0.11a	59.25±4.86a	15.42±1.66a	0.63±0.11ab	0.16±0.03a

均是 R、S 处理和对照的值比较低，其他处理较高，其中 D 和 M 处理的值最大。方差分析显示不同处理产生了显著性差异。R、S 和对照的叶片生长指标数值较低，与其萌动晚，生长期短有关。不同覆盖物处理对风信子花序和花的大小产生了一定影响（表1），花序长度 15.25～17.97cm，各处理间无显著性差异，花序直径虽然出现显著性差异，但差值约1cm，不同处理的花序直径在 5.54～6.62cm。不同覆盖物处理后的花冠长度出现显著性差异，但差值很小，从 1.69～1.97cm；花冠直径在 2.28～2.47cm，各处理间无显著性差异。花茎鲜重和干重的差异性也不显著。与叶片相比，虽然 R、S 和 CK 的花序和花的值较其他处理要小，但差异性并不明显。

风信子花后地下鳞茎的干重在不同处理间差异不显著（表1），单个鳞茎重 15.29～17.98g，但其鲜重出现显著性差异，在 59.25～69.73g，D 和 M 覆盖处理的鳞茎含水量较高。比较地上部茎叶干重与鳞茎干重的比值，R、S 和 CK 的比值较小，在 0.15～0.16；其他处理的比值在 0.17～0.23，以 L、M 的比值最高，且各处理间存在显著性差异，表明适当的覆盖处理有利于促进地上部分的生长。地上部分与地下部分鲜重比结果类似。

对不同覆盖物材料（腐熟1年以上基质、当年腐熟基质、碎木屑、切削木块）及覆盖厚度（5、10cm）对风信子生长发育指标的影响分别进行差异显著性分析，结果显示覆盖材料之间存在显著性差异，覆盖厚度的差异不显著。

3　小结与讨论

栽植地进行有机物覆盖后，能减缓地温升降幅度，冬季（11月至次年2月）10cm 土层温度较对照高，春季（3月至5月）较对照低。因此如果需要春季增加地温，可在3月初撤除覆盖物，或将有机覆盖物翻入改良土壤。无覆盖的地下 10cm 土层低于 0℃，处于结冻状态，而覆盖后的 10cm 土层基本在 0℃ 以上，试验表明风信子最好覆盖越冬，或加大栽植深度，以利于鳞茎越冬存活。测定结果还表明，采用有机物覆盖后，能减少水分蒸发，有效保持土壤含水率，比对照提高 2%～5%，起到保墒的作用。结果与 Chen 等一致[5]，其发现秸秆覆盖能降低温度日较差，并使地温变化滞后；覆盖还能有效降低蒸发，并且随覆盖物的厚度增大而呈线性增大。

风信子在试验地4月初叶芽萌动，花序显露，4月中旬陆续开花，虽然物候较南京晚，但萌动温度（气温和 10cm 地温均在 10℃ 左右）与开花期气温（日均温 16℃ 以上）与南京相近[4]，与毛洪玉提出的风信子生长发育温度一致[6]。萌动过晚会造成花序和花的发育不良而不开花，可能与后期气温过高有关系，正如广东自然环境下栽培的风信子，会出现植株矮小、叶片短、花序短、夹箭、开花率很低、花序因不能正常开花而很快枯萎的现象[7]。

不同有机物覆盖处理对风信子生长发育产生了影响，叶片长度在 19～26cm，叶片宽度约 2.5cm，单株叶片数在6片左右，花序长度 15.25～17.97cm，花序直径 5.54～6.62cm，花冠长度 1.69～1.97cm，花冠直径 2.28～2.47cm，鳞茎不结子球，与王春彦的观测结果相近[4]，较营养液栽培的叶片宽度、花序长度和花径指标略低[8]。有机覆盖处理对风信子的营养生长作用要大于生殖生长，与风信子为球根花卉，鳞茎提供了重要的营养物质有关。熊瑜对风信子的栽培试验表明，种球越大，出苗越早、越整齐，植株越高，小花数越多，花莛越高，观赏价值越高[9]。

本试验风信子栽植时鳞茎规格基本一致，花后鳞茎的干重在不同处理间差异也并不显著，而地上部茎叶干重与鳞茎干重的比值，在不同覆盖物处理间存在显著性差异。适当的有机物覆盖处理能促进地上部分的生长，一方面与覆盖物处理后，萌动早，因而叶片生长期长，营养积累多有关；另一方面，有机覆盖物降解淋溶后能提供一定的营养，促进植株的生长。彭赛芬的研究表明，谷糠、稻草和厩肥3种地面覆盖方式下，黄甜竹林下土壤有机质、全 N、全 P、水解 N、速效 P、速效 K 的含量均高于对照，且不同程度地增加了黄甜竹的出笋量，延长了笋期[10]。张鸽香将泥炭与园土等量配比后，风信子出苗更早、更整齐、植株更高，叶片更长、更宽、叶面积更大，花的观赏特性也得到提高[11]。表明营养对风信子的生长发育有促进作用。

就试验中不同有机覆盖材料的效果看，碎木屑和腐熟基质要优于切削木块，可能是由于木块面积和质量大，影响风信子的出芽，且木块间空隙大，保温保湿效果不如其他覆盖物。陈万翔对黄芩的覆盖效果，以碎稻草最好，整稻草次之，玉米秸最次[12]，与本研究结果相近。他还认为覆盖物不宜过厚，以1cm左右为宜。彭赛芬则认为，地面覆盖 6cm 处理的效果优于覆盖 3cm[10]。本研究结果则表明覆盖 5cm 和 10cm 无显著性差异，实践中对草本花卉覆盖物不宜太厚，且不宜用大块的覆盖物。

参考文献

1. 张蔚，蒋志荣，陈锋，李国保．地面覆盖法调节土壤水热状况的研究进展[J]．安徽农业科学，2008，36(19)：8184－8186．

2. 吕子文，方海兰，黄彩娣．美国园林废弃物的处置及对我国的启示[J]．中国园林，2007，23(8)：90－94．

3. 于鑫，孙向阳，徐佳，杜建军，张骅，王惠．北京市园林绿化废弃物现状调查及再利用对策探讨[J]．山东林业科技，2009(4)：5－7，11．

4. 王春彦，李玉萍，罗凤霞，王玥，顾晶．不同风信子品种在南京地区的物候期及生长特性分析[J]．植物资源与环境学报，2009，18(4)：66－71．

5. Chen S. Y. , Zhang X. Y. , Pei D. *et al.* Effects of straw mulching on soil temperature, evaporation and yield of winter wheat: field experiments on the North China Plain [J]. Annals of Applied Biology, 2007, 150(3): 261－268.

6. 毛洪玉．园林花卉学[M]．北京：化学工业出版社，2005．

7. 王文通，罗特新．风信子促成栽培研究[J]．安徽农业科学，2010，38(27)：14890－14891．

8. 李风童，陈秀兰，刘春贵，孙叶，马辉，张甜，包建忠．不同配方营养液对水培风信子生长及观赏品质的影响[J]．中南林业科技大学学报，2012，32(10)：130－134．

9. 熊瑜，史益敏．风信子生物学特性与种球繁殖研究[J]．上海交通大学学报（农业科学版），2007，25(3)：293－297．

10. 彭赛芬．不同地面覆盖物对黄甜竹林土壤化学性质及生产力的影响[J]．安徽农业科学，2013，41(13)：5783－5785．

11. 张鸽香，侯飞飞．栽培基质对风信子生长与开花的影响[J]．林业科技开发，2012，26(6)：51－54．

12. 陈万翔，高彻，计博学，曹秀莉．盖草种类和厚度对黄芩产量及黄芩苷含量的影响[J]．安徽农业科学，2009，37(4)：1621－1622．

'红色印象'郁金香生长过程中内源激素的变化*

魏 钰[①]　张辉　刘娜　赵世伟

（北京市植物园，北京市花卉园艺工程技术研究中心，城乡生态环境北京实验室，北京 100093）

摘要　以'红色印象'郁金香（*Tulipa* 'Red Impression'）为试验材料，分别在栽植期、出芽期、现蕾期、盛花期以及衰败期采集其顶芽、鳞片以及根部组织，测定各部位内源激素 GAs、IAA、ABA 和 ZR 的含量，旨在了解郁金香不同部位在生长过程中的内源激素变化规律，为进行化学花期调控提供理论依据。结果显示：叶尖中 GAs、IAA、ABA 和 ZR 的含量都明显高于鳞片和根，说明在郁金香的生长过程中叶片是最为活跃的器官；鳞片与根的各项激素含量相近且变化趋势基本一致，仅在栽植期，根部 ABA 的含量明显高于其他部位。实验结果表明，在应用化学手段进行郁金香花期调控时叶尖为接受外源激素的最佳部位。

关键词　郁金香；生长过程；内源激素；花期调控

Changes of Endogenous Hormones of *Tulipa* 'Red Impression' During Development

WEI Yu　ZHANG Hui　LIU Na　ZHAO Shi-wei

（*Beijing Botanical Garden*，*Beijing Floriculture Engineering Technology Research Centre*，*Beijing Laboratory of Urban and Rural Ecological Environment*，*Beijing* 100093）

Abstract　For the purpose to explore the change regulation of endogenous hormones of Tulips，the contents of endogenous GA_3，IAA，ABA and ZA in tip of leaves，scales and roots of *Tulipa* 'Red Impression' during different development stages were measured. The results showed that the content of GA_3，IAA，ABA and ZA in tip of leaves were much higher than the content in scales and roots. It meant that the leaf is the most active part of tulip during growth. Results obtained suggest that the tip of leaf is the most effective part to get the auxin by chemical flowering regulation.

Key words　Tulip；Development；Endogenous hormone；Flowering regulation

郁金香（*Tulipa gesneriana*）是百合科郁金香属的多年生球根花卉，主要起源地在中亚地区，其花型典雅，花色丰富，深受世界各国人民喜爱，郁金香是春季开花的球根花卉，其生理特点是：鳞茎在休眠期间进行花芽分化，之后需要经过一段低温打破休眠，使鳞茎内的抑制物质含量下降，促进物质含量上升，才能最终使得其生长开花。

北京市植物园从 2004 年开始每年春季举办"北京桃花节暨世界名花展"，以露地栽植郁金香为主要展区，已成为京城早春踏青赏花和旅游观光的一大亮点和热点，但是由于气候条件原因，郁金香在北京的观赏期较短，主要集中在 4 月中下旬，大约 10d。延长

郁金香的整个观赏期，对北京市植物园具有重要的社会效益和经济效益，而郁金香是温度敏感型植物，露地栽植很难控制其温度，本研究对郁金香生长过程中植株不同部位的内源激素进行了测定和分析，旨在了解郁金香在不同生长期的生理变化，进而探索其内源激素含量变化与花期的关联，以期为郁金香露地栽植的短期花期调控提供理论依据。

1　材料与方法

1.1　材料及处理

试验于 2012 年至 2013 年在北京市植物园花卉基

* 基金项目：北京市公园管理中心项目"郁金香花期调控及种球繁育技术研究"（ZX2011003）。

① 通讯作者。Author for correspondence（E-mail：wy37@163.com）。

地进行。以'红色印象'郁金香（*Tulipa* 'Red Impression'）的常温种球为试验材料，规格为 12^+cm，购于荷兰 JAN DE WIT EN ZONEN B. V. 公司。露地栽植密度为 10cm×10cm，栽植深度为 10cm。试验分 3 组重复，每组 30 粒共 90 粒种球。分别在栽植期（11 月 30日）、出芽期（4 月 2 日）、现蕾期（4 月 19 日）、盛花期（5 月 4 日）以及衰败期（5 月 31 日）采集其叶芽、第二层鳞片以及根部组织，共取 5 次，每次 3 个重复，样品用液氮迅速冷冻并储存于 -40℃冰箱内，用于内源激素含量的测定。

1.2　内源激素含量的测定

分别称取样品鲜重各 0.5g，液氮速冻后，加 4mL提取液（80%冷甲醇）冰浴研磨至匀浆，转入 10mL 试管。摇匀后 4℃下放置 4h，1000×g 离心 15min，取上清液。沉淀中加 1mL 提取液，搅匀，置于 4℃下再提取 1h，离心，合并上清液并记录体积，残渣弃去。上清液过 C18 固相萃取柱进行纯化后待测。

本试验采用酶联免疫法（ELISA）同期测定郁金香内源激素赤霉素 GAs、脱落酸 ABA、生长素 IAA 和玉米素 ZR 的含量（李宗霆和周燮，1996），每个样品重复测定 3 次，取平均值。激素含量的测定均在中国农业大学农学与生物学院化控室完成。

2　结果与分析

2.1　郁金香发育过程中内源激素含量的变化

2.1.1　内源 GAs 含量的变化

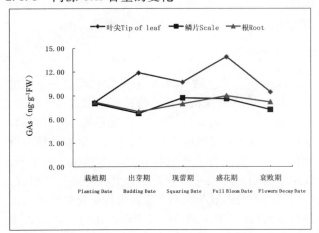

图1　不同生长阶段'红色印象'郁金香内源 GAs 含量变化

Fig. 1　Changes of endogenous GAs of *Tulipa*
'Red Impression' during development

GAs 是促进植物生长发育的重要内源激素之一，主要集中在植物生长旺盛的部位（何生根等 2010）。图1 显示，叶尖、鳞片以及根部在栽植期的内源 GAs

含量几乎一致，原因可能是当时整个植株都处于休眠期，因此各部位之间 GAs 含量比较接近。从出芽期到衰败期，叶尖的 GAs 含量明显都高于鳞片和根部，说明叶尖的生长要较鳞片和根部更旺盛。在盛花期时，叶尖的 GAs 含量达到顶峰，说明此时整个植株的生长都处于最旺盛的状态。鳞片与根部的 GAs 的含量及总体变化趋势基本一致，说明二者在植株生长过程中活跃程度接近。

2.1.2　内源 ABA 含量的变化

ABA 的主要功能是诱导植物在环境胁迫下产生保护反应以维持细胞内的平衡，同时具有促进根系和芽的生长、调节花期、控制株型等生理活性。碳水化合物的信号传导主要依靠 ABA 的生物合成以及 ABA与 CK 参与的抗胁迫代谢过程的激活。ABA 水平取决于环境条件：胁迫条件下，其含量升高以抑制生长过程；正常条件下，ABA 含量下降，生长过程被激活（V. V. Kondrat'eva *et al*.，2009）。

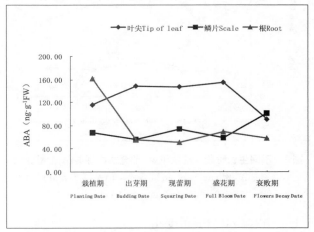

图2　不同生长阶段'红色印象'郁金香内源 ABA 含量变化

Fig. 2　Changes of endogenous ABA of *Tulipa*
'Red Impression' during development

由图2 可见，在栽植期，根部 ABA 的含量在各部位中最高，分析可能是由于那时室外温度很低，低温胁迫导致根部产生较多的 ABA，抑制植株生长，从而进入休眠状态。从出芽期开始，由于气温达到了适宜生长的条件，根部的 ABA 明显下降，促进植株开始生长；而叶尖的 ABA 含量明显升高，并显著高于鳞片和根部，并在盛花期达到峰值，这与夏宜平等（2005）的研究结果一致，推测这是叶片进入衰老的生理信号。

2.1.3　内源 IAA 含量的变化

IAA 具有多种生理作用，在植物体内分布很广，尤其是生长旺盛部分含量较高（朱蕙香等 2010）。研究显示 IAA 对郁金香茎的伸长有明显的促进作用

（Marian Saniewski *et al.*，2005）。图 3 显示，在栽植期，各部位 IAA 含量比较接近，叶尖略高于鳞片和根部。在生长期，鳞片和根部的 IAA 相对比较稳定，变化幅度不大，根部 IAA 含量仅在衰败期有所增加；而从出芽期开始叶尖中 IAA 含量明显升高，在现蕾期达到最高峰，其含量几乎为鳞片和根部含量的 5 倍，这不仅证明了叶尖是植株生长最为活跃的部位，同时也显示花芽发育和花茎的伸长需要高浓度的 IAA，这与 Rong-Yan Xu 等人（2008）的研究结果一致。Ding Shi-feng（1999）等通过对晚香玉的研究证实 IAA 含量与花的发育有关，认为高浓度的 IAA 有利于花芽分化，推测花形态建成需要高浓度的 IAA 来维持细胞的数量增加和体积增大的需要。

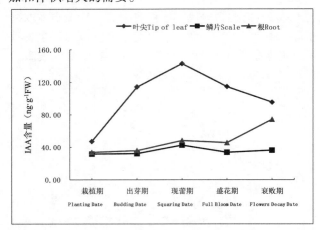

图 3　不同生长阶段'红色印象'郁金香内源 IAA 含量变化

Fig. 3　Changes of endogenous IAA of *Tulipa*
'Red Impression' during development

2.1.4　内源 ZR 含量的变化

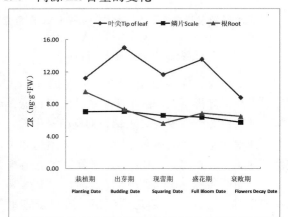

图 4　不同生长阶段'红色印象'郁金香内源 ZR 含量变化

Fig. 4　Changes of endogenous ZR of *Tulipa*
'Red Impression' during development

　　ZR 是细胞分裂素的一种，细胞分裂素对植物成花的促进作用已经被多位学者所证实（吴月燕 等，

2011）。ZR 含量的高低在一定程度上反映了植物体内细胞分裂及代谢活动的强度，是与形态分化同步的，其含量的增加有助于细胞数量的增加以及细胞体积的增大（吴曼 等，2013）。由图 4 可以看出：在整个生长发育过程中，叶尖 ZR 的含量都明显高于鳞片和根部，这说明叶尖细胞分裂活动及代谢的强度大大高于鳞片和根部细胞，因为在发育过程中叶片体积的增大量远远大于鳞片和根。鳞片和根部 ZR 含量及变化趋势基本一致。

2.2　郁金香发育过程中内源激素比例的变化

　　研究表明，不同种类植物激素的生理作用有着相互促进和相互颉颃的效果，因此植物激素间的平衡关系对植物生长发育的调节作用更为重要。也就是说激素间的平衡比单一激素的作用更为重要，这种平衡状态，控制着各种营养物质（包括蛋白质、核酸、可溶性糖及淀粉）的代谢而综合影响着植物的成花（王晓冬 等，2012）。

　　图 5 显示：从出芽期开始各器官 ABA/GAs 数值均比栽植期有所下降，特别是根部下降最为明显；ABA/IAA 也具有相同的变化趋势；叶尖和根部在整个生长发育过程中 ZA/GAs 比值均呈下降趋势，而鳞片的则是在出芽期略有升高之后下降；各器官 ZA/IAA 的变化趋势基本一致，都是在栽植期最高，现蕾期降至最低，在盛花期略有上升之后又有所下降。田如男等（1998）研究表明高比值的 ZR/GA 有利于郁金香的花芽分化，且对其花芽分化起主导作用。本实验则显示低 ZR/GA 有利于郁金香花器官的发育；在现蕾期不同激素的比值均处于较低的数值。

3　讨论

　　1918 年，荷兰的 Blaauw 等先后对郁金香、风信子、水仙等 23 种球根类花卉的花期调控进行了研究，初步建立了开花调节的基本方法（郭志刚 等，2001）。此后，又有多人对球根类花卉的生理、生态特征进行研究，进一步阐明了开花调节的基本理论。近年来，我国学者也对球根花卉的花期调节技术进行了研究，但对郁金香的露地花期调节及其生理生化变化等尚未进行深入探讨（李琳琳 等，2006）。翟蕾（2008）得出鳞茎休眠期间主要进行花芽分化以及感受低温等待萌发的结论，这一时期对于促成或抑制栽培起着较重要的作用。但是笔者认为，由于郁金香花芽分化与花芽发育是两个截然分开的过程，且相隔时间达数月之久，最终开花的时间主要由花发育的时间决定，因而在郁金香露地栽植的花期调控中应该重点对花芽发育的过程进行调控。本实验结果显示：在郁金香生长的

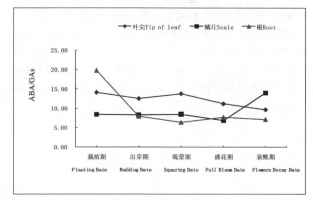
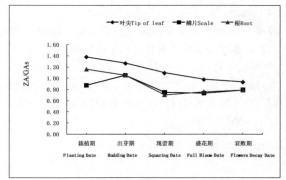
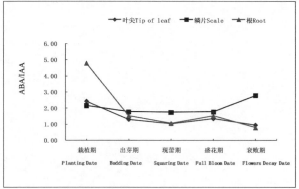
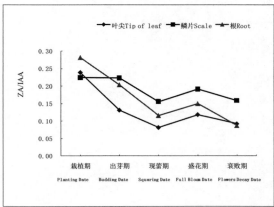

图5　不同生长阶段'红色印象'郁金香各内源激素比值变化

Fig. 5　Changes of different endogenous hormones ratio of *Tulipa* 'Red Impression' during development

各个时期，叶片中4种激素的绝对含量及变化幅度均明显高于鳞片和根部，说明在郁金香生长发育过程中叶片起着较为主要的生理作用，因此在采用化学手段进行郁金香花期调控时叶片为接受外源激素的最佳部位，本实验的数据也为进一步研究郁金香花期调控提供了可靠的理论依据。

参考文献

1. DING Shi-feng, CHEN Wen-shaw. 1999. Changes in free and conjugated indole-3-acetic acid during early stage of flower bud differentiation in *Polianthes tuberosa*[J]. Plant Physiology and Biochemistry Paris, 37(2)：455 – 460.

2. 郭志刚，张伟. 2001. 球根类[J]. 北京：中国林业出版社，清华大学出版社，25.

3. 何生根，李红梅，刘伟，卢少云. 2010. 植物生长调节剂在观赏植物上的应用[M]. 北京：化学工业出版社，9.

4. 李琳琳，史益敏. 2006. 郁金香种球冷藏与花期调控[J]. 上海交通大学学报，24(1)：30 – 34.

5. 李宗霆，周燮. 1996. 植物激素及其免疫检测技术[M]. 南京：江苏科学技术出版社.

6. Marian Saniewski, Hiroshi Okubo, Kensuke Miyamoto, Junichi Ueda. 2005. Auxin Induces Growth of Stem Excised from Growing Shoot of Cooled Tulip Bulbs[J]. J. Fac. Agr. , Kyushu Univ. , 50(2)：481 – 488.

7. Rong-yuan Xu, Yoshiji Niimi, Yuuki Ohta, Kiyohide Kojima. 2008. Changes in diffusible indole-3-acetic acid from various parts of tulip plant during rapid elongation of the flower stalk [J]. Plant Growth Regul, 54：81 – 88.

8. 田如男，陈道明，程淑婉. 1998. 郁金香花芽分化过程中球内内源激素变化动态[J]. 江苏林业科技，9(25)增刊：162 – 166.

9. V. V. Kondrat'eva, M. V. Semenova, T. V. Voronkova, and N. N. Danilina. 2009. Changes in the Carbohydrate and Hormonal Status in *Tulipa bifloriformis* Bulbs Forced into Bloom in a Greenhouse and in the Open Ground[J]. Russian Journal of Plant Physiology, 56(3)：428 – 435.

10. 王蕾，汤庚国，刘彤，赵九洲. 2004. 球根花卉花期调控的研究进展[J]. 南京林业大学学报，28（1）：66 – 70.

11. 王晓冬，唐焕伟，曲彦婷. 2012. 光照强度对郁金香生长发育和内源激素含量的影响[J]. 北方园艺，（01)：

84 – 86.

12. 吴曼，张文会，王荣，董彦，毛志泉，沈向．2013. '红丽'海棠早实植株发育过程中内源激素变化[J]．园艺学报，40(1)：10 – 20.

13. 吴月燕，李波，朱平，胡华勇．2011. 植物生长调节剂对西洋杜鹃花期及内源激素的影响[J]．园艺学报，38 (8)：1565 – 1571.

14. 夏宜平，杨玉爱，杨肖娥，等．郁金香更新鳞茎发育的碳同化物积累与内源激素变化的研究[J]．园艺学报，2005，32(2)：278 – 283.

15. 朱蕙香，张宗俭，张宏军，陈虎保．2010. 常用植物生长调节剂应用指南[M]．北京：化学工业出版社，10 – 69.

中国观赏园艺研究进展 2015：357～360
Advances in Ornamental Horticulture of China，2015：357～360

圆齿野鸦椿花芽分化的研究[*]

邵晓雪　涂淑萍[①]

（江西农业大学园林与艺术学院，南昌 330045）

摘要　为了弄清楚圆齿野鸦椿的花芽分化特性，采用石蜡切片法对圆齿野鸦椿花芽分化过程进行形态学观察，研究花芽发生、发育进程。结果表明：圆齿野鸦椿花芽分化于 3 月初至 6 月初持续进行，历时 3 个月，这一时段内可看到圆齿野鸦椿花芽分化的不同阶段，分化由外向内渐次进行。圆齿野鸦椿花芽分化过程可分为分化初期、花序原基分化期、小花原基分化期、花萼原基分化期、花瓣原基分化期、雄蕊原基分化期和雌蕊原基分化期。每朵小花有萼片、花瓣和雄蕊各 5 枚，心皮 3，离生；圆齿野鸦椿花序属有限花序类型，其中央顶部的小花原基较两边的侧花早分化。据观察圆齿野鸦椿的花芽、果实主要集中在枝条偏上的位置。

关键词　圆齿野鸦椿；花芽分化；石蜡切片；外部形态

Study on Flower Bud Differentiation of *Euscaphis konishii*

SHAO Xiao-xue　TU Shu-ping

（*Institute of Landscape and Art*，*Jiangxi Agricultural University*，*Nanchang* 330045）

Abstract　This experiment is about morphological analysis for *Euscaphis konishii*, the flower bud differentiation process using paraffin section of the changes in the process of researchon of *Euscaphis konishii* . The external morphology and internal structure of flower bud. The results showed that：*Euscaphis konishii* sepals, petals and stamens 5, pistil 3, apocarpous; flower bud differentiation in early March to early june continuously continued, which lasted 3 months, this time can be seen in different stages of different *Euscaphis konishii* flower bud differentiation, differentiation from the outside to the inside; *Euscaphis konishii* flower bud differentiation can be divided into the initial stage of differentiation, inflorescence primordium differentiation phase, flower primordium differentiation stage, sepal primordium differentiation phase, petal primordium differentiation stage, stamen primordium differentiation stage and pistil primordium differentiation phase; In the growth process of *Euscaphis konishii*, the central top of the inflorescence differentiated earlier than the side, the top of the floret primordium differentiated earlier than the sides' flowers; Experimental observation of *Euscaphis konishii* flower bud show, fruit mainly concentrated in the branch position.

Key words　*Euscaphis konishii*；Flower bud differentiation；External morphology

花是植物的生殖器官，植物生长到一定阶段便由叶芽生理和组织状态转化为花芽生理和组织状态，发育成花器官雏形，这一过程称为花芽分化（Floral bud differentiation）[1]。花芽分化是有花植物生长发育中的最关键阶段，标志着植物由营养生长向生殖生长转化。了解植物的花芽分化阶段是合理制定栽培技术措施的依据之一，同时也是树木生殖生物学的一项重要基础资料[2]。掌握花芽分化的机理，对于保证植物开花的数量与质量、实施开花的人工调控以及制定栽培管理措施都有重要指导意义。

圆齿野鸦椿为省沽油科野鸦椿属常绿小乔木，花序顶生，花多，黄白色，其树形优美，冠形舒展，叶色浓绿，花雅果艳，是一种很有利用潜力的观赏植物。为我国特有的珍稀药用与观赏树种。其果期长达半年以上，红色艳丽的果实带有喜庆色彩，符合中国传统吉祥的兆头，令人陶醉；其根或根皮、枝叶、花、干果均可供药用，有温中理气、消肿止痛的功效；圆齿野鸦椿的种子含油量达 25%～30%，既可药用也可作为工业用油；其树皮含鞣质，可提取栲胶[3]。大力开发利用、推广该乡土树种，既可满足园林建设需要，又可作为药用植物和油用作物使用，对于促进江西经济的发展有着极其重要的意义。

---

* 基金项目：江西省林业厅科技创新项目（201402）；南昌市科技支撑计划（洪财企［2012］80 号农业支撑 4－2）。

① 通讯作者。E－mail：jxtsping@163.com。

花是观赏植物的重要经济性状，故对花发育的研究一直受到人们的关注[4-6]，但是，不同植物的花芽分化与发育存在差异。圆齿野鸦椿是近年来新开发利用的园林观赏树种，对该树种的研究主要集中在分类学描述[7-8]、资源利用[9-10]、植物化学[11]、播种繁殖技术[12-13]、生理生化[14-15]等方面。其花芽分化特性尚不清楚。为此，本试验对圆齿野鸦椿花芽分化过程及外部形态进行了研究。

1 材料与方法

1.1 试验地概况

试验在江西农业大学校内花卉与盆景教学基地进行。试验地位于南昌市北郊，28°46′N，115°55′E，海拔 50m。土壤为土层深厚的第四纪红色黏土母质上发育而成的红壤。属亚热带湿润季风气候，气候湿润温和，雨量充沛，日照充足，无霜期长，冰冻期短。年平均气温为 17.5℃，1 月份平均气温 5℃，7 月份平均气温 29.6℃，极端最高气温 41℃（2003 年 8 月 1 日），极端最低气温 − 9.7℃，年日照时间为 1903.9h，年降雨量为 1596.4mm，初霜期为 12 月 2 日，终霜期平均在 2 月 25 日，无霜期平均为 281d（资料来自江西农业大学气象站）。

1.2 材料

供试圆齿野鸦椿植株为 2002 年播种的实生苗，种子采自江西省信丰金盘山林场。

1.3 方法

1.3.1 物候观察

参考《中国物候观测方法》[16]，并根据圆齿野鸦的生长生活习性，从展叶期到坐果期间 2 ~ 3d 观察 1 次，其他时间 3 ~ 5d 观察 1 次；于 2014 年起连续观察、记录并拍照。

1.3.2 石蜡切片制作

将采集的圆齿野鸦椿的芽投入装有 70% FAA 溶液的玻璃瓶中，抽气保存。按照常规石蜡制片方法，切片厚度 7μm，番红—固绿对染，中性树胶封片，电子显微镜下拍照观察。

2 结果与分析

2.1 物候观察

圆齿野鸦椿的 1 年生枝条叶腋间着生 2 个腋芽，通常为叶芽，而顶端通常着生 3 个腋芽，中间一个发育为花序，另两个发育为枝条。3 月初，随着气温升高，混合芽膨大，肉眼可见外层褐色木质外表皮，几日后苞片开裂露出最外层一轮嫩叶。3 月中旬褐色表皮脱掉，表面长出新一层木质化表皮，新生长嫩叶从两瓣木质化表皮中间露出，随着新叶生长、展开，逐渐露出花序原基，花序原基迅速生长，分化出小花原基，5 月 25 日左右，圆齿野鸦椿进入始花期。

2.2 圆齿野鸦椿花芽分化过程及其形态特征

圆齿野鸦椿花芽分化过程可划分为 7 个阶段。①未分化期：从 2 月下旬起，圆齿野鸦椿枝条顶端的混合芽中开始分化叶原基，伴随叶原基分化，混合芽底端中心处可看到已分生出的苞片原基。苞片原基内侧可看到微微隆起的生长锥，为未分化期（图版 1-1，图版 1-2）。②花序原基分化期：顶端生长锥继续分裂生长，向上隆起，光滑肥大，呈现半球状，且两侧出现小突起，之后生长锥进一步发育，高于两侧突起，此突起即为花序原基开始分化的标志。整个过程中苞片也呈伸长状态，且与生长锥形成分界（图版 1-3，图版 1-4）。③小花原基分化期：3 月下旬至 4 月初，圆齿野鸦椿生长点体积逐渐扩大，中间和两端分别进行细胞分裂，顶端渐渐突起变阔圆，随着顶层细胞不断分裂，体积增大，生长点先是圆滑且向上隆起，呈馒头状扁圆突起，以后逐渐伸长、变宽，顶端逐渐呈扁平状，且中间突起高于并大于两侧，此 3 个突起即为小花原期开始分化的标志（图版 1-5，图版 1-6）。④花萼原基形成期：随着顶端不断分裂，小花原基继续生长，中央顶端突起逐渐变宽而扁平后，苞片首先长出，平滑的生长点中心相对凹入，在其基部两边，苞片内侧可以观察到明显的小突起，此突起即为花萼原基（图版 1-7），并逐渐伸长，最终发育成为花萼。⑤花瓣原基形成期：随着花萼原基的伸长、内弯，在其内侧的基部形成新的突起即花瓣原基（图版 1-8）。花瓣原基不断伸展，最终发育成花冠。此时花瓣原基数量为 5，在纵切的石蜡切片中每个面最多能看到两个花瓣原基。此外还可观察到中间顶端花原基分化快于两端，属于上部先分化，下部后分化的类型。⑥雄蕊原基形成期：萼片原基不断伸长并向心弯曲，花瓣原基也继续生长发育，在花瓣原基内侧又分化形成新的突起即为雄蕊原基（图版 1-9）。雄蕊原基随后不断伸长，最终发育为雄蕊，花芽分化进入到雄蕊原基分化期后，分化进程加快，很快过渡到下一个分化时期。⑦雌蕊原基形成期：最后分化的则是位于最中央底部的雌蕊原基，随着雄蕊原基的发育，平坦的生长点中心产生 3 个突起，彼此分离，这 3 个突起就是离生的雌蕊原基（图版 1-10），雌蕊原基进一步发育生长呈锥形，最终发育形成雌蕊。

3 讨论

3.1 花芽分化进程

通过形态变化过程切片的光学显微观察，结果表明：①圆齿野鸦椿的花芽分化程序由外向内，整个花芽分化过程大致分为 7 个时期：未分化期、分化初期、小花原基分化期、花萼原基分化期、花瓣原基分化期、雄蕊原基分化期、雌蕊原基分化期。②圆齿野鸦椿为顶生圆锥花序，萼片、花瓣和雄蕊均为 5，心皮 3，离生。江西地区圆齿野鸦椿花芽分化自 3 月初气温升高开始，历经 90d 左右形态变化基本结束。③圆齿野鸦椿不同位置的相同花器官分化时间不一致，不同花器官之间分化没有明确的时间分界点。雄蕊较雌蕊早分化，成熟时也是雄蕊先成熟。

3.2 花序的分化特点

王彩云等曾对'厚瓣金桂'桂花的花芽分化形态进行解剖观察，其花序分化为同一花序中顶端花原基分化早于侧花，花芽位置较上者分化较早[17]。在圆齿野鸦椿的切片中也观察到具有相似的特点（图1-8），由于圆齿野鸦椿的花器官从分化到成熟时间相距较短，开花时间相差不大，因此，花序中不同位置的花朵开花时间也比较集中，这种特点对生存和繁殖具有好处。圆齿野鸦椿结实后作者就种子进行敲碎处理，235 粒种子种空心和种子内部干瘪的数量为34，所占比例为 14.46%。花序中花器官的发育不同步是否影响部分花朵在授粉时花粉活力助柱头可授性不一致，进而造成圆齿野鸦椿种子发育不良有待进一步研究。

3.3 花芽在枝条上的着生部位

试验观察发现，圆齿野鸦椿花芽主要集中分布在 1 年生枝条的较上部位，而枝条下部通常不形成花芽。在圆齿野鸦椿的结果枝条也发现，果实主要集中在枝条偏上的位置。通过对圆齿野鸦椿这种枝条上花芽的分布特点，在进行枝条修剪时，就应该采用合理的修剪方式，以免打掉花芽影响结实率。

参考文献

1. 金飚. 2006. 琼花生殖生物学与繁殖技术研究[D]. 南京：南京林业大学.
2. 刘彤. 2010：树莓生殖生物学特性研究[D]. 哈尔滨：东北农业大学.
3. 闫道良. 观赏良木野鸦椿[J]. 植物杂志，2003(5)：6.
4. 贺海洋，朱金启，高琪洁，等. 单叶蔷薇的花芽形态分化[J]. 园艺学报，2005，32(2)：331-334.
5. 王彩云，高莉萍，鲁涤非，等.'厚瓣金桂'桂花花芽形态分化的研究[J]. 园艺学报，2002，29(1)：52-56.
6. 彭伟秀，杨建民，于伟. 安哥诺和黑宝石李花芽形态分化的初步研究[J]. 河北农业大学学报，2004，27(3)：52-55.
7. 方文培. 中国植物志(46卷)[M]. 北京：科学出版社，1981，(46)：23-24.
8. 吴德邻. 广东植物志(第三卷)[M]. 广州：广东科技出版社，1995，(3)：282-283.
9. 葛玉珍. 野鸦椿资源及其利用[J]. 中国野生植物资源，2004，23(5)：24-25.
10. 曹人智. 观果新品种——圆齿野鸦椿[J]. 林业实用技术，2006，(8)：47.
11. 董玫，广田满. 野鸦椿的植物化学成分研究[J]. 天然产物研究与开发，2002，14(4)：34-37.
12. 欧斌，王波，卢清华，等. 26 种乡土树种苗木生长规律及育苗技术的系统研究[J]. 江西林业科技，2006(5)：12-16.
13. 欧斌，李远章. 圆齿野鸦椿种子预处理和苗木生长规律及育苗技术研究[J]. 江西林业科技，2006(3)：16-18.
14. 支丽燕，吴田兵，龙云英. 干旱胁迫下圆齿野鸦椿苗期叶片的生理特性[J]. 福建林学院学报，2008，28(2)：190-192.
15. 支丽燕，胡松竹，余林. 涝渍胁迫对圆齿野鸦椿苗期生长及其叶片生理的影响[J]. 江西农业大学学报，2008，30：279-282.
16. 宛敏渭，刘秀珍. 中国物候观测方法[M]. 北京：科学出版社，1979.
17. 王彩云，高莉萍，鲁涤非，等.'厚瓣金桂'桂花花芽形态分化的研究[J]. 园艺学报，2002，29（1）：52-56.

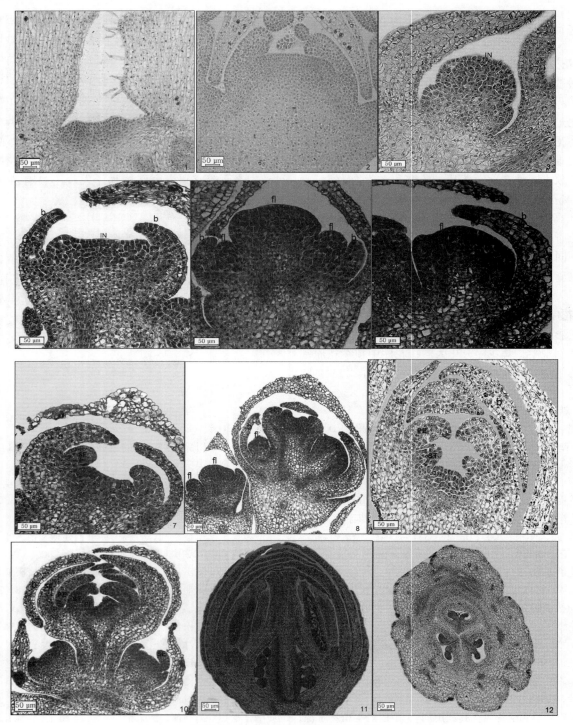

图版 1　圆齿野鸦椿花芽分化各时期

1～2. 分化初期；3～4. 花序原基分化期；5～6. 小花原基分化期；7. 花萼分化期；8. 花瓣分化期；9. 雄蕊分化期；10. 雌蕊分化期．11. 子房纵切；12. 子房横切；

IN：花序原基；b：苞片；fl：小花原基；SE：花萼原基；PE：花瓣原基；ST：雄蕊原基；PI：雌蕊原基

Plate1　flower bud differentiation process of *Euscaphis konishii*

1 – 2. Initial differentiation phase；3 – 4. Inflorescence primordium differentiation stag；5 – 6. Flower primordia differentiation stag；7. Flower sepal differentiation stage；8. Petal differentiation stage；9. Stamen differentiation stage；10. Pistil differentiation stage；11. Ovary slitting；12. Ovule corsscut.

IN：Inflorescence primordium；b：Bract fl：Floret promordium；SE：Sepal primordia；PE：Petal primordia；ST：Stamen primordia；PI：Pistil primordium.

榆叶梅品种花芽分化研究*

钟军珺　罗乐　程堂仁　张启翔①

（花卉种质创新与分子育种北京市重点实验室，国家花卉工程技术研究中心，城乡生态环境北京实验室，
北京林业大学园林学院，北京 100083）

摘要　榆叶梅是我国三北地区早春重要的观花灌木，研究榆叶梅的花芽分化对栽培养护及园林应用等有重要的指导意义。本研究以 3 个不同重瓣程度的榆叶梅品种为研究对象，通过石蜡切片方法观察，研究不同重瓣程度的榆叶梅品种花芽分化差异。结果表明：榆叶梅花芽分化过程中，不同阶段有交错重叠现象，每个时期无明显界限。3 个品种均从 6 月上旬开始花芽分化，其中单瓣品种'大花紫'在 8 月 28 日分化完成；复瓣品种'复瓣跳粉'在 9 月 9 日分化完成；重瓣品种'含胭'在 10 月 14 日完成分化。雌蕊原基分化阶段，重瓣品种'含胭'最快，分化时间为 19 天；复瓣品种'复瓣跳粉'雌蕊原基分化最慢，持续了 43 天；单瓣品种'大花紫'雌蕊原基分化持续了 33 天。以上结果显示：重瓣榆叶梅花芽分化过程需要更多积温，但在雌蕊原基分化时，重瓣品种所需积温比单瓣品种及复瓣品种少。

关键词　榆叶梅；花芽分化；重瓣；石蜡切片

Flower-bud Differentiation of Flowering Plum (*Prunus triloba*) Cultivars

ZHONG Jun-jun　LUO Le　CHENG Tang-ren　ZHANG Qi-xiang

(*Beijing Key Laboratory of Ornamental Plants Germplasm Innovation & Molecular Breeding*,
National Engineering Research Center for Floriculture, *Beijing Laboratory of Urban and Rural Ecological
Environment and College of Landscape Architecture*, *Beijing Forestry University*, *Beijing* 100083)

Abstract　*Prunus triloba* is an important flowering shrub in green space. The research of flower development is meaningful for application in landscape. The differences of morphology and physiological development time of 3 *Prunus triloba* cultivars with different degrees of double flower, *P. triloba* 'Dahuazi', *P. triloba* 'Fuban Tiaofen', *P. triloba* 'Hanyan', was observed with paraffin section. The results indicated that all of 3 cultivated varieties started the differentiation at the beginning of June. From the initial stage to the pistil primordial differentiation, the *P. triloba* 'Dahuazi' lasted about 3 months, and the *P. triloba* 'Fuban Tiaofen' continued about 100 days, and the *P. triloba* 'Hanyan' spent around 4 and a half months. At the pistil primordial differentiation stage, 'Hanyan' spent 19 days, and 'Fuban Tiaozhi' finished this stage in 43 days. The time of 'Dahuazi' at this stage was 33 days. We may conclude that the double flower cultivars needed more energy to complete the flower – bud differentiation and less heat to process the pistil primordial differentiation.

Key words　*Prunus triloba*; Flower – bud differentiation; Double flower; Paraffin section

榆叶梅（*Prunus triloba*）特产于我国，又名小桃红、鸾枝等，属蔷薇科李属观花灌木，是我国三北地区早春重要的观赏植物，在园林绿化中应用极为广泛，作为木本切花也具有巨大的开发价值（孙霞枫、张启翔，2008）。根据二元分类原则，将榆叶梅分为 3 系 3 类 17 型 105 个品种（于君、张启翔，2007；于君，2008；王娜，2013）。

国内目前对榆叶梅的研究主要集中在栽培繁殖等方面（赵伶俐，2014），而国外榆叶梅相关研究鲜有报道。花期是榆叶梅重要的观赏性状之一，多集中在 3 月下旬至 4 月中旬，开花持续时间较短，早花品种及晚花品种缺乏。榆叶梅的二次开花现象偶见报道（杨艳丽 等，2007），本研究人员在调查中发现的榆叶梅的二次开花现象与报道一致，但二次开花机制的相关

---

* 基金项目：北京市园林绿化局计划项目 YLHH201400201，北京市共建项目专项资助。

① 通讯作者。张启翔，教授，博士研究生导师，主要从事园林植物资源与育种研究。E-mail：zqxbjfu@126.com。

研究还未见报道。此外，切花生产中，开花的一致性、切花寿命及开花早晚等是影响切花品质的重要因素。

花芽分化对花期、开花次数等有重要影响，研究榆叶梅的花发育规律对园林应用与生产有重要的指导依据。李雯琪(2013)观察研究了单、重瓣榆叶梅冬后花芽形态及开花的物候期，结果表明重瓣榆叶梅'橙粉'比单瓣榆叶梅'羞容'的花期长，且早1周，但未研究休眠前的花芽分化过程。榆叶梅花芽分化过程的研究在国内外尚未见报道。

本研究通过常规石蜡切片方法对榆叶梅花芽分化过程进行了初步观察，以期阐明不同重瓣程度的榆叶梅花发育规律及差异，为榆叶梅的生产应用提供理论依据。

1 材料与方法

1.1 试验材料

供试材料为3个不同重瓣程度的榆叶梅品种，包括：单瓣品种'大花紫'，复瓣品种'复瓣跳粉'及重瓣品种'含胭'，各个品种的性状描述见表1。材料来源于北京林业大学小汤山种质资源圃(北纬40.17°，东经116.39°)，其年均气温为11.5℃，极端最高气温达40.5℃，极端最低气温-19.1℃，年均降雨量约625mm。

表1 实验材料性状表

Table1 The characteristics of materials

品种名	盛花期花瓣数	花瓣轮数	萼片是否瓣化	萼片轮数	雄蕊是否瓣化
'大花紫'	5	1	否	1	否
'复瓣跳粉'	18	3~4	是	2	是
'含胭'	34	5~6	是	2~3	是

1.2 试验方法

实验于2014年6月至2014年10月取材，取材间隔为7~10天，每次随机摘取10~20枚分布于不同方位的正常发育的花芽，并立即放入FAA固定液(50%乙醇:福尔马林:乙酸=90:5:5)进行固定。

对固定的材料进行常规石蜡切片制片(乙醇梯度脱水，二甲苯透明)，切片厚度为8μm，经番红—固绿双重染色后，用中性树胶封片(帅焕丽 等，2011；孙建云 等，2005；侯春春、徐水，2009)。在ZEISS Scope A1显微镜下观察、照相。

统计每个采样时间各品种花芽的分化时期，将出现某一时期花芽的采样时间作为该时期的起始时间，

至所有花芽均完成本阶段分化为止，其间所经历的时长即该分化时期的持续时间。

2015年3~4月记录3个品种的花期，以5%花蕾开放时的时间作为花期起始时间，95%花朵凋谢时的时间作为花期结束时间。

2 结果与分析

2.1 3个榆叶梅品种花芽分化各阶段形态特征

2.1.1 未分化期

该分化时期花芽生长点小，纵切面呈圆锥状，分生组织细胞小，分布紧密，排列整齐，形状相似。此分化期3个品种形态差异不明显(图1，A1、B1、C1)。

2.1.2 花原基分化期

根据切片形态可将此分化期分为2个时期，花原基分化前期生长点开始向上隆起，表面变得圆滑(图1，A2、B2、C2)。随着细胞伸长，分化后期顶端逐渐扁平(图1，A3、B3、C3)，初生髓部细胞排列疏松。此阶段3个品种没有明显的形态差异(图1，A2、B2、C2、A3、B3、C3)。

2.1.3 萼片原基分化期

生长点顶端开始稍凹陷，四周细胞明显凸起，该突起即为萼片原基，萼片原基的出现标志着花芽分化进入萼片原基分化期。此阶段3个品种形态相似，无明显差异(图1，A4、B4、C4)。

2.1.4 花瓣原基分化期

萼片原基在逐渐生长过程中向心弯曲，并在其内侧分化出新的突起，即花瓣原基，花瓣原基在生长过程中逐渐向心弯曲。花瓣原基形成过程中，生长锥中心略向上隆起(图1，A5、B5、C5)。此阶段单瓣品种的花瓣原基仅一轮(图1，A5)，复瓣和重瓣品种出现多轮花瓣原基，且外轮花瓣原基分化时间早于内轮花瓣原基(图1，B5、C5)。

2.1.5 雄蕊原基分化期

花瓣原基继续生长发育，其内侧细胞分化形成新的突起，即雄蕊原基。此时生长锥中心略微向上隆起(图1，A6、B6、C6)。在雄蕊原基分化期，单瓣榆叶梅'大花紫'萼片原基及花瓣原基伸长生长，雄蕊原基出现多轮(图1，A6)。复瓣榆叶梅'复瓣跳粉'及重瓣榆叶梅'含胭'的花瓣原基数量继续增加，同时进行伸长生长(图1，B6、C6)。

2.1.6 雌蕊原基分化期

花芽不断分化，生长点中心的隆起逐渐变大，由此分化出雌蕊原基，雌蕊原基不断生长发育，最终形成由心皮卷合而成的雌蕊(图1，A7、A8、B7、B8、

C7、C8）。

雌蕊原基分化阶段，单瓣品种的花萼原基及花瓣原基继续伸长生长，雄蕊原基在伸长生长的同时数量不断增加（图1，A7、A8）。复瓣品种及重瓣品种的花萼原基进行伸长生长，而花瓣原基及雄蕊原基在伸长生长的同时数量不断增加，花瓣原基向心弯曲，雄蕊原基向内卷曲（图1，B7、B8、C7、C8）。复瓣品

种'复瓣跳粉'花瓣3～4轮（图1，B7、B8），重瓣品种'含胭'花瓣5～6轮（图1，C7、C8）。

3个榆叶梅品种花器官原基分化遵循由外向内的发育规律，但同一朵花相邻的两轮花器官分化的没有明确的时空界限，即外轮花器官分化开始一段时间后，相邻的内轮花器官开始与外轮花器官同时分化（图1）。

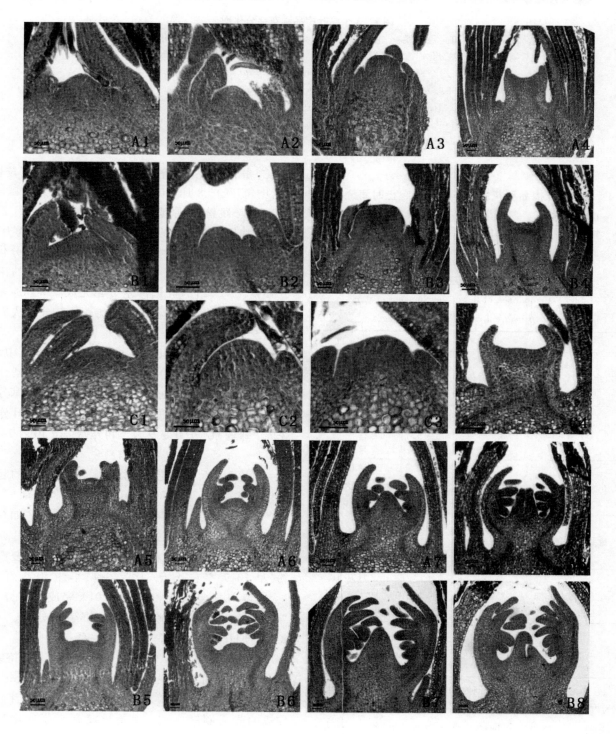

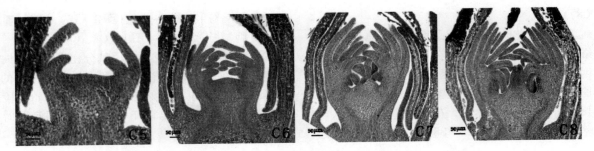

图1　3个榆叶梅品种花芽分化图

A：'大花紫'花芽分化图；B：'复瓣跳粉'花芽分化图；C：'含胭'花芽分化图。1：未分化期；2 花原基分化初期；3：花原基分化后期 4：萼片原基分化期；5：花瓣原基分化期；6：雄蕊原基分化期；7、8：雌蕊原基分化期

Fig. 1　Flower-bud differentiation of three *Prunus triloba* cultivars

A：Flower-bud differentiation of *P. triloba* 'Dahuazi'；B：Flower-bud differentiation of *P. triloba* 'Fuban Tiaofen'；C：Flower-bud differentiation of *P. triloba* 'Hanyan'. 1：pre-differentiation；2：pre-stage of floral primordial differentiation；3：post stage of floral primordial differentiation；4：sepal primordial differentiation；5：petal primordial differentiation；6：stamen primordial differentiation；7，8：pistil primordial differentiation

2.2　3个榆叶梅品种花发育不同时期起止时间分析

由表2可知，'大花紫'6月上旬花原基分化开始，7月2日结束。7月2日至7月18日花瓣原基与雄蕊原基同步分化，花瓣原基分化7月中旬结束，雄

表2　3个榆叶梅品种花芽分化时期对比

Table2　Comparison of flower development of three

Prunus triloba cultivars in different stages

分化阶段	品种	起始时间	结束时间
花原基分化期	'大花紫'	6月10日	7月2日
	'复瓣跳粉'	6月10日	7月2日
	'含胭'	6月10日	8月28日
萼片原基分化期	'大花紫'	6月24日	7月18日
	'复瓣跳粉'	7月2日	7月18日
	'含胭'	7月28日	8月28日
花瓣原基分化期	'大花紫'	7月2日	7月18日
	'复瓣跳粉'	7月2日	7月28日
	'含胭'	8月20日	9月25日
雄蕊原基分化期	'大花紫'	7月2日	7月28日
	'复瓣跳粉'	7月18日	8月28日
	'含胭'	8月28日	10月7日
雌蕊原基分化期	'大花紫'	7月18日	8月20日
	'复瓣跳粉'	7月28日	9月9日
	'含胭'	9月25日	10月14日
花期	'大花紫'	3月31日	4月5日
	'复瓣跳粉'	4月3日	4月9日
	'含胭'	4月15日	4月23日

注：花芽分化时期统计时间为2014年6~10月，花期统计时间为2015年3、4月。

Note：The recording of flower - bud differentiation was completed in 2014, and the boom of materials was recorded in 2015.

蕊原基分化7月下旬完成。雌蕊原基分化时间较长，7月中旬开始，8月下旬结束。

'复瓣跳粉'花原基分化6月上旬开始，7月2日处于萼片原基分化时期的花芽达到68.4%，萼片原基分化时间较短，持续10天左右。花瓣原基分化7月2日开始，7月18日处于花瓣原基分化状态的花芽占75%，7月28日花瓣原基分化完成。雄蕊原基7月18日开始，8月28日结束。雌蕊原基分化从7月28日至9月9日。

'含胭'花原基分化从6月上旬持续到8月中旬。7月下旬萼片原基开始分化，8月下旬萼片原基分化完成，并开始花瓣原基分化，9月25日花瓣原基分化完成。8月28日雄蕊原基开始分化，10月7日分化完成。雌蕊原基分化从9月下旬开始，至10月14日结束。

对比3个品种的花芽分化时间，3个品种的起始分化时间相近，均从6月10日开始。同一时间内，同一品种的花芽同时存在2~3个分化时期，如6月24日'大花紫'的花芽处于花原基分化期和萼片原基分化。花原基后，'大花紫'每个时期平均比'复瓣跳粉'早10天左右开始，比'含胭'早约50天开始。'大花紫'比'复瓣跳粉'早约20天完成花芽分化，'含胭'比'复瓣跳粉'晚约35天完成花芽分化。这与每个时期开始的时间差呈正相关关系。

'大花紫'花期为3月31日至4月5日，持续6天；'复瓣跳粉'花期为4月3~9日，持续7天；'含胭'花期为4月15~23日，持续9天。这与花芽分化完成的先后顺序一致，但差异没有花芽分化时期显著。

2.3 3个榆叶梅品种各花芽分化时期持续时间分析

分析3个品种各分化时期的持续时间,结果如下:

单瓣品种'大花紫'整个分化过程持续约79天,每个时期平均持续24天左右,其中雌蕊分化时间最长,用时33天;花瓣原基分化时间最短,用时16天。

复瓣品种'复瓣跳粉'整个分化过程持续约91天,每个时期平均持续约1个月,其中雌蕊原基分化时间最长,用时约43天;花原基分化时间最短,用时约22天。

重瓣品种'含胭'完成整个分化过程需要约125天,每个时期持续约40天,其中花原基分化时间最长,持续约79天;雌蕊原基分化时间最短,用时19天。

从图2可知,3个品种花瓣原基分化期、雄蕊原基分化期及总用时与品种的重瓣程度呈正相关关系。'含胭'花原基分化持续时间最长,花原基分化阶段'大花紫'与'复瓣跳粉'所用时间没有显著差别。萼片原基分化阶段,'复瓣跳粉'用时最短,'大花紫'用时最长。'含胭'雌蕊原基分化用时最短,持续19天左右。

3 讨论

榆叶梅花芽分化从6月上旬开始分化,分6个阶段:未分化期、花原基分化期、萼片原基分化期、花瓣原基分化期、雄蕊原基分化期、雌蕊原基分化期。其中'大花紫'8月下旬完成分化,持续79天;'复瓣跳粉'9月上旬完成分化,持续91天;'含胭'10月中旬完成分化,持续125天,与蔷薇科李属的其他植物花芽分化时间及过程相似(王珂 等,2006;耿文娟 等,2011;李会芳 等,2006;孙建云,2005)。3个品种重瓣程度越高,分化速度越慢,开花时间越晚,这与李雯琪(2013)等人的研究结果不一致。

榆叶梅花芽分化过程中,单瓣品种、复瓣品种及重瓣品种分化速度随着重瓣化程度递减,所需积温随之递增。由此推测重瓣化程度越高,分化过程中需要积累的养分越多,分化速度越慢。其中雌蕊分化所需的积温不与瓣化程度呈相关性,这可能是重瓣品种前4个分化时期营养充分积累促使雌蕊的快速分化。

重瓣品种'含胭'按花芽分化起止时间可分为分化前(6月上旬以前)、花芽分化期(6月上旬至10月中旬)、花芽分化后(10月中旬以后)。孙庆军(2010)研究了重瓣榆叶梅的修剪整形时间与开花状况的关系,结果表明:6月中旬前修剪榆叶梅对来年开花无影响,且萌条上的花发育正常;而7～9月期间修剪,萌条上出花芽与多年生枝条上的花芽开花时间不一致,萌条上花量少,花朵小,观赏性不高;9月以后修剪整形,第2年花期一致,重瓣榆叶梅花篱观赏性不受影响。3个修剪时期与本研究的未分化期、花芽分化期及花芽分化后相对应,花芽分化时间能为修剪时间提供指导依据。

因此早春花后至花芽分化开始前进行重剪,促进萌蘖发育,提高花枝量。花芽分化期修剪,并及时补充养分,能有效增加榆叶梅的观赏时间。花芽分化完成后进行适当修剪整形,能使开花时间保持一致,控制树形。

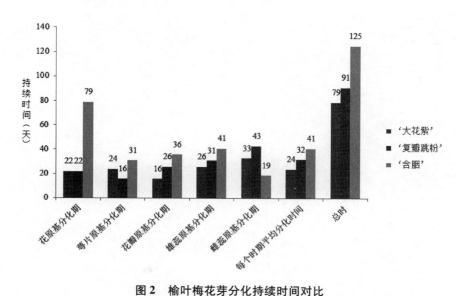

图2 榆叶梅花芽分化持续时间对比

Fig. 2 Comparison of the span of each stage

参考文献

1. 耿文娟，杨磊，谢军，廖康，许正，李会芳，刁永强．2011．野生欧洲李花芽形态分化研究[J]．新疆农业大学学报，34（1）：28-31．

2. 郭学民，肖啸，梁丽松，徐兴友，孟宪东．2010．榆叶梅花器官形态变化调查[J]．河北科技师范学院学报，24（2）：1-5．

3. 侯春春，徐水．2009．浅析影响石蜡切片质量的关键因素[J]．中国农学通报，25（23）：94-98．

4. 孔庆军，曲丛新，黄蕾．2010．紫丁香、重瓣榆叶梅的整形修剪与花芽分化[J]．新疆林业，4：45-46．

5. 李雯琪，胡伟男，吕英民．2013．榆叶梅花芽分化的对比研究[A]∥张启翔．中国观赏园艺研究进展2013[C]．北京：中国林业出版社，2013．

6. 帅焕丽，杨途熙，魏安智，王佳，李晓，张莹．2011．杏花芽石蜡切片方法的改良[J]．果树学报，28（3）：536-539．

7. 孙建云，王庆亚，黄清渊．2005．李花芽形态分化的研究[J]．江西农业大学学报，27（3）：414-415．

8. 孙霞枫，张启翔．2008．榆叶梅切花品种筛选初步研究[A]∥张启翔．中国观赏园艺研究进展2008[C]．北京：中国林业出版社，93-99．

9. 王珂，李靖，王力荣，黎明，方庆．2006．桃及其近缘种花芽分化特性的比较[J]．果树学报，2006，23（6）：809-813．

10. 王娜，罗乐，张启翔，程堂仁．2013．榆叶梅品种资源调查及已知品种数据库管理信息系统构建[J]．南方农业学报，2013，44（5）：865-870．

11. 杨艳丽，孙福林，程珂．2007．榆叶梅二次开花现象分析[J]．青海农林科技，04：28．

12. 于君．2008．榆叶梅新品种DUS测试指南及已知品种数据库的研究[D]．北京：北京林业大学．

13. 于君，张启翔．2007．我国榆叶梅品种种质资源调查研究∥张启翔．中国观赏园艺研究进展2007[C]．北京：中国林业出版社，15-24．

14. 赵伶俐．2014．近三十年我国榆叶梅研究相关期刊论文的计量分析[J]．北方园艺，20：202-204．

中国观赏园艺研究进展 2015：367~374

Advances in Ornamental Horticulture of China，2015：367~374

遮阴处理对地被菊'金路易'生长及光合特性的影响*

雷 燕 李庆卫①

（花卉种质创新与分子育种北京市重点实验室，国家花卉工程技术研究中心，城乡生态环境北京实验室，
北京林业大学园林学院，北京 100083）

摘要 以地被菊'金路易'为试验材料，研究了不同遮阴处理（全光照，透光率85%，透光率50%、透光率25%）对地被菊'金路易'生长发育及光合特性的影响，为'金路易'的应用推广提供理论依据。结果表明：'金路易'基部茎粗、节间长度、叶长、叶宽及叶面积随着遮阴程度的增加而逐渐增加，株高、冠幅、分枝数以及成花量在透光率85%条件下达到最大值，花径与成花量负相关；单位面积鲜重、单位面积含水量及比叶重随着遮阴程度的增加而逐渐降低，叶绿素a、叶绿素b、叶绿素总含量以及类胡萝卜素含量随着遮阴程度的增加而逐渐增加，而叶绿素a/b值随着遮阴程度的增加而逐渐减小；'金路易'光补偿点及暗呼吸速率随着遮阴程度的增加而逐渐减小，但光饱和点及最大净光合速率最大值出现在透光率85%条件下；'金路易'在全光照条件下的净光合速率日变化曲线为'双峰'曲线，经遮阴处理后，变为'单峰'曲线。综上所述，地被菊'金路易'喜阳耐荫，在遮阴条件下，会在形态及生理上做出适当调整以适应弱光环境。轻度遮阴（85%透光率）能促进光合效率，减少光抑制，促进长势，当透光率达减少到25%时，'金路易'仍能进行正常的生命活动并正常开花，因而仍具有一定的观赏价值。

关键词 地被菊；遮阴处理；形态指标；生理指标；光合特性

The Effect of Shading on the Growth and Photosynthetic Characteristics in *Chrysanthemum* 'Jinluyi'

LEI Yan   LI Qing-wei

（*Beijing Key Laboratory of Ornamental Plants Germplasm Innovation & Molecular Breeding，
National Engineering Research Center for Floriculture，Beijing Laboratory of Urban and Rural Ecological
Environment and College of Landscape Architecture，Beijing Forestry University，Beijing 100083*）

Abstract The experiment took *Chrysanthemum* 'Jinluyi'，a cultivar of ground-cover chrysanthemum，as materials，studied the effects of four different shading levels（transmittance of 25%，50%，85%，100%）on its growth and photosynthetic characteristics，and it is essential for the application and promotion of *C.* 'jinluyi'. The results showed as following：With the increase of shading radio，the stem diameter，internode length，leaf length，leaf width and leaf area increased significantly，while the plant height，crown width，the number of flowers and the number of branches reached the maximum value when under the condition of transmittance of 85%. With the increase of shading radio，the specific leaf weight（*SLW*），fresh weight per unit area and water content per unit area of *C.* 'Jinluyi' decreased，while the chlorophyll a，chlorophyll b，the total chlorophyll content（chlorophyll a + b）and carotenoids increased，what's more，the ratio of chlorophyll a to chlorophyll b（chlorophyll a/b）decreased. The photosynthetic light saturation point（*LSP*）and the maximum net photosynthetic rate reached the maximum value when under the condition of transmittance of 85%，while the photosynthetic light compensation point（*LCP*）and the dark respiration rate（*Rd*）decreased with the increase of shading radio. The curve of diurnal variation of the net photosynthetic rate in full light of *C.* 'Jinluyi' were appeared as bimodal curve，however，after shading treatments，the curve turned to be a single peak curve. In conclusion，*C.* 'Jinluyi' is a sun plant with shade tolerance，when under shade treatments，it will have changes on its morphology and physiology to adjust the new environment of low light. Moderating shading（transmittance of 85%）

* 项目来源：国家林业局项目（2015 – LY – 231）。

① 通讯作者。李庆卫（1968—），男，博士，副教授，从事园林植物种质资源遗传与育种等研究，010 – 62337110；Email：lqw6809@
bjfu. edu. cn. com。

can improve its photosynthetic capacity and reduce the photo inhibition in *C*. 'Jinluyi', even with the transmittance of 25%, *C*. 'Jinluyi' could living and flowering normally, so, it still have high ornamental characteristics.

Key words　Ground-cover chrysanthemum; Shading treatment; Morphological indicators; Physiological indicators; Photosynthetic indicators

地被菊 *Chrysanthemum morifolium* 为菊科菊属多年生宿根草本花卉[1]，其植株低矮、株型紧凑、花色丰富、花朵繁多、花期长、抗逆性强、耐粗放管理[2]，具有极高的观赏价值，适于在广场、街道、公园、风景区、居民区等各类绿地中应用，也可露地栽培，是园林绿化中优良的观花地被植物。

目前关于地被菊抗逆性的研究主要集中在抗寒、抗旱、耐盐性以及耐湿热方面[3-6]，而地被菊生长对光环境的要求却鲜有人研究。光照作为影响植物光合作用最主要的生态因子，是影响园林植物配置的主要因素[7-8]，地被菊对光照条件的适应能力决定了其在城市绿化中的应用形式。本研究以地被菊'金路易'为试验材料，通过人工搭设遮阴网对其进行遮阴逆境胁迫处理，对地被菊'金路易'在弱光环境下的形态、生理及各项光合指标进行分析，来探究其耐阴性机理及耐阴能力，为地被菊'金路易'的应用推广提供科学的理论依据。

1　材料与方法

1.1　试验材料及处理

试验在北京林业大学三顷园梅菊圃进行。供试材料为地被菊品种'金路易'，花色黄，花期9月下旬至10月下旬，优良的国庆观花品种。

2014年6月10日，选取60株长势一致、生长健壮的地被菊'金路易'扦插苗定植于大田中，缓苗1周后，选用不同透光率的遮阳网进行遮阴处理：处理A（25%透光率）、处理B（50%透光率）、处理C（85%透光率）、对照CK（全光照）。各处理下，肥水管理一致。采用完全随机区组设计，每处理5株，重复3次，60 d后对各项指标进行测定。

1.2　试验方法

遮阴处理60 d后，用卷尺测定植株株高、冠幅，用游标卡尺测定基部茎粗、节间长度[9]；用扫描仪扫描叶片，AutoCAD软件测定叶长、叶宽、叶面积；使用打孔器（d = 0.6 cm）钻取叶片，测定叶片单位面积干重、鲜重及含水量[10]；利用美国 LI-COR 公司产的 LI-6400 型便携式光合仪测定光响应曲线及光合日变化，测定试验植株不同处理下成熟叶片的净光合速率（P_n, μmol $CO_2 \cdot m^{-2} \cdot s^{-1}$）、蒸腾速率（$Tr$, mmol $\cdot mol^{-1} \cdot s^{-1}$）、气孔导度（$Gs$, mol $\cdot m^{-2} \cdot$

s^{-1}）、胞间 CO_2 浓度（Ci, μmol $\cdot mol^{-1}$）等光合参数，计算出植株的光补偿点（LCP）、光饱和点（LSP）、最大净光合速率（P_{n-max}）、暗呼吸速率（Rd）和最大表观量子效率（Φ）；运用 UV-3300 分光光度计，采用 Lichtenthaler[10]法测定叶绿素含量。10月上旬盛花期，观察花的形态特征，用游标卡尺测量花径，11月中下旬95%的花枯萎后，采摘，计算成花量及分枝数。

1.3　数据统计与分析

采用 spss20.0 和 Excel 软件进行数据分析；采用 Duncan 法进行方差分析；运用 Farquhar 模型对光合曲线进行拟合。

2　结果与分析

2.1　遮阴对地被菊'金路易'各项形态指标的影响

由表1可知，经遮阴处理后，地被菊'金路易'各项形态指标及生长指标均受到一定程度的影响。'金路易'经遮阴处理后，株高在透光率85%及25%条件下差异不显著，分别为21.00 cm、20.00 cm，但显著高于全光照及透光率50%条件下的值。能在透光率85%条件下，植株较高，可能是由于适度的遮阴，有利于其生长发育。冠幅在全光照及透光率85%条件下最大，均为30.33 cm，显著大于透光率50%条件下的25.33 cm及透光率25%条件下的23.00 cm。基部茎粗在全光照及透光率85%条件下差异不显著，分别为6.64 mm、6.01 mm，但均显著大于透光率50%及25%条件下的基部茎粗。

有研究表明，在弱光环境中，植物为获取足够多的阳光，会大大增加茎部生长速度以使新生叶片尽快达到林木顶层，从而引起节间明显延长[11]。由表1可知，遮阴处理对'金路易'节间长度影响显著（P < 0.05），且变化趋势与前人研究一致，即随着光照强度的减弱，植株节间明显延长。

叶片是植物进行光合作用的主要场所。经遮阴处理后，地被菊在叶厚、叶长、叶宽、叶面积面做出了一定的调整（见表1）。具体表现为叶片厚度随着遮阴程度的增加而呈下降趋势；叶长、叶宽及叶面积随着遮阴程度的增加而呈上升趋势，不同处理间差异显著（P < 0.05）。

植物在不同光照条件下的枝条数目在一定程度上能反映出植物在该环境中的生长状况。研究表明，

'金路易'分枝数受光照条件影响显著(见表1)。在适度遮阴(透光率85%)条件下,'金路易'分枝数最多,为21.3个,全光照条件下次之,为18个,透光率50%及25%条件下分枝数最少,枝条数目仅为7.5个和5.7个。'金路易'成花量变化趋势与分枝数大致相同,即在透光率85%条件下,成花量最大,为101.3朵,全光照条件下为88.6朵,在透光率小于50%的

条件下,随着遮阴程度的增加,成花量逐渐降低。从表1中可以看出,'金路易'花径大小与成花量负相关,即花径最大值出现在透光率25%和50%条件下,而花径最小值出现在透光率85%条件下,可能是由于植株成花量较大,分给单朵花的养分较少,而出现花径较小。

表1 遮阴对地被菊'金路易'形态指标的影响
Table 1 Effects of shading on Morphologies index of Chrysanthemum morifolium 'Jinluyi'

各指标	25%透光率	50%透光率	85%透光率	全光照
株高(cm)	20.00 ± 0.00a	18.00 ± 1.00b	21.00 ± 1.00a	17.00 ± 1.00b
冠幅(cm)	23.00 ± 2.00b	25.33 ± 1.52b	30.33 ± 1.52a	30.33 ± 1.52a
基部茎粗(mm)	4.20 ± 0.05b	4.57 ± 0.03b	6.01 ± 0.08a	6.64 ± 0.33a
节间长度(mm)	13.88 ± 0.21a	11.83 ± 0.51b	9.45 ± 0.29c	9.11 ± 0.11c
叶长(mm)	103.78 ± 0.53a	87.51 ± 0.64b	86.96 ± 1.36b	65.94 ± 0.83c
叶宽(mm)	70.24 ± 0.32a	59.73 ± 1.07b	54.84 ± 0.92b	37.43 ± 6.31c
叶面积(cm^2)	33.86 ± 0.61a	24.67 ± 0.35b	24.50 ± 0.20b	13.54 ± 0.93c
叶厚(mm)	230.00 ± 10.00d	270.00 ± 10.00c	313.33 ± 15.27b	363.33 ± 5.77a
分枝数(个)	5.7 ± 0.5c	7.3 ± 0.5c	21.3 ± 1.5a	18.0 ± 1.0b
成花量(朵)	32.0 ± 4.0d	45.3 ± 3.5c	101.3 ± 3.5a	88.6 ± 3.5b
花径(mm)	46.81 ± 1.16a	45.85 ± 0.80b	41.01 ± 0.69d	43.61 ± 1.17c

注: 同行不同小写字母表示光照处理之间在0.05水平上存在显著性差异(P < 0.05)。

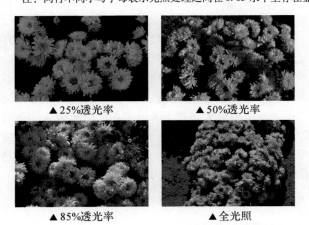

▲25%透光率　　▲50%透光率

▲85%透光率　　▲全光照

图1 各处理下地被菊'金路易'开花状况
Fig. 1 The flowering of Chrysanthemum morifolium 'Jinluyi' under different shade-treatment

2.2 遮阴对地被菊'金路易'生理指标的影响

遮阴处理下,植物不仅会在形态结构上做出相应调整,还会在生理方面做出一系列的改变以适应变化了的光环境。由表2可知,遮阴对地被菊'金路易'叶片单位面积鲜重、单位面积含水量以及比叶重均产生了显著影响,且三者变化趋势一致,表现为随着遮阴

程度的增加而逐渐降低。在全光照条件下,'金路易'比叶重有最大值,为3.69mg/cm^2,而在透光率85%、50%及25%条件下的比叶重相比全光照条件下分别下降了12.88%、15.86%及26.68%;叶片单位面积鲜重在透光率85%、50%及25%条件下相对于全光照条件下的32.35mg/cm^{2}分别下降了8.29%、14.91%及25.96%;而叶片单位面积含水量在透光率85%、50%及25%条件下相对于全光照条件下的28.65mg/cm^{2}分别下降了7.70%、14.79%及25.87%。

叶绿素是植物进行光合作用的主要光合色素。植物体内叶绿素含量的高低对植物光作用影响较大。从表2中可以看出,地被菊'金路易'经遮阴处理后,叶片叶绿素a、叶绿素b、类胡萝卜素及叶绿素总含量均差异显著(P < 0.05),且变化趋势类似,并呈现出一定的规律性,即随着透光率的减少,各成分的含量均出现增加的趋势。其中,'金路易'叶片叶绿素a含量在透光率25%和50%条件下无显著差异,但显著高于透光率85%和全光照条件下叶片叶绿素a含量;叶绿素b及叶绿素总含量在各处理间差异显著(P < 0.05);类胡萝卜素在透光率25%、85%及全光照条件下彼此之间差异显著(P < 0.05),但在透光率50%条件下的类胡萝卜素含量与透光率25%和50%条件

下的值无显著差异。'金路易'叶片叶绿素 a/b 值随着透光率的降低而呈降低趋势。在透光率 85% 和全光

照条件下，叶绿素 a/b 值无显著差异，但均显著大于透光率 50% 及 25% 条件下的值。

表2　遮阴对地被菊'金路易'生理指标的影响

Table 2　Effects of shading on Physiological index of *Chrysanthemum morifolium* 'Jinluyi'

各指标	25% 透光率	50% 透光率	85% 透光率	全光照
单位面积鲜重（mg·cm^{-2}）	23.95 ±0.30d	27.53 ±0.30c	29.67 ±0.25b	32.35 ±0.20a
单位面积含水量（mg·cm^{-2}）	21.24 ±0.27d	24.42 ±0.27c	26.45 ±0.23b	28.65 ±0.19a
比叶重（mg·cm^{-2}）	2.70 ±0.03d	3.10 ±0.03c	3.21 ±0.02b	3.69 ±0.01a
叶绿素 a（mg·g^{-1}）	1.104 ±0.004a	1.028 ±0.014a	0.989 ±0.003b	0.893 ±0.004c
叶绿素 b（mg·g^{-1}）	0.474 ±0.005a	0.418 ±0.025b	0.383 ±0.016c	0.339 ±0.017d
叶绿素 a+b（mg·g^{-1}）	1.578 ±0.007a	1.446 ±0.011b	1.372 ±0.019c	1.232 ±0.016d
类胡萝卜素（mg·g^{-1}）	0.213 ±0.004a	0.208 ±0.014ab	0.195 ±0.007b	0.173 ±0.007c
叶绿素 a/b	2.32 ±0.02c	2.47 ±0.17b	2.58 ±0.09a	2.63 ±0.13a

注：同行不同小写字母表示光照处理之间在 0.05 水平上存在显著性差异（P <0.05）。

2.3　遮阴对地被菊'金路易'光合参数的影响

有研究表明，若植物长期生活在某一光环境中，其光合—光响应曲线以及各项光合参数会随之发生一定程度的改变，以适应这一光环境[12]。

光补偿点是指植物光合作用所产生的同化产物与呼吸作用所消耗的物质恰好相等时的光照强度。光补偿点的高低，在一定程度上能反映植物对光环境的适应能力。植物光补偿点越低，植物对弱光环境的适应能力越强[13]。从表 3 可以看出，'金路易'在全光照条件下光补偿点有最大值，为 53.66 μmol·m^{-2}·s^{-1}，随着透光率的减少，光补偿点逐渐降低，但透光率 25% 与 50% 条件下无显著差异，分别为 25.60 μmol·m^{-2}·s^{-1}、28.78 μmol·m^{-2}·s^{-1}。而'金路易'叶片光饱和点及最大净光合速率变化趋势相同，最大值均出现透光率 85% 条件下，显著大于其他 3 个处理组的值。由此可推断，在适度遮阴（透光率 85%）条件下，

'金路易'叶片光合能力最强。遮阴对'金路易'叶片光下呼吸速率产生了一定的影响，表现为，随着透光率的减少，叶片光下呼吸速率逐渐降低。在透光率 85%、50% 及 25% 条件下的光下暗呼吸速率相对于全光照条件下的 4.44 μmol·m^{-2}·s^{-1}分别降低了 29.89%、32.99% 及 46.62%。

最大表观量子效率是叶片光能利用率的一个重要指标，反映了植物在弱光条件下对光的利用能力[14]。一般情况下，耐阴植物的最大表观量子效率在弱光环境中有所增加，以提高光能利用效率。从表 3 中可以看出，随着遮阴程度的增加，'金路易'表观量子效率出现了一定程度的降低。在透光率 85%、50% 及 25% 条件下的最大表观量子效率相比全光照条件下的 0.074 分别降低了 9.46%、14.86% 及 12.16%，整体降幅比较小。由此可推断，地被菊为阳性植物，在遮阴条件下，其电子捕捉能力会受到一定的影响。

表3　遮阴对地被菊'金路易'光合参数的影响

Table 3　Effects of shading on Photosynthetic parameters of *Chrysanthemum morifolium* 'Jinluyi'

各指标	25% 透光率	50% 透光率	85% 透光率	全光照
光补偿点（*LCP*）（μmol·m^{-2}·s^{-1}）	25.60 ±0.22c	28.78 ±0.14c	38.80 ±0.12b	53.66 ±0.88a
光饱和点（*LSP*）（μmol·m^{-2}·s^{-1}）	1108.23 ±13.00d	1272.60 ±21.82c	1527.82 ±21.86a	1434.98 ±9.38b
最大净光合速率（P_{n-max}）（μmol·m^{-2}·s^{-1}）	14.94 ±0.57d	17.88 ±0.56c	21.30 ±0.96a	19.12 ±2.20b
光下呼吸速率（*Rd*）（μmol·m^{-2}·s^{-1}）	2.37 ±0.01c	2.97 ±0.01b	3.11 ±0.02b	4.44 ±0.06a
最大表观量子效率（*Φ*）	0.065 ±0.001c	0.063 ±0.001d	0.067 ±0.001b	0.074 ±0.001a

注：同行不同小写字母表示光照处理之间在 0.05 水平上存在显著性差异（P <0.05）。

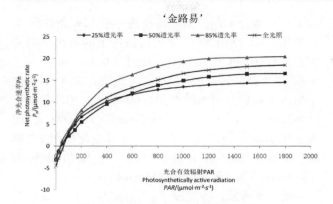

图2 地被菊'金路易'光响应曲线

Fig. 2 Net photosynthetic rate-light response curves
in leaves of C. 'Jinluyi'

2.4 遮阴对环境因子日变化的影响

由图3可知,不同处理下的光合有效辐射(PAR)日变化趋势一致,均呈先上升后下降的变化趋势。4个处理下的光合有效辐射在6:30~11:00期间上升较快,而在11:00~12:30期间缓慢增加,并在12:30达到最大值,分别为1676.68 $\mu mol \cdot m^{-2} \cdot s^{-1}$、1425.18 $\mu mol \cdot m^{-2} \cdot s^{-1}$、838.34 $\mu mol \cdot m^{-2} \cdot s^{-1}$、419.17 $\mu mol \cdot m^{-2} \cdot s^{-1}$,12:30~15:30期间缓慢下降,在15:30~17:00期间快速下降。

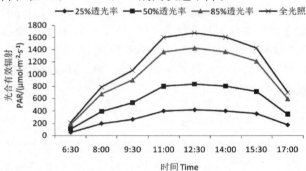

图3 光合有效辐射日变化

Fig. 3 Diurnal variation of PAR

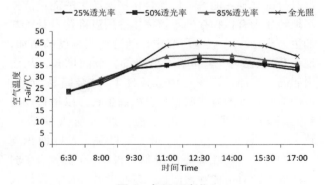

图4 气温日变化

Fig. 4 Diurnal variation of T-air

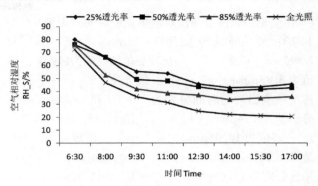

图5 空气湿度日变化

Fig. 5 Diurnal variation of RH

经遮阴处理后的小环境的空气温度(T-air)和全光照条件下相比,有所降低,但空气温度日变化趋势大致相同,均为先增后降,见图4。其中,在全光照下、透光率85%及透光率50%的遮阴网下的空气温度均在12:30达到最大值,分别为45.29℃、39.55℃、38.35℃,12:30后开始下降。而透光率25%的遮阴网下空气温度在14:00达到最大值36.84℃,14:00之后开始下降。从6:30到17:00,不同处理下小环境的日温差分别为:全光照条件下22.10℃、透光率85%条件下16.38℃、透光率50%条件下14.69℃、透光率25%条件下13.27℃。

由图5可知,各处理下小环境的空气相对湿度(RH)日变化趋势大致相同,均在早晨6:30最大,随着时间的推移,因光照强度及温度的上升,空气相对湿度逐渐下降,其中3个遮阴网下的空气湿度均在14:00降到最小值,14:00之后出现小幅度回升,而全光照条件下的空气相对湿度一直呈下降趋势,在14:00之后缓慢下降,几乎维持不变。

2.5 遮阴对地被菊'金路易'光合日变化的影响

由图6可知,地被菊'金路易'叶片Pn日变化曲线在全光照及透光率85%条件下均为"双峰"曲线,而在透光率50%及25%条件下表现为"单峰"曲线。

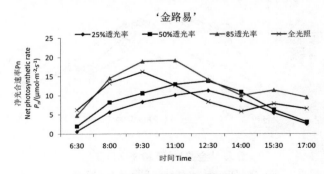

图6 '金路易'净光合速率日变化

Fig. 6 Diurnal variation of Pn of C. 'Jinluyi'

Pn 在全光照条件下两次峰值出现的时间分别为 9：30 和 15：30，峰值分别为 16.27μmol·m^{-2}·s^{-1} 和 7.89μmol·m^{-2}·s^{-1}，而出现谷值的时间为 14：00，谷值为 5.83μmol·m^{-2}·s^{-1}。透光率 85% 条件下，Pn 两次峰值出现的时间分别为 11：00 和 15：30，峰值分别为 19.24μmol·m^{-2}·s^{-1} 和 11.45μmol·m^{-2}·s^{-1}，谷值为 10.03μmol·m^{-2}·s^{-1}，出现在 14：00。透光率 50% 及 25% 条件下，Pn 的峰值均出现在 12：30，分别为 13.85μmol·m^{-2}·s^{-1} 和 11.27μmol·m^{-2}·s^{-1}。

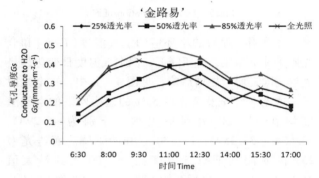

图7　'金路易'气孔导度日变化
Fig. 7　Diurnal variation of Gs of *C.* 'Jinluyi'

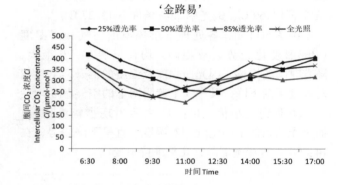

图8　'金路易'胞间 CO_2 浓度日变化
Fig. 8　Diurnal variation of Ci of *C.* 'Jinluyi'

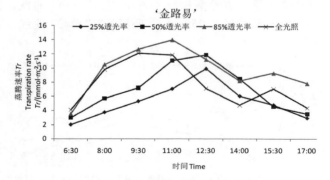

图9　'金路易'蒸腾速率日变化
Fig. 9　Diurnal variation of Tr of *C.* 'Jinluyi'

从图7可看出，不同遮阴处理下的'金路易'叶片

Gs 日变化规律不同。全光照及透光率 85% 条件下 Gs 日变化为'双峰曲线'。全光照条件下的两次峰值分别出现在 9：30 和 15：30，分别为 0.432mmol·m^{-2}·s^{-1} 和 0.280mmol·m^{-2}·s^{-1}。而透光率 85% 条件下的两次峰值分别出现在 11：00 和 15：30，分别为 0.482mmol·m^{-2}·s^{-1} 和 0.355mmol·m^{-2}·s^{-1}。而在透光率 50% 和 25% 条件下，Gs 日变化曲线为"单峰"曲线，峰值均出现在 12：30，峰值分别为 0.410mmol·m^{-2}·s^{-1} 和 0.354mmol·m^{-2}·s^{-1}。

由图8可知，各处理下，'金路易'叶片 Ci 均在早晨 6：30 时最大。透光率 25% 及 50% 条件下，Ci 先下降后上升，并均在 12：30 时有最小值，分别为 285.54μmol·mol^{-1} 和 248.38μmol·mol^{-1}。在透光率 85% 及全光照条件下，Ci 日变化曲线呈倒"W"型，其中透光率 85% 条件下 Ci 两次谷值出现在 11：00、15：30，分别为 204.63μmol·mol^{-1} 和 303.56μmol·mol^{-1}，峰值出现在 14：00，为 325.10μmol·mol^{-1}；全光照条件下 Ci 峰值出现在 14：00，为 382.65μmol·mol^{-1}，两次谷值出现在 9：30 和 15：30，分别为 226.53μmol·mol^{-1} 和 353.95μmol·mol^{-1}。

'金路易'叶片 Tr 日变化规律与 Pn 及 Gs 日变化规律相似(见图9)。透光率 25% 及 50% 条件下，Tr 先增加后降低，呈"单峰"曲线，峰值为 9.92mmol·m^{-2}·s^{-1}、11.85mmol·m^{-2}·s^{-1}，均出现在 12：30。而全光照条件下及透光率 85% 条件下 Tr 日变化曲线为"双峰"曲线，第一个高峰分别出现在 9：30、11：00，第二个高峰均出现在 15：30，而谷值也均出现在 14：00。

3　讨论与结论

光因子是影响植物生长发育过程中最重要的生态因子。在弱光环境中，耐阴性较强的植物会在结构及生理上做出合理的调整，增强吸收光量子的能力来提高光能利用效率，高效率地将光能转化为化学能，降低自身的呼吸耗能率，使光合作用所产生的能量能更多地转化为有机物存储于植物体内用以维持自身正常的生命活动[15-18]。本研究中，随着遮阴程度的增加，地被菊'金路易'基部茎逐渐变细，节间增长，从而引起高度增加，说明在荫蔽条件下，'金路易'会以增加节间长度的方式调整自己的高生长，以早日冲破弱光环境，获取更多的光能，这与前人研究一致[17-18]。地被菊'金路易'叶长、叶宽、及叶面积均呈增加趋势，且叶片厚度降低，说明'金路易'在弱光环境下会对增加叶片面积，减小叶片厚度，以最大限度地增加单位生物量的叶面积与光量子的接触面积，提高植株的整体光合能力。'金路易'在透光率

85%条件下的冠幅最大、分枝数及成花量最大，全光照条件下次之，再次是透光率50%条件下的植株，透光率25%条件下的植株冠幅最小、分枝数及成花量最少。由此可推断，轻度遮阴（透光率85%）更有利于'金路易'的生长发育，遮阴程度过大时，其生长发育将受到一定的负面影响。花朵数量、大小对作为观花植物的地被菊尤为重要，这将直接影响其作为观花植物的观赏价值的高低。试验发现，经遮阴处理后，地被菊'金路易'花径与成花量负相关，即成花量降低的同时，花径却不同程度的增大。原因可能是，在弱光环境中，花芽分化率降低，成花量减少，每朵花能获取足够的营养物质，促使花径变大。由此可推测，随着遮阴程度的增加，成花量减少，在一定程度上有助于花径的增大。

比叶重是指植物叶片单位面积干重，是衡量植物叶片光合特性的一个重要参数，可以反映植物叶片在不同的光环境中同化产物量的变化情况[19]。本研究中，地被菊'金路易'经遮阴处理后，比叶重、单位面积鲜重、单位面积含水量差异显著，三者变化趋势一致，即随着遮阴程度的增加而逐渐降低。由此可推断，地被菊'金路易'在弱光环境中，会主动在叶片结构上做出一些调整，以适应弱光环境。叶绿素是植物体内最主要的光合色素，在光合作用中，它主要的功能是吸收和传递光量子。因此，植物叶片叶绿素含量的高低，在一定程度上可以反映植物光合能力的大小[20-21]。试验结果表明，经遮阴处理后，地被菊'金路易'叶片色素含量差异显著。叶绿素含量在遮阴处理下明显高于对照组。叶绿素a、叶绿素b及叶绿素总量随着遮阴程度的增加逐渐增加；叶绿素a/b值在叶绿素总量增加的情况下逐渐减小，这说明了叶绿素b的增加幅度比叶绿素a大，这是植物对弱光环境表现出的生态适应，以保证植物在弱光环境中能更好地利用散射光，从而提高植株的光能利用率；类胡萝卜素作为植物光合作用的辅助色素，其含量随着遮阴程度的增加也明显增加。由此可知，遮阴处理在一定程度上提高了地被菊叶片叶绿素a、叶绿素b、叶绿素总量以及类胡萝卜素的含量，降低了叶绿素a/b值，来适应弱光环境。

光补偿点、光饱和点及暗呼吸速率是衡量植物光合能力强弱的重要指标。通常，耐阴能力较强的植物具有较低的光补偿点以及较小的暗呼吸速率，这是因为在弱光环境中，植物为保证自身最大量的积累有机物，以保证正常生命活动的进行，会降低光补偿点以提高植物利用弱光的能力，同时降低呼吸速率，以减少因呼吸消耗引起的有机物减少。本研究中，随着遮阴程度的增加，地被菊'金路易'光补偿点以及暗呼吸速率均出现不同程度的降低，由此可推断，'金路易'会通过调整自身的光合能力以适应变化了的弱光环境。植物叶片净光合速率受多个环境因子的综合影响，但其中影响最大的因子为光照强度。净光合速率日变化在一定程度上能反映植物对外界环境的适应能力。本研究中，'金路易'在全光照条件下的净光合速率日变化曲线为"双峰"曲线，即中午时分出现了明显的"午休"现象，在遮阴情况下，"午休"现象消失。这可能是由于全光照条件下，因太阳辐射过于强烈，造成植物叶片水分亏损，使其光合机构受损，从而导致其光合能力下降，净光合速率减小[22-23]。

综上所述，地被菊'金路易'为阳生植物，但具有较强的耐阴能力。在遮阴处理下，'金路易'会在形态及以生理上做出适当调整以适应弱光环境。在透光率85%条件下，'金路易'的净光合速率及光合能力有所提高；透光率50%条件下，各项形态指标虽有所下降，但长势良好；透光率25%条件下，'金路易'光合能力明显下降，分枝数及成花量显著降低，但对花的质量影响不大，仍有一定的观赏价值。因此，地被菊'金路易'在园林应用中既可以种植在全光照下，也可以栽植在透光率仅为25%的乔木下方或林冠线边缘。

参考文献

1. 陈俊愉，崔娇鹏. 地被菊培育与造景[M]. 北京：中国林业出版社，2006.

2. 王彭伟，陈俊愉. 地被菊新品种选育研究[J]. 园艺学报，1990，03：223-228.

3. 张淑梅，张咏新. 十五个地被菊品种的抗寒性比较[J]. 北方园艺，2014，08：69-71.

4. 崔娇鹏. 地被菊抗旱节水性初步研究[D]. 北京林业大学，2005.

5. 时丽冉，赵炳春，白丽荣. 地被菊抗盐性研究[J]. 中国农学通报，2010，12：139-142.

6. 王亚. 地被菊苗期耐湿热能力评价及其生理的研究[D]. 北京林业大学，2013.

7. 王雁. 14种地被植物光能利用特性及耐阴性比较[J]. 浙江林学院学报，2005，01：8-13.

8. 杨东海. 七种常用园林植物耐阴性的研究[D]. 吉林农业大学，2011.

9. 孙艳，高海顺，管志勇等. 菊花近缘种属植物幼苗耐阴特性分析及其评价指标的确定[J]. 生态学报，2012，

06：1908 – 1916.

10. 王学奎. 植物生理生化实验原理和技术[M]. 北京：高等教育出版社, 2006.

11. Smith H. Light quality, photo perception, and plant strategy [J]. Annul Rev Plant Physiol, 1982, 33：481 – 518.

12. 杨世杰. 植物生物学[M]. 北京：科学出版社. 2009.

13. 杨莹, 王传华, 刘艳红. 光照对鄂东南 2 种落叶阔叶树种幼苗生长、光合特性和生物量分配的影响[J]. 生态学报, 2010, 22：6082 – 6090.

14. 朱延姝, 樊金娟, 冯辉. 弱光胁迫对不同生育期番茄光合特性的影响[J]. 应用生态学报, 2010, 12：3141 – 3146.

15. 王雁. 北京市主要园林植物耐阴性及其应用的研究 [D]. 北京林业大学, 1996

16. 王雁, 苏雪痕, 彭镇华. 植物耐阴性研究进展[J]. 林业科学研究, 2002, 03：349 – 355.

17. IO. 采列尼克尔. 木本植物耐阴性的生理生态原理 [M]. 王世绩译. 北京：科学出版社, 1986

18. 户苅义次. 作物的光合作用与物质生产[M]. 薛德容译. 北京：科学出版社, 1979

19. 王凯. 蓝百合耐阴性研究[D]. 东北林业大学, 2007.

20. 姜武, 姜卫兵, 李志国. 园艺作物光合性状种质差异及遗传表现研究进展[J]. 经济林研究, 2007, 25（4）：102 – 105.

21. 张斌斌, 姜卫兵, 翁忙玲, 等. 遮阴对红叶桃叶片光合生理的影响[J]. 园艺学报, 2010, 37（8）：1287 – 1294.

22. 王强, 温晓刚, 张其德. 光合作用光抑制的研究进展 [J]. 植物学通报, 2003, 05：539 – 548.

23. 王建华, 任士福, 史宝胜, 等. 遮阴对连翘光合特性和叶绿素荧光参数的影响[J]. 生态学报, 2011, 07：1811 – 1817.

中国观赏园艺研究进展 2015：375～380

Advances in Ornamental Horticulture of China，2015：375～380

375

GA₃ 对芍药种子生根过程中酶变化的影响*

孙晓梅① 崔金秋¹ 李 敏¹ 周文强² 杨宏光¹ 王 丹²

（¹沈阳农业大学林学院，沈阳 110866；²沈阳市植物园，沈阳 110163）

摘要 以芍药种子为试材，采用不同浓度 GA₃ 处理，对种子生根过程中酶的活性变化进行了研究，获得生根过程中各种酶的活性变化规律，为进一步研究种子萌发的分子调控机理奠定基础。结果表明，GA₃ 能有效打破芍药种子下胚轴休眠。GA₃ 处理后芍药种子生根过程中 SOD、POD、CAT、MDA 比未处理的在沙藏第 28d 时差异达到最大，PAL 和蔗糖转化酶活性在沙藏第 14d 时差异达到最大；不同浓度 GA₃ 处理后，沙藏 20d 的种子以 GA₃ 500mg/L 处理的 SOD 活性最强、MDA 含量较低，较适合种子萌发。

关键词 芍药；种子；GA₃；酶变化

Effects of GA₃ on the Changes of Enzyme in the Process of Seeds Rooting in *Paeonia lactiflora*

SUN Xiao-mei¹ CUI Jin-qiu¹ LI Min¹ ZHOU Wen-qiang² YANG Hong-guang¹ WANG Dan²

（¹*College of Forestry*，*Shenyang Agricultural University*，²*Shenyang*，110866；*Shenyang Botanical Garden*，*Shenyang* 110163）

Abstract After GA₃ treatment, enzyme activity was determined in the process of seeds rooting in *Paeonia lactiflora*, being to abtain various enzyme activity change rule, for laying a foundation for further study of molecular regulation mechanism of seed germination. The results showed that, GA₃ could break dormancy. After GA₃ treatment, SOD, POD, CAT, MDA reached the maximum difference in sand 28d than no treatment, PAL and invertase reached the maximum difference in sand 14d. After treated with different concentrations of GA₃, when GA₃ was 500mg/L, the SOD activity of seeds that hidden 20d reached the strongest, MDA content is low, suitable for seed germination.

Key words *Paeonia lactiflora*；Seeds；GA₃；Changes of enzyme

芍药（*Paeonia lactiflora*）属于芍药科芍药属多年生草本植物。芍药种子具有上、下胚轴双重休眠的特性，对育种工作的进行和种质资源的保护造成了较大的障碍（宋焕芝 等，2011）。植物生长调节剂是调节种子萌发的重要因子之一，其中赤霉素（GA₃）可通过代替低温层积打破种子休眠，提早种子萌发（王非 等，2014）。植物激素是植物发育的重要调节因子，对植物木质素生物合成起调控作用（胡尚连，2009）。前人研究证实，植物激素对植物木质素的影响表现在或是能影响木质素的组分（S、G 和 H 型），或是能影响木质素的含量，同时对木质素合成途径中的一些关键酶的活性起到调控作用（刘尊英，2003；宾金华，

1999；Richard，2000；Carpin，1999；Biemelt，2004；Luo，2007）。

种子的休眠和萌发是植物生活周期和繁殖的重要阶段，是由遗传因子以及环境信号（包括温度、水分和光照等）决定的（宋顺华 等，2014）。种子休眠的原因很多，而各种原因一般不会孤立发生作用，而是互相联系互相影响共同制约着种子休眠（陈彩霞 等，1997）。种子萌发的生理过程与代谢、细胞和分子活动密切相关，本实验通过研究 GA₃ 处理对芍药种子生根过程中抗氧化酶活性动态变化的影响，为进一步探究芍药种子休眠机理提供依据，并为芍药种子的分子研究提供生理基础。

* 基金项目：国家自然基金（31240028，31470696）。

① 通讯作者。孙晓梅（1970—），女，博士，沈阳农业大学教授，主要从事园林植物种质资源与育种研究。E-mail：xiaomei7280@126.com。

1 材料与方法

1.1 试验材料

供试芍药种子于 2013 年 9 月购自甘肃牡丹园艺公司，试验种子千粒重为 179.26g，含水量为 36.19%，平均生活力达 70%，形态直径平均为 6～8mm，大小均匀、颗粒饱满。

1.2 试验方法

1.2.1 种子处理方法

1.2.1.1 种子消毒处理

种子经温水浸泡 48h 后再经 0.5% 的 KMnO₄ 消毒约 40min，然后经流水冲洗干净。

1.2.1.2 种子 GA₃ 处理

将一部分消毒好的种子用 500mg/L GA₃ 浸泡 12h 晾干后再用 80% 硫酸处理 2min，大量清水冲洗干净后进行催根处理。将另一部分消毒好的种子用 80% 硫酸处理 2min，浸泡于不同浓度（0，100，200，300，500，800mg/L）GA₃ 中 12h，待生长至 20d 时分别取材，贮藏于 -80℃ 冰箱中。

1.2.1.3 种子催根处理

将种子播种于高 10cm 穴盘中，底部垫两层滤纸，以沙子为介质，沙子和穴盘都要经过 KMnO₄ 等消毒处理，然后在人工气候箱 25℃，湿度 60%，无光照条件下培养，每 7d 取材一次，贮藏于 -80℃ 冰箱中。

1.2.2 酶活性的测定方法

超氧化物歧化酶（SOD）活性的测定采用邻苯三酚自氧化法，过氧化物酶 POD 活性的测定采用愈创木酚比色法，过氧化氢酶 CAT 活性和苯丙氨酸解氨酶（PAL）活性的测定采用紫外分光光度计法，丙二醛（MDA）的测定采用硫代巴比妥酸（TBA）比色法，芍药种子内转化酶（蔗糖酶）活性的测定采用标准曲线法（参考沈阳农业大学植物生理试验指导手册）。

1.2.3 统计分析

采用 EXCEL 与 SPSS17.0 进行数据整理与分析。

2 结果与分析

2.1 芍药种子生根过程中 GA₃ 处理后相关酶活性的动态变化

2.1.1 种子生根过程中 SOD 活性的动态变化

超氧化物歧化酶（SOD）遍布整个生物界，被视为生命科技里最具神奇魔力的酶。它是氧自由基的自然天敌和头号杀手，是生命健康之本。

从图 1 可以看出，未用 GA₃ 处理的种子在沙藏的前 35d，SOD 酶处于动态平衡中，经过 GA₃ 处理后的

种子 SOD 酶呈上升趋势，在沙藏第 28d 时差异达到最大为 82.34U/g。说明 GA₃ 处理后，加速了芍药种子萌动过程的发生，使处于休眠状态的芍药种子提前解除休眠，呼吸强度逐渐加强，各种生理过程随之得以活跃与增强，SOD 酶活性也逐渐增强，呈现小幅度的上升趋势。

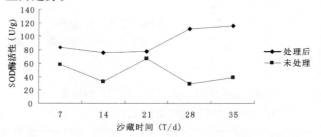

图 1　GA₃ 处理对芍药种子生根过程中 SOD 酶变化的影响

Fig. 1　GA₃ treatment on SOD enzyme changes in the process of seeds rooting in *Paeonia lactiflora*

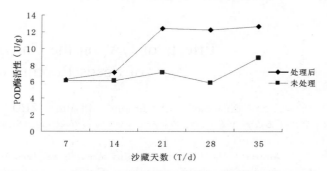

图 2　GA₃ 处理对芍药种子生根过程中 POD 酶变化的影响

Fig. 2　GA₃ treatment on POD enzyme changes in the process of seeds rooting in *Paeonia lactiflora*

2.1.2 种子萌发过程中 POD 活性的变化

过氧化物酶（POD）广泛存在于植物体中。它与呼吸作用、植物细胞内源激素的氧化降解和生长素的氧化等都有关系。在植物生长过程中不断变化。组织老化时活性会变高，组织幼嫩时活性比较弱。所以过氧化物酶可作为组织发生老化的一种重要生理指标。

从图 2 可以看出，在 GA₃ 处理的前期（7～14d）取样时，芍药种子中各个处理后 POD 活性变幅较小，POD 活性差异不明显。而在 21～35d 时取样，所测得的 POD 活性明显高于未经 GA₃ 处理的，在沙藏第 28d 时差异达到最大为 6.3U/g。这一结果表面，GA₃ 处理可以有效打破芍药种子的休眠，使芍药种子各项代谢增强，生理生化过程得以活跃与加强，POD 活性也有了大幅度提升。

2.1.3 种子萌发过程中 CAT 活性的动态变化

过氧化氢酶（CAT）可促使 H₂O₂ 分解为氧气和水，使细胞免于遭受 H₂O₂ 的毒害，所以 CAT 是生物防御体系的关键酶之一。

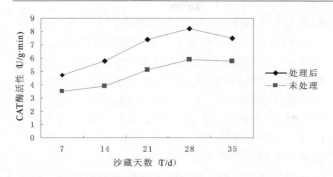

图 3 GA₃处理对芍药种子生根过程中 CAT 酶变化的影响

Fig. 3 GA₃ treatment on CAT enzyme changes in the process of seeds rooting in *Paeonia lactiflora*

从图 3 可以看出，芍药种子沙藏过程的前段时间，CAT 都处于上升趋势，未经 GA₃ 处理的种子 CAT 虽然也在上升，但速度缓慢，而经过 GA₃ 处理后的种子中 CAT 活性较强，明显比未处理的芍药种子活性强，在沙藏第 28d 时差异达到最大为 2.3U/g·min，明显高于未经 GA₃ 处理的。这一结果表明，GA₃ 可以有效打破芍药种子休眠，提前进入萌发状态，使芍药种子中 CAT 活性增强，加快代谢等一系列生理生化活动。

2.1.4 种子萌发过程中 MDA 活性的动态变化

丙二醛（MDA）是脂膜过氧化后的最后产物，可以衡量生物膜的危害程度（马书燕，2011）；一旦受到逆境胁迫，植物就会加剧膜脂过氧化作用，因此，通过测定植物体内 MDA 含量的多少以及变化，就能反映出该植物适应外界环境能力的强弱（阿孜古丽，2011）。

GA₃ 处理后，芍药种子中 MDA 含量变化如图 4 所示。总体上，种子沙藏的前 35d，MDA 含量都处于下降趋势，未经过 GA₃ 处理的种子 MDA 含量虽然也在下降，但速度缓慢，总体上高于 GA₃ 处理的种子，而经过 GA₃ 处理后的种子 MDA 含量明显低于未经处理的，在沙藏第 28d 时，MDA 含量下降差异达到最大，

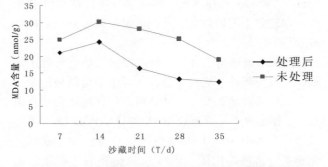

图 4 GA₃处理对芍药种子生根过程中 MDA 含量变化的影响

Fig. 4 GA₃ treatment on MDA enzyme changes in the process of seeds rooting in *Paeonia lactiflora*

为 11.9nmol/g，下降趋势明显。这一结果表明，GA₃ 可以有效打破芍药种子休眠，提前进入萌发状态，调动自身各种保护酶来保护种子免于过氧化，保护种子生物膜不被破坏，使芍药种子生命力增强，减少霉烂，提高生根率。

2.1.5 种子萌发过程中 PAL 酶活性的动态变化

苯丙氨酸解氨酶（PAL）主要存在于植物中，与植物抗逆性关系很大，是连接初级代谢和苯丙化合物类代谢第一步反应的关键酶，所以 PAL 活性可作为植物适应外界环境能力的一个生理指标。

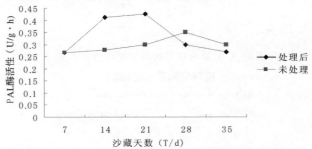

图 5 GA₃处理对芍药种子生根过程中 PAL 酶变化的影响

Fig. 5 GA₃ treatment on PAL enzyme changes in the process of seeds rooting in *Paeonia lactiflora*

GA₃ 处理后，芍药种子中 PAL 的活性变化如图 5 所示。可以看出 GA₃ 处理后 PAL 活性呈现先上升后下降的趋势。而未经 GA₃ 处理的芍药种子也有小幅度上升，上升趋势滞后且基本处于动态平衡中，在沙藏第 14d 时差异达到最大为 0.134U/g·h。这一结果表明，GA₃ 处理可以有效打破种子休眠，使种子提前萌发，加快了一系列种子萌发过程中的生理生化反应。加速了初级代谢等一系列代谢反应，为解除休眠打好基础。后期 PAL 都有所下降，这与后期基本进行细胞的伸长而很少进行细胞分化有关，说明 PAL 几乎不参与细胞的伸长。

2.1.6 种子萌发过程中蔗糖转化酶活性的动态变化

蔗糖转化酶在植物中能够催化蔗糖进行不可逆的水解反应，生成果糖和葡萄糖。在植物生长发育、器官建立、糖分运输等很多方面起着举足轻重的作用。在植物衰老及果实发育的调控中也起着重要作用。

GA₃ 处理后，芍药种子中转化酶的活性变化如图 6 所示。可以看出种子经过 GA₃ 处理后转化酶活性呈现先上升后下降的趋势。而未经 GA₃ 处理的种子也有小幅度上升，上升趋势滞后且基本处于动态平衡中，在沙藏第 14d 时，差异达到最大为 3.84mg/g·fw·h。这一结果表明，GA₃ 处理加快了种子萌发过程中的生理生化反应，加速了糖代谢等一系列代谢反应，为解除休眠提供能量打好基础。后期蔗糖转化酶都有所下

降，这与蔗糖转化酶自身也要保持生理生化过程中一种动态平衡有关，调整芍药种子生根过程中糖代谢的平衡。

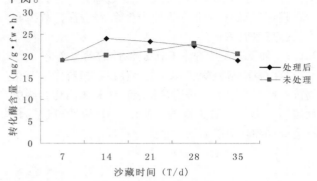

图6　GA₃处理对芍药种子生根过程中蔗糖转化酶变化的影响

Fig. 6　GA₃ treatment on Invertase enzyme changes in the process of seeds rooting in *Paeonia lactiflora*

2.2　芍药种子生根过程中不同浓度 GA₃ 处理后关键酶活性的动态变化

2.2.1　不同浓度 GA₃ 处理后（种子沙藏 20d 时）SOD 酶活性的动态变化

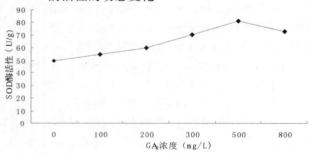

图7　不同浓度 GA₃ 处理后芍药种子沙藏 20d 时 SOD 酶的变化

Fig. 7　The SOD enzyme of peony seed changs when hiding 20d after different concentrations of GA₃ treatment

这一结果表明 SOD 活性的高低除了与 GA₃ 处理后的取样时间有密切关系外，还与 GA₃ 浓度有关。从图7可以看出，随着 GA₃ 浓度的增加，SOD 酶活性变化整体趋势为先升高后下降，在 0～500mg/L 浓度范围内，SOD 酶的活性随着 GA₃ 浓度的升高而升高，当 GA₃ 浓度为 500mg/L 时，SOD 酶活性达到最大值。而当 GA₃ 浓度继续升高到 800mg/L 时，SOD 活性反而下降。

2.2.2　不同浓度 GA₃ 处理后（种子沙藏 20d 时）MDA 含量的动态变化

从图8可以看出，随着 GA₃ 浓度的升高，MDA 含

量呈先上升后下降，再上升的趋势。这一结果表明：MDA 含量的高低不仅与 GA₃ 处理后的取材时间有关，与 GA₃ 的浓度也显著相关。从图中可以看出，在 GA₃ 浓度为 0～200mg/L 时，MDA 含量上升，说明种子刚开始进行呼吸加强，氧化产物也随着增强，当 GA₃ 浓度达到 300～500mg/L 时，MDA 含量下降，说明种子的自身保护酶系统已经开始起作用，此时的芍药种子已基本生根。而当 GA₃ 浓度继续升高时，MDA 反而又开始升高，说明 GA₃ 浓度太高反而抑制生长，破坏自身的保护酶系统。

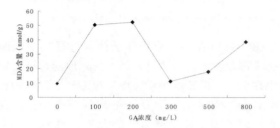

图8　不同浓度 GA₃ 处理后芍药种子沙藏 20d 时 MDA 含量的变化

Fig. 8　The MDA of peony seed changs when hiding 20d after different concentrations of GA₃ treatment

3　小结与讨论

赤霉素（gibberellins，GA₃）是植物生长发育过程中重要的植物内源激素之一，它是一类四环二萜的大家族（Jiang & Fu，2007），广泛存在于植物、细菌、真菌中（Peter & Stephen，2012），在植物整个生长发育的调控过程中起重要作用，包括种子寿命（Bueso 等，2014）、种子萌发（屈燕 等，2014）、延缓衰老、下胚轴伸长、叶片发育、生殖器官发育（Sun & Gubler，2004；Flee & Sun，2005）、非生物胁迫等（Colebrook 等，2014）。许多研究发现赤霉素影响植物根系的生长发育，例如拟南芥赤霉素合成突变体（ga1 – 3 和 ga3ox1/ga3ox2）的根系分生区的尺寸和细胞产率较野生型均降低，外施赤霉素后抑制作用得到解除（石英 等，2015）。

用 GA₃ 处理芍药种子，可以提前打破芍药种子休眠，促进芍药种子更早生根，同时带动芍药种子中一系列酶的活性动态变化。SOD 可以催化超氧化物自由基 O_2^- 和氢离子反应形成 H_2O_2 和 O_2，POD 和 CAT 可以清除有害 H_2O_2，PAL 参与植物自身防御，蔗糖转化酶参与植物糖代谢。MDA 反映植物的代谢废物的多少，所有这些保证植物种子萌发过程中生理代谢顺利进行（Debeaujon，2000）。因此可以得出芍药种子萌发与抗氧化酶有密切的关系。

本研究表明，GA₃能有效打破芍药种子休眠。GA₃处理后芍药种子生根过程中 SOD、POD、CAT、MDA 比未经处理的在沙藏第 28d 时差异达到最大，PAL 和蔗糖转化酶在沙藏第 14d 时差异达到最大。

本研究得出，酶活性的变化同时受 GA₃浓度的影响，随着 GA₃浓度的升高，SOD、MDA 变化趋势显著。不同浓度 GA₃处理后，沙藏 20d 的种子以 GA₃为 500mg/L 处理的 SOD 活性最强、MDA 含量较低，较适合种子萌发。所以，SOD 酶活性、MDA 含量的高低不仅与 GA₃处理后的取材时间有关，与 GA₃的浓度也显著相关。这一结果更加说明了 GA₃对种子打破休眠的重要影响。

激素作为一种信号小分子物质，浓度极小甚至趋近于 0 时仍具有非常重要的作用（Kucera，2005）。在种子萌发时存在一对关键的激素分子，即：ABA 和 GA₃，ABA 促进休眠，GA₃促进萌发，二者存在颉颃效应，且彼此抑制对方的代谢和信号基因（Vanstraelen，2012）。近来研究表明 ABA 几乎参与调控种子发育和萌发的全部过程，GA₃的作用并不像 ABA 那样广泛，GA₃主要在萌发起始和胚根突出时发生作用（Rajjou，2012；李振华和王建华，2015），所以本研究仅对 GA₃处理对芍药种子生根过程中酶活性进行了测定，对于芍药种子芽的萌发还有待于进一步研究。

参考文献

1. 阿孜古丽. 2011. 冬季低温对苜蓿根内可溶性糖和丙二醛含量的影响［J］. 新疆农业科技，04：50.
2. Biemelt S, Tschiersch H, Sonnewald U. 2004. Impact of altered gibberellin metabolism on biomass accumulation, lignin biosynthesis, and photosynthesis in transgenic tobacco plants［J］. Plant Physiol, 135：254 – 265.
3. Bueso E, Bertomeu J, Campos F, Brunaud V, Martínez L, Sayas E, Ballester P, Yenush L, Serrano R. 2014. ARABIDOPSIS THALIANA HOMEOBOX25 uncovers a role for gibberellins in seed longevity［J］. Plant Physiol, 164（2）：999 – 1010.
4. 宾金华，潘瑞炽. 1999. 茉莉酸甲酯诱导烟草幼苗抗病与过氧化物酶活性和木质素含量的关系［J］. 应用与环境生物学报，5（2）：160 – 164.
5. Carpin S, Crèvecoeur M, greppin H. 1999. Molecular cloning and tissue specific expression of an anionic peroxidase in zuc-chini［J］. Plant Physiology, 120：799 – 810.
6. Colebrook E, Thomas S, Phillips A, Hedden P . 2014. The role of gibberellin signalling in plant responses to abiotic stress［J］. JExp Bot, 217（1）：67 – 75.
7. 陈彩霞，王九龄，智信. 1997. 国内外红松种子休眠及催芽问题研究动态［J］. 世界林业研究，05：4 – 10.
8. Debeaujon I, Koornneef M. 2000. Gibberellin requirement for *Arabidopsis* seed germination is determined both by testa characteristics and embryonic abscisic acid［J］. Plant Physiology. 1222
9. Fleet C, Sun T . 2005. A DELLA cate balance：the role of gibberellin in plant morphogenesis［J］. Curr Opin Plant Biol, 8（1）：77 – 85.
10. 胡尚连，贾举庆，陈红春，曹颖，孙霞，卢学琴，韩颖. 2009. GA₃和 IAA 对慈竹木质素生物合成相关酶活性调控及与木质素含量和 S/G 的关系［J］. 植物研究，05：571 – 576.
11. Jiang C, Fu X. 2007. GA action：turning on de-DELLA repressing signaling［J］. Curr Opin Plant Biol, 10（5）：461 – 465.
12. Kucera B, Cohn M, Leubner-Metzger G. 2005. Plant hormone interactions during seed dormancy release and germination［J］. Seed Science Research, （15）：281 – 307.
13. Luo Z, Xu X , Cai Z , et a. l. 2007. Effect of ethylene and 1-methylcyclopropene（1-MCP）on lignification of post-har-vestbamboo shoot［J］. Food Chemistry, 105：521 – 527.
14. 李振华，王建华. 2015. 种子活力与萌发的生理与分子机制研究进展［J］. 中国农业科学，04：646 – 660.
15. 刘尊英. 2003. 绿芦笋（*Asparagus officinalis* L）木质化的生理生化基础及其调控技术研究［D］. 北京：中国农业大学.
16. 马书燕，李吉跃，彭祚登. 2011. 人工老化过程中柔枝松种子丙二醛（MDA）含量变化研究［J］. 种子，07：1 – 3.
17. Peter H, Stephen GT. 2012. Gibberellin biosynthesis and its regulation［J］. Biochem J, 444（1）：11 – 25.
18. 屈燕，区智，尤小婷，王盖，王朝. 2014. 赤霉素对总状绿绒蒿三个居群种子萌发特性的影响［J］. 植物生理学报，50（9）：1374 – 1378.
19. Rajjou L, Duval M, Gallardo K, Catusse J, Bally J, Job C, Job D. 2012. Seed germination and vigor［J］. Annual Review of Plant Biology, 63：507 – 533.
20. Richard S, LaPointe G, Rutledge R G, et a. l. 2000. Induction of chalcone synthase expression in white spruce by wounding and jasmonate［J］. Plant cell physiol . 41（8）：982 – 987.
21. Sun T, Gubler F. 2004. Molecular mechanism of gibberellin signaling in plants［J］. Annu Rev Plant Biol, 55：197 – 223.

22. 石英，韩毅强，郑殿峰，冯乃杰，刘涛. 2015. 赤霉素对拟南芥主根分生区和伸长区的调控[J]. 植物生理学报，01：21 – 28.

23. 宋焕芝，于晓南，沈苗苗. 2011. 芍药属植物种子双重休眠特性与破眠技术研究进展[J]. 种子，03：67 – 70.

24. 宋顺华，宋松泉，吴萍，孟淑春，邢宝田. 2014. 白菜种子萌发的热抑制现象及其与细胞壁降解酶的关系[J]. 园艺学报，06：1115 – 1124.

25. Vanstraelen M, Benková E. 2012. Hormonal interactions in the regulation of plant development[J]. Annual Review of Cell and Developmental Biology，28：463 – 487.

26. 王非，王金侠，李强，何淼. 2014. GA$_3$和IAA处理对4种铁线莲种子萌发的影响[J]. 草业科学，04：672 – 676.

中国观赏园艺研究进展 2015：381～387

Advances in Ornamental Horticulture of China, 2015：381～387

NO 在低温诱导铁皮石斛原球茎多糖合成中的信号作用研究

高素萍① 张开会² 刘柿良¹ 李巧自¹ 张科燕¹

（¹四川农业大学园林研究所，成都 611130；²四川农业大学风景园林学院，成都 611130）

摘要 以铁皮石斛原球茎为材料，研究了低温（4℃）作用下 NO 的产生，以及 NO 在铁皮石斛原球茎防御反应和多糖合成积累中的信号作用。结果表明：低温可以诱发铁皮石斛原球茎产生多种防御反应，包括 NO 爆发、SS 活性提高、多糖合成加强和蔗糖、果糖、葡萄糖等糖的积累。NO 供体 SNP 单独处理也可以触发铁皮石斛原球茎产生这些反应，而 NO 清除剂 CPTIO 和一氧化氮合酶（NOS）抑制剂 PBITU 可以抑制低温和 SNP 诱导的这些反应。在低温处理下铁皮石斛原球茎中 NO 爆发、SS 激活、糖积累和多糖合成之间具有先后顺序和因果关系，低温首先诱导了铁皮石斛原球茎中 NO 产生，随后激活了 SS 并触发了糖积累，最终导致了多糖的合成。表明低温作为外界信号可能促发了多糖合成中的 NO 信号通路，而 PBITU 并没有完全抑制糖积累和多糖合成，说明还可能存在糖信号通路。糖积累在 NO 产生之后，说明糖信号在 NO 下游，这两条信号通路之间也可能存在交叉作用。综上所述，NO 在低温诱导的铁皮石斛原球茎防御反应和次生代谢活动中具有信号作用。

关键词 一氧化氮；铁皮石斛原球茎；多糖；蔗糖合成酶；糖信号

The Signal Role of Nitric Oxide in Low Temperature Induced Polysaccharide Synthesis of Protocorm-like Bodies of *Dendrobium officinale*

GAO Su-ping¹ ZHANG Kai-hui² LIU Shi-liang¹ LI Qiao-zi¹ ZHANG Ke-yan¹

（¹*Institute of Landscape Architecture of Sichuan Agricultural University*，*Chengdu* 611130；²*Landscape Architecture College of Sichuan Agricultural University*，*Chengdu* 611130）

Abstract In this study, we used protocorm-like bodies(PLBs) of *Dendrobium officinale* as materials. This work was to investigate the generation of nitric oxide (NO) in PLBs of *D. officinale* exposed to low temperature and the signal role of NO in elicitation of PLBs of *D. officinale* defense responses and polysaccharide synthesis. The results showed that low temperature induced PLBs of *D. Officinale* produce various defense responses, including NO production, improving the activity of sucrose synthase(SS), Sugar accumulation and strengthening the polysaccharide synthesis. These responses cloud also be triggered by NO donor sodium nitroprusside(SNP) separately. NO scavenger(CPTIO) and Nitric oxide synthase(NOS) inhibitors(PBITU) could inhibit these responses which induced by low temperature and SNP. Under the low temperature treatment, Improving the activity of (SS), Sugar accumulation and strengthening the polysaccharide synthesis in PLBs of *D. Officinale* having the sequence and causality. Firstly, low temperature induced NO production, then activated SS and triggered the sugar accumulation, eventually led to the polysaccharide synthesis. It suggested that low temperature as an external signals maybe promote the NO signaling pathways of polysaccharide synthesis. However, PBITU did not completely inhibit the accumulation of sugar and polysaccharide synthesis. It insinuated that sugar signaling pathway may also exist. Sugar accumulation after NO production, illustrated Sugar signal In the downstream of NO. Maybe these two signaling pathways had Interactions. In summary, these results suggest that NO plays a signal role in the low temperature induced responses and secondary metabolism activities in the PLBs of *D. Officinale*.

Key words Nitric oxide；PLBs of *D. officinale*；Polysaccharide；Sucrose synthase；Sugar signal

① 通讯作者。高素萍，教授，博士生导师，主要从事生态学研究。E-mail：gao_ suping@yahoo.com。

铁皮石斛（*Dendrobium officinale*）花型奇特，高雅芳香，是当今世界上流行的兰花之一，也是我国名贵的中草药[1]。铁皮石斛具有抗肿瘤、抗氧化、降血糖和增强机体免疫力等药理作用[2,3]。由于铁皮石斛生长环境要求苛刻，自然繁殖率低，且多年来对其过度采挖，造成野生铁皮石斛资源日趋减少[1]。而目前人工栽培技术不够完善，试管苗移植成功率不高，多方因素造成了药材供需紧张。原球茎（protocorm-like bodies，PLBs）是离体培养产生的组织，具有增殖效率高、生长周期短、可实现规模化生产的特点，并具备与原植物同样的形态发育和物质代谢潜能[4]。多糖是铁皮石斛的主要活性成分，有文献报道铁皮石斛原球茎同原药材多糖含量非常接近[5]，且药理作用相同[6,7]，铁皮石斛原球茎可能部分替代原植物成为药源，这将对铁皮石斛资源的保护、再生和合理利用具有重要意义。

已有研究发现低温可诱发植物产生防御反应，有利于其次生代谢产物的合成。这一结论已在金丝桃（*Hypericum brasiliense*）中桦木酸和酚类化合物的合成积累[8]，睡茄（*Withania somnifera*）中睡茄素的合成[9]，不同基因型的咖啡的蔗糖、葡萄糖和甘露糖醇等的含量显著增加[10]，水稻的阿拉伯糖、蔗糖和果糖大量积累[11]等研究中体现。

NO（Nitric oxide）已被证实是植物中的一种新型信号分子。一氧化氮合酶（NOS）途径是植物产生内源NO的主要途径之一[15]。近年来有一些研究报道NO参与了生物和非生物诱导的药用植物次生代谢产物的合成调控[16]。NO可能通过介导生物和非生物诱导子诱发植物细胞的防御反应，激活细胞中次生代谢产物的合成代谢途径。但低温诱发的次生代谢产物是否与NO的参与有关呢？NO在整个代谢过程中是否起到信号作用或是其他作用，这是一个值得探究的问题。为此，本实验以铁皮石斛原球茎为材料，探讨NO（内源与外源）在低温诱导下次生代谢产物多糖合成中的作用，以期寻求铁皮石斛原球茎多糖生物合成与调控机理，为生产中生物合成多糖提供新的途径。

1 材料与方法

1.1 铁皮石斛原球茎的培养

供试材料是由四川农业大学风景园林重点实验室提供的铁皮石斛原球茎，已经过30~40次继代培养（每30d继代一次），具有稳定的形态特征和生长速率。其培养方法和培养条件如下：以MS固体培养基培养，附加蔗糖30g/L、琼脂7g/L，pH值为5.8。置于昼/夜温度为25℃/15℃，光照时间昼/夜为14h/10h，光照强度2000lx的无菌培养室进行培养。

1.2 试验处理

试验所用培养基、添加物及pH值均同1.1。

1.2.1 低温处理

挑选长势均一、生长状态良好、色泽鲜绿无分化的铁皮石斛原球茎接入到组织培养瓶中，每瓶2.0g。试验设置4℃低温和对照（25℃）2个处理，每处理3次重复。分别于处理后0h、4h、8h、12h、24h及恢复7d、14d后测定内源NO、多糖、蔗糖、果糖和葡萄糖等含量及蔗糖合成酶（SS）活性。对照处理放入无菌培养室。低温处理置于人工智能培养箱中，处理24h后放回无菌培养室进行恢复培养。

1.2.2 NO处理

添加经0.22μm微孔滤膜灭菌后的NO供体硝普钠（sodium nitroprusside，SNP）溶液0.5mmol/L于培养基中，对照（CK）处理加入等体积灭菌后的蒸馏水。将铁皮石斛原球茎接入到上述处理的培养基中，然后放入无菌培养室培养。原球茎接种量、试验重复设置和指标测定时间同低温处理，测定的指标包括多糖、蔗糖、果糖和葡萄糖等含量及SS活性。

1.2.3 验证试验处理

以铁皮石斛原球茎进行SNP、NO清除剂CPTIO（2-4-carboxyphenyl-4,4,5,5-tetramethylimidazoline-1-oxyl-3-oxide）和一氧化氮合酶（nitric oxide synthase，NOS）抑制剂PBITU（S,S'-1,3-phenylene-bis（1,2-ethanediyl)-bis-isothiourea）对NO释放、SS活性、多糖合成以及各种糖含量的影响试验。SNP、CPITO及PBITU溶液经0.22μm微孔滤膜过滤后，按照以下实验设计（见表1）要求向培养基中加入不同体积的上述溶液，对照组加入等体积灭菌后的蒸馏水。具体实验包括6个处理，每个处理3次重复。原球茎的接种量及接种方法同上。处理8h后测定NO含量，7d后测定SS活性，14d后测定多糖、蔗糖、果糖和葡萄糖等含量。试验中所用CPITO和PBITU均购自美国Sigma-Aldrich公司。

表1 验证试验设计

Table1 The experimental design ofverification

编号	处理
Number	Treatment
CK	蒸馏水（25℃）
T1	4℃
T2	4℃ + 5mmol/L CPITO
T3	4℃ + 0.2mmol/L PBITU
T4	0.5mmol/L SNP
T5	0.5mmol/L SNP + 5mmol/LCPITO

1.3 测定指标及方法

1.3.1 NO 含量测定

参照李杰[20]等的方法提取铁皮石斛原球茎中 NO，采用试剂盒（试剂盒购自南京建成生物工程研究所）测定 NO 含量，单位为 μmol/L FW。

1.3.2 多糖含量测定

将处理后的材料洗净，在烘箱中 105℃ 杀青 20min 后以 60℃ 烘 48h 至恒重。经研磨过 40 目后称取干品粉末 0.1g，参照叶余原[21]等的超声法稍加改进提取多糖。多糖测定采用苯酚硫酸法[22]，测得标准曲线为：y = 142.94x + 1.1666，R^2 = 0.992，以标准曲线计算多糖含量，单位为 mg/g。

1.3.3 蔗糖合成酶活性测定

依据滕建北[14]等的方法，测定 SS 活性。分别称取各处理后的 0.5g 原球茎鲜样，加入 5mL 提取介质（100mmoL/L pH7.2 Tris-HCl，10mmoL/L MgCl₂，1 mmoL/L EDTA-Na₂，10mmoL/L DTT，2% 乙二醇）于研钵中磨成匀浆后，倒入离心管，在低温冷冻超速离心机上 12000r/min 离心 10min，取上清液进行酶活性测定。酶活性用 μg 蔗糖/g⁻¹·FW·h⁻¹ 表示。

1.3.4 糖含量测定

（1）蔗糖和果糖含量测定

蔗糖和果糖含量的测定采用曾伢[23]等的方法，称取原球茎干品粉末约 0.1g 放入试管中，加入 5mL 蒸馏水于沸水中提取，取 0.2mL 提取液进行测定，测得蔗糖标准曲线为：y = 475.7x，R^2 = 0.994，果糖标准曲线为：y = 268.2x − 2.372，R^2 = 0.994。以标准曲线计算蔗糖和果糖含量，单位以 mg/g 表示。所得果糖含量为提取液中总果糖基含量，应减去蔗糖中所含果糖量（可由已测的蔗糖含量推导出来），即得到实际果糖含量。

（2）葡萄糖含量测定

采用葡萄糖氧化酶法，用试剂盒（试剂盒购自南京建成生物工程研究所）测定，单位以 mmol/L 表示。

1.4 数据分析处理

试验测得数据采用 Microsoft Excel 2007 进行相关分析并作图，运用 SPSS 17.0 统计软件进行方差分析（ANOVA），采用 Duncan 法进行差异显著性检验（p < 0.05）。

2 结果与分析

2.1 低温诱导铁皮石斛原球茎 NO 爆发、SS 活性增强和多糖合成

如图 1 所示。在低温刺激下铁皮石斛原球茎中

NO 含量急剧上升，处理 8h 后达到最高，显著高于对照水平（图 1，a），随后又迅速降低。SS 活性在处理后 4h 开始缓慢上升，24h 达到最大值，高出对照 3 倍多，在恢复期逐渐降低（图 1，b）。多糖含量在处理 24h 后才开始增加，并在恢复期间持续增加，14d 的含量是对照的 4 倍（图 1，c）。可以看出，低温诱导的铁皮石斛原球茎中 SS 活性提高和多糖含量的增加均在 NO 大量爆发之后。

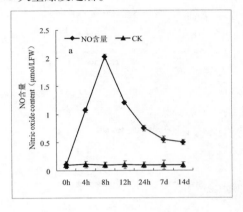

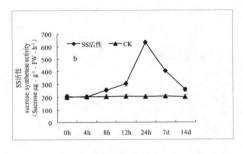

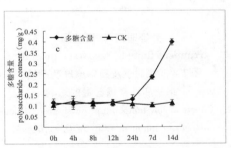

处理时间/恢复时间
treatment time（h）/recovery time（d）

图 1 低温对铁皮石斛类原球茎 NO 含量、SS 活性和多糖含量的影响

Fig. 1 Effects of low temperature on NO content, SS activity and polysaccharide content in PLBs of *D. officinale*

2.2 低温可促进铁皮石斛原球茎中的糖积累

由图 2 可知，低温处理 8h 后蔗糖含量缓慢增加，在恢复 7d 后达到峰值，显著高于对照（图 2，a）；而果糖和葡萄糖在处理 12h 后才出现上升趋势，在恢复

期持续增长,14d后分别高出对照2倍和3倍(图2,
b、c)。说明低温促进了铁皮石斛原球茎中蔗糖、果
糖和葡萄糖等糖类物质的积累。

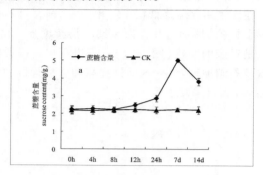

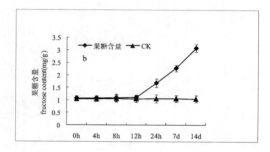

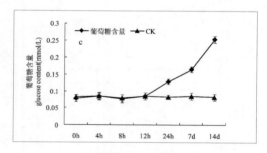

处理时间/恢复时间
treatment time(h)/recovery time(d)
图2　低温对铁皮石斛原球茎蔗糖、
果糖和葡萄糖含量的影响

Fig. 2　Effects of low temperature on sucrose, fructose and
pglucose content in PLBs of *D. officinale*

2.3　外源 NO 供体在铁皮石斛原球茎多糖合成中的信号作用

如图3所示,以 SNP 单独处理铁皮石斛原球茎对
其 SS 活性及多糖的含量都有促进作用。在 SNP 处理
下,铁皮石斛原球茎中的 SS 活性渐渐上升,12h 至
24h 保持较高水平,在恢复期间又迅速下降(图3,
a)。而多糖的含量则在处理 8h 后开始缓慢升高,并
在恢复 7d 后达到峰值,高出对照 3 倍左右(图3,
b)。

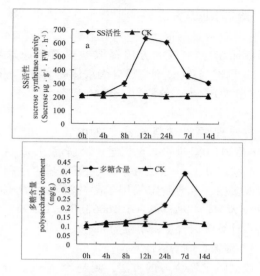

处理时间/恢复时间
treatment time(h)/recovery time(d)
图3　SNP 对铁皮石斛类原球茎 SS 活性及多糖含量的影响

Fig. 3　Effects of SNP on SS activity and polysaccharide
content in PLBs of *D. officinale*

2.4　外源 NO 供体对铁皮石斛原球茎中糖积累的促进作用

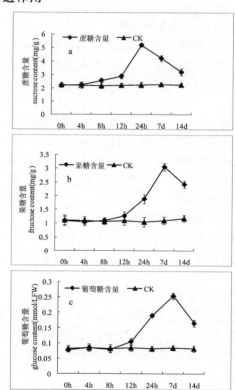

处理时间/恢复时间
treatment time(h)/recovery time(d)
图4　SNP 对铁皮石斛类原球茎蔗糖、
果糖和葡萄糖含量的影响

Fig. 4　Effects of SNP on sucrose, fructose and pglucose
content in PLBs of *D. officinale*

从图 4 可以看出，以 SNP 单独处理铁皮石斛原球茎也有利于蔗糖、果糖和葡萄糖的积累。在 SNP 处理 4h 后蔗糖含量缓慢增加，在 24h 后达到峰值，高出对照 2 倍多，在恢复期则降低（图 3，a）；而果糖和葡萄糖在处理 8h 后才出现上升趋势，在恢复 7d 后达到峰值，显著高于对照水平（图 1，b、c）。

2.5　NO 清除剂和抑制剂对低温诱导多糖的抑制作用

为了进一步证实 NO 是低温诱导铁皮石斛原球茎中多糖合成所必需的信号分子，分别考察了 NO 清除剂 CPITO 和 NOS 抑制剂 PBITU 对低温处理下铁皮石斛原球茎中 NO 含量、SS 活性、多糖含量（图 5，a）以及蔗糖、果糖、葡萄糖（图 5，b）等糖含量的影响。如图 5 所示，CPTIO 和 PBITU 能够抑制低温对铁皮石斛原球茎中 SS 活性、多糖合成和蔗糖、果糖、葡萄糖的促进作用，PBITU 能够部分抑制低温诱发铁皮石斛原球茎中产生 NO，抑制率达到 77.15%（图 5，a）。试验结果表明，NOS 是铁皮石斛类原球茎在低温处理下产生 NO 的主要途径，所产生的 NO 是低温触发铁皮石斛类原球茎 SS 活性、糖积累和多糖合成所必需的信号分子。同时，SNP 单独处理下铁皮石斛原球茎 SS 活性、蔗糖、果糖、葡萄糖和多糖含量分别比对照组高出了 44.90%、48.51%、56.13%、55.09%、65.43%（图 5，b），说明 NO 单独处理也足以触发铁皮石斛原球茎 SS 活性、糖积累和多糖合成加强。此

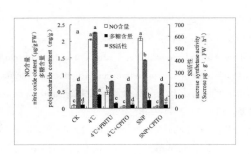

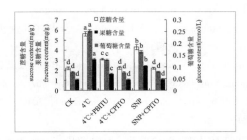

图 5　低温和 NO 抑制剂及清除剂对铁皮石斛类原球茎 NO 迸发、SS 活性、糖积累及多糖合成的影响

Fig. 5　Effects of low temperature, NO scavenger and inhibitor on NO production, SS activity, sugar accumulation and polysaccharide synthesis in PLBs of *D. officinale*

外，SNP + CPITO 处理组中铁皮石斛原球茎 SS 活性、蔗糖、果糖、葡萄糖、多糖含量及 NO 水平与对照组差异不显著（图 5，a、b），表明 CPITO 能够有效清除 NO，SNP 处理对铁皮石斛原球茎 SS 活性、糖积累和多糖合成的影响确实是由 NO 引起，而非其他分解物的作用。表明 NO 是触发铁皮石斛原球茎发生上述反应的充分条件。

3　结论与讨论

本文的试验结果表明，低温（4℃）可以诱导铁皮石斛原球茎产生多种防御反应，如 NO 产生、SS 活性提高、多糖合成以及蔗糖、果糖、葡萄糖等糖的增加，且这些反应并非同一时间发生，它们具有先后顺序。低温首先诱发了植物体内 NO 的产生，此时可见蔗糖合成酶 SS 活性增强，然后是蔗糖含量增加，由此促进果糖、葡萄糖的积累和多糖合成加强。说明 NO 爆发是原球茎发生防御反应的早期事件，与 Ajaswrata Dutta[24] 在低温诱导长春花（*Catharanthus roseus*）中 NO 产生的研究结果一致。在低温刺激下，铁皮石斛原球茎中 NO 迸发，NO 作为信号分子进一步激活下游 SS 活性，而 SS 活性提高又促成了蔗糖的合成，蔗糖再部分水解成果糖和葡萄糖，从而为多糖的合成提供了前体物质，最后促进了多糖的合成积累。说明铁皮石斛原球茎中 NO 的产生位于 SS 活性激发和多糖合成途径激活的上游。

那么 NO 是否是铁皮石斛原球茎多糖合成的信号分子？随后的外源 NO 直接处理及其清除剂和抑制剂的验证实验结果显示，NO 清除剂 CPITO 和 NOS 抑制剂 PBITU 可以抑制低温和 SNP 对 NO 产生、SS 活性激发、糖积累和多糖合成的促进作用，表明 NO 是触发铁皮石斛原球茎多糖合成所必需的信号分子。在我们的研究中还发现，低温诱导的 NO 产生并没有完全被 PBITU 所抑制。这可能是因为低温诱导的铁皮石斛原球茎通过其他途径产生了 NO。例如，从 NO_2 硝酸盐还原酶依赖的副反应，或是由积累于叶绿体和胞液中 NO_2 引发的非酶途径产生[25,26]。

在本次研究中，低温引发了铁皮石斛原球茎中蔗糖、果糖、葡萄糖等可溶性糖含量增加，这与 Partelli[10] 和 Turhan[11] 的研究结果相似。可溶性糖含量的增加可以降低细胞的渗透势，降低细胞液的冰点，维护冰冻失水作用下细胞结构的稳定[11]。证明低温触发了铁皮石斛原球茎的防御反应，原球茎通过提高其体内的蔗糖、果糖、葡萄糖等可溶性糖含量来增强其抗冻性。铁皮石斛原球茎多糖水解成单糖后主要有葡萄糖、甘露糖、木糖、阿拉伯糖等，其中，葡萄糖含量达 64.7%[5]，这些单糖均由蔗糖水解产生和衍生。

蔗糖合成酶是调控蔗糖代谢的关键酶之一，既可催化蔗糖合成又可催化蔗糖分解，是一种可逆酶[14]。我们的研究结果表明，在低温和 SNP 处理下，铁皮石斛原球茎 SS 活性显著增强，随后催化了蔗糖的合成，蔗糖含量增加和降低的趋势均早于果糖和葡萄糖，说明果糖和葡萄糖的增加可能部分归因于蔗糖的分解。而这些糖类物质的积累为多糖合成提供了前体，这与孟衡玲[13]和滕建北[14]等的研究结果一致，并进一步证明了 SS 活性和蔗糖等糖积累与多糖合成密切相关。Turhan[11]等研究表明低温提高了嫁接樱桃(Cerasus pseudocerasus)树皮中的 SS 活性，与本文研究结果一致；而低温却使西葫芦(Cucurbita pepo L.)果实中 SS 活性降低[27]，之所以产生这样的结果可能是因为植物材料或者是组织部位不同造成的差异。而低温和 SNP 对 SS 活性的增强效应却受到 CPTIO 和 PBITU 的抑制，表明 SS 的激活可能受诱导期间内源产生的 NO 的调节。在超声波诱导的云南红豆杉悬浮细胞中 PAL 活性也产生了类似的效应[17]。

低温作为一种环境因子也能够激活植物的信号转导，从而调节植物次生代谢途径。在本文的研究中，低温可能作为一种外界信号刺激铁皮石斛原球茎细胞，然后与胞内信使 NO 结合，从而引起细胞膜上和细胞内一系列反应，于是与多糖合成有关 SS 活性也

发生变化，从而引起 SS 基因的表达发生变化，最终导致多糖的合成和积累。但 PBITU 并没有完全抑制多糖的积累，也可能是由于其他信号通路的存在。糖是植物生长发育和基因表达的重要调节因子，它不仅是能量来源和结构物质，还参与多种细胞信号传递，具有广泛的调节功能[28]。此外，糖信号还可调控植物的防御反应[28]。本文研究结果显示，铁皮石斛原球茎在低温刺激下蔗糖、果糖和葡萄糖等含量增加，随后多糖合成加强。说明低温可能通过激活铁皮石斛原球茎中糖信号通路来调控多糖的合成。另一方面，低温诱导铁皮石斛原球茎中的糖积累晚于 NO 产生，而 PBITU 又抑制了低温对糖积累的促进作用，说明在低温诱导铁皮石斛原球茎多糖合成过程中 NO 位于糖的上游。还有一种可能是这两条信号转导途径之间存在交叉作用，共同参与了多糖的合成调控。前人的研究表明，在植物次生代谢的信号调控中，NO 与水杨酸(SA)、茉莉酸(JA)、活性氧(ROS)等植物体内的主要信号分子(途径)之间存在相互交叉作用[29]。

本次研究证实了低温可作为提高铁皮石斛原球茎产生多糖的一个成功方法，不仅为低温诱导 NO 产生、糖积累及其在多糖合成过程中的信号转导机制进行阐释并提出了新的问题，也为低温诱导生产所需的次生代谢产物提供了一条有效的途径。

参考文献

1. Chen Xiaomei, Wang Fangfei, Wang Yunqiang. Discrimination of the rare medicinal plant *Dendrobium officinale* based on naringenin, bibenzyl, and polysaccharides[J]. Science China Life Sciences, 2012, 55(12): 1092 – 1099.

2. 国家药典委员会. 中华人民共和国药典：一部[S]. 北京：化学工业出版社, 2010: 265.

3. Li Huapana, Xiu Fang lia, Mei Nawang. Comparison of hypoglycemic and antioxidative effects of polysaccharides from four different *Dendrobium* species[J]. International Journal of Biological Macromolecules, 2014, 64: 420 – 427.

4. MingWei, ShengHuawei, ChaoYingyang. Effect of putrecine on the conversion of protocorm-like bodies of *Dendrobium officinale* to shoots[J]. Plant Cell, Tissue and Organ Culture, 2010, 102(2): 145 – 151.

5. 韦丽文, 辛宁, 李培泰, 等. 铁皮石斛与铁皮石斛原球茎质量比较的研究进展[J]. 中国医药指南, 2013, 11(25): 59 – 61.

6. 高建平, 金若敏, 吴耀平, 等. 铁皮石斛原球茎与原药材免疫调节作用的比较研究[J]. 中药材, 2002, 25(7): 487 – 489.

7. 何铁光, 杨丽涛, 李杨瑞, 等. 铁皮石解原球茎多糖

DCPPla-1 的理化性质及抗肿瘤活性[J]. 天然产物研究与开发, 2007, 19: 578 – 583.

8. Nacif de Abreu I, Mazzafera P. Effect of water and temperature stress on the content of active constituents of *Hypericum brasiliense* Choisy [J]. Plant Physiology and Biochemistry, 2005, 43(3): 241 – 248.

9. Arun Kumar, Esha Abrol, Sushma Koul. Seasonal low temperature plays an important role in increasing metabolic content of secondary metabolites in *Withania somnifera* (L.) Dunal and affects the time of harvesting [J]. Acta Physiol Plant, 2012, 34: 2027 – 2031.

10. Partelli F L, Vieira H D, Rodrigues A P D. Cold induced changes on sugar contents and respiratory enzyme activities in coffee genotypes[J]. Ciência Rural, 2010, 40(4): 781 – 786.

11. Turhan E, Ergin S. Soluble Sugars and Sucrose-Metabolizing Enzymes Related to Cold Acclimation of Sweet Cherry Cultivars Grafted on Different Rootstocks [J]. The Scientific World Journal, 2012, 1 – 7.

12. Xingfeng Shao, Yong Zhu, Shifeng Cao. Sugar Content and Metabolism as Related to the Heat-Induced Chilling Toler-

ance of Loquat Fruit During Cold Storage[J]. Food Bioprocess Technol, 2013, 6: 3490 - 3498.

13. 孟衡玲, 段承俐, 萧凤回, 等. 铁皮石斛蔗糖合成酶基因的克隆及表达分析[J]. 中国中药杂志, 2011, 36 (7): 833 - 837.

14. 滕建北, 万德光, 蔡毅, 等. 铁皮石斛蔗糖合成酶活性动态研究[J]. 中药材, 2012, 35(3): 369 - 371.

15. Delledonne M, Xia Y, Dixon R A, et al. Nitric oxide functions as a signal in plant disease resistance[J]. Nature, 1998, 394(6693): 585 - 588.

16. Ben Zhang, Li Ping Zheng, Jian Wen Wang. Nitric oxide elicitation for secondary metabolite production in cultured plant cells[J]. Appl Microbiol Biotechnol, 2012, 93: 455 - 466.

17. Jian Wen Wang, Li Ping Zheng, Jian Yong Wu. Involvement of nitric oxide in oxidative burst, phenylalanine ammonia-lyase activation and Taxol production induced by low-energy ultrasound in Taxus yunnanensis cell suspension cultures[J]. Nitric Oxide, 2006, 15: 351 - 358

18. Zhang JJ; Li XQ; Sun JW; Jin SH. Nitric Oxide Functions as a Signal in Ultraviolet-B-Induced Baicalin Accumulation in Scutellaria baicalensis Suspension Cultures[J]. International Journal of Molecular Sciences, 2014, 15(3): 4733 - 4746.

19. Hongbo Guo, Xiaolin Dang, Juane Dong. Hydrogen Peroxide and Nitric Oxide are Involved in Salicylic Acid-Induced Salvianolic Acid B Production in Salvia miltiorrhiza Cell Cultures[J]. Molecules, 2014, 19(5): 5913 - 5924.

20. 李杰, 陈康, 唐静. NaCl 胁迫下玉米幼苗中一氧化氮与茉莉酸积累的关系[J]. 西北植物学报, 2008, 28(8):

1629 - 1636.

21. 叶余原. 超声法提取铁皮石斛多糖工艺的研究[J]. 中药材, 2009, 32(4): 617 - 620.

22. 李满飞, 徐国钧, 平田义, 等. 中药石斛类多糖的含量测定[J]. 中草药, 1990, 21(10): 10 - 12.

23. 曾俨. 低温下冬小麦糖积累及代谢关键酶表达的研究[D]. 东北农业大学, 2011.

24. Ajaswrata Dutta, Jayanti Sen, Renu Deswal. New evidences about strictosidine synthase (Str) regulation by salinity, cold stress and nitric oxide in Catharanthus roseus [J]. Plant Biochem. Biotechnol, 2013, 22(1): 124 - 131

25. H. Yamasaki, Y. Sakihama, Simultaneous production of nitric oxide and peroxynitrite by plant nitrate reductase: in vitro evidence for the NR-dependent formation of active nitrogen species[J]. FEBS Lett, 2000, 468: 89 - 92.

26. D. J. Derzan, M. C. Pedroso. Nitric oxide and reactive nitrogen oxide species in plants [J]. Biotechnol Genet Eng, 2002, 19: 293 - 337.

27. Francisco Palma, Fátima Carvajal, Carmen Lluch. Changes in carbohydrate content in zucchini fruit (Cucurbita pepo L.) under low temperature stress[J]. Plant Science, 2014, 217 - 218: 78 - 86

28. Yong-Ling Ruan. Sucrose metabolism: gateway to diverse carbon use and sugar signaling[J]. Annu Rev Plant Biol, 2014, 65: 33 - 67.

29. Jian Zhao, Lawrence C. Davis, Robert Verpoorte. Elicitor signal transduction leading to production of plant secondary metabolites [J]. Biotechnology Advances, 2005, 23: 283 - 333.

氮、磷、钾配比施肥对圆齿野鸦椿土壤酶活性的影响[*]

尤晓晖　钟　诚　涂淑萍[①]

（江西农业大学林学院，南昌 330045）

摘要　采用正交试验设计，研究了氮、磷、钾配比施肥对盆栽二年生圆齿野鸦椿土壤酶活性的影响。结果表明，土壤中的过氧化氢酶与磷酸酶、蔗糖酶及脲酶活性呈极显著正相关，相关系数分别为 0.91，0.96 和 0.94。N、P、K 对土壤酶活性影响的主次顺序为 N > K > P，不同 N 水平下的土壤酶活性差异极显著，适量施氮（每盆每次施纯氮量 0.92～2.76g）有利于提高土壤酶活性，施氮量过高（每盆每次施纯氮达 4.60g）会抑制土壤酶活性。而不同 P 水平以及不同 K 水平对土壤酶活性的影响不显著。从平衡施肥的角度考虑，土壤酶活性的最优施肥组合为 $N_2P_2K_2$，即每盆每次施 N 0.92g + P_2O_5 0.12g + K_2O 0.60g 为提高土壤酶活性的最佳施肥配方。

关键词　NPK 配比；施肥；土壤酶活性；圆齿野鸦椿

Effects of Combined Fertilization of NPK on Soil Enzyme Activity of *Euscaphis konishii*

YOU Xiao-hui　ZHONG Cheng　TU Shu-ping

（*College of Forestry, Jiangxi Agricultural University, Nanchang* 330045）

Abstract　In order to study the fertiliation effect and the best ratio of nitrogen, phosphorus and potassium of potted biennial *Euscaphis konishii* so that provide a theoretical basis for the reasonable fertilization of *Euscaphis konishii*. Analysis of variance, Orthogonal test design and Multiple comparison and regression analysis were used in this paper. Systematically analyzed the effect of ratio of nitrogen, phosphorus and potassium fertilizer on soil enzyme activity. The results show that there was very significant positive correlation between activity of catalase, and acid phosphatase, urease, sucrose, correlation coefficients were 0.91, 0.96 and 0.94. N, P, K of the soil enzyme activity influence order was N > K > P, the effects of different N levels on the soil enzyme activity reached extremely significant level, the amount of nitrogen (pot each applied urea 2～6g) can improve the soil enzyme activity, nitrogen content is too high (the pot each applied urea 10g) could inhibit the soil enzyme activity. While there was no significant difference in different levels of P and K on soil enzyme activity. the optimal combination of N_2P_2 K_2, that every pot N0.92 g + P_2O_5 1.20 g + K_2O 0.60 g, most conducive to improving the activity of soil enzyme.

Key words　NPK ratio; Fertilization; Soil enzyme activity; *Euscaphis konishii*

　　圆齿野鸦椿是我国特有树种，红果期跨越秋、冬和翌年春季，可在广场、街道、庭院孤植、列植或群植，亦可矮化盆栽，放置室内观果，有很强的观赏价值，因此受到园艺界人士的大力推崇，发展前景广阔。近年来，国内外对圆齿野鸦椿的研究多集中在苗木的生理、生态学特性[1-4]和种苗繁育[5-14]方面，而施肥方面的研究尚未见报道。为了推广圆齿野鸦椿的人工栽培，亟需探讨一种适合圆齿野鸦椿的合理施肥技术。

　　土壤酶是土壤微生物、动植物活体分泌及动植物残体、遗骸分解释放的一种具有生物催化能力的活性物质，是土壤组分中最活跃的有机成分之一[15]。酶活性能反映土壤综合肥力特征和土壤养分转化能力的强弱，是土壤物理化学特性的综合反映，是近年来土壤质量评估工作中必不可少的内容[16]。研究配方施肥对圆齿野鸦椿土壤酶活性的影响，以期为圆齿野鸦

　　[*]　基金项目：江西省林业厅科技创新项目（201402）；南昌市科技支撑计划（洪财企[2012]80 号农业支撑 4 - 2）。

　　[①]　通讯作者：E-mail：jxtsping@163.com。

椿的合理施肥提供理论依据。

1　材料与方法

1.1　试验地概况

本试验在江西农业大学校内花卉与盆景教学基地内进行。该基地位于南昌市北郊，28°46′N，115°55′E，海拔 50m，属亚热带湿润季风气候，气候湿润温和，雨量充沛，日照充足，无霜期长，冰冻期短。年平均气温为 17.5℃，1 月份平均气温 5℃，7 月份平均气温 29.6℃，极端最高气温 41℃，极端最低气温 −9.7℃，年日照时间为 1903.9h，年降雨量为 1596.4mm，无霜期平均为 281d（资料来源于江西农业大学气象站）。

1.2　试验材料

供试苗木为盆栽 2 年生的圆齿野鸦椿实生苗。苗木大小均匀，平均苗高为 30.57cm，平均地径为 1.5mm。

供试基质为江西农业大学校内花卉盆景基地的园土掺入少量的泥炭土。该基质有机质含量为 22.64g/kg，pH 值为 5.37，碱解氮为 100.83mg/kg，速效磷为 60.50mg/kg，有效钾为 118.14mg/kg。

供试肥料：氮肥为含氮 46% 的尿素；磷肥为含 P_2O_5 12% 的钙镁磷肥；钾肥为含 K_2O 60% 的氯化钾。

供试容器为 36cm（口径）×26cm（高）的塑料花盆。每盆装风干培养土 3kg，栽苗 1 株。盆底垫塑料托盘，以防止肥料随水淋溶流失。

1.3　试验设计

本试验设氮、磷、钾 3 因素 5 水平（表 1），采用 $L_{25}(5^6)$ 正交试验设计（表 2），共 25 个处理，每处理 5 盆，重复 3 次。2013 年 5 月 8 日进行第一次施肥，以后每个月施肥 1 次，总共施肥 5 次。日常管理主要是及时浇水，并于每次施肥前进行扦盆和除草。

表 1　肥料种类及施肥水平设置表（单位：g／盆·次）

Table 1　fertilizers and fertilizer levels set（unit：g/ pot·once）

施肥水平 Fertilizer levels	肥料种类 fertilizers		
	尿素 urea（纯 N）	钙镁磷 Calcium magnesium phosphate（P_2O_5）	氯化钾 KCl（K_2O）
1	0	0	0
2	2(0.92)	1(0.12)	1(0.60)
3	4(1.84)	2(0.24)	2(1.20)
4	6(2.76)	3(0.36)	3(1.80)
5	10(4.60)	5(0.60)	5(3.00)

1.4　土壤酶活性的测定

于 2013 年 10 月 25 日将同一处理盆土的 0～20cm 土层的土壤混匀，剔除杂物，带回实验室风干过筛后备用。

土壤脲酶活性采用苯酚－次氯酸钠比色法测定，其活性以 24h 后 1g 土壤中产生的 NH_4^+−N 毫克数表示；土壤过氧化氢酶活性采用高锰酸钾容量法测定，其活性以 20min 后 1g 土壤消耗的 0.1mol/L $KMnO_4$ 的毫升数表示；土壤蔗糖酶活性采用 3,5-二硝基水杨酸比色法测定，其活性以 24h 后 1g 土壤中产生的葡萄糖毫克数表示；土壤磷酸酶活性采用磷酸苯二钠比色法测定，其活性以 24h 后 1g 土壤产生的酚毫克数表示[17]。

表 2　圆齿野鸦椿配方施肥试验方案（单位：g／盆·次）

Table 2　The fertilization dispose of *Euscaphis konishii*（unit：g/ pot·once）

编号 number	处理组合 treatment	纯养分含量 Pure nutrient content			施肥量 fertilization amount		
		N	P_2O_5	K_2O	尿素	钙镁磷	氯化钾
1	N1P1K1	0	0	0	0	0	0
2	N1P2K2	0	0.12	0.60	0	1	1
3	N1P3K3	0	0.24	1.20	0	2	2
4	N1P4K4	0	0.36	1.80	0	3	3

（续）

编号 number	处理组合 treatment	纯养分含量 Pure nutrient content			施肥量 fertilization amount		
		N	P_2O_5	K_2O	尿素	钙镁磷	氯化钾
5	N1P5K5	0	0.60	3.00	0	5	5
6	N2P1K2	0.92	0	0.60	2	0	1
7	N2P2K3	0.92	0.12	1.20	2	1	2
8	N2P3K4	0.92	0.24	1.80	2	2	3
9	N2P4K5	0.92	0.36	3.00	2	3	5
10	N2P5K1	0.92	0.60	0	2	5	0
11	N3P1K3	1.84	0	1.20	4	0	2
12	N3P2K4	1.84	0.12	1.80	4	1	3
13	N3P3K5	1.84	0.24	3.00	4	2	5
14	N3P4K1	1.84	0.36	0	4	3	0
15	N3P5K2	1.84	0.60	0.60	4	5	1
16	N4P1K4	2.76	0	1.80	6	0	3
17	N4P2K5	2.76	0.12	3.00	6	1	5
18	N4P3K1	2.76	0.24	0	6	2	0
19	N4P4K2	2.76	0.36	0.60	6	3	1
20	N4P5K3	2.76	0.60	1.20	6	5	2
21	N5P1K5	4.60	0	3.00	10	0	5
22	N5P2K1	4.60	0.12	0	10	1	0
23	N5P3K2	4.60	0.24	0.60	10	2	1
24	N5P4K3	4.60	0.36	1.20	10	3	2
25	N5P5K4	4.60	0.60	1.80	10	5	3

1.5 试验数据处理

试验数据采用 Excel2003 和 SPSS17.0 统计分析软件进行数据的处理与分析。

2 结果与分析

2.1 配方施肥对土壤过氧化氢酶活性的影响

过氧化氢是由生物呼吸过程和有机物的生物化学氧化反应的结果产生的，其对生物和土壤具有毒害作用，而土壤过氧化氢酶可促进过氧化氢的分解，从而解除过氧化氢对生物体的毒害作用[18]。过氧化氢酶活性与土壤有机质含量有关。一般认为，土壤肥力因子与过氧化氢酶活性成正比。

从表3可以看出，N、P、K对土壤过氧化氢酶活性影响的主次顺序为 N > K > P，最优组合为 $N_3P_5K_2$。不同氮水平之间，N_3 与 N_2、N_4 之间过氧化氢酶活性差异不显著，与 N_1、N_5 之间过氧化氢酶活性差异显著。不同磷水平以及不同钾水平之间土壤过氧化氢酶活性差异均不显著。故从降低成本及平衡施肥考虑，土壤过氧化氢酶活性最优的施肥组合为 $N_2P_2K_2$，即每次每盆施用纯 N0.92g + $P_2O_5$0.12g + K_2O 0.60g 对提高土壤中过氧化氢酶活性最优。

表3 N、P、K 施肥水平对土壤过氧化氢酶活性影响的极差分析与多重比较（单位：$ml \cdot g^{-1}$）

Table 3　range analysis and multiple comparison of N, P, K fertilizer onsoil catalase activity

肥料种类 fertilizer	不同施肥水平的土壤过氧化氢酶活性 The soil catalade activity of different fertilizer levels					极差 The range
	1	2	3	4	5	
N	1.85b	2.86a	2.87a	2.59a	2.25b	1.02
P	2.48a	2.47a	2.48a	2.37a	2.63a	0.25
K	2.58a	2.65a	2.38a	2.44a	2.37a	0.28

注：表中同一行数据后面不同英文字母表示差异显著（$p < 0.05$），下同。Note：The same row in the table behind the data of different letters that were significantly different（$p < 0.05$），the same below.

2.2 配方施肥对土壤磷酸酶活性的影响

土壤有机磷是一种重要的土壤磷素资源，如何有效利用这部分磷素资源一直是人们关心的问题。土壤磷酸酶是一类催化土壤有机磷化合物矿化的酶，其活性高低直接影响着土壤中有机磷的分解转化及其生物有效性，可作为指示土壤肥力的指标[19]。

由表4可以看出，N、P、K对土壤磷酸酶活性影响的主次顺序为 N > K > P，最优组合为 $N_3P_5K_1$。不同氮水平之间，N_3 与 N_2、N_4 之间磷酸酶活性差异不显著，与 N_1、N_5 之间磷酸酶活性差异极显著。不同磷水平以及不同钾水平之间土壤磷酸酶活性差异均不显著。故从降低成本及平衡施肥考虑，土壤磷酸酶活性最优的施肥组合为 $N_2P_2K_1$。即每次每盆施用纯 N 0.92g + P_2O_5 0.12g，土壤磷酸酶活性最强。

表4 N、P、K 施肥水平对土壤磷酸酶活性影响的极差分析与多重比较(单位：ml·g⁻¹)

Table 4　Range analysis and multiple comparison of N, P, K fertilizer on soil phosphatase activity

肥料种类 fertilizer	不同施肥水平的土壤磷酸酶活性 The soil phosphatase activity of differentfertilizer levels					极差 The range
	1	2	3	4	5	
N	0.26	0.68	0.73	0.59	0.45	0.47
P	0.57	0.50	0.52	0.52	0.59	0.08
K	0.62	0.59	0.46	0.53	0.50	0.16

2.3　配方施肥对土壤蔗糖酶活性的影响

土壤蔗糖酶参与土壤中碳水化合物的转化，使蔗糖水解成葡萄糖和果糖，转化为植物和微生物能够利用的营养物质[20]。因此，它与土壤有机质、氮、磷含量、微生物数量及土壤呼吸强度有关。一般情况下，土壤肥力越高，蔗糖酶活性越高。

表5 N、P、K 施肥水平对土壤蔗糖酶活性影响的极差分析与多重比较(单位：ml·g⁻¹)

Table 5　Range analysis and multiple comparison of N, P, K fertilizer on soil enzyme activity

肥料种类 fertilizer	不同施肥水平土壤蔗糖酶活性 The soil enzyme activity of different fertilizer levels					极差 The range
	1	2	3	4	5	
N	5.22	7.68	7.64	6.85	5.98	2.46
P	6.87	6.51	6.71	6.47	6.83	0.40
K	6.82	7.02	6.48	6.79	6.26	0.76

由表5可以看出，N、P、K 对土壤蔗糖酶活性影响的主次顺序为 N > K > P，最优组合为 $N_2P_1K_2$。不同氮水平之间，N_2 与 N_3 蔗糖酶活性差异不显著，与 N_1、N_5、N_4 蔗糖酶活性差异极显著。不同磷水平以及不同钾水平之间土壤蔗糖酶活性差异均不显著。故从降低成本及平衡施肥考虑，土壤蔗糖酶活性最优施肥组合为 $N_2P_1K_2$。即每次每盆施用 N 0.92g + K_2O 0.60g，土壤蔗糖酶活性最强。表明施入适量的氮、钾肥可以提高土壤蔗糖酶活性，而较高含量的氮肥会抑制土壤蔗糖酶活性，该试验结果与王冬梅等研究结

果相似[21]。

2.4　配方施肥对土壤脲酶活性的影响

脲酶是一种酰胺酶，作用极为专性，它仅能水解尿素。其活性反映土壤有机态氮向有效态氮的转化能力和土壤无机氮的供应能力[22]。

由表6可以看出，N、P、K 对土壤脲酶活性影响的主次顺序为 N > K > P，最优组合为 $N_3P_5K_1$。不同氮水平之间，N_2 与 N_3 脲酶活性差异不显著，与 N_1、N_5、N_4 脲酶活性差异显著。不同磷水平以及不同钾水平之间土壤脲酶活性差异均不显著。故从降低成本及平衡施肥考虑，土壤脲酶活性优水平组合为 $N_2P_2K_1$。即每次每盆施用 N 0.92g + P_2O_5 0.12g 时，土壤脲酶活性最大。表明施入适量的 N、P 肥可以提高土壤脲酶活性，而较高含量的氮肥会降低脲酶活性。

表6 N、P、K 施肥水平对土壤脲酶活性影响的极差分析与多重比较(单位：ml·g⁻¹)

Table 6　Range analysis and multiple comparison of N, P, K fertilizer on soil urease activity

肥料种类 fertilizer	不同施肥水平的土壤脲酶活性 The soil urease activity of differentfertilizer levels					极差 The range
	1	2	3	4	5	
N	0.52c	1.80a	1.90a	1.38b	0.83c	1.37
P	1.37	1.23	1.26	1.19	1.40	0.21
K	1.42	1.41	1.17	1.39	1.04	0.38

2.5　不同酶活性之间的相关性

由表7可以看出，各土壤酶之间均呈高度正相关关系。土壤中各种酶在土壤养分转化过程中的作用并不是单一的，它们既有专一性又有共性。有着共性关系的酶类在总体活性程度上反映着土壤肥力水平的高低[23]。

表7　各种土壤酶活性之间的相关性

Table 7　The correlation among different enzyme activity

土壤酶	过氧化氢酶	磷酸酶	蔗糖酶	脲酶
过氧化氢酶	1.00			
磷酸酶	0.91 **	1.00		
蔗糖酶	0.96 **	0.93 **	1.00	
脲酶	0.94 **	0.93 **	0.98 **	1.00

3　结论与讨论

各种土壤酶活性之间均存在着高度的正相关关系，土壤肥力水平取决于各种酶类的总体活性程度，N、P、K 合理配施才能更好地提高土壤酶活性，促

进营养元素的转化和循环，改善土壤营养，促进植物吸收利用。

本试验结果表明，土壤过氧化氢酶活性以每盆每次施用 $0.92g$ 纯 N $+0.12gP_2O_5$ $+0.60g$ K_2O 的配比最高；蔗糖酶活性以每盆每次使用 $0.92g$ N $+0.60gK_2O$ 的配比最高；磷酸酶和脲酶活性均以每盆每次施用 $0.92gN$ $+0.12gP_2O_5$ 肥的配比最高。从平衡施肥的角度考虑，土壤酶活性的最优施肥组合为 $N_2P_2K_2$，即每盆每次施 N $0.92g$ $+$ P_2O_5 $0.12g$ $+$ K_2O $0.60g$ 为提高土壤酶活性的最佳施肥配方。

配比施肥可提高土壤酶活性，但是，土壤酶活性并不是随着肥料用量的增加而增强的，施 N 水平过高反而会抑制土壤酶活性，因此，生产上 N 肥施用量切不可过量。此结论与彭小兰等的试验结论相似[23]。

参考文献

1. 许方宏，张倩媚，王俊，等. 圆齿野鸦椿的生态生物学特性[J]. 生态环境学报，2009，18(1)：306 – 309.
2. 支丽燕，吴田兵，龙云英，等. 干旱胁迫下圆齿野鸦椿苗期叶片的生理特性[J]. 福建林学院学报，2008，28(2)：190 – 192.
3. 支丽燕，胡松竹，余林，等. 涝渍胁迫对圆齿野鸦椿苗期生长及其叶片生理的影响[J]. 江西农业大学，2008，30(2)：279 – 282.
4. 涂淑萍，马晓蒙，游双红，等. 园丰素对圆齿野鸦椿幼苗生长及其抗旱性的影响[J]. 经济林研究，2013，31(2)：121 – 124.
5. 覃嘉佳，聂海兵，龙云英，等. 圆齿野鸦椿种子发芽过程及其酶活性变化的研究[J]. 江西林业科技，2007，(6)：7 – 9.
6. 欧斌，李远章. 圆齿野鸦椿种子预处理和苗木生长规律及育苗技术研究[J]. 江西林业科技，2006，(3)：16 – 19.
7. 涂淑萍，曹蕾. 圆齿野鸦椿芽继代增殖的影响因素[J]. 安徽农业科学，2009，(6)：13487 – 13513.
8. 杨燕凌. 打破圆齿野鸦椿种子休眠及外植体选择诱导实验研究[D]. 福建农林大学，2008.
9. 梁文英. 圆齿野鸦椿播种育苗技术[J]. 福建林学院学报，2010，30(1)：73 – 76.
10. 覃嘉佳，龙云英. 圆齿野鸦椿扦插繁殖技术[J]. 林业科技开发，2007，21(3)：71 – 73.
11. 游双红，钟诚，涂淑萍. 变温层积过程中圆齿野鸦椿种子内含抑制物的生理活性变化[J]. 经济林研究，2013，31(3)：41 – 47.
12. 覃嘉佳，胡滨，黄焱辉，等. 圆齿野鸦椿种子内含物的提取·分离以及生物测定[J]. 安徽农业科学，2011，39(32)：19693 – 19694.
13. 覃嘉佳，胡滨，周卫信. 圆齿野鸦椿营养器官的解剖学观察[J]. 天津农业科学，2013，19(5)：9 – 12.
14. 黄铭星，邹双全，陈琳，等. 施用人工菌剂对圆齿野鸦椿幼苗移栽生长的影响[J]. 福建林学院学报，2013，(1)：25 – 27.
15. 夏雪，谷洁，高华，等. 不同配肥方案对塿土酶活性和小麦产量的影响[J]. 植物营养与肥料学报，2011，17(2)：472 – 476.
16. 魏猛，诸葛玉平，娄燕宏，等. 施肥对文冠果生长及土壤酶活性的影响[J]. 水土保持学报，2010，24(2).
17. 关松荫. 土壤酶及其研究法[M]. 北京：中国农业出版社，1986. 106 – 364.
18. 王娟，刘淑英，王平，等. 不同施肥处理对西北半干旱区土壤酶活性的影响及其动态变化[J]. 土壤通报，2008，39(2)：299 – 303.
19. 于群英. 土壤磷酸酶活性及其影响因素研究[J]. 安徽技术师范学院学报，2001，15(4)：5 – 8.
20. 孙瑞莲，赵秉强，朱鲁生，等. 长期定位施肥对土壤酶活性的影响及其调控土壤肥力的作用[J]. 植物营养与肥料学报，2003，9(4)：406 – 410.
21. 王冬梅，王春枝，韩晓日，等. 长期施肥对棕壤主要酶活性的影响[J]. 土壤通报，2006，37(2)：263 – 267.
22. 焦晓光，隋跃宇，张兴义. 土壤有机质含量与土壤脲酶活性关系的研究[J]. 农业系统科学与综合研究，2008，24(4)：494 – 496
23. 彭小兰，王德建，王灿，等. 长期不同施肥处理对麦季土壤酶活性的影响[J]. 中国农学通报，2013，29(33)：200 – 206.

中国观赏园艺研究进展 2015：393～399

Advances in Ornamental Horticulture of China, 2015：393～399

SFE 和 AMD 对光周期诱导菊花成花期芽和叶片蔗糖含量及其相关酶活性的影响[*]

王文莉[1,2]　王秀峰[1,2]　郑成淑[1,2①]　孙宪芝[1,2]　徐瑾[1,2]

（[1] 山东农业大学园艺科学与工程学院园艺作物生物学农业部重点开放实验室，
泰安 271018；[2] 作物生物学国家重点实验室，泰安 271018）

摘要　以切花菊品种'神马'为试材，研究了蔗糖合成酶促进剂 SFE 和抑制剂 AMD 对光周期诱导菊花成花过程芽和叶片中蔗糖含量及蔗糖代谢关键酶——蔗糖合成酶（SS）和蔗糖磷酸合成酶（SPS）活性的的影响。结果表明，所有植株叶片和芽中蔗糖含量在花芽分化启动期（Ⅱ）均显著升高，分化启动后降低，其中 AMD 处理的上升幅度明显小于其它二者；SFE 处理的叶片蔗糖含量在花瓣分化之前高于对照，AMD 处理的则比对照及 SFE 处理的减少；芽中蔗糖含量始终低于叶片，但整个分化过程特别是中后期，对照和 SFE 处理的芽中增幅高于叶中。SFE 处理与对照叶片和芽中 SPS 和 SS 活性均随花芽分化启动有所增强，以 SFE 处理叶片中 SPS 活性增幅最大，高达 80.6%，比同期对照高 26.8%，分化启动后逐渐降低，但整个分化过程始终高于处理前水平；叶中 SPS 和 SS 活性高于芽中。不同分化阶段 SPS 和 SS 活性变化处理与对照植株不尽相同，SFE 处理植株 SS 活性从处理至总苞鳞片分化期（Ⅲ）持续升高达到峰值，而后下降在小花原基分化后期（Ⅴ）与对照接近；AMD 处理植株叶片和芽中 SPS 和 SS 活性自处理开始均有所下降，在花芽分化启动期（Ⅱ）叶片 SPS 活性下降最多，达 29.6%，芽中 SS 活性在 Ⅲ 期降至最低，为分化前的 33.7%，之后缓慢回升，至花瓣分化后期（Ⅶ）与其它二者接近。SFE 和 AMD 处理对菊花花芽分化进程有影响，SFE 处理植株花芽分化启动和结束时间分别比对照提前 1 d 和 2 d，AMD 处理的则分别比对照推迟 3 d 和 6 d。分析表明，AMD 和 SFE 通过调节 SPS 和 SS 活性影响蔗糖合成进而影响菊花花芽分化进行.

关键词　菊花；花芽分化；SFE 和 AMD；蔗糖；蔗糖酶

Effects of SFE and AMD on Sucrose Content and Its Relative Enzymes Activities in the Buds and Leaves of Chrysanthemum During Floral Differentiation Under Photoperiodic Induction

WANG Wen-li[1,2]　WANG Xiu-feng[1,2]　ZHENG Cheng-shu[1,2]　SUN Xian-zhi[1,2]　XU Jin[1,2]

（[1] *Agriculture Ministry Key Laboratory of Horticultural Crop Biology，College of Horticulture Science and Engineering，Shandong Agricultural University，Tai'an 271018；* [2] *State Key Laboratory of Crop Biology，Tai'an 271018*）

Abstract　Effects of SFE and AMD on the sucrose content and the activities of sucrose metabolizing enzymes-sucrose phosphate synthase（SPS）and sucrose synthase（SS）in the buds and leaves of cut flower chrysanthemum（*Dendranthema grandiflorium* 'Shenma'）were studied during floral differentiation under photoperiodic inducement. The results showed that the contents of sucrose in the buds and leaves of SFE and AMD treated plants together with control plants were increased significantly at the stage of initial differentiation（Ⅱ），while the increase of AMD treated plants was lower than the other two. The sucrose contents decreased after differentiation，but which were always higher than that of before treatment. The sucrose content in leaves of SFE treated plants was higher than that of the control before the stage of petal differentiation，while it decreased in AMD treated plants compare with the control and SFE treated plants. Sucrose content in buds was always lower than that in leaves，but the increase in buds is bigger than that in leaves through the whole differentiation process especially the midanaphase in the control and SFE treated plants. The activities of sucrose phosphate synthase（SPS）and sucrose synthase（SS）in leaves and buds of

* 教育部留学回国人员科研启动基金项目（33206）和山东省自然基金项目（2009ZRA09003）资助。

① 通讯作者。E - mail：zcs@ sdau. edu. cn。

the control and SFE treated plants were increased slightly after initial differentiation. The largest increase in leaves is up to 80. 6% and it was 26. 8% higher than the control at same stage. The activities of SPS and SS in leaves is higher than that in bud, then they decreased gradually after differentiation, but which was always higher than that 3d before treatment during the whole floral differentiation stage. The activities of SPS and SS are not the same as the control in different stages of differentiation. The activity of SS increased constantly from the beginning to the stage of involucre primordial differentiation (Ⅲ) and reached a peak, then decreased and approached to the control at the later stage of floret primordium differentiation (Ⅴ). The activities of SPS and SS in leaves and buds of the AMD treated plants decreased slightly after treatment, the activity of SPS in leaves is the lowest decrease at the stage Ⅱ, which down to 29. 6%. The activity of SS in buds is the lowest decrease at the stage Ⅲ, which down to 33. 7%, then increase slowly and approached to the other two at the later stage of petal differentiation (Ⅶ). SFE and AMD influenced the process of bud differentiation, the days of initiation and ending of floral differentiation shortened by 1 day and 2 days respectively in SFE treated plants compared with those of controls. On the other hand, days of initiation and ending of floral differentiation were delayed for 3 days and 6 days respectively in plants treated with AMD compared with those of controls. Analysis shows that SFE and AMD influenced sucrose sysnthesis and bud differentiation by changing activities of SPS and SS.

Key words Chrysanthemum; Floral differentiation; SFE and AMD; Sucrose; Sucrase

蔗糖是植物光合作用的终产物之一，也是植物体内碳水化合物运输的主要形式，早在 20 世纪初研究者们通过大量实验证明，植物体内碳水化合物的积累达到一定水平才能引起植物开花，并提出 C/N 假说[1]。李兴军等[2]研究发现，杨梅花芽发端期叶片中蔗糖含量迅速增加，用 GA₃ 处理降低叶片蔗糖水平可抑制花芽分化；蔗糖合成受 SPS（蔗糖磷酸合成酶，EC2.4.1.14）和 SS（蔗糖合成酶，EC2.4.2.13）调节[3]；蔗糖脂肪酸酯（SFE）能提高蔗糖酶的活性，而转录抑制剂（AMD）又可降低蔗糖酶活性[4]。已有研究证明，蔗糖是一种植物体内长距离信号传递的重要的胞间信使分子[5,6]，并在植物进行光合作用、新陈代谢、逆境防御反应中起着长距离信息传递的作用[7,8]。Benier 等[9]早期对长日植物白芥（*Sinapis alba*）进行长日照和黑夜打破处理诱导其花芽分化时，发现叶片和茎尖的蔗糖含量迅速增加，后相继有研究发现蔗糖参与光周期刺激信号的传递[10,11]。

菊花是我国传统名花，也是世界四大切花之一，目前通过光周期调节技术，可以周年生产切花菊，从而满足人们常年对菊花的消费需求。菊花花期调控的关键是花芽分化，但关于光周期诱导菊花花芽分化过程中蔗糖及其代谢相关酶方面的研究未见报道。本试验以国内栽培面积和产量最大的切花菊品种'神马'为材料，利用光周期诱导其成花并用蔗糖合成酶促进剂 SFE 及抑制剂 AMD 进行处理，研究光周期诱导菊花花芽分化过程叶片和芽中蔗糖含量以及 SPS、SS 活性的变化特点，探讨蔗糖及其相关酶的活性变化与菊花花芽分化的关系，进一步揭示菊花花芽分化的生理机制，为菊花花期调控栽培提供理论依据。

1 材料与方法

1.1 试材

试验于 2010 年 3 月至 2012 年 6 月在山东农业大学园艺实验站及山东农业大学实验中心进行。供试材料为切花菊品种'神马'（*Chrysanthemum grandiflorium* 'Shenma'）。3 月把扦插生根的菊花苗（高 10cm 左右）定植于直径为 16cm 的花盆中（1 盆 1 株），在自然光条件下培养 45d，完成正常营养生长后，挑选长势均匀、健壮的植株（高 45cm 左右），放进人工气候室进行处理和采样。

1.2 试验设计

试验中光周期条件设置为 9h（昼）/15h（夜），昼温 23～25℃，夜温 18～20℃；相对湿度为 60%～70%；光照强度 370μmol·m⁻²·s⁻¹。将供试菊花苗 360 株平均分成 3 组：Ⅰ，喷洒清水（对照）；Ⅱ，喷施 0.5mmol·L⁻¹ SFE（sigma 产品）；Ⅲ，喷施 0.2mmol·L⁻¹ AMD。各处理均采用喷雾器全株叶面喷布法，以不滴液为度。

1.3 花芽分化进程的确定

处理后，每隔 2～3d 切取顶芽，在解剖镜下剖芽观察并结合徒手切片，用生物倒置显微镜观察花芽形态分化进程。由于个体间花芽形态分化差异，每次取 5 个芽观察，以出现频率 3 次以上的形态作为该阶段某一个花芽形态分化时期。花芽分化开始（生长点肥厚变圆）所需天数是从处理到花序原基分化期（生长点扩大，呈半球形）所需天数。花芽分化完成所需天数是从处理到花瓣分化期（小花先端出现放射性开裂）所需天数。将花芽分化期分为 7 个时期[16]：未分化期（Ⅰ）、花芽分化启动期（Ⅱ）、总苞鳞片分化期（Ⅲ）、小花原基分化前期（Ⅳ）、小花原基分化后期（Ⅴ）、花瓣分化前期（Ⅵ）和花瓣分化后期（Ⅶ）。

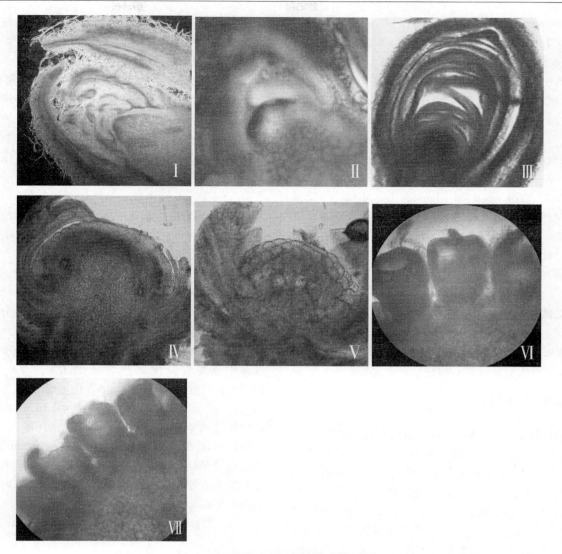

图 1　光周期诱导菊花花芽分化各阶段

Fig. 1　Stages of floral differentiation of chrysanthemum under the photoperiodic induction.

Ⅰ：未分化期 Vegetative stage of apical bud；Ⅱ：花芽分化启动期 Initial stage of floral bud differentiation；Ⅲ：总苞鳞片分化期 Stage of involucre primordial differentiation；Ⅳ：小花原基分化前期 Early stage of floret primordium differentiation；Ⅴ：小花原基分化后期 Later stage of floret primordium differentiation；Ⅵ：花瓣分化前期 Early stage of petal differentiation；Ⅶ：花瓣分化后期 Later stage of petal differentiation.

1.4　采样及测定

光周期诱导前采样 1 次，以后结合花芽分化进程取不同处理及对照植株的完整成熟叶片（自顶端向下 6～7 节位叶片）和顶芽，每次 3 个重复。于 9：00 左右取样，然后迅速用蒸馏水漂洗干净。一部分经 105℃杀青 15min，70℃烘干至恒量，干样用研钵研碎，装入塑料袋中，在干燥器中保存，用于蔗糖分析测定。另一部分经液氮速冻后，放入 -80℃的超低温冰箱中保存待测蔗糖酶活性。

1.4.1　蔗糖测定方法

采用间苯二酚法[12]：取 0.4ml 酒精提取液，加入 200μL 2mol · L^{-1} NaOH，100℃煮沸 5min，冷却后加入 2.8mL 30% HCl，0.8mL 0.1%间苯二酚，80℃水浴 10min，冷却后在 480nm 处比色测定。

1.4.2　酶提取及酶活性测定

参照於新建[13]等人的方法，有改动。

酶的提取：取 1g 组织在冰浴中研磨，加少量石英砂和 10ml HEPES 缓冲液研磨匀浆，4 层纱布过滤。弃沉淀，上清液逐渐加（NH$_4$）$_2$SO$_4$至 80%溶解度（8g/管），静置 15min，12000rpm，4℃，20min。弃上夜，用 2.5ml 提取液溶解沉淀，再用稀释 10 倍的提取缓冲液（不含 PVPP）透析 20h。

蔗糖合成酶（SS）测定：0.1ml 0.05mol · L^{-1}果糖

+ 0.1ml 3mmol·L⁻¹ UDPG（尿苷二磷酸葡萄糖）+ 0.1ml 0.1mol·L⁻¹ Tris + 0.05ml 10mmol·L⁻¹ MgCl₂ + 0.2ml 酶液，37℃，30min，沸水浴1min，定容至1ml，加0.1ml 2mol·L⁻¹ NaOH，沸水浴10min，流水冲冷，加3.5ml 30% HCl和1ml 0.1%间苯二酚（用95%乙醇配制），摇匀，80℃水浴10min，480nm下比色。

蔗糖磷酸合成酶（SPS）测定：0.1ml 0.05mol·L⁻¹ F-6-P（6-磷酸果糖）+ 0.1ml UDPG + 0.1ml 0.1mol·L⁻¹ Tris + 0.05ml 10mmol·L⁻¹ MgCl₂ + 0.2ml 酶液，37℃，30min，沸水浴1min，定容至1ml，加0.1ml 2mol·L⁻¹ NaOH，沸水浴10min，加3.5ml 30% HCl和1ml 0.1%间苯二酚，80℃水浴10min后480nm下比色。

1.5　数据处理

采用Microsoft Excel软件对数据进行处理和绘图，利用SPSS17.0统计分析软件进行方差分析，并运用Duncan检验法对显著性差异进行多重比较。

2　结果与分析

2.1　SFE和AMD处理对菊花花芽分化进程的影响

由表1可以看出，对照菊花（CK）在短日照条件下，处理4d后可诱导花芽分化启动，8d总苞鳞片分化完成，12d小花原基开始分化，15d时小花原基分化结束，18d进入花瓣分化前期，23d时花瓣分化完成，即整个花芽分化过程结束。同样短日条件下，SFE处理的菊花花芽分化启动和结束时间分别比对照提前1d和2d；而AMD处理的则花芽分化启动时间晚，分化进程慢，启动和结束时间分别比对照推迟3d和6d。

表1　SFE和AMD处理对菊花花芽分化进程的影响

Table 1　Effects of SFE and AMD treatments on the floral differentiation process of chrysanthemum

处理 Treatment	达到不同花芽分化时期所需天数 Days of different stages of floral differentiation（d）						
	I	II	III	IV	V	VI	VII
对照 Control（CK）	0	4	8	12	15	18	23
SFE	0	3	8	11	14	16	21
AMD	0	7	12	17	21	24	29

2.2　SFE和AMD处理对菊花花芽分化过程叶片和芽中蔗糖含量的影响

从图2可以看出，三处理叶片蔗糖含量在花芽分化过程中均出现先上升后下降的趋势，尤其是在花芽

分化启动期（II）迅速上升，与未分化期（I）相比，分别增加了50.6%（CK）、77.3%（SFE）和28.9%（AMD），AMD处理增幅最小，花芽分化启动之后下降。Duncan多重比较分析表明，花芽分化启动期（II），对照及SFE处理植株叶片蔗糖含量与未分化期含量差异达极显著水平（P < 0.01），AMD处理植株蔗糖含量与未分化期含量差异显著（P < 0.05）。对照叶片在小花原基分化前期（IV）又出现一小的峰值后逐渐下降，SFE处理的叶片蔗糖含量自分化启动后持续下降，但在花瓣分化之前始终比对照的蔗糖含量高，AMD处理的蔗糖含量比对照和SFE处理的减少，而且在总苞鳞片分化期（III）有较大减少外基本保持稳定不变的状态。芽中蔗糖含量变化趋势与叶片蔗糖变化趋势基本一致。从整个分化过程看，芽中的蔗糖含量始终比叶片的蔗糖含量低，但分化启动后对照和SFE处理的植株芽中增幅高于叶中，尤其是分化启动期（II），与未分化期（I）相比，分别增加了63.7%（CK）、87.6%（SFE）和55.4%（AMD），SFE处理植株芽中蔗糖含量比对照增加27.0%，叶中仅增加10.3%；三处理芽中蔗糖含量分化启动期与处理前（I）含量差异均达极显著水平（P < 0.01）。SFE处理植株将高水平保持至总苞鳞片分化期（III），后逐渐下降；AMD处理的蔗糖含量始终保持较低的水平。由此说明蔗糖合成激活剂SFE可以促进蔗糖在菊花叶片和芽中大量积累，而随着花芽分化的进行叶中蔗糖向花芽转移，为花芽分化提供物质和能量[14]。

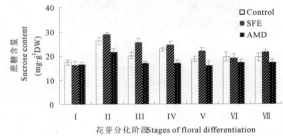

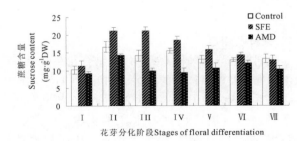

图2　SFE和AMD处理对菊花花芽分化过程叶片和芽中蔗糖含量的影响

Fig. 2　Effects of SFE and AMD treatments on sucrose contents of leaves and shoot tips of chrysanthemum during floral differentiation

2.3　SFE 和 AMD 处理对菊花花芽分化过程叶片和芽中蔗糖磷酸合成酶活性的影响

从图 3 可以看出，对照叶片蔗糖磷酸合成酶（SPS）活性在分化启动期（Ⅱ）迅速上升并维持到小花原基分化前期（Ⅳ），之后下降；SFE 处理植株的 SPS 活性比处理前（Ⅰ）增加 80.6%，且与同期（Ⅱ）对照相比增加 26.8%，分化启动后缓慢降低，至小花原基分化后期（Ⅴ）有较大幅度降低，此后与对照含量接近，至分化结束始终保持高于处理前水平；AMD 处理植株叶片的 SPS 比处理前（Ⅰ）降低 29.6%，与对照相比减少 57.1%，自处理开始一直保持较低水平，在小花原基分化后期有所回升至花瓣分化后期（Ⅶ）略高于Ⅰ期，与其他两处理含量接近。对照芽的 SPS 活性在未分化期含量较低，随着分化的进行，在分化启动期上升，之后逐渐回落，在略高于未分化期的水平上波动不大；SFE 处理的芽中 SPS 活性高于对照，比对照增加 13.5%，且从处理持续升高至总苞鳞片分化期（Ⅲ）达峰值，后逐渐下降，在小花原基分化后期与对照接近；而 AMD 处理的 SPS 活性则低于对照，比对照降低 30.1%，至花瓣分化期有所回升。芽中活性明显低于叶片，说明蔗糖合成以叶片中 SPS 作用为主。

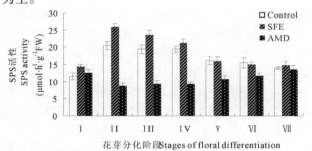

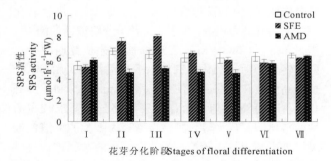

图 3　SFE 和 AMD 处理对菊花花芽分化过程叶片和芽中蔗糖磷酸合成酶活性的影响

Fig. 3　Effects of SFE and AMD treatments on SPS activities of leaves and shoot tips of chrysanthemum during floral differentiation

2.4　SFE 和 AMD 处理对菊花花芽分化过程叶片和芽中蔗糖合成酶活性的影响

从图 4 可以看出，对照叶片蔗糖合成酶（SS）活性在未分化期（Ⅰ）含量较低，在花芽分化期（Ⅱ）迅速上升，比Ⅰ期增加 68.5%，然后呈逐渐下降的趋势；SFE 处理的 SS 活性与对照相比始终保持较高的水平，将高含量保持至总苞鳞片分化期（Ⅲ）之后与对照的变化趋势一致；AMD 处理的 SS 活性与对照相比减少 18.5%，且在花瓣分化期升高至略高于处理前水平，花瓣分化后期（Ⅶ）与其他两处理接近。对照芽中 SS 活性在花芽分化启动期（Ⅱ）迅速上升，之后出现逐渐下降的趋势，SFE 处理的与对照变化趋势相似，但活性高于对照；AMD 处理的芽中 SS 活性变化自处理开始至总苞鳞片分化期（Ⅲ）持续下降，此期活性比对照降低 33.7%，之后缓慢回升，至Ⅶ期与其他 2 处理含量接近。

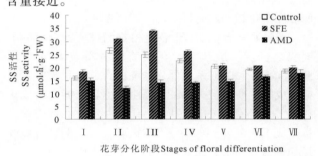

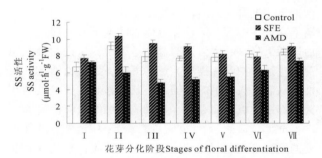

图 4　SFE 和 AMD 处理对菊花花芽分化过程叶片和芽中蔗糖合成酶活性的影响

Fig. 4　Effects of SFE and AMD treatments on SS activities of leaves and shoot tips of chrysanthemum during floral differentiation.

3　讨论

植物开花需要充足的碳水化合物的供应和开花信使分子对开花信号的传递。蔗糖是植物光合作用的终产物之一，是植物体内碳水化合物运输的主要形式，也是"库"代谢的主要基质[15]。本研究表明，蔗糖作为营养成分和信使分子的双重身份在菊花开花过程中起着重要的作用。本试验中，对照菊花在光周期诱导4d开始花芽分化，而SFE处理的提早1d，AMD处理的延迟3天出现；之后的各个时期SFE处理的始终比对照提前出现，而AMD处理的比对照延迟出现。这说明菊花花芽分化与蔗糖含量密切相关[16]。李兴军等[2]发现，杨梅花芽发端期叶片中蔗糖含量迅速增加，而用GA₃处理降低叶片蔗糖水平可抑制花芽分化，与本研究结论一致，Saeid对草莓花芽分化过程的研究也有相似结果[17]。蔗糖合成受SPS(蔗糖磷酸合成酶)和SS(蔗糖合成酶)的调节[3]，Ye & Li研究发现，蔗糖脂肪酸酯(SFE)能显著地提高大豆蔗糖酶的活力，而蔗糖合成酶转录抑制剂(AMD)可在短时间内大幅度降低蔗糖酶活力，二者影响了大豆开花期和结荚期的蔗糖酶生物合成量[4]。本试验中，SFE和AMD处理在菊花花芽分化启动期虽然叶片和芽中蔗糖含量均达到峰值，但达到峰值的时间不同，说明不同处理间蔗糖积累有差异，这是和不同处理下的蔗糖酶活性变化相一致的(图2、图3、图4)。

蔗糖磷酸合成酶(SPS)是植物调控蔗糖合成的关键酶之一。一般认为，在植物叶片等光合器官中SPS/Suc-6-Pase系统催化的蔗糖合成过程是叶片蔗糖合成的主要途径[8]，SPS活性大小和蔗糖含量成正相关[18]，本研究中对照叶片SPS活性大小与蔗糖含量亦成正相关(r=0.824)。本试验结果表明，对照叶片SPS活性在未分化期较低，从生长点膨大的分化启动期迅速上升，高活性持续至小花原基分化前期才逐渐下降；芽中SPS活性在分化启动期上升到峰值，之后逐渐下降；叶中活性明显高于芽中。这说明菊花花芽分化过程中叶片需要大量的蔗糖，因此激活SPS活性，从而合成充足的蔗糖，使其转移到需要蔗糖的花芽的作用位点，而芽中本身合成蔗糖的量应该很少。

蔗糖合成酶(SS)也是蔗糖代谢关键酶中极其重要的一种可溶性酶，SS催化如下反应：蔗糖+UDP⇌果糖+UDPG，此反应是可逆的，SS具有分解和合成蔗糖的双重属性，在不同植物及不同环境条件下起不同的作用[19,20]。有研究认为SS在植物组织中主要作用是在分解方向催化蔗糖的降解[8]，其依据主要基于以下两点：其一，SS主要分布在消耗蔗糖的组织中；其二，在许多植物叶片中催化淀粉合成的UDPG-PPase的活性较高，而该酶的底物UDPG正是SS催化蔗糖降解的产物。但是也有研究证明，蔗糖含量与SS之间存在很明显的正相关[21,22]，有试验表明，SS在许多植物叶片的蔗糖合成中起重要作用，而且SS和SPS催化蔗糖合成的活性随着叶龄而变化，成年叶片中二者的活性相近[23]。本研究中叶片SPS与SS活性接近，试验材料为发育成熟的功能叶。本试验测定

了SS合成方向的活性，结果表明，菊花花芽分化过程中，叶和芽中SS活性在生长点肥大的分化启动期比未分化期增加64.6%(叶片)和37.1%(芽)，出现先上升后下降的趋势，说明菊花花芽分化需要积累高水平的蔗糖，因此，叶片和芽中SS活性被激活。菊花叶片SPS从分化启动期之后保持持续下降的趋势，而SS活性却从在生长点肥大期到总苞鳞片形成期有所上升，这可能是因为SPS的下降，使得SPS/Suc-6-Pase催化的蔗糖合成途径难以满足花芽对叶片蔗糖的调集，因此，此时叶片中SS表现为催化蔗糖合成的活性升高，与SPS协同完成合成蔗糖来完成提供花芽分化所需蔗糖的需求[24]，AMD处理植株的SS活性下降也应是蔗糖含量下降的因素，这与宿越等[25]研究一定浓度的NaCl胁迫使番茄幼苗叶片中SS和SPS活性降低从而减缓蔗糖的形成是一致的。

本研究中，SFE处理的菊花花芽分化启动提前，并加快了花芽分化进程，这应与蔗糖磷酸合成酶和蔗糖合成酶活性增强，叶片与芽中蔗糖含量快速增加，加速了细胞间的信号传递，使相应生理生化反应得以快速进行是一致的。AMD处理的菊花，前期由于蔗糖酶活性的降低，造成蔗糖合成受影响，尤其叶片蔗糖含量不足，其信号作用减弱，因此延缓了花芽分化的启动和进程。本试验仅在前期喷施SFE和AMD，因此随着光周期诱导的继续进行，蔗糖合成酶活性逐渐恢复，蔗糖浓度重新积累，AMD处理的植株在处理7d后蔗糖含量才达到峰值，花芽分化启动，而且各分化阶段及花芽分化完成也相应推迟。这也说明了蔗糖对花芽分化的作用。蔗糖含量在整个花芽分化期均处于较高水平(高于处理前)，也说明其对整个花芽分化期均有影响，参与整个花芽分化进程。

与蔗糖代谢和积累密切相关的主要的酶除蔗糖磷酸合成酶(SPS)和蔗糖合成酶(SS)外，还有酸性转化酶(AI)和中性转化酶(NI)，二者是分解蔗糖的酶[26]。李兴军等[2](2000)研究发现杨梅花芽孕育期间叶片酸性转化酶活性变化与蔗糖水平呈负相关，用GA₃处理提高酸性转化酶活性使蔗糖水平降低而抑制花芽分化；蒋欣梅等[27]则认为青花菜花芽分化要求较高活性的转化酶，认为转化酶活性增高为细胞的可溶性糖类提供可利用的六碳糖，为花芽分化的顺利进行提供物质和能量；Melo等[28]认为桃叶内存在酸性转化酶、中性转化酶、蔗糖磷酸合成酶和蔗糖合成酶等酶类共同调节蔗糖水平；本研究认为在菊花叶片内蔗糖水平应该也受多种酶调节，有待进一步研究。

本试验结果表明，蔗糖合成抑制剂AMD和激活剂SFE通过调节SPS和SS活性来影响蔗糖合成从而影响菊花花芽分化进行。至于AMD和SFE对蔗糖合

成相关酶活性的调节作用是通过直接调控其活性还是通过对一些保护酶的作用间接调控还有待进一步研究。

参考文献

1. 王忠. 植物生理学(第四版)[M]. 北京: 中国农业出版社, 2002.

2. 李兴军, 李三玉, 汪国云, 等. 杨梅花芽孕育期间叶片酸性蔗糖酶活性及糖类含量的变化[J]. 四川农业大学学报, 2000, 18(2): 164 – 166.

3. 刘娜, 周芹, 于海彬. 不同氮、磷施用量对甜菜叶片中蔗糖代谢有关酶活性的影响[J]. 中国糖料, 2006, 1: 30 – 33.

4. Ye X, Li X. Mechanism of sucrose fatty acid ester promoting invertase biosynthesis in soybean leaves [J]. Soyb Sci, 2005, 24: 95 – 99.

5. Chiou TJ, Bush DR. Sucrose is a signal molecule in assimilate partitioning [J]. Proc Natl Acad Sci USA, 1998, 95: 4784 – 4788.

6. Alok KS, Markus GH, Ulrike R, et al. Metabolizable and non-metabolizable sugars activate different signal transduction pathways in tomato [J]. Plant Physiology, 2002, 128: 1480 – 1489.

7. Smeekens S. Sugar regulation of gene expression in plants [J]. Curr Opin Plant Biol., 1998, 1: 230 – 234.

8. Roitsch T, Ehness R, Goetz M, et al. Regulation and function of extracellular invertase from higher plants in relation to assimilate partitioning, stress responses and sugur signaling [J]. Aust J Plant Physiol, 2000, 27: 815 – 825.

9. Bernier G, Havelange A, Houssa C. Physiological signals that induce flowering[J]. Plant Cell, 1993, 5: 1147 – 1155.

10. Smeekens S, Rook F. Sugar sensing and sugar-mediated signal transduction in plants[J]. Plant Physiology, 1997, 115: 7 – 13.

11. Smykal P, Gleissner R, Corbesier L, et al. Modulation of flowering responses in different Nicotiana varieties[J]. Plant Mol Biol, 2004, 55: 253 – 262.

12. 李合生. 植物生理生化实验原理和技术[M]. 北京: 高等教育出版社, 2000.

13. 於新建. 蔗糖合成酶、蔗糖磷酸合成酶活性的测定. 植物生理学实验手册[M]. 上海: 上海科学技术出版社, 1985.

14. 梁芳, 郑成淑, 张翠华, 等. 菊花花芽分化过程中芽和叶片碳水化合物含量的变化[J]. 山东农业科学, 2008, 1: 40 – 42.

15. Farrar J, Pollock C, Gallagher J. Sucrose and the integration of metabolism in vascular plants[J]. Plant Sci, 2000, 154: 1 – 11.

16. 王文莉, 王秀峰, 郑成淑, 等. A23187 和 EGTA 对光周期诱导菊花成花及其过程中叶片 Ca^+ 分布和碳水化合物的影响[J]. 应用生态学报, 2010, 21(3): 675 – 682.

17. Saeid E, Shahram D, Enayatollah T, et al. Changes in carbohydrate contents in shoot tips, leaves and roots of strawberry (Fragaria × ananassa Duch.) during flower-bud differentiation[J]. Scientia Horticulturae, 2007, 113: 255 – 260.

18. 姜东, 于振文, 李永庚, 等. 施氮水平对高产小麦蔗糖含量和光合产物分配及籽粒淀粉积累的影响[J]. 中国农业科学, 2002, 35(2): 157 – 162.

19. 程智慧, 高芸, 孟焕文. 盐胁迫对番茄幼苗转化酶表达及糖代谢的影响[J]. 西北农林科技大学学报, 2007, 35(1): 184 – 188.

20. 赵智中, 张上隆, 徐昌杰. 蔗糖代谢相关酶在温州蜜柑果实糖积累中的作用[J]. 园艺学报, 2001, 28(2): 112 – 118.

21. 王永章, 张大鹏. 红富士苹果果实蔗糖代谢与酸性转化酶和蔗糖合酶关系的研究[J]. 园艺学报, 2001, 28(3): 259 – 261.

22. Beruter J, Studer Feusi ME. The effects of girdling on carbon hydrate partitioning in the growing apple fruit [J]. Plant Physiol, 1997, 151: 227 – 285.

23. Rufty TW, Huber SC. Changes in starch formation and activities of sucrose phosphate synthase and cytoplasmic fructose, bisphosphatase in response to source sink alteration [J]. Plant Physiol, 1983, 72 : 474 – 480.

24. 潘庆民, 于振文, 王月福. 小麦开花后旗叶中蔗糖合成与籽粒中蔗糖降解[J]. 植物生理与分子生物学学报, 2002, 28(3): 235 – 243.

25. 宿越, 李天来, 李楠, 等. 外源水杨酸对氯化钠胁迫下番茄幼苗糖代谢的影响[J]. 应用生态学报, 2009, 20(6): 1525 – 1528.

26. 张明方, 李志凌. 高等植物中与蔗糖代谢相关的酶[J]. 植物生理学通讯, 2002, 38(3): 289 – 295.

27. 蒋欣梅, 马红, 于锡宏. 青花菜花芽分化前后内源激素含量及酶活性的变化[J]. 东北农业大学学报, 2005, 36(2): 156 – 160.

28. Merlo L, Passera C. Changes in carbohydrate and enzyme levels during development of leaves of Prunus persica[J]. Physiol. Plant, 1991, 73: 621 – 626.

不同无土栽培基质配方对矢车菊营养生长的影响

邓成燕　王璐　洪艳　宋雪彬　戴思兰①　吴国建

（北京林业大学，花卉种质创新与分子育种北京市重点实验室，国家花卉工程技术研究中心，

北京林业大学园林学院，北京 100083）

摘要　随着设施栽培技术的发展，无土栽培技术在观赏植物中的应用日益广泛。矢车菊具有良好的观赏、药用和科研价值，而目前无土栽培技术在矢车菊栽培上的应用尚未见报道。为筛选出适合矢车菊生长的栽培基质，本研究以矢车菊 3 个花色品种为试材，以河沙为对照，以草炭、蛭石、珍珠岩为原料按不同体积比配制成 4 种人工栽培基质，综合分析了不同栽培基质处理对播种苗的真叶数、株高、茎粗和鲜干重等营养生长指标的影响。试验结果表明，在草炭：蛭石：珍珠岩 = 1：1：1、草炭：蛭石 = 1：1 和草炭：珍珠岩 = 1：1 处理下的矢车菊的各项生长指标表现较好，其中以草炭：蛭石 = 1：1 处理下的矢车菊生长势最优，草炭：蛭石：珍珠岩 = 1：1：1 次之，而在蛭石：珍珠岩 = 1：1 和河沙处理下的矢车菊生长状况较差。同时，矢车菊不同品种在各栽培基质处理下的营养生长存在差异。

关键词　矢车菊；无土栽培；栽培基质

Effects of Different Soilless-culture Substrates Formula on Growth of *Centaurea cyanus*

DENG Cheng-yan　WANG Lu　HONG Yan　SONG Xue-bin　DAI Si-lan　WU Guo-jian

(*Beijing Key Laboratory of Ornamental Plants Germplasm Innovation & Molecular Breeding*，*National Engineering Research Center for Floriculture and College of Landscape Architecture*，*Beijing Forestry University*，*Beijing* 100083)

Abstract　Recently，the soilless-culture technique is widely used in ornamental plants. *Centaureacyanus* is of great value in ornamental，medicinal and scientific research areas，however，the application of soilless-culture technique on cornflower has not been reported. In order to screen out the suitable culture substrates for the growth of *C. cyanus*，we use vermiculite，peat，perlite and river sand asraw materials to study the distinct effects of soilless-culture substrates formula on the growth of 3 kinds cornflowers，during which thevegetative growth indicators of euphylla number，plant height，stem thickness，fresh and dry weight were measured. Under the treatment of vermiculite：peat：perlite = 1：1：1，vermiculite：peat = 1：1 and peat：perlite = 1：1，the cornflowers grew better，in which the treatment of vermiculite：peat = 1：1 was the best，following the treatment of vermiculite：peat：perlite = 1：1：1. But the growth vigor under treatment of vermiculite：perlite = 1：1 were not so satisfying. What's more，there are some differences of vegetative growth of different cornflower varieties under the different treatments of culture substrates.

Key words　*Centaurea cyanus*；Soilless culture；Culture substrates

矢车菊（*Centaurea cyanus*）又名蓝芙蓉、翠兰，为菊科矢车菊属的一年生草本植物。茎直立细长多分枝，幼时被白色绵毛，头状花序单生枝顶，花色有白、红、蓝、紫等。矢车菊是一种长日照植物，由于其特有的蓝色、小巧的花型和较长的瓶插寿命而为消费者所喜爱，在盆栽花卉和鲜切花市场上备受青睐。从矢车菊花瓣中提取的多糖类物质含有抗炎特性，在欧洲被广泛用作治疗眼部炎症的草药（Garbacki et al.，1999）。矢车菊素苷是一种常见的花青素苷，通常使花卉呈现红色，如月季、菊花等（Katsumoto et al.，2007；孙卫等，2010；Huang et al.，2013）。但矢车菊花瓣中的矢车菊素，却能够呈现令人神往的蓝色，这一现象使之成为研究花青素苷呈色机理的好材料，也成为观赏植物花色分子改良的重要植物资源（Yo-

---

① 通讯作者。Author for correspondence。

shida et al.，2013；Shiono et al.，2005；Kondo et al.，1994）。

无土栽培基质是能为植物提供稳定协调的水、气、肥的生长介质，它能支持、固定植株，还能给植物提供一定的养分和水分（蒲胜海等，2012）。近年来随着无土栽培技术的发展，其在观赏植物中的应用日益广泛。目前无土栽培在菊花、百合、一品红、丽格海棠、蝴蝶兰等观赏植物中得到广泛研究与应用（刘晓红等，2004；任爽英等，2011；孙向丽等，2008；李文杰，2004；Hwang et al.，2007）。然而无土栽培技术在矢车菊栽培上的应用尚未见报道。因此，摸索出适宜矢车菊生长的栽培基质尤为重要，这将为矢车菊的大规模生产提供借鉴，从而促进矢车菊的切花消费和药物应用，并为深入的科学研究打好栽培基础。

为摸索出适宜矢车菊生长的无土栽培基质，本试验采用完全随机区组设计，以河沙为对照，以草炭、蛭石、珍珠岩为原料配制成5组处理，对矢车菊3个花色品种在营养生长期间的真叶数、株高、茎粗和鲜干重等营养生长指标进行测定与分析，寻找最适宜矢车菊生长的无土栽培基质配方，以期在人工气候室或温室内对其进行无土栽培，为进一步的相关研究奠定材料基础，并促进矢车菊资源在园林中的应用与推广。

1 材料与方法

1.1 材料

表1 栽培基质成分配比表（体积比）

Table1 Component of the selected substrates（volume ratio）

处理 Treatment	河沙 Sand	草炭 Peat	蛭石 Vermiculite	珍珠岩 Perlite
A		1	1	
B		1	1	
C		1		1
D			1	1
E（对照）	1			

注：字母A、B、C、D、E分别表示不同栽培基质处理（下同）。

Note：The alphabets of A，B，C，D and E represent for different treatments of culture substrates respectively. The below is same.

矢车菊蓝、粉、红3个花色品种的种子采购于北京林业大学林业科技有限公司。供试基质购于北京际祥园艺公司。以河沙为对照，以草炭、蛭石、珍珠岩为原料按不同体积比配制成4种人工栽培基质（表1），共计5组处理。所用基质经过高温高压灭菌后备用。

1.2 方法

本试验于2014年12月23日至2015年3月20日在北京林业大学实验楼人工气候室开展。试验采用单因素完全随机区组设计，以草炭、蛭石、珍珠岩与河沙4种原料按照不同体积比混合成5个处理（表1），每处理种植12株，分3次重复，每重复4株。

2014年12月23日，将矢车菊种子播种于草炭：蛭石=1：1的穴盘中，浇透水后覆一层聚乙烯薄膜，置于人工气候室。每1d喷一次水，种子萌芽后揭掉薄膜。在移苗之前，首先测定不同栽培基质的物理和化学性质（王明启，2001；蒲胜海等，2012），在测量过程中用电子天平称重，用pH计（哈纳沃德，CN. H 215474）测定酸碱度，用电导率仪（梅特勒—托利多便携式 FG3）测定电导度。

2015年1月21日，待幼苗展开2片子叶时，移苗于装有不同基质的7cm×7cm营养钵内，置于北京林业大学人工气候室，培养条件如下：每天光照时间12h，光照强度为3000lx，温度为20℃，湿度为30%，每5d浇一次清水。在生长期内分别于处理后的18、24、37、46和53d测定其株高和真叶数，共计5组。其中株高用卷尺测定。处理57d后，用游标卡尺测定矢车菊茎粗，随后将矢车菊整株取出，用自来水冲净根部残留基质，称量鲜重。然后置于烘箱内，80℃烘干2d，再称量干重。其中鲜、干重用电子天平进行测定。

采用LSD和Duncan法对试验数据进行差异显著性分析。采用Excel2010对试验数据进行整理和作图，采用SPSS20.0统计软件对试验数据进行方差分析和多重比较。

2 结果与分析

2.1 不同栽培基质的理化性质分析

如表2所示，处理A、B、C、D的容重均小于0.3g/cm³，总孔隙度均大于60%，说明基质疏松透气，利于植物生长。其中处理B的持水孔隙明显大于其他处理，持水性较强，处理A、C的持水性次之。而处理E的容重大于1.0g/cm³，总孔隙度、通气孔隙和持水孔隙均表现最差，说明基质过于紧实，透水透气性差，不利于植物生长。各处理的pH值在6.7～7.4之间，呈中性至弱碱性。处理B、E的电导率明显大于其他处理，可溶性盐分含量较高，而处理D的电导率不足50us/cm，可溶性盐分含量最低。从基质的理化性质来看，处理A、B、C疏松透气，持水性好，且含有较高的可溶性盐分，较为适宜植株生长。

表 2 不同栽培基质的理化性质
Table2 Physical characteristics of different culture substrates

不同栽培基质 Different culture substrates	容重 Unit weight （g/cm³）	总孔隙度 Total porosity （％）	通气孔隙 Aeration porosity （％）	持水孔隙 Water-holding porosity （％）	大小孔隙比 Void ratio	酸碱度 pH	电导率 EC （us/cm）
A	0.22	60.66	13.09	47.56	1:3.63	6.99	163.60
B	0.29	69.44	10.45	59.00	1:5.65	6.82	228.00
C	0.20	64.24	13.87	50.37	1:3.63	6.75	180.40
D	0.13	64.13	19.78	44.35	1:2.24	7.34	45.40
E	1.52	33.68	9.54	24.14	1:2.53	7.17	251.00

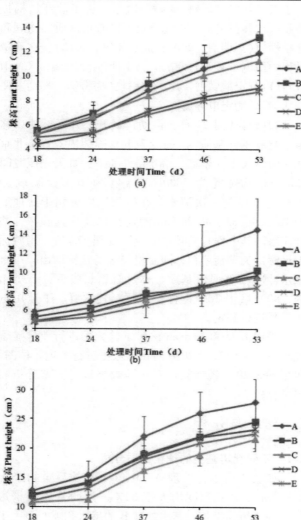

图 1 不同栽培基质处理下矢车菊不同花色
品种株高的增长趋势

注：字母 A、B、C、D、E 分别表示不同栽培基质处理，
(a)、(b)和(c)分别代表矢车菊蓝、粉、
红色 3 个不同品种。下同。

Fig. 1 The growth trend of the plant height of different
cornflowers respectively under different
culture substrates conditions

Note：The alphabets of A, B, C, D and E represent for
different treatments of culture substrates respectively, and
the(a), (b), (c) represent for blue, pink and red
cornflowersrespectively. The below is same.

2.2 不同栽培基质上矢车菊不同品种株高的差异

不同栽培基质处理下矢车菊不同品种的株高表现不同(图 1)。在蓝色矢车菊中，处理 A、B、C 下的株高表现较好，在整个营养生长期内稳步增长，处理 D、E 下的株高表现较差。在粉色矢车菊中，处理 A 下的株高在中、后期生长速率明显快于其余处理，而 B、C、D、E 处理后的株高增长曲线几乎相同。在红色矢车菊中，处理 A 下的株高表现较好，处理 B、D、E 下的株高次之，而处理 C 下的株高表现最差，由此推测红色矢车菊具有较好的抗旱性。

对于蓝色矢车菊而言，处理 A、B 下的株高显著优于处理 D、E 下的株高，而处理 A、B、C 下的株高两两之间无显著性差异。对于粉色矢车菊而言，处理 A 下的株高表现最佳，显著优于其他处理。对于红色矢车菊而言，只有处理 A、C 下的株高间达到显著性水平，其中 A 处理后的株高表现最优。综合分析可知，处理 A、B 较适合矢车菊的生长(表 3)。

表 3 不同栽培基质处理下矢车菊不同花色
品种株高的差异显著性分析
Table 3 The analysis on the significance of differences of
the plant height of different cornflowers respectively under
different culture substrates conditions

处理 Treatment	蓝色矢车菊 Blue cornflower	粉色矢车菊 Pink cornflower	红色矢车菊 Red cornflower
A	11.86 ± 1.79 b	14.45 ± 3.28 b	27.88 ± 3.98 b
B	13.20 ± 1.41 b	10.16 ± 1.35 a	24.52 ± 3.25 ab
C	11.25 ± 1.58 ab	9.52 ± 1.21 a	21.60 ± 2.04 a
D	9.05 ± 0.19 a	9.68 ± 0.75 a	23.24 ± 0.99 ab
E(对照)	8.73 ± 1.75 a	8.38 ± 1.54 a	22.55 ± 2.47 ab

注：邓肯氏显著性检验，不同小写字母表示差异显著($P = 0.05$)。下同。

Note：Duncan'smultiple test. Different small letters indicate significant difference at 5% level. The below is same.

2.3 不同栽培基质上矢车菊不同品种茎粗的差异

不同栽培基质对矢车菊不同品种的茎粗的影响程

度不同(图2)。在蓝色矢车菊中,处理B下的茎粗表现最佳,而A、C、E处理后的茎粗几乎相同,处理D下的茎粗表现最差,各处理下的茎粗关系表现为:B>A>C>E>D。在粉色矢车菊中,处理B下的茎粗优于其余4组处理,其茎粗关系表现为:B>A>D>E>C。对于红色矢车菊,处理A、E下的茎粗表现最优,其茎粗关系表现为:A>E>B>C>D。

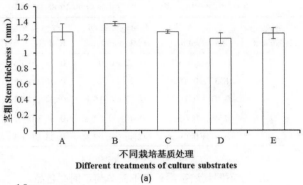

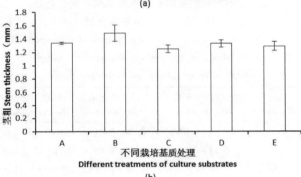

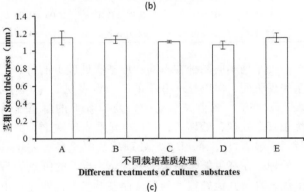

**图2 不同栽培基质处理下矢车菊不同
花色品种的茎粗增长趋势**

Fig. 2　The growth trend of the stem thickness of different
cornflowers respectively under different
culture substrates conditions.

在蓝色矢车菊中,处理B下的茎粗表现最佳,显著优于处理D下的茎粗,而A、B、C、E处理后的茎粗两两之间无显著性差异。在粉色矢车菊中,处理B下的茎粗表现最优,并与其余4组处理达到显著性差异水平。在红色矢车菊中,各处理间没有显著性差

异。综合以上分析,处理B是促进矢车菊茎加粗生长的无土栽培基质(表4)。

**表4　不同栽培基质处理下矢车菊不同花色品
种茎粗的差异显著性分析**

Table 4　The analysis on the significance of differences of
the stem thickness of different cornflowers respectively
under different culture substrates conditions

处理 Treatment	蓝色矢车菊 Blue cornflower	粉色矢车菊 Pink cornflower	红色矢车菊 Red cornflower
A	1.28 ± 0.11 ab	1.34 ± 0.02 a	1.15 ± 0.08 a
B	1.38 ± 0.03 b	1.49 ± 0.12 b	1.13 ± 0.05 a
C	1.27 ± 0.02 ab	1.25 ± 0.06 a	1.11 ± 0.01 a
D	1.19 ± 0.07 a	1.33 ± 0.06 a	1.07 ± 0.05 a
E(对照)	1.25 ± 0.07 ab	1.29 ± 0.07 a	1.15 ± 0.05 a

2.4　不同栽培基质上矢车菊不同品种真叶数的差异

在不同栽培基质处理下矢车菊不同品种的真叶数随时间呈增长趋势(图3)。对于蓝色矢车菊而言,处理B下的植株的真叶数在整个生长期内明显多于其余4组处理,处理C、A表现次之。对于粉色矢车菊而言,处理A、B、C下的植株的真叶数增长趋势几乎相同,明显优于其他2组处理。而对于红色矢车菊而言,处理A、B、C下的植株的真叶数增长速率在生长前期几乎相同,但在生长后期处理C下的植株的真叶数增长速度最快。在3种花色矢车菊中,处理D、E下的真叶数在整个生长期内均表现最差,在实际观测中发现其下部叶片有萎蔫和脱落现象,这可能是在生长后期蓝色矢车菊中处理D和红色矢车菊中D、E处理下植株的真叶数呈缩减趋势的原因。

不同栽培基质处理对不同花色矢车菊的影响存在差异。在蓝色矢车菊中各处理间的真叶数差异表现最为明显,其中处理B下的矢车菊真叶数显著优于其他处理,处理A、C下的植株表现也较好,但二者无显著差异,而处理D、E下的真叶数显著差于处理B、C下的真叶数。在粉色矢车菊中,处理B下的真叶数虽然表现最优,但其与A、C、D处理下的真叶数两两之间无显著性差异。而对于红色矢车菊,处理A、B、C下的真叶数显著优于处理D下的真叶数,但其两两之间无显著性差异。综合以上分析可知,处理B最适宜3种花色矢车菊的抽叶生长,处理A、C次之(表5)。

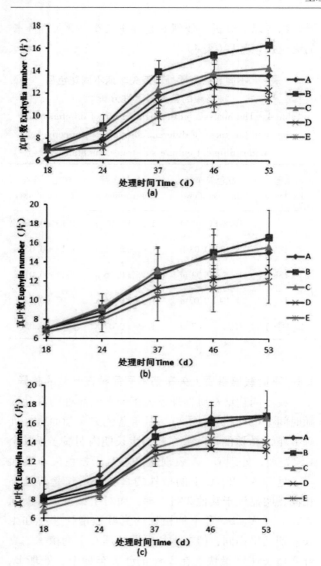

图3　不同栽培基质处理下矢车菊不同花色
品种真叶数的增长趋势

Fig. 3　The growth trend of the euphylla number of
different cornflowers respectively under
different culture substrates conditions.

表5　不同栽培基质处理下矢车菊不同花色品
种真叶数的差异显著性分析

Table 5　The analysis on the significance of differences of
the euphylla number of different cornflowers respectively
under different culture substrates conditions

处理 Treatment	蓝色矢车菊 Blue cornflower	粉色矢车菊 Pink cornflower	红色矢车菊 Red cornflower
A	13.58 ± 0.88 bc	15.00 ± 1.95 ab	16.92 ± 2.57 b
B	16.33 ± 0.58 d	16.58 ± 2.84 b	16.83 ± 1.38 b
C	14.25 ± 1.15 c	15.58 ± 1.28 ab	16.67 ± 1.04 b
D	12.25 ± 0.87 ab	13.00 ± 0.66 a	13.25 ± 0.90 a
E(对照)	11.50 ± 0.43 a	12.00 ± 2.29 a	14.08 ± 0.58 ab

2.5　不同栽培基质上矢车菊不同品种鲜重、干重的差异

表6　不同栽培基质处理下矢车菊不同花色品
种鲜重的差异显著性分析

Table 6　The analysis on the significance of differences of
the fresh weight of different cornflowers respectively
under different culture substrates conditions

处理 Treatment	蓝色矢车菊 Blue cornflower	粉色矢车菊 Pink cornflower	红色矢车菊 Red cornflower
A	0.99 ± 0.13 b	0.92 ± 0.02 b	0.73 ± 0.06 c
B	1.32 ± 0.13 c	1.20 ± 0.14 c	0.76 ± 0.10 c
C	0.91 ± 0.16 b	0.77 ± 0.15 b	0.54 ± 0.08 b
D	0.49 ± 0.06 a	0.45 ± 0.04 a	0.38 ± 0.07 a
E(对照)	0.51 ± 0.09 a	0.48 ± 0.02 a	0.33 ± 0.03 a

表7　不同栽培基质处理下矢车菊不同花色品
种干重的差异显著性分析

Table 7　The analysis on the significance of differences of
the dry weight of different cornflowers respectively
under different culture substrates conditions

处理 Treatment	蓝色矢车菊 Blue cornflower	粉色矢车菊 Pink cornflower	红色矢车菊 Red cornflower
A	0.11 ± 0.01 b	0.10 ± 0.01 bc	0.09 ± 0.01 b
B	0.14 ± 0.01 c	0.12 ± 0.03 c	0.07 ± 0.01 ab
C	0.10 ± 0.02 b	0.08 ± 0.02 ab	0.06 ± 0.01 a
D	0.07 ± 0.01 a	0.06 ± 0.01 a	0.06 ± 0.01 a
E(对照)	0.07 ± 0.01 a	0.07 ± 0.01 a	0.06 ± 0.01 a

　　矢车菊不同品种在不同栽培基质处理下的鲜、干重表现不同,但以处理B下的鲜干重表现最优(表6、表7)。在蓝、粉色矢车菊中,处理B下的鲜重显著优于其余处理,处理A、C下的鲜重表现次之,但二者间无显著性差异,D、E处理后的鲜重显著差于其他处理。在红色矢车菊中,处理A、B下的鲜重表现最优,且与其他处理达到显著性差异水平,处理C下的鲜重次之,而D、E处理后的鲜重表现最差。蓝色矢车菊的干重的多重比较结果与鲜重的结果一致。在粉色矢车菊中,处理B下的干重表现最佳,显著优于处理C、D、E下的干重,而处理A、C间的干重无显著性差异。在红色矢车菊中,处理A下的干重显著优于处理C、D、E下的干重,处理B次之。综合分析可知,在处理B条件下的矢车菊积累的光合产物多,最为适宜其无土栽培,处理A次之。

3 结论与讨论

3.1 不同无土栽培基质配方对矢车菊营养生长的影响

本研究以河沙为对照，以草炭、蛭石、珍珠岩为栽培基质，对矢车菊蓝、粉、红3个不同品种在营养生长期内的真叶数、株高、茎粗和鲜干重等营养生长指标进行了测定与分析。试验结果表明：在草炭：蛭石：珍珠岩＝1:1:1、草炭：蛭石＝1:1和草炭：珍珠岩＝1:1的处理下矢车菊的各项营养生长指标表现较好，其中以草炭：蛭石＝1:1处理下的矢车菊生长势最优，而在蛭石：珍珠岩＝1:1和河沙处理下的矢车菊生长状况较差。因此，草炭：蛭石＝1:1是最适宜矢车菊生长的无土栽培基质，草炭：蛭石：珍珠岩＝1:1:1次之。这一结果与王琳琳对甘菊无土栽培试验的研究结果一致（王琳琳等，2009）。

在本次试验中，草炭：蛭石＝1:1处理下的植株的生长指标表现相对较好，分析其原因可能与供试基质的理化性质有关。草炭是一种有机基质，为植物残体在低温、少雨的条件下经数千年堆积分化而成的不可再生的自然资源，具有团聚作用或成粒作用，能使不同的材料颗粒间形成较大的空隙，保持混合物的疏松，稳定混合物的容重。蛭石和珍珠岩是分别由云母矿和火山岩高温加热后膨化而成的无机基质，含有一定量的钾、镁、钙、铁，质地轻，透气性、吸水性都较好，但保水性较差，是目前国内外应用较多的基质材料（田吉林等，2000；Prasad *et al.*，1992）。而河沙来源容易，价格低廉，但碳氮比和持水量均低。研究表明，无机基质一般很少含有营养，有机基质则含有一定量的养分（田吉林等，2000）。在本次实验之初，测定了不同栽培基质的理化性质，结果显示草炭：蛭石＝1:1的容重、总孔隙度、通气孔隙、持水孔隙和电导率表现较好，表明其吸水性、保水性和透气性较好，并且能在无外界营养液的情况下供给植物一定的营养成分，从而促进矢车菊的生长。

3.2 矢车菊不同品种在无土栽培条件下营养生长的差异

对蓝色矢车菊而言，草炭：蛭石＝1:1处理下的植株的各生长指标均表现最好，其中真叶数和鲜干重均显著优于其他处理下的植株。草炭：蛭石：珍珠岩＝1:1:1、草炭：珍珠岩＝1:1处理下的植株表现次之，而蛭石：珍珠岩＝1:1和河沙处理下的植株的各生长指标表现最差。因此，草炭：蛭石＝1:1是最适宜蓝色矢车菊生长的无土栽培基质。

对粉色矢车菊而言，草炭：蛭石＝1:1处理下的植株的茎粗、鲜干重和草炭：蛭石：珍珠岩＝1:1:1处理下的植株的株高显著优于其他处理。草炭：珍珠岩＝1:1、蛭石：珍珠岩＝1:1和河沙处理下的植株的各项生长指标表现较差。因此，草炭：蛭石＝1:1和草炭：蛭石：珍珠岩＝1:1:1能有效促进粉色矢车菊的营养生长。

对红色矢车菊而言，草炭：蛭石：珍珠岩＝1:1:1和草炭：蛭石＝1:1处理下的植株的各生长指标均表现较好。其中草炭：蛭石：珍珠岩＝1:1:1处理下的植株的鲜干重显著优于草炭：蛭石＝1:1、蛭石：珍珠岩＝1:1和河沙处理下的植株。而在各处理下株高、茎粗和真叶数的显著性差异不明显。因此，红色矢车菊具有较强的抗旱性，能在透气性和持水性差的河沙中生长良好。但为给其提供适宜的生长环境，选择草炭：蛭石：珍珠岩＝1:1:1的无土栽培基质较好，草炭：蛭石＝1:1次之。

综合以上分析可知，矢车菊蓝、粉、红3个不同品种在不同的无土栽培基质上的生长状况略有差异，表明矢车菊不同品种对生长环境的要求不同。其中红色矢车菊是最为抗旱的品种，即使在河沙中也能生长良好。总体来看，为给矢车菊提供水、气充足的生长环境，选择持水性、透气性较好的草炭：蛭石：珍珠岩＝1:1:1和草炭：蛭石＝1:1作为无土栽培基质最好。

参考文献

1. Garbacki N, Gloaguen V, Damas J, Bodart P, Tits M, Angenot L. 1999. Anti-inflammatory and immunological effects of *Centaureacyanus* flower-heads. Journal of ethnopharmacology, 68(1)：235－241.

2. Huang H, Hu K, Han K T, Xiang Q Y, Dai S L. 2013. Flower colour modification of chrysanthemum by suppression of F3′H and overexpression of the exogenous *Senecio cruentus* F3′5′H gene[J]. PloS one, 8(11)：e74395.

3. Hwang SJ, Jeong BR. 2007. Growth of *Phalaenopsis* plants in five different potting media[J]. Journal of the Japanese society for horticultural science, 76(4)：319－326.

4. Katsumoto Y, Fukuchi-Mizutani M, Fukui Y, Brugliera F, Holton T A, KaranM, Nakamura N, Yonekura-Sakakibara K, Togami J, Pieaire A, Tao GQ, Nehra NS, Lu CY, Dyson BK, Tsuda S, Ashikari T, Kusumi T, Mason JG, Tanaka Y. 2007. Engineering of the rose flavonoid biosynthetic pathway

successfully generated blue-hued flowers accumulating del-phinidin[J]. Plant and cell physiology, 48(11): 1589 – 1600.

5. Kondo T, Ueda M, Tamura H, Yoshida K, Isobe M, Goto T. 1994. Composition of protocyanin, aself-assembled supra-molecular pigment from the blue cornflower, *Centaurea cyanus* [J]. Angewandte chemie international edition in English, 33 (9): 978 – 979.

6. 李文杰, 方正, 陈段芬, 高杨. 2004. 丽格海棠无土栽培基质的优化筛选[J]. 河北农业大学学报, 27(3): 56 – 59.

7. 刘晓红, 戴思兰. 2004. 菊花无土栽培基质试验分析初探[J]. 河北科技师范学院学报, 18(1): 23 – 26.

8. Prasad M, Maher MJ. 1992. Physical and chemical properties of fractionated peat[J]. Actahorticulturae, 342: 257 – 264.

9. 蒲胜海, 冯广平, 李磐, 张升, 孙晓军, 丁峰. 2012. 无土栽培基质理化性状测定方法及其应用研究[J]. 新疆农业科学, 49(2): 267 – 272.

10. 任爽英, 刘春, 冯冰, 黄璐, 董丽. 2011. 东方百合'Sorbonne'无土栽培基质的研究[J]. 北京林业大学学报, 33(3): 92 – 98.

11. Shiono M, Matsugaki N, Takeda K. 2005. Phytochemistry: structure of the blue cornflower pigment[J]. Nature, 436 (7052): 791 – 791.

12. 孙卫, 李崇晖, 王亮生, 戴思兰. 2010. 菊花不同花色品种中花青素苷代谢分析[J]. 植物学报, 45(3): 327 – 336.

13. 孙向丽, 张启翔. 2008. 混配基质在一品红无土栽培中的应用[J]. 园艺学报, 35(12): 1831 – 1836.

14. 田吉林, 汪寅虎. 2000. 设施无土栽培基质的研究现状、存在问题与展望(综述)[J]. 上海农业学报, 16 (4): 87 – 92.

15. 王琳琳, 孙荣生, 戴思兰. 2009. 甘菊无土栽培基质试验分析[J]. 安徽农业科学, 37(29): 14128 – 14130.

16. 王明启. 2001. 花卉无土栽培技术[M]. 沈阳: 辽宁科学技术出版社, 26 – 31.

17. Yoshida K, Negishi T. 2013. The identification of a vacuo-lar iron transporter involved in the blue coloration of corn-flower petals[J]. Phytochemistry, 94: 60 – 67.

中国观赏园艺研究进展 2015：407～410
Advances in Ornamental Horticulture of China, 2015：407～410

康宁霉素对牡丹生根率及根系生长的影响*

杨振晶　张秀省①　褚鹏飞

（聊城大学农学院，聊城 252059）

摘要　为了选择出康宁霉素促进牡丹种子生根的最适浓度，用不同浓度的康宁霉素溶液对牡丹种子进行浸种处理，置于光照培养箱内培养生根后，取牡丹完整的根系，利用 WinRHIZO 根系分析系统对根系进行扫描和分析，并比较不同处理下牡丹根系的总根长、根系总表面积、根系总体积、根尖数等的变化情况。结果表明：康宁霉素可以在一定浓度范围内提高牡丹种子的生根率、增加牡丹根系的总根长、总表面积、总体积、根尖数等。

关键词　康宁霉素；牡丹；生根率；根系生长

The Effect of Trichokonins on the Rooting Rate and Root Growth of *Paeonia ostii*

YANG Zhen-jing　ZHANG Xiu-sheng　CHU Peng-fei

（*College of Agriculture*，*Liaocheng University*，*Liaocheng* 252059）

Abstract　In order to choose out the optimum concentration of Trichokonins promote rooting peony seeds，We used different concentration of *Trichoderma* koningii solution to soak the Peony seeds. After incubation rooting placed inside Light incubator，Take peony root system intact，and we used the WinRHIZO root analysis system to scan and analysis the root，and compared the Sophora japonica seedling root of total root length，root surface area，root volume，root number，etc. with these two treatments. The results showed that *Trichoderma* koningii could effectively increased total root length，total surface area，volume，root number，etc. of the Peony seedling root in the certain concentration range.

Key words　Trichokonins；Peony；Rooting rate；Root growth

牡丹（*Paeonia suffruticosa* Andr.）属芍药科芍药属，是一种原产于我国的多年生落叶小灌木（Stern，1946），在全国 20 多个省（自治区、直辖市）都有野生资源和种植分布，具有很强的生态适应性（李嘉珏等，2011）。凤丹（*Paeonia ostii*）是著名的观赏和药用牡丹，同时也是油用牡丹的优良品种和嫁接观赏牡丹的优良砧木。凤丹种子需要按顺序经历后熟阶段、暖温长根阶段和低温长芽阶段，每个阶段的条件必须按顺序全部得到满足，才能萌发成苗。

康宁霉素是从海洋生物中提取出的一种木霉多肽物质。木霉（*Trichoderma*）隶属于半知菌亚门（Deutero-mycotina）、丝孢纲（Hyphomycetes）、丝孢目（Hypho-

mycetales）、丝孢科（Hyphomycetaceae），是一类重要的植物病害的生防真菌（朱双杰和高智谋，2006）。Weinding 首先研究了木霉对几种土壤真菌的颉颃作用结果（Weinding，1932）。多年来，人们对木霉的研究多集中在生物制剂的开发、生防机制及其防病作用等方面。

近年来人们研究发现，木霉在促进种子萌发、幼苗生长及诱导植物产生抗病性等方面效果显著（胡琼等，2004）。国内外关于木霉促进植物生长的研究报道较多，木霉能够促进花生的根系生长，使其从土壤中吸收更多的营养物质，从而使花生根系发达，促进花生生殖生长（刘进法和夏仁学，2007）。朱衍杰等研

* 基金项目：1. 课题来源：国家高技术研究发展计划（863 计划）。2. 课题名称：新型海洋生物农用制剂产品开发。3. 课题编号：2011AA090704。

① 通讯作者。张秀省（1960－），男，博士，教授，硕士生导师，现主要从事园林植物种质资源研究与应用工作。E-mail：zhangxiusheng@lcu.edu.cn。

究发现对国槐幼苗用康宁霉素进行灌根后，国槐幼苗的根系总根长、根系总表面积、根系总体积、根尖数明显增加，且提高根系活力（朱衍杰和张秀省，2014）。陆宁海等研究发现对番茄施用哈茨木霉后，番茄幼苗的株高、根系长度及鲜重等明显增加（陆宁海和吴利民，2006）。还发现不同含量的哈茨木霉可以促进番茄幼苗的株高、根系长度、地上部鲜重和根系鲜重明显增加（陆宁海和吴利民，2007）。黄绿木霉T1010能促进土壤中其他有益微生物的生长，促进樱桃侧根数增加以及产量增加（邱登林和阴卫军，2011）。这些实验结果充分证明了木霉在促进植物根系生长方面有较大的潜力。

1 材料与方法

1.1 试验材料

精心挑选在2014年采集于聊城市东阿县林业局牡丹苗圃籽粒饱满、大小均一且生活力较强的成熟的凤丹种子。

1.2 试剂与仪器

康宁霉素提取液（由山东大学生命科学院微生物国家重点实验室提供），实验所用康宁霉素溶液分别是 25mg/L、2.5mg/L、0.25mg/L、0.025mg/L、0.0025mg/L；高锰酸钾等。

WinRHIZO根系分析系统（加拿大）；STD4800根系扫描仪；光照培养箱。

1.3 试验方法

1.3.1 种子处理

将凤丹种子分别用0.5%的高锰酸钾溶液进行消毒2小时，然后用蒸馏水进行漂洗5~6遍，分别置于不同的小烧杯中，每个处理50粒种子，3次重复。将不同浓度的康宁霉素溶液分别倒入烧杯中，保证浸没种子。以蒸馏水浸种作为对照，置于室温环境下浸种24小时，浸种结束后用蒸馏水清洗2遍，备用。

1.3.2 生根试验

将处理好的凤丹种子分别沙藏于湿度50%的河沙（高温灭菌）中，将其置于昼温为20±1℃，夜温为15±1℃，湿度为50%的光照培养箱中（覃逸明和黄雨清，2009），定期用对应浓度的康宁霉素以及蒸馏水喷施，保持河沙湿度，以第60天作为生根结束时间。以胚根突破种皮2mm作为种子生根的标准（苗中芹和张秀省，2010）。生根结束后计算种子的生根率。计算公式如下：生根率（G）= ΣGt / Nt ×100%，其中，Gt表示在t日时的生根数，Dt表示相应的生根天

数，Nt表示种子总数（孙柳青和朱永良，2010）。

1.3.3 根系分析

将培育好的牡丹的根系，保证其完整性的情况下冲洗干净，再放入超声波清洗器中清洗10min，用滤纸将水分吸干，待用；在电脑上安装软件及安装扫描仪；将清洗干净的根系放入根盒进行扫描；将加密狗插入电脑USB口，打开WinRHIZO软件，调整控制扫描仪扫描获得图片；使用WinRHIZO软件对根系进行全面分析、保存结果。

2 结果与分析

将不同处理的凤丹根系进行冲洗，保证根系的完整性。对凤丹根系用STD4800根系扫描仪进行扫描，保存图片；最后对扫描的根系图片用WinRHIZO根系分析系统软件进行分析，保存结果。

2.1 不同浓度康宁霉素对凤丹种子生根率的影响

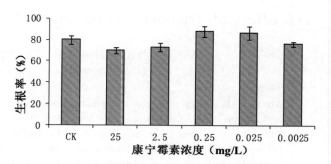

图1 康宁霉素处理凤丹种子生根率的变化

Fig. 1 The change of rooting rate of the *Paeonia ostii* with the Trichokonins

由图1可知，康宁霉素在一定浓度范围内可以促进凤丹种子的萌发。0.25mg/L浓度的康宁霉素处理牡丹种子萌发效果最好，生根率最高，分别为88.33%，比对照提高了8.33%。0.025mg/L浓度的康宁霉素处理牡丹种子萌发效果次之，生根率为86.67%，比对照提高了6.67%。其他浓度的康宁霉素处理后牡丹种子生根率相对于对照有所降低。

2.2 凤丹根系总根长以及平均直径的变化

由图2、图3可知，不同浓度的康宁霉素可以不同程度地促进凤丹根系总根长以及平均直径。随着康宁霉素浓度的降低呈现先升高后降低的趋势，在25~0.25mg/L浓度之间的康宁霉素随着浓度的降低呈升高趋势，在0.25~0.0025mg/L之间呈下降趋势。结果表明，0.25mg/L浓度的康宁霉素处理的凤丹根系总根长以及平均直径效果最好，总根长为35.9cm，

比对照提高了 22.9cm，提高了 174%。根系平均直径为 0.77mm，比对照提高了 0.21mm，提高了 38.77%。

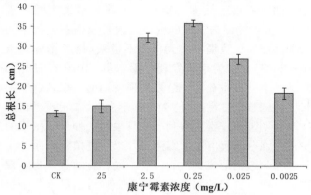

图 2 康宁霉素处理凤丹根系总根长的变化
Fig. 2 The change of root total length of the
Paeonia ostii with the Trichokonins

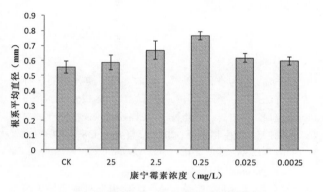

图 3 康宁霉素处理凤丹根系平均直径的变化
Fig. 3 The change of root average diameter of the
Paeonia ostii with the Trichokonins

2.3 凤丹根系总表面积及总体积的变化

由图4、图5可知，不同浓度的康宁霉素可以促进凤丹根系总表面积以及总体积。随着康宁霉素浓度的降低呈现先升高后降低的趋势，在 25～0.25mg/L 浓度之间的康宁霉素随着浓度的降低呈升高趋势，在 0.25～0.0025mg/L 之间呈下降趋势。结果表明，0.25mg/L 浓度的康宁霉素处理凤丹根系总表面积以及总体积效果最好，总表面积为 6.39cm²，比对照提高了 3.93cm²，提高了 159.76%。总体积为0.92cm³，比对照提高了 0.54cm³，提高了 142.06%。

2.4 凤丹根系根尖数的变化

由图6可知，不同浓度的康宁霉素可以促进凤丹根系根尖数。随着康宁霉素浓度的降低呈现先升高后降低的趋势，在康宁霉素浓度为 25～0.25mg/L 之间随着浓度的降低呈升高趋势，在 0.25～0.0025mg/L

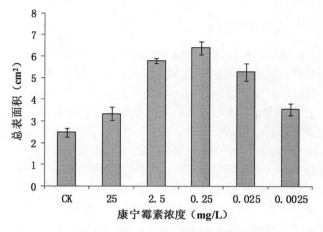

图 4 康宁霉素处理凤丹根系总表面积的变化
Fig. 4 The change of root total surface area of
the *Paeonia ostii* with the Trichokonins

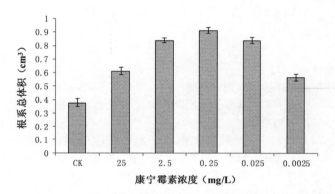

图 5 康宁霉素处理凤丹根系总体积的变化
Fig. 5 The change of root volume of
the *Paeonia ostii* with the Trichokonins

之间呈下降趋势。结果表明，以康宁霉素 0.25mg/L 的浓度处理凤丹根系的根尖数最多为 31.5，比对照提高了 129.09%。

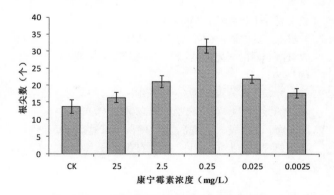

图 6 康宁霉素处理凤丹根系根尖数的变化
Fig. 6 The change of root tip number of
the *Paeonia ostii* with the Trichokonins

3　结论与讨论

通过实验发现，经康宁霉素处理后凤丹种子的生根率有所提高，浓度为 0.25mg/L 时，生根率最高。且根系的生长状况较好，在根系总长度、总表面积、平均直径、总体积以及根尖数等都有显著的提高，在康宁霉素浓度为 25～0.25mg/L 之间，随着康宁霉素浓度的降低呈现增加趋势，在浓度为 0.25～0.0025mg/L 时呈下降趋势，以浓度为 0.25mg/L 时效果最佳，在浓度为 25mg/L 时效果较差；这说明了经康宁霉素处理后凤丹根系的生长发育情况，根系增长，表面积、体积增大，根系增粗，根尖数增多，根系的侧根增多等，根的生长状况直接关系到植株对水分和矿质养分的吸收，有利于凤丹种子完成后熟作用及上胚轴休眠的解除。

以上研究结果与前人对蔬菜、农作物和园林树种等方面的研究基本一致，进一步证明了康宁霉素对植物根系生长方面的促进作用。关于木霉促进植物根系生长的研究报道较多。褚长彬等研究结果表明木霉 T68 发酵液能促进绿豆的根数、根长及根系生物量的增加并能使绿豆提早 2 天长出不定根（褚长彬和吴淑杭，2008）。陈为京等发现黄绿木霉 T1010 在日光温室条件下处理番茄后，结果发现番茄的主根长、侧根长、侧根数等都增加（陈为京和李润芳，2009）。这进一步说明了康宁霉素有利于牡丹根系的伸长，侧根的形成。在一定程度上木霉菌类可以促进植物根系的生长以及侧根的形成其机制各有不同，有学者认为木霉菌类是通过分泌植物激素类物质如赤霉素等来促进植物根系生长，或是分泌一些有机酸来调节植物根际土壤环境，从而促进植物对矿质元素的吸收与利用（Harman & Howell，2004）。其具体的作用机制还有待于进一步的研究。

参考文献

1. 陈为京，李润芳，杨焕明，等. 黄绿木霉对温室番茄生长发育和内源激素的调控效应[J]. 西北植物学报，2009，29(11)：2268 – 2274.

2. 褚长彬，吴淑杭，周德平，等. 木霉 T68 对植物病原菌的拮抗作用及对绿豆插条不定根发生的影响[J]. 农业环境科学学报，2008，27(3)：1084 – 1089.

3. 胡琼. 木霉对植物促生作用的研究进展[J]. 北方园艺，2010(7)：197 – 200.

4. Harman G, Howell C R, Viterbo A, et al. Trichoderma species opportunistic, avirulent plant symbionts [J]. Nature, 2004, 2: 43 – 56.

5. 梁志怀，魏林，等. 哈茨木霉发酵产物对豇豆萌发及苗期生长的影响[J]. 湖南农业科学，2004，(1)：18 – 20.

6. 李嘉珏，张西方，赵孝庆. 中国牡丹[M]. 北京：中国大百科全书出版社，2011：16.

7. 刘进法，夏仁学，王明元，等. 丛枝菌根促进植物根系吸收难溶态磷的研究进展[J]. 亚热带植物科学，2007，36(4)：62 – 66.

8. 陆宁海，吴利民，徐瑞富. 哈茨木霉 RT - 12 对番茄幼苗生长的影响[J]. 湖南农业科学，2006，(6)：53 – 54.

9. 陆宁海，吴利民，田雪亮，等. 哈茨木霉对番茄幼苗促生作用机理的初步研究[J]. 西北农业学报，2007，16(6)：192 – 194.

10. 苗中芹，张秀省，杨重军，等. "聊红"槐种子的 3 种催芽方法[J]. 种子，2010，29(1)：125 – 126.

11. 宋晓研，张玉忠，王元秀. 木霉 peptaibols 抗菌肽的研究进展[J]. 微生物学报，2011，51(4)：438 – 444.

12. Stern F C. A study of the genus paeonia[J]. A study of the genus paeonia, 1946：155 – 158.

13. 孙柳青，朱永良，程英，等. PEG 引发对番茄种子萌发的影响[J]. 上海蔬菜，2010(2)：68 – 69.

14. 覃逸明，黄雨清，王千，等. 不同处理对凤丹种子萌发的影响[J]. 中国种业，2009(1)：38 – 40.

15. 邱登林，阴卫军，陈建爱，等. 黄绿木霉 T1010 对日光温室土壤微生物群落的影响[J]. 山东农业科学，2011，1：59 – 62.

16. Weinding R. Studies on a lethal principle effective in the parasitic action of *Trichoderma lignorum* on *Rhizictonia solani* and other soil fungi [J]. Phytopathology, 1932, 22: 837 – 845.

17. 朱双杰，高智谋. 木霉对植物的促生作用及其机制[J]. 菌物研究，2006，4(3)：107 – 111.

18. 朱衍杰，张秀省，穆红梅. 康宁霉素对国槐幼苗根系生长的影响[J]. 中南林业科技大学学报，2014(8)：69 – 73.

水肥耦合效应对温室盆栽永福报春苣苔营养生长及光合特性的影响[*]

王颖楠　罗乐　程堂仁　潘会堂　王佳　张启翔[①]

（花卉种质创新与分子育种北京市重点实验室，国家花卉工程技术研究中心，
城乡生态环境北京实验室，北京林业大学园林学院，北京 100083）

摘要　为了探究永福报春苣苔营养生长过程中对水肥的需求，并制定一套适用于温室栽培的最优水肥供应组合，本研究通过盆栽试验采用四因子五水平二次通用旋转组合设计（1/2 实施），探究不同灌水量、施氮量、施磷量、施钾量对温室盆栽永福报春苣苔营养生长及光合特性的影响。试验结束后，对各处理的株高、冠幅、叶片数、单叶面积、生物量、净光合速率、蒸腾速率、气孔导度、胞间 CO_2 浓度进行测定与分析。结果表明，永福报春苣苔是轻度需肥的植物，在营养生长过程中对水分和养分的需求不高；在本试验条件下的最优水肥供应组合为：339.2mL 水、5.2mmol/L 氮肥、0.74mmol/L 磷肥及 1.9mmol/L 钾肥。

关键词　水肥耦合；永福报春苣苔；营养生长；光合特性

Coupling Effects of Irrigation and Fertilization on Vegetative Growth and Photosynthetic Characteristics of Potted *Primulina yungfuensis* （W. T. Wang）Mich. Möller & A. Weber

WANG Ying-nan　LUO Le　CHENG Tang-ren　PAN Hui-tang　WANG Jia　ZHANG Qi-xiang
（*Beijing Key Laboratory of Ornamental Plants Germplasm Innovation & Molecular Breeding*，*National Engineering Research Center for Floriculture*，*Beijing Laboratory of Urban and Rural Ecological Environment and College of Landscape Architecture*，*Beijing Forestry University*，*Beijing* 100083）

Abstract　*Primulina yungfuensis*（W. T. Wang）Mich. Möller & A. Weber is native to Southwest China which shows great potential as a houseplant. However, problems like retarded growth arose due to little knowledge about the growth and development requirements of this plant. Irrigation and fertilization are important cultural practices to boost growth and development, so knowing water and fertilizer requirements of *P. yungfuensis* is of great significance for its greenhouse production. A pot experiment was conducted in a sunlit greenhouse from June to September 2014 to study the coupling effects of water and N, P and K fertilizers on vegetative growth and photosynthetic characteristics of *P. yungfuensis*. A quadratic general rotary unitized design （1/2 implementation）with four factors（five levels per factor）was used. The plant height, crown diameter, number of leaves, single leaf area, biomass, net photosynthetic rate, transpiration rate, stomatal conductance, and intercellular CO_2 concentration of the tested plants were measured after the experiment. Our results showed that plants of *P. yungfunensis* had a low demand for water and fertilizers, and the optimum combination of water, N, P, and K achieved by principal component analysis was 339.2mL water, 5.2mmol/L N, 0.74mmol/L P and 1.9mmol/L K, and this could be applied in cultivation to obtain desirable vegetative growth performance.

Key words　Coupling effects of irrigation and fertilization; *Primulina yungfuensis*; Vegetative growth; Photosynthetic characteristics

永福报春苣苔（*Primulina yungfuensis*）为苦苣苔科（Gesneriaceae）报春苣苔属（*Primulina*）的多年生小草本，主要分布于我国广西境内（李振宇和王印政，2004；Weber *et al.*，2011）。该种为小型莲座状植株，

---

[*] 基金项目：中国新花卉项目苦苣苔盆花商品化生产技术研究（No. TIAFI201201）。

[①] 通讯作者。Author for correspondence（E-mail：zqxbjfu@126.com）。

叶脉银白色或紫色，叶面革质被紫毛，叶背呈鲜紫红色，花大，呈浅紫色、紫色或紫红色，每年5月至8月开花不绝，具有很高的观赏价值；此外，永福报春苣苔具备良好的耐阴性和耐旱性，较易适应低光照强度、日照时数不足、空气干燥的室内环境。因此，它是一种极具商品化潜力的观叶观花室内盆栽植物。研究者对其引种驯化、叶插繁殖等进行了初步研究（温放和张启翔，2007；温放，2008；艾春晓 等，2013），但对该种植物的水肥需求知之甚少，仅艾春晓（2013）对永福报春苣苔温室栽培中的施肥量及施肥频率进行了研究，认为每10d施用125mg/L的霍格兰氏液能获得较高品质的成苗。由于对永福报春苣苔的水肥需求缺乏认识，在其栽培生产过程中基质积水、植株生长不良等现象时有发生，这直接影响了这种新花卉的商品化生产及推广。本试验欲通过研究不同浇水量、施氮量、施磷量和施钾量对永福报春苣苔营养生长及光合特性的影响，探讨该种植物对水分、养分的需求，并筛选出其营养生长过程中最适宜的水肥施用组合，从而对商品化生产中的水肥施用提供指导。

1　材料与方法

1.1　试验材料

试验材料为永福报春苣苔全叶插所得幼苗。全叶插于2013年12月5日在北京林业大学小汤山试验基地日光温室内进行，扦插所用的基质配比为草炭:珍珠岩=1:1（V/V）。2014年5月20日将已生成3～4片真叶的生根幼苗移入黑色营养钵（8cm × 10cm），移栽所用基质与扦插基质相同。2014年6月1日从上述幼苗中选取生长状况基本一致、健康无病虫害的600株幼苗进行试验。

1.2　试验设计

试验于2014年6月2日至9月9日在北京林业大学小汤山试验基地日光温室内进行。试验采用二次通用旋转组合设计（1/2实施），设有浇水量（mL）、施氮量（mmol/L）、施磷量（mmol/L）、施钾量（mmol/L）四个因子，每个因子五水平，氮、磷、钾三因子的0水平根据1/2浓度的霍格兰和阿农（1938年）通用营养液配方设定。该试验设计的全因素试验点数 m_c = 8，星点数2m = 8，中心点试验点数 m_0 = 4，共计 m_c + 2m + m_0 = 8 + 8 + 4 = 20个处理，每个处理30个重复，每个重复为一个植株。因子编码值和试验设计方案分别于表1和表2中列出。

表1　各因子水平、变化间距及编码值

Table 1　Levels, intervals and coded values of experimental factors

因子	变化间距	−1.6818	−1	0	1	1.6818
浇水量 （W, mL）	89.19	100.0	160.8	250.0	339.2	400.0
施氮量 （N, mmol/L）	2.32	3.6	5.2	7.5	9.8	11.4
施磷量 （P, mmol/L）	0.238	0.10	0.26	0.50	0.74	0.90
施钾量 （K, mmol/L）	1.07	1.2	1.9	3.0	4.1	4.8

表2　试验设计及施用方案

Table 2　Experimental design and application scheme

处理	编码值矩阵				施用方案			
	W	N	P	K	灌水量	施氮量	施磷量	施钾量
1	1	1	1	1	339.2	9.8	0.74	4.1
2	1	1	−1	−1	339.2	9.8	0.26	1.9
3	1	−1	1	−1	339.2	5.2	0.74	1.9
4	1	−1	−1	1	339.2	5.2	0.26	4.1
5	−1	1	1	−1	160.8	9.8	0.74	1.9
6	−1	1	−1	1	160.8	9.8	0.26	4.1
7	−1	−1	1	1	160.8	5.2	0.74	4.1
8	−1	−1	−1	−1	160.8	5.2	0.26	1.9
9	−1.6818	0	0	0	100.0	7.5	0.50	3.0
10	1.6818	0	0	0	400.0	7.5	0.50	3.0
11	0	−1.6818	0	0	250.0	3.6	0.50	3.0
12	0	1.6818	0	0	250.0	11.4	0.50	3.0
13	0	0	−1.6818	0	250.0	7.5	0.10	3.0
14	0	0	1.6818	0	250.0	7.5	0.90	3.0
15	0	0	0	−1.6818	250.0	7.5	0.50	1.2
16	0	0	0	1.6818	250.0	7.5	0.50	4.8
17	0	0	0	0	250.0	7.5	0.50	3.0
18	0	0	0	0	250.0	7.5	0.50	3.0
19	0	0	0	0	250.0	7.5	0.50	3.0
20	0	0	0	0	250.0	7.5	0.50	3.0

1.3　水肥施用及日常管理

试验所用的氮肥为硝酸钙（Ca（NO₃）₂・4H₂O，99%纯度），磷肥为磷酸二氢铵（NH₄H₂PO₄，99%纯度），钾肥为硝酸钾（KNO₃，99%纯度）。浇水频率为每周1次，氮、磷、钾均以营养液形式施用，每两次浇水施用1次营养液。镁元素及微量元素分别采用1/2浓度霍格兰和阿农（1938年）配方及微量元素通用配方（马太和，1985）（表3）。各处理的其他栽培管理措施如遮阴等均保持一致，并且在 7～8 月开启风机湿帘系统进行通风降温。

表3　镁元素及微量元素配方

Table 3　Dosages of Magnesium（Mg）and trace elements added to the nutrient solution

化合物	浓度（μmol/L）
$MgSO_4 \cdot 7H_2O$	2000
$Na_2Fe\text{-}EDTA$	76.9
H_3BO_3	46.3
$MnSO_4 \cdot 4H_2O$	9.5
$ZnSO_4 \cdot 7H_2O$	0.8
$CuSO_4 \cdot 5H_2O$	0.3
$(NH_4)_6Mo_7O_{24} \cdot 4H_2O$	0.02

1.4　指标测定

试验结束后，从各处理随机选取 10 株测定株高（cm）、冠幅（cm）、叶片数（片）、单叶面积（cm^2）和生物量（g）。株高为根茎基部到植株最高点的距离；冠幅为植株两个垂直的水平方向间的距离；叶片数为完全展开的叶片数目；叶面积采用叶面积仪进行非破坏性测定；将待测植株采收后，放入烘箱 105℃ 杀青 30min，再将温度降至 60℃ 烘干至恒重，此时称量所得的质量为生物量（陈忠林 等，2011）。最终结果为10 个测定值的平均值。

2014 年 9 月 10 日上午 09：00～11：00 利用 LI-6400XT 型光合仪从各处理随机选取 5 株测定净光合速率（Pn，$\mu mol/m^2/s$）、蒸腾速率（Tr，$mmol/m^2/s$）、气孔导度（Gs，$mol/m^2/s$）及胞间 CO_2 浓度（Ci，$\mu mol/mol$）。测定时采用 LED 红蓝光源，光照强度设定为 $200mol/m^2/s$，CO_2 浓度为温室内大气 CO_2 浓度。并根据公式水分利用率（WUE，$\mu mol/mmol$）＝ 净光合速率（Pr）/蒸腾速率（Tr）计算叶片的瞬时水分利用率。最终结果为 5 个测定值或计算值的平均值。

1.5　数据处理

利用 Excel 对数据进行处理统计，利用 SPSS19.0 对数据进行方差分析与多重比较，并根据主成分分析原理利用 SPSS19.0 对各水肥施用组合进行综合评价。

2　结果与分析

2.1　水肥耦合对永福报春苣苔株高的影响

栽培 100 d 后各处理的株高如图 1 所示。为便于表述，分别将各因子的水平编码值从低到高依次简称为"低、较低、中、较高、高"（下文与此处相同）。经方差分析和多重比较发现各处理的株高差异显著。处理 3 的株高生长量最大，为 1.71cm；处理 1、16 的平均生长量其次，分别为 1.45cm 和 1.55cm；处理 8 的平均生长量最小，为 0.36cm。说明在较高灌水量下，氮、磷、钾均为较高水平时的株高的生长量较大，若在此基础上降低氮、钾至较低水平，株高生长量最大；但若继续降低水、磷至最低水平，生长量最小。由处理 9、10、17～20 可知，在中氮、中磷、中钾条件下，高水、低水与中水相比更能促进株高生长。又由处理 11～16 可知，在中水条件下，高水平的施氮量降低了株高，而磷肥、钾肥的情况与之相反。

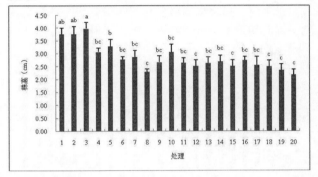

图1　水肥耦合对永福报春苣苔株高的影响（P < 0.05）

Fig. 1　Coupling effects of irrigation and fertilization on plant height of *Primulina yungfuensis*

2.2　水肥耦合对永福报春苣苔冠幅的影响

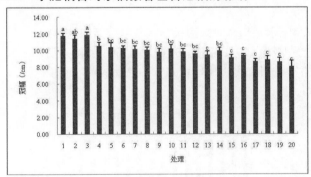

图2　水肥耦合对永福报春苣苔冠幅的影响（P < 0.05）

Fig. 2　Coupling effects of irrigation and fertilization on crown diameter of *Primulina yungfuensis*

栽培 100d 后各处理的冠幅如图 2 所示。经方差分析和多重比较可知，各处理的冠幅差异显著。处理 3 的冠幅最大，为 11.93cm，其次是处理 1，为 11.81cm，处理 20 最小，为 8.10cm。说明在较高灌水量下，氮、磷、钾均为较高水平时冠幅较大，在此基础上降低氮、钾至较低水平，冠幅最大；中水、中氮、中磷、中钾时冠幅最小，即在水分供应较为充足的前提下，适当降低氮、钾用量能增大冠幅。由处理9、10、17～20可知，在中氮、中磷、中钾条件下，高、低水平的灌水量与中等水平的灌水量相比，更利于冠幅的增加。与株高类似，在中水条件下，高水平的施氮量使冠幅减小，而磷肥、钾肥的情况与之相反。

2.3　水肥耦合对永福报春苣苔叶片数的影响

栽培100d后各处理的叶片数如图3所示。方差分析和多重比较的结果说明各处理的叶片数差异不显著。处理3的叶片数最多，为14.8片，处理15和17的叶片数最少，为10.8片。说明当水分供应量处于较高水平时，适当提高磷肥用量至较高水平并降低氮肥、钾肥用量至较低水平能有效促进叶片数的增加。

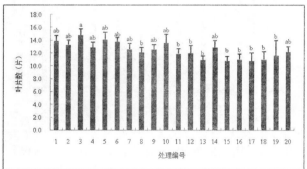

图3　水肥耦合对永福报春苣苔叶片数的影响（P＞0.05）

Fig. 3　Coupling effects of irrigation and fertilization on leaf number of *Primulina yungfuensis*

2.4　水肥耦合对永福报春苣苔单叶面积的影响

栽培100 d后各处理的单叶面积如图4所示。经方差分析和多重比较可知，各处理的单叶面积差异显

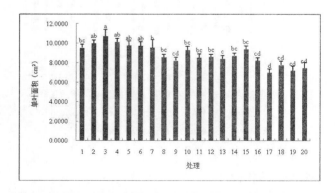

图4　水肥耦合对永福报春苣苔单叶面积的影响（P＜0.05）

Fig. 4　Coupling effects of irrigation and fertilization on single leaf area of *Primulina yungfuensis*

著。处理3单叶面积最大，其次为处理4、2，处理7的单叶面积最小。说明当水分供应量为较高水平时，氮、磷、钾三因素中任意两个因素为较低水平而剩余因素为较高水平时，单叶面积的数值最为理想，并且增施磷肥比增施氮肥、钾肥更有效。由处理5-8可知，当水分供应量水平较低时，较低水平的氮、磷、钾不利于叶片的生长，此时可适当提高肥料施用量。由处理9、10、17～20可知，在中氮、中磷、中钾条件下，高水平和低水平的水分供应与中等水平的水分供应相比，更利于叶片的生长和叶面积的增大，并且高水分供应效果要优于低水分供应效果。

2.5　水肥耦合对永福报春苣苔生物量的影响

栽培100d后各处理的生物量如图5所示。方差分析和多重比较的结果说明，各处理的生物量差异显著。处理2的生物量最大，为3.81g；处理3其次，为3.77g；处理17的生物量最小，为0.683g。由处理1-3可知，当水、氮、磷、钾四因子均为较高水平时，降低磷、钾或氮、钾至较低水平，能显著增大生物量。又由处理15～20可知，当水、氮、磷供应均为中等水平时，高钾与低钾、中钾相比，更利于生物量的积累，说明当水、氮、磷正常供应时，提高施钾量能有效促进生物量的积累。

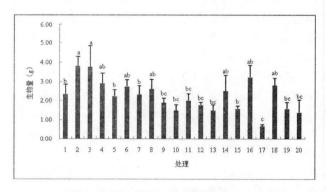

图5　水肥耦合对永福报春苣苔生物量的影响（P＜0.05）

Fig. 5　Coupling effects of irrigation and fertilization on biomass of *Primulina yungfuensis*

2.6　水肥耦合对永福报春苣苔光合特性的影响

栽培100d后各处理的净光合速率、蒸腾速率、气孔导度、胞间CO_2浓度与水分利用率如表4所示。方差分析和多重比较的结果说明，各处理的气孔导度差异不显著（$P > 0.05$），而各处理的净光合速率、蒸腾速率、胞间CO_2浓度与水分利用率差异显著（$P < 0.05$）。

表 4　水肥耦合对永福报春苣苔净光合速率(Pn)、蒸腾速率(Tr)、气孔导度(Gs)、胞间 CO₂ 浓度(Ci)及水分利用率(WUE)的影响

Table 4　Coupling effects of irrigation and fertilization on net photosynthetic rate, transpiration rate, stomatal conductance, intercellular CO_2 concentration and water use efficiency of *Primulina yungfuensis*

处理	Pn	Tr	Gs	Ci	WUE
T1	2.76 ± 0.08192de	1.44 ± 0.18000c	0.0827 ± 0.011150b	349 ± 6.98411ab	1.979 ± 0.26243c
T2	3.17 ± 0.46228de	1.53 ± 0.33706c	0.0847 ± 0.02060b	339 ± 27.22132ab	2.373 ± 0.80818bc
T3	5.93 ± 0.42911c	1.79 ± 0.26623bc	0.0978 ± 0.01712b	300 ± 12.34234b	3.408 ± 0.35822b
T4	5.80 ± 0.16197c	1.94 ± 0.29537bc	0.0994 ± 0.01879b	299 ± 25.54082b	3.166 ± 0.60050bc
T5	4.70 ± 0.25861cd	1.68 ± 0.20739bc	0.1225 ± 0.0217ab	350 ± 14.72338b	2.846 ± 0.23246bc
T6	11.29 ± 2.66434b	2.38 ± 0.32850bc	0.1954 ± 0.07360ab	233 ± 37.53369c	4.757 ± 1.09714ab
T7	14.27 ± 0.20276a	2.78 ± 0.44193b	0.1286 ± 0.02244ab	192 ± 36.55589c	5.475 ± 1.08662a
T8	14.17 ± 0.12019a	3.13 ± 0.45168ab	0.1394 ± 0.02628ab	211 ± 33.24655c	4.757 ± 0.81898ab
T9	1.70 ± 0.22784e	2.98 ± 0.38734ab	0.1070 ± 0.01528b	370 ± 5.77350a	0.585 ± 0.09348c
T10	2.28 ± 0.49670de	3.89 ± 0.48721ab	0.1393 ± 0.02140ab	359 ± 8.38650a	0.631 ± 0.18572c
T11	4.03 ± 0.38553d	2.61 ± 0.30271bc	0.1187 ± 0.034824ab	328 ± 13.37078ab	1.416 ± 0.16496c
T12	4.77 ± 0.04359cd	3.23 ± 0.26548ab	0.1049 ± 0.00896b	328 ± 6.11919ab	1.500 ± 0.13335c
T13	3.50 ± 0.26117de	3.10 ± 0.86262ab	0.4198 ± 0.34537a	354 ± 19.96942ab	1.309 ± 0.35971c
T14	3.66 ± 0.18003d	3.48 ± 0.32047ab	0.2653 ± 0.16334ab	349 ± 18.88856ab	1.059 ± 0.0431136c
T15	3.81 ± 0.05508d	2.72 ± 0.54395b	0.3499 ± 0.27451ab	300 ± 23.25463ab	1.556 ± 0.38666c
T16	4.59 ± 0.17169cd	4.03 ± 0.24009a	0.1427 ± 0.02347ab	329 ± 10.01665ab	1.144 ± 0.06558c
T17	4.60 ± 0.09238cd	3.10 ± 0.37099ab	0.1471 ± 0.04035ab	319 ± 14.22439ab	1.525 ± 0.17428c
T18	4.42 ± 0.09292cd	2.89 ± 0.44193ab	0.1035 ± 0.02242b	293 ± 22.03028b	1.629 ± 0.32617c
T19	4.51 ± 0.04359cd	2.99 ± 0.19079ab	0.1683 ± 0.05627ab	337 ± 7.54983ab	1.519 ± 0.08400c
T20	4.27 ± 0.07638cd	3.07 ± 0.47697ab	0.1294 ± 0.03955ab	300 ± 17.89786b	1.469 ± 0.25094c

处理 7、8 的净光合速率显著高于其他处理，说明较低水和较低氮能显著提高叶片的光合能力；处理 9 的净光合速率最低，说明在遭遇水分胁迫时，即使氮、磷、钾肥的用量处于中等水平，也不能有效提高叶片的光合能力，即欲通过施肥提高植株光合能力，肥效的发挥需要适量的水分作为前提。处理 16 的蒸腾速率最大，说明在水、氮、磷施用量均为中等水平时，提高钾肥用量至高钾水平，也提高了植株的蒸腾能力，增加了水分的耗散；由处理 9～16 可知，当将水、氮、磷、钾四因子中的任意三因子固定在中等水平时，增大剩余因子至高水平，也会使蒸腾速率增大。处理 13 的气孔导度值最大，即在水、氮、钾为中等水平时，降低磷肥用量至低水平能增大气孔导度值；与蒸腾速率的变化不同，当水分供应为中等水平时，将氮、磷、钾三因子中任意两因子固定在中等水平，增大剩余因子的水平，气孔导度值反而减小。由处理 9 可知，在水分胁迫时，若氮、磷、钾供应为中等水平，胞间 CO₂ 浓度最大，说明植株并未有效利用 CO₂，光合作用较弱。水分利用率又称为瞬时蒸腾速率(赵玲珍，2006)，能够准确反映出植物叶片的瞬时

或短期反应行为；处理 7 的 WUE 值最大，且 Pr 值也最大；处理 9 的 WUE 值最小，且 Pr 值也最小，说明在本试验条件下，较低水、较低氮、较高磷、较高钾的处理 Pr 值最大，WUE 值也最大；低水、中氮、中磷、中钾的处理 Pr 值最小，WUE 值也最小，表明当水分供应为较低水平时，降低氮肥用量并提高磷、钾肥用量能显著提高永福报春苣苔的净光合速率，使之处于轻微水分胁迫时仍具有很高的水分利用率，维持其机体的正常生长。

2.7　永福报春苣苔营养生长最优水肥组合筛选

在永福报春苣苔商品化生产中需要对不同的水肥施用方案进行多目标综合评价，从而筛选出优化的水肥管理方案(徐岩，2011)。主成分分析法是对主观判断的定性分析进行量化，并将各判断因子间的差异数值化，获得一个能够较为全面地反映例如植株生长等情况的综合指标，故而在综合评价中应用广泛(叶依广和何伟，2002；白慧强，2009)。

利用 SPSS 软件提取出 3 个主成分并计算出相应特征值、方差贡献率及累计方差贡献率(表 5)。3 个

主成分的贡献率依次为 58.600%、22.687%、7.349%，累计贡献率达 88.636%，说明这 3 个主成分包含了不同水肥处理下原始数据所供信息总量的 88.636%。各主成分的得分于表 6 中列出，并根据公式 $F_k = (F_{k1} \times \lambda_1 + F_{k2} \times \lambda_2 + F_{k3} \times \lambda_3) / (\lambda_1 + \lambda_2 + \lambda_3)$（$k = 1, 2, \cdots\cdots, 20$）计算各处理的总得分，根据总分将各处理排序：T3 → T7 → T6 → T2 → T8 → T4 → T1 → T5 → T14 → T16 → T11 → T18 → T10 → T12 → T15 → T9 → T13 → T19 → T20 → T17。其中，处理 3 得分最高，其次是处理 7、6，处理 17 得分最低。在本试验条件下，综合考虑水肥耦合对永福报春苣苔营养生长和光合特性的影响，处理 3 的水肥施用配比最优，处理 7、6 的水肥施用配比较优。

表 5 主成分的特征值、贡献率和累计贡献率

Table 5 Three principal components with their eigenvalues, variance contributions and accumulative variance contributions

	主成分 1	主成分 2	主成分 3
特征值 λ	4.688	1.815	0.588
贡献率(%)	58.600	22.687	7.349
累计贡献率(%)	58.600	81.287	88.636

表 6 各主成分得分及综合评价得分

Table 6 Scores of each principal component and treatment

处理	成分 1	成分 2	成分 3	总得分	排名
T3	2.12637	−0.41261	0.57703	1.34802	1
T7	0.62613	2.29873	−0.38388	0.97049	2
T6	0.89756	1.56785	−0.36377	0.96453	3
T2	1.53295	−0.93684	0.80161	0.70720	4
T8	0.04870	2.41294	0.47158	0.68891	5
T4	0.91296	0.11247	−0.06960	0.62659	6
T1	1.29604	−1.26244	−1.21650	0.43283	7
T5	0.95362	−0.35587	−1.41583	0.42197	8
T14	−0.24124	−0.49398	1.09903	−0.19479	9
T16	−0.66462	−0.08814	2.89705	−0.22172	10
T11	−0.33609	−0.41013	−0.21326	−0.34486	11
T18	−0.73423	0.06054	1.09367	−0.37923	12
T10	−0.18451	−1.07102	0.17840	−0.38133	13
T12	−0.55833	−0.08831	0.02116	−0.38997	14
T15	−0.61989	−0.15989	−0.45116	−0.48816	15
T9	−0.49773	−0.96594	−0.05546	−0.58090	16
T13	−0.81035	−0.32840	−0.20673	−0.63694	17
T19	−1.12468	0.04592	−0.52669	−0.77547	18
T20	−1.22337	0.08510	−0.86302	−0.85858	19
T17	−1.39929	−0.00998	−1.37365	−1.04151	20

3 讨论

株高、冠幅、叶片数、单叶面积、生物量、光合特性等是衡量植物生长的重要指标。本试验的研究结果说明，充足的水分供应是永福报春苣苔旺盛生长的前提，但在轻度水分胁迫条件下，永福报春苣苔的营养生长状况亦较为理想，这充分印证了该种植物对水分胁迫的适应性与耐受性；同时，作为一种耐瘠薄的植物，永福报春苣苔在栽培过程中也表现出了对肥料种类与用量的较低需求，高水高肥并不利于其正常生长，这也说明永福报春苣苔可作为一种低生产成本盆花开发推广。

对于株高和冠幅，魏建芬（2011）发现适宜的水分条件有利于毛竹幼苗株高生长，配以高氮低磷或低氮高磷更利于水肥耦合效益的发挥；孙向丽和张启翔（2011a，2011b）研究发现，当施肥量一定时，丽格海棠的株高随浇水频率的提高而增大，而一品红的株高则随着浇水频率的提高先增大后减小，当浇水频率固定时，丽格海棠和一品红的株高均随着施肥量的增加先增大后减小。不同学者研究结果的差异反映出试验场所（大田或温室栽培试验）和受试材料的差异。此外，本研究发现适量增施磷肥能够促进永福报春苣苔的营养生长，其原因可能是幼嫩的植物细胞或组织如茎尖分生组织，对磷肥的需求较高，这样其内部迅速的细胞分裂和旺盛的代谢才能顺利进行（Khalid，2012），即增施磷肥促进了细胞分裂与代谢，而永福报春苣苔植株株高、冠幅、叶片数、单叶面积的增大则是细胞分裂的直接结果。

生物量是单位面积上的有机体干重总量或植物所有种的有机物干重总量，是生态系统获取能量能力的主要体现（董雯怡，2011）。本研究发现当水分供应量较为充足时，较高的施氮量或施磷量能显著增大永福报春苣苔植株的生物量；而当水、氮、磷的供应量均为中等水平时，生物量随施钾量的提高显著增加。董雯怡（2011）的研究肯定了灌水与施氮对毛白杨幼苗生物量的作用，认为充足的水分供应配以中、高水平的氮肥能获得理想的生物量；张文君（2012）指出氮肥是矮牵牛生物量的主要限制因子；丁明来等（2013）认为水氮交互效应对茶树生物量影响显著，且高灌水量与高施氮量时的生物量最大；孟力力等（2014）研究发现基质含水量与施肥量对彩叶草生物量存在显著正效应，高含水量与高施肥量时的生物量最大。至于本研究中钾肥对生物量的促进作用仍有待进一步研究。

光合作用是植物体内十分重要的代谢过程，也是判断植物生长、抗逆性强弱的指标，其对水分亏缺十分敏感，轻度的水分胁迫就能使光合速率下降（许大全和张玉忠，1992；付士磊 等，2006），这也可以解释本研究水分胁迫时光合速率最低的结果。而对于净光合速率最高时的水肥施用量，不同试验研究的结果不尽相同（李冬梅，2005；周振江，2012），原因可能是受试材料的种类、生育期及对水肥的需求不同。本试验蒸腾速率的研究结果与董雯怡（2011）的一致：在中等水分供应时，施肥比不施肥的 Tr 值更大，即当水分供应为中等水平时，提高任意一种肥料用量能提高植株的 Tr 值。有研究表明 Pn 下降有两个主要原因，一是 Gs 下降，遏制了 CO_2 的供应，二是叶肉细胞光合能力下降，其利用 CO_2 的能力也降低，从而使 Ci 升高（Farquhar et al.，1982），这一发现可解释本研究的结果：结合 Gs 和 Ci 的变化发现，当植株遭遇水分胁迫时，Gs 下降，遏制了 CO_2 的供应，且此时叶肉细胞利用 CO_2 的能力也下降，Ci 升高，最终使 Pn 减小，即气孔对 Pn 的影响要同时考虑 Gs 和 Ci 的变化。

本研究还根据主成分分析原理筛选出本试验条件下的最优水肥施用组合：339.3mL 水、5.2mmol/L 氮肥、0.74mmol/L 磷肥、1.9mmol/L 钾肥，但还需要将它与对照组进行对比试验，验证其在实际栽培生产中的效果。

参考文献

1. 艾春晓，罗乐，张启翔，程堂仁，潘会堂，王蕴红，王颖楠. 2013. 4 种报春苣苔属植物叶插繁殖技术研究[J]. 广东农业科学，(6)：43 - 46.

2. 艾春晓. 2013. 4 种报春苣苔属植物的盆花商品化生产技术研究[D]. 北京：北京林业大学.

3. 白慧强. 2009. 主成分分析法在 SPSS 中的应用——以文峪河河岸带林下草本群落为例[J]. 科技情报开发与经济，19(9)：173 - 176.

4. 陈忠林，曹微，唐凤德，黄丽荣，李丽丹，艾娇. 2011. 水肥耦合对辽西北沙地胡枝子苗木生物量的影响[J]. 东北林业大学学报，39(1)：34 - 37.

5. 丁明来，傅德龙，孙立涛. 2013. 水肥耦合条件与茶树生长关系组成分析[J]. 中国农学通报，29(31)：137 - 141.

6. 董雯怡. 2011. 毛白杨水肥耦合效应研究[D]. 北京：北京林业大学.

7. Farquhar G D, Ehleringer J R, Hubick K T. 1982. Carbon isotope discrimination and photosynthesis[J]. Plant Physiology，33(1)：317 - 345.

8. 付士磊，周永斌，何兴元，陈玮. 2006. 干旱胁迫对杨树光合生理指标的影响[J]. 应用生态学报，17(11)：2016 - 2019.

9. Khalid A K. 2012. Effect of NP and foliar spray on growth and chemical compositions of some medical Apiaceae plants grow in arid regions in Egypt[J]. Journal of Soil Science and Plant Nutrition，12：617 - 632.

10. 李冬梅. 2005. 氮磷钾养分配比对日光温室黄瓜生育及代谢影响的研究[D]. 山东：山东农业大学.

11. 李振宇，王印政. 2004. 中国苦苣苔科植物[M]. 郑州：河南科学技术出版社.

12. 马太和. 1985. 无土栽培[M]. 北京：北京出版社.

13. 孟力力，张俊，闻婧，陈柳. 2014. 水肥耦合对盆栽彩叶草生物量的影响[J]. 江苏农业科学，42(10)：166 - 168.

14. 孙向丽，张启翔. 2011a. 水肥耦合对盆栽丽格海棠生长及品质的影响[J]. 西北农林科技大学学报（自然科学版），39(3)：168 - 176.

15. 孙向丽，张启翔. 2011b. 温室盆栽一品红水肥耦合效应研究[J]. 北京林业大学学报，33(3)：99 - 105.

16. Weber A, Middleton D J, Forrest A, Kiew R, Chung L L, Rafidah A R, Sontag S, Triboun P, Wei Y G, Yao T L, Möller M. 2011. Molecular sysmatic and remodeling of Chirita and associated genera (Gesneriaceae)[J]. Taxon，60(3)：767 - 790.

17. 魏建芬. 2011. 水肥交互作用对毛竹幼苗生理特性及生物量的影响[D]. 浙江：浙江农林大学.

18. 温放，张启翔. 2007. 5 种唇柱苣苔属植物叶插繁殖方式研究[J]. 北方园艺，(12)：103 - 105.

19. 温放. 2008. 广西苦苣苔科观赏植物资源调查与引种研究[D]. 北京：北京林业大学.

20. 徐岩. 2011. 水肥耦合对日光温室生菜生育及土壤环境的影响研究[D]. 吉林：吉林大学.

21. 许大全，张玉忠. 1992. 植物光合作用的光抑制[J]. 植物生理学通讯，28(4)：237 - 243.

22. 叶依广，何伟. 2002. 江苏省各中心城市经济发展综合实力及差异因素的主成分分析[J]. 南京农业大学学报，25(4)：95 - 99.

23. 张文君. 2012. 矿质营养对矮牵牛生长开花的影响与推荐施肥研究[D]. 湖北：华中农业大学.

24. 赵玲珍. 2006. 水肥对树莓和黑莓光合作用影响的研究[D]. 陕西：西北农林科技大学.

25. 周振江，牛晓丽，李瑞，胡田田. 2012. 番茄叶片光合作用对水肥耦合的响应[J]. 节水灌溉，(2)：28 - 32.

圆齿野鸦椿种子休眠原因研究*

贺 婷　游双红　涂淑萍[①]

（江西农业大学 林学院，南昌 330045）

摘要　以圆齿野鸦椿的新鲜种子为试验材料，经种子发芽试验得知，新采收的圆齿野鸦椿种子存在休眠现象，即使给予良好的外界环境条件也不能萌芽。通过石蜡切片观察、种皮透水、透气性以及种皮和种仁甲醇、蒸馏水浸提液的生物活性抑制试验等，进一步探讨了圆齿野鸦椿种子休眠的原因。结果表明，圆齿野鸦椿的新鲜种子种胚发育尚不完全，仍处于球形胚阶段。种皮存在一定的透水、透气性障碍，但不是影响种子休眠的主要原因。种仁和种皮中均含有某些生理活性抑制物，其中，种仁的抑制活性极显著高于种皮，甲醇浸提液的抑制活性极显著高于蒸馏水浸提液，这些抑制物可明显抑制白菜种子的发芽及幼苗生长。由此可见，圆齿野鸦椿种子休眠的主要原因是种胚发育不完全和种子内含活性抑制物质，属综合休眠类型。

关键词　种子；休眠原因；圆齿野鸦椿

Study on the Reason for Dormancy of *Euscaphis konishii* Seeds

HE Ting　YOU Shuang-hong　TU Shu-ping

（*College of Forestry，Jiangxi Agricultural University，Nanchang* 330045）

Abstract　Used *Euscaphis konishii* fresh seed as experimental material，paraffin sections were observed by seed，the seed coat permeable，breathable and biological activity of the seed coat and seeds methanol，distilled extract of inhibition test，discussed the scalloped *Euscaphis konishii* seed reasons for dormancy. The results showed that fresh immature seed seed embryo，still in the globular embryo stage. There is a certain kind of skin permeable，breathable barrier，but it is not the main reason for the impact of seed dormancy. Seeds and seed coat contain certain physiological activity inhibitors，which inhibit the activity of the seeds was significantly higher than that of the seed coat，the inhibitory activity of the methanol extract was significantly higher than that of distilled water extract，these inhibitors significantly inhibited white rapeseed germination and seedling growth. Thus，*Euscaphis konishii* seed dormancy is mainly due to incomplete development of embryo and seed containing the active inhibitory substances，is a comprehensive dormancy types.

Key words　Seed；Dormancy reason；*Euscaphis konishii*

种子休眠是植物对外界长期的复杂环境的适应，是植物的一种生理生态特性[1]。种子休眠对植物"种"的保存和繁育是有利的，所以对农业生产而言，种子休眠具有一定的经济意义[2]。但种子休眠同时也会给生产造成很大麻烦，对其资源保育和开发利用带来极大困难。

圆齿野鸦椿 *Euscaphis konishii* Hayata 属省沽油科 Staphyleaceae 野鸦椿属 *Euscaphis* 常绿小乔木，我国特有树种[3]，其观果效果佳，全株还可供药用，是一种开发利用价值极高的树种。圆齿野鸦椿种子具有休眠的特性[4~5]，生产上需采取 1 年以上的层积沙藏才能发芽。本研究旨在全面分析其种子休眠的原因，为探讨打破种子休眠的有效方法提供理论依据。

1　材料与方法

1.1　试验材料

试验材料为当年采摘的圆齿野鸦椿新鲜种子，购自福建建瓯万木林省级自然保护区。该种子千粒重为 30.975 ± 0.315g，含水量为 20.47%；成熟种子外种

＊ 基金项目：南昌市科技项目（洪财企（2012）80 号农业支撑 4 - 2）；江西省林业厅科技创新项目（201402）。

① 通讯作者。涂淑萍（1963 - ），副教授，E - mail：jxtsping@163. com。

皮为黑色，外形略近扁圆球形，表面光滑有光泽。

种子抑制物生物活性测定所用的白菜（*Brassica campestris*）种子，购自南昌市赣农蔬菜种子经营部，种子纯度≥95.0%，种子净度≥98.0%，发芽率≥85%，水分≤7.0%。使用前先用蒸馏水浸泡1 h。

1.2 试验方法

1.2.1 种子发芽试验及生活力测定

随机取4×30粒饱满的圆齿野鸦椿种子，用0.10%高锰酸钾消毒30min，然后用流水冲洗3h，阴干备用。将蛭石与泥炭土按体积比1:1混合均匀，并喷水使含水量控制在65%~75%左右作为播种基质，采用穴盘播种，适当喷水保湿，以胚根突破种皮为发芽标准。

生活力测定采用2,3,5-氯化三苯基四氮唑法（简称TTC法）[6~8]，3次重复。每次30粒种子，将种子纵向切开保留一半胚，放入培养皿中，缓慢加入0.10% TTC溶液，以覆盖种子为佳，于25℃恒温箱中进行染色过夜，第2天统计圆齿野鸦椿种胚着色情况。

1.2.2 种皮透水、透气性测定

随机选取3×30粒圆齿野鸦椿种子分别做不同的处理：①去除种壳仅保留种仁；②用98%的浓硫酸浸泡3min；③以完整的圆齿野鸦椿种子作对照。

将以上各处理种子分别放入盛有蒸馏水的小烧杯中（种子必须被水淹没）。在25℃恒温下使种子吸水，每隔2h取出各处理的种子，用滤纸吸干表面水后，用1/1000电子天平称取种子质量，然后再继续浸泡，反复数次直至恒重，重复3次。以净吸水量随时间的变化来表示吸水速率。

吸水率(%) = (吸水后质量 - 吸水前质量)/吸水前质量 × 100

另外，选取磨破种壳和完整饱满的种子各30粒，用蒸馏水浸泡，每4h取出种子，用定量滤纸吸干表面水后，在自然条件下，于室内用Lico-6400便携式光合分析仪测定种子CO_2的浓度变化。种子浸泡时间分别为0h、4h、8h、12h、16h、20h、24h，以气干种子为空白对照，重复3次。

1.2.3 种仁离体培养

取30粒种子，用0.1%升汞溶液表面消毒10min，在超净工作台上用无菌水冲洗3次，取出种仁，接种到空白培养基（不加外源激素）上培养[9]，接种后放入恒温培养箱光培养12h，然后再暗培养12h，光暗反复交替，培养温度为25℃，定期观察统计发芽数。重复3次。

1.2.4 种胚发育状况观察

种胚发育状况观察采用石蜡切片法。石蜡切片的制作采用苏木精染色法[10]，且根据圆齿野鸦椿种子特性略有改动。

1.2.5 抑制物的生物活性测定

种仁、种壳的甲醇和蒸馏水浸提液的制备以及各浸提液的抑制物生物活性的测定方法，参见游双红（2013）[11]。

1.3 数据统计分析

采用EXCEL2003和SPSS17.0软件进行数据的统计与分析。

2 结果与分析

2.1 种子发芽率与生活力

圆齿野鸦椿新鲜种子经过30d的发芽试验观察，未见种子发芽，即种子发芽率为0。并测得该种子活力为77.78%。由此可见，该种子具有休眠特性。

2.2 种皮的透水与透气性

2.2.1 圆齿野鸦椿种皮的透水性

由图1可知，各处理种子的吸水量均随浸泡时间的延长而增加，尤其是浸泡最初的4h，各处理吸水量急剧增加。在4h到24h之间，各处理的种子吸水能力虽相对减弱但吸水量仍缓慢增加，至28h时吸水量逐渐趋于饱和。3种处理种子吸水能力大小依次是：去除种壳处理 > 对照处理 > 浓硫酸浸泡处理。

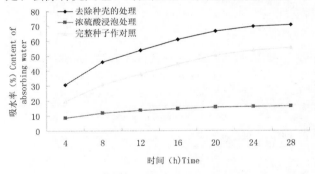

图1 种子在吸水过程中含水量的变化

Fig. 1 The change of seed content of absoring water

由表1可知，在吸水时间相同的情况下，去除种壳处理种子吸水量极显著高于对照处理的吸水量，说明该种子种皮存在一定的透水障碍，但并非种子休眠的主要原因。试验结果还表明，对照处理种子较经浓硫酸浸泡处理后的种子吸水能力更强，笔者分析其原因可能是浸泡种子时所用浓硫酸浓度（98%）过高，而浸泡时间（3min）又太短，只是将种皮外的那层黑色、疏松的表皮腐蚀掉了，而坚硬的木质化种皮并未

被腐蚀掉，但种皮结构却被破坏了，使其透水性反而降低。具体原因还有待进一步研究。

表1 不同处理种子含水率(%)的比较

Table1 The multiple comparison on changes of content of absorbing with different treatment

浸种时间 Soak time （h）	种子含水率(%)content of seed moisture		
	去除种壳处理 Without shell	浓硫酸处理 With H$_2$SO$_4$	完整种子 integrated seed
4	30.77 ±4.23iH	8.62 ±0.91lN	19.69 ±1.76iIM
8	45.99 ±4.67gEF	11.92 ±1.12klMN	30.59 ±2.67iH
12	53.89 ±5.24efCD	13.44 ±0.96jkM	37.94 ±2.98hG
16	61.18 ±6.78cB	14.71 ±1.23jkM	44.78 ±3.22gF
20	66.45 ±6.67bA	15.75 ±2.11jI	50.54 ±3.87fDE
24	69.47 ±9.12abA	16.25 ±1.89ijI	53.95 ±4.21efCD
28	70.59 ±3.76aA	16.46 ±2.13ijI	55.72 ±3.98deC

注：表格中不同大小写字母表示差异达到1%和5%显著水平。

Note：different letters in the form mean significant difference at P = 1% and P = 5% level. (LSD)

2.2.2 圆齿野鸦椿种皮的透气性

由表2可知，磨破种皮的种子与完整种子在浸种后的16h内呼吸速率均逐渐提高，且磨破种壳处理种子的呼吸速率极显著高于完整种子，其呼吸速率的增加速度亦较完整种子快，表明该种子种皮的透气性存在障碍。但是浸泡16h后，两个处理的呼吸速率差值逐渐减小，说明当磨破种壳处理与完整对照处理的种子完全吸胀时，种皮的透气性对圆齿野鸦椿种子影响不大。这与王艳华（2005）[12]研究大山樱种皮透气性时的结果一致。

表2 圆齿野鸦椿种子浸种后呼吸速率的变化

Table2 The multiple comparison on changes of respiration rate of *Euscaphis konishii*

时间 Time /h	呼吸速率 Respiratory rate /mg·h^{-1}·g^{-1}	
	磨破种壳种子 Worn seeds	完整种子 Integrated seed
0	3.1782cC	2.9619dD
4	3.1925cC	2.9665dD
8	3.2318cBC	2.9822dD
12	3.3057bB	3.0095dD
16	3.4635aA	3.0232dD
20	3.1718cC	2.9637dD
24	3.1674cC	2.9593dD

注：表中不同大小写字母表示差异达到1%和5%显著水平。

Note：different letters in the form mean significant difference at P = 1% and P = 5% level.

2.3 种仁离体培养结果

在种仁离体培养的30d内未见种胚萌发，将种仁纵切后观察，可以看到胚乳丰富，几乎看不见胚体。说明圆齿野鸦椿种子形态成熟时种胚发育不完全，但具体处于胚发育的哪个时期还有待石蜡切片进行观察。

2.4 种胚发育状况

采用石蜡切片法在显微镜下观察到圆齿野鸦椿种胚仍处于球形胚时期，胚分为两部分：上部为扁球状的胚胎扁体和下部为棍状的胚柄。

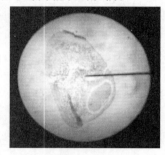

图2 圆齿野鸦椿种胚形态观察

Fig. 2 The embryo morphology of *Euscaphis konishii*

2.5 种子浸提液对白菜种子发芽的影响

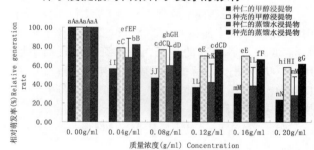

图3 各浸提液处理白菜籽的相对萌发率

Fig. 3 the relative generation rate of Chinese cabbage seed

注：同列中不同大小写字母表示差异达到1%和5%显著水平。

Note：different letters in the same coloum mean significant difference at P = 1% and P = 5% level. (LSD)

从图3可以看出，随着浸提液质量浓度的增加抑制发芽的作用显著增强。当浸提液质量浓度为0.20g/ml时，白菜种子相对发芽率以种仁浸提液处理的极显著低于种壳浸提液处理的；种仁甲醇浸提液处理的白菜种子其相对发芽率为23.33%，显著低于种仁的蒸馏水浸提液处理白菜种子的相对发芽率（28.33%）；而种壳甲醇浸提液处理的白菜种子其相对发芽率为58.33%，与种壳蒸馏水浸提液处理的白菜种子相对发芽率（61.67%）的差异不显著。这说明圆齿野鸦椿种子的种仁和种壳中均含发芽抑制物，但种仁的抑制活性极显著高于种壳；种仁中发芽抑制物以有机相为主，同时也含有一定量的水溶性成分；而种壳中有机相与水溶性成分二者之间的抑制活性差异不显著。

2.6　种子浸提液对白菜幼苗生长的影响

由表3可知，圆齿野鸦椿种子不同部位（种仁和种壳）的甲醇及蒸馏水浸提物对白菜幼苗根及茎生长均有极显著的抑制作用，且随着浸提物质量浓度的提高抑制作用显著增强。0.20g/ml的种仁甲醇浸提处理白菜籽幼苗的相对根长为41.71%，抑制作用最强。它与相同质量浓度的种仁蒸馏水浸提液及种壳甲醇浸提液处理相比，幼苗根长的差异均达显著水平，与种壳蒸馏水浸提液处理相比，幼苗根长的差异达极显著水平；种壳的甲醇浸提液处理与种壳的蒸馏水浸提液处理相比，幼苗根长的差异亦达显著水平。

0.20g/ml的种仁甲醇浸提液处理白菜籽幼苗的相对茎长为34.27%，抑制作用最强。它与相同浓度的其他3个浸提液处理相比，幼苗茎长的差异均达极显著水平；种壳的甲醇浸提液处理与种仁的蒸馏水浸提液处理相比，幼苗茎长的差异达显著水平，与种壳的蒸馏水浸提液处理相比，幼苗茎长的差异达极显著水平；种仁的蒸馏水浸提液处理与种壳的蒸馏水浸提液相比，幼苗茎长的差异亦达极显著水平。由此可见，对白菜幼苗生长的抑制作用，甲醇浸提液处理显著大于蒸馏水浸提液处理，种仁浸提液处理显著大于种壳浸提液处理。各处理对白菜幼苗茎生长的抑制作用大于对根生长的抑制作用。

综上所述，圆齿野鸦椿种仁和种壳中均存在发芽抑制物和生长抑制物；随着浸提液质量浓度的提高抑制活性逐渐增强；甲醇浸提液的抑制活性极显著高于蒸馏水浸提液的抑制活性；种仁浸提液的抑制活性极显著高于种壳浸提液。

表3　圆齿野鸦椿种子浸提液对白菜幼苗生长的影响

Table 3　Effect of extracts from *Euscaphis konishii* seed on the growth of Chinese cabbage seedling

浸提液种类 Leaching solution type	浸提液的质量浓度 Concentration/（g·ml^{-1}）	茎长 Stem length/cm	相对茎长 Relative stem length/%	根长 Root length/cm	相对根长 Relative root length /%
对照 ck	0.00	2.13	100.00	3.62	100.00
	0.04	1.33	62.44	2.63	72.65
种仁甲醇浸提物	0.08	1.21	56.81	2.33	64.36
kernel of methanol	0.12	1.09	51.17	2.19	60.50
extracts	0.16	1.01	47.42	1.81	50.00
	0.20	0.73±0.22dC	34.27	1.51±0.31cB	41.71
	0.04	1.56	73.24	2.77	76.52
种壳甲醇浸提物	0.08	1.39	65.26	2.55	70.44
Seed shell of methanol	0.12	1.33	62.44	2.28	62.98
extracts	0.16	1.05	49.30	1.96	54.14
	0.20	1.02±0.24cB	47.89	1.74±0.38bAB	48.07
	0.04	1.54	72.30	2.75	75.97
种仁蒸馏水浸提物	0.08	1.41	66.20	2.46	67.96
kernel of Distilled	0.12	1.33	62.44	2.20	60.77
water extracts	0.16	1.33	62.44	1.80	49.72
	0.20	1.16±0.20bB	54.46	1.72±0.38bAB	47.51
	0.04	1.70	79.81	2.96	81.77
种壳蒸馏水浸提物	0.08	1.57	73.71	2.70	74.59
Seed shell of Distilled	0.12	1.52	71.36	2.48	68.51
water extracts	0.16	1.59	74.65	1.96	54.14
	0.20	1.35±0.25aA	63.38	1.93±0.36 aA	53.31

注：同列数据后不同大、小写字母分别表示差异达到1%和5%显著水平。

Note：different letters in the same coloum mean significant difference at P = 1% and P = 5% level

3 结论与讨论

试验结果表明，圆齿野鸦椿种皮对种胚吸水、透气均有一定的影响，但并非导致圆齿野鸦椿种子休眠的主要原因，造成种子休眠的原因主要是种胚发育不完全以及种子内含有发芽抑制物。因此可以确定，圆齿野鸦椿种子休眠类型属于综合休眠，按照 Nikoleava 的分类方法[13]属于形态—生理休眠（B – C₃）。

参考文献

1. 傅家瑞. 种子生理[M]. 北京：科学出版社，1984. 204.
2. 王永飞，王鸣，王得元，等. 种子休眠机制的研究进展[J]. 种子，1995，6：33 – 35.
3. 欧斌. 圆齿野鸦椿（*Euscaphis konishii* Hayata）[J]. 江西林业科技，2006（5）：61.
4. 欧斌，李远章. 圆齿野鸦椿种子预处理和苗木生长规律及育苗技术研究[J]. 江西林业科技，2006（3）：16 – 18.
5. 杨燕凌. 打破圆齿野鸦椿种子休眠及外植体选择诱导实验[D]. 福州：福建农林大学，2008.
6. 应叶青，申亚梅，李浪，等. 3 种阔叶树种子生活力四唑法测定研究[J]. 种子，2005，24（1）：32 – 35.
7. 李玲. 植物生理学模块实验指导[M]. 北京：科学出版社，2008：23 – 25.
8. 蔡春菊，彭镇华，高志民，等. 四唑染色法测定毛竹种子生活力的研究[J]. 世界竹藤通讯，2008，6（3）：10 – 13.
9. 尚旭岚. 青钱柳种子休眠机理及其解除休眠方法的研究[M]. 南京：南京林业大学，2007：14 – 15.
10. 张鹏，沈海龙，纪玉山，等. 东北刺人参种胚形态后熟过程中的解剖观察[J]. 种子，2007，26（12）：45 – 47.
11. 游双红，钟诚，涂淑萍. 变温层积过程中圆齿野鸦椿种子内含抑制物的生理活性变化[J]. 经济林研究，2013，31（3）：41 – 47.
12. 王艳华，高述民，李凤兰，等. 大山樱种子休眠机理的探讨[J]. 种子，2005（5）：12 – 16.
13. Nikolaeva MG. Eeologieal and physiological aspects of seed dormancy and germinati-on（review of investigations for the last century）[J]. Botanicheskii Zhurnal，2001，86：1 – 14.

不同 LED 光质补光对蝴蝶兰幼苗生长及光合特性的影响

张红心[1]　丁友芳[1,2]　王桂兰[1]　陈超[1]

([1]唐山师范学院生命科学系，唐山 063000；[2]厦门市园林植物园，厦门 361000)

摘要　本实验研究了不同 LED 光质补光对蝴蝶兰幼苗生长及光合特性的影响，以 LED 灯为光源，用不同光质(红光、蓝光、红蓝组合光 R：B = 2：1、4：1、6：1，光强约 4000lx)的 LED 光对两个蝴蝶兰幼苗品系(002X020、020X011)进行晚间 4h 补光处理。结果表明：与单色光质补光相比，红蓝组合光质补光处理显著提高了蝴蝶兰植株的叶长、叶宽、根冠比和净光合速率，其中 R：B = 4：1 的补光处理极显著增加了蝴蝶兰植株的叶长、叶宽、干物质积累、根冠比、叶绿素含量和净光合速率，是工业化生产蝴蝶兰花卉补光的理想红蓝配比。

关键词　LED 光质；补光；蝴蝶兰；生长；光合特性

Effects on Different LED Light Quality Supplemental Lighting on Growth and Photosynthetic Characteristics of the *Phalaenopsis* ssp.

ZHANG Hong-xin[1]　DING You-fang[1,2]　WANG Gui-lan[1]　CHEN Chao[1]

([1]*Department of Life Science，Tangshan Teachers College，Tangshan* 063000；[2]*Xiamen Botanical Garden，Xiamen* 361000)

Abstract　To study the influence of the different LED light quality supplemental lighting in *Phalaenopsis* ssp. growth and photosynthetic characteristics，use the LED lamp as light source and the different light quality (red，blue，the combination of red and blue light R：B = 2：1，4：1，6：1，light quality about 4000lx) of the LED light treat on the two kinds of *Phalaenopsis* ssp. (002X020，020X011) supplemental lighting 4 h at night. Results show that compared with monochromatic light quality，the combination of red and blue light quality of the supplemental lighting treatment significantly increased the length of leaf，width of leaf，root cap ratio and net photosynthetic rat of the *Phalaenopsis* ssp.，especially the R：B = 4：1 supplemental lighting treatment significantly increased the length of leaf，width of leaf，dry matter accumulation，root cap ratio，chlorophyll content and net photosynthetic rate of the *Phalaenopsis* ssp. So this ratio of red and blue is the ideal supplemental lighting of the *Phalaenopsis* ssp. industrialization production.

Key words　LED light quality；Supplemental lighting；*Phalaenopsis* ssp. ；Growth；Photosynthetic characteristics

　　LED 光源具有使用寿命较长(约 100000 小时)、波长固定、很少需要维护、系统耗能和发热少等优点(Kevin M Folta 等，2005)，特别适合用来植物生长室照明。国内外对 LED 在生物产业中的应用已经有较多的尝试，吴根良等研究了不同 LED 光源对设施越冬辣椒光合特性和叶绿素荧光参数的影响(吴根良等，2013)，王婷等研究了 LED 光源不同光质对不结球白菜生长及生理特性的影响(王婷 等，2011)，苏诗森研究了 LED 光对温室植物生长的影响(苏诗森，2014)，但是用 LED 光源的不同光质对蝴蝶兰进行晚间补光处理的研究报道却不多。本实验以 LED 为光源，用不同的 LED 光质(红光、蓝光、红蓝组合光

R：B = 2：1、4：1、6：1)对不同品系的蝴蝶兰进行晚间 4h 补光处理，来研究 LED 补光对蝴蝶兰的生长及光合特性的影响，旨在为蝴蝶兰商品化生产过程中选择适宜的温室补光光源提供理论依据，以期在生产中提高蝴蝶兰的品质，满足市场需求。

1　材料和方法

1.1　试验材料及其处理

　　供试材料为品系 020X011 和 002X020 的蝴蝶兰(*Phalaenopsis* ssp.)幼苗，由唐山师范学院生命科学系植物细胞工程研究室提供。

1.1.1   缓苗

准备：将种植蝴蝶兰的基质（水草）提前用去离子水完全浸泡，待水草吸水充足后，捏去水分直至不再有水滴下。

选苗：在实验台上将健壮的植株用镊子小心取出，弃掉较小的和受污染的植株，在去离子水中洗去根系中附带的培养基。

移栽：用水草将蝴蝶兰的根系包裹后移栽到直径约8cm的塑料花盆中，将花盆集中放到10cm×30cm×50cm的底部有通风孔的花槽中，并覆盖地膜，将花槽放在光照适宜、通风顺畅的地方。

1.1.2   实验处理

分组：待植株恢复正常生长后，揭去地膜，均匀地将植株分为6组，每组30盆放在穴盘中，去掉干枯的黄叶和老叶。

处理：白天将蝴蝶兰放在光照强度约6000lx散射光下，晚间用白光、红光、蓝光、红蓝组合光（R∶B=2∶1、4∶1、6∶1）的LED灯（光照强度约4000lx）为蝴蝶兰补光4h，共处理30天后开始测量结果。

1.1.3   日常管理

光照：白天接受太阳散射光，晚间用不同光质的LED灯补光处理4h。

温度：实验室日温一般维持在25℃左右，夜温在18℃左右，当温度高于30℃时适当加湿降温，低于16℃时打开暖气保温。

湿度：晴天每天用加湿器加湿和叶面喷水，以保持实验室局部湿度在60%～85%，阴雨天则适当通风降低湿度，以免出现烂根现象。

水肥：待花盆内基质表面干燥时再进行浇水，施肥则随水施肥，每次用千分之一的N∶P∶K=1∶1∶1的花肥叶面喷洒或根系浇灌，量视基质的干湿程度来决定。浇水或施肥在15∶00到17∶00之间进行，中午不浇水。

1.2   测定方法

1.2.1   叶片数、叶长和叶宽的测量

随机选取3～5株生长健壮的蝴蝶兰植株，计数每株蝴蝶兰的叶片数，测量每株叶片的长度和宽度，并计算其平均值。

1.2.2   干鲜重的测量

随机选取3～5株蝴蝶兰，小心去掉根系附近的水草和叶面的杂质，剪掉干枯的叶片和干枯的气生根。在感重0.01g的电子天平上称量蝴蝶兰植株的鲜重，并记录数据。将称量完的蝴蝶兰植株放在电热恒温鼓风干燥箱中，设定温度105℃干燥10min后调整为70℃再干燥24h，然后称量蝴蝶兰的重量，并记录

干重的结果。

1.2.3   根冠比的测量

随机选取3～5株蝴蝶兰，小心去掉根系附近的水草和叶面的杂质，剪掉干枯的叶片和干枯的气生根。将植株从地上部分和地下部分处分开，用感重0.01g的电子天平分别测量地上部分和地下部分的鲜重，并记录数据。

1.2.4   叶绿素含量的测定

随机选取3～5株蝴蝶兰，小心去掉根系附近的水草和叶面的杂质。将肉质鲜嫩的蝴蝶兰叶片剪碎，去掉中脉，称取0.3g，加入少量石英砂、碳酸钙和2～3ml的无水丙酮，研磨成浆后再加10ml的无水丙酮，充分研磨至组织变白，静止3～5min。用漏斗过滤，并多次冲洗所用器皿，最后用无水丙酮定容至25ml。把取的叶绿素倒入比色杯中，以无水丙酮为空白对照，分别在波长665nm、649nm和470nm下测定消光度（3次重复）。根据公式 $Ct = Ca + Cb$（式中 Ca 代表叶绿素 a 的含量，Cb 代表叶绿素 b 的含量，Ct 代表叶绿素的总含量，下同）、$Ca = 12.95 A665 - 6.88 A649$、$Cb = 24.96 A649 - 7.32 A665$ 计算叶绿素的含量。

1.2.5   净光合速率的测定

采用便携式光合蒸腾仪（CB-1102），测定叶片光合速率。

2   结果与分析

2.1   叶片数、叶长和叶宽的测量结果及分析

不同补光处理下蝴蝶兰的叶片数大多为3～5片，无太大差别，但叶片的长度和宽度有较大差别，红蓝组合光处理下叶片明显比单色光处理的叶片长和宽，特别是单色白光处理下叶片平均长度为3cm，平均宽度为1.4cm，而R∶B=4∶1的补光处理下叶片平均长度为5.6cm，平均宽度为2.3cm，即叶长和叶宽呈现正相关，随着植株的增大，叶长和叶宽也越大。

2.2   干鲜重比的结果及分析

干鲜重比一般用K表示，K值越大说明植物新陈代谢越旺盛，长势越好，积累的干物质越多。干物质分配到花的部分可直接影响经济效益，分配到叶片的部分可以直接影响光合作用量（张晓艳 等，2008），因此干物质的积累量直接影响蝴蝶兰的品质和生长。根据表1可知，干物质积累最多的是R∶B=4∶1的补光处理组的蝴蝶兰，经统计学分析，各种补光处理下，干物质积累的显著性见表2。

表 1　不同补光下的干鲜重比

Table 1　Dry fresh weight ratio under different supplemental lighting

	020X011			002X020		
	干重	鲜重	干鲜重比（K）	干重	鲜重	干鲜重比（K）
白光	0.06	0.80	0.075	0.04	0.55	0.073
	0.08	0.91	0.088	0.05	0.61	0.082
	0.18	2.36	0.076	0.11	1.20	0.092
红光	0.11	0.68	0.162	0.06	0.68	0.088
	0.12	1.87	0.064	0.07	1.14	0.061
	0.14	2.10	0.067	0.08	1.57	0.051
蓝光	0.14	1.93	0.073	0.04	0.93	0.043
	0.16	2.08	0.077	0.06	1.20	0.050
	0.17	2.13	0.080	0.08	1.52	0.053
R∶B＝2∶1	0.20	2.16	0.093	0.08	1.00	0.080
	0.22	2.27	0.097	0.18	1.57	0.115
	0.23	3.09	0.074	0.22	2.91	0.076
R∶B＝4∶1	0.34	2.27	0.150	0.19	1.34	0.142
	0.45	2.44	0.184	0.26	1.85	0.141
	0.79	4.02	0.197	0.28	2.94	0.095
R∶B＝6∶1	0.23	1.86	0.124	0.16	1.49	0.107
	0.28	2.98	0.094	0.20	1.64	0.121
	0.41	3.86	0.106	0.21	2.38	0.088

注：地上部分和地下部分的鲜重单位 g。

表 2　表 1 的方差分析

Table 2　Analysis of variance of Table1

	df	SS	MS	F	$F_{0.05}$	$F_{0.01}$
品系间	1	0.0029	0.0029	5.8*	4.26	7.82
光质间	5	0.0290	0.0058	11.6**	2.62	3.90
品系 X 光质	5	0.0033	0.0007	1.4	2.62	3.90
误差	24	0.0121	0.0005			
总变异	35	0.3285				

由表 2 可知，品系间干鲜重比差异显著，由于只有两个品系，且品系不是本实验的研究目的，结合表 1 可知，品系为 020X011 的蝴蝶兰干物质积累量高于品系为 002X020 的蝴蝶兰干物质的积累。由于已经知道 020X011 的品系的干物质积累得多，所以为了选择最优的处理方式，可以直接对光质间采用 SSR 法进行干鲜重比的多重比较，差异显著性见表 3。

表 3　不同补光下蝴蝶兰（020X011）干鲜重比的差异显著性（SSR 法）

Table 3　Significance of difference of dry fresh weight ratio of the *Phalaenopsis* ssp.
（020X011）under different supplemental lighting

	干鲜重比 Xi	Xi - 0.077	Xi - 0.080	Xi - 0.088	Xi - 0.098	Xi - 0.108
R: B = 4: 1	0.177	0.100 * *	0.097 * *	0.089 * *	0.079 * *	0.069 * *
R: B = 6: 1	0.108	0.031	0.028	0.020	0.010	
红光	0.098	0.021	0.018	0.010		
R: B = 2: 1	0.088	0.011	0.008			
白光	0.080	0.003				
蓝光	0.077					

由表 3 可知，当红蓝组合光比例为 R: B = 4: 1 时，蝴蝶兰的干鲜重比极显著于其他补光处理组，说明当红蓝组合光比例为 R: B = 4: 1 时，最有利于蝴蝶兰干物质的积累。

2.3　根冠比的结果及分析

表 4　不同补光下的根冠比

Table 4　Root - shoot ratio under different supplemental lighting

	020X011			002X020		
	地上部分	地下部分	根冠比	地上部分	地下部分	根冠比
白光	0.37	0.33	0.892	0.19	0.20	1.053
	0.58	0.63	1.086	0.17	0.22	1.294
	0.28	0.18	0.643	0.34	0.31	0.912
	0.36	0.36	1.000	0.23	0.27	1.174
红光	0.43	0.60	1.395	0.21	0.13	0.619
	0.41	0.24	0.585	0.27	0.30	1.111
	0.34	0.40	1.176	0.34	0.57	1.676
	0.37	0.55	1.486	0.44	0.40	0.909
蓝光	0.48	0.50	1.042	0.23	0.15	0.652
	0.86	0.97	1.128	0.33	0.57	1.727
	0.60	0.51	0.850	0.43	0.31	0.721
	0.33	0.29	0.879	0.44	0.65	1.477
R: B = 2: 1	0.89	0.92	1.033	0.69	0.72	1.043
	1.12	1.38	1.232	1.42	1.50	1.056
	0.94	0.96	1.021	0.77	0.96	1.247
	1.26	1.26	1.00	0.97	1.40	1.443
R: B = 4: 1	1.30	2.57	1.977	0.88	1.87	2.125
	1.11	1.58	1.423	0.96	1.75	1.833
	1.50	2.36	1.573	1.27	1.81	1.425
	1.41	2.99	2.121	1.67	2.60	1.557

（续）

	020X011			002X020		
	地上部分	地下部分	根冠比	地上部分	地下部分	根冠比
	1.03	1.35	1.311	0.87	0.93	1.069
R:B=6:1	0.69	0.98	1.420	0.90	1.17	1.300
	0.64	0.90	1.406	1.00	1.43	1.430
	1.22	2.45	2.008	1.34	1.39	1.037

注：地上部分和地下部分的鲜重单位 g。

根冠比在植物的栽培中意义重大，是衡量植株生长发育平衡的一项重要指标。当根系的吸水能力大于地上部分的消耗能力时，植物就会加强地上部分的生长；当地上部分的蒸腾作用大于根系的吸水作用时，地上部分的生长会受到限制（甚至凋零萎蔫），根系部分就会加强生长；这样周期性地调节，促进植物不停生长。根冠比低的植物，往往叶片比较小，茎秆细小；根冠比合理的植物，叶片大，茎秆粗壮；根冠比大的植物，植株矮壮，多花多果，抗逆性强。本实验中，两个品系的蝴蝶兰的根冠比分布适中，有大有小，与其生长状态（见附录）相符，经统计学分析后，根冠比的方差分析见表 5。

表 5　表 4 的方差分析
Table 5　Analysis of variance of Table4

	df	SS	MS	F	$F_{0.05}$	$F_{0.01}$
品系间	1	0.001	0.001	0.01	4.11	7.40
光质间	5	3.158	0.632	6.72**	2.48	3.57
品系 X 光质	5	0.401	0.080	0.85	2.48	3.57
误差	36	3.372	0.094			
总变异	47	6.932				

由表 5 可知，不同的补光处理对蝴蝶兰根冠比的影响极显著，而品系不是造成蝴蝶兰根冠比不同的重要因素。为了选择最优的处理方式，对补光处理因素采用 SSR 法进行根冠比的多重比较，差异显著性见表 6。

表 6　不同补光光质蝴蝶兰根冠比的差异显著性（SSR 法）
Table 6　Significance of difference of root shoot ratio of the *Phalaenopsis* ssp. under different supplemental lighting

020X011	根冠比 Xi	$\alpha=0.05$	$\alpha=0.01$	002X020	根冠比 Xi	$\alpha=0.05$	$\alpha=0.01$
R:B=4:1	1.77	a	A	R:B=4:1	1.74	a	A
R:B=6:1	1.54	b	B	R:B=6:1	1.21	b	B
红光	1.16	c	C	R:B=2:1	1.20	bc	BC
R:B=2:1	1.07	cd	CD	蓝光	1.14	bc	BC
蓝光	0.97	d	D	白光	1.10	c	BC
白光	0.90	d	D	红光	1.08	c	C

由表 6 可知，红蓝组合光处理下蝴蝶兰植株的根冠比比单色光处理下的效果极显著，特别是当红蓝配比为 R:B=4:1 时，蝴蝶兰的根冠比极显著于其他补光处理。结合蝴蝶兰的生长状况和方差分析可知，在 R:B=4:1 的补光处理下，蝴蝶兰的根系发达，根冠比较大。

2.4　叶绿素含量的结果及分析

表 7　不同补光下蝴蝶兰的叶绿素含量

Table 7　Chlorophyll content of the *Phalaenopsis* ssp. under different supplemental lighting

	020X011			002X020		
	Ca	Cb	Ct	Ca	Cb	Ct
白光	4.21	2.59	6.80	2.97	1.30	4.27
	3.82	2.63	6.45	3.26	3.29	6.55
	4.33	2.75	7.08	2.95	2.51	5.46
红光	3.84	1.91	5.75	3.69	2.89	6.58
	4.66	2.94	7.60	3.98	2.69	6.67
	3.31	1.74	5.05	3.16	2.55	5.71
蓝光	3.10	2.00	5.10	2.45	2.94	5.39
	3.97	3.34	7.31	2.52	3.14	5.66
	3.03	2.13	5.16	0.78	0.98	1.76
R:B = 2:1	3.00	2.46	5.46	4.39	2.99	7.38
	3.58	2.90	6.48	3.77	2.74	6.51
	3.48	2.27	5.75	4.61	3.37	7.98
R:B = 4:1	2.78	3.24	6.02	4.23	4.40	8.63
	3.63	3.88	7.51	3.73	4.34	8.07
	3.05	4.29	7.34	3.03	3.60	6.63
R:B = 6:1	3.60	4.02	7.62	3.12	2.78	5.90
	3.10	3.11	6.21	3.86	5.00	8.86
	2.88	2.97	5.85	3.44	3.77	7.21

注：叶绿素含量单位 mg/L。

植物的叶片呈现绿色是叶子各种色素的综合表现，其中最主要的是绿色的叶绿素和黄色的类胡萝卜素含量之间的比例，叶绿素含量比例越高叶片颜色越绿，胡萝卜素含量比例越高叶片颜色越黄。叶片色素的含量能够反映出叶片的老嫩、生育期、生长季节以及光合速率，因此测量蝴蝶兰的叶绿素含量在一定程度上能够获得其生长状况（潘瑞炽 等，2012）。光质是影响叶绿素形成的主要因素，因此可以根据叶绿素的含量来判断不同光质对植物的影响程度。经统计学分析后，叶绿素含量的方差分析见表 8。

表 8　表 7 的方差分析

Table 8　Analysis of variance of Table7

	df	SS	MS	F	$F_{0.05}$	$F_{0.01}$
品系间	1	0.012	0.012	0.018	4.26	7.82
光质间	5	19.01	3.802	5.63**	2.62	3.9
品系 X 光质	5	11.34	2.268	3.36	2.62	3.9
误差	24	16.22	0.6758			
总变异	35	46.59				

由表 8 可知，不同光质处理下蝴蝶兰的叶绿素含量差异极显著，而品系间差异不显著，即蝴蝶兰叶绿素含量的差异不是由于品系不同引起，而是由不同补光处理引起的。因此对不同光质间采用 SSR 法进行多重比较来选出最合适的补光光质处理。叶绿素含量差异显著性见表 9。

表 9 不同补光光质蝴蝶兰叶绿素含量的差异显著性(SSR 法)

Table 9   Significance of difference of chlorophyll content of the *Phalaenopsis* ssp. under different supplemental lighting

020X011	Cx	α = 0.05	α = 0.01	002X020	Cx	α = 0.05	α = 0.01
R: B = 4: 1	6.96	a	A	R: B = 4: 1	7.78	a	A
白光	6.67	ab	AB	R: B = 6: 1	7.32	a	A
R: B = 6: 1	6.56	ab	AB	R: B = 2: 1	7.29	a	A
红光	6.13	b	B	红光	6.32	b	B
R: B = 2: 1	5.90	b	B	白光	5.43	c	C
蓝光	5.86	b	B	蓝光	4.27	d	D

由表 9 可知，光质对品系为 020X011 的蝴蝶兰叶绿素含量的差异并不因单色光还是组合光存在显著差异，但 R: B = 4: 1 的补光处理下的叶绿素含量极显著高于红光、蓝光和 R: B = 2: 1 处理下蝴蝶兰叶绿素的含量，但与白光、R: B = 6: 1 的处理组相比无显著差异；组合光对品系为 002X020 的蝴蝶兰处理下叶绿素含量极显著高于单色光，且 R: B = 4: 1 的补光处理下蝴蝶兰的叶绿素含量最高。综上可知，选择 R: B = 4: 1 的补光处理最有利于蝴蝶兰的叶绿素含量的积累，蓝光处理下最不利于蝴蝶兰的叶绿素的积累。

2.5 净光合速率结果及分析

表 10 不同补光下蝴蝶兰的净光合速率

Table 10   The net photosynthetic rate of *Phalaenopsis* ssp. under different supplemental lighting

	白光	红光	蓝光	R: B = 2: 1	R: B = 4: 1	R: B = 6: 1
	0.92	1.04	1.32	1.42	1.98	1.60
020X011	0.90	0.98	1.16	1.28	1.88	1.26
	0.86	1.00	1.08	1.48	1.78	1.46
	0.96	0.94	1.04	1.38	1.84	1.44
002X020	0.92	0.96	0.92	1.42	1.76	1.44
	0.90	0.98	0.98	1.36	1.74	1.38

注：光合速率单位 $\mu mol \cdot m^{-2} s^{-1}$

净光合速率又称表观光合速率，反映了植物在正常条件下对二氧化碳的固定效率，同时也在一定程度上反映了植物的生长状态。蝴蝶兰的碳同化属于景天酸代谢途径(CAM)，气孔白天关闭夜晚开放，夜晚将 CO_2 转化为苹果酸积累于液泡中，因此测定蝴蝶兰的光合速率不宜在白天，从而选择在 7:00 左右，这时候蝴蝶兰的光合速率相对达到最大值。将数据与白光比较，运用生物统计学进行方差分析，差异显著性如表 11。

表 11 表 10 的方差分析

Table 11   Analysis of variance Table10

	df	SS	MS	F	$F_{0.05}$	$F_{0.01}$
品系间	1	0.0301	0.0301	4.7 *	4.26	7.82
光质间	5	3.6013	0.7203	112.5 * *	2.62	3.9
品系 X 光质	5	0.0546	0.0109	1.7	2.62	3.9
误差	24	0.1528	0.0064			
总变异	35	3.8388				

由表 11 可知，品系间净光合速率无显著性差异，说明本实验品系的差异并不是影响蝴蝶兰光合作用的主要因素，但不同光质补光处理下净光合速率的差异极显著，由此可见光质确实对蝴蝶兰光合速率有较大的影响。因此对光质处理下平均净光合速率采用 SSR 法进行多重比较，选出最佳的补光处理，不同光质处理下蝴蝶兰的平均净光合速率的差异显著性见表 12。

表 12　不同补光光质下蝴蝶兰净光合速率的差异显著性（SSR 法）

Table 12　Significance of difference net photosynthetic rate of the *Phalaenopsis* ssp. under different supplemental lighting

020X011	Pn	$\alpha = 0.05$	$\alpha = 0.01$	002X020	Pn	$\alpha = 0.05$	$\alpha = 0.01$
R：B = 4：1	1.88	a	A	R：B = 4：1	1.78	a	A
R：B = 6：1	1.44	b	B	R：B = 6：1	1.42	b	B
R：B = 2：1	1.39	b	B	R：B = 2：1	1.39	b	B
蓝光	1.19	c	C	蓝光	0.98	c	C
红光	1.01	c	C	红光	0.96	c	C
白光	0.89	c	C	白光	0.93	c	C

由表 12 可知，红蓝组合光对两品系净光合速率的影响作用极显著优于单色光，且当红蓝光比例为 4：1 时，蝴蝶兰净光合作用速率最大，补光效果较佳。

3　讨论

单色光处理下蝴蝶兰的长势整体没有组合光处理下好，组合光处理的蝴蝶兰植株叶片面积较大，叶片数目较多，根系发达，但是单色蓝光处理下的蝴蝶兰植株的叶片较厚，单色红光处理的蝴蝶兰叶片颜色呈现出暗红色，且红色随着红光比例的增加而变深，这显然是由于光质处理所引起的。赵姣姣等发现 LED 红蓝 1：3 下可促进矍麦生物量的积累（赵姣姣 等，2013），唐大为发现 LED 蓝光处理下黄瓜幼苗的根长、干重、根冠比、根系活力最小（唐大为，2010），这与本实验的结果具有一致性。戴艳娇等研究发现 LED 红蓝组合光和单色蓝光处理的蝴蝶兰组培苗的叶片叶绿素含量高于白光，单色光处理下蝴蝶兰组培苗植株的根活力较强（戴艳娇 等，2010），这与本实验的结果有一定的出入，可能是因为研究对象生长阶段不一样所导致。江明艳等研究发现光质对植物生长的影响具有阶段性（江明艳和潘远智，2006），蝴蝶兰不同生长期表达的基因可能不一样，因此所受影响也不一样，此外由于组培苗生长在营养丰富的培养基中，可以靠根系吸收营养，而生长在水草中的蝴蝶兰植株仅靠根系吸收营养远跟不上生长，还要靠较强的光合作用来积累营养物质。邬奇等研究发现，红蓝组合光中 R：B = 2：1 的补光处理可以显著增加番茄叶面积、干鲜重、根系活力和净光合速率（邬奇 等，2013），这与本实验的结果具有一致性，由此可知红蓝组合补光处理是植物生长过程中增加生物量积累和提高植株活力的一种重要方法。

从实验中得出，在红蓝组合光为 R：B = 4：1 的补光处理下，蝴蝶兰的净光合速率、叶绿素的含量、根冠比和干鲜重比最大，因此蝴蝶兰生长和光合特性最理想的红蓝配比为 R：B = 4：1，但 LED 光是如何影响这些结果的、能否缩短开花周期和延长花期有待进一步探索。

参考文献

1. 陈勇，林开县，王君晖. 蝴蝶兰的快速繁殖和规模化栽培及技术研究［J］. 浙江大学学报（理学版），2004，1，31（1）：84 – 87.

2. 陈尚平，汤久顺，苏家乐，等. 不同氮、磷、钾水平对蝴蝶兰养分吸收及生长发育的影响［J］. 江苏农业学报，2007，23（6）：630 – 633.

3. 戴艳娇，王琼丽，张欢，等. 不同光谱的 LEDs 对蝴蝶兰组培苗生长的影响［J］. 江苏农业科学，2010，（5）：227 – 231.

4. 江明艳，潘远智. 不同光质对盆栽一品红光合特性及生长的影响［J］. 园艺学报，2006，33（2）：338 – 343.

5. Kevin M Folta，Lawrence L Koss，Ryan McMoorrow，*et al.* Design and fabrication of adjustable red – green – blue LED light arrays for plant research［J］. BMC Plant Biology，2005，

5.

6. 潘瑞炽，王小菁，李娘辉. 植物生理学. 第 7 版 [M]. 北京：高等教育出版社，2012.

7. 苏诗森. LED 光对温室植物生长的影响 [J]. 安徽农业科学，2014，42(25)：8494 - 8496.

8. 唐大为. LED 光源不同光质对黄瓜幼苗生长及生理生化的影响 [D]. 甘肃农业大学硕士学位论文，2010，6.

9. 王婷，李雯琳，巩芳娥，等. LED 光源不同光质对不结球白菜生长及生理特性的影响 [J]. 甘肃农业大学学报，2011，8(4)：69 - 73.

10. 韦福金，肖清. 蝴蝶兰栽培技术 [J]. 现代农业科技，2012，18：158、160.

11. 吴根良，郑积荣，李许可. 不同 LED 光源对设施越冬辣椒光合特性和叶绿素荧光参数的影响 [J]. 浙江农业学报，2013，25(6)：1272 - 1278.

12. 吴根良，何勇，王永传，等. 不同光照强度下卡特兰和蝴蝶兰光合作用和叶绿素荧光参数日变化 [J]. 浙江林学院学报，2008，25(6)：733 - 738.

13. 吴根良，何勇，王永传，等. 不同光照强度下卡特兰和蝴蝶兰光合作用和叶绿素荧光参数日变化 [J]. 杭州农业科技，2007，3，14 - 17.

14. 邬奇，苏娜娜，崔瑾. LED 光质补光对番茄幼苗生长及光合特性和抗氧化酶的影响 [J]. 北方园艺，2015，(21)：59 - 63.

15. 张晓艳，刘锋，王凤云，等. 温室蝴蝶兰干物质分配及产品上市期模拟研究 [J]. 中国生态农业学报，2008，11，16(6)：1453 - 1457.

16. 赵姣姣，杨其长，刘文科. LED 光质对水培瞿麦生长及氮磷吸收的影响 [J]. 照明工程学报，2013，10(24)：146 - 149.

遮阴处理对三种锦带叶色及叶绿素荧光参数的影响

杨 露　史宝胜[①]　于晓跃
（河北农业大学园林与旅游学院，保定 071000）

摘要　本试验以'红王子'锦带、'金叶'锦带、'紫叶'锦带为试材，研究了不同遮阴度处理（0、30%、90%）对3种锦带叶色及叶绿素荧光参数的影响。结果表明：遮阴处理使3种锦带叶绿素含量增加，使两种彩叶锦带叶片彩色消退而呈现绿色；叶绿素荧光参数 Fv/Fm 和 Y（Ⅱ）值均低于对照，表明遮阴处理降低了3种锦带叶片叶绿体 PSⅡ 原初光能转化效率、抑制了叶绿体 PSⅡ 光化学活性；遮阴度为90%处理下 qN 值均高于对照，说明高强度的遮阴处理不利于光合作用的顺利进行。

关键词　锦带；遮阴；叶色；色素；叶绿素荧光

Effects of Shading Treatments on Leaf Color and Chlorophy Ⅱ Fluorescence Parameters of Three Kinds of *Weigela florida*

YANG Lu　SHI Bao-sheng　YU Xiao-yue
（*College of Landscape Architecture and Tourism*，*Agricultural University of Hebei*，*Baoding* 071000）

Abstract　Taken three kinds of *Weigela florida* as tested materials，the effects of the different shading treatments（0、90%）on the leaf color and Chlorophy Ⅱ Fluorescence Parameters of Three Kinds of *Weigela florida* were studied in this paper. The results showed that the Chlorophy Ⅱ content of *Weigela florida* increased with the shading treatments and the leaves of *Weigela florida* had been green；The chlorophyll fluorescence parameters Fv/Fm and Y（Ⅱ）were lower than the control，which showed shading treatment reduced the three *Weigela florida* chloroplast PS Ⅱ primary light energy conversion efficiency，and inhibit the photochemical activity of PS Ⅱ in chloroplasts；The qN values were all higher than those of the control with the 90% shading treatment，It showed that the high intensity shading treatment is not conducive to the smooth progress of photosynthesis.

Key words　*Weigela florida*；Shading；Leaf color；Pigment；Chlorophy Ⅱ fluorescence

　　锦带花（*Weigela florida*）是一种落叶灌木，忍冬科锦带花属，有"五色海棠"之称（马毓泉，1980）。锦带花的花期正值春花凋零、夏花不多之际，花色艳丽繁多，故为东北、华北地区重要的观花灌木之一。具有适应性强、耐旱、耐寒、生长迅速等特点，是北方城市园林绿化中一种重要的观赏植物，尤其是一些优良品种如'红王子'锦带、'四季'锦带、'金叶'锦带、'紫叶'锦带等，已得到广泛应用。近年来，定义锦带花及其优良品种的研究主要针对繁殖方法（廖望仪等，2013；孙宜，2003）及抗逆性（海小霞 等，2014）等方面，对其叶片色彩表达研究较少。研究表明（张

启翔 等，1982），植物的叶色表现是遗传因素和外部环境共同作用的结果。影响植物叶片色彩表达的因素很多，其中光照强度对其的影响是极为重要的。植物叶片色彩主要由其色素决定，决定叶片颜色的色素主要有叶绿素、类胡萝卜素、花青素等（潘瑞炽，2004）。因此本试验以锦带花的3个优良品种——'红王子'锦带、'金叶'锦带、'紫叶'锦带为试材，在不同遮阴条件处理下测定植物叶片色彩、色素含量及叶绿素荧光参数等指标，探讨光照强度与叶片呈色规律之间的关系，为今后更合理的园林应用提供理论依据。

---

①　通讯作者。史宝胜（1969.12－），男，汉族，河北高阳人，博士，河北农业大学园林学院任教，主要从事园林植物栽培、育种及分子生物学研究。E－mail：baoshengshi@163.com。

1 材料与方法

1.1 试验材料

试验于2014年7月在河北农业大学苗圃进行。选取长势一致、生长良好的'红王子'锦带、'金叶'锦带、'紫叶'锦带作为试验材料,进行正常田间养护管理。

1.2 试验方法

1.2.1 试验设计

选取生长健壮、长势一致的3种锦带,于2014年7月9日,用不同透光度的黑色遮阴网进行遮阴处理15d,遮阴度分别为0、30%、90%,以自然光照处理(即0)为对照,每处理5株,3次重复。遮阴处理15d进行采样。取植株四周枝条由上向下第6~8片叶进行各项指标的测定。

1.2.2 测定方法

叶片叶色参数的测定参照Wang的方法(Wang L 等,2001),采用全自动色彩色差计CR-400测定叶片颜色,并记录L^*、a^*、b^*的值表示叶片颜色,其中L^*表示光泽明亮度,L^*值越大,亮度越高,范围从黑(0)到白(100);a^*值的正值表示色泽红,正值越大,红色越深,负值表示色泽绿,负值越小,绿色越深;b^*的正值表示黄色程度,负值表示蓝色程度。

叶绿素含量测定参照刘秀丽的方法(刘秀丽 等,1999),计算参照李合生的方法(李合生,2003)。

叶绿素荧光参数采用德国WALZ公司生产的调制式荧光成像系统(MINI-IMAGING-PAM)进行测定(Fernandez-Sevilla J M 等,2010),并读取光系统Ⅱ(PSⅡ)最大光化学量子产量Fv/Fm、PSⅡ实际光化学量子产量Y(Ⅱ)、光化学猝灭系数qP及荧光非光化学猝灭系数qN等参数。

1.3 数据分析

采用Excel和SPSS 21.0软件进行结果计算和统计分析。

2 结果与分析

2.1 遮阴对3种锦带叶色的影响

不同光照强度的遮阴处理下,3种锦带叶片的色差值变化如表1。b^*值表示叶片黄蓝程度,正值越大,叶色越黄,通过比较b^*值可发现,'金叶'锦带叶片上表面b^*值均为正值,且随遮阴度的增加而减小,表明遮阴使'金叶'锦带叶片黄色逐渐消退。a^*值表示叶色红绿程度,正值越大,叶色越红,负值越大,叶色越绿,通过比较a^*值可发现,遮阴处理使'紫叶'锦带上表面a^*值成负值,而对照组为正值,表明遮阴使'紫叶'锦带叶片失去红色而显现绿色。

L^*值表示光泽明亮度,L^*值越大,亮度越高。比较L^*值可发现,'红王子'锦带、'金叶'锦带和'紫叶'锦带叶片下表面L^*值均高于上表面,表明叶片下表面亮度高于上表面。

表1 不同遮阴处理对3种锦带叶片叶色的影响

Table1 The effect of different shading treatments on colors in three kinds of *Weigela florida* leaves

植物名称	遮阴度(%)	上表面			下表面		
		L*	a*	b*	L*	a*	b*
红王子锦带	0	40.84 ± 1.40	− 16.10 ± 0.41	22.66 ± 0.70	52.70 ± 0.49	− 14.75 ± 0.25	23.72 ± 0.28
	30	39.19 ± 0.68	− 15.19 ± 0.58	19.71 ± 0.89	52.29 ± 0.47	22.78 ± 0.33	22.78 ± 0.33
	90	43.07 ± 1.06	− 18.92 ± 1.03	27.00 ± 1.39	54.27 ± 0.87	− 16.51 ± 0.70	25.60 ± 1.06
金叶锦带	0	53.48 ± 1.10	− 21.97 ± 1.11	40.69 ± 1.12	60.72 ± 0.98	− 17.72 ± 0.64	31.55 ± 1.22
	30	47.54 ± 1.24	− 20.40 ± 0.77	30.74 ± 1.04	55.78 ± 0.56	− 16.94 ± 0.58	24.72 ± 0.86
	90	44.44 ± 0.96	− 19.90 ± 0.84	29.79 ± 1.06	54.13 ± 0.35	− 16.42 ± 0.54	25.50 ± 0.72
紫叶锦带	0	32.67 ± 0.83	0.89 ± 1.28	12.47 ± 1.15	47.37 ± 0.38	2.83 ± 0.61	12.39 ± 0.42
	30	33.57 ± 1.12	− 1.46 ± 1.23	8.78 ± 1.02	40.92 ± 0.78	4.46 ± 0.47	8.42 ± 0.52
	90	30.66 ± 0.78	− 0.57 ± 0.45	6.85 ± 0.55	43.33 ± 1.28	1.90 ± 0.47	9.96 ± 0.89

2.2 遮阴对3种锦带色素含量的影响

遮阴处理后3种锦带叶片叶绿素a含量、叶绿素b含量、叶绿素总量及叶绿素a/b的值如图1、图2、图3所示。叶绿素是叶片制造营养的主要光合色素，其在叶片中的含量直接影响叶色的表现。不同光照条件下，3种锦带叶片中的叶绿素含量不同。如图1可知，'红王子'锦带叶绿素总量在遮阴度为30%的处理下略高于对照，是对照的1.01倍，在遮阴度为90%处理下则低于对照，为对照的83.84%。叶绿素a/b的值则呈现先降低后升高的趋势。

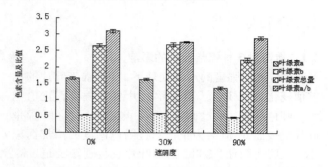

图1 不同遮阴处理对'红王子'锦带叶片色素含量的影响

Fig. 1   The effect of different shading treatments on pigment content in *Weigela florida* 'Red Prince' leaves

由图2可知，'金叶'锦带叶片叶绿素a、叶绿素b、叶绿素总量及叶绿素a/b的值均呈现先升高后降低的趋势，及遮阴度为30%的遮阴处理下，其色素含量最高，分别是对照的1.36、0.47、2.23、2.89倍；而遮阴度为90%的处理下，其色素含量均低于对照，分别为对照的71.50%、71.84%、71.43%、99.53%。表明适度的遮阴使'金叶'锦带的叶绿素含量增加，但高强度的遮阴则会降低其叶绿素含量。

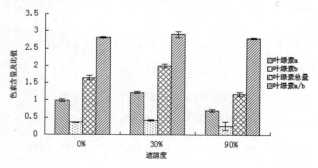

图2 不同遮阴处理对'金叶'锦带叶片色素含量的影响

Fig. 2   The effect of different shading treatments on pigment content in *Weigela florida* 'Jinye' leaves

如图3所示，随遮阴度的增加，'紫叶'锦带叶片叶绿素a、叶绿素b的含量均成上升趋势，但叶绿素a/b的值则先升高后降低。叶绿素总量的变化趋势与'金叶'锦带相似，均在遮阴度为30%的条件下达到最大值，且

极显著高于对照，达到对照的3.23倍。表明遮阴处理同样会使'紫叶'锦带叶片叶绿素含量增加。

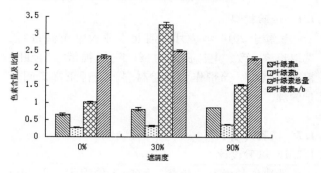

图3 不同遮阴处理对'紫叶'锦带叶片色素含量的影响

Fig. 3   The effect of different shading treatments on pigment content in *Weigela florida* 'Ziye' leaves

2.3 遮阴对3种锦带叶绿素荧光参数的影响

2.3.1 遮阴对3种锦带叶片PSⅡ原初光化学效率的影响

由图4、图5可知，'红王子'锦带和'金叶'锦带叶片的Fv/Fm和Y(Ⅱ)值的变化趋势相同，均随遮阴度的增加呈递减趋势。在遮阴度为90%处理下，'红王子'锦带与'金叶'锦带叶片Fv/Fm的值分别为对照的95.76%、95.85%，Y(Ⅱ)的值分别为对照的92.83%、83.00%。'紫叶'锦带叶片的Fv/Fm和Y(Ⅱ)的值则随遮阴度的增加均呈现先降低后升高的趋势，遮阴度为30%的处理下Fv/Fm和Y(Ⅱ)的值最小，分别为对照的96.92%、81.90%，而遮阴度为90%的处理下Fv/Fm和Y(Ⅱ)的值分别为对照的97.81%、84.31%。

总体上说，3种锦带经过遮阴处理后，其叶片Fv/Fm和Y(Ⅱ)的值均低于对照。这表明遮阴处理降低了3种锦带叶片叶绿体PSⅡ原初光能转化效率、抑制了叶绿体PSⅡ光化学活性。

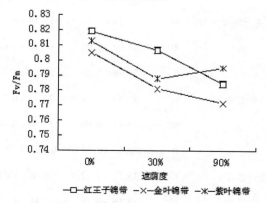

图4 不同遮阴处理对3种锦带叶片Fv/Fm的影响

Fig. 4   The effect of different shading treatments on Fv/Fm in three kinds of *Weigela florida* leaves

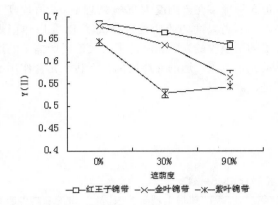

图5　不同遮阴处理对3种锦带叶片 Y（Ⅱ）的影响

Fig. 5　The effect of different shading treatments on Y（Ⅱ）in three kinds of *Weigela florida* leaves

2.3.2　遮阴对3种锦带叶片 qP、qN 的影响

光化学猝灭系数 qP 反映了 PSⅡ天线色素吸收的光能用于化学电子传递的份额。由图6可看出，'红王子'锦带和'金叶'锦带叶片 qP 值随遮阴程度的增加而降低，遮阴度90%处理下分别为对照的97.14%、88.98%，说明遮阴处理减少了 PSⅡ反应中心开放比例，降低了 PSⅡ反应中心氧化态 QA 的数量和光能转化利用效率。'紫叶'锦带叶片 qP 值变化趋势与'金叶'锦带相反，随遮阴度的增加而增加，说明遮阴处理增加了其 PSⅡ反应中心开放比例，提高了 PSⅡ反应中心氧化态 QA 的数量和光能转化利用效率。

荧光非光化学猝灭系数 qN 是反映 PSⅡ天线色素吸收的光能以热的形式耗散的那部分光能。如图7所示，'红王子'锦带 qN 值随遮阴度的增加而增大，'金叶'锦带 qN 值呈先降低后升高的趋势，而'紫叶'锦带 qN 值则呈先升高后降低的趋势。但3种锦带在遮阴度为90%处理下 qN 值均高于对照，分别达到对照的1.10、1.13、1.54倍。

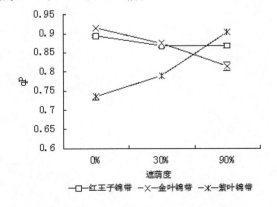

图6　不同遮阴处理对3种锦带叶片 qP 的影响

Fig. 6　The effect of different shading treatments on qP in three kinds of *Weigela florida* leaves

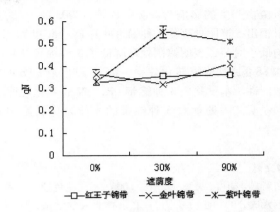

图7　不同遮阴处理对3种锦带叶片 qN 的影响

Fig. 7　The effect of different shading treatments on qN in three kinds of *Weigela florida* leaves

3　讨论

色泽作为观赏植物的主要观赏特性之一，可以给人以直接的视觉感受。色差计可以实现叶片色泽的数量化，定量描述叶片色泽的变化情况。目前已有许多学者利用色差计对观赏植物花色（白新祥等，2006）、叶色（朱书香，2010）、果皮呈色（张雪英等，2007）等进行研究。本试验参考前人研究方法，用色差计测定3种锦带叶色的色差值，用 L^*、a^*、b^* 的值表示叶色变化情况，对不同遮阴度处理下3种锦带叶色变化情况进行分析。结果表明，遮阴处理后3种锦带的色差值均有变化，其中'金叶'锦带叶片的 b^* 值与'紫叶'锦带叶片的 a^* 值均小于对照，表明遮阴处理使两种彩叶植物的叶片色彩消退而呈现绿色，说明不同遮阴处理会对植物叶片呈色产生影响。此结果与史宝胜对紫叶李的研究结果相一致（史宝胜，2006）。

彩叶植物叶片的颜色主要是由叶绿素、花色素苷含量的多少决定，此外类黄酮、类胡萝卜素等色素类物质也影响叶片色泽的最终表现（史宝胜，2007）。本试验通过测定不同遮阴处理后植物叶片的叶绿素含量得出，遮阴处理使3种锦带叶绿素含量增加，这是其叶色变绿的主要原因。因此，在今后对3种锦带（尤其是两种彩叶锦带）的园林应用中，应选择光照充足的位置进行栽植，以避免光照不足使其叶色暗淡，影响其观赏价值。

叶绿素荧光技术在各项研究中已得到了广泛应用，光系统Ⅱ（PSⅡ）的结构和功能与叶绿素荧光参数之间的关系逐步明确（荣立苹等，2013）。高等植物中，PSⅡ是对外界胁迫最敏感的部位（Havaux M，1996）。当植物所处的环境发生变化时，植物叶片的叶绿素荧光参数的变化将在一定程度上反映出外界环境对植物产生的影响(Jiang C D 等,2003)。本试验结果得出,遮阴处理使3种锦带叶片 Fv/Fm 和 Y(Ⅱ)值均低于对照,表明遮阴处理降低了3种锦带叶片叶绿体 PSⅡ原初光能转化效率、抑制了叶绿体 PSⅡ光化学活性。本试验中3种锦带 qP、qN 的变化规律不同,说明遮阴处理对3种锦带的光能转化的影响不同,但3种锦带在遮阴度为90%处理下 qN 值均高于对照,说明高强度的遮阴处理提高了 PSⅡ以热能形式耗散的所吸收的光能,降低了天线色素所捕获的用于推动光合电子传递的光能比例,不利于光合作用的顺利进行。

参考文献

1. 白新祥,胡可,戴思兰,等. 2006. 不同花色菊花品种花色素成分的初步分析[J]. 北京林业大学学报,28(5): 84 – 89.

2. Fernandez – Sevilla J M, Fernandez F G A, Grima E M. 2010. Biotechnological production of lutein and its aoolications[J]. Applied Microbiology and Biotechnology, 86(1): 27 – 40.

3. 海小霞,吕飞,郑素珊,等. 2014. 干旱胁迫对4个锦带花品种叶绿素及 PSⅡ光化学活性的影响[J]. 东北林业大学学报,42(11): 51 – 56.

4. Havaux M. 1996. Short – term responses of photosystem Ⅰ to heat stress: in – duction of a PSⅡ – independent electron transport through PSⅡ fed by stromal components[J]. Photosynthesis Research, 47: 85 – 97.

5. Jiang C D, Gao H Y, Zou Q. 2003. Changes of donor and accepter side in photosystem 2 complex induced by iron deficiency in attached soybean and maize leaves[J]. Photosynthetia, 41: 267 – 271.

6. 李合生. 2003. 植物生理生化实验原理和测定技术[M]. 北京:高等教育出版社,135 – 137.

7. 廖望仪,郑锦凯,罗红霞,许绍远. 2013. '红王子'锦带花扦插繁殖[J]. 中国花卉园艺,02: 32 – 34.

8. 刘秀丽,宋平,孙成命. 1999. 植物叶绿素测定方法的再讨论[J]. 江苏农业研究,20(3): 46 – 67.

9. 马毓泉. 1980. 内蒙古植物志[M]. 呼和浩特:内蒙古人民出版社,346 – 347.

10. 潘瑞炽. 2004. 植物生理学5版[M]. 北京:高等教育出版社,60 – 66.

11. 荣立苹,李倩中,李淑顺,唐玲. 2013. 遮阴对鸡爪槭生理特性和叶绿素荧光参数的影响[J]. 西南农业学报,26(1): 144 – 147.

12. 史宝胜. 2006. 紫叶李叶色生理变化及影响因素研究[D]. 哈尔滨:东北林业大学.

13. 史宝胜,卓丽环,杨建民. 2007. 光照对紫叶李叶色发育的影响[J]. 东北林业大学学报,35(4): 16 – 18.

14. 孙宜. 2003. 几种锦带花的组织培养与快速繁殖[J]. 北京园林,01: 31 – 33.

15. Wang L., Shiraishi A., Hashimoto F., et al.. 2001. Analysis of petal anthocyaninns to investigate flower coloration of Zhongyuan (Chinese) and Daikon Island (Japanese) tree peony culyivars[J]. Journal of Plant Research, 114: 33 – 43.

16. 张启翔,吴静,周肖红,等. 1982. 彩叶植物资源及其在园林中的应用[J]. 北京林业大学学报,20(4): 126 – 127.

17. 张雪英,张上隆,叶正文,等. 2007. 不同颜色果袋对李果实着色及花色素苷合成的影响因素分析[J]. 果树学报,24(5): 605 – 610.

18. 朱书香. 2010. 李属彩叶植物叶片呈色机理研究[D]. 保定:河北农业大学.

中国观赏园艺研究进展 2015：437～442
Advances in Ornamental Horticulture of China, 2015：437～442

桑枝作墨兰育苗基质的适应性研究[*]

黄丽丽　孙映波[①]　赵超艺　朱根发

（广东省农业科学院环境园艺研究所/广东省园林花卉种质创新综合利用重点实验室，广州 510640）

摘要　以不同发酵处理的几种桑枝条为基质材料，并以花生麸、碎石及花生麸、蚕沙、碎石的混合基质为对照进行墨兰的盆栽试验。探讨了不同处理的桑枝条作为墨兰栽培基质的适应性。结果表明：新鲜桑枝条混合基质以新鲜桑枝条：花生麸：碎石 =2:1:1 体积比的混合基质较适合作为栽培墨兰的基质，其他两种混合基质效果不大理想；化学生物方法联用发酵桑枝条：碎石：花生麸 =2:1:1 体积比的混合基质、化学方法发酵桑枝条：碎石 =3:1 体积比的混合基质、常规发酵桑枝条：碎石 =3:1 体积比的混合基质较合适作墨兰栽培基质。

关键词　桑枝；墨兰；育苗基质；适应性

Study on the Adaptability of Mulberry Branches as Cultivated Media for *Cymbidium sinense*

HUANG Li-li　SUN Ying-bo　ZHAO Chao-yi　ZHU Gen-fa

（*Environmental Horticulture Research Institute*, *Guangdong Academy of Agricultural Sciences*, *Guangzhou* 510640 ）

Abstract　Several kinds of mulberry branches in different fermentation processing as cultivation media, and with peanut bran, gravel , and peanut bran, excrementum bombycis, gravel mixed media for *Cymbidium sinense* potted experiment was carried out. Discusses the different treatment of mulberry branch as *Cymbidium sinense* cultivated media adaptability. The results showed that the fresh mulberry branch mixed media with fresh mulberry branch：peanut bran：gravel = 2:1:1 volume ratio of mixed media suitable for cultivation of *Cymbidium sinense*, the other two mixed media effect is not ideal；Chemical biological method combined fermentation of mulberry branch：gravel：peanut bran = 2:1:1 volume ratio of mixed media, chemical methods fermented mulberry branch：gravel = 3:1 volume ratio of mixed media, conventional fermented mulberry branch：gravel = 3:1 volume ratio of mixed media is suitable for the *Cymbidium sinense* cultivation media.

Key words　Eucalyptus bark；*Cymbidium sinense*；Cultivated media；Adaptability

桑枝为桑科植物（*Morus alba*）的嫩枝，其药用历史悠久。桑枝所含化学成分种类较多，主要有多糖、黄酮类化合物、香豆精类化合物、生物碱，此外还含有挥发油、氨基酸、有机酸及各种维生素等。临床多应用于治疗关节肿痛、手足麻木、风湿痹痛、瘫痪等多种疾病[1]。

我国是世界蚕丝业的发源地，自古农桑并列，栽桑养蚕具有逾 5000 年的悠久历史，在长期发展过程中，我国蚕桑业已形成完善的栽桑、养蚕、缫丝、织绸四大蚕桑支柱产业规模。目前全国共保存桑树种质资源近 3000 余份，分属 15 个种 4 个变种[2]，是世界上桑种分布最多的国家，截至 2007 年全国桑园面积达到 96 万 hm^2。桑树除采叶养蚕外，还产生大量的桑枝、桑根、桑椹及多余的桑叶，其枝、根、果实、桑叶均具有很高的经济开发价值。尤其是桑枝产量较高，平均每亩成林桑园年产桑枝 1.2～1.5 吨，全国年产桑枝总量达到 1728～2160 吨，为蚕桑生产过程中最为丰富的副产品资源[3]。

1　桑枝的利用现状

桑枝（Ramulus mori）为桑科植物桑的干燥嫩枝。我国传统蚕桑业视桑枝为蚕桑生产过程中的废弃物，

* 基金项目：广东省现代农业产业技术体系建设专项（粤财教[2009]356 号）；广东省科技计划项目（011A030600002）。
① 通讯作者。孙映波（1964— ），男，硕士，副研究员，E-mail：sunyingbo20@163.com。

常将其任意丢弃于野外,在自然条件作用下腐烂,或作为农村生活燃料,其资源利用率极低,约为10%左右,造成资源极大浪费。

1.1 作药材

桑枝是一种传统的中药材,传统医药记载,桑枝性平、味苦,入肝、脾、肺、肾经,具有祛风湿、利关节、行水气之功效,主治风寒湿痹、四肢、拘挛、脚气浮肿、肌肤风痒等[3-5]。

1.2 桑枝栽培食用菌

桑枝条含氮量很高,同时含有大量的纤维素、半纤维素、酚类、黄酮类生物碱等特殊成分,其中桑皮中的纤维素含量非常大,且强力大,是栽培食用菌的上等生产原料[6]。实践证明,用桑枝木屑培养香菇、木耳、猴头菇等食用菌已获得成功。经测试,桑枝灵芝与杂木灵芝和原木灵芝比较,主要药理成分灵芝多糖高30%以上。桑枝灵芝面市后,供不应求,价格要比一般灵芝高50%以上[7]。

1.3 桑枝制浆造纸

桑皮纤维占桑皮的60%,此外,还含有木质素和半纤维素等[7]。桑枝做浆,可生产各种高档文化、生活用纸。利用桑枝中纤维素和灰分含量比一般木材高的特性,目前科研人员已开发出桑枝高档纸[8]。

2 材料与方法

2.1 材料

本试验以桑枝条(条状的桑枝,长度为2~3cm)作为栽培基质材料,并以花生麸、碎石和花生麸、蚕沙、碎石的混合基质作为对照基质材料进行盆栽育苗试验。供试兰花品种为金边墨兰。

2.2 试验设计

桑枝堆沤方法:取新鲜桑枝样600kg,平分成3堆,按常规、化学方法及化学生物联用方法进行堆沤,定时进行翻堆处理。堆沤处理于2011年9月进行,堆沤期为1个月。

将新鲜桑枝条(桑枝条A)和不同堆沤处理的腐熟桑枝条进行风干后即为试验基质(常规方法处理为桑枝条B,化学方法处理为桑枝条C,化学生物联用方法处理为桑枝条D);这些基质与常规基质一起进行盆栽试验。试验设置如下14个处理:(1)桑枝条A:碎石=3:1;(2)桑枝条B:碎石=3:1;(3)桑枝条C:

碎石=3:1;(4)桑枝条D:碎石=3:1;(5)桑枝条A:花生麸:碎石=2:1:1;(6)桑枝条B:花生麸:碎石=2:1:1;(7)桑枝条C:花生麸:碎石=2:1:1;(8)桑枝条D:花生麸:碎石=2:1:1;(9)桑枝条A:花生麸:蚕沙:碎石=1:1:1:1;(10)桑枝条B:花生麸:蚕沙:碎石=1:1:1:1;(11)桑枝条C:花生麸:蚕沙:碎石=1:1:1:1;(12)桑枝条D:花生麸:蚕沙:碎石=1:1:1:1;(13)花生麸:碎石=3:1(CK1);(14)花生麸:蚕沙:碎石=2:1:1(CK2)。

2.3 试验方法

试验于2012年5~11月在广东省广州市白云区广东省农科院钟落潭试验基地的花卉所塑料大棚内进行。采用遮阳网大棚种植管理模式,大棚使用单层遮光率70%的遮阳网。

盆器用口径15cm的黑色塑料袋,将各种基质按处理设计的体积比混合,然后对墨兰苗进行育苗栽培,每个处理种15袋(每处理每重复种5袋,重复3次),随机区组排列。试验期间对墨兰苗采用统一的肥水管理。

2.4 数据收集及统计分析

营养生长指标:株高增加量、总绿叶数增加量、分株数增加量、叶片长、叶片宽、假鳞茎粗度。

所采集的数据通过 Office 2007 - Excel 进行前处理,用 DPS7.0 统计学软件进行方差分析和主成分分析等。

3 结果与分析

3.1 不同基质处理的物理性质比较

不同基质样品的物理性质分析结果见表1,由表1可以看出除了处理(6)、(12)的总孔隙度低于对照处理(13),其他处理的总孔隙度均高于对照处理(13)和(14)。处理(4)、(12)、(14)孔隙组成以持水的小孔隙居多,大小孔隙比小于其他处理;处理(1)、(5)、(13)孔隙组成以通气的小孔隙居多,大小孔隙比大于其他处理。容重以对照处理(13)最高,所有处理均低于对照处理(13)和(14),且均大于0.30g/cm³。EC值以对照处理(14)最高,除了处理(10)、(11)、(12)高于对照处理(13),其他处理均低于对照处理(13)。所有处理的pH值均为碱性,其中处理(9)的pH值最高,达到8.04;除了处理(7)和(8),其他处理的pH值均高于对照处理(13)和(14)。

表 1 不同基质样品的物理性质分析结果

Table 1 The physical properties of the samples with different matrix analysis results

编号	总孔隙度（%）	通气孔隙（%）	持水孔隙（%）	大小孔隙比	容重（g/cm³）	EC 值（us/cm）	pH 值
（1）	62.42	53.28	9.14	5.83	0.53	171	7.33
（2）	62.44	47.50	14.94	3.18	0.47	203	7.39
（3）	65.50	51.26	14.24	3.60	0.42	198	7.40
（4）	63.14	46.68	16.46	2.84	0.43	229	7.57
（5）	63.64	51.70	11.94	4.33	0.44	213	7.33
（6）	61.16	48.66	12.50	3.89	0.42	304	7.54
（7）	65.74	50.70	15.04	3.37	0.33	337	7.17
（8）	63.56	50.66	12.90	3.93	0.44	239	7.21
（9）	63.34	50.46	12.88	3.92	0.47	583	8.04
（10）	61.68	47.42	14.26	3.33	0.47	1032	7.87
（11）	61.82	48.54	13.28	3.66	0.49	856	7.70
（12）	59.02	43.60	15.42	2.83	0.48	1428	7.87
（13）	61.44	51.94	9.50	5.47	0.64	680	7.27
（14）	56.82	41.56	15.26	2.72	0.63	2902	7.24

3.2 不同基质处理栽培墨兰对植株生长的影响

不同桑枝条基质处理栽培墨兰的试验结果见表1。从表1中可以看出，新鲜桑枝条添加不同常规基质掺混而成的混合基质[（1）、（5）、（9）]与花生麸、碎石混合基质（13）及花生麸、蚕沙、碎石混合基质（14）相比表明，处理（1）、（5）、（9）栽培墨兰的效果均比对照处理（13）差；处理（5）除了分株数增加量低于对照处理（14），其他生长指标均较高，其中株高增加量相对于处理（14）增加792.7%、总绿叶数增加量增加32.2%、倒二叶长增加46.2%、倒二叶宽增加31.5%、假鳞茎粗度增加2.2%；处理（1）的株高增加量、倒二叶长、倒二叶宽、假鳞茎粗度均高于对照处理（14）；处理（9）的总绿叶数增加量、倒二叶长、倒二叶宽均高于对照处理（14）。由此说明新鲜桑枝条添加不同常规基质掺混而成的混合基质栽培墨兰的效果均比对照处理（13）差，其中以新鲜桑枝条:花生麸:碎石＝2:1:1体积比的混合基质（5）效果较好，比对照处理（14）好；其次为新鲜桑枝条:碎石＝3:1体积比的混合基质（1），效果比对照处理（14）稍好；新鲜桑枝条:花生麸:蚕沙:碎石＝1:1:1:1体积比的混合基质效果较差，与对照处理（14）相当。

常规发酵桑枝条添加不同常规基质掺混而成的混合基质[（2）、（6）、（10）]与花生麸、碎石混合基质（13）及花生麸、蚕沙、碎石混合基质（14）相比表明，处理（2）效果与对照处理（13）接近，处理（6）、（10）效果比对照处理（13）差；但处理（2）、（6）除了分株数增加量比对照处理（14）差，其他生长指标均高于对照处理（14），其中处理（2）、（6）与对照处理（14）相比，株高增加量分别增加709.9%和459.7%、总绿叶数增加量分别增加44.9%和16.7%、倒二叶长分别增加50.6%和54.2%、倒二叶宽分别增加38.9%和40.5%、假鳞茎粗度分别增加4.4%和4.5%。处理（10）除了总绿叶数比对照处理（14）差，其他生长指标均高于对照处理（14），其中株高增加量增加84.7%、分株数增加量增加3.0%、倒二叶长增加7.7%、倒二叶宽增加5.1%、假鳞茎粗度增加4.7%。由此说明常规发酵桑枝条:碎石＝3:1体积比的混合基质（2）较合适作墨兰栽培基质，其次是常规发酵桑枝条:花生麸:碎石＝2:1:1体积比的混合基质（6），效果比对照处理（13）差，比对照处理（14）好；常规发酵桑枝条:花生麸:蚕沙:碎石＝1:1:1:1体积比的混合基质（10）效果最差。

表 2　不同基质处理栽培墨兰对植株生长影响的试验结果

Table 2　Different substrate cultivation effect on plant growth of the test results

编号	株高 (cm)	总绿叶数 片	分芽数 (个)	倒二叶长 (cm)	倒二叶宽 (cm)	假鳞茎粗度 (cm)
(1)	4.08	6.6	1	43.02	2.74	2.03
(2)	7.17	9.93	1.87	48.12	2.93	2.11
(3)	6.32	10.67	2.13	49.17	2.87	2.17
(4)	7.09	10.2	2.73	46.73	2.73	2.08
(5)	7.91	9.07	1.8	46.71	2.78	2.06
(6)	4.96	8	1.64	49.27	2.97	2.11
(7)	7.03	8.67	1.93	48.3	2.96	2.09
(8)	8.22	10.33	1.8	49.37	2.94	2.24
(9)	0.69	7.21	2.03	36.01	2.24	2.00
(10)	1.64	6.5	2.43	34.4	2.22	2.11
(11)	3.45	8.07	2.27	41.81	2.46	2.17
(12)	3.1	8.47	2.47	40.35	2.37	2.03
(13)	7.02	9.79	2	48.51	2.84	2.14
(14)	0.89	6.86	2.36	31.95	2.11	2.02

注：株高、总绿叶数、分株数值为试验前后增加量。

化学方法发酵桑枝条添加不同常规基质掺混而成的混合基质[(3)、(7)、(11)]与花生麸、碎石混合基质(13)及花生麸、蚕沙、碎石混合基质(14)相比表明，处理(3)除了株高增加量效果较差，其他生长指标均比对照处理(13)好，其中总绿叶数增加量增加 9.0%、分株数增加量增加量增加 6.7%、倒二叶长增加 1.3%、倒二叶宽增加 1.1%、假鳞茎粗度增加 1.3%；另外处理(3)、(7)、(11)除了分株数增加量增加量较差，其他生长指标均高于对照处理(14)，其中株高增加量分别增加 613.5%、693.3% 和 289.9%、总绿叶数增加量增加 55.6%、26.4% 和 17.6%、倒二叶长增加 53.9%、51.2% 和 30.9%、倒二叶宽增加 35.9%、40.0% 和 16.4%、假鳞茎粗度增加 7.4%、3.5% 和 7.5%。由此说明化学方法发酵桑枝条:碎石 = 3:1 体积比的混合基质(3)最合适作墨兰栽培基质，效果比两对照处理(13)和(14)好；其次是化学方法发酵桑枝条:花生麸:碎石 = 2:1:1 体积比的混合基质，效果与对照处理(13)接近，比对照处理(14)好；化学方法发酵桑枝条:花生麸:蚕沙:碎石 = 1:1:1:1 体积比的混合基质效果与对照处理(13)差，比对照处理(14)好。

化学生物方法联用发酵桑枝条添加不同常规基质掺混而成的混合基质[(4)、(8)、(12)]与花生麸、碎石混合基质(13)及花生麸、蚕沙、碎石混合基质(14)相比表明，处理(8)除了分株数增加量较差，其他生长指标均为最高，其中处理(8)与对照处理(13)、(14)相比，株高增加量分别增加 17.1% 和 828.1%、总绿叶数增加量分别增加 5.6% 和 50.7%、倒二叶长分别增加 1.8% 和 54.5%、倒二叶宽分别增加 3.4% 和 39.1%、假鳞茎粗度分别增加 4.6% 和 10.9%；另外处理(4)、(12)的生长指标均高于对照处理(14)；其中株高增加量分别增加 700.1% 和 250.0%、总绿叶数增加量分别增加 48.8% 和 23.5%、分株数增加量分别增加 16.0% 和 4.6%、倒二叶长分别增加 46.2% 和 26.3%、倒二叶宽分别增加 29.3% 和 11.9%、假鳞茎粗度分别增加 3.2% 和 0.3%。由此说明化学生物方法联用发酵桑枝条:花生麸:碎石 = 2:1:1 体积比的混合基质(8)最合适作墨兰栽培基质，效果比两对照处理好；化学生物方法联用发酵桑枝条:碎石 = 3:1 体积比的混合基质(4)效果与对照处理(13)接近，比对照处理(14)好；化学生物方法联用发酵桑枝条:花生麸:蚕沙:碎石 = 1:1:1:1

体积比的混合基质(12)效果差于对照处理(13),但比对照处理(14)好。

将不同堆沤处理的桑枝条:碎石=3:1 体积比的混合基质栽培墨兰的试验结果进行比较,株高增加量大小顺序为(2)>(4)>(3)>(1);总绿叶数增加量大小顺序为(3)>(4)>(2)>(1);分株数增加量大小顺序为(4)>(3)>(2)>(1);倒二叶长、假鳞茎粗度大小顺序均为(3)>(2)>(4)>(1);倒二叶宽大小顺序为(2)>(3)>(1)>(4)。由此可看出处理(3)除了株高增加量、分株数增加量和倒二叶宽稍差,其他生长指标均为最高,说明在不同堆沤处理的桑枝条:碎石=3:1 体积比的混合基质中,化学方法发酵桑枝条的混合基质(3)较适合作为墨兰的栽培基质,其次是常规发酵桑枝条混合基质(2)、化学生物方法联用发酵桑枝条混合基质(4),新鲜桑枝条混合基质(1)效果最差。

将不同堆沤处理的桑枝条:碎石:花生麸=2:1:1 体积比的混合基质栽培墨兰的试验结果进行比较,株高增加量、总绿叶数增加量大小顺序均为(8)>(5)>(7)>(6);分株数增加量大小顺序为(7)>(8)=(5)>(6);倒二叶长、假鳞茎粗度大小顺序均为(8)>(6)>(7)>(5);倒二叶宽大小顺序为(6)>(7)>(8)>(5)。由此可看出处理(8)除了分株数增加量、倒二叶宽稍差,其余生长指标均为最高,说明不同堆沤处理的桑枝条:花生麸:碎石=2:1:1 体积比的混合基质中,化学生物方法联用发酵桑枝条的混合基质(8)较适合作为墨兰的栽培基质,其次是常规发酵桑枝数条混合基质(6)、化学方法发酵桑枝条混合基质(7),新鲜桑枝条混合基质(5)效果最差。

将不同堆沤处理的桑枝条:花生麸:蚕沙:碎石=1:1:1:1 体积比的混合基质栽培墨兰的试验结果进行比较,株高增加量大小顺序为(11)>(12)>(10)>(9);总绿叶数增加量大小顺序为(12)>(11)>(9)>(10);分株数增加量大小顺序为(12)>(10)>(11)>(9);倒二叶长、倒二叶宽大小顺序均为(11)>(12)>(9)>(10);假鳞茎大小顺序为(11)>(10)>(12)>(9)。由此可看出处理(11)除了总绿叶数增加量、分株数增加量较差,其他生长指标均为最高。说明在不同堆沤处理的桑枝条:花生麸:蚕沙:碎石=1:1:1:1 体积比的混合基质中,化学方法发酵桑枝条混合基质(11)较适合作为墨兰的栽培基质,其次是化学生物方法联用发酵桑枝条混合基质(12),常规发酵桑枝数条混合基质(10),新鲜桑枝条混合基质(9)效果较差。

4 结果与讨论

将同一种发酵方法处理的桑枝条掺混不同常规基质与对照处理进行比较,结果表明新鲜桑枝条混合基质以新鲜桑枝条:花生麸:碎石=2:1:1 体积比的混合基质较适合作为栽培墨兰的基质;常规发酵桑枝条混合基质栽培效果均比花生麸:蚕沙:碎石=2:1:1 的混合基质好,与花生麸:碎石=3:1 的混合基质相当;化学方法发酵桑枝条混合基质以化学方法发酵桑枝条:碎石=3:1 体积比的混合基质最适合作墨兰栽培基质,效果比花生麸:碎石=3:1 的混合基质好。化学生物方法联用发酵桑枝条混合基质栽培效果均比花生麸:蚕沙:碎石=2:1:1 的混合基质好,其中化学生物方法联用发酵桑枝条:碎石=3:1 体积比的混合基质较适合作为栽培墨兰的基质。

将不同堆沤处理的桑枝条:碎石=3:1 体积比的混合基质栽培墨兰的试验结果进行比较,结果表明:化学方法发酵桑枝数条:碎石=3:1 体积比的混合基质较适合作为墨兰的栽培基质,其次是常规发酵桑枝条:碎石=3:1 体积比的混合基质、化学生物方法联用发酵桑枝条:碎石=3:1 体积比的混合基质,新鲜桑枝条:碎石=3:1 体积比的混合基质效果最差。

将不同堆沤处理的桑枝条:碎石:花生麸=2:1:1 体积比的混合基质栽培墨兰的试验结果进行比较,结果表明:化学生物方法联用发酵桑枝条:碎石:花生麸=2:1:1 体积比的混合基质较适合作为墨兰的栽培基质,其次是常规发酵桑枝数条:碎石:花生麸=2:1:1 体积比的混合基质,化学方法发酵桑枝条:碎石:花生麸=2:1:1 体积比的混合基质,新鲜桑枝条:碎石:花生麸=2:1:1 体积比的混合基质效果最差。

将不同堆沤处理的桑枝条:花生麸:蚕沙:碎石=1:1:1:1 体积比的混合基质栽培墨兰的试验结果进行比较,结果表明:化学方法发酵桑枝条:花生麸:蚕沙:碎石=1:1:1:1 体积比的混合基质较适合作为墨兰的栽培基质,其次是化学生物方法联用发酵桑枝条:花生麸:蚕沙:碎石=1:1:1:1 体积比的混合基质,常规发酵桑枝数条:花生麸:蚕沙:碎石=1:1:1:1 体积比的混合基质,新鲜桑枝条:花生麸:蚕沙:碎石=1:1:1:1 体积比的混合基质效果较差。

参考文献

1. 中华人民共和国卫生部药典委员会. 中华人民共和国药典[M]. 北京:化学工业出版社,2000.

2. 潘一乐,刘利,张林,等. 我国桑树种质资源及育种研究[J]. 广东蚕业,2006,40(1):20-26.

3. 刘刚，佟万红，黄盖群，危玲，郑继川，姚永权. 桑枝的营养功能性成分及我国桑枝综合利用研究[J]. 陕西农业科学，2008(06)：95 – 98.

4. 李宝华. 糖尿病性神经病变的中医药治疗近况及展望[J]. 职业与健康，2002，18(6)：141 – 143.

5. 刘秀茹. 辩证分型论治糖尿病高危足 48 例[J]. 实用中医内科杂志，2004，18(4)：315.

6. 陈佳佳，廖森泰，刘吉平. 桑枝的综合利用及发展趋势[J]. 广东蚕业，2010(03)：45 – 49.

7. 李娜，李全宏. 桑副产品的综合利用[J]. 中国食品工业，2006(07)：22 – 23.

8. 李勇，孙波，胡兴明，邓文，叶楚华. 桑枝综合利用研究与开发进展[J]. 北方蚕业，2009(03).

中国观赏园艺研究进展 2015：443～446

Advances in Ornamental Horticulture of China, 2015：443～446

保水剂对费菜及佛甲草室内生长的影响[*]

张亚洲　周思聪　吴莉萍　陆小平

（苏州大学金螳螂建筑与城市环境学院，苏州 215123）

摘要　为探讨适用于室内绿化更简单、更方便、更省力的栽培形式，筛选出最适合费菜和佛甲草生长的基质和保水剂配比，对蛭石、珍珠岩、泥炭等基质采用 9 种不同配比以及 5 种不同保水剂配比进行失水状况调查和扦插成活试验。结果表明，当保水剂含量为 2% 时，植物生长状况比较稳定，当基质配比为泥炭：珍珠岩：蛭石 = 1：1：0.25，泥炭：珍珠岩：蛭石 = 1：0.25：1，泥炭：珍珠岩：蛭石 = 1：0.5：1 时，植物长势较好。

关键词　保水剂；基质配比；保水效果

Effect of Different Super Absorbent Polymers on the Growth of Sedum aizoon L. and Sedum lineare Thunb in the Interior

ZHANG Ya-zhou　ZHOU Si-cong　WU Li-ping　LU Xiao-ping

（*Soochow University*，*Gold Mantis School of Architecture and Urban Environment*，*Suzhou* 215123）

Abstract　For searching forms of planting which are easier and more uncomplicated, and also making tests of different substrates and super absorbent ploymers compositions to find the fit–test one to meet the demand of the growth of *Sedumaizoon L.* and *Sedum lineare Thunb*, we made nine kinds of compositions between vermiculite, perlite and peat, and we also designed five degrees of super absorbent ploymers to interact with the substrates groups. With these compositions, we made tests of the degree of losing water and the the survival rate of cuttings. The results were given as following：when the ratio of super absorbent ploymers are 2%, the living states of plants are stable. And the best substrates compositions are：the rate of vermiculite to perlit to peat equals to 1：1：0.5，

Key words　Super absorbent ploymers；The compositions of substrates；The effect of keeping water

水、土资源不足是阻碍农业发展的两大自然因素。发展节水型无土栽培，能够经济有效地利用我国有限的水土资源[1]。保水剂（又称吸水剂、持水剂、吸水性聚合物、高吸水性树脂）是近 40 年来迅速发展起来的一种新型高分子材料，具有特殊的抗旱、保水、节水等作用[2,3]。无土栽培主要包括水培、雾培和基质培等方式，其中基质培是无土栽培的最主要形式。受应用成本、实用性和操作管理等方面影响，目前世界上 90% 以上的商业性无土栽培均采用基质栽培方式。无土栽培基质的主要功能是支持、固定植株，并为植物根系提供稳定协调的水、气、肥环境。基质的研究是基质栽培的基础和关键。适宜植物生长的基质在推广应用无土栽培中起到关键作用，由于单一基质难以在良好透气性和适度保水效果之间保持平衡，现代无土栽培多使用混合基质。本试验结合几种基质的特性设计了多组配方进行植物生长和保水试验，筛选出了保水效果最好且不影响植物生长的保水剂浓度，以及最适合植物生长的基质配比，为室内绿化及绿色幕墙的低成本建植提供参考。

1　材料与方法

1.1　材料

基质：蛭石、珍珠岩、泥炭。

地被植物：费菜（*Sedum aizoon L.*）和 佛甲草（*Sedum lineare Thunb.*），由江苏三维园艺有限公司提供。沃特牌保水剂（山东东营华业新材料有限公司生产）。

* 资助项目：江苏省高等学校大学生实践创新训练计划项目（201410285048Z）。

1.2 方法

试验于 2014 年 8 月 2 日至 10 月 2 日在苏州大学园艺专业实验室进行。

(1)将蛭石、珍珠岩、泥炭按不同比例配制基质,分别为:①泥炭:珍珠岩:蛭石 =1:1:0、②泥炭:珍珠岩:蛭石 =1:1:0.25、③泥炭:珍珠岩:蛭石 =1:1:0.5、④泥炭:珍珠岩:蛭石 =1:1:0.75、⑤泥炭:珍珠岩:蛭石 =1:1:1、⑥泥炭:珍珠岩:蛭石 =1:0:1、⑦泥炭:珍珠岩:蛭石 =1:0.25:1、⑧泥炭:珍珠岩:蛭石 =1:0.5:1、⑨泥炭:珍珠岩:蛭石 =1:1:0.75。

每组设置 3 个重复区。

(2)各组基质装在 250ml 的塑料杯中,杯底打 1 个直径为 5mm 的渗水孔,在杯的侧面 1/2 处等距离打 3 个渗水孔。试验当晚让各杯充分吸水,放置一夜后,用称重法每隔 3 天调查一次各组基质失水情况。

(3)用上述同样的方法在杯中准备好基质,充分吸水,放置一夜后,次日选取生长状况一致、健康的植株,剪取长度大致相近作为插穗,插入装有不同比例的基质的杯中。用称重法每隔 3 天调查插穗生长情况。

2 结果与分析

2.1 不同保水剂对基质保水效果的影响

分别在①至⑨的基质组合中加入 0、0.5、1.0、2.0、4.0% 的保水剂,每隔 3 天调查一次基质重量,以此推测保水剂对基质的保水效果。结果显示:不加保水剂的各个组合在第 11 次(试验后 33 天),保水效果进入平台期,以后的水分变化相对较小。③组合的净失水量一直保持较低水平,即泥炭:珍珠岩:蛭石 =1:1:0.5 保水效果最佳(图 1)。结果发现,4% 的保水剂虽然保水性好于其他组合,但容易使植物萎蔫、腐烂,长势颓废,所以高浓度(大于 2%)保水剂可能不适合植物生长。

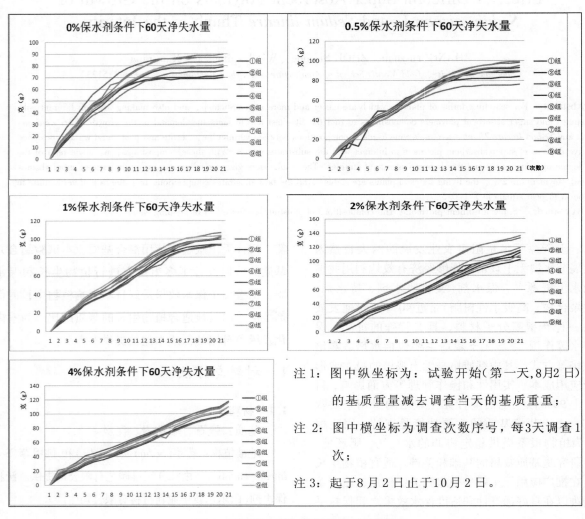

注 1:图中纵坐标为:试验开始(第一天,8 月 2 日)的基质重量减去调查当天的基质重重;

注 2:图中横坐标为调查次数序号,每 3 天调查 1 次;

注 3:起于 8 月 2 日止于 10 月 2 日。

图 1 不同保水剂与基质保水效果的关系

2.2　不同基质对植物生长势的影响

将佛甲草和费菜分别种于含有不同基质配比和保水剂含量的容器中，放置于相同的环境且在不浇水的条件下，60 天后调查各自的生长情况。通过比较找到最适合植物生长的基质配比以及保水剂含量。结果表明：在第③组、第④组的保水剂含量下（图 2、图 3），植物普遍生长良好。即保水剂含量为 1%、2% 时，对植物生长较有利。过低或过高均会影响植物的生长。若保水剂含量过低，则基质中含水量较少，会使植物失水萎蔫、生长缓慢。而当保水剂含量过高时，则基质黏重，基质透气性减弱，阻碍植物根的呼吸，从而使植物烂根，影响植物生长。因此，在实际应用时应根据不同的植物选择合适的保水剂含量，在保证足够水分的同时保证一定的透气性，以利于植物生长。

由两个图表可以看出，当保水剂为 2% 时，植物生长状况比较稳定，在 2、7、8 组基质配比下植物长势较好。即泥炭：珍珠岩：蛭石 = 1 : 1 : 0.25，泥炭：珍珠岩：蛭石 = 1 : 0.25 : 1，泥炭：珍珠岩：蛭石 = 1 : 0.5 : 1 时。

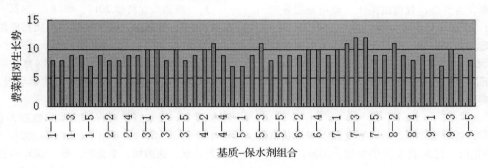

图 2　10 月 3 日费菜生长势

注：试验当天（8 月 2 日）费菜的生长势为 15。

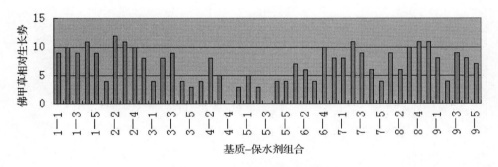

图 3　10 月 3 日佛甲草生长势

注：试验当天（8 月 2 日）佛甲草的生长势为 15。

3　讨论

保水剂又称保湿剂，它是利用强吸水性树脂制成的高分子聚合物，主要成分为丙烯酸盐共聚物或聚丙烯酰胺[4、5]。高分子聚合物既不溶于水，也不溶于有机溶剂，但具有很强的吸水能力；吸水膨胀后为水溶胶，即使受压也不易被挤出，可缓慢释放水分子供作物吸收利用[2、4]。但是高浓度保水剂由于吸收过量的水分，导致基质通透性降低，影响扦插茎基部位气体交换力，在高湿不透气条件下很容易造成茎基腐烂，严重影响植物生长。试验后期，基质中水分散失，高浓度保水剂保存一定量水分，进而可以促进植物生长。出于对整个时期的观赏效果的考虑，不推荐使用较高浓度保水剂。所以保水剂在 1% 和 2% 之间最合适。

蛭石是一种叶片状的矿物，它经高温膨胀后形成多孔片粒状物质，不仅很轻，容重仅为 100 ~ 130 kg·m^{-3}，其吸水能力强，每立方米蛭石可吸收 500 ~ 600 L 的水。珍珠岩是火山岩浆的矽化合物，把矿石用机械法打碎并筛选，再放入火炉内加热到 1400℃，在这种温度下原来有的一点水分变成了水汽，矿石变成多孔的小颗粒，颜色为白色，容重为 100 kg·m^{-3}，无营养成分，质地均匀，不分解，可吸收自身重 3 ~ 4 倍的水分。所以在东北草炭中加入蛭石或珍珠岩后，都改变了基质的水分运动特性，珍珠岩由于保水性能低于蛭石，对东北草炭水分特性调节没有蛭石显著。但如果盲目加大蛭石用量，则会影响基质的通气性，从而影响根系发育，另一方面则降低对水分运动特性的改善作用[3]。排除高浓度保水剂条件下具有较好保水效果的基质配比，可以选择泥炭：珍珠岩：蛭石 =1:1:0.5 配比基质，兼具较高通气性和保水效果。

就植物生长状况来说，高浓度保水剂组合在试验早期对植物造成的危害，未必能在后期恢复，低浓度保水剂稳定的作用效果较为理想。保水剂含量为 1%、2% 时，对植物生长较有利。在实际应用时应根据不同的植物选择合适的保水剂含量，在保证足够水分的同时保证一定的透气性，以利于植物生长。本试验中比较 1% 和 2% 保水剂组合，可以得出当保水剂为 2% 时，植物生长状况比较稳定，在 2、7、8 组基质配比下植物长势较好的结论。即当泥炭：珍珠岩：蛭石 =1:1:0.25，泥炭：珍珠岩：蛭石 =1:0.25:1，泥炭：珍珠岩：蛭石 =1:0.5:1 时。

参考文献

1. 刘伟，余宏军，蒋卫杰. 我国蔬菜无土栽培基质研究与应用进展[J]. 中国生态农业学报，2006，14(3)：4 - 7
2. 陈宝玉，黄选瑞，邢海福，等. 3 种剂型保水剂的特性比较[J]. 东北林业大学学报，2004，32(6)：99 - 100.
3. 张毅功，方正，许浩. 不同保水剂对基质保水性和黄瓜幼苗生长的影响[J]. 河北农业大学学报，2002，25(3)：45 - 48，53
4. 陈海丽，吴震，刘明池，等. 不同浓度保水剂对黄瓜幼苗生长的影响[J]. 沈阳农业大学学报，2006，37(3)：505 - 508.
5. 张景云，赵萍，万新建，缪南生. 不同基质配比实验[J]. 新疆农业科学 2012，49(8)：1421 - 1426.
6. 叶国平，沈敏东，杨忠星等. 不同基质配方对蔬菜穴盘育苗的效应[J]. 上海蔬菜，2006，(4)：82.
7. 魏敏芝，张凯，高丽红，等. 不同育苗基质对黄瓜穴盘苗质量的影响[AJ]. 华中农业大学学报，2004，(12)：245 - 249.
8. 陈学文. 土壤特性对保水剂吸水性能的影响[J]. 安徽农业科学，2011，39(12)：7030 - 7031.
9. 黄占斌，张国桢，李秧秧，等. 保水剂特性测定及其在农业上的应用[J]. 农业工程学报，2002，18(1)：22 - 26.

不同植物激素处理对建兰开花的影响*

杨凤玺[1]　徐庆全[2]　朱根发[1]①

（[1]广东省农业科学院环境园艺研究所，广东省园林花卉种质创新与利用重点实验室，广州 510640；
[2]华南师范大学生命科学学院，广东省植物发育生物工程重点实验室，广州 510631）

摘要　以建兰'银针'为材料，研究了不同浓度细胞分裂素（6-BA）和赤霉素（GA₃），以及二者不同配比对建兰开花时间和开花数量的影响。结果表明：①与对照相比，6-BA 处理可促进花芽分化，显著提高单株花芽数并增加单箭花朵数量，其中以 200mg/L 处理效果最佳，但对花期影响不大；②相比对照组，GA₃ 处理促使植物开花，花期提前，并在一定浓度范围内随着 GA₃ 浓度增加，产花量增加。但超过一定浓度则会产生抑制作用，最适处理浓度为 50mg/L。③在研究不同激素配比对建兰开花的调控作用时发现，相对于单激素处理，6-BA 与 GA₃ 混合使用效果更为显著，其中以 6-BA（100mg/L）+ GA₃（50mg/L）处理效果最佳，花期提前 9 天，花朵数量增加近 1 倍。此外，发现植物激素处理可抑制花莛伸长，缩短花间距，使花朵更加紧凑。因此使用最适浓度配比，对于产业化促进建兰高品质快速成花具有重要指导意义。

关键词　建兰；植物激素；花期调控

Effects of Plant Hormones on the Regulation of Flowering Time of the Orchid Plant *Cymbidium ensifolium*

YANG Feng-xi[1]　XU Qing-quan[2]　ZHU Gen-fa[1]

（[1]Guangdong Key Laboratory of Ornamental Plant Germplasm Innovation and Utilization，Environmental Horticulture Research Institute，Guangdong Academy of Agricultural Sciences，Guangzhou 510640；[2]Guangdong Key Laboratory of Biotechnology for Plant Development，College of Life Science，South China Normal University，Guangzhou 510631）

Abstract　*Cymbidium ensifolium* cultivar 'Yinzhen' was used to study the effects of different concentrations of 6-BA and GA₃ on the flowering time and the number of flower buds. The conclusions have been drawn as below：①Compared with the control group，both of the number of flower buds per plant and the flowers on a single arrow were increased after 6-BA treatment. Especially，the increase was more obvious when treated with the concentration of 200mg/L. However，the treatment of 6-BA had little effect on the flowering time of *Cymbidium ensifolium*. ②After treated by GA₃，the initial flowering time was advanced. Within a certain range of concentrations，the yield of flowers were increased and the flowering time got early with the increasing concentrations of GA₃. The optimum concentration of GA₃ was 50mg/L and negative effects occurred beyond this proper concentration. ③Compared to the treatment of a single hormone，the effect was more obvious when disposed with the mixture of 6-BA and GA₃. When examined the effects of the different ratios of hormones on the regulation of flowering time，we found the concentration of 100mg/L 6-BA + 50mg/L GA₃ showed the most significant effect，which advanced the flowering time by 9 days，and the flower number was increased up to one fold. In addition，we found that the flower spacing was shortened and the diameter of the flower stalks was increased after the treatment of hormones，making the flowers more compact.

Key words　*Cymbidium ensifolium*；Plant hormone；Flowering time regulation

　　建兰（*Cymbidium ensifolium*）为兰科（Orchidaceae）兰属（*Cymbidium*）多年生草本。其香气宜人，适应性强，花期较长，是兰花规模化栽培的主要品种之一。建兰的花期在 6~10 月，不仅因花期长难以控制

*　资助基金：广东省科技攻关重点项目（2011A020102007）；广东省战略新兴产业核心技术攻关项目（2012A020800003）。

①　通讯作者。Email：genfazhu@163.com。地址：广州市五山路金颖东一街 1 号，邮编：510640；TEL：020 - 87593419，FAX：020 - 87596402。

一致的开花时间，而且成花期错过节日旺季，难以应市场需求按时出花。因此探究并优化建兰开花调控措施是提高建兰商品价值和市场需求的重要途径。

植物激素能以微量、高效促进或抑制植物成长发育进程，在农业规模化种植中具有广泛应用前景。其中6-BA的主要作用是促进芽的形成，也可以诱导愈伤组织发生。已有研究表明在荔枝（李沛文等，1985）、梅（孙文全等，1988）和苹果（Grochowska M et al.，1983）中，6-BA具有促进花芽分化的作用。赤霉素作为一种重要的植物激素，至今已在微生物及高等植物中发现有136种存在形式，其主要生理功能是促进植物茎间节的伸长生长，在植物从种子萌发到开花结果的多种生命进程中发挥重要调控作用（DAVIES P J，1995）。内源赤霉素 GA_3 含量的升高会促进部分植物花芽分化。而许多植物经过春化以后，体内 GA_3 含量会增加（谢利娟等，2010）。研究表明赤霉素参与许多植物的成花信号传导过程，但具体作用因植物而异，多数情况下可促进植物成花。叶振华（1996）等用一定浓度 GA_3 涂抹蝴蝶兰的花蕾，可促进花芽发育，提早开花。刘晓青等（2004）用 $50 \sim 150mg/L$ 的 GA_3 处理具有花蕾的春石斛，可以提早 $7 \sim 9d$ 开花。任小林等（2004）用不同浓度的赤霉素喷洒牡丹发现赤霉素可使牡丹落叶期延迟，萌芽期和开花期提前，并提高牡丹的开花率，增大了花径。孙会军等（2008）对君子兰喷洒 $200mg/L$ 赤霉素，其花期提前 $21d$。在赤霉素的使用上，有的研究认为浓度较低的 GA_3 会促进花芽分化，而较高浓度的 GA_3 就会抑制花芽分化。

本试验研究了不同激素处理对建兰'银针'开花时间和花芽数量的影响，观察并记录了建兰的开花特性，包括初花期、花枝长度、花序长度、花梗长度、花间距、花朵直径和花朵长度等。本试验利用植物激素对建兰进行花期调控，筛选出 6-BA 和 GA_3 最佳处理浓度，对促进建兰的规模化、工厂化生产具有重要指导意义。

1 材料与方法

1.1 材料

试验品种为种植于广东省农业科学院增城基地的建兰'银针'。供试验的品种均为3年生苗，于2013年春重新上盆，该品种花为浅黄绿色无斑点，花枝 $4 \sim 7$ 朵。

1.2 处理方法

试验在广东省农业科学院环境园艺研究所温室大棚进行。材料由广东省农科院环境园艺研究所增城基地搬回于广东省农科院环境园艺研究大棚，进行常规栽培。两周后采用不同激素喷洒叶面，激素配比如表1。处理时间为6月28号、7月8号、7月18日，每10天处理1次，共处理3次。每个处理选取15盆，3个重复。叶面喷施以叶面湿润到淋漓为适度，喷布均匀。栽培措施为根据天气情况，每 $7 \sim 10$ 天喷施1次花多多肥，营养生长阶段喷施花多多肥 N∶P∶K 为 30 – 10 – 10，开花期喷施花多多肥 N∶P∶K 为 10 – 30 – 20。

表1 不同激素处理配比

Table1 Concentrations of plant hormones of different treatments

激素 \ 处理组	T1	T2	T3	T4	T5	T6	T7	T8	T9	T10
6-BA（mg/L）	100	200	300	0	0	0	100	100	200	200
GA_3（mg/L）	0	0	0	25	50	100	25	50	50	100

1.3 指标测定与方法

初花期（天）：初花期为处理之后每一株的第一朵花开的时间。

花梗长度（cm）：植株中花枝的基部至最下一朵花梗的距离。

花梗直径（cm）：植株花枝基部花梗的直径。

花枝长度（cm）：植株中花枝的基部至花尖端之间的长度。

花序长度（cm）：植株花枝上第一朵花梗至最后一朵花梗的距离。

花朵数（朵）：最后一个花蕾稳定后单株上所有开花朵数之和。

花径长度（cm）：于盛花期测量花朵的长度。

花径宽度（cm）：于盛花期测量花朵的宽度。

花间距长度（cm）：单株花枝上的两朵花之间的间距。

1.4 数据处理

数据采用 Excel 进行统计整理，利用 SPSS15.0 软件进行方差分析。

2 结果与分析

2.1 不同浓度 6-BA 处理对建兰开花时间和数量的影响

试验表明，不同浓度 6-BA 处理后单株上花芽明显多于对照组，且随浓度增加花芽数量增加（图 1）。单箭花朵数也较对照组增加，说明不同浓度的 6-BA 能较为有效地增加花朵数（图 2），但对初花期影响不大。T2 处理组和 T3 处理组的单箭花朵数相差不大，表明 6-BA 处理促进建兰花芽分化，提高花枝和花朵数，但处理效果在处理浓度达一定值后不再提高。数据显示采用 200mg/L 6-BA 处理即可经济有效地促进花芽分化（表 2）。

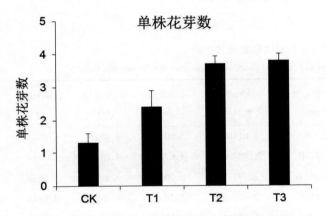

图 1 不同浓度 6-BA 处理对建兰花芽数量的影响

Fig. 1 Effects of different concentrations of 6-BA on flower buds initiation.

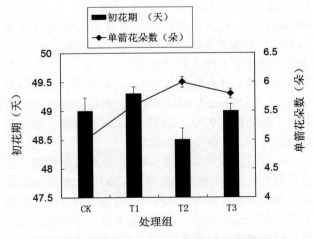

图 2 不同浓度 6-BA 处理对建兰开花时间和花芽数量的影响

Fig. 2 Effects of different concentrations of 6-BA on the flowering time and flower buds initiation.

表 2 不同浓度 6-BA 处理对建兰开花时间和花芽数量的影响

Table 2 Effects of different concentrations of 6-BA on the flowering time and flower buds initiation.

处理	初花期（天）	单箭花朵数（朵）
CK	49.0a	5.0bB
T1	49.3a	5.6ab
T2	48.5a	6.0aA
T3	49.0a	5.8ab

2.2 不同浓度 GA₃ 处理对建兰开花和花芽数量的影响

试验表明，GA₃ 处理可显著促进植物开花，初花期提前 3～7d，并在一定程度上增加产花量（图 3）。数据显示，较对照与 T4 处理组，T5 处理效果更为显著，说明在一定浓度范围内随着 GA₃ 处理浓度增加，花期提前，产花量增加。然而 T6 处理组的数据表明，超过一定浓度后会产生抑制作用（表 3）。

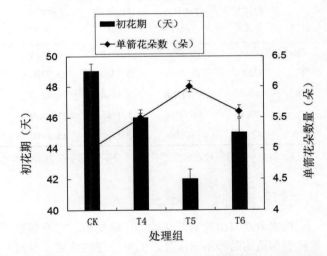

图 3 不同浓度 GA₃ 处理对建兰开花时间和花芽数量的影响

Fig. 3 Effects of different concentrations of GA₃ on the flowering time and flower buds initiation.

表 3 不同浓度 GA₃ 处理对建兰开花时间和花芽数量的影响

Table 3 Effects of different concentrations of GA₃ on the flowering time and flower buds initiation.

处理	初花期（天）	单箭花朵数（朵）
CK	49.0aA	5.0bB
T4	46.0ab	5.5Ab
T5	42.0AB	6.0aA
T6	45.0bB	5.6aA

2.3　不同浓度 6-BA + GA₃ 处理对建兰开花的影响

使用不同浓度匹配的 6-BA 和 GA₃ 处理后，对建兰开花时间、花朵数量和成花品质，包括花枝长度、花序长度、花梗长度、花间距、花朵直径和花朵长度等进行比较。结果表明 6-BA + GA₃ 处理后建兰的初花期与对照相比显著提前。其中，T8、T9 处理后花期提前 9 天，与对照差异极显著（表 4）。

通过分析 6-BA + GA₃ 处理对花枝、花梗、花序的影响后发现，对照组（CK）的花枝总长度为 30.23cm，其中花序长度为 13.83cm，都略高于其他激素处理组。随着植物激素处理浓度的增加，花枝总长和花序长度都有一定量的减少。而花梗长度则在不同程度上高于对照组（CK），其中 T9 处理组的花梗长度最长为 18.40cm，其次是 T8 为 18.13cm（表 4）。此外，发现激素处理后建兰花梗直径在不同程度上均高于对照

组。可见激素处理后使花梗延长、加粗，而花序总长略有下降，整个花枝的花朵分布更为紧凑。

对处理后的单箭花朵数量及大小进行统计分析发现，T8（6-BA100mg/L + GA₃ 50mg/L）和 T9（6-BA 100mg/L + GA₃100mg/L）的单箭花朵数高于对照，其中 T8 的单箭花朵数最多，为 6.20 朵，但其花朵直径和花朵长度都略小于对照组（表 4）。

综上可知，一定浓度范围内的植物激素处理均可不同程度地促进建兰开花。且植物激素处理可以增加单箭花朵数量，但浓度过高则会抑制开花数。同时，激素处理增加了花梗的直径和长度，降低了花枝高度和花序长度，缩短了花间距，并使花朵数量增加，花朵变小。因此选择适宜浓度的激素配比调控开花品质显得尤为重要，本研究发现 6-BA（100mg/L）+ GA₃（50mg/L）处理效果最佳。

表 4　不同植物激素配比对建兰开花时间和花朵的影响

Table 4　Effects of different combinations of 6-BA and GA₃ on the flowering time and the flower number

处理	初花期（天）	花梗长度（cm）	花梗直径（cm）	花枝长度（cm）	花序长度（cm）	花间距（cm）	单箭花数（朵）	花朵直径（cm）	花朵长度（cm）
CK	49aA	16.40ab	2.97bB	30.23aA	13.83aA	3.015bB	5.00bC	4.40aA	5.07bB
T7	43bAB	17.40ab	3.13ab	25.93ab	9.77aB	2.025bAB	4.67bA	4.03aA	4.75aA
T8	40bB	18.13bB	3.34aA	29.22cB	11.09bB	2.175ab	6.20aa	4.10ab	5.00ab
T9	40bB	18.40aA	3.37aA	27.63aB	9.23aA	2.325aA	5.50ab	4.13bB	4.84aA
T10	42AB	16.53ab	3.16ab	26.58bB	10.05ab	2.375aA	4.50bB	4.08bB	4.97aB

注：表格中相同字母表示差异不显著，不同小写字母表示 0.05 水平上差异显著，不同大写字母表示 0.01 水平上差异显著。

3　讨论

植物激素对植物的开花效应比较复杂，它根据激素种类和植物品种不同而异，也与处理的浓度、时间以及外界环境条件密切相关。它调控植物花芽分化也不是由单一因素决定，而是由多种激素以一定比例在一定的发育阶段和作用部位起作用，不同的激素可能调节不同的发育时期。

6-BA 处理能够促进花芽分化，本研究中通过对建兰'银针'进行不同浓度处理，以期找出适于应用于增加建兰开花数量的最佳浓度。试验结果表明当 6-BA 浓度达到 200mg/L 时，单箭花朵数量和单株上花芽数量明显增加，但对初花期影响不大。GA₃ 可刺激植株的营养生长向生殖生长转化，促进花芽形成，提早开花（韩德元，1997）。为探究 GA₃ 对建兰成花的影响，本研究用不同浓度的 GA₃ 处理建兰，结果发现

GA₃ 促使建兰初花期提前，并一定浓度范围内随处理浓度增加，产花量增加，花期提前。然而超过 100mg/L 的 GA₃ 处理会产生抑制作用，最适浓度为 50mg/L，处理效果优于 6-BA。在以上试验的基础上，本研究设计了 4 种不同浓度配比，分析 6-BA 与 GA₃ 混合后对建兰开花数量和花期调控的影响。研究结果表明，6-BA200mg/L + GA₃50mg/L 配比处理成花效果最佳，花期提前 9 天，处理后缩短了花间距，增加了花梗的直径，使花朵更加紧凑。

已有研究表明 GA₃ 和 6-BA 组合有增效作用，组合后催花效果更佳（李振坚等，2009）。但植物激素对不同植物的成花影响差异较大，喷施时间、喷施方式及其浓度配比的不同，其作用效果也千差万别，所以对于植物激素处理对建兰的影响以及其作用方式还有待于更深一步深入研究。

参考文献

1. 韩德元. 植物激素［M］. 北京：北京科学技术出版社，1997：8.

2. 李沛文，季作樑，梁立峰，等. 荔枝大小年树营养芽及花芽分化与细胞分裂素的关系［J］. 华南农业大学学报，1985，6（3）：1 - 8.

3. 李振坚，王雁，彭镇华，王彩云. 6-BA、GA₃调控春石斛花芽分化的效应［J］. 亚热带植物科学，2009.38（1）：15 - 18.

4. 刘晓青，周建涛. 外源 GA₃ 对春石斛园艺性状的影响［J］. 江苏农业科学，2004（5）：77 - 77.

5. 任小林，李海峰，弓德强，等. 秋施乙烯利和赤霉素对牡丹萌芽及开花的影响［J］. 西北植物学报，2004（5）：30 - 34.

6. 孙会军，雷家军. 赤霉素对君子兰花期调控的研究［J］. 北方园艺，2008（4）：172 - 175.

7. 孙文全，褚孟嫄. 梅树花芽生理分化期木质部液中赤霉素和细胞分裂素的变化［J］. 园艺学报，1988，15（2）：73 - 76.

8. 谢丽娟，孙敏，赵梁军，王定跃. 毛棉杜鹃芽形态分化期间封顶叶内源激素含量变化的研究［J］. 中国农业大学学报，2010，15（4）：33 - 38.

9. 叶振华，张雪梅，李秋霞，温佑兴. 蝴蝶兰催花技术研究［J］. 广东园林，1996（4）.

10. DAVIES P J, Plant Hormones：Physiology, Biochemistry and Molecular Biology［M］. Dordrecht, Boston：Kluwer Academic, 1995.

11. Grochowska M, Karaszewska A, Jankowska B, *et al*. The pattern of hormones of intact apple shoots and its changes after spraying with growth regulators［J］. Acta Horticulturae, 1983, 149：25 - 38.

不同菊科花茶体外抗氧化能力评价[*]

金 亮[①]　田丹青　俞信英　沈晓岚　葛亚英　王炜勇

（浙江省农业科学院花卉研究开发中心，杭州 311202）

摘要　选用 9 种菊科花茶为研究对象，比较研究了它们的体外抗氧化能力及其茶汤颜色参数的差异。结果表明，不同花茶 DPPH 自由基清除活性、ABTS 自由基清除活性、铁还原氧化能力（FRAP）、总多酚含量及颜色参数等，一般都存在显著性差异（$P < 0.01$）。在 9 种花茶中，昆仑雪菊具有最高的抗氧化能力及总酚含量，其次为蜡菊。相关性分析表明，总酚含量与抗氧化能力 3 个指标呈极显著正相关（$P < 0.01$），而颜色参数 b^*、C 也检测到与抗氧化能力、总多酚含量呈显著相关关系。主成分分析表明，昆仑雪菊相关指标超过其他菊科花茶。

关键词　菊科；花茶；抗氧化能力；总多酚含量；颜色参数

Evaluation of Antioxidant Capacity *in vitro* of Different Asteraceae Flower Teas

JIN Liang　TIAN Dan-qing　YU Xin-ying　SHEN Xiao-lan　GE Ya-ying　WANG Wei-yong

（*Research & Development Centre of Flower*，*Zhejiang Academy of Agricultural Sciences*，*Hangzhou* 311202）

Abstract　The aim of the present work was to better characterize the antioxidant capacity and color parameters of different flower teas from Asteraceae. The antioxidant capacity *in vitro* using DPPH, ABTS free radical scavenging and ferric reducing antioxidant power (FRAP) assays and total phenols content of nine flower teas were determined and compared. Results showed that the significant difference（$P < 0.01$）was shown in evaluation of antioxidant capacity, total phenols content and color parameters among nine flower teas. Based on the antioxidant capacity and total phenols content, Kunlun Chrysanthemum (*Coreopsis tinctoria*) had the more satisfactory nutritional quality among nine flower teas, followed by strawflower (*Helichrysum bracteatum*). The total phenols content and antioxidant capacity (DPPH, ABTS, FRAP) were significantly positive correlation（$P < 0.01$）. The color parameters b^* and C were significantly correlated with the total phenols content and antioxidant capacity. Principal component analysis showed that the properties of Kunlun Chrysanthemum were superior to other Asteraceae flower teas.

Key words　Asteraceae；Flower tea；Antioxidant capacity；Total phenolic content；Color parameter

　　菊花是我国传统名花之一，室内外广为栽培、欣赏（陈俊愉 2007）。菊花除了观赏还具有药用、食用等价值。我国从唐代就开始饮用菊花茶（陈重明等 1999）。近年来，将植物的根、茎、叶、花等干燥后制成类似茶的冲泡式饮品，因其特殊的香味、抗氧化能力以及其他保健作用而受到欢迎（Aoshima 等 2007）。常见的菊花茶具有散风清热、清肝明目和解毒消炎等作用。目前，市场上除了传统的杭白菊、贡菊、野菊花，来自菊科其他属植物制成的花茶同样受到欢迎，如昆仑雪菊（王亮等 2013；沈维治等 2013）。

　　机体氧化反应产生的活性氧自由基（reactive oxygen species），具有强氧化性，可能引起广谱生物系统损害，而氧化应激（oxidative stress）也在许多慢性和退行性疾病，如心血管疾病、癌症、糖尿病和衰老中起着重要的作用（Aruoma 1998；Hu 2003；王婷婷等 2013）。通过膳食补充抗氧化剂正受到欢迎。天然抗氧化剂可以来自蔬菜、水果和饮料（Fu 等 2011）。作为一类重要的植物化学物质，酚类化合物普遍存在于

---

　　* 基金项目：杭州市重大科技创新项目（20131812A18）；杭州市科技专项（20140932H19）；浙江省农业科学院科技创新能力提升工程（2014CX014）。

　　① 通讯作者。金亮，博士，助理研究员，从事植物分子遗传及食品化学相关研究。E-mail：zjulab@163.com。

植物中。由于作为潜在的药物可以用于预防和治疗许多氧化应激相关的疾病，酚类化合物受到了越来越多的关注。另外，茶汤颜色也是重要的感官指标，但目前鲜有菊科花茶茶汤颜色的报道。

本研究以常见的 9 种菊科花茶为研究对象，评价不同花茶的抗氧化能力并测定其茶汤颜色，为研究、开发利用不同菊科花茶的保健、营养功能提供依据。

1 材料与方法

1.1 材料

收集 9 种菊科（来自 5 个属）花茶：金盏菊（*Calendula officinalis*；产地四川大邑）；野金菊（*Chrysanthemum indicum*；产地浙江临安）；菊米（*Chrysanthemum indicum*；产地浙江遂昌）；胎菊（*Chrysanthemum morifolium*；花瓣刚冲破包衣但未伸展的杭白菊花蕾，产地浙江桐乡）；杭白菊（*Chrysanthemum morifolium*；花瓣完全开放的杭白菊，产地浙江桐乡）；黄山贡菊（*Chrysanthemum morifolium*；产地安徽黄山）；蜡菊（*Helichrysum bracteatum*；产地云南大理）；洋甘菊（*Matricaria chamomilia*；又名母菊，产地新疆策勒）；昆仑雪菊（*Coreopsis tinctoria*；产地新疆皮山）。每种花茶各收集约 250g。

试剂：奎诺二甲基丙烯酸酯（Trolox）、2, 2-联苯基-1-苦基肼基（DPPH），2, 2′-联氨双（3-乙基苯并噻唑啉-6-磺酸）二胺盐（ABTS）、过硫酸钾、2, 4, 6-三吡啶三吖嗪（TPTZ）、三氯化铁、福林酚（Folin – Ciocalteu's phenol）购自 Sigma – Aldrich 公司；无水碳酸钠、冰乙酸、乙酸钠、没食子酸购自购自 生工生物工程（上海）股份有限公司。其他化学试剂均为分析纯及其以上级。

仪器：ZK – 200 高速多功能粉碎机（浙江海道）；THZ – C 台式摇床（江苏培英）；UV – 2550 型紫外可见分光光度计（日本岛津）；ColorQuest XE 色差仪（美国 HunterLab）。

1.2 茶汤制备

将各种花茶样品烘干后磨成粉，40 目筛过滤。取各花茶粉 1.0g 置于玻璃瓶中，加入 250mL 煮沸的超纯水。持续震荡浸泡 1h 后，冷却过滤（金亮等 2014）。将过滤后的茶汤储存于 4℃，并在 12h 内进行相关分析测试。

1.3 茶汤颜色参数测定

使用 ColorQuest XE 色差仪测量各花茶茶汤颜色参数。重复 3 次。颜色参数用明度（L^*）、红度（a^*）、黄度（b^*）表示。彩度（C）= $(a^{*2} + b^{*2})^{1/2}$。色相角（hue angle，H°）= $\tan^{-1}(b^*/a^*)$（$a^* > 0$，$b^* > 0$）或 H° = $\tan^{-1}(b^*/a^*)$ + 180（$a^* < 0$，$b^* > 0$）（洪艳等 2012；Bao 等 2005；Zielinski 等 2014）。

1.4 抗氧化能力测定

DPPH 自由基清除能力方法（DPPH）（金亮等 2014）：取甲醇稀释的 DPPH·溶液（OD_{517nm} = 0.700 ± 0.02）4.0mL，加入 0.1mL 茶汤原液或适当稀释的茶汤，混合，室温下反应 6h，测 517nm 处的吸光值。

ABTS 自由基清除能力方法（ABTS）（金亮等 2014）：7.0mmol·L^{-1} ABTS 溶液与 2.45mmol·L^{-1} 过硫酸钾溶液以体积比 2:1 比例加入，混合，并在室温下避光静置过夜，反应得到 ABTS·⁺ 溶液。将上述溶液用适量 80% 乙醇稀释至 OD_{734nm} = 0.700 ± 0.02。取稀释后的 ABTS·⁺ 溶液 4.0mL，加入 0.1mL 茶汤原液或适当稀释的茶汤，混合，室温下反应 6min，立刻测定 734nm 处的吸光值。

铁还原氧化能力方法（ferric reducing antioxidant power，FRAP）（Benzie 和 Szeto 1999；金亮等 2014）：取 50μL 茶汤原液或适当稀释的茶汤，加入 1.0mL TPTZ 工作液（由 0.3mol·L^{-1} 醋酸盐缓冲液，10mmol·L^{-1} TPTZ 溶液，20mmol·L^{-1} $FeCl_3$ 溶液按体积比 10:1:1 组成），混匀后 37℃ 反应 30min，测定 593nm 波长处的吸光度。

以上方法均以 Trolox 为标样绘制标准曲线。测量结果以每 100g 干样品抗氧化能力相当于 Trolox（Trolox equivalent antioxidant capacity，TEAC）的毫摩尔（mmol）数。

1.5 总多酚含量的测定

总多酚含量（total phenolic content，TPC）用福林酚比色法测定（金亮等 2014）。取 0.1mL 茶汤原液或适当稀释的茶汤，加入到含 0.5mL 0.5N 福林酚的 2.0mL 离心管中，震荡混合后加入 1.0mL 饱和碳酸钠溶液（75g·L^{-1}），室温静置 2h。测量 760nm 处的吸光值。以没食子酸为标样绘制标准曲线。测量结果以每 100g 干样品中所含的多酚相当于没食子酸（gallic acid equivalent，GAE）的克（g）数表示。

1.6 数据分析

使用 DPS（Data Processing System）7.05 软件进行方差分析、相关性分析和主成分分析。本文所有试验均重复3次，试验结果以平均值±标准差表示。

2 结果与分析

2.1 抗氧化能力

从图1可以看出，不同菊科花茶的抗氧化能力一般具有显著差异（$P < 0.01$）。采用3种方法测定的抗氧化能力，排在前三位的是昆仑雪菊、蜡菊、胎菊，而洋甘菊、金盏菊则是位于最后两位。洋甘菊的相应各项抗氧化能力值略高于金盏菊，但差异不显著（$P < 0.01$）。

在测试的9种花茶中昆仑雪菊具有最高的抗氧化能力，其 DPPH、ABTS、FRAP 值（61.65、50.21、96.51mM TEAC·100g^{-1}）分别是最低者金盏菊（6.28、6.80、9.94mM TEAC·100g^{-1}）的9.8、7.4、9.7倍。在5种菊属（*Chrysanthemum*）花茶中胎菊的抗氧化能力高于其他4种花茶。

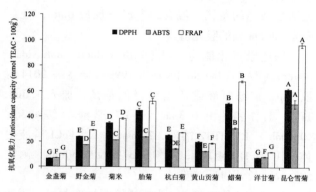

图1 不同花茶抗氧化能力比较

Fig. 1 Comparison on antioxidant capacity of different flower teas

注：大写字母表示差异显著（$P < 0.01$），下同。

Note：Superscript letters denote statistically significant differences （$P < 0.01$）. The same as following.

2.2 总多酚含量

不同花茶的总多酚含量（TPC）差异显著（$P < 0.01$；图2）。TPC值排序为：昆仑雪菊 > 蜡菊 > 胎菊 > 野菊米 > 野金菊 > 杭白菊 > 黄山贡菊 > 洋甘菊 > 金盏菊。昆仑雪菊具有最高的 TPC 值，为8.30g GAE·100g^{-1}，其次为蜡菊（6.18g GAE·100g^{-1}），较低的2个分别为洋甘菊（1.58g GAE·100g^{-1}）、金盏菊（1.34g GAE·100g^{-1}）。昆仑雪菊的 TPC 值是金盏菊的6.19倍。在5种菊属花茶中胎菊的 TPC 值最高。

2.3 茶汤颜色参数

不同花茶茶汤颜色参数具有显著差异（$P < 0.01$；表1）。茶汤明度（L^*）中胎菊（94.2）最高，而昆仑雪菊（78.4）最低。红度（a^*）表示从红色至绿色的范围，正值为红色，负值为绿色（Bao 等 2005）。5种菊属花茶及蜡菊的 a^* 为负值，其余均为正值。a^* 值最高为5.0，来自昆仑雪菊。黄度（b^*）表示从蓝色至黄色的范围，正值为黄色（Bao 等 2005）。测试花茶茶汤的 b^* 都为正值，表明茶汤主要呈黄色；其中最高值为67.3，来自昆仑雪菊；最低值为8.0，来自杭白菊。彩度（C）值表示颜色的亮度或饱和度。C 值最高为67.5，来自昆仑雪菊；最低值为8.0，来自杭白菊。色相角（H°），0 或 360 = 红 – 紫色，90 = 黄色，180 = 绿色（Bao 等 2005）。测试的花茶茶汤 H° 在90左右，其中5种菊属花茶及蜡菊 H° 大于90，其余3种花茶 H° 小于90。胎菊 $H^\circ = 97.7$ 在测试的花茶中最高，而昆仑雪菊 $H^\circ = 85.7$，为最低值。

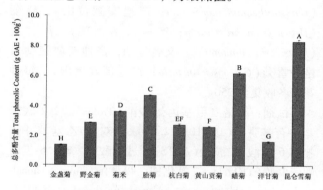

图2 不同花茶总多酚含量比较

Fig. 2 Comparison on total phenolic content of different flower teas

2.4 相关性分析

对花茶抗氧化能力、总多酚含量（TPC）与茶汤颜色参数进行相关性分析（表2）。结果表明 TPC 与 DPPH、ABTS、FRAP 都呈极显著的正相关（$P < 0.01$），相关系数分别为0.9695、0.9882、0.9966。这表明在花茶中 TPC 是抗氧化能力的重要贡献因素。3种方法在评价抗氧化能力时表现出显著的相关性，说明3种方法均适用于测定花茶抗氧化能力，且这3种方法可起到互补作用。5个茶汤颜色参数中 b^*、C 与抗氧能力、TPC 呈显著正相关关系。其中 b^*、C 与 ABTS 相关系数最高（$R = 0.8804$，$P < 0.01$）。这可能是测试花茶的抗氧化物质在水溶液中主要呈黄色。可以利用 b^*、C 初步评价不同菊科花茶的抗氧化能力。

表 1　不同花茶茶汤颜色参数

Table 1　Color parameters of different flower teas

	明度 L^*	红度 a^*	黄度 b^*	彩度 C	色相角 H°
金盏菊	85.7 ±0.04G	0.6 ±0.01C	14.6 ±0.01E	14.6 ±0.01E	87.5 ±0.04G
野金菊	93.9 ±0.01B	−0.6 ±0.01E	11.1 ±0.01F	11.1 ±0.01F	93.3 ±0.03E
菊米	92.4 ±0.01E	−1.2 ±0.01F	17.4 ±0.01D	17.4 ±0.01D	94.1 ±0.02C
胎菊	94.2 ±0.01A	−1.4 ±0.01G	10.6 ±0.01G	10.7 ±0.00G	97.7 ±0.06A
杭白菊	93.2 ±0.03D	−0.4 ±0.01D	8.0 ±0.01I	8.0 ±0.01I	93.0 ±0.04F
黄山贡菊	93.8 ±0.02C	−0.6 ±0.01E	8.4 ±0.01H	8.4 ±0.01H	93.8 ±0.04D
蜡菊	89.2 ±0.01F	−3.0 ±0.00 H	35.8 ±0.01B	35.9 ±0.01B	94.7 ±0.00B
洋甘菊	83.9 ±0.03H	1.1 ±0.01B	17.6 ±0.02C	17.6 ±0.02C	86.6 ±0.02H
昆仑雪菊	78.4 ±0.01I	5.0 ±0.01A	67.3 ±0.03A	67.5 ±0.02A	85.7 ±0.00I

注：不同字母表示差异显著（$P<0.01$）。

Note：Different letters within a column indicate significant differences at the 1% level

表 2　抗氧化能力、总多酚含量与茶汤颜色参数的相关性分析

Table 2　Correlation coefficients between antioxidant capacity, TPC and color parameters among the flower teas

	DPPH 自由基清除活性 DPPHfree radical-scavenging activity（DPPH）	ABTS 自由基清除活性 ABTSfree radical-scavenging activity（ABTS）	铁还原氧化能力 Ferric reducing antioxidant power（FRAP）	总多酚含量 Total phenols content（TPC）
ABTS	0.9472 * *			
FRAP	0.9707 * *	0.9905 * *		
TPC	0.9695 * *	0.9882 * *	0.9966 * *	
L^*	−0.1687	−0.4346	−0.3886	−0.3791
a^*	0.1261	0.4053	0.3127	0.3016
b^*	0.7056 *	0.8799 * *	0.8479 * *	0.8485 * *
C	0.7064 *	0.8804 * *	0.8485 * *	0.8492 * *
H°	0.2413	−0.0647	0.0116	0.0223

注：* 、* * 分别表示在 $P<0.05$ 或 0.01 水平条件下的相关显著性。

Note：* and * * were significant at 0.05 and 0.01 probability level, respectively.

2.5　主成分分析

对包括抗氧化能力（DPPH、ABTS、FRAP）、总多酚含量（TPC）、颜色参数（L^*、a^*、b^*、C、H°）这 9 个变量进行主成分分析（表 3）。结果表明前 3 个主成分可以解释 99.47% 的变异。第 1 个主成分（PC1）是最重要的，解释 68.539% 的变异（表 4）。其中颜色参数 C^*、b^* 及 ABTS、FRAP、TPC、DPPH 是对第 1 主成分影响的主要特征向量分别为 0.3952、0.3951、0.3807、0.3707、0.3694、0.3248（表 4）。第 2 主成分（PC2）解释 28.101% 的变异，主要来自于 H°、L^*、a^* 及 DPPH，其主要特征向量分别为 0.5805、

0.4234、−0.4214、0.3675（表 5）。第 3 主成分（PC3）解释 2.83% 的变异，主要来自于 a^*（表 5）。

图 3 为 9 种菊科花茶在第 1 主成分（PC1）和第 2 主成分（PC2）散点分布图。从图 3 可以看出，昆仑雪菊和蜡菊都位于图中 PC1 的正区域，主要是和颜色参数、抗氧化活性等相关联。昆仑雪菊距离其他花茶最远，表明其相关指标超过其他花茶。5 个菊属花茶都位于第二象限。其中胎菊距离菊属其他花茶最远，表明其相关指标超过其他菊属花茶。而野金菊、黄山贡菊、杭白菊位于距离较为接近的区域，这表明它们的相关指标比较接近。金盏菊和洋甘菊位于第三象限，距离较为接近，这表明它们的相关指标比较接近。

表3　全部参数的主成分分析

Table 3　Principal component analysis for all parameters

成分 Component	特征值 Eigenvalue	方差贡献率（%） Variance contribution	累计贡献率（%） Cumulative variance
PC1	6.169	68.539	68.539
PC2	2.529	28.101	96.640
PC3	0.255	2.830	99.470
PC4	0.035	0.385	99.855
PC5	0.008	0.086	99.941
PC6	0.003	0.038	99.979
PC7	0.002	0.020	99.999
PC8	0.000	0.001	100.000

表4　前3个主成分的变异来源

Table 4　Sources of variation for the first three principal components（PC）

	主成分1 PC1	主成分2 PC2	主成分3 PC3
DPPH 自由基清除力（DPPH）	0.3248	0.3675	0.1074
ABTS 自由基清除力（ABTS）	0.3807	0.1951	0.1615
铁离子还原能力（FRAP）	0.3707	0.2423	0.0301
总多酚含量（TPC）	0.3694	0.2476	0.0109
明度（L^*）	−0.2825	0.4234	0.3813
红度（a^*）	0.2468	−0.4214	0.8282
黄度（b^*）	0.3951	−0.0811	−0.2413
饱和度（C）	0.3952	−0.0805	−0.2413
色相角（$H°$）	−0.1506	0.5805	0.1164

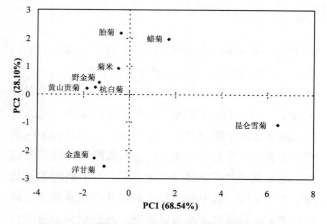

图3　不同花茶在第1主成分和第2主成分分布

Fig. 3　Scatter plot of the first two principal component analysis of different flower teas

3　讨论

昆仑雪菊学名蛇目菊、两色金鸡菊、双色金鸡菊，又名"血菊"，维吾尔语"古丽恰尔"（Gulqai），原产美国中西部地区，主要作为景观植物栽培，目前我国新疆部分地区作为茶用和保健菊进行大面积栽培。昆仑雪菊经冲泡后，汤汁自然呈现出犹如琥珀一般的绛红色，淡稠适中、红润剔透，近似血液（徐璐等2014；袁辉等2015）。本研究中昆仑雪菊茶汤的明度 L^* 值最低，红度 a^*、黄度 b^* 值最高，尤其是其 b^* 值远高于其他传统菊花茶，因此其茶汤颜色呈琥珀般的绛红色，明显不同于传统的菊花茶茶汤颜色。

昆仑雪菊是维吾尔族预防心血管疾病的药物，主要成分黄酮类化合物与咖啡酸衍生物作为自由基吸收剂都具有抗氧化作用，具有清热解毒和降脂降压之功效（张媛等2013；徐璐等2014；袁辉等2015）。已有研究表明昆仑雪菊乙醇提取物具有显著的体外抗氧化作用（曹燕等2011），本研究表明昆仑雪菊的茶汤（水提取）同样具有显著的抗氧化作用。有报道表明昆仑雪菊的多酚类物质含量显著高于杭白菊、黄山贡菊（王亮等2012；沈维治等2013）。本研究结果也表明昆仑雪菊的总多酚含量显著高于杭白菊、黄山贡菊、胎菊、野菊花。可见昆仑雪菊具有较高保健、营养价值，目前除了在新疆，在山西、安徽等地也有较大规模观赏、药用、茶用种植，其发展前景良好。

本研究测试的9种菊科花茶中，蜡菊的抗氧化能力仅次于昆仑雪菊，但也显著高于其他7种花茶。蜡菊又称麦秆菊、七彩菊，为菊科蜡菊属一年生草本植物，原产澳大利亚，是优质美观的干花和切花品种，我国各地广泛栽培。常做切花或晾干制成天然的干花，也可用作蜡菊茶（杨培禾等2006）。蜡菊具有抗疲劳、护肤养颜、明目清心、安定神经与助消化等功效（管春平和杨平2013）。目前，鲜有蜡菊茶抗氧化能力相关报道。本研究表明蜡菊具有较高抗氧化能力，其保健、营养价值较高，具有一定的开发潜能和市场前景。

已有研究表明胎菊的各主要活性成分的含量显著高于杭白菊（朵菊），杭白菊更适于在胎菊采摘饮用（周丽等2014）。本研究从茶汤抗氧化能力方面支持此观点，在测试的5种菊属花茶中，胎菊的抗氧化能力最高，其抗氧化能力、总多酚含量显著高于杭白菊（朵菊），市场上胎菊受到"热捧"具有一定的科学性。

参考文献

1. 曹燕，庞市宾，徐磊，等. 金鸡菊提取物体外抗氧化活性［J］. 中国实验方剂学杂志，2011，17（12）：144 – 147.

2. 陈俊愉. 中国菊花过去和今后对世界的贡献［C］. 中国国际菊花研讨会，2007：73 – 75.

3. 陈重明，徐增莱，金萍. 菊的民族植物学［J］. 中国野生植物资源，1999，18（2）：5 – 8.

4. 管春平，杨平. 黄色七彩菊花色素的提取及其稳定性研究［J］. 楚雄师范学院学报，2013，（9）：53 – 57.

5. 洪艳，白新祥，孙卫，等. 菊花品种花色表型数量分类研究［J］. 园艺学报，2012，39（7）：1330 – 1340.

6. 金亮，田丹青，李小白，等. 金桂与丹桂花茶抗氧化活性的比较［J］. 浙江农业科学，2014，（11）：1746 – 1748.

7. 沈维治，邹宇晓，刘凡，等. 雪菊与市售菊花活性成分的比较研究［J］. 热带作物学报，2012，33（12）：2284 – 2287.

8. 王亮，汪涛，郭巧生，等. 昆仑雪菊与杭菊、贡菊主要活性成分比较［J］. 中国中药杂志，2013，38（20）：3442 – 3445.

9. 王婷婷，王少康，黄桂玲，等. 菊花主要活性成分含量及其抗氧化活性测定［J］. 食品科学，2013，34（15）：95 – 99.

10. 徐璐，汪涛，郭巧生，等. 响应面法优化超声辅助法提取昆仑雪菊色素的工艺研究［J］. 中国中药杂志，2014，39（24）：4792 – 4797.

11. 杨培禾，李学东，任丽娜. 蜡菊的总苞干、湿形变的解剖学研究［J］. 西北植物学报，2006，26：1699 – 1703.

12. 袁辉，赵建勇，杨文菊. 新疆不同产地雪菊 UPLC 指纹图谱的建立及其成分测定［J］. 中草药，2015，46（8）：1223 – 1226.

13. 张媛，木合布力·阿不力孜，李志远. 金鸡菊属药用植物研究进展［J］. 中国中药杂志，2013，38（16）：2633 – 2638.

14. 周丽，龚佳，段莹，等. 传统杭白菊（朵菊）和胎菊的品质比较［J］. 食品工业，2014，（10）：236 – 240.

15. Aoshima H, Hirata S, Ayabe S. Antioxidative and anti – hydrogen peroxide activities of various herbal teas［J］. Food Chemistry, 2007, 103：617 – 622.

16. Aruoma OI. Free radicals, oxidative stress, and antioxidants in human health and disease［J］. Journal of the American Oil Chemists' Society, 1998, 75：199 – 212.

17. Bao J, Cai Y, Sun M, et al. Anthocyanins, flavonols, and free radical scavenging activity of Chinese bayberry (Myrica rubra) extracts and their color properties and stability［J］. Journal of Agricultural and Food Chemistry, 2005, 53（6）：2327 – 2332.

18. Benzie IF, Szeto YT. Total antioxidant capacity of teas by the ferric reducing/antioxidant power assay［J］. Journal of Agricultural and Food Chemistry, 1999, 47（2）：633 – 636.

19. Fu L, Xu BT, Gan RY, et al. Total Phenolic contents and antioxidant capacities of herbal and tea infusions［J］. International Journal of Molecular Sciences, 2011, 12：2112 – 2124.

20. Hu FB. Plant – based foods and prevention of cardiovascular disease：Anoverview［J］. American Journal of Clinical Nutrition. 2003, 78：544 – 551.

21. Zielinski AAF, Haminiuk CWI, Alberti A, et al. A comparative study of the phenolic compounds and the in vitro antioxidant activity of different Brazilian teas using multivariate statistical techniques［J］. Food Research International, 2014, 60：246 – 254.

不同耐热性有髯鸢尾品种在高温胁迫下的生理响应比较[*]

毛静　周媛　童俊　董艳芳　徐冬云　陈法志

（武汉市农业科学技术研究院林业果树科研所，武汉 430075）

摘要　以有髯鸢尾（Bearded Iris）4 个优良园艺品种为生理指标测试的植物实验材料，对其叶绿素、SOD、脯氨酸、MDA、可溶性蛋白、POD 等指标分别作了检测；同时通过比较 $CaCl_2$，$LaCl_3$ 与蒸馏水对各项生理指标的影响，研究了 Ca^{2+} 对于鸢尾高温胁迫下的耐热性的调控作用。实验结果表明，未经过高温胁迫的'Gold-boy'与'Royal Crusades'，比较'Galamadrid'和'Music Box'，其生理指标在叶片叶绿素含量、SOD、MDA、POD 这 4 个方面都存在差异；'Galamadrid'和'Music Box'叶片的叶绿素、SOD，以及 POD 值都高于'Gold-boy'与'Royal Crusades'；而 MDA 值则明显低于'Goldboy'与'Royal Crusades'；4 个品种的可溶性蛋白与脯氨酸在常温条件下没有显示较大的差异；但经过高温胁迫处理后，这两项生理指标都明显升高。$CaCl_2$ 较为明显的提高了高温胁迫下'Goldboy'与'Royal Crusades'叶片中的可溶性蛋白质的浓度，使其在较短时间内能保持对高温的抗性；但高温胁迫时间超过其耐受能力，则呈现叶片焦枯逐渐死亡；$LaCl_3$ 作为 Ca^{2+} 阻断剂对'Galamadrid'和'Music Box'叶片的耐热性影响显著。

关键词　有髯鸢尾；高温胁迫；耐热性；生理响应；钙离子

Comparison of Physiological Response in Different Heat-tolerant Bearded Iris Cultivars under the High Temperature Stress

MAO Jing　ZHOU Yuan　TONG Jun　DONG Yan-fang　XU Dong-yun　CHEN Fa-zhi

（*Wuhan Forestry and Fruit Tree Research Institute*，*Wuhan Academy of Agricultural Science and Technology*，*Wuhan* 430075）

Abstract　This study examines the tolerance of 4 different bearded Iris cultivars to high – temperature stress；specifically，whether the calcium ion is involved in coordination with other physiological indices including antioxidant contents，chlorophyll，protein content，free proline and malondialdehyde during high-temperature stress. The results showed that chlorophyll content，SOD，MDA and POD varied among the 'Gold Boy'，'Royal Crusades'，'Music Box' and 'Galamadrid' without high temperature stress. 'Music Box' and 'Galamadrid' had higher chlorophyll content，SOD and POD than 'Gold Boy' and 'Royal Crusades'，but lower MDA content. Both the soluble protein and proline significantly increased under the high temperature stress in all 4 cultivars. $CaCl_2$ slowed the degradation of chlorophyll content and increased proline and soluble protein in 'Gold Boy' and 'Royal Crusades'，but had no significant effect on activating peroxidase or superoxide to improve high-temperature tolerance. $LaCl_3$ down-regulated the physiological parameters in 'Music Box' and 'Galamadrid'. These results suggest that different bearded Iris cultivars have varying high-temperature tolerance，further，that Ca^{2+} regulates their physiological indicators under the stress.

Key words　Bearded Iris Cultivars；High-temperature stress；High-temperature tolerance；Physiological response；Calcium

　　有髯鸢尾（Bearded Iris）是世界上著名的宿根花卉，花色缤纷鲜艳，姿态优美，生态类型多样，因此应用范围十分广阔。我国虽然是鸢尾属植物的分布中心之一，但在有髯鸢尾新品系的驯化、选育方面却与欧美国家相差甚远。国内目前的新优品种多数都是从国外引进，对其适应性和抗性都还不是十分了解，这无形中增加了实际生产中新品种栽培应用的风险。

　　随着全球气候变暖的加剧，高温已经成为了制约植物生长发育的一个主要环境因子。在南方尤其是长江中下游地区，夏季高温持续时间长。目前，鸢尾在

---

　*　项目来源：武汉市农科院 2015 年创新团队项目（资助编号：Cxtd201506）。

南方地区栽培，首要问题是需要克服夏季的高温天气，有的年份超过 38℃ 高温能持续 20 天左右，要想获得适应南方高温气候的鸢尾材料，耐热性应该成为种或品种选择的主要指标之一。目前，国内外相关有髯鸢尾园艺品种耐热性研究的报道较少。

Ca^{2+} 是植物细胞中被证实的胞内信使之一[1]；目前已知许多胁迫刺激都可引起 Ca^{2+} 水平的升高[2]。在植物耐热性研究中，有一些直接或间接的证据表明 Ca^{2+} 参与了植物热激基因的信号转导[3]。有研究显示，热激时悬浮培养细胞或原生质体对 Ca^{2+} 的吸收大大增加[4]；而利用质膜钙通道阻断剂 $LaCl_3$ 处理，均可明显抑制热激后胞质 Ca^{2+} 浓度的升高[5]。Ca^{2+} 是否对不同鸢尾品种的耐热性具有调控效应，尚未见相关报道。

本试验以有髯鸢尾 4 个优良园艺品种为试验材料，对其高温胁迫下叶片部分生理代谢的功能调节的耐热机理进行评价分析，同时研究鸢尾的热激反应是否同样也受 Ca^{2+} 信号调控，旨在为今后进一步研究和利用有髯鸢尾耐热品种提供理论依据。

1 材料与方法

1.1 供试材料

试验植物栽植于武汉市林业果树科研所园林植物试验地。有髯鸢尾的 4 个园艺品种分别为：'Goldboy''Royal Crusades''Music Box''Galamadrid'。

1.2 热胁迫与试剂处理方法

实验处理：

（1）植物材料为 'Goldboy' 与 'Royal Crusades'，每天向每棵植株叶片喷施 20mmol/L $CaCl_2$ 100ml，或蒸馏水 100ml；置于光照培养箱；分别于 24h、48h、72h 时取健康叶片，测定各项生理指标；每个品种每盆 1 株，每处理重复 6 盆。

（2）植物材料为 'Music Box' 与 'Galamadrid'，每天向每棵植株叶片喷施 20mmol/L $LaCL_3$ 100ml，或蒸馏水 100ml；置于光照培养箱；分别于 6d、9d、12d 时取健康叶片，测定各项生理指标；每个品种每盆 1 株，每处理重复 6 盆。

（3）对照：'Goldboy' 与 'Royal Crusades'，'Music Box' 与 'Galamadrid' 25℃ 盆栽培养，每天喷施蒸馏水 100ml。

热胁迫光照培养箱设置：日温 40℃，光照 14 小时；夜温 30℃；相对湿度 50% ~ 60%；光照强度 2000lx。

1.3 生理指标测定方法

（1）叶绿素抽提采用 0.1 叶片鲜样，与 0.2g 石英砂混合，加入 4ml 95% 乙醇研磨；将混合液离心，取 0.5ml 上清液加入 2ml 95% 乙醇，在波长 665nm、649nm 和 470nm 下测定吸光度[6]。

（2）采用氮蓝四唑（NBT）法测定 SOD 活力[7]。取 0.2g 叶片，加入 2ml 磷酸缓冲液预冷后在冰浴中研磨。混合液离心后取上清，依次加入 1.5ml 0.05M 磷酸缓冲液，0.3ml 130mmol/L 甲硫氨酸溶液，0.3ml 750 mol/L 氮蓝四唑，0.3ml 100 mol/LEDTA – Na_2 溶液，0.3ml 20 mol/L 核黄素溶液。置于日光下反应 20 分钟后测定波长 560nm 的吸光度。

（3）POD 测定采用采用愈伤木酚氧化法[8]。取 0.2g 叶片加入 2ml 磷酸缓冲液研磨，离心 10min 后提取上清。反应体系：2.5ml 磷酸缓冲液（pH5.5）+ 1ml 2% H_2O_2 + 1ml 0.05mol/L 愈创木酚；与 0.5ml 上清液混合后立即开启秒表记录时间，在波长为 470nm 处比色，每隔 1min 记录 1 次，共记录 3 次。

（4）蛋白质含量的测定用考马斯亮蓝法[9]。取 0.2g 叶片加 5ml 蒸馏水研磨成匀浆，离心后取 1ml 上清液，加入 5ml 考马斯亮蓝溶液，放置 2min 后在波长 595nm 下测定比色值。

（5）MDA 测定采用巴比妥酸（TBA）显色法[10]。取 0.5g 叶片，加入 5ml 5% 三氯乙酸（TCA），研磨成匀浆后离心 10min。取上清液 2ml，加入 2ml 0.67% TBA，混合后在 100℃ 水浴上煮沸 30min，冷却后再离心。分别检测上清液在 450nm、532nm、600nm 处的吸光度值。

（6）游离脯氨酸测定采用磺基水杨酸法[11]。取 0.5g 叶片加入 5ml 3% 磺基水杨酸，沸水浴 10min。离心后取上清 2ml，加入 2ml 冰乙酸，2ml 酸性茚三酮，再沸水浴 30min。冷却后，加入 4ml 甲苯，混匀振荡 30s，静置片刻，取上层液至 1ml 离心管中，离心 5min。吸取上层脯氨酸红色甲苯溶液于比色杯，在波长为 520nm 处测定吸光值。

1.4 数据处理与分析

所得数据用 Origin8.0 和 SAS7.0 软件处理，对相关影响因子方差与差异显著性进行统计分析。

2 结果分析

2.1 叶片叶绿素含量

实验结果显示，在热胁迫条件下 $CaCl_2$ 处理对 'Goldboy' 与 'Royal Crusades' 叶片的叶绿素含量的减少具有一定的抑制作用；喷施蒸馏水，植物叶片在持续的高温胁迫下，叶绿素依旧表现为不断下降，其中'Royal Crusades'在72h后叶绿素含量显著降低（图1）。

在对耐热评价试验中选出的叶片焦枯速率相对缓慢的2个鸢尾品种'Music Box'与'Galamadrid'其叶片叶绿素含量浓度都显著高于'Goldboy'与'Royal Crusades'，LaCl₃处理对比蒸馏水处理显著加速了叶绿素的降解，并且都是随着高温胁迫时间的延长，叶片叶绿素呈现下降趋势。

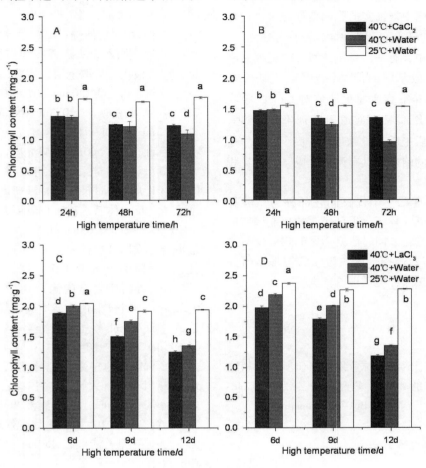

图1 总叶绿素含量

Fig. 1 Total chlorophyll content in the leaves of four cultivars

备注：'Goldboy'（A）与'Royal Crusades'（B）分别进行40℃高温胁迫并施加20mmol/LCaCl₂，40℃高温并施加蒸馏水，以及对照25℃蒸馏水处理，于24小时、48小时、72小时检测其叶片总叶绿素含量。'Music Box'（C）与'Galamadrid'（D）则分别进行40℃高温胁迫并施加20mmol/L LaCl₃，40℃高温并施加蒸馏水，以及对照25℃蒸馏水处理，于第6天、第9天、第12天检测其叶片总叶绿素含量。

2.2 SOD 活性变化

超氧化物歧化酶 SOD 在植物细胞受到胁迫时，能有效清除超氧阴离子自由基，防御细胞膜损伤。在热胁迫条件下 CaCl₂ 处理的'Goldboy'与'Royal Crusades'叶片中 SOD 的含量与蒸馏水处理的叶片差异较为显著；经过 CaCl₂ 处理的'Goldboy'叶片 SOD 在热胁迫24h 时为 385.6U/g，与常温（25℃）对照持平；热胁迫48h 后迅速提高至 544.4U/g；而用蒸馏水处理的叶片在 24h 即提高至 466U/g，72h 升至 566U/g；

品种'Royal Crusades'叶片中 SOD 的合成模式与'Goldboy'略有不同：喷施 CaCl₂ 叶片在热胁迫24h（437.6U/g）即高于常温对照（369.6U/g），48h 时升至最高 564.4 U/g；而喷施蒸馏水叶片则在热胁迫24h 与对照常温差异不显著，48h 时为 494.8 U/g，72h 升至 558 U/g（图2）。

'Music Box'与'Galamadrid'在常温对照的叶片中 SOD 都明显高于'Goldboy'与'Royal Crusades'。无论是 LaCl₃ 或蒸馏水处理，叶片在高温胁迫后 6d 显著高于常温对照；'Music Box'与'Galamadrid'分别都在高温胁迫后第 9 天升至最高值 583.2U/g 与 592.8U/g；LaCl$_3$ 与蒸馏水处理之间差异显著；在高温胁迫下，LaCl$_3$ 处理后的叶片 SOD 活性均低于蒸馏水处理。

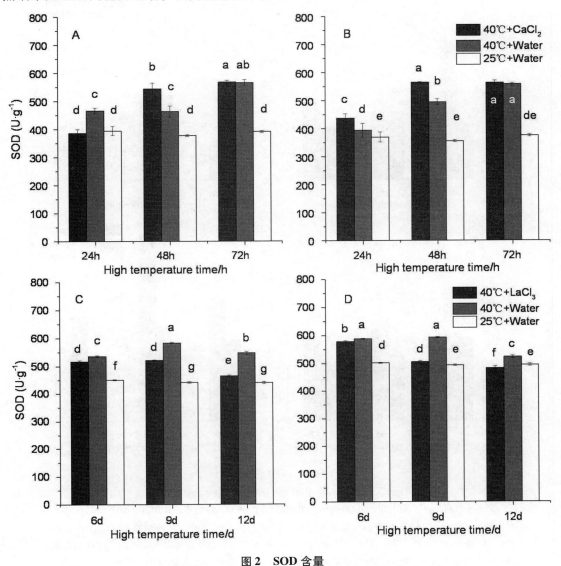

图 2　SOD 含量

Fig. 2　SOD content in the leaves of four cultivars

备注：'Goldboy'（A）与'Royal Crusades'（B）分别进行 40℃高温胁迫并施加 20mmol/L CaCl$_2$，40℃高温并施加蒸馏水，以及对照 25℃蒸馏水处理，于 24 小时、48 小时、72 小时检测其叶片 SOD 含量。'Music Box'（C）与'Galamadrid'（D）则分别进行 40℃高温胁迫并施加 20mmol/L LaCl$_3$，40℃高温并施加蒸馏水，以及对照 25℃蒸馏水处理，于第 6 天、第 9 天、第 12 天检测其叶片 SOD 含量。

2.3　POD 活性变化

有研究认为，耐热品种无论在高温或是常温条件下 POD 活性均较感热品种高。在此次实验中，'Goldboy'与'Royal Crusades'常温培养的对照植株的 POD 值一直保持在较低的水平。经过 CaCl$_2$ 处理的'Goldboy'叶片的 POD 值在 72h 内变化不大，但都较对照植株有所升高；蒸馏水处理的'Goldboy'叶片在高温胁迫下 24h 后 POD 值显著提升，但在 48h 后急速下降；'Royal Crusades'叶片在遭受高温胁迫后无论是 CaCl$_2$ 或蒸馏水，其 POD 值都在 48h 增高，而 72h 时回落至对照水平（图 3）。

在常温下'Music Box'与'Galamadrid'两个品种叶片中 POD 的含量相当，而且都明显高于'Goldboy'与'Royal Crusades'；在高温刺激后，'Galamadrid'叶片 POD 增加幅度大于'Music Box'，尤其是喷施蒸馏水的叶片中 POD 水平显著高于 LaCl$_3$ 处理；POD 浓度在第 9d 时相对最高，而高温胁迫 12d 后则明显回落。

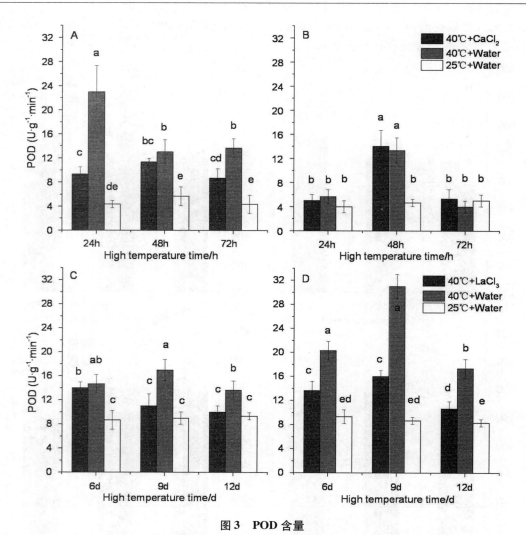

图 3 POD 含量

Fig. 3 POD content in the leaves of four cultivars

备注：'Goldboy'（A）与'Royal Crusades'（B）分别进行40℃高温胁迫并施加20mmol/LCaCl₂，40℃高温并施加蒸馏水，以及对照25℃蒸馏水处理，于24小时、48小时、72小时检测其叶片POD含量。'Music Box'（C）与'Galamadrid'（D）则分别进行40℃高温胁迫并施加20mmol/LLaCl₃，40℃高温并施加蒸馏水，以及对照25℃蒸馏水处理，于第6天、第9天、第12天检测其叶片POD含量。

2.4 MDA 含量

植物在逆境条件下，往往发生膜脂过氧化作用，丙二醛MDA是其产物之一，通常利用它作为膜脂过氧化指标，表示细胞膜脂过氧化程度。在常温条件下品种'Goldboy'与'Royal Crusades'的MDA值相当，约为0.5 mol/g左右；在遭受高温胁迫后，'Goldboy'与'Royal Crusades'的在48h升至常温对照的2倍以上，72h回降到对照水平。CaCl₂处理的'Goldboy'的叶片MDA略高于蒸馏水处理，但对品种'Royal Crusades'，

两个处理之间结果差异不显著（图4）。

'Music Box'与'Galamadrid'两个品种在常温对照植株叶片中MDA值都保持在较低水平，约为0.2 mol/g左右；高温胁迫对其MDA的升高具有显著作用，相对蒸馏水处理，LaCl₃喷施的叶片中MDA含量相对较高；'Music Box'叶片MDA在第6d升至0.66 mol/g后，仍然在9d、12d时呈现逐渐缓慢上升的趋势；'Galamadrid'叶片MDA值则是在第9d时较高，12d时则回落。

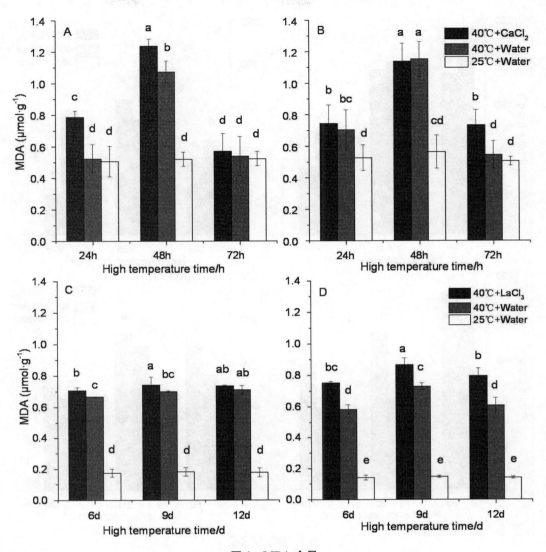

图4 MDA 含量

Fig. 4 MDA content in the leaves of four cultivars

备注：'Goldboy'（A）与'Royal Crusades'（B）分别进行40℃高温胁迫并施加20mmol/LCaCl$_2$，40℃高温并施加蒸馏水，以及对照25℃蒸馏水处理，于24小时、48小时、72小时检测其叶片 MDA 含量。'Music Box'（C）与'Galamadrid'（D）则分别进行40℃高温胁迫并施加20mmol/L LaCl$_3$，40℃高温并施加蒸馏水，以及对照25℃蒸馏水处理，于第6天、第9天、第12天检测其叶片 MDA 含量。

2.5 脯氨酸含量变化

脯氨酸是一种理想的渗透调节物质，在逆境条件下，植物体内脯氨酸的含量会增加。植物体内脯氨酸含量在一定程度上反映了植物的耐热性，耐热性较强的品种往往积累较多的脯氨酸。在本实验结果中显示，在高温条件下，'Goldboy'叶片的游离脯氨酸含量在24h 时即显著升高至对照常温的2倍以上，而72h 时则显著下降；蒸馏水处理的叶片经高温胁迫后脯氨酸含量略低于 CaCl$_2$ 处理样品。CaCl$_2$ 处理对缓解品种'Royal Crusades'叶片焦枯具有一定作用，在高

温培养过程中，其叶片延缓第5~6天出现50%以上面积的焦枯；其 CaCl$_2$ 处理的叶片中游离脯氨酸的浓度在24h、48h 与72h 时呈逐渐上升趋势；而蒸馏水喷施的叶片在72h 则显著下降至对照水平以下（图5）。

'Music Box'叶片的脯氨酸含量高于'Galamadrid'，且在高温胁迫后第6d 即上升至较高的水平，而第9d 回落；通过喷施 LaCl$_3$，叶片中脯氨酸含量显著低于蒸馏水处理；对于'Galamadrid'而言，LaCl$_3$ 与蒸馏水处理后高温胁迫9d 时脯氨酸含量最高，二者结果之间差异达到显著水平（$P < 0.05$）。

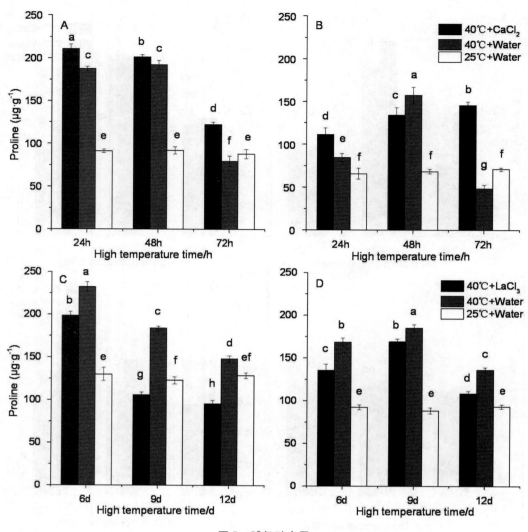

图 5 脯氨酸含量

Fig. 5 Proline content in the leaves of four cultivars

备注：'Goldboy'（A）与'Royal Crusades'（B）分别进行 40℃高温胁迫并施加 20mmol/LCaCl₂，40℃高温并施加蒸馏水，以及对照 25℃蒸馏水处理，于 24 小时、48 小时、72 小时检测其叶片脯氨酸含量。'Music Box'（C）与'Galamadrid'（D）则分别进行 40℃高温胁迫并施加 20mmol/L LaCl₃，40℃高温并施加蒸馏水，以及对照 25℃蒸馏水处理，于第 6 天、第 9 天、第 12 天检测其叶片脯氨酸含量。

2.6 可溶性蛋白含量变化

可溶性蛋白具有渗透调节和防止细胞质脱水的作用。实验结果显示，'Goldboy'与'Royal Crusades'叶片在高温胁迫 24h 时其可溶性蛋白含量升高，48h 后显著降低。CaCl₂处理诱导'Goldboy'叶片可溶性蛋白含量明显高于蒸馏水；而对于品种'Royal Crusades'，CaCl₂较蒸馏水处理其叶片可溶性蛋白含量在 24h 时略低（图 6）。

'Music Box'与'Galamadrid'两个品种叶片中可溶性蛋白质含量也受到高温的影响显著升高；LaCl₃喷施叶片中可溶性蛋白质含量显著低于蒸馏水处理（P＜0.05）；'Music Box'叶片可溶性蛋白在第 6d 时维持较高水平，9～12d 时呈现持续下降趋势；'Galamadrid'则在高温处理 9d 后持续增加，12d 时显著下降。

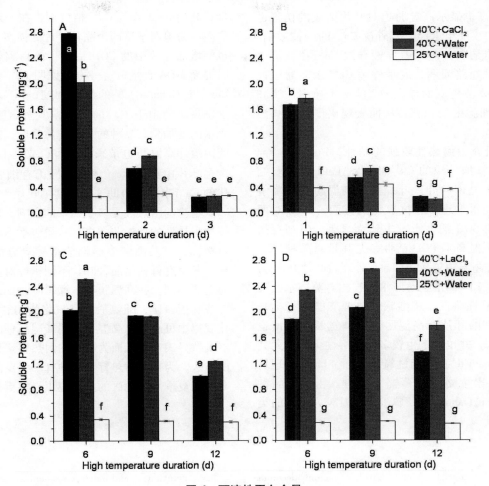

图 6　可溶性蛋白含量

Fig. 6　Soluble protein content in the leaves of four cultivars

备注：'Goldboy'（A）与'Royal Crusades'（B）分别进行 40℃高温胁迫并施加 20mmol/LCaCl₂，
40℃高温并施加蒸馏水，以及对照 25℃蒸馏水处理，于 24 小时、48 小时、72 小时检测其叶片
可溶性蛋白含量。'Music Box'（C）与'Galamadrid'（D）则分别进行 40℃高温胁迫并施加 20mmol/L
LaCl₃，40℃高温并施加蒸馏水，以及对照 25℃蒸馏水处理，于第 6 天、第 9 天、第 12 天检测其
叶片可溶性蛋白含量。

3　讨论

Ca^{2+}是植物生长所需的重要营养元素，也是耦联胞外信号与胞内生理生化反应的第二信使[12]。在植物遭受逆境胁迫时，Ca^{2+}作为信号分子参与了许多不同的生理过程，调节植物细胞对逆境的抵抗能力[13]。逆境条件可引起 Ca^{2+}浓度的增加，诱发植物细胞产生钙信号[14,15]。胁迫引起的 Ca^{2+}浓度增加有两个来源：一是来自细胞外的 Ca^{2+}，一是细胞内细胞器中Ca^{2+}贮存库，如内质网中的 Ca^{2+}。不同逆境，甚至同一逆境不同植物中钙信号的来源可能不同。研究证明，对植物施加外源 Ca^{2+}可提高植物对逆境的抵御能力，而利用拮抗剂则能通过阻断 Ca^{2+}信号功能从而对植物的抗逆性产生负面影响[16]。

在本研究中，对于高温较为敏感的品种'Goldboy'与'Royal Crusades'施加外源 Ca^{2+}，叶片叶绿素含量在高温胁迫下降解的速率略低于蒸馏水处理。在抗氧化酶指标方面，外源 Ca^{2+}并未在短时间内刺激叶片提高其 SOD 与 POD 活性。细胞渗透调节能力方面，外源 Ca^{2+}处理使得叶片中脯氨酸积累在 48h 内就显著增加，可溶性蛋白则在 24h 提升后 48h 后明显降低。在膜脂过氧化指标方面，高温胁迫导致经过外源Ca^{2+}处理叶片中 MDA 的显著升高，且其水平高于蒸馏水处理。综合这 6 个生理指标结果，'Goldboy'与'Royal Crusades'属于对高温不耐受的品种类型；施加外源 Ca^{2+}可以在一定程度上延缓其叶片焦枯速度，并促进叶片脯氨酸的积累，可能是短时间内外源 Ca^{2+}可提高植物叶片抵抗高温胁迫的生理反应[13,17]；

但 MDA 的升高也显示高温胁迫对叶片造成的伤害也是十分迅速的,甚至未能受到外源 Ca^{2+} 的调控影响。这一方面可能是因其品种差异性导致 Ca^{2+} 在其抗逆性过程中信号通路问题,或是外源 Ca^{2+} 未能通过提高 SOD 或 POD 活性从而导致 O_2^- 的产生速率加快和 MDA 在叶片细胞内的积累,从而表现出严重的高温胁迫损伤。

对于本研究中耐热性较强的品种'Music Box'与'Galamadrid'施加外源的 Ca^{2+} 颉颃剂 $LaCl_3$,实验结果显示,$LaCl_3$ 处理的叶片叶绿素在高温胁迫下降解速率高于蒸馏水处理;在抗氧化酶方面,$LaCl_3$ 对两个品种叶片的 SOD 活性影响也较为显著,但却在高温胁迫下明显提高了 POD 活性,尤其是对品种'Galamadrid',在高温胁迫 9d 时 $LaCl_3$ 处理后叶片 POD 值达到最高后于 12d 回落至对照水平,相对蒸馏水处理叶片的 POD 活性略低。从细胞渗透调节能力指标来看,$LaCl_3$ 处理的叶片在高温胁迫下脯氨酸积累量也略低于蒸馏水,并也能产生较多的可溶性蛋白,尤其是品种'Galamadrid';膜脂过氧化方面,$LaCl_3$ 处理后叶片 MDA 积累量略高于蒸馏水处理。由此,品种'Music Box'与'Galamadrid'属于对高温较为耐受的类型;利用 $LaCl_3$ 作为 Ca^{2+} 拮抗剂,在一定程度上加重了高温胁迫对于这两个品种叶片的损伤,但高温胁迫也能增加叶片中的 POD 活性,提高脯氨酸累积,同时提高 MDA 含量;这一方面说明 Ca^{2+} 参与了'Music Box'与'Galamadrid'的耐热调控;但 $LaCl_3$ 处理虽然加剧高温胁迫下 O_2^- 的积累,但游离脯氨酸与 POD 含量的增加是其品种的一种应急反应,能在较长的时间内缓冲高温胁迫带来的伤害;或是 $LaCl_3$ 虽能阻断鸢尾叶片中部分 Ca^{2+} 信号,但仍有细胞器内的可替代的 Ca^{2+} 来源可协助这两种鸢尾叶片产生耐热抗性。

植物的耐热性受多个因素的影响,目前用于鉴定植物耐热性的指标非常多,一般包括形态指标、活性氧指标、以及细胞渗透调节指标等方面。本研究发现,各个有髯鸢尾品种叶片不同指标对高温胁迫的响应趋势不同。在高温胁迫下鸢尾叶片的理化指标(丙二醛、蛋白质、脯氨酸、过氧化物酶、叶绿素等)变化规律中可总结出高温下不同鸢尾品种的生理变化特点及特异表现,从而为鸢尾的耐热鉴定提供科学简捷的方法,为鸢尾耐热育种选种打下一定的基础,也为鸢尾在夏季高温地区的推广应用提供更科学的依据。

参考文献

1. Hashimoto, K. and J. Kudal. 2011. Calcium decoding mechisms in plants[J]. Biochimie. 93:2045 – 2059.

2. Hetherington, A. M. and C. Brownlee. 2004. The generation of Ca^{2+} signals in plants[J]. Annu. Rev. Plant Biol. 55:401 – 427.

3. Bhattacharjee, S. 2008. Calcium – dependent signaling pathway in the heat – induced oxidative injury in *Amaranthus lividus*[J]. Biologia Plant. 52:137 – 140.

4. Snider, J. L., D. M. Oosterhuis, and E. M. Kawakami. 2011. Mechanisms of reproductive thermotolerance in *Gossypium hirsutum*: the effect of genotype and exogenous calcium application[J]. J. Agron. Crop Sci. 197:228 – 236.

5. Graziana, A., M. Fosset, R. Ranjeva, A. M. Hetherington, and M. Lazdunski. 1988. Ca^{2+} channel inhibitor that bind to plant cell membranes block Ca^{2+} entry into protoplasts[J]. Biochem. 27:764 – 768.

6. Arnon, D. I. 1949. Copper enzymes in isolated chloroplast, polyphenoloxidase in *Beta vulgaris*[J]. Plant Physiol. 24:1 – 15.

7. Beyer, W. F. andI. Fridovich. 1987. Assaying of superoxide dismutase activity: Some large consequences of minor changes in conditions[J]. Anal. Biochem. 161:559 – 566.

8. Omran, R. G. 1980. Peroxide levels and the activities of catalase, peroxidase, and indoleacetic acid oxidase during and after chilling cucumber seedling[J]. Plant Physiol. 65:407 – 408.

9. Bradford, M. M. 1976. A rapid and sensitive method for the quantitation of microgram quantities of protein utilizing the principle of protein – dye binding[J]. Anal. Biochem. 72:248 – 254.

10. Heath, R. L. and L. Packer. 1968. Photoperoxidation in isolated chloroplast I. Kinetic and stoichiometry of fatty acid peroxidation[J]. Arch. Biochem. Biophys. 125:189 – 198.

11. Bates, L. S., R. P. Waldren, and I. D. Teare. 1973. Rapid determination of free proline for water – stress studies[J]. Plant Soil 39:205 – 207.

12. Kudla J., Batistic O. and Hashimoto K, 2010. Calcium signals: the lead currency of plant information processing[J]. Plant Cell, 22:541 – 563.

13. Wang, Y., Q. Y. Yu, X. X. Tang, and L. L. Wang. 2009. Calcium pretreatment increases thermotolerance of *Laminaria japonica* sporophytes[J]. Prog. Natural Sci. 19:435 – 442.

14. Liu, H. T., D. Y. Sun, and R. G. Zhou. 2005. Ca^{2+} and AtCaM3 are involved in the expression of heat shock protein

gene in *Arabidopsis*［J］. Plant Cell Environ. 28：1276 – 1284.

15. Liu HT, Li B, Shang ZL, Li XZ, Mu RL, Sun DY, Zhou RG. 2003. Calmodulin is involved in heat shock signal transduction in wheat［J］. Plant Physiol. 132：1186 – 1195.

16. Gao F, Han XW, Wu JH, Zheng SZ, Shang ZL, Sun DY, Zhou RG, Li B. 2012. A heat – activated calcium – perme-able channel – Arabidopsis cyclic nucleotide – gated ion channel 6 – is involved in heat shock response［J］. The Plant journal, 70：1056 – 1069.

17. Gong M, Vander Luit AH, Knight MR, Trewavas AJ. 1998. Heat – shock – induced changes in intracellular Ca^{2+} level in tobacco seedlings in relation to thermotolerance［J］. Plant Physiol. 116：429 – 437.

安徽茶菊耐盐性初步研究*

杨海燕　孙明①

（花卉种质创新与分子育种北京市重点实验室，国家花卉工程技术研究中心，
城乡生态环境北京实验室，北京林业大学园林学院，北京 100083）

摘要　本文以安徽黄菊和安徽贡菊为材料，利用添加了 0、120、200、280、360mmol/L 的 NaCl 溶液的基质对其幼苗胁迫处理 18 天，分析其土壤含盐量、形态及叶片盐害指数变化情况，并测定生理指标叶片相对电导率、叶绿素和丙二醛的含量。结果表明，黄菊与贡菊在低含盐量的土壤中即可表现出受害症状，且贡菊较黄菊受盐渍环境的危害更大。

关键词　土培法；茶菊；耐盐性；生理

Preliminary Study on Salt Tolerance of Tea *Chrysanthemum* by Soil Culture Method

YANG Hai-yan　SUN Ming

（*Beijing Key Laboratory of Ornamental Plants Germplasm Innovation & Molecular Breeding*，*National Engineering Research Center for Floriculture*，*Beijing Laboratory of Urban and Rural Ecological Environment and College of Landscape Architecture*，*Beijing Forestry University*，*Beijing* 100083）

Abstract　Seedling of tea *Chrysanthemum* 'Gong Ju' and 'Huang Ju' was stressed under 0，120，200，280 and 360mmol/L content of NaCl respectively. After 18 days treatment，the soil salinity，pants appearance，soil injury index and physiological index including the content of relative electrical conductivity，chlorophyll and malondialdehyde were analyzed. Results were：*Chrysanthemum* 'Gong Ju' was more sensitive to salt than 'Huang Ju'，and both of them exposed to low soil salinity environment in degree.

Key words　Soil culture method；Tea *Chrysanthemum*；Salinity；Physiological index

　　土地盐渍化是世界资源与环境的主要问题之一，越来越威胁到农作物与观赏植物正常的生命过程。当今世界人口之多，耕地之少，使得开发利用世界上现存的大面积盐渍土地成为必要。现今对盐渍土的开发利用主要集中在园林景观开发上，而现有的观赏植物大都为非盐生植物，如何使其正常生长在盐渍环境中并获得高产，是长期以来业界研究的热点问题之一。茶菊作为兼具观赏价值与生产价值的作物，目前未见有在逆境方面挖掘、研究、推广、应用、创造其综合效益的报道。本文通过土培法初步研究安徽茶菊的耐盐性，不仅为茶菊耐盐性的进一步研究奠定基础，也有利于在北方、滨海等盐渍环境较多的区域推广利用具综合效益的地被菊。

1　材料与方法

1.1　试验材料

　　试验用黄菊与贡菊均采自安徽省黄山市歙县贡菊基地，用其脚芽进行扦插繁殖，长至 6 片叶时移到装有草炭与珍珠岩（1：1）的花盆中，进行常规养护管理。

1.2　试验方法

　　对长至 10 片叶的黄菊与贡菊幼苗进行盐胁迫处理，分别用 0mmol/L、120mmol/L、200mmol/L、280mmol/L、360mmol/L 的 NaCl 溶液进行渐进胁迫，

---

* 基金项目：国家"十二五"科技支撑计划（2013BAD01B07）；北京市教育委员会科学研究与研究生培养共建项目资助（BLCXY201528）。
① 通讯作者。sun. sm@163. com。

于同一天达到设置浓度，每盆每次浇灌 300mL，分两次透灌，视干湿度每 3 天处理一次，对照正常浇水。每处理 15 株，3 次重复。

1.3 指标测定

定期观察记录各处理植株的受害程度。于胁迫 18 天后统计不同盐浓度处理下两种茶菊的盐害指数（闫旭东，2012），并分别取处理植株 5～8 叶位叶片测定生理指标，包括相对电导率、叶绿素含量与丙二醛含量。同时，每隔 3 天采集土样测定土壤含盐量（刘光崧，1996）。采用乙醇丙酮提取比色法测定叶绿素含量，硫代巴比妥酸比色法测定丙二醛含量（李合生，1999），盐害指数计算公式为：盐害指数 A（%）＝∑（盐害级数×代表值株数）/（株数总和×发病最重级的代表数值）×100。

2 结果与分析

2.1 不同浓度 NaCl 溶液处理后土壤含盐量分析

土壤含盐量大于 0.3% 的为盐渍土，大多数认为表层含盐量 0.6%～2.0% 的为盐土，氯化物盐土的含盐下限一般为 0.6%（俞仁培，1987）。本次实验采用土培法初步研究茶菊幼苗的耐盐性，所设各处理盐浓度下的土壤含盐量随时间的变化情况如图 1 所示。表明所设置的各盐浓度在处理过程的土壤含盐量随处理时间的增加呈平缓上升的趋势，后期基本达到盐胁迫的效果，整个过程与自然盐环境的形成较贴近，有利于说明安徽茶菊在自然中适应土壤盐渍化的变化情况。可作为安徽茶菊耐盐性研究盐浓度筛选的参考。

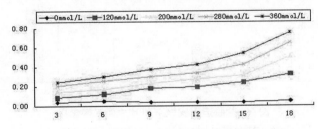

图 1 不同浓度 NaCl 溶液处理后土壤含盐量随时间的变化

Fig. 1 Changes of salt salinity under different NaCl content treatment

2.2 盐胁迫下安徽茶菊的形态变化

从图 2 可以看出，不同浓度 NaCl 溶液处理 18 天后，黄菊与贡菊的表型均发生了不同程度的变化。整体上看，黄菊受盐害影响程度小于贡菊，黄菊直到 280mmol/L 胁迫下在最底下老叶处才有死亡迹象，

360mmol/L 时的伤害也不甚明显，而贡菊在 120mmol/L 时就有死亡，随盐浓度增加叶片受害程度逐渐增加，到 360mmol/L 时中部及中部以下叶片均已死亡。但是，与对照相比，盐胁迫明显降低了黄菊的生长量，胁迫浓度越大，阻碍其生长的程度越严重。

图 2 NaCl 胁迫对黄菊与贡菊形态的影响

Fig. 2 Appearance of 'Huang Ju' and 'Gong Ju' under NaCl treatment

注：A 为贡菊，B 为黄菊，从左到右分别表示 360、280、200、120、0mmol/L NaCl 溶液处理的植株。

Note：A – 'Gong Ju'，B – 'Huang Ju'，objects from left to right were treated under 360、280、200、120、0mmol/L NaCl respectively.

2.3 安徽茶菊叶片盐害指数分析

根据盐害程度记录标准（表 1），计算得出黄菊与贡菊在不同浓度盐胁迫 18 天后的盐害指数情况（图 3）。随 NaCl 浓度的增加，黄菊与贡菊的叶片盐害指数均呈逐渐增加的趋势，两者在 120mmol/L NaCl 溶液胁迫下的伤害都不明显，盐害指数仅为 10%。整体上看，贡菊的受害程度较为明显，且在 200mmol/L 胁迫下的盐害指数显著增加，随后更高浓度的胁迫变化情况较为平缓，360mmol/L 时达到 98% 的盐害指数。相比之下，黄菊在不同浓度 NaCl 胁迫下的变化趋势较为平稳，处理浓度在 360mmol/L 时的盐害指数为 85%。

表 1 盐害程度记录标准

Table 1 Measurement of salt injury index

盐害分级	植株状况	代表值
0	无受害症状	0
1	开始发病，尚不明显	1
2	受害达全株的 0～1/3	2
3	受害达全株的 1/3～2/3	3
4	受害达全株的 2/3～1	4
5	全株腐烂	5

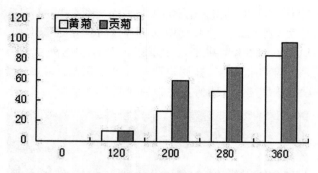

图3 NaCl 胁迫对黄菊与贡菊叶片盐害指数的影响

Fig. 3　Salt injury index of tea *Chrysanthemum* 'Huang Ju' and 'Gong Ju' under NaCl treatment

2.4 盐胁迫下安徽茶菊叶片相对电导率变化

由图4可知，黄菊与贡菊叶片相对电导率均随 NaCl 浓度的增加逐渐增高，低浓度胁迫的增幅较小，高浓度胁迫的增幅较大。黄菊在 200mmol/L 时仅比 120mmol/L 与 0mmol/L 时增加了 17.9% 与 48.7%，贡菊的也仅为 15.0% 与 52.8%；而两者在 360mmol/L 时则比 280mmol/L 与 200mmol/L 时分别增加了 26.0% 与 49.4%、33.7% 与 54.8%，分别达到 81.6%、98.3%。显然，盐胁迫对贡菊相对电导率的影响大于对黄菊的影响。

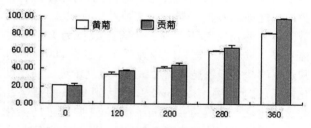

图4 盐胁迫下安徽茶菊叶片电导率变化

Fig. 4　Changes of tea *Chrysanthemum* under NaCl treatment

2.5 盐胁迫下安徽茶菊叶绿素含量变化

黄菊和贡菊的叶片叶绿素含量随盐胁迫浓度的增加而减少，从图5可以看出，NaCl 浓度在 120mmol/L 时，两者的叶绿素含量即大幅减少，分别减少了 43.5% 和 36.9%；其次为 360mmol/L 时，仅比 280mmol/L 时分别减少了 24.3% 和 39.5%；其余盐浓度胁迫下的叶绿素含量降幅较为平缓。此外，黄菊与贡菊的叶片叶绿素含量及其变化也存在差异，在 0mmol/L 时分别为 1.799mg/g 与 1.318mg/g，在 360mmol/L 时分别为 0.626mg/g 与 0.353mg/g，分别减少了 1.173mg/g 与 0.965mg/g。可见，NaCl 溶液对黄菊叶片叶绿素含量的影响大于对贡菊叶片叶绿素含量的影响。

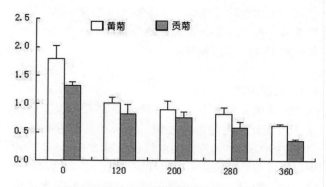

图5 盐胁迫下安徽茶菊叶片叶绿素含量

Fig. 5　Chlorophyll content of tea *Chrysanthemum* under NaCl treatment

2.6 盐胁迫下安徽茶菊叶片丙二醛含量变化

随着 NaCl 浓度的增加，黄菊与贡菊叶片的丙二醛含量逐渐增加，且在高浓度胁迫时的增幅较大，从 280mmol/L 到 360mmol/L 分别增加了 32.3% 与 49.9%，贡菊受害程度较大；从 120mmol/L 到 200mmol/L 两者丙二醛含量增幅均不大，分别增加了 19.2% 与 13.9%。总体上看，黄菊的丙二醛含量少于贡菊的丙二醛含量，在 360mmol/L NaCl 溶液胁迫下，相差 25.9%，但两者相对于对照的增幅差别不大，分别增加了 78.2% 与 79.0%，贡菊略大于黄菊。说明黄菊与贡菊的丙二醛含量随盐胁迫浓度增大的变化程度相当，但后者更易受高浓度盐溶液的影响。

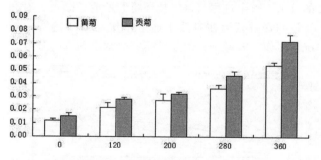

图6 盐胁迫下安徽茶菊叶片丙二醛含量

Fig. 6　Malondialdehyde content of tea *Chrysanthemum* under NaCl treatment

3 讨论

由于温室栽培土壤缺少雨水的淋溶，存在盐分积累的问题，且在浇灌的过程也有处理液流失的现象，因而，在用土培法研究植物耐盐性时土壤含盐量的分析尤为重要，但已有相关研究并没有对此进行分析（管志勇等，2009；时丽冉等，2010；于红芳，2010）。本次研究中所设盐浓度处理后的土壤含盐量与理论值虽然并不一致，但已基本达到盐渍环境的胁迫效果。利用土培法进行植物耐盐性研究，与其适应自然盐渍环境的动态过程较为贴近，但更系统的研究时，所设盐浓度要偏大些且处理时间也要更长。

植物的外观形态是其适应环境变化最直接的表现。从黄菊与贡菊的植株形态来看，两者响应盐胁迫的角度有所不同。黄菊主要表现为植株生长受阻，而贡菊则主要表现为老叶的萎蔫死亡。盐害指数是指供检品种所受盐害程度之和与该品种所受最重盐害之和的比值，是菊花耐盐性评价的综合指标（闫旭东，2012），虽然黄菊的单株受害程度不大，但整体上均有表现出受害情况，相对而言，贡菊的受害程度均较大。

植物叶绿素含量跟光合作用速率、植物营养状况等指标密切相关，可反映植物的生长状况，通常叶绿素含量越高表示植物光合作用速率越大；经盐胁迫后，黄菊与贡菊的叶片叶绿素含量均不同程度的下降，说明其正常生长状况受到了盐环境的影响。盐渍环境下，质膜受到盐离子的胁迫而受伤，最显著的表现就是质膜透性增加，电导率的大小可以简明地反映细胞质膜受伤害程度：电导率值越高则质膜所受的伤害越大，其变化在植物耐盐指标中具有一定的参考价值（赵可夫，2002）；盐胁迫还会加强脂质过氧化作用，从而导致膜系统的破坏，丙二醛作为脂质过氧化作用的产物，含量的多少一定程度上代表膜损伤程度的大小，因此可作为鉴定植物耐盐性强弱的生理指标之一（王爱国，1986）。本实验随盐浓度的增加，黄菊和贡菊的相对电导率与丙二醛含量均变大了，说明其质膜受到了不同程度的伤害。

安徽贡菊与黄菊是知名的茶菊，是少有的兼具较高观赏价值和食用价值的菊花，若能在盐渍环境中推广应用，或将其与抗逆菊花资源相结合进行产学研一体化发展，对盐渍土的开发利用以及菊花在盐渍环境中的应用将大有裨益。因茶菊是食用型菊花，本次实验采用更接近于自然界土壤环境动态变化的土培法进行耐盐性研究，其中存在的一些问题需要在进一步的研究中进行改进。

参考文献

1. 管志勇，陈素梅，陈发棣，等．NaCl胁迫对菊花花序形态及生理指标的影响［J］．西北植物学报，2009，29（8）：1624 - 1629.
2. 李合生．植物生理生化实验原理和技术［M］．北京：高等教育出版社，1999.
3. 刘光崧．土壤理化分析与剖面描述［D］．北京：中国标准出版社，1996：208 - 209.
4. 时丽冉，白丽荣，赵炳春．地被菊抗盐性研究［J］．中国农学通报，2010，26（12）：139 - 142.
5. 王爱国．丙二醛作为脂质过氧化指标的探讨［J］．植物生理学通讯，1986，2：55 - 57.
6. 闫旭东．植物耐盐性鉴定及评价技术规程［M］．北京：中国农业科学技术出版社，2012：71 - 74.
7. 俞仁培．盐渍土分类及改良分区专题讨论概况［J］．土壤，1987（04）：132 - 135.
8. 于红芳．不同品种菊花光合特性及盐胁迫抗性研究［D］．河南农业大学硕士学位论文，2010.
9. 赵可夫．植物对盐渍逆境的适应［J］．生物学通报，2002，37（6）：6 - 9.

铅、锌及其复合胁迫对台湾泡桐幼苗生长及生理抗性的影响

江灶发[1]　刘蕊[2]

（[1]江西财经大学艺术学院园林系，南昌 330032；[2]江西科技学院，南昌 330098）

摘要　通过水培法，研究了铅（Pb）和锌（Zn）及其复合胁迫对台湾泡桐（*Paulownia kawakamii*）幼苗生长与生理指标的影响。将台湾泡桐栽植于 300mL 培养瓶中，以 1/2 Hoagland 营养液培养7d，在 100mg/L Pb 处理下，台湾泡桐幼苗地下部鲜重较对照相比增加 31.5%；其他处理与对照处理相比均不同程度减少。除了在 100mg/L Pb 处理下，台湾泡桐光合色素含量与对照处理相比没有显著差异之外，其他处理的光合色素含量都较对照处理有所减少。单因子 Pb、Zn 处理，台湾泡桐幼苗（根、茎、叶）丙二醛的含量与对照处理相比总体呈下降趋势，而 Pb、Zn 复合胁迫都显著上升。除 100mg/L Pb 处理，台湾泡桐积累的脯氨酸含量高于对照外，其他的处理均呈下降的趋势。在 Pb、Zn 单因子胁迫下台湾泡桐幼苗谷胱甘肽的含量较对照呈下降的趋势；但在 Pb、Zn 复合胁迫下，台湾泡桐谷胱甘肽酶活性较对照变化趋势不明显。研究结果表明，台湾泡桐对 Pb 单因子具有较强的耐受性，可以用于修复 Pb 污染的环境。

关键词　台湾泡桐；铅；锌；胁迫；生理反应

Effects of Lead，Zinc and Their Combined Stress on Growth and Physiological Response of *Paulownia kawakamii* Seedling

JIANG Zao-fa[1]　LIU Rui[2]

（[1] *Department of Landscape Architecture*，*Jiangxi University of Finance and Economics*，*Nanchang* 330032；
[2] *Jiangxi Institute of Science & Technology*，*Nanchang* 330098））

Abstract　This studies were carried out by hydroponics，in which the effects of lead（Pb），zinc（Zn）and its composite stress on seedling growth and physiological resistance of Taiwan paulownia（*Paulownia kawakamii* ）were researched. The seedlings of *P. kawakamii* were planted in 300ml – culture – bottle that treated with 100mg/L Pb in 50% Hoagland nutrient solution in 7d the fresh weight of underground seedlings increased by 31. 5% than control（CK），and the other treatments decreased separately compared to CK. The chlorophyll concentration had no – significance difference comparing to 100 mg/L Pb treatment and CK，but the other treatments decreased separately. Malondialdehyde（MDA）content in roots，stem and leaves of *P. kawakamii* presented a downward trend d compared with the control treatment treating with single factor Pb，zinc treatment，but increased significantly in Pb，zinc compound stress. The proline accumulating in *P. kawakamii* was higher than CK in 100mg/L Pb treatment，but the others showed a downward trend. Under single factor stress of Pb and Zn treating ，glutathione levels in seedlings of Taiwan paulownia was lower than that of control showed a downward trend，which there were no significance different under the composite stress of Pb and Zn . The research results showed that the Taiwan paulownia had tolerance for Pb single factor stress that can be used to repair the Pb pollution of the environment.

Key words　*Paulownia kawakamii*；Lead（Pb）；Zinc（Zn）；Stress；Physiological response

　　Pb、Zn、Cd、Cu、As 等被认为是对植物生长发育产生毒害作用的主要重金属污染物[1-5]。重金属污染是近年来人们广泛关注的环境问题，用植物修复重金属污染的土壤是目前最为理想的方法。因此，寻找具有一定耐受重金属污染的植物材料，用于对重金属污染环境的修复，必将有效减轻土壤重金属污染农业生态危机给人类带来的压力，同时也将带来巨大的社会和经济效益[6]。

　　玄参科泡桐属为速生树种。在大力发展泡桐的大好形势下，泡桐相关的研究工作不断深入。江灶发[7]等人研究了铜及铜尾矿砂对白花泡桐生理抗性的影响。王江[8]等研究了模拟酸雨（pH 值分别为 4.0、5.0）和 Cu（0～200mg·kg[-1]）复合污染对白花泡桐生理特性的影响及解毒机制，结果表明：模拟酸雨加剧

了高浓度 Cu 对白花泡桐的氧化胁迫。台湾泡桐具有分布广、适性强、生长快等特点，但目前有关台湾泡桐生理特性等方面的研究较少报道。

1 材料和方法

1.1 实验材料

实验材料的种子采自江西省德兴市山区海拔 300m 的山坡疏林中。

1.2 方法

1.2.1 幼苗的培育及铅、锌处理

实验在江西财经大学植物生理实验室进行，台湾泡桐育苗采用 Han 等[9]人的方法。选生长健壮一致的幼苗（约 10cm），栽植于装有 300mL1/2Hoagland 营养液的培养瓶中进行培养，培养瓶外用黑色塑料膜包裹，每瓶栽种苗 5 株，在条件一致的自然环境下培养。在 1/2Hoagland 营养液预培养 7 天后，向培养瓶中加入 Pb 和 Zn，Pb 以 $Pb(NO_3)_2$ 的形式加入，Zn 以 $ZnSO_4 \cdot 7H_2O$ 的形式加入。处理浓度分别为：处理 1（对照），0mg/L Pb + 0mg/L Zn（CK）；处理 2，100mg/L Pb（Pb_1）；处理 3，200mg/L Pb（Pb_2）；处理 4，100mg/LZn（Zn_1）；处理 5，100mg/L Pb + 100mg/L Zn（Pb_1 Zn_1）；处理 6，100mg/L Pb + 200mg/L Zn（Pb_1 Zn_2）；处理 7，200mg/L Pb + 100mg/L Zn（Pb_2 Zn_1）；处理 8，200mg/L Pb + 200mg/L Zn（Pb_2 Zn_2）。每个处理 3 次重复，每隔 4 天更换一次培养液。

1.2.2 台湾泡桐幼苗生长指标、生理指标测定

植物生长势的测定在 Pb、Zn 处理 15d 后取样，分别用清水冲洗处理样品，将植株分为地上部分和地下部分，用直尺测量株高、根长。再用吸水纸将表面的水分吸干，用千分之一电子天平称取地上部分、地下部分的鲜重，并将植株按根、茎、叶分别放置在 105℃烘干箱杀青 2h，在 60℃下烘至恒重，称其干重。

生理指标的测定是在 Pb、Zn 处理 15d 后进行，称取 0.1g 的新鲜地上部分（叶片）测定各项生理指标。叶绿素含量测定选用丙酮提取法[10]；丙二醛（MDA）含量的测定采用硫代巴比妥酸法[10]；谷胱甘肽酶活性测定在黄爱缨[11]、Flohe[12,13]等直接测定法的基础上略有改动，即测定该酶的作用底物 GSH 在单位时间内的减少量；游离脯氨酸含量测定选用茚三酮提取法；抗坏血酸含量测定选用二联吡啶法。

1.3 数据统计与分析

应用 Excel 2003 软件和 SPSS 13.0 软件对实验数据进行统计和方差分析（ANOVA），并采用邓肯氏新复极差法对数据进行差异显著性分析。

2 结果与分析

2.1 Pb、Zn 及其复合胁迫对台湾泡桐幼苗生物量和耐性指数的影响

从表 1 中可见，在 100mg/L Pb、200mg/L Pb 单因子的处理下，台湾泡桐根、茎的长度随着处理浓度的上升较对照呈下降的趋势，浓度越高根、茎长度越小；在 100mg/L Zn 单因子处理下，植物根、茎长度较对照减小。在 100mg/L Pb 单因子的处理下，台湾泡桐地下部分鲜重较对照增加 31.5%，在 200mg/L Pb 单因子的处理下，较对照减小 80%；在 100mg/L Zn 单因子处理下，台湾泡桐地下鲜重较对照减小 53%；地上部分随着 Pb、Zn 单因子处理浓度的增加呈下降的趋势，分别下降了 8.3%、74.2%、86%，从下降的趋势可见，单因子的 Zn 对植物生长抑制作用最强。

在不同浓度的 Pb、Zn 复合处理下，台湾泡桐植株生长受到严重抑制，较对照整体呈下降的趋势，尤其在复合处理中随着 Zn 浓度的增加植物根、茎长度以及地上部分和地下部分鲜重明显减小，在 200mg/L Pb 和 200mg/L Zn 复合胁迫下台湾泡桐根、茎长度以及地下部分、地上部分鲜重分别较对照下降了 35.3%、35.4%、82.1%、72.8%。

表 1　Pb、Zn 胁迫对台湾泡桐生长指标及耐性指数的影响

Table 1　Pb、Zn stress affected the growth index and resistance index of *P. kawakamii*

处理浓度（mg/L）	长度/cm		鲜重/g		耐性指数
	根	茎	地下部分	地上部分	
0mg/L Pb + 0mg/L Zn（CK）	17.50 ± 1.32a	13.67 ± 2.08a	3.91 ± 1.12a	5.81 ± 1.06a	1
100mg/L Pb（Pb_1）	16.67 ± 0.58a	11.67 ± 1.53a	5.14 ± 2.24a	5.33 ± 1.32a	0.95
200mg/L Pb（Pb_2）	12.17 ± 1.26b	8.67 ± 0.58b	0.80 ± 0.26b	1.50 ± 0.17cd	0.70
100mg/L Zn（Zn_1）	13.17 ± 1.26bc	8.83 ± 0.29d	1.85 ± 0.49b	0.80 ± 0.13c	0.75
100mg/L Pb + 100mg/L Zn（Pb_1 Zn_1）	13.17 ± 3.88bd	9.83 ± 2.75c	1.31 ± 1.24b	2.14 ± 0.50cd	0.75

（续）

| 处理浓度（mg/L） | 长度/cm | | 鲜重/g | | 耐性指数 |
	根	茎	地下部分	地上部分	
100mg/L Pb + 200mg/L Zn（Pb₁Zn₂）	11.67 ± 0.76be	8.83 ± 1.04e	0.55 ± 0.40b	1.21 ± 0.86cd	0.67
200mg/L Pb + 100mg/L Zn（Pb₂Zn₁）	12.67 ± 1.53bf	8.83 ± 1.26f	1.32 ± 1.25b	2.78 ± 1.95bd	0.72
200mg/L Pb + 200mg/L Zn（Pb₂Zn₂）	11.33 ± 4.04bg	8.83 ± 1.61g	0.70 ± 0.60b	1.58 ± 0.64cd	0.65

注：数据为平均值 ± 标准差，n = 3；同列不同小写字母表示经过邓肯氏新复级差测验在 0.05 水平上差异显著。

根系耐性指数 = 各处理根系长度/对照根系长度

2.2 Pb、Zn 及其复合胁迫对台湾泡桐光合色素含量的影响

在 Pb、Zn 单因子及其复合胁迫下对台湾泡桐光合色素含量的影响见图 1，叶绿素 a、叶绿素 b 含量较对照呈先上升后下降的趋势。在 100mg/L Pb 单因子处理下叶绿素 a、叶绿素 b 分别较对照增加了 2.6%、6%，说明在此浓度下，单一的 Pb 低浓度胁迫对台湾泡桐正常生长有促进作用；其他处理下的叶绿素 a、叶绿素 b 含量与对照相比下降趋势明显，叶绿素 a 和叶绿素 b 在 100mg/L Pb 和 200mg/L Zn 复合胁迫下最低，较对照分别下降了 60%、54.3%；类胡萝卜素在不同浓度的 Pb、Zn 单因子及其复合胁迫下呈下降的趋势，复合胁迫下类胡萝卜素含量较少，在 100mg/L Pb 和 100mg/L Zn 复合胁迫下最低，其含量较对照下降了 54%。

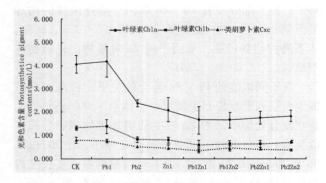

图 1 Pb、Zn 胁迫对台湾泡桐光合色素含量的影响

Fig. 1 Pb、Zn stress on light and the *P. kawakamii* influence of the pigment content

2.3 Pb、Zn 及其复合胁迫对台湾泡桐丙二醛（MDA）含量的影响

丙二醛是膜脂过氧化作用的主要分解产物，其含量高低可以反映植物遭受逆境伤害的程度。从图 2 可见，台湾泡桐幼苗根部 MDA 的含量，在 Pb、Zn 单因子及其复合胁迫下呈先下降后上升的趋势，在 100mg/L Zn 胁迫下最低，较对照下降了 88.7%，在 200mg/L Pb 和 200mg/L Zn 胁迫下最高，较对照下降

了 11.3%；茎部 MDA 的含量较对照在单因子的胁迫下，随着处理浓度的增加呈下降的趋势，在 200mg/L Zn 单因子胁迫下较对照下降了 18.6%，在 Pb、Zn 复合胁迫茎部 MDA 的含量呈上升的趋势，较对照下降了 3.4%；叶部 MDA 的含量较对照呈上升的趋势，在 100mg/L Pb 和 200mg/L Zn、200mg/L Pb 和 200mg/L Zn 复合胁迫时最高，分别较对照增加了 90%、87.8%。

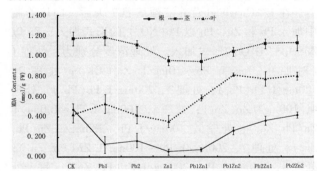

图 2 Pb、Zn 复合胁迫对台湾泡桐丙二醛（MDA）含量的影响

Fig. 2 Pb、Zn stress on malondialdehyde（MDA）content in *P. kawakamii* effect

2.4 Pb、Zn 及其复合胁迫对台湾泡桐脯氨酸（Pro）含量的影响

脯氨酸为植物渗透调节物质之一，当植物受到逆境胁迫时，植物体内有利脯氨酸积累增加[14]。从图 3 可见，在 100mg/L Pb 处理，植物地上部分的脯氨酸活

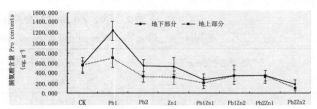

图 3 Pb、Zn 复合胁迫对台湾泡桐脯氨酸（Pro）含量的影响

Fig. 3 Pb、Zn stress on proline（Pro）content in *P. kawakamii* effect

性含量高于对照，增加了 24.4%，地下部分 Pro 活性较对照增加了 1.2 倍。而 Pb、Zn 复合处理对台湾泡桐的脯氨酸活性呈下降的趋势，地上和地下部分的脯氨酸活性在 200mg/L Pb 和 200mg/L Zn 复合胁迫下最低，分别较对照下降了 82.2%、70%。说明台湾泡桐对 Pb、Zn 复合胁迫的反应较弱，脯氨酸渗透调节功能不大。

2.5 Pb、Zn 及其复合胁迫对台湾泡桐谷胱甘肽含量的影响

从图 4 可见，台湾泡桐幼苗根、茎、叶谷胱甘肽的含量，在 Pb、Zn 单因子胁迫下呈下降的趋势，植物叶、根部谷胱甘肽含量在 200mg/L Pb 单因子胁迫下最低分别较对照下降了 13.1%、12.8%，茎部谷胱甘肽含量在 100mg/L Zn 单因子胁迫下最低较对照下降 8.3%。而在 Pb、Zn 复合胁迫下，台湾泡桐谷胱甘肽酶活性较对照变化趋势不明显，植物叶、茎在 100mg/L Pb 和 200mg/L Zn 复合胁迫下最低，分别较对照降低了 14.7%、24%，幼苗根部在 200mg/L Pb 和 200mg/L Zn 复合胁迫下最低，较对照降低了 34.7%。

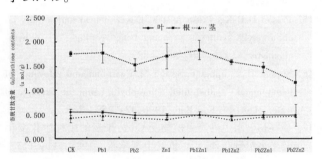

图 4 Pb、Zn 复合胁迫对台湾泡桐谷胱甘肽过氧化物酶含量的影响

Fig. 4 Effects of Pb、Zn stress on glutathione peroxidase content in *P. kawakamii*

3 讨论

Pb、Zn 是污染环境的主要重金属，对植物的生长及生理产生有害作用。本试验中 Pb、Zn 复合胁迫浓度的增加加重了对植物的伤害，严重影响了植物的生长。在 Pb、Zn 单因子的处理下，台湾泡桐根、茎的长度随着处理浓度的上升较对照呈下降的趋势，浓度越高根、茎长度越小。在不同浓度的 Pb、Zn 复合处理下，台湾泡桐植物生长受到严重抑制，较对照整体呈下降的趋势，尤其在复合处理中随着 Zn 浓度的增加，植物根、茎长度以及地上部分和地下部分鲜重明显减小。说明单因子的 Pb、Zn 及复合胁迫对植物

的生长有抑制作用。

在 Pb、Zn 单因子及其复合胁迫下对台湾泡桐光合色素含量的影响，叶绿素 a、叶绿素 b 含量较对照呈先上升后下降的趋势。在 100mg/L Pb 单因子处理下叶绿素 a、叶绿素 b 分别较对照增加，说明在此浓度下，单一的 Pb 低浓度胁迫对台湾泡桐正常生长有促进作用；其他处理下的叶绿素 a、叶绿素 b 含量与对照下降趋势明显，说明其对台湾泡桐的生长抑制作用，类胡萝卜素在不同浓度的 Pb、Zn 单因子及其复合胁迫下呈下降的趋势，说明此浓度对植物的正常生长影响较大。有文献报道称，重金属与叶绿体蛋白质的 -SH 结合或取代 Fe^{2+}、Mg^{2+} 等离子导致叶绿体结构和功能的破坏，致使叶绿素分解[15]。另外也有研究表示，高浓度的 Pb 可以破坏叶绿素合成过程中叶绿素酸脂还原酶的活性和影响氨基 - ¥ - 酮戊酸的合成，从而导致植物叶绿素含量减少[16]。

Pb 胁迫可以诱发生物代谢过程产生的自由基，对植物体内细胞壁具有伤害作用，导致膜脂过氧化产物 MDA 含量明显上升[17]。在 100mg/L Pb + 200mg/L Zn 和 200mg/L Pb + 200mg/L Zn 复合胁迫下台湾泡桐叶部 MDA 的含量分别较对照增加了 90%、87.8%。说明植物叶子细胞的生物膜已受到伤害，叶绿体结构受到严重破坏，叶片中的叶绿素 a 和叶绿素 b 含量显著下降，进而影响植物的光合作用。台湾泡桐植物根、茎部 MDA 的含量，在 Pb、Zn 单因子及其复合胁迫下呈下降的趋势，说明在此胁迫下植物的根、茎对其诱导有防御能力。

脯氨酸（Pro）是细胞内重要的渗透调节物质，具有调节细胞渗透平衡、增强细胞结构稳定性及阻止超氧自由基产生的作用，它与植物体内活性氧自由基的清除以及膜脂过氧化作用的减轻密切相关[18]。也有研究认为，逆境下的 Pro 含量提高对植物是一种伤害的表现[19]。在 100mg/L Pb 浓度处理，植物地上部分的 Pro 活性含量高于对照，增加了 24.4%，地下部分 Pro 活性较对照增加了 1.2 倍。说明重金属 Pb、Zn 对植物体有伤害。但不同浓度 Pb、Zn 复合处理对台湾泡桐的 Pro 活性下降，地上部分和地下部分的 Pro 活性在 200mg/L Pb 和 200mg/L Zn 复合胁迫下最低，分别较对照下降了 82.2%、70%。黄苏珍[20]等研究得出相同结论，不同的有机酸加入导致 Pro 合成被抑制，说明有机酸对植物的影响不仅与有机酸性质有关，也与环境条件和植物的种类有很大的关系。与本试验结论相同。

谷胱甘肽（GSH）在抗脂质过氧化及抗衰老过程中起着重要作用，是一种重要的保护性酶。台湾泡桐植物根、茎、叶 GSH 的含量，在 Pb、Zn 单因子胁迫下

较对照降低，说明植物受到重金属 Pb、Zn 胁迫抗氧化能力减弱。不同浓度 Pb、Zn 复合胁迫下，台湾泡桐谷胱甘肽酶活性较对照变化趋势不明显，说明重金属对植物细胞的伤害不是特别的明显。

4 结论

铅、锌及其复合胁迫下对台湾泡桐幼苗的生物量有一定影响，但差异都不显著。在 100mg/L Pb 处理下，台湾泡桐幼苗地下部鲜重较对照相比增加 31.5%；其他处理与对照处理相比均不同程度减少。而且光合色素含量与对照处理相比没有显著差异之外，其他处理的光合色素含量较对照处理都有所减少。单因子 Pb、Zn 处理，台湾泡桐幼苗丙二醛的含量与对照处理相比总体呈下降趋势，而 Pb、Zn 复合胁迫都显著上升。除 100mg/L Pb 处理，台湾泡桐积累的脯氨酸含量高于对照外，其他的处理均呈下降的趋势。研究表明，台湾泡桐对铅单因子具有较强的耐受性，可以用于修复铅污染的环境。

参考文献

1. 杨世勇，王方，谢建春. 重金属对植物的毒害及植物的耐性机制[J]. 安徽师范大学学报，2004，27(1)：71 - 74.

2. 周红卫，施国新，徐勤松，等. Cr^{6+} 和 Cr^{3+} 对水花生几种生理生化指标的影响比较[J]. 农村生态环境，2002，18(4)：35 - 40.

3. 张义贤. 重金属对大麦(*Hordeum vulgate*)毒性的研究[J]. 环境科学学报，1997，17(2)：199 - 206.

4. 李春喜，鲁旭阳，邵云，等. As Zn 复合污染对小麦幼苗生长及生理生化反应的影响[J]. 农业环境科学学报，2006，25(1)：43 - 48.

5. 任安芝，高玉葆，刘爽. 铬、镉、Pb 胁迫对青菜叶片几种生理生化指标的影响[J]. 应用与环境生物学报，2000，6(2)：l12 - 116.

6. 韩玉林. Pb 与盐胁迫对喜盐鸢尾生长及生理抗性的影响[J]. 西北植物学报，2008，28(8)：1649 - 1653.

7. Jiang Z F, Han Y L, et al. Physiological response of Cu and Cu mine tailing remediation of *Paulownia fortunei* (Seem) Hemsl. [J]. Ecotoxicology, 2012, 21(3).

8. 王江，张崇邦，柯世省，钱宝英. 模拟酸雨和铜复合污染对白花泡桐生理特性的影响及其解毒机制[J]. 应用生态学报，2010，21(3)：577 - 582.

9. 张宪政. 作物生理研究法[M]. 北京：中国农业出版社，1992.

10. 李和生，孙群，赵世杰. 植物生理生化试验原理和技术[M]. 北京：高等教育出版社，2000，164 - 194.

11. 黄爱缨，吴珍龄. 水稻谷胱甘肽过氧化物酶的测定法[J]. 西南农业大学学报，1999，21(4)：324 - 327.

12. 邓修惠，黄学梅，李伟道，等. 改良 DTNB 比色法测定血清 GSH - px 活力[J]. 重庆医学，2000，29(5)：445.

13. Flohe L. *et al.* Assay of Glutathione Peroxidase. Methods in Enzymology[J]. Academic Press, New York. 1994, 104：114 - 117.

14. Jackson M B, Campbell D J. Movement of ethylene from roots to shoots, a factor in the responses of tomato plant to watertogged soil condition [J]. New Phytol, 1995, 74：397 - 405.

15. Prasad D D K, Prasa A R K. Effect of lead andmercury on chlorophylls synthesis in mung bean seedings[J]. Phytochemistry, 1997, 26：881 - 883.

16. Supper H, Kupper F. Spiller M. Environmental relevance of heavy metal - substituted chlorophylls using the example of water plant[J]. Exp Bot, 1996. 47：259 - 266.

17. 孙赛初. 水生维管束植物受 Cd 污染后的生理生化变化及受害机制初探[J]. 植物生理学报，1985，11：113 - 121.

18. 彭志红，彭克勤，胡家金. 渗透胁迫下植物脯氨酸积累的研究[J]. 中国农学通报，2002，18(4)：80 - 83.

19. 赵福庚，刘友良. 胁迫条件下高等植物体内脯氨酸代谢及调节的研究进展[J]. 植物学通报，1999，16(5)：540 - 546.

20. 黄苏珍，原海燕，等. 有机酸对黄菖蒲镉、铜积累及生理特性的影响[J]. 生态学报，2008，27(7)：1181 - 1186.

中国观赏园艺研究进展2015：477～482

Advances in Ornamental Horticulture of China，2015：477～482

干旱胁迫对杜鹃叶片生理与叶绿素荧光参数的影响[*]

周 媛[①] 董艳芳 张亚妮 童 俊 毛 静 徐冬云

（武汉市林业果树科学研究所，湖北省园林植物工程技术中心，武汉 430075）

摘要 以'胭脂蜜''鸳鸯锦''花蝴蝶''紫宸殿''锦袍''紫鹤'为试材，研究了干旱胁迫对不同品种的杜鹃外观形态、生理指标和叶绿素荧光参数的影响。结果表明，随着干旱胁迫时间的延长，所有杜鹃品种叶片出现不同程度的下垂、萎蔫甚至死亡的现象，其中'锦袍'的伤害程度相对最轻。MDA 含量呈持续上升或先升后降的趋势；蛋白质含量变化较平缓，总体呈下降的趋势，其中'紫鹤'在干旱第 10 天时含量达到最高；叶绿素含量呈先下降后上升的趋势；初始荧光（Fo）总体呈现下降再平缓上升的状态，其中花蝴蝶与紫鹤在 10d 后急剧下降至无，这与外观形态表现一致；最大光化学效率（Fv/Fm）与 PSII 潜在活性（Fv/Fo）变化规律一致，除两个干旱敏感品种急剧降低以外，其他品种均保持平稳状态。

关键词 杜鹃；干旱胁迫；生理响应；叶绿素荧光参数

Effects of Drought Stress on Physiological Characteristic and Chlorophyll Fluorescence Parameter in *Rhododendron* Cultivars

ZHOU Yuan DONG Yan-fang ZHANG Ya-ni TONG Jun MAO Jing XU Dong-yun

（*Wuhan Scientific Research Institute of Forestry & Fruit-tree*，*Hubei Engineering Technology Research Center of Landscape Plant*，*Wuhan* 430075）

Abstract The morphology, physiological characteristics and chlorophyll fluorescence parameters were studied in *Rhododendron* 'Yanzhimi'，'Yuanyangjin'，'Huahudie'，'Zichendian'，'Jinpao'，'Zihe' under drought stress. The results showed that the leaves of *Rhododendrons* became droop, wilting with different degrees and even died, among those, the leaves of 'Jinpao' were hurt most lightly. The content of MDA increased and then decreased. The content of protein of most *Rhododendrons* appeared a gently decreasing trend but 'Zihe' decreased firstly and then increased, reaching the highest point after 10days. The content of chlorophyll deceased firstly and then increased. Initial fluorescence (*Fo*) indicated decreasing trend firstly, and then increasing, however, that of 'Huanhudie' and 'Zihe' decreased sharply to zero and which was consisted with their appearance. The value of *Fv/Fm* (Optimal photochemical efficiency of PSII) and *Fv/Fo* (Potential activity of PSII) remained at a certain state, except two drought - sensitivity cultivars ('Huanhudie' and 'Zihe') decreased sharply.

Key words *Rhododendron*；Drought stress；Physiological response；Chlorophyll fluorescence

杜鹃花是对杜鹃花科（Ericaceae）杜鹃花属（*Rhododendron*）木本植物的总称，别名有映山红、满山红等，其种类繁多，姿态优美，花色艳丽，是世界著名的观赏花卉，对世界园林有着重大影响，是我国传统十大名花之一，有"花中西施"的美誉（朱春燕 等，2006；张永辉 等，2007）。

干旱是影响园林植物正常生长并导致其观赏性下降的重要因素。不同的杜鹃品种其耐旱性具有显著的

不同，李娟（2009）对两个不同品种西鹃和毛鹃进行干旱处理，并对西鹃和毛鹃的叶片含水量、叶片相对含水量、叶绿素含量、脯氨酸含量、蛋白质含量、过氧化物酶、过氧化氢酶、抗坏血酸过氧化物酶等生理特性做了研究，得出西鹃抗旱性大于毛鹃的结论。黄承玲（2011）等对持续干旱条件下露珠杜鹃、迷人杜鹃、大白杜鹃的保护酶活性、渗透调节物质、丙二醇和质膜相对透性进行测定，并进行抗旱评价，得出丙

* 基金项目：武汉市农科院 2015 年创新团队项目（Cxtd201506）；国家自然科学基金项目（31300587）。

① 通讯作者。Email：zhouyuan@wuhanagri.com。

二醛和保护酶活性可以作为高山杜鹃抗旱性评价的主要指标的结论。叶绿素荧光是研究植物光合作用的机制和探测光合生理状况的一种新兴技术，能够快速灵敏、无损伤地反映光系统Ⅱ（PSⅡ）对光能的吸收、传递、耗散、分配等方面的状况，被认为是研究植物光合能力及对环境胁迫响应的有效手段（张守仁，1999；Maxwell K *et al*.，2000；找会杰等，2000）。在杜鹃抗旱性的研究中，关于生理指标的研究相对较多，但是将生理指标与叶绿素荧光参数相结合来研究杜鹃抗旱性的相对较少。为了更全面地了解杜鹃花干旱胁迫条件下的生理响应机制，本研究对前期筛选出的观赏价值高的5个品种与目前园林中栽培较多的1个品种，进行干旱胁迫条件下外观形态、生理指标和光合指标测定，以期综合反映杜鹃花对干旱逆境的抗性，为杜鹃抗旱育种提供理论依据。

1　材料与方法

1.1　材料

试验于2014年6～10月在武汉市农科院林业果树科研所内进行。供试材料为6个杜鹃品种，分别为'胭脂蜜''鸳鸯锦''花蝴蝶''紫宸殿''锦袍''紫鹤'。前5个品种为前期筛选的观赏价值高的品种，'紫鹤'为园林绿化市场常见栽培种。所有供试品种均为大棚内常规管理的扦插盆苗，选取2年生生长一致、健壮的杜鹃盆苗进行试验。

1.2　取样及方法

在温室内采用盆栽控水法进行水分胁迫处理，并保持与室外通风。干旱处理为先给苗木浇清水至饱和后不再浇水，每隔5天在上午8：00～9：00左右采样，采样叶片立即剪碎混合均匀后对样品进行生理生化指标测试，试验期间观察记录其叶片形态变化，直至供试植株叶片严重萎蔫为止。在测定生理指标的同时进行叶绿素荧光参数检测，叶绿素荧光参数主要采用OS1P叶绿素荧光测定仪检测，选择6个叶片作为重复，分别进行Fo、Fm、Fv、Fm'等荧光参数的测定。叶片测定前充分暗适应30min，测定初始荧光Fo，此时叶片光系统PSII反应中心全部处于开放状态。之后用强饱和脉冲光激发，使原初电子受体全部处于还原状态，此时激发最大荧光Fm，Fv（Fm－Fo）为暗适应叶片的最大可变荧光。在施加作用光的同时，打开饱和脉冲光测得Fm'。根据测得的荧光参数，光系统Ⅱ（PSII）最大光化学效率（Fv/Fm），最大

天线转化效率Fv'/Fm'，非光化学猝灭系数（*NPQ*）按van Kooten和Snell的公式计算，NPQ＝Fm/Fm'－1。

2　结果与分析

2.1　干旱胁迫对杜鹃外观形态的影响

表1　干旱胁迫对不同杜鹃品种叶片伤害百分率的影响（%）
Table 1　Effects of drought stress on damage percentage of different *Rhododendron* cultivars' leaves

品种	处理时间（d）			
	5	10	15	20
胭脂蜜	0	10	20	90
鸳鸯锦	0	15	25	90
花蝴蝶	20	80	–	–
紫宸殿	0	0	5	50
锦袍	0	0	5	45
紫鹤	0	90	–	–

如表1所示，在干旱处理5d时，供试的杜鹃品种基本上生长良好，仅'花蝴蝶'部分叶片出现了失水下垂现象。在干旱处理10d时，除'紫宸殿'与'锦袍'无明显伤害以外，其他品种叶片开始出现明显的萎蔫现象，其中'花蝴蝶'与'紫鹤'的萎蔫较为严重，整体植株濒临死亡，因此10d以后不进行这两个品种的生理与光合指标检测。至干旱15d时，'胭脂蜜'与'鸳鸯锦'出现了一定的叶片萎蔫现象，而'紫宸殿'与'锦袍'仍然处于伤害较小的状态。至干旱20d时，所有杜鹃品种均出现大面积叶片萎蔫，其中'锦袍'的伤害程度相对最轻。

2.2　干旱胁迫下杜鹃生理指标研究结果

2.2.1　干旱胁迫对杜鹃叶片MDA含量的影响

植物在逆境条件下，往往发生膜脂过氧化作用，丙二醛是其产物之一，通常利用它作为脂质过氧化指标，表示细胞膜脂过氧化程度。由图1可知，受干旱胁迫后，所有杜鹃品种的MDA均呈上升趋势或先升后降的趋势，'紫宸殿'与'锦袍'在5d与15d出现两个峰值，15d的峰值要高于5d的峰值。'花蝴蝶'与'紫鹤'叶片的MDA在干旱5d即达到高峰，之后迅速下降。'胭脂蜜'与'鸳鸯锦'的MDA在干旱胁迫下平缓上升，其中胭脂蜜在10d达到最大值后又开始平缓下降。

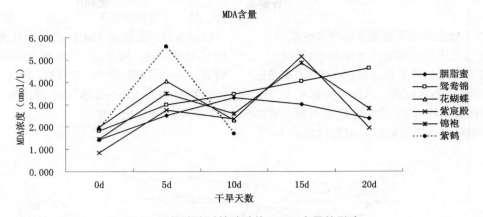

图 1 干旱胁迫对杜鹃叶片 MDA 含量的影响

Fig. 1 Effects of drought stress on MDA content of different *Rhododendron* cultivars' leaves

2.2.2 干旱胁迫对杜鹃叶片可溶性蛋白含量的影响

供试杜鹃品种的可溶性蛋白含量变化规律如图 2 所示：除'紫鹤'先降低后急剧升高以外，大部分品种的蛋白质含量变化较平缓，基本呈现缓和波动状态。其中，'胭脂蜜''鸳鸯锦'与'紫宸殿'是前期缓慢下降后期又缓慢增加；而'花蝴蝶'与'锦袍'是前期缓慢增加后期缓慢下降的状态。

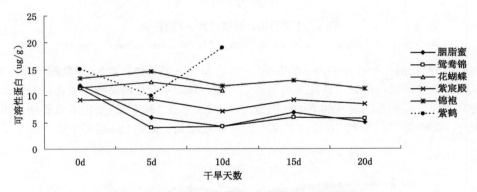

图 2 干旱胁迫对杜鹃叶片可溶性蛋白含量的影响

Fig. 2 Effects of drought stress on soluble protein content of different *Rhododendron* cultivars' leaves

2.2.3 干旱胁迫对杜鹃叶片叶绿素含量的影响

在干旱胁迫下，不同供试杜鹃品种叶绿素含量变化趋势基本呈现先下降后上升的趋势，其中'花蝴蝶'与'紫鹤'在5d 后急剧上升，而其他品种在15d 以后才开始明显上升，其中'鸳鸯锦'在后期上升幅度相对较大（图3）。

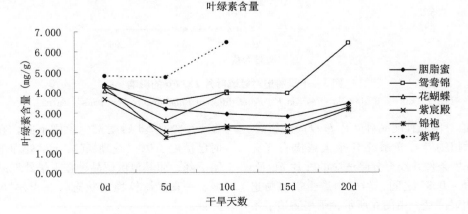

图 3 干旱胁迫对杜鹃叶片叶绿素含量的影响

Fig. 3 Effects of drought stress on chlorophyll content of different *Rhododendron* cultivars' leaves

2.3　干旱胁迫下杜鹃叶绿素荧光指标研究结果

2.3.1　干旱胁迫对不同杜鹃品种叶片 Fo 的影响

　　Fo 是暗适应下的初始荧光，反映 LHCII（捕光色素复合体）与 PSII 的结合状态。从图4可以看出，干旱胁迫下不同杜鹃品种的 Fo 的变化趋势不同，基本趋势是胁迫初期略有下降，随着胁迫时间延长 Fo 上升，其中干旱敏感品种'花蝴蝶'与'紫鹤'在胁迫5d后急剧上升，在胁迫10d后由于叶片失水萎蔫死亡，Fo 已检测不到；而其他4个品种在干旱10d后才开始增加，其中'胭脂蜜'与'紫宸殿'在处理15d以后 Fo 增加幅度加大，而'锦袍'与'鸳鸯锦'变化较平缓，这与外观形态变化一致。

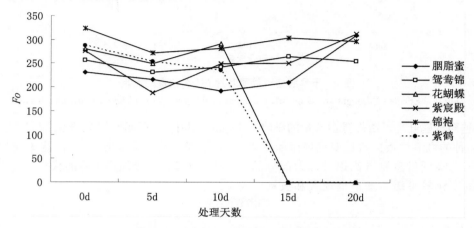

图4　干旱胁迫对杜鹃叶片 Fo 的影响

Fig. 4　Effects of drought stress on Fo of different *Rhododendron* cultivars' leaves

2.3.2　干旱胁迫对不同杜鹃品种叶片 Fv/Fo 的影响

　　Fv/Fo 可以反映 PSII 的潜在活性，从图5可以看出，在干旱胁迫处理下，不同杜鹃品种的 Fv/Fo 的变化规律不同，其中'花蝴蝶'与'紫鹤'从干旱初始一直呈现下降趋势，在5d后急剧下降，而干旱胁迫10d前，其他4个杜鹃品种的变化趋势不大，在干旱胁迫10d后，除'鸳鸯锦'变化不明显外，其他品种均有小幅度增加，而在15d后均下降。

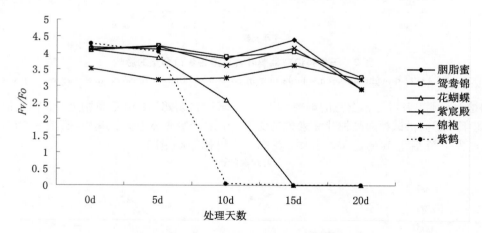

图5　干旱胁迫对杜鹃叶片 Fv/Fo 的影响

Fig. 5　Effects of drought stress on Fv/Fo of different *Rhododendron* cultivars' leaves

2.3.3　干旱胁迫对不同杜鹃品种叶片 Fv/Fm 的影响

　　Fv/Fm 表示植物叶片光系统 II 最大或潜在光化学效率，适宜环境条件并经充分暗适应的叶片 Fv/Fm 一般保持在 0.75～0.85 之间，当植物遭受逆境胁迫时，Fv/Fm 会明显降低。由图6所示，干旱胁迫下不同杜鹃品种的 Fv/Fm 的变化趋势不同，其中'紫鹤'在干旱处理5d后就发生急剧下降，在干旱处理10d时已接近于0，'花蝴蝶'在干旱处理10d以后发生急剧下降；而其他供试品种在干旱处理过程中变化不明显，一直保持较稳定状态，在干旱胁迫15d后略有降低。

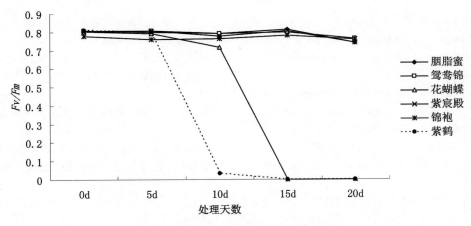

图 6　干旱胁迫对杜鹃叶片 *Fv/Fo* 的影响

Fig. 6　Effects of drought stress on *Fv/Fm* of different *Rhododendron* cultivars' leaves

3　讨论

植物抗旱能力受多因素影响，测定外观形态、生理指标与光合指标可以较好地反映植物对干旱逆境的抗性。从外观形态看，'花蝴蝶'与'紫鹤'较早出现伤害症状而'紫宸殿'与'锦袍'较晚出现，表明后两者抗旱性较强。丙二醛（MDA）含量与质膜相对透性具有相关性，是植物受伤害程度的指标之一。一般 MDA 含量越高，植物受伤害程度越严重。本研究表明 MDA 含量总体呈现上升趋势，'花蝴蝶'与'紫鹤'是在干旱胁迫初期迅速上升至峰值后又迅速下降；'紫宸殿'与'锦袍'出现两个峰值，这与黄承玲等（2011）在迷人杜鹃和露珠杜鹃上的研究结果一致，表明一开始植物感受到干旱胁迫，启动了防御机制，抑制了膜脂过氧化过程，后期随着胁迫程度增加，防御系统丧失，导致 MDA 又急剧上升。干旱胁迫条件使得 6 个杜鹃品种的相对透性明显增强，这与许多抗旱性研究结果一致（王新建等，2008；柯世省，2007）。

杜鹃可溶性蛋白含量变化趋势较平缓，主要呈现先增加后降低或从胁迫初始就持续降低的状态。末期上升状态可能由于叶片水分急剧丧失以至单位鲜重下的叶片数量增加导致。有研究报道认为，可溶性蛋白具有渗透调节功能，胁迫初期的可溶性蛋白增加可维持细胞保持较低的渗透势，抵抗水分胁迫带来的伤害（Xiong *et al.*，2002）。另有报道认为，逆境胁迫诱导了某些调控蛋白表达，导致可溶性蛋白质含量增加。本研究发现所有杜鹃品种可溶性蛋白质含量变化平缓，可能由于杜鹃的可溶性蛋白含量与干旱胁迫关系较小。

叶绿素总含量在一定程度上反映植物同化物质的能力，干旱胁迫下叶绿素含量的变化可以指示植物对干旱胁迫的敏感性，植物受到干旱胁迫时，由于叶片严重失水，常常造成细胞质的破坏，叶绿素随之降解（董明等，2008）。研究显示，抗旱性强的叶片叶绿素含量表现为下降的趋势，而抗旱性弱的表现为上升趋势，这与本研究结果一致。较早出现伤害症状的'花蝴蝶'与'紫鹤'在干旱胁迫初期急剧上升，而其他品种在胁迫前期下降至胁迫末期才缓慢上升，并且'紫宸殿''锦袍'与'鸳鸯锦'的上升幅度较小。

叶绿素荧光参数的测定可以更清晰地表明植物光合作用中对光能的吸收、传递、耗散、分配情况。*Fo* 是暗适应下的初始荧光，一般认为，逆境胁迫下类囊体膜结构改变导致 *Fo* 缓慢增加，反映了 PSII 反应中心失活或 LHCII 与 PSII 的分离（罗明华等，2010；Demming A B *et al.*，1996）。本研究结果表明，大部分供试杜鹃品种基本表现为在干旱胁迫初期略微下降而后期缓慢上升状态，而其中'花蝴蝶'与'紫鹤'在 5d 后急剧增加而在 10d 后急剧下降至无，这与'花蝴蝶'与'紫鹤'较早出现失水萎蔫伤害症状较一致。*Fv/Fo* 可以反映 PSII 的潜在活性，本研究中除干旱敏感的'花蝴蝶'与'紫鹤' *Fv/Fo* 在胁迫 5d 后迅速下降，其他品种一直处于平缓波动状态。*Fv/Fm* 是 PSII 最大或潜在光化学效率，在逆境胁迫下常被用于指示 PSII 的受损程度，*Fv/Fm* 的下降与 *Fo* 的上升相伴出现是光抑制发生的标志，本研究发现 *Fv/Fm* 与 *Fv/Fo* 变化规律一致，除两个干旱敏感品种急剧降低以外，其他品种均保持平稳状态，表明干旱胁迫对杜鹃叶片光系统 II 的伤害不是渐进式的而是突发式的，在没有达到品种耐热阈值时对光系统 II 没有造成明显伤害，而达到某一阈值时对于光系统 II 的伤害突然导致不可逆转的损害继而叶片到整株植株死亡。

参考文献

1. Demming A B, Adams W W, Barker D H, *et al*. 1996. Using chlorophyll fluorescence to assess the fraction of absorbed light allocated to thermal dissipation of excess excitation[J]. Physiologia Plantarum, 98: 253 – 264.

2. Maxwell K, Johnson G N. Chlorophy II fluorescence – A practical guide[J]. Journal of experimental botany, 2000, 51(345): 659 – 668.

3. 黄承玲，陈顺，高贯龙. 2011. 3 种高山杜鹃对持续干旱的生理响应及抗旱性评价[J]. 林业科学，47(6): 48 – 55.

4. 柯世省，杨敏文. 2007. 水分胁迫对云锦杜鹃光合生理和光温响应的影响[J]. 园艺学报，34(4): 959 – 964.

5. 李娟. 2009. 两种杜鹃花的土壤干旱胁迫研究[D]. 贵阳：贵州师范大学.

6. 罗明华，胡进耀，吴庆贵，等. 2010. 干旱胁迫对丹参叶片气体交换和叶绿素荧光参数的影响[J]. 应用生态学报，21(3): 619 – 623.

7. 王建华，刘鸿先，徐同，1989. 超氧物歧化酶(SOD)在植物逆境和衰老生理中的作用[J]. 植物生理学通讯，25(1): 1 – 5.

8. 张守仁. 1999. 叶绿素荧光动力学参数的意义及讨论[J]. 植物学通报，16(4): 444 – 448.

9. 张永辉，姜卫兵，翁忙玲. 杜鹃花的文化意蕴及其在园林绿化中的应用[J]. 中国农学通报，2007. 23(9): 11 – 17.

10. 赵会杰，邹琦，于振文. 叶绿素荧光分析技术及其在植物光合机理研究中的应用[J]. 河南农业大学学报，2000, 34(3): 2482 – 2511.

11. 朱春燕，包志毅，唐宇力. 杜鹃花赏析[J]. 生物学通报，2006, 41(6): 16 – 17.

菊花苗期耐湿热生理响应及综合评价*

刘轶奇　孙明　李贤利　张启翔[①]

（花卉种质创新与分子育种北京市重点实验室，国家花卉工程技术研究中心，
城乡生态环境北京实验室，北京林业大学园林学院，北京 100083）

摘要　以 11 份菊花品种为材料，在高温高湿胁迫下，研究其生理指标变化，并对其耐湿热性进行综合评价。结果表明：各份材料的湿热伤害指数、细胞膜透性随着湿热胁迫时间的延长而显著增加，脯氨酸含量则呈先升后降趋势。对各份材料耐湿热性进行综合评价，并将各品种的耐湿热性分为强、较强、中等、较弱、弱 5 个层次，由强到弱依次为'茶菊 3 号''茶菊 2 号''茶菊 1 号'>'新红''铺地粉黛'>'美矮黄''繁花似锦''朝阳红'>'铺地淡粉'>'繁白露''药红'。为菊花耐湿热机制的深入研究及耐湿热育种材料的选择提供依据。

关键词　菊花；湿热胁迫；生理指标；综合评价

Physiological Response and Comprehensive Evaluation on the Heat and Humidity Resistance of *Chrysanthemum morifolium* at Seedling Stage

LIU Yi-qi　SUN Ming　LI Xian-li　ZHANG Qi-xiang

（*Beijing Key Laboratory of Ornamental Plants Germplasm Innovation & Molecular Breeding*，
National Engineering Research Center for Floriculture，*Beijing Laboratory of Urban and Rural Ecological Environment and College of Landscape Architecture*，*Beijing Forestry University*，*Beijing* 100083）

Abstract　11 *Chrysanthemum morifolium* germplasm resources were tested under heat and humidity stress to study their physiological response，and make comprehensive evaluation of these chrysanthemum varieties. The result showed that the damage index and membrane permeability increased significantly as the heat and humidity stress prolonged，while the proline content increased at first and decreasded soon afterwards. After comprehensive evaluation，the materials were divided into five levels. They were ranked from high tolerance to low tolerance as：'Chaju 3''Chaju 2''Chaju 1' > 'Xinhong''Pudifendai' > 'Meiaihuang''Fanhuasijin''Zhaoyanghong' > 'Pudidanfen' > 'Fanbailu''Yaohong'. These results would provide effective instruction for the study of mechanism of chrysanthemum resistance to heat and humidity and provide evidence for the selection of heat and humidity resistant breeding materials.

Key words　*Chrysanthemum morifolium*；Heat and humidity stress；Physiology indices；Comprehensive evaluation

　　菊花原产我国，是中国传统十大名花之一，具有重要的园林应用价值。菊花喜温暖及冷凉环境，在18~21℃下生长良好。夏季，我国长江流域受副热带高压影响会产生高温高湿的闷热气候，因此，菊花生长不良，花期延迟，开花质量差（蒋细旺和张萍，2005）。因此，筛选耐湿热的菊花种质对于菊花在我国夏季高温高湿地区的推广应用具有重要意义。

　　目前，在植物抗逆方面已有较多研究。众多研究表明，植物抗逆是一个复杂的过程，用任一单项指标加以评价都具有片面性。贾开志和陈贵林（2005）研究高温下茄子的耐热性表明，细胞膜透性及脯氨酸含量可作为植物抗逆性的评价指标。逆境条件下，植物细胞膜遭到破坏，细胞膜透性增大，致使细胞浸提液电导率增大。Martineau 等（1979）的研究表明，逆境胁迫下植物的膜伤害和质膜透性的增大是逆境伤害的本质之一。膜透性的大小反映质膜受伤害的程度，数值越大，质膜受伤害程度越大（赵海明等，2010；李蕊等，2011；项延军等，2011）。脯氨酸是一种水溶

* 基金项目：十二五科技支撑计划（2012BAD01B07、2013BAD01B07），北京市共建项目专项资助。
① 通讯作者：张启翔，教授，博士研究生导师，主要从事园林植物资源与育种研究。E - mail：zqxbjfu@126.com。

性的氨基酸，它对于调节细胞质和液泡之间的平衡起着重要的作用（Gleen E P et al.，1999）。此外，脯氨酸还参与大蛋白质高级结构的维持、蛋白质折叠等生理生化过程（Verbruggen N et al，2008）。研究表明，逆境条件下，植物体内脯氨酸的积累可以提高植株对逆境的抵抗力，且抗性强的植物会积累更多的脯氨酸（汤章城，1991；何晓明等，2002；黄希莲等，2012）。

本实验以适于露地栽培的 11 个地被菊和茶菊品种为材料，对其进行不同时间的湿热胁迫处理，分别测定其形态指标、细胞膜透性及脯氨酸含量，并用 5 级评分法对其耐湿热性进行综合评价，从中筛选耐湿热性强的品种。为菊花在我国湿热地区的推广应用及耐湿热菊花种质的育种工作提供理论依据。

1 材料与方法

1.1 试验材料

供试材料为'茶菊 1 号''茶菊 2 号''茶菊 3 号''繁白露''繁花似锦''美矮黄''铺地淡粉''铺地粉黛''新红''药红''朝阳红'。其中，'茶菊 1 号''茶菊 2 号''茶菊 3 号'取自武汉市江汉大学，其余材料均取自北京林业大学小汤山基地。选取长势一致的茎段扦插于穴盘中，扦插基质为 V（草炭）∶V（珍珠岩）=1∶1。等插条长根后移植于花盆中（10cm × 10cm）中，栽培基质为 V（草炭）∶V（珍珠岩）=3∶1。待幼苗长至 15~20cm 时，选取生长状况一致、长势良好的植株进行下一步实验。

1.2 试验方法

将幼苗移至江南 RXZ 型人工气候箱中进行高温高湿处理，昼夜恒温 40 ℃，空气相对湿度 90% ± 5%，光照强度 150 μmol·m^{-2}·s^{-1}，昼/夜为 12 h/12 h；对照植株栽植于温度 25 ℃、空气相对湿度 70% ±5%、光照 150 μmol·m^{-2}·s^{-1} 条件下。取对照植株及处理植株在处理 12h、24h、48h、72h 时的叶片，用于生理生化指标测定。

1.3 指标测定

形态指标参照易金鑫（易金鑫和侯喜林，2002）的方法测定。根据出现湿热伤害的叶片比例将植株伤害程度划分为以下 6 级：0，未出现伤害；1，出现伤害叶片数少于 1/4；2，出现伤害叶片数在 1/4 至 1/2；3，出现伤害叶片数在 1/2 至 3/4；4，出现伤害叶片数多于 3/4；5，全株死亡。随机选取 5 株材料统计伤害级数，并计算湿热伤害指数。湿热伤害指数 = ∑各

株伤害级别/（最高级数×总株数）。

细胞膜透性测定采用电导率法，脯氨酸含量测定采用酸性茚三酮法，参照李合生（李合生，2000）的方法进行。

1.4 数据处理

使用 SPSS19.0 及 Excel2007 进行数据的分析及图表的绘制。

参考张鹤山等（张鹤山等，2009）在植物耐热上的研究方法进行综合评价。对每份材料进行分级，使每个指标都有相应级别值。研究采用 5 级评分法。公式为：

$$D = (Hn - Hs)/5 \qquad (1)$$
$$E = (H - Hs)/D（某指标与抗性正相关时）$$
$$或 E = 5 - (H - Hs)/D（某指标与抗性负相关时） \qquad (2)$$

D 为得分级差，Hn 为某指标测得的最大值，Hs 为某指标测得的最小值，H 为各某指标测得的任意值，E 为湿热胁迫下各份材料的级别值。

用以下公式计算各指标的权重系数：
$$某指标的权重系数（Bj） =$$
$$某指标的变异系数/各指标变异系数之和 \qquad (3)$$
用以下公式计算综合评价值大小：
$$Vi = \sum Eij \times \times Bj$$
$$(i = 1，2，……，12；j = 1，2，3) \qquad (4)$$

Vi 为各份材料的综合评价值，Eij 为任意测定值的级别值，Bj 为相应指标的权重系数，i 指第 i 份材料，j 指第 j 个指标。

2 结果与分析

2.1 湿热胁迫对菊花苗期湿热伤害指数的影响

植物在逆境条件下，其伤害程度直接表现在外部形态上。因此，形态指标是评价材料耐湿热性的最直观可靠的指标。本试验中，各份材料受到胁迫后，不同程度地出现叶片萎蔫、顶芽发黑等症状；且随着胁迫时间的延长，各份材料的伤害程度不断增大，开始出现叶片的干枯、嫩茎倒伏等症状，部分材料甚至出现植株的死亡。

由表 1 可知，湿热胁迫初期，各份材料的湿热伤害指数较低，相互之间无显著差异，处理 12h 时，仅有部分品种出现湿热伤害。处理 24h 时，伤害指数开始出现不同程度地增大，'繁白露''繁花似锦''药红'湿热伤害指数显著高于其他各品种。处理 48h 时，各份材料的湿热伤害指数均大幅增大，'繁白露''药红'开始出现部分植株的死亡。处理 72h 时，各份材

料均伤害较严重，'茶菊 1 号''茶菊 2 号''茶菊 3 号''新红'与其他材料间均呈极显著差异，表现出较强的耐湿热性，而'药红'则与其他材料间均呈显著差异，表现出较差的耐湿热性。同种材料湿热伤害指数随时间变化规律比较明显。不同品种随湿热胁迫时间的持续所受到的湿热伤害都在增加，区别在于受湿热伤害强弱程度不同而已。

表 1 湿热胁迫对不同菊花品种湿热伤害指数的影响

Table 1 Heat and humidity stress on the influence of different chrysanthemum varieties heat and humidity injury index

品种	湿热伤害指数（%）				
	CK	12 h	24 h	48 h	72 h
'茶菊 1 号'	0.00aA	0.00cA	10.67fE	46.67defCD	50.67eE
'茶菊 2 号'	0.00aA	0.00cA	12.00efE	44.00efCD	49.33eE
'茶菊 3 号'	0.00aA	0.00cA	9.33fE	41.33fD	45.33eE
'繁白露'	0.00aA	6.67bAB	44.00aA	68.00bB	80.00bAB
'繁花似锦'	0.00aA	0.00cA	41.33aAB	66.67bcB	77.33bcBC
'美矮黄'	0.00aA	4.00bB	21.33dD	61.33cB	70.67cdCD
'铺地淡粉'	0.00aA	5.33bB	36.00bB	62.67bcB	74.67bcBCD
'铺地粉黛'	0.00aA	0.00cA	16.00dD	52.00dC	66.67dD
'新红'	0.00aA	0.00cA	16.00eDE	49.33deCD	52.00eE
'药红'	0.00aA	10.67aA	42.67aAB	77.33aA	88.00aA
'朝阳红'	0.00aA	6.67bAB	29.33cC	64.00cB	72.00cdBCD

注：同列内不同小写字母表示在 0.05 水平上的差异，不同大写字母表示在 0.01 水平上的差异。表 2，表 3 同。

Note: In the same column, lowercase letters mean difference at 0.05 level, capital letters mean difference at 0.01 level. Letters in table2 and 3 have the same meaning.

2.2 湿热胁迫对菊花苗期细胞膜透性的影响

大量实验证实，植物在逆境条件下质膜透性会增大，而叶片的相对电导率则常被用来衡量逆境条件下植物细胞膜的稳定性（康雯等，2009；周斯建，2005）。由表 2 可知，各份材料的相对电导率均随着胁迫时间的延长而不断增大。湿热胁迫 24h 时，各份材料间的相对电导率值开始出现较大差异，'茶菊 1 号''茶菊 2 号''茶菊 3 号'与'繁白露''铺地淡粉''药红'之间差异显著。处理 72h 时，'茶菊 1 号''茶菊 2 号''茶菊 3 号''铺地粉黛''新红'相对电导率增幅较小，说明其湿热伤害程度较小；'繁白露''铺地淡粉''药红'增幅较大，说明其湿热伤害程度较大；'繁花似锦''美矮黄''朝阳红'增幅居中，各份材料间均差异显著。

表 2 湿热胁迫对不同菊花品种相对电导率的影响

Table 2 Heat and humidity stress on the influence of different chrysanthemum varieties relative electrolytic leakage

品种	相对电导率（%）				
	CK	12 h	24 h	48 h	72 h
'茶菊 1 号'	9.43abAB	10.07eD	18.50efEF	26.07gF	34.97iH
'茶菊 2 号'	9.20bcAB	10.47deD	18.47efEF	25.63ghF	34.83iH
'茶菊 3 号'	9.27abcAB	10.37deD	18.00fF	23.50hF	33.90iH
'繁白露'	9.23abcAB	21.07aA	32.00abAB	50.80bA	64.47bB
'繁花似锦'	9.20bcAB	14.30cC	24.83cC	38.60dC	50.77dD
'美矮黄'	8.73cB	11.10dD	21.40dD	35.37eD	47.10fEF
'铺地淡粉'	9.70abA	18.13bB	30.70bB	42.57cB	60.83cC
'铺地粉黛'	9.77abA	10.27deD	20.03deDEF	30.27fE	40.93hG
'新红'	8.77cB	10.27deD	20.60dDE	34.57eD	44.90gF
'药红'	9.73abA	20.90aA	33.57aA	53.23aA	70.33aA
'朝阳红'	9.80aA	14.10cC	24.87cC	35.97eCD	48.80eDE

2.3 湿热胁迫对菊花苗期脯氨酸含量的影响

脯氨酸含量变化是植物受到逆境胁迫的一种信号,在逆境条件下,植物体内的脯氨酸含量将会显著增加(朱虹等,2009)。由表3可知,各份材料的脯氨酸含量变化趋势基本一致,均呈先升后降趋势,但变化的幅度及拐点各不相同。湿热胁迫处理12h时,各份材料脯氨酸含量均有所上升,但上升幅度不同,'繁白露''铺地淡粉''药红''朝阳红'的上升幅度显

著大于'茶菊1号''茶菊2号''茶菊3号''铺地粉黛''新红';处理24h时,多数材料仍呈上升趋势,但'繁白露''药红''朝阳红'脯氨酸含量开始下降。处理48h时,除'茶菊1号''茶菊2号''茶菊3号''新红'脯氨酸含量仍略有上升外,其余材料均呈下降趋势。处理72h时,各份材料均呈下降趋势,但'繁白露''铺地淡粉''药红'的下降趋势显著大于'茶菊1号''茶菊2号''茶菊3号''铺地粉黛''新红'。

表3 湿热胁迫对不同菊花品种脯氨酸含量的影响
Table 3　Heat and humidity stress on the influence of different chrysanthemum varieties proline contents

品种	脯氨酸质量分数(μg·g⁻¹)				
	CK	12 h	24 h	48 h	72 h
'茶菊1号'	7.59dE	14.26jI	34.59bcBC	36.78bB	19.12bBC
'茶菊2号'	5.14fF	10.19kJ	30.27fG	35.94cBC	21.33aA
'茶菊3号'	5.64eF	15.90iH	32.61dEF	38.53aA	20.46bAB
'繁白露'	9.61bC	35.76bB	15.65hI	9.95jJ	6.81gH
'繁花似锦'	9.53bC	23.99eE	37.27aA	25.56fF	15.12deFG
'美矮黄'	8.47cD	20.36fF	35.40bB	28.05eE	17.12cDE
'铺地淡粉'	8.52cD	26.60dD	33.04dDE	18.26gH	14.72eG
'铺地粉黛'	7.62dE	19.32gF	33.99cCD	33.07dD	18.49bCD
'新红'	10.37aAB	17.40hG	31.62eF	35.49cC	19.22bBC
'药红'	10.73aA	38.67aA	14.35iJ	15.99hI	8.22fH
'朝阳红'	9.78bBC	31.03cC	28.54gH	22.50gG	16.20dEF

2.4 耐湿热性综合分析

用公式(1)~(4)计算各份材料的综合评价值(表4)。由表4可知,各份材料的耐湿热性相差较大。根据5级评分法,将11个菊花品种的耐湿热性划分为强、较强、中等、较弱、弱5个等级。强耐湿热性的综合评价值在4.000以上,包括'茶菊1号''茶菊2号''茶菊3号';较强耐湿热性的综合评价值在3.000~3.999,包括'新红''铺地粉黛';中等耐湿热性的综合评价值在2.000~2.999,包括'美矮黄''繁花似锦''朝阳红';较弱耐湿热性的综合评价值在1.000~1.999,'铺地淡粉'属于这一等级;弱耐湿热性的综合评价值在0.000~0.999,包括'繁白露''药红'。湿热胁迫72h后各份材料的形态见图1。

表4 不同菊花品种耐湿热性综合评价结果
Table 4　Comprehensive evaluation results of different chrysanthemum varieties against heat and humidity stress

品种	综合评价值	耐湿热强度	耐湿热性排序
'茶菊3号'	4.885	强	1
'茶菊2号'	4.824	强	2
'茶菊1号'	4.482	强	3
'新红'	3.995	较强	4
'铺地粉黛'	3.595	较强	5
'美矮黄'	2.998	中等	6
'朝阳红'	2.755	中等	7
'繁花似锦'	2.346	中等	8
'铺地淡粉'	1.920	较弱	9
'繁白露'	0.535	弱	10
'药红'	0.186	弱	11

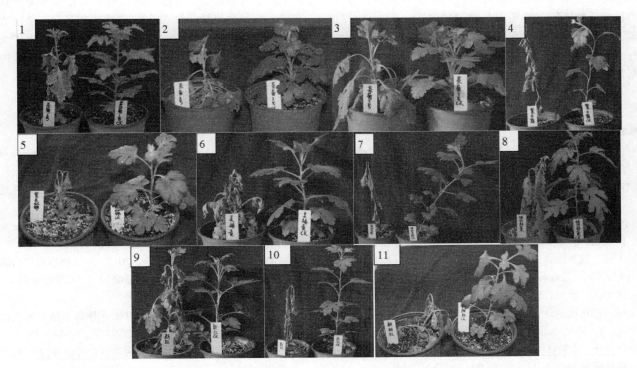

图1　a．湿热胁迫处理72h后不同菊花品种的植株形态．图片依次为菊花品种：1.'茶菊1号'；2.'茶菊2号'；3.'茶菊3号'；4.'繁白露'；5.'繁花似锦'；6.'美矮黄'；7.'铺地淡粉'；8.'铺地粉黛'；9.'新红'；10.'药红'；11.'朝阳红'b．每幅图左侧为处理植株，右侧材料为对照植株

Fig. 1　a. Morphology of different chrysanthemum varieties under heat and humidity stress after 72 h. The pictures in turn are chrysanthemum varieties：1. 'Chaju1'；2. 'Chaju2'；3. 'Chaju3'；4. 'Fanbailu'；5. 'Fanhuasijin'；6. 'Meiaihuang'；7. 'Pudidanfen'；8. 'Pudifendai'；9. 'Xinhong'；10. 'Yaohong'；11. 'Zhaoyanghong' b. In each imnage, the left material is the control, and the right one is the treated material.

众多研究表明，植物抗逆机制是一个复杂的过程，因此，用单项指标进行评价具有一定的片面性。由实验结果也可看出，根据不同指标所得到的各份材料的耐湿热性的具体顺序有所差异，但基本一致，表明本实验中所采用的各项指标均可用于菊花耐湿热性的鉴定，但利用多项指标进行综合评价可使评价结果更可靠。本试验发现，在形态上，不同菊花品种的湿热伤害表现形式有所不同。如'繁白露'表现为顶芽发黑、嫩茎倒伏；而'茶菊1号'则表现为植株下部叶片的萎蔫、干枯，不同品种对湿热胁迫表现出不同形态变化的原因有待进一步的研究，推测与分子水平上不同基因的表达、不同抵御湿热胁迫的通路的响应有关。

数据显示，随着湿热胁迫时间的延长，脯氨酸含量呈先升后降趋势，而相对电导率随胁迫时间的延长不断增大。总体上，耐湿热性强的品种在胁迫初期增幅较小，后期才显著增加，且拐点出现时间较晚，湿热胁迫敏感的品种的变化趋势则与之相反。分析原因可能为，胁迫初期，耐湿热性弱的品种需要且能够尽

快地调动自身的防御机制，表现为脯氨酸含量短时间内迅速上升。经过较短时间的胁迫处理后，自身的防御机制即遭到破坏，表现为脯氨酸含量下降。而耐湿热性强的品种在初期表现出脯氨酸含量增长较慢，但一旦胁迫积累达到一定伤害后，耐湿热性强的品种表达出大量的脯氨酸来抵抗湿热胁迫。不同品种脯氨酸含量从上升到下降的临界点无法确定。此外，总体而言，耐湿热性强的品种比耐湿热性弱的品种积累更多的脯氨酸。这与文献（董爱香等，2007；王永亮等，2012）的研究结果一致。但也有部分研究结果并非如此，如，刘雪凝等（2010）在百合幼苗耐热性的研究中，脯氨酸含量呈先下降后上升趋势；贾开志等（2005）在不同品种幼苗耐热性研究中，脯氨酸含量呈不断上升趋势。这可能与植物类别、逆境胁迫的时间及强度有关。相对电导率作为判别叶片细胞膜的稳定性的指标，在湿热强度不变的前提下，随着湿热胁迫时间的不断持续，叶片受到湿热伤害不断增加的情况下，不同品种电导率均表现为上升。区别在于耐湿热性强的品种相对电导率增幅较小，耐湿热性弱的品

种相对电导率增幅较大，相对电导率可以作为较直观的指标反映不同品种受湿热胁迫的影响。

根据实验结果，菊花的耐湿热性强弱与栽培地域有一定关系。生长于夏季高温高湿的武汉地区的'茶菊1号''茶菊2号''茶菊3号'耐湿热性明显强于生长于北京的地被菊，当然，地被菊中也有部分品种具有较强的耐湿热性，如'新红''铺地粉黛'。通过数据的综合分析，筛选出菊花耐湿热优良种质，为扩大菊花的应用范围及菊花的耐湿热育种提供了一定的理论依据。

参考文献

1. 董爱香，郝宝刚，张西西，等. 2007. 5个一串红品种耐热性鉴定[J]. 中国农学通报，23(4)：265-269.
2. Gleen E P, Brown J J, Blumwald E. 1999. Salt tolerance and crop potential of halophytes[J]. Critical Reviews in Plant Science, 18(2): 227-255.
3. 何晓明，林毓娥，陈清华，等. 2002. 高温对黄瓜幼苗生长、脯氨酸含量及SOD酶活性的影响[J]. 上海交通大学学报(农业科学版)，20(1)：30-33.
4. 黄希莲，罗充，宋丽莎. 2012. 低温胁迫对贵阳市9种绿篱植物抗寒性生理生化指标的影响[J]. 广东农业科学，2：47-50.
5. 贾开志，陈贵林. 2005. 高温胁迫下不同茄子品种幼苗耐热性研究[J]. 生态学杂志，24(4)：398-401.
6. 蒋细旺，张萍. 2005. 武汉市地被菊花的引种试验综合评价[J]. 山地农业生物学报，24(2)：131-134.
7. 康雯，刘晓东，何淼. 2009. 失水胁迫对五叶地锦生理生化指标的影响[J]. 东北林业大学学报，37(6)：13-15.
8. 李蕊，杨利平，刘雪凝. 2011. 百合杂交种及亲本耐热性比较[J]. 中国农业科学，44(6)：1201-1209.
9. 李合生. 2000. 植物生理生化实验原理和技术[M]. 北京：高等教育出版社，192-193，261-263.
10. 刘雪凝，杨利平，马川，等. 2010. 温汤处理种球对亚洲百合幼苗耐热性的影响[J]. 中国农业科学，43(6)：1314-1320.
11. Martineau J R, Apecht J E. 1979. Temperature tolerance in soybeans[J]. Crop Science, 19: 75-81.
12. 汤章城. 1991. 植物抗逆性生理生化研究的某些进展[J]. 植物生理学通讯，27(2)：146-148.
13. Verbruggen N, Hermans C. 2008. Proline accumulation in plants: a review[J]. Amino Acids, 35(4): 735-759.
14. 王永亮，周晓慧，王韡，等. 2012. 高温胁迫对星白勋章菊耐热指数和理化特性的影响[J]. 江苏农业科学，40(8)：175-177.
15. 项延军，李新芝，王小德. 2011. 3种藤本植物耐热性生理生化指标初探[J]. 广东农业科学，7：74-75.
16. 易金鑫，侯喜林. 2002. 茄子耐热性遗传表现[J]. 园艺学报，29(6)：529-532.
17. 张鹤山，刘洋，王凤，等. 2009. 18个三叶草品种耐热性综合评价[J]. 草业科学，26(7)：44-49.
18. 赵海明，刘君，杨志民. 2010. 夏季高温对不同草地早熟禾品种坪用质量的影响[J]. 草业科学，27(1)：4-10.
19. 周斯建，义鸣放，穆鼎. 2005. 高温胁迫下铁炮百合幼苗形态及生理反应的初步研究[J]. 园艺学报，32(1)：145-147.
20. 朱虹，祖元刚，王文杰，等. 2009. 逆境胁迫条件下脯氨酸对植物生长的影响[J]. 东北林业大学学报，37(4)：86-89.

中国观赏园艺研究进展2015：489~494
Advances in Ornamental Horticulture of China, 2015：489~494

489

七种常绿树种的抗寒性研究

王 娜　王奎玲　刘庆华　刘庆超[①]
（青岛农业大学园林与林学院，青岛 266109）

摘要 本研究以倒卵叶石楠（*Photinia lasiogyna*）、八角金盘（*Fatsia japonica*）等在青岛地区系统引种的 7 种常绿植物的叶片为试材，通过测定人工模拟低温下叶片可溶性糖、可溶性蛋白、游离脯氨酸、POD、叶绿素含量和相对电导率的变化，以及自然越冬过程中叶片 SPAD 值的变化，综合评价这 7 种常绿树种的抗寒能力。结果显示，在人工低温胁迫过程中，7 种常绿植物的叶绿素含量呈下降趋势，其他生理指标均呈上升趋势。倒卵叶石楠、八角金盘、红花檵木、夹竹桃、茶梅、阔叶十大功劳、樟叶槭的低温半致死温度（LT_{50}）分别为 $-15.22℃$、$-7.99℃$、$-11.88℃$、$-13.37℃$、$-22.28℃$、$-19.37℃$、$-14.79℃$。

关键词 低温胁迫；常绿植物；生理指标；SPAD

Studies on Cold Resistance of Seven Evergreen Plants

WANG Na　WANG Kui-ling　LIU Qing-hua　LIU Qing-chao
（*College of Landscape Architecture and Forestry*，*Qingdao Agricultural University*，*Qingdao* 266109）

Abstract In this study, the leaves of seven evergreen plants, such as *Photinia lasiogyna*, *Fatsia japonica* were used as the experimental materials. The changes of soluble sugar, soluble protein, free proline, POD activity, chlorophyll content and relative electrolytic conductivity under aritificial low temperature and the SPAD in the leaves in the process of natural wintering were measured, in order to evaluate their cold resistance comprehensively. It showed that the chlorophyll content of 7 kinds of evergreen plants was decreased, and other physiological indexes were increased. According to the change of relative electrical conductivity of leaves, the semilethal temperature (LT_{50}) of *P. lasiogyna*, *F. japonica*, *Loropetalum chinense* var. *rubrum*, *Nerium oleander*, *Camellia sasanqua*, *Mahonia bealei*, *Acer cinnamomifolium* were $-15.22℃$, $-7.99℃$, $-11.88℃$, $-13.37℃$, $-22.28℃$, $-19.37℃$, $-14.79℃$.

Key words Cold resistance；Evergreen plants；Physiological indexes；SPAD

青岛地区地处温带，受季风影响，四季分明。特定的地理和气候条件决定了青岛地区植物景观以落叶阔叶树和常绿针叶树为主，其中前者占有较大的比例，所以四季植物景观各有特色，春季梢头嫩绿、花团锦簇，夏季绿叶成荫、浓影覆地，秋季果实累累、色香俱备，相比之下，冬季则草枯叶落、凛枝横空，一直被认为是一年中最萧条的季节（张莉俊，2006）。受 2010 年北京开展的"延绿增色"工程启发，近年来青岛地区也在不断引进常绿树种，以延长冬季青岛的绿颜。近年来，常绿植物在城市园林绿化中也发挥着越来越重要的作用，应用范围越来越广泛。但是由于冬季低温和立地条件限制，许多常绿树种在青岛地区引种成功率不高。为了丰富青岛地区冬季园林绿化植物资源、提高引种率，本次试验通过对 7 种常绿植物叶片在人工低温条件下可溶性糖、可溶性蛋白、游离脯氨酸、POD、叶绿素含量和相对电导率的变化，以及自然越冬情况下 SPAD 值的变化，分析讨论其抗寒性和在青岛地区的适应性，以期为该地区常绿植物的引种驯化、品种选育以及推广应用提供理论依据。

① 通讯作者。刘庆超（1972－），男，博士，副教授，主要从事园林植物种质资源创新研究。

1 材料与方法

1.1 试验材料

供试的 7 种常绿树种倒卵叶石楠(*Photinia lasiogyna*)、樟叶槭(*Acer cinnamomifolium*)、八角金盘(*Fatsia japonica*)、红花檵木(*Loropetalum chinense* var. *rubrum*)、夹竹桃(*Nerium oleander*)栽植于青岛农业大学校园,茶梅(*Camellia sasanqua*)栽植于即墨基地,阔叶十大功劳(*Mahonia bealei*)栽植于城阳绿地,均进行常规管理。

1.2 试验方法

选择无病虫害、生长完好的成熟叶片。每种常绿植物采集 50 片左右,用潮湿的纱布包裹后装入密封塑料袋内,贴上标签带回实验室后分别用自来水、蒸馏水冲洗,再用吸水纸吸干水分。将每种树的叶片分成 6 组置于密封塑料袋内,放入程控冰箱。于 0℃停留 24h,取出第 1 组样品。再降温至 -5℃停留 24h,取出第 2 组,然后开始依次降温 5℃,停留 24h 后取出,直至温度降至 -25℃。之后将材料取出放入冰箱(4℃)解冻 12h,备用。

1.2.1 人工处理过程指标的测定

生理指标均参照王学奎(2006)的方法。相对电导率采用电导法测定;可溶性糖含量采用蒽酮比色法测定;可溶性蛋白含量采用考马斯亮蓝 G - 250 法测定;游离脯氨酸含量采用酸性茚三酮法测定;POD 酶活性采用愈创木酚法测定;叶绿素含量采用分光光度计检测法测定。实验重复 3 次。

1.2.2 自然越冬条件下叶片 SPAD 变化的测定

每种植物取中间向阳处生长健康的叶片,于 2013 年 9、10、11 月及翌年 1、2、3 月利用 SPAD - 502Plus 叶绿素仪测每个叶片中间位置的 SPAD 值,每次测定叶片不低于 70 片。

1.3 数据分析

用 Microsoft Excel 和 SPSS 21 软件对数据进行计算和方差分析。

2 结果与分析

2.1 人工低温对相对电导率的影响

由图 1 可以看出,7 种常绿植物的叶片经过一系列低温逆境处理后,相对电导率都呈现相应的增加趋势。八角金盘的叶片在低温处理初期相对电导率就已经迅速上升,其他 6 种常绿植物的叶片在低温处理初期相对电导率上升缓慢,然后在达到某一低温时相对电导率才开始急剧上升,茶梅、倒卵叶石楠、红花檵木均是在达 -5℃时开始急剧上升,其中茶梅的上升幅度最大,红花檵木的上升幅度最小,樟叶槭是在低温 -10℃时开始急剧上升,而阔叶十大功劳是在低温达到 -15℃才开始急剧上升,随后又趋于缓慢,而植物抗寒性的强弱与叶片相对电导率的上升幅度有关,一般而言植物抗寒性越弱,叶片相对电导率上升的幅度就越大。

根据低温下植物叶片相对电导率计算出倒卵叶石楠、八角金盘、红花檵木、夹竹桃、茶梅、阔叶十大功劳、樟叶槭的低温半致死温度分别为 - 15.22℃、-7.99℃、-11.88℃、-13.37℃、-22.28℃、-19.37℃、-14.79℃(表 1)。结合所求的低温半致死温度可以看出,LT_{50} 值越小,抗寒性越强,反之,抗寒性越弱,这与在其他学者在其他植物上的研究结论一致(郭慧红,2004;徐康等,2005;田如男,2005)。

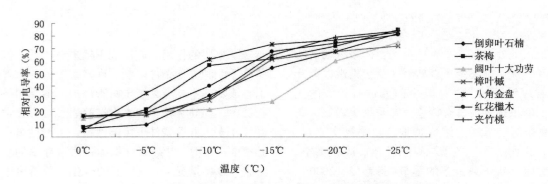

图 1　不同低温处理对几种植物叶片相对电导率的影响

Fig. 1 The effects on REC of plant leaves under different low temperature treatment

表 1　七种常绿植物叶片电导率的多项式参数及半致死温度 LT$_{50}$

Table 1　The parameters of Polynomial and LT$_{50}$ of seven evergreen plants leaves

树种 Species	多项式 Polynomial	拟合度 R^2	半致死温度 LT$_{50}$
倒卵叶石楠	$y = 0.0136x^2 - 2.9259x + 2.3539$	$R^2 = 0.9761$	$-15.22℃$
茶梅	$y = -0.0315x^2 - 1.4037x + 6.8546$	$R^2 = 0.9528$	$-22.28℃$
阔叶十大功劳	$y = 0.1214x^2 + 0.5825x + 15.726$	$R^2 = 0.9638$	$-19.37℃$
樟叶槭	$y = -0.0025x^2 - 2.6782x + 10.949$	$R^2 = 0.9048$	$-14.79℃$
八角金盘	$y = -0.1509x^2 - 6.7812x + 5.4375$	$R^2 = 0.9925$	$-7.99℃$
红花檵木	$y = -0.0281x^2 - 3.6469x + 10.628$	$R^2 = 0.9459$	$-11.88℃$
夹竹桃	$y = 0.0175x^2 - 2.7406x + 10.229$	$R^2 = 0.9292$	$-13.37℃$

2.2　人工低温对可溶性糖含量的影响

图 2 为 7 种常绿植物在人工低温胁迫下可溶性糖含量的变化趋势，从整体看，几种植物的可溶性糖含量随着温度的降低呈增高的趋势，但每种的变化幅度不同。倒卵叶石楠的可溶性糖含量在 -10℃ 到 -15℃ 变化明显，变化幅度为 21.65%；茶梅的可溶性糖含量在 0℃ 到 -5℃ 上升幅度最大，为 25.60%，之后上升趋于平缓；另外几种常绿植物的可溶性糖含量在整个低温胁迫下上升比较平缓。

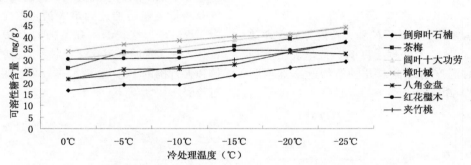

图 2　不同低温处理对几种植物叶片可溶性糖含量的影响

Fig. 2　The effects on soluble sugar of plant leaves under different low temperature treatment

2.3　人工低温对叶片可溶性蛋白的影响

由图 3 可见，不同低温处理后的 7 种常绿植物的可溶性蛋白含量的变化趋势大体相同，都是先增加然后后达到一定低温胁迫后再降低，在 0℃ 下降至 -5℃ 的过程中，可溶性蛋白含量有小幅升高，说明植物为了提高细胞内的束缚水含量，增强细胞的保水能力，促使作为渗透调节物质的可溶性蛋白升高，以减弱低温对植物受伤害程度。随着温度的持续下降，当温度降低至 -15℃ 时，可溶性蛋白含量继续升高且上升幅度大，到 -20℃ 时升高到最大值，说明此时植物受到的伤害更严重。在整个降温处理过程中，阔叶十大功劳和樟叶槭的可溶性蛋白含量一直保持在较高水平，说明其耐寒性强，而倒卵叶石楠和夹竹桃的可溶性蛋白含量相对其他品种处在较低水平，说明其耐寒性较弱，其他品种的耐寒性居中。

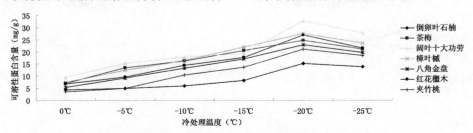

图 3　不同低温处理对几种植物叶片可溶性蛋白含量的影响

Fig. 3　The effects on soluble protein of plant leaves under different low temperature treatment

2.4 人工低温对游离脯氨酸的影响

由图4可知,在不同低温处理下7种常绿植物的游离脯氨酸含量的消长动态不同。倒卵叶石楠的脯氨酸含量在降温初期变化缓慢,在 -10 ~ -15℃时急剧上升,随后呈降低趋势,而八角金盘的游离脯氨酸含量在低温胁迫初期就已出现显著上升的趋势,在 -20℃时迅速下降,说明倒卵叶石楠较八角金盘受低温胁迫要晚,但 -15℃以后的低温就对倒卵叶石楠造成不可逆的胁迫,相对于八角金盘要早。茶梅中游离脯氨酸的含量直到 -20℃均是缓慢增加,在 -20 ~ -25℃之间略有降低,整个变化过程同樟叶槭一样变化幅度的差异不大;夹竹桃的脯氨酸含量在整个低温处理过程中急剧上升,到 -25℃都没达到其不可逆胁迫,说明其耐寒性水平最高。

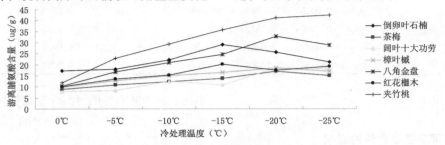

图 4 低温处理过程中游离脯氨酸含量变化

Fig. 4 The proline content changes of plant leaves under low temperature

2.5 人工低温对 POD 的影响

由图5所示,除倒卵叶石楠和夹竹桃外另5种常绿植物的 POD 含量随着处理温度的降低呈现出上升的趋势,开始时温度的降低对几种植物的影响不明显,整体的 POD 含量均表现平稳,且在平稳上升趋势中有小幅下降的情况出现,在温度降低到 -20℃时 POD 含量迅速增加达到最大值。整个低温处理过程中,樟叶槭、红花檵木和茶梅的 POD 含量一直处于较高水平,说明其耐寒性相对其他植物强,倒卵叶石楠和夹竹桃的 POD 含量水平较低,说明其耐寒性相对较弱。

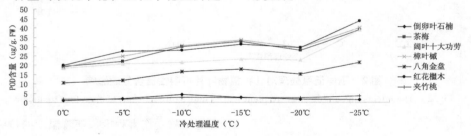

图 5 低温处理过程中 POD 含量变化

Fig. 5 The POD content changes of plant leaves under low temperature

2.6 人工低温对叶绿素含量的影响

由图6可知,7种常绿植物叶片的叶绿素含量均随温度的降低而下降,说明低温对叶片中叶绿素产生了一定程度的破坏。其中倒卵叶石楠的叶绿素含量在整个温度降低的过程中下降最为明显,可见低温对其叶片中叶绿素的破坏较大;阔叶十大功劳在 0 ~ -5℃期间下降幅度最大,由 15.76mg 下降到 11.41mg,之后下降趋势缓慢,可见 -5℃的温度就对其叶绿素产生了较大的破坏。

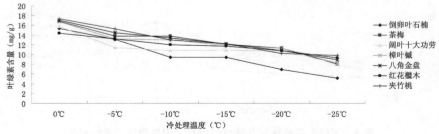

图 6 低温处理过程中叶绿素含量变化

Fig. 6 The Chlorophyll content changes of plant leaves under low temperature

2.7 自然越冬生长情况

青岛地区2013年9月至2014年3月气温总体呈现先降低后升高的变化趋势，全年平均最低气温集中在1月到2月，日气温在0℃以下的也集中在这两个月。全年最低温出现于2月10~11日，日最低温度为-6℃。越冬期间每个月的最高、最低温度如图7所示。

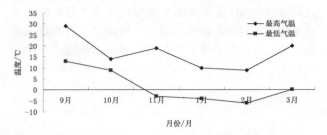

图7 2013年9月至2014年3月青岛月最高最低温度

Fig. 7 The monthly even highest and lowest temperature from September 2013 to March 2014 in Qingdao

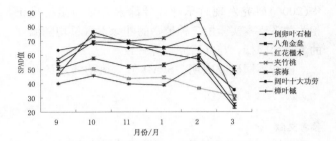

图8 七种常绿植物不同月份SPAD值的变化曲线

Fig. 8 The change curve of SPAD of seven evergreen plants under different months

表2 七种常绿植物不同月份SPAD值的变化情况

Table 2 The change of SPAD of seven evergreen plants under different months

月份/月	石楠	八角金盘	红花檵木	夹竹桃	茶梅	十大功劳	樟叶槭
9	63.7 ± 0.8b	46.2 ± 1.0e	46.8 ± 0.5b	57.3 ± 0.7d	50.6 ± 1.1b	53.9 ± 1.2c	40 ± 0.5c
10	67.9 ± 0.7a	76.4 ± 1.3a	50.6 ± 0.7a	73 ± 0.6b	57.9 ± 0.9a	69.4 ± 1.0ab	45.6 ± 0.5b
11	65.3 ± 0.7ab	68.5 ± 0.8b	43.4 ± 0.6c	69.9 ± 0.5c	51.9 ± 1.1b	68.9 ± 1.3ab	39.7 ± 0.5c
1	65.6 ± 0.8ab	61.4 ± 1.4c	44.3 ± 0.7c	72 ± 0.8bc	53.1 ± 1.2b	65.2 ± 1.0b	38.9 ± 0.8c
2	64.5 ± 0.7b	57.1 ± 1.4d	36.6 ± 0.5d	85.2 ± 1.0a	59.9 ± 0.7a	72.4 ± 2.4a	53.7 ± 2.0a
3	46.8 ± 1.6c	35.3 ± 1.0f	31.1 ± 0.8e	29.5 ± 1.5e	25.2 ± 0.8c	50.4 ± 1.7c	23.2 ± 0.9d

注：相同字母表示差异不显著，小写字母代表 P = 0.05 水平上差异显著。

由图7、图8所示，随9~10月气温的降低，7种常绿植物的SPAD值呈现出不同程度的上升，可见环境温度降低一定程度上刺激了叶绿素的积累；随着温度进一步下降，造成叶绿素分解破坏，叶片SPAD值亦呈下降趋势，此时八角金盘叶片中SPAD值下降幅度最为明显，说明八角金盘对青岛低温环境的适应性相对较差，其叶绿素分解破坏程度较大；之后温度下降到青岛最低气温，八角金盘、石楠、红花檵木的SPAD值因叶绿素分解破坏而持续下降，但夹竹桃、十大功劳、茶梅、樟叶槭的SPAD值呈现出不同幅度的回升，可见此期间这4种植物的失水量已经超过了植物叶绿素分解破坏的量，其中樟叶槭的回升幅度最大，为38%，说明几乎无角质层的樟叶槭失水量多于其他角质层相对较厚的植物；最后气温虽有回升，但低温累积对植物造成的伤害在短期内不能恢复。

3 讨论

当植物受到低温胁迫时，细胞膜会受到伤害，而细胞膜被破坏的程度随低温胁迫的增加而增加（李玉梅，2005），也可以通过细胞内电解质外渗率的大小来反映（宋丽华，2010）。电解质外渗越多，膜被破坏的程度越大，植物抗寒性越弱。由7种常绿植物的相对电导率及LT_{50}可知八角金盘在青岛地区的耐寒性最差，而茶梅的耐寒性最强。本研究测得茶梅的LT_{50}为-22.28℃，与徐康（2005）测定的LT_{50}有差别，是由于茶梅经过两年的低温驯化栽培，对青岛地区已经产生了一定的适应性，其耐寒性有所提升。

可溶性糖、可溶性蛋白和游离脯氨酸是植物体内的重要渗透性物质，在植物遭受低温胁迫时，可通过渗透调节使细胞液内的溶质的浓度升高，从而降低细胞液的结冰点，缓冲细胞质过度脱水，保护细胞质胶体不至于遇冷凝固，避免冻害的发生（潘瑞炽，2001；邵文鹏，2009）。在寒冷胁迫下，所有植物组织中的可溶性糖、可溶性蛋白和游离脯氨酸含量都会升高，这是一个普遍现象（E. Pociechaa，2015）；POD在保护酶系统中主要是起到酶促降解 H_2O_2 的作用，避免细胞膜的过氧化。不少研究也已证实保护酶在植物体内的浓度和活性高低与植物抗寒性强弱有密切关系，抗寒性强的植物具有更强的抗氧化能力。因此，这几种生理指标均可作为植物抗寒性的辅助性指标。

逆境条件下，植物光合能力的降低与光合色素的变化相关，叶绿素在光合作用过程中起到接收和转换能量的作用，且叶绿素含量高低是反映植物叶片光合能力及植株健康状态的主要指标（崔勤，2006）。刘国华（2006）研究发现竹子叶片叶绿素含量与温度呈正相关关系。本实验中7种植物的叶绿素含量均随温度的下降而降低，与其研究趋势一致。

已有不同研究表明，SPAD值与植物叶片的叶绿素含量呈显著正相关（姜丽芬，2005；曾建敏，2009；李海云，2009）。在植物实体测量中，SPAD值能较好地反映出植物叶绿素含量的变化，但目前它只适用于阔叶树种（TOBIASDJ，1994；王厚麟，2010）。本研究测得的SPAD值反映出在低温积累到3月份时，各种植物均不同程度的受到冻害，应按其受害程度采取相应的越冬保护措施，使其在外界辅助设施的保护下顺利越冬。

参考文献

1. 张莉俊，刘振林，戴思兰．北方冬季园林植物景观的调查与分析［J］．中国园林．2006（12）．
2. 王学奎．植物生理生化实验原理和技术［M］．北京：高等教育出版社，2006，5.46（3）：467－472．
3. 郭惠红．金边卫矛 *Euonymus radicans* 'Emorald & Gold' 低温抗性研究［D］．北京林业大学，2004．
4. 徐康，夏宜平，徐碧玉，等．以电导法配合 Logistic 方程确定茶梅'小玫瑰'的抗寒性［J］．园艺学报，2005，32（1）：148－150．
5. 田如男．园林树木抗重金属与低温胁迫能力的研究［D］．南京林业大学，2005．
6. 李玉梅，陈艳秋，李莉．梨品种枝条膜透性和水分状态与抗寒性的关系［J］．北方果树，2005（1）：3－5．
7. 宋丽华，宋永艳．几种乔木绿化树种抗寒性比较［J］．中国城市林业，2010，8（1）：7－9．
8. 潘瑞炽．植物生理学［M］．北京：高等教育出版社，2001，279－288
9. 邵文鹏．几种常绿阔叶植物抗寒性研究［D］．山东农业大学，2009．
10. E. Pociechaa, M. Dziurkab. Trichoderma interferes with cold acclimation by lowering soluble sugars accumulation resulting in reduced pink snow mould (*Microdochium nivale*) resistance of winter rye［J］. Environmental and Experimental Botany, 2015, 109：193－200.
11. 崔勤，李新丽，翟淑芝．小麦叶片叶绿素含量测定的分光光度计法［J］．安徽农业科学，2006，34（10）：20－63．
12. 刘国华，栾以玲，张艳华．自然状态下竹子的抗寒性研究［J］．竹子研究汇刊，2006，25（2）：11－13．
13. 姜丽芬，石福臣，王化田，等．叶绿素计 SPAD－502 在林业上应用［J］．生态学杂志，2005，24（12）：1543－1548．
14. 曾建敏，姚恒，李天福．烤烟叶片叶绿素含量的测定及其与 SPAD 值的关系［J］．分子植物育种，2009，7（1）：56－62．
15. 李海云，任秋萍，孙书娥，等．10 种园林树木叶绿素与 SPAD 值相关性研究［J］．林业科技，2009，34（3）：68－70．
16. TOBIASDJ, YOSIHKAWA K, IKEMOTOA, eta1. Seasonal changes of leaf chlorophyll content in the crowns of several broad－leaved tree species［J］. J Jap Soc Reveget Techno1, 1994, 20（1）：21－32.
17. 王厚麟，缪绅裕．不同类群植物叶片 SPAD 值的比较［J］．安徽农业科学，2010，38（7）：3408－3411．

三种梅花品种枝条抗寒性研究[*]

段美红　李文广　高祥利　孙玉峰　李庆卫[①]

（花卉种质创新与分子育种北京市重点实验室，国家花卉工程技术研究中心，城乡生态环境北京实验室，

北京林业大学园林学院，北京 100083）

摘要　梅（*Prunus mume*）是中国的传统名花，由于其品种繁多，变异较大，其相对抗寒性存在着明显的差别。比较不同品种低温胁迫下的生理指标差异，研究其抗寒性，对于梅花栽培应用有重要的意义。以'丰后'梅'美人'梅'香雪宫粉'梅的一年生休眠枝条为试验材料，进行低温胁迫处理，测定 POD、可溶性蛋白、MDA含量的变化。结果显示：'丰后'梅与'美人'梅、'香雪宫粉'梅 POD 含量存在极显著差异，'美人'梅与'香雪宫粉'梅存在极显著差异。'丰后'梅与'美人'梅、'香雪宫粉'梅可溶性蛋白含量存在极显著差异，'美人'梅与'香雪宫粉'梅可溶性蛋白含量存在极显著差异。3 个品种间 MDA 含量均在 a = 0.05 水平上差异显著，且'香雪宫粉'梅与'丰后'梅、'美人'梅差异极显著，'丰后'梅与'美人'梅在 a = 0.05 水平上差异显著，在 a = 0.01 水平上差异不显著。以上结果表明：3 种梅花抗寒性强弱顺序为'丰后'梅 > '美人'梅 > '香雪宫粉'梅。

关键词　梅；抗寒性；POD；可溶性蛋白；可溶性糖

Study on Cold Tolerance of Three Varieties of *Prunus mume*

DUAN Mei-hong　LI Wen-guang　GAO Xiang-li　SUN Yu-feng　LI Qing-wei

（*Beijing Key Laboratory of Ornamental Plants Germplasm Innovation & Molecular Breeding*，

National Engineering Research Center for Floriculture，*Beijing Laboratory of Urban and Rural Ecological*

Environment and College of Landscape Architecture，*Beijing Forestry University*，*Beijing* 100083）

Abstract　*Prunus mume* is a famous traditional ornamental plant. Due to large variations among cultivars，there are great differences in hardness. It is significant to compare of the physiological indexes under low temperature stress and study on cold tolerance for *Prunus mume*'s cultivation amd application. The test using 'Feng hou' Mei、'Mei ren' Mei、'Xiang xue gong fen' Mei 's annual dormancy sticks as materialsand low－temperature stress treatment，to test the change of POD content，soluble protein and MDA content . The results showed that：here are significant differences of 'Feng hou' Mei、'Mei ren' Mei、'Xiang xue gong fen' Mei in POD content. 'Mei ren' Mei and 'Xiang xue gong fen' Mei there were a big significant difference. There were significant differences in soluble protein content among 'Feng hou' Mei、'Mei ren' Mei、'Xiang xue gong fen' Mei. There were significant differences in soluble protein content between 'Mei ren' Mei and 'Xiang xue gong fen' Mei. There were significant differences in MDA content among three varieties in a = 0.05 level，'Xiang xue gong fen' Mei and 'Feng hou' Mei、'Mei ren' Mei significant difference. There was a significant difference in MDA content between 'Feng hou' Mei and 'Mei ren' Mei in a = 0.05 level，but there was no difference in MDA content in a = 0.01 level. To arrive at cold resistance of three species order to 'Feng hou' Mei > 'Mei ren' Mei > 'Xiang xue gong fen' Mei.

Key words　*Prunus mume*；Cold tolerance；POD；Soluble Protein；MDA

梅是我国的传统名花佳果。梅花自然分布主要在长江流域地区，低温限制了梅向北的栽培分布。陈俊愉等用直播育苗、实生选种的方法选育出的'北京小'梅和'北京玉蝶'2 个品种 1962～1964 年春天在北京露地开花，开创了"南梅北移"的先河。黄国振研究了几个不同梅类型梅花在北京越冬情况，认为影响梅花在北京越冬的主要外因由冻土层而引起的生理干旱（黄国振，1980）。不同砧木嫁接繁殖的梅花及不同

＊ 基金项目：林业公益性行业科研专项　201004012；大庆发改 2014【119】号。

① 通讯作者。

器官、组织、生育期等均对梅花越冬抗寒性有影响（李振坚，陈俊愉，2004）。梅花品种的抗寒性是其南树北移过程中需要考虑的一个重要因素。自1986年起，已在熊岳、北京、赤峰、太原、包头、呼和浩特、延安、兰州、西宁、沈阳、长春、公主岭、大庆、乌鲁木齐等地进行过区域试验（陈俊愉，张启翔，李振坚 等2003；李庆卫，2009）。近年来，区域试验证明，杏梅品种群和美人品种群的梅花抗寒性强于真梅类型。但是这3个种系在低温胁迫下生理指标变化规律的差异没有进行深入研究。本试验对3个不同种系的梅花品种的枝条进行人工低温胁迫处理，测定POD、可溶性蛋白、MDA含量的变化规律，探讨这些品种的抗寒性差异，初步为梅花的引种栽培和种质资源抗寒性鉴定提供借鉴。

1 材料和方法

1.1 材料

试验于2014年12月在北京林业大学花卉种质创新与分子育种北京市重点实验室进行，试验材料为北京鹫峰国家森林公园露地栽培的3年生'丰后'梅、'美人'梅、'香雪宫粉'梅，其砧木为山桃，选取树体健壮、树冠南部上方的、无病虫害的一年生枝，然后将枝条剪成约40cm长的小段，分别贴签装袋，回来先用自来水冲洗，然后再用蒸馏水反复冲洗，最后放在吸水纸上将水分吸干，洗净擦干后放于冰箱中（0~4℃）保存备用。在低温冰箱内进行低温处理，处理温度梯度为：0℃（CK）、－10℃、－20℃、－30℃，降温速度为4℃·h^{-1}，达到目标处理温度后维持12h，然后升温，升温速度亦为4℃·h^{-1}。

1.2 试验方法

在电子天平上准确称取样品0.50g于预冷的研钵中，加3ml预冷的0.05mol·L^{-1}，pH7.8磷酸缓冲液，加入少量石英砂，冰浴研磨成匀浆，用3mL缓冲液冲洗研钵，倒入50mL离心管中，于4℃、10000r/min下离心15min，所得上清液即为POD、可溶性蛋白质、MDA酶液，置于4℃冰箱中待用。

1.2.1 POD含量的测定

过氧化物酶（POD）活性测定采用愈创木酚法（李合生，孙群，赵世杰，2000）。在比色皿中加入3mL反应混合液（每28μL愈创木酚溶解于50mL 0.1mol·L^{-1}pH=6.0磷酸缓冲液后，再加入19μL30% H_2O_2混合均匀），再加入0.1mL酶液，对照为等量的磷酸缓冲液，在470nm下测定5min内吸光度值的变化，重复3次，根据以下公式求出每分钟内POD的活性变化。

POD活性（U·$g^{-1}min^{-1}$）=（△A470·V_T）/（W·V_S·0.01·t）

式中：△A470为反应时间内吸光度值的变化；

W—样品鲜重/g；

t—反应时间/min；

V_T—提取液总体积/mL；

V_S—测定时取用酶液体积/mL。

1.2.2 可溶性蛋白含量的测定

可溶性蛋白含量测定采用考马斯亮蓝G-250染色法（李合生，孙群，赵世杰，2000）。取酶上清液1mL加5mL考马斯亮蓝试剂，在振荡器上充分混匀，放置2min后在595nm波长条件下测吸光度值，每个处理3个重复。数据代入下式计算蛋白质含量。

样品中可溶性蛋白质含量（mg·g^{-1}）=（c·V_T）/（V_S·W·1000）

式中：c—查标准曲线所得到的蛋白质含量/mg；

V_T—提取液总体积/mL；

V_S—测定时加入的提取液的量/mL；

W—样品的鲜重/g。

1.2.3 MDA含量的测定

MDA含量的测定采用巴比妥酸显色法（李合生，孙群，赵世杰，2000）（TBA法）。取酶上清液1.5mL于带塞试管中，加入3mL 0.5%的硫代巴比妥酸（TBA）（事先用8%的三氯乙酸配制），混匀，在沸水浴中反应20min，立即置于冰浴中冷却，倒入离心管中，在9000r/min下离心15min，上清液分别于波长532nm、600nm下测定吸光度值，计算MDA含量。

结果按以下公式：MDA浓度（C/μmoL/L）=6.45（A_{532}－A_{600}）－0.56A_{450}

MDA含量（μmol/g）=MDA（μmol/L）×L/W

式中：A_{450}、A_{532}、A_{600}分别代表450nm、532nm和600nm波长下的吸光度值。

L—提取液体积/mL

W—样品鲜重/g

1.3 数据处理

测定数据均采用Excel软件和SPSS软件进行统计分析。

2 结果与分析

2.1 不同种梅花品种低温胁迫下生理变化规律

2.1.1 低温处理过程中POD含量的变化

POD是植物细胞的保护性酶，在维持膜系稳定方面有持久的作用，其活性的大小可以反映细胞对逆境的适应能力。POD活性越高，保护生物膜的作用就越

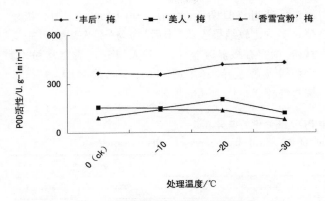

图1 不同温度处理 POO 活性变化

Fig. 1 Changes of POD activity under different temperature

强，抵御逆境损害的能力也就越强。

3种梅花 POD 含量变化如图1所示，随处理温度降低，不同温度处理枝条 POD 活性变化趋势并不明显。在整个处理过程中，'丰后'梅的 POD 活性虽有上升趋势，但是经过方差分析，与对照相比差异不显著（P < 0.05）。'美人'梅的 POD 含量在 -20℃时，增长速度最快，与对照相比，增加 30.7%，方差分析，差异显著（P < 0.05），而在 -10℃、-30℃时，均与对照无明显差异，说明在 -30℃ 并不是'美人'梅的极限温度。'香雪宫粉'梅的 POD 活性，在整个处理过程中，经过方差分析，与对照相比都有显著差异（P < 0.01），其中，温度降到 -30℃时，POD 的活性降低，与对照相比，差异极显著，说明 -30℃ 已超过极限温度。从 POD 的活性指标得出 3 种梅花的抗寒性强弱依次为：'丰后'梅、'美人'梅、'香雪宫粉'梅。

2.1.2 低温处理过程中可溶性蛋白含量的变化

低温胁迫会引起植物细胞中可溶性蛋白质发生变化，并有特异蛋白的产生，与植物的抗寒性密切相关。

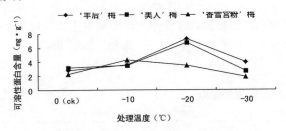

图2 不同温度处理可溶性蛋白含量变化

Fig. 2 Changes of soluble Protein content under different temperature

3种梅花的可溶性蛋白的含量变化如图2所示，3种梅花可溶性蛋白含量随处理温度降低呈先上升后下降趋势变化，达到临界温度，含量随处理温度降低开始下降。'丰后'梅和'美人'梅，在 -20℃ 出现高峰，与对照相比增加 159% 和 119%，方差分析差异极显著高于对照（P < 0.01），-20℃ 以后，可溶性蛋白含量随处理温度降低开始降低，而到 -30℃时，'丰后'梅可溶性蛋白含量与 -10℃ 时的可溶性蛋白含量差异不显著（P < 0.05），与对照相比，差异显著（P < 0.01），说明，在 -30℃时，'丰后'梅还有一定的抗性；而'美人'梅的可溶性蛋白含量低于对照，方差分析，差异极显著（P < 0.01），说明，此时，'丰后'梅的特异蛋白的含量减少，抗性降低。'香雪宫粉'梅，在 -10℃时，可溶性蛋白达到峰值，与对照相比，增加了 55%，方差分析，差异极显著（P < 0.01），在 -10℃ 之后，可溶性蛋白含量下降。从可溶性蛋白含量指标得出 3 种梅花的抗寒性强弱依次为：'丰后'梅、'美人'梅、'香雪宫粉'梅。

2.1.3 低温处理过程中 MDA 含量的变化

植物器官衰老或在逆境下受到伤害，往往发生膜脂过氧化作用，MDA（丙二醛）是膜脂过氧化作用的最终分解产物，其含量可以反映植物遭受逆境伤害的程度。

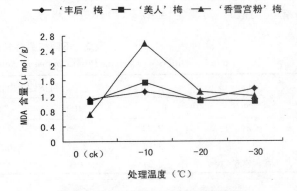

图3 不同温度处理 MDA 含量变化

Fig. 3 Changes of MDA content under different temperature

3种梅花的 MDA 的含量变化如图3所示，'丰后'梅和'美人'梅，在整个处理过程中，与对照相比，差异不显著（P < 0.05），说明，随着温度的降低，膜脂过氧化作用不明显，并未对其造成致死性伤害。'香雪宫粉'梅的 MDA 含量在 -10℃时，与对照相比，增加幅度最大，达到 266%，方差分析，差异极显著（P < 0.01），说明当温度突然降低，'香雪宫粉'梅发生膜脂过氧化作用明显，说明低温对其伤害程度较大。从可溶性蛋白含量指标'丰后'梅和'美人'梅抗寒性强于'香雪宫粉'梅。

2.2 不同低温处理对梅花品种间生理指标的差异的影响

2.2.1 不同梅品种枝条中 POD 酶活性的差异

随着温度的变化，各品种 POD 酶活性也在不断发生变化（表 1），其中'丰后'梅的 POD 酶活性 394.50U·g^{-1}Fw（均值），与其他两个品种相比最高，'香雪宫粉'梅的 POD 酶活性最低，为 112.25U·g^{-1}Fw（均值）。对测定结果（表 1）作进一步方差分析和多重比较，发现不同梅花品种枝条内 POD 酶活性不同，品种间 POD 酶活性均在 a = 0.01 水平上差异极显著。多重比较结果表明'丰后'梅与'美人'梅、'香雪宫粉'梅存在极显著差异，'美人'梅与'香雪宫粉'梅存在极显著差异。'丰后'梅有较高的 POD 酶活性，抗寒性较强，优于其他品种。

表 1   不同梅品种枝条中 POD 酶活性的差异

Table 1   Differences among *Prunus mume* of activities of POD in their tolerance of different varieties

品种 genes	POD 活性 U·g^{-1}Fw					显著性	
	0(ck)	−10℃	−20℃	−30℃	均值	5%	1%
'丰后'梅	367.21	358.79	421.32	430.68	394.50	a	A
'美人'梅	154.63	151.27	204.64	120.46	157.75	b	B
'香雪宫粉'梅	92.46	140.54	136.36	79.64	112.25	c	C

2.2.2 不同梅品种枝条中可溶性蛋白含量的差异

随着温度的变化，各品种可溶性蛋白含量也在不断发生变化（表 2），其中'丰后'梅的可溶性蛋白含量为 4.42mg·g^{-1}（均值），与其他两个品种相比最高，'香雪宫粉'梅的可溶性蛋白含量最低，仅为 1.55mg·g^{-1}（均值）。对测定结果（表 2）作进一步方差分析和多重比较，发现不同梅花品种枝条内可溶性蛋白含量不同，品种间可溶性蛋白含量均在 a = 0.01 水平上差异极显著。多重比较结果表明'丰后'梅与'美人'梅、'香雪宫粉'梅存在极显著差异，'美人'梅与'香雪宫粉'梅存在极显著差异。'丰后'梅有较高的可溶性蛋白含量，抗寒性较强，优于其他品种。

表 2   不同梅品种枝条中可溶性蛋白含量的差异

Table 2   Differences among *Prunus mume* of soluble protein content in their tolerance of different varieties

品种 genes	可溶性蛋白含量 mg·g^{-1}					显著性	
	0(ck)	−10℃	−20℃	−30℃	均值	5%	1%
'丰后'梅	2.82	3.56	7.32	3.98	4.42	a	A
'美人'梅	3.17	3.47	6.72	2.71	4.01	b	B
'香雪宫粉'梅	2.27	4.3	3.52	1.89	1.55	c	C

2.2.3 不同梅品种枝条中 MDA 含量的差异

随着温度的变化，各品种 MDA 含量也在不断发生变化（表 3），其中'香雪宫粉'梅的 MDA 含量为 1.26C/μmoL/L（均值），与其他两个品种相比最高，'美人'梅的 MDA 含量最低，为 1.19C/μmoL/L（均值）。对测定结果（表 3）作进一步方差分析和多重比较，发现不同梅花品种枝条内 MDA 含量不同，品种间 MDA 含量均在 a = 0.05 水平上差异显著，且'香雪宫粉'梅与'丰后'梅、'美人'梅在 a = 0.01 水平上差异极显著，'丰后'梅与'美人'梅在 a = 0.05 水平上差异显著，在 a = 0.01 水平上差异不显著。'香雪宫粉'梅有较高的 MDA 含量，说明其发生膜脂过氧化作用强烈，抗寒性弱于'丰后'梅和'美人'梅。

表 3   不同梅品种枝条中 MDA 含量的差异

Table 3   Differences among *Prunus mume* of MDA content in their tolerance of different varieties

品种 genes	MDA 含量 C/μmoL/L					显著性	
	0(ck)	−10℃	−20℃	−30℃	均值	5%	1%
'丰后'梅	1.12	1.30	1.10	1.38	1.26	b	B
'美人'梅	1.06	1.56	1.09	1.06	1.19	c	B
'香雪宫粉'梅	0.71	2.60	1.27	79.64	1.45	a	A

3　讨论

　　抗寒性是由植物的基因决定的，但是也受栽培管理和低温胁迫时的生态因子影响。因此，本研究在对休眠期枝条进行抗寒性研究中，从多种指标进行了综合判断。

　　低温胁迫最先作用于细胞生物膜，导致细胞原生质结构损伤，膜透性增加，细胞膜受到低温损害越大，抗寒性越弱（张启翔，1985；钟杰阳，张玉莲，2013）。POD 是植物对膜脂过氧化的酶促防御系统中重要的保护酶，在植物遭受低温逆境时，POD 活性升高，清除植物体内产生的毒害物质，消除或减轻低温对植物的伤害，从而提高植物的抗寒能力。可溶性蛋白的亲水胶体性质强，能增强细胞持水力，因而在低温胁迫下，植物体内可溶性蛋白含量的升高有利于抗冷性的提高。膜脂过氧化作用主要产物丙二醛（MDA），其含量大小可代表膜损伤程度的大小。在正常情况下，植物体内的丙二醛含量极少，在逆境中，丙二醛含量就会增加，它是一种对植物细胞有害的物质，含量越高，植物伤害程度就越大。

　　本试验结果表明，在正常栽培条件下，品种的抗寒性与保护性酶类活性密切相关，抗寒性强的品种其体内 POD 活性、可溶性蛋白含量始终高于抗寒性弱的品种，尤其在低温逆境下，抗寒性强的品种能保持较高的水平，来防止因冷害产生的毒害物质的积累，减轻由膜脂过氧化所引起的膜伤害，增加机体的抗寒能力，而 MDA 的含量越高则说明植物遭受的伤害较大。3 个梅花品种 POD 活性、可溶性蛋白含量高低顺序为'丰后'梅＞'美人'梅＞'香雪宫粉'梅，MDA 含量的高低顺序为'香雪宫粉'梅＞'美人'梅＞'丰后'梅。由此可见，不同梅花品种存在不同的抗寒性，其抗寒性强弱顺序为'丰后'梅＞'美人'梅＞'香雪宫粉'梅，这一结果与前人的试验研究结果一致（张启翔，1985；陈俊愉，张启翔，刘晚霞，胡永红，1995；李庆卫，2009），从生理角度补充了不同梅花品种抗寒性存在差异的原因。

　　再次，梅花抗寒性的高低与栽培养护管理密不可分，精细的养护管理，能为其越冬积累充足的养分，比如可溶性蛋白等。总之，深入研究梅花的抗寒性机理，更好地挖掘梅花抗寒资源，还需要今后不断地研究。

参考文献

1. 黄国振．对影响梅花在北京越冬驯化的若干生理生化因素的研究［J］．园艺学报，1980，7（1）：39－50．
2. 李振坚，陈俊愉．垂枝梅高位嫁接对提高其抗寒越冬力的影响［J］．北京林业大学学报，2004，12（26）：39－41．
3. 陈俊愉，张启翔，李振坚．等．梅花抗寒品种之选育研究与推广问题［J］．北京林业大学学报，2003，25（SI）：1－5．
4. 李庆卫．川滇藏黔梅种质资源调查和抗寒梅花品种区域试验的研究［D］．北京：北京林业大学，2009．
5. 李合生，孙群，赵世杰．植物生理生化实验原理和技术［M］．北京：高等教育出版社，2000
6. 张启翔．梅花品种抗寒性的比较分析［J］．北京林业大学学报，1985，10（2）：47－56．
7. 钟杰阳，张玉莲．低温对不同杏品种枝条中 MDA 含量和电导率的影响［J］．天津农业科学，2013，19（5）：93－96．
8. 陈俊愉，张启翔，刘晚霞，胡永红．梅花抗寒育种及区域试验的研究［J］．北京林业大学学报，1995，17（9）：42－45．

内蒙古 11 种园林灌木耐寒性评价[*]

奥登隔日乐[1,2]　易　津[1,3]①　乌仁其木格[1]　郭建梅[3]　李建胜[3]　袁　涛[4]

（[1] 内蒙古农业大学，呼和浩特 010019；[2] 蒙古国立农业大学，蒙古，乌兰巴托 17024；

[3] 北京蒙草种业科技有限公司，北京 100083；[4] 北京林业大学，北京 100083）

摘要　采用人工模拟低温处理 11 种观赏灌木的材料的枝条进行耐寒性评价，探讨材料和季节间植物耐寒性和生理基础差异。结果表明在逐渐降温（0℃、–10℃、–20℃、–30℃）处理下，11 种观赏灌木的低温伤害率在材料间和季节间的差异达到极显著和显著水平，该处理可以作为 11 种观赏灌木植物人工模拟半致死低温处理的适合方法。采用逐渐降温处理灌木冬春季枝条，测定相对电导率，计算植物伤害率和低温半致死温度，初步建立了人工模拟低温植物耐寒性间接评价体系。耐寒性评价结果显示 11 种灌木季节间耐寒性半致死温度差异显著：春季（–28.3℃）和冬季（–29.3℃）显著低于夏季（–18.6℃）和秋季（–18.4℃）；说明植物耐寒性季节间不可互相代替，耐寒性评价一定采用冬春季枝条进行。综合评价 11 种植物耐寒性差异显著，耐寒性等级排序为：1 级：07–黄刺玫；2 级：06–玫瑰、10–红瑞木；3 级：02–红丁香、05–连翘；4 级：01–白丁香、03–紫丁香、04–暴马丁香、9–珍珠梅和 11–柽柳；5 级：8–榆叶梅。耐寒性生理基础研究显示 11 种植物的季节间耐寒性的生理基础不同。植物间耐寒性途径和物质存在多样性的特征。低温对细胞透性伤害是植物普遍性的生理损伤，能够作为评价植物细胞耐寒性程度的重要指标；丙二醛含量在部分植物中表现明显；POD 活性在多数代谢旺盛的植物中作用明显；可溶性糖和可溶性蛋白的作用是比较普遍的；而脯氨酸仅在部分植物中作用明显。

关键词　内蒙古；观赏灌木；耐寒性评价，生理基础

Evaluation of Cold Resistant of 11 Ornamental Shrubs in Inner Mongolia

Aodunggerile[1,2]　YI Jin[1,3]　WUREN Qimuge[1]　GUO Jian-mei[3]　LI Jian-sheng[3]　YUAN Tao[4]

（[1] *College of Agronomy*，*Inner Mongolia Agricultural University*，*Hohhot* 010019，*China*；

[2] *College of Agroecology*，*Mongolian State University of Agriculture*，*Ulaanbaatar* 17024，*Mongolia*；

[3] *Beijing M-Grass Seed Industry Science and Technology Co.*，*LTD.*，*Beijing* 100083；

[4] *Beijing Forestry University*，*Beijing* 100083）

Abstract　The use of artificial simulation of low temperature treatment 11 kinds of ornamental shrub branches evaluate cold resistance of materials，materials and plant cold resistance and physiological basis difference between seasons. Results show that the cooling（0℃，10℃，20℃，and 30℃）processing，11 kinds of ornamental shrubs low temperature damage rate between the material and the seasonal differences reached very significant and significant level. The processing can be used as 11 species of ornamental shrub plants artificial simulated lethal method is suitable for low temperature treatment.

1. The experiment using gradient cooling method processing branches，measure the relative conductivity of cells，the calculation of damage rate and the semi-lethal temperature at low temperature. We preliminarily established the plant cold resistance indirect evaluation system of artificial simulation low temperature.

2. The evaluation results of cold tolerance show that 11 shrubssemi-lethal temperature has significant difference between 4 seasons：spring（28.3℃）and winter（29.3℃）significantly lower than in summer（18.6℃）and autumn（18.4℃）. That cannot replace each other between season to plant cold resistance，cold tolerance evaluation must adopt spring branches.

3. The comprehensive evaluation of cold resistance show significant difference in 11 plants，the cold resistance rank as follows：level 1：07 - *Rosa xanthina*；Level 2：06- *Rosa rugosa*，10- *Cornus alba*；Level 3：02 -*Syringa villosa*；05 - *Forsythia suspensa*；Level 4：01- *Syringa oblata* var. *alba*，03-*Syringa oblata*，04-*Syringa reticulata* spp. *amurensis*，09-*Sorbaria kirilowii* and 11-*Tamarix chinensis*；Level 5：08-*Prunus triloba*.

4. Cold resistance，11 plants physiological basis research shows the physiological basis of cold resistance between different

---

＊ 资助项目：中蒙国际合作项目联合资助（2010 – 2013）。

① 通讯作者. 易津（1951 – ）女，内蒙古农业大学，牧草生理生态学教授，博士生导师，Email：yijin@163.com。

seasons. Plant cold tolerance between the approach and the characteristics of existing material diversity. Low temperature on plant cell permeability damage is common physical injury, to plant cells as an important index of cold tolerance degree; Malondialdehyde content is evident in part of the plant; POD activity in most of the metabolism of plants obviously; The role of soluble sugar and soluble protein is common; And proline in only part of the plant effect is obvious.

Key words   Inner Mongolia; Ornamental shrub; Cold tolerance evaluation; Physiological basis

植物的抗寒性是植物在寒冷环境下生长、繁殖或生存以及在寒冷解除后迅速恢复生长的能力；通过抗寒能力的鉴定，可以对抗寒育种与栽培生产提供参考依据。园林植物除具有丰富植物景观层次和稳定植物群落的特点外，还具有景观效果见效快、管理容易等特点，在现代园林植物设计中越来越受到人们的重视。低温是限制园林植物分布及其引种的重要环境因素，也是危害生产的主要自然灾害之一。自 20 世纪末引起人们注意后，国内外许多学者从细胞和分子生物学水平对植物的抗寒性进行了研究，并取得了一些重大进展。因此本实验以 11 种观赏灌木的不同季节的一年生枝条为材料，测定人工模拟低温处理后生理指标的变化，探讨未致死低温对 11 种观赏灌木不同季节的耐寒性影响，为进行 11 种观赏灌木低温耐寒性评价提供理论依据。

1 材料与方法

1.1 供试材料（表 1）

表 1   11 种观赏灌木植物材料

Table 1   The test materials of 11 ornamental shrubs

材料编号 No.	植物名称 Species	科，属 Families, Species
01	白丁香（*Syringa oblata* var. *alba*）	木犀科，丁香属
02	红丁香（*Syringa villosa*）	木犀科，丁香属
03	紫丁香（*Syringa oblata*）	木犀科，丁香属
04	暴马丁香（*Syringa reticulata* spp. *amurensis*）	木犀科，丁香属
05	连翘（*Forsythia suspensa*）	木犀科，丁香属
06	玫瑰（*Rosa rugosa*）	蔷薇科，蔷薇属
07	黄刺玫（*Rosa xanthina*）	蔷薇科，蔷薇属
08	榆叶梅（*Prunus triloba*）	蔷薇科，李属
09	珍珠梅（*Sorbaria kirilowii*）	蔷薇科，珍珠梅属
10	红瑞木（*Cornus alba*）	山茱萸科，棶木属
11	柽柳（*Tamarix chinensis*）	柽柳科，柽柳属

1.2 试验地概况

试验在呼和浩特市内蒙古农业大学东校区采样。呼和浩特属中温带大陆性季风气候，四季变化明显，差异较大，其特点：冬季漫长严寒，夏季短暂炎热，春秋两季气候变化剧烈。年平均气温由北向南递增，北部大青山区仅在 2℃ 左右，南部达到 6.7℃。最冷月气温 - 12.7 ~ - 16.1℃；最热月平均气温 17 ~ 22.9℃，无霜期 130 ~ 150d，积温 2800 ~ 3000℃，全年日照 2900 ~ 3000h；年降雨量 200 ~ 400mm，其中 60% ~ 70% 集中在 6 ~ 8 月。

1.3 试验方法

1.3.1 材料处理

在不同季节取从顶端往下剪 10 ~ 30cm 左右的一年生枝条，洗净，用湿毛巾包好放入密封塑料袋，以常温为对照，其余材料在冰箱做不同低温处理（0℃、- 10℃、- 20℃、- 30℃）；每个温度处理时间为 10 天。处理后材料拿出一部分放进 4℃ 冰箱解冻后进行生理指标的测定，另一部分放进下一个处理温度。常温的处理是取材料当天进行测定。

1.3.2 生理指标测定

测定的生理指标包括：细胞膜透性（电导法）、丙二醛含量（硫代巴比妥酸法）、POD 活性（愈创木酚氧化比色法）、可溶性糖的含量（蒽酮比色法）、可溶性蛋白质的含量（考马斯亮蓝 G - 250 染色法）、脯氨酸含量（茚三酮法）。

1.3.3 相对电导率伤害率、半致死温度和耐寒性系数的计算

用电导法测定枝条细胞电解质渗出率，配合 Logistic 方程，确定不同材料的抗寒性。

相对电导率伤害率（%）=（处理电导率 - CK 电导率）/ CK 电导率 × 100；

耐寒性系数（C）=（A + B）/2；（A - 伤害率%；B - 半致死温度℃）；

半致死温度的确定方法：根据相对电导率曲线计算植物 50% 伤害率的半致死温度；

根据半致死温度设定耐寒性等级：耐寒性等级分为 10 级：1 级：> - 40℃；2 级：- 35 ~ - 40℃；3 级：- 30 ~ - 35℃；4 级：- 25 ~ - 30℃；5 级：- 20 ~ - 25℃；6 级：- 15 ~ - 20℃；7 级：- 10 ~ - 15℃；8 级：- 5 ~ - 10℃；9 级：0 ~ - 5℃；10 级：5 ~ 0℃。

1.4 数据处理与分析

采用 Excel 2003 和 SAS 8.00 相结合的方法，对测定结果进行差异显著性分析。

2 结果与分析

2.1 模拟低温胁迫下伤害率、半致死温度与耐寒性测定结果

表2结果显示季节间细胞伤害率、细胞半致死温度差异显著，春季（-28.3℃）和冬季（-29.3℃）显著低于夏季（-18.6℃）和秋季（-18.4℃）；说明不同季节间植物耐寒性不同。鉴于内蒙古地区冬季温度最低，因此本实验根据冬季相对电导率曲线计算植物50%伤害率的半致死温度。

表2 内蒙古11种灌木枝条四季低温处理细胞伤害率与耐寒性测定结果

Table 2 The damage difference and cold resistance of 11 plant spacies under low temperature treatment

项目	季节		01	02	03	04	05	06	07	08	09	10	11	X
								材料编号						
1 -30℃ 伤害率 %	秋季	%	105.2	78.8	104.0	79.5	203.8	42.9	71.8	122.2	139.8	73.5	147.9	106.3
		F =	C	B	C	B	F	A	B	D	E	B	E	- - -
	冬季	%	72.7	14.8	17.4	41.9	33.9	9.0	0.7	170.4	5.5	6.4	26.9	36.3
		F =	EF	C	CD	DE	DE	B	A	FG	B		CD	—
	春季	%	9.4	0.6	44.4	28.9	0.6	17.5	3.4	70.2	3.8	2.1	9.5	17.3
		F =	B	A	DE	D	A	C	A	E	A	A	B	
	夏季	%	39.3	30.2	120.3	53.0	99.7	32.7	36.7	49.3	136.9	41.1	57.3	63.3
		F =	C	A	FG	DE	EF	A	B	D			DE	—
	冬春	%	41.0	7.7	30.9	35.4	17.3	13.3	2.3	120.3	4.6	4.3	18.2	26.8
		F =	CD	BC	CD	CD	BC	BC	A	E	B	B	BC	C
	A 冬春排序		3.5	2.5	3.5	3.5	2.5	2.5	1	5	2	2	2.5	3
2 半致死温度 ℃	秋季	℃	-15.3	-17.4	-16.1	15.7	-15.4	-29.1	-26.6	-16.7	-14.2	-20.9	-15.1	-18.4
		等级	6	6	6	6	6	4	4	6	7	5	6	6
	冬季	℃	-18.1	-31.1	-29.1	-22.0	-24.5	-46.3	-44.7	-23.2	-21.8	-36.8	-24.5	-29.3
		等级	6	3	4	5	5	1	1	5	5	2	5	4
	春季	℃	-23.2	-24.0	-19.6	-21.6	-40.3	-37.9	-37.9	-21.6	-21.6	-44.7	-19.0	-28.3
		等级	5	5	6	5	2	2	2	5	5	1	6	4
	夏季	℃	-19.3	-19.0	-17.9	-16.4	-16.9	-19.0	-23.6	-18.4	-16.5	-20.9	-16.5	-18.6
		等级	6	6	6	6	6	6	5	6	6	5	6	6
	冬春	℃	-20.7	-27.6	-24.4	-21.6	-32.4	-42.1	-41.3	-22.4	-21.7	-40.8	-21.8	-28.8
		B 等级	5	4	5	5	3	1	1	5	5	1	5	4
综合排序 C=(A+B)/2			4.3	3.3	4.3	4.3	2.8	1.8	1	5	3.5	1.5	3.8	3.5
耐寒性等级			4	3	4	4	3	2	1	5	4	2	4	4

备注：植物材料：01-白丁香（*Syringa oblata var. alba*）；02-红丁香（*Syringa villosa*）；03-紫丁香（*Syringa oblata*）；04-暴马丁香（*Syringa reticulata* spp. *amurensis*）；05-连翘（*Forsythia suspensa*）；06-玫瑰（*Rosa rugosa*）；07-黄刺玫（*Rosa xanthina*）；08-榆叶梅（*Prunus triloba*）；09-珍珠梅（*Sorbaria kirilowii*）；10-红瑞木（*Cornus alba*）；11-柽柳（*Tamarix chinensis*）

1 相对电导率伤害率（%）=（处理电导率 - CK电导率）/ CK电导率×100；2：根据半致死温度设定耐寒性等级：（1级：> -40℃；2级：-35～-40℃；3级：-30～-35℃；4级：-25～-30℃；5级：-20～-25℃；6级：-15～-20℃；7级：-10～-15℃；8级：-5～-10℃；9级：0～-5℃；10级：5～0℃）。

2.2 11种园林灌木四季枝条耐寒性生理指标测定结果

对11种植物四季的耐寒性生理指标均进行了测定，结果显示四季间生理指标差异显著，其中冬季和春季植物耐寒性的差异最显著，能够反映植物间耐寒性生理基础的差异，因此将冬春季枝条耐寒性生理基

础研究结果进行重点分析(表 3，表 4)。

表 3　11 种植物模拟低温胁迫下生理指标冬春平均测定结果(冬春平均)

Table 3　The physiological index of 11 plant species under simulation low temperature stress

测定指标	处理温度	11 种植物材料生理指标测定结果(冬春季平均)										
		01	02	03	04	05	06	07	08	09	10	11
相对电导率 (%)	CK	43.7	43.1	40.2	40.0	37.9	29.6	25.7	30.6	58.1	32.8	51.8
	0℃	41.0	39.9	44.0	38.5	32.3	22.6	21.0	36.0	54.5	31.9	42.7
	-10℃	42.6	43.6	46.5	38.6	29.5	22.0	22.9	34.7	52.0	27.2	52.7
	-20℃	59.1	48.8	60.4	54.9	36.7	29.2	30.4	54.8	58.5	28.5	60.9
	-30℃	59.3	45.9	53.1	53.8	45.1	33.7	26.4	64.2	60.8	34.2	60.5
丙二醛 (nmol·g⁻¹)	CK	11.0	6.4	9.2	9.5	6.2	19.4	57.2	7.9	10.9	25.2	33.7
	0℃	7.9	8.9	7.4	8.2	8.8	30.6	39.9	10.5	9.3	41.4	34.6
	-10℃	9.1	7.1	10.3	12.1	6.9	26.1	34.8	9.3	10.5	31.4	36.3
	-20℃	11.2	8.7	10.6	11.1	7.0	15.9	43.0	10.2	10.2	45.9	32.0
	-30℃	8.7	7.4	8.0	6.4	5.2	21.3	54.6	9.3	8.7	37.1	35.9
脯氨酸 (μg/g)	CK	18.8	16.0	27.0	40.8	14.9	368.1	768.7	169.0	113.0	39.2	1772.4
	0℃	31.8	47.3	23.5	25.1	16.3	522.1	734.1	210.2	165.0	75.7	1994.5
	-10℃	33.0	44.2	56.9	24.6	6.2	227.5	516.0	223.8	142.2	61.4	1666.5
	-20℃	35.6	32.5	26.5	36.6	39.1	478.8	942.1	256.6	85.9	82.4	1649.7
	-30℃	27.1	44.9	30.8	27.1	27.0	289.4	550.4	217.0	173.8	92.9	1703.1
POD (g⁻¹ * FW * min⁻¹)	CK	34.7	42.6	29.4	108.6	33.7	7.7	36.5	7.2	105.6	0.04	0.1
	0℃	11.8	56.5	32.3	78.9	23.8	3.4	31.4	5.2	92.8	0.04	0.2
	-10℃	20.0	63.0	53.4	64.3	31.2	7.0	39.4	6.0	71.5	0.05	0.1
	-20℃	17.1	63.0	63.7	65.1	20.5	2.0	28.8	5.7	78.2	0.03	0.1
	-30℃	9.4	37.8	27.2	48.3	23.8	2.9	27.0	2.8	60.8	0.05	0.1
可溶性糖 (mg/g)	CK	35.0	36.3	32.2	36.6	42.1	40.2	31.9	20.1	23.0	40.0	27.9
	0℃	35.3	40.8	38.8	31.6	50.4	41.8	34.9	17.1	22.8	40.9	27.8
	-10℃	36.2	36.6	38.0	26.6	38.1	40.7	30.5	21.8	20.2	33.2	17.2
	-20℃	28.2	29.8	19.6	23.4	38.7	34.7	25.6	14.2	17.0	33.0	17.1
	-30℃	27.2	23.5	22.2	22.0	44.9	30.3	27.3	13.4	13.8	37.1	23.5
可溶性蛋白 (mg/g)	CK	25.6	50.5	26.0	28.7	32.5	46.2	39.6	41.2	31.7	47.4	40.0
	0℃	28.9	52.4	36.8	35.4	31.6	49.0	44.4	38.5	31.5	56.3	40.5
	-10℃	16.8	43.3	21.8	22.9	25.2	48.9	33.7	27.5	20.8	50.2	31.7
	-20℃	27.0	40.3	32.5	37.1	25.0	52.7	39.8	36.1	26.4	51.0	36.7
	-30℃	27.5	38.7	29.2	31.0	23.4	50.0	39.4	31.4	26.6	50.7	34.2

备注: 01 - 白丁香(*Syringa oblata* var. *alba*)；02 - 红丁香(*Syringa villosa*)；03 - 紫丁香(*Syringa oblata*)；04 - 暴马丁香(*Syringa reticulata* spp. *amurensis*)；05 - 连翘(*Forsythia suspensa*)；06 - 玫瑰(*Rosa rugosa*)；07 - 黄刺玫(*Rosa xanthina*)；08 - 榆叶梅(*Prunus triloba*)；09 - 珍珠梅(*Sorbaria kirilowii*)；10 - 红瑞木(*Cornus alba*)；11 - 柽柳(*Tamarix chinensis*)

表4　11种植物模拟低温胁迫下生理指标伤害率测定结果与分析(冬春平均)
Table 4　The physiological index of 11 plant spacies under simulation low temperature stress

测定指标	处理温度	11种植物材料生理指标测定结果(冬春季)										
		01	02	03	04	05	06	07	08	09	10	11
相对电导率%	常温	43.7	43.1	40.2	40.0	37.9	29.6	25.7	30.6	58.1	32.8	51.8
	-30℃	59.3	45.9	53.1	53.8	45.1	33.7	26.4	64.2	60.8	34.2	60.5
	伤害率%	35.7	6.6	32.1	34.5	18.9	13.7	2.5	110.1	4.7	4.4	16.9
	耐寒等级	4	2	4	4	3	3	1	5	2	2	3
丙二醛 nmol·g^{-1}	常温	11.0	6.4	9.2	9.5	6.2	19.4	57.2	7.9	10.9	25.2	33.7
	-30℃	8.7	7.4	8.0	6.4	5.2	21.3	54.6	9.3	8.7	37.1	35.9
	伤害率%	-21.0	15.7	-13.1	-32.3	-16.3	9.8	-4.5	17.7	-20.2	47.3	6.5
	耐寒等级	1	4	2	1	2	3	3	4	1	5	3
脯氨酸 (μg/g)	常温	18.8	16.0	27.0	40.8	14.9	368.1	768.7	169.0	113.0	39.2	1772.4
	-30℃	27.1	44.9	30.8	27.1	27.0	289.4	550.4	217.0	173.8	92.9	1703.1
	伤害率%	-44.3	-180.3	-14.1	33.6	-80.9	21.4	28.4	-28.4	-53.8	-137.0	3.9
	耐寒等级	3	1	4	5	2	5	5	4	3	1	5
POD (g^{-1} * FW * min^{-1})	常温	34.7	42.6	29.4	108.6	33.7	7.7	36.5	7.2	105.6	0.04	0.1
	-30℃	9.4	37.8	27.2	48.3	23.8	2.9	27.0	2.8	60.8	0.05	0.1
	伤害率%	72.9	11.4	7.5	55.6	29.5	62.3	26.2	61.5	42.5	-31.0	-5.3
	耐寒等级	5	3	3	5	4	5	4	5	5	1	2
可溶性糖 (mg/g)	常温	35.0	36.3	32.2	36.6	42.1	40.2	31.9	20.1	23.0	40.0	27.9
	-30℃	27.2	23.5	22.2	22.0	44.9	30.3	27.3	13.4	13.8	37.1	23.5
	伤害率%	22.2	35.4	30.9	39.8	-6.8	24.6	14.6	33.6	40.2	7.3	15.8
	耐寒等级	4	5	5	5	1	4	3	5	5	2	3
可溶性蛋白 (mg/g)	常温	25.6	50.5	26.0	28.7	32.5	46.7	39.6	41.2	31.7	47.4	40.0
	-30℃	27.5	38.7	29.2	31.0	23.4	50.0	39.4	31.4	26.6	50.7	34.2
	伤害率%	-7.6	23.5	-12.1	-8.0	28.2	-7.1	0.5	23.9	16.0	-7.0	14.6
	耐寒等级	2	5	1	2	5	2	3	5	4	2	4
主要生理伤害排序	细胞透性	4	2	4	4	3	3	1	5	2	2	3
	丙二醛	1	4	2	1	2	3	3	4	1	5	3
主要抗逆物质排序	脯氨酸	3	1	4	5	2	5	5	4	3	1	5
	POD	5	3	3	5	4	5	4	5	5	1	2
	可溶性糖	4	5	5	5	1	4	3	5	5	2	3
	可溶蛋白	2	5	1	2	5	2	3	5	4	2	4
综合评价耐寒性等级		4	3	4	4	3	2	1	5	4	2	4
植物编号-名称		01-白丁香	02红丁香	03-紫丁香	04暴马丁香	05-连翘	06-玫瑰	07-黄刺玫	08-榆叶梅	09珍珠梅	10-红瑞木	11-柽柳

备注：01-白丁香(*Syringa oblata* var. *alba*)；02-红丁香(*Syringa villosa*)；03-紫丁香(*Syringa oblata*)；04-暴马丁香(*Syringa reticulata* spp. *amurensis*)；05-连翘(*Forsythia suspensa*)；06-玫瑰(*Rosa rugosa*)；07-黄刺玫(*Rosa xanthina*)；08-榆叶梅(*Prunus triloba*)；09-珍珠梅(*Sorbaria kirilowii*)；10-红瑞木(*Cornus alba*)；11-柽柳(*Tamarix chinensis*)

四季耐寒性半致死温度研究结果显示 11 种植物耐寒性等级范围在 1~7 级之间，不同季节耐寒性等级范围、植物间差异不同，秋季和夏季等级范围差异较小，秋季为 4~7 级，夏季为 5~6 级，平均都为 6 级。冬春季耐寒性较高，植物间耐寒性等级差异显著，等级范围为 1~6 级，平均为 4 级。

表 4 为 11 种植物冬春季不同生理指标平均伤害率的分析结果，不同物质在不同植物耐寒性的贡献率不同。

3 讨论

3.1 内蒙古 11 种园林灌木季节间耐寒性差异分析

根据相对电导率曲线计算植物 50% 伤害率的半致死温度，结果显示季节间平均值差异显著：春季（−28.3℃）和冬季（−29.3℃）显著低于夏季（−18.6℃）和秋季（−18.4℃）；根据半致死温度将耐寒性分为 10 个等级。结果显示 11 种植物耐寒性等级范围在 1~7 级之间，不同季节耐寒性等级范围、植物间差异不同，秋季和夏季等级范围差异较小，秋季为 4~7 级，夏季为 5~6 级，平均都为 6 级。冬春季耐寒性较高，植物间耐寒性等级差异显著，等级范围为 1~6 级，平均为 4 级。

结果显示 11 种植物四季的耐寒性等级范围在 1~7 级之间，不同季节耐寒性等级范围、植物间差异不同；秋季等级范围为 4~7 级，平均为 6 级；冬季和春季植物间差异显著，等级范围为 1~6 级，平均为 4 级，夏季等级范围差异不显著，等级范围为 5~6 级。模拟低温处理后 11 种材料季节平均细胞伤害率差异显著，季节伤害率排序：秋季（106.3%）> 夏季（63.3%）> 冬季（36.3%）> 春季（17.3%）；以上研究均说明灌木的枝条不同季节间耐寒性不同。

夏秋季细胞伤害率高于冬春季，原因是夏秋测定期间，植物处于营养生长的旺盛期和结束期，枝条内的耐寒性基因尚未得到启动和表达，耐寒性较弱，枝条易于受低温伤害。而冬春季植物枝条含水量下降，生长发育停止或缓慢，植物处于休眠状态或者刚刚萌动状态，植物枝条的耐寒能力得到表达，耐寒能力较强。

3.2 植物耐寒性测定方法的分析

目前生产中多数是直接通过自然环境评价植物耐寒性，但是类似呼和浩特地区，很多植物不能够采用自然越冬率进行直接抗寒性测定。而且自然低温直接测定耐寒性的周期长，年度间气候差异大，评价范围和工作量大，不利于准确、快速评价植物的耐寒性，

这些问题为木本植物耐寒性评价和生产推广带来许多困难。选择正确的耐寒性测定和评价方法是评价前需要解决的技术问题。因此选择植物低温敏感器官采用人工模拟低温处理后通过细胞透性进行植物耐寒性评价，是目前科学研究多采用的方法。蒙古高原地域辽阔，温度和水分变化幅度很大，建立生态学理念和技术路线是正确评价植物耐寒性的关键。建议最好选取冬春季节的枝条或对低温敏感的越冬器官进行耐寒性测定。

研究表明 11 种植物材料季节间和材料间相对电导率、伤害率和耐寒性存在显著差异。植物枝条存在明显季节间的差异。即便是耐寒性强的植物在夏季植物旺盛生长的时期，其耐寒性也不能够充分表达。每个植物耐寒性适应低温的范围不同，实验前需要确定每个植物低温处理温度梯度和处理方式；温度梯度最好根据植物原产地的气候条件进行设定，逐渐降温处理方法利于诱导植物耐寒基因的表达。鉴于灌木的枝条是冬季接触外界低温逆境最敏感的器官，因此选择冬春季枝条进行实验比较合适。随着缓慢降温 11 种植物细胞相对电导率均逐渐增高，说明细胞透性的伤害是随着温度逐渐降低而上升。11 种植物在 −30℃ 处理后都达到最高值。

根据相对电导率曲线计算植物 50% 伤害率的半致死温度。根据植物低温半致死温度适应范围将植物耐寒性分为 10 个等级，这 10 个等级基本能够反映中国北方地区植物耐寒性差异。

3.3 11 种植物季节间耐寒性差异的分析

植物耐寒性差异必然与植物内部理化特性关系密切。为了研究植物耐寒性差异的生理基础，我们对 11 种植物在不同季节低温处理下的生理指标及其伤害率进行了测定。

秋季是植物从旺盛生长逐渐进入休眠的状态，对于多年生灌木，秋季的短日照和低温是诱导植物体休眠激素逐渐增加的环境信号，但是耐寒性不同的植物接受信号的敏感度不同，越早感受信号的植物，积累耐寒性物质的能力越强，遭受低温伤害的程度越低。

冬季是植物停止生长休眠的状态，植物积累渗透调节物质的能力越强，遭受低温伤害的程度越低。但是不同植物越冬期间发育状态不同，适应寒冷的机理也不完全相同。

春季是植物从冬季休眠状态逐渐复苏的时期，耐寒性强的植物冬季消耗体内积累物质越少，遭受低温伤害的程度越低，春季用于恢复生长的物质越多，抵御春季低温的能力就越强。

夏季是植物旺盛生长的时期，植物体内积累的物

质主要用于生长发育,一般情况下植物适应低温的能力较低,即便进行逐渐降温的低温驯化,耐寒性基因也不易表达,因此植物的耐寒性较低。

3.4 不同季节间 11 种植物生理指标测定结果的比较

11 种灌木四季耐寒性生理指标伤害率差异的比较结果显示,6 个生理指标在不同植物、不同季节间耐寒性的作用不完全相同,不同植物间低温伤害的生理基础不完全相同,植物间耐寒性途径存在多样性的特征。因此不同物质在不同植物耐寒性的贡献率不同。

低温对细胞透性伤害是植物普遍性的生理损伤,能够作为评价植物细胞耐寒性程度的重要指标;丙二醛含量在部分植物中表现明显;POD 活性在多数代谢旺盛的植物中作用明显;其余渗透调节关系密切的生理指标中可溶性糖和可溶性蛋白的作用是比较普遍的,而脯氨酸仅在部分植物中作用明显。

4 结论

(1)实验根据冬春低温处理的平均伤害率等级和平均半致死温度对 11 种植物耐寒性进行综合评价分为 5 级,排序为:1 级耐寒性最强 1 种:07 - 黄刺玫;2 级耐寒性较强 2 种:06 - 玫瑰、10 - 红瑞木;3 级耐寒性中等 2 种:02 - 红丁香、05 - 连翘;4 级耐寒性较低 5 种:01 - 白丁香、03 - 紫丁香、04 - 暴马丁香、09 - 珍珠梅和 11 - 柽柳;5 级耐寒性最低 1 种:08 - 榆叶梅。

(2)模拟低温处理后 11 种材料季节平均细胞伤害率差异显著:秋季(106.3%)> 夏季(63.3%)> 冬季(36.3%)> 春季(17.3%);夏秋季细胞伤害率高于冬春季。

(3)低温处理后采用测定细胞透性相对电导率,根据相对电导率曲线计算植物 50% 伤害率的半致死温度,间接评价植物耐寒性,是一种十分灵敏和可靠的方法。根据相对电导率曲线计算植物 50% 伤害率的半致死温度,结果显示季节间平均值差异显著:春季(- 28.3℃)和冬季(- 29.3℃)显著低于夏季(- 18.6℃)和秋季(- 18.4℃);

(4)内蒙古 11 种植物四季的耐寒性等级范围在 1 ~ 7 级之间,不同季节耐寒性等级范围、植物间差异不同,秋季等级范围为 4 ~ 7 级,平均为 6 级;冬季和春季植物间差异显著,等级范围为 1 ~ 6 级,平均为 4 级,夏季等级范围差异不显著,等级范围为 5 ~ 6 级。平均为 6 级。说明灌木的枝条不同季节间耐寒性不同,不可互相代替。。

(5)低温对细胞透性伤害是植物普遍性的生理损伤,能够作为评价植物耐寒性程度的重要指标;丙二醛含量在部分植物中表现明显;POD 活性在多数代谢旺盛的植物中作用明显;其余渗透调节关系密切的生理指标中可溶性糖和可溶性蛋白的作用是比较普遍的,而脯氨酸仅在部分植物中作用明显。

参考文献

1. 彭志红,彭克勤,胡家金. 渗透胁迫下植物脯氨酸积累的研究进展[J]. 中国农学通报,2000,18(4):80 - 83.
2. 韦小丽. 喀斯特地区 3 个榆科树种整体抗旱性研究[D]. 博士学位论文. 南京林业大学,2005;1 - 2.
3. 武兰芳. 植物的抗寒性研究[J]. 国外农学,1997(2):35 - 37.
4. 刘艺,杨远庆,胡晓谅. 严彬. 3 种园林植物耐寒性的研究[J]. 安徽农业科学,2010,38(9).
5. 马成仓. 内蒙古高原锦鸡儿属几种优势植物生态适应性与地理分布的关系[D]. 南开大学博士论文,2004.
6. 杨九艳. 鄂尔多斯高原锦鸡儿属(*Caragana* Fabr.)植物的生态适应性研究[D]. 内蒙古大学,博士论文,2006.
7. 周燕,年玉欣,刘贞,黄彦青,周广柱. 朝阳地区 8 种自然灌木生态适应性研究[J]. 安徽农业科学,2007,35(35).
8. 明军,等. 丁香属植物种质资源研究概况[J]. 世界林业研究[J],2007,03 - 0020 - 07.
9. 李华. 包头地区丁香属植物分类及生物学特性研究[D]. 西北农业科技大学,2008.
10. 张秋艳. 暴马丁香(*Syringa reticulata* var. *mandshurica*)胚胎学研究[D]. 东北林业大学,2009.
11. 李爱平. 红丁香生物学特性及快繁技术研究[J]. 内蒙古林业科技,2007,04 - 26 - 03.
12. 左轶嫪. 紫丁香、珍珠梅、榆叶梅光合及水分生理生态特性研究[D]. 内蒙古农业大学,2000.
13. 孙婷婷. 蔷薇科(Rosaceae)六种植物繁殖生物学研究[J]. 东北农业大学,2008.
14. 张元明等. 柽柳科(Tamaricaceae)植物的研究历史[J]. 西北植物学报,2001,21(4):796 - 804.
15. 韩虹. 连翘群落数量生态研究[D]. 山西大学,2005.
16. 华梅. 不同环境红瑞木的比较结构研究[D]. 东北师范大学,2010.

中国观赏园艺研究进展 2015：507～512
Advances in Ornamental Horticulture of China，2015：507～512

臭氧浓度升高对三种园林植物伤害症状和生理特性的影响*

刘东焕　赵世伟　王雪芹　樊金龙

（北京市植物园，北京市花卉园艺工程技术研究中心，城乡生态环境北京实验室，北京 100093）

摘要　近地层臭氧污染越来越严重，对包括农作物和野生植物在内的很多种野生植物造成明显危害。但对园林植物的影响少有报道。作者对常见园林植物连翘（*Forsythia suspensa*）、花叶锦带（*Weigela florida*）和油松（*Pinus tabuliformis*）进行不连续 15 天，每天 7 小时的臭氧熏蒸实验。臭氧浓度分别是 200ppb 和 300ppb，以不充臭氧为对照。实验过程中每隔两天对伤害症状进行观察记录，15 天后测定叶绿素含量、电导率、光合速率、气孔导度、最大光化学效率和丙二醛含量。结果表明：高浓度臭氧最先伤害老叶，然后是成熟叶，新叶很少受到伤害；臭氧污染导致植物叶片的气孔导度、光合速率、叶绿素含量和最大光化学效率呈现下降的趋势；而相对电导率和丙二醛含量呈现增加的趋势。综合植物的伤害程度和各生理指标的变化趋势，得出结论：受伤害最严重的为连翘，其次是花叶锦带，而油松抗性最强。

关键词　连翘；花叶锦带；油松；臭氧；伤害症状；生理特性

The Effect of Ozone on the Leaf Damage Symptom and Physiological Characteristics of Landscape Plants

LIU Dong-huan　ZHAO Shi-wei　WANG Xue-qin　FAN Jin-long

（*Beijing Botanical Garden，Beijing Floriculture Engineering Technology Research Centre，Beijing Laboratory of Urban and Rural Ecological Environment，Beijing* 100093）

Abstract　The ozone concentration near the earth is more and more seriously, which did harm to many wild plants. While, effects of ozone on the Chinese landscape plants was few reported. In the paper, *Forsythia suspensa*, *Weigela florida* and *Pinus tabuliformis* were experimental materials and were controlled with three different ozone concentration (ck，200ppb，300ppb) for 15 days and 7 hours per day. The damage symptom was observed and recorded every two days. The chlorophyll content, conductivity, photosynthetic rate, stoma conductance, maximal photochemistry efficiency and MDA content were measured after 15 days of ozone control. It showed that：1）higher ozone concentration did damage to elder leaves firstly, then the ）mature leaves, while, young leaves were fewer damaged；2）the chlorophyll content，photosynthetic rate, stoma conductivity and maximal photochemistry efficiency decreased with the higher ozone concentration, while, the relative conductance and MDA content increased with higher ozone concentration；3）above parameters decreased or increased in different degree for three plants. *Forsythia suspensa* was most seriously damaged, then *Weigela florida*, *Pinus tabuliformis* was strongly resistant to ozone.

Key words　*Forsythia suspensa*；*Weigela florida*；*Pinus tabuliformis*；Ozone；Damage symptom；Physiological characteristics

　　臭氧主要存在于距离地球表面 10～50km 的臭氧层，在这里它们会吸收对人体有害的紫外线。此外，距地面 1～2km 的近地层也存在臭氧层，也就是我们生活着的地表附近。在这里存在的臭氧，除少量由平流层臭氧向近地面传输外，绝大部分由少量天然源和大量人为源的氮氧化物（NOx）和挥发性有机物（VOCs），在太阳光照射下，经一系列光化学反应生成的二次污染物。这些臭氧能对地球上的生命包括人类、动物、植物和微生物等造成极大的危害。近年来，由于在工业上大量使用化石燃料，在农业上大量使用含氮化肥以及汽车数量的急剧增加，大气中氮氧化物和氧有机挥发物的含量剧增，导致近地层大气臭

＊ 项目资助：北京市科技计划"高效抗逆园林植物新品种的选育与推广"，课题编号：Z141100006014036。

氧浓度的日益升高。监测表明,全球近1/4的国家和地区生长季近地层臭氧浓度高于60ppb,而且臭氧目前仍以每年0.5%~2.0%左右的速率持续升高。按照此速度,至2100年前后臭氧浓度将超过70ppb[1-2]。有些大城市,如北京和上海臭氧浓度甚至达到过200ppb以上[3-4]。其对环境的污染甚至可能超过了PM2.5。

臭氧是强氧化剂。研究表明,臭氧对包括农作物和野生植物在内的很多种野生植物造成明显危害。臭氧通过气孔进入植物,在植物体内产生脂质过氧化反应,破坏细胞膜结构,改变植物生理生化过程,造成植物叶片出现色斑、褪绿、变黄等可见的叶片伤害特征,还会导致幼叶脱落、光合降低以及根茎叶生物量的减少[5-8]。但是就臭氧对园林植物的研究,还很少有报道。本研究以常见3种园林植物(花叶锦带、连翘和油松)为实验材料,就不同臭氧浓度对3种园林植物伤害症状和生理特性进行研究,探索不同园林植物对臭氧的敏感性差异,为抗臭氧园林植物的筛选提供技术支撑。

1　材料与方法

1.1　实验材料

以3年生的连翘(*Forsythia suspensa*)、花叶锦带(*Weigela florida*,)和油松(*Pinus tabuliformis*)为实验材料。2014年6月选取长势均一的连翘、花叶锦带和油松植入花盆。花盆直径30cm、高27cm,基质为草炭和园土(3:1)。每个种类18盆。移入3个人工气候室进行过度适应,每个气候室每种植物6盆。进行正常的水、肥管理。

1.2　臭氧熏蒸处理

采用开孔的人工气候室、模拟自然动态的熏气箱进行熏气。利用臭氧发生器提供臭氧,臭氧检测仪(Model202,美国生产)监测臭氧浓度。臭氧熏蒸实验于7月10~30日,设背景浓度CK、200ppb、300ppb 3个处理;每天臭氧熏蒸7小时(9:00~16:00)。熏蒸过程种进行正常水、肥管理,且每天将气候室内的花盆随机移动,确保消除室内因小气候可能导致的差异。每隔2天,停熏一次,进行伤害症状的观察记录。熏蒸结束进行各种指标的测定。

1.3　植物叶片伤害症状的观察方法

植物熏气处理后,每两天停熏一次,分种类记录不同臭氧浓度处理下的叶片伤害症状,统计受伤叶片的数量和受伤的面积。并依照以下公式,计算出叶片

伤害率。叶片伤害率=植物伤害比率×叶片面积的伤害比率。

1.4　光合速率和气孔导度的测定:

于臭氧熏蒸处理结束后,选晴朗的上午8:00~11:00进行气体交换参数的测定,用CIRAS-2型便携式光合作用测定系统(PP-Systems,UK)分别测定各个处理叶片净光合速率(Pn)、气孔导度(Gs)等参数。测定光强为$1200 mol \cdot m^{-2} \cdot s^{-1}$,叶室温度控制在28~33℃之间,湿度控制在70%~80%之间,大气CO_2浓度控制在$360~400 mol \cdot mol^{-1}$之间。每个种类每个处理测定6个重复[9]。

1.5　叶绿素荧光参数测定

在光合速率测定的当天,于清晨6:00左右,将经过充分暗适应(>8h)的植物叶片进行PSII最大光化学效率测定。使用Handy-PEA非调制式荧光仪(Hansatech,UK)测定Fo、Fm等荧光参数。依据公式Fv/Fm=(Fm-Fo)/Fm,计算PSII最大光化学效率(Fv/Fm)。每个处理,每个植物种类测定10个重复[9]。

1.6　叶绿素含量测定

选取每种植物的成熟叶片,分别用直径6mm的打孔器打取叶圆片,混匀后随机称取0.1g叶圆片以80%丙酮15ml于暗处浸提48h,至叶片完全呈白色,25ml容量瓶定容。为使色素均匀分布,期间大约隔2h取出一次,振荡片刻。用紫外可见分光光度计(UV-2802S,USA)分别在663nm,646nm及470nm测定OD值,计算出叶绿素a(Chla),叶绿素b(Chlb)及叶绿素总含量。每种植物,每个处理测定4个重复[9]。

1.7　相对电导率的测定

选取成熟叶片清洗干净,用打孔器打取15个直径为6mm的叶圆片,放入加有去离子水的试管中并用真空泵抽气20min,然后取出试管并在室温下保持1h,用电导仪(DDS-307)测其初电导值(S1),随后将其放入沸水浴中10min,拿出冷却至室温,摇匀测其终电导值(S2)。相对电导度(L)=S1/S2。每种植物,每个处理测定4个重复[9]。

1.8　丙二醛(MDA)含量的测定:硫代巴比妥酸法

取不同臭氧浓度处理下的植株叶片3~5片,洗净擦干,剪成0.5cm长的小段,混匀;称取叶片切段0.3g,放入冰浴的研钵中,加入少许石英砂和2mL

0.05mol·L⁻¹磷酸缓冲液，研磨成匀浆。将匀浆转移到试管中，再用3mL 0.05mol·L⁻¹磷酸缓冲液，分3次冲洗研钵，合并提取液；在提取液中加入5mL 0.5%硫代巴比妥酸溶液，摇匀；将试管放入沸水浴中煮沸10min，到时间后，立即将试管取出并放入冷水浴中；待试管内溶液冷却后，3000×g离心15min，取上清液并量其体积。以0.5%硫代巴比妥酸溶液为空白测532nm、600nm和450nm处的消光值。通过公示计算丙二醛的含量（mmol/g）[9]。

2 结果与分析

2.1 人工气候室臭氧浓度日变化

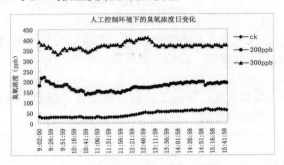

图1 夏季气候室臭氧浓度日变化

Fig. 1 The daily changes of ozone concentration in summer

由图1可以看出：在臭氧熏蒸过程中气候室的臭氧浓度呈现出先低后高的趋势。主要受外界光照和温度的变化。气候室的臭氧浓度范围分别为50～100ppb；150～200ppb；300～400ppb。

2.2 臭氧浓度升高对三种园林植物伤害症状的影响

不同园林植物遭受臭氧伤害的症状不同，而且随时间延长和浓度升高而加重（见表1）。连翘：首先伤害老叶，呈现褐色斑点，逐渐伤害到成熟叶和嫩叶，最后顶部的当年生嫩叶也受到伤害，呈现褪绿的黄斑；花叶锦带：首先伤害下部的老叶，呈现红棕色斑点，逐渐伤害到中部直至上部叶片。但顶部的嫩叶没有受伤害；油松：伤害当年生成熟叶，叶中间开始褪绿、黄斑，后期叶弯曲、叶尖干枯。但老叶和当年生嫩叶无伤害。

根据不同园林植物对臭氧敏感性的差异，可以看出：在200ppb臭氧浓度下，连翘和花叶锦带2天出现轻微的伤害症状，而油松7天才出现轻微伤害症状；而在300ppb的臭氧浓度下，连翘和花叶锦带2天出现明显的伤害症状，而油松4天才有轻微的伤害症状。由此得出结论：连翘和花叶锦带对臭氧较敏感，而油松抗臭氧能力较强。

表1 臭氧浓度升高对三种园林植物伤害症状的影响

Table 1 The effect of higher concentration ozone on the damage symptom for landscape plants

植物种类	臭氧处理浓度（ppb）	2	4	7	9	15
花叶锦带	200	老叶轻微红色斑点	下部叶片呈现红褐色斑点	下部叶片有红褐色斑点，边缘干枯	红色斑块状	叶片由下至上依次呈现红褐色斑点
	300	老叶明显的红色斑点	叶片由下至上依次呈现红褐色斑点	叶片斑点数量增加，受伤叶片数量也增加	红色斑块状	整个叶片红褐色
连翘	200	老叶叶缘变黄	老叶呈现棕色斑点	老叶叶面布斑点，新叶叶缘失绿且有黄色斑点	老叶棕黑色斑点	老叶棕黑色
	300	老叶叶缘变黄	老叶呈现棕色斑块	幼叶褪绿，老叶均匀分布棕色斑点	斑点数量增多变成褐色斑块	成熟叶和老叶棕黑色，新生叶褪绿斑点
油松	200	无	无	无	无	无
	300	无	叶下端枯叶脱落	叶从中部到叶尖呈现不连续褪绿斑	从叶中部到叶尖部位逐渐干枯	从叶中部到叶尖部位全部枯焦

连翘　　　　　花叶锦带　　　　　油松

图2　不同园林植物遭受臭氧伤害的症状

Fig. 2　The damage symptom for landscape plants of ozone

2.3　臭氧浓度升高对三种园林植物叶片伤害率的影响

表2　臭氧浓度升高对三种园林植物叶片伤害率的影响

Table 2　The effect of higher ozone concentration on leaf damage for three landscape plants

植物种类	臭氧处理(ppb)	叶片伤害率(%)	伤害等级
连翘	200	56.49	4级
	300	94.43	5级
花叶锦带	200	59.5	4级
	300	84.93	5级
油松	200	0	0
	300	10	1

依照伤害率的大小，将伤害等级划分为5级。0无伤害；1级0~15%；2级15%~30%；3级30%~50%；4级50%~75%；5级75%以上。

在高浓度臭氧处理下，叶片伤害率是衡量植物对臭氧抗性程度的重要指标之一。我们对臭氧处理14天后的植物进行叶片伤害程度的记录和统计（见表2）。由表2可知：连翘和花叶锦带引起的伤害较严重，在200ppb的臭氧处理下，伤害率达到50%以上，伤害程度达到4级水平；在300ppb臭氧浓度处理下，伤害率达到80%以上，其中连翘达到90%以上，伤害程度达到5级水平。油松在200ppb的臭氧浓度处理下，没有受到伤害；只是在300ppb臭氧浓度处理下，伤害率只有10%，轻微的1级伤害。

由此可知：3种植物相比，连翘对臭氧最敏感，其次是花叶锦带，油松抗臭氧能力较强。

2.4　臭氧浓度升高对三种园林植物光合速率和气孔导度的影响

高浓度臭氧除影响叶片的形态特征外，是否会影响叶片的光合功能？我们于是测定了叶片的光合速率和气孔导度（见图3）。

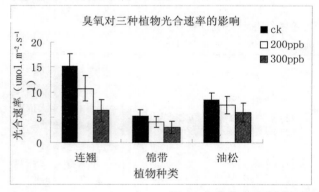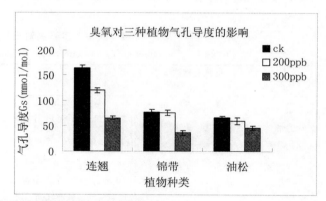

图3　臭氧浓度升高对园林植物光合速率和气孔导度的影响

Fig. 3　The effect of higher ozone concentration on photosynthesis and stoma conductance

图3数据揭示：高浓度臭氧降低叶片的光合速率和气孔导度，以300ppb下最明显。3种植物相比：以连翘降低幅度最大，光合速率和气孔导度都降低60%；其次是花叶锦带，光合速率和气孔导度分别降低44%和54%；油松降低幅度较小，光合速率和气孔导度分别降低32%和31%。由此看来，高浓度臭氧对连翘和花叶锦带光合功能的影响较大，而对油松光合功能的影响较轻微。以对连翘光合功能的影响最大。

2.5　臭氧对三种植物叶绿素含量和最大光化学效率的影响

高浓度臭氧处理下叶片失绿，是否与叶绿素含量降低有关？是否会进一步影响光合结构的破坏？为此，我们进行了叶绿素含量和光系统II最大光化学效率的测定。如图4所示，3种植物均在对照条件下叶绿素含量较高，随着臭氧处理浓度的增加叶绿素含量下降，300ppb臭氧处理时色素含量都明显下降，连翘、花叶锦带和油松下降幅度分别为60%、44%和30%。3种植物相比，连翘下降幅度更大，其次是花叶锦带，油松下降最少。

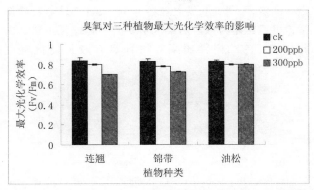
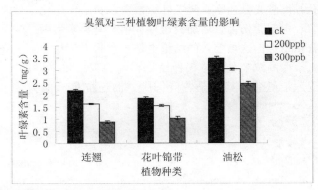

图 4　臭氧浓度升高对三种植物叶绿素含量和最大光化学效率的影响

Fig. 4　The effect of higher ozone concentration on chlorophyll content and maximal photochemistry efficiency

叶绿素荧光是快速无损伤测定技术，被广泛应用于检测叶片表层细胞的光合活性。其中最大光化学效率的降低反映了光合机构的伤害。图 4 表明：高浓度臭氧降低叶片的最大光化学效率，但最大光化学效率降低的幅度很小，连翘、花叶锦带和油松分别为

17%、13% 和 4%。

结果表明：短期的臭氧暴露没有造成叶片光合结构的严重破坏；但造成叶片的衰老加快，叶绿素降解。

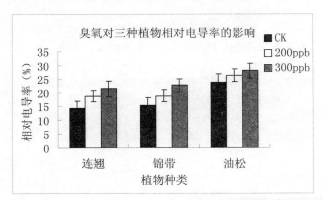
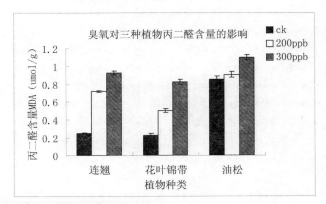

图 5　臭氧浓度升高对三种植物相对电导率和丙二醛含量的影响

Fig. 5　The effect of higher ozone concentration on relative conductivity and MDA content

2.6　臭氧浓度升高对三种植物电导率和丙二醛含量的影响

相对电导率的大小可以表示细胞膜受伤害的程度。丙二醛(MDA)是膜脂过氧化最重要的产物之一，可通过测定 MDA 了解膜脂过氧化的程度。通过测定电导率和丙二醛含量的变化可以间接测定膜系统受损程度以及植物的抗逆性。

图 5 数据表明：高浓度臭氧引起膜伤害，增加了膜透性，相对电导率增加。3 种植物增加的幅度不同，连翘(0.5 倍) > 花叶锦带(0.47 倍) > 油松(0.17倍)；高浓度臭氧使膜脂过氧化加重，引起丙二醛含量增加。3 种植物增加的幅度不同，连翘(2.72 倍) >花叶锦带(2.6 倍) > 油松(0.27 倍)。

丙二醛含量增加的幅度远大于相对电导率增加的幅度。说明，高浓度臭氧首先通过气孔进入到叶肉，

破坏细胞膜，造成膜脂过氧化。3 种植物相比较，连翘引起的膜脂过氧化的程度较严重，其次是花叶锦带，油松较轻微。

3　讨论与结论

臭氧影响植物生长和发育已被广泛报道。本研究从叶片的表观特征到内部的生理特性。研究结果表明：高浓度臭氧最先伤害老叶，然后是成熟叶，新叶很少受到伤害，这与前人的研究结果相一致[10-11]。但连翘在 300ppb 的臭氧处理下，新叶也有轻微的伤害症状，说明，连翘是对臭氧敏感性的植物，可以作为臭氧浓度的指示性植物。

同时研究还表明：高浓度臭氧降低植物叶片的气

孔导度和光合速率；降低叶绿素含量和最大光化学效率；引起膜伤害，增加膜透性，相对电导率和丙二醛含量增加。这与前人的结论也是一致的[11-12]。

但高浓度臭氧对 3 种植物影响的程度是不同的。连翘最敏感，其次是花叶锦带，油松抗臭氧能力较强。油松在 300ppb 臭氧处理下 14 天后，只是轻微伤害，可考虑作为工业污染区重要的园林绿化植物。由此看来，针叶树种比阔叶树种具有较强的抗臭氧能力[6]。

参考文献

1. Sitch S，Cox PM，Collins WJ，Huntingford C. Indirect radiative forcing of climate change through ozone effects on the land – carbon sink[J]. Nature，2007，448：791 – 794.

2. Zeng G，Pyle JA. Influence of ElNiňo southern oscillation on stratosphere/troposphere exchange and the global tropospheric ozone budget[J]. Geophysical Research Letters，2008，32：1814 – 1814.

3. 殷永泉，单文坡，纪霞，等. 济南市区近地面臭氧浓度变化特征[J]. 环境科学与技术，2006，29：49 – 51.

4. 漏嗣佳，朱彬，廖宏. 中国地区臭氧前体物对地面臭氧的影响[J]. 大气科学学报，2010，33：451 – 459.

5. Gravano E，Giulietti V，Desotgiu R，Bussotti F，Grossoni P，Gerosa G，Tani C. Foliar response of an *Alianthus altissima* clone in two sites with different levels of ozone-pollution[J]. Environmntal Pollution，2003，121：137 – 145.

6. 许宏，杨景成，陈圣宾，蒋高明，李永庚. 植物的臭氧污染胁迫效益研究进展[J]. 植物生态学报，2007，31：1205 – 1213.

7. Mastyssek R，Wieser G，Ceulemans R，*et al*. Enhanced ozone strongly reduces carbon sink strength of adult beech resume from the free – air fumigation study at Kranzberg Forest[J]. Environmental Pollution，2010，58：2527 – 2532.

8. 张巍巍. 近地层 O3 浓度升高对我国亚热带典型树种的影响[D]. 博士学位论文，2011.

9. 邹琦. 植物生理生化实验指导[M]. 北京：中国农业出版社，1988，36：95 – 96.

10. 孔国辉，汪嘉熙. 大气污染与植物[M]. 北京：中国林业出版社，1985.

11. 徐胜，何兴元，陈玮，陶大立，徐文铎. 高浓度臭氧对树木生理生态的影响[J]. 生态学报，2009，29（1）：368 – 377.

12. 曹际玲，朱建国，曾青，李春华. 对流层臭氧浓度升高对植物光合特性影响的研究进展[J]. 生物学杂志，2012，29（1）：66 – 70.

紫露草耐盐性研究*

谭笑　高祥斌①　韩全宝　吉佩佩

（聊城大学农学院，聊城 252000）

摘要　为了研究紫露草的耐盐性，以其幼苗为试验材料，进行盐胁迫模拟试验，设置 CK、0.3%、0.6%、1.2%、1.8%、2.4%、3.0% 7 个 NaCl 浓度，处理 12 天后对其持绿百分比、盐害指数、组织含水量、根活力、相对电导率、叶绿素含量、游离脯氨酸含量、过氧化物酶（POD）活性和 Na^+、K^+、Mg^{2+}、Ca^{2+} 进行测定。结果表明，随着盐胁迫的增强，紫露草的组织含水量降低，持绿百分比、盐害指数、Na^+、K^+、Ca^{2+} 增加，叶片中的叶绿素含量、根活力、游离脯氨酸、POD 活性均是先增加后减少，Mg^{2+} 基本持平。综合分析得出，紫露草能够正常生长的抗盐阀值是 NaCl 1.2%，属于中等耐盐植物。

关键词　紫露草；盐胁迫；耐盐性

Salt Resistant Study of *Tradescantia reflexa*

TAN Xiao　GAO Xiang-bin　HAN Quan-bao　JI Pei-pei

（*College of Agriculture，Liaocheng University，Liaocheng 252000*）

Abstract　In order to explore the salt resistance of *Tradescantia reflexa*, its seedlings were treated with salt stress to do the simulation experiment. The different NaCl concentrations are CK, 0.3%, 0.6%, 1.2%, 1.8%, 2.4% and 3.0%. After 12 days, some indexes such as green percentage, salt injury index, water content of the tissue, root activity, relative conductivity, chlorophyll content, free proline, peroxidase (POD) activity and Na^+, K^+, Mg^{2+}, Ca^{2+} were measured. Results indicate that with the increase of salt stress degree, water content of *Tradescantia reflexa* is decline, while the green percentage, injury index, Na^+, K^+, Ca^{2+} are increase. And the chlorophyll content, root activity, free praline, POD activity increase first, and then decrease. After comprehensive analysis, the salt concentration of 1.2% is the threshold value of salt stress to *Tradescantia reflexa*, it means *Tradescantia reflexa* is a medium salt – tolerant plant.

Key words　*Tradescantia reflexa*; Salt stress; Salt tolerance

　　盐碱土是一种广泛分布的土壤类型，土壤盐碱化已经成为一个世界性的问题，抑制土壤盐碱化，改良利用现有盐渍土地是一条重要途径[1]。有研究和实践证实了在盐碱地上进行植被建设、充分利用耐盐植物改善生态环境，是盐碱地改良不可或缺的一个重要环节，耐盐性植物的选择是生物改良盐渍土的首要前提[2]。

　　紫露草（*Tradescantia reflexa*），鸭跖草科鸭跖草属，多年生草本植物。其花期长、茎直立、节明显，有叶鞘，株形奇特秀美，特色突出。紫露草喜充足光照，要求疏松、湿润而又排水良好的土壤，怕涝，中性、偏碱性土壤条件下生长良好，较耐瘠薄土壤。目前，对紫露草耐盐性的研究还较少，本试验以紫露草为试验材料，研究不同盐浓度对紫露草幼苗生长及其生理生化特性的影响，开展苗期不同盐浓度胁迫试验，对其形态与生理各指标进行测定，并综合评判，以期为紫露草种质资源开发利用和耐盐新品种的筛选、培育提供理论基础。

---

　　* 项目基金：山东省教育厅科技计划项目（J12LF11）；聊城大学大学生科技文化创新基金项目（SF2014199）。

　　① 通讯作者。副教授，硕士，研究生导师，从事园林植物与园林工程研究，E – mail：gaoxiangbin@lcu.edu.cn，联系电话：13465756118，通讯地址：山东省聊城市湖南路 1 号农学院。

1　材料与方法

1.1　材料

试验材料为具有 3~5 片叶的紫露草实生苗。

1.2　试验方法

将具 3~5 片叶的实生苗栽植于盆中，每盆 1 株。缓苗后，选取长势基本一致的植株生长一定时期后进行盐胁迫模拟实验，处理分别为 0（CK）、0.3%、0.6%、1.2%、1.8%、2.4%、3.0% 的 NaCl 溶液，每天浇灌 100ml，每两天加一次，连续处理 3 次。盐胁迫期间，每天浇施相同量的水以补充蒸发水量。处理 5d、8d 后观察紫露草的盐害症状。处理 12d 后，观察盐胁迫条件下紫露草叶片的受害程度并取样测定各项指标。

1.3　指标测定方法

1.3.1　形态指标测定

试验结束后，采用烘干法分别称其地上部分与地下部分干重。组织含水量 =（组织鲜重 - 组织干重）/ 组织干重 × 100%[3]。

持绿百分比 = 单株持绿百分比之和/调查株数[3]。

盐害指数 = Σ（盐害级值 × 相应盐害级值株数）/ 总株数 × 盐害最高级值 × 100%[3]。

盐害分级标准：0 级：无盐害症状；1 级：轻度盐害，有少部分（约 1/5）叶片的叶尖、叶缘变黄；2 级：中度盐害，有约 1/2 叶片叶尖、叶缘变黄；3 级：重度盐害，大部分叶片叶缘、叶黄；4 级：极重度盐害，叶片焦枯脱落、枝枯，最终死亡。

表 1　不同盐浓度处理对紫露草持绿百分比和盐害指数的影响

Table 1　Effect of different salinity on the green percentage and salt injury index of *Tradescantia reflexa*

处理（%）	持绿百分比（%）	盐害指数（%）
0.0	100.00a	0.00g
0.3	80.00b	14.00f
0.6	60.00c	23.00e
1.2	40.00d	20.00d
1.8	40.00d	54.00c
2.4	20.00e	57.00b
3.0	0.00f	69.00a

注：数字后字母不同表示处理间存在显著差异；小写字母代表 P < 0.05 显著水平，下同。

1.3.2　生理指标测定

叶绿素含量测定采用研磨丙酮浸提法[4]；游离脯氨酸含量测定采用磺基水杨酸提取法[4]；POD 活性测定采用愈创木酚比色法[4]；根活力测定采用 TTC 还原法[4]；相对电导率测定采用浸泡法[5]；Na^+、K^+、Mg^{2+}、Ca^{2+} 测定采用等离子色谱法[4]。

1.4　数据处理

用 Excel、spss 软件进行统计和作图，同时计算各处理指标的平均数、标准差等参数，并进行方差分析。

2　结果与分析

2.1　盐胁迫对紫露草形态指标的影响

由表 1 可知，随着盐浓度增加，紫露草的受害程度逐渐增大，盐胁迫处理浓度越大，紫露草受害越严重。盐处理 5d 后，2.4% 和 3.0% NaCl 处理的紫露草出现萎蔫症状。8d 后，1.8%~3.0% NaCl 处理出现明显的盐害症状，主要表现为叶尖卷起、枯黄，并且随着盐浓度增加，叶片出现失水过多而脱绿变黄现象，但部分植株的根颈部保持着一定的生活力。处理 12d 后，高盐浓度 2.4%~3.0% NaCl 处理紫露草全株枯黄萎蔫接近死亡。随着盐浓度的增加，其盐害指数有不同程度的上升，对照的盐害指数为 0，在 0.3%、0.6%、1.2% 处受害情况不明显，盐害指数小于 25%；当浓度大于 1.2% 后盐害指数急速上升，在 1.8%、2.4%、3.0% 处出现明显的盐害症状，盐害指数均超过了 50%。

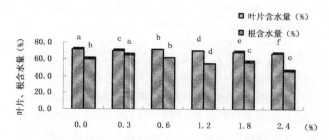

图 1　不同盐浓度对叶片、根含水量的影响

Fig. 1　Effect of different salinity on root's and leaf's water content

2.2　盐胁迫对紫露草植株生理特性的影响

2.2.1　盐胁迫对叶片含水量、根系含水量的影响

盐胁迫条件下植物维持正常含水量是其适应逆境的手段之一，植物组织鲜干重比值是含水量高低的重要标志，因此鲜干比值变化的程度是植物抗盐性特征之一[6]。

注：通过形态指标测定，发现紫露草在 3.0% 盐

处理下,明显受害,甚至死亡,因此,没有必要测定其在3.0%盐浓度下的生理指标。

由图1可知,紫露草的叶片含水量随盐浓度的增加而下降,除0.6%浓度较0.3%略有上升,浓度在0.6%时仅比CK下降0.61%,说明在此盐浓度,叶片能维持较高的含水量,表现出较强的抗盐能力。在盐浓度≧1.2%时,紫露草的叶片含水量显著下降。说明盐处理对叶片的渗透胁迫作用较大。紫露草根系含水量随盐浓度的增大呈先增大后减小的趋势,表现出明显的差异。在0.3%、0.6% NaCl处理时根含水量较CK升高,而0.3% NaCl处理时根含水量递增幅度较大,NaCl浓度为0.6%时与CK近乎持平,当浓度达到1.2%时根含水量开始下降且差异显著($P<0.05$)。

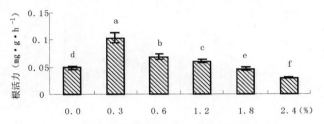

图2 不同盐浓度对根活力的影响

Fig. 2　Effect of different salinity on root activity

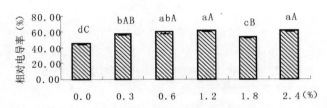

图3 同盐浓度对相对电导率的影响

Fig. 3　Effect of different salinity on relative conductivity

2.2.2 盐胁迫对根活力的影响

在盐胁迫下,根系是最早、最直接的受害部位,根系不仅是吸收养分和水分的器官,而且是多种物质同化、转化或合成的重要器官,其生长发育状况和活力强弱对植物的耐盐能力至关重要。由图2可知,根活力在盐浓度0.3%时显著增加,随着盐浓度的增大,逐渐减小。0.3%盐浓度下的根活力是2.4%的3.5倍,逆境下,盐胁迫对根活力的影响变大,表明根系活力对外界环境影响反应敏感。

2.2.3 盐胁迫对相对电导率的影响

由图3可知,随着盐胁迫的增加,紫露草的叶片相对电导率基本呈上升趋势,但上升幅度大,在一定的值内波动而结果远大于CK,因此可见紫露草叶片稳定性不强。研究发现紫露草叶片的相对电导率有其响应的区域范围,大部分叶片在0.3%~3.0%浓度区

域差异显著,随着盐胁迫程度增加而上升明显,根据差异性分析结果,盐胁迫下的紫露草相对电导率呈显著的相关性($P<0.05$)。

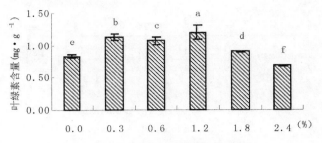

图4 不同盐浓度对叶绿素的影响

Fig. 4　Effect of different salinity on chlorophyll content

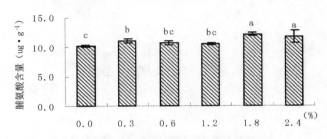

图5 不同盐浓度对游离脯氨酸的影响

Fig. 5　Effect of different salinity on free proline

2.2.4 盐胁迫对叶绿素含量的影响

叶绿素是与光合作用有关的重要色素,盐胁迫影响叶绿素的含量及其组成。由图4可知,随着盐胁迫程度的增加,叶绿素含量先升高后降低,当NaCl为1.2%时叶绿素比CK增长了44.3%,处理之间差异显著($P<0.05$),盐胁迫为1.2%时,叶绿素含量出现峰值,之后呈下降趋势。表明盐胁迫下,在适宜的浓度下有助于提高叶绿素含量,超过适宜浓度叶绿素逐渐下降,且由于最适浓度仅在1.2%,环境因子的改变会引起叶绿体色素含量的变化,进而引起光合性能的改变。

2.2.5 盐胁迫对游离脯氨酸含量的影响

游离脯氨酸是盐胁迫下易于积累的一种氨基酸,是盐生植物调节渗透压的一种溶质[7]。植物体产生游离脯氨酸是植物适应逆境的自我调节方式之一。逆境条件下,大多数植物游离脯氨酸含量会增加,其含量越高,植物体的抗逆能力越强。由图5可知,总体上,各紫露草游离脯氨酸含量与盐浓度在一定范围内呈正相关。在盐浓度1.8%~2.4%时,游离脯氨酸增长速率比低盐浓度要大。各盐胁迫下紫露草游离脯氨酸含量均高于对照,游离脯氨酸对盐胁迫强度反应敏感,盐胁迫强度越大,紫露草中累积的游离脯氨酸含量越多。1.8%、2.4%、3.0% NaCl处理的紫露草显著高于其他盐处理,呈显著的相关性($P<0.05$),表

明游离脯氨酸是紫露草耐盐调节的重要物质，对细胞起到保护作用。

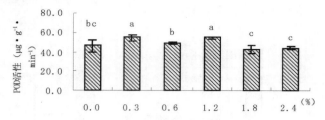

图6 不同盐浓度对 POD 的影响

Fig. 6 Effect of different salinity on POD

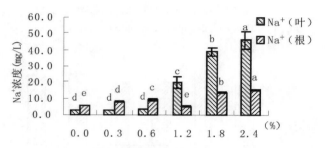

图7 不同盐浓度对叶和根 Na$^+$ 含量的影响

Fig. 7 Effect of different salinity on Na$^+$ of leaves and roots

2.2.6 盐胁迫对 POD 活性的影响

过氧化物酶（POD）是植物体内普遍存在且活性较高的一种酶，其活性随植物生长发育进程以及环境条件的改变而变化，因此测定 POD 活性可以反映某一时期植物体内的代谢及抗逆性的变化[3]。由图6可知，盐胁迫下 POD 活性既有升高也有降低。在 NaCl 浓度 0～1.2% 之间 POD 活性呈上升趋势，当浓度在 0.3% 时达到最大值，之后随盐浓度上升 POD 活性均下降。差异性分析结果表明，盐胁迫强度与紫露草 POD 活性呈显著相关性（P < 0.05）。表明紫露草在低盐浓度下酶活性较高，清除活性氧的能力较强，而高浓度下 POD 活性逐渐下降，很可能是 POD 在高盐浓度抵挡不住逆境进入衰老的后期表达，参与活性氧的生成、叶绿素的降解，表现为伤害效应，而紫露草后期的确已经进入衰老阶段，故这点与赵丽英[8]活性氧清除系统的响应机制、钟云鹏[9]盐胁迫对石蒜属的反应是一致的。

2.2.7 盐胁迫对 Na$^+$、K$^+$、Mg^{2+}、Ca^{2+} 含量的影响

植物体内矿质元素的含量及分布情况对其耐盐能力的大小有一定的影响。由图7可知，总体上，各浓度叶、根中 Na$^+$ 含量随盐浓度的升高呈上升趋势。但因浓度的不同，其增加的幅度不同。在叶中，当盐浓度 ≤0.6% 时差异不显著；而 ≥1.2% 时，Na$^+$ 含量呈阶梯式上升。在根中，随着盐浓度的增大，Na$^+$ 含量以一定比例近乎呈线性上升。差异性分析结果表明，

紫露草叶片在盐浓度 ≥1.2% 后与 Na$^+$ 含量呈显著相关（P < 0.05），而对紫露草根部 Na$^+$ 含量整体都呈现显著的相关性（P < 0.05）。

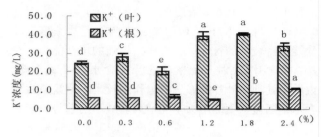

图8 不同盐浓度对叶和根 K$^+$ 含量的影响

Fig. 8 Effect of different salinity on K$^+$ of leaves and roots

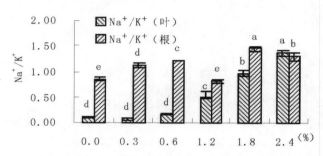

图9 不同盐浓度对叶和根 Na$^+$/K$^+$ 比值的影响

Fig. 9 Effect of different salinity on Na$^+$/K$^+$ of leaves and roots

由图8可知，紫露草叶片中 K$^+$ 含量明显高于根部，且叶片中 K$^+$ 增长速度远大于根部，叶与根中 K$^+$ 含量随着土壤中盐浓度增加而上升（NaCl 为 0.6% 时除外）。差异性分析结果表明，盐胁迫强度与紫露草叶片 K$^+$ 浓度呈显著的相关性（P < 0.05）。由图9可知，随着盐浓度的增加，无论是叶部还是根部，其 Na$^+$/K$^+$ 基本呈上升趋势。差异性分析结果表明，盐胁迫对紫露草叶 Na$^+$/K$^+$ 呈显著的相关性（P < 0.05），对紫露草根的 Na$^+$/K$^+$，当浓度小于 0.6% 差异不显著，大于 0.6% 呈显著的相关性（P < 0.05）。Na$^+$/K$^+$ 是衡量植物耐盐性的重要指标，其值越高耐盐性越强，体内高 Na$^+$ 的含量和 Na$^+$/K$^+$ 是许多盐生植物的耐盐性强的特征。叶片中 Na$^+$ 含量较高，K$^+$ 含量也较高，说明在盐分胁迫下，它们吸收营养的能力较强，植株的耐盐能力、抗逆能力也越强[10]。

由图10和图11可知，整个盐胁迫处理过程紫露草叶和根中 Mg^{2+} 含量并无太大变化，随盐浓度升高而减少的量很少。而 Ca^{2+} 含量变化明显，细胞质中 Ca^{2+} 是细胞功能调节的重要组成，Ca^{2+} 能够提高植株的保水能力，维持膜的稳定性，也能改善植物的光合作用，减少活性氧的生成[11]，叶片中的 Ca^{2+} 含量随着盐胁迫浓度升高而降低，差异性分析结果表明盐胁

迫强度与叶片 Ca^{2+} 呈显著的相关性($P < 0.05$),根中 Ca^{2+} 含量也随盐胁迫浓度升高而降低,盐胁迫强度对根中 Ca^{2+} 呈显著的相关性($P < 0.05$)。

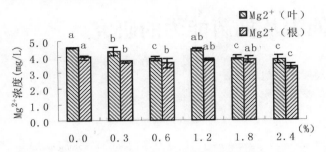

图 10 不同浓度对叶和根 Mg^{2+} 含量的影响

Fig. 10 Effect of different salinity on Mg^{2+} of leaves and roots

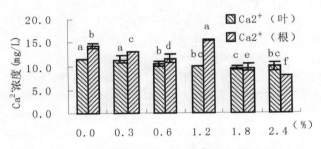

图 11 不同浓度对叶和根 Ca^{2+} 含量的影响

Fig. 11 Effect of different salinity on Ca^{2+} of leaves and roots

3 结论

(1)紫露草在盐浓度 ≥1.8% 时,出现明显盐害反应。高盐胁迫下,紫露草体内水分平衡被打破,叶片含水量、根含水量均先升高后降低,以至于根活力受影响先升高后降低。

(2)随着盐浓度的增加叶绿素含量上升,在 NaCl 为 1.2% 时达到最大值,之后上升趋势变缓,最终在 NaCl 为 2.4% 时低于对照,说明低盐处理对紫露草的叶绿素合成有促进作用,高盐浓度会抑制。游离脯氨酸含量随盐度增加而上升,直到 NaCl 浓度为 3.0% 时略有下降,含量接近对照。POD 活性先升高,在 NaCl 浓度 1.2% 时达到最大值,在 NaCl 浓度 ≥1.8% 后逐渐下降。

(3)紫露草叶片和根中 Na^+、K^+ 含量总体呈上升趋势,Na^+ 含量上升幅度最大,在 NaCl 为 2.4% 时达到最大值;K^+ 最大值出现在 NaCl 为 2.4% 时;Na^+/K^+ 在 NaCl 为 2.4% 时达到最大值;Mg^{2+} 基本持平;Ca^{2+} 含量总体呈下降趋势。

(4)综上所述,紫露草在盐胁迫下各个指标都相对稳定波动幅度不大,其抗盐阈值为 NaCl 1.2%(土壤实际盐浓度 0.43%),存活阈值 NaCl 为 1.8%,属于中等耐盐植物。要想使紫露草真正投入盐碱地改造和植被恢复,还有待更深入的研究和探讨。

参考文献

1. 教忠意,王宝松,施士争,等. 林木抗盐性研究进展 [J]. 西北林学院学报,2008,23(5):60 – 64.

2. 刘昊华,虞毅,丁国栋,殷小琳,等. 4 种滨海造林树种耐盐性评价[J]. 东北林业大学学报,2011,39(7):8 – 11.

3. 高俊凤,植物生理学实验指导[M]. 北京:高等教育出版社,2006.

4. 王学奎. 植物生理生化试验原理与技术[M]. 北京:高等教育出版社,2006.

5. 陈爱葵,韩瑞宏,李东阳,等. 植物叶片相对电导率测定方法比较研究[J]. 广东教育学院,2010,30(5):88 – 91.

6. 姚世响,陈莎莎,徐栋生,兰海燕. 不同盐胁迫对新疆耐盐植物藜叶片钾、钠元素含量及相关基因表达的影响 [J]. 光谱学与光谱分析,2010,30(8):2281 – 2284.

7. 王波,宋凤斌. 燕麦对盐碱胁迫的反应和适应性[J]. 生态环境,2006,15(3):625 – 629.

8. 赵丽英,邓西平,山仑. 活性氧清除系统对干旱胁迫的响应机制[J]. 西北植物学报. 2005,25(2):413 – 428.

9. 钟云鹏,梁丽建,何丽斯,等. 盐胁迫对 2 种石蒜属植物叶片生理特性的影响[J]. 江苏农业科学,2011,39(2):252 – 255.

10. 刘寅,贾黎明,张博,马晨. 滨海盐碱地绿化植物筛选及耐盐性评价研究进展[J]. 西南林业大学学报,2011,31(3):80 – 85.

11. CHEN Q Z, ZHANG B J, ZHOU F, etal. Effects of Ca^{2+} on growth rate and antioxidant enzyme activities of oil sunflower seedlings under salt stress condition[J]. Anhui Agricultural Sciences, 2008, 36(35): 15336 – 15338.

6 种忍冬科植物的滞尘能力及抑菌能力的研究

胡展森　管圣烨　孙璞　刘玉艳①

（河北科技师范学院，秦皇岛 066004）

摘要　本研究对 6 种常见的忍冬科园林植物郁香忍冬（*Lonicera fragrantissima*）、蓝叶忍冬（*Lonicera korolkowi* 'Zabclii'）、猬实（*Kolkwitzia amabilis*）、皱叶荚蒾（*Viburnum rhytidophyllum*）、接骨木（*Sambucus williamsii*）、锦带（*Weigela florida*）为研究对象，研究其滞尘能力和抑菌能力。结果表明，6 种植物的滞尘能力不同，雨后短时间内随着时间延长滞尘量逐渐增加，雨后第 1、3 天 6 种植物间滞尘能力差异不显著，第 5 天猬实的滞尘量最高，为 1.549g·m^{-2}，极显著高于其他种类，蓝叶忍冬显著高于锦带，郁香忍冬、蓝叶忍冬、皱叶荚蒾、接骨木之间差异不显著；雨后第 5 天 6 种植物滞尘能力顺序为猬实 > 蓝叶忍冬 > 皱叶荚蒾 > 郁香忍冬 > 接骨木 > 锦带，猬实第 5 天的滞尘量可达锦带的 2.91 倍。6 种植物灌丛中菌落数均低于空地的菌落数，但差异不显著，不同植物间差异也不显著；接骨木杀菌水平最强达到 40.897%，猬实最弱，杀菌率为 6.357%，6 种植物杀菌效果从强到弱的顺序为接骨木 > 锦带 > 郁香忍冬 > 蓝叶忍冬 > 皱叶荚蒾 > 猬实。

关键词　忍冬科植物；滞尘；抑菌能力

Study on the Dust Detaining and Antimicrobial Activity of Six Caprifoliaceae Plants

HU Zhan-sen　GUAN Sheng-ye　SUN Pu　LIU Yu-yan

（*Hebei Normal University of Science and Technology*，*Qinhuangdao* 066004）

Abstract　The detaining and antimicrobial activities of *Lonicera fragrantissima*，*Lonicera korolkowi* 'Zabclii'，*Kolkwitzia amabilis*，*Viburnum rhytidophyllum*，*Sambucus williamsii*，*Weigela florida* were tested. The results showed that，six Caprifoliaceae plants had different dust detaining abilities，and the content of dust absorption increased after rain in a short period of time，no significant difference existed among six plant dust detentions in the first and the third day after the rain. In the fifth day，the dust – retention of *Kolkwitzia amabilis* was 1.549g·m^{-2}，which was very significantly highest than others，and the amount of dust absorption of *Lonicera korolkowi* 'Zabclii' was significantly higher than *Weigela florida*. There was no significant difference among *Lonicera fragrantissima*，*Lonicera korolkowi* 'Zabclii'，*Viburnum rhytidophyllum* and *Sambucus williamsii*. The order of the dust absorption amount in the fifth day after rain was *Kolkwitzia amabilis* > *Lonicera korolkowi* 'Zabclii' > *Viburnum rhytidophyllum* > *Lonicera fragrantissima* > *Sambucus williamsii* > *Weigela florida*，and the dust absorption amount of *Kolkwitzia amabilis* was 2.91 times of *Weigela florida*. Colonies in six plant shrubs were lower than that in open spaces，but the difference were no significant. The antimicrobial activity of *Sambucus williamsii* was the highest，which reached 40.897%，and *Kolkwitzia amabilis* had the weakest antimicrobial activity（6.357%）. The order of six plant antimicrobial activity was as follows：*Sambucus williamsii* > *Weigela florida* > *Lonicera fragrantissima* > *Lonicera korolkowi* 'Zabclii' > *Viburnum rhytidophyllum* > *Kolkwitzia amabilis*.

Key words　Caprifoliaceae plants；Dust detaining；Antimicrobial activity

　　随着人类社会的城市化进程不断加快，人类所遇到的环境问题也日益严重。《2013 中国环境状况公报》显示，中国城市环境空气质量形势严峻。2013 年，京津冀、长三角、珠三角等重点区域及直辖市、省会城市和计划单列市共 74 个城市按照新标准开展监测，依据新的《环境空气质量标准》对 SO$_2$、NO$_2$、PM10、PM2.5、CO 和 O$_3$ 六项污染物进行评价，超标城市比例为 95.9%。空气中飘浮的细菌是疾病传播

---

①　通讯作者。女，教授，主要从事园林植物栽培及应用研究。E-mail：lyuyan66@163.com。

的主要途径之一；而悬浮颗粒物是空气中的主要污染物之一，城区空气中的首要污染物为可吸入颗粒物，悬浮颗粒物对人体健康危害极大。

城市园林绿化是城市生态系统的一个子系统，它在保持整个城市的生态平衡方面起着重要作用，是实现城市可持续发展战略的重要生态措施。其中园林植物对细菌具有抑制和杀灭的作用，不同的植物种类在杀菌能力方面有显著差异性。在城市环境条件下，园林植物通过其枝叶的吸附、滞留、过滤等作用减少粉尘（作为细菌的载体）而减少城市空气中细菌含量。园林植物通过枝叶降低风速而起到减尘作用；通过其枝叶对粉尘的截留和吸附作用，从而实现滞尘效应。选择适合城市发展的滞尘能力强、抑菌能力强的绿化树种，是城市绿地绿化设计的基础，也是改善城市环境质量的重要保障[1]。

本研究以城市绿化常见 6 种忍冬科植物为研究对象，测定不同树种的滞尘能力、抑菌能力，旨在筛选出滞尘、抑菌能力强的植物，为城市生态保健绿化树种选择以及抑菌功能景观的构建提供理论依据。

1 材料与方法

1.1 测试植物的选择

本研究在河北科技师范学院昌黎校区内曦园。选择其中的 6 种常见的忍冬科植物：郁香忍冬（*Lonicera fragrantissima*）、蓝叶忍冬（*Lonicera korolkowi* 'Zabelii'）、猬实（*Kolkwitzia amabilis*）、皱叶荚蒾（*Viburnum rhytidophyllum*）、接骨木（*Sambucus williamsii*）、锦带（*Weigela florida*）。

1.2 植物滞尘能力的测定

根据秦皇岛市的降雨特点，选择夏季雨后一周内采集样品并测量[2]。众多研究表明：植物叶片的降尘可以被 15mm 的雨量冲掉，之后重新滞尘。本试验研究测定了 6 种忍冬科植物在雨后的第 1、3、5d 的短期滞尘量，没有测定更长时间的滞尘量。雨后（>15mm）第 1、3、5d，从树冠上、中、下层采集各树种的 5 片成熟叶片，将采集的叶片于自封袋中封存。用蒸馏水浸泡采到的叶片 2h，浸泡、清洗叶片上的附着物后用镊子夹出叶片，浸洗液用已称重（W_1）的滤纸过滤，将过滤后的滤纸置于 60℃烘干箱中烘 24h，再以万分之一天平称重（W_2），采集样品上所附着的降尘重量即为两次重量之差（$W_2 - W_1$）。用 LI-3000A 便携式叶面积测定仪测定夹出的叶片面积 A。

各测试树种滞尘能力计算公式：Dust-retention $= (W_2 - W_1)/A$

A 为叶表面积。W_1 为过滤前滤纸重，W_2 为过滤后滤纸与尘重

1.3 植物抑菌能力的测定

采用室外自然沉降法测定植物的抑菌能力[3]。2014 年在杀菌效果最高的 8 月，8：00 和 10：00 植物光合蒸腾等生理活动较强的时间段，于每种试验树种的株丛中间放上 3 个支架，高度为距地面约 1.2m，在支架上放 3 个直径 9cm 的盛有牛肉膏 - 蛋白胨细菌培养基的培养皿，开盖暴露 5min，然后封盖放入电热恒温培养箱，28℃条件下培养 48h，计算菌落数，以无绿化空地（校内曦园周边道路和校外）作对照。牛肉膏蛋白胨培养基成分为：自来水 1000ml、琼脂 15~20g、蛋白胨 10g、氯化钠 5g、牛肉膏 3g，使 pH 试纸达到 7.0~7.2，之后在高温 121℃下灭菌 30min。

单位体积空气含菌数（E）为：

$$E = 1000 N/(A/100 \times t \times 10/5) = 50000 N/A \times t$$

式中 E 为单位体积空气含菌数（CFU·m^{-3}），A 为培养细菌菌落的培养皿面积（cm^2），t 为采样细菌的时间（min），N 为培养后各样点平均菌落数（个）。

杀菌效果% = 对照菌落数 - 处理菌落数/对照菌落数 ×100%

2 结果与分析

2.1 6 种忍冬科植物的滞尘能力分析

6 种植物的滞尘能力各不相同（表1），雨后时间的不同各植物滞尘量也不相同，随着时间的延长滞尘量逐渐增加。雨后第 1 天蓝叶忍冬滞尘量最高，为 0.297g·m^{-2}，锦带滞尘量最少，为 0.131g·m^{-2}，6 种植物滞尘量差异不显著；雨后第 3 天猬实滞尘量最高，为 0.920g·m^{-2}，郁香忍冬滞尘量最少，为 0.420g·m^{-2}，6 种植物滞尘量差异不显著；雨后第 5 天猬实的滞尘量最高，为 1.549g·m^{-2}，极显著高于

表 1 6 种忍冬科植物雨后第 1、3、5d 的滞尘量（g·m^{-2}）
Table 1 The dust retention amount of 6 kinds of Caprifoliaceae plants after the first, third, and fifth days

植物名称	第 1 天	第 3 天	第 5 天
郁香忍冬	0.174a	0.420a	0.859bcB
蓝叶忍冬	0.297a	0.692a	0.999bB
猬实	0.255a	0.920a	1.549aA
皱叶荚蒾	0.179a	0.752a	0.893bcB
接骨木	0.143a	0.473a	0.641bcB
锦带	0.131a	0.426a	0.533cB

郁香忍冬、蓝叶忍冬、皱叶荚蒾、接骨木和锦带，蓝叶忍冬显著高于锦带，郁香忍冬、蓝叶忍冬、皱叶荚蒾、接骨木之间差异不显著。雨后第5天6种植物滞尘能力顺序为猬实＞蓝叶忍冬＞皱叶荚蒾＞郁香忍冬＞接骨木＞锦带，猬实第5天的滞尘量可达锦带的2.91倍。

2.2 不同植物的抑菌能力比较

试验结果表明（表2），植物灌丛中菌落数量低于空地的菌落数，但差异不显著，不同植物间差异不显著。对照的平均菌落数为植物上方培养皿内的2.4~6倍。单位体积内菌落数最高的是猬实，为5919.263CFU·m⁻³，其次是郁香忍冬5807.153CFU·m⁻³，单位体积内菌落个数最低的是接骨木为3029.527CFU·m⁻³。接骨木平均杀菌水平最强达到40.897%，猬实最弱，平均杀菌率为6.357%。6种植物杀菌效果从强到弱的顺序为接骨木＞锦带＞郁香忍冬＞蓝叶忍冬＞皱叶荚蒾＞猬实。根据谢惠玲等人的植物杀菌效果标准来进行抑菌能力的划分[4]，接骨木、锦带、郁香忍冬、蓝叶忍冬为中等杀菌能力，猬实和皱叶荚蒾为较弱的杀菌能力。

表2 6种忍冬科植物对细菌的抑制作用

Table 2 Inhibition of 6 kinds of Caprifoliaceae plants on bacteria

树种名称	平均菌落数（CFU·m⁻³）	杀菌水平（%）	样本分类
郁香忍冬	4473.818a	29.217a	中
蓝叶忍冬	4549.022a	28.027a	中
猬实	5919.263a	6.357a	弱
皱叶荚蒾	5719.497a	9.503a	弱
接骨木	3735.642a	40.897a	中
锦带	4029.527a	36.250a	中
对照	6320.646a		

3 结论与讨论

在我国以煤为主要燃料的城市，空气主要污染物多为粉尘，直接影响到居民的生存与健康。粉尘可分为降尘与飘尘：降尘的直径大于10μm，可较快落到地面；飘尘可以几小时甚至几年在空中飘浮，一般直径小于10μm。飘尘可以来自于燃料等的化学反应、工业过程及当地的土壤[5]。飘尘对人体健康有着显著影响，0.5~5μm的飘尘可沉积于细支气管数小时后由纤毛作用排除掉；而小于5μm的尘埃在避开上呼吸道的保护组织进入肺中后可以到达并滞留在肺泡中达数周、数月或数年。故而选择适合城市发展的、具

有较强滞尘能力的园林植物变得尤为重要，并能为绿地规划提供重要依据。

叶片的表面特性如油脂、皱纹、绒毛、粗糙等是不同植物滞尘量差异的重要来源，枝干分枝的角度、树冠形状、树冠总叶面积等均与滞尘量的多少有关。不同种类植物的滞尘有差异，其顺序为草本＞灌木＞乔本＞藤本[3]。植物滞尘能力有差异的原因一是不同个体叶片表面特性的差异，表面粗糙、叶面褶皱、多油脂、多绒毛的叶片能够更好地阻挡、吸滞大气颗粒，而叶片光滑且无绒毛的植物具有相对较弱的滞尘能力；二是滞尘量与叶面倾角、枝叶密度、树冠结构也有一定关系；三是降水和大风天气的气象因素影响[6]。

本试验中滞尘能力差异主要是由植物自身特点所造成，如植物树冠结构、枝叶密度、枝叶的倾角和叶片表面特性等。猬实叶面疏生短柔毛，向四周展开的枝条能够充分地吸滞颗粒。蓝叶忍冬枝叶密度大，能很好地吸附粉尘。皱叶荚蒾全株均被星状绒毛，叶片形大革质、上面呈明显皱纹状，使其能够较好地吸附空气中的粉尘。郁香忍冬叶厚纸质或带革质，使其在有微风时滞尘较为不稳。接骨木叶片面积较大，但其叶片表面光滑无毛不利于粉尘的附着。雨后初期，蓝叶忍冬的叶片滞尘量最高，但随着时间的延长，由于其叶片附着灰尘的能力较弱，滞尘总量比其他部分种类要少。本研究结论与方颖等对红叶李、大叶黄杨、银杏、香樟滞尘量的结论基本一致，红叶李由于其叶面粗糙滞尘量高，香樟由于叶面革质光滑滞尘量较低[7]。

有关研究表明，植物种类不同，对环境微生物的作用效果也不同。M.H.阿尔特米耶娃研究表明：松科、柏科、槭树科、木兰科、忍冬科、桃金娘科等很多植物对结核杆菌有抑制作用[8]。花晓梅等研究核桃、油松、白皮松、云杉、法国梧桐、毛白杨、白蜡、旱柳、花椒、侧柏、桧柏等植物均有杀菌作用[9]。张国帅也实验证实大叶黄杨、石楠、白皮松等均有抑菌效果，且效果不同[8]。植物的抑菌效果受到植株的密度、光合速率、空气含菌量等方面的影响，而空气含菌量主要受气候条件、尘埃颗粒、人为活动强度、土壤、化学污染物质、地面植被状况的影响，特别是植物种类、郁闭度及其杀菌作用强度，对空气含菌量的影响最为重要。植物的杀菌能力是诸多生态因子综合作用的结果。本文研究的6种忍冬科植物的抑菌效果的强弱是在当时环境下用沉降法测试而得到的结论，确切了解6种植物乃至其他园林植物的抑菌效果需要进一步系统研究。

参考文献

1. 周初梅，潘冬梅，宁妍妍，等．园林规划设计书［M］．重庆：重庆大学出版社，2010. 13－65.

2. 康博文，刘建军，王得祥，等．陕西 20 种主要绿化树种滞尘能力的研究［J］．陕西林业科技，2003，（4）：54－56.

3. 刘光立，陈其兵．四种垂直绿化植物杀菌滞尘效应的研究［J］．四川林业科技，2004，25(3)：53－55.

4. 谢慧玲，李树人，袁秀云，等．植物挥发性分泌物对空气微生物杀灭作用的研究［J］．河南农业大学学报，1999，33(2)：127－133.

5. Sehmel，G，A. Particle and gas dry deposition：a review［J］. Atmospheric Environment，1980，（14）：983－1011.

6. 杜克勤．绿化树木带滞尘能力的测定与探讨［J］．环境污染与防治，1998，20(3)：47－48.

7. 方颖，张金池，王玉华．南京市主要绿化树种对大气固体悬浮物净化能力及规律研究［J］．生态与农村环境学报，2007，23（2）：36－40.

8. 张国帅．五种常绿园林树种抑菌能力研究［D］．泰安：山东农业大学，2012.

9. 花晓梅．树木杀菌作用研究初报［J］．林业科学，1980，16(3)：236－240.

抗寒锻炼期间丰花月季茎的抗寒性及与可溶性糖淀粉的关系[*]

范少然　崔睿航　武东霞　张　钢[①]

（河北农业大学园艺学院，保定 071001）

摘要　以 3 个丰花月季品种'红帽''金玛丽''柔情似水'当年生枝为材料，在抗寒锻炼期间应用电阻抗图谱法测定茎的抗寒性，并通过测定三个丰花月季茎段中的可溶性糖、淀粉比较其与抗寒性的关系。结果表明：抗寒性强弱顺序为：'金玛丽'＞'柔情似水'＞'红帽'；可溶性糖与胞外电阻估算的半致死温度呈正相关，而淀粉呈负相关。

关键词　丰花月季；抗寒锻炼；可溶性糖淀粉；电阻抗图谱

Frost Hardiness and Its Relation with Soluble Sugar and Starch Contents in Stems of Floribunda Roses during Frost Hardening

FAN Shao-ran　CUI Rui-hang　WU Dong-xia　ZHANG Gang

（*College of Horticulture，Agricultural University of Hebei，Baoding 071001*）

Abstract　During frost hardening，the stems of three floribunda roses varieties：'Hongmao'，'Jinmali'，and 'Rouqing-sishui' were used to measure the frost hardiness by means of electrical impedance spectroscopy（EIS），and the relation between the soluble sugar and starch contents and frost hardiness of stems was compared. The order of frost hardiness for floribunda roses varieties was 'Jinmali' ＞ 'Rouqingsishui' ＞ 'Hongmao'；Soluble sugar and the half lethal temperature estimated by EIS parameter extracellular resistance correlated positively，and starch correlated negatively .

Key words　Floribunda roses；Frost hardening；Soluble sugar and starch contents；Electrical impedance spectroscopy

丰花月季（Floribunda roses）是现代月季（*Rosa hybrida*）品种群之一，品种繁多，有很强的适应性（王玉全，2012）。作为传统木本花卉，现在我国各地普遍栽培，应用非常广泛。丰花月季则主要应用于城市园林绿化中，可抗一定的低温，但不十分耐寒，寒冷气候是月季向北推广的最大制约因素（孙龙生 等，2007）。

测定植物组织和器官的电阻抗图谱（electrical impedance spectroscopy，EIS）能够获得基本生理学信息（董胜豪 等，2009）。与其他测定抗寒性的方法如冻害目测法（visual scoring of damage）和电解质外渗量法（electrolyte leakage test，EL）相比，EIS 法比较容易、快速，是一种研究植物抗寒性的有效使用的物理方法，已在白皮松（*Pinus bungeana* Zucc.）（董胜豪 等，2009）、西府海棠（*Malus micromalus* Makino）（金明丽

等，2011）、白桦（*Betula platyphylla* Suk.）（孟昱 等，2013）等多种针叶树种和阔叶树种上取得了良好的试验结果，具有广阔的应用前景。

本研究用电阻抗图谱法测定 3 个丰花月季品种茎的抗寒性并测定可溶性糖和淀粉含量，旨在比较不同丰花月季的抗寒性及与淀粉糖含量的相关性，为城市园林绿化选择应用丰花月季品种提供理论依据，为丰花月季的抗性育种和推广应用提供理论依据。

1　材料与方法

1.1　试验材料

试材为'红帽'（'Hongmao'）、'金玛丽'（'Jinmali'）、'柔情似水'（'Rouqingsishui'）3 个丰花月季

---

* 基金项目：国家自然科学基金（31272190）。

① 通讯作者。Author for correspondence（E-mail：zhanggang1210@126.com）。

品种，于 2013 年 3 月 31 日定植于河北农业大学标本园（38°50′N，115°26′E），每小区 30～35 株，株行距0.25m×0.30m，3 次重复，完全随机区组设计，栽培条件一致，常规养护管理。

2014 年 9 月至次年 1 月，每月 26 日取样，共取样 5 次。每个品种选取生长状况（树高、粗度）基本一致的 6 株月季，用标签标号 A－1，A－2，A－3 等。同时标记东南西北方向（ESWN）。每次采样取东西南北中的同一方向，统一顺时针取样。每株月季上取3～4 个带叶枝，注意每次采取的位置是树体中部当年生枝条（王刘环等，2015）。

样品装袋。为防止失水，每个袋子中喷少许去离子水。放入带有冰盒的取样箱中带回实验室。

1.2 试验方法

将枝条进行低温和冷冻处理，将样品用清水和去离子水清洗 3 遍，密封在聚乙烯袋中，袋中喷少许去离子水，以免材料发生过冷。使用变温冰箱进行温度处理。以 4℃ 处理为对照，设 6 个不同梯度的冷冻处理温度，其中包括样本的杀死温度和存活温度，保证两个温度将样本杀死，同时根据前一个月的半致死温度来设定下一个月的温度。变温冰箱的降温速率为6℃/h，到达每个设定的温度后，保持 8h，然后将材料放入 4℃ 的冷藏室缓慢解冻 24h。

1.2.1 电阻抗图谱参数的测定

每品种随机选取茎段中部的 15mm，参考 Zhang等（2002；2003）的方法进行 EIS 参数测定，设 8 个重复。用测厚仪（Mitutoyo No. 7331，Japan）测定直径，精确到 0.01 mm。用阻抗仪（安杰伦 E4980，USA）测定从 80 Hz～1 MHz 共 42 个频率下的电阻值和容抗值，作出不同频率下电阻和电抗的变化曲线，即 EIS。月季茎段的 EIS 适用于单－DCE 模型（Repo T et al.，1993；Ryyppö A et al.，1998）。等效电路参数用LEVM 8.06（Macdonald JR）（Repo T et al.，1994）软件进行拟合。

1.2.2 可溶性糖淀粉测定

可溶性糖、淀粉采用硫酸蒽酮水合热法测定（李合生 等，2000）。

第一步，提取。将烘干后磨成粉末的茎作为可溶性糖和淀粉含量测定的材料。分别称取 0.2g 烘干的茎段用研钵磨成粉末，置于 10ml 离心管中，加入 5ml80% 的乙醇，置 80℃ 水浴中浸提并不断搅拌，提取30min，取出使之冷却，离心 5min，重复提取两次（各 10min），离心，将 3 次提取分离的上清液合并于25ml 容量瓶，以 80% 乙醇定容至刻度，供可溶性糖的测定。

向沉淀中加水 2ml，搅拌均匀，置于 80℃ 水浴中使残留的乙醇蒸发，再升高水浴温度，在沸水浴中糊化 15min。冷却后，将离心管放在冰水浴中，加入2ml 冷的 9.2N 高氯酸，不时搅拌，提取 15min 后加水 4ml，混匀，离心 10min，上清液倾入 50ml 量瓶。再向沉淀中加入 2ml 冷的 4.6N 高氯酸，搅拌，提取15min 后加水 6ml，混匀，离心 10min，然后用水洗沉淀 1～2 次，合并各次离心的上清液于上述的 50ml 容量瓶中，用蒸馏水定容至刻度，供测淀粉之用。

第二步，测定。标准曲线的制作：将葡萄糖溶液配制成 200 μg·ml^{-1} 的标准液。用蒸馏水和标准液按比例配成浓度为 0、20、40、60、80、100、120μg·ml^{-1} 的葡萄糖溶液，每个浓度的葡萄糖溶液共 2ml。在每个浓度的溶液中，各加 5ml 硫酸－蒽酮试剂（冰水浴中），加完试剂后，同时摇匀，放入沸水浴中，准确加热 10min，取出后在自来水中冷却。在分光光度计上测 620nm 波长下 OD 值。以消光值为纵坐标，糖溶液浓度为横坐标，绘制标准曲线。

可溶性糖的测定：准确吸取糖的乙醇提取液1ml，置于 10ml 离心管，放水浴中蒸去乙醇，准确加水5ml，用玻璃棒仔细搅拌，使糖完全溶解，离心。吸取上清液 2ml，放入试管中，其余操作与标准管完全相同。记录 620nm 波长下的消光值。

淀粉测定：吸取淀粉提取液 2ml，加入试管中，其余操作与标准管制作完全相同。记录 62nm 波长下的消光值。

第三步，计算。按以下公式分别计算可溶性糖及淀粉的含量：

可溶性糖% ＝（C×（V/a）×n）×100/（W×1000）

淀粉% ＝（C×（V/a）×n×0.9）×100/（W×1000）

式中，C：从标准曲线上查得样品测定管中含葡萄糖的微克数；

V：样品提取液总体积（ml）；

A：显色时取用样液量（ml）；

n：稀释倍数；

w：样品干重（mg）；

0.9：葡萄糖换算为淀粉的系数。

1.2.3 统计分析

通过 LEVM8.06 软件拟合得出 EIS 参数值。用EIS 参数值胞外电阻（r_e）计算抗寒性。用 SPSS 19.0对未经冷冻处理茎的 r_e 与可溶性糖、淀粉进行回归分析及相关性分析，得出回归方程的决定系数（R^2）和线性相关系数（r）。

2 结果与分析

2.1 茎的 EIS 参数胞外电阻(r_e)估测抗寒性

在 2014 年 9 月，抗寒锻炼刚开始时，'红帽'茎的抗寒性最强，为 -8.15℃；其次为'金玛丽'茎，为 -7.45℃；抗寒性此时最弱的是'柔情似水'，为 -5.99℃。10 月份时，半致死温度均在 -9℃左右，相差并不明显。11 月份时'柔情似水'的抗寒性均比其他两个品种高。在 2014 年 12 月和 2015 年 1 月'金玛丽'茎抗寒性最强，半致死温度最低；而'红帽'茎抗寒性最弱（表 2），此时的半致死温度分别为：'金玛丽'-17.84℃、'柔情似水'-16.59℃、'红帽'-14.23℃。12 月、1 月是北方冬季最冷月份，抗寒性的变化趋势是一致的，这两个月的半致死温度相差不大，抗寒性强弱表现为：'金玛丽'茎 > '柔情似水'茎 > '红帽'茎。

表 1 抗寒锻炼期间不同丰花月季品种茎的 EIS 参数胞外电阻(r_e)估计的抗寒性

Table 1　Frost hardiness (FH) assessed by electrical impedance spectroscopy (EIS) parameter extracellular resistance (r_e) in stem of different floribunda rose varieties during hardening

品种 variety	日期 date	EIS(r_e)求抗寒性 FH(℃)	95% 置信区间 95% Confidence interval	
			下限	上限
'红帽'	9 月 26 日	-8.15	-9.699	-6.606
	10 月 26 日	-9.97	-11.065	-8.871
	11 月 26 日	-12.03	-12.606	-11.461
	12 月 26 日	-13.77	-14.846	-12.695
	1 月 26 日	-14.23	-15.261	-13.198
'柔情似水'	9 月 26 日	-5.99	-6.278	-5.708
	10 月 26 日	-9.77	-10.783	-8.762
	11 月 26 日	-14.51	-15.764	-13.251
	12 月 26 日	-15.62	-17.115	-14.118
	1 月 26 日	-16.59	-18.592	-14.596
'金玛丽'	9 月 26 日	-7.45	-8.124	-6.777
	10 月 26 日	-9.46	-10.167	-8.751
	11 月 26 日	-12.79	-13.992	-11.584
	12 月 26 日	-16.48	-17.817	-15.145
	1 月 26 日	-17.84	-19.479	-16.207

2.2 抗寒锻炼期间可溶性糖和淀粉含量变化

图 1 可知 3 个丰花月季品种茎的可溶性糖含量随着温度的降低，含量逐步升高，在 1 月份达到了最高值，相反，淀粉的含量在抗寒锻炼初期含量最高，随着抗寒锻炼的进行，含量降低，在 1 月达到最低值。同时可以看出，可溶性糖的含量变化幅度较大，有骤然升高的过程，而淀粉的含量变化幅度较小，不太明显。在 1 月份，可溶性糖的含量分别是：'金玛丽' 18.90%、'柔情似水' 23.88%、'红帽' 18.90%、20.89%；淀粉含量分别为：'金玛丽' 2.51%、'柔情似水' 2.57%、'红帽' 3.54%。由图 1 还可发现，'红帽'的可溶性糖含量在 11 月突然急剧升高，而'金玛丽'和'柔情似水'的可溶性糖含量变化相对较平缓。

根据表 2 可知，不同丰花月季品种茎的 EIS 参数胞外电阻(r_e)与可溶性糖、淀粉含量具有一定的相关性（$R^2 > 0.8$），淀粉与 r_e 的相关性较高（$R^2 > 0.96$）。其中 r_e 与可溶性糖含量呈正相关，而与淀粉含量呈负相关。'柔情似水'的可溶性糖、淀粉与 r_e 均表现为相关性最高，其次为'金玛丽'，而'红帽'的可溶性糖、淀粉与 r_e 的相关性较两者低。

通过 SPSS 19.0 分析可知，'红帽'茎中的可溶性糖、淀粉含量与 r_e 差异不显著；'柔情似水'茎中的可

溶性糖与 r_e 差异极显著($p > 0.001$)，淀粉与差异显著($p > 0.05$)；'金玛丽'茎中可溶性糖、淀粉含量与 r_e 差异显著($p > 0.05$)。

在抗寒锻炼期间，3 个丰花月季品种茎内淀粉含量都整体下降。说明可能是淀粉凝聚为其他物质以抵御突如其来的寒冷。以此证明淀粉与植物的抗寒性呈负相关。植物在越冬前积累可塑性物质的基本形式是淀粉，淀粉的作用是在低温到来之前转化为糖类和脂肪以及纤维素和其他化合物，从而增强抗逆性。试验中淀粉含量下降正是植物抗寒性升高的体现。

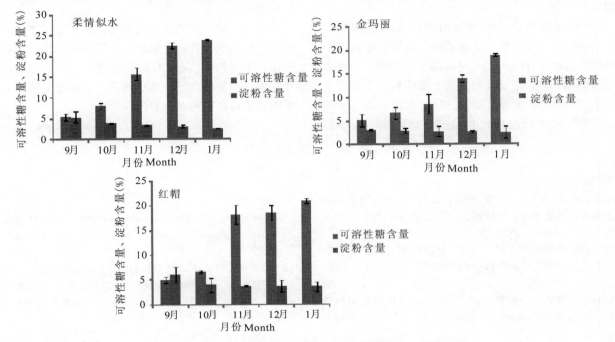

图 1　抗寒锻炼期间不同丰花月季茎的可溶性糖、淀粉含量

Fig. 1　The soluble sugar and starch contents in stems of different floribunda rose varieties during hardening

表 2　抗寒锻炼期间茎的可溶性糖淀粉与 EIS 参数(r_e)的相关性

Table 2　Relation of the soluble sugar and starch contents and EIS parameter(r_e) of stems during frost hardening

品种	EIS 参数	回归方程	R^2	r
Variety	EIS parameter	Equation	Coefficient of determination	Correlationcoefficient
'红帽'	r_e/可溶性糖	$y = -0.0036x^2 + 0.7287x - 16.106$	0.80 −	0.84
	r_e/淀粉	$y = 0.0011x^2 - 0.1951x + 11.153$	0.98 *	−0.70
'柔情似水'	r_e/可溶性糖	$y = 0.0012x^2 + 0.2432x - 4.5759$	0.96 ***	0.98
	r_e/淀粉	$y = 0.0008x^2 - 0.1468x + 9.2148$	0.97 *	−0.95
'金玛丽'	r_e/可溶性糖	$y = -0.0002x^2 + 0.196x - 3.5794$	0.85 *	0.92
	r_e/淀粉	$y = 0.0002x^2 - 0.0349x + 4.357$	0.96 *	−0.90

$^-$ 表示差异不显著；* 表示差异显著($p < 0.05$)；** 表示差异极显著($p < 0.01$)；*** 表示差异极显著($p < 0.001$)。

Significance of difference：− no significant differences；* $p < 0.05$；** $p < 0.01$；*** $p < 0.001$.

3　讨论与结论

可溶性糖对植物抗寒性有重要调节作用，可溶性糖含量的多少决定细胞内含物浓度，进而影响细胞冰点(邸葆 等，2014)。相关人员对冬青(赵明明 等，2013)、不同梨品种(张基德 等，2004)、怪柳(司剑华 等，2010)等植物的研究同时表明，可溶性糖含量会随着外界温度的降低而升高，进而提升抗寒性，这与本试验研究结果相同。本试验结果指出，随着抗寒锻炼的进行，各品种茎内可溶性糖含量均有提升，说明丰花月季在提高自身抗寒性上有增加体内可溶性糖含量这一途径。但不同品种可溶性糖含量大幅提升出现的时间不同，这可能是由于不同品种对低温响应的速度存在差异。

植物在越冬前积累可塑性物质的基本形式是淀粉（董胜豪 等，2009），淀粉在低温胁迫下可以通过转换成糖、脂肪、纤维素等化合物的方式增强细胞内含物浓度，从而增强抗寒性。本试验中各品种茎内淀粉含量随抗寒锻炼的进行有下降趋势，与前人研究结果相同。

EIS 可以快速获得植物体内内部基本生理学信息。本研究用 EIS 参数 r_e 计算了整个抗寒锻炼进程中的半致死温度，并分析了 r_e 与可溶性糖含量、淀粉含量之间的相关性。结果表明，抗寒锻炼期间各品种的 r_e 与可溶性糖含量显著正相关，与淀粉含量显著负相关，说明可溶性糖与淀粉含量的变化影响了阻抗信息。董胜豪等（2009）指出 EIS 参数与可溶性糖含量存在一定关系，本试验同样说明了这一点。邸葆等（2014）对金丝楸的研究指出，估测可溶性糖含量的最适参数为高频电阻率 r，不同树种之间在适应低温上产生的生理结构变化和生化环境变化不同，所以适宜参数可能不同。

结论：随着抗寒锻炼的进行，各丰花月季品种的抗寒性均得到提升；可溶性糖含量逐渐增高，淀粉含量则有下降趋势。EIS 参数变化与可溶性糖含量显著正相关，与淀粉含量显著负相关，可通过对组织 r_e 的检测确定可溶性糖及淀粉的含量。

参考文献

1. 邸葆，孟昱，张钢，钱稷，郭明．2014．基于电阻抗图谱估测金丝楸茎和叶可溶性糖含量的模型[J]．生物物理学报，30(6)：443 – 453．

2. 董胜豪，张钢，御书鹏．2009．脱锻炼期间白皮松针叶的电阻抗图谱参数和生理指标的相关性[J]．园艺学报，36(6)：891 – 897．

3. 金明丽，徐继忠，张钢．2011．苹果砧木枝条电阻抗参数与其抗寒性的关系[J]．园艺学报，38(6)：1045 – 1051．

4. 李合生，孙群，赵世杰．2000．植物生理生化实验原理和技术[M]．北京：高等教育出版社，64 – 261．

5. 孟昱，邸葆，张钢，封新国，徐成立，田军．2013．涝渍胁迫下白桦根系可溶性糖和淀粉含量与电阻抗的相关性分析[J]．生物物理学报，29(6)：450 – 460．

6. Repo T, Leinonen M, Paakkonen T. 1998. Electrical impedance analysis of shoots of Scots pine：Intracellular resistance correlates with frost hardiness // Proceedings of the Finnish – Japanese Workshop on Molecular and Physiological Aspects of Cold and Chilling Tolerance of Northern Crops. Jokioinen Finland：27 – 30．

7. Ryyppö A, Repo T, Vapaavuori E. 1998. Development of freezing tolerance in roots and shoots of Scots pine seedlings at non freezing temperatures[J]. Canadian Journal of Forest Research, 28：557 – 565．

8. Repo T, Sutinen S, Nöjd P, *et al.* 2007. Implications of delayed soil thawing on trees：A case study of a *Picea abies* stand[J]. Scandinavian Journal of Forest Research, 22：118 – 127．

9. Repo T, Zhang M. 1993. Modelling woody plant tissues using a distributed electrical circuit[J]. Journal of Experimental Botany, 44(262)：977 – 982．

10. Repo T, Zhang MIN, Ryyppö A. 1994. Effects of freeze-thaw injury on parameters of distributed electrical circuits of stems and needles of Scots pine seedlings at different stages of acclimation[J]. Journal of Experimental Botany, 45：823 – 833．

11. Stout D G. 1988. Effect of cold acclimation on bulk tissue electrical impedance[J]. Plant Physiology, 86：0275 – 0282．

12. 司剑华，卢素锦．低温胁迫对 5 种柽柳抗寒性生理指标的影响[J]．中南林业科技大学学报，2010，8：78 – 81．

13. 孙龙生，金丽丽．2007．沈阳地区月季品种抗寒性的研究[J]．北方园艺，(1)：99 – 100．

14. 王刘环，弓瑞娟，张钢．2015．抗寒锻炼期间丰花月季的电阻抗参数与抗寒性的关系[J]．河北农业大学学报，38(1)：48 – 52．

15. 王玉全．2012．丰花月季抗寒性研究[J]．园艺与种苗，7：32 – 34，46．

16. 张和琴．1998．观花藤本月季引种栽培及应用的研究[J]．园林科技通讯，(6)：53 – 63．

17. Zhang Gang, Ryyppö A, Repo T. 2002. The electrical impedance spectroscopy of Scots pine needles during cold acclimation[J]. Physiologia Plantarum, 115：385 – 392．

18. Zhang Gang, Ryyppö A, Vapaavuori E, Repo T. 2003. Quantification of additive response and stationary of frost hardiness by photoperiod and temperature in Scots pine[J]. Canadian Journal of Forest Research, 33：1772 – 1784．

19. 张钢，肖建忠，陈段芬．2005．测定植物抗寒性的电阻抗图谱法[J]．植物生理与分子生物学学报，31(1)：19 – 26．

20. 张基德，李玉梅，陈艳秋，李莉．2004．梨品种枝条可溶性糖、脯氨酸含量变化规律与抗寒性的关系[J]．延边大学农学学报，26(4)：281 ~ 285．

21. 张全生，张建军，丁建江，禹桂芳，蒙玉霞，马宏荣，高睿．2009．六盘山华山松天然更新调查报告[J]．陕西林业科技，29(12)：169 – 174．

22. 赵明明，周余华，彭方仁，郝则灼，梁有旺，任莹，华宏．2013．低温胁迫下冬青叶片细胞内 Ca^+ 水平及可溶性糖含量的变化[J]．南京林业大学学报（自然科学版），5：1 – 5．

低温胁迫下大花月季茎的电阻抗分析及抗寒性计算[*]

崔睿航　范少然　张钢[①]

（河北农业大学园艺学院，保定 071001）

摘要　以两年生大花月季'黑魔术'（'Magia Nera'）当年生枝条为试材，研究不同低温处理对不同交电频率下茎的阻抗值、图谱的影响；应用电阻抗图谱（EIS）参数估测抗寒性并与电导法求证的抗寒性进行比较。结果表明，未受冻害处理的茎组织电阻值和容抗值均随处理温度的降低先小幅上升，后逐渐下降，最后趋近同一水平；电阻值随交电频率升高而逐渐降低；容抗值随交电频率升高先增高后降低。遭受冻害后阻抗值均较小，与交电频率无关。EIS 各参数值随冷冻温度变化均能用 Logistic 方程进行较好拟合，相关性均达到 0.01极显著水平，其中胞外电阻率 r_e、低频电阻率 r_1 和弛豫时间 τ 三者估算的半致死温度较电导法（EL）偏高；胞内电阻率 r_i 和弛豫时间分布系数 ψ 估算的半致死温度较 EL 法偏低；高频电阻率 r 与 EL 法求得半致死温度最为接近。

关键词　大花月季；电阻抗；半致死温度

Analysis of Electrical Impedance Spectroscopy and Calculation of Cold Resistance under Low Temperature Stress in Grandiflora Rose Stems

CUI Rui-hang　FAN Shao-ran　ZHANG Gang

（*College of Horticulture*，*Agricultural University of Hebei*，*Baoding* 071001）

Abstract　The one-year-old stems from the 2-years-old grandiflora roses 'Magia Nera' were used to analyse the effects of different freezing temperatures on electrical impedance spectroscopy（EIS）under different frequencies of alternating current（AC），and the cold resistance estimated by the EIS parameters was calculated and compared to the results assessed by the electrolyte leakage（EL）method. Results showed that the resistance and reactance of the stems not exposed to frost had a slight increase，and then decreased gradually，finally reaching the same level as the decrease of treatment temperature；the resistance decreased with the increase of AC frequency while the reactance first increased and then decreased. The resistance and reactance of the stems exposed to frost were all at a low level and had no relations between AC frequencies. The changes of EIS parameters and freezing temperatures could be well fitted by Logistic equation，the correlation were all reached 0.01 significant level. The semi-lethal temperatures estimated by extracellular resistance r_e，low frequencies resistance r_1 and relaxation time τ were higher than the result assessed by the EL. The semi-lethal temperatures estimated by intracellular resistance r_i and distribution coefficient of relaxation time ψ were lower than those assessed by the EL. The semi-lethal temperature obtained by r was closest to the result of EL.

Key words　Grandiflora roses；Electrical impedance spectroscopy（EIS）；Semi-lethal temperature

　　研究观赏植物在低温胁迫下生理生化指标的变化，对观赏作物的良种选育，跨区域引种及其在园林绿化中的应用等方面有重要指导意义。快速、精准评价植物抗寒性的方法是当前研究工作的主要方向之一（金明丽 等，2011）。电阻抗图谱（electrical impedance spectroscopy，EIS）自被证明能够获得植物组织基本生理学信息（Cole 1968；Ackmann & Seitz 1984）以来，

在植物生理学研究的应用范围不断扩展，特别是在木本植物抗寒研究上愈加成熟（Hänninen *et al.*，2013；董军生 等，2014；杨雪 等，2014）。该技术具有操作简单、价格低廉、对供试样本无损伤等优点，因此一直是生物工程研究领域的热点（王莹，2010）。

　　本试验研究低温胁迫下大花月季'黑魔术'（'Magia Nera'）茎段 EIS 及其参数的变化，计算各参数估

---

　　*　基金项目：国家自然科学基金（31272190）。

　　①　通讯作者。Author for correspondence（E－mail：zhanggang1210@126.com）。

测的半致死温度并和传统测定植物抗寒性的电导法比较,旨在探究 EIS 对低温胁迫的响应,进一步解释 EIS 生物学含义,丰富月季抗寒性的测定方法。

1　材料与方法

1.1　试验材料

供试材料为定植于河北农业大学标本园内的两年生大花月季'黑魔术'的当年生枝条。于 2014 年 10 月 15 日取样,取样时所选枝条粗细均匀,饱满,无病虫害,无机械损伤。将所采样品用清水去除表面污渍,再用去离子水清洗 3 遍。分别装于封口袋中,每袋两个长枝段。准备低温处理。

1.2　低温处理

参照金明丽等(2011)的方法,将封口袋中喷少量去离子水,以免材料发生过冷。使用变温冰箱进行温度处理。为求得样品的半致死温度,设置 4℃、-4℃、-8℃、-12℃、-16℃、-22℃、-30℃ 7 个温度处理,降温速率为 6℃·h^{-1},至设定温度时保持 12h。以 4℃ 恒温处理的枝条为对照。处理完毕的枝条再升温到 4℃(升温速率同降温速率),于 4℃ 下保持 2h 后即可用于电阻抗及相对电导率的测定。

1.3　相对电导率的测定

经解冻后,将每个温度下的茎段从中部选择粗细均匀的节间切取 10mm,沿直径劈成 2 份,用去离子水洗后,向盛有 12ml 去离子水的试管中随机放置 2 段,用保鲜膜将试管口封住。试验设 4 次重复。所有试管均用记号笔标记,放入摇床中振荡 24h。用 BANTE-950 型电导仪测得渗出液的初电导值(C_1),并记录;C_1 测定完毕后,再用保鲜膜封口,并将试管置于沸水中水浴 20min,自然冷却后再放入摇床中振荡 24h,测终电导值(C_2)。每次测定用去离子水作空白对照,同时测定其电导值($C_{空白1}$、$C_{空白2}$)。用公式

(1)计算相对电导率(REL):

$$REL = \frac{C_1 - C_{空白1}}{C_2 - C_{空白2}} \times 100 \qquad (1)$$

1.4　电阻抗的测定

将茎段去除芽和叶片后,从中部节间切取 15mm 用于电阻抗测定。测定前量出样本直径。参照 Zhang 等(2002)的方法,用阻抗仪(E4980A,USA)测定样本在 42 个频率(80 Hz—1 MHz)下的电阻值和容抗值,并做出电阻和容抗随频率变化曲线,即 EIS。根据 EIS 确定适用等效电路。试验设 8 次重复。大花月季茎段的 EIS 为单弧,用单-DCE(distributed circuit element)模型(Zhang et al.,2002)。等效电路参数用 LEVM 8.06(Macdonald JR)软件(Repo et al.,1994)进行拟合。EIS 各参数的数学解释及计算公式参阅文献(张军 等,2009)。

1.5　数据处理

将 8 次重复阻抗数据导入 Microsoft Excel 2003 中,分别计算实部(电阻)、虚部(容抗)均值,并以均值作图。用 Microsoft Excel 2003 计算出 REL,并将各方法(EL:REL;EIS:胞外电阻率 r_e、胞内电阻率 r_i、弛豫时间 τ、弛豫时间分布系数 ψ、低频电阻率 r_1、高频电阻率 r)所得数据随温度变化用 Microsoft Excel 2003 作图,参照 Logistic 方程,用 SPSS 19.0 软件计算抗寒性,给出与 Logistic 方程的拟合精度及各参数与温度变化之间的相关系数。

2　结果与分析

2.1　不同温度处理 EIS 的变化

电阻抗图谱中弧大小的变化可以说明在不同温度胁迫下植物组织生理结构及生化特性发生变化。试材月季茎段的电阻抗图谱为单弧,且随处理温度的降低弧呈现消退的趋势(图1)。对照(4℃)和-4、-8℃

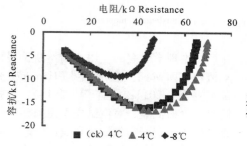
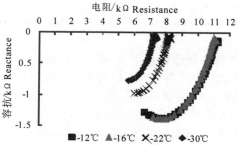

图1　不同温度处理下大花月季茎段的电阻抗图谱

从右至左,从 80 Hz 到 1 MHz 共 42 个频率

Fig. 1　Impedance spectra ofdifferent temperature test of grandiflora roses stems The spectra are the pooled data of composed of 42 different frequencies ranging from 80 Hz to 1 MHz, from right to left, respectively.

的弧型相同，均为完整弧型，但 – 4℃在高频部分较对照有小幅扩大， – 8℃的弧明显缩小； – 12℃及以后各温度的弧左半边明显消减，其中 – 12℃和 – 16℃的弧重合度较高，其后两温度的弧逐渐缩小，且左半边几乎消失。可凭图谱变化初步判断半致死温度将出现在 – 8℃和 – 12℃之间。图谱的变化可以反映温度胁迫对植物组织的伤害。

2.2 同频率下电阻及容抗的变化

试验共测试了 80 Hz 到 1 MHz 间 42 个频率下的阻抗值，从中选取 5 个(包含低、中、高频)做了分析来表征变化趋势(图2)。

由图 2a 可知，随交电频率的升高，试材电阻值逐渐下降，且前 3 个温度处理下不同频率对应的电阻值差异明显，而 – 12℃后无明显区别，且电阻值处于较低水平，表明 – 12℃的处理已对植物组织产生了完全的破坏，电流直接通过组织膜系统；同一频率下， – 4℃较对照有小幅上升，而后下降，但随频率增高，上升及下降的幅度减小，1MHz 的电流下不同温度处理的电阻值几乎持平。

由图 2b 可知，容抗值(绝对值)的变化与电阻值类似，同样是 – 12℃后无明显区别，且处于较低水平。同一频率下， – 4℃较对照有小幅上升，而后下降，但随频率增高，上升及下降的幅度减小，1MHz 的电流下不同温度处理的电抗值几乎持平。但随交电频率的升高，试材容抗值呈现先增高后降低的趋势。

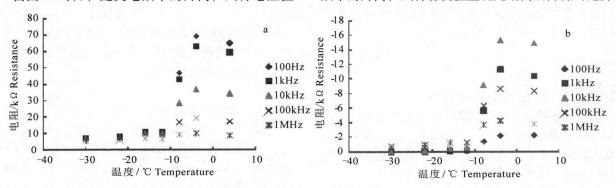

图2 低温处理后不同交电频率下电阻值(a)及容抗值(b)分布

Fig. 2 The distribution of resistance (a) and reactance (b) at different electrical frequencies after low temperature test

表1 用 EL 法和 EIS 各参数求出的半致死温度及变化范围、决定系数、相关系数

Table 1 The semilethal temperature estimated by EL method and by different EIS parameters and the range, coefficient of determination and correlation coefficent

方法、参数 Methods, parameters		抗寒性(半致死温度)/℃ Frost hardiness(LT_{50})	变化范围 Range		R^2(决定系数) Coefficient of determination	r(相关系数) Correlation Coefficent
			最低温度/℃ Maximum temperature	最高温度/℃ Minimum temperature		
EL	REL	– 10. 287	– 10. 828	– 9. 746	0. 993	– 0. 844 **
EIS	r_e	– 8. 464	– 8. 875	– 8. 503	0. 959	0. 858 **
	r_i	– 12. 934	– 16. 751	– 9. 118	0. 561	0. 718 **
	τ	– 8. 374	– 8. 830	– 7. 919	0. 942	0. 767 **
	ψ	– 12. 057	– 16. 802	– 7. 313	0. 655	0. 768 **
	r	– 10. 741	– 12. 562	– 8. 921	0. 799	0. 843 **
	r_1	– 8. 317	– 8. 685	– 7. 950	0. 958	0. 844 **

** 表示在 0.01 水平上极显著($p < 0.01$)。

** means that correlation is significant at the 0. 01 level ($p < 0.01$).

2.3 EL 法、EIS 参数求出的半致死温度比较

由表 1 可知，传统测定植物组织抗寒性的电导法（EL）求出的半致死温度为 $-10.287℃$，决定系数 $R^2 = 0.993$，REL 与温度极显著负相关，$r = -0.844$，温度变化范围为 $1.082℃$；EIS 法各参数值随温度变化均能用 Logistic 方程进行较好拟合，决定系数变化在 $0.561 \sim 0.959$ 之间，与温度均极显著正相关（$p < 0.01$），其中 r_e 温度变化范围仅为 $0.372℃$，但其估算出的半致死温度较 EL 法偏高，为 $-8.464℃$；τ 估算的半致死温度也较 EL 法偏高，为 $-8.374℃$，温度变化范围为 $0.911℃$；r_1 估算出的半致死温度较 EL 法偏高，为 $-8.317℃$。r_i 和 ψ 估算出的半致死温度较 EL 法偏低，温度变化范围较大。r 与 EL 法求得半致死温度最为接近，为 $-10.741℃$。

3 讨论

3.1 电阻值、容抗值及图谱的变化

试验结果指出，在植物组织未完全受冻害时，随着交电频率的增大，组织电阻值减小，这是因为此时细胞内尚能够保持较高的离子浓度，低频电流只在胞外间隙流通，随频率增高，离子外渗逐渐增多；而在 $-12℃$ 之后不同温度处理的电阻值均处于较低水平，与交电频率大小无关，这是因为遭受冻害的细胞膜蛋白质变性，细胞失去了保持较高胞内离子浓度的能力（Palta & Li，1978），电流频率的高低已经不对电阻值产生影响。张钢等（2005）指出能够通过在低频测定条件下阻抗下降的程度来观察受害情况，本试验证实了这一点。同时可以通过电阻值的变化确定其抗寒性应介于 $-8℃$ 和 $-12℃$ 之间。

容抗是电容器对电流的抵抗，而细胞膜具有电容特性（张钢等，2005）。本试验测定结果表明，未完全受冻害时组织容抗值随交电频率的增高呈现先增大后减小的趋势。这可能是由于细胞膜在一定频率的电流的作用下电容特性会增强，只有足够高频的电流通过时才会打破其电容特性。而对于 $-12℃$ 之后的组织，其细胞膜已经受到低温破坏，电容特性已经消失，因此，在 $-12℃$ 之后不同温度处理的容抗值均处于较低水平。

关于电阻抗图谱，本试验中对照组茎段的 EIS 为单弧，这与金明丽等（2011）在苹果枝条上的研究结果相同，类似报道也表明，对于阔叶树种，其 EIS 为单弧（刘辉和张钢，2008；李亚 等，2014）。但对于针叶树种，Repo 等（2000）对欧洲赤松（*Pinus sylvestris* L.）茎的研究表明，其 EIS 有两个弧，随温度降低趋向于一个弧。相关人员对白皮松（*Pinus bungeana*）的研究同样指出在抗寒锻炼初期，其茎的 EIS 为两个形状近似的弧（李亚青 等，2008）。这可能是由于针叶树种与阔叶树种的生理结构或抗寒锻炼机制存在差异，进而在 EIS 中表现出不同。本试验中图谱的变化在 $-12℃$ 时出现明显差异，因此，可根据图谱变化定性地确定植物组织抗寒性。

3.2 EIS 参数估测的半致死温度

EIS 法已被证实是测定植物抗寒性的有效实用的物理方法（张钢 等，2005）。研究人员对樟子松（*Pine sylvestris* L. var. *mongolica* Litv.）（王爱芳 等，2008）、白皮松（李亚青 等，2008）的研究表明，EIS 法与 EL 法测得茎抗寒性具有明显的线性相关，但针对不同树种 EIS 法较 EL 法可能低估也可能高估抗寒性，不能得到定性的结论。本试验所得结果表明，r_e、r_1、τ 求得的半致死温度均较 EL 法偏高，而 ψ、r_i、r 求得的半致死温度偏低，但用 Logistic 方程进行 S 型曲线拟合，均得到较高拟合度（$R^2 = 0.561 - 0.959$），且 r_e、r_1、τ 温度变化范围较 EL 法小，哪种方法更能客观表征植物抗寒性，需结合田间观测结果定论。

结论：低温胁迫下，电阻抗图谱、电阻值及容抗值的变化可以定性地评价植物的抗寒性。EIS 各参数求出的半致死温度与 EL 法估测的半致死温度均达显著水平，其中高频电阻率 r 与 EL 法最为接近。

参考文献

1. Ackmann JJ，Seitz MA. 1984. Methords of complex impedance measurements in biological[J]. CRC Crit Rev Biomed Eng，11：281 – 311.

2. Cole KS. 1968. Membranes，Ions，and Impulses[M]. Berkeley，CA：University of California Press，321.

3. 董军生，张军，周素锐，张昕欣，刘从霞，田静．2014. 电阻抗法测定杨树无性系抗寒性[J]. 西北林学院学报，29（3）：105 – 108.

4. Hänninen H，Zhang G，Rikala R，Luoranen J，Konttinen K，Repo T. 2013. Frost hardening of Scots pine seedlings in relation to the climatic year – to – year variation in air temperature[J]. Agricultural and Forest Meteorology，177：1 – 9.

5. 金明丽，徐继忠，张钢．2011. 苹果砧木枝条电阻抗参数与其抗寒性的关系[J]. 园艺学报，38（6）：1045 – 1051.

6. 刘辉，张钢．2008. 短日照对金叶女贞茎抗寒性和电阻

抗参数图谱参数的影响[J]. 华北农学报，23（2）：173 – 179.

7. 李亚青，张钢，卻书鹏，祝良，邸葆，靳秀梅. 2008. 白皮松茎和针叶的电阻抗参数与抗寒性的相关性[J]. 林业科学，44（4）：28 – 34.

8. 李亚，张钢，张玉星，郝征. 2014. 水杨酸对大叶黄杨茎抗寒性和电阻抗图谱参数的影响[J]. 生态学杂志，29（3）：460 – 466.

9. Palta JP, Li PH. 1978. Cell membrane properties in relation to freezing injury. In：Li PH, Sakai A（eds）. Plant Cold Hardiness and Freezing Stress[M]. New York：Academic Press, 93 – 115.

10. Repo T, Zhang MIN, Ryyppö A. 1994. Effects of freeze – thaw injury on parameters of distributed electrical circuits of stems and needles of Scots pine seedlings at different stages of acclimation[J]. Journal of Experimental Botany, 45：823 – 833.

11. Repo T, Zhang Gang, Ryyppö A. 2000. The electrical impedance spectroscopy of Scots pine（ *Pinus sylvestris* L. ） shoots in relation to cold acclimation[J]. Journal of Experimental Botany, 51：2095 – 2107.

12. 王莹. 2014. 阻抗谱法在植物逆境胁迫中的应用研究进展[J]. 林业调查规划，35（3）：19 – 22.

13. 王爱芳，张钢，魏士春，崔同祥. 2008. 不同发育时期樟子松的电阻抗参数与抗寒性的关系[J]. 生态学报，28（11）：5741 – 5748.

14. 杨雪，张殿生，张钢. 2014. 抗寒锻炼期间几种梨、苹果枝条的抗寒性和电阻抗图谱比较[J]. 西北农业学报，23（4）：60 – 67.

15. Zhang Gang, Ryyppö A, Repo T. 2002. The electrical impedance spectroscopy of Scots pine needles during cold acclimation[J]. Physiologia Plantarum, 115：385 – 392.

16. 张钢，肖建忠，陈段芬. 2005. 测定植物抗寒性的电阻抗图谱法[J]. 植物生理与分子生物学学报，31（1）：19 – 26.

17. 张军，赵慧娟，张钢，杨敏生. 2009. 电阻抗图谱法在刺槐种质资源抗寒性测定中的应用[J]. 植物遗传资源学报，10（3）：419 – 425.

凹叶景天在光胁迫下的生理响应及园林应用研究[*]

杨柳青[①]　朱小青　曾红

（中南林业科技大学风景园林学院，长沙 410004）

摘要　为了研究在不同光照下凹叶景天的生理特性，采用 SPAD－502 便携式叶绿素仪、DDS－11C 型电导率仪和美国生产的 Li－6400 光合测定仪分别对凹叶景天的叶绿素相对含量、相对电导率和光合荧光参数进行了测定，并进行了园林实地应用试验。结果表明，在试验所设计的光照范围内，几乎全部凹叶景天均可正常生长，随着光照减弱与增强，不同光照强度处理能显著影响凹叶景天的相对含水量、相对导电率、叶绿素相对含量和荧光参数。整个试验梯度下，凹叶景天均能正常生长，其中在光强为 $600\mu mol^{-2} \cdot s^{-1}$ 和 $800\mu mol^{-2} \cdot s^{-1}$ 光照下，观赏效果最佳。

关键词　凹叶景天；光照强度；生理响应；园林应用

Physiological Responses on *Sedum emarginatum* under Light Stress and Its Applications in Landscape

YANG Liu-qing　ZHU Xiao-qing　ZENG Hong

（*Central South University of Forestory and Technology*，*Changsha 410004*）

Abstract　In order to study the Physiology Characteristic of *S. emarginatum* in different illumination intensity conditions，using SPAD－502 portable chlorophyll meter，DDS－11C type conductivity meter and Li－6400 portable photosynthesis system，the chlorophll content，relative conductivity and chlorophyll fluorescence of *S. emarginatum* were measured，and do the apply test in the field. The results show as following：within the scope of designed illumination，almost all *S. emarginatum* were growing health. With the reducing or enhancing of light intensity，different light intensity have a significant impact on relative water content，relative electrolytic leakage，content of chlorophyll and chlorophyll fluorescence parameters. When the light intensity was $600\mu mol^{-2} \cdot s^{-1}$ and $800\mu mol^{-2} \cdot s^{-1}$ the plants are growing the best.

Key words　*Sedum emarginatum.*；Light intensity；Physiological characteristics；Landscape

前言

凹叶景天（*Sedum emarginatum*），别名石板菜、九月寒、打不死、石板还阳、石雀还阳、岩板菜，景天科景天属多年生草本植物。茎节上生有不定根；上部直立，淡紫色，略呈四棱形；叶片顶端圆而且有一个凹陷；枝叶密集，花较小，黄色，着生在花枝的顶端。花期 5～6 月，果期 6 月。室外越冬时部分老叶呈现紫红色。耐旱，喜半阴环境。生于海拔 600～1800m 处山坡阴湿处。栽培方式主要采用茎段插和分株的方式。全草可药用[1,2]。

光照是影响植物生长发育的重要生态因子之一。城市园林绿地中光照环境复杂，被高层建筑物遮挡的园林绿地、植物群落下层常年光照不足、屋顶终年暴晒等环境都会限制植物的正常生长，因此研究光胁迫下园林植物生长及生理响应有着极其重要的现实意义。凹叶景天繁殖快，易于栽培管理，且观赏效果较好，是一类极佳的园林植物。研究光胁迫对凹叶景天的生理响应，分析它在不同光照强度下的适应能力，为其在园林中更大范围的推广和应用提供理论依据。

* 基金项目：湖南省教育厅重点项目（13A126）。

① 通讯作者。杨柳青（1965—），男，湖南湘潭人。教授，博士，主要从事植物景观设计、墙体绿化设计和施工等方面的研究。E－mail：362504145@qq.com。

1 试验材料与方法

1.1 试验材料与处理

试验所用凹叶景天于 2013 年 7 月采于常德市石门县壶瓶山,采回后用泥炭为主的栽培基质栽植于湘潭市林业科学研究所苗圃基地内。于 2014 年 6 月 18 日,植于盆口直径 14cm、盆高 10cm 的塑料盆中(每盆栽植 3 ~ 4 株),盆底铺无纺布以防浇水时基质外渗,盆栽基质为(黄心土∶泥炭土∶肥料 = 3∶1∶0.02,质量比,所加肥料为 Osmoeote 奥绿肥),浇透水(自来水),待盆底无自由流出水时,试验开始前放置在光强为 $600\mu mol \cdot m^{-2} \cdot s^{-1}$、湿度为 70%、温度为 25℃的人工气候箱内培养 2 天左右,使植物适应其新的环境。

1.2 试验设计

胁迫梯度分为以下 5 组:① 对照组 CK 组:$600\mu mol \cdot m^{-2} \cdot s^{-1}$(通过多天实测长沙晴天 10∶00 ~ 14∶00 的光强得到的均值,作为自然光强数值);②重度弱光胁迫 A 组:$10\mu mol \cdot m^{-2} \cdot s^{-1}$(相当于室内光强);③轻度弱光胁迫 B 组:$100\mu mol \cdot m^{-2} \cdot s^{-1}$(相当于自然光强的 17%);④轻度强光胁迫 C 组:$800\mu mol \cdot m^{-2} \cdot s^{-1}$(相当于自然光强 1.3 倍左右);⑤重度强光胁迫 D 组:$1400\mu mol \cdot m^{-2} \cdot s^{-1}$(相当于自然光强 2.3 倍左右,屋顶),每组处理设 3 个重复,共 60 盆。每隔 3 ~ 4 天浇水一次,采样时均选择植株上数 3 ~ 4 轮叶片进行各项指标测定,历时 60 天。

1.3 指标测定方法

叶片相对含水量(RWC)采用烘干称重法测定[3]。

叶片相对电导率采用电导率仪法[4],采用 DDS - 11C 型电导率仪(上海雷磁公司生产)测定。

叶片相对叶绿素:选取相同部位叶片,采用 SPAD - 502(Japanese)便携式叶绿素测定仪测定[5,6]。

荧光参数:测量使用 LI - COR6400 装配的荧光叶室,光强度利用 LI - COR6400 可控光源控制,范围为 0 ~ 2000$\mu mol \cdot m^{-2} \cdot s^{-1}$,样品放入暗室暗适应 30 分钟左右后,选取植株叶龄一致(由上往下 3 ~ 4 轮)的叶片进行测定,重复 3 次,测定最小荧光(Fo)、最大荧光(Fm)、可变荧光(Fv)等相关荧光参数;植物光适应以后,选取叶龄一致的叶片进行测定,3 次重复,待 Fv/Ft 在 ± 5 以内时测定光下的 Fm′、Fv′和表观光合电子传递速率 ETR(光化光的光强为 $800\mu mol \cdot m^{-2} \cdot s^{-1}$)。

1.4 观察不同光照条件下凹叶景天翌年生长情况

试验结束后,将凹叶景天植株所有处理组置于中南林业科技大学风景园林学院楼顶温室大棚内。2015 年春天观察植物的生长情况。

1.5 凹叶景天的实地应用试验

试验地位于湖南省长沙市中南林业科技大学校园内,分别分布在三教学楼左侧树荫下(裸地种植)、风景园林学院教学楼屋顶(种植于长 33cm、宽 11cm 高 14cm 的栽培容器内)和窗台(栽于盆口直径 14cm、高 10cm 的花盆内),其中树荫下和屋顶试验区至少选取 1m² 试验地。试验时间及记录:2014 年 8 月至 2015 年 4 月,为期 8 个月。在试验阶段记录植物成活率、生长情况、景观效果、植物越冬情况以及植物覆盖率。

1.6 数据处理

采用 Microsoft Excel 软件对所有试验数据进行初步处理,采用 SPSS Statisyics18 统计软件对各项指标的差异显著性进行分析。图表中数据为"3 次重复的平均值 ± 标准差(SE)"。

2 结果与分析

2.1 光胁迫对凹叶景天植物叶片含水量的影响

叶片含水量能快速反映植物体内水分变化和丰缺状况[7],光照强度增加或减少时,叶片含水量变化幅度较小的植物,保水能力较好,植物更能适应新的光照环境。

表1 不同光照强度下对凹叶景天叶片含水量的影响(单位:%)

Table 1 The water content of leaves of *S. emarginatum* under different light inte nsities(Unit:%)

光强(单位 $\mu mol \cdot m^{-2} \cdot s^{-1}$)	AT10	AT20	AT30	AT40	AT60
10(A 组,重度遮阴)	96.32 ± 0.26a	96.94 ± 0.24a	96.97 ± 0.36a	97.06 ± 0.22a	96.46 ± 0.65a
100(B 组,轻度遮阴)	95.64 ± 0.48ab	96.33 ± 0.73ab	95.76 ± 0.78ab	96.54 ± 0.82ab	95.83 ± 0.62ab
600(CK 组,对照组)	92.89 ± 0.59d	94.73 ± 1.13c	93.68 ± 1.53c	96.32 ± 0.38ab	95.92 ± 0.21ab
800(C 组,轻度强光)	94.04 ± 1.24cd	95.53 ± 0.5bc	95.63 ± 0.75ab	96.02 ± 0.83ab	95.75 ± 0.92ab
1400(D 组,重度强光)	94.47 ± 0.25bc	94.84 ± 0.47c	94.9 ± 0.57bc	95.62 ± 0.74b	95.07 ± 0.44b

AT10：处理后 10 天；AT20：处理后 20 天；AT30：处理后 30 天；AT40：处理后 40 天；AT60：处理后 60 天。a、b、c 代表差异的显著水平，α = 0.05 下同。

由表 1 可知，不同光照强度的处理对凹叶景天的叶片相对含水量有显著影响。试验处理 10 天后，C 组与对照组相比差异不显著（P > 0.05），A、B、D 组与对照组相比差异显著（P < 0.05），分别比对照组增加了 3.69%、2.96%、1.70%。试验处理 20 天后，强光组与对照组相比差异不显著处理（P > 0.05），遮阴 A 组、B 组与对照组相比差异显著（P < 0.05），分别比对照组增加了 2.33%、1.69%。处理 30 天后，A 组、B 组、C 组与对照组相比差异显著（P < 0.05），

分别比对照组增加了 3.51%、3.51%、1.95%，D 组与对照组相比差异不显著（P > 0.05）。处理 40 天、60 天后，变现为随着光强的减低，叶片含水量变化幅度较小，未达到显著性差异水平（P > 0.05）。综上，试验处理 40 天之后，各处理组叶片含水量组间差异逐渐减小，说明凹叶景天已经适应了新的光环境，保水能力较强。

2.2 光胁迫对凹叶景天植物相对叶绿素含量的影响

叶绿素是植物进行光合作用的主要光合色素，在光合作用过程中，叶绿素有着接受和转换能量的作用[8,9]。叶绿素的高低直接影响着植物叶片的光合能力，叶绿素含量越高，植物就能捕获更多的光能。

表 2 不同光照强度下对凹叶景天相对叶绿素含量的影响

Table 2 SPADR of *S. emarginatum* under different light intensities

光强（单位 μmol·m⁻²·s⁻¹）	AT20	AT30	AT40	AT50	AT60
10（A 组，重度遮阴）	42.57 ± 1.1b	40 ± 2.01b	38.8 ± 0.89b	38.97 ± 3.36	36.8 ± 1.11b
100（B 组，轻度遮阴）	48.9 ± 0.75a	48.97 ± 1.31a	51.57 ± 1.53a	45.13 ± 6.15	48.93 ± 4.21a
600（CK 组，对照组）	48.9 ± 3.32a	49.77 ± 3.16a	38.47 ± 3.21b	38.87 ± 5.84	43.47 ± 2.31a
800（C 组，轻度强光）	40.63 ± 1.29b	49.17 ± 0.32a	42.3 ± 1.42b	44.37 ± 3.71	47.63 ± 2.03a
1400（D 组，重度强光）	39.3 ± 1.77b	51.17 ± 1.59a	51.37 ± 3.45a	50.47 ± 8.96	45.93 ± 4.72a

光胁迫对凹叶景天相对叶绿素含量影响如表 2 所示。光照胁迫处理 20 天后，A 组、C 组、D 组与对照组相比差异显著（P < 0.05），相对叶绿素含量比对照组分别减少了 13.02%、16.91%、19.63%，B 组与对照组相比差异不显著（P > 0.05）。光照胁迫处理 30 天后，A 组与对照组相比差异显著（P < 0.05），相对叶绿素含量比对照组减少了 19.57%，其余组与对照组相比差异不显著（P > 0.05）。光照胁迫处理 40 天后，在轻度遮阴和轻度、重度强光下时，相对叶绿素含量比对照组均有所增加，其中 B 组、D 组与对照组相比差异显著（P < 0.05），相对叶绿素含量比对照组分别增加了 34.05%、33.53%，A 组、C 组与对照组相比差异不显著（P > 0.05）。光照胁迫处理 60 天后，A 组与对照组相比差异显著（P < 0.05），相对叶绿素含量比对照组减少了 15.34%，其余组与对照组相比

差异不显著（P > 0.05）。综上，当凹叶景天处于光胁迫环境下，植物会根据环境自我调节叶绿素含量适应新的光照强度，在试验处理 60 天后，光照强度低于 10 μmol·m⁻²·s⁻¹，相对叶绿素含量下降幅度明显增加，说明过低的光强会导致凹叶景天相对叶绿素含量下降。凹叶景天的相对叶绿素在强光下整体上升，说明强光会增加其相对叶绿素含量。

2.3 光胁迫对凹叶景天细胞质膜相对透性的影响

细胞质膜透性即相对电导率，细胞质膜透性反映了植物原生质膜的损害程度，植物遭受的伤害越大，细胞质膜透性增大，使植物组织的渗出液变多，相对电导率也相应增加[10]。光照胁迫下，随着时间的延长，对凹叶景天细胞质膜相对透性的影响如表 3 所示。

表 3 不同光照强度下对凹叶景天质膜相对透性的影响（单位：%）

Table 3 The relative electrolytic leakage of *S. emarginatum* Migo under different light intensities（Unit：%）

光强（单位 μmol·m⁻¹·s⁻¹）	AT10	AT20	AT30	AT50	AT60
10（A 组，重度遮阴）	17.32 ± 0.62a	14.74 ± 2.77a	16.21 ± 1.03	16.74 ± 2.26a	13.93 ± 0.55
100（B 组，轻度遮阴）	14.24 ± 1.41b	12.6 ± 2.1ab	16.54 ± 0.71	13.76 ± 2.19ab	15.08 ± 1.66
600（CK 组，对照组）	12.97 ± 1.73b	10.18 ± 0.72b	15.06 ± 4.25	12.54 ± 2.74ab	15.73 ± 0.29
800（C 组，轻度强光）	19.81 ± 2.04a	12.74 ± 2.07ab	16.21 ± 1.58	13.75 ± 2.06ab	16.01 ± 0.59
1400（D 组，重度强光）	12.61 ± 1.64b	10.08 ± 0.63b	13.31 ± 3.07	10.07 ± 1.29b	13.33 ± 3.64

如表 3 所示,光照胁迫处理 10 天后,B 组、D 组与对照组相比无显著性差异(P > 0.05),A 组、C 组与对照组相比差异显著(P < 0.05),分别比对照组增加了 33.54%、52.73%。光照胁迫处理 20 天后,A 组与对照组相比差异显著(P < 0.05),比对照组增加了 44.79%,其余组与对照组相比差异不显著(P > 0.05)。光照胁迫处理 30 天后,各处理组与对照组相比差异不显著(P > 0.05)。光照胁迫处理 50 天后,随着光照强度的降低,植物质膜相对透性升高。光照胁迫处理 60 天后,各处理组与对照组相比差异不显著(P > 0.05)。

2.4 光胁迫对凹叶景天植物叶绿素荧光参数的影响

叶绿素荧光动力学技术在测定叶片光合作用中光系统对光能的吸收、传递、耗散、分配等方面具有独特的作用,叶绿素荧光参数反映了植物光合作用过程变化的信息。因而它被视为植物光合作用与环境关系的内在探针[11,12]。叶绿素荧光参数 Fv/Fm、Fo、ETR 等指标是研究植物光合生理状态的重要参数。

2.4.1 不同光照强度对凹叶景天植物 Fv/Fm 的影响

Fv/Fm 是 PSⅡ最大光化学量子产量,反映 PSⅡ反应中心内光能转换效率,非环境胁迫条件下叶片的荧光参数 Fv/Fm 极少变化,不受物种和生长条件的影响[13],只有在发生光抑制的情况下,该值才会降低[14]。

表 4 不同光照强度下对凹叶景天 Fv/Fm 的影响
Table 4 The Fv/Fm of *S. emarginatum* Migo under different light intensities

光强(单位 $\mu mol \cdot m^{-2} \cdot s^{-1}$)	AT10	AT20	AT30	AT50	AT60
10(A 组,重度遮阴)	0.78 ± 0.01b	0.77 ± 0.04b	0.73 ± 0.04b	0.73 ± 0.01b	0.77 ± 0.01
100(B 组,轻度遮阴)	0.78 ± 0.01b	0.78 ± 0.00ab	0.78 ± 0.03ab	0.76 ± 0.02ab	0.77 ± 0.03
600(CK 组,对照组)	0.80 ± 0.01a	0.81 ± 0.01a	0.80 ± 0.01a	0.78 ± 0.01a	0.79 ± 0.01
800(C 组,轻度强光)	0.80 ± 0.01ab	0.77 ± 0.02ab	0.78 ± 0.03a	0.75 ± 0.03ab	0.77 ± 0.03
1400(D 组,重度强光)	0.79 ± 0.02ab	0.79 ± 0.01ab	0.80 ± 0.01a	0.79 ± 0.01a	0.79 ± 0.01

由表 4 可知,试验处理 10 天后,A、B 组两组遮阴组与对照组相比达到差异显著性水平(P < 0.05),其余组与对照组相比差异不显著(P > 0.05)。试验处理 30 天后,重度遮阴组 F_v/F_m 值相比对照组显著降低,凹叶景天受到光抑制作用,A 组与对照组相比达到差异显著性水平(P < 0.05),其余组与对照组相比差异不显著(P > 0.05)。试验处理 50 天后,重度遮阴 A 组与对照组相比差异显著(P < 0.05),Fv/Fm 值下降至 0.73,其余组与对照组相比差异不显著(P > 0.05)。试验处理 60 天后,各处理组之间未达到显著性差异水平。综上,当试验进行至 60 天后,光胁迫对 F_v/F_m 值的影响越来越小,说明凹叶景天对光胁迫的适应能力较强。

2.4.2 不同光照强度对凹叶景天植物 Fo 的影响

叶绿素荧光参数中,Fo 为最小荧光也称为基础荧光,Fo 表示 PSⅡ反应中心全部开放时的荧光产量,它与叶绿素浓度有关[15,16]。一般来说 Fo 越大,对光能利用能力越低[17]。

表 5 不同光照强度下对凹叶景天 Fo 的影响
Table 5 The Fo of *S. emarginatum* Migo under different light intensities

光强(单位 $\mu mol \cdot m^{-2} \cdot s^{-1}$)	AT10	AT30	AT40	AT50	AT60
10(A 组,重度遮阴)	436.38 ± 5.53a	418.7 ± 9.95b	427.53 ± 4.98c	427.92 ± 8.53b	359.03 ± 2.91b
100(B 组,轻度遮阴)	373.73 ± 6.92b	411.14 ± 3.98b	394.93 ± 5.25d	384.37 ± 7.15c	340.67 ± 1.73bc
600(CK 组,对照组)	374.76 ± 8.94b	341.24 ± 6.38d	538.57 ± 10.69a	473.49 ± 4.99a	476.97 ± 6.41a
800(C 组,轻度强光)	354.98 ± 2.34c	381.68 ± 6.57c	461.17 ± 5.61b	283.57 ± 8.13d	352.97 ± 3.09b
1400(D 组,重度强光)	356.27 ± 4.57c	454.15 ± 2.79a	335.9 ± 4.20e	270.1 ± 4.27d	320.4 ± 5.8c

光胁迫对凹叶景天 Fo 值的影响如表 5 所示,试验处理 10 天后,重度遮阴下的凹叶景天 Fo 值比其他处理组明显升高,说明凹叶景天在光强为 10μmol·m^{-2}·s^{-1}时,遮阴降低了叶片对光能的利用效率,轻

度强光和重度强光下 Fo 值比对照组小。试验处理 30 天后,遮阴胁迫处理组和强光胁迫处理组 Fo 值相比对照组明显升高。试验处理 40 天后,随着光照强度的变化与 Fo 值出现两端低中间高的趋势,与前面两组的变化情况相反,说明凹叶景天经过长时间的光照胁迫后,适应了新的光照环境,Fo 的降低说明凹叶景天叶片对光能的利用效率相比对照组提高。试验处理 50 天、60 天后,变化趋势与上组数据类似,表现为 Fo 值在对照组的光强下达到最大值,遮阴组与强光组的 Fo 值与对照组相比,随着胁迫的加深,整体下降,说明不管是遮阴还是强光胁迫都会增强凹叶景天对光能的利用效率。

表 6　不同光照强度下对凹叶景天 ETR 的影响

Table 6　The ETR of *S. emarginatum* Migo under different light intensities

光强(单位 $\mu mol \cdot m^{-2} \cdot s^{-1}$)	AT10	AT20	AT40	AT50	AT60
10(A 组,重度遮阴)	17.19 ± 2.67d	23.01 ± 11.42b	14.2 ± 3.68b	16.19 ± 6.71b	13.39 ± 0.58ab
100(B 组,轻度遮阴)	35.35 ± 6.78c	18.66 ± 6.07b	22.51 ± 10.46b	18.55 ± 3.49b	9.61 ± 2.01b
600(CK 组,对照组)	54.57 ± 2.24b	59.33 ± 24.96a	58.63 ± 12.58a	56.59 ± 6.49a	23.31 ± 9.2a
800(C 组,轻度强光)	87.06 ± 5.71a	17.98 ± 5.62b	25.61 ± 0.92b	14.3 ± 9.07b	13.3 ± 8.45ab
1400(D 组,重度强光)	50.96 ± 4.35b	19.12 ± 3.95b	16.63 ± 12.79b	21.51 ± 5.44b	22.65 ± 7.03a

2.4.3　不同光照强度对费菜等 4 种景天植物 ETR 的影响

光照胁迫对凹叶景天 ETR 的影响如表 6 所示,试验处理 10 天后,重度、轻度遮阴组 ETR 值与对照组相比,分别下降了 68.50%、35.22%,在强光胁迫两组处理中,轻度强光组 ETR 值有所上升,重度强光组 ETR 值下降,说明重度强光下凹叶景天光合能量的传递速率下降。试验处理 20 天后,光胁迫处理的 4 组 ETR 值与对照组相比达到了显著性差异水平(P < 0.05),与对照组相比显著下降。试验处理 40 天后,对照组 ETR 值达到最大值,A、B、C、D 4 组与对照组 ETR 值差异显著,下降幅度均超过了 50%,说明在遮阴和强光胁迫下凹叶景天光合能量传递速率下降。试验处理 50 天、60 天后,遮阴和强光胁迫组 ETR 值均比对照组小,其中重度强光 D 组的 ETR 值比轻度强光 C 组的 ETR 值大,但是 ETR 值整体趋势变小。综上,凹叶景天 ETR 值在遮阴和强光下都表现为整体下降,说明光胁迫会降低凹叶景天光合能量的传递速率。

2.5　凹叶景天翌年生长情况

越冬后,据观察所有处理组凹叶景天地上部分在越冬时冻死,地下部分未死,翌年 4 月各处理组都恢复了正常生长,除原生长在重度遮阴下的植株以外,其他处理组与对照组相比,均生长良好,且覆盖率极高。原生长在重度遮阴下的凹叶景天茎节距与对照组相比明显变长。

2.6　凹叶景天园林实地应用效果

凹叶景天在林荫绿化、屋顶绿化和窗台绿化的应用效果如下:

表 7　凹叶景天的应用效果

Table 7　The application effect of *S. emarginatum*

地点	生长情况	越冬情况	覆盖率	景观效果
林荫	长势较佳,株高较其他品种偏高			较佳,能很好地覆盖裸露土地
凹叶景天　屋顶	长势较佳,生长速度快	地上部分均枯死,地下部分未死	翌年 4 月覆盖率 95% 翌年 4 月覆盖率 95% ——	较佳,老年叶片变红,绿期长
窗台	长势较好			较佳,老年叶片为紫红色

在园林应用试验中,据上表可知,凹叶景天在整个试验阶段,在林荫、屋顶、窗台表现良好,均能在其 3 个试验地正常生长,且观赏效果较好。

3　小结

本文以凹叶景天为研究材料,研究了在光胁迫下的生理特性,结论如下:

随着遮阴程度的加剧，凹叶景天叶片含水量、细胞质膜透性整体升高，相对叶绿素含量、Fo、ETR 整体降低，Fv/Fm 值维持在正常范围之内。随着强光胁迫的加剧，凹叶景天叶片含水量、F_v/F_m 值无明显变化，相对叶绿素含量整体升高，细胞质膜透性在重度强光胁迫下降低，Fo、ETR 值逐渐降低。在应用试验中，均可在林荫下（中度郁闭）、屋顶、窗台正常生长，且观赏效果良好。

整体来说，凹叶景天在整个试验阶段表现出对光照有较强的适应能力，它能通过改变形态、光合生理等特征来适应不同的光照环境，在建筑向阳处、建筑背阴处、疏林、密林等地均能正常生长，此外由于凹叶景天株型茂密，花色金黄，适应性强，绿期长，景观效果好等优良性状，在园林绿化应用中，可在各类花坛、花境、岩石园、墙体绿化等方面大力推广。

参考文献

1. 李丙贵，刘林翰. 景天属. 湖南植物志[M]. 长沙：湖南科学技术出版社，2010.9：286 - 298.

2. 中国科学院植物志编委会. 中国植物志[M]. 北京：科学出版社，1984，34(1)：72 - 74.

3. 何凤仙. 植物学试验[M]. 北京：高等教育出版社，2000.

4. 马进. 3 种野生景天对逆境胁迫生理响应及园林应用研究[D]. 南京：南京林业大学，2009.

5. 方江保. 光照强度对 5 种常绿阔叶树种幼苗影响的研究[D]. 浙江林学院，2009.

6. 廖飞勇. 高温强光对双荚决明的影响及其园林应用[J]. 北方园艺，2010(7)：96 - 99.

7. 于常乐. 基于图像处理的叶片含水量的无损检测研究[D]. 长春：吉林大学，2007.

8. 黄瑞冬，王进军，许文娟. 玉米和高粱叶片叶绿素含量及动态的比较[J]. 杂粮作物，2005，25(1)：30 - 31.

9. 姜丽芬，石福臣，王化田，等. 叶绿素 SPAD - 502 在林业上应用[J]. 生态学杂志，2005，24(12)：1543 - 1548.

10. 蒋理，丁彦芬，孟国忠. 水分胁迫下 5 种地被植物的抗旱生理生化指标变化[J]. 江苏林业科技，2009，36(5)：6 - 10.

11. Genty B，Briantais J M，Baker N R. The relationship between the quantum of photosynthetic electron transport and photochemical quenching of chlorophyll fluorescence[J]. Biochim Biophys Acta，1989，900：87 - 92.

12. Schreiber U，Bilger W，Neubauer C. Chlorophyll fluorescence as a nonintrusive indicator for rapid assessment of in vivo photosynthesis[M]. Ecophysiology of photosynthesis. Springer Berlin Heidelberg，1995：49 - 70.

13. 赵丽英，邓西平，山仑. 不同水分处理下冬小麦旗叶叶绿素荧光参数的变化研究[J]. 中国生态农业学报，2007，15(1)：63 - 66.

14. 王秋姣，廖飞勇. 水分胁迫对花叶柳光合荧光参数的影响[J]. 北方园艺，2013(01)：42 - 45.

15. 郭春芳，孙云，唐玉海，等. 水分胁迫对茶树叶片叶绿素荧光特性的影响[J]. 中国生态农业学报，2009，17(3)：560 - 564.

16. 陈建明，俞晓平，程家安. 叶绿素荧光动力学及其在植物抗逆生理研究中的应用[J]. 浙江农业学报，2006，18(1)：51 - 55.

17. 廖飞勇. 含氧 2% 空气短时抑制光呼吸对榉树光系统性状的影响[J]. 西南林学院学报，2007，27(4)：1 - 3.

NaCl 胁迫对 3 种鸢尾属植物幼苗生长及 K⁺、Na⁺ 分布的影响[*]

黄 钢　张永侠　原海燕　黄苏珍[①]

（江苏省中国科学院植物研究所/南京中山植物园，南京 210014）

摘要　以 3 种鸢尾属植物马蔺、红籽鸢尾和路易斯安那鸢尾为试验材料，通过测定 NaCl 处理下 3 种鸢尾属植物干鲜重，根、新叶和成熟叶中 K⁺、Na⁺ 含量及 K⁺/Na⁺，探讨了 NaCl 胁迫对 3 种鸢尾属植物生长及 K⁺ 和 Na⁺ 吸收与分布的影响，并通过分析根、新叶和老叶不同器官中 K⁺、Na⁺ 及 K⁺/Na⁺ 探讨了 3 种鸢尾属植物的耐盐机理。结果表明：NaCl 胁迫下，3 种鸢尾属植物干鲜重显著降低，根、新叶和成熟叶 Na⁺ 含量显著升高，马蔺根系及路易斯安那鸢尾鸢尾新叶及成熟叶中 K⁺ 升高，其他器官显著降低。马蔺相对生物量积累高于红籽鸢尾和路易斯安那鸢尾，其根、新叶和老叶中 K⁺/Na⁺ 也显著高于红籽鸢尾和路易斯安那鸢尾。NaCl 胁迫下，耐盐植物主要通过离子区隔化维持根系中较高的 K⁺ 和 K⁺/Na⁺，同时叶片中贮存大量的 Na⁺ 用以保持根系活力，从而提高 3 种鸢尾属植物幼苗的耐盐性。

关键词　鸢尾属植物；NaCl 胁迫；离子分布；耐盐机理

Growth，Ion Distribution and Salt – tolerance Mechanism of Different Species of *Iris* L. under Salt Stress

HUANG Gang　ZHANG Yong-xia　YUAN Hai-yan　HUANG Su-zhen

（*Institute of Botany，Jiangsu Province and Chinese Academy of Science，Nanjing 210014*）

Abstract　*Iris hybrid*，*Iris lacteal* var. *chinensis* and *Iris foetidissima* in *Iris* L. were used for experiments and *Iris lacteal* was salt – tolerant. The fresh and dry weight，the contents of K⁺，Na⁺ and K⁺/Na⁺ ratios in the roots，new leaf and climax leaf were measured. The purpose was to understand the effects and mechanism of NaCl stress on the growth of different Iris species . Our data showed that the fresh and dry weights in all species were significantly decreased while Na⁺ contents higher；the contents of K⁺ in the roots ，new leaf and climax were decreased but the roots of *Iris lacteal* and the new leaf ，climax leaf of *Iris hybrids* 'Louisiana'. *Iris lacteal* had higher relative biomass accumulations and K⁺/Na⁺ ratios than *Iris hybrids* 'Louisiana' and *Iris foetidissima*. In conclusion，the salt-tolerance mechanism of the salt – tolerant plants was to maintain a higher K⁺ contents，K⁺/Na⁺ ratios in roots and Na⁺ contents in leaves by ion compartmentation.

Key words　*Iris* L.；Salts stress；Ion distribution；Salt – tolerance mechanism

　　近年来，沿海滩涂和内陆干旱地区的不断开发，使其园林景观建设越来越受到人们的重视。但其土壤盐碱度较高，严重限制植物的生长，并造成景观效果差。因此，加快抗盐绿化造景材料的育种进程及选育抗盐优质景观植物是解决问题的关键。NaCl 胁迫作为一种主要的非生物逆境因子，严重影响植物的生长。NaCl 主要破坏植物细胞的水势和细胞体内离子平衡，最终对植株造成伤害（Zhu J K.，2001）。参与渗透调节的无机离子主要是 Na⁺、K⁺、Ca²⁺ 和 Cl⁻（Hasegawa P M et al.，2000），不同植物对离子的选择

性不同。植物体不同部位对 Na⁺ 的敏感程度不同，依靠细胞水平上进行的 Na⁺ 外排及 Na⁺ 在体内分布进行调节可以减轻离子伤害（Nakamura T et al.，1996）。K⁺ 是一个与耐盐性相关的关键离子，Na⁺ 和 K⁺ 通过 Na⁺ – K⁺ 共转运蛋白相互竞争（Zhu J K.，2003），在拟南芥（*Arabidopsis thaliana*）和小麦（*Tritium aestivum*）中均发现存在着高亲和 K⁺ 而低亲和 Na⁺ 的转运蛋白（HKT），小麦中转入 HKT 能显著降低 Na⁺ 的吸收（Uozumi et al.，2000；Laurie et al.，2002）。白文波（2005）研究表明马蔺在受到 NaCl 胁迫时其体内 Na⁺

＊ 基金项目：江苏省科技支撑计划项目（BE2012349）。

① 通讯作者。E – mail：hsz1959@163.com。

含量升高，但 K⁺/Na⁺比值降低。

鸢尾属（*Iris*）为鸢尾科，全世界有 300 余种，主要分布于北半球，我国约有 60 个种、13 个变种及 5 个变型，主要分布在西南、西北和东北地区（Qin MJ *et al.*，2000）。鸢尾属植物普遍具有花大色艳、花型奇特、花色丰富、绿叶期长、适应性强等特征。在绿化中，既可作为疏林地被、草坪镶边、水景营建、湿地沼泽或草本花境的重要绿化造景材料，也可以与其他耐盐灌木组成模纹色块，还可以用于高速路护坡、水土保持等。本文研究了盐胁迫下马蔺（*Iris lacteal* var. *chinensis*）、红籽鸢尾（*Iris foetidissima*）、路易斯安那鸢尾（*Iris hybrids*）3 种鸢尾属植物干鲜重，根、新叶和成熟叶中 K⁺、Na⁺及 K⁺/Na⁺在不同器官中的分布特点，探讨盐胁迫对鸢尾属植物的伤害及其耐盐机制，为开发和选育耐盐植物资源以及治理盐碱地景观植物的栽培提供科学依据。

1　材料与方法

1.1　材料

马蔺材料为无性繁殖群体自然结实种子的实生苗；红籽鸢尾与路易斯安娜鸢尾为组培苗。

1.2　材料培养与处理

2014 年 8 月下旬挑选籽粒饱满的马蔺种子用 0.5% NaClO 消毒 20min，自来水冲洗干净后播种于苗床上，待幼苗长至约 10cm 时挑选生长一致幼苗以 1/2 Hoagland 营养液水培于 5L 塑料周转箱中，同时挑选生长一致的红籽鸢尾与路易斯安那鸢尾的组培苗以 1/2Hoagland 营养液水培。预培养 2 周后进行 NaCl 处理，处理的 NaCl 浓度为 0（CK）和 210mmol/L（盐处理），共 2 个水平。培养液为 1/2Hoagland 营养液，每

处理 3 次重复，每重复 5 株苗，每 5d 更换 1 次营养液。材料培养在江苏省中国科学院植物研究所的后备玻璃温室内进行，采用自然光照，无加温设施。试验期间平均最高和最低温度为 30.4℃和 22.6℃。

1.3　测定方法

1.3.1　生物量的测定

试验处理 3 周后将植株取样，测定其鲜重（FW）。将根、新叶和成熟叶分别放入牛皮纸袋中，于 105℃杀青 15min，然后 70℃烘干至恒重，称量其干重（DW）。

1.3.2　离子含量测定

将烘干的根、新叶及成熟叶分别研磨成粉，用于 Na⁺和 K⁺含量测定，参照王宝山等（1995）的方法。称取 0.02g 样品，加入 15mL 去离子水，沸水煮 1h 后静置过夜，过滤，滤液用 FP6410 火焰分光光度计（上海欣益仪器仪表有限公司）测定 Na⁺和 K⁺浓度。

1.4　数据处理

用 Excel 2010 软件对数据进行统计和作图。用 SPSS 19.0 软件对数据进行方差分析。

2　结果与分析

2.1　NaCl 胁迫对 3 种鸢尾属植物幼苗生长的影响

在对照条件下，马蔺与路易斯安那鸢尾及红籽鸢尾的鲜重有显著差异，这主要是由于同等高度的 3 种植株，马蔺的叶片较其他两种鸢尾相对薄。经 NaCl 胁迫处理后，3 种鸢尾属植物幼苗生物积累量与对照相比显著受到抑制（P < 0.05）（图 1a）。与对照相比，马蔺鲜重百分率为 52.2%，而路易斯安那鸢尾及红籽鸢尾只有 43.4% 和 43.5%，马蔺的相对生物量积累显著高于路易斯安那鸢尾和红籽鸢尾。

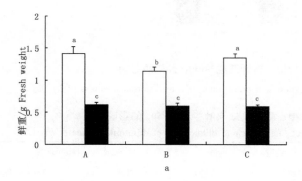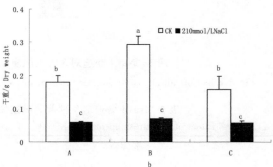

图 1　NaCl 胁迫对 3 种鸢尾属植物鲜重及干重的影响

Fig. 1　Effect of salt stress on the fresh weight（a）and dry weight（b）of different speciess of *Iris* L.

n = 3，不同字母表示差异显著水平（P < 0.05）。图中横坐标大写字母 A 代表路易斯安那鸢尾，B 为马蔺，C 为红籽鸢尾。下同。The data are means of 3 replicates ± SD，Different letters in each column indicated significant differences at P < 0.05 level by ANOVA and Duncan's multiple range tests. Capital letters A，B，C on the abscissa represent *Iris hybrids*，*Iris lacteal* var. *chinensis*，*Iris foetidissima*. The same below.

与对照相比，NaCl 胁迫显著抑制了 3 种鸢尾属植物干物质的积累（P ＜0.05）（图 1b）。在对照条件下，马蔺与其他两种植物干重差异显著，且马蔺有最大的干重积累，达 0.293g，而路易斯安那鸢尾只有 0.18g，红籽鸢尾干重只有 0.157g。但 NaCl 胁迫后，3 种鸢尾属植物干重没有差异，干物质积累量一致。但与对照相比，红籽鸢尾与路易斯安那鸢尾的干重百分率分别为 36.9% 与 33.3%，显著高于马蔺的干重百分率 23.9%。3 种鸢尾属植物间存在较大的差异。

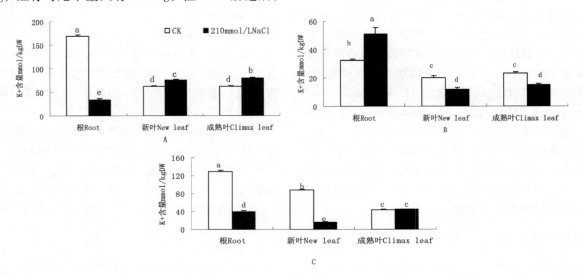

图 2　NaCl 胁迫对 3 种鸢尾属植物根、新叶及成熟叶中 K⁺的影响

Fig. 2　Effect of salt stress on the K^+ content in root, new leaf and climax leaf of different speciess of *Iris* L.

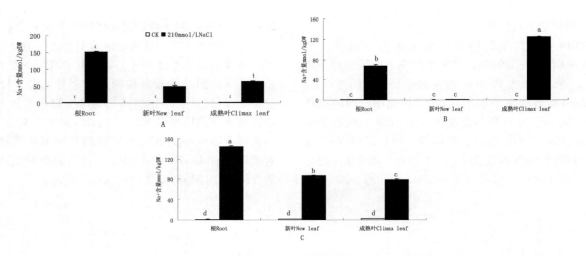

图 3　NaCl 胁迫对 3 种鸢尾属植物根、新叶及成熟叶中 Na⁺的影响

Fig. 3 Effect of salt stress on the Na^+ content in root, new leaf and climax leaf of different speciess of *Iris* L.

表 1　NaCl 胁迫对 3 种鸢尾属植物根、新叶及成熟叶中 K⁺/Na⁺的影响

Table 1　Effect of salt stress on ratio of K^+/Na^+ in root, new leaf and climax leaf of different species of *Iris* L.

种 Species	根/Root		新叶/New leaf		成熟叶/Climax leaf	
	对照 Control	NaCl 处理 NaCl stress	对照 Control	NaCl 处理 NaCl stress	对照 Control	NaCl 处理 NaCl stress
路易斯安那鸢尾	86.32 ±13.34b	0.22 ±0.015c	164.71 ±14.21a	1.59 ±0.13c	37.36 ±6.15b	1.26 ±0.015c
马蔺	34.54 ±1.66b	0.76 ±0.11b	48.7 ±9.73b	21.82 ±5.17b	143.38 ±16.8a	0.12 ±0.01b
红籽鸢尾	106.19 ±11.63a	0.28 ±0.023c	57.26 ±9.12b	0.18 ±0.01c	18.84 ±3.5c	0.58 ±0.015c

2.2　NaCl 胁迫对 3 种鸢尾属植物不同器官 K⁺ 分布的影响

由图 2 可以看出,无 NaCl 胁迫时,3 种鸢尾属植物根、新叶和成熟叶中 K⁺ 的含量趋势基本一致,根中最高,新叶及成熟次之。与 NaCl 胁迫相比,3 种鸢尾属植物不同器官中 K⁺ 的含量不同,路易斯安那鸢尾根系中 K⁺ 含量显著下降($P < 0.05$),而新叶和成熟叶中显著升高,且成熟叶 K⁺ 含量高于新叶。马蔺则是根系中 K⁺ 含量显著升高,新叶和成熟叶中 K⁺ 含量下降。红籽鸢尾根系及新叶中 K⁺ 含量显著下降,但成熟叶中 K⁺ 含量没有变化。从 K⁺ 含量来看,盐胁迫下,3 种鸢尾属植物根系中 K⁺ 的利用率差异最显著,其次是新叶,最后是成熟叶。

2.3　NaCl 胁迫对 3 种鸢尾属植物不同器官 Na⁺ 分布的影响

对照条件下,与 K⁺ 不同,3 种鸢尾属植物各器官的 Na⁺ 含量都很低。NaCl 胁迫处理后,根、茎和叶中 Na⁺ 含量较对照显著升高($P < 0.05$)(图 3)。NaCl 胁迫下,3 种鸢尾属植物各器官中 Na⁺ 含量不同,马蔺成熟叶片中 Na⁺ 含量最高,根系次之,新叶中含量极低;但路易斯安那鸢尾和红籽鸢尾根系中含量高,新叶和成熟叶中次之,路易斯安那鸢尾成熟叶中 Na⁺ 含量高于新叶,而红籽鸢尾新叶中 Na⁺ 含量高于成熟叶。

2.4　NaCl 胁迫对 3 种鸢尾属植物不同器官 K⁺/Na⁺ 的影响

对照条件下,无论根、新叶和成熟叶,3 种鸢尾属植物的 K⁺/Na⁺ 都较高(表 1)。从离子分布来看,不同种的分布器官不同,路易斯安那鸢尾主要分布于新叶中,马蔺分布于成熟叶中,而红籽鸢尾分布于根中。NaCl 胁迫处理后,路易斯安那鸢尾的根系、新叶和成熟叶 K⁺/Na⁺ 比值较对照显著下降($P < 0.05$);红籽鸢尾只有成熟叶 K⁺/Na⁺ 比值下降不显著;而马蔺只有成熟叶 K⁺/Na⁺ 比值下降显著。

3　讨论

植物把吸收的 Na⁺ 分配在不同器官中来抗盐是植物重要耐盐碱机制之一。本研究中,在盐胁迫下,3 种鸢尾属植物根、新叶及成熟叶 Na⁺ 含量增加,但不同种的各器官增加的幅度不同,红籽鸢尾与路易斯安那鸢尾的根系 Na⁺ 含量增加高于新叶及成熟叶,但马蔺对 Na⁺ 吸收部位主要是成熟叶,其次是根,新叶吸收极少。这说明不同植物在盐胁迫下对抗的器官不同,但研究发现,一般耐盐性强的植株在盐胁迫下把 Na⁺ 贮存于叶中,让根系含有较高的 K⁺,保持较高的活性。

K⁺ 是高等植物体内含量最多的阳离子,具有调控离子平衡、渗透调节、蛋白质结合、细胞膨压和光合作用等生理功能,保持高 K⁺ 低 Na⁺ 的吸收是一般作物耐盐的标志(Shannon M C et al., 1998)。在盐胁迫下,红籽鸢尾和路易斯安那鸢尾根对 K⁺ 的吸收显著降低,而盐生植物马蔺根对对 K⁺ 吸收却显著增加,同时其新叶和成熟叶则降低对 K⁺ 吸收,由此说明耐盐性强的植物通过根系增加对 K⁺ 吸收来适应盐胁迫环境,这与茄子(张海军等,2013)和白三叶(徐威等,2011)的研究相符。

NaCl 胁迫下,K⁺/Na⁺ 是器官水平上重要的耐盐指标,一般来说,K⁺/Na⁺ 越高,植株耐盐性越强(Chen et al., 2007)。本文中,盐胁迫下,马蔺根、新叶及成熟叶 K⁺/Na⁺ 比值显著高于红籽鸢尾与路易斯安那鸢尾,说明 NaCl 胁迫下,耐盐性强的植物各器官 K⁺/Na⁺ 比值高于不耐盐植株,这与 Asch F (2000)等的研究相符。

本试验研究表明,NaCl 胁迫下,3 种鸢尾属植物通过对 K⁺ 和 Na⁺ 进行区隔化,提高盐胁迫伤害。不同植物 Na⁺ 主要贮存器官不同,马蔺的主要贮 Na⁺ 器官是成熟叶,而路易斯安那鸢尾与红籽鸢尾的主要贮 Na⁺ 器官是根系,叶贮存 Na⁺ 能减轻根系的压力,优先保证根系中 K⁺ 的利用,从而抵抗 NaCl 胁迫,由此证明马蔺的耐盐能力较强,与路易斯安那鸢尾与红籽鸢尾相比,马蔺始终保持较高的 K⁺/Na⁺ 比值,且以根系为主,这是马蔺幼苗耐盐的主要机制。

参考文献

1. Asch F , Dingkuhn M, Dorffling K, et al. Leaf K⁺/Na⁺ ratio predicts salinity induced yield loss in irrigated rice[J]. Euphytica, 2000, 113(2): 109 – 118.
2. 王宝山, 赵可夫. 小麦叶片中 Na, K 提取方法的比较[J]. 植物生理学通讯, 1995, (1): 50 – 52.
3. Growth, K⁺, Na⁺ absorb and transport of *Iris lacteal* under salt stress[J], Soils, 2005, 37(4): 415 – 420.
4. 白文波, 李品芳. 盐胁迫对马蔺生长及 K⁺、Na⁺ 吸收与运输的影响[J]. 土壤, 2005, 37(4): 415 – 420.
5. Guo Q, Wang P, Ma Q, et al. Selective transport capacity for K⁺ over Na⁺ is linked to the expression levels of PtSOS1 in halophyte *Puccinellia tenuiflora* [J]. Functional Plant Biology, 2012, 39: 1047 – 1057.
6. Hasegawa P M, Bressan R A, Zhu J K, et al. Plant cellular

and molecular responses to high salinity[J]. Annual review of plant biology, 2000, 51(1): 463 – 499.

7. 张海军, 张娜, 杨荣超, 等. NaCl 胁迫对茄子幼苗生长和 K^+、Na^+ 和 Ca^{2+} 分布的影响及耐盐机理[J]. 中国农业大学学报, 2013, 18(4). 1007 – 4333.

8. Laurie S, Feeney KA, Maathuis FJM, Heard PJ, Brown SJ, Leigh RA. A role for HKT1 in sodium uptake by wheat roots [J]. The Plant Journal : for Cell and Molecular Biology, 2002 32: 39 – 149.

9. Nakamura T, Osaki M, Ando M, et al. Differences in mechanisms of salt tolerance between rice and barley plants[J]. Soil science and plant nutrition, 1996, 42(2): 303 – 314.

10. Qin M J, Xu L S, Tanka T. A preliminary study on the distribution pattern of isoflavones in rhizomes of Iris from China and its systematic significance[J]. Acta Phytotaxonomica Sinica, 2000, 38(4): 343 – 349.

11. Shannon M C, Grieve C M. Tolerance of vegetable crops to salinity[J]. Scientia Horticulturae, 1998, volume 78: 5 – 38(34).

12. Uozumi N, Kim EJ, Rubio F, Yamaguchi T, Mutos S, Tsuboi A, Bakker EP, Nakamura T, Schroeder JI. The Arabidopsis HKT1 gene homolog mediates inward Na^+ currents in Xenopus laevis oocytes and Na^+ uptake in saccharomyces cerevisiae[J]. Plant Physiology, 2000, 122: 1249 – 1259.

13. 徐威, 袁庆华, 王瑜, 等. 盐胁迫下白三叶幼苗离子分布规律的初步研究[J]. 中国草地学报, 2011, 33(5): 33 – 39.

14. Wang C M, Zhang J L, Liu X S, et al. *Puccinellia tenuiflora* retains a low Na^+ level under salt stress by limiting unidirectional Na^+ influx resulting in a high selectivity for K^+ over Na^+ [J]. Plant Cell and Environment, 2009, 32: 486 – 496.

15. Zhonghua Chen, Meixue Zhou, Ian A. Newman, et al. Potassium and sodium relations in salinised barley tissues as a basis of differential salt tolerance[J]. Functional Plant Biology, 2007, 34(2): 150 – 162.

16. Zhu J K. Regulation of ion homeostasis under salt stress[J]. Current Opinion in Plant Biology, 2003, 6(5): 441 – 445.

17. Zhu J k. Plant salt tolerance[J]. Trends Plant Sci, 2001, 6(2): 66 – 71.

中国观赏园艺研究进展 2015：543~546
Advances in Ornamental Horticulture of China，2015：543~546

543

厦门地区 4 种耐旱性植物丛枝菌根侵染季节性差异研究[*]

董怡然　刘雪霞　张秀英　马丽娟　蔡邦平[①]

（厦门市园林植物园，厦门 361003）

摘要　2011 年 4 月至 2012 年 1 月，每相隔 3 个月从厦门植物园采集络石、银胶菊、金边龙舌兰、潺槁树 4 种耐旱性植物的根系与土壤样品共 48 份，研究其丛枝菌根真菌（AMF）侵染状况。结果表明：①采集的 4 种植物根内均发现 AM 侵染结构，丛枝均为 Arum（疆南星）型；②菌根侵染率在植物种间的差异较大，银胶菊的侵染率最高，络石的最低；③4 种植物的 AM 侵染率在不同时间均呈显著差异，络石、金边龙舌兰、潺槁树 3 种植物的 AM 侵染率最高值均出现在 4 月、最低值在 1 月；银胶菊 AM 侵染率则是 7 月 >1 月 >10 月 >4 月。研究表明，AM 侵染年动态变化规律与植物年生育节律具有高度的吻合性。

关键词　耐旱性植物；丛枝菌根；侵染率；季节性

Studies on Seasonal Variation of Arbuscular Mycorrhizal Colonization to Four Speices of Drought Tolerance Plants in Xiamen

DONG Yi-ran　LIU Xue-xia　ZHANG Xiu-ying　MA Li-juan　CAI Bang-ping

（*Xiamen Botanical Garden*，*Xiamen* 361003）

Abstract　To study the symbiosis between arbuscular mycorrhizal fungi（AMF）and drought tolerance plants in Xiamen，48 root and soil samples from *Trachelospermum jasminoides*、*Pathenium hysterophorus*、*Agave americana* var. *marginta* and *Litsea glutinosa* were collected，from Apr 2011 to Jan 2012 every three months. The results showed that：①AM structures were found in four plant species and the type of arbuscule was 'Arum-type'；②AM colonization rate was different in the four plant species，and *Pathenium hysterophorus* was the highest and *Trachelospermum jasminoides* was the lowest；③There was significant differences of AM colonization rate in different time in four plant species. AM colonization rate were highest in April and lowest in January in *Trachelospermum jasminoides*、*Agave americana* var. *marginta* and *Litsea glutinosa*，but the AM colonization rate of *Pathenium hysterophorus* from high to low was in July，January，October and April.

Key words　Drought tolerance plant；Arbuscular mycorrhizal；Colonization rate；Seasonal

菌根（mycorrhiza）是自然界中一种极为普遍和重要的共生现象，其中分布最为广泛的菌根类型就是丛枝菌根（arbuscular mycorrhiza，简称 AM），它是球菌门真菌侵染植物根系形成的共生体，能够与地球上 90% 的维管植物形成互惠共生体[1]。由于长期适应所生长的自然环境的结果，植物发展了一套最适宜自身生—长发育的生理生态特点，在较干旱的条件下，有些植物能够采取各种不同的途径来抵御或忍耐干旱胁迫的影响[2]，这些植物称为耐旱性植物。目前，国内研究耐旱性植物丛枝菌根的相关报道主要集中在新疆、甘肃和内蒙古等西北地区[3-6]，其他地区未见相关报道。本文选取厦门地区 4 种常见的耐旱性植物，研究其根系 AM 侵染率的季节动态变化，对于研究植物的生长发育与丛枝菌根的关系，以及探索植物耐旱性机理都具有一定的科学价值。同时，本文还研究了外来入侵植物银胶菊的 AM 侵染率年动态变化规律，对于阐述外来植物的入侵机理具有参考价值。

---

[*]　基金项目：厦门市科技项目（3502Z20112004）和厦门市园林植物园园长基金（BG201101）。

[①]　通讯作者。研究员、博士，主要研究方向：共生菌根、园林植物与观赏园艺。Email：cbangping@163. com。

1 材料与方法

1.1 样品采集与处理

选择生长在厦门植物园（118°05′E，24°27′N）的络石、银胶菊、金边龙舌兰、潺槁树4种植物为研究对象。络石为多年生木质藤本、银胶菊为一年生草本、金边龙舌兰为多年生宿根草本、潺槁树为乔木树种，4种植物均具有较强的耐旱性。分别于2011年4、7、10月和2012年1月，采集植物的根系样品和土壤样品，每次每种植物均采集3株为重复，共采集48份试验样品。采样时，在距耐旱性植物0～20cm处挖土壤剖面，采集根际周围5～20cm深处的根样（选择粗度小于2mm的根系）和土样。采集到的根系，装入无菌的塑料袋并作详细采集记录（采集人、采样时间、地点、样本号），带回实验室。

1.2 AM菌根侵染率测定

丛枝菌根侵染观测应用染色镜检法，即将根段剪成0.5～1cm长的小段，放入试管，于10%的KOH溶液中90℃下脱色20～60min，在2%的盐酸溶液中浸泡5min，去掉酸溶液后加入0.01%的酸性品红乳酸甘油染色液（乳酸875ml，甘油63ml，蒸馏水63ml，酸性品红0.1g），再放回90℃水浴锅内20～60min，或室温下过夜，加入乳酸分色后镜检。观测其中的AM真菌结构，并用网格交叉法计算根系菌根侵染率[7,8]。计算每个样品的10个根段侵染率，取其平均值作为该样品AM侵染指标。

侵染率（%）=（具丛枝菌根结构的根段长度/观测根段长度）×100%

1.3 数据分析

应用统计分析软件SPSS16.0，进行方差分析（ANOVA）和相关分析。

2 结果与分析

2.1 植物的AM侵染与结构

4种耐旱性植物均有发现丛枝菌根侵染（表1），侵染率在4种植物间的差异较大，银胶菊的平均侵染率最高，达32.63±10.11%；络石的最低，平均值为5.12±4.57%；AM侵染率由大到小依次为：银胶菊＞金边龙舌兰＞潺槁树＞络石。

表1　厦门四种耐旱性植物的花果期与根系AM侵染率
Table1　Flowering and fruiting period and AM colonization of collecting root samples of four speices of drought tolerance plants in Xiamen

植物名称	花期	果期	AM侵染率（%）	丛枝类型
络石 Trachelospermum jasminoides	3～6月	7～12月	5.12±4.57	A
银胶菊 Pathenium hysterophorus	4～10月	5～11月	32.63±10.11	A
金边龙舌兰 Agave americana var. marginta	4～7月	7～12月	16.46±11.19	A
潺槁树 Litsea glutinosa	4～6月	7～10月	7.68±6.88	A

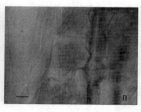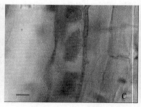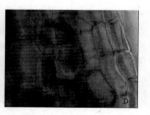

图1　四种植物根系内的AM侵染结构
Fig. 1　AM structure in the roots of four speices of plants
A. 络石 Trachelospermum jasminoides；B. 银胶菊 Pathenium hysterophorus；C. 金边龙舌兰 Agave americana var. marginta；D. 潺槁树 Litsea glutinosa。标尺 Scale：A－D = 10μm.

丛枝类型均为Arum（疆南星）型（表1、图1），即AM真菌在根皮层中形成大量的胞间菌丝，侧生的二叉状丛枝直接穿透皮层的细胞壁，形成典型的丛枝结构。菌丝为无隔菌丝，直径为3～10μm；泡囊基本上为圆形、近圆形或椭圆形，直径为80～120μm，侵入点的菌丝有单菌丝、多菌丝等形式。

2.2 不同季节的侵染率差异

通过一年时间对4种耐旱性植物根系AM侵染的跟踪测定，结果表明（表2）：除了银胶菊，络石、金边龙舌兰和潺槁树的侵染率最高值均在4月份，分别为12.50%±7.56%、29.50%±6.42%和15.08±

9.32% ；然后持续降低，至 1 月份侵染率最低，潺槁树仅有 1.67% ±0.47% 。银胶菊的侵染率 4 月最低，7 月达到最高值，10 月份下降，翌年 1 月又回升。

方差分析表明，4 种植物的 AM 侵染率在不同时间均呈显著差异（表 2）。

表 2 厦门 4 种耐旱性植物不同时间的 AM 侵染率

Table 2 Colonization rates of different times in the four speices of drought tolerance plants in Xiamen

植物名称	4 月侵染率（%）	7 月侵染率（%）	10 月侵染率（%）	1 月侵染率（%）
络石	12.50 ±7.56a	4.25 ±3.58b	4.11 ±0.82b	3.73 ±2.08b
银胶菊	19.73 ±13.96b	43.76 ±22.43a	25.86 ±1.37ab	41.17 ±13.93a
金边龙舌兰	29.50 ±6.42a	25.39 ±12.81a	7.67 ±1.63b	3.28 ±0.82b
潺槁树	15.08 ±9.32a	13.97 ±7.67a	9.33 ±1.63b	1.67 ±0.47c

注：同行的不同字母表示差异达显著水平（$p = 0.05$）。

3 结论与讨论

大量的研究表明，草本植物的 AM 侵染率较高[1,16]。本研究中，一年生草本植物银胶菊、多年生草本植物金边龙舌兰的 AM 侵染率，显著高于乔木树种潺槁树、木质藤本络石。不同植物的 AM 侵染季节性变化，前人也做了大量的工作，Kelly E 等研究湿地植物的 AM 侵染率最高出现在 3 月或 4 月，最低值在 7 月或 8 月[9]；蔡邦平等研究发现早春梅花期 AM 侵染的各种指标均最高，秋季的侵染率最低[10]；刘永俊等在对柠条根系 AMF 季节性变化研究中发现总侵染率的最高和最低值分别出现在柠条的生长初期（4 月）和末期（10 月）[11]。可见，植物的 AM 侵染没有一致的季节变化模式。

通常情况下，高的侵染率出现在植物生命周期需要额外 P 的阶段[12-15]。本研究中，络石、金边龙舌兰和潺槁树的 AM 侵染率最高值均在 4 月。4 月，是络石的盛花期，是金边龙舌兰和潺槁树的始花期。植物在花期，需要大量的 P 元素，而 AM 真菌对植物最主要的贡献在于显著提高植物对磷的吸收[1,10,16]，因此，络石、金边龙舌兰和潺槁树在 4 月份的 AM 侵染率最高，与这 3 种植物在花期需大量 P 元素是协同的，植物具有较高 AM 侵染率，其根系从土壤中吸收 P 元素的能力增加。7 月份，是络石、金边龙舌兰和潺槁树的结果期，对 P 元素的吸收需求也较大，这时的 AM 侵染率值为次高。11 月和翌年 1 月，分别为 3

种植物的果熟期和休眠期，植物对 P 元素的需求降低，因而其 AM 侵染率较低。

络石、金边龙舌兰和潺槁树 3 种植物均为厦门本地乡土植物，长期适应于厦门的气候条件，在厦门地区生长十分优良。在一年的生长节律当中，大致是 4 ~ 6 月开花、7 ~ 10 月结果、11 ~ 12 月进入生长缓慢期、翌年 1 ~ 3 月为休眠期，其中潺槁树为乔木树种，最具有代表意义，而其 AM 侵染率也表现出典型的年动态变化规律，花期的 AM 侵染率最高、果期的次之、进入生长缓慢期再次之、休眠期的 AM 侵染率最低，休眠期的 AM 侵染率仅约为花期的 1/10，呈极显著差异。本研究结果说明，乡土植物长期适应当地的自然条件，其共生的 AM 侵染与植物生长节律具有高度吻合的年动态变化规律。

银胶菊属菊科银胶菊属，是一种原产于中美洲的外来有害杂草，其 AM 侵染率在 4 种耐旱性植物中最高，说明其与厦门当地土壤中的 AMF 有较强的亲和性。较高的 AM 侵染率，使银胶菊根系具有大量的共生菌根，可以增强根系的吸收作用，有助于提高植物自身的竞争能力，使其从邻近植物中容易夺取碳源，高效吸收氮、磷等元素[17]。银胶菊为一年生草本植物，在厦门地区的花期为 4 ~ 10 月、果期为 5 ~ 11 月，翌年 2 月便枯死，4 月为始花期、7 月为盛花期、10 月为开花末期，花期与乡土植物相比十分长。银胶菊的 AM 侵染率在始花期较低，7 月盛花期的 AM 侵染率最高，结果末期 AM 侵染率降低，枯死前期 AM 侵染率达到次高。这种 AM 侵染率动态变化规律与银胶菊的年生育节律也是吻合的：在 3 ~ 4 月银胶菊新长出，根系共生的 AMF 侵染不完全，对 P 元素的吸收也不强，这时的 AM 侵染率最低；到了 7 月盛花期对 P 元素的需求最高，AM 侵染率也是最高的；银胶菊枯死前期，大量的 AMF 从共生的植株当中获得充足的营养成分，这时 AM 侵染率也达到一个高峰值。

本研究表明，植物年生育节律与共生菌根的侵染率年动态变化规律具有高度的吻合性，在植物的花期或盛花期，AM 侵染率最高，休眠期间的 AM 侵染率最低。植物具有较高的 AM 侵染率，其与土壤中的 AMF 具有较强的亲合性，具有较强的生长优势；具有较高 AM 侵染率的外来植物，则容易侵入本地植被类群中发展为优势种，可能成为入侵植物。

参考文献

1. 刘润进，陈应龙. 2007. 菌根学 [M]. 北京：科学出版社，1 – 447.

2. 李吉跃. 1991. 植物耐旱性及其机理[J]. 北京林业大学学报，13(3)：92 – 100.

3. 包玉英，闫伟. 2004. 内蒙古中西部草原主要植物的丛枝菌根及其结构类型研究[J]. 生物多样性，12(5)：501 – 508.

4. 包玉英，孙芬，闫伟. 2005. 内蒙古荒漠地区丛枝菌根植物的初步研究[J]. 干旱区资源与环境，19(3)：180 – 183.

5. 秦晓峰. 2007. 定西几种旱生植物 VA 菌根真菌调查[J]. 甘肃科技，23(5)：205 – 207.

6. 冀春花，张淑彬，盖京苹，白灯莎，李晓林，冯固. 2007. 西北干旱区 AM 真菌多样性研究[J]. 生物多样性，15(1)：77 – 83.

7. Berch SM, Kendrick B. 1982. Vesicular-arbuscular mycorrhizae of southern Ontario ferns and fern-allies [J]. Mycologia 74, 769 – 776.

8. McGonigle TP, Milller MH, Evans DG, Fairchild GL, Swan JA. 1990. A new method which gives an objective measure of colonization of roots by vesicular-arbuscular mycorrhizal fungi [J]. New Phytologist, 115：495 – 501.

9. Kelly E, Carl F, James P. 2004. Seasonal dynamics of arbuscular mycorrhizal fungi in differing wetland habitats [J]. Mycorrhiza 14：329 – 337.

10. 蔡邦平，陈俊愉，郭良栋，张启翔. 2008. 中国梅丛枝菌根侵染的调查研究[J]. 园艺学报，35(4)：599 – 602.

11. 刘永俊，郑红，何雷，安黎哲，冯虎元. 2009. 柠条根系中丛枝菌根真菌的季节性变化及影响因素[J]. 应用生态学报，20(5)：1085 – 1091.

12. Rabatin S C . 1979. Seasonal and edaphic variation in vesicular arbuscular mycorrhizal infection of grasses by Glomus tenuis [J]. New Phytol, ⟨3：95 – 102.

13. Dhillion S S, Anderson R C, Liberta A E. 1988. Effect of fire on the mycorrhizal ecology of little bluestem (*Schizachyrium scoparium*) [J]. Can J Bot, 66：706 – 713.

14. Sanders I R, Fitter A H. 1992. The ecology and functioning of vesicular-arbuscular mycorrhizas in co-existing grassland speciesII. Nutrient uptake and growth of vesicular-arbuscular mycorrhizal plants in a semi-natural grassland [J]. New Phytol, 120：525 – 533.

15. Anderson R C, Hetrick B A D, Wilson G W T. 1994. Mycorrhizal dependence of Andropogon gerardii and Schizachyrium scoparium in two prairie soils [J]. Am Midl Nat, 132：366 – 376.

16. Allen M F. 1991. The ecology of mycorrhizae [M]. New York：Cambridge University Press：1 – 118.

17. 柏艳芳，郭绍霞，李敏. 2011. 入侵植物与丛枝菌根真菌的相互作用[J]. 应用生态学报，22(9)：2457 – 2463.

中国观赏园艺研究进展 2015：547~550

Advances in Ornamental Horticulture of China, 2015：547~550

含笑属植物抗寒生理指标的筛选及评价*

陈 洁　金晓玲　宁 阳　沈守云①

（中南林业科技大学，长沙　410004）

摘要　以多脉含笑（*Michelia polyneura* C. Y. Wu）、黄心夜合（*Michelia martinii*）、平伐含笑（*Michelia cavaleriei*）3 种含笑属植物的 3 年生平茬苗为试材，通过不同温度（10℃、5℃、0℃、−5℃、−10℃和−15℃）处理，测定 3 种含笑属植物离体叶片的相对电导率、叶绿素、类胡萝卜素、丙二醛、可溶性蛋白、游离脯氨酸的含量和超氧歧化酶及过氧化物酶活性 8 个生理指标；拟合 logistic 方程计算出其半致死温度，对其进行相关性分析；并对 3 种含笑属植物的抗寒性进行综合评价及指标筛选。结果表明：①3 种植物的抗寒能力差异显著，随着温度的降低，叶片的相对电导率呈"s"形曲线上升，通过 logistic 方程计算得出其半致死温度分别为多脉含笑（−6.69℃）＞黄心夜合（−4.55℃）＞平伐含笑（−1.51℃）与综合分析得出结果相一致。②通过对 8 个抗寒指标筛选得出，相对电导率、丙二醛、可溶性蛋白和叶绿素含量等 4 个指标在 3 种含笑属植物的抗寒性方面表现较一致的变化趋势。

关键词　多脉含笑；平伐含笑；黄心夜合；抗寒性

Cold Resistance Indexes Identification and Comprehensive Evaluation of *Michelia* Plants

CHEN Jie　JIN Xiao-ling　NING Yang　SHEN Shou-yun

（*Central South University of Forestry & Technology*, *Changsha* 410004）

Abstract　This article had taken 3-years old *Michelia polyneura*, *Michelia martini* and *Michelia cavaleriei* as materials, measured the relative conductivity, the content of chlorophyll, carotenoid, malondialdehyde, soluble protein and free proline, the activity of superoxide disproportionation enzyme and peroxidase of leaves of this 3 kinds of *Michelia* plants after different low-temperature treatments （10℃, 5℃, 0℃, −5℃, −10℃ and −15℃）. It calculated the half lethal temperature by logistic equation, did the correlation analysis to carried on the comprehensive evaluation of this 3 kinds of *Michelia* plants and indexes identification. Results showed that：①Three kinds of *Michelia* plants has significant difference in cold resistance. The leaf relative electrical conductivity rose as 's' shape curve as the temperature lowered. The half lethal temperature was respectively *Michelia polyneura* −6.69℃ ＞ *Michelia martini* −4.55℃ ＞ *Michelia cavaleriei* −1.51℃, which is consistent with comprehensive a-nalysis. ②The leaf relative electrical conductivity、malondialdehyde content and Soluble protein content are closely related to cold resistance of 3 kinds of *Michelia* plants.

Key words　*Michelia polyneura*；*Michelia martini*；*Michelia cavaleriei*；Cold resistance

　　含笑属（*Michelia*）是木兰科（Magnoliaceae）中的第二大属，我国有 70 余种，分布于西南至东部，以西南为最[1,2]。该属植物为常绿灌木或乔木，具有树形优美，枝繁叶茂，花朵大而美丽、花香浓郁等诸多特点，为城市景观绿化应用的重要树种[3]。但由于南北方气候条件的差异，在含笑属植物往北推广和应用的

过程中常常受到冷害的影响。因此，为了筛选出抗寒性强的含笑属种质资源，扩大其园林应用的范围，本实验通过对多脉含笑（*Michelia polyneura*）、平伐含笑（*Michelia cavaleriei*）和黄心夜合（*Michelia martinii*）低温胁迫下离体叶片的相对电导率（REC）等 8 个相关抗寒生理指标的测定，利用隶属函数法求出各指标隶属

---

* 项目基金：林业公益性行业科研专项经费资助，项目编号：201404710。

① 通讯作者。沈守云（1965−），男，湖北监利人，教授，博士生导师，主要从事园林植物应用和园林规划设计等方面的教学和研究工作。E-mail：sshouyun@yahoo.com。

函数值, 筛选出适合含笑属植物的抗寒性评价指标。

1 材料与方法

1.1 试验材料与设计

材料为多脉含笑(*Michelia polyneura*)、黄心夜合(*Michelia martinii*)、平伐含笑(*Michelia cavaleriei*)1 年生实生苗, 每个种 9 株。

采枝条上从枝梢部往基部数第 4 ~ 5 片成熟叶, 同树种单株采 3 片, 迅速装入密封袋中放入冰盒中带回实验室。试验时, 将试材分成 7 组, 取 6 组置于低温恒温槽中进行梯度冷冻处理, 处理温度为 10℃、5℃、0℃、－5℃、－10℃ 和 －15℃, 梯度降温每半小时降 1℃, 在每一温度梯度下处理处理 2h, 处理完后取出一组叶片置于 4℃ 冰箱中解冻 2h(10℃、5℃除外), 解冻后测定其相对电导率(REC)及其他抗寒生理生化指标。

1.2 测定指标与方法

相对电导率(REC)采用雷磁 DJS-1D 电导仪法方法测定[4]; 过氧化物酶(POD)、超氧歧化酶(SOD)活性的测定方法见文献[4]; 丙二醛(MDA)含量采用硫代巴比妥酸法测定[4]; 游离脯氨酸(Pro)含量的测定采用茚三酮显色法测定[5]; 叶绿素(Chl)、类胡萝卜素采用丙酮: 无水乙醇 = 1∶1 的提取液浸提法, 测出浸提液在波长 663nm、646nm、470nm 下的吸光度, 并计算出叶绿素含量及类胡萝卜素含量[5]; 可溶性蛋白(SP)含量采用考马斯亮蓝法测定[6], 酶液的提取与超氧歧化酶的酶液提取方法相同。

1.3 logistic 方程的拟合和半致死温度(LT₅₀)的计算

3 种植物的 Logistic 方程的拟合及半致死温度的计算参考朱海根等人的方法[7]。

2 结果与分析

2.1 低温胁迫下 3 种含笑属植物叶片相对电导率变化

在低温胁迫下, 叶片相对电导率的保护情况见图 1。由图 1 可以看出, 含笑属植物的电导率随着人工胁迫温度的降低而逐渐升高。3 个种之间表现出相似的变化过程。

如图 1 所示, 3 种植物叶片的相对电导率变化趋势均呈 "S" 型, 与 logistic 方程拟合, 拟合度在 0.998 ~ 0.976 之间, 具有很好的拟合度, 利用朱海根等[7,8]人的方法得出 3 种植物的 logistic 方程, 从而计

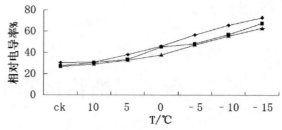

图 1 低温处理对 3 种含笑属植物叶片相对电导率的影响

Fig. 1 Effects of REC to three *Michelia* in low temperature stress

算出半致死温度分别为多脉含笑 －6.69℃、黄心夜合 －4.55℃、平伐含笑 －1.51℃。

表 1 三种含笑属植物相对电导率的 logistic 方程及半致死温度 LT₅₀

Table 1 The parameter of Logistic and LT_{50} of three *Michela* plants

树种 Species	Logistic 方程	半致死温度/℃	拟合度 R^2
多脉含笑 (*Michelia polyneura*)	$Y=100/(1+1.479983e)^{-(-0.0586)x}$	－6.69	0.987
黄心夜合 (*Michelia martinii*)	$Y=100/(1+1.32077e)^{-(-0.06112)x}$	－4.55	0.976
平伐含笑 (*Michelia cavaleriei*)	$Y=100/(1+1.116194e)^{-(-0.07316)x}$	－1.51	0.998

2.2 低温胁迫下 3 种含笑属植物叶片丙二醛含量变化

图 2 显示人工低温胁迫下, 3 种含笑叶片丙二醛含量变化趋势。从图 2 可以看出, 丙二醛含量随胁迫温度的降低而逐渐升高。种与种之间表现出较好的一致性。

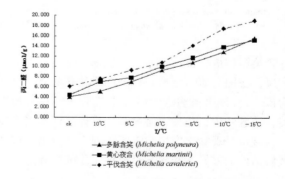

图 2 低温处理对 3 种含笑属植物叶片丙二醛的影响

Fig. 2 Effects of MDA to three *Michelia* in low temperature stress

2.3 低温胁迫下 3 种含笑属植物 SP 含量的变化

3 种植物的 SP 含量变化趋势均呈现出开始是保持基本不变,当温度下降到 −5℃ 以后,出现急剧下降。种与种之间表现出相似的变化趋势(图 3)。由于 SP 具有强亲水性,能够增强植物细胞的保水能力,以起到保护作用[9]。因此,低温下 SP 含量是判断抗寒性强弱的重要指标之一。3 种含笑属植物中以平伐含笑叶片 SP 含量下降的最为明显。

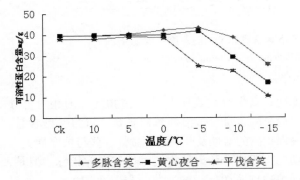

图 3 低温处理对 3 种含笑属植物可溶性蛋白影响
Fig. 3 Effects of SP to three *Michelia*
in low temperature stress

2.4 低温胁迫下 3 种含笑属植物 Chl 含量的变化

图 4 为不同低温处理下 3 种含笑属植物叶片的叶绿素(Chl)含量指数,由图 4 可以看出,Chl 含量在多脉含笑、黄心夜合及平伐含笑上均随着处理温度的不断下降而呈现下降趋势,种与种之间的下降速度不一样但有相似的变化趋势。

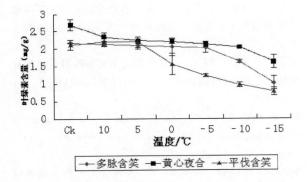

图 4 低温处理对 3 种含笑属植物 Chl 含量的影响
Fig. 4 Effects of Chl to three *Michelia*
in low temperature stress

2.5 低温胁迫下 3 种含笑属植物 SOD 及 POD 活性的变化

低温胁迫对 3 种含笑属植物叶片 SOD、POD 活性

的影响见图 5。3 种含笑属植物的 SOD 活性,随胁迫温度的降低,表现出先升后降的趋势,但 3 个树种间变化趋势不一致(图 5 A)。POD 的变化种与种之间也没有一致性的规律可循(图 5 B)。

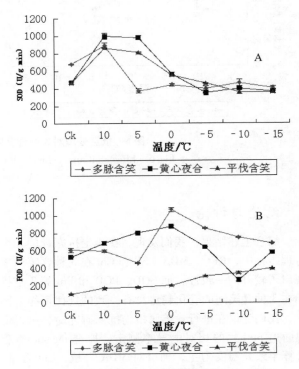

图 5 低温处理对 3 种含笑属植物 SOD 和 POD 的影响
Fig. 5 Effects of SOD and POD to three *Michelia*
in low temperature stress
A:SOD   B:POD

2.6 低温胁迫下 3 种含笑属植物类胡萝卜素含量的变化

植物在低温处理后叶片内含类胡萝卜素含量越低,其抗寒性越强[10]。图 6 为不同低温处理下 3 种含笑属植物叶片的类胡萝卜素含量指数,由图 6 可知,低温胁迫处理下 3 种含笑属植物叶片的类胡萝卜素含量总体呈下降趋势,但不同种间下降的幅度存在差异。

2.7 低温胁迫下 3 种含笑属植物 Pro 含量的变化

普遍认为在正常条件下,植物体内游离脯氨酸含量不高,但在遇到低温逆境胁迫时,游离脯氨酸含量会迅速累积,因此,它能够在一定程度上反映植物受逆境伤害的程度,及抗逆境的能力[11]。图 7 表明,3 种含笑属植物低温下 Pro 含量呈先上升后下降趋势。这说明 Pro 含量变化及其含量多少与含笑属植物的抗寒性有一定关系,但并非呈正相关。不同树种间变化趋势不一致。

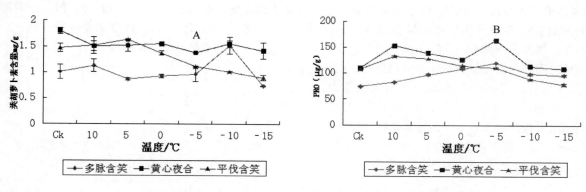

图6 低温处理对3种含笑属植物胡萝卜素含量和Pro的影响

Fig. 6 Effects ofCarotenoid and Pro to three *Michelia* in low temperature stress

A：Carotenoid B：Pro

3 结论与讨论

综合上述结果，我们发现，在测定抗寒性的8个生理指标中，REC、MDA、SP和Chl在3种含笑间表现出了较好的一致性，而SOD、POD和Pro等3个指标在3种含笑间的变化趋势没有一致的规律可循。因此，我们建议在进行含笑属植物抗寒研究时，可以低温胁迫下叶片的相对电导率测定，拟合logistic方程计算半致死温度为主，辅以对MDA含量、Chl含量、SP含量和Chl含量等指标的测定。

在低温胁迫下，植物体内的生理过程会发生一系列变化，众多研究表明[12-14]，植物叶片的相对电导率、丙二醛含量、可溶性蛋白含量、可溶性糖含量，各种保护酶的活性及叶绿素含量等一些与抗寒性关系密切的指标均可作为植物抗寒性鉴定的指标。但是，不同植物抗寒性指标的变化强弱是不同的[15]。通过对3种含笑属植物在低温条件下的抗寒性指标的测定，以其叶片相对电导率的logistic方程拟合，求出3种含笑属植物的半致死温度，对8个抗寒指标进行相关性分析，并结合隶属函数法计算平均隶属度值，综合分析了3种含笑属植物的抗寒性，从而有效避免单一指标难以准确判断植物抗寒能力的强弱。

参考文献

1. 陈有民. 园林树木学[M]. 北京：中国林业出版社，1990：360-369.

2. 叶桂艳. 中国木兰科树种[M]. 北京：中国农业出版社，1996：90-92.

3. 叶小玲，胡晓敏，朱开甫. 含笑属繁殖技术及其应用综述[J]. 安徽农学通报，2013，19(13)：35-36.

4. 陈建勋，王晓峰. 植物生理学实验指导[M]. 广州：华南理工大学出版社，2006：64-84.

5. 郝建军，康宗利，于洋. 植物生理学实验技术[M]. 北京：化学工业出版社，2007.

6. 史树德，孙亚卿，魏磊. 植物生理学指导[M]. 北京：中国林业出版社，2011：88-90.

7. 朱根海，刘祖棋，朱培仁. 应用Logistic方程确定植物组织低温半致死温度研究[J]. 南京农业大学学报，1986，(3)：11-16.

8. 玉苏甫·阿不力提甫，阿依古丽·铁木儿，帕提曼·阿布都热和曼，等. 利用隶属函数法综合评价梨砧木抗寒性[J]. 中国农业大学学报，2014，19(3)：121-129.

9. Harwood J L, Jones A L, Perry H J, *et al.* Changes in plant lipids during temperature adaptation[J]. Temperature adaptation of biological membranes, 1994, 07-118.

10. 颉建明，郁继华，黄高宝，等. 弱光或低温弱光下辣椒叶片类胡萝卜素含量与品种耐性的关系[J]. 中国农业科学，2010，43(19)：4036-4044.

11. 张柔，许建新，薛立，等. 低温胁迫和解除对4种阔叶树幼苗生理特征的影响[J]. 生态科学，2014，33(3)：419-425.

12. Weimin Sun, Zihan Shi, Genfa Zhang. Research Progress of Superoxide Dismutase[J]. Journal of Modern Agriculture, 2013, 2(1)：1-12.

13. 何开跃，李晓储，黄利斌，等. 3种含笑耐寒生理机制研究[J]. 南京林业大学学报，2004，4：62-64.

14. 方小平，李昌艳，胡光平. 贵州4种木兰科植物幼苗的抗寒性研究[J]. 林业科学研究，2010，23(6)：862-865.

15. 徐呈祥. 提高植物抗寒性的机理研究进展[J]. 生态学报，2012，32(24)：7966-7980.

中国观赏园艺研究进展 2015：551 ~ 557

Advances in Ornamental Horticulture of China，2015：551 ~ 557

基于隶属函数法评价五种拟单性木兰的抗寒性[*]

宁阳　邢文　陈洁　李瑞雪　金晓玲[①]

（中南林业科技大学，长沙 410004）

摘要　为了明确拟单性木兰属植物的抗寒能力与机理，为进一步引种和推广提供参考依据，本研究以乐东拟单性木兰、峨眉拟单性木兰、云南拟单性木兰、光叶拟单性木兰和凹叶拟单性木兰 7 年生植株为材料，通过在越冬过程中五个时间点设定不同温度处理，测定低温胁迫下各树种离体叶片的生理指标，配合 Logistic 方程拟合出各树种的半致死温度，对各指标与低温胁迫进行相关性分析，利用隶属函数法求出各树种的隶属函数值并对其抗寒性进行了综合评价。结果表明，自然降温过程中五种拟单性木兰的相对电导率和 MDA 含量与平均最低气温呈正相关；SOD 活性、POD 活性、可溶性蛋白含量和游离脯氨酸含量与平均最低气温呈负相关。人工低温胁迫过程中五种拟单性木兰的相对电导率、MDA 含量和游离脯氨酸含量与人工低温胁迫温度呈负相关，SOD 活性、POD 活性和可溶性蛋白含量与人工低温胁迫温度呈正相关。五种拟单性木兰的半致死温度与平均最低气温呈显著正相关，半致死温度从低到高顺序为：乐东拟单性木兰 < 光叶拟单性木兰 < 凹叶拟单性木兰 < 峨眉拟单性木兰 < 云南拟单性木兰，与采用隶属函数法对 5 种拟单性木兰的抗寒性作综合评价所得的结果一致。

关键词　拟单性木兰；抗寒性；相对电导率；隶属函数

Evaluation on Cold-hardiness of 5 Kinds of *Parakmeria* by Subordinate Function Values Analysis

NING Yang　XING Wen　CHEN Jie　LI Rui-xue　JIN Xiao-ling

（*Central South University of Forestry & Technology*，*Changsha* 410004）

Abstract　The present experiment was conducted to ascertain the cold-hardiness and it's mechanism of *Parakmeria*. Taking 7 years plants of *Parakmeria lotungensis*, *Parakmeria omeiensis*, *Parakmeria yunnanensis*, *Parakmeria nitida* and *Parakmeria lotungensis* var. *xiangxiensis* as materials, the relative conductivity, superoxide disproportionation enzyme activity and soluble protein content of leaves of each species were measured under different temperature at five time points in the process of the winter. The lethal temperature of each species were fitted out cooperated with Logistic equation. The correlation analysis of indexes and low-temperature stress were done. The subordinate function value of each species were determined using the method of subordinate function. The cold-hardiness of each species were comprehensive evaluated. The result showed that during natural decreasing process of air temperature, the relative conductivity and malondialdehyde content of 5 kinds of *Parakmeria* had positive correlation with minimum mean temperature, while superoxide dismutase, peroxidase activity, soluble protein content and free proline content had negative correlation with minimum mean temperature. During artificial low temperature stress process, the relative conductivity, malondialdehyde content and free proline content of 5 kinds of *Parakmeria* had negative correlation with artificial stress temperature, while superoxide dismutase, peroxidase activity and soluble protein content had positive correlation with artificial stress temperature. The lethal temperature of 5 kinds of *Parakmeria* had positive correlation with minimum mean

* 基金项目：国家林业局公益性行业科研专项：抗寒常绿木兰科植物优育种群体建立与种质创新（201404710）。

① 通讯作者。金晓玲（1963 - ），女，浙江东阳人，教授，博士生导师，主要从事园林植物优良新品种选育研究工作；E - mail：jxl0716@ hotmail. com。

temperature. The order was: *Parakmeria lotungensis* < *Parakmeria nitida* < *Parakmeria lotungensis* var. *Xiangxiensis* < *Parakmeria omeiensis* < *Parakmeria yunnanensis*, which was same with the cold-hardiness of 5 kinds of *Parakmeria* comprehensive evaluated with the method of subordinate function.

Key words *Parakmeria*; Cold-hardiness; Relative conductivity; Subordinate function

拟单性木兰属(*Parakmeria*)植物是木兰科(Magnoliaceae)的常绿大乔木,雄花与两性花异株[1],分布于我国西南部至东南部[2]。拟单性木兰属植物树形优美,枝叶茂盛,四季常青,部分种新叶红色,花大而美丽,有芳香气味,果实形状奇特,可作为观赏树种,也可作为行道树和造林树种,同时是优良的家具、建筑等用材。目前对拟单性木兰属植物抗寒性的研究主要是引种与生理指标测定方面。倪荣新等[3]对乐东拟单性木兰2年生容器苗进行引种和观测,结果表明,浙江、江苏种源的乐东拟单性木兰对引种河南西南部有较强的适应性和明显的引种潜力。余燕华[4]对在南京自然降温过程中的乐东拟单性木兰叶片的质膜相对透性进行了测定与分析,结果表明:测定期间乐东拟单性木兰叶片的质膜透性不断增大。钱雅萍[5]对自然越冬期间3种拟单性木兰的各抗寒性指标进行测定,结果表明:SOD活性与平均最低气温呈极显著负相关,可溶性蛋白可在植物受低温胁迫时调节细胞渗透压以达到防止细胞过度脱水而受伤害的效果,半致死温度与采用隶属函数法综合分析所得的抗寒能力大小均为乐东拟单性木兰>光叶拟单性木兰>云南拟单性木兰。冬季低温是常绿阔叶树种向北方城市引种和园林绿化的主要限制因子。研究常绿阔叶树种的抗寒性及其生理生化特性对于选择、应用、推广园林绿化树种有十分重要的理论价值和生产实践意义。目前有关拟单性木兰属植物抗寒性的研究尚未全面展开。本论文以乐东拟单性木兰、峨眉拟单性木兰、云南拟单性木兰、光叶拟单性木兰和凹叶拟单性木兰的7年生植株为试验材料,研究自然降温过程中和人工低温胁迫过程中5种拟单性木兰的抗寒性,以期探明其耐寒能力和抗寒机理,为进一步引种和推广提供依据。

1 材料与方法

1.1 试验材料

试验材料为7年生乐东拟单性木兰(*Parakmeria lotungensis*)、峨眉拟单性木兰(*Parakmeria omeiensis*)、云南拟单性木兰(*Parakmeria yunnanensis*)、光叶拟单性木兰(*Parakmeria nitida*)和凹叶拟单性木兰(*Parakmeria lotungensis* var. *xiangxiensis*)植株。试验材料长势良好,种植于湖南省长沙市中南林业科技大学校园内,正常管理。

1.2 试验方法

分别在2014年11月上旬、2014年12月中旬、2015年1月中旬、2015年2月上旬和2015年3月上旬进行采样,5个时间点的平均最低气温分别为14.8℃、2.5℃、4.5℃、1.2℃、4.3℃。在每种拟单性木兰植株上随机采集位于中上部的当年生侧枝上的第4~6枚完好的成熟叶片,每个树种采集15片左右。采摘后立即装入密封塑料袋,放入冰盒中,带回实验室。将叶片用蒸馏水洗净,擦干后将每个树种的叶片各分为6份,置于密封的自封袋中。将分装好的叶片置于低温恒温槽中,试验设6个温度梯度,分别为:5℃、0℃、-5℃、-10℃、-15℃和-20℃。处理2h后将材料取出放入冰箱(4℃)解冻2h,解冻后测定各材料生理生化指标,重复3次。参照植物生理学实验指导[6],相对电导率测定采用电导仪法,根据相对电导率拟合Logistic方程确定各树种的半致死温度LT_{50},超氧化物歧化酶(SOD)活性测定采用氮蓝四唑(NBT)法,可溶性蛋白含量测定采用考马斯亮蓝G-250染色法。应用模糊数学的隶属函数法对5种拟单性木兰的抗寒能力做综合评价。所得数据用Excel 2003进行计算、统计与图表绘制,用SPSS19.0软件进行Logistic拟合和相关性分析。

2 结果与分析

2.1 自然降温过程中5种拟单性木兰的抗寒性变化

自然降温过程中5种拟单性木兰相对电导率的变化见图1,半致死温度的变化见表1。

由图1可知,5种拟单性木兰在11月上旬气温较高时,相对电导率值较高,而在随后的降温过程中,各树种的相对电导率相比11月上旬有较大降低,但相互之间相差不大,大部分树种在环境最低温(2月上旬)时相对电导率达到最低,3月上旬气温回升后,各树种的相对电导率相比2月上旬有所升高,与平均最低气温呈极显著正相关。

由表1可以看出,从11月中旬到2月上旬,随着气温的下降,5种拟单性木兰的半致死温度均降低,2月上旬各树种的半致死温度达到最低,与平均最低气温呈极显著正相关。整个越冬期间5种拟单性木兰的半致死温度从低到高的顺序为:乐东拟单性木兰<光叶拟单性木兰<凹叶拟单性木兰<峨眉拟单性木兰<云南拟单性木兰。

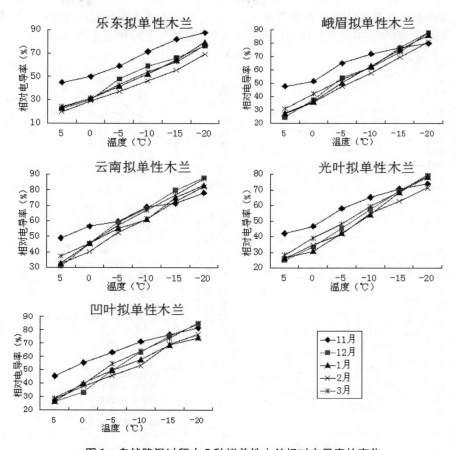

图1 自然降温过程中5种拟单性木兰相对电导率的变化

Fig. 1　Changes of relative electric conductivity of 5 kinds of *Parakmeria* in natural decreasing process of air temperature

表1　5种拟单性木兰的半致死温度

Table 1　The parameters of LT$_{50}$ dynamics of 5 kinds of *Parakmeria*

树种 Species	半致死温度（℃）Semilethal temperature				
	11月 November	12月 December	1月 January	2月 February	3月 March
乐东拟单性木兰	-1.6	-7.38	-7.96	-11.28	-8.07
峨眉拟单性木兰	3.47	-4.35	-4.54	-5.86	-3.49
云南拟单性木兰	4.28	-2.09	-2.9	-3.88	-1.5
光叶拟单性木兰	-0.52	-6.67	-7.34	-8.28	-5.45
凹叶拟单性木兰	2.92	-5.02	-6	-6.4	-3.86

5种拟单性木兰在自然降温过程中的 MDA 含量、SOD 活性、POD 活性、可溶性蛋白含量和游离脯氨酸含量的变化见图2。

由图2可知，5种拟单性木兰叶片在自然降温过程中的 MDA 含量变化趋势相似：随着气温的降低，各树种的 MDA 含量均降低，在气温最低时（2月上旬）MDA 含量达到最低，3月上旬气温回升后，各树种的 MDA 含量相比2月上旬又有所升高。其中乐东拟单性木兰的 MDA 含量最低，云南拟单性木兰的 MDA 含量最高。

5种拟单性木兰都保持较高的 SOD 活性，且随着气温的降低，各树种的 SOD 活性均呈现出上升的趋势，基本在气温最低时（2月上旬）SOD 活性达到最高，3月上旬气温回升后，各树种的 SOD 活性又有所降低。其中乐东拟单性木兰的 SOD 活性降低至低于冬季来临前（11月上旬）的水平。

自然降温过程中 POD 活性均变化不大，随着气温的降低，各树种的 POD 活性均有较小幅度的升高，在气温最低时（2月上旬）POD 活性达到最高，3月气温回升后，各树种的 POD 活性相比2月上旬均有一定程度的下降。整个越冬期间乐东拟单性木兰的 POD 活性最大，云南拟单性木兰的 POD 活性最小。

随着气温的降低，各树种的可溶性蛋白含量呈逐渐上升的趋势，在气温最低时（2月上旬）可溶性蛋白含量达到最高，3月上旬气温回升后，各树种的可溶性蛋白含量相比2月上旬又显著下降，与平均最低气温呈负相关。

5种拟单性木兰在越冬期间的游离脯氨酸含量随着气温的降低总体上呈逐渐上升的趋势，但各树种有所不同，其中乐东拟单性木兰、峨眉拟单性木兰和凹叶拟单性木兰在气温最低时（2月上旬）游离脯氨酸含量达到最高，云南拟单性木兰和光叶拟单性木兰在气温明显下降前(12月上旬)游离脯氨酸含量达到最高。

通过对各生理指标进行分析，得出各生理指标与平均最低气温的相关系数(见表2)。

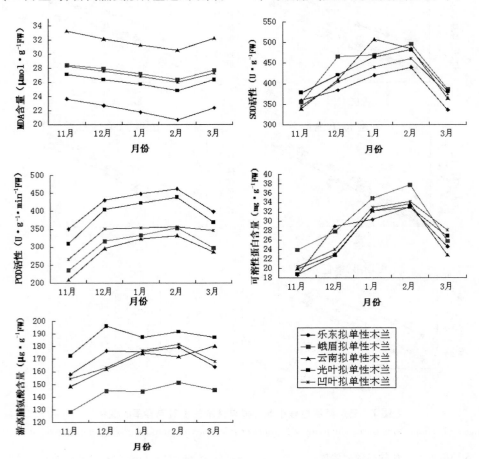

图2 自然降温过程中5种拟单性木兰生理指标的变化

Fig. 2　Changes of indexes of 5 kinds of *Parakmeria* in natural decreasing process of air temperature

表2　各生理指标与平均最低气温的相关系数

Table 2　The correlation coefficient of each physiological

index and the average lowest air temperature

树种	相对电导率	MDA 含量	SOD 活性	POD 活性	可溶性蛋白含量	游离脯氨酸含量	半致死温度
乐东拟单性木兰	0.993 * *	0.781	− 0.482	− 0.894 *	− 0.907 *	− 0.846	0.949 *
峨眉拟单性木兰	0.973 * *	0.727	− 0.824	− 0.933 *	− 0.645	− 0.98 * *	0.988 * *
云南拟单性木兰	0.959 * *	0.81	− 0.642	− 0.935 *	− 0.62	− 0.746	0.973 * *
光叶拟单性木兰	0.978 * *	0.767	− 0.643	− 0.912 *	− 0.72	− 0.953 *	0.966 * *
凹叶拟单性木兰	0.957 * *	0.786	− 0.779	− 0.977 * *	− 0.719	− 0.77	0.968 * *

注：*，* * 分别代表0.05和0.01的显著水平。

由表2可以看出，各树种的相对电导率与平均最低气温呈极显著正相关；MDA 含量与平均最低气温呈正相关，但并不显著；SOD 活性与平均最低气温呈负相关但不显著；POD 活性与平均最低气温呈显著负相关，其中凹叶拟单性木兰的 POD 活性与平均最低气温呈极显著负相关；可溶性蛋白含量与平均最低气温呈负相关，其中乐东拟单性木兰的可溶性蛋白含量与平均最低气温呈显著负相关；游离脯氨酸含量与平均最低气温呈负相关，其中光叶拟单性木兰的游离脯氨酸含量与平均最低气温呈显著负相关，峨眉拟单性木兰的游离脯氨酸含量与平均最低气温呈极显著负相关；乐东拟单性木兰的半致死温度与平均最低气温呈显著正相关，其余树种的半致死温度与平均最低气温呈极显著正相关。

2.2 人工低温胁迫过程中五种拟单性木兰的抗寒性变化

由图1可知，5种拟单性木兰的叶片经一系列低温胁迫处理后，相对电导率发生变化，且变化趋势相似。随着人工胁迫温度的下降，相对电导率呈逐渐上升的趋势，与人工胁迫温度呈极显著负相关。其中乐东拟单性木兰的相对电导率始终最低，云南拟单性木兰的相对电导率始终最高。

5种拟单性木兰在人工低温胁迫过程中的MDA含量、SOD活性、POD活性、可溶性蛋白含量和游离脯氨酸含量的变化见图3。

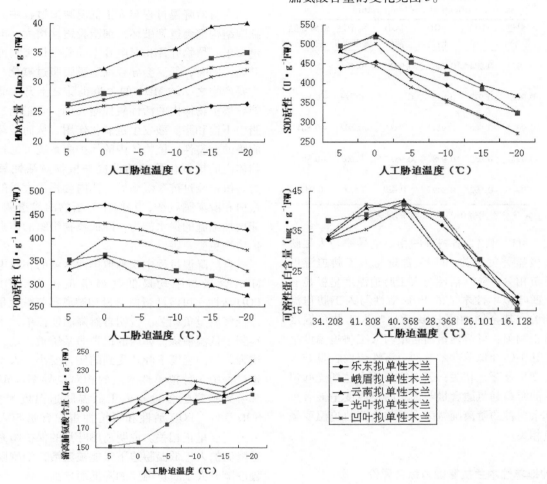

图3 人工低温胁迫过程中5种拟单性木兰生理指标的变化

Fig. 3 Changes of indexes of 5 kinds of *Parakmeria* in artificial stress temperature

由图3可知，5种拟单性木兰的MDA含量变化趋势相似，随着人工胁迫温度的降低均呈逐渐上升趋势。其中乐东拟单性木兰的MDA含量始终最低，云南拟单性木兰的MDA含量始终最高。

随着人工胁迫温度的降低，5种拟单性木兰的SOD活性变化趋势相似，均基本呈逐渐下降趋势。在温度从5℃降低到0℃时，光叶拟单性木兰的SOD活性下降，其他各树种的SOD活性均有小幅度的升高，当温度继续降低时，所有树种的SOD活性均呈逐渐下降的趋势，在温度降低至-20℃时达到最低值。

随着人工胁迫温度的降低，5种拟单性木兰的POD活性变化趋势相似，均基本呈逐渐下降趋势。在温度从5℃降低到0℃时，光叶拟单性木兰的POD活性下降，其他各树种的POD活性均有小幅度的升高，当温度继续降低时，所有树种的POD活性均基本呈逐渐下降的趋势，在温度降低至-20℃时达到最低值。

随着人工低温胁迫温度的降低，各树种的可溶性蛋白含量均呈现出先升后降的趋势。其中凹叶拟单性木兰的可溶性蛋白含量在温度从5℃降至0℃时有上升的现象，其他树种的可溶性蛋白含量在温度从5℃降至-5℃时呈上升的趋势，当温度继续降低时，所有树种的可溶性蛋白含量均呈下降的趋势，在温度降

至 -20℃时达到最低值。

随着人工低温胁迫温度的降低，各树种的游离脯氨酸含量均基本呈逐渐上升的趋势。

通过对各生理指标进行分析，得出各生理指标与人工胁迫温度的相关系数（见表3）。

表3 各生理指标与人工胁迫温度的相关系数

Table 3 The correlation coefficient of each physiological index and artificial stress temperature

树种	相对电导率	MDA含量	SOD活性	POD活性	可溶性蛋白含量	游离脯氨酸含量
乐东拟单性木兰	-0.997**	-0.984**	0.946**	0.943**	0.684	-0.953**
峨眉拟单性木兰	-0.999**	-0.978**	0.955**	0.944**	0.779	-0.968**
云南拟单性木兰	-0.999**	-0.986**	0.914**	0.883**	0.802	-0.864*
光叶拟单性木兰	-0.997**	-0.985**	0.998**	0.982**	0.663	-0.881*
凹叶拟单性木兰	-0.994**	-0.992**	0.949**	0.429	0.827*	-0.947**

注：*，**分别代表0.05和0.01的显著水平。

由表3可以看出，各树种的相对电导率与人工胁迫温度呈极显著负相关；MDA含量与人工胁迫温度呈极显著负相关；SOD活性与人工胁迫温度呈极显著正相关；凹叶拟单性木兰的POD活性与人工胁迫温度呈正相关，其余树种的POD活性与人工胁迫温度呈极显著正相关；可溶性蛋白含量与人工胁迫温度呈正相关，其中凹叶拟单性木兰的可溶性蛋白含量与人工胁迫温度呈显著正相关；云南拟单性木兰和光叶拟单性木兰的游离脯氨酸含量与人工胁迫温度呈显著负相关，其余树种的游离脯氨酸含量与人工胁迫温度呈极显著负相关。

2.3 5种拟单性木兰抗寒能力综合评价

应用模糊数学的隶属函数法对5种拟单性木兰的抗寒能力作综合评价，将每个树种越冬期各个阶段指标的抗寒性隶属函数值累加起来，求其平均值，隶属函数均值越大，该树种的抗寒性就越强。五种拟单性木兰的抗寒能力综合评价结果见表4。

表4 5种拟单性木兰抗寒性的综合评价结果

Table 4 Comprehensive appraisal of cold-resistance about 5 kinds of *Parakmeria*

树种	11月	12月	1月	2月	3月	平均	排名
乐东拟单性木兰	0.574	0.493	0.536	0.511	0.502	0.523	1
峨眉拟单性木兰	0.508	0.504	0.523	0.546	0.512	0.519	3
云南拟单性木兰	0.482	0.495	0.504	0.508	0.508	0.499	5
光叶拟单性木兰	0.499	0.519	0.512	0.522	0.477	0.506	4
凹叶拟单性木兰	0.521	0.533	0.521	0.519	0.508	0.52	2

由表4可知，越冬期内不同时间5种拟单性木兰的平均隶属度值在0.477～0.574之间。5种拟单性木兰的抗寒能力排序为：乐东拟单性木兰 > 光叶拟单性木兰 > 凹叶拟单性木兰 > 峨眉拟单性木兰 > 云南拟单性木兰。

3 讨论

在自然降温过程与人工低温胁迫过程中，植物的细胞结构都会遭到破坏，细胞膜透性增大，电解质大量渗出，植物叶片相对电导率随着受伤害程度增大而升高。同时，低温会导致细胞膜膜脂过氧化，作为其主要产物之一的MDA的含量也随之上升。低温胁迫能导致植物体内的活性氧代谢失调，含量增加，使膜脂中不饱和脂肪酸发生过氧化作用，从而破坏植物细胞膜的完整性。植物体内的保护酶系统可通过加强植物体内的抗氧化酶的活性提高植物对活性氧的抵抗力。植物经过抗寒锻炼后，体内会积累大量的可溶性蛋白和游离脯氨酸，它们作为植物的渗透调节物质，能增加细胞的保水能力，降低植物组织的冰点从而保护植物免受寒害。

自然降温过程中5种拟单性木兰的相对电导率和MDA含量与平均最低气温呈正相关；SOD活性、POD活性、可溶性蛋白含量和游离脯氨酸含量与平均最低气温呈负相关。说明自然降温使拟单性木兰植株得到了低温锻炼，体内的保护酶系统被激活，抗寒性增强，相同温度下叶片受到的伤害变小。人工低温胁迫过程中5种拟单性木兰的相对电导率、MDA含量和游离脯氨酸含量与人工低温胁迫温度呈负相关，SOD活性、POD活性和可溶性蛋白含量与人工低温胁迫温度呈正相关。说明离体叶片的保护酶系统在迅速降温的人工低温胁迫下未能被激活，细胞膜受伤害程度随着人工胁迫温度的降低而增加。

自然降温过程中，5种拟单性木兰的半致死温度与平均最低气温呈显著正相关。5种拟单性木兰的半致死温度从低到高为：乐东拟单性木兰 < 光叶拟单性木兰 < 凹叶拟单性木兰 < 峨眉拟单性木兰 < 云南拟单性木兰。综合评价结果表明，5种拟单性木兰的抗寒能力强弱顺序为：乐东拟单性木兰 > 光叶拟单性木兰 > 凹叶拟单性木兰 > 峨眉拟单性木兰 > 云南拟单性木兰。

本研究对5种拟单性木兰进行了自然低温和人工低温胁迫处理下的抗寒性指标测定，研究了拟单性木兰属植物的抗寒能力，为拟单性木兰属植物的栽培、引种提供了理论依据。在今后的研究中，还可进一步测定其可溶性糖含量、叶绿素含量等生理指标，并可从形态特征、分子水平等方面进行全面研究和探讨。

参考文献

1. 中国科学院中国植物志编辑委员会. 中国植物志：第30卷第1册[M]. 北京：科学出版社, 1996：143.

2. 梁桂友, 温放, 韦毅刚. 广西野生木兰科植物种质资源及其园林应用[J]. 北方园艺, 2012(10)：117－122.

3. 倪荣新, 刘本同, 秦玉川, 等. 10个木兰科树种北移引种试验初报[J]. 江西林业科技, 2010(3)：5－9.

4. 余燕华. 低温胁迫对乐东拟单性木兰若干生理特性影响初报[J]. 亚热带植物学, 2012, 41(4)：31－34.

5. 钱雅萍. 拟单性木兰的抗寒性研究[D]. 南京：南京林业大学, 2012.

6. 陈建勋, 王晓峰. 植物生理学实验指导(第二版)[M]. 广州：华南理工大学出版社, 2006.

盐胁迫下石斛基因组 DNA 甲基化敏感
扩增多态性(MASP)分析

吴超　林巧琦　丁晓瑜　林森洪　黎侠　郭方其
(浙江省农业科学院园艺研究所，杭州 310021)

摘要　以石斛属植物(*Dendrobium*)为材料，研究不同 NaCl 浓度下石斛生理生化指标及基因组 DNA 的甲基化水平和变化模式。结果表明，在 100、150、200mmol/L NaCl 处理下石斛叶片的 SOD、POD 和 CAT 活性发生明显变化。运用甲基化敏感扩增多态性(methylation – sensitive amplification polymorphism，MSAP)技术分析表明，经 100、150、200mmol/L NaCl 处理后基因组 DNA 甲基化比率分别为 71.10%、78.82% 和 73.94%，均低于对照(86.67%)。结果表明，经盐胁迫后铁皮石斛发生了 DNA 甲基化水平和模式改变的表观遗传变异，但甲基化表观遗传变异无统一趋势或规律。与对照相比，100、150、200mmol/L NaCl 胁迫下铁皮石斛叶片基因组 DNA 的甲基化和去甲基化分别为 29.15%、10.49%、19.63% 和 24.22%、19.14%、38.32%。通过实验结果发现，表观遗传学的 DNA 甲基化变异可能是植物耐受盐胁迫环境的机制之一。

关键词　铁皮石斛；盐胁迫；DNA 甲基化；甲基化敏感扩增多态性 MSAP

Methylation Sensitive Amplification Polymorphism Analysis of *Dendrobium officinale* under NaCl Stress

WU Chao　LIN Qiao-qi　DING Xiao-yu　LIN Sen-hong　LI Xia　GUO Fang-qi
(*Institute of Horticulture, Zhejiang Academy of Agricultural Sciences, Hangzhou* 310021)

Abstract　The objectives of this research were to assess the effect of NaCl stress on the development as well asgenomic DNA methylation levels and patterns of *Dendrobium* leaves. The results showed that NaCl stress induced SOD、POD and CATactivity change obviously in *Dendrobium* leaves. Methylation sensitive amplified polymorphism (MASP) analysis showed that genomic DNA methylation levelsof NaCl stressed leaveswere lower than that of the untreated plants(86.67%). The results indicated that NaCl stress induced epigenetic variations in *Dendrobium*leaves；no clear trend or pattern of epigenetic variationschange emerged. At NaClconcentrations of 100, 150 and 200mmol/L, methylation and demethylation of *Dendrobium* leaves genomic DNA were respectively 29.15%, 10.49%, 19.63%and 24.22%, 19.14%, 38.35%. We suggest that DNA methylation might be one of the mechanisms used by plants to combat NaCl stress.

Key words　*Dendrobium officinale*；NaCl stress；DNA methylation；MSAP

　　DNA 甲基化(DNA methylation)是一种主要的表观遗传修饰形式，是调节基因功能的重要手段，在高等植物中普遍存在。DNA 甲基化主要发生在 5' – CpG –3'二核苷酸序列(偶尔为 5' – CpNpG – 3')上，产生 5 – 甲基脱氧胞嘧啶核苷酸(m5C)。植物 DNA 甲基化是一种普遍现象，但 DNA 甲基化水平因植物种类而异，大约 30% ~ 50% 的基因组 DNA 胞嘧啶处于甲基化状态。DNA 甲基化在真核生物基因表达、细胞分化及系统发育中起着重要的调控作用，它与基因的转录失活(尤其转基因的沉默)、转座子的转移失活、基因组印记等多种表观遗传存在密切的关系。

　　甲基化敏感扩增多态性(MSAP)是改良的 AFLP 技术(Xiong. *et al*. 1999)，采用对基因组甲基化敏感性

不同的两种限制性内切酶 HpaII 和 Msp I 对 5 – CCGG 位点甲基化进行特异性切割。Hpa II 和 Msp I 都能识别并切割 CCGG 序列，但对该位点胞嘧啶甲基化的敏感性不同，可产生不同的 DNA 切割片段来揭示甲基化位点。因此，能够很好地反映基因组 DNA 5' – CCGG 位点胞嘧啶的甲基化状态和程度等。现在，MSAP 技术被广泛应用于水稻、拟南芥、柑橘等基因组的胞嘧啶甲基化评定，已成为检测基因组甲基化水平和模式的重要方法之一。

　　为了研究不同盐浓度胁迫对植物表观遗传信息的影响，本文以铁皮石斛为材料，对其组培苗进行不同浓度盐的处理，检测其生理指标的变化，并采用 MSAP 检测胁迫后材料的基因组 DNA 甲基化变化水平，为进一步了

解非生物胁迫对植物生长发育影响提供参考。

1 材料与方法

1.1 试验材料与 NaCl 处理

本研究于 2014 年在浙江省农业科学院园艺研究所花卉分子育种实验室进行。石斛属品种为实验室自育种系,将果荚经 10% NaClO 及 1% 升汞溶液消毒 10min 后,用无菌水冲洗 3 次,播种在兰科无菌萌发培养基上,诱导形成原球茎后,转入继代生根培养基中经 2 个月培养诱导成苗,挑选单一果荚的健康组培小苗进行炼苗培养。

对长势均匀一致的石斛幼苗,分别用 NaCl(浓度 100、150、200mmol/L)进行胁迫处理 2 周,对照施以等量的清水。

1.2 生理指标测定方法

在 NaCl 胁迫处理后取样,可溶性蛋白含量采用考马斯亮蓝 G - 250 法(李玲,2009)测定,游离脯氨酸含量采用酸性茚三酮显色法测定(中国科学院上海植物生理研究所,1999)。SOD、POD 和 CAT 活性分别采用氮蓝四唑(NBT)显色法、愈创木酚法和分光光度计法测定(高俊凤,2000)。

1.3 基因组 DNA 提取及纯化

分别取胁迫处理及对照叶片样品,液氮速冻,-80℃保存备用。以改良的 CTAB 法提取基因组 DNA。取叶片加液氮研碎,加入 2.0% CTAB 提取液,65℃水浴 40min;加入苯酚:氯仿:异戊醇(25:24:1)抽提 2 次后,加入 RNA 酶(10mg · mL)37℃温浴 30min;再以氯仿:异戊醇(25:24)纯化,以无水乙醇沉淀 DNA。得到的 DNA 用 ddH$_2$O 溶解,DNA 质量和浓度采用 0.8% 琼脂糖凝胶电泳检测及核酸蛋白测定仪测定,于 -20℃保存备用。

1.4 甲基化敏感扩增多态性(MSAP)分析及丙烯酰胺凝胶电泳

MSAP 主要步骤、体系及分析参考 XiongL Z,等(1999)的方法,试验采用的接头引物、预扩增引物及选择性扩增引物见表 1。引物由上海赛百胜生物科技有限司合成。

表 1　MSAP 分析所用引物

Table 1　Primers used in MSAP analysis

接头与引物 Adaptor and primer	名称 Name	序列 Sequence
接头 Adaptor	EcoR I – adapter I	5' – CTCGTAGACTGCGTACC – 3'
	EcoR I – adapter II	5' – AATTGGTACGCAGTC – 3'
	Hpa II/Msp I – adapter I	5' – GATCATGAGTCCTGCT – 3'
	Hpa II/Msp I – adapter II	5' – CGAGCAGGACTCATGA – 3'
预扩增引物 Pre – amplification primer	EcoR I + A	5' – GACTGCGTACCAATTCA – 3'
	Hpa II/Msp I +0	5' – ATCATGAGTCCTGCTCGG – 3'
	EcoR I + AAC	5' – GACTGCGTACCAATTCAAC – 3'
	EcoR I + ACA	5' – GACTGCGTACCAATTCACA – 3'
	EcoR I + AGC	5' – GACTGCGTACCAATTCAGA – 3'
	EcoR I + ATC	5' – GACTGCGTACCAATTCATC – 3'
选择性扩增引物 Selective – amplification primer	Hpa II/Msp I + TCT	5' – ATCATGAGTCCTGCTCGGTCT – 3'
	Hpa II/Msp I + TCG	5' – ATCATGAGTCCTGCTCGGTCG – 3'
	Hpa II/Msp I + TCC	5' – ATCATGTCCTGCTCGGTCC – 3'
	Hpa II/Msp I + TTC	5' – ATCATGAGTCCTGCTCGGTTC – 3'
	Hpa II/Msp I + TTG	5' – ATCATGAGTCCTGCTCGGTTG – 3'
	Hpa II/Msp I + TTA	5' – ATCATGAGTCCTGCTCGGTTA – 3'
	Hpa II/Msp I + TGA	5' – ATCATGAGTCCTGCTCGGTGTGA – 3'
	Hpa II/Msp I + TGT	5' – ATCATGAGTCCTGCTCGGTGT – 3'

酶切反应体系20μL（DNA 500ng，EcoRⅠ5U，HpaⅡ/MspⅠ5U，10×buffer 2.5μL），37℃温浴6～8h，65℃灭活10min。接头连接反应体系30μL（双酶切产物20μL，EcoRⅠ接头EA1、EA2各5pmol，HpaⅡ/MspⅠ接头MA1、MA2各50pmol，T4 DNA ligase 0.8U，10×T4 Ligation buffer 2.8μL），16℃连接14h。预扩增体系20μL（连接产物3μL，EcoRⅠ预扩增引物E05pmol，HpaⅡ/MspⅠ预扩增引物MH0 5pmol，10mmol/LdNTP0.5μL，0.4U TaqDNA polymerase），PCR反应程序为94℃4min；94℃30s，56℃30s，72℃1min，30个循环；72℃8min。预扩增产物稀释20倍后作为选择扩增模板，反应体系与预扩增相同，PCR程序为94℃2min；94℃30s，65℃（每个循环下降1.0℃）30s，72℃1min共13个循环；接着94℃30s，56℃30s，72℃1min，23个循环；72℃10min。选择扩增产物变性后进行6%聚丙烯酰胺凝胶电泳分离，硝酸银染色后进行H（EcoRⅠ/HpaⅡ）和M（EcoRⅠ/MspⅠ）泳道条带数及带型统计分析。每一条带代表一个酶切识别位点，有带和无带分别记为"＋"和"－"。试验所用限制性内切酶EcoRⅠ、HpaⅡ、MspⅠ，Taq DNA polymerase，T4 DNA ligase购自TaKaRa公司。

2　结果与分析

2.1　不同浓度NaCl胁迫对铁皮石斛生理指标的影响

在植物受到不同的环境胁迫时，植物体内游离脯氨酸的含量会发生很大变化，植物体内清除活性氧的重要细胞保护酶SOD、POD和CAT的活性高低也反映了植物的逆境胁迫的适应能力。测定结果（图1）

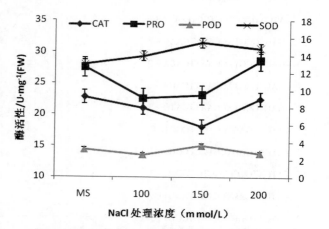

图1　NaCl胁迫对铁皮石斛生理生化指标的影响

Fig. 1　Effect of the physiological and biochemical indexes under NaCl stress

发现，随着NaCl处理浓度的提高，石斛的SOD含量和POD含量均表现出先降后升的趋势，在NaCl处理浓度150mmol/L时出现最高值。CAT含量和SOD含量出现先降低后升高的趋势，在NaCl处理浓度100mmol/L和150mmol/L时出现最低值。实验结果表明，NaCl处理可以刺激和诱导石斛生理生化发生变化，使其在一定时间内处于较高活性，从而清除自由基，维持细胞膜活性，提高石斛的抗性。

2.2　不同浓度NaCl胁迫引起的甲基化水平变化

样品DNA经HpaⅡ/EcoRⅠ（H）和MspⅠ/EcoRⅠ（M）两种组合酶切后的产物有4种甲基化类型，但在聚丙烯酰胺凝胶电泳分析中只能检测出3种甲基化类型：Ⅰ. H和M组合都有带，表明CCGG位点未甲基化；Ⅱ. H有带，M无带，表明CCGG位点发生单链外部甲基化（CG甲基化/半甲基化）；Ⅲ. H无带，M有带，表明CCGG位点发生双链内部甲基化（CG甲基化/全甲基化）。

为了检测石斛在响应不同浓度NaCl胁迫过程中的DNA甲基化模式，利用4条EcoRⅠ引物和4条MspⅠ/HpaⅡ引物组合成16对引物，对来自对照和不同浓度NaCl处理的石斛叶片基因组DNA进行MSAP分析。表2表明，3种不同浓度的NaCl胁迫能够诱导石斛叶片全基因组DNA胞嘧啶甲基化水平发生不同的变化，总体半甲基化率高于全甲基化率。在不同浓度NaCl处理条件下，叶片未甲基化的比率均高于对照处理；100mmol/L浓度NaCl处理的半甲基化低于对照，完全甲基化率高于对照；150mmol/L浓度NaCl处理的半甲基化率高于对照，完全甲基化率低于对照；200mmol/L浓度NaCl处理的半甲基化率和完全甲基化率均低于对照。由此推测，石斛苗经NaCl胁迫后存在基于DNA甲基化水平和模式改变的表观遗传变异，基因组CCGG位点发生甲基化的方式主要是以双链半甲基化（mCCGG）为主。200mmol/L以下浓度NaCl处理的幼苗未见死亡，表明改实验采用浓度均为非致死浓度。

表 2　不同浓度 NaCl 处理对石斛基因组 DNA 甲基化水平的影响

Table 2　Effects of different NaCl concentrations on the levels of genomic DNA methylation in *Dendrobium*

NaCl 浓度	甲基化扩增类型 Types of amplified bands						总扩增带A Total amplified bandsA	B总甲基化带比 Total methylated bandsB	甲基化带比 Methylated Bandsratio/%
	未甲基化的 GGGG 位点 The CCGG lociof non-methylated		甲基化的 CCGG 位点 The CCGG lociof methylated						
			完全甲基化位点 Fully methylated loci		半甲基化位点 Half methylated loci				
	类型 I Type I	比例 Ratio/%	类型 II Type II	比例 Ratio/%	类型 III Type III	比例 Ratio/%			
CK	32	13.33	54	22.50	154	64.17	240	208	86.67
100	76	28.90	84	31.94	103	39.16	263	187	71.10
150	43	21.18	22	10.84	138	67.98	203	160	78.82
200	50	26.04	37	19.27	105	54.69	192	142	73.94

　　A：总扩增带数 = I + II + III；B：总甲基化带数 = II + III；完全甲基化比率 = 类型 II/总扩增带数；半甲基化比率 = 类型 III/总扩增带数；甲基化带比 = 总甲基化带数/总扩增带数。

2.3　基因组 DNA 甲基化修饰水平分析

表 3　NaCl 处理与对照的甲基化状态

Table 3　Patterns of DNA methylation in NaCl treatments and controls

酶切 a Digestiona				甲基化状态变化 Changes of methylation status		对照与 NaCl 处理的比较 Comparison between the controls and NaCl treatment			带型 Band paten
H	M	H	M	处理前 Before treatment	处理后 After treament	CK－100	CK－150	CK－200	
0	0	0	1	CCGG GGCC	CCGG GGCC	33	9	8	B1
0	0	1	1	CCGG GGCC	CCGG GGCC	4	5	23	B4
0	1	1	1	CCGG GGCC	CCGG GGCC	15	7	6	B1
1	0	1	1	CCGG GGCC	CCGGGGCC CCGGGGCC	2	10	4	B2
1	1	1	0	CCGG GGCC	CCGGGGCC CCGGGGCC	60	11	15	A2
1	1	0	1	CCGG GGCC	CCGG GGCC	4	6	6	A1
0	1	0	0	CCGG GGCC	CCGG GGCC	1	0	0	A3
1	0	0	0	CCGGGGCC CCGGGGCC	CCGG GGCC	0	0	0	A4

（续）

酶切 a Digestiona				甲基化状态变化 Changes of methylation status		对照与 NaCl 处理的比较 Comparison between the controls and NaCl treatment			带型 Band paten
H	M	H	M	处理前 Before treatment	处理后 After treament	CK - 100	CK - 150	CK - 200	
0	1	1	0	CCGG GGCC	CCGGGGCC CCGGGGCC	0	0	1	C
1	1	1	1	CCGG GGCC	CCGG GGCC	100	112	38	D1
1	0	1	0	CCGGGGCC CCGGGGCC	CCGGGGCC CCGGGGCC	3	2	1	D2
0	1	0	1	CCGG GGCC	CCGG GGCC	1	0	5	D3

表 4　NaCl 处理对石斛基因组 DNA 甲基化状态的影响

Table 4　Effects of different NaCl concentrations on the Patterns of genomic DNA methylation in *Dendrobium*

对照与 NaCl 处理的比较 Camparison between the contols and NaCltreatnent	甲基化带[a] Methylated bands[a]	总甲基化多态性带型 Polymorphism Bands								单态性带型 Monom orphism Bands	
		A 型 TypeA	比率 Ratio/%	B 型 TypeB	比率 Ratio/%	C 型 TypeC	比率 Ratio/%	多态性带[b] Polymorphism band[b]	比率 Ratio/%	D 型 TypeD	比率 Ratio/%
CK - 100	223	65	29.15	54	24.22	0	0	119	53.36	104	46.64
CK - 150	162	17	10.49	31	19.14	0	0	48	29.63	114	70.37
CK - 200	107	21	19.63	41	38.32	1	0.93	63	58.88	44	41.12

　　为了检测石斛在不同 NaCl 浓度处理过程中的 DNA 甲基化模式，利用 16 对引物组合（表 1）对来自对照和处理的石斛叶片基因组 DNA 进行 MSAP 分析。不同的处理浓度与对照的甲基化敏感性扩增共比较产生 12 种带型（表 3），其中甲基化带型分为多态性和单态性 2 种，多态性甲基化带型与对照相比在甲基化模式上的不同，说明 CCGG 位点甲基化状态在不同浓度处理时发生改变。该多态性又有 3 种状态即甲基化（A 型）、去甲基化（B 型）和不定类型（C 型）。其中，A 型中的 A1 和 A2 为重新甲基化（对照 H 和 M 泳道都有带，而处理仅 H 或 M 泳道有带），A3 和 A4 为超甲基化（对照仅 H 或 M 有一条带，而处理 H 和 M 泳道都没带）。A 型表明不同 NaCl 浓度诱导铁皮石斛叶片基因组 DNA 发生了甲基化水平增加的变化；B 型含 B1、B2、B3 和 B4，为去甲基化类型，甲基化状态与 A 型相反，表明 NaCL 处理后基因组 DNA 发生了甲基化水平下降的变化；C 型为不定类型，对照组与处理组中 DNA 甲基化程度的差异无法确定。单态性即对照与处理之间有相同的带型（D 型），表明 NaCl 处理后在 CCGG 位点的甲基化状态没发生变化。其中，D1 型为未甲基化，D2 和 D3 为半甲基化。处理与对照的甲基化模式带型 A、B、C 和 D 及相应的位点数见表 3。

　　由表 3 可以看出，100、150 和 200mmol/L NaCl 处理的石斛基因组 DNA 甲基化（A 型）位点数分别为 65、17 和 21，占总甲基化多态性扩增位点数的 29.15%、10.49% 和 19.63%；去甲基化（B 型）位点数分别为 54、31 和 41，占总甲基化多态性扩增位点数的 24.22%、19.14% 和 38.32%。其中，与对照相比，100、150 和 200mmol/L NaCl 处理后的总甲基化多态性分别为 53.36%、29.63% 和 58.88%，甲基化状态未发生变化（D 型）比率分别为 46.64%、70.37% 和 41.12%。由此可以看出，NaCl 胁迫处理后，石斛基因组 DNA 的甲基化程度变化不同；在扩增的甲基化位点中，100mmol/LNaCl 胁迫会诱导甲基化的位点数高于发生去甲基化的位点数，但随着 NaCl 浓度的增加发生去甲基化的位点数高于甲基化的位点数（表4），同时基因组 DNA 甲基化多态性也随之增加。表明石斛叶片基因组 DNA 的甲基化和去甲基化之比会随着 NaCl 胁迫的增强而逐步变化。

3　讨论

DNA 甲基化水平的改变在植物调控重要功能基因表达、胁迫防御以及细胞发育与分化等方面具有重要作用，大量报道指出植物对于盐类物质胁迫应答需要甲基化的改变（陆许可，等 2014；黄韬宇，等 2013；Richards E J. 1997；Yoder J A, et al 1997）。非生物胁迫都可能产生甲基化表观位点变异，大部分变异在世代内不同单株间具有稳定性，部分甚至可在世代间稳定遗传，随机性较小（彭海，等 2011）。在植物基因中的启动子和编码区的过度甲基化能阻碍转录因子复合体与 DNA 的结合抑制基因的表达，引起基因沉默；而去甲基化则有利于基因表达（李雪林，等 2009）。因此，监测基因组甲基化水平的变化有助于研究植物逆境胁迫应答的分子机理及相关功能基因的表达调控。

在本研究中，100mmol/L NaCl 对石斛有一定抑制作用，但 200mmol/L 会严重抑制现象。在植物生长中过量的盐会造成植物细胞早期水分亏缺，降低了植物的吸水能力而影响植物生长；后期会对植物细胞造成毒性作用影响细胞代谢而进一步抑制植物生长。通常高等植物 DNA 被甲基化的碱基是胞嘧啶，不同植物及不同组织 DNA 甲基化不完全一致（Richards E J. 1997）。

从本研究对正常生长石斛的 MSAP 分析来看，其甲基化敏感扩增位点多态性（全甲基化和半甲基化位点）占总扩增位点数的比例达到了 86.67%，这一结果高于很多研究（Zhao Y, et al 2008；Cervera M T, et al 2002）的结果，推测不同材料的甲基化带型比例存在差异。另外，在植物基因组中 CAG、CTG 和 CCG 位点也经常发生甲基化，但 MSAP 方法只能检测 CG 和部分 CCG 的甲基化情况且对于双链内外胞嘧啶甲基化无法检测，因此整个基因组中胞嘧啶的实际甲基化率可能高于本实验的结果（杜亚琼，等 2011）。在本研究中，不同浓度 NaCl 能够诱导铁皮石斛基因组 DNA 胞嘧啶甲基化水平发生不同的变化，但胁迫处理甲基化的比率均低于对照处理，推测低甲基化的表现是一种简单且间接影响逆境胁迫的方式，或者是一种准确调控基因表达的防御机制（Kovalchuk O, 2003）。

通过对不同浓度 NaCl 胁迫下石斛基因组 DNA 甲基化模式的分析，发现铁皮石斛基因组 DNA 的甲基化程度出现不同变化；在扩增的甲基化位点中，100mmol/LNaCl 胁迫会诱导甲基化的位点数高于发生去甲基化的位点数，但随着 NaCl 浓度的增加发生去甲基化的位点数高于甲基化的位点数，同时基因组 DNA 甲基化多态性也随之增加。表明石斛叶片基因组 DNA 的甲基化和去甲基化之比会随着 NaCl 胁迫的增强而逐步变化。与前面统计结果类似，当胁迫持续增强时利用甲基化关闭相关基因而终止其表达，以减少消耗来维持最低的生长发育，通过升高甲基化比例来达到构建基因组防御体系的机制（Kovalchuk O, 2003）。

4　结论

石斛对不同浓度 NaCl 的胁迫反应不同。100mmol/L NaCl 对石斛幼苗的生长有一定的抑制作用，大量的抗氧化酶活含量上升，而 NaCl 浓度达到 200mmol/L 时会严重抑制其生长。石斛叶片基因组 DNA 的甲基化水平随着 NaCl 胁迫浓度的升高而逐渐降低，通过此种方式来响应非生物胁迫。

参考文献

1. Zhao Y, Yu S, Xing C, Fan S, Song M. Analysis of DNA methylation in cotton hybrids and their parents[J]. MolBiol, 2008, 42: 169 – 178.

2. Cervera M T, Ruiz – Garcia L, Martinez – Zapater J M. Analysis of DNA methylation in *Arabidopsis thaliana* based on methylation – sensitive AFLP markers[J]. Mol Genet Genom, 2002, 268: 543 – 552.

3. Kovalchuk O, Burke P, Arkhipov A, Kuchma N, Jill James S, Kovalchuk I, Pogribny I. Genome hypermethylation in *Pi-nussilvestris* of Chernobyl—A mechanism for radiation adaptation? [J]. Mutation Res, 2003, 529: 13 – 20.

4. Richards E J. DNA methylation and plant development [J]. Trends Genet, 1997, 13: 319 – 323.

5. Yoder J A, Walsh C P, Bester T H. Cytosine methylation and the ecology of intragenomic parasites [J]. Trends Genet, 1997, 13: 335 – 340.

6. 彭海，席婷，张静，等. 盐胁迫下植物 DNA 甲基化的稳定性[J]. 中国农业科学，2011, 44(12): 2431 – 2438.

7. 陆许可, 王德龙, 阴祖军, 等. NaCl 和 Na_2CO_3 对不同棉花基因组的 DNA 甲基化影响[J]. 中国农业科学, 2014, 47(16): 3132 – 3142.

8. 黄韬宇, 张海军, 邢艳霞, 等. NaCl 胁迫对黄瓜品种种子萌发期的影响及 DNA 甲基化的 MSAP 分析[J]. 中国农业科学, 2013, 46(8): 1646 – 1656.

9. 樊洪泓, 李廷春, 李正鹏, 等. PEG 模拟干旱胁迫对石斛 DNA 表观遗传变化的 MSAP 分析[J]. 核农学报, 2011, 25(2): 0363 – 0368.

10. 盖树鹏, 张风, 张玉喜, 等. 低温解除牡丹休眠进程中基因组 DNA 甲基化敏感扩增多态性(MSAP)分析[J]. 农业生物技术学报, 2012, 20(3): 261 – 267.

11. 姚培娟, 李际红, 亓晓, 等. 欧石楠体细胞胚发生过程中的 DNA 甲基化[J]. 植物生理学报, 2013, 49(3): 1413 – 1420.

12. 高桂珍, 应菲, 陈碧云, 等. 热胁迫过程中白菜型油菜种子 DNA 的甲基化[J]. 作物学报, 2011, 37(9): 1597 – 1604.

13. 高寰, 张铮, 周婷, 等. 三叶木通 MSAP 反应体系的优化及引物筛选[J]. 中草药, 2012, 43(3): 572 – 576.

14. 杜亚琼, 王子成, 李霞. 土霉素胁迫下拟南芥基因组 DNA 甲基化的 MSAP 分析[J]. 生态学报, 2011, 31(10): 2846 – 2853.

15. 李雪林, 林忠旭, 聂以春, 等. 盐胁迫下棉花基因组 DNA 表观遗传变化的 MSAP 分析[J]. 作物学报, 2009, 359(4): 588 – 596.

16. 李际红, 邢世岩, 王聪聪, 等. 银杏基因组 DNA 甲基化修饰位点的 MSAP 分析[J]. 园艺学报, 2011, 38(8): 1429 – 1436.

17. 洪柳, 邓秀新. 应用 MSAP 技术对脐橙品种进行 DNA 甲基化分析[J]. 中国农业科学, 2005, 38(11): 2301 – 2307.

18. Xiong L Z, Xu C G, Marfoof M A S, Zhang Q. Patterns of cytosine methylation in an elite rice hybrid and its parental lines, detected by a methylation – sensitive amplification polymorphism technique[J]. Molecular and General Geneticst, 1999, 261: 439 – 446.

温度对牡丹'洛阳红'切花花色和花青素苷合成的影响[*]

杜丹妮　张超　高树林　董丽[①]

（花卉种质创新与分子育种北京市重点实验室，国家花卉工程技术研究中心，城乡生态环境北京实验室，

北京林业大学园林学院，北京 100083）

摘要　以牡丹'洛阳红'（*Paeonia suffruticosa* 'Luoyang Hong'）开放级别 S1 级的切花为材料，研究不同温度（22℃和35℃）处理对切花开放进程、花色和花青素苷合成的影响。结果表明：与22℃处理相比，35℃处理加速切花衰老，缩短切花瓶插寿命；使切花花色蓝度下降、红度和彩度增加，花瓣花青素苷含量增加。在牡丹'洛阳红'切花开放过程中（破绽期—盛开期），35℃高温抑制与花青素苷合成相关的 6 个结构基因（PsCHS1、PsCHS1、PsF3H1、PsF3'H1、PsANS1、PsDFR1）的表达；在切花开放前期 S2~S3（破绽期—初开期）抑制与花青素苷合成相关的 5 个调节基因（PsWD40-1、PsWD40-2、PsMYB2、PsbHLH1、PsbHLH3）的表达。温度主要对花青素苷合成上游途径中 PsCHS1 和 PsCHI1 基因进行调控；下游途径中 PsDFR1 和 PsANS1 基因对高温的响应很敏感，35℃高温处理后基因的表达量急剧下降。综上表明，高温主要通过对 PsCHS1、PsCHI1、PsDFR1 和 PsANS1 基因的调控来影响花青素苷的积累与合成。

关键词　牡丹'洛阳红'；高温；切花寿命；花青素苷；结构基因

Effect of Temperature on Flower Color and Anthocyanin Biosynthesis in Tree Peony（*Paeonia suffruticosa*）'Luoyang Hong' Cut Flower

DU Dan-ni　ZHANG Chao　GAO Shu-lin　DONG Li

（*Beijing Key Laboratory of Ornamental Plants Germplasm Innovation & Molecular Breeding*，
National Engineering Research Center for Floriculture，*Beijing Laboratory of Urban and Rural Ecological Environment and College of Landscape Architecture*，*Beijing Forestry University*，*Beijing* 100083）

Abstract　The cut flowers of *Paeonia suffruticosa* 'Luoyang Hong' were used as materials. Effects of different temperature（22℃ and 35℃）on opening process. flower color and anthocyanin biosynthesis were researched. The results showed that the vase life was reduced and senescence was increased by high-temperature. Flowers under 35℃ treatment showed lower lightness，higher redness，higher chroma and increased anthocyanin accumulation. High-temperature Inhibited anthocyanin biosynthesis in the cut flowers via the suppression of structural genes transcription（PsCHS1、PsCHI1、PsF3H1、PsF3'H1、PsANS1、PsDFR1）. High-temperature Inhibited anthocyanin biosynthesis in the cut flowers via the suppression of regulatory genes transcription in openning earlier（PsWD40-1、PsWD40-2、PsMYB2、PsbHLH1、PsbHLH3）. Temperature mainly regulated and controled upstream gene PsCHS1 of anthocyanin biosynthesis. Downstream genes PsDFR1 and PsANS1 were sensitive to high-temperature，which have the lowest transcription by the high-temperature treatment. According to all above results，it can be concluded that temperature mainly regulated and controled PsCHS1、PsCHI1、PsDFR1 and PsANS1 to effect the anthocyanin biosynthesis.

Key words　*Paeonia suffruticosa* 'Luoyang Hong'；High-temperature；Life of Cut Flowers；Anthocyanin；Structural Genes

花色是观赏植物最重要的观赏性状之一，也是切花最重要的采后品质之一。花青素苷是被子植物花色表达的主要呈色物质（Grotewold，2006）。迄今为止对花青素苷合成途径的解析已较为清楚，其生物合成途径涉及多个代谢步骤。结构基因和调节基因两类基因共同构成了花青素苷合成途径的分子调控网络，控制

———————————

* 基金项目：高等学校博士学科点专项科研基金（20130014110014）。

① 通讯作者。董丽（1965-），女，博士，教授，研究方向：园林植物与观赏园艺，E-mail：dongli@ bjfu. edu. cn。

花青素苷生物合成(Petroni *et al.*，2011)。花青素苷的合成与呈色受到环境因子的调节，环境因子通过调控花青素苷合成途径上的相关结构基因和调节基因的表达，影响植物器官中花青素苷的合成。光、温度、水分、糖类物质、土壤 pH 值和激素等外界环境因子均会影响观赏植物花青素苷的合成和呈色(Weiss *et al.*，1988)。前人研究发现15℃的低温条件对长叶车前(*Plantago lanceolata*)花瓣中花青素苷积累有促进作用，然而在27℃较高温条件下，其花青素苷的含量有明显的下降(Stiles *et al.*，2007)；32℃的高温降低了菊花(*Dendranthema morifolium*)舌状花中花青素苷的含量，表现出褪色，在菊花花青素苷合成途径中，温度主要通过调控下游基因 *DFR* 和 *ANS* 的表达影响花瓣中花青素苷的合成和呈色(Nozaki *et al.*，2006)。芍药(*Paeonia lactiflora*)等多种观赏植物的花青素苷合成途径已被解析(Zhao *et al.*，2012)。但是对于牡丹(*Paeonia suffruticosa*)的研究仅有对 6 个结构基因(*PsCHS*1、*PsCHI*1、*PsF3H*1、*PsF3'H*1、*PsANS*1、*PsDFR*1)和 5 个调节基因(*PsWD40 - 1*、*PsWD40 - 2*、*PsMYB2*、*PsbHLH*1、*PsbHLH*3)的分离和表达(周琳等，2010，2011；张超等，2014)，可见牡丹花色形成的分子机理研究仍处于初级阶段(Zhang *et al.*，2014，2015)。国内外对牡丹品种和野生种的花青素苷种类和构成有一定的研究，但仍停留在化学色素的水平上(Wang *et al.*，2005)。温度因子对牡丹'洛阳红'切花花色品质和花青素苷合成的分子调控机制也尚未被解析。为此本研究以牡丹'洛阳红'切花为材料，研究不同温度处理下，切花瓶插过程中的开花指数、瓶插寿命、花径大小、花枝鲜重、花色和花青素苷含量，并通过测定花青素苷合成相关的 5 个调节基因和 6 个结构基因的表达量，解析牡丹'洛阳红'切花瓶插过程中花青素苷的合成受温度调控的分子机制，为牡丹切花采后技术的开发提供理论基础。

1 材料与方法

1.1 植物材料与处理

试验材料为牡丹'洛阳红'S1 级(郭闻文等，2004)切花，取自河南省洛阳市孟津县朝阳镇卫坡村。在蒸馏水中重新剪切花枝至 20cm 瓶插于盛有 100mL 的 0.5mg·L^{-1}次氯酸钠溶液中，试验进行以下处理：设定环境条件为光照强度 40μmol/(m^2·s)，温度 22℃，相对湿度50%，光周期 12h/12h；设定环境条件为光照强度 40μmol/(m^2·s)，温度 35℃，相对湿度50%，光周期 12h/12h。各处理均瓶插 30 枝采后切花，每天定时更换瓶插液。

待各处理切花发育到不同级别(郭闻文等，2004)时进行随机取样，测定花色表型后分别称取约 0.2g 中层花瓣(从外到内第 4~6 轮花瓣)用锡箔纸包好，标记重量，液氮速冻后保存于 - 80℃，用于花青素苷含量的测定及基因表达的分析。每个级别的取样各重复 3 次。

1.2 形态指标的测定

牡丹'洛阳红'切花瓶插期间，在 0、4、8、12、24、48、72、96 和 120h 时分别从各处理中随机选取10 枝切花观测开花指数、花径大小、花枝鲜重和瓶插寿命 4 项指标，各项指标数据结果均取 10 支切花的平均值。

花色测定：对各处理开放过程中开花级别为S2~S5 级(郭闻文等，2004)的中瓣花瓣(从外到内第 4~6 轮花瓣)区域，使用色差仪 NF333(spectrophotometer，Nippon Denshoku Industries Co. Ltd.，Japan)测量牡丹'洛阳红'切花花瓣的颜色，单朵花重复测定 5 次。根据下列公式计算出彩度 $C*$ 值(Voss，1992)：$C* = (a*^2 + b*^2)^{1/2}$。

1.3 总花青素苷含量测定

参考 Nakatsuka(2008)花青素苷测定方法，每个处理每个级别测量 3 朵花，每朵花称取约 0.2g 中层花瓣，将花瓣于液氮中研磨，加入 10mL 1%(v/v)盐酸甲醇溶液，4℃条件下静置 24h。离心过滤取上清液，用分光光度计 Beckman DU - 800(Beckman Instruments，Fullerton，CA)测定波长 526nm 下提取液中的吸光度(OD)，除以样品鲜重得到最终花青素苷含量。测量数据经 Excel、SPSS 分析。

1.4 花瓣总 RNA 的提取和花青素苷合成关键基因的表达

采用 CTAB 法(孟丽等，2006)提取各个样品的总 RNA，参照 Promega 公司 M - MLV 反转录酶说明书反转录合成 cDNA 后保存于 - 20℃备用。采用 Bio - Rad Miniopticon Real - Time PCR 仪(Bio - Rad，USA)进行目标基因实时荧光定量 PCR 表达分析。以牡丹 *Psubiquitin* 基因为内参(王彦杰等，2012)，对 6 个结构基因(*PsCHS*1、*PsCHI*1、*PsF3H*1、*PsF3'H*1、*PsANS*1、*PsDFR*1)和 5 个调节基因(*PsWD40 - 1*、*PsWD40 - 2*、*PsMYB2*、*PsbHLH*1、*PsbHLH*3)进行荧光定量 PCR 反应，每个样品设 3 次重复。荧光值由 Bio - Rad CFX 2.0 软件直接读取，采用 $2^{-\triangle\triangle CT}$ 方法进行数据分析(Livak *et al.*，2001)。测量数据经 Excel、SPSS 分析。

2 结果与分析

2.1 温度对牡丹'洛阳红'切花开花指数和瓶插寿命的影响

由图1(A)可见,35℃处理明显加速了牡丹'洛阳红'切花花朵开放进程。切花瓶插至48h时,35℃处理下的花朵平均开花指数已达S4级,切花开始进入最佳观赏期(S4～S5),而此时22℃处理下的花朵平均开花指数仅达S2级。35℃处理下的牡丹'洛阳红'切花平均开花指数达到盛开期S5级的瓶插时间是72h,相比22℃处理下的切花平均开花指数提早

了1d。

由图1(B)可见,35℃较高温度的环境条件明显缩短了牡丹'洛阳红'切花的瓶插寿命。对各处理切花衰老特征进行观察发现,在牡丹'洛阳红'切花盛开后期,开花指数在S5～S6时期时,各处理花瓣表现出不同程度的蓝变、萎蔫以及落瓣现象。其中22℃处理下的牡丹切花在盛开后期落瓣现象严重,部分花枝出现蓝变和萎蔫现象,35℃处理下的牡丹'洛阳红'切花落瓣现象虽不明显,但花瓣蓝变和花瓣边缘萎蔫现象严重。

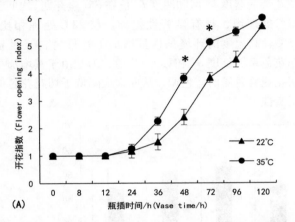
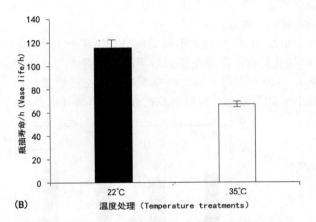

图1 不同温度处理对牡丹'洛阳红'切花开花指数(A)和瓶插寿命(B)的影响。数据表示为平均值±标准误(N = 10)。

Fig. 1　Different temperature treatments on the flower opening index (A) and vise life (B) of *Paeonia suffruticosa* 'Luoyang Hong' cut flowers. Vertical bars represent standard errors of 10 replicates.

*表示差异显著($P < 0.05$),＊＊表示差异极显著($P < 0.01$),＊＊＊表示差异极显著($P < 0.001$),下同。

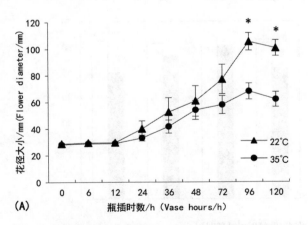
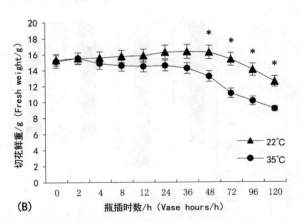

图2 不同温度处理对牡丹'洛阳红'切花花径大小(A)和切花鲜重(B)的影响。数据表示为平均值±标准误(N = 10)。

Fig. 2　Different temperature treatments on the flower diameter(A) and fresh weight(B) of *P. suffruticosa* cut flowers. Vertical bars represent standard errors of 10 replicates.

2.2 温度对牡丹'洛阳红'切花花径大小和切花鲜重的影响

由图2(A)可见,不同温度处理下,牡丹'洛阳红'切花花径增长趋势均表现为先增大后减小的变化趋势,花径平均最大值均在96h。说明花朵开放至盛开期S5级时花径值最大,随后在切花衰老过程中花径开始萎缩变小。牡丹切花瓶插至72h时,35℃处理下的切花花径平均值表现出低于22℃处理的趋势,直到96h明显低于22℃处理下的切花。说明35℃处理下的牡丹'洛阳红'切花开放至盛开期S5级时的花径值明显小于22℃处理下的切花,明显抑制了牡丹切花花径的增大。

由图2(B)可见,不同温度处理下的牡丹'洛阳红'切花鲜重均呈现先增加后下降的趋势。切花瓶插48 h~120 h 期间,35℃处理下的切花花枝鲜重值明显小于22℃处理。说明切花在开放至半盛开期S4级

时就开始出现鲜重下降的现象直到衰老。相比22℃处理,35℃处理明显降低了牡丹'洛阳红'切花的花枝鲜重。

2.3 温度对牡丹'洛阳红'切花花色和花青素苷含量的影响

牡丹'洛阳红'切花在不同温度不同开花级别下的花色系数明度 L^* 、红度 a^* 、蓝度 b^* 和彩度 C^* 值如图3所示。35℃处理下牡丹切花花朵的红度 a^* 值和彩度 C^* 值在S5(盛开期)均高于22℃处理组,且有显著性差异。相反,35℃处理下的牡丹'洛阳红'切花花朵的蓝度 b^* 值和明度 L^* 值在S5(盛开期)均低于22℃处理组,且有显著性差异。与22℃处理相比,35℃较高温度的环境条件虽增加了牡丹'洛阳红'切花花色系数红度 a^* 和彩度 C^* 值,但是由于其增加了切花花瓣色泽的蓝色调,从而大大降低了切花花色的观赏性。

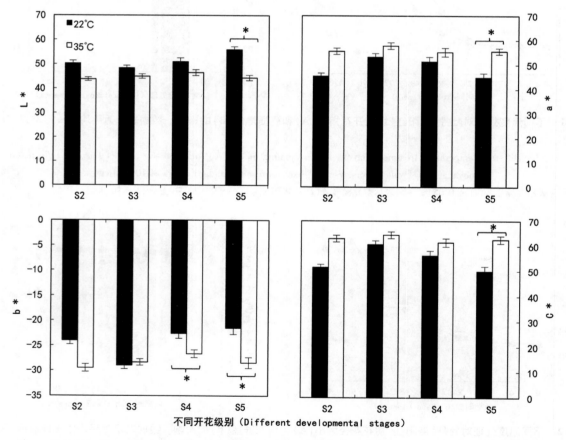

图3 牡丹'洛阳红'切花不同温度处理下花色 L^* , a^* , b^* 和 C^* 值分析。S2 为破绽期,开花指数 2 级;**S3** 为初开期,开花指数 S3 级;**S4** 为半盛开期,开花指数 S4 级;**S5** 为盛开期,开花指数 S5 级。数据表示为平均值±标准误(**N** =3)。下同。

Fig. 3　Analysis of *P. suffruticosa* 'Luoyang Hong' cut flower color L^* , a^* , b^* and C^* values at different temperature treatments. S2, pre – opening stage; S3, initial opening stage; S4, half opening stage; S5, full opening stage. Vertical bars represent standard errors of 3 replicates. The same below.

　　测定牡丹'洛阳红'切花不同开花级别花瓣的总花青素苷含量，结果如图4所示：35℃处理下的牡丹'洛阳红'切花花瓣中总花青素苷的含量在S4～S5期间明显高于22℃处理下的切花，且有显著性差异。这样的结果与切花花色表型系数彩度 C^* 和红度 a^* 值基本相对应。35℃较高温度处理下的牡丹切花花瓣中总花青素苷的含量呈逐渐上升的趋势，在S5级盛开期达到最大值22Abs/g。

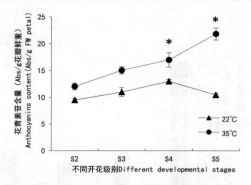

图4　牡丹'洛阳红'切花不同温度处理下总花青素苷相对含量

Fig. 4　Relative accumulation ofanthocyanin in *P. suffruticosa* 'Luoyang Hong' cut flower at different temperature treatments

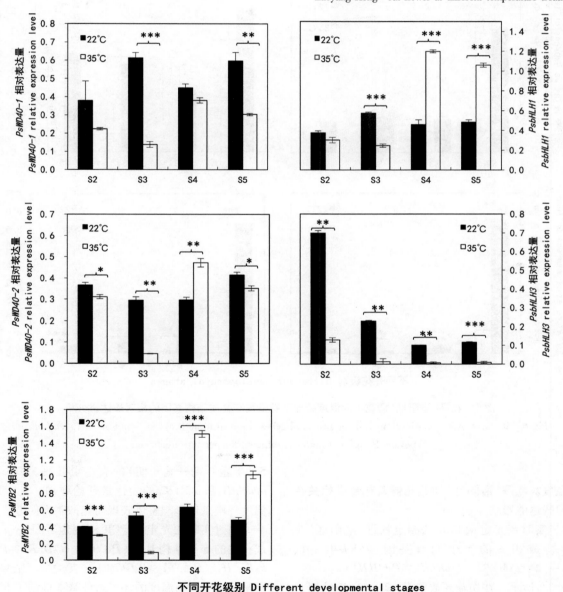

图5　牡丹'洛阳红'切花不同温度处理下花青素苷合成调节基因的相对表达量分析

Fig. 5　Relative expression level analysis of regulatory genes involved in anthocyanin synthesis of *P. suffruticosa* 'Luoyang Hong' cut flower at different temperature treatments

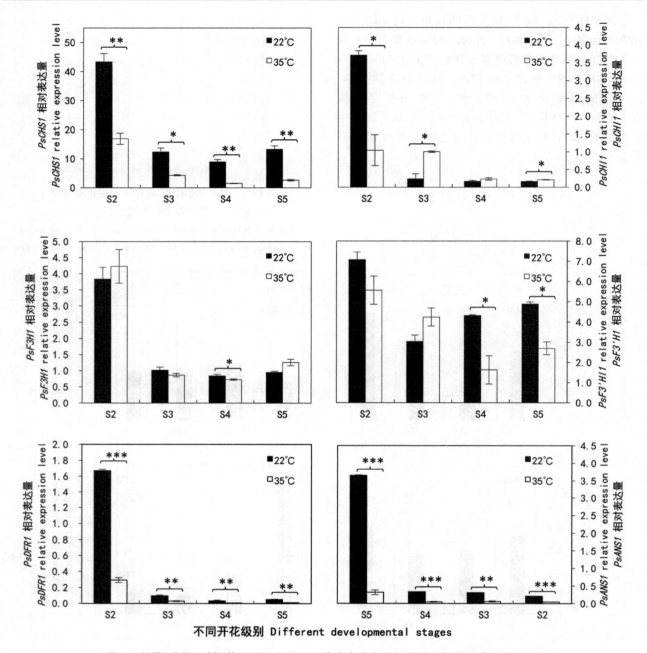

图 6　牡丹‘洛阳红’切花不同温度处理下花青素苷合成结构基因的相对表达量分析

Fig. 6　Relative expression level analysis of structural genes involved in anthocyanin synthesis of *P. suffruticosa* ‘Luoyang Hong’ cut flower at different temperature treatments

2.4　温度对牡丹‘洛阳红’切花花青素苷合成相关基因表达的影响

通过实时荧光定量 PCR 法测定牡丹‘洛阳红’花青素苷合成相关的 5 个调节基因（*PsWD*40 – 1、*PsWD*40 – 2、*PsMYB*2、*PsbHLH*1、*PsbHLH*3）表达量。结果如图 5 所示：在切花开放初期 S2 ~ S3（破绽期 ~ 初开期），35℃ 较高温度的环境条件基本抑制了所有调节基因的表达。其中 *psbHLH*3 在切花开放后期 S4 ~

S5（半盛开期—盛开期）的表达量几乎为 0，而此时 *psbHLH*1 和 *psMYB*2 的表达量开始增加，受 35℃ 较高温度环境条件影响整体表现为先抑制后促进。

通过实时荧光定量 PCR 法测定牡丹花青素苷合成相关的 6 个结构基因（*PsCHS*1、*PsDFR*1、*PsF*3*H*1、*PsF*3'*H*1、*PsANS*1、*PsDFR*1）的表达量。结果如图 6 所示，35℃ 较高温度的环境条件基本抑制了 6 个结构基因的表达。在 35℃ 较高温度的环境条件下，*PsCHS*1、*PsCHI*1、*PsDFR*1 和 *PsANS*1 的表达量从 S2

时期(破绽期)开始就表现出降低的趋势,整个开放进程基因的表达量都在降低,其中 *PsDFR*1 后期 S4~S5(半盛开期—盛开期)的表达量几乎为 0。*PsF3H*1 和 *PsF3'H*1 的表达量在切花开放后期 S4~S5(半盛开期—盛开期)表现出显著的降低。

3 讨论

3.1 高温对牡丹'洛阳红'切花瓶插寿命的影响

结果发现 35℃ 高温加速牡丹'洛阳红'切花衰老、抑制花径增大、缩短切花的瓶插寿命,降低切花花色观赏性。这与其他植物材料的研究结果一致(Lai *et al.*, 2011)。有研究发现,切花在衰老过程中细胞膜系统的成分不仅会有所改变,其膜的通透性也会明显增强(Mayak *et al.*, 1977; Thompson *et al.*, 1982),从而加快细胞中水分的外渗,这样大大降低了牡丹'洛阳红'切花的花枝鲜重。例如,香石竹(*Dianthus caryophyllus*)切花在高温条件下增大了花瓣的表皮细胞,加快细胞中水分的外渗,影响了切花的观赏性(Fukai *et al.*, 2007)。在高温条件下,切花会消耗更多的糖类物质来维持呼吸(De, 1978)。糖类物质的缺乏可以导致切花花瓣的衰老,缩短切花的瓶插寿命,降低切花的观赏性和花色品质(Van *et al.*, 2004)。这从另一方面也解释了牡丹'洛阳红'切花受 35℃ 高温影响后切花瓶插寿命缩短,花色观赏性降低的现象。有研究发现对牡丹'洛阳红'切花进行葡萄糖和蔗糖处理后,都延长了切花的瓶插寿命(张超等, 2010),是否可以通过增加外源糖来缓解高温条件对切花瓶插寿命的影响还有待深入的研究。

3.2 高温对牡丹'洛阳红'切花花青素苷合成的影响

在矮牵牛(*Petunia hybrida*)和葡萄(*Vitis vinifera*)等研究中发现高温能抑制花青素苷合成相关基因的表达(Mori *et al.*, 2005),这些研究与本研究结果基本相似。牡丹'洛阳红'切花开放进程中,35℃ 高温基本抑制了牡丹'洛阳红'切花花青素苷合成相关基因中 6 个结构基因和 5 个调节基因的表达。高温对牡丹'洛阳红'切花花青素苷合成的调控发生在其合成途径的多步反应中。有研究发现温度主要对花青素苷合成上游途径中 CHS 和 CHI 基因进行调控(Shaked‑Sachray *et al.*, 2002)。本研究结果也同样得出温度主要对牡丹'洛阳红'切花花青素苷合成上游途径中的 *PsCHS*1 进行调控,该基因的表达量受 35℃ 高温处理后有明显的下降。另外,温度也会通过影响花青素苷合成途径中催化酶的稳定性来影响花青素苷的合成(Mori *et al.*, 2007)。例如,在较高的温度下,紫菀(*Aster tataricus* 'Sungai')花瓣中花青素苷合成途径中的 CHI 的活动受到了影响(Shaked‑Sachray *et al.*, 2002)。牡丹'洛阳红'切花受 35℃ 高温影响后花青素苷合成途径中的 *PsCHI*1 的稳定性也受到了影响。

35℃ 高温对牡丹'洛阳红'花青素苷下游合成途经的 *PsF3'H*1、*PsDFR*1 和 *PsANS*1 基因的响应相对敏感,高温处理后表达量急剧下降。这一结果与 Huh 等(2008)人在温度对菊花花青素苷合成的影响的研究结果相一致,他发现花青素苷合成下游途径中的基因 DFR 和 ANS 对温度的响应也很敏感。由此推断,高温对牡丹'洛阳红'花青素苷合成途径下游的调控主要表现在矢车菊色素苷和飞燕草色素苷两条分支途径上。有研究发现在拟南芥(*Arabidopsis thaliana*)中,高温会降低 *TT8*、*TTG*1 和 *EGL*3 基因的表达量(Rowan *et al.*, 2009)。相反较低的温度条件能够促进基因的表达,例如 15℃ 的低温条件对长叶车前花瓣中花青素苷积累有促进作用,然而在 27℃ 较高温条件下,其花青素苷的含量有明显的降低(Stiles *et al.*, 2007)。调节基因是通过编码转录因子来调节相关结构基因的表达。但由于转录因子间的复杂互作及该作用的时空差异性,目前仅在部分模式植物体内揭示了其转录调控机制(Tanaka *et al.*, 2008)。研究发现,在拟南芥中,*AtMYB*4 转录因子对花青素苷合成途径中上游的结构基因 CHS 表达起着负调控作用(Jin *et al.*, 2000)。是否有相应的转录因子对牡丹'洛阳红'花青素苷合成中的 *PsCHS*1、*PsF3'H*1、*PsDFR*1 和 *PsANS*1 基因表达起着负调控作用还有待深入研究。

虽然高温抑制牡丹'洛阳红'花青素苷合成相关基因的表达,但是花瓣中花青素苷的含量在 S4~S5 时期(半盛开期—盛开期)有明显的增加。这可能是由于在 S4~S5 时期(半盛开期—盛开期)时切花花径大小和切花鲜重的急剧下降导致单位重量花青素苷浓度的增加。例如,高温增大了香石竹切花(Fukai *et al.*, 2007)的表皮细胞,不仅影响了切花的外貌也加速了花瓣中水分的蒸发,使花瓣中单位重量花青素苷浓度增加,表现为彩度 C^* 值的增大。另外,花瓣细胞中水分的外渗造成短时间渗透压的改变,也可以促进牡丹'洛阳红'切花花青素苷的合成(Zhang *et al.*, 2015)。蓝度 b^* 值越小说明花瓣蓝色调越高(Voss, 1992),高温增加了牡丹切花蓝度 b^* 值从而进一步影响了花色的观赏性,使切花在开放进程中出现花色色泽蓝变现象,进而在衰老中出现边缘蓝变的衰老特征。

综上所述,35℃ 高温加速牡丹'洛阳红'切花衰老,缩短切花瓶插寿命;使切花花色蓝度下降,降低切花花色的观赏性。在牡丹'洛阳红'切花瓶插过程中，高温主要通过调控花青素苷合成上游途径中 *PsCHS*1 基因的合成和 *PsCHS*1 的稳定性来影响花青素苷的合成；高温对牡丹'洛阳红'花青素苷合成途径下游的调控主要表现在矢车菊色素苷和飞燕草色素苷两条分支途径上。这些研究为牡丹'洛阳红'切花采后技术的开发与研究提供了理论基础，对牡丹'洛阳红'切花花色改良的研究具有十分重要的意义。

参考文献

1. Grotewold E. The genetics and biochemistry of floral pigments [J]. Annual Review of Plant Biology, 2006, 57: 761 – 780.

2. Petroni K, Tonelli C. Recent adwances on the regulation of anthocyanin synthesis in reproductive organs[J]. Plant science, 2011, 181(3): 219 – 229.

3. Weiss D, Schonfeld M, Halevy AH. Photosynthetic activities in the petunia corolla[J]. Plant Physiology. 1988, 87(3): 666 – 670.

4. Stiles EA, Cech NB, Dee SM, *et al.* Temperature – sensitive anthocyanin production in flowers of *Plantago lanceolata*[J]. Physiol Plant, 2007, 129(4): 756 – 765.

5. Nozaki K, Takamura T, Fukai S. Effects of high temperature on flower colour and anthocyanin content in pink flower genotypes of greenhouse chrysanthemum(*Chrysanthemum morifolium* Ramat.)[J]. J Hortic Sci Biotechnol. 2006, 81(4): 728 – 734.

6. Zhao D, Tao J, Han C, *et al.* Flower color diversity revealed by differential expression of flavonoid biosynthetic genes and flavonoid accumulation in herbaceous peony(*Paeonia lactiflora* Pall.)[J]. Mol Biol Rep, 2012, 39(12): 11263 – 11275.

7. 周琳, 王雁, 彭镇华. 牡丹查耳酮合成酶基因 Ps – CHS1 的克隆及其组织特异性表达[J]. 园艺学报, 2010, 37: 1295 – 1302.

8. 周琳, 王雁, 任磊, 等. 牡丹二氢黄酮醇 4 – 还原酶基因 PsDFR1 的克隆及表达分析[J]. 植物生理学报, 2011, 47: 885 – 892.

9. 张超, 高树林, 杜丹妮, 等. 牡丹 WD40 类转录因子基因 PsWD40 – 1 和 PsWD40 – 2 的分离与序列分析[J]. 生物技术通报, 2014, 1: 85 – 90.

10. Zhang C, Wang WN, Wang YJ, *et al.* Anthocyanin biosynthesis and accumulation in developing flowers of tree peony (*Paeonia suffruticosa*)'Luoyang Hong'[J]. Postharvest Biology and Technology, 2014, 97: 11 – 22.

11. Zhang C, Fu JX, Wang YJ, *et al.* Glucose supply improves petal coloration and anthocyanin biosynthesis in *Paeonia suffruticosa* 'Luoyang Hong' cut flowers[J]. Postharvest Biology and Technology, 2015, 101: 73 – 81.

12. Wang X, Cheng C, Sun Q, *et al.* Isolation and purification of four flavonoid constituents from the flowers of *Paeonia suffruticosa* by high – apeed countercurrent chromalography [J]. Journal of Chromatography A, 2005, 1075: 127 – 131.

13. 郭闻文, 董丽, 王莲英, 等. 几个牡丹切花品种的采后衰老特征与水分平衡研究[J]. 林业科学, 2004. 40 (4): 89 – 93.

14. Voss DH. Relating colorimeter measurement of plant color to the royal horticultural society colour [J]. HortScience, 1992, 27: 1256 – 1260.

15. Nakatsuka A, Mizuta D, Kii Y, *et al.* Isolation and ecpression analysis of flavonoid biosynthesis genes in evergreen azalea[J]. Scientia Horticulturae, 2008, 118: 314 – 320.

16. 孟丽, 周琳, 张明姝, 戴思兰. 一种有效的花瓣总 RNA 的提取方法[J]. 生物技术, 2006, 16(1): 38 – 40.

17. 王彦杰, 董丽, 张超, 等. 牡丹实时定量 PCR 分析中内参基因的选择[J]. 农业生物技术学报, 2012, 20: 521 – 528.

18. Livak KJ, Schmittgen TD. Analysis of relative gene expression data using Real – Time quantitative PCR and the $2^{-\Delta\Delta CT}$ method[J]. Methods, 2001, 25(4): 402 – 408.

19. Lai, YS, Yamagishi M, Suzuki T, *et al.* Elevated temperature inhibits anthocyanin biosynthesis in the tepals of an Oriental hybrid lily via the suppression of LhMYB12 transcription[J]. Scientia Horticulturae, 2011, 132: 59 – 65.

20. Mayak S, Vaadia Y, Dilley DR. Regulation of senescence in carnation (*Dianthus caryophyllus*) by ethylene: mode of action[J]. Plant physiology, 1977, 59(4): 591 – 593.

21. Thompson JE, Mayak S, Shinitzky M, *et al.* Halevy, Acceleration of membrane senescence in cut carnation flowers by treatment with ethylene[J]. Plant Physiology, 1982, 69 (4): 859 – 863.

22. Fukai S, Manabe Y, Yangkhamman P, *et al.* Changes in pigment content and surface micro – morphology of in cut carnation flower petals under high – temperature conditions [J]. Journal of horticultural science & biotechnology, 2007, 5(82): 769 – 775.

23. De J. Kleurvorming in chrysanten (Colour formation in chrysanthemums) [N]. Vakblad voor de Bloemisterij, 1978, 33: 26 – 27.

24. Van Doom, WG. Is petal senescence due to sugar starvation [J]. Plant Physiol, 2004, 134(1): 35 – 42.

25. 张超, 贾培义, 王彦杰, 等. 糖处理对牡丹'洛阳红'

切花开放和衰老进程的影响[A]. 中国园艺学会观赏园艺专业委员会、国家花卉工程技术研究中心. 中国观赏园艺研究进展2010[C]. 中国园艺学会观赏园艺专业委员会、国家花卉工程技术研究中心, 2010: 5.

26. Mori K, Sugays S, Germma H. Decreased anthocyanin biosynthesis in grape berries grown under elevated night temperature condition[J]. Scientia Horticulturae. 2005, 105 (3): 319 – 330.

27. Shaked – Sachray L, Weiss D, Reuveni M, et al. Increased anthocyanin accumulation in aster flowers at elevated temperatures due to magnesium treatment[J]. Physiol Plant, 2002, 114: 559 – 565.

28. Mori K, Goto – Yamamoto N, Kitayama M, et al. Loss OF anthocyanins in red – wine grape under high temperature [J]. J EXP Bot. 2007, 58: 1935 – 1945.

29. Huh EJ, Shin HK, Choi SY, et al. Thermosusceptible developmental stage in anthocyanin accumulation and color response to high temperature in red chrysanthemum cultivars [J]. Korean Journal of Horticultural Science and Technology, 2008, 26(4): 357 – 361.

30. Rowan DD, Cao MS, Lin WK, et al. Environmental regulation of leaf colour in red 35S: PAP1 Arabidopsis thaliana [J]. New Phytologist. 2009, 182(1): 102 – 115.

31. Tanaka Y, Sasaki N, Ohmiya A. Biosynthesis of plant pigments: anthocyanins, betalains and carotenoids [J]. Plant Journa, 2008, 54(4): 733 – 749.

32. Jin H, Cominelli E, Bailey P, et al. Transcriptional repression by AtMYB4 controls production of UV – protecting sunscreens in Arabidopsis [J]. EMBO Journal, 2000, 19 (22): 6150 – 6161.

北京地区紫薇露地越冬困难原因初探[*]

鞠易倩　唐婉　蔡明　叶远俊　潘会堂[①]　张启翔

（花卉种质创新与分子育种北京市重点实验室，国家花卉工程技术研究中心，

城乡生态环境北京实验室，北京林业大学园林学院，北京 100083）

摘要　为探究北京地区紫薇露地越冬困难的根本原因，本实验随机选择国家花卉工程技术研究中心北京小汤山基地的 4 株三年生紫薇自然越冬苗木为材料，通过对试验地冬季环境因子的测定，了解试验地温变化及土壤含水量变化情况；同时对紫薇露地越冬生理指标变化进行分析，测定越冬期及越冬后枝条的萌芽率、含水量、水分饱和亏缺及相对电导率，并对越冬后不同部位枝条的含水量、水分饱和亏缺、相对电导率进行探讨。结果表明，北京地区紫薇越冬困难是由冻害和抽条共同引起的，低温是导致抽条的主要因素之一，而非春旱。紫薇幼树基部容易发生冻害，上部一年生枝条容易发生抽条。

关键词　紫薇；抽条；生理指标；环境因子

Preliminary Study on Limitations of the Winter Hardness of Crape Myrtle in Beijing Area

JU Yi-qian　TANG Wan　CAI Ming　YE Yuan-jun　PAN Hui-tang　ZHANG Qi-xiang

（*Beijing Key Laboratory of Ornamental Plants Germplasm Innovation & Molecular Breeding*，*National Engineering Research Center for Floriculture*，*Beijing Laboratory of Urban and Rural Ecological Environment and College of Landscape Architecture*，*Beijing Forestry University*，*Beijing* 100083）

Abstract　For exploring the primary reason why crape myrtle is still facing the problem of low winter surviving rates in Beijing area. Four three – year – old overwintering crape myrtle seedlings which were planted at Beijing xiaotangshan base were randomly selected as materials in this study. Environmental factors of experimental field were measured to further understand the changes of land temperature and soil moisture. In the meanwhile, the changes of physiological indexes which included germination rate, water content, water saturation deficit and relative conductivity were analyzed during winter period in Beijing. And the water content, water saturation deficit and relative conductivity of twigs from different positions were also measured after overwintering period. Results indicated that freeze injury and shoots shriveling caused the difficulty to overwinter for crape myrtle in Beijng. Low temperature was one of the primary factors causing shoots shriveling instead of spring drought. The lower branches are prone to freeze injury, while the upper branches are prone to shoots shriveling.

Key words　Crape myrtle；Freeze injury；Physiological index；Environmental factor

　　冻害与抽条是导致植物露地越冬困难的两大主要原因，其二者在伤害表现上有着明显区别，冻害多发生于枝干基部距地表之上 5~20cm 范围内（李春牛，2010），而抽条所引起的枯死是自上而下的（Ahmedullah，1985）。

　　紫薇（*Lagerstroemia* L.）是世界园林中应用广泛的木本花卉，在中国有 1800 多年的栽培历史（Zhang，1991；陈俊愉，2001）。目前已报道的紫薇品种约有 260 个（Zhang，1991；Dix，1999；张启翔等，2008；王金凤等，2013）。我国园林应用中紫薇多为独干小

---

　　* 基金项目：“十二五”国家科技支撑计划课题“中国特色花卉种业关键技术研究”（2012BAD01B07）、“重要花卉种质资源发掘与创新利用”（2013BAD01B07）。

　　① 通讯作者。13601231063@163.com。

乔木或丛生灌木类型,其营养枝较多,着花枝相对较少。北京地区属于温带大陆性季风气候区,冬季寒冷少雪,春季风大干燥,气温起伏较大,基本成为紫薇栽培应用的北缘,2009~2010年冬季,北京市园林绿地中紫薇受冻害程度达到5、6级,即地上部分死亡或全株死亡(孙宜等,2011),严重影响了紫薇在北京等我国北方城市园林中的应用。

本实验通过对试验地冬季环境因子及冬春季节紫薇露地越冬期间枝条生理状态的调查,探究紫薇露地越冬困难的根本原因,对于扩大紫薇的园林应用具有重要意义。

1 材料与方法

1.1 试材及取样

3年生紫薇苗木按株行距50cm×50cm定植于国家花卉工程技术研究中心小汤山基地(北纬40°17″,东经116°39″),进行日常栽培养护管理,入冬前灌冻水,不采取任何防护措施露地越冬。随机选择紫薇自然越冬树4株为试材,于不同时期(12年12月5日、13年1月1日、2月1日、2月15日、3月1日、3月15日、3月30日)选取距枝端20~40cm的1年生枝条进行实验,并于越冬后(13年3月15日、3月30日)剪取紫薇植株不同部位枝条进行相关指标测定,上部枝条直径一般为3~5mm,中部枝条直径一般为5~7mm,下部枝条直径一般为7~10mm。

1.2 试验地冬季环境因子测定

气温地温测定:2012年12月至2013年3月进行调查,利用HOBO UTBI-001 TidbiT V2温度记录仪记录距地表5cm处温度变化,利用Thermo Recorder TR-72U温湿度计记录试验地温度变化。

土壤含水量测定:2013年春季(2月15日、3月1日、3月15日、3月30日)于试验地5~10cm深处取土样,装入铝盒中称重,记为W1,放入烘箱105℃烘干至恒重(约8h)后称重,记为W2,铝盒的质量记为W3,重复5次。土壤含水量=(W1-W2)/(W2-W3)。

1.3 紫薇露地越冬生理指标变化

萌芽情况:于不同时期取回枝条,用湿纱布、塑料薄膜包裹后置于4℃冰箱(海尔BCD-228WSV)中保存,于3月底剪成8~10cm的茎段,置于人工气候箱内(温度25±2℃)水培,观察枝条萌芽情况。

枝条含水量:称量枝条鲜重,放入105℃烘箱中杀青10min后,80℃烘干24h,称量枝条干重,重复3次。枝条含水量=(枝条鲜重-枝条干重)/枝条鲜重×100%。

水分饱和亏缺:分别取已进行4℃低温处理的茎段6个,分3组于阴暗处吸水24h称取鲜质量、饱和鲜质量和干质量,计算水分饱和亏缺。水分饱和亏缺=(饱和鲜质量-鲜质量)/(饱和鲜质量-干质量)(刘勇等,2000)。

相对电导率:将4℃低温处理的枝条剪成0.12cm小段(避开芽眼),用自来水反复冲洗,再用蒸馏水冲洗3遍分别取样品0.5g,重复3次,放入离心管中,加10mL去离子水,真空渗入10min,用CON510电导仪(Oakton实验室,美国)测定初电导率,然后将试管放入沸水浴中加热1.5h,静置24h后测定终电导率。相对电导率=(初电导率-对照初电导率)/(终电导率-对照终电导率)(刘勇等,2000)。

1.4 数据分析

利用Microsoft Office Excel 2007软件处理数据并作图,利用SPSS18.0软件进行方差分析,多重比较采用Duncan's法。

2 结果与分析

2.1 试验地冬季环境因子变化情况

试验地冬季地温、气温变化:2012年12月初至2013年3月末试验地地温呈缓慢下降再逐渐上升的趋势,于1月4日达到最低值-7.28℃,2月18日开始午后地温达到0℃以上,土壤开始解冻,3月后土壤基本已完全解冻(图1)。2012年12月初气温开始降低,同年12月23日达到最低值-16℃,2013年1月开始缓慢回升,2月初再次出现大幅度下降,后气温开始波动回升,于3月8日达到一个高峰后又出现一定程度的下降(图2)。最低地温(12月23日)和最低气温(1月4日)的日期均在2月15日之前,而2月15日取回的枝条仍能萌发。因此,并非完全由于低温冻害导致紫薇植株死亡。

试验地冬季土壤含水量变化:2013年2、3月试验地土壤含水量始终维持在20%以上,达到土壤饱熵水平,土壤有效含水量较高(冯国明,1991)。2月下旬,冻土层开始逐渐解冻,土壤含水量出现小幅度回升,3月1日后昼夜地温基本均达到0℃以上,土壤完全解冻,土壤含水量开始逐渐下降(图3)。

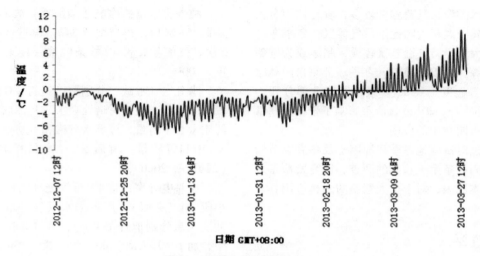

图 1　试验地地温变化情况

Fig. 1　Change of the ground temperature at experimental field

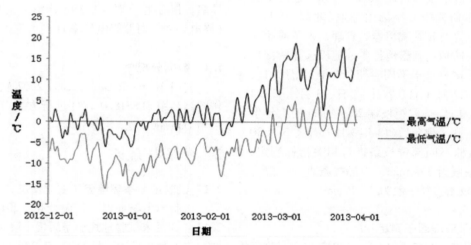

图 2　试验地最高气温及最低气温变化情况

Fig. 2　Change of the highest and lowest air temperature at experimental field

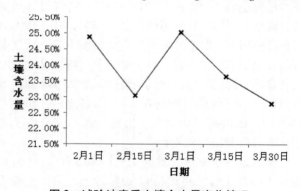

图 3　试验地春季土壤含水量变化情况

Fig. 3　Change of soil moisture content at experimental field in spring

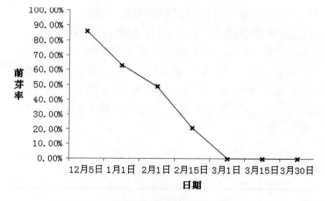

图 4　不同时期紫薇枝条萌芽率变化

Fig. 4　Change of bud germination rate of crape myrtle branches in different periods

2.2　枝条萌芽情况

观察发现，2013 年 2 月 15 日及之前取回的枝条均能萌芽，但萌芽率呈逐渐下降趋势，直至 3 月 1 日后取回的枝条均不能萌发（图 4），且该时期枝条发生严重的生理性流胶。

2.3 枝条水分指标

实验结果显示，枝条含水量呈现逐渐下降的趋势，水分饱和亏缺呈现逐渐上升的趋势，且于12年12月及13年2月两个月份中变化幅度较大(图5)，结合试验地环境因子分析发现，枝条含水量、水分饱和亏缺受降温影响。经最低气、地温度后，于2月15日取回的枝条仍能萌发，而3月1日枝条不能萌芽，表明当枝条含水量降到一定程度，枝条的保水力严重丧失，枝条不能萌发，紫薇1年生枝条临界含水量大致为20%~25%。

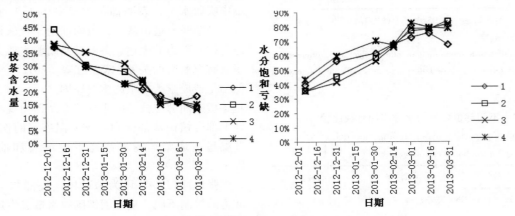

图5 不同时期枝条含水量及饱和水分亏缺变化

Fig. 5 Change of water content and water saturation deficit of branches in different periods

2.4 枝条相对电导率变化

结果显示，越冬期间枝条相对电导率呈现先上升再下降的趋势。随着温度大幅度降低，枝条相对电导率出现大幅度上升，3月1日达到顶峰，至此时期电导率与萌芽率呈负相关。但随着气温回暖，相对电导率出现下降趋势(图6)，说明枝条组织细胞并未受到不可回复的冻害伤害，但此时1年生枝条基本已不能萌芽，说明相对电导率不能决定枝条的萌芽率，枝条是否能够萌芽不完全受组织细胞生物膜系统伤害程度决定。

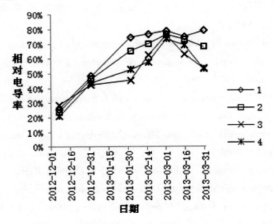

图6 不同时期枝条相对电导率变化

Fig. 6 Change of relative electrolytic leakage of the branches in different periods

2.5 越冬后不同部位枝条生理状态

越冬后紫薇上部枝条相对电导率、含水量、水分饱和亏缺几乎不发生变化，中部枝条相对电导率大幅下降，含水量仍有下降，水分饱和亏缺上升，而下部枝条含水量略有下降，水分饱和亏缺上升，相对电导率略有下降(表1，表2，表3)。结合田间观察，紫薇整株上部枝条组织已发白，中部枝条组织仍为绿色，而下部枝条髓部明显变褐，说明紫薇越冬困难同时受冻害和抽条的影响。

表1 不同部位枝条的相对电导率比较

Table 1 relative electrolytic leakage on different positions of branches (%)

	上部枝条	中部枝条	下部枝条
3月15日	74.19 ± 0.83 Bb	63.23 ± 2.19 Aa	70.08 ± 2.46 Bb
3月30日	73.79 ± 5.53 Bb	48.71 ± 2.39 Aa	67.80 ± 0.58 Bb

注：不同小写字母表示0.05水平上的差异，不同大写字母表示0.01水平上的差异。

Note: The different lowercase letters indicate significant difference at 5% level. The different uppercase letters indicate significant difference at 1% level.

表 2　不同部位枝条的含水量比较

Table 2　Comparison of water content on

different positions of branches（%）

	上部枝条	中部枝条	下部枝条
3 月 15 日	15.86 ± 0.11 Bb	16.31 ± 0.41 Bb	19.18 ± 0.61 Aa
3 月 30 日	15.88 ± 2.14 Aa	14.15 ± 0.72 Aa	15.72 ± 0.18 Aa

注：不同小写字母表示 0.05 水平上的差异，不同大写字母表示 0.01 水平上的差异。

Note：The different lowercase letters indicate significant difference at 5% level. The different uppercase letters indicate significant difference at 1% level.

表 3　不同部位枝条的水分饱和亏缺比较

Table 3　Comparison of water saturation deficit on

different positions of branches（%）

	上部枝条	中部枝条	下部枝条
3 月 15 日	77.36 ± 1.43 Bb	73.21 ± 2.41 ABb	66.34 ± 4.22 Aa
3 月 30 日	73.79 ± 12.63 Aa	48.71 ± 3.38 Aa	67.80 ± 9.53 Aa

注：不同小写字母表示 0.05 水平上的差异，不同大写字母表示 0.01 水平上的差异。

Note：The different lowercase letters indicate significant difference at 5% level. The different uppercase letters indicate significant difference at 1% level.

3　讨论

通过对试验地气温、地温调查表明，紫薇并非完全由于低温冻害导致植株死亡，对越冬期间枝条相对电导率变化的研究表明，枝条能否萌芽不完全受枝条组织细胞生物膜的受冻程度确定。实验结果表明，2 月 15 日，紫薇 1 年生枝条仍能萌芽，但 3 月后 1 年生枝条已不能萌发，而此时土壤含水量处于饱熵状态，但由于紫薇萌动受温度影响较大，根系无法从土壤中吸收水分，表明抽条主要发生于 2 月 15 日至 3 月 1 日期间。这也从另一方面证明了秋末枝叶水分状态与抗寒能力的表达、冬春枝条耐脱水能力及能正常萌发有着紧密的关系（宋新红等，2012）。同时表明，低温是造成紫薇抽条的主要原因之一，而非春旱。而越冬后不同部位枝条的生理状态及田间观察表明紫薇地上部分植株基部受到冬季低温冻害的伤害，因此，低温是造成紫薇露地越冬发生冻害和抽条的主要因子。

张启翔（1990）认为梅花枝条皮部与木质部发生冻害的机制不同，皮部因细胞脱水造成生理代谢平衡紊乱或体内有毒物质的累积致死，可以忍耐反复冰冻—融冰的过程，而木质部一旦温度降低到深过冷水结冰的临界以下，组织细胞立刻发生不可逆性伤害。由此推测，供试紫薇上部枝条组织发育尚不完全，以皮部抵抗冻害机制为主，下部枝条因髓部受冻而引起枝条死亡，可从紫薇枝条组织解剖结构及细胞深过冷与冻害的关系方面进一步探究紫薇越冬能力。

参考文献

1. 陈俊愉. 中国花卉品种分类学［M］. 北京：中国林业出版社：2001，162 – 171.

2. 李春牛，董凤祥，张日清. 果树抽条研究进展［J］. 中国农学通报，2010，26（3）：138 – 141.

3. 刘勇，陈艳，张志毅. 不同施肥处理对三倍体毛白杨苗木生长及抗寒性的影响［J］. 北京林业大学学报，2000（1）：38 – 44.

4. 宋新红，丰震，谷衍川. 紫薇秋末水分参数与抗寒性关系［J］. 中国农学通报，2012，28（10）：202 – 208.

5. 孙宜，郭翎，孙健雄. 2010 年春季北京市园林植物受冻害调查与分析［J］. 农业科技与信息（现代园林），2011（7）：55 – 61.

6. 王金凤，柳新红，陈卓梅. 紫薇属植物育种研究进展［J］. 园艺学报，2013，40（9）：1795 – 1804.

7. 张启翔. 梅花细胞过冷与冻害关系的研究［J］. 中国园林，1990，（04）：17 – 19.

8. 张启翔，田苗. 我国紫薇品种调查研究［A］//张启翔. 中国观赏园艺研究进展［C］. 北京：中国林业出版社，2008.

9. Ahmedullah M. An analysis of winter injury to grapevines as a result of two severe winters in Washington［J］. Fruit varieties journal，1985，39.

10. Dix R L. Cultivars and names of *Lagerstroemia*［EB/OL］. Washington：U. S. National Arboretum，1999，http：// www. usna. usda. gov/Research/Herbarium/*Lagerstroemia*/ index. html.

11. Zhang Qixiang. Studies on cultivars of Crape – Myrtle (*Lagerstroemia indica*) and their uses in urban greening［J］. Journal of Beijing Forestry University，1991，13（4）：59 – 68.

中国观赏园艺研究进展 2015：579～585
Advances in Ornamental Horticulture of China，2015：579～585

金桂体细胞胚发生的研究[*]

袁 斌　郑日如[①]　王彩云

（华中农业大学园艺植物生物学教育部重点实验室，武汉 430070）

摘要　以生长健壮、树型优美的金桂（*Osmanthus fragrans* var. *thunbergii*）合子胚作为外植体，选择不同基因型，设置不同消毒时间（4min、8min、15min）、不同基本培养基（MS、B_5、WPM）、不同碳源（蔗糖、葡萄糖、甘露醇）和不同生长调节剂种类（2,4-D、KT、TDZ）的对比实验，观察其对金桂合子胚愈伤诱导培养的影响，找到金桂胚性愈伤诱导的最佳培养基，从而为高效再生体系的建立奠定基础。研究结果表明，合子胚升汞消毒最佳时间为 8min；胚性愈伤诱导具有基因型特异性。胚性愈伤诱导最佳培养基配方为 MS＋30g/L 蔗糖＋1.5mg/L 2,4-D＋1.5mg/L KT 胚性愈伤诱导率为 86%。

关键词　金桂；基本培养基；碳源；生长调节剂；胚性愈伤

The Study of Somatic Embryo Induction of *Osmanthus fragrans* var. *thunbergii*

YUAN Bin　ZHENG Ri-ru　WANG Cai-yun

（*Key Laboratory of Horticultural Plant Biology*，*Ministry of Education*，*Huazhong Agricultural University*，*Wuhan* 430070）

Abstract　Immature zygotic embryo of *Osmanthus fragrans* var. *thunbergii* were used as materials，different varieties、basal medium、carbohydrate source and plant hormones combinations on tissue culture were studied to discuss the induction of embryo callus. then we can find the best medium to lay the foundation for the establishment of regeneration system. The main results were as follows：1. Different varieties need different medium to induce embryonic callus；2. The suitable disinfect time of 0.1%（w/v）$HgCl_2$ is 8min；3. The best basal medium to induce embryonic callus was MS＋30g/L sugar＋1.5mg/L 2,4-D＋1.5mg/L KT. The rate of embryonic callus induction is 86%.

Key words　*Osmanthus fragrans* var. *thunbergii*；Basal medium；Carbohydrate source；Growth regulator；Embryonic callus

金桂（*Osmanthus fragrans* var. *thunbergii*）为木犀科（Oleaceae）木本植物，原产我国西南地区，在我国已有 2500 年以上的栽培史，金桂树姿优美、四季常绿，花香馥郁，因其形、色、香、韵俱佳而得到广泛栽植（臧德奎，2004）。

目前关于金桂组织培养的研究多集中在快速繁殖体系的建立上，研究者以腋芽（王彩云，2001）、新梢茎段（宋会访，2005）、花梗（彭尽晖，2003）等为外植体进行桂花组培的研究，建立了对应的快繁体系，但这些快繁体系的建立不能满足基因工程对再生与遗传转化体系的要求。体细胞胚发生具有数量多、速度快、结构完整、再生率高等特点，因而被认为是最有

效的建立再生体系的途径（Parra R，1998；施雪萍，2009；Zou J.J，2013），实验室前期以金桂合子胚为外植体，诱导出了胚性愈伤，进一步分化出不定芽，最终得到了完整的桂花植株，初步建立了金桂体胚再生体系，但实验仅摸索了取材时间、取材部位、2,4-D 和 6-BA 激素组合等对胚性愈伤诱导的影响（Zou J.J，2014），事实上胚性愈伤诱导的影响因素众多，本研究在前人研究基础上以合子胚为外植体材料进一步探索了消毒时间、基本培养基种类、碳源种类、基因型差异、激素配比等对胚性愈伤诱导的影响，以期为建立金桂的高效再生体系奠定基础。

---

* 基金项目：华中农业大学自主科技创新基金（No. 2013PY008）；大别山特色资源开发湖北省协同创新中心（No：2015TD02）。
① 通讯作者：郑日如，女，华中农业大学园艺林学学院讲师。E-mail：ann-easy1985@163.com。

1 材料与方法

1.1 试验材料

供试材料合子胚取自华中农业大学校园内 5 种不同基因型的金桂花后 150 天收获的果实获得的种子。种子先用自来水冲洗 1h，置于超净工作台上用 70%（v/v）酒精溶液处理 30s，再用 0.1%（w/v）$HgCl_2$ 溶液浸泡按设置时间消毒，无菌水冲洗 3 遍。

1.2 胚性愈伤组织诱导

1.2.1 不同基因型对胚性愈伤诱导的影响

选取华中农业大学校园内 5 个不同基因型的金桂，分别取 150 天左右的种子，剥离出合子胚，置于附加 30g/L 蔗糖、7g/L 琼脂、1.0mg/L 6-BA、0.5mg/L 2,4-D 的 MS 培养基上。在黑暗条件下培养 30d 后进行胚性愈伤组织的统计。每种处理各接种 6 个皿，每个皿 8 个外植体，3 次重复。

1.2.2 消毒时间对胚性愈伤诱导的影响

将花后 150 天左右金桂种子按照流水冲洗 1h，70% 酒精处理 30s 的顺序消毒后，再分别置于 0.1% $HgCl_2$ 溶液中浸泡 4min、8min、15min。无菌水冲洗 3 遍后，切取合子胚置于附加 30g/L 蔗糖、7g/L 琼脂、1.0mg/L 6-BA、0.5mg/L 2,4-D 的 MS 培养基上。在黑暗条件下培养 30d 后进行胚性愈伤组织的统计。每种处理各接种 6 个皿，每个皿 8 个外植体，3 次重复。

1.2.3 不同基本培养基对胚性愈伤诱导的影响

以 B_5 培养基、MS 培养基和 WPM 培养基作为基本培养基，均附加 30g/L 蔗糖、7g/L 琼脂、1.0mg/L 6-BA、0.5mg/L 2,4-D。将合子胚剥离后分别接种于三种培养上，在黑暗条件下培养 30d 后进行胚性愈伤组织的统计。每种处理各接种 6 个皿，每个皿 8 个外植体，3 次重复。

1.2.4 碳源种类对胚性愈伤诱导的影响

以 MS 为基本培养基，附加 7g/L 琼脂、1.0mg/L 的 6-BA 和 30g/L 不同种类碳源（蔗糖、葡萄糖、甘露醇），将合子胚接种于基本培养基中，在黑暗条件下培养 30d 后进行胚性愈伤组织的统计。每种处理各接种 6 个皿，每个皿 8 个外植体，3 次重复。

1.2.5 不同浓度 2,4-D、TDZ、KT 对胚性愈伤诱导的影响

将供试材料合子胚剥离后分别接种于添加了不同浓度 2,4-D、TDZ 和 KT 的培养基上，基本培养基为 MS + 30 g/L 蔗糖 + 7g/L 琼脂，在黑暗条件下培养 30d 后进行胚性愈伤组织的统计，生长调节剂浓度设

置如表 1。每种处理各接种 6 个皿，每个皿 8 个外植体，3 次重复。

表 1 不同浓度 2,4-D、TDZ 和 KT 对胚性愈伤诱导的影响
Table 1 Experiment of 2,4-D、TDZ and KT effect on somatic embryogenesis

处理 Treatment	2,4-D（mg/L）	TDZ（mg/L）	KT（mg/L）
1	0.5	-	-
2	1.5	-	-
3	3.0	-	-
4	1.5	0.5	-
5	1.5	1.0	-
6	1.5	1.5	-
7	1.5	-	0.5
8	1.5	-	1.0
9	1.5	-	1.5

1.3 数据统计与分析

利用 Microsoft Excel2013 和 SPSS13.0 进行相关数据的统计分析。

胚性愈伤诱导率 = 诱导出的胚性愈伤组织的外植体数/接入的外植体总数 × 100%

污染率 = 污染的外植体数/接入的外植体总数 × 100%

褐化率 = 褐化的外植体数/接入的外植体总数 × 100%

2 结果与分析

2.1 金桂愈伤组织形态观察

合子胚接种 1 周后开始膨大，且由原来的白色略透明变为浅黄色，15~20 天后，开始长愈伤组织。暗培养 30 天后得到愈伤组织，根据其外观形态上的差异大致分为 3 种类型，一种是略带暗棕色，质地软、黏稠、无规则外形的非胚性愈伤组织（图 1 a），这类愈伤在后期会逐渐褐化、死亡，这一类的愈伤无法分化出体细胞胚；另一种是呈黄色、有光泽，具明显颗粒状外形的胚性愈伤组织（图 1 b），这类愈伤在之后的分化培养中可以进一步分化成体细胞胚；还有一种愈伤在后期会逐渐褐化死亡（图 1 c）。

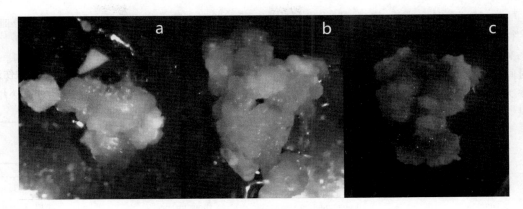

图1　愈伤组织形态观察

Fig. 1　Callus morphology

a. 淡褐色非胚性愈伤组织；b. 胚性愈伤组织；c. 褐色愈伤组织

a.　Light brown non – embryonic callus；b.　Embryonic callus；c.　Brown callus

2.2　不同基因型对胚性愈伤诱导的影响

选取华中农业大学内5株生长健壮的不同基因型金桂，分别于花后150天左右取种子，剥离合子胚后接种于附加0.5mg/L 2,4-D 和 1.0mg/L 6-BA 的 MS 培养基上，暗培30天后，统计胚性愈伤诱导率和愈伤状态，实验结果如表2。

从表2可以看出，5个不同基因型金桂的胚性愈伤诱导率以及愈伤生长状态有所不同。1号金桂幼胚性愈伤组织诱导率为67.00%，愈伤平均大小中等，愈伤呈现淡黄色，质地紧密；2号金桂幼胚胚性愈伤组织诱导率为72.00%，愈伤大，但愈伤偏黄色，质地紧密；3号金桂胚性愈伤组织诱导率76.00%，愈伤平均大小偏大，且愈伤组织质地紧密；4号金桂胚性愈伤组织诱导率69%，愈伤呈现淡黄色，愈伤平均大小中等；5号金桂胚性愈伤组织诱导率71.00%，形成的愈伤较小，愈伤淡黄色、部分愈伤质地呈现水渍状。由此可以看出不同基因型的胚性愈伤诱导率存在一定差异，但差异不是特别大，但各基因型愈伤生长状态不尽一致，其中3号金桂的愈伤生长状态良好，质地紧密，愈伤大。综合比较而言，基因型差异性对胚性愈伤有一定影响，各个基因型的愈伤诱导配方不一样，需要针对特定的基因型筛选适用的配方。

表2　不同金桂基因型的胚性愈伤诱导情况

Table 2　Effect of different genotype to induction of somatic embryogenesis

基因型编号 Treatment	胚性愈伤诱导率（%） Frequency of EC induction(%)	愈伤组织形态 Callus morphology
1	67.00 ± 8.2c	淡黄色，愈伤大小中等
2	72.00 ± 5.8ab	偏黄色、紧密、愈伤大
3	76.00 ± 5.8a	有淡黄色紧密组织
4	69.00 ± 5.0c	淡黄色、质地紧密
5	71.00 ± 5.7b	淡黄色、质地紧密，愈伤较小

注：将不同基因型金桂合子胚接种到附加2,4 – D 和6-BA 的 MS 培养基上，暗培养30天后统计数据。表中的数值为平均值 ± 标准误，各数值后不同字母表示数值在 P ≤ 0.05 水平下显著性差异。

Note：Different genotype were cultured in the dark for 30 days on MS medium containing 2, 4 – D and 6-BA as shown above. Values shown are mean ± standard errors; Means followed by the different letters are significantly different at P ≤ 0.05 according to Duncan's multiple range tests.

2.3　不同消毒时间对胚性愈伤诱导的影响

本实验主要探究了 0.1%（w/v）HgCl$_2$ 溶液不同消毒时间对金桂合子胚胚性愈伤组织诱导的影响，实验结果如表3。

由表3可以看出，随着消毒时间的增加，外植体污染率呈下降趋势，当消毒时间为15min时，污染率为0；褐化率则随着消毒时间的增加呈现上升趋势，当消毒时间为 15min 时，褐化率达到最大，为 19.35%；当消毒时间为 4min 和 15min 时时，由于外植体多数污染或褐化，胚性愈伤诱导率低，8min 的升汞消毒时间对胚性愈伤的诱导最为合适，此时胚性愈伤诱导率为 90%，这说明太长或者太短的消毒时间实验结果均不佳，短时间的消毒不能很好的消除污染，长时间的升汞接触又会对外植体造成一定的毒害作用。综合来说对于幼嫩的种子来说，最佳升汞灭菌时间是 8min。在实验中我们发现金桂幼胚受损伤后容易造成褐化，严重时会造成外植体死亡，可能是由于合子胚中富含酚类物质的缘故，因而接种时尽量减少对幼胚的损失有助于提高萌发率。

表 3　不同消毒时间对胚性愈伤诱导影响

Table3　Effect of different disinfect time of explants on EC induction

处理时间 Time	污染率 Contamination rate	褐化率 Browning rate	胚性愈伤诱导率 Frequency of EC induction(%)
4min	62.50 ±4.9a	2.00 ±0.5b	13.33 ±4.5b
8min	5.00 ±5.0b	2.33 ±1.4b	90.00 ±3.3a
15min	0.00 ±0.0c	19.35 ±9.6a	68.75 ±5.6b

注：合子胚经不同消毒时间处理后，均接种到附加 2,4 – D 和 6-BA 的 MS 培养基上，暗培养 30 天后统计数据。表中的数值为平均值 ± 标准误，各数值后不同字母表示数值在 P ≤ 0.05 水平下显著性差异。

Note：After different disinfect time explants were cultured in the dark for 30 days on MS medium containing 2, 4 – D and 6-BA as shown above. Values shown are mean ± standard errors；Means followed by the different letters are significantly different at P ≤ 0.05 according to Duncan's multiple range tests.

2.4　不同基本培养基对胚性愈伤诱导的影响

培养基成分不同对胚性愈伤诱导有不同影响，为了寻找最适合胚性愈伤诱导的培养基，本实验以 0.5mg/L 2,4 – D 和 1.0mg/L 6-BA 为基础，研究了 MS、WPM、B_5 3 种培养基对愈伤诱导的影响，3 种培养基均附加 30g/L 蔗糖、7g/L 琼脂、0.5mg/L 2,4-D 和 1.0mg/L 6-BA，pH 调至 6.0。实验结果见表 4。

从胚性愈伤诱导率来看，B_5 培养基由于 MS 培养基，但两者诱导率差异不显著，且 MS 诱导出的愈伤更加大，质地更加紧凑，因而金桂合子胚胚性愈伤诱导的最佳基本培养基是 MS 培养基。

表 4　不同基本培养基对胚性愈伤诱导的影响

Table 4　Effect of different basal medium to induction of somatic embryogenesis

基本培养基 Basal medium	胚性愈伤诱导率（%） Frequency of EC induction(%)	愈伤组织生长情况 Callus morphology
MS	86.25 ±5.2a	愈伤大，质地紧密
B_5	91.00 ±4.1a	愈伤较小
WPM	0.00 ±0b	–

注：将金桂合子胚接种到附加 2,4 – D 和 6-BA 的不同基本培养基上，暗培养 30 天后统计数据。表中的数值为平均值 ± 标准误，各数值后不同字母表示数值在 P ≤ 0.05 水平下显著性差异。

Note：Immature zygotic embryo were cultured in the dark for 30 days on MS、WPM and B_5 medium containing 2, 4 – D and 6-BA as shown above. Values shown are mean ± standard errors；Means followed by the different letters are significantly different at P ≤ 0.05 according to Duncan's multiple range tests.

2.5　不同碳源种类对胚性愈伤诱导的影响

将幼胚接种于添加不同碳源（蔗糖、葡萄糖、甘露醇）的 MS +30g/L 蔗糖 +7g/L 琼脂 +0.5mg/L 2,4-D + 1.0mg/L 6-BA 培养基上，接种 30 天后统计胚性愈伤诱导率，实验结果见表 5。通过表 5 可以发现各处理胚性愈伤诱导率差异较小，但愈伤生长状态不一。通过观察发现，葡萄糖和甘露醇诱导的胚性愈伤诱导率不如蔗糖，其诱导率分别为 77% 和 79%。甘露醇诱导的愈伤呈水渍状，葡萄糖诱导的则较为松散，蔗糖诱导的愈伤质地紧密。综合看来，蔗糖更适合作为胚性愈伤诱导的碳源。

表5 不同基本培养基对的胚性愈伤诱导的影响

Table 5 Effect of different carbohydrate source to induction of somatic embryogenesis

碳源种类 Carbohydrate source	愈伤率（%） Frequency of EC induction（%）	愈伤生长状态 Callus morphology
蔗糖	83.25 ± 4.5a	淡黄色、愈伤紧密
甘露醇	79.00 ± 3.5ab	愈伤呈水渍状
葡萄糖	77.00 ± 5.2b	淡黄色、愈伤松散

注：将金桂合子胚接种到附加2,4-D和6-BA和不同碳源的基本培养基上，暗培养30天后统计数据。表中的数值为平均值±标准误，各数值后不同字母表示数值在P≦0.05水平下显著性差异。

Note：Immature zygotic embryo were cultured in the dark for 30 days on MS medium containing 2，4-D and 6-BA and different carbohydrate source as shown above. Values shown are mean ± standard errors；Means followed by the different letters are significantly different at P≤0.05 according to Duncan's multiple range tests.

2.6 不同浓度2,4-D、TDZ、KT对胚性愈伤诱导的影响

实验室前期探究了2,4-D和6-BA对胚性愈伤诱导的影响，发现当2,4-D浓度为0.5mg/L、6-BA浓度为1.0mg/L时，胚性愈伤诱导率最高，为88%（Zou J. J.，2014）。本实验在此基础上进一步探究了TDZ、KT与2,4-D的组合对胚性愈伤诱导的影响，实验结果如表6。

由表可知，当激素仅为2,4-D时，合子胚周围产生少量愈伤组织，且愈伤生长极为缓慢，愈伤呈现灰色水渍状，因而单独添加2,4-D不利于胚性愈伤的生成；2,4-D和KT的组合愈伤效果明显好于单独使用2,4-D，当KT浓度为0.5mg/L和1.0mg/L时，愈伤诱导率均超过了80%，且愈伤质地紧凑，颜色淡黄色，较大；2,4-D和TDZ的组合愈伤效果呈现一定规律性，随着TDZ浓度的增加，胚性愈伤诱导率随之下降，当2,4-D浓度为1.5mg/L，TDZ浓度为0.5mg/L时，胚性愈伤诱导率最高，且形成的愈伤质地紧凑。综合而言，1.5mg/L 2,4-D和0.5mg/L KT的组合与1.5mg/L 2,4-D和1.0mg/L KT的组合更适合胚性愈伤的诱导。

表6 不同激素组合对胚性愈伤诱导的影响

Table 6 Effect of type and concentration of growth regulators to induction of somatic embryogenesis

处理 Treatment	胚性愈伤率（%） Frequency of EC induction（%）	愈伤生长状态 Callus morphology
1	12.00 ± 0.0e	质地松散、愈伤较小
2	8.00 ± 0.0e	质地松散、愈伤较大
3	9.00 ± 0.0e	愈伤水渍状
4	83.00 ± 5.8b	质地紧密、愈伤较大
5	86.00 ± 2.23ab	质地紧密、愈伤较大
6	65.00 ± 3.2cd	质地松散、愈伤小
7	70.00 ± 4.3c	质地紧密、愈伤较大
8	59.00 ± 3.5d	质地松散、愈伤小
9	49.00 ± 1.2d	质地松散，愈伤小

注：将金桂合子胚接种到附加不同浓度2,4-D、TDZ、KT的基本培养基上，暗培养30天后统计数据。表中的数值为平均值±标准误，各数值后不同字母表示数值在P≦0.05水平下显著性差异。

Note：Immature zygotic embryo were cultured in the dark for 30 days on MS medium containing 2，4-D、TDZ and KT as shown above. Values shown are mean ± standard errors；Means followed by the different letters are significantly different at P≤0.05 according to Duncan's multiple range tests.

3 讨论

3.1 基因型差异、基本培养基种类和碳源种类对胚性愈伤诱导的影响

品种的基因型差异是影响植物体细胞胚发生的首要因素，即使是同一属或者同一种的植物，不同基因型的体细胞胚诱导率也有较大差异（施雪萍，2009）。张献龙等人认为，在棉花中基因型对体细胞胚与植株再生的影响远大于其他因素（张献龙，1991）。此外玉米（Ozcan，2002）、咖啡（Molina et al.，2002）中也有品种差异对体细胞胚发生影响的报道。本实验选择了华农校园内5株不同基因型的金桂，以 MS + 0.5mg/L 2,4-D + 1.0mg/L 6-BA 作为初始培养基，探究不同基因型的愈伤诱导率，发现各个基因型的诱导率差异不大，但是愈伤生长状态有较大不同，因而针对不同基因型需要建立与之对应的再生体系。

基本培养基类型众多，其成分含量差别较大，对体细胞胚发生也有一定影响。Gloria Pinto et al. 将蓝桉的种子培养在 MS、1/2MS、B$_5$、WPM、DKW 等多种培养基上，对比后发现，不同培养基上体细胞胚发生率不同，MS 和 B$_5$ 的效果明显好于其它基本培养基（Gloria Pinto et al.，2008）。本实验选择广泛使用的 MS、B$_5$ 和 WPM 作为基本培养基，MS 是广谱性培养基，B$_5$ 培养基含有较低的铵，WPM 为木本植物专用培养基。通过三种培养基的对比后，我们发现 MS 和 B$_5$ 培养基对体细胞胚有较好的诱导作用，而 WPM 却无法诱导出体细胞胚，进一步观察愈伤状态后可以看到 MS 培养基上愈伤大而紧凑，而 B$_5$ 培养基上的愈伤相对较小。

碳源为植物体细胞胚再生提供必不可少的能量来源，常见的包括蔗糖、葡萄糖、果糖、甘露醇等。Hideki Nakagawa et al. 在以香瓜子叶为外植体诱导体细胞胚时发现，蔗糖有助于体细胞胚的发生，以甘露醇为碳源时无法诱导得到体细胞胚，而将甘露醇和蔗糖一起使用则可以提高体细胞胚的发生效率（Hideki Nakagawa et al.，2001）。基于这些研究，我们选用蔗糖、葡萄糖和甘露醇作为碳源，探究其对胚性愈伤诱导的影响，结果发现以蔗糖作为碳源的诱导结果好于其他两种碳源。

3.2 植物生长调节剂对金桂幼胚萌发和植株生根的影响

植物组织培养过程中器官分化对激素的需要是必不可少的，主要由生长素和细胞分裂素的比例控制。细胞分裂素促进细胞分裂和分化，生长素诱导试管苗的生根（黄海波，2006）。据统计，93%的植物需要添加至少一种生长调节剂来诱导体细胞胚的发生，其中绝大多数需要添加生长素，或者生长素结合分裂素（Gaj M D，2004）。在生长素中，2,4-D 最为常见，da Silva et al. 认为 2,4-D 是体细胞胚发生必须的（da Silva et al.，2009）。但是以金桂合子胚为外植体，接种到只添加各种浓度 2,4-D 的 MS 培养基上时，无法诱导出胚性愈伤，实验室前期研究表明生长素 2,4-D 和细胞分裂素 6-BA 的组合能较好的诱导体细胞胚（Zou J.J，2014），本实验在此基础上进一步探究了 KT 和 TDZ 两种细胞分裂素对金桂体细胞胚诱导的影响。结果表明 1.5mg/L 2,4-D 和 0.5mg/L KT 的组合同样适合胚性愈伤的诱导，胚性愈伤诱导率为 86%。

参考文献

1. 黄海波，淡明，郭安平，贺立卡. 植物组织培养中存在的主要问题与对策［J］. 安徽农业科学，2006，34(12)：2632 – 2633.
2. 彭尽晖，吕长平，周展. 四季桂愈伤组织诱导与继代培养［J］. 湖南农业大学学报，2003，2(2)：131 – 133.
3. 施雪萍. 樟树体细胞胚再生体系的优化和转化 Barnase、PaFT 基因的研究［D］. 华中农业大学，2009.
4. 宋会访，葛红，周媛，王彩云. 桂花离体培养与快速繁殖技术的初步研究［J］. 园艺学报，2005，32：738 – 740.
5. 王彩云，白吉刚，杨玉萍. 桂花的组织培养［J］. 北京林业大学学报，2001，23：24 – 25
6. 臧德奎，向其柏. 中国桂花品种分类研究［J］. 中国园林，2004，20(11)：40 – 49.
7. 张献龙，孙济中，刘金兰. 陆地棉体细胞胚胎发生与植株再生［J］. 遗传学报，1991，(5)：461 – 467.
8. da Silva ML, Pinto DLP, Guerra MP, Floh EIS, Bruckner CH and Otoni WC. A novel regeneration system for a wild passion fruit species (*Passiflora cincinnata* Mast.) based on somatic embryogenesis from mature zygotic embryos［J］. Plant Cell Tissue and Organ Culture，2009，99(1)：47 – 54.
9. Gaj M D. Factors Influencing Somatic Embryogenesis Induction and Plant Regeneration with Particular Reference to *Arabidopsis thaliana* (L.) Heynh［J］. Plant Growth Regulation，2004，43(1)：27 – 47.
10. Gloria Pinto, Sónia Silva, Yill – Sung Park et al. Factors influencing somatic embryogenesis induction in *Eucalyptus globulus* Labill.：basal medium and anti – browning agents［J］. Plant Cell Tissue & Organ Culture，2008，95(1)：79 – 88.

11. Hideki Nakagawa, Takeshi Saijyo, Naoki Yamauchi, *et al*. Effects of sugars and abscisic acid on somatic embryogenesis from melon (*Cucumis melo* L.) expanded cotyledon［J］. Scientia Horticulturae, 2001, 90(1 - 2): 85 - 92.

12. Molina D M, Aponte M E, Cortina H, Moreno G. The effect of genotype and explant age on somatic embryogenesis of coffee［J］. Plant Cell Org Cult, 2002, 71: 117 - 123.

13. Ozcan S. Effect of different genotype and auxins on efficient somatic embryogenesis from immature zygotic embryo explants of maize［J］. Biotechnology & Biotechnological Equipment, 2002, 16: 51 - 57.

14. Parra R, Amo - Marco J B. Secondary somatic embryogenesis and plant regeneration in myrtle［J］. Plant Cell Rep, 1998, 18: 325 - 330.

19. Zou J. J. , Gao W. , Cai X. , Wang C. Y. Adventitious Shoot Organogenesis and Plant Regeneration by Immature Zygotic Embryos of *Osmanthus fragrans*［J］. Acta Horticulturae, 2013, 977: 353 - 360.

20. Zou J. J. , Gao W. , Cai X. , Zeng X. L. , Wang C. Y. Somatic embryogenesis and plant regeneration in *Osmanthus fragrans* Lour. ［J］. Propagation of Ornamental Plants, 2014, 14(1): 32 - 39.

干旱胁迫对 5 种石斛属植物叶片气孔运动的影响[*]

曹声海[1]　罗靖[1]　仇硕[1,2]　刘张栋[1]　李秀娟[2]　赵健[2]　王彩云[1][①]

（[1]华中农业大学园艺植物生物学教育部重点实验室，武汉 430070；
[2]广西壮族自治区·中国科学院广西植物研究所，桂林 541006）

摘要　石斛兰是重要的兰科花卉。前人通过可滴定酸和 CO_2 气体交换等生理指标测定，初步明确石斛属植物具有专性 C_3、专性 CAM 和兼性 C_3/CAM 3 种光合类型。本研究拟通过正常供水和干旱胁迫处理下气孔运动的比较来鉴定石斛属植物的光合类型，相关研究未见报道。对 5 种石斛属植物叶片进行扫描电镜观测后发现，美花石斛的气孔长度和气孔密度都最小，分别为 $20.17 \pm 0.33\mu m$ 和 45.44 ± 3.04 个/mm^2；鼓槌石斛叶片气孔密度最大，达到 137.37 ± 5.14 个/mm^2。对于流苏石斛，正常供水的条件下，气孔开放率在中午为 $92.21\% \pm 4.17\%$，夜晚下降到 $17.13\% \pm 2.82\%$；干旱胁迫后，中午的气孔开放率降到 $69.80\% \pm 1.75\%$，但仍远大于夜间的 $17.26\% \pm 5.01\%$，暗示流苏石斛是专性 C_3 植物。而对于金钗石斛、鼓槌石斛和春石斛‘V4’，干旱胁迫后，气孔开放率从中午较高转变为夜间较高，暗示它们是 C_3/CAM 中间型植物。美花石斛无论是正常供水还是干旱胁迫，均表现为白天气孔开放率低，夜间高达 90% 以上，暗示美花石斛是专性 CAM 型植物。这一结果为 5 种石斛属植物光合碳同化途径的鉴定提供了一些证据。

关键词　石斛属；干旱胁迫；光合途径；C_3/CAM 转变；气孔

Effects of Drought Stress on Leaves Stomatal Movement in Five Dendrobium Species

CAO Sheng-hai[1]　LUO Jing[1]　QIU Shuo[1,2]　LIU Zhang-dong[1]　LI Xiu-juan[2]　ZHAO Jian[2]　WANG Cai-yun[1]

（[1]*Key Laboratory of Horticultural Plant Biology, Ministry of Education, Huazhong Agricultural University, Wuhan* 430070；
[2]*Guangxi Institute of Botany, Guangxi Zhuang Autonomous Region and the Chinese Academy of Sciences, Guilin* 541006）

Abstract　*Dendrobium* is an important genus in orchid family. By measuring the titratable acid and CO_2 gas exchange and some other physiological indexes, previous studies showed that there were 3 types of photosynthesis, obligate C_3, obligate CAM and facultative C_3/ CAM, in *Dendrobium*. This study proposed the comparison of stomatal movement under normal water and drought stress treatment to identify the photosynthetic type of dendrobium, related research was not reported. After the scanning electron microscope observation of five kinds of *Dendrobium* plants, it was found that the stomatal length and density were the least, which was $20.17 \pm 0.33\mu m$ and $45.44 \pm 3.04/mm^2$ in *D. loddigesii*；*D. chrysotoxum* had the largest stomatal density, which was $137.37 \pm 5.14/mm^2$. For *D. fimbriatum*, under the condition with normal water supply, stomatal opening rate was $92.21\% \pm 4.17\%$ at noon, and dropped to $17.13\% \pm 2.82\%$ at night. After drought-stressed, the stomatal opening rate dropped to $69.80\% \pm 1.75\%$ at noon, but it was still much higher than $17.26\% \pm 5.01\%$ at night, suggested that *D. fimbriatum* belonged to obligate C_3 plants. While the stomatal opening rate of *D. nobile*, *D. chrysotoxum* and *Dendrobium nobile* 'V4' were higher at noon under normal condition, and turned higher at night after drought-stressed, suggested they were C_3/CAM type plants. Both in normal-watered and drought-stressed states, *D. loddigesii* were characterized by low stomatal opening rate at noon, and high at night, suggested that *D. loddigesii* was obligate CAM type. The results provided some evidence for identification of 5 kinds of dendrobium's photosynthetic carbon assimilation approach.

Key words　*Dendrobium*；Drought-stressed；Photosynthetic pathway；C_3/CAM transition；Stomata

石斛属（*Dendrobium*）是兰科第二大属，大约有 1500 个野生种以及上万个杂交种（Cribb and Govaerts, 2005；Lavarack *et al*., 2000；Schuiteman, 2011），广泛分布于亚洲至大洋洲的热带、亚热带地区。石斛属植

---

[*] 基金项目：国家自然基金（No. 31170657）；“十二五”国家科技支撑计划（No. 2011BAD12B02）；广西植物研究所基本科研业务费（桂植业 15006）；大别山特色资源开发湖北省协同创新中心（No. 2015TD02）。

[①] 通讯作者。王彩云，教授，研究方向为园林植物生理及分子生物学。E-mail：wangcy@ mail. hzau. edu. cn。

物分布广泛，生态环境各异，因而形成了适应不同生境的生态生理类型，如耐低温、耐干旱或者喜半阴、喜湿润等。特别是在光合碳同化方面，已确定有 25 个野生种以及一些栽培种（主要是蝴蝶石斛系列）只利用 CAM 光合途径同化 CO_2（即专性 CAM 植物）（Hew and Khoo, 1980；Ando, 1982；Fu and Hew, 1982；Winter *et al.*, 1983；He *et al.*, 1998；Sayed, 2001；He and Wood, 2008）。也有研究认为正常栽培条件下春石斛、束花石斛等利用 C_3 途径吸收固定 CO_2（Ando, 1982；朱巧玲等, 2013a, b）。还有些种类在正常栽培条件下利用 C_3 途径代谢，但逆境条件（包括干旱、高温等）能诱导光合途径从 C_3 途径转变为 CAM 途径，如金钗石斛和铁皮石斛等（Winter *et al.*, 1983；苏文华和张光飞, 2003a, b；任建武, 2008），被称作 C_3/CAM 中间型植物（也称兼性 CAM 植物）。相对的，一些 C_3 植物不因环境条件改变而改变碳同化途径的植物称作专性 C_3 种类，如水稻、小麦，以及石斛属植物流苏石斛（仇硕, 2014；Qiu *et al.*, 2015）等。

植物的气孔是植物与外界环境之间进行气体交换的通道，是蒸腾过程中水蒸气从体内排到体外的主要出口。气孔的关闭与打开，控制二氧化碳的进出，所以与光合、呼吸有关。研究表明，C_3/CAM 中间型植物从 C_3 光合逐渐转变为 CAM 后，昼夜气体交换形式也发生了昼夜变化，从 C_3 状态的昼开夜关逐渐转换为 CAM 状态的夜开昼关。石斛属植物的气孔形态观察已有报道，如朱巧玲对正常栽培条件下的黑毛石斛和长距石斛的观察（朱巧玲等, 2013a, b），裴忠孝对春石斛（Nobile 系列）的观察（裴忠孝, 2013）等，但都未对昼夜气孔开闭情况进行研究。任建武还报道了金钗石斛和鼓槌石斛于光下存在气孔的不均匀开闭现象，并初次探索了碳同化、电子传递、气孔运动三者的联动关系（任建武, 2011）。而有关干旱胁迫诱导引起的气孔开闭实时状态少见报道。本研究选择不同光合类型的石斛属植物，经过干旱胁迫诱导，并利用扫描电镜观察气孔的实时开闭状态，以期为这些植物的光合途径鉴定提供佐证。

1 研究方法与材料

1.1 试验材料及处理方法

试验材料选择专性 C_3 类的流苏石斛（*D. fimbriatum*），C_3/CAM 中间型金钗石斛（*D. nobile*）和鼓槌石斛（*D. chrysotoxum*）以及春石斛 'V4'（*Dendrobium nobile* 'V4'），专性 CAM 类植物美花石斛（*D. loddigesii*）（任建武, 2008；仇硕, 2014；Qiu *et al.*, 2015）。所有野生种均引自云南，栽培种春石斛 'V4' 引自浙江森禾种业有限公司。本试验石斛属植物栽培于华中农业大学植物生产类实习基地玻璃温室大棚中，温室具有水帘、风机等设施设备。栽培基质为水苔：椰壳（V : V = 3 : 1），水苔购自智利，一级；椰壳直径为 1.2cm 左右，引自厦门。生长季节（3～10 月），每 7d 淋 1/2 HS 的营养液 1 次。冬季停止施肥，自动喷雾系统淋水。

石斛兰气孔观测试验于 2013 年 8～9 月份进行，选择生长基本一致、无病虫害的植株；试验期间停止淋营养液。实验分成两个处理：充分供水处理的植物放进人工气候箱，光强大约 $300\mu molm^{-2}s^{-1}$，光周期 12h/12h（光/暗）和 28℃/18℃（白天/夜间），培养时间至少 2 周，假鳞茎饱满未出现干旱状态；而干旱胁迫处理的植株保持不淋水 20 天以上，直到假鳞茎出现干瘪现象而表明出现干旱状态。

1.2 扫描电镜观察叶片气孔

充分供水及干旱胁迫处理的两组均在中午12：00 和凌晨 0：00 进行取样；取样时选择假鳞茎中间部位的成熟叶片，用解剖刀快速切割靠近中段中脉两侧宽 4～5mm、长 6mm 的小块放入 3% 戊二醛中固定；重复 8～10 块。待样品在 3% 戊二醛中固定 24h 后取出，蒸馏水冲洗，再用 1% 的锇酸固定，乙醇梯度脱水，进行 CO_2 临界点干燥及喷金。处理后的样品用日立 S-570 型扫描电镜观察叶片背面，放大倍数 300～2000 倍。

1.2.1 气孔长度和气孔密度测定

气孔长度测定：对照组每份材料在放大 300 倍的条件下，随机选择 30 个气孔，测定气孔长轴（通常指气孔口纵径）。

气孔密度测定：每份材料在放大 300 倍的条件下各选取 3 个单位面积，统计气孔数量，换算成气孔个数/mm^2，求平均值。

1.2.2 气孔开放率测定

对照组和干旱组每份材料在放大 300 倍的条件下，各选取 3 个单位面积，分别观察和测定气孔开放率。开放率的测定方法：单位面积内开放个数/单位面积总个数。

1.3 数据处理

本试验主要采用 SAS8.0 和 Microsoft Excel 统计软件进行数据分析。

2 结果与分析

2.1 5种石斛属植物叶片气孔形态特征观察

叶片气孔的大小和气孔密度能够反映植物的生理生态学特性。由扫描电镜观察结果发现，5种石斛叶片上表皮没有气孔分布，均分布于下表皮，属于兰科植物常见Hypostomaty类型。表1是5种石斛兰在水分供应正常状况下气孔长度及气孔密度统计结果。其中金钗石斛和春石斛'V4'的气孔长度较大，分别为30.01μm和29.81μm；流苏石斛和鼓槌石斛的气孔长度相对较小，分别为27.33μm和27.40μm；而美花石斛的气孔长度最小，只有20.17μm；5种石斛气孔长度之间的差异性见表1。5种石斛之间叶片气孔密度的差异明显，其中鼓槌石斛叶片气孔密度最大，达到137.37个/mm²；流苏石斛次之，也达到106.76个/mm²。美花石斛叶片的气孔密度最小，只有45.44个/mm²，表现出一定的抗旱性。金钗石斛和春石斛'V4'气孔密度则比较接近，分别为92.93个/mm²和92.22个/mm²。且金钗石斛和春石斛'V4'的气孔长度和气孔密度都很接近，这可能与两者的亲缘关系较近有关。

表1 充分供水条件下5种石斛属植物叶片气孔长度及气孔密度比较
Table 1 Comparison of stomatal length and stomatal density of five species of *Dendrobium* under well – watered condition.

种名 Species	气孔长度（μm） Stomatal length	气孔密度（个/mm²） Stomatal density
流苏石斛（*D. fimbriatum*）	27.33 ± 0.25b	106.76 ± 3.45b
金钗石斛（*D. nobile*）	30.01 ± 0.59a	92.93 ± 4.04c
美花石斛（*D. loddigesii*）	20.17 ± 0.33c	45.44 ± 3.04d
鼓槌石斛（*D. chrysotoxum*）	27.40 ± 0.24b	137.37 ± 5.14a
春石斛'V4'（*D. nobile* 'V4'）	29.81 ± 0.19a	92.22 ± 4.75c

同列中不同的字母表示差异显著（$P < 0.05$）；The different letters in the same column indicate the significant difference（$P < 0.05$）.

2.2 干旱胁迫对5种石斛属植物叶片气孔运动的影响

2.2.1 正常供水和干旱胁迫下流苏石斛的气孔开闭状态观察

由图1可知，流苏石斛叶片下表皮细胞呈囊泡状，角质层覆盖并不明显。气孔保卫细胞呈肾形（图1A，B）。虽然流苏石斛在水分充足和干旱条件下中午气孔打开程度不大（图1C，图1E），与充分供水条件下相比较，干旱处理后的中午气孔开放率从92.21%降到69.80%（表2），但其在夜间均基本处于关闭状态（图1D，图1F），干旱处理后夜间气孔开放率只有17.26%（表2），与充分供水下持平，并未发现气孔昼夜开闭的明显转变，表明干旱并没有影响流苏石斛气孔昼夜开关的改变，从而说明流苏石斛是专性C_3类植物。

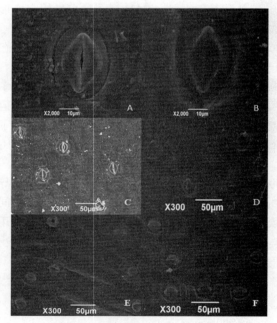

图1 流苏石斛叶片下表面扫描电镜图
Fig. 1 Electron microscope images of the lower surface of *Dendrobim fimbriatum*

注：A气孔打开，B气孔关闭，C充分供水下中午气孔，D充分供水下夜间气孔，E干旱中午气孔，F干旱夜间气孔。

Note：A stomata at opened states，B stomata at closed states，C stomata at noon in well-watered condition，D stomata at night in well-watered condition，E stomata at noon in drought-stressed conditions，F stomata at night in drought – stressed conditions，respectively.

表 2　正常供水和干旱胁迫下流苏石斛叶片气孔开放率的变化

Table 2　Variation of stomatal opening rate of *D. fimbriatum* under well – watered and drought-stressed.

种名	处理	气孔开放率（%）Stomatal opening rate	
Species	Treatment	中午 At noon	夜间 At night
流苏石斛	正常供水	92. 21 ± 4. 17a	17. 13 ± 2. 82a
(*D. fimbriatum*)	干旱胁迫	69. 80 ± 1. 75b	17. 26 ± 5. 01a

每种石斛中午或夜间不同的字母表示充分供水和干旱胁迫状态下的差异显著(*P* < 0.05)；The different letters in the same column indicate the significant difference under well-watered and drought-stressed at noon or at night of every species (*P* < 0.05).

2.2.2　正常供水和干旱胁迫下金钗石斛、鼓槌石斛和春石斛'V4'的气孔开闭状态观察

如图 2 可知，金钗石斛叶片下表皮细胞排列整齐，呈四边形；其表面角质层明显，特别在气孔周围角质层围绕气孔形成一个近六边形的环状结构。气孔相较流苏石斛清晰可见(图 2A，图 2B)。由图 2C 表明在水分充足的中午，气孔基本处于打开状态，但在夜间其气孔仍然处于打开状态(图 2D)；在干旱处理后中午气孔基本关闭(图 2E)，但在夜间气孔依旧开放明显(图 2F)，表明其在水分充足条件下表现出一定的 C_3 植物特征，在干旱处理下又表现出一定的 CAM 特性。

由图 3 示鼓槌石斛叶片下表皮细胞排列紧密，但由于其叶片表面上密布稠密的角质层条纹，导致其表皮细胞轮廓不明显；其角质层在 5 种石斛中最厚，角质层在气孔外侧周围紧贴保卫细胞形成保护性圆环，圆环内缘光滑，稍加厚(图 3A，图 3B)。在水分充足条件下其气孔中午开放程度明显(图 3C)，在夜间则基本关闭(图 3D)；但在干旱处理后气孔开闭状态转变明显，中午气孔关闭(图 3E)，夜间则开放(图 3F)，这表明鼓槌石斛具备兼性 CAM 植物特征。

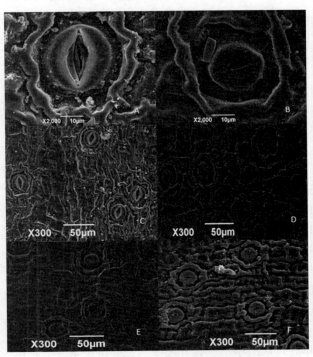

图 3　鼓槌石斛叶片下表面扫描电镜图

Fig. 3　Electron microscope images of the lower surface of *Dendrobium chrysotoxum*

注：A 气孔打开，B 气孔关闭，C 充分供水下中午气孔，D 充分供水下夜间气孔，E 干旱中午气孔，F 干旱夜间气孔。

Note：A stomata at opened states, B stomata at closed states, C stomata at noon in well – watered condition, D stomata at night in well – watered condition, E stomata at noon in drought – stressed conditions, F stomata at night in drought – stressed conditions, respectively.

图 2　金钗石斛叶片下表面扫描电镜图

Fig. 2　Electron microscope images of the lower surface of *Dendrobium nobile*

注：A 气孔打开，B 气孔关闭，C 充分供水下中午气孔，D 充分供水下夜间气孔，E 干旱中午气孔，F 干旱夜间气孔。

Note：A stomata at opened states, B stomata at closed states, C stomata at noon in well – watered condition, D stomata at night in well – watered condition, E stomata at noon in drought – stressed conditions, F stomata at night in drought – stressed conditions, respectively.

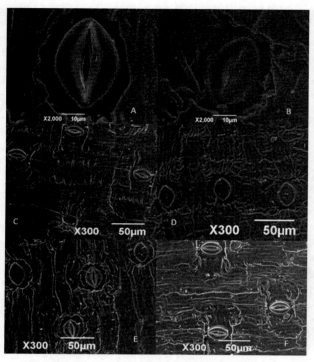

图 4 春石斛'V4'叶片下表面扫描电镜图

Fig. 4 Electron microscope images of the lower surface *Dendrobium nobile* 'V4'

注：A 气孔打开，B 气孔关闭，C 充分供水下中午气孔，D 充分供水下夜间气孔，E 干旱中午气孔，F 干旱夜间气孔。

Note：A stomata at opened states, B stomata at closed states, C stomata at noon in well – watered condition, D stomata at night in well – watered condition, E stomata at noon in drought – stressed conditions, F stomata at night in drought – stressed conditions, respectively.

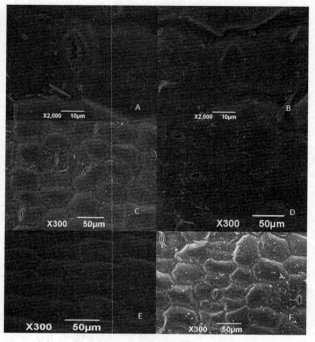

图 5 美花石斛叶片下表面扫描电镜图

Fig. 5 Electron microscope images of the lower surface of *Dendrobium loddigesii*

注：A 气孔打开，B 气孔关闭，C 充分供水下中午气孔，D 充分供水下夜间气孔，E 干旱中午气孔，F 干旱夜间气孔。

Note：A stomata at opened states, B stomata at closed states, C stomata at noon in well – watered condition, D stomata at night in well – watered condition, E stomata at noon in drought – stressed conditions, F stomata at night in drought – stressed conditions, respectively.

春石斛'V4'的下表皮细胞形状多为正六边形或近圆形（图4），其叶表皮细胞和气孔形态均与金钗石斛非常相似。其气孔开闭转变与鼓槌石斛表现一致，即在水分充足条件下其气孔中午开放程度明显（图4C），在夜间则基本关闭（图4D）；但在干旱处理后气孔开闭状态转变明显，中午气孔关闭（图4E），夜间则开放（图4F），这表明春石斛'V4'也具备 $C_3/$CAM 中间型植物的特征。

由表3可知，金钗石斛、鼓槌石斛和春石斛在干旱处理后的中午气孔开放率与充分供水条件下相比，中午气孔开放率均有不同幅度的降低，而夜间气孔开放率均有较大幅度的升高，这表明干旱胁迫后，夜间气孔张开的程度明显，利用CAM途径进行碳同化，根据其转变程度大小，判断本实验干旱胁迫诱导其

CAM的表现程度大小依次为金钗石斛 > 鼓槌石斛 > 春石斛'V4'。

2.2.3 正常供水和干旱胁迫下美花石斛的气孔开闭状态观察

美花石斛叶片下表皮细胞清晰可见，形状很无规则，大体呈圆球形囊泡状（图5）。表面角质层覆盖并不明显（图5A，图5B）。在水分充足和干旱处理条件下其气孔中午均基本处于关闭状态（图5C，图5E），在夜间则打开明显（图5D，图5F），从中午和夜间气孔开放率来看，无论充分供水还是干旱胁迫，均是夜间具有较高的气孔开放率，高于90%（表4），而白天中午均相对较小。进一步表明美花石斛为专性CAM代谢类型。

表 3　正常供水和干旱胁迫下金钗石斛、鼓槌石斛和春石斛'V4'叶片气孔开放率的变化

Table 3　Variation of stomatal opening rate of *D. nobile*, *D. chrysotoxum* and *D. nobile* 'V4' under well-watered and drought-stressed.

种名 Species	处理 Treatment	气孔开放率(%) Stomatal opening rate	
		中午 At noon	夜间 At night
金钗石斛 (*D. nobile*)	正常供水	96.67 ± 3.33a	50.53 ± 3.68b
	干旱胁迫	23.69 ± 5.61c	95.24 ± 4.76a
鼓槌石斛 (*D. chrysotoxum*)	正常供水	98.67 ± 1.33a	20.32 ± 3.58b
	干旱胁迫	27.17 ± 4.60b	83.08 ± 4.60a
春石斛'V4' (*D. nobile* 'V4')	正常供水	70.83 ± 6.36a	32.32 ± 2.67b
	干旱胁迫	64.55 ± 4.70a	69.84 ± 8.40a

每种石斛中午或夜间不同的字母表示充分供水和干旱胁迫状态下的差异显著($P < 0.05$)；　The different letters in the same column indicate the significant difference under well - watered and drought - stressed at noon or at night of every species ($P < 0.05$).

表 4　正常供水和干旱胁迫下美花石斛叶片气孔开放率的变化

Table 4　Variation of stomatal opening rate of *D. loddigesii* under well-watered and drought-stressed.

种名 Species	处理 Treatment	气孔开放率(%) Stomatal opening rate	
		中午 At noon	夜间 At night
美花石斛 (*D. loddigesii*)	Well - watered	33.33 ± 6.67a	98.00 ± 2.00a
	Drought - stressed	20.56 ± 2.42b	91.11 ± 4.84a

每种石斛中午或夜间不同的字母表示充分供水和干旱胁迫状态下的差异显著($P < 0.05$)；The different letters in the same column indicate the significant difference under well - watered and drought - stressed at noon or at night of every species ($P < 0.05$).

3　讨论

3.1　石斛属植物气孔特征

本研究对 5 种石斛充分供水及干旱处理后叶片气孔的扫描电镜观测显示，5 种石斛上表皮没有气孔分布，只分布于下表皮。5 种石斛气孔结构相似，气孔复合体为不规则型。流苏石斛、美花石斛细胞呈囊泡状，角质层覆盖并不明显；金钗石斛、鼓槌石斛和春石斛'V4'的叶表皮细胞排列紧密，覆盖有花纹的角质层，这一结果与前人报道过金钗石斛、鼓槌石斛的气孔特征一致(任建武，2008)。推测金钗石斛、鼓槌石斛和春石斛'V4'通过角质层保护来减少水分散失，而美花石斛和流苏石斛通过内在生理机制提高水分利用效率。

3.2　石斛属植物气孔密度种间差异大

气孔密度在种间的差异较大，这主要是由石斛属植物生境和气候的复杂和多样性决定的。此外，表皮细胞的大小对单位面积气孔数目也有较大的影响，表皮细胞大，单位面积内表皮细胞数目就少，单位面积气孔数目也随之减少，气孔的密度就降低，反之亦然(张明宇等，2007)。本研究中 5 种石斛兰在水分供应正常状况下气孔长度从大到小依次为金钗石斛、春石斛'V4'、流苏石斛、鼓槌石斛和美花石斛；气孔密度从大到小依次为鼓槌石斛、流苏石斛、金钗石斛、春石斛'V4'和美花石斛。其中春石斛'V4'的气孔长度及气孔密度与前人研究干旱胁迫对春石斛光合特征影响的数值较为接近(裴忠孝，2013)；金钗石斛和鼓槌石斛的气孔密度与任建武 3 种石斛气孔观测结果一致(任建武，2008)。金钗石斛和春石斛'V4'的气孔长度和气孔密度都很接近，这可能是与由于两者的亲缘关系较近有关。有研究认为叶片的气孔密度较高，气孔密度大，吸收 CO_2 量也多，有利于植物光合作用(朱巧玲等，2013a)，本研究发现鼓槌石斛气孔密度较大，这样进一步证明了 5 种石斛中，鼓槌石斛叶片面积大以及光合作用相对较大的原因（仇硕，2014；Qiu et al. , 2015）。

3.3 干旱胁迫下气孔运动变化为5种石斛属植物的光合碳同化类型的鉴定提供了有力证据

5种石斛在干旱处理后的气孔开放率变化表明，流苏石斛在充分供水及干旱处理后气孔均是中午有很高的气孔开放率，而夜间较小，进一步证明属于专性C_3植物特征；金钗石斛、鼓槌石斛和春石斛'V4'气孔开放率则存在明显的转变，即在水分充足条件下气孔在中午开放率大，夜间较小，而干旱处理后转变为中午开放率较小，夜间开放率变大，表现出C_3/CAM中间型植物的特征。而美花石斛在充分供水条件下，中午的气孔开放率均远小于夜间的气孔开放率，验证了美花石斛为专性CAM植物。此外，文中气孔扫描电镜观察结果也显示了不同状态下的开关状态，这些结果进一步验证了这5种石斛属植物的光合碳同化类型，即流苏石斛属于专性C_3植物，金钗石斛、鼓槌石斛和春石斛'V4'属于C_3/CAM中间型植物（或兼性CAM植物），而美花石斛属于专性CAM类植物（仇硕，2014；Qiu et al. , 2015）。

参考文献

1. 裴忠孝. 不同梯度干旱胁迫对春石斛相关生理指标及光合作用的影响研究［D］. 武汉：华中农业大学，2013.

2. 任建武，王兴枝，杨丽娜，高荣孚. 3种石斛叶绿素荧光、碳同化、气孔联动关系研究［J］. 北京林业大学学报，2011，33(6).

3. 任建武. 三种石斛的光合电子传递、碳同化动态研究［J］. 北京：中国林业科学研究院，2008.

4. 苏文华，张光飞. 金钗石斛光合作用特征的初步研究［J］. 中药材，2003a，26(3)：157 – 159.

5. 苏文华，张光飞. 铁皮石斛叶片光合作用的碳代谢途径［J］. 植物生态学报，2003b，27(5)：631 – 637.

6. 张明宇，虞泓，邓成西，毛钧，张时刚. 石斛属植物叶表皮特征及其分类学意义［J］. 西南农业学报，2007，04 – 0716 – 05.

7. 朱巧玲，冷佳奕，叶庆生. 黑毛石斛和长距石斛的光合特性［J］. 植物学报，2013a，48(2)：151 – 159.

8. 朱巧玲，冷佳奕，叶庆生. 束花石斛和黄花石斛的光合特性研究［J］. 华南师范大学学报（自然科学版），2013b，45(2)：97 – 103.

9. Ando T. Occurrence of two different modes of photosynthesis in Dendrobium cultivars［J］. Sci. Hortic，1982，17：169 – 175.

10. Cribb, P. , Govaerts, R. Just how many orchids are there? – In 'Proceedings of the 18th World Orchid Conference'［M］. (Eds A Raynal – Roques, A Rogeuenant and D Prat, Naturalia Publications：Dijon, France). 2005, 161 – 172. .

11. Lavarack, B. W. Harris, and G. Stocker. "Dendrobium and its relatives." Dendrobium & Its Relatives, 2000.

12. He, J. and Wood, W. L. Source – to – sink relationship between green leaves and green petals of different ages of the CAM orchid Dendrobium cv. Burana Jade［J］. Photosynthetica. , 2008, 46 (1)：91 – 97.

13. He, J. , Khoo, G. H. , Hew, C. S. Susceptibility of CAM-Dendrobium leaves and flowers to high light and high temperature under natural tropical conditions［J］. Environmental and Experimental Botany, 1998, 40(3)：255 – 264.

14. Hew, C. S. and Khoo, S. I. Photosynthesis of young Orchid seedlings［J］. New phytol. , 1980, 86：349 – 357.

15. Fu, C. F. , Hew, C. S. Crassulacean acid metabolism in orchids under water stress［J］. Bot. Gaz. , 1982, 143：294 – 297.

16. Schuiteman, A. Dendrobium (Orchidaceae)：To split or not to split? ［J］. Gardens' Bulletin Singapore, 2011, 63(1 & 2)：245 – 257.

17. Qiu S. , Sultana S. , Liu Z. D. , Yin L. Y. , Wang C. Y. . I-dentification of obligate C_3 photosynthesis in Dendrobium ［J］. Photosynthetica, 2015, 53 (2)：168 – 176.

18. Winter K. and Holtum J. A. M. . Environment or Development? Lifetime Net CO_2 Exchange and Control of the Expression of Crassulacean Acid Metabolism in *Mesembryanthemum crystallinum*［J］. Plant Physiology, 2007, 143 (1)：98 – 107.

19. Winter K. , Garcia M. and Holtum J. A. M. . On the nature of facultative andconstitutive CAM：environmental and developmental control of CAM expression during early growth of Clusia, Kalanchoë, and Opuntia［J］. Journal of Experimental Botany, 2008, 59(7)：1829 – 1840.

20. Winter K, Wallace B, Stocker G, Roksandic Z. Crassulacean acid metabolism in Australian vascular epiphytes and some related species［J］. Oecologia, 1983, 57：129 – 141.

中国观赏园艺研究进展2015：593～599

Advances in Ornamental Horticulture of China, 2015：593～599

干旱胁迫诱导石斛属植物 C_3/CAM 转变的代谢机制初探[*]

刘张栋[1]　曹声海[1]　仇　硕[1,2]　罗　靖[1]　赵　健[2]　李秀娟[2]　王彩云[1]①

（[1]华中农业大学园艺植物生物学教育部重点实验室，武汉430070；[2]广西壮族自治区·中国科学院广西植物研究所，桂林541006）

摘要　石斛兰是重要的兰科观赏和药用植物。已有报道表明，石斛兰中存在专性 C_3、专性 CAM 和 C_3/CAM 中间型3种类型的植物，然而 C_3 到 CAM 途径转变过程中的机理目前尚不明确。本研究以6种具有不同光合类型的石斛属植物为材料，在充分供水和干旱胁迫后测定苹果酸、柠檬酸、可溶性糖和淀粉等代谢物质的变化。结果表明，几种石斛属植物中柠檬酸含量均很低，且干旱胁迫不影响柠檬酸的积累；充分供水条件下，CAM 型美花石斛和秋石斛'索尼亚'苹果酸、碳水化合物和淀粉含量均表现出一定程度的净积累，干旱胁迫下，积累量显著增加；对于 C_3 型玫瑰石斛和流苏石斛，充分供水条件下，苹果酸净积累分别只有 0.12 ± 0.03 和 0.02 ±0.01，并且干旱胁迫下，苹果酸等有机物积累呈一定程度的下降趋势。金钗石斛在充分供水条件下，苹果酸含量仅为 0.25 ±0.04，表现出一定的 C_3 植物特性，而在干旱胁迫下，苹果酸含量几乎增加一倍，达到 0.48 ±0.03，暗示了金钗石斛是一个 C_3/CAM 中间型植物，干旱胁迫促进光合途径从 C_3 到 CAM 的转变，并且苹果酸含量变化在这一转变过程中起到关键作用。

关键词　石斛属；光合途径；C_3/CAM 转变；干旱胁迫；苹果酸

Study on Metabolic Mechanism during the Photosynthesis C_3/CAM Shift Induced by Drought Stress in the Genus *Dendrobium*

LIU Zhang-dong[1]　CAO Sheng-hai[1]　QIU Shuo[1,2]　LUO Jing[1]　ZHAO Jian[2]　LI Xiu-juan[2]　WANG Cai-yun[1]

（[1]*Key Laboratory of Horticultural Plant Biology*，*Ministry of Education*，*Huazhong Agricultural University*，*Wuhan* 430070；
[2]*Guangxi Institute of Botany*，*Guangxi Zhuang Autonomous Region and the Chinese Academy of Sciences*，*Guilin* 541006）

Abstract　*Dendrobium nobile* are important orchid flowers for their ornamental and medical value. It was reported that there were not only obligate C_3, obligate CAM plants, but also C_3/CAM plants in *Dendrobium*, however, the mechanism is still not clear during the transition from C_3 to CAM. In this work, six *Dendrobium nobile* with different photosynthetic pathways were chosen, and the contents of malic acid, citric acid, soluble sugar, and starch under well－watered and drought stress condition were analyzed. The results showed that the citric acid content was low in all six cultivars, and drought stress did not affect the accumulation of citric acid. Under well－watered condition, CAM tpye *D. loddigesii* and *D. hybrida* 'Sonia' showed accumulation of malic acid, soluble sugar, and starch with certain degree, and drought stress increased their content further. For C_3 type *D. crepidatum* and *D. fimbriatum*, the accumulation of malic acid was only 0.12 ±0.03 and 0.02 ±0.01 under well－watered condition, respectively, and droped in some degree under drought stress. In *D. nobile*, the content of malic acid was only 0.25 ±0.04 under well－watered condition, which showed feature of C_3 plant, however, under drought stress, the malic acid content increased to 0.48 ±0.03, which was almost doubled, suggesting that *D. nobile* was a facultative C_3/CAM plant, drought stress promoted the transition form C_3 to CAM, and the change of malic acid content was important during this transition.

Key words　*Dendrobium*；Photosynthetic pathway；C_3/CAM transition；Drought-stressed；Malic acid

石斛属（*Dendrobium*）是兰科三大属之一，大约有1500个野生种以及上万个杂交种（Cribb and Govaerts，2005；Lavarack *et al.*，2000；Schuiteman，2011），广泛分布于亚洲至大洋洲的热带、亚热带地区。石斛属植物地理分布广泛，生态环境各异，形成了适应不同生境的生态生理类型。在光合碳同化方面，具有只利用

* 基金项目：国家自然基金（No.31170657）；"十二五"国家科技支撑计划（No.2011BAD12B02）；广西植物研究所基本科研业务费（桂植业15006）；大别山特色资源开发湖北省协同创新中心（No.2015TD02）。

① 通讯作者。王彩云，教授，研究方向为园林植物生理及分子生物学。E－mail：wangcy@ mail. hzau. edu. cn。

CAM 途径吸收固定 CO_2 的专性 CAM 植物,如蝴蝶系列石斛及一些野生种（Ando，1982；Winter et al.，1983；Sayed，2001）。还有些种类正常栽培条件下利用 C_3 途径代谢,但逆境条件（包括干旱、高温等）能诱导光合途径从 C_3 途径转变为 CAM 途径,如金钗石斛和铁皮石斛等（Winter et al.，1983；苏文华和张光飞，2003a，b；任建武，2008）,被称作 C_3/CAM 中间型植物（也称兼性 CAM 植物）。相对的,不因环境条件改变而改变光合类型的 C_3 植物称作专性 C_3 种类,如水稻、小麦,以及石斛属植物流苏石斛（仇硕，2014；Qiu et al.，2015）。

植物受到不良环境条件（如干旱）胁迫后,体内 ABA、NO 等信号物质迅速启动信号途径（包括 ABA－依赖型、ABA－非依赖型及 Ca^{2+} 依赖型等）,进而引起各种代谢物质的变化（Freschi et al.，2010）。大部分 CAM 植物主要通过苹果酸的昼夜变化调节,而冰叶日中花（Mesembryanthemum crystallinum）和藤黄属（Clusia）CAM 植物主要通过柠檬酸的变化调节；水分胁迫会引起冰叶日中花昼夜酸升高,但引起藤黄属和景天属下降,也有少数植物（如 S. telephium）在水分诱导下迅速引起苹果酸的积累,但 PEPC 没有增加（Cushman et al.，2002）。淀粉等碳水化合物在代谢转换中具有重要作用,提供还原力。C_3/CAM 中间型植物冰叶日中花的淀粉缺失突变体因为没有淀粉的产生而不能进行这种代谢转换,只进行 C_3 代谢（Cushman et al.，2008）。任建武等（2010）采用高效反相液相色谱法测定 3 种石斛属植物叶肉细胞苹果酸含量日变化。而在碳水化合物方面,石斛属植物多集中在药用植物铁皮石斛、金钗石斛中多糖等药用成分的测定。仇硕等测定了一些石斛属植物的可滴定酸的昼夜变化（仇硕，2014；Qiu et al.，2015）,而有关石斛属 C_3/CAM 转变过程中发生的苹果酸、柠檬酸、糖、淀粉等更具体的代谢物质的变化还少见报道。因此,本研究拟通过干旱胁迫诱导石斛属 C_3/CAM 中间型植物光合途径的转变,并结合专性 C_3 类和专性 CAM 类,进而分析不同光合类型植物有机酸和碳水化合物的变化,研究结果将有利于探讨石斛属植物 C_3/CAM 代谢转换的机制理论。

1 研究方法与材料

1.1 试验材料及处理方法

试验材料选择石斛属不同光合碳同化类型的植物,分别是专性 C_3 类玫瑰石斛（D. crepidatum）和流苏石斛（D. fimbriatum）,C_3/CAM 中间型类鼓槌石斛（D. chrysotoxum）和金钗石斛（D. nobile）,专性 CAM

类美花石斛（D. loddigesii）和秋石斛'索尼亚'（Dendrobium hybrida'Sonia'）（He et al.，1998；仇硕，2014；Qiu et al.，2015）。所有野生种均引自云南,秋石斛'索尼亚'引自海南。本试验植物材料栽培于华中农业大学植物生产类实习基地玻璃温室大棚中,温室具有水帘、风机等设施设备。栽培基质为水苔:椰壳（V:V=3:1）,水苔购自智利,一级；椰壳直径为 1.2cm 左右,引自厦门。生长季节（3～10 月）,每 7d 淋 1/2 HS 的营养液 1 次。冬季停止施肥,自动喷雾系统淋水。

试验于 2013 年 9～10 月份进行,选择生长基本一致、无病虫害的植株；试验期间停止淋营养液。实验分成两个处理:充分供水处理的植物放进人工气候箱,光强大约 $300\mu molm^{-2}s^{-1}$,光周期 12h/12h（光/暗）和 28℃/18℃（白天/夜间）,培养时间至少 2 周；而干旱胁迫处理的植株保持不淋水 20 天以上,直到假鳞茎出现干瘪现象而表明出现干旱状态。试验设 3 个重复,每个重复 6～12 株。实验中所有选择的叶片均为完全展开的叶片,排除最顶端和最底端的叶片。充分供水及干旱胁迫处理的两组均在凌晨 6:00 和傍晚 18:00 进行取样；取样时选择假鳞茎中间部位的成熟叶片,用解剖刀快速切割约 1g 左右叶片。每个处理每个石斛种每次取样 3 个植株,称量后迅速用液氮速冻后保存于 -80℃ 超低温冰箱中备用。

1.2 试验指标测定方法

1.2.1 苹果酸和柠檬酸的测定

叶片苹果酸和柠檬酸的测定参照任建武等（2010）的方法,并略有改进。称取 1g 材料于研钵中液氮冰冻迅速研磨,加入 5ml 超纯水继续研磨；成匀浆后倒入 10ml 离心管；10000g 离心 10min；0.45μm 微孔滤膜过滤后定容测定。

流动相配制:色谱纯磷酸氢二钾 2.2822g；体积分数为 3% 色谱纯甲醇；超纯水定容至 1000ml。pH 值用磷酸调节为 2.55。采用外标法,以保留时间及双波长定性,峰面积定量,每个样品重复 3 次,取其平均值。

色谱条件:色谱柱,AgilentTC－C18（5μm，4.6mm，i.d.×250mm）；流速,0.8ml/min；进样体积 20μl；检测波长 210nm；柱温,30℃。

标准溶液的配制:准确称取苹果酸、柠檬酸标样 100mg,用流动相溶解并定容至 100ml 棕色容量瓶中。上述溶液配制成不同浓度的混标,用 0.45μm 的滤膜过滤后,上机绘制苹果酸柠檬酸标准曲线。

1.2.2 可溶性糖含量和叶片淀粉含量的测定

可溶性糖含量的测定:参照李合生（2006）的方法,根据蒽酮比色法测定。称取重约 1g 的新鲜植物叶片共 3 份，分别装入 10ml 离心管中，加入 3ml 蒸馏水；塑料膜封口，沸水中加热约半小时后，将可溶性糖提取液转到 10ml 离心管；重复上述步骤，定容到 7ml；吸取上述糖提取液 0.5ml，放入 20ml 试管中，加 1.5ml 蒸馏水，加入蒽酮乙酸乙酯试剂 0.5ml 混合之，再加入 5ml 浓 H_2SO_4 于沸水浴中煮沸 1min，取出冷却，然后于分光光度计上进行测定，波长为 630nm，测得吸光度。从标准曲线上查得滤液中的糖含量（或经直线回归公式计算），然后再行计算样品中可溶性糖的含量。

可溶性糖含量$(mg/g) = c \times (V/a) \times n /(W \times 109)$

其中 a 吸取样品体积(ml)，c 标曲查得含量(μg)，V 提取液体积(ml)，n 稀释倍数，w 组织鲜重(g)。

淀粉含量的测定：参照李合生(2006)的方法，根据蒽酮比色法测定。称取重约 1g 材料液氮研磨，置于 10ml 离心管中，加入 6～7ml 80% 乙醇，在 80℃ 水浴中提取 30min，取出离心(3000rpm)5min，向沉淀中加蒸馏水 3ml，搅拌均匀，放入沸水浴中糊化 15min。冷却后，入 2ml 冷的 9.2mol/L 高氯酸，不时搅拌，提取 15min 后加蒸馏水至 10ml，混匀，离心 10min，上清液倾入 50ml 容量瓶。再向沉淀中加入 2ml 4.6mol/L 高氯酸，搅取 15min 后加水至 10ml，混匀后离心 10min，收集上清于容量瓶。然后用水洗沉淀 1～2 次，离心，合并离心液于 50ml 容量瓶用蒸馏水定容供测淀粉用。测定取待测样品提取液 1.0ml 于试管中，再加蒽酮试剂 5ml，快速摇匀，然后在沸水浴中煮 10min，取出冷却，在 620nm 波长下，

用空白调零测定光密度，从标准曲线查出糖含量(μg)。

1.3 数据处理

本试验主要采用 SAS8.0 和 Microsoft Excel 统计软件进行数据分析。

2 结果与分析

2.1 干旱胁迫下几种石斛叶片苹果酸含量变化

本试验测定了 6 种石斛充分供水及干旱处理后早晨(6：00)和傍晚(18：00)苹果酸含量的变化，结果见表 1。从表 1 可以看出，专性 C_3 类植物玫瑰石斛和流苏石斛在充分供水和干旱胁迫后，昼夜苹果酸的变化均较小，如流苏石斛两种条件下均仅积累是 0.02mg/g，而且两种处理之间没有显著差异($p > 0.05$)。而对于鼓槌石斛和金钗石斛等 2 种 C_3/CAM 中间型的石斛，两种处理条件下的昼夜苹果酸变化比较明显，特别是干旱胁迫后，昼夜积累的苹果酸更高，其中金钗石斛已达到显著差异水平($p < 0.05$)。而专性 CAM 植物美花石斛和秋石斛'索尼亚'在两种水分处理下均具有较高的昼夜苹果酸积累，充分供水条件下的昼夜苹果酸积累量分别为 0.80mg/g 和 0.96mg/g，均远高于其他几种植物的昼夜苹果酸积累（包括干旱处理条件下）；而干旱胁迫一段时间后，两种专性 CAM 植物积累的苹果酸量分别达到 1.38mg/g 和 1.27mg/g，显著高于充分供水条件下积累的苹果酸。

表 1 6 种石斛叶片苹果酸含量
Table 1 Concentration of malic acid in leaves of 6 species of *Dendrobium*

种名 Species	处理 Treatment	苹果酸含量(mg/g) Concentration of Malic Acid		早—晚 Dawn－Dusk
		早上 Dawn	傍晚 Dusk	
玫瑰石斛(*D. crepidatum*)	Control	1.02 ± 0.03	0.90 ± 0.02	0.12 ± 0.03a
	Drought	1.39 ± 0.03	1.31 ± 0.04	0.08 ± 0.02a
流苏石斛(*D. fimbriatum*)	Control	0.80 ± 0.02	0.78 ± 0.02	0.02 ± 0.01a
	Drought	0.85 ± 0.03	0.83 ± 0.02	0.02 ± 0.02a
金钗石斛(*D. nobile*)	Control	1.21 ± 0.14	0.96 ± 0.07	0.25 ± 0.04b
	Drought	1.35 ± 0.04	0.87 ± 0.07	0.48 ± 0.03a
鼓槌石斛(*D. chrysotoxum*)	Control	1.10 ± 0.10	0.89 ± 0.06	0.21 ± 0.05a
	Drought	0.99 ± 0.05	0.73 ± 0.04	0.27 ± 0.05a
美花石斛(*D. loddigesii*)	Control	2.01 ± 0.08	1.21 ± 0.09	0.80 ± 0.07b
	Drought	2.82 ± 0.25	1.44 ± 0.12	1.38 ± 0.03a
秋石斛'索尼亚'(*D. hybrida* 'Sonia')	Control	2.04 ± 0.15	1.08 ± 0.10	0.96 ± 0.08b
	Drought	2.44 ± 0.15	1.17 ± 0.09	1.27 ± 0.07a

每种植物不同处理昼夜苹果酸积累的量(早上—傍晚)后面的同样小写字母表示差异不显著($p < 0.05$)；数据为平均值 ± 标准误(n = 3)。

The same small letter under different treatment in the same plant were not significantly different ($p < 0.05$). Data were means ± SD (n = 3).

2.2 干旱胁迫下石斛兰叶片柠檬酸含量变化

大部分 CAM 植物主要通过苹果酸的昼夜变化调节,而冰叶日中花和藤黄属 CAM 植物主要通过柠檬酸的变化调节。本试验测定了 6 种石斛充分供水及干旱处理后早晨和傍晚柠檬酸含量,结果见表 2。与苹果酸含量相比,这几种石斛叶片柠檬酸含量并不低,但昼夜柠檬酸积累的量(即早晚之间的差值)均较小,最高值也仅为 0.10mg/g(金钗石斛充分供水下昼夜柠檬酸积累量),美花石斛干旱处理后柠檬酸含量虽显著高于充分供水,但柠檬酸昼夜积累量也仅为 0.08mg/g。这表明柠檬酸可能没有参与这 6 种石斛 CAM 代谢途径的调节。

表2 6种石斛叶片柠檬酸含量
Table2　Concentration of citrate acid in leaves of 6 species of *Dendrobium*

种名 Species	处理 Treatment	柠檬酸含量(mg/g) Concentration of Citrate Acid		早—晚 Dawn-Dusk
		早上 Dawn	傍晚 Dusk	
玫瑰石斛(*D. crepidatum*)	Control	0.81 ± 0.08	0.72 ± 0.04	0.09 ± 0.05a
	Drought	0.84 ± 0.01	0.75 ± 0.01	0.09 ± 0.01a
流苏石斛(*D. fimbriatum*)	Control	0.88 ± 0.02	0.86 ± 0.01	0.02 ± 0.01a
	Drought	1.04 ± 0.06	1.03 ± 0.05	0.01 ± 0.01a
金钗石斛(*D. nobile*)	Control	0.91 ± 0.02	0.81 ± 0.04	0.10 ± 0.02a
	Drought	1.31 ± 0.13	1.22 ± 0.14	0.09 ± 0.01a
鼓槌石斛(*D. chrysotoxum*)	Control	1.07 ± 0.06	0.98 ± 0.09	0.09 ± 0.05a
	Drought	1.13 ± 0.05	1.05 ± 0.08	0.08 ± 0.01a
美花石斛(*D. loddigesii*)	Control	0.88 ± 0.04	0.84 ± 0.03	0.04 ± 0.01b
	Drought	1.05 ± 0.08	0.97 ± 0.09	0.08 ± 0.02a
秋石斛'索尼亚' (*D. hybrida* 'Sonia')	Control	0.73 ± 0.01	0.73 ± 0.01	0.01 ± 0.01a
	Drought	0.74 ± 0.01	0.74 ± 0.01	0.01 ± 0.01a

每种植物不同处理昼夜柠檬酸积累的量(早上—傍晚)后面的同样小写字母表示差异不显著($p < 0.05$);数据为平均值 ± 标准误(n = 3)。

The same small letter under different treatment in the same plant were not significantly different ($p < 0.05$). Data were means ± SD (n = 3).

2.3 干旱胁迫下石斛兰叶片可溶性糖含量变化

表3 显示 6 种石斛在充分供水和干旱胁迫后早晚可溶性糖含量的变化。从表 3 可以看出,干旱处理后,所有 6 种石斛早晚可溶性糖含量均有一定程度的上升,其中流苏石斛上升的幅度较大,早上和傍晚分别升高 3.87mg/g 和 3.50mg/g。但就可溶性糖早晚之间的差值而言,干旱胁迫后差值显著小于充分供水(即白天积累的可溶性糖显著增多)的是两种专性 CAM 植物美花石斛和秋石斛'索尼亚'以及 C_3/CAM 中间型植物金钗石斛。而 C_3/CAM 中间型鼓槌石斛以及两种专性 C_3 类玫瑰石斛和流苏石斛等,白天积累的可溶性糖没有显著增加,两种专性 C_3 类白天积累的量甚至降低。

表3 6种石斛叶片可溶性糖含量
Table 3　Concentration of soluble sugar in leaves of 6 species of *Dendrobium*

种名 Species	处理 Treatment	可溶性糖含量(mg/g) Concentration of soluble sugar		傍晚—早上 Dusk-Dawn
		早上 Dawn	傍晚 Dusk	
玫瑰石斛(*D. crepidatum*)	Control	4.34 ± 0.14	4.76 ± 0.10	0.42 ± 0.08a
	Drought	6.15 ± 0.19	6.55 ± 0.25	0.39 ± 0.12a
流苏石斛(*D. fimbriatum*)	Control	6.51 ± 0.88	8.17 ± 0.93	1.65 ± 0.08a
	Drought	10.38 ± 0.73	11.67 ± 0.65	1.29 ± 0.43a

（续）

| 种名
Species | 处理
Treatment | 可溶性糖含量（mg/g）
Concentration of soluble sugar | | 傍晚—早上
Dusk-Dawn |
		早上 Dawn	傍晚 Dusk	
金钗石斛（D. nobile）	Control	6.34 ± 0.64	7.36 ± 0.68	1.02 ± 0.05b
	Drought	6.27 ± 0.72	8.70 ± 0.55	2.43 ± 0.33a
鼓槌石斛（D. chrysotoxum）	Control	4.64 ± 0.38	5.20 ± 0.61	0.56 ± 0.24a
	Drought	6.56 ± 0.42	7.14 ± 0.40	0.58 ± 0.24a
美花石斛（D. loddigesii）	Control	1.51 ± 0.19	1.84 ± 0.13	0.33 ± 0.06b
	Drought	1.54 ± 0.24	2.29 ± 0.20	0.74 ± 0.08a
秋石斛'索尼亚' （D. hybrida'Sonia'）	Control	2.29 ± 0.11	2.61 ± 0.08	0.31 ± 0.07b
	Drought	3.04 ± 0.18	4.48 ± 0.20	1.44 ± 0.32a

每种植物不同处理可溶性糖积累的量（早上—傍晚）后面的同样小写字母表示差异不显著（ $p < 0.05$ ）；数据为平均值 ± 标准误（n = 3）。

The same small letter under different treatment in the same plant were not significantly different（ $p < 0.05$ ）. Data were means ± SD（n = 3）.

2.4 干旱胁迫下石斛兰叶片淀粉含量变化

充分供水和干旱胁迫后 6 种石斛叶片淀粉含量的变化统计见表 4。6 种石斛叶片淀粉含量值均高于相应的可溶性糖含量。从表 4 可看出，干旱胁迫后，两种专性 C_3 类玫瑰石斛和流苏石斛虽相应的淀粉含量升高，但白天积累的淀粉量反而降低，这与其糖含量的变化一致。而对于 C_3/CAM 中间型金钗石斛和鼓槌石斛以及专性 CAM 类美花石斛和秋石斛'索尼亚'来说，相比较充分供水条件的淀粉含量，干旱胁迫状态下则白天积累的淀粉量显著增加（即傍晚—早上）（ $p < 0.05$ ）。淀粉含量的变化与表 3 糖含量的变化基本一致。

表4　6种石斛叶片淀粉含量

Table 4　Concentration of starch in leaves of 6 species of *Dendrobium*

| 种名
Species | 处理
Treatment | 淀粉含量（mg/g）
Concentration of starch（mg/g） | | 傍晚—早上
Dusk – Dawn |
		早上 Dawn	傍晚 Dusk	
玫瑰石斛（D. crepidatum）	Control	8.60 ± 0.35	10.88 ± 1.04	2.28 ± 0.70a
	Drought	12.19 ± 1.15	14.17 ± 1.14	1.98 ± 0.39a
流苏石斛（D. fimbriatum）	Control	13.97 ± 0.91	18.86 ± 0.13	4.89 ± 1.01a
	Drought	19.81 ± 0.55	23.89 ± 0.95	4.08 ± 0.62a
金钗石斛（D. nobile）	Control	15.76 ± 2.18	19.94 ± 2.76	4.18 ± 0.65b
	Drought	15.17 ± 1.15	22.35 ± 1.84	7.18 ± 0.75a
鼓槌石斛（D. chrysotoxum）	Control	18.32 ± 1.15	20.30 ± 1.43	1.98 ± 0.32a
	Drought	19.24 ± 1.33	21.52 ± 1.09	2.28 ± 0.96a
美花石斛（D. loddigesii）	Control	5.78 ± 0.43	7.06 ± 0.30	1.28 ± 0.22b
	Drought	5.63 ± 0.62	9.90 ± 0.53	4.27 ± 0.90a
秋石斛'索尼亚' （D. hybrida'Sonia'）	Control	10.62 ± 0.57	11.87 ± 0.32	1.24 ± 0.30b
	Drought	9.14 ± 0.45	13.06 ± 0.59	3.92 ± 0.40a

每种植物不同处理昼夜淀粉积累的量（早上—傍晚）后面的同样小写字母表示差异不显著（ $p < 0.05$ ）；数据为平均值 ± 标准误（n = 3）。

The same small letter under different treatment in the same plant were not significantly different（ $p < 0.05$ ）. Data were means ± SD（n = 3）.

3 讨论

3.1 石斛属植物 C_3/CAM 代谢转换中有机酸变化机理

CAM 植物的液泡是 CO_2 的库和源，利用有机酸（主要是苹果酸）的积累（晚上）和降解（白天）来贮存供应 CO_2。有机酸的积累和降解是 CAM 植物长期适应外界高温、干燥等不良环境而形成的生物内部节律的反应，是一个复杂的代谢过程，是整个有机体代谢的综合反应。大部分 CAM 植物主要通过苹果酸的昼夜变化调节，而冰叶日中花和藤黄属 CAM 植物主要通过柠檬酸的变化调节。石斛属 CAM 植物中是否存在柠檬酸参与昼夜变化调节未见报道。本研究测定了 6 种不同光合碳同化类型的石斛属植物在充分供水及干旱处理后早晨和傍晚苹果酸及柠檬酸含量，结果表明 6 种石斛中苹果酸含量相对更丰富，且有一定变化规律；而柠檬酸含量极低。因此认为在石斛属植物 C_3/CAM 代谢转换中主要是苹果酸起调节作用。

本试验中，流苏石斛、玫瑰石斛两种处理下早晚苹果酸变化不大，表现为专性 C_3 植物特征。鼓槌石斛两种处理下的苹果酸早晚差值有所增加，但不显著，具备了向 CAM 途径转变的趋势，早晚差值没有变现出显著性差异可能与鼓槌石斛假鳞茎更肥厚而水分胁迫程度不够有关。金钗石斛、美花石斛和秋石斛'索尼亚'在干旱处理后苹果酸早晚差值显著上升，表明这 3 种石斛在干旱胁迫后有从 C_3 状态向 CAM 状态转变的特征或者 CAM 表达程度更强。任建武等（2010）研究 3 种石斛采用高效反相液相色谱法测定试验材料的叶肉细胞苹果酸含量日变化，发现具有景天酸代谢植物特征的为金钗石斛与报春石斛，其苹果酸夜间上升，白天下降；而鼓槌石斛叶片苹果酸含量很低。

3.2 石斛属植物 C_3/CAM 代谢转换中碳水化合物变化机理

碳水化合物是植物光合作用的主要产物，其中的非结构性碳水化合物（如蔗糖、果聚糖、淀粉）是参与植株生命代谢的重要物质。水分胁迫影响植物体内碳水化合物的代谢。因此典型的 CAM 的碳水化合物与苹果酸呈相反的波动（Kluge，M.，Ting, I. P. 1978；Osmond，C. B. 1978）。而白天贮存的多糖逐渐消耗，用于形成 CO_2 的受体 PEP。生物组织中常见的可溶性糖有葡萄糖、果糖、麦芽糖、蔗糖。Chen et al. 2002 研究 3 种 CAM 植物凤梨、大叶落地生根、落地生根叶片代谢产物的昼夜变化中表明，3 种 CAM 植物叶片中的 6 - 磷酸葡萄糖、6 - 磷酸果糖和 1 - 磷酸果糖在夜间时段有所下降，并且这些代谢物在白天的前 3 个小时继续下降，在随后的时间里保持较小的变化。

本研究中测定了 6 种不同光合类型的石斛在充分供水及干旱处理后早晨和傍晚可溶性糖和淀粉含量的变化，结果表明 6 种石斛中可溶性糖和淀粉含量变化趋势保持一致。美花石斛和秋石斛在两种状态下碳水化合物含量早晚差值最大，即表现出 CAM 途径的特征；而 C_3/CAM 中间型（兼性 CAM 或可诱导型 CAM）植物金钗石斛和鼓槌石斛在两种状态下碳水化合物在白天积累的量也发生不同程度的变化。专性 C_3 类玫瑰石斛和流苏石斛干旱胁迫后碳水化合物在白天积累的量降低，说明不能进行 CAM 代谢。

参考文献

1. 仇硕. 石斛属植物光合途径鉴定及 PEPC 基因的分子进化研究[D]. 武汉，华中农业大学，2014.
2. 任建武. 三种石斛的光合电子传递、碳同化动态研究[D]. 中国林业科学研究院. 北京，2009，博士论文.
3. 任建武，王雁，彭镇华，胡青. 3 种石斛叶片苹果酸含量日变化动态研究[J]. 江西农业大学学报，2010，32(3)：547 - 552.
4. 李合生. 植物生理生化实验原理和技术[M]. 北京：高等教育出版社，2006.
5. 苏文华，张光飞. 金钗石斛光合作用特征的初步研究[J]. 中药材，2003a，26(3)：157 - 159.
6. 苏文华，张光飞. 铁皮石解叶片光合作用的碳代谢途径[J]. 植物生态学报，2003b，27(5)：631 - 637.
7. Ando T. Occurrence of two different modes of photosynthesis in *Dendrobium* cultivars[J]. Sci. Hortic, 1982, 17: 169 -

175.

8. Chen L. S. , Lin Q. , Nose A. . A comparative study on diurnal changes in metabolite levels in the leaves of three crassulacean acid metabolism (CAM) species, *Ananas comosus*, *Kalanchoe daigremontiana* and *K. pinnata*[J]. J EXP BOT, 2002, 53: 341 - 350.
9. Cribb, P. , Govaerts, R. Just how many orchids are there? — In 'Proceedings of the 18th World Orchid Conference'[M]. (Eds A Raynal - Roques, A Rogeuenant and D Prat, Naturalia Publications: Dijon, France). 2005, 161 - 172.
10. Cushman J. C. , Borland A. M. . Induction of Crassulacean acid metabolism by water limitation[J]. Plant Cell Environ, 2002, 25: 295 - 310.
11. Cushman J. C. , Agarie S. , Albion R. L. , et al. . Isolation and Characterization of Mutants of Common Ice Plant Defi-

cient in Crassulacean Acid Metabolism[J]. Plant Physiol. 2008, 147: 228 – 238.

12. Hoagland, D. R., Snyder, W. C. Nutrition of strawberry plants under controlled conditions: (a) Effects of deficiencies of boron and certain other elements: (b) Susceptibility to injury from sodium salts[J]. – Proc. Amer. Soc. Hort. Sci. 1933, 30: 288 – 294.

13. Lavarack, B., W. Harris, and G. Stocker. "Dendrobium and its relatives." Dendrobium & Its Relatives, 2000.

14. He, J., Khoo, G. H., Hew, C. S. Susceptibility of CAM *Dendrobium* leaves and flowers to high light and high temperature under natural tropical conditions[J]. – Environmental and Experimental Botany, 1998, 40(3): 255 – 264.

15. Freschi L., Rodrigues M. A., Domingues D. S., Purgatto E., Sluys M. A. V., Magalhaes J. R., Kaiser W. M. and Mercier H.. Nitric Oxide Mediates the Hormonal Control of Crassulacean Acid Metabolism Expression in Young Pineapple Plants[J]. Plant Physiology, 2010, 152(4): 1971 –

1985.

16. Kluge, M., Ting, I. P.. Crassulacean acid metabolism. Analysis of an ecological adaptation [M]. – Berlin, Heidelberg, New York.: Springer – Verlag. 1978.

17. Osmond, C. B.. Crassulacean acid metabolism: a curiosity in context[J]. – Ann. Rev. Plant Physiol. 29: 379 – 414, 1978.

18. Sayed, O. H. Crassulacean acid metabolism 1975 – 2000, a check list[J]. – Photosynthetica. 39: 339 – 352, 2001.

19. Schuiteman, A. Dendrobium (Orchidaceae): To split or not to split? [J]. Gardens' Bulletin Singapore, 2011, 63(1 & 2): 245 – 257.

20. Qiu S., Sultana S., Liu Z. D., Yin L. Y., Wang C. Y.. Identification of obligate C_3 photosynthesis in *Dendrobium* [J]. Photosynthetica, 2015, 53 (2): 168 – 176.

21. Winter K, Wallace B, Stocker G, Roksandic Z. Crassulacean acid metabolism in Australian vascular epiphytes and some related species[J]. Oecologia, 1983, 57: 129 – 141.

不同处理方式对百合种子萌发特性的影响[*]

解雪华　孙明[①]

（花卉种质创新与分子育种北京市重点实验室，国家花卉工程技术研究中心，
城乡生态环境北京实验室，北京林业大学园林学院，北京 100083）

摘要　针对百合种子萌发缓慢的问题，本研究以大花卷丹（*Lilium leichtlinii*）、台湾百合（*Lilium formosemum*）及湖北百合（*Lilium henryi*）种子为材料，研究不同预处理方式、光照条件及不同低温储藏时间下百合种子的萌发情况。结果表明：硝酸钾、赤霉素溶液浸种 6h 能够有效地缩短百合种子的萌发时间，质量分数为 0.5% 及 1.0% 的硝酸钾溶液能显著促进大花卷丹（*L. leichtlinii*）与台湾百合（*L. formosemum*）种子的发芽率和发芽势，赤霉素的有效浓度约为 100～150mg/L，赤霉素相对硝酸钾更能有效促进种子萌发；35℃ 的温水浸种能够明显地提高种子发芽势和发芽率，50℃ 温水浸种则会导致种子失活；百合种子在萌发期间需要充足的光照，为需光性种子，种子萌发明显优于遮光处理的种子；种子活力随着储藏年限的增长而降低，较短储藏年份的种子由于含水量大等原因，在萌发过程中易腐烂霉变。

关键词　百合；种子；萌发

Effects of Different Treatments on Seed Germination of Lily

XIE Xue-hua　SUN Ming

（*Beijing Key Laboratory of Ornamental Plants Germplasm Innovation & Molecular Breeding，
National Engineering Research Center for Floriculture，Beijing Laboratory of Urban and Rural Ecological
Environment and College of Landscape Architecture，Beijing Forestry University，Beijing* 100083）

Abstract　Aiming at the difficulty for lily seed germination，experiments was conducted to examine the effects of different pre-treatment，light conditions and different storage time under low temperature on the seed gemrination. The results showed that：6h immesrion in potassium nitrate solution and GA_3 effectively shorten the germination time. Treatment with 0.5% and 1.0% potassium nitrate solution Significantly increase the germination percentage and germination potential，GA_3 of 50mg/L inhibieted seed germination effectively；Immesrion in 35℃ water was able to improve the seed germination potential and germination percentage obviously，whereas Immesrion in 50℃ water will lead to deactivation；germination under enough light was better than shading during seed germination process；Seed vigor decreased as the growth of the storage time under low temperature；seeds with shorter storage time perishable mildew mildew due to seed moisture content and other reasons.

Key words　*Lilium*；Seeds；Germination

百合是我国重要的多年生球根草本植物，具有很强的观赏价值，也是极为重要的切花材料（董丽，2011）。然而百合种子萌发率低，发芽不整齐，发芽时间较其他草本植物相对较长，实生苗的生长发育较为缓慢（伍丹，2007），如有较好的方式对百合种子进行萌发处理，将会有效地提高相关研发工作的效率，有利于优秀新品种的推广及产业发展（Chojnowski M，1996）。总结国内外关于百合属种子萌发的研究发现，影响百合种子萌发的因素主要有温度、湿度、光照强

度、植物激素和化学物质、年龄效应等。为此，本文通过采用不同的预处理方式、光照条件及储藏时间进行发芽试验，以期筛选出适宜百合种子萌发的条件。

1　材料与方法

1.1　试验材料

2013 年野外采集大花卷丹（*L. leichtlinii*）与台湾百合（*L. formosemum*）野生种子，2011 年、2012 年、

---

* 基金项目：北京高等学校"青年英才计划"（YETP0747），十二五国家科技支撑计划课题（#2013BAD01B07，#2012BAD01B07）。
① 通讯作者。Author for correspondence（E－mail：13683295193@163.com）。

2013年野外采集湖北百合（*L. henryi*）种子，晒干，选取饱满、健康的种子作为实验材料，4℃保存。

1.2 实验方法

1.2.1 不同预处理条件种子萌发试验

选取健康饱满的大花卷丹（*L. leichtlinii*）与台湾百合（*L. formosemum*）种子，经2%次氯酸钠消毒15min，蒸馏水冲洗干净，分别采用以下3种方式对种子进行预处理，每种处理40粒种子（高温胁迫组每种处理80粒种子），3次重复。

硝酸钾浸泡：将种子分别浸泡在质量分数为0.5%、1.0%、1.5%的硝酸钾溶液中6h，对照组在蒸馏水中浸泡6h，蒸馏水冲洗3次。

赤霉素浸泡：将种子分别浸泡在50mg/L、100mg/L、150mg/L的赤霉素溶液中6h，对照组在蒸馏水中浸泡6h，蒸馏水冲洗3次。

高温胁迫：将种子分别浸泡于蒸馏水中24h，然后分别置于35℃、50℃的水浴锅中浸种1h，对照组室温下（22℃）蒸馏水中浸泡1h。

1.2.2 不同光照条件种子萌发试验

将经过高温胁迫处理的种子，每个处理划为2组，40粒一组，设置全光照条件与黑暗条件2个处理，观察光暗处理对种子萌发的影响。

1.2.3 不同储藏时间种子萌发萌发试验

取重量为1g的4℃条件下贮藏了3年、2年、1年的湖北百合种子（*L. henryi*）分别浸泡在200ml的蒸馏水中，分别测量浸泡时间为0.5h、1h、3h、5h、7h、9h、21h时的电导率。另选取健康、饱满的种子，2%次氯酸钠消毒15min，蒸馏水冲洗干净，每种储藏年限的种子取40粒为一组，3次重复，室温下浸种6h，观察种子萌发情况。

实验于2014年北京林业大学实验室中进行，处理完成后，将种子置于铺有两层湿润滤纸的培养皿中，放入人工气候室进行培养。以种子胚根萌发1~2mm为发芽标准，每天观测并记录发芽开始时间、全部发芽完成时间、每日发芽数，及时去除霉变种子，当种子停止发芽15天视为该组实验结束，培养皿见干浇水，保持滤纸湿润。

1.3 试验数据统计与分析

按Czabotar（1962），Abdul－Baki（1973）的方法计算种子发芽率和发芽势，发芽率（%，GP1）＝发芽种子数/供试种子数×100；发芽势（%，GP2）＝发芽高峰期发芽种子数/供试种子数×100。所有试验数据均采用Excel 2010和SPSS16.0软件进行统计分析，计算种子发芽率、发芽势。

2 结果与分析

2.1 不同预处理方式对种子萌发的影响

2.1.1 硝酸钾处理对百合种子萌发的影响

表1 不同预处理方式下大花卷丹（*L. leichtlinii*）及台湾百合（*L. formosemum*）萌发情况统计表

Table1 Statistics on the germination of *L. leichtlinii* and *L. formosemum* under different pretreatment methods

编号	预处理条件	初始萌发所需时间（d）	发芽率（%）	发芽势（%）
DJ1	蒸馏水	8	57.5	35
DJ2	0.5% KNO$_3$	7	70	43.3
DJ3	1% KNO$_3$	7	75	52.5
DJ4	1.5% KNO$_3$	8	47.5	17.5
TW1	蒸馏水	8	60	37.5
TW2	0.5% KNO$_3$	8	60	47.5
TW3	1% KNO$_3$	7	60	49.5
TW4	1.5% KNO$_3$	9	57.5	47.5
DJ1	蒸馏水	8	57.5	35
DJ2	50mg/L GA	6	95	55
DJ3	100mg/L GA	6	75	37.5
DJ4	150mg/L GA	8	75	37.5
TW1	蒸馏水	8	60	37.5
TW2	50mg/L GA	7	65	57.5
TW3	100mg/L GA	7	52.5	50
TW4	150mg/L GA	10	47.5	25
DJ1	室温（22℃）	8	57.5	35
DJ2	35℃	7	90	42.5
DJ3	50℃	16	40	35
TW1	室温（22℃）	8	60	37.5
TW2	30℃	8	75	17.5
TW3	50℃	17	5	0

如表1、图1所示：硝酸钾溶液处理大花卷丹（*L. leichtlinii*）种子，明显提高了种子发芽率及发芽势，1%质量分数的硝酸钾作用最明显，最终发芽率达到75%；而1.5%质量分数的硝酸钾则会对其萌发起到抑制作用发芽率仅为47.5%，低于对照组57.5%；0.5%和1%质量分数的硝酸钾溶液可缩短种子萌发所需时间。协方差（Cov＝1.56≠0）分析发现，硝酸钾的浓度与种子发芽率有一定相关性，相关系数ρ为0.26，表明硝酸钾浓度对大花卷丹（*L. leichtlinii*）种子发芽率影响较显著。

硝酸钾溶液处理台湾百合（*L. formosemum*）种子，0.5%和1%质量分数的硝酸钾均使种子最终萌发率达到60%，但1%质量分数的硝酸钾缩短了萌发所需时间，1.5%质量分数的硝酸钾对其种子萌发有抑制作用。其协方差Cov（质量分数，发芽率）＝0.47≠0，硝酸钾的浓度变化和台湾百合（*L. formosemum*）种子发芽率呈现一定关系，相关系数ρ＝0.77，说明硝酸钾浓度对台湾百合（*L. formosemum*）种子发芽率影响极显著。

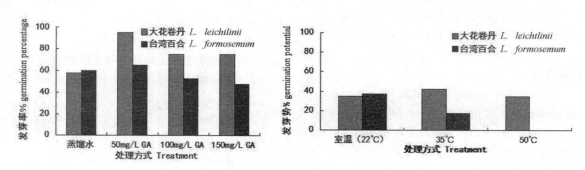

图1 硝酸钾预处理对大花卷丹(*L. leichtlinii*)及台湾百合(*L. formosemum*)种子萌发的影响

Fig. 1　Effect of KNO₃ treatment on germination of *L. leichtlinii* and *L. formosemum* seeds

2.1.2　赤霉素处理对百合种子萌发的影响

实验结果表明,50~150mg/L 的赤霉素溶液均能明显促进大花卷丹(*L. leichtlinii*)种子萌发,50mg/L 的赤霉素作用最明显,发芽率可达到95%。协方差 Cov(浓度,发芽率)= 203.13 ≠ 0,相关系数 ρ = 0.27,赤霉素浓度对大花卷丹(*L. leichtlinii*)种子发芽率影响显著。

50mg/L 的赤霉素浸泡台湾百合(*L. formosemum*)种子,其萌发率比对照组增加了5%,而100mg/L 和150mg/L 的赤霉素溶液对台湾百合(*L. formosemum*)种子萌发有抑制作用,初步判断该种种子对赤霉素的耐受性较低。协方差 Cov(浓度,发芽率)= 312.5 ≠ 0,相关系数 ρ = 0.83,即赤霉素浓度对台湾百合(*L. formosemum*)种子发芽率影响极显著。

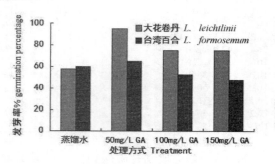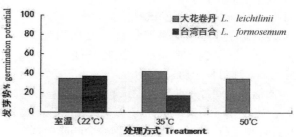

图2 赤霉素预处理对大花卷丹(*L. leichtlinii*)及台湾百合(*L. formosemum*)种子萌发的影响

Fig. 2　Effect of GA₃ treatment on germination of *L. leichtlinii* and *L. formosemum* seeds

2.1.3　高温胁迫处理对百合种子萌发的影响

如图3所示,35℃ 的温水浸泡 1h 能够明显促进大花卷丹(*L. leichtlinii*)种子的萌发,最终发芽率达到90%,发芽势也显著增高。50℃ 的温水浸泡 1h,其发芽率及发芽势均低于对照组种子,且萌发过程中出现大量种子腐烂现象。

大量种子腐烂现象。

30℃ 的温水浸泡台湾百合(*L. formosemum*)种子,能够明显促进其发芽率的增高,但发芽势显著降低。50℃ 的温水浸泡 1h,部分台湾百合(*L. formosemum*)种子致死。

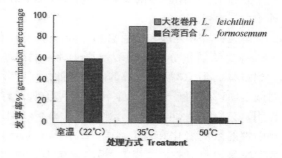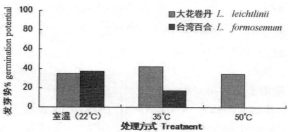

图3 高温胁迫对大花卷丹(*L. leichtlinii*)及台湾百合(*L. formosemum*)种子萌发的影响

Fig 3　Effect of different temperature on germination of *L. leichtlinii* and *L. formosemum* seeds

2.2 光照对种子萌发的影响

图 3 所示：室温浸种及 30℃ 水浴处理后，对大花卷丹(*L. leichtlinii*)及台湾百合(*L. formosemum*)种子全光照培养，其发芽率及发芽势均明显高于遮光条件下的种子萌发情况。50℃ 水浴会抑制种子的萌发，故不对其进行对比分析。

实验结果表明大花卷丹(*L. leichtlinii*)及台湾百合(*L. formosemum*)种子均为需光性种子，即：萌发需要光照，在黑暗条件下不能萌发或萌发率降低。光照对种子萌发的作用机理复杂，光照特征，光与水热条件的耦合作用，光敏色素的光信号转导等因素都对其产生影响(张敏，2012)。百合种子的萌发与光照因素之间具体作用关系还需进一步的研究。

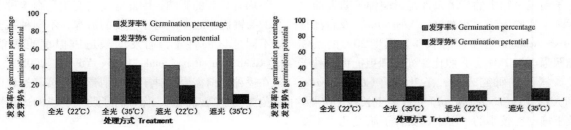

图 4 光照对大花卷丹(*L. leichtlinii*)(左)及台湾百合(*L. formosemum*)(右)种子萌发的影响

Fig. 4　Effect of light on germination of *L. leichtlinii*(left) and *L. formosemum*(right) seeds

2.3 储藏时间对种子萌发的影响

种子的贮藏时间也是影响种子萌发的因素之一，实验选取了在低温条件下(4℃)贮藏了 3 年、2 年、1 年的湖北百合(*L. henryi*)种子作为材料。如图 5、图 6 所示，电导率测量和发芽试验发现：贮藏年份越长，种子电导率测定值越低，种子活力下降，实际萌发率降低。贮藏年份短的种子，种子萌发率高，但在萌发过程中种子易发生霉变，这可能与种子自身含水量有关，同时长时间的贮藏，可能也抑制了种子自身携带的霉菌的生长。

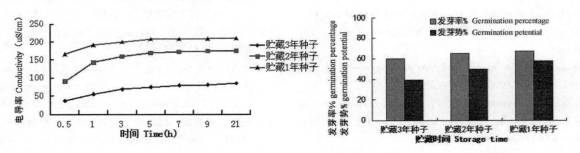

图 5 不同贮藏时间的湖北百合种子电导率测量值变化及萌发情况

Fig. 5　The conductivity and germination of *L. henryi* seeds under different storage time

3　讨论

种子萌发能力的高低与多种因素有关，从大类上可以分为两类：自身的理化性质(如种子质量(张颖娟等，2011)和外界的理化条件(马建华，2006)。高温、高湿会加速种子衰老，导致抗氧化系统代谢紊乱(薄丽萍等，2011)，从而导致对逆境的抵抗能力降低。因此，提高种子的萌发能力大多采用两种方式：提升种子的活力和在萌发过程中给予适合的生境条件。

3.1 预处理方式的选择

综合实验数据进行对比分析发现，相较高温胁迫和硝酸钾浸种，赤霉素预处理能够明显缩短种子萌发所需时间，提高萌发率。但是，不同的品种的种子，最能促进其发芽的赤霉素的浓度不同，对于岷江百合(*Lilium regale*)，赤霉素的处理不能促进其萌发反而会抑制发芽，且浓度越高，发芽率越低(杨炜茹等，2008)。1% 质量分数的硝酸钾溶液浸种 1h 可将东方百合种子发芽率提升到 80%(高娜等，2011)。对于淡黄花百合(*Lilium sulphureum*)种子，研究表明：在清水浸泡发芽率为 100% 的情况下，0.3% 高锰酸钾溶液浸种 1h 发芽率为 90%；0.1% 磷酸钾溶液浸种 1h 发芽率为 96.7%；10% 次氯酸钾溶液浸种 1h 发芽率为 86.7%。该研究认为淡黄花百合(*L. sulphureum*)种子对于药剂处理不敏感，且本身发芽率较好，育苗时不需要进行化学药剂特殊处理(刘伟等，2013)。

3.2 培养条件的设置

种子萌发过程中的环境条件是影响种子萌发的关键因素。本实验中，大花卷丹(*L. leichtlinii*)及台湾百合(*L. formosemum*)在湿度为 70%，温度 20℃ 的条件下，光照强度 5.2klx 全光照比遮光处理更能促进种子的萌发。然而有研究表明，条叶百合(*Lilium callosum*)和大花卷丹(*L. leichtlinii*)等种类生长在全光照、空气及土壤湿度较小的生境中，其种子萌发几乎不受光照的影响(孙晓玉，2003)。这与本实验结果不一致，本实验中只设置了全光照和无光照两个变量，并未考虑光照强弱对种子萌发的影响。此外，光照因素的影响往往与其他因素紧密关联，因此，光照对种子萌发的影响机理有待进一步探讨。

何泽明等(何泽明等，2011)通过观察温度对新铁炮百合种子发芽的影响，认为温度对发芽率和发芽势均有显著的影响，因此温度的变化是影响种子萌发的关键因素之一。对于温度的需求，不同种甚至同种不同地区的种子，萌发的最适宜温度也可能不同(Chen You sheng, etal, 1985；Yu XJ, 2005)。此外，在播种之前需要对种子进行消毒，在培养过程中应避免湿度过高及高温，保证种子萌发环境的适宜性。

参考文献

1. Abdul – Baki A. A., Anderson J. D., Relationship between decarboxylation of glutamic acid and vigour in soybean seed[J]. Crop Sci. 1973. 13(2), 227 – 232.

2. 薄丽萍，吴震，蒋芳玲，等．不结球白菜种子活力及抗氧化特性在人工老化过程中的变化[J]．西北植物学报，2011，31(4)：724 – 730.

3. Chen You sheng, Sziklai O. Prelininary study on the germination of *Toona sinensis*(A. Juss) Roem. seed form eleven Chinese provinces[J]. Forest Ecol Management，1985，10：269 – 281.

4. Chojnowski M. Germination of *Lilium pumilum* seeds[J]. Acta Horticulture，1996(325)：235 – 238.

5. Czabator F J. Germination value：an index combining speed and completeness of pine seed germination[J]. For. Sci. 1962，8(4)：366 – 396

6. 董丽．园林花卉识别与实习教程(北方地区)[M]．北京：中国林业出版社，2011：102.

7. 高娜，崔光芬，赖月群等．不同处理方式对东方百合种子萌发的影响[J]．江西农业大学学报，2011，33(4)：0660 – 0664.

8. 何泽明，温文兴，王凤兰，等，新铁炮百合种子发芽技术研究[J]．广东农业科学，2011，16：33 – 34.

9. 刘伟，常征．淡黄花百合种子生物学特性及萌发特性测定[J]．南方农业学报，2013，44(3)：403 – 406.

10. 马建华．影响种子萌发出苗的几个因素[J]．种子科技，2006，40：236 – 237.

11. 孙晓玉，杨利平，姜浩野，等．条叶百合种子萌发的研究[J]．植物研究，2003，1(1)：61 – 65.

12. 伍丹，周兰英．光照和温度对大百合种子萌发的影响[J]．中国野生植物资源，2007，26(2)：52 – 54

13. 杨炜茹，张启翔．岷江百合种子萌发的研究[J]．种子，2008，27(11)：5 – 7.

14. Yu XJ, Shi SL, Long RJ, Wang F, Chen BJ. search progress on effects of ecological environment on seed germiantion[J]. Prataculture Science，2005，23(10)：44 – 49.

15. 张敏，朱教君，闫巧玲．光对种子萌发的影响机理研究进展[J]．植物生态学报，2012，36(8)：899 – 908.

16. 张颖娟，王玉山，李少舜．贮藏条件和时间对西鄂尔多斯 5 种荒漠植物种子萌发的影响[J]．林业科学，2011，47(1)：36 – 41.

17. Zhang Yingjuan, Wang Yushan, Li Shaoshun. Effects of different storage conditions and durations on seed viabilityand germination of five desert plants in west erdos[J]. Scientia silvae sinicae，2011，47(1)：41 – 36

中国观赏园艺研究进展 2015：605～612

Advances in Ornamental Horticulture of China, 2015：605～612

应 用 研 究

海南居住区植物景观营造探析

尹德洁[1]　李 宁[2]　董 丽[1]①

（[1]花卉种质创新与分子育种北京市重点实验室，国家花卉工程技术研究中心，城乡生态环境北京实验室，
北京林业大学园林学院，北京 100083；[2]山东同圆设计集团有限公司，济南 250101）

摘要　植物景观设计是居住区园林造景中最为重要的景观设计元素之一，尤其是近几年在各大旅游度假城市
兴起的高端居住区内。本文通过实地调查和理论研究的方法，选取海南 3 个高端优质居住区作为典型案例，
从应用的植物种类、植物群落的构成形式、植物配置与空间构成的关系几个方面入手，总结归纳海南居住区
植物景观种植的特色，探讨了植物景观设计存在的不足，提出以后发展的建议和对策。

关键词　海南；居住区；植物景观

The Reasearch on the Plant Landscape of Residential District in Hainan Province

YIN De-jie[1]　　LI Ning[2]　　DONG Li[1]

（[1]*Beijing Key Laboratory of Ornamental Plants Germplasm Innovation & Molecular Breeding*，
National Engineering Research Center for Floriculture，*Beijing Laboratory of Urban and Rural Ecological*
Environment and College of Landscape Architecture，*Beijing Forestry University*，*Beijing* 100083；
[2]*Shandong Tong Yuan Design Group Co.*，*Ltd*，*Jinan* 250101）

Abstract　Plant landscape design is one of the most important elements in residential district landscape gardening, especially
in the high‐end residential district of some tourist resort cities in recent years. This paper uses the method of theory and prac-
tice connection, as 3 excellent residential districts constructed in Hainan province to be the typical cases. From the plant spe-
cies, plant community, the relationship of plant configuration mode with the space, We make the field surveys and studies on
the status of plant landscape, summarizing the characteristic of plant landscape in residential district of Hainan, discussing the
deficiency existing in plant landscape, putting forward the suggestions and countermeasures.

Key words　Hainan province；Residential district；Landscape planting

　　海南岛地处热带北缘，属热带季风气候，全岛面积约 33920km²，年均温在 23～26℃，全年无霜冻，冬季温暖。海南岛有长达 1528km 的海岸线，岛上自然条件优越，植物资源丰富，以沿海景观和热带原始森林景观发展成为了闻名海内外的旅游胜地。

　　优质的室外园林景观设计是居住区高品质的重要体现，而植物种植设计是园林景观设计的重要组成部分，正如英国造园学家克劳斯顿（B‐Clanton）所说：园林设计归根到底是植物材料设计，其目的就是改善人类的生态环境，其他的内容只能在一个有植物的环境中发挥作用（章采烈，2004）。植物景观，是一个地区旅游资源的重要组成部分，受到地理位置、气候条

件、地形地貌、土壤及其环境生态条件的制约，以及当地群众喜闻乐见的习俗的影响，植物景观形成了不同的地方风格（朱钧珍，2003）。

1　调查地点及概况

　　本文选择海南省 3 个优质具有代表性的居住区——海口市绿地荣域、紫园、琼海市博鳌宝莲城进行实地调查。绿地荣域，位于海口市海甸岛六东路 3号，用地容积率 0.8，绿地率 60%；紫园，位于海口市西海岸长怡路 27 号，容积率 1.2，建筑密度13.5%，绿化率高于 60%；宝莲城，位于琼海市博鳌镇滨海大道 9 号，用地容积率 0.56，绿地率 71%。

---

① 通讯作者。

2　调查方法与内容

通过对海口绿地荣域、海口紫园、博鳌宝莲城三个居住区进行实地调查并拍摄现场图片，结合理论研究及对比分析，着重从应用的植物种类、植物群落的构成形式、植物配置与空间构成的关系3个方面入手进行海南居住区景观营造的探析。

3　结果与分析

在应用的植物种类上，3个案例中应用的植物种类非常多样，如应用标志热带风光的棕榈科植物做小区内的基调树种，观花以及彩叶植物无处不在的应用，既观花又观果的热带果树在小区内做造景元素等；在植物群落的构成形式上，为使居住区内植物群落构成趋于自然和稳定，打造近热带雨林自然群落；植物与空间构成的关系多样化，具体体现在植物与水体的关系、植物与道路的关系、植物与构筑物的关系等。

3.1　丰富的植物种类

3.1.1　热带风光景观特色鲜明

海南高端居住区现已初步形成了以棕榈科、豆科、桑科等具有典型热带植被特征的植物为基调的热带园林植物体系。

尤其是棕榈科和桑科榕属等热带植物的大量应用，棕榈科的植物如：椰子 Cocos nucifera、王棕 Roystonea regia、狐尾椰子 Wodyetia bifurcata、蒲葵 Livistona chinensis、丝葵 Washingtonia filifera、油棕 Elaeis guineensis、槟郎 Areca catechu、散尾葵 Chrysalidocarpus lutescens 等在小区内作为基调树种，或列植、孤植、群植，创造涵盖热带地区景观特性、风土人情的热带园林景观。桑科榕属的植物如：小叶榕 Ficus concinna、高山榕 Ficus altissima 等，具有冠大荫浓、适应性强、抗污染等特点，可以形成气生根、独木成林、板根、绞杀等热带雨林特有的景观。

图1　桑科榕属植物景观(海口绿地荣域)
Fig. 1　The plant landscape of *Ficus*（Lvdi Rongyu of Haikou city）

除了棕榈科和桑科榕属植物作为基调树种大范围应用外，还应用苦楝 Melia azedarach、凤凰木 Delonix regia、木棉 Bombax malabaricum、美丽异木棉 Ceiba speciosa、大花紫薇 Lagerstroemia speciosa、红千层 Callistemon rigidus、火焰树 Spathodea campanulata、洋紫荆 Bauhinia variegata、刺桐 Erythrina variegata、鸡蛋花 Plumeria rubra、蓝花楹 Jacaranda mimosifolia、雨树 Samanea saman、白兰 Michelia alba、重阳木 Bischofia polycarpa、香樟 Cinnamomum camphora、桉 Eucalyptus robusta、榄仁 Terminalia catappa、印度紫檀 Pterocarpus indicus 等其他观赏性强的热带植物。

图2　棕榈科槟榔植物景观(海口紫园)
Fig. 2　The plant landscape of *Areca catechu*（Ziyuan of Haikou city）

图3　棕榈科椰子树植物景观(博鳌宝莲城)
Fig. 3　The plant landscape of *Cocos nucifera*（Baoliancheng of Boao town）

3.1.2　观花观叶灌木的大量应用

海南具有多种花色各样，花朵艳丽的观花植物。如花灌木：黄花夹竹桃 Thevetia peruviana、鸡蛋花 Plumeria rubra、扶桑 Hibiscus rosa – sinensis、黄蝉 Allemanda neriifolia、黄瑾 Hibiscus tiliaceus、黄钟花 Cyananthus flavus 等；可做地被的植物：龙船花 Ixora chinensis、洋金凤 Caesalpinia pulcherrima、水鬼蕉 Hymenocallis spciosa、鹤望兰 Strelitzia reginae 等；藤本植

物：炮仗花 *Pyrostegia venusta*、三角梅 *Bougainvillea glabra*、珊瑚藤 *Antigonon leptopus* 等。各种观花植物花期、花色、形态各异，可体现一年四季繁花锦簇的植物景象。

除了妖娆多姿的各类观花植物，海南同时具有丰富的彩叶植物资源，如朱蕉 *Cordyline fruticosa*、变叶木 *Codiaeum variegatum*、合果芋 *Syngonium podophyllum*、吊竹梅 *Zebrina pendula*、红背桂 *Excoecaria cochinchinensis*、鸭脚木 *Schefflera octophylla*、鸭跖草 *Commelina communis*、彩叶草 *Coleus scutellarioides*、紫背万年青 *Rhoeo discolor*、花叶假连翘 *Duranta repens*、琴叶榕 *Ficus pandurata* 以及竹芋科植物等，可用作耐阴林下地被，丰富植物群落层次，同时具有管理粗放、便于养护等优点（卢熹，2011）。

总体而言，热带地区丰富的观花及彩叶植物大大增添了居住区的景观效果，形成海南居住区植物造景的特色之一。

图4 修剪整齐的龙船花做绿篱地被（海口绿地荣域）

Fig. 4 The *Ixora chinensis* as ground cover plants (Lvdi Rongyu of Haikou city)

图5 各种观叶植物做地被（海口紫园）

Fig. 5 A variety of ornamental foliage plants as ground cover plants (Ziyuan of Haikou city)

图6 各种观花植物的大量应用（博鳌宝莲城）

Fig. 6 The application of a variety of flower plants (Baoliancheng of Boao town)

3.1.3 热带果树造景

海南地区果树种类多样且观赏特性各异，在居住区绿地中适当栽植热带果树，这种造景模式也成为海

图7 居住区绿地内栽植洋蒲桃（海口绿地荣域）

Fig. 7 The *Syzygium samarangense* is planted as landscape in the residential district(Lvdi Rongyu of Haikou city)

图8 居住区绿地内栽植菠萝蜜（海口紫园）

Fig. 8 The *Artocarpus heterophyllus* is planted as landscape in the residential district(Ziyuan of Haikou city)

南园林植物景观的重要特点。在体现热带风情的同时,增强观赏以及采摘趣味。常用的海南热带果树有:菠萝蜜 *Artocarpus heterophyllus*、洋蒲桃 *Syzygium samarangense*、阳桃 *Averrhoa carambola*、蛋黄果 *Lucuma nervosa*、人心果 *Manilkara zapota*、腊肠树 *Cassia fistula*、椰子 *Cocos nucifera*、杧果 *Mangifera indica*、芭蕉 *Musa basjoo*、木瓜 *Chaenomeles sinensis*、枇杷 *Eriobotrya japonica*、橄榄 *Canarium album* 等。

3.2 师法热带雨林自然群落

热带园林景观就是以热带乔木、灌木、藤本和草本植物作为基本素材,充分发挥热带植物体形、色彩、线条等本身具备的特点,提炼出热带地区自然界植物景观特征,并模拟自然界的植物群落,营造自然且符合观赏与使用功能的一种特色植物景观(姜海凤和刘荣凤,2008)。

图 9 师法热带雨林自然群落(海口绿地荣域)
Fig. 9 Simulating tropical natural rainforest communities (Lvdi Rongyu of Haikou city)

图 10 打造近热带雨林自然群落(海口紫园)
Fig. 10 Building nearly tropical natural rainforest communities (Ziyuan of Haikou city)

借鉴热带雨林中的复层结构植物群落模式,建成第一层为大乔木,第二层为小乔木,第三层为灌木,第四层为地被,第五层为地衣和苔藓的多层人工植物群落,同时尽可能地体现热带雨林特有的几大景观:板根、独木成林、附生景观、茎花茎果、植物绞杀等。能体现热带雨林风光的植物种类有棕榈科、桑科、兰科、姜科、芭蕉科、天南星科、凤梨科、苏铁科、莎草科、竹芋科以及蕨类植物等。

利用丰富的植物材料,构建近自然雨林群落,可以增加居住区绿地的生态效益和植物群落景观的稳定性。

图 11 打造近热带雨林自然群落(博鳌宝莲城)
Fig. 11 Building nearly tropical natural rainforest communities (Baoliancheng of Boao town)

3.3 植物配置与空间构成
3.3.1 植物结合水体

在海南居住区内,水体的应用方式非常多样化,有泳池、湖面等静态水景,也有跌水、喷泉、溪流、瀑布等动态水景。不同的水体,植物搭配的方式也各有不同。

图 12 静态水面的驳岸植物景观(海口绿地荣域)
Fig. 12 A variety of ornamental plants as landscape revetment (Ldi Rongyu of Haikou city)

湖面、溪流等自然式水景岸边多栽植水生植物、蕨类植物、附生植物等。如荷花 *Nelumbo nucifera*、睡莲 *Nymphaea tetragona*、美人蕉 *Canna indica*、鸢尾 *Iris tectorum*、洋金凤 *Caesalpinia pulcherrima*、菖蒲 *Acorus calamus*、扶桑 *Hibiscus rosa-sinensis*、再力花 *Thalia dealbata*、文殊兰 *Crinum asiaticum* 等。驳岸植物配置结合地形、岸线，疏密有致、弯曲蔓延，呈现自然的野味和风趣。植物的栽植方式多呈自然式丛植，配置形式多样，层次丰富，具有乔木、灌木、地被三个层次，在水景周边结合地形进行组团式种植，同时也留出足够的水面展现植物倒影和摇曳的身姿。

而泳池、跌水、喷泉等规则式水景，植物多栽植在风格明显、形态各异的种植池内。种植池分布在泳池的周边或内部，池内一般为乔木、灌木的层次搭配，乔木一般为椰子、散尾葵、鸡蛋花等植物，灌木为文殊兰、龙船花、变叶木、鹤望兰等花灌木。起到围合空间、营造庭荫、增强私密性的作用。

图 13　跌水与植物组合（海口紫园）

Fig. 13　The landscape of drop water combine with ornamental plants（Ziyuan of Haikou city）

图 14　泳池周边用种植池围合（博鳌宝莲城）

Fig. 14　The landscape planting beds are setted arounding the swimming pool（Baoliancheng of Boao town）

3.3.2　植物结合构筑物

植物与园林建筑的有机结合是自然美与人工美的完美结合，在园林中常用富有生机的植物材料来软化生硬的构筑物，一般表现的方式为基础栽植、边角遮挡栽植、以及垂直绿化等（何建顺，2010）。

图 15　植物结合景墙造景（海口绿地荣域）

Fig. 15　The landscape of feature wall combine with ornamental plants（Lvdi Rongyu of Haikou city）

图 16　花钵植物造景（海口紫园）

Fig. 16　The flower pots combine with ornamental plants（Ziyuan of Haikou city）

图 17　植物结合假山石造景（博鳌宝莲城）

Fig. 17　The garden rockery combine with ornamental plants（Baoliancheng of Boao town）

3.3.3　植物结合园路

园路是居住区内用于组织空间、流线引导以及交通散步的重要组成部分。因为植物的烘托，使得园路具有了沿途观赏性和趣味性，同时实现遮挡视线、划分空间的功能。在园路的节点位置，可以用点景植物予以强调和烘托，同时具有疏导和美观的作用。

图 18　不同色彩及质感的地被植物结合园路形成景观(海口绿地荣域)

Fig. 18　The garden path combine with different color and texture's ground cover plants (Lvdi Rongyu of Haikou city)

图 19　不同层次的植物结合园路的曲线打造曲径通幽的效果(海口紫园)

Fig. 19　The winding garden path combine with space rich layers's ornamental plants (Ziyuan of Haikou city)

图 20　高大的棕榈科植物散植在园路两旁(博鳌宝莲城)

Fig. 20　The towering palmae is planted in the both sides of garden path (Baoliancheng of Boao town)

3.3.4　植物结合地形

　　居住区内地形的处理可以最大程度地丰富景观要素,营造出不同的景观空间,使参与者获得更多的景观体验。在景观营造中,通过结合地形巧妙地配置植

物材料,形成或陡峭或平缓的景观绿地,塑造更加丰富的景观层次(苏军委和李硕,2013)。

图 21　植物结合地形营造开合空间(海口绿地荣域)

Fig. 21　The landform combine with ornamental plants create an orderly and pleasant space (Lvdi Rongyu of Haikou city)

图 22　植物结合地形使场地更富趣味性(海口紫园)

Fig. 22　The landform combine with ornamental plants ate an interesting and pleasant space (Ziyuan of Haikou city)

图 23　因地就势合理搭配植物(博鳌宝莲城)

Fig. 23　The free flowing contour combine with the suitable ornamental plants (Baoliancheng of Boao town)

3.3.5　植物结合建筑周边

　　海南地区因为炎热多雨,建筑首层架空的设计方法可以解决首层住户潮湿、阴暗和通风不良的问题,提供了邻里交往的场地,同时架空层可以使景观视线

通透，改善景观视野。

图 24　架空层种植各种耐阴植物（海口绿地荣域）

Fig. 24　A variety of tolerant plants are planted in empty space（Lvdi Rongyu of Haikou city）

居住区绿地的植物景观受建筑形式的影响，对于架空层耐阴植物的应用也颇费心思。因为层高以及光照的限制条件，架空层内以及周边只适宜栽植耐阴植物。如：蕨类植物、兰属、玉簪 *Hosta plantaginea*、萱草 *Hemerocallis fulva*、龟背竹 *Monstera deliciosa*、绿萝 *Epipremnum aureum* 等。

图 25　架空层周边耐阴植物景观（海口紫园）

Fig. 25　A variety of tolerant plants are planted around empty space（Ziyuan of Haikou city）

4　建议与对策

4.1　加大乡土植物的应用力度

纵观海南高端居住区项目中应用的植物，引进的树种很多，而乡土植物开发及应用的少。海南地区独特的热带生态环境，本土热带植物种类非常丰富，而这些植物大多分布在野生生境中，未被加以人工驯化和利用。如海南红豆 *Ormosia pinnata*、观光木 *Tsoongiodendron odorum*、海南罗汉松 *Podocarpus annamiensis*、红花天料木 *Homalium hainanense*、海南木莲 *Manglietia hainanensis*、幌伞枫 *Heteropanax fragrans*、蝴蝶树 *Heritiera parvifolia*、海红豆 *Adenanthera pavonina*、

海南黄檀 *Dalbergia hainanensis*、南洋楹 *Albizia falcataria* 等，均可用于城镇的园林绿化（黄海 等，2010）。此外还有海南五针松 *Pinus fenzeliana*、麻楝 *Chukrasia tabularis*、野生荔枝 *Litchi chinensis*、大叶胭脂 *Artocarpus mitius*、海南蒲桃 *Syzygium cumini*、美丽梧桐 *Erythropsis pulcherrima*、翻白叶树 *Pterospermum heterophyllum* 等植物均具有冠大荫浓、花形奇特等优良的观赏效果，都可以用于以后的居住区植物造景设计中（卢熹，2011）。应用乡土植物，可以体现地域特色，增加园林植物物种多样性，也可以体现居住区自然生态的风格和不随波逐流的个性，同时还可以增强人们的归属感和对居住环境景致的认同感。

4.2　体现地域文化特色

在调研项目的植物景观设计中，多体现热带滨海文化特色和热带雨林特色，但海南地域文化特色表现的并不多，如海南岛特有的黎族文化特色。应当充分挖掘当地的民族特色，将民族特色中代表性的元素融入到植物景观设计中。如将当地特有的火山石建造树池，将本土特色雕刻及竹编艺术品置于植物组团景观内，便于外地业主更好地了解海南文化和融入到当地的生活中。

4.3　应用藤本植物打造立体绿化

藤本植物大都生长迅速，易繁殖和管理粗放，利用藤本植物进行垂直绿化可以有效地美化遮挡、降温减噪，另一方面可以强化空间构成，增加立体空间的绿化率和生态效益，但作者所调研的项目中，垂直绿化的应用较缺乏。海南地区常年高温、年均日照时数长，因此利用凉亭、花架等种植藤本植物制造绿荫环境非常有必要。

在居住区内可以利用的观赏性强的藤本植物有：珊瑚藤 *Antigonon leptopus*、薜荔 *Ficus pumila*、炮仗花 *Pyrostegia venusta*、金银花 *Lonicera japonica*、使君子 *Quisqualis indica*、红叶藤 *Rourea minor*、软枝黄蝉 *Allemanda cathartica*、大花老鸦嘴 *Thunbergia grandiflora*、大花紫玉盘 *Uvaria grandiflora*、异叶爬山虎 *Parthenocissus dalzielii* 等。

5　小结

通过对海南居住区植物景观营造的分析，从3个方面总结归纳了植物景观种植的特色，分析了海南居住区植物景观营造手法，阐述了热带居住区植物景观设计原理及植物造景模式和思路。并且探讨植物景观设计中存在的不足和缺憾，提出以后发展的建议和对策。

在建设生态文明，提倡生态园林的今天，海南居住区园林植物景观应该尊重本地植物特色，借鉴和学习自然界植物群落模式，结合地域文化，建设出富有地方性植物特色、生态效益高、景观优美的植物景观，提升居住区乃至整个城市的绿化美化功能和生态环境功能。

参考文献

1. 何建顺．2010．中国海南与新加坡热带植物景观比较研究[D]．海口：海南大学．
2. 黄海，李劲松，曹兵．2010．海南省三亚市热带休闲农业开发模式与发展对策[J]．热带农业科学，30(1)：35－39.
3. 姜海凤，刘荣凤．2008．热带园林植物景观设计研究[J]．安徽农业科学，36(21)：9034－9036.
4. 卢熹．2011．三亚热带滨海度假酒店景观营造探析[D]．杨凌：西北农林科技大学．
5. 苏军委，李硕．2013．微地形营造与植物配置[J]．中国园艺文摘，9：143－144.
6. 章采烈．2004．中国园林艺术通论[M](精)．上海：上海科学技术出版社，34－36.
7. 朱钧珍．2003．中国园林植物景观艺术[M]．北京：中国建筑工业出版社，126－129.

中国观赏园艺研究进展 2015：613～622
Advances in Ornamental Horticulture of China, 2015：613～622

广东地区秋冬春变色叶树种的调查与研究[*]

郭志斌¹　姚海丰²　崔铁成^{1①}

（¹肇庆学院景观规划设计中心，肇庆 526061；²无锡市太湖鼋头渚风景管理处，无锡 214086）

摘要　我国北方及江南地区甚至可以说南岭以北地区秋色叶树种的研究与应用比较成熟。为了解决华南地区变色叶树种的研究与合理应用方面的缺失与不足，本文主要以肇庆为主、以广东其他地区为辅，对广东地区秋冬春变色叶树种进行了调查与研究，采用实地调查现场观察统计采样、拍照，记录叶色变色情况、变色时间、持续时间及环境因素（观察的时间因该树种的习性、季相、特点而定）。结果表明：广东地区的变色叶树种资源较为丰富，但开发、研究甚少，以至于大部分处于野生或无意识的利用状态，尚未充分在城市、园林造景中应用，可供开发的资源空间还很大。由于华南地区拥有独特的气候以及地理位置，为秋冬春变色叶植物造景提供了良好的应用时空，研究广东地区的秋冬春变色叶树种对华南地区城市发展、景观规划、生态设计有着指导性的意义。

关键词　秋冬春变色叶树种；调查；评价；应用

Investigation and Study on Color Leaf Tree Species in Autumn, Winter and Spring in Guangdong Area

GUO Zhi-bin¹　YAO Hai-feng²　CUI Tie-cheng¹

（¹*Landscape Plan and Design Center of Zhaoqing University, Zhaoqing 526061;*
²*Taihu Turtle Head Islet Scenic Spot Management Department, Wuxi 214086*）

Abstract　Plants are the basic material and theme of landscaping. In foreign countries, especially in Europe and the United States and Japan, autumn color leaf trees are very common ornamental plant materials. In the north of China and the area in south of the Yangtze River, i. e. and even in the north of Nanling region, research and application of autumn color leaf trees was relatively mature. But there is far less success in that of southern China, which was usually ignored, either. Based on Zhaoqing accompanied by with other parts of Guangdong, the investigation and study on color leaf trees in autumn, winter and spring in Guangdong Province was carried on. This kind of study is of guiding significance for city development, landscape planning and ecological design in southern China. Because of the unique climate and geographical location in southern China, it would provide a good time and space for application of autumn, winter and spring color leaf plants landscaping.

Key words　Color leaf trees in autumn, winter and spring; Investigation; Evaluation; Application

色叶树种在园林中的植物造景效果是显而易见的，也是近年各地园林应用的热点[1]。在国外，尤其是欧美各国及日本，秋季变色叶树种是极为常见的园林观赏植物材料；我国北方及江南地区甚至可以说南岭以北地区秋季变色叶树种的研究与应用比较成熟。但对于广东色叶树种的研究却少有报道[2]。研究广东地区的秋冬春变色叶树种对华南地区城市发展、景观规划、生态设计、风景区规划有着指导性的意义。本文主要以肇庆为主、以广东其他地区为辅，对广东地区秋冬春变色叶树种进行了调查与研究。变色叶树种根据其季相、形态特点一般可分为：新叶色叶树种指在南方暖热气候地区，有许多常绿树的新叶不限于在春季发生，而是不论季节只是发出新叶就会有美丽色彩而有宛若开花的效果[3-6]；春色叶树种指春季

* 基金项目：广东省大学生创新项目（立项编号 H1058012030）；肇庆学院第四轮重点建设学科（植物学）专项资金资助项目（2012）。
① 通讯作者。崔铁成（1956 - ），男，研究员，植物造景，464218148@qq.com。

新发生的嫩叶有显著不同叶色的树种，春色叶树种的新叶一般呈现红色、紫色或黄色[7]；秋色叶树种指每年秋季树叶变色时间一致[8-9]，进入秋季或经霜后叶色由绿色转成其他颜色，并能使整个树冠显得鲜艳而优美的观赏树种[10]。秋色叶树大多属于落叶树，而某些常绿树种，叶片虽然也会变色，但多出现在冬季；另外，大多数落叶树种的叶片入秋经霜后也会变色，但持续时间短，而且色泽不佳缺乏观赏性，因此这两类不属于秋色叶树种[11-15]。而本文所说的秋冬春变色叶树种——指叶子的变色时间持续较长，横跨秋、冬、春三个季节，既有春色叶树种的特点又有秋色叶树种特点的一类树种。笔者注意到广东地区的变色叶树种不限于秋季变色，而且相较"北方"（此北方是广东人一般理解的岭南以北）而言，其叶子变色往往较晚，已基本进入"冬季"（对北方而言）。且很多情况下会出现秋冬春变色的情况，叶色持续时间经常会较长。因广东地区变色叶树种的应用前景广泛，对华南地区的园林造景有着重要的意义，故本研究以广东地区的变色叶树种为研究对象，分析评价变色叶树种在广东的应用，并期望将本文的研究结果加以推广应用。

1 调查范围、方法、时间和内容

1.1 调查范围

调查区域主要以广东旅游城市——肇庆为主，同时又调查了深圳、广州、东莞、中山、顺德、湛江、揭阳等地，务求使得调查结果具有较大程度的代表性。

1.2 调查方法

对变色叶树种调查前先查阅大量的文献，然后主要采用实地调查法，采用现场观察统计采样、拍照，记录叶色变色情况、变色时间、持续时间及环境因素，观察的时间因该树种的习性、季相、特点而定。

1.3 调查时间

2012 年至 2014 年，重点在 10 月份到次年的 4 月份，其他时间注意观察。

1.4 调查内容、总结

将变色叶树种的种类、变色时间、色彩特点、在城市中的应用情况、美化效果以及存在的问题进行记录，然后对所掌握的资料进行整理、分析、归纳、排序总结。

2 结果

通过对各区域的实地调查，总共筛选了 56 种变色叶树种，其中园林相对应用较多或变色效果较好的 21 科 27 属 31 种，见表 1。

表 1　广东园林应用的变色叶树种叶色变化情况

种名	拉丁名	科名	叶色	开始变色时间	开始变色气温（℃）	变色持续时间（左右）
大叶榕	*Ficus altissima*	桑科	秋季叶黄色冬天新叶红色、春天新叶嫩绿色	10 月中旬	21~30	5 个月
大叶紫薇	*Lagerstroemia speciosa*	千屈菜科	红色或红紫色（春季新叶亦红色）	10 月中旬	21~30	5 个月
番石榴	*Psidium guajava*	桃金娘科	红色	11 月上旬	19~25	4 个月
桂花	*Osmanthus fragrans*	木犀科	红色	11 月上旬	19~25	3 个月
国庆花	*Koelreuteria* spp.	无患子科	黄色	12 月下旬	9~13	3 个月
红枝蒲桃	*Syzygium rehderianum*	桃金娘科	红色	11 月上旬	19~25	全年
麻楝	*Chukrasia tabularis*	楝科	黄色或红色	11 月中旬	18~25	5 个月
杧果树	*Mangifera indica*	漆树科	红色	10 月下旬	23~30	8 个月
石榴	*Punica granatum*	石榴科	橙红色	11 月中旬	18~25	2 个月
水翁	*Cleistocaly xoperculatus*	桃金娘科	红色	12 月中旬	12~17	3~4 个月
乌桕	*Sapium sebiferum*	大戟科	深红色	12 月中旬	12~17	1 个月

（续）

种名	拉丁文名	科名	叶色	开始变色时间	开始变色气温（℃）	变色持续时间（左右）
希茉莉	*Hamelia patens*	茜草科	红色或红紫色	11 月下旬	16～19	4 个月
小叶榄仁	*Terminalia mantaly*	使君子科	老叶紫色、新叶嫩绿色	10 月下旬	23～30	5 个月
吊瓜树	*Kigelia africana*	紫葳科	紫色	1 月上旬	10～15	3 个月
海南杜英	*Elaeocarpus hainanensis*	杜英科	红色	11 月中旬	18～25	4 个月
勒杜鹃	*Bougainvillea spectabilis*	紫茉莉科	红色	12 月中旬	12～17	2 个月
小叶紫薇	*Lagerstroemia indica*	千屈菜科	红色或嫩绿色	11 月中旬	18～25	1 个月
樟树	*Cinnamomum camphora*	樟科	橙黄色	12 月上旬	13～17	3 个月
重阳木	*Bischofia polycarpa*	大戟科	红色	11 月中旬	18～25	4 个月
南天竹	*Nandina domestica*	小檗科	红色	11 月下旬	16～19	3 个月
爬山虎	*Parthenocissus tricuspidata*	葡萄科	红色或橙红色	12 月下旬	23～30	2 个月
东方紫金牛	*Ardisia squamulosa*	紫金牛科	新叶红色	11 月上旬	18～25	全年
龙眼树	*Euphoria longan*	无患子科	橙红色	12 月上旬	13～17	5 个月
水松	*Glyptostrobus pensilis*	杉科	古铜色	11 月中旬	16～19	2 个月
猫尾木	*Dolichandrone caudafelina*	紫葳科	红色	12 月上旬	13～17	3 个月
莫氏榄仁	*Terminalia muelleri*	使君子科	红色	2 月下旬	16～25	2 个月
秋枫	*Bischofia javanica*	大戟科	黄色	11 月中旬	18～25	4 个月
落羽杉	*Taxodium distichum*	杉科	古铜色	11 月下旬	16～19	2 个月
榉树	*Zelkova serrata*	榆科	红色	10 月中旬	23～30	2 个月
榄仁	*Terminalia catappa*	使君子科	深红色	12 月下旬	9～13	2 个月
枫香	*Liquidambar formosana*	金缕梅科	红色	12 月中旬	12～17	2 个月

2.1 变色期较长的

大叶榕、番石榴、大叶紫薇、桂花、红枝蒲桃、麻楝、杧果树、吊瓜树、海南杜英、希茉莉、莫氏榄仁、小叶榄仁、水翁、樟树、重阳木、东方紫金牛、南天竹、龙眼树、猫尾木、秋枫、地锦、榉树、三角枫。

2.2 变色期相对较短的

国庆花、石榴、乌桕、小叶紫薇、爬山虎、三角梅、山乌桕、水松、落羽杉、榄仁、枫香、柿树。

2.3 观赏价值较高的变色叶树种

2.3.1 大叶榕

落叶大乔木，属于秋冬春变色叶树种。生长强健，树姿丰满。10 月中旬叶色开始变为黄色；12 月下旬，大叶榕的叶子基本上已全部变黄，其气势不亚于北方的银杏叶子变色；冬季的 1 月份，有部分新叶长出，为红紫色；春季 2 月中旬，大的叶芽出现在枝

梢，随后黄绿色的叶绽开，十分美丽，适于作行道树、园景树和庭荫树（叶子变色的时间随环境等因素的不同稍微会有所不同，后同）（如图 1）。

图 1　肇庆学院海容路上的大叶榕

2.3.2 番石榴

常绿小乔木或灌木，属于秋冬春色叶树种。11 月下旬叶子开始变为红色；1 月下旬左右，叶子全变为红色，极为红艳，异常夺目，可为建筑增添活跃的氛围，为园林中良好的观叶、观果、观干风景树（如

图2)。

图2　肇庆学院教师老宿舍楼后的番石榴

2.3.3　麻楝

落叶乔木,属于秋冬春色叶树种。枝赤褐色,无毛,有苍白色皮孔。常为偶数羽状复叶,麻楝树姿雄伟。11月中旬左右,叶色逐渐变为黄色,成片种植,可营造出满园秋色景观;1月下旬左右,新叶为红色,如一簇簇鲜艳的花挂在枝头,景色迷人。2、3月份的新叶亦为红色(如图3、图4)。

图3　肇庆仙女湖小岛上的麻楝

图4　肇庆学院海容路上的麻楝

2.3.4　杧果树

常绿乔木,一年有约5次新叶,属于一年当中多次新叶色叶树种。树冠稍呈卵形或球形,树干直,树皮灰白色或灰褐色,树枝强大,小枝直立。在11月中旬左右,杧果树开始长紫红色的新叶,与深绿色的

叶子互相映衬,格外亮丽,一年之中像这样会长5次左右的新叶。为园林中良好的观叶和观果风景树,非常适于作行道树、园景树和庭荫树(如图5、图6)。

图5　肇庆学院溢思路的杧果树

图6　肇庆学院溢思路的杧果树

2.3.5　乌桕

树冠整齐,落叶乔木,属于秋冬色叶树种。叶菱形或菱状卵形,秀丽,孤植的乌桕在12月中旬左右,叶子开始变为红色;1月中旬左右,满树叶色为红色,叶色红艳夺目,甚是突出;成片栽植的乌桕有层林尽染之效果。冬日白色的乌桕子挂满枝头,甚是美观,可孤植、丛植(如图7)。

图7　肇庆学院体育馆前的乌桕

2.3.6　希茉莉

多年生常绿灌木,在华南地区属于很好的秋冬春变色叶树种。分枝能力强,树冠广圆形;叶轮生,长披针形。生长于广东的希茉莉11月下旬左右叶色逐渐变为红色,在1月中旬左右全部叶子变为红色,艳红如火,很能触动人的视觉感官,很好的景观点缀材

料；2 月中旬，开始长出橙色的新叶。树冠优美，花、叶俱佳，主要用于园林配植；亦可盆栽观赏（如图 8）。

图 8　华南植物园的希茉莉

2.3.7　吊瓜树

落叶乔木，属于冬春色叶树种。主干粗壮，树冠广圆形或馒头形，有很好的荫蔽效果，又干净清爽。奇数羽状复叶，果近圆柱形，坚实粗大，具观赏价值。在 1 月上旬左右，叶子开始变为紫红色；2 月中旬左右，满树叶子变为红紫色，与周围绿色环境相互映衬，相辅相成，渲染出一幅多姿多彩的画面。吊瓜树是良好的观果观叶树种，适宜作公园的行道树，亦可孤植成景（如图 9）。

图 9　肇庆七星岩的吊瓜树

图 10　肇庆七星岩的樟树

2.3.8　樟树

常绿大乔木，在广东属于秋冬春色叶树种，冬季其变色虽没有江南地区的秋季变色好，但春季新叶巍巍壮观。12 月时，很多叶子开始变成红色。同时樟树的新叶极为优美，在广东，每年春季 3 月间，新芽萌发，幼叶初展，或红或黄，令人心爽。樟树树体高大雄伟，树姿美丽，嫩绿喜人，浓荫遍地，是优良的庭荫树、行道树和水边美化植物（如图 10）。

2.3.9　南天竹

灌木，丛生状，在广东是很好的秋冬春变色叶树种。丛生状；树姿秀丽，干直立，分枝少，叶对生，小叶椭圆状披针形。羽叶开展而秀美，11 月下旬叶色开始转为红色；1 月中旬叶子全变为红色，异常绚丽，穗状果序上红果累累，鲜艳夺目；2 月下旬，长出橙红色的新叶，如硕果累累。南天竹是极好的观叶、观花、观果树种，适宜园林内的植物配置，也可作室内盆栽（如图 11）。

图 11　广州华南植物园的南天竹

图 12　爬山虎

2.3.10　爬山虎

落叶藤本，在广东属于秋冬色叶树种。在广东 12 月下旬，爬山虎的叶子开始转变成红色或橙黄色；1 月中旬，叶色基本全部转变为红色（有些为橙红色），这就使得被攀附的建筑物、山体、乔木的色彩富于变化（如图 12）。

2.3.11　东方紫金牛

常绿灌木，属于新叶色叶树种。一年之际，从11月份到次年的5月份，断断续续地长新叶，总共有4次左右（某些为5次）。11月上旬新芽初放，幼叶红艳，在绿叶丛中极为醒目，宛若红花一般（如图13）。

图13　广州华南植物园的东方紫金牛

2.3.12　莫氏榄仁

落叶乔木，属于秋冬春色叶树种。单干直立，树冠开阔，冠伞形，主干浑圆挺直，枝桠自然分层轮生于主干四周，层层分明有序水平向四周开展。在广东2月下月，叶子开始呈现火红，为春天的景观披上红衣，营造春天里的冬日意境，尤为壮哉、美哉，叶子变色一直持续到4月份，变色的时间较长。在众多的常绿色叶树种中种植一棵莫氏榄仁，可谓"一枝独秀"，亦可成片栽植，营造层林尽染之境，诱人云集；莫氏榄仁枝桠柔软，冬季落叶后光秃柔细的枝桠美，益显独特风格；春季萌发青翠的新叶，随风飘逸，姿态甚为优雅（如图14、图15）。

图14　广州广东金融学院的莫氏榄仁

2.3.13　落羽杉

落叶乔木，属于秋色叶树种。树形整齐美观，近羽毛状的叶丛极为秀丽。11月下旬，叶变成古铜色，一直持续到1月下旬，是良好的秋冬色叶树种。适于水边造景，近水之处列植、丛植，均可构成园林佳境；成片成林种植，棕红叶似火，层次感强、壮观（如图16、图17）。

图15　广州广东金融学院的莫氏榄仁

图16　华南植物园的落羽杉

图17　肇庆仙女湖湖边的落羽杉

2.3.14　榄仁

落叶乔木，在广东属于秋冬色叶树种。单叶，丛生于枝条的顶端，形状似倒立的提琴，叶片表面光滑，可长达20cm以上，叶片基部有2个黄色腺体，叶柄短小。12月下旬，树叶逐渐由绿色转紫红色，到1月中旬（有的是在1月下旬），红艳如火，如惊鸿，如烈焰，是秋、冬时节最迷人的盛景，落叶后展现苍劲的枝干生命力，壮丽。而初春来临时，嫩绿明亮的叶片又会带来新的生机。宜作行道树、园景树、庭荫树（如图18、图19）。

图 18　七星岩的榄仁

图 21　七星岩的枫香

图 19　七星岩的榄仁

2.3.15　枫香

有些地方叫三角枫、路路通，落叶乔木，在广东属于秋冬色叶树种。枫香树干通直，树体雄伟，树冠广卵形。在广东 12 月中旬（有些地方是 12 月下旬），叶色开始变为艳红色，变色持续的时间为两个月，孤植、丛植、群植均相宜。是江南著名的秋色叶树种。在广东枫香会变色，但变色效果远不如江南（如图20、图21）。

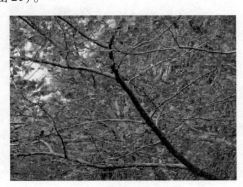

图 20　七星岩的枫香

2.3.16　水翁

桃金娘科，落叶乔木，属于秋冬春色叶树种，耐湿性强，喜生于水边，一般土壤可生长，叶形美丽，叶对生，长圆形至椭圆形。水翁的叶子在 12 月中旬开始呈现红色，到了 1 月上旬，便满株艳红，其倒影

图 22　肇庆学院行知湖边的水翁

图 23　肇庆学院行知湖边的水翁

与波光粼粼的水面相互融合如一幅动态的水彩画。宜植湖边、溪边、河畔等相对较潮湿的地方（如图22、图23）。

2.3.17　红枝蒲桃

株型丰满而茂密，叶片跟北方常见的红叶石楠有些相似，全年多次长新叶，是广东特好的变色叶树种，属于新叶色叶树种。其新叶红润鲜亮，随生长变化逐渐呈橙红或橙黄色，老叶则为绿色，一株树上的叶片可同时呈现红、橙、绿 3 种颜色，非常美丽，适作道路中间绿化带、公园绿地、与景石等园林小品搭配成景、庭院植物配置以及盆景观赏植物（如图24、图25）。

图 24　广东金融学院的红枝蒲桃

图 25　广东金融学院的红枝蒲桃

2.3.18　海南杜英

常绿小乔木，属于秋冬春色叶树种。树冠整齐成层，枝条无毛。海南杜英的叶子在 11 月中旬开始呈现红色，到 2 月中旬，整棵海南杜英的叶子染上红色，状态婀娜动人，构成火火红红的唯美的风景图。可观花、观叶，是上乘的观赏树种。宜于草坪、坡地、林缘、庭前、路口、水边丛植、列植，也可栽作其他花木的背景树的适宜作庭园风景树（如图 26、图27）。

图 26　肇庆七星岩的海南杜英

2.3.19　大叶紫薇

落叶大乔木，在广东属于特好的秋冬春变色叶树种。干直立，分枝多，枝开展，圆伞形。叶对生或近对生，椭圆形、长卵形至长椭圆形。大叶紫薇的叶子

图 27　肇庆七星岩的海南杜英

在 10 月中旬时开始转变为红色或暗红色，到次年的 1 月上旬是其变色最完整的时期，此时红红火火，甚是热闹，保持叶色直至 3 月下旬，甚至 4 月上旬。到 3 月上中旬时萌芽叶子呈橙红色，富于季相变化。适合用作高级行道树、园景树、林植树与庭荫树，单植、列植、群植均可（如图 28、图 29）。

图 28　肇庆七星岩的大叶紫薇

图 29　广州越秀公园的大叶紫薇

3　广东地区变色叶树种资源评价

3.1　广东地区变色叶树种不仅种类较多，而且观赏、应用价值极高

广东地区变色叶树种既有乔木，又有灌木和藤本植物。其中大叶榕、国庆花、麻楝、杧果树、龙眼树、小叶榄仁、樟树、莫氏榄仁、乌桕可用作行道树

或园景树，肇庆学院海容路两旁的大叶榕，入秋时节优美的黄叶片落下，给人带来无尽的秋的遐想，吸引众多师生前来留恋、吟诗作对。春季之时，嫩绿的叶子给人一种舒适、心旷神怡的心情。如七星岩北门、七星岩仙女湖、华南植物园、华南农业大学的落羽杉，每当叶子呈为古铜色时，其整齐的的树势，创造了彩丽、壮美的景观。广州番禺大夫山山路两旁的龙眼树，每当长新叶时，亦是十分亮丽。如肇庆学院西江历史文化研究院前半山腰的乌桕，树冠圆球形，其叶形秀丽，早春叶子鲜红，夏季绿树浓荫，入秋深红，吸引众多学子于树下休憩、学习。灌木树种如希茉莉、勒杜鹃、东方紫金牛、红枝蒲桃等，可作园景树或水边美化材料，中山孙文公园的南天竹，华南植物园的希茉莉以及七星岩的勒杜鹃，与周围的植物、建筑、水体相互衬托，既表现了群体美，又体现了景观美。爬山虎为很好的垂直绿化、美化材料，肇庆七星岩、鼎湖山某山坡的爬山虎与周围的绿景形成色彩相互交错的美。东莞可园的爬山虎缠绕于古朴的假山上，给人以庄严感，春季，嫩芽红艳宛如墙上绽放朵朵春花；夏季，绿叶缠绕假山，给人一种清凉之感；秋季红叶尽染，与周围的环境相互交错，增添秋天的气息和活力。

3.2 目前广东的变色叶树种多处于无意识的利用状态

变色叶树种尚未充分在广东城市、园林造景中应用，可供开发应用的资源空间还很大；仅一些大家所熟悉的、著名的变色叶树种为大家所知，在广东城市园林绿化造景中所表现出来的应用种类很有限。如深红的南天竹、春叶为胭脂红色的山麻杆、秋叶鲜红的山乌桕等，其中有一些是由于观赏价值特性未被大众所了解，需进一步开发、宣传和推广，广东地区变色叶树种的开发、利用前景巨大。另外，一些变色叶树种即使有应用也没有达到预期的景观效果，在一定程度上是因为众多植物中变色叶树只有几棵甚至是一棵，寥寥可数，创造的氛围只是星星点点，如深圳的园博园、深圳东部华侨城、肇庆的七星岩、鼎湖山等绝大部分城市或园林中都有这样的情况。

3.3 春色叶树种常被忽略

华南地区的春色叶树种种类丰富，但得以真正利用的却很少，在一些城市几乎被忽略。如揭阳，揭东地区，只有在苗圃才能看见成批的龙眼、麻楝等树种，在街道、公园很少见，在设计上并没有注重春季色叶树种的造景效果。

3.4 变色叶树种的配置小环境有时会影响变色时间或观赏效果

变色叶树种变色的情况与具体小生境立地条件等密切相关，在调查中发现有些变色树种由于小环境的影响，到了变色期却没有显示出特有的色彩，或色彩不够亮丽，会降低或推迟其观赏效果。如肇庆学院某处的希茉莉栽植于阴暗处，待学院临近的阳光直照的希茉莉焕发出色彩美时，该处的希茉莉依然没有变化。

3.5 缺乏栽培管理，会降低观赏效果

广东地区部分城市、园林对变色树种缺乏后期的管理，导致其遭受病虫害的侵蚀，影响了整体的景观效果。例如肇庆端州区的主干道中间的大叶紫薇、肇庆七星岩东门广场的大叶紫薇、深圳园博园的南天竹等，部分缺乏有效的管理，致使其饱受病虫害的侵害，大部分叶子残缺，缺乏生机，叶子变色期的观赏效果明显降低。

4 建议与讨论

4.1 重视和加强广东地区变色叶树种的研究、开发与应用

变色叶树种变色的原因，主要是由于气候因子的变化而造成的[16]，由于广东地区地处南亚热带，气候温暖，有很多常绿树种和半常绿树种及少量的落叶树种，这一特殊情况使得广东地区的变色叶树种种类繁多，观赏季节相对较长。同时，加强乡土变色叶树种在园林中的应用，不但能够反映出地域性，而且具有极强的适应性。但重视程度远不够，真正充分应用的种类少，因此，应加大一些观赏价值高的乡土变色叶树种的研究、丰富、推出、宣传与推广，培育出具有乡土特色的优良的变色叶树种，根据变色叶树种的生物学特性和生态学特性做到适地适树，使广东及华南地区的植物景观四季美妙、绚丽多姿。

4.2 推广景观效果较好的秋冬春色叶树种

园林艺术展现的是四维空间，时间是重要的因素[17]。通过一年四季中气候的变化，充分利用现有的变色叶树种资源，呈现出季相丰富的园林，令其在一年四季中都能通过与常绿植物在色彩、形态方面的对比，形成强烈的视觉冲击，以免出现单调的季节。做到四季有景可观，处处有景可赏。如：加大对大叶紫薇、莫氏榄仁、海南杜英、樟树、水翁、龙眼树、麻楝、乌桕、番石榴、红枝蒲桃等在园林中的应用。

也可在园林造景中，单独为其创建一个园，形成专类园；或行植、群植、林植。秋冬春之际，红艳如霞，多姿多彩。

4.3 掌握变色叶树种的生物、生态学特性，合理栽植配置

在利用变色叶树种进行造景效果时，需充分考虑其生物学、生态学特性，并根据其生态习性进行合理配置，否则不但影响变色叶树种的生长，而且会影响其呈色。变色叶树种多为阳性树种，应种植在构筑物的南面或是大草坪中央；在光照明显不足、阴凉的地方应种植耐阴性较强或喜湿的变色叶树种。例如，相对较干旱的地方可以种植乌桕、麻楝等，在相对比较潮湿的地方可以栽植落羽杉、水翁等。

4.4 充分利用美学、艺术原理，合理搭配

为了营造更好的园林意境，可以综合韵律、对比、动感、衬托、背景等艺术表现手法，更好的展现植物的色彩、形象美和层次感，给人以更高的艺术享受和情感体验[18]。在应用变色叶树种的造景中，可以通过不同色彩的搭配，增加园林景观的层次感和美感。例如可在松树前丛植南天竹，在大草坪中、山麓孤植乌桕，在浓绿的树林之中栽种数棵莫氏榄仁，在其叶子呈色时，会在秋冬春蓝天白云和绿色背景的衬托下显得格外鲜艳动人。

参考文献

1. 李钱鱼，张玲慧. 广州市色叶树种调查及景观特色分析[J]. 广东农业科学，2013，15.

2. 袁喆，翁殊斐，杭夏子. 广州公园落叶植物及其景观特色探讨[J]. 中国园林，2013(1)：102 – 106.

3. 庄雪影，陈锡沐，冯志坚. 园林树木学[M]. 广州：华南理工大学出版社，2006，21.

4. 杨善云. 春色叶树种资源的观赏性状综合评价与应用研究[J]. 西北林学院学报，2014，29(3)：231 – 235.

5. 贾朝霞，袁海龙. 安康香溪洞景区春色叶树种资源介绍及其园林应用[J]. 现代园艺，2011，13.

6. 张泉州，张远霞. 荆州市春色叶树种资源调查与分析[J]. 绿色科技，2014，1.

7. 薛会雯，金晓玲，刘海洋. 春色叶树种在植物造景中的应用[J]. 北方园艺，2010(24)：119 – 122.

8. 曾力，余磊. 秋色叶树种在贵阳市高校校园景观营造中的应用[J]. 中国园艺文摘，2013，1.

9. 陈纳，韩远斌. 浙江莲都常见秋色叶树种资源及运用探讨[J]. 安微农学通报，2014，20(07).

10. 杨莉莉，刘盈盈. 秋色叶树种在杭州行道树中的应用[J]. 浙江农林大学学报，2014，31(4)：597 – 603.

11. 吴思政，聂东伶，柏文富. 秋色叶及观果树木在园林造景中的应用[J]. 中南林学院学报，2001，21(1)：89 – 92.

12. 裘宝林. 浙江重要野生秋色叶树种[J]. 南京林业大学学报，1990，14(1)：68 – 73.

13. 楼炉焕. 观赏树木学[M]. 北京：中国农业出版社，2000.

14. 周树军，臧得奎，周瑾. 秋色叶树种在园林中的应用探讨[J]. 中国园林，1999，15(1)：61 – 62.

15. 李燕. 色叶树种在太原市城市绿化中的应用现状及改进策略[J]. 太原城市职业技术学院学报，2008，6.

16. 姚德权. 色叶植物以及色叶植物在园林造景中的应用[J]. 现代园艺，2011，4.

17. 朱琳，芦建国. 玄武湖秋色叶树种呈色特点分析及应用对策[J]. 现代园林，2013，10(3)：28 – 33.

18. 杨海炳，孟杰，黄丹娣，贾毅锋. 园林植物配置中出现的主要问题及对策探讨[J]. 现代园艺，2013，3.

中国观赏园艺研究进展 2015：623～626

Advances in Ornamental Horticulture of China，2015：623～626

成都地域景观竹文化的表达研究

杨羽峤　何蕊　刘玉蓉　陈其兵①

（四川农业大学风景园林学院，成都 611130）

摘要　成都地域景观于古蜀之地等自然属性的基础上注入文化精神和情感寄托逐渐形成，其发展包容着多元文化。其中，竹文化作为多元文化的起源，具有重要的地位，自古以来，"人居竹，竹环居，人竹共生；情寓竹，竹赋情，情竹相融"便是这块西蜀腹地的情境。本文探讨了竹文化在成都地域景观中的表达，研究发现，其表达主要涵盖"形"、"序"、"意"三个层次，分别包括符号表达、色彩表达、光影表达；旷奥交替、正变结合、对比变化；空间意境、情感意境、休闲意境。

关键词　竹文化；成都地域景观；竹文化表达

Expression of Bamboo Culture in Chengdu Regional Landscape

YANG Yu-qiao　HE Rui　LIU Yu-rong　CHEN Qi-bing

（*College of Landscape Architecture，Sichuan Agricultural University，Chengdu* 611130）

Abstract　Chengdu Regional Landscape is on the basis of the natural properties of the original ancient Shu and also is gradually formed with culture spirit and emotional sustenance, the development of inclusive multicultural. Among them, the bamboo culture as the origin of multi culture, has an important position, since ancient times, " living bamboo, bamboo ring Ju, one bamboo symbiosis; which bamboo, bamboo emotion, love bamboo blending" is the West Sichuan hinterland situation. The studies find the expression of bamboo culture in Chengdu area landscape, mainly covers the " shape", " order", " meaning" three aspects, respectively, including the expression of symbolic expression, color expression, light; Kuang Olympic alternate, are variable binding, contrast change; spatial conception, emotional mood, leisure conception.

Key words　Bamboo culture; Chengdu regional landscape; Bamboo culture expression

中华民族五千年的历史长河中，无论是在物质文明建设还是社会精神文明传承中，竹都扮演着举足轻重的角色，丰富着中国传统文化。随着社会发展、人们对传统文化关注度的提升，竹文化不仅以竹景观的常态遍布于人们的生活环境中，越来越多的竹文化更是被挖掘出来，予以竹园景观的营建、竹文化主题旅游的打造及竹文化的品读与传承。

城市如人，城市的魅力正是来自它独特的景观"品质"，而品质取决于城市地理场所与其主体功能的历史文化积累。如今城市雷同化、景观单一化等埋没了城市特色、地域景观，掩盖了城市传统文化与地域特征。著名史学家陈寅恪先生认为，中国文化是"竹的文化"（何明，1999）。成都，这一沃野千里的

西蜀腹地，栖息繁衍于此的人们自古与竹就有着深厚的渊源，包括生产、生活及图腾崇拜等，人居竹，竹环居，人竹共生；情寓竹，竹赋情，情竹相融（鲍振兴，2011）。杜甫草堂、武侯祠、望江楼、东湖、桂湖等名园无不彰显着无园不竹的造园态度、闲适恬淡的造园方法、飘逸自然的造景风格、寻幽访古的造园情境。可以说，竹文化在成都历史发展、传统文化积淀的过程中发挥着独特的作用。

成都地域景观于古蜀之地等自然属性的基础上注入文化精神和情感寄托逐渐形成，其发展包容着多元文化。其中，竹文化作为多元文化的起源，具有重要的地位，自古以来，"人居竹，竹环居，人竹共生；情寓竹，竹赋情，情竹相融"便是这块西蜀腹地的情

①　通讯作者。陈其兵（1963—），男，汉族，四川万源人。教授，博士生导师，从事竹育种、栽培、竹文化及其景观应用研究。邮箱 cqb@ sicau. edu. cn

境。本文探讨了竹文化在成都地域景观中的表达，以及竹文化与成都地域景观延续性的关系，为西蜀园林竹文化景观地域表达的研究提供一定的参考与借鉴。

1 成都地域景观与竹文化

1.1 成都地域景观

地域景观是区域范围内，自然景观、人文景观及人类活动所表现出来的一个综合体，具有一个总体的地域特征（胡蓉，2010），承载着地域中的文化、生态和物质实体。地域景观存在于相对明确的地理边界内，具有自己的特色。地域景观不仅包含了该地区独一无二的自然景致，也反映了这一区域内人们历经多年来所留下的生活印迹和由此形成的历史文脉，包括房屋建筑、宗教场所、传统文化与生活方式等，记载着人与自然和谐相处的过去与现在（赵汝芝，2012）。地域景观反映了地域自然演变、历史变迁、文明生长的规律。

本文论述的"成都地域景观"是指界定于成都市市域范围内的景观类型和景观特征，它与成都市的自然环境和人文环境相融合，从而带有明显地域特征的一种独特景观（朱建宁，2011）。成都地域景观所涵盖的特点是独一无二的，它于原有古蜀之地等自然属性的基础上注入文化精神和情感寄托而逐渐形成，无论是三星堆遗址、金沙遗址等古蜀文化的典型代表，蜀绣、川剧等艺术瑰宝，还是以薛涛、杜甫等为代表的文化腹地，都是其有力的物质与精神载体。因此，成都地域景观不仅作为一部历史的积淀，一种观念的追求，更是一段情怀的传承，任何传统文化可以说对成都地域景观延续发展都具有不同程度的影响，本文论述的即是与这块文化腹地渊源颇深的竹文化。

1.2 竹文化

竹文化指在中华民族五千年的历史发展过程中所创造的所有与竹子有关的物质文明和精神文明，这从不同字体的"竹"字也可窥见一斑。

物质文化方面，从殷商时代就出现了以竹为管的毛笔、用来刻字的竹简，两者对传播古代文化作出了重要贡献，亦促进了我国书法与绘画艺术的发展。古人的衣食住行均与竹子有密切关系，正如苏东坡所述："食者竹笋，庇者竹瓦 载者竹筏，炊者竹薪，衣者竹皮，书者竹纸，履者竹鞋，真可谓不可一日无此君也"。精神文化方面，竹子对我国文学艺术、园林艺术和民俗文化等的发展具有重要促进作用。竹诗词、竹绘画、竹编竹刻、竹制乐器都是竹文化的重要组成部分（关传友，1994），同时竹亦是中国古典园林

中重要的植物材料，从上林苑、辋川别业到寿山艮岳，都有竹景观的记载，现存竹造景经典范例，如网师园的"竹外一枝轩"、沧浪亭的"翠玲珑"、个园的"春山"等（李宝昌和汤庚国，2000）。

因此，竹文化是竹制物（物质范畴）以竹为表现对象的文化形式和文化心理（精神文化范畴）的总和，竹文化的形成既是睿智的中国人民长期创造形成的产物，同时又是社会历史的积淀物。

2 成都地域景观的竹文化表达研究

2.1 形的表达

2.1.1 符号表达

竹文化符号表达范围涉及面广，包括竹制日常用品、竹绘画、竹雕塑、竹建筑等，大多是经过人为改造或创造的单个记号元素或记号集合（朱红霞和王铖，2005）。

首先，以"竹"本身形态进行符号表达更为直观、具象，其"能指"的属性更为强烈，这一点在成都地域景观中的众多小品设施中得以印证，或是绘画、或是雕刻、或是竹编等形式，均以相对直观的艺术处理进行展现，达到将竹文化和景观于视觉上联系起来的目的，给人以清晰的表达与感知。例如望江楼公园北门一侧，墙宇间，竹案漏窗间隔有致；院内，翠竹出阁别有生趣；漏窗处，几处枝叶依稀渗透，与那白色的竹案交相辉映，别是一番风韵。

其次，以竹为材质的符号表达通常借艺术小品为景，融合竹文化内涵和地域特色，通过直观或多样化的艺术形式展现出来（何明和廖国强，2009）。这样的形式充分利用了材料自身的语汇，其"所指"更为明显，将竹文化的厚重与古朴表达得淋漓尽致。例如成都望江楼公园内的"古城记忆"，采用场景再现的表达手法，以竹为载体，通过塑造古城墙、江楼、渡船、喧闹的码头和等人的黄包车等景观形象，将一段老成都的记忆展现得惟妙惟肖，赋以成都地域景观竹文化的营造，二者相得益彰，使观赏者感受成都古老人文气息之余，与竹文化产生共鸣，激起无限遐想。杜甫草堂内翠竹萦绕，竹因园而活，园因竹而显，穿过门廊，伫立于草堂影壁，规整有序地竹栏与挥洒的竹叶相互映衬，幽然中略显几分肃穆，意味无穷。

综合竹的形态、材质等特点进行符号表达的形式繁多，一双竹筷，一只竹管毛笔，一副墨竹画，一架竹桥，一座竹楼，一句"无竹令人俗"的人生格言……无不折射出竹文化的熠熠光彩。成都地域景观中，竹的"影子"无处不在，大众喜爱的饮食文化中固然有其特殊的地位，甚至于饮食环境中，竹文化符

号也未曾离开大众的眼球，例如成都大熊猫繁育研究基地内的竹韵餐厅，素雅与古朴的格调中均以竹为装饰元素，在视觉上增添了几分静谧的质地，室外翠竹点缀，疏影横斜，室内竹影匆匆，多姿多彩，营造了惬意的就餐氛围，增强了归属的地域色彩。

2.1.2 色彩表达

色彩表现为一种视觉元素，在调节视觉平衡、营造环境风格及创造不同气氛方面具有独特的作用（关传友，2001）。竹本身色多为绿色或黄色，对于不同的环境构图有不同的效果。粉墙竹影——一幅天然的水墨画，探其根本，乃墙之无色，成就竹之画布，光之耀影，幽雅之意，计上心头；水色竹影——一幅动人的竹影飘渺图，究其源头，知水乃无色，然借于倒影，赋之彩色，动静之趣，别有天地。正如陈从周所言："白非本色，而色自生；池水无色，而色最丰"。白色、黑色与竹可以构成凝练而纯净的空间，在成都众多的湿地公园中，多以曲折蜿蜒的翠竹为背景，深色的水池与白色的卵石相对比呼应，木平台自然穿插其间，充满自然野趣。另外，黑白两色自然让人联想到一个憨态可掬的形象——大熊猫。

2.1.3 光影表达

"竹影映水"即竹植于湖边或池旁的景象，宋朝陆游在诗"东湖新竹"中，以"插棘编篱谨护持"的耐心与诚心，终"养成寒碧映涟漪"。竹是水的背景与立面，水是竹的地面与镜面，故竹无论作为远景还是近景，疏密有致的空间，起伏的林冠线都可以将竹影表达得恰到好处（D. Farrelly.，1984）。新都桂湖交加亭处，一丛翠竹，庇荫倚岸，尔时拂风，绿影浮动，交相辉映，宁静典雅之境尽显。杜甫草堂内的万佛楼，于桥边伫立，古朴宏伟的建筑坐落于翠竹之中，暮色时分室内柔光萦绕，室外翠竹扶岸，微风拂过，水中倒影萌动，动静处，虚无之境，禅意之韵，浮上心间。又如草堂内的工部祠，一明一暗的光线变幻，粉墙掩映下的几丛翠竹，使静谧的空间氛围更添几分肃穆之意。

2.2 序的表达

2.2.1 旷奥交替

"游之适，大率有二：旷如也，奥如也，如斯而已。"柳宗元可谓是一语道破景观空间环境的动态感受。其中，"旷"即旷宜的开敞空间，意味着景观空间环境可理解、可识别；"奥"即奥宜的幽闭空间，意味着景观空间环境的可索性（A. K. Ray.，2004）。园林若能够旷奥交替，则"奥如旷如，各极其妙"。望江楼公园北门入口处以翠竹长廊作为入口空间，两侧观音竹清秀交替，竹梢婆娑成拱形，以长廊作序，

引视线导向，观净土掠影，可谓含蓄清幽在先，跌宕高潮于后，奥如也。寻幽前去，假山置石，花草青青，一片豁然开朗，旷如也。类似于这样的旷奥交替屡见不鲜，枇杷门巷、草堂花径、红墙竹影等，不仅呈现出旷奥交替的空间变化，似"初极狭，才通人，复行数十步，豁然开朗"的景观效果，更营造出优雅的文化气息。大熊猫繁育研究基地中，沿竹林小道进入景区，碧波荡漾、水竹扶岸的天鹅湖映入眼帘，访至玫瑰苑，拱形花架间，藤蔓密布，交织成趣，"奥如"也，自由诗意的"旷如"空间与之交替变化，让游览者伴着翠竹的清香，渐远城市的喧嚣。

2.2.2 正变结合

"正变"主要指空间的格局，曾宇等人曾这样论述："'正'即是以轴线来组织建筑群体，'变'即是因地或因景制宜，灵活布置"。成都地域景观中大多具有该格局的典型特征，例如武侯祠中，以中部规则对称的祭祀建筑为主轴，周围（西部和北部）则进行自然流畅的合理布局，全园长竹万竿，或溪畔、或曲槛、或江岸、或置石，听鹂馆、和畅园等典型的川西风格庭院更巧妙地融入了"结茅竹里"、"移竹当窗"等静观的处理手法（戴秋思和刘春茂，2011）。杜甫草堂中，以轴线连接的五重主体建筑周围，绕茅屋而置的竹林、溪流、碑亭、水槛，营造出自由活泼的静谧空间。

2.2.3 对比变化

园林景观序列组织往往以植物或其他构筑要素围合、分割空间，以形成不同功能、不同性质的相对立空间，同时结合交通组织，运用框景、漏景或透景等造景手法将各个空间进行联系，营造出相互渗透、节奏感强的空间序列。成都地域景观中的空间序列，无论是利用单纯的竹景进行空间围合，还是结合情境表达的空间变幻，竹文化都发挥了重要作用。

2.3 意的表达

2.3.1 空间意境

空间意境是基于具体的空间而产生的一种审美意识。观赏者通过对自身经验和空间的解度，产生一种对空间环境形而上的感受（SimonVelez.，2008）。因此，表达空间意境的方式多种多样，诗词即是其中的典型。一般以文学上的创作为载体，体验者将自身情感与景观空间相联系，空间意境的表达自然流露。从古至今，以竹景作为居住空间的景色乃人之所向，王维"独坐幽篁里，弹琴复长啸"勾勒的正是其憩于竹里馆，悠然自在的情致。杜甫草堂内，以其《奉酬严公寄题野亭之作》中"懒性从来水竹居"命名的"水竹居"，碧波萦绕、翠竹浓荫，竹林置石以向心动势，

使水面上的故居、碑亭于翠竹掩映之下相互融合，整个空间环境与诗圣千秋流传之诗歌交织在一起，"人在园中，园在诗中，诗在景中"之情景油然而生。

2.3.2 情感意境

中国园林论情感则具有两方面属性，一是情感寄托，即造园者的感情所托，二是情感表达，即游览者的情感宣泄，两者皆是寄情于景，情由景生的真实反应(Liu BY., 1990)。竹往往以其优雅的气韵、曼妙的姿态成为景观中的座上客，例如望江楼公园薛涛纪念馆入口处，白色塑像以竿高直立、挺拔茂密的苦竹为背景，主景为一个体态丰满、温润婉约、优雅端坐的女诗人。人格、竹境、诗魂浑然一体，构造了一幅层次丰富、主题鲜明、意境深远的图画。情深处，缅怀之情油然而生，此时"那堪花满枝，翻作两相思。玉箸垂朝镜，春风知不知"的诗作情境更显突出。

2.3.3 休闲意境

成都的休闲生活在大多数人中也以"慢节奏"加以形容，就如现代电影中通过慢镜头来表现优美而具有意境的场景一样，"慢"其实本身就是一种意境。茶馆或茶铺对于成都人来说是生活交流的媒介，作为一种文化现象，它不仅调试着成都"慢节奏"的生活，更体现着古老的巴蜀文化恒定不变的传统和恒久迷人的魅力。竹在这种交流媒介中是关键一撇，无论是川西林盘典型的民间院落，还是现代农家乐式的休闲会所，都可瞥见竹的身影。杜甫草堂内的草堂北邻俨然一处成都休闲文化的缩影，茅屋处，竹林掩映，竹篱环绕，溪水潺潺，坐于屋前，一曲古琴，一杯清茶，好一处休闲意境之地，不禁感慨"清江一曲抱村流，长夏江村事事幽"闲趣的诗情画意。又如中老年爱好的练剑、扇子舞等娱乐休闲活动，竹林幽深处，缓慢的节奏，矫健的步伐，这不仅传递着一种休闲的境界，更让人感慨那如翠竹般的气势与活力。

3 结语

成都地域景观作为西蜀地域范围内的核心景观部分，不仅是西蜀园林的典型表现形式，还是竹文化的重要载体。而竹文化的部分内容又超越了成都地域景观的范围界定，这部分文化的外延是成都地域文化得以与外界交流的重要部分，尤其作为西蜀腹地，它既是一种囊括整个西蜀地域的文化共融体，诸如以武侯祠、杜甫草堂为代表的典型西蜀历史名人纪念园林，同时它又是一种内聚的文化汲取，如历史上诗人文豪入蜀后，一些外来文化的传入。可以说，竹文化以载体的形式，不断流动与发展，这体现了其时间性与空间性，正是这样的特性与自然人文环境相互交织，成就了成都地域景观竹文化表达的不断延续与发展。

参考文献

1. 何明. 中国竹文化小史[J]. 寻根，1999(2)：13 – 15.
2. 鲍振兴. 中国竹文化及园林应用[D]. 福州，福建农林大学，2011.
3. 关传友. 中国竹子造园史考[J]. 竹子研究汇刊，1994(3)：53 – 62.
4. 李宝昌，汤庚国. 竹文化与竹子造景的意境创造研究[J]. 浙江林业科技，2000，20(3)：58 – 61.
5. 胡蓉. 地域性景观与非物质文化遗产的互联性研究[D]. 西安，西安建筑科技大学，2010.
6. 赵汝芝. 城市中心广场地域性景观设计研究[D]. 济南，山东建筑大学，2012.
7. 朱建宁. 展现地域自然景观特征的风景园林文化[J]. 中国园林，2011，(1)：1 – 4.
8. 朱红霞，王铖. 论竹与园林造景[J]. 河北林业科技，2005(4)：155 – 157.
9. 何明，廖国强. 中国竹文化[M]. 北京：中国文联出版社，2009.
10. 关传友. 中华竹文化概览[J]. 竹子研究汇刊，2001，20(3)：48 – 51.
11. D. Farrelly. The book of bamboo[M]. New York：Sierra Club Books，1984.
12. A. K. Ray, S. K. Das, Mondal, P. Ramachandrarao. Microstructyral charavterization of bamboo[J], Material Seienee，2004，39(3)：1055 – 1060.
13. 戴秋思，刘春茂. 竹文化影响下的西蜀历史名人纪念园林[J]. 中国园林，2011，(8)：65 – 68.
14. SimonVelez. Morden Bamboo Architecture[J]. Harvard Graduate School of Design，2008(13).
15. Liu BY. System ization of the Scenic Landscape Engineering[M]. Beijing：Architecture Industry Press，1990，13 – 66 (in Chinese).

中国观赏园艺研究进展 2015：627~633

Advances in Ornamental Horticulture of China, 2015：627~633

保定市街道绿化植物多样性研究

李 晶

（河北工程技术学院建筑学院，石家庄 050000）

摘要 在城市道路绿地的建设中，生物多样性在生态及景观方面具有十分重要的意义。为了认识保定市街道绿化植物多样性特点，对保定市街道绿化植物的应用情况做了详细的调查，并根据各种植物的各项指标进行了统计。通过对各种数据的分析，得出了结果：保定市街道绿化植物多样性水平偏低。绿地的物种多样性指数不高，群落的物种丰富度、物种多样性指数和均匀度指数反映出基本一致的趋势，物种多样性的趋势基本上是草本层＞灌木层＞乔木层。不同层次的物种多样性指数之间联系紧密。从整体上看，保定市街道绿化植物多样性还有待提高。

关键词 保定市；街道绿地；重要值；物种多样性

Study on Diversity of Street Greening Plants in Baoding

LI Jing

（*Hebei Institute of Engineering and Technology School of Architecture*，*Shijiazhuang* 050000）

Abstract It is significant to the biodiversity and landscape of the ecology in the urban green street construction. In order to understand the characteristics of plant diversity in Boading, We have done a detailed investigation of application of green plants in street of Boading , and a statistics based on a variety of indicators . Through the analysis of varieties of data, we can see the results : the green street in Baoding has a low diversity of plants. Green species diversity index is not high, the community of species richness, species diversity index and evenness index reflects a consistent trend, the trend of species diversity is that vegetation layer > shrub layer > tree layer. Different levels between species diversity index is closely linked. In a word, the diversity of the street greening of Boading yet needs to be improved.

Key words Baoding City ; Green street ; Importance value ; Species diversity

生物多样性是一个城市绿化水平的重要标志，也是人类社会生存和可持续发展的物质基础。生物多样性的价值首先在于它是可供人类利用的自然资源。生物多样性在维持地球生物圈稳定和全球气体平衡、生产有机物质而成为整个地球的生命支持系统、涵养水分保持水土、维持地球的物质与能量的平衡及调节气候等方面具有重要的生态价值和社会价值。而生物多样性中的植物多样性正是城市园林绿化特色的基础。城市园林绿地中植物多样性为形成城市园林植物群落多样性奠定了基础，维持了整个城市生态系统的稳定与平衡[1]。

进入新世纪，国家对生态环境越来越重视，城镇建设必须与生态环境相协调，走可持续发展的道路。城市绿化在改善生态环境方面具有巨大作用。[2]城市园林绿化是提高环境质量的重要途径，是展示一个城市物质文明和精神文明的窗口，是人们文化素养和道德风尚的体现。而街道绿化是城市园林绿化的一个重要方面。一个良好的城市街道绿化在改善城市生态环境方面能够起到以下几方面的作用：净化城市空气、水分、土壤，降低噪音，以保护居民的生活质量和身体健康；调节气候，改善城市空气的流通，降低城市热岛效应，而且可以增加空气中负离子含量，为市民创造舒适的城市小气候。增加绿地，维持生态平衡，可以缓解人类繁重的工作压力，陶冶情操，可以消除钢筋混凝土对人类的视觉污染，提高城市美和生态美的质量[3]。

1 研究区域概况

保定市位于河北省中西部，介于东经 113°40′~116°20′，北纬 38°10′~40°之间。东西最大横距约

240km，南北最大纵距约 200km，保定市属北温带亚润湿气候区，春季干旱多风，夏季炎热多雨，秋季气候凉爽，冬季寒冷少雪，四季分明，是典型的温带大陆性季风气候。年均降雨量 575.4mm，多集中于夏季，6、7、8 三个月的降水量最多。其成土因素比较复杂，一般主要是棕壤和褐土。目前，整个城市建成区绿化初步形成了以道路绿地和街头绿地、城市公园以及单位和居住区绿地为主的，点、线、面、带、环相结合的城市绿地系统，对城市的环保和生态调节发挥重要作用。

2　调查与研究方法

2.1　方法

2.1.1　实地调查抽样方法

样方选择绿化基础较好的、绿化基础一般的、绿化基础较差的典型样方各若干个，目的是使调查结果具有典型性、代表性，共计调查样方 10 个。保定市街道绿地以线状样地的调查采用样带法，取每一街道 100m 内所有街道绿地为样。具体选取：朝阳南大街、三丰中路、天威中路、灵雨寺街、裕华西路、恒祥南大街、恒祥北大街、东风中路、乐凯南大街、南二环路。

2.1.2　调查内容

植物群落方面，在设置的样方中进行每木（乔木树高 1.5m 以上）调查，调查树种、株数，测定树高、胸径、冠幅、枝下高（乔）、冠高（灌）、估计健康状况。

进行样方调查时需要调查的基本指标有：

（1）乔木：植物名称、株数、高度、冠幅、胸径、生长状况等；

（2）灌木：灌木名称、株数、高度、宽度、绿篱密度、生长状况等；

（3）草本：草本名称、株数/丛数、盖度、高度、生长状况等。

树木健康状况：划分为 5 个等级，4 级：健康，表现为树冠饱满，叶色正常，无病虫害危害，无死枝，树冠如有缺损不多于 5%；3 级：较健康，表现为树冠缺损 5% ~ 25%，叶色正常；2 级：一般，表现为树冠缺损 26% ~ 50%，叶色基本正常；1 级：生长差，树冠缺损比例高达到 51% ~ 75%，树势衰退严重，叶色不正常；0 级：树冠缺损达 79% 以上，濒于死亡[4]。

2.2　指标计算方法

物种多样性指数反映群落结构和功能复杂性以及组织化水平，能比较系统和清晰地表现各群落的一些生态学习性，利用物种丰富度指数（S）、度量群落优势度指数（D）、反映群落多样性高低的（Shannon - weiner）指数（H、）和反映群落中不同物种多度分布均匀度的 piclou 均匀度指数（Jsw）作为样地物种多样性的测度指标，物种多样性以各物种在群落中的重要综合指标计算。

乔木重要值 =（相对多度 + 相对频度 + 相对显著度）/3

灌木重要值 =（相对密度 + 相对频度 + 相对优势度）/3

丰富度指数：Gleason 丰富度指数：

$$R_{Gl} = S/\ln A$$

多样性指数：Shannon - Weiner 指数 H'：

$$H' = -\sum_{i=1}^{n} P_i \ln P_i$$

Simpson 指数 D：

$$D = 1 - \sum_{i=1}^{n} \frac{N_i(N_i - 1)}{N(N - 1)}$$

$$P_i = \frac{N_i}{N}$$

Piclou 均匀度指数 Jh：

$$J_h = H'' \ln S$$

式中：Ni 为第 i 种的个体数，N 为所有种的个体总数

式中：H' 多样性指数，S 为物种数目[5-9]。

3　街道绿地植物多样性调查结果

调查中发现，调查区域中共有 12 个科 29 个属 32

表 1　保定市街道绿地植物的种类构成

Table1　The consist of plant species in street green of Baoding

街道	科	属	种	乔木	灌木	草本	合计
1 朝阳南大街	12	12	12	4	5	3	12
2 三丰中路	5	6	6	3	3	2	8
3 天威中路	4	4	4	2	1	1	4

（续）

街道	科	属	种	乔木	灌木	草本	合计
4 灵雨寺街	8	9	10	3	5	2	10
5 裕华西路	1	1	1	1	0	1	2
6 恒祥南大街	1	1	1	1	0	1	2
7 恒祥北大街	6	6	6	1	3	2	6
8 东风中路	4	4	4	2	1	1	4
9 乐凯南大街	9	8	13	4	6	3	13
10 南二环路	9	11	11	1	7	3	11
合计	23	29	32	13	14	7	24

个种，其中乔木、灌木种类较多，而草本植物种类较少。乔木以悬铃木、国槐为最多，灌木中大叶黄杨、金叶女贞、紫叶小檗占据绝对优势。草本中占有较高优势度的是白三叶、高羊茅、野牛草。

而其中裸子植物种类较少，只有少量圆柏、侧柏、雪松；被子植物种类较多，尤其以悬铃木、国槐数目为最多。主要是落叶植物，常绿植物种类相对较少。

总体来说，调查区域中以蔷薇科植物种类为最多，有 3 个属（蔷薇属、苹果属、李属），5 个种（月季、紫叶李、海棠、日本晚樱、黄刺玫）。杨柳科有 2 属（杨属、柳属），2 种（毛白杨、旱柳）；木犀科有 2 属（白蜡属、连翘属），2 种（白蜡、连翘）；柏科有 2 属（圆柏属、侧柏属），2 种（圆柏、侧柏）。

4 乔灌木重要值分析

重要值是用来表示种在群落中地位和作用的综合数量指标[10]，为我们进行森林培育、抚育、经营、管理都具有指导性的作用。表 1 列出了保定市街道绿地乔灌木的重要值，从中可以看出乔木层中悬铃木，国槐的数量较多，个体相对较大，在群落中占绝对优势，其重要值分别高达 65.95%、52.59%，两者的重要值远远高于其他物种。杨树、白蜡、圆柏为伴生种，重要值相对较小，分别为 17.98、8.28、5.79。而臭椿、银杏、日本晚樱、柳树、雪松、栾树、五角枫的重要值则更小，分别为 4.03、2.81、2.51、2.49、2.27、1.72、1.13。这些乔木树种对城市生态、环保和美化所起的作用相对较小，反映了保定市街道绿化树种呈现了相对单一性。

灌木中，大叶黄杨的重要值最大，为 89.50%，数量最多。紫叶小檗、金叶女贞、侧柏、小叶黄杨的重要值分别为 25.46、18.88、12.92、10.82，相对稍低。其他种类重要值都较小，分布相对均衡。但是，

表 2 保定街道绿地乔灌木重要值

Table 2 The important value of a arbor and shrub species in street green of Baoding

中文名	拉丁名	重要值（%）
雪松	*Cedrus deodara*	2.27
圆柏	*Sobina chinensis*	5.79
悬铃木	*Platanus hispanica*	65.95
国槐	*Sophora japonica*	52.59
五角枫	*Acer mono*	1.13
白蜡	*Fraxinus chinensis*	8.28
银杏	*Ginkgo biloba*	2.81
臭椿	*Ailanthus altissima*	4.03
杨树	*Populus tomentosa*	17.98
日本晚樱	*Prunus lannesiana*	2.51
紫叶李	*Prunus cerasifera* cv.	9.13
旱柳	*Salix matsudata*	2.49
栾树	*Koelreuteria paniculata*	1.72
侧柏	*Platycladus orientalis*	12.92
大叶黄杨	*Euonymus japonicus*	89.50
小叶黄杨	*Buxus microphylla*	10.82
金叶女贞	*Ligustrum vicaryi*	18.88
紫叶小檗	*Berberis thunbergii*	25.46
月季	*Rosa chinensis*	5.69
榆叶梅	*Prunus triloba*	1.77
连翘	*Forsythia suspensa*	5.15
黄刺玫	*Rosa xanthina*	3.76
木槿	*Hibiscus syriacus*	1.05
海棠	*Malus spectabilis*	3.55
凤尾兰	*Yucca gloriosa*	2.07

灌木多为重复规律种植，即种植形式较为单调，说明在保定市街道绿地种植过程中，没有重视群落结构的合理搭配，绿化但缺乏美化，植物配置时有些千篇一律，变化不够丰富。

5 植物群落多样性指数

5.1 物种丰富度分析

草本层物种丰富度指数明显大于乔木和灌木，其中最大的南二环和乐凯南大街。南二环和乐凯南大街

的草本层较丰富，这与其绿地林下生境近于野生，且人为干扰较小而在一定程度上，给了野生草木更多的侵入机会，林下生长种类、数量都相当可观的野生草木，使得草木层物种丰富度提高。乔木的 *Gleaon* 指数最大的是乐凯南大街，此处人为配置植物具有很强的可观赏性，并充分考虑到了季相的变化。调查中，裕华西路和恒祥南大街的乔木和灌木的丰富度都不高，灌木为零，反映出旧城区街道绿地规划欠妥。南二环的灌木物种丰富度指数最高。

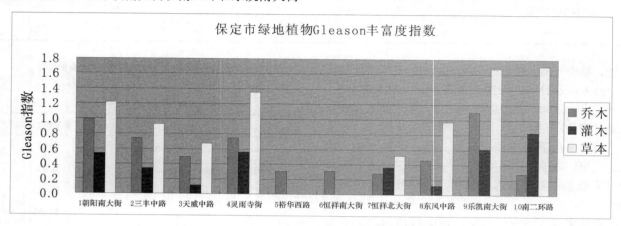

图1 保定街道绿地 Gleason 丰富度指数

Fig. 1 the Gleason richness index of plants in green street of Baoding

5.2 物种多样性分析

从上图可知，总体上草本的多样性水平较高，由于街道的植被管理粗放，草本层生境接近于自然条

件，这是大面积使用种类有限的几种草坪草造成的结果。但是，裕华西路和恒祥南大街物种几乎无多样性，只少量栽植若干乔木作为行道树，更无灌木。

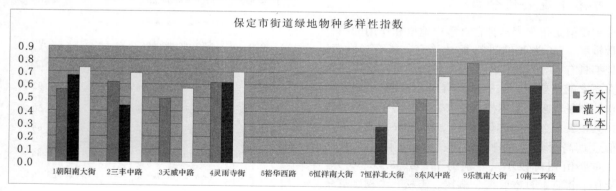

图2 保定街道绿地 Simpson 物种多样性指数

Fig. 2 The Simpson biodiversity index of plants in green street of Baoding

5.3 物质均匀度分析

物种均匀度是物种多样性指数的一个重要的组成部分[11]，Jsim 均匀度指数草本层最高的是南二环，最低的是裕华西路和恒祥南大街。保定街道绿地的乔木均匀度最高的是东风中路，其次是天威中路，乐凯

南大街等。灌木 Jsim 指数最高的是朝阳南大街，其次是三丰中路，这两条路的植物配置模式相似，多以大叶黄杨、紫叶小檗、金叶女贞等组成模纹，且花灌木有规律重复的种植，虽然达到了美化的效果，但是生态效益较低，千篇一律，没有特色，缺乏韵律等的变化。所选择的植物物种配置就比较均匀。裕华西路

和恒祥南大街的乔灌木各项多样性指数很低，这与邻近居民区和商业区有关系，注重土地的商业利用，且建设年代较早，人为干扰较强，其绿化相对其他街道较差，仅仅是较为单一的行道树种植。

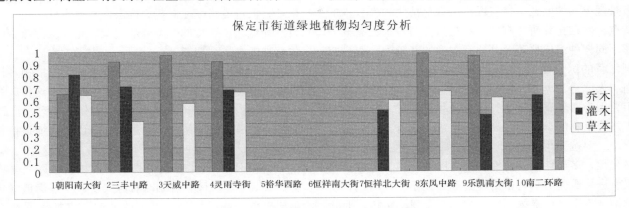

图3 保定街道绿地 J_{sim} 物种均匀度指数

Fig. 3 The J_{sim} uniformity index of plants in green sreet of Baoding

草本植物的均匀度相对乔木、灌木较低，主要是由于管理较为粗放，病虫害严重，且由于栽植较不耐践踏的草坪植物，由于行人较多，维护工作做得不及时，造成大片草坪损坏严重，致使整体草坪的均匀度降低。

6 道路绿化植物景观多样性分析

街道是连续的城市公共空间，也是不断变化着的景观序列，要建成多样化的、生态的、高质量的城市道路景观，多样化的植物是其前提条件。但在强调道路绿化植物丰富性的同时，应在植物配置上形成一定的节奏和韵律。同一道路的骨干乔木应以统一为主，不同道路则应有一定的变化，通过树形、叶色、质感等的异同来实现植物配置变化中的统一。一般同一道路骨干乔木树种不要多于两种，而填充树种的种类则应丰富些，且可以在不同道路绿地中反复出现。不同的城市区域其功能也不同，如商业区道路主要以步行为主，在选择植物时应避免使用飞毛或容易引起过敏的植物，如悬铃木、欧美杨等；而工业区道路则应考虑通行大型车辆的需要，由此在植物配置上应考虑防尘和抗污染的树种，如构树、女贞、臭椿等，这样才能兼顾使用功能和美学要求。植物具有很强的地带性和地域属性，可以反映一个地方的自然条件和地域景观及文化，如保定市的市树国槐、市花月季。在道路绿化中以这类乡土植物为主，适当引入外来植物，可形成多样化、特色化的景观。城市的大树、古树，及道路绿化树种的变迁是城市历史的见证，武汉有着深厚的历史文化和人文底蕴。但是这些都是以孤立的形式存在，相互之间没有联系，而道路系统为这种联系提供了可能。在道路绿化设计中可利用历史、文化中的某些要素，以植物或非植物的元素加以体现。从而将无形的文化转换成为人们看得见的、乐于接受的丰富的绿化形式。

7 结论

（1）保定市街道的绿化用树除了悬铃木、国槐、杨树等树种外，其他树种较少或出现频率很低。调查中乔木层除少量雪松以外，少有常绿植物，使冬季与早春绿意不足，色彩单调且稳定性差。因此，应该提高乔木层和灌木层的物种数避免同一植物高频率大量使用而引发病虫害。

由于保定城区现有行道树树种重复使用频率过高，部分长势一般及有少数缺失。要丰富行道树树种，尽可能做到"一路一树"和"一街一景"，形成特色景观路；加宽人行道绿化带，在行道树下增种中性至耐阴观赏灌木、草花等，形成美丽的步行"彩带"，增加步行道的观赏性，美化环境；拓宽、加大道路的路旁绿地面积，以自然群落式配置以观赏乔木为骨架的观赏植物群落；增加或加宽道路分车绿带，在列植观花小乔木或常绿乔木的基础上，下层覆盖观赏绿篱，达到复层立体绿化的效果，增强保定城市道路景观的丰富性，构筑具有观赏、生态、节水等多重效益的"绿色网络"[12]。

（2）保定市街道的植物群落物种多样性不高，种类不够丰富，不同道路绿带的物种多样性差异较大，这与绿带营造时间、种植结构和养护管理有关。3个指数在各样地基本上是一致的趋势，总体趋势是：南二环、乐凯南大街、朝阳南大街、灵雨寺街、三丰中路、东风中路、恒祥北大街、天威中路、恒祥南大街、裕华西路。根据"生物多样性导致稳定性"的原理[13]，要使城市森林结构稳定协调发展，维持城市的生态平衡，必须增加城市森林的生物多样性[14]。

①坚持生物多样性原则，引进与驯化新的绿化植物，增加植物种类总量，有效解决绿化植物较少、城市景观单一的问题。针对保定市绿化植物种类较少的特点，要在充分研究有关植物自然群落特征，充分考虑不同树种组成群落及其相互关系的基础上，引进与驯化新的绿化植物，这方面的工作可参照北京、济南、太原等周边城市的现有植物种类，尤其是北京市，因为两者属于同一气候带，北京经过多年的选引工作，植物的丰富度远高于保定市；同时，在城市绿化中，要按照生态要求，对树木的生存性、观赏性、文化性、多样性、经济性和安全性进行综合考虑。建议引进或驯化的绿化植物种类有金钱松、金塔柏、朝鲜柳、千金榆、楸树、领春木、黄金树、柘树、七叶树、三叶木通、葛、金丝桃、东陵八仙花、白鹃梅、金老梅、木蓝属、芫花、藤萝、柽柳、光果莸、蔓荆、沙参、菊属、知母、射干等。

②坚持适地适树原则，增加现有乡土植物的应用频率，提高群落物种丰富度，在生态安全的基础上力求生态效益的最大化。乡土树种经过长期的自然选择，生命力强，相对容易适应本地区各种土壤环境，特别是对灾害性气候因子的抵抗力强，在分布区内都存在不同的种源、家系和品种，形成了多层次的生态适应能力、功能各异的生态效能和多姿多彩的景观特征。

③坚持生态效益优先原则，合理配置植物群落结构，使有限的绿化空间最大化地发挥生态效益。街道绿地本身具有一定的局限性，其空间相对有限，因此，合理利用街道空间在街道绿化中起着至关重要的作用[15]。

（3）各层次各指数间多为正相关，物种多样性与本层次的物种丰富度、均匀度联系密切，多呈显著、极显著正相关，而不同层次的生物多样性指数之间联系也较紧密，乔灌木的物种多样性增加有利于草本的多样性增加。

（4）由于乔木层为了达到防护的功能栽植密度较大，结构单一，使得群落内的自然生长发育潜力和种群自然生存和发育空间被限制，导致林下形成永久性干土层更新困难，影响草本的多样性水平。建议建立异龄林，群落之间及群落内部植物斑块应尽量相互镶嵌，形成随机组团式和斑块复合式种植模式，给群落植物更多的自然生存空间，并将花径、野花草地等多样性高和管理粗放的群落应用到绿带中，让绿地物种

多样性越来越高。以提高生态稳定性和群落的自然属性绿地的自然化，同时注重乔木层和灌木层的多样性设计，促进道路绿地群落的抗逆性和稳定性，建成近自然和低人工维持的生态群落类型，充分发挥绿带的生态功能和景观功能。

（5）相当多的街道植物种类明显偏少，植物多样性、常落比和乔灌比与标准还有较大距离。这将成为今后一项艰巨的任务，从规划、设计、生产、施工、管护等环节系统协作，认真落实标准以提高街道植物多样性。

（6）旧城区街道绿化植物多样性比新城区明显要低，反映了旧城区在规划时考虑欠妥，一些街道绿化形式单调。在以后的旧城区改造时，应加大绿化力度。有关绿化单位对绿化工作重视不够，苗木种下后就轻视对它的管理，造成成活率低，树形杂乱，杂草丛生，病虫害发生严重，苗木生长衰弱，绿化效果差。

（7）城市中仅有行道树远远不能满足城市园林绿化的需要。应根据国家规定留足绿地面积，保证绿化覆盖，充分体现个性及新的特色、新的品位、新的效果。街道两侧设置花坛、花带、花池形成绿色走廊，道路中间分车带，栽种矮小的绿色植物；道路两侧单位围墙，采用多层次的垂直绿化，构成城市道路的绿化系统，做到院内达标，门外三包（包栽、包活、包管），形成道路的平面和主体景观[2]。

8　加强宣传力度，提高市民素质

在城市改造和规划中，多多倾听市民的意见，尊重市民的权利。绿化建设后，应在一些部位增加告示牌，并利用媒体进行宣传，做到家喻户晓，只有全社会的参与，市民素质的提高，市绿化和建设才能达到最佳的效果。

9　结语

要充分考虑绿化的实用性和生态效益，增加植物品种，特别是增加富有人文价值与含蓄美的乡土树种的使用；在种植时，合理地配置树种，尽量给植物提供可自由生长的空间；在养护过程中，避免过度地人为干涉，特别是过度地精细养护，以使植物自我恢复和调节，从而促进绿地的自然化，增加生态系统的稳定性[16]。

参考文献

1. 陈蓉，刘源，荆丹娟，李昌浩．城市道路绿地中生物多样性的体现———以镇江市南徐大道为例［J］．南京林业

大学学报（人文社会科学版），2004，（12）4－4.
2. 王雅娟，赵桂芬，刘绪军．城市园林绿化存在的问题及

建议[J]. 防护林科技，2003(3)1

3. 徐扬，何键民，黄滨生. 北方中小城市园林绿化中存在的问题及建议[J]. 北方环境，2004(2)29-31.

4. 吴人韦. 城市生物多样性策略[J]. 城市规划汇刊，1999；(1)：18-20.

5. 张健夫. 城市交通绿地木本植物多样性的调查分析[J]. 长春大学学报，2008(6)18-31.

6. SONG Guan-ling, YANG Guo-ting. Comparison of species diversity between *Larix gmelini* pure forest and *Larix gmelini—Betula platyphylla* mixed forest in Daxing'an Mountains [J]. Journal of Forestry Research, 12 (2)：136-138 (2001).

7. 张慧冲，杨太为. 黄山市中心城区绿化植物多样性调查[J]. 黄山学院学报，2007，(6)9-3.

8. 苏平，牟长城，张彩虹. 哈尔滨城市人工林木本植物的多样性[J]. 东北林业大学学报，2007，(5)35-50.

9. You Min sheng. Development of studies on the commun ity diversity[J]. Journal of Fujian Agricultural University, 27 (4)：432-439, 1998.

10. 王伯荪，余世孝，彭少鳞. 植物群落学实验手册[M]. 广州：广东高等教育出版社，1996：10-26.

11. 张丽霞，张峰，上官铁梁. 芦芽山植物群落的多样性研究[J]. 生物多样性，2000，8(4)：361-369.

12. 何梅华. 从梅州的绿化植物现状谈园林物种多样性保护管理[J]. 现代园林，2008，(4).

13. 赵青，胡玉敏，陈玲，等. 景观生态学原理与生物多样性保护[J]. 金华职业技术学院学报，2004，4(2)：43.

14. 包志毅，罗慧君. 城市街道绿化树种结构量化研究方法[J]. 林业科学，2004，40(4)：166-170.

15. 韩学文，毕君，王超. 以石家庄为例的城市绿化植物应用研究[J]. 北华大学学报（自然科学版），2008(2)80-84.

16. 李青，姜福志，郭伟，李静，樊金会. 德州市主要街道植物造景中植物多样性研究[J]. 山东农业科学，2007年第7期.

北方工业大学地被植物的配置及应用原则

杨爽[1] 李婧[2,3] 李海鹏[4] 杨培鑑[1] 姚勇[1] 张玉林[1]①

（[1]北方工业大学后勤集团，北京 100144；[2]山合林（北京）水土保持技术有限公司，北京 100038；
[3]中国林科院荒漠化所，北京 100091；[4]北京市房山区园林绿化局，北京 102488）

摘要 采用外业实地调查与内业数据分析整理以及拍摄照片的方法，对北方工业大学校园里的地被植物应用现状进行了调查研究，并且分析评价了地被植物的应用配置现状。以此总结了地被植物的四点应用原则，包括优先选择本土植物；耐阴地被丰富林下空间；根据园林功能进行配置力求符合园林艺术的规律。而且我们找寻了当前北方工业大学还存在的地被应用的不足之处，针对地被植物在校园中的应用现状，提出了因地制宜、合理配置，注重校园绿化的生态效果和环境效益，地被群落的调整与管理等改进策略。以期逐步完善校园内地被植物的结构和景观，使校园能拥有丰富多彩赏心悦目的植物景观。

关键词 地被植物；植物景观；应用现状；配置原则；改进策略

Study on the Configuring Principles and Application of the Ground Cover Plants in North China University of Technology

YANG Shuang[1] LI Jing[2,3] LI Hai-peng[4] YANG Pei-jian[1] YAO Yong[1] ZHANG Yu-lin[1]

（[1]*Logistics Group*，*North China University of Technology*，*Beijing* 100144；
[2]*M&F*（*Beijing*）*Soil and Water Conservation Technique Co.*，*Ltd.*，*Beijing* 100038；
[3]*Institute of Desertification Studies*，*CAF*，*Beijing* 100091；
[4]*Gardening and Greening Bureau of Fangshan District in Beijing*，*Beijing* 102488）

Abstract The field survey and the external industry data were analyzed within the industry consolidation in the taking pictures way. The cultivars of ground cover plants and the application configuration were researched in the University of North China University of Technology. Four – point of the application principles of ground cover plants were summed up, including that native plants should be preferred, shade – tolerant ground cover plants could be riched in understory space ; plants should be planted by the garden functions. configuration and compliance should be accorded with the law of garden art. And the shortcomings of the current plants were proposed in the University of North China University of Technology. Finally, based on application status of ground cover plants on campus, we proposed some strategies , including reasonable configuration in the local conditions, paying attention to ecological effects and environmental benefits of greening on the campus, and adjustment and management of communities of ground cover plants . The goal of article is to gradually improve structure and landscape of ground cover plants campus, and to own a pleasing colorful landscape on the campus.

Key words Ground cover plants；Landscape plants；Application status；Configuration law；Improvement strategies

地被植物，是现代城市绿化造景的主要材料之一，也是园林植物群落的主要组成部分，在园林绿化中发挥着重要作用。通常在乔木灌木和草坪组成的自然群落之间起着承上启下的作用，同时也对地面起着很好的保护及装饰作用，具有一定观赏价值及良好的生态效果[1-3]。地被植物的概念是指那些株丛密集、低矮，经简单管理即可用于代替草坪覆盖在地表、防止水土流失，能吸附尘土、净化空气、减弱噪音、消除污染并具有一定观赏和经济价值的植物[1]。它不仅包括多年生低矮草本植物，还有一些适应性较强的低矮、匍匐型的灌木和藤本植物。其中，用于园林绿化的一些地被植物，又称为园林地被植物[2]。前人将地被植物的高度标准定为 1m，也包括有些植物在自然生长条件下，植株高度超过 1m，同时具有耐修剪或

① 通讯作者。张玉林，副研究员。主要研究方向：风险投资与创业基金。电话：010-88803588 Email：zyl@ncut.edu.cn。

苗期生长缓慢的特点，并且可以通过人为干预，将高度控制在1m以下的植物。

北方高校的地被植物种类非常丰富，分布十分广泛。它包括木本、草本、藤本及多肉植物。其所起的作用越来越重要，已经成为不可缺少的景观组成部分[4-6]。在北方工业大学的植物应用上，主要是按照《北京市城市园林绿地建设标准》，按乔木、灌木、草坪、绿地面积1:6:9:20的配植比例，采用乔木、灌木、花草等各类植物相结合的立体化种植，根据不同植物的观赏性和生长习性进行植物配植。地被植物品种多样，包括多种一二年生花卉、宿根花卉等。

地被植物代替草坪覆盖在地表对于防止水土流失有着举足轻重的作用。水土流失是在水力、重力、风力等外营力和人为因素作用下，对水土资源和土地生产力造成的损失和破坏，包括土地表层土壤侵蚀及水的损失，水土流失与面源污染密不可分[7]。所以要保持水土，就要因地制宜，综合考虑多方面的因素，进行草种的合理选择。合理选择那些与地表径流及土壤有较强的渗透性的地被植物，它们表层的根系产生的根网束缚土壤颗粒，可以抑制土壤表层结皮的形成和土壤迁移，增强土壤的聚合力[8]。地被植物的覆盖更要遵循宜草则草、宜灌则灌、宜乔则乔、乔灌草相结合的原则，把生态效益放在突出的位置常抓不懈；注重探讨多草种组合建立不同种植模式下的侵蚀模型，深入研究其侵蚀机理，提高水土保持效益[9]。

目前，对北方地被植物的研究主要集中于景观设计和应用上，而对北方地区高校的地被植物的研究涉及很少。本研究着重通过北京地区市属大学——北方工业大学为实地调查，整理统计数据，对北方工业大学的地被植物的设计和应用进行分析评价，并对地被植物的推广应用提出几点建议，从而提高北方工业大学的校园整体的绿化水平和景观效果，为北京地区高校合理种植地被植物提供理论依据。

1 调查地点概况

北方工业大学矗立于北京城西，东接西五环，西临中关村国家自主创新示范区石景山园区，北倚西山，绿化面积约为13万m²。校园环境整洁雅致，四季景色宜人，绿化面积近50%，是首都绿化美化先进单位。此次调查是针对2011年3月到2014年10月，北方工业大学种植的地被植物品种应用调查。调查采用实地调查的方法，进行数据分析整理，并且拍摄照片，对地被植物的设计和应用进行调查，包括植物配置景观多样性以及季相变化的调查。

2 结果与分析

2.1 地被植物种类

经过4年的实地调查统计，按照地被植物的性质分类为一二年生花卉、多年生宿根花卉、攀援地被植物、水生类地被植物、灌木类地被植物、矮生竹类地

图1 北方工业大学的主要灌木植物图

Fig. 1 Main Shrub Flora of North China University of Technology

被植物等 6 类。具体的统计数据，见表 1。此调查灌木类地被植物：灌木类地被是园林地被植物构成的种类之一，其特点是株型矮小，枝叶茂密，萌枝力强，易于修剪造型，能在地表形成良好的覆盖层。国外的学者将地被植物的高度标定为 0.025m 到 1.2m，国内学者将地被植物的高度标准定为 1m 以内[10-11]。灌木类地被因种类繁多，形态各异，色彩斑斓，季相变化丰富，成为增加植物景观层次的主要植物材料。在北方工业大学内常用于地被栽植的灌木，多由修剪整型而形成良好的景观效果，此类灌木地被主要有沙地柏、迎春、锦带、小叶黄杨等（表 1，图 1）。

多年生宿根花卉，是指植株地下部分可以宿存于土壤中越冬，翌年春天地上部分又可萌发生长、开花结籽的花卉。是校园绿化、美化极适合的植物材料。宿根花卉的地下部分可以在土壤中越冬，次年春天地上部分还可以重新生长。能够安全越冬和平安度夏是宿根花卉在校园园林应用上最大的优势。宿根花卉比一二年生草花有着更强的生命力，而且节水、抗旱、省工、易管理，合理搭配品种完全可以达至"三季有花"的目标，更能体现城市绿化发展与自然植物资源的合理配置。在校园里种植多年生宿根花卉，可以保障校园内三季有花，美化校园环境（表 1，图 2）。

图 2　北方工业大学的主要宿根花卉植物图

Fig. 2　The main perennial flowers Flora of North China University of Technology

表 1　北方工业大学的主要地被植物

Table 1　Mainly North China University of Technology Plants

类型	品种名	拉丁学名	科属名	花期（月）
一二年生花卉	一串红	*Salvia splendens*	唇形科鼠尾草属	7/9
	孔雀草	*Tagetes patula*	菊科万寿菊属	7/9
	百日草	*Zinnia elegans*	菊科百日草属	6~9
	万寿菊	*Tagetes erecta*	菊科万寿菊属	8/9
	彩叶草	*Coleus blumei*	唇形科鞘蕊花属	11/12
	三色堇	*Viola tricolor*	堇菜科堇菜属	4/7
	矮牵牛	*Petunia hybrida*	茄科碧冬茄属	5/7
	四季秋海棠	*Begonia semperflorens*	秋海棠科秋海棠属	4~11
	鸡冠花	*Celosiae cristatae*	苋科青葙属	7/12
	千日红	*Gomphrena globosa*	苋科千日红属	7~10
	火炬花	*Kniphofia uvaria*	百合科火把莲属	6~7

（续）

类型	品种名	拉丁学名	科属名	花期
	紫茉莉	*Mirabilis jalapa*	紫茉莉科紫茉莉属	7～10
	兰花鼠尾草	*Salvia farinacea*	唇形科鼠尾草属	5/10
	凤仙花	*Impatiens balsamina*	凤仙花科凤仙花属	6/8
	翠菊	*Callistephus chinensis*	菊科翠菊属	7～10
	新几内亚凤仙花	*Impatiens linearifolia*	凤仙花科凤仙花属	6～8
	长春花	*Catharanthus roseus*	夹竹桃科长春花属	6～9
	薰衣草	*lavandula pedunculata*	唇形科薰衣草属	6～8
	繁星花	*Pentas lanceolata*	茜草科五星花属	3～10
宿根花卉	地被菊	*Chrysanthemum × grandiflorum*	菊科菊属	9～10
	金鸡菊	*Coreopsis drummondii*	菊科金鸡菊属	5～10
	金光菊	*Rudbeckia laciniata*	菊科金光菊属	5～9
	天人菊	*Gaillardia pulchella*	菊科天人菊属	7～10
	婆婆纳	*Veronica polita*	玄参科婆婆纳属	3～4
	假龙头	*Physostegia virginiana*	唇形科假龙头花属	7～10
	南非万寿菊	*Tagetes erecta*	菊科万寿菊属	6～10
	松果菊	*Echinacea purpurea*	菊科松果菊属	5～10
	蒲公英	*Taraxacum mongolicum*	菊科蒲公英属	4～9
	钓钟柳	*Penstemon campanulatus*	玄参科钓钟柳属	4～5
	萱草	*Hemerocallis fulva*	百合科萱草属	6～7
	麦冬	*Ophiopogon japonicus*	百合科麦冬属	5～9
	玉簪	*Hosta plantaginea*	百合科玉簪属	8～10
	紫萼	*Hosta ventricosa*	百合科玉簪属	6～7
	鸢尾	*Iris tectorum*	鸢尾科尾属	4～6
	紫花地丁	*Viola philippica*	堇菜科堇菜属	4～9
	中国石竹	*Dianthus chinensis*	石竹科石竹属	4～10
	八宝景天	*Sedum spectabile*	景天科景天属	7～10
	二月蓝	*Orychophragmus violaceus*	十字花科诸葛菜属	4～5
	波斯菊	*Cosmos bipinnatus*	菊科秋英属	6～8
	天竺葵	*Pelargonium hortorum*	牻牛儿苗科	6～7
	紫色酢浆草	*Oxalis triangularis* 'Purpurea'	酢浆草科	3～4
	白三叶	*Trifolium repens*	豆科三叶草属	5～9
攀缘地被	五叶地锦	*Parthenocissus quinquefolia*	葡萄科爬山虎属	6
	小叶扶芳藤	*Euonymus fortunei*	卫矛科卫矛属	6
	凌霄	*Campsis grandiflora*	紫葳科凌霄属	7～10
水生地被	荷花	*Nelumbo nucifera*	睡莲科莲属	6～9
	睡莲	*Nymphaea alba*	睡莲科睡莲属	5～9
	菖蒲	*Acorus calamus*	天南星科菖蒲属	6～9

（续）

类型	品种名	拉丁学名	科属名	花期
灌木地被	月季	*Rosa chinensis*	蔷薇科蔷薇属	5～11
	玫瑰	*Rosa rugosa*	蔷薇科蔷薇属	4～8
	棣棠	*Kerria japonica*	蔷薇科棣棠属	4～5
	多花蔷薇	*Rosa multiflora*	蔷薇科蔷薇属	5～6
	迎春	*Jasminum nudiflorum*	木犀科茉莉花属	2～4
	连翘	*Forsythia suspensa*	木犀科连翘属	3～5
	金山绣线菊	*Spiraea × bumalda* 'Gold Mound'	蔷薇科绣线菊属	6～10
	红王子锦带	*Weigela florida* 'Red Prince'	忍冬科锦带花	4～9
	金叶女贞	*Ligustrum vicaryi*	木犀科女贞属	6
	红瑞木	*Cornus alba*	山茱萸科梾木属	5～6
	小叶黄杨	*Buxus sinica* var. *parvifolia*	黄杨科黄杨属	4～5
	大叶黄杨	*Buxus megistophylla*	卫矛科卫矛属	6～7
	大叶醉鱼草	*Buddleia davidii*	马钱科醉鱼草属	6～9
	金叶莸	*Caryopteris clandonensis*	马鞭草科莸属	7～9
	沙地柏	*Sabina vulgaris*	柏科圆柏属	4～5
	侧柏	*Platycladus orientalis*	柏科侧柏属	3～4
	凤尾兰	*Yucca gloriosa*	龙舌兰科丝兰属	5～6
矮生竹类	早园竹	*Phyllostachys propinqua*	禾本科刚竹属	
	箬竹	*Indocalamus tessellatus*	禾本科箬竹属	

2.2　地被植物应用原则

2.2.1　优先选择本土植物

每个地方都有自己独特的气候特征及土壤理化特征，在园林建设中运用地被植物时，应优先选取本地的地被植物。本地地被植物对当地的土壤和气候有很强的适应性，即使从深山中搬到城市里种植，它的适应性也优于从外地引进来的植物。本地地被植物的种植，也可表现出本地特色，避免与其他地区园林雷同。另外选用本地地被植物，可以节约成本，增加效益。例如北方工业大学在春秋季的风沙大，降水量少，易造成尘土飞扬。在地被植物选择上，我们优先选择当地植物，其抗风及抗旱的能力较强。也可以选择本土的野生地被植物，其仅需要粗犷的养护管理，就能满足校园景观的要求，有助于绿地更快地建立稳定的生态系统。这不仅能提高学校的景观效果，还能充分体现地方的资源特色。如选择不合理的其他外地资源，可能会增加某些外来物种入侵的隐患，破坏城市化环境中自然植被和人工植被的协调发展。

2.2.2　重视植物的季相景观

北方的四季变化明显，从而校园的景观也可以展现丰富多彩的变化。春、夏、秋季校园内景观较丰富。春季里万物复苏，姹紫嫣红。桃花红，杏花白，柳叶青，到处生机勃勃，多种多年生宿根花卉陆续绽放，整个校园春意浓浓。在北方工业大学的校园内，有多种这类植物既可单独种植在大草坪上利用其艳丽的花色形成绚丽的花丛，也可以用几种地被植物搭配点缀在草地上形成缀花草坪景观。夏季绿树成荫，一派绿意盎然、郁郁葱葱的景象，所谓"绿阴不减来时路，添得黄鹂四五声"。大多数草本花卉的花期均在此时，草花种类极为丰富。秋季树叶转黄，落英缤纷，绚丽夺目。草本地被多以菊科植物为主，但菊科植物是草本植物的第一大科，种类多，色彩丰富，景观效果更是不言而喻。但是到了冬天，草本类开花地被极为稀少，校内显得少有生机，萧条荒凉，除常绿植物外，很少见到其他的色彩。

2.2.3　耐阴地被丰富树下空间

北方工业大学校园内高大乔木生长繁茂，荫蔽度较高，造成下面植物不易生长的结果。因此应当选择一些能适应不同荫蔽环境的阴性地被植物。目前校园绿地中以乔、灌木为主，树下的宿根地被植物的应用减少了草坪内植被过于单调，生长不佳的窘况。而大量应用阴生地被植物，如玉簪、麦冬、珍珠梅等叶形富有变化的种类覆盖树下的裸露土壤，既减少了水土流失，同时也增加了植物的层次，丰富了树下空间。这不仅提高单位叶面积的生态效益，又富有自然气息，获得了广大师生的一致认可。

2.2.4 应根据园林功能进行配置

在校园里的地被植物，主要是以绿地性质和功能为依据对地被植物进行合理配置的。在广大师生活动、游憩的场所，草坪、道路边等处应栽植喜光、耐践踏的地被；在水池、雕像等建筑物周围的地被需选择耐阴可不耐践踏的植物。在学校入口区的绿地主要是需要美化环境，可以选择低矮整齐的小灌木和时令草花等地被类植物进行配置，以靓丽的色彩或图案吸引路人。路旁则根据园林的宽窄与周围环境的差异，选择开花美丽的一二年生花卉或者多年生宿根花卉的地被植物，使人们能够不断地欣赏到因时序而递换的各色园景。

2.2.5 符合园林艺术的规律

园林艺术是多种艺术的综合艺术，体现自然美与园林美的结合。校园中的应用地被植物时，要符合园林艺术的规律与园林布局以及与其他植物形成默契协调互补的关系。并且要让地皮植物与其他植物和景观浑然一体，成为整个园林不可分割的一部分。在北方工业大学的校园大门、广场以及宜采用规则式布置的地方，需要采用美观、大气的景观特点。可采用大叶黄杨、金叶女贞、小叶女贞、紫叶小檗、南天竹和小叶黄杨等作为绿篱。同时还可以搭配一二年生花卉、多年生宿根花卉及灌木类地被植物。通过对这些地被植物的应用，不仅增加了植物层次，丰富了园林景色，而且给人们提供优美舒适的环境，让全校师生以及外来游客可以生活在四季宜人的校园中。

3 存在问题与几点建议

3.1 存在问题

3.1.1 地被植物使用种类较为单一，单纯的草坪绿地应用面积过大

通过以上数据可以证明北方工业大学内地被植物未能得到应有的重视。校园内地被植物种植量与种植面积较低，只能起到一种辅助作用。而校园内高大乔木生长繁茂，荫蔽度较高，造成其下植物光照减少，不易生长，因此单位叶面积的生态效益较低。总的来

说，北方工业大学的地被植物使用品种不丰富，草坪草使用较多，绿地系统稳定性差，造成草坪使用寿命降低。这不能很好的应对高温天气、干旱、病虫害等较为严重的自然灾害。如果发生突然的病虫害，大面积的草坪将面临死亡，绿地瞬时化作枯草。这不仅破坏了校园内原有的生态环境，还加大了管理成本，并且会造成一系列难以估量的损失。虽然近年来，地被植物在北方工业大学中应用有所增加，但其种类仍旧较为单一，局限性很大。应用最多的还是金叶女贞、南天竹等少数地被植物，就规划而言，北方工业大学的园林景观并没有达到预期效果。

3.1.2 植物应用方式简单

地被植物配植的主要方式为草本类地被植物造景，形成丰富绚烂的花带，花丛，花境景观。北方工业大学的绿地设计基本上是最上面是乔木、中间是灌木、最下面是草坪。而三者之中基本以草坪为主，零星乔木点缀，而且绿地观赏性草坪居多，绿量较低。因为地被植物使用较少，所以当夏季到来时，地面温度升高便顺势降低了生态功效。这不仅达不到植物群落的合理分布和植物种类的多样性要求，还造成了景观的相似和生态群落稳定性较差。同时可供人们休闲嬉戏的绿地相对较少，硬质铺装过多。由于灌木类及攀援地被种类的相对稀少，整体的植物群落景观单调，空间结构层次不足。这类绿地虽然有开阔的视野效果，但却忽视了多种地被植物的配置应用。攀援地被种类过于单调，且应用数量较少，景观效果不明显。为逐步完善地被植物的结构和景观，要积极开展新的攀援地被植物的引种和驯化工作，积极引进新品种。同时为了丰富冬季的景观，也应积极引进彩色地被。

3.2 建议

3.2.1 因地制宜、合理配置

在绿化中坚持"因地制宜，适地适树"和"以乡土树种为主，引进植物为辅"的原则。在进行植物配置时，应尽量选择适宜特定环境生长的地被植物。因地制宜，选择植物对当地气候、土壤适应的特点进行合理配置。在进行地被植物配置时，要考虑不同时间、不同的季相进行配置，做到四季皆有景可赏。不同类型的地点有不同的景观和功能要求，应分别根据各种地点如教室周围绿地、道路周围绿地、宿舍周围、食堂周围等专用地点，选择不同的地被植物。如食堂外则应以观赏性原则选择色彩鲜艳、香气袭人的植被。应注意上层乔木和灌木错落有致的组合，高度搭配适当，丰富植物景观层次。蕨类植物以其千姿百态的叶姿和四季常青的叶色，在地被植物中独树一帜，丛植

和片植均可营造出清幽、素雅、自然、野趣的氛围。在草坪植物乔灌木不能良好生长的阴湿环境里，蕨类植物是最好的选择，在萧条的冬季，蕨类植物更可给公园增添一份生机。

3.2.2 注重校园绿化的生态效果和环境效益

一般情况下，地被植物主要作为配景使用，衬托上层的乔木、灌木，从而提高植物群落的观赏价值。还需要有很重要的保护环境，减少噪音，净化空气的效益[4]。在绿化中创造优美的植物景观可以更好地改善环境，给老师和同学们带来更加舒适的感受。要充分利用现有的丰富植物资源，筛选出适应校园内生长的植物并加以应用推广。北方工业大学有着丰富的植物资源，如果配置应用得当，能有效保持群落的长期稳定性，同时也是提高本校园绿化水平和景观质量的有效的捷径。所以要大量应用现有的鸢尾科、菊科、百合科等资源，充分筛选出适应校园环境的植物并加以应用推广。也不能忽略了景观的季节性变化，或是只有乔木和灌木的配置没有地被植物，或是有地被植物的衬托，又缺乏四季景观效果等问题。因此进行地被植物配置时，要考虑不同时间段、不同季相要求不同的配置形式。我国北方天气大部分时间降水较少，空气寒冷干燥，容易造成沙尘天气，空气质量下降。对于此种情况，校园规划建设中更应该多选择生长周期较长，或四季常绿的地被植物，以此来减少空气中飞尘的情况，保证空气质量。并且尽可能配置多种群落类型，在各群落内尽可能多配置一些植物种类，以增加群落的多样性，增强其生态功能[1]。

3.2.3 地被群落的调整与管理

地被比其他植物栽培期长，但并非一次栽植后一成不变。除了有些品种具有自身更新能力外，一般均需要从观赏效果、覆盖效果等方面考虑，在必要时进行适当的调整[10-11]。由于养护管理不到位的原因，校园内地被植物和杂草混杂生长。栽种地被植物还要注意花色协调，宜醒目，忌杂草。如在绿茵草地上适当布置种植一些观花地被，其色彩容易协调，例如低矮的紫花地丁、开白花的白三叶、开黄花的蒲公英。又如在道路或草坪边缘种上雪白的香雪球、太阳花，则更显得高雅、醒目和华贵。

根据地被植物的生物学及生态学特性，选择适宜的地点种植适宜的地被植物，以达到所要形成的景观。同时，要加强地被植物的养护管理，地被植物不同于乔木、灌木，它需要经常进行除草等工作，以保证地被景观的效果[12-14]。北方工业大学地被植物的应用景观发挥其生态作用的主体结构，通过合理地调节和改变城市园林中植物群落的组成、结构与分布格局，就能形成结构与功能相统一的良性生态系统。

4 结语

综上所述，地被植物在校园中起着点缀色彩的作用，可以水土保持、分隔空间、屏障视线、衬托景物和起到防范的功能。地被植物在环境中的多功能、多效益的作用，对于提高绿化景观效果，维护生态平衡和保护环境具有极其重要的意义。作为校园景观设计中不可或缺的组成部分和重要物种资源，地被植物会得到越来越多的关注。这一绿色景观作为园林绿化设计中主要的表现部分就应对其充分利用和准备，在合适的位置进行合理科学的搭配和适当的设计，使其在校园景观中发挥的作用能够充分展现出景观的整体特色，并且丰富校园环境，使各种植被都能发挥出自身存在的价值，让这一绿色生态群落以更好的姿态展示在世人的眼前。

参考文献

1. 李英男，杨秀珍，任利超，等. 北京奥林匹克森林公园地被植物的应用[J]. 北京林业大学学报，2010（1）增刊：189 - 193.
2. 陈芳清，王祥荣. 从植物群落学的角度看生态园林建设——以宝钢为例[J]. 中国园林，2000，16（5）：3 - 37.
3. 张玲慧，夏宜平. 地被植物在园林中的应用及研究现状[J]. 中国园林，2003，9：54 - 57.
4. 吴玲. 地被植物与景观[M]. 北京：中国林业出版社，2007：1 - 41.
5. 徐永荣. 城市园林植物配置中的生态学原则[J]. 广东园林，1997（4）：8 - 11.
6. 陈自新，苏雪痕，刘少宗，等. 北京城市园林绿化生态效益的研究[J]. 中国园林，1998，14（6）：53 - 56.

7. 钟欣，练发良，雷珍. 优秀地被植物小叶蚁母的水土保持作用[J]. 中国水土保持，2009，3：48 - 50.
8. 张彦平. 草被植物水土保持作用的研究进展[J]. 黑龙江生态工程职业学院学报，2007，20（3）：5 - 7.
9. 缑锋利，郝永旺. 浅议草被植物在水土保持中的作用[J]. 甘肃农业科技，2011，8：40 - 42.
10. 田连亮，邬合同. 浅谈地被植物在园林建设中的合理运用[J]. 园林园艺，2011（19）：58.
11. 马洁，韩烈保，江涛. 北京地区抗旱野生草本地被植物引种生态效益评价[J]. 北京林业大学学报，2006（28）：51 - 54.
12. 赵雁翔. 浅谈园林绿化景观建设中地被植物的选择与应用[J]. 园林应用，2013（12）：128.

中国观赏园艺研究进展 2015：641～646

Advances in Ornamental Horticulture of China，2015：641～646

北京地区常见秋色叶树种单株美景度评价
及景观持续性研究

孙亚美　李湛东①

（花卉种质创新与分子育种北京市重点实验室，国家花卉工程技术研究中心，城乡生态环境北京实验室，
北京林业大学园林学院，北京 100083）

摘要　本文对北京地区常见的 20 种秋色叶树种的变色规律进行了调查分析，利用美景度评判法对其单株美景度进行评价，并结合不同树种的变色规律对其景观持续性进行研究，最终将秋色叶树种划分为 3 类。其中景观持续性最好的树种为：银杏、白蜡类、黄栌、元宝枫，这些是构成北京秋季景观的重要植物材料。

关键词　园林植物；秋色叶树种；美景度评价；景观持续性

Scenic Beauty Estimation and Landscape Sustainability
Research of Fall-color Trees Used in Beijing

SUN Ya-mei　LI Zhan-dong

（*Beijing Key Laboratory of Ornamental Plants Germplasm Innovation & Molecular Breeding*，
National Engineering Research Center for Floriculture，*Beijing Laboratory of Urban and Rural Ecological*
Environment and College of Landscape Architecture，*Beijing Forestry University*，*Beijing* 100083）

Abstract　In this paper，the color changing periods of 20 kinds of fall-color trees used in Beijing were investigated and analyzed. Scenic beauty estimation was used to evaluate the quality of these trees. Considering of their landscape sustainability，they were finally divided into three levels. The first level which got the highest scenic beauty value and the best landscape sustainability including four species：*Ginkgo biloba*，*Fraxinus*，*Cotinus coggygria* and *Acer truncatum*. They are the most important species in constituting Beijing autumn landscape.

Key words　Ornamental Plants；Fall-color Trees；Scenic Beauty Estimation；Landscape Sustainability

秋色叶树种是指在秋季有显著叶色变化的树种。秋色叶树种以其绚丽的色彩和所营造出的"胜似春光"的景观效果正受到越来越多人的重视。不同的秋色叶树种往往具有不同的景观效果，通过对其变色规律进行调查研究，有助于人们更合理地应用秋色叶树种。何丽娜[11]、彭丽军[14]等人曾对北京地区部分秋色叶树种进行过变色跟踪调查，初步统计了其变色规律。然而这些研究往往只针对树种整体，鲜有人对秋色叶树种单株的变色规律和色彩持续性进行分析。基于此，本研究尝试从整体和单株两个角度对秋色叶植物变色规律进行统计，以期能够更全面地掌握其变色规律。

另外，通过对秋色叶树种进行评价分类，可以更好的帮助相关人员在进行园林设计时对进行筛选。目前园林植物景观评价常用的方法有美景度评判法

（SBE）、层次分析法（AHP）及模糊综合评判法（FCE）等[13]，每种评价方法都有其各自的特点。本文选用心理物理学最常用的景观评价方法，即 SBE 法对秋色叶植物不同时期的单株美景度进行评价，并结合变色规律对其景观持续性进行研究及分类，为秋色叶树种的应用提供理论依据。

1　材料与方法

1.1　材料

1.1.1　秋色叶树种的选择

北京具有丰富的秋色叶植物资源，陈燕[8]、李霞[12]等人曾对北京地区的秋色叶植物资源进行调查研究。基于此，本次试验选择北京地区常见的 20 种秋色叶树种的单株进行变色追踪记录，其中乔木类包

---

①　通讯作者。李湛东（1965－），北京林业大学园林学院，副教授。Email：zhandong@ bjfu. edu. cn。

括：银杏（*Ginkgo biloba*）、元宝枫（*Acer truncatum*）、白蜡类（*Fraxinus*）、栾树（*Koelreuteria paniculata*）、水杉（*Metasequoia glyptostroboides*）、七叶树（*Aesculus chinensis*）、蒙古栎（*Quercus mongolica*）、杂种鹅掌楸（*Liriodendron chinense × L. tulipifera*）、红花槭（*Acer rubrum*）、玉兰（*Magnolia denudata*）、蒙椴（*Tilia mongolica*）、悬铃木属（*Platanus*）、鸡爪槭（*Acer palmatum*）、山楂（*Crataegus pinnatifida*）；灌木或小乔木类包括：东京樱花（*Prunus × yedoensis*）、黄栌（*Cotinus coggygria*）、茶条槭（*Acer ginnala*）、木瓜（*Chaenomeles sinensis*）、天目琼花（*Viburnum sargentii*）、山杏（*Armeniaca sibirica*）[7,10]。

1.1.2　植物照片的采集与处理

选取北京市植物比较丰富的公园绿地进行重点调查，调查地点主要包括：奥林匹克森林公园、北京植物园、中科院植物所北京植物园、海淀公园、北京林业大学校园等，调查日期为 2014 年的 9 月上旬至 12 月上旬。参照物候观测的方法，从有叶色变化开始，每隔 2 天对调查地相关植物进行拍照记录，直至植株全部变色，统计每种秋色叶植物的观赏期。为避免不同相机间的色彩差异，照片采集过程全部使用宾得 K－r 相机且使用相同的拍摄模式，相机高度距地面 1.5m 左右，距离以能拍摄植物整体为宜，并尽量在顺光条件下拍摄。另外，为避免不同角度对色彩记录的影响，要尽量保证拍摄角度一致。寿晓鸣[12]通过测定冬季日照对植物色彩测定的结果显示，在 10：00 ~ 14：00 的范围内植物色彩基本保持稳定。因此，为避免日照对色彩的影响，本试验参考以上结论，在 10：00 ~ 14：00 进行照片采集工作。

为了使照片能够体现所研究的专项因子，即秋色叶树种本身，需要对采集的照片进行一定处理，排除周围环境等因子影响。本试验利用 Photoshop 软件将照片中除了待测植株外的其他物体全部去除，并将照片背景统一设为白色。

1.2　方法

1.2.1　美景度评判法介绍及应用

美景度评判法（Scenic Beauty Estimation 简称 SBE）是由 Daniel 和 Boster 提出的一种心理物理模式评价方法，该方法的评价结果由景观本身的特征和评判者的审美尺度两方面决定。SBE 法是各种风景评判方法中操作方便、严格且可靠性高的一种方法，利用该方法得到的景观价值高低以公众评判为依据，而不是依靠少数专家。Daniel 和 Boster 认为 SBE 值是评判者对景观的知觉与评判标准两者综合作用的结果，为排除评价值个体审美之间的差异，需要对评价值进行

标准化，所得标准化之后的 SBE 值是不受评价标准和的得分制影响的理想美景度代表值[4]。

目前，应用 SBE 法评价园林植物景观的相关研究较多。罗茂婵[11]运用 SBE 法筛选出色泽、生活型构成、花朵比、郁闭度 4 个对景观美景度贡献较大的因素，对居住区园林植物景观效果进行评价，并建立了数学模型，为居住区绿化提供一种植物景观的数量化评价方法。于守超[14]等运用 SBE 法对聊城市 5 种类型的植物景观进行评价，并对美景度高的景观实例结合园林植物学及景观生态的相关理论进行了分析。董建文[9]等采用 SBE 法对福建省范围内秋季观花、观果、观叶植物分别进行美景度评价，建立了各类观赏植物的美景度预测模型并进行了综合评价分析。陈昊[6]运用 SBE 法对调查的 7 类园路景观进行美景度排序，并对 20 个影响重庆公园道路景观美景度的预测因子进行回归分析，建立了 7 个园路景观美景度预测模型。

1.2.2　秋色叶树种单株景观美景度评判

（1）评判照片的选择

相关研究表明现场评价与室内评价之间没有明显的差异，因此本次试验采取对秋色叶树种照片进行评价的方法获得其景观值。根据评判目的，从拍摄的大量照片中挑选出 20 种植物的 80 张照片作为评价对象，其中每种植物有 4 个不同变色时期。

（2）评判者的选取

Buhyoff、Briggs、Crofts 等人的研究结果表明，不同类型的人在景观评价上具有显著的一致性[1-3]。陈鑫峰曾对不同专业大学生个体审美尺度的稳定性和感性审辨力的一致性进行调查，结果表明不同专业学生对同一景观的评价结果具有较高的一致性，同一评判者的反应尺度也具有较高的稳定性，但不同评判者的审美尺度间存在一定差异，因此有必要对评判值进行标准化[8]。基于此，本次试验选择研究生（包括园林相关专业学生和非专业学生）作为景观评判者，对秋色叶树种的照片进行评判，并对评判值进行标准化。

（3）评判过程

首先对待评判的植物照片进行编号，要注意避免同类植物连续出现，以免降低评判者感知的敏感度。利用 PowerPoint 软件将照片按编号由小到大的顺序制作成幻灯片。评判开始前先向评判者进行不涉及待评判植物的细节简要的说明，以免对评判者造成影响。评判开始前并先快速播放一部分与评判类似的幻灯片，让评判者对待测事物有所认识。正式开始评判时，首先将评判幻灯片快速播放一遍，让评判者对待评判植物整体有大致印象，以便对每张幻灯片进行评分，然后重新播放幻灯片。每张播放时间为 10s，评判者按幻

灯片次序在评判表上记录每种植物的美景度得分。

表1 美景度等级及评判得分表
Table 1 Evaluation grades and scores of scenic beauty value

等级	很不喜欢	不喜欢	不太喜欢	一般	比较喜欢	喜欢	很喜欢
得分	-3	-2	-1	0	1	2	3

（4）评判值标准化方法

为消除或减少不同评判者之间的审美尺度差异，需要对美景度评判值进行标准化。本文采用传统标准化方法对评判值进行标准化，得到其标准化值，公式如下：

$$Z_{ij} = (R_{ij} - \bar{R}_j) / S_j$$
$$Z_i = \sum_j Z_{ij} / N_j$$

式中：Z_{ij} 为第 j 评判者对第 i 个植物的标准化值；

R_{ij} 为第 j 评判者对第 i 个植物的评价值；

$\bar{R}_j$ 为第 j 评判者对同一类植物评价值的平均值；

S_j 为第 j 评判者对同一类植物评价值的标准差；

Z_i 为第 i 个植物的标准化得分值。

2 结果与分析

2.1 秋色叶树种变色规律分析

通过实地变色跟踪调查与整理分析，统计出 20 种北京地区常见秋色叶树种的观赏期（从有显著叶色变化至开始落叶），包括群体观赏天数与个体色彩持续时间，并按变色先后顺序进行排序。具体见表2。

表2 北京常见秋色叶树种变色调查分析表
Table 2 Analysis of color changing periods of the main fall-color trees used in Beijing

植物名称	科属	秋叶变色期	群体观赏天数/天	个体观赏天数/天	秋叶色彩
白蜡类	木犀科白蜡属	9月中旬~11月上旬	45	10~12	黄色
东京樱花	蔷薇科李属	9月下旬~11月初	35	7~10	黄色、红色
茶条槭	槭树科槭树属	9月下旬~11月初	40	7~10	红色
红花槭	槭树科槭树属	10月初~10月下旬	25	7~10	红色
栾树	无患子科栾树属	10月初~11月上旬	35	10~15	黄色
银杏	银杏科银杏属	10月上旬~11月中旬	40	10~12	黄色
蒙古栎	壳斗科栎属	10月上旬~10月底	20	7~10	黄色
杂种鹅掌楸	木兰科鹅掌楸属	10月上旬~11月中旬	35	10~12	黄色
天目琼花	忍冬科荚蒾属	10月中旬~11月下旬	40	15~20	红色
黄栌	漆树科黄栌属	10月中旬~11月上旬	30	12~15	黄色、红色
鸡爪槭	槭树科槭树属	10月中旬~11月底	45	15~20	红色
七叶树	七叶树科七叶树属	10月中旬~11月中旬	30	10~12	黄色、红褐色
蒙椴	椴树科椴树属	10月中旬~11月上旬	30	7~10	黄色
元宝枫	槭树科槭树属	10月中旬~11月中旬	25	10~12	黄色、红色
山杏	蔷薇科杏属	10月中旬~11月上旬	25	7~10	黄色
玉兰	木兰科木兰属	10月中旬~11月上旬	25	7~10	黄褐色
悬铃木类	悬铃木科悬铃木属	10月中旬~11月中旬	35	12~15	红褐色
水杉	杉科水杉属	10月下旬~11月底	40	12~15	红褐色
山楂	蔷薇科山楂属	10月下旬~11月中旬	15	7~10	黄色、褐色
木瓜	蔷薇科木瓜属	10月下旬~12月初	40	15~20	红色

　　根据秋色叶树种变色时期的早晚，可将其划分为早、中晚 3 种类型。其中大多数秋色叶树种的变色期集中在 10 月中旬至 11 月中上旬期间，这通常也是北京秋色景观的最佳观赏时期。为延长秋色叶的观赏期，在以后的园林应用中应充分利用那些变色早且持续时间较长或变色相对晚的植物，如茶条槭、鸡爪槭、木瓜等。

2.2　秋色叶树种单株美景度评价及景观持续性分析

　　本次评判工作共有 65 名研究生参加，通过对评判表进行逐一检查，剔除无效反应表。其中无效反应表主要包括：①评判中有缺项的反应表；②对有显著差异的景观评判者相同的反应表；③评判值多于或少于幻灯片数量的反应表。经过剔除筛选后，共得到 63 份有效评判表。

　　将所得到的美景度评判值进行标准化后求平均，得到每张照片的标准化得分值。另外将同一种植物不同时期的得分值再次求平均，并按由高到低的顺序进行排序，结果见表 3。

表 3　秋色叶树种美景度排序

Table 3　The rank of fall-color trees

排名	植物名称	变色时期	美景度	美景度平均值	排名	植物名称	变色时期	美景度	美景度平均值
1	银杏	变色初期	0.0373	0.5085	11	水杉	变色初期	−0.5690	−0.0373
		变色中期	0.3731				变色中期	−0.4741	
		变色盛期	0.5689				变色盛期	0.1473	
		变色末期	1.0546				变色末期	0.7463	
2	元宝枫	变色初期	−0.2355	0.4989	12	山杏	变色初期	−0.7637	−0.0403
		变色中期	0.2877				变色中期	−0.1261	
		变色盛期	0.7431				变色盛期	0.2702	
		变色末期	1.2005				变色末期	0.4579	
3	白蜡	变色初期	−0.2358	0.4254	13	七叶树	变色初期	−0.9468	−0.0520
		变色中期	0.4256				变色中期	0.0063	
		变色盛期	0.5894				变色盛期	0.5759	
		变色末期	0.9222				变色末期	0.1567	
4	黄栌	变色初期	−0.5997	0.2830	14	天目琼花	变色初期	−0.4599	−0.1531
		变色中期	−0.0932				变色中期	−0.3431	
		变色盛期	0.5089				变色盛期	−0.0704	
		变色末期	1.3162				变色末期	0.2611	
5	东京樱花	变色初期	−0.1265	0.1880	15	木瓜	变色初期	−0.6330	−0.2049
		变色中期	0.0326				变色中期	−0.2804	
		变色盛期	0.2784				变色盛期	−0.0954	
		变色末期	0.5675				变色末期	0.1892	
6	红花槭	变色初期	−0.4472	0.0601	16	悬铃木	变色初期	−0.8786	−0.2633
		变色中期	−0.3797				变色中期	−0.4292	
		变色盛期	0.2387				变色盛期	0.0796	
		变色末期	0.8288				变色末期	0.1752	
7	杂种鹅掌楸	变色初期	−0.5776	0.0534	17	蒙椴	变色初期	−0.5211	−0.2876
		变色中期	−0.1005				变色中期	−0.3108	
		变色盛期	0.3796				变色盛期	−0.2139	
		变色末期	0.5121				变色末期	−0.1045	

（续）

排名	植物名称	变色时期	美景度	美景度平均值	排名	植物名称	变色时期	美景度	美景度平均值
8	栾树	变色初期	−0.1638	0.0519	18	蒙古栎	变色初期	−0.7590	−0.0383
		变色中期	−0.2099				变色中期	−0.7981	
		变色盛期	0.0398				变色盛期	−0.1979	
		变色末期	0.5407				变色末期	0.2217	
9	茶条槭	变色初期	−0.9468	0.0403	19	玉兰	变色初期	−0.8232	−0.4768
		变色中期	−0.3573				变色中期	−0.7932	
		变色盛期	0.5511				变色盛期	−0.3273	
		变色末期	0.9250				变色末期	0.0362	
10	鸡爪槭	变色初期	−0.3904	−0.0351	20	山楂	变色初期	−0.6654	−0.5761
		变色中期	−0.3134				变色中期	−0.2599	
		变色盛期	0.0473				变色盛期	−0.7351	
		变色末期	0.5159				变色末期	−0.6440	

注：表中的变色时期是通过对植物进行连续跟踪记录得到的，各时期并无严格界限，其中变色初期指彩秋色叶树约占植株25%左右，变色中期指秋色约叶占植株50%左右，变色盛期指秋色叶约占植株75%左右，变色末期则指植株近乎完全变色。

通过对比不同树种的美景度均值及不同变色时期的美景度值可知，树种间的景观持续性存在一定差异。一些树种在变色期间始终具有较高的美景度值，如银杏、白蜡类、元宝枫等；一些树种在变色前期美景度较低，而在后期美景度较高，如杂种鹅掌楸、茶条槭、水杉等；还有一些树种则是美景度持续偏低，如蒙古栎、玉兰、山楂等。基于此，结合不同树种的变色规律，可将其按秋色景观持续性划分为Ⅰ、Ⅱ、Ⅲ三个等级，具体结果见表4。

表4　秋色叶树种景观持续性分类

Table 4　Classification of fall-color trees landscape sustainability

植物名称	景观持续性等级	植物名称	景观持续性等级
银杏	Ⅰ	水杉	Ⅱ
白蜡类	Ⅰ	天目琼花	Ⅱ
黄栌	Ⅰ	木瓜	Ⅱ
元宝枫	Ⅰ	七叶树	Ⅱ
红花槭	Ⅱ	悬铃木类	Ⅱ
栾树	Ⅱ	山杏	Ⅲ
茶条槭	Ⅱ	蒙椴	Ⅲ
杂种鹅掌楸	Ⅱ	蒙古栎	Ⅲ
东京樱花	Ⅱ	玉兰	Ⅲ
鸡爪槭	Ⅱ	山楂	Ⅲ

Ⅰ级包括4个树种，主要特点是单株景观持续性良好，且树种的群体和个体观赏天数较长，适合孤植或种植在重点观赏区域。Ⅱ级包括11个树种，总体景观持续性较好，可分为两种情况：①单株景观持续性较好，但总体观赏天数较短；②单株景观持续性一般，但总体观赏天数较长。Ⅱ级树种多适合群植观赏，以表现更好的秋色效果。Ⅲ级包括5个树种，此类树种的单株观赏效果一般，且群体和个体的观赏天数较短，主要起丰富秋色叶植物资源或延长秋色景观的作用。

3　结论与讨论

作为一类在特定季节呈现色彩变化的特殊植物类群，秋色叶树种常具有较高的观赏价值。本文通过对北京地区常见的20种秋色叶树种进行变色跟踪调查，对其变色期和观赏天数进行了初步统计，为秋色叶树种的应用提供一定理论依据。另外，通过运用美景度评判法对20种秋色叶树种各变色时期的景观效果进行评价，并结合变色规律对其秋色景观持续性进行分级，其中Ⅰ级树种包括：银杏、白蜡类、黄栌、元宝枫；Ⅱ级树种包括：红花槭、栾树、茶条槭、杂种鹅掌楸、东京樱花、鸡爪槭、水杉、天目琼花、木瓜、七叶树、悬铃木类；Ⅲ级树种包括山杏、蒙椴、蒙古栎、玉兰、山楂。其中Ⅰ级树种具有较高的景观持续性，适合孤植或应用在重点观赏区；Ⅱ级树种适合群植观赏，以表现更好的秋色效果；Ⅲ级树种则主要起丰富秋色叶植物资源的作用。

由于时间和精力有限，本文仅对其中部分常见树

种进行了观测分析，其余树种的调查研究还需深入进行。只有充分了解秋色叶树种的变色规律才能更好地

将其应用在园林设计中，也才能最大程度地延长秋季景观。

参考文献

1. Briggs D. J., France J. Landscape Evaluation：A comparative study［J］. Journal of Environmental Magazine, 1988, 84：219 –238.

2. Buhyoff G. J., Leusehner W. A., Amdt L. K. Replication of a scenic preference function［J］. Forest Science, 1980, 26（2）：227 –230.

3. Crofts R. S., Cooke R. U. Landscape Evaluation：A comparison of technique［D］. Department of Geography, University College London, 1974.

4. Daniel T. C., Boster R. S. Measuring landscape esthetics：the scenic beauty estimation method［M］. Fort Collins, CO：Rocky Mountain Forest and Range Experiment Station, 1976.

5. Hull R. B., Buhyoff G. J., Daniel T. C.. Measurement of scenic beauty：the law of comparative judgment and scenic beauty estimation procedures［J］. Forest science, 1984, 30（4）：1084 –1096.

6. 陈昊. 城市公园道路绿地植物景观的 SBE 评价［D］. 西南大学, 2012.

7. 陈有民. 园林树木学［M］. 北京：中国林业出版社, 1990.

8. 陈燕, 陈进勇, 刘燕, 等. 北京地区主要的秋色叶植物及其园林应用［A］. 中国观赏园艺研究进展 2012［C］.

北京：中国林业出版社, 2012.

9. 陈鑫峰. 京西山区森林景观评价和风景游憩林营建研究——兼论太行山区的森林游憩业建设［D］. 北京林业大学, 2000.

10. 董建文, 廖艳梅, 等. 秋季观赏植物单株美景度评价［J］. 东北林业大学学报, 2010, 38（3）：42 –46.

11. 何丽娜, 刘坤良, 赵强民. 北京市秋色叶植物资源调查及园林应用研究［J］. 中国园林, 2013, 29（8）：98 –103.

12. 李霞, 安雪, 潘会堂. 北京市园林彩叶植物种类及园林应用［J］. 中国园林, 2010, 3：62 –68.

13. 罗茂婵, 苏德荣, 韩烈保, 等. 居住区园林植物美景度评价研究［J］. 林业科技开发, 2005, 19（6）：81 –83.

14. 彭丽军. 北京常见彩叶树种叶色特征值与景观配置模式研究［D］. 北京林业大学, 2012.

15. 寿晓鸣. 城市园林植物色彩调查方法研究［D］. 上海交通大学. 2007.

16. 唐东芹, 杨学军, 许东新. 园林植物景观评价方法及其应用［J］. 浙江林学院学报, 2001, 18（4）：394 –397.

17. 于守超, 翟付顺, 张秀省, 等. 基于 SBE 法的聊城市公园植物景观量化评价［J］. 北方园艺, 2009, 8：223 –226.

中国观赏园艺研究进展 2015：647~652
Advances in Ornamental Horticulture of China，2015：647~652

北京市 15 个居住小区绿化现状调查研究

孔庆香　　陈瑞丹

（花卉种质创新与分子育种北京市重点实验室，国家花卉工程技术研究中心，城乡生态环境北京实验室，
北京林业大学园林学院，北京 100083）

摘要　本文对北京 15 个 2000 年以后建成的现代居住小区的绿化植物进行了调查分析，记录了 131 种植物，其中乔木 73 种，灌木 37 种，藤本 5 种，草本 14 种，竹类 2 种，主要隶属于蔷薇科、木犀科、忍冬科、松科、蝶形花科和杨柳科。经过数据整理分析，提出了北京市居住区绿化中存在着树种选择相似度高、常绿乔木与落叶乔木栽植比例失调、彩色叶树种、藤本、草本植物应用过少等现状问题，有针对性的提出了绿化建议，并推荐了适宜北京居住区绿化且具有特色的乡土树种及其他常绿树种、彩色叶树种及藤本植物。
关键词　树种选择；现状问题；乡土树种；北京居住小区

Investigation and Study on Greening Status in Beijing 15 Modern Residential Areas

KONG Qing-xiang　　CHEN Rui-dan

（*Beijing Key Laboratory of Ornamental Plants Germplasm Innovation & Molecular Breeding，
National Engineering Research Center for Floriculture，Beijing Laboratory of Urban and Rural Ecological
Environment and College of Landscape Architecture，Beijing Forestry University，Beijing* 100083）

Abstract　The paper investigated and analysed plants in Beijing 15 modern residential areas，and recorded 131 kinds of plants，including 73 kinds of trees，37 kinds of shrubs，5 kinds of vines，14 kinds of herbs and 2 kinds of bamboo，mainly belongs to the *Rosaceae、Oleaceae、Caprifoliaceae、Pinaceae、Papilionaceae* and *Salicaceae*. Then the paper proposed the problems of plant landscaping in Beijing residential area，including the similarity of woody plants selection in Beijing is high，the planting proportion of evergreen trees and deciduous trees is imbalance，the application of color leaf tree species，vines and herbs is few. Finally，the paper put forwarded some suggestions about landscaping of residential area，and recommended some kinds of the local plants、other evergreen tree species、colored leaf trees and vines，which fit Beijing residential area.
Key words　Plants selection；Current situation；Local plants；Residential area in Beijing

1　前言

居住区是人们日常生活、居住、游憩，具有一定的人口和用地并集中布置居住建筑、公共建筑、园林景观及其他各种工程设施，为城市街道或自然界所包围的相对独立区（何佳明，2011）。居住区绿化是城市绿化的重要组成部分，它以植物为主，利用植物能够吸收二氧化碳及有害气体、释放氧气、吸收阻滞尘埃、净化空气、调节温度等功能，来维护城市人工生态系统的平衡、城市面貌的美化及人们的身心健康（李睿怡，2011）。本文在对北京 15 个现代居住小区绿化树种进行调查的基础上，对现有绿化树种的种类、数量、应用等方面进行了分析评价，提出北京绿化树种选择存在的问题及相应的解决对策，推荐适宜

北京居住区的特色绿化树种，旨在对北京现代居住区绿化起到一定的指导作用。

2　北京市现代居住区绿化树种的现状调查

在普查的基础上，笔者自 2014 年 8 月开始随机对柏儒苑、枫涟山庄、桃园、蓝旗营、富力城一期、龙吟半岛、清枫华景园、盛悦居、嘉园、阳光美园、国际专家花园、富力十号、馥园、橡树湾一期、莱圳等北京市 2000 年以来的 15 个现代居住小区进行了植物调查。调查内容包括植物种类、数量、规格、生长状况、应用形式等，并拍摄了大量的植物群落照片。在查阅原始种植资料的基础上，总结出北京市居住区现有绿化树种的组成现状。调查结果显示，15 个小

区共种植131种植物，分属52科92属，其中以蔷薇科(10属)、忍冬科(6属)、木犀科(6属)和豆科(5属)植物为主。乔木73种，灌木37种，藤本5种，草本14种，竹类2种。

2.1 乔木树种组成特点

北京市现代居住区的绿化树种的多样性较高。在调查中发现，15个居住小区共栽植的乔木有73种，分属于31科47属。其中应用较多树种的科有蔷薇科、松科、豆科和杨柳科。蔷薇科植物中应用最多的为李属和苹果属植物，有桃花(*Prunus persica* 'Duplex')、紫叶李(*P. cerasifera* 'Pissardi')、樱花(*P. serrulata*)、'重瓣粉'海棠(*Malus spectabilis* 'Riversii')、'重瓣白'海棠(*M. spectabilis* 'Albaplena')、山楂(*Crataegus pinnatifida*)等16种乔木，占树种总数的21.9%。松科有白皮松(*Pinus bungeana*)、油松(*P. tabulaeformis*)、华山松(*P. armandii*)、雪松(*Cedrus deodara*)、白杆(*Picea meyeri*)5种乔木，占总出现树种的6.8%；豆科以国槐(*S. japonica*)及其栽培变种'金枝'槐(*S. japonica* 'Chrysoclada')和'龙爪'

槐(*S. japonica* 'Pendula')、刺槐(*Robinia pseudoacacia*)、合欢(*Albizia julibrissin*)为主。杨柳科有垂柳(*Salix babylonica*)、旱柳(*S. matsudana*)、绦柳(*S. matsudana* f. *pendula*)、毛白杨(*P. tomentosa*)、加杨(*P. × canadensis*)等5种乔木。乔木中出现频率前20位的树种为国槐、桃花、银杏(*Ginkgo biloba*)、元宝枫(*Acer truncatum*)、圆柏(*Sabina chinensis*)、白杆、紫叶李，三球悬铃木(*Platanus orientalis*)、山楂、'重瓣粉'海棠、油松、白皮松、黄栌(*Cotinus coggygria*)、雪松、白蜡(*Fraxinus chinensis*)、垂柳、桑树(*Morus alba*)、樱花、杜仲(*Eucommia ulmoides*)、'千头'椿(*Ailanthus altissima* 'Umbraculifera')(详情见图1)。

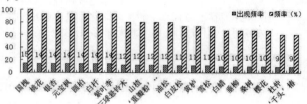

图1 北京市居住小区绿化应用前20名乔木频次图

Fig. 1 The top 20 of greening application trees frequency in Beijing residential areas

2.2 灌木树种的组成特点

表1 15个小区应用排名前10的灌木频次表

Table 1 The top 10 shrubs of application frequency in 15 residential areas

灌木名称	科名	属名	生态习性	出现次数	频率(%)
金银木	忍冬科	忍冬属	喜光，耐半阴	12	80.00
大叶黄杨	卫矛科	卫矛属	喜光，能耐阴	11	73.33
华北紫丁香	木犀科	丁香属	喜光，稍耐阴	11	73.33
连翘	木犀科	连翘属	喜光，稍耐阴	9	60.00
红瑞木	山茱萸科	梾木属	喜光，耐半阴	6	40.00
榆叶梅	蔷薇科	李属	喜光，稍耐阴	4	26.67
木槿	锦葵科	木槿属	喜光，稍耐阴	4	26.67
华北珍珠梅	蔷薇科	珍珠梅属	耐阴性强	3	20.00
棣棠	蔷薇科	棣棠属	喜光，稍耐阴	2	13.33
紫荆	豆科	紫荆属	喜光，稍耐阴	2	13.33

北京市居住区灌木树种的种类相较于乔木而言并不十分丰富。调查统计共有36种，分属于17科32属。其中蔷薇科、忍冬科和木犀科3科被应用的植物最多。蔷薇科有榆叶梅(*Prunus triloba*)、华北珍珠梅(*Sorbaria kirilowii*)、黄刺玫(*Rosa xanthina*)、月季(*R. hybrida*)、多花蔷薇(*R. multiflora*)、棣棠(*Kerria japonica*)、平枝枸子(*Cotoneaster horizontalis*)、三裂绣线菊(*Spiraea trilobata*)、贴梗海棠(*Chaenomeles speciosa*)9种，占所调查灌木种类总数的25.0%；忍冬科有'红王子'锦带花(*Weigela florida* 'Red Prince')、'银边'锦带花(*W. florida* 'Variegata')、金银木(*Lon-*

icera maackii)、六道木(*Abelia biflora*)、欧洲琼花(*Viburnum opulus*)、猬实(*Kolkwitzia amabilis*)6种；木犀科有女贞(*Ligustrum lucidum*)、华北紫丁香(*Syringa oblata*)、'花叶'连翘(*Orsythia suspensa* 'Variegata')、连翘(*Forsythia suspensa*)、迎春(*Jasminum nudiflorum*)5种。调查中出现频率前10位的树种有大叶黄杨(*Euonymus japonicus*)、华北紫丁香、连翘、木槿(*Hibiscus syriacus*)、石榴(*Punica granatum*)、金银木、紫薇(*Lagerstroemia indica*)、黄杨(*Buxus sinica*)、红瑞木(*Cornus alba*)、迎春(见表1)。

2.3 藤本、草本及竹类植物的组成特征

北京市居住区对于藤本植物的应用并不多，调查的 15 个居住区中应用的藤本只有紫藤（*Wisteria sinensis*）、爬山虎（*Parthenocissus tricuspidata*）、五叶地锦（*Parthenocissus quinquefolia*）、扶芳藤（*Euonymus fortunei*）、葛藤（*Argyreia seguinii*）5 种，而且出现频率均在 30% 以下；草本以多年生植物为主，共 17 种，包括玉簪（*Hosta plantaginea*）、鸢尾（*Iris tectorum*）、紫萼（*Hosta ventriocsa*）、八宝景天（*Hylotelephium erythrostictum*）、'金娃娃'萱草（*Hemerocallis fulva* 'Golden Doll'）、阔叶麦冬（*Liriope platyphylla*）、草地早熟禾（*Poa pratensis*）、高羊茅（*Festuca elata*）等 16 种，主要为地被植物或被应用在中心广场及入口的花境、花坛中。居住区内的竹类有早园竹（*Phyllostachys propinqua*）及'金镶玉'竹（*Phyllostachys aureosulcata* 'Spectabilis'）两种，其中早园竹的应用频率为 46.7%，而'金镶玉'竹的应用频率仅有 6.7%。

3 北京市居住区绿化树种选择设计中存在的问题

3.1 树种选择相似度过高

北京可选择和利用的树种十分丰富。据北京市园林绿化局 2010 年园林绿化普查统计，北京城市绿地系统中有维管束植物 111 科 356 属 615 种（品种），其中，乔木 130 种（品种），灌木 102 种（品种），草本 363 种（品种），藤本 21 种（品种）（郑西平，张启翔，2011）。从调查的结果来看，北京市居住区内绿化树种的选择范围较小，且相似度过高。北京 15 个现代居住小区绿化用的木本植物有 117 种，涉及常绿针叶树、落叶针叶树、常绿阔叶树、落叶阔叶树、藤本植物、棕榈类、竹类等 7 种生活型（李宗翰，2014），其中落叶阔叶树种的应用比例普遍高达 70% 以上。而圆柏、白杆、国槐、银杏、元宝枫、紫叶李、丁香、桃花、连翘的使用频率高达 93% 以上；有 2/3 的小区以桃花、国槐、紫叶李、元宝枫、银杏作为全园的骨干树种（见图 2）；常绿树种的选择集中在松科的 5 类

图 2　15 个小区骨干树种应用频次图
Fig. 2　The application frequency of backbone trees in 15 residential areas

常绿针叶树种上；灌木则多应用北方城市普遍分布的种及品种；藤本和草本的植物选择与应用十分稀少。这在一定程度上造成了北京市居住区植物配置群落中树种组成雷同者较多，缺少丰富的组合变化，植物景观设计单调，缺乏地方特色等问题。

3.2 常绿与落叶树种比例失调

常绿树种是北方地区冬季植物景观营造的重要材料，无论是常绿树种的选择还是栽植的数量，都会直接影响到居住区冬季景观的好坏。调查发现，15 个居住小区中共使用常绿树种 15 种，常绿乔木 9 种，包括白皮松、油松、华山松、白杆、雪松、侧柏（*Platycladus orientalis*）、圆柏、八角金盘（*Fatsia japonica*）、棕榈（*Trachycarpus fortunei*）；常绿灌木 6 种，包括大叶黄杨、黄杨、'北海道'黄杨（*Euonymus japonicas* 'Cuzhi'）、凤尾兰（*Yucca gloriosa*）、女贞、沙地柏（*Sabina vulgaris*）；常绿乔木与落叶乔木的种类比约为 1:9，株树比约为 1:6。北方地区常绿树栽植需要适宜的比例，栽植较少易造成冬季景观单调，过多又会影响冬季的采光。根据《居住区设计规范》（DB11/T 214—2003）的规定：居住区绿化要合理确定常绿植物和落叶植物的种植比例。其中，常绿乔木与落叶乔木种植数量的比例应控制在 1:3 ~ 1:4 之间。由图 3 可以看出，15 个小区中能达到此标准的小区只有 1 个，而常绿乔木与落叶乔木数量比不足 10% 的小区多大 4 个，大于 1:3 的有 1 个。这在一定程度上反映了北京市居住区绿化树种栽植上存在着常绿树种与落叶树种比例失调的问题。

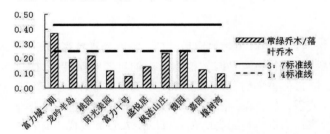

图 3　15 个居住小区常绿乔木与落叶乔木数量比分析图
Fig. 3　The quantitative analysis of evergreen trees and deciduous trees in 15 residential areas

3.3 乡土树种应用较少

乡土植物不仅可以彰显城市的特色，更重要的是其适应本地气候及土壤条件，养护管理方便，成本低（冯玉枝，张瑞琴，王秀莲，2011；马玲，2011），所以居住区绿化植物中大量应用乡土植物是十分明智的选择，应大力提倡。郑西平等对北京城市已利用的绿

化植物进行统计分析，得出目前以利用的乡土植物共744种，其中野生种306种，本地种438种，包括乔木61种，灌木58种、草本305种，藤本14种（郑西平，张启翔，2011）。本次调查的15个北京现代小区中，共应用乡土植物53种，其中乡土乔木33种，灌木15种，藤本2种，草本3种。由表2可以看出，各居住小区中乡土乔木的应用较多，各居住区乡土乔木在所应用乔木中所占比例在47.50%～66.67%之间，有80%的居住区中乡土乔木占所应用乔木的一半以上。各住宅小区对乡土灌木的应用差别较大。其中，乡土灌木应用最少的为柏儒苑，其乡土灌木所占比例为29.17%；应用最多的为橡树湾小区，比例达到77.78%。但是，乡土灌木的应用达到50%以上的居住区只有4个，比例不足1/3。

表2　15个居住小区乡土植物统计分析表

Table 2　The statistical analysis of native plants in 15 residential areas

居住区名称	地带性乡土乔木	所占比例（%）	地带性乡土灌木	所占比例（%）	总计	所占比例（%）
柏儒苑	23	60.53	7	29.17	30	48.39
保利嘉园	11	55.00	6	46.15	17	51.52
龙吟半岛	19	47.50	11	47.83	30	47.62
富力城一期	16	59.26	10	50.00	26	55.32
盛悦居	11	52.38	7	43.75	18	48.65
十号	15	53.57	8	47.06	23	51.11
桃园	21	58.33	7	38.89	28	51.85
阳光美园	10	66.67	4	57.14	14	63.64
橡树湾	17	62.96	7	77.78	24	66.67
莱圳	14	48.28	10	43.48	24	46.15
蓝旗营	15	55.56	7	35.00	22	46.81
清枫华景园	14	48.28	7	36.84	21	43.75
枫涟山庄	25	58.14	10	47.62	35	54.69
馥园	14	63.64	8	61.54	22	62.86
专家花园	17	54.84	8	34.78	25	46.30

3.4　彩色叶植物的应用过少，植物景观色彩单一

植物色彩是园林植物景观的重要观赏特征之一，是最能被人感受到的因素，具有第一视觉特性（李霞，安雪，金紫霖，潘会堂，张启翔，2010）。色彩心理学家认为，鲜艳明亮的色彩可以使人心情愉悦，有利于健康。园林植物的颜色普遍为绿色，这很容易造成色彩的单调性。虽然花灌木与草本植物的应用可提高色彩的丰富度，但毕竟有花期的限制，时间较短，所以小区内选择适当的彩色叶树种，可以有效提高植物景观的丰富度。调查中发现，15个住宅小区内常应用的彩色叶树种主要有银杏、白蜡、元宝枫、黄栌、鸡爪槭（*Acer palmatum*）、紫叶李、紫叶矮樱、'紫叶'小檗（*Berberis thunbergii* 'Atropurpurea'）、'金枝'槐9种，而其中除了银杏、白蜡、元宝枫、紫叶李的应用频率较高外，其他几种的应用频率不足20%。彩色树种的应用过少，很容易造成居住区植物景观的色彩单调，尤其是夏季，所以居住区内应选择适量的彩色叶树种与其他植物搭配种植，以提高园林植物景观的美景度。

3.5　忽视对藤本及草本植物的应用

调查中发现，北京的住宅小区中藤本植物及草本植物的种类十分少，而且应用方式也十分单一。所调查的住宅小区中，应用藤本植物的居住小区不足1/3，种类也只有爬山虎、五叶地锦、紫藤、葛藤、扶芳藤5种，应用多为与廊架搭配组景或充当地被植物。

草本植物和草坪植物是在居住区中应用最广泛的植物，也是居住区立体绿化及营造特色植物景观的重要材料。但调查结果显示，北京市的住宅小区中草本植物的种类并不丰富，目前应用最多的草本植物为草地早熟禾、阔叶麦冬、玉簪、鸢尾、'金娃娃'萱草5种。这些植物虽然应用范围广泛，但是缺乏特色，很容易使景观千篇一律，缺乏新意。

4 北京市绿化树种选择的建议

城市居住区绿地是城市绿地中立地条件较好的一类绿地,适合城市内较多园林植物的生态要求(邓小飞,2003)。气候的特点限制了北京对很多南方植物材料的应用,基本以北方植物为主。但随着引种驯化工作的不断加强,北京可利用的植物资源不断丰富,部分外来植物也可以在北京利用。居住区绿化应加强对可利用树种资源的应用,增加绿化树种的种类和数量。在树种选择时,可以根据园区设计的特点,选择相应的特色植物进行搭配种植,适当选择一些引入种,丰富植物景观。

4.1 大力加强对乡土树种的应用

与外来树种相比,乡土树种在园林建设中不仅具有一般植物的防护功能,而且在保护生物多样性、维持城市生态系统、突出地方特色等方面具有独特的优势(马玲,2011;庄雪影,2001)。近两年,北京市也加强了对乡土树种的推广利用。如 2014 年,北京市园林绿化局出台北京《乡土植物资源发展名录》,大力推广对 82 种乡土植物的应用。这些植物中乔木有:蒙椴(*Tilia mongolica*)、黄金树(*Catalpa speciosa*)、文冠果(*Xanthoceras sorbifolia*)、皂荚(*Gleditsia sinensis*)、百花花楸(*Sorbus pohuashanensis*)、杜梨(*Pyrus betulifolia*)、栓皮栎(*Quercus variabilis*)、白桦(*Betula platyphylla*)、流苏(*Chionanthus retusus*)、紫椴(*Tilia amurensis*)、黄连木(*Pistacia chinensis*)、七叶树(*Aesculus chinensis*)、毛樱桃(*Cerasus tomentosa*)等;灌木有六道木、齿叶白鹃梅(*Exochorda serratifolia*)、太平花(*Philadelphus pekinensis*)、华北绣线菊(*Spiraea fritschiana*)、绒毛绣线菊(*Spiraea velutina*)、卫矛(*Euonymus alatus*)、红丁香(*Syringa villosa*)、中华接骨木(*Sambucus williamsii*)等;这些植物不仅可以丰富居住区的植物景观,突出小区特色,而且可以减少养护管理成本,应在居住区绿化中大量使用。

4.2 增加对常绿树种和彩色叶树种的应用

由于近年来气候变暖的趋势越来越明显以及引种驯化工作的不断进步,北京地区可以利用的常绿树种及彩叶树种越来越多。居住区绿化中的常绿树种除了选择常用的松科松属植物外,可以多应用一些其他针叶树种,如北美香柏(*Thuja occidentalis*)、'龙'柏(*Sabina chinensis* 'Kaizuca')、侧柏(*Platycladus orientalis*)、沙地柏;此外小区向阳处可以选择一些在北京已栽植成功的常绿阔叶植物,如广玉兰(*Magnolia grandiflora*)、石楠(*Photinia serrulata*)、女贞(*Ligus-trum compactum*)、蚊母(*Distylium racemosum*)、刺桂(*Osmanthus Heterophyllus*)、枸骨(*Ilex cornuta*)、海桐(*Pittosporum tobira*)、胶东卫矛(*Euonymus kiautschovicus*)、早园竹、箬竹(*Indocalamus tessellatus*)等,营造独特的植物景观。

彩叶植物是城市园林景观设计中的重要组成部分,可以提高园林设计的丰富性,达到生态园林建设的目的(钱秀青,2015)。除了采用北方常用的彩色叶树种(李庆龙,2009)外,可以多选用特色的植物,如:红色系的中华全红杨(*Populus deltoids* 'Zhonghua hongye')、红叶柳(*Salix chaenomelodies*)、'红叶'石楠(*Photinia* × *fraseri* 'Red Robin')、红叶寿星桃花(*Prunus persica*);金色系的'中华金叶'榆(*Ulmus pumila* 'Jinye')、'金叶垂'榆(*U. pumila* 'Pendula')、'金叶'雪松(*Cedrus deodara* 'Roman Gold')、'金叶'皂荚(*Gleditsia triacaanthos* 'Sunburst')、'金叶'白蜡(*Fraxinus chinensis* 'Aurea')、'金叶'水杉(*Metasequoia glyptostroboides* 'GoldRush');蓝紫色系的'秋紫'白蜡(*Fraxinus americana* 'Autumn Purple')、'紫叶'黄栌(*Cotinus coggygria* 'Purpureus')、紫叶稠李(*Prunus virginiana* 'Canada Red')、蓝羊矛(*Festuca glauca*)和其他色性的'粉叶'复叶槭(*A. negundo* 'Flamingo')、'花叶'复叶槭(*Acer negundo* 'Variegatum')、银白槭(*A. saccharinum*)等。专家学者研究证明,这些彩色叶树种品质优良,是北京可以利用的优秀的彩色叶树种(王德芳,2012),因此,可以在居住区中广泛使用。

4.3 迎合立体绿化趋势,加强对藤本植物及草本植物的利用

《城市居住区规划设计规范》(GB50180 - 93)中明确提出新建居住区绿地面积应在30%以上,旧区改造应达到25%。而北京市居住区普遍存在着用地紧张,绿化面积不够的问题,为了提高小区的绿化覆盖率,立体绿化成为必然的趋势,藤本植物及草本植物的应用必不可少。

北京可以利用的藤本植物有:可观花的黄花铁线莲(*Clematis intricata*)、紫藤(*Wisteria sinensis*)、金银花、美国凌霄(*Campsis radicans*)、藤本月季等;可观果的猕猴桃(*Actinidia chinensis*)、扶芳藤、南蛇藤(*Celastrus orbiculatus*)等;可观叶的五叶地锦、爬山虎、山荞麦(*Polygonum aubertii*)、葛藤等。这些藤本均具有较高的观赏价值,在居住区中应多加应用。

北京可用的草本植物,尤其是乡土草本植物非常多,有瓣蕊唐松草(*Thalictrum petaloideum*)、崂峪苔草(*Carex giraldiana*)、华北耧斗菜(*Aquilegia yabeana*)、雾灵香花芥(*Hesperis oreophila*)、紫花地丁(*Viola philippica*)、二月蓝(*Orychophragmus violaceus*)、白三叶(*Trrifolium repens*)、白头翁(*Anemone chinensis*)、败酱草(*Thlaspi arvense*)、龙芽草(*Agrimonia pilosa*)、早开堇菜(*Viola prionantha*)、百里香(*Thymus mongolicus*)、黄芩(*Scutellaria baicalensis*)、风铃草(*Campanula medium*)、荚果蕨(*Matteuccia struthiopteris*)等，这些植物野趣十足，颇具景观效果，又能彰显城市特色，适宜在居住区中大量使用。

5 结语

随着经济的发展，居民开始追求舒适、优美、健康的居住环境(王绍增，2005)，对居住区的外部环境要求也越来越高，也促使开发商开始注重对居住区植物景观的营造。植物选择作为居住区绿化景观营造的第一步也是十分关键的一步，理应受到重视。只有选择出适宜且颇具特色的居住区绿化树种，才有可能营造出生态性与艺术性兼具的植物景观，创造富有特色的居住区植物景观，也才能真正实现生态景观环境这一构想。北京市居住区在绿化树种选择时要更加注重对乡土植物的应用，结合居住区设计特色，适当引种外来栽培种，营造出具有特色的居住区植物景观。

参考文献

1. 邓小飞. 广州市居住区绿化树种现状分析[J]. 广州大学学报(自然科学版)，2003，(05)：463-466.
2. 冯玉枝，张瑞琴，王秀莲. 浅谈城市绿化中乡土树种选择[J]. 内蒙古林业，2011，(06)：28.
3. 何佳明. 居住区园林景观建设中乡土树种应用浅析[J]. 现代园艺，2011，(13)：110.
4. 李庆龙. 北方常见彩色叶植物介绍[J]. 现代园艺，2009，(04)：7-8.
5. 李睿怡. 牡丹江市居住区绿化树种应用状况的探讨[J]. 北方园艺，2011，(06)：116-118.
6. 李霞，安雪，金紫霖，等. 植物色彩对人生理和心理影响的研究进展[J]. 湖北农业科学，2010，(07)：1730-1733.
7. 李宗翰. 华中地区植物生活型多样性格局模型研究[D]：华北电力大学，2014.
8. 马玲. 乡土树种在包头城市绿化中缺少利用的原因[J]. 内蒙古林业调查设计，2011，(02)：63-64.
9. 钱秀青. 彩色叶植物在园林景观设计中的应用探讨[J]. 现代园艺，2015，(02)：123.
10. 王德芳. 北京地区彩叶植物引种栽培研究[J]. 中国农学通报，2012，(19)：297-302.
11. 王绍增. 城市绿地规划[M]. 北京：中国林业出版社，2005.
12. 郑西平，张启翔. 北京城市园林绿化植物应用现状与展望[J]. 中国园林，2011，(05)：81-85.
13. 庄雪影. 发挥华南植物资源优势，把广州建设成名副其实的生态园林城市[J]. 广东园林，2001，(01)：5-7.

中国观赏园艺研究进展 2015：653～659
Advances in Ornamental Horticulture of China，2015：653～659

653

北京郁金香品种调查及应用分析

宋碧琰[1]① 柴思宇[2] 郑艳[3]

（[1]北京市植物园，北京 100093；[2]北京中山公园，北京 100031；[3]北京市花木有限公司，北京 100044）

摘要 2013 年对北京中山公园、北京市植物园、北京国际鲜花港的郁金香品种调查与应用分析表明：北京郁金香的应用已具较大规模，凯旋栽培群和达尔文杂种栽培群品种是主要应用类群，早花和中早花品种应用偏少，应用形式以长花带为主，40%～50%的环境郁闭度最适宜郁金香生长与展示。建议通过丰富品种数量，适量增加早花品种、中早花和中晚花品种，尝试不同花色郁金香的混栽、郁金香与其他花卉的混栽等提升北京郁金香展的应用水平。

关键词 北京；郁金香；品种选择；植物种植设计

Investigation and Application Analysis of Tulip Cultivars in Beijing

SONG Bi-yan[1] CHAI Si-yu[2] ZHENG Yan[3]

（[1]*Beijing Botanical Garden*，*Beijing* 100093；[2]*Beijing Zhongshan Park*，*Beijing* 100031；[3]*Beijing Florascape Co.*，*Ltd.*，*Beijing* 100044）

Abstract Investigation and application analysis of tulip cultivars in Beijing Zhongshan Park，Beijing Botanical Garden，and Beijing International Flower Port in 2013 indicated that application of tulips is extensive in Beijing，Triumph Group and Darwin Hybrids Group cultivars are extensively used，but early and mid – early cultivars are not，long flower bands are also extensively used，40%～50% crown density is recommended to tulip displays. Enriching tulip cultivars，and also early and mid – early/– late cultivars，trying to plant tulips with different colours and with other plants are proposed.

Key words Beijing；Tulips；Cultivar selection；Planting design

郁金香是百合科郁金香属观赏球根花卉的统称，经过人工长期栽培和选育已成为最著名的花卉之一，品种丰富，花型、花色各异，是春季花展不可或缺的植物材料（刘燕，2008）。世界上以荷兰 Keukenhof 公园的郁金香展最负盛名，我国多地也有一些以郁金香为主的春季花展，如上海鲜花港、武汉植物园、成都石象湖公园、杭州太子湾公园、西安植物园等。对北京现有的郁金香品种和应用进行调查与分析将为2019 年北京延庆世界园艺博览会开幕式期间的室外花卉布展提供重要指导。

1 北京郁金香展概况

近 20 年来，北京大量引进郁金香品种并栽培、应用成功，以花色丰富的品种、较大的布展规模、多样的景观形式为特点，每年吸引着大量游客前去观赏，郁金香展已成为北京市民春季观花的热点景观，并受到越来越多的重视，赢得良好的经济效益和社会效益。北京的郁金香展主要集中在北京中山公园、北京市植物园、北京国际鲜花港，其中北京中山公园布展历史最长（始于 1996 年）；北京市植物园布展效果最好（王美仙，等，2011），北京国际鲜花港布展面积最大。

2 调查时间、方法和内容

2013 年 3～5 月，通过持续观测、实地测绘、拍照记录等方法，对北京中山公园、北京市植物园、北京国际鲜花港的郁金香种植面积、品种数量和特性、花期搭配、色彩配置、种植形式、上木配置等进行了全面的调查与分析。

---

① 通讯作者。宋碧琰，女，园林绿化工程师，电话：010 – 68313576，邮箱：11886404@qq. com，主要从事园林植物配置研究。

3　结果与分析

3.1　郁金香的应用规模

　　北京中山公园、北京市植物园、北京国际鲜花港三地郁金香展的应用面积分别为 0.5hm²、1hm²、4.5hm²，应用的郁金香种球数量分别为 23 万个、40 万个、170 万个。北京的郁金香展已具备了较大的规模。

3.2　郁金香的应用品种

　　上述三地共应用郁金香品种 130 个，其中北京中山公园 53 个、北京市植物园 50 个、北京国际鲜花港 74 个，凯旋栽培群和达尔文杂种栽培群是郁金香展的主要应用类群。郁金香品种根据杂交起源、花朵形态、花径大小、花期等被分为 15 个栽培群，上述品种分属单瓣早花栽培群（Single Early Group）5 个、重瓣早花栽培群（Double Early Group）7 个、福氏栽培群（Fosteriana Group）6 个、凯旋栽培群（Triumph Group）43 个、达尔文杂种栽培群（Darwin Hybrid Group）22 个、鹦鹉瓣栽培群（Parrot Group）4 个、绿花栽培群（Viridiflora Group）3 个、流苏瓣栽培群（Fringed Group）4 个、百合瓣栽培群（Lily – flowered Group）12 个、单瓣晚花栽培群（Single Late Group）15 个、重瓣晚花栽培群（Double Late Group）9 个。品种基本观赏与应用特性见表 1（孙国峰，张金政，2000；陈进勇，等，2009；王美仙，等，2011；All Things Plants，2015）。

表 1　北京应用的郁金香品种特性
Table 1　Characteristics of Tulip Cultivars in Beijing

序号	品种名	栽培群	花色	株高（cm）	花期	种植地点
1	'Aafke'	单瓣早花	粉	35～45	中早	鲜花港
2	'Abba'	重瓣早花	紫	35～45	中早	鲜花港
3	'Alibi'	凯旋	粉紫	35～40	中	中山
4	'American Dream'	达尔文杂种	黄/红	50～55	中	植物园/鲜花港
5	'Angelique'	重瓣晚花	粉/白	35～45	晚	中山/植物园
6	'Annelinde'	重瓣晚花	粉/白	35～40	晚	鲜花港
7	'Apeldoorn'	达尔文杂种	红	45～50	中早	鲜花港
8	'Apeldoorn's Elite'	达尔文杂种	红/黄	50～55	中	中山/鲜花港
9	'Apricot Impression'	达尔文杂种	橙/粉	50～55	中	植物园/鲜花港
10	'Apricot Parrot'	鹦鹉瓣	橙	40～50	晚	中山
11	'Armani'	凯旋	深红/白	45	中	中山
12	'Avignon'	单瓣晚花	红	65	晚	植物园
13	'Barcelona'	凯旋	深粉	50	中	植物园/鲜花港
14	'Ballade'	百合瓣	粉紫/白	55	中晚	中山/植物园/鲜花港
15	'Ballerina'	百合瓣	橙	45～55	晚	鲜花港
16	'Banja Luka'	达尔文杂种	红/黄	40～45	中	中山
17	'Bienvenue'	达尔文杂种	黄/粉	40～55	中	中山
18	'Big Chief'	达尔文杂种	粉/黄	50～55	中	中山
19	'Big Smile'	单瓣晚花	黄	50～55	晚	植物园/鲜花港
20	'Black Hero'	重瓣晚花	暗紫	40～50	晚	植物园
21	'Black Parrot'	鹦鹉瓣	暗紫	40～45	中晚	鲜花港
22	'Blue Diamond'	重瓣晚花	紫	40	晚	植物园/鲜花港
23	'Bright Parrot'	鹦鹉瓣	黄/红	40～45	中晚	鲜花港
24	'Burgundy Lace'	流苏瓣	红	65	中晚	植物园

（续）

序号	品种名	栽培群	花色	株高(cm)	花期	种植地点
25	'Calgary'	凯旋	白	20～25	中	中山/植物园
26	'Camargue'	单瓣晚花	乳白/红	65	晚	中山
27	'Candela'	福氏	黄	30～40	中早	鲜花港
28	'Candy Prince'	单瓣早花	淡紫	30～35	早	中山/鲜花港
29	'Cape Holland'	单瓣晚花	粉	45～55	晚	中山/植物园
30	'Carola'	凯旋	粉	40～45	中	中山/植物园/鲜花港
31	'Chato'	重瓣晚花	粉	45	晚	鲜花港
32	'Christmas Dream'	单瓣早花	红	35	中早	植物园/鲜花港
33	'City of Vancouver'	单瓣晚花	白	60～70	晚	中山
34	'Claudia'	百合瓣	紫/白	55	中晚	植物园/鲜花港
35	'Clearwater'	单瓣晚花	白	40～50	晚	植物园
36	'Colour Spectacle'	单瓣晚花	黄/红	40～50	晚	中山/鲜花港
37	'Conqueror'	达尔文杂种	黄	40	中	中山
38	'Denmark'	凯旋	红/黄	30～45	中	鲜花港
39	'Design Impression'	达尔文杂种	玫红/粉	50～55	中	中山/鲜花港
40	'Dick Passchier'	凯旋	橙	45～60	中	中山
41	'Don Quichotte'	凯旋	粉紫	50	中	植物园/鲜花港
42	'Dordogne'	单瓣晚花	橙	60～65	晚	中山
43	'Dow Jones'	凯旋	红/黄	40～50	中	中山/植物园/鲜花港
44	'Dynasty'	凯旋	粉/白	45～65	中	鲜花港
45	'Elegant Lady'	百合瓣	白/黄/粉	40～50	晚	中山
46	'Escape'	凯旋	红	50	中	植物园
47	'Eskimo Chief'	凯旋	白	45～50	中	鲜花港
48	'Fancy Frills'	流苏瓣	白/粉	40～45	晚	植物园/鲜花港
49	'Flair'	单瓣早花	红/黄	30	早	植物园
50	'Flaming Spring Green'	绿花	白/红	50～60	晚	鲜花港
51	'Foxtrot'	重瓣早花	粉	25～30	早	中山/植物园
52	'Fringed Elegance'	流苏瓣	黄	50～55	中晚	中山
53	'Gander's Rhapsody'	凯旋	粉/白/红	60～70	中	中山/鲜花港
54	'Gerrit van der Valk'	凯旋	红/黄	45～50	中	中山
55	'Golden Apeldoorn'	达尔文杂种	黄	45～50	中	鲜花港
56	'Golden Nizze'	重瓣晚花	黄/红	45～50	晚	中山
57	'Golden Oxford'	达尔文杂种	黄	50～60	中	鲜花港
58	'Golden Parade'	达尔文杂种	黄	60	中	植物园/鲜花港
59	'Golden Parrot'	鹦鹉瓣	黄	40～50	中晚	植物园
60	'Greetje Smit'	凯旋	橙/红	40～50	中	中山
61	'Happy Generation'	凯旋	白/红	50	中	植物园/鲜花港

（续）

序号	品种名	栽培群	花色	株高(cm)	花期	种植地点
62	'Holland Beauty'	凯旋	粉	30～50	中	鲜花港
63	'Holland Chic'	百合瓣	粉/白	45	中晚	中山/植物园
64	'Ida'	凯旋	黄/红	40	中	鲜花港
65	'Ile de France'	凯旋	红	45	中	鲜花港
66	'Ile d'Orange'	凯旋	红	40	中	鲜花港
67	'Innuendo'	凯旋	粉/白	30～40	中	中山
68	'Jan Reus'	凯旋	红	35～40	中	中山
69	'Jan van Nees'	凯旋	黄	45～60	中	鲜花港
70	'Juan'	福氏	橙/黄	30～45	中早	植物园/鲜花港
71	'Judith Leyster'	凯旋	粉/白	55	中	中山/鲜花港
72	'Jumbo Pink'	凯旋	粉	45～50	中	中山
73	'Kees Nelis'	凯旋	黄/红	35～45	中	中山
74	'Kung Fu'	凯旋	红/白	35～45	中	鲜花港
75	'La Courtine'	单瓣晚花	黄/红	60～70	晚	中山
76	'Largo'	重瓣晚花	红	40～45	中晚	鲜花港
77	'Leen van der Mark'	凯旋	红/白	50	中	中山/鲜花港
78	'Madame Lefeber'	福氏	红	40～45	早	植物园
79	'Magic Lavender'	凯旋	紫	45～50	中	中山
80	'Mariette'	百合瓣	粉	40～50	中晚	中山/植物园
81	'Marilyn'	百合瓣	白/红	40～50	中晚	中山
82	'Marjolein'	百合瓣	橙	45～55	中晚	植物园
83	'Menton'	单瓣晚花	粉	60～70	晚	鲜花港
84	'Mistress'	凯旋	粉	40～50	中	鲜花港
85	'Mondial'	重瓣早花	白	40～55	早	中山/植物园
86	'Monsella'	重瓣早花	黄/红	25～30	早	植物园
87	'Monte Orange'	重瓣早花	橙	25	早	中山
88	'Montelimar'	单瓣晚花	粉/橙	45～55	晚	中山
89	'Mount Tacoma'	重瓣晚花	白	35～40	晚	鲜花港
90	'New Design'	凯旋	粉	35～40	中	植物园
91	'Niigata'	达尔文杂种	红	45～55	中	植物园
92	'Ollioules'	达尔文杂种	粉/白	45～50	中	中山/鲜花港
93	'Orange Cassini'	凯旋	红/橙	45	中	鲜花港
94	'Orange Emperor'	福氏	橙	30～35	中早	植物园/鲜花港
95	'Oxford'	达尔文杂种	红	50～55	中	中山/植物园/鲜花港

（续）

序号	品种名	栽培群	花色	株高（cm）	花期	种植地点
96	'Oxford's Elite'	达尔文杂种	红/黄	45～60	中	鲜花港
97	'Pacific Pearl'	流苏瓣	红	45	中晚	植物园
98	'Parade'	达尔文杂种	红	50～55	中	植物园/鲜花港
99	'Parade Champ'	达尔文杂种	红	45	中	植物园
100	'Pink Flag'	凯旋	粉	35～45	中	鲜花港
101	'Pink Impression'	达尔文杂种	粉	50～55	中	鲜花港
102	'Pretty Woman'	百合瓣	红	35～40	中晚	鲜花港
103	'Purissima'	福氏	白	30～40	中早	鲜花港
104	'Purple Flag'	凯旋	紫	45	中	植物园/鲜花港
105	'Purple Prince'	单瓣早花	紫	30～35	早	鲜花港
106	'Queen of Night'	单瓣晚花	暗紫	45～50	晚	植物园/鲜花港
107	'Red Georgette'	单瓣晚花	红	45～50	晚	鲜花港
108	'Red Impression'	达尔文杂种	红	50～55	中	鲜花港
109	'Red Power'	凯旋	红	40	中	鲜花港
110	'Red Spring Green'	绿花	红/绿	40～50	晚	鲜花港
111	'Renoir'	重瓣早花	粉/白	30	早	中山
112	'Roi du Midi'	单瓣晚花	黄	55～65	晚	鲜花港
113	'Ronaldo'	凯旋	红	45～50	中	中山
114	'Sapporo'	百合瓣	白	40～45	中晚	植物园
115	'Shirley'	凯旋	白/紫	35～45	中	中山/植物园/鲜花港
116	'Spring Green'	绿花	乳白/绿	40～50	晚	鲜花港
117	'Strong Gold'	凯旋	黄	30～40	中	植物园/鲜花港
118	'Tiesto'	凯旋	粉/白/红	45～50	中	中山
119	'Van Eijk'	达尔文杂种	粉	50～60	中	中山
120	'Verandi'	凯旋	红/黄	45～50	中	鲜花港
121	'Verona'	重瓣早花	淡黄	25～30	中早	中山/鲜花港
122	'Washington'	凯旋	黄/红	40～55	中	鲜花港
123	'West Point'	百合瓣	黄	50	中晚	植物园
124	'White Dream'	凯旋	白	45～50	中	植物园/鲜花港
125	'White Triumphator'	百合瓣	白	40～50	晚	植物园
126	'Wisley'	单瓣晚花	红	50	晚	中山
127	'World's Favourite'	达尔文杂种	红/黄	45～60	中	植物园/鲜花港
128	'Yellow King'	凯旋	黄	35～40	中	鲜花港
129	'Yellow Pomponette'	重瓣晚花	黄	55	晚	中山/植物园/鲜花港
130	'Yellow Purissima'	福氏	黄	40～45	早	植物园

3.3 郁金香的花期配置

上述三地的郁金香萌芽时间为 3 月底至 4 月初，因花期与气温、光照有关，郁金香群体花期为 4 月 15 日至 5 月 20 日，各品种花期约 7～18d，相同品种的萌芽与开花时间，北京中山公园比北京市植物园早 3～5d、北京市植物园又比北京国际鲜花港早 1～2d。

郁金香花期被分为早花、中早花、中花、中晚花、晚花，三地应用的早花和中早花品种共 17 个、中花品种共 66 个、晚花和中晚花品种共 47 个。其中，以中花品种数居多，为花展的主要类群，约占品种总数的 40%～55%；晚花和中晚花品种数次之，约占品种总数的 30%～40%；早花和中早花品种最少，约占品种总数的 15%～20%。具体见表 2。

表2　北京应用的郁金香花期及其品种数量

Table 2　Cultivar Quantity and Flowering Time of Tulips in Beijing

项目名称	（中）早花品种数（个）	中花品种数（个）	（中）晚花品种数（个）	总计
北京中山公园	6	30	17	53
北京市植物园	9	20	21	50
北京国际鲜花港	11	41	22	74
三地合计	17	66	47	130

3.4 郁金香的花色配置

三地郁金香展均营造出了色彩艳丽、大气磅礴的花海景观，在花色配置上以色块为主，辅以不同花色混栽。由表 1 可知，北京中山公园早花和中早花品种缺红色和紫色，晚花和中晚花品种缺紫色，各花期的花色以红、橙、黄、粉为主；北京市植物园早花和中早花品种缺紫色，其余花期及花色的应用较均一；北京国际鲜花港各花期及花色均有应用，但以中花期的红、粉、黄色品种应用较多。

3.5 郁金香的应用形式

三地郁金香展的应用形式以长花带为主，展示区域分布见图 1，应用效果见图 2。北京中山公园分成 5 个小区，以 1～3m 不等的花带为主，用相对平缓的草坪为基底，并在一些较为规则的小区域出现了郁金香的规则团块。北京市植物园集中在椴树杨柳区，也以 1～3m 不等的花带为主，用缓坡草坪为基底，延绵起伏，具有很强的流动感。北京国际鲜花港分成 4 个小区，以 1～5m 不等的花带为主，尺度更大，在重要的轴线和规则区域还有以郁金香为主的模纹花坛，多设计成人物或花朵图案。

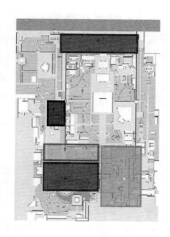 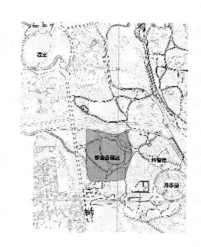 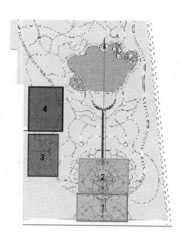

图1　北京中山公园、北京市植物园、北京国际鲜花港郁金香展的布置区位图

Fig. 1　Layouts of Tulip Show in Beijing Zhongshan Park, Beijing Botanical Garden, and Beijing International Flower Port

图2　北京中山公园、北京市植物园、北京国际鲜花港郁金香展的种植形式
Fig. 2　Planting Forms of Tulip Show in Beijing Zhongshan Park, Beijing Botanical Garden,
and Beijing International Flower Port

3.6　郁金香的上木配置

上木郁闭度对郁金香生长和景观有一定影响，北京中山公园、北京市植物园、北京国际鲜花港郁金香展区的郁闭度分别为70%、50%、20%，如北京中山公园高郁闭度区的郁金香易出现徒长、开花率降低，而北京国际鲜花港低郁闭度区未对郁金香的生长产生显著影响，以40% ~ 50%的郁闭度为佳。此外，上木配置与郁金香展的景观层次密不可分。北京中山公园郁金香展区植物配置主要为乔木－草本模式，以侧柏（*Platycladus orientalis*）－郁金香为典型，配置形式较简单。北京市植物园郁金香展区植物配置主要为乔－灌－草模式和乔－草模式，以'钻天'杨（*Populus nigra* 'Italica'）＋国槐（*Sophora japonica*）＋'碧'桃（*Prunus persica* 'Duplex'）－金银木（*Lonicera maackii*）＋天目琼花（*Viburnum opulus* ssp. *calvescens*）－郁金香、'钻天'杨＋加杨（*Populus* × *canadensis*）－郁金香为典型。北京国际鲜花港郁金香展区域植物配置模式与北京市植物园相同，但以银杏（*Ginkgo biloba*）＋国槐＋'纯金'复叶槭（*Acer negundo* 'Kelly's Gold'）－连翘（*Forsythia suspensa*）＋天目琼花－郁金香、银杏－郁金香为典型。

4　讨论

当前，北京郁金香应用急需更多的、不同典型栽

培环境下的品种评估与筛选，品种数量亟待丰富、花期配置亟待研究、色彩配置水平亟待提高、与其他植物的配置亟待尝试。具体在应用品种数量上，北京郁金香展与荷兰 Keukenhof 公园展出的600余个品种、英国 Wisley 花园展出的350多个品种相比差距巨大，在了解品种特性的基础上通过提前预定种球可以显著增加品种数量。在花期配置上，应丰富早花品种、选择长花期品种，并注重对中早花和中晚花品种进行筛选和应用，将其作为早花和中花、中花和晚花品种间的过渡，其中福氏栽培群、格氏栽培群（Griegii Group）、考氏栽培群（Kaufmanniana Group）品种主要为中早花，百合瓣栽培群、鹦鹉瓣栽培群品种主要为中晚花。在花色配置上，为了弥补郁金香缺蓝色花，风信子（*Hyacinthus*）和葡萄风信子（*Muscari*）是最重要的补充花材，此外还应尝试不同花色郁金香的混栽。在应用形式上，可以借鉴加拿大 Butchart 花园郁金香与比其低矮的其他花卉的混栽形式，如白色的雏菊（*Bellis perennis*）＋郁金香、蓝色的勿忘草（*Myosotis sylvatica*）＋郁金香、黄色的角堇（*Viola cornuta*）＋郁金香等。在种植地郁闭度选择上，宜将格氏栽培群、考氏栽培群品种种植于郁闭度相对偏低的地方便于花朵完全开放。

参考文献

1. 陈进勇，刘洋，程炜. 北京地区郁金香的生长发育研究[A]. 中国植物园，2009，12：107－109.
2. 刘燕. 园林花卉学（第二版）[M]. 北京：中国林业出版社，2008.
3. 孙国峰，张金政. 郁金香品种在北京的引种栽培[J]. 中国园林，2000，(5)：76－78.
4. 王美仙，邬洪涛，程炜. 郁金香在北京植物园的栽培应用及优良品种推荐[C]. 见：孟兆祯，陈晓丽. 中国风景园林学会2011年会论文集（下）. 北京：中国建筑工业出版社，2011，1022－1026.
5. All Things Plants. *The Tulips Database* [DB/OL]. 2015－05－04. http://allthingsplants.com/plants/group/tulips.

彩叶植物引种及其园林应用后评价研究*

徐志豪[1]   王桂林[2]

（[1]宁波市农业科学研究院，宁波 315040；[2]宁波合一农业科技开发有限公司，宁波 315200）

摘要   通过园林应用后评价的方法对彩叶植物进行指标量化的综合考评，以期为新优彩叶植物在本地的进一步推广应用提供参考。在种质资源圃多年观察记载的基础上，对 37 种彩叶植物在宁波园林绿化中应用效果进行调查，采用生态适应性、园林观赏性、繁殖难易性、应用广泛性和品种新颖性等五大评价指标对其进行量化综合评价。结果表明：金边埃比胡颓子等 6 种综合应用价值最高；狭冠冬青等 11 种综合应用价值高；金边扶芳藤等 15 种综合应用价值较高；金叶连翘等 5 种综合应用价值一般。

关键词   彩叶植物；引种；园林应用后评价；宁波

Study on the Introduction of Colored – leaf Trees and Their Landscape Post Occupancy Evaluation

XU Zhi-hao[1]   WANG Gui-lin[2]

（[1]*Ningbo Agricultural Science Research Institute*，*Ningbo* 315040；
[2]*Ningbo Heyi Agricultural Science and Technology Development Co.*，*LTD*，*Ningbo* 315200）

Abstract   After landscape post occupancy evaluation method of colored-leaf trees on quantifying the comprehensive evaluation，in order to new optimal colored-leaf trees provide reference for the further popularization and application locally. On the basis of years observation records in germplasm nursery，colored-leaf trees of 37 kinds of garden greening in Ningbo application effect in the investigation，using ecological adaptability，ornamental gardens，breeding difficulty，extensive application and varieties of novelty five evaluation indexes on the quantitative comprehensive evaluation. *Elaeagnus pungens* ' Gilt Edge ' and so on 6 kinds of colored – leaf trees，had the highest comprehensive application value；*Ilex cornuta* ' Ougon ' and so on 11 kinds of colored – leaf trees，had higher comprehensive application value；*Euonymus fortunei* ' Emerald Gold ' and so on 15 kinds of colored – leaf trees，had high comprehensive application value；*Forsythia koreanna* ' Sawon Gold ' and so on 5 kinds of colored – leaf trees，had common comprehensive application value.

Key words   Colored – leaf trees；Introduction；Landscape post occupancy evaluation；Ningbo

彩叶植物是指在整个生长季节或生长季节的某一阶段全部或部分叶片较稳定地呈现非常见的绿色的植物[1]，一般表现为黄色、红（紫）色、灰色、银白色或混合色等色彩，并具有较高的观赏价值。彩叶树种因其绚丽多彩的叶色和层出不穷的季相变化备受人们的宠爱，在城市的园林绿化中被大量运用[2-4]，极大地丰富了园林景观。然而，这些新优的彩叶植物在园林绿化中应用了几年甚至十几年后，其适应性如何？表现现状又怎样？是否还具有推广价值？等方面研究和报道却很少见，而这恰恰是景观设计师是否运用这种园林植物的一项重要评判依据，因此，开展新优彩叶植物的园林绿化应用后评价研究，对科学评价彩叶植物，合理高效运用彩叶植物具有重要的现实意义。

1   彩叶植物引种概况

项目组自 2000 年开始就对国外新优彩叶树种进行了品种收集、引进和调研，先后从北京、上海、杭州、湖南、慈溪、北仑等地引进红叶石楠、金叶六道木等国内外彩叶树种 37 种（包括种以下分类单位，下同），分属 16 个科 21 个属，其中含 5 个品种以上的

* 基金项目：宁波市农业创新创业重点项目（2012C92019）。

科有冬青科、卫矛科、蔷薇科、槭树科。按色彩颜色和分布不同，红色类有红叶石楠、红叶樱花、日本红枫等6种，黄色类有金叶连翘、金叶钝齿冬青、金叶六道木等7种，蓝色类有蓝冰柏、水果蓝、银香菊等5种，镶边类有金边枸骨冬青、金边胡颓子、玉边胡颓子等15种，花叶、杂色类有花叶络石、花叶柊树、小丑火棘等10种。引进的部分国外新优彩叶树种的主要特性详见表1[5]，其中，金叶钝齿冬青、金叶红瑞木、花叶柊树等许多品种在我市尚属首次引进。

表1　部分引进彩叶植物的主要特性

Table 1　Main characteristics of some colored-leaf trees

序号	中文名	拉丁名	科属	主要观赏特性
1	金叶六道木	*Abelia grandiflora* 'Francis Mason'	忍冬科六道木属	常绿矮生灌木，新叶金黄，色泽光亮，花小，喇叭状，粉白色，数朵着生于叶腋或花枝顶端，呈圆锥聚伞花序，花期6~11月
2	花叶柳	*Salix integra* 'Hakuro–nishiki'	杨柳科柳属	落叶彩叶灌木，春天新叶白色略透粉红，老叶为黄绿色，嫩枝粉红色。枝条放射状，紧密
3	金边埃比胡颓子	*Elaeagnus pungens* 'Gilt Edge'	胡颓子科胡颓子属	常绿多刺灌木，树形扩展，叶稠密，卵圆形，有光泽，叶背银色，叶边缘深黄色，花期10~11月，银白色
4	金心胡颓子	*Elaeagnus pungens* 'Fredericii Bean'	胡颓子科胡颓子属	常绿多刺灌木，叶狭而小，叶中部黄色
5	玉边胡颓子	*Elaeagnus pungens* 'Varlegata Rehd'	胡颓子科胡颓子属	常绿多刺灌木，叶狭而较小，叶边缘为黄白色
6	花叶络石	*Trachelospermum jasminoides* 'Flame'	夹竹桃科络石属	常绿木质藤蔓植物，叶革质，老叶近绿色或淡绿色，第一轮新叶粉红色，少数有2~3对粉红叶，第二至第三对为纯白色叶，在纯白叶与老绿叶间有数对斑状花叶
7	花叶蔓长春花	*Vinca major* 'Variegata'	夹竹桃科蔓长春花属	常绿半木质地被，茎细长，营养枝匍匐地面生长，开花枝直立，绿色的叶片具淡黄白色斑点；花单生叶腋，花冠漏斗状，蓝紫色
8	枸骨叶冬青'长叶阿尔塔'	*Ilex aquifolium* 'Alt Belgixa Aurea'	冬青科冬青属	常绿灌木，叶缘金黄色，带刺。雄株聚伞状花序，雌株单生于枝条上。果实为红色，簇生，结果期从9月到翌年3月
9	金叶钝齿冬青'金宝石'	*Ilex crenata* 'Golden Gem'	冬青科冬青属	常绿灌木，叶小，卵圆形，老叶片浓绿具光泽，新叶片金黄色，株型低矮紧凑
10	狭冠冬青	*Ilex cornuta* 'Ougon'	冬青科冬青属	常绿灌木，叶较小，无刺，革质，长圆形，新叶金黄色，色泽纯，4~10月保持黄色，老叶绿色，果红色
11	红叶石楠'红罗宾'	*Photinia fraseri* 'Red Robin'	蔷薇科石楠属	常绿灌木或小乔木，株形紧凑，叶革质，有锯齿，新叶亮红色，复伞房花序，仲夏至夏末开白色小花。浆果红色
12	红叶樱花	*Prunus serrulata* 'Pissard'	蔷薇科李属	落叶小乔木，叶三季紫红，重瓣大花，初春展叶为深红色，5~7月份叶为亮红色，后老叶渐变深紫色，晚秋下霜季节叶变橘红色
13	紫花海棠	*Malus* 'Purple'	蔷薇科苹果属	落叶灌木或小乔木，株高3m左右。春季新叶红色，后转为绿色。4月先叶开花，花单瓣，深紫红色，4~7朵聚生
14	小丑火棘	*Pyracantha fortuneana* 'Harlequin'	蔷薇科火棘属	常绿灌木，单叶，叶卵形，叶片有花纹，似小丑花脸，冬季叶片粉红色。花白色，花期3~5月，果期8~11月

（续）

序号	中文名	拉丁名	科属	主要观赏特性
15	金山绣线菊	*Spiraea bumalda* 'Goldmound'	蔷薇科 绣线菊属	落叶小灌木，叶卵状披针形，互生，新叶金黄，花粉红色，复伞形花序，花期 5～10 月
16	金焰绣线菊	*Spiraea bumalda* 'Gold Flame'	蔷薇科 绣线菊属	落叶小灌木，叶卵状披针形，互生，新叶红色，花玫红色，复伞形花序，花期 5～10 月
17	银香菊	*Santolina chamaecyparissus*	菊科菊属	常绿小灌木，半球形，高30cm，全株银白色，在遮阴和潮湿环境叶片淡绿色。花朵黄色，花期 6～7 月
18	金边卵叶冬青卫矛	*Euonymus japonicus* 'Aureo – marginata'	卫矛科卫矛属	常绿小灌木，有气生根，叶小，对生，节间短，株型紧凑，叶边缘金黄色
19	银边卵叶冬青卫矛	*Euonymus japonicus* 'Albo marginata'	卫矛科卫矛属	常绿小灌木，有气生根，叶小，对生，节间短，株型紧凑，叶边缘银白色
20	金边扶芳藤	*Euonymus fortunei* 'Emerald Gold'	卫矛科卫矛属	常绿藤本植物，茎匍匐，有气根，有较强攀援能力。叶对生，卵圆形，叶边淡黄至金黄色
21	金心扶芳藤	*Euonymus fortunei* 'Sunspot'	卫矛科卫矛属	常绿藤本植物，茎匍匐，黄色，叶对生，卵圆形，叶中间有金黄色斑，冬叶红色
22	银边扶芳藤	*Euonymus fortunei* 'Emerald Gaiety'	卫矛科卫矛属	常绿藤本植物，茎匍匐，有气生根，有较强攀援能力。叶对生，卵圆形，叶边缘乳白色，冬叶红色
23	蓝冰柏	*Cupressus glabra* 'Blue Ice'	柏科柏木属	常绿、垂直、整洁且紧凑的锥形松柏科植物，全年树叶呈迷人的霜蓝色
24	金叶连翘	*Forsythia koreanna* 'SawonGold'	木犀科连翘属	落叶灌木，丛生，枝条开展，拱形下垂；先花后叶，花期 3～4 月，整个生长季叶色金黄
25	金森女贞	*Ligustrum japonicum* 'Howardii'	木犀科女贞属	常绿灌木或小乔木；叶革质，厚实，有肉感；春季新叶鲜黄色，至冬季转为金黄色，色彩明快悦目；节间短，枝叶稠密
26	三色女贞	*Ligustrum ovalifolium* 'Variegata'	木犀科女贞属	常绿小乔木，叶革质，新叶玫红色或粉红色，老叶绿色，边缘带不规则黄色，冬季叶片边缘呈红色
27	花叶柊树	*Osmanthus heterophyllus*	木犀科木犀属	常绿灌木，幼叶黄色、成叶绿色有黄色斑驳
28	金边阔叶麦冬	*Ophiopogon japanicus* 'Variegata'	百合科 沿阶草属	多年生草本，叶宽细型，革质，叶片边缘为金黄色，花红紫色，总状花序，花茎长 30～90cm，通常高出叶丛，花期 7～9 月
29	花叶复叶槭	*Acer negundo* 'Kellys gold'	槭树科槭树属	落叶小乔木，羽状复叶对生，小叶 3～5 枚，有不规则锯齿，呈黄、白粉、红粉色，成熟叶呈现黄白色与绿色相间的斑驳叶色
30	日本红枫	*Acer palmatum atropurpureum*	槭树科槭树属	落叶小乔木，叶掌状 5～7 深裂，在春、夏、秋三季叶片均为红色，春秋季节叶色为鲜红色，仲夏叶片变为棕红色
31	水果蓝	*Teucrium fruitcans*	唇形科香科科属	常绿小灌木，叶对生，小枝四棱形，全株被蓝白色茸毛，以叶背和小枝最多。春季枝头悬挂淡紫色小花，叶片全年呈淡淡的蓝灰色

（续）

序号	中文名	拉丁名	科属	主要观赏特性
32	金枝槐	*Sophora japonica* 'Chrysoclada'	蝶形花科槐属	落叶小乔木，冬季枝条金黄，树皮光滑，叶互生，羽状复叶，春秋两季树叶金黄色
33	金叶红瑞木	*Cornus alba* 'Aurea'	山茱萸科梾木属	落叶灌木，叶片从春至夏呈金黄色，入秋后转为鲜红色，落叶后至春季新叶萌发时，枝干呈鲜艳的红色
34	北美枫香	*Liquidambar styraciflua*	金缕梅科枫香树属	大型落叶阔叶树种，叶片5~7裂，互生，春、夏叶色暗绿，秋季叶色变为黄色、紫色或红色，落叶晚，生长迅速
35	美国红栌	*Cotinus coggygria* Atropurpureus	漆树科黄栌属	落叶灌木或小乔木，春季新叶红色，老叶转绿，入秋后叶色深红，夏季开花于枝条顶端，花序絮状鲜红
36	金叶小檗	*Berberis thunbergii* 'Aurea'	小檗科小檗属	落叶灌木，叶金黄色全缘，夏季在阳光照射下更鲜艳。倒卵形或匙形，丛生直立，有淡黄色下垂的小花，呈簇生伞形花序
37	火焰南天竹	*Nandina domestica* 'Firepower'	小檗科南天竹属	常绿灌木，低矮，枝叶密集。幼叶及冬季叶亮红色至紫红色，初秋叶变红色，较南天竹红色叶深，变色期早

2　园林应用后评价研究

项目组在宁波农业高新技术实验园区内建立新优彩叶树种种质资源圃10亩，通过对引进品种的生物学和生态学特性的观察，特别是在耐涝、耐旱、耐寒等方面的观测、分析、比较，考察引进品种在本地的适应性情况，然后结合在宁波本地园林绿化工程中应用效果的调查，对引进的37种彩叶植物的园林应用价值进行了指标量化评价，以期为进一步科学合理地推广应用彩叶植物提供依据。

2.1　评价指标和分值

本研究在借鉴前人对彩叶植物研究成果的基础上[6-8]，广泛征询相关专家的意见，参考其他植物的应用评价方法[9]，确定了以生态适应性、园林观赏性、繁殖难易性、应用广泛性和品种新颖性为评价指标，并结合应用实际给出相应指标的权重系数。每个评价指标满分10分，各取分标准如下：

生态适应性——指该品种在本地的耐涝、耐旱、耐寒、耐阴、耐强光、耐修剪及抗病虫害等方面的综合表现，该指标权重系数为0.22。在园林绿化中适应能力强，对外界环境条件要求不高，基本无病虫害的取8~10分，能适应某些特定环境条件，无严重病虫害的取6~8分，生境特殊，对生长环境条件要求特高或有较严重病虫害的取4~6分。

园林观赏性——主要指该品种在园林绿化应用中的观赏价值高低，以叶色、彩叶期为考察重点，兼顾观花、观果和树形等，该指标权重系数为0.25。叶色

鲜艳，呈彩期长，花或果或形观赏性突出的取8~10分；叶色鲜艳或彩叶期长，花、果、形观赏性较好的取6~8分；叶色一般或彩叶期较短，花、果、形观赏性一般的取4~6分。

繁殖难易性——指对该品种进行人工繁殖扩增的难易程度，包括繁殖方法、繁殖系数、繁殖周期等，该指标的权重系数为0.18。采用播种、扦插、分株等繁殖方法容易获得、繁殖系数大、繁殖周期短的取8~10分，繁殖系数较大、周期较短的取6~8分，繁殖系数小或繁殖周期长的取4~6分。

应用广泛性——指该品种在现代园林绿化中的应用范围，该指标权重系数为0.15。应用范围很广，形式多样，有多种用途的取8~10分；应用范围较广，应用方式较为灵活的取6~8分；应用范围较窄，受限条件较多的取4~6分。

品种新颖性——指现阶段该品种在园林绿化中已经推广应用的程度和已繁育种苗的数量情况。该指标的权重系数为0.2。在园林绿化中未见或很少见应用，已繁育种苗的数量也较少的取8~10分，已有一定数量的园林应用或种苗繁育量已较大的取6~8分，已大量广泛应用的取4~6分。

2.2　评价方法

根据以上确定的5项评价指标和相应取分标准，邀请5名行业专家对每种待评价彩叶植物进行各项指标打分，然后计算平均值，得到该指标评价值，最后按预定的各指标权重计算综合值（综合分值满分为10分），根据得分高低进行归类。

2.3　评价结果

对37种彩叶植物的园林应用后评价量化指标见表2。

表2　彩叶树种园林应用后指标评价一览表
Table 2　The results of colored – leaf tree's landscape post occupancy evaluation

品种名称	生态适应性	园林观赏性	繁殖难易性	应用广泛性	品种新颖性	综合得分	推荐类别
金边埃比胡颓子	9.2	9.4	7.6	8.6	9.2	8.87	I
三色女贞	9	9.2	8	8.2	9	8.75	I
花叶络石	9	8.8	9.4	9.2	7.4	8.73	I
水果蓝	9.2	9.4	9	8.6	6.8	8.64	I
金边阔叶麦冬	8.8	9	9.2	8.6	7.4	8.61	I
玉边胡颓子	9.2	8.8	7.6	8.4	8.4	8.53	I
狭冠冬青	8.2	9	7.8	7.6	9.4	8.48	II
枸骨叶冬青'长叶阿尔塔'	7.4	9	8	8.2	9.2	8.39	II
蓝冰柏	8	8.8	7.6	8.2	9	8.36	II
北美枫香	8.4	9	7	8.2	8.8	8.35	II
金叶六道木	8.8	8.6	9.2	9	6.2	8.33	II
美国红栌	8	8.8	7.6	8.4	8.6	8.31	II
火焰南天竹	7.8	8.8	6.8	8	9.4	8.22	II
小丑火棘	8	9	9	8.4	6.6	8.21	II
红叶石楠'红罗宾'	8.2	9.2	9.6	8.6	5.2	8.19	II
紫花海棠	8.2	8.4	8.2	7.8	8	8.15	II
红叶樱花	7.8	8.2	7.8	8	8.8	8.13	II
金边扶芳藤	6.8	8	9	8.2	8.2	7.99	III
花叶柳	7.6	7.8	9.4	7.6	7.6	7.97	III
金边卵叶冬青卫矛	6.2	8.4	9.8	7	8.4	7.96	III
金心胡颓子	9.2	7	7.6	7.8	8.2	7.95	III
金叶小檗	6.2	8.4	8.2	7.4	8.8	7.92	III
金山绣线菊	7.2	8.4	8.6	8	7.4	7.91	III
银边卵叶冬青卫矛	6.2	8.2	9.6	7	8.4	7.87	III
花叶柊树	6.8	9.2	5.8	7.4	9.6	7.87	III
花叶蔓长春花	7.6	7.8	9.6	8.6	6	7.84	III
日本红枫	6.6	8.4	7.4	8.2	8.6	7.83	III
金焰绣线菊	7.2	8	8.6	8	7.4	7.81	III
金森女贞	8.2	8.4	9.2	7.8	5.4	7.81	III
金叶红瑞木	6.8	8.2	6.8	7	9	7.62	III
金枝槐	6.6	8	7.8	8	7.8	7.62	III
银边扶芳藤	5.6	7.4	9	8	8.2	7.54	III
花叶复叶槭	6	8.6	7.2	7.2	8.2	7.49	IV
银香菊	7	7.2	7.6	7	8.6	7.48	IV
金叶钝齿冬青'金宝石'	5.6	8.2	7.6	7.4	8.4	7.44	IV
金叶连翘	5.6	7.6	8.4	7.6	8	7.38	IV
金心扶芳藤	4.8	6.8	8.8	7.8	8.2	7.15	IV

通过采用园林应用后评价指标定量计算,将最终的评价结果分为以下四类:

Ⅰ类——综合应用价值最高品种(综合分值≥8.50):能够很好地适应本地的气候、土壤和环境条件,生长健壮,长势良好,具有突出的彩叶观赏价值。在园林绿化中可广泛应用,繁殖系数大且在现阶段园林绿化中还未多见的彩叶植物。这类彩叶植物品种有6个,分别是金边埃比胡颓子、三色女贞、花叶络石、水果蓝、金边阔叶麦冬、玉边胡颓子,具有很好的推广前景。

Ⅱ类——综合应用价值高品种(综合分值8.0~8.50):狭冠冬青、北美枫香、红叶樱花等11种彩叶植物,这类植物能适应本地的气候、土壤和环境条件,生长和色彩表现正常,园林观赏价值高,但繁殖较为困难,如北美枫香、火焰南天竹等,或者是在园林绿化中已有一定量应用的彩叶植物品种,如金叶六道木、红叶石楠等,品种新颖性较低,但因为观赏价值高、适应性强、应用范围广,还是有较大的市场价值。

Ⅲ类——综合应用价值较高品种(综合分值7.50~8.0):有金边扶芳藤、花叶柳等15个品种,这类植物能较好地适应本地气候、土壤和环境,但对栽植地条件有一定要求,强光下有日灼现象,如金叶小檗,或抗病虫害能力一般,如金边卵叶冬青卫矛等,或者观赏价值高,但生长速度一般,繁殖系数也不高,如花叶柊树、日本红枫等;或已被大量推广用的品种,如金森女贞、花叶蔓长春花等。

Ⅳ类——综合应用价值一般品种(综合分值<7.50):有花叶复叶槭、银香菊、金叶连翘等5种,这类植物有一定的观赏价值,但对本地的气候、土壤和环境适应性较差,如金叶连翘在强光下叶子灼伤严重,花叶复叶槭蛀干害虫危害突出,影响其在园林绿化中的应用效果,因此不适宜在本地推广应用。

3 问题与讨论

彩叶植物是美丽中国、美丽乡村建设中必不可少的绿化素材,市场前景广阔。本研究首次尝试以应用后评价的概念来对彩叶植物进行指标量化的综合评价,以期为新优彩叶植物的推广应用提供一定的科学依据。笔者认为,引种—筛选—应用—评价,应该是植物运用的一个完整过程,应用后评价研究是其中不可或缺的环节[10]。如一些引进的彩叶植物虽然它的观赏价值非常突出,前几年在本地的表现也很好,但实际应用中多年后会出现一些不适应现象,如抗病虫害能力差,强光下日灼伤害严重等;还有些彩叶植物由于观赏性高、适应能力强、繁殖容易,已被大量广泛应用,品种新颖性低,其市场潜力就需要被重新评估或者提出一些新的应用方式。因此,通过应用后评价研究,科学合理地评判一个彩叶树种的综合应用价值,可以为苗木种植户和景观设计师们提供参考。当然,进行应用后评价研究也具有一定的时效性,只是针对当前应用情况作出的一个评价,因为许多指标随着时间的推移会发生变化,如繁殖难易性,随着科学技术的不断进步,有些现在很难繁殖的品种,可能若干年后会变得很容易,其综合应用价值就提高了。

参考文献

1. 张一明,王晓华.灿烂一族——金叶乔灌木新品集锦(一)[J].中国花卉盆景,2002,(5):4-5.
2. 梁英辉,穆丹,赵文若.彩叶树种在东北地区园林中的应用与发展[J].北方园艺,2007(1):135-136.
3. 李福寿.彩叶植物在城市园林绿化中的应用[J].林业调查规划,2004(5):173-174.
4. 张启翔,吴静.彩叶植物资源及其在园林中的应用[J].北京林业大学学报,1998,20(4):126-127.
5. 包志毅主译.世界园林乔灌木[M].北京:中国林业出版社,2004:394-943.
6. 王金德,张琳.成都市彩叶植物资源评价与园林应用[J].北方园艺,2011(19):96-99.
7. 梁冰,李湛东,陈建芳,等.北京地区彩叶树种应用的综合评价[J].广东农业科学,2014(4):64-67.
8. 刘云华.基于层次分析与模糊评判法的彩叶树种综合评价[J].福建林业科技,2010,37(4):31-37.
9. 胡利珍,关贤交,孟可爱.草本地被植物引种筛选和应用评价[J].南方农业学报,2013,44(12):2053-2057.
10. 应君,沈肖.中国园林设计中引入使用后评价的意义和方法[J].浙江林学院学报,2009,26(3):417-420.

北京奥森公园彩色叶植物群落景观分析

郝丽红　刘维茜　陈宪　于晓南①

（花卉种质创新与分子育种北京市重点实验室，国家花卉工程技术研究中心，

城乡生态环境北京实验室，北京林业大学园林学院，北京 100083）

摘要　彩叶树种在园林植物群落配置与设计中扮演着重要角色，其独特的观赏特性是园林景观和自然景观的重要组成部分。本文就北京市奥林匹克森林公园中 6 处景观效益较好的彩色叶植物群落（包含秋色叶树种）进行了空间结构、色彩季相、栽培养护等方面较为细致的分析，从中总结出在植物群落配置与设计中彩叶树种的主要应用形式以及相应彩叶树种的要求，并推荐了不同叶色、不同季相的彩叶树种的组合搭配，为其他植物景观的配置与设计提供了参考。

关键词　彩叶树种；奥林匹克森林公园；植物配置

Investigation and Thoughts of Beijing Olympic Forest Park Plant Communities of Color Leaf

HAO Li-hong　LIU Wei-qian　CHEN Xian　YU Xiao-nan

（*Beijing Key Laboratory of Ornamental Plants Germplasm Innovation & Molecular Breeding*，

National Engineering Research Center for Floriculture，*Beijing Laboratory of Urban and Rural Ecological*

Environment and College of Landscape Architecture，*Beijing Forestry University*，*Beijing* 100083）

Abstract　The color leaf plants communities and species in landscape design configuration has been playing a very important role，it is not only an important part of the landscape，and its unique ornamental characteristic is to form a colorful natural landscape has played an irreplaceable effect. In this paper，the Beijing Olympic Forest Park Landscape better efficiency in six color leaf plant communities（including autumn Leaf species）conducted a spatial structure，seasonal color，culture and other aspects of the conservation of the more detailed analysis，and referred to in this 6 Coleus species communities in application mode，which summed up the plant communities with planting and design of the main application form and the corresponding species Coleus Coleus species requirements，and recommended a different leaf，season with a combination of different species of color leaf plants collocation，and this research may provide reference for other plant landscape arrangement and design.

Key words　Color leaf plants；Olympic Forest Park；Plant arrangement

　　城市园林绿地作为城市内唯一有生命的基础设施，是城市生态环境及可持续发展的重要基础。一片城市绿地在宏观上是否具有良好的景观效益和生态效益，取决于微观上的植物群落配植与设计。合理而优美的群落结构不仅能够给游人以美的享受，而且还具备遮荫、减噪、散发香味、吸收有毒气体的功效，从而使植物的功能性、景观性与生态性都能够得到充分的发挥与体现[1]。而彩叶树种在园林植物群落配植与设计中一直扮演着很重要的角色，其独特的观赏特性

更是园林景观和自然景观的重要组成部分[2]。

　　从广义上讲，彩叶树种是一类在生长季节或生长季节的某些阶段全部或部分叶片呈现非绿色的植物总称，排除栽培、病虫害、生理和环境条件等外界因素的影响，它们在生长季节可以很稳定地呈现出非绿色[3]。它们具备一致的变色期、较长的观赏期以及整齐的落叶期[4]，在园林应用中，通常根据彩叶树种在不同季节呈现的叶色变化特点，将其分为春色叶、秋色叶和常色叶三类。它们是观赏树木的重要组

---

①　通讯作者。于晓南（1974 –），女，博士，教授，主要从事园林植物研究，010 – 82371556 – 8048；Email：yuxiaonan626@126.com。

成部分，其独特的观赏特性能够向人们呈现多姿多彩的城市特色景观，给人以美的享受。

　　北京奥林匹克森林公园作为北京市最大的城市公园，具有重要的观赏作用和生态效益，拥有众多的植物群落及植物景观，而其中最为突出的便是彩色叶的植物群落景观。而公园内主要的植物景观都包含彩色叶树种，作为园林景观中最常用也是最独特的植物，不仅能为一个群落带来动态的季相美，而且还是吸引游人观赏的主要植物材料。

　　本文主要选取了奥林匹克森林公园中6个具有代表性的彩色叶植物群落作为研究对象，对其景观效益、生态习性及配置方式等方面进行分析，初步了解彩色叶树种之间的搭配及运用方式，为其他植物景观设计提供参考。

1　公园概况

　　奥林匹克森林公园位于北京市南北中轴线的北端，奥林匹克公园的北区，是目前北京市规划建设中最大的城市公园。2003年，北京市开始启动奥林匹克森林公园的建设，2008年7月3日，公园正式落成。占地面积680hm²，相当于10个北海公园的大小，是北五环一片宜人清新的绿洲。公园中不仅有层峦叠翠、湖光山色，还有展现了顶尖科技与绿色环保理念的奥运场馆，更有充满中国古典文化韵味的特色建筑和设计细节，以及为观众提供最大方便的交通场站和人文关怀设施。

　　在植物配置方面，有数据统计资料显示，在奥林匹克森林公园中，乔木与灌木数量之比约为1:5.1；常绿乔木与落叶乔木之比约为1:2.5；而常绿植物与落叶植物的总数量之比约为1:2.2。园中的植物群落结构基本可以分为疏林草地群落、密林群落、复层混交群落、滨水植物群落和湿地植物群落五大类。植物种类也多以适合北方地区自然气候条件的植物品种为主，其中北园多种植乡土树种，而南园以新建树种为主，它们共同构建了一个北京当地的生态群落。

2　调查地点及方法

2.1　调查地点

　　本次群落调查地点为北京市奥林匹克森林公园，基于景观上的吸引性和地理位置上的重要性，被选群落主要分布在跑道以及河岸，大大小小共计9个群落，采取其中6个群落进行分析。这9个群落主要位于主入口旁、滨水廊道、坡地、道路转角、叠水花台、湿地旁及水边坡地，具体位置如图1所示。

图1　奥林匹克森林公园平面图

2.2　调查方法

　　采用现场分析、记录数据、群落平面图绘制、查阅文献等方法，对公园内的6个不同植物群落的植物种类及平面结构进行了实地调查，并对其景观效益、生态习性及配置方式等进行了分析。

3　奥林匹克森林公园内不同彩色叶植物群落景观设计分析

3.1　群落一：圆柏＋银杏—紫叶李＋紫丁香＋野蔷薇

　　该群落位于主入口大草坪西侧，是入口广场与左侧道路衔接处的一个群落。这片群落右侧是疏林草地，在进入广场左侧道路时，这片群落起到了引导游人、遮挡视线的作用，打破了疏林草地的空旷。

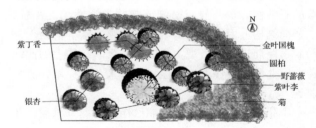

图2　群落一平面图

　　空间上，以野蔷薇形成弧形边界，与疏林草地进行区域分割。靠近道路入口采用菊花作为地被，吸引游人，起引导性作用。圆柏的栽植方式采用交叉列植，起到了良好的背景树作用。紫丁香种植于群落深处，春夏开花时透出淡淡幽香，但由于游人不可进入，而减少了可玩性。

　　季相上，四季有圆柏作为常绿背景树，金叶国槐作为群落中心，紫叶李弧形列植围绕，黄色与紫色强烈对比，形成较为丰富的常年彩叶景观。春季紫叶李、蔷薇和紫丁香先后开花，花期衔接从3月到5月，粉、白、紫色的花色调统一和谐。金叶国槐和银杏秋叶将黄色从初春延续到秋末，在群落上层形成了长期的"金顶"。各植物的观赏特性如附表1所示。

风格上，该群落观赏性兼顾四季，色彩丰富饱满而鲜艳，给人一种积极向上的现代感。

3. 2 群落二：金叶槐 + 圆柏 + 银杏—野蔷薇

这个群落位于公园入口附近的滨水草地旁，群落西侧疏松，东侧密集。由于位于广阔的湖边，该群落起到了入口方向视觉焦点的作用。而该群落树种多为高瘦形态的树种，静静耸立于湖边，横纵线条形成对比，衬托了湖面的辽阔与安静。

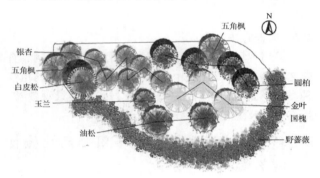

图3 群落二平面图

空间上，将野蔷薇曲线形栽植，形成了群落的边界，围合中间的群落。与群落一类似，同样以金叶国槐作为群落中心，3棵丛植。以列植圆柏和油松作为常绿背景，银杏丛植，用五角枫和玉兰进行点缀。而群落的南北两侧均有道路，因此应考虑两侧视线上群落的观赏性。很明显，南侧道路的观赏性比北侧强，在竖向结构上由低而高，富有层次感。从群落西南侧沿着道路前进，还可观赏到群落在横向结构上的曲线美。但北侧观赏性就比较差，看起来杂乱无章，有待改进。

季相上，四季有圆柏和油松作为常绿背景树，相比群落一增加了油松，丰富了常绿树的色相，增加了白皮松的观干效果。初春时节玉兰开花，在南侧道路形成视觉焦点，靠近游人便于拍照欣赏，春末夏初时节野蔷薇可观粉白花，延续了观花的时间。五角枫春季观嫩叶，秋叶黄或红，金叶国槐依旧作为群落中心，配合银杏延续了黄叶的观赏时间。该群落没有采用浓烈的紫叶树种，配合湖边景色营造了清新淡雅之感。

风格上，该群落秋季色彩较为浓烈，其他季节均

淡雅。夏季缺少可供观赏的植物，可以增加一些夏季开花的花灌木来代替部分野蔷薇，延续其花期。

3. 3 群落三：金叶槐 + 紫叶矮樱 + 油松—紫薇 + 杏梅—金焰绣线菊

这个群落位于公园道路中间绿地上的一个坡地。该群落在道路之间形成遮挡性屏障，将道路中间的绿岛形成景观焦点。由于该群落周围有一片很大的草坪，故群落尽量丰富可以缓解大草坪带来的空旷感。

图4 群落三平面图

空间上，金焰绣线菊作为边界，围合了中间的群落。银杏和油松围合成半圆形作为另一条边界。这是两种不同的边缘化处理。群落以两棵高耸的金叶国槐为中心，以片植的紫叶矮樱为主体，同时点缀紫薇、海棠、杏梅等春季观花植物。

季相上，油松作为常绿背景树，从春季到初秋，西府海棠、杏梅、紫薇、金焰绣线菊等先后开放，都是粉白色系，且从淡雅的白中透粉到浓郁的玫瑰粉色，花期不间断，这是这个群落最大的优点。同时，金叶国槐依旧作为群落中心，配合银杏延续了黄叶的观赏时间。金焰绣线菊作为群落的前景，春季叶色黄中带红，夏秋花朵玫瑰色艳，秋季红叶如火如荼，而常年异色的紫叶矮樱和常绿的油松成为全年不变的基调色彩。风格上，该群落色彩极其丰富，花色美丽花期长，将兼顾四季景观的原则发挥得淋漓尽致。

3. 4 群落四：杨树 + 圆柏 + 五角枫—紫叶矮樱

这个群落位于公园一个道路交叉口旁的绿岛。该群落较为高大，形成一定的遮蔽性，而乔木分枝点多比较高，林下空间较大，也可以看到转弯的道路。

空间上，紫叶矮樱、油松和五角枫沿着道路边缘线呈弧形列植。高大而精神的圆柏丛植形成良好的遮挡效果。树林中间以杨树为主，大面积栽植。整个群落在竖向结构上由外而内呈现由低至高的结构层次。圆柏与杨树虚实结合，形成了良好的观赏层次。

季相上，该区域使用紫叶矮樱列植于道路旁进行

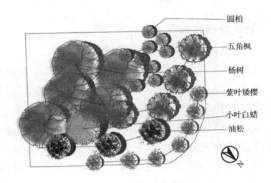

图 5　群落四平面图

彩叶点缀，五角枫和小叶白蜡在秋季展露红黄叶色也具有一定的观赏性。五角枫种植于群落西侧，临近一座小桥，在秋季游人从桥上穿行进入该侧道路可观赏到美丽的秋色叶。而小叶白蜡种植于群落的东侧，便于东侧道路上的行人观景。不过该群落花灌木较少，显得较为单调。风格上，该群落较为高大，秋季景观较佳，春季可观赏花朵繁茂的紫叶碧桃，但四季景观较为平淡。

3.5　群落五：小叶白蜡 + 圆柏—紫叶矮樱 + 金叶莸

这个群落位于公园著名景点"叠水花台"的入口处，该群落色彩丰富，高低错落，观赏性极佳。在景点的入口处吸引游人眼球，起到景点预示性的作用。

空间上，从东侧观赏，金叶莸和紫叶矮樱在同一方向上呈波浪状栽植，形成条带感。竖向结构上，小叶白蜡孤植耸立，而金叶莸和紫叶矮樱阶梯状排列，衬托出小叶白蜡的枝干秀美。从南侧观赏，棣棠、迎春较为低矮，而圆柏高大，也形成了一定的层次感。

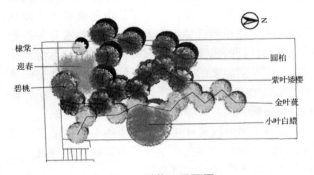

图 6　群落五平面图

季相上，圆柏作为背景树衬托紫叶与金叶的秀美。春季，迎春、棣棠相继开黄花，花期长，且与金叶莸的金叶遥相呼应，碧桃开粉花进行点缀，但碧桃的粉色在这个群落中略显突兀。夏季，金叶莸开小紫花。秋季，小叶白蜡独自展示金黄色秋叶的美丽，其他植物都成为它的衬托。风格上，该群落色彩丰富，层次分明。

3.6　群落六：金枝柳 + 金叶槐 + 圆柏—秋胡颓子 + 紫叶矮樱

这个群落位于公园湿地旁的草坪上，是位于道路转折点的节点群落。该群落使用了秋胡颓子，在道路旁具有良好的观赏效果。

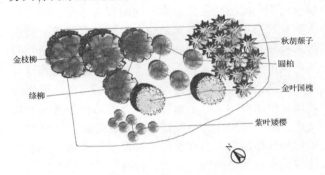

图 7　群落六平面图

空间上，该群落疏密有致，层次鲜明，林缘线和林际线较为丰富。季相上，圆柏作为常绿背景树，秋胡颓子观双色叶。加上紫叶矮樱和金叶国槐的彩色叶，为色彩单一的湿地景观增加了一些色彩和变化，主要是观常年异色叶。风格上，该群落色彩简单，较为淡雅的秋胡颓子色彩纯度低、灰度高，配合色泽较为饱满的金叶国槐和紫叶矮樱可以很好地平衡颜色。

4　奥林匹克森林公园群落生态习性分析

分析发现，群落植物的栽植位置不仅与景观效益有关，更体现了生态的原则，以满足植物的生理特性。6 个群落中涉及的植物的生态习性如附表 2 所示。

群落一周围是疏林草地，没有其他遮蔽物体进行遮阴，故光照充足，因此植物的选择也多为喜光植物。在调查中发现群落中有旋转喷灌系统，灌溉半径约为 4m，而不耐积水的紫丁香种植于群落深处，恰好避开了喷管系统的灌溉，充分体现了以遵循植物生长习性为主的造景原则。

群落二中，不耐积水和不耐阴的玉兰和金叶国槐都种植于远离湖边的一侧，金叶国槐则种植于绿地中央地形略有抬高处。

群落三中，杏梅、紫薇和西府海棠都怕积水，该区域虽然为坡地，但该群落位于坡顶，地形平坦，杏梅、紫薇和西府海棠穿插在茂密的紫叶矮樱与金焰绣线菊之间，故不易发生积水的情况。

群落五中的碧桃不耐水湿，但该群落位于叠水花台，土壤含水量高，不适合碧桃生长。从景观和生态上，都不应在此孤植一株碧桃。

群落六中的绦柳、金枝柳等种植在湿地旁边，符合其喜水湿的特性。

5　建议与讨论

彩色叶植物具有很高的观赏价值，其姿态优美，色泽亮丽，能起到突出景观、引导视线的作用。不同颜色的彩色叶植物还能带来不同的观赏感受，红色让人感觉到热情与奔放，黄色让人想到雍容华贵，紫色带来神秘与优雅，蓝色则带给人浪漫及梦幻。植物的主色调虽是绿色的，让人觉得柔和、舒适，但若只有绿色，则会觉得单调乏味，而正是有了彩色叶植物的装饰，植物群落才有了独特的动态美感和丰富的季相变化。彩叶树种作为一类特殊的植物类群，其典型的美化特性即是色彩美和季相美。在观赏植物的众多观赏特性中色彩是极为重要的，是最容易引起人们视觉器官注意的。植物的色彩主要是通过其叶、花、果实和枝干的颜色变化来刺激人的视网膜而被人感受的，而在这众多色彩中，叶色往往被认为是风景园林景观设计中植物色彩的创造者，因为植物叶色与花色、果色相比，具有较长的彩色期，并具有显著的群体效果。

5.1　公园群落特色及改进建议

北京奥林匹克森林公园作为国家举办奥运会的场馆和公园，接待来自全国各地和世界各地的友人，具有一定的国家特色和展示特性是必须的。

公园中的群落采用了大量的常绿树种，草坪面积大。使用了大量圆柏、油松，挺拔耸立的树形给人坚韧之感，具有奥运的精神和气节。另外金叶国槐不仅用彩叶装点群落，而且它作为北京市市树国槐的"亲戚"兼乡土树种，也体现了生态上的顺应自然。

大量采用紫红色和黄色搭配，不仅展现着中华人民共和国具有象征性色彩的红黄色调，也使园内群落色彩鲜艳丰富，富有现代感，激发人们的热情，也更符合奥林匹克的运动精神。但园中落叶树种较少，很少看到悬铃木等高大的落叶乔木，毕竟落叶景观更加符合北方地区的景观特色。

5.2　彩色叶植物群落设计搭配建议

5.2.1　植物配植应遵循的原则

在适地适树的原则下遵循疏密有致，高低错落；色彩丰富，季相分明；突出一季，兼顾三季的原则。同时应注意色彩的和谐统一，常绿与落叶、乔木与灌木的配比，速生与慢生的搭配等。注意防水涝，同时还应注意植物的采光。作为彩色叶树种，光照强度直接影响了叶色的观赏度，应给予足够的光照，可按植物的耐阴性进行合理的配置，如紫叶矮樱稍耐阴可种于喜强光的金叶国槐下层，构建分层的彩色叶植物群落。

5.2.2　彩色叶植物群落搭配方式

彩色叶植物可以进行孤植、列植、丛植、群植和林植，色块、色带和基础种植，也可以根据色彩进行单一色彩种植，对比色种植——红绿搭配，邻补色调种植——红（紫红）、黄绿、蓝绿搭配。

奥林匹克森林公园的主要搭配形式是邻补色调的种植，紫叶李或紫叶矮樱、金叶国槐配上常绿的圆柏或其他的绿色树种。高度上可分为上中下3个部分，绿色树种作为背景，金叶国槐作为中景，紫叶矮樱位于下部，必要时可以在前方种植一些金焰绣线菊等作彩色绿篱。通过6个群落的分析可以看到，每个群落都至少有1种常绿树，如圆柏；1～2种秋色叶树种，如银杏、五角枫；1～3种彩色叶树种，如紫叶李、紫叶矮樱或金叶国槐。

植物群落的配置不仅需要依照植物的生态习性与景观特征，更要综合考虑地形地貌、光照强度、温度湿度等自然因素以及地理环境、周围人群生活习惯、社会人文、政策方针等社会因素。由于奥林匹克森林公园是人工建造的森林生态公园，土壤及水分条件都能够得到良好的保障，所以只需要考虑植物自身的光照需求以及对温度的需求即可。同时整个森林公园群落乔灌木比值偏大，应该适当的增加灌木的比例，做到均衡搭配。同时常绿树与落叶树的比例也偏大，这可能是基于对公园整体生态游览作用考虑的结果。常绿树种的增加使公园在冬季有了一定的绿色景观，使游人游览时不会感觉太过萧瑟。

参考文献

1. 彭丽军，宋焕芝，张法亮，于晓南. 北京市人定湖公园植物群落结构探析[J]. 北京林业大学学报，2010，S1：110 – 114.

2. 彭丽军，于晓南. 北京地区主要秋色叶树种变色期与变色进程在园林中的应用[A]. 中国风景园林学会. 中国风景园林学会2011年会论文集（下册）[C]. 中国风景园

林学会，2011：4.

3. 王华，张青青. 乌鲁木齐市彩叶树种种类及应用调查[J]. 新疆环境保护，2013，02：35 – 40.

4. 于晓南，张启翔. 彩叶植物多彩形成的研究进展[J]. 园艺学报，2000，S1：533 – 538.

附表：

表1   北京奥林匹克森林公园各群落植物花期、果期、春秋色叶期表

序号	植物种类	拉丁学名	观赏特性	观赏月份
				1 2 3 4 5 6 7 8 9 10 11 12
1	野蔷薇	*Rosa multiflora*	花	
2	圆柏	*Sabina chinensis*	常绿	
3	'紫叶'李	*Prunus ceracifera* 'Atropurpurea'	常色叶 花	
4	'金叶'国槐	*Sophora japonica* 'Aurea'	常色叶	
5	紫丁香	*Syringa oblata*	花	
6	银杏	*Ginkgo biloba*	秋色叶	
7	油松	*Pinus tabulaeformis*	常绿	
8	白皮松	*Pinus bungeana*	树干	
9	五角枫	*Acer mono*	秋色叶	
10	玉兰	*Magnolia denudata*	花	
11	'金焰'绣线菊	*Spiraea × bumalda* 'Gold Flame'	常色叶 花	
12	紫叶矮樱	*Prunus × cistena*	常色叶	
13	西府海棠	*Malus micromalus*	花	
14	紫薇	*Lagerstroemia indica*	花	
15	杏梅	*Prunus mume* var. *bungo*	花 常色叶	
16	紫叶桃	*Prunus persica* f. *atropurpurea*	常色叶 花	
17	小叶白蜡	*Fraxinus sogdiana*	秋色叶	
18	青杨	*Populus cathayana*	干、叶	
19	迎春	*Jasminum nudiflorum*	花	
20	'金叶'莸	*Caryopteris clandonensis* 'Worcester Gold'	常色叶 花	
21	棣棠	*Kerria japonica*	花	
22	碧桃	*Prunus persica* f. *duplex*	花	
23	秋胡颓子	*Elaeagnus umbellata*	叶	
24	金枝柳	*Salix babylonica* 'Aureo – pendula'	枝	
25	绦柳	*Salix matsudana* 'Pendula'	叶	

表2 北京奥林匹克森林公园群落植物习性汇总

序号	植物种类	科属	生态习性
1	野蔷薇	蔷薇科蔷薇属	喜光、耐寒、耐旱、耐水湿
2	圆柏	柏科圆柏属	喜光、较耐阴、耐寒耐热
3	'紫叶'李	蔷薇科李属	喜光、示稍耐阴、具有一定的抗旱
4	'金叶'国槐	蝶形花科槐属	喜光、耐寒、不耐阴湿
5	紫丁香	木犀科丁香属	喜光、耐阴、耐寒、耐旱、忌涝
6	银杏	银杏科银杏属	喜光、耐寒、耐旱、一定的抗污染能力
7	油松	松科松属	阳性、深根性、抗风
8	白皮松	松科松属	阳性、抗污染
9	五角枫	槭树科槭树属	耐阴、喜湿润气候、耐寒性强
10	玉兰	木兰科木兰属	喜光、耐寒、不耐积水
11	'金焰'绣线菊	蔷薇科绣线菊属	喜光及温暖湿润的气候、耐修剪
12	紫叶矮樱	蔷薇科李属	喜光、一定的耐旱和抗寒能力
13	西府海棠	蔷薇科苹果属	耐寒性强、性喜阳光、耐干旱、忌渍水
14	紫薇	千屈菜科紫薇属	喜光、稍耐阴、喜温暖，耐寒性不强、耐旱、怕涝
15	杏梅	蔷薇科李属	喜光、不耐积水
16	紫叶桃	蔷薇科李属	喜光、喜排水良好的土壤、耐旱
17	小叶白蜡	木犀科白蜡属	喜温暖、耐寒、耐涝
18	青杨	杨柳科杨属	喜温暖、耐干冷、不耐积水和盐碱
19	迎春	木犀科茉莉属	性喜光、稍耐阴、较耐寒
20	'金叶'莸	马鞭草科莸属	喜光、耐半阴、耐旱、耐热、耐寒
21	棣棠	蔷薇科棣棠属	喜温暖和湿润的气候、较耐阴、不甚耐寒
22	碧桃	蔷薇科李属	阳性、耐干旱、不耐水湿
23	秋胡颓子	胡颓子科胡颓子属	喜光、耐半阴、耐旱、耐水湿
24	金枝柳	杨柳科柳属	喜水湿、耐水淹、耐干旱
25	绦柳	杨柳科柳属	喜水湿、耐水淹、耐干旱

观赏竹景观对不同人群的视觉生理影响

姜涛 杨雪 吕兵洋 陈其兵① 李翔

（四川农业大学风景园林学院，成都 611130）

摘要 为探讨观赏竹景观对不同人群的视觉生理影响，采用生物反馈测量法系统测定并分析了不同性别、不同年龄段的人群对观赏竹景观的生理活动变化和差异。结果表明：①在观赏竹景观环境的刺激下，被试者 α 脑波振幅增加、β 脑波振幅减少、收缩压和脉搏降低，呈现积极的生理反应。且与城市环境相比，接受观赏竹环境刺激后人体放松的程度更为显著；②女性和青年人对环境的敏感度更高；③老年人群对视觉刺激的生理反应略弱于总体人群；④竹林和竹径景观对人生理的影响差异表现不大。

关键词 视觉；生理反应；观赏竹景观；景观评价；不同人群；差异

The Effects of Ornamental Bamboo Landscape on Visual Physical Response of Different People

JIANG Tao   YANG Xue   LV Bing-yang   CHEN Qi-bing   LI Xiang

（*College of Landscape Architecture*，*Sichuan Agricultural University*，*Chengdu* 611130）

Abstract In order to explore the impact of ornamental bamboo landscape on human's visual body, biological feedback measure was used to investigate different people's physiological response to ornamental bamboo landscape. The results showed that：①Afer receiving ornamental bamboo landscape stimuli, the testee showed positive physiological responses, including increased highαbrain wave amplitude, decreased highβbrain wave amplitude, systolic pressure and sphygmus. Compared with urban environment, receiving ornamental bamboo environment enabled human to relax more deeply；②One-way analysis of variance results indicated that the female and the youth have higher environmental sensitivity；③The old ages have weaker response to visual stimuli and aural stimuli；④The difference of physiological influence between bamboo forest and bamboo path environment is not significant.

Key words Visual sense；Pphysiological reaction；Ornamental bamboo landscape；Landscape assessment；Different people；Difference

园林绿地是城市环境的重要组成部分，具有美化城市环境和改善城市生态的功能。探索园林绿地对人体健康的影响成为当代学科发展的新方向。近代学者从环境科学、园艺学、医学和景观学等专业领域以各种角度证明了绿地环境有助于人类的身心健康（王晓俊，1995）。20 世纪 60 年代起，环境心理学、医学、景观学等学科的并肩发展，为新领域的研究探索提供了新的方法和思路。国内外大量学者已经就园林植物景观对人类健康的影响方面做了大量的研究，且取得了丰厚的成果。目前多数研究成果集中于亲近植物景观环境能对人体健康产生有益影响，比如改善心情、缓解疲劳、有助于释放压力等（Ulrich *et al.*，1991；Hartig *et al.*，2003；Korpela & Ylen，2007）。竹类植物是构成城市绿地的重要元素之一，它不仅拥有着悠久的栽植历史和深厚的文化底蕴，并且在古典和现代园林中均有其挺拔翠绿的身影。随着人们对城市绿地的重视程度提高，以及公园绿地、现代居住区及旅游度假区的兴建改造，观赏竹的应用也越来越广泛。然而在对竹类植物的应用上，设计师们长期致力于打造具有良好视觉体验的景观，营造具有视觉冲击力的园

---

① 通讯作者。陈其兵（1963—），男，汉族，四川万源人。教授，博士生导师，从事竹育种、栽培、竹文化及其景观应用研究。

邮箱 cqb@sicau.edu.cn

林空间，却忽视了不同人群对观赏竹景观的需求差异。随着人们对观赏竹造景应用范围的扩大、应用层次的提高，基于不同人群需求的观赏竹景观将越来越受到重视。

人观察自然风景照片得到反应的结果与观看真实自然风景得到的反应结果是一致的，从自然风景图片中获取人对真实风景的反应，是一种行之有效的办法（Coeterier，1983；Hull & Stewart，1992）。植物实体和植物图片都能带给人轻松、安静、幸福的感觉，且对人体产生的效果是相同的（孙基哲，2007）。许多学者采用植物景观图片代替植物实体进行视觉评价研究已经取得了很多研究成果（Chang & Chen，2005；Shibata &Suzuki，2004；Adachi，2002；Asaumi et al.，1995）。另外，生物反馈的理论在疾病治疗与研究自然环境对人体影响等领域已得到广泛的运用，越来越多的学者开始利用生物反馈测量来考察环境与人体生理的关系（Coleman & Mattson，1995）。接触园林植物和自然景观可促进人体的生理健康（Park & Mattson，2008；Raanaas et al.，2010；Tennessen & Cimprich，1995；康宁等，2008；张大力，2009）。让被试者观赏自然风景的视频比让被试者观看城市环境的视频，可测得更低的血压、皮肤电导率和血压值，表明自然景观有助于改善人的健康状况，对人体生理紧张的恢复有益；观赏绿色植物对人体视觉疲劳的恢复也有帮助（Ulrich et al.，1991；Kondo & Toriyama，1989）。

我国目前对于园林植物景观的评价研究主要集中在植物造景分类、植物景观视觉质量评价、绿地生态功能评价等方面。在植物景观尤其是竹景观对人体生理活动的影响方面，仍然有值得进一步研究的空间。本研究将观赏竹景观作为研究对象，旨在探讨其对不用人群生理活动的影响。调查将不同类型的观赏竹景观图片作为视觉刺激，以不同的人群作为被试群体，采用生物反馈法测试其对不同人群的视觉生理效应，探究不同性别和年龄段对被试者的视觉生理的影响是否有差异，为创造不同人群需求的观赏竹景观提供理论支持。

1　材料准备与实验方法

1.1　材料准备

观赏竹景观照片采集地点选在四川宜宾蜀南竹海景区内，采集时间为2013年3月底。照片采集时选择晴朗无风的上午，采用同一台数码照相机，尼康D90。不使用闪光灯，在相同技术规程规定下由同一人拍摄完成，即快门1/5秒，快门1/5秒，光圈11.0，曝光补偿 -1.0挡，焦距18.0，感光度200。

尽可能避免将非景观因子拍摄在内。观赏竹在园林绿化中的运用非常广泛，可与建筑、道路、水体及其他植物搭配造景。经过实际调查发现，观赏竹在应用过程中，其景观效果通常与其他与之相搭配的园林要素有密切关系，同时也受这些因素的影响。为了能客观反映观赏竹的景观效果，本研究将选择纯竹景观作为研究对象。以观赏竹作为主景、体现纯竹景观的应用形式有竹林和竹径。通过前期调查及文献查阅得知，非专业观赏者对竹的认识只在竹景观的层面，并未细化到竹种。因此在感官性实验设计上，就从观赏者的角度出发，不考虑详细竹种分类。研究对象选择观形竹，主要观赏竹杆、枝、叶整体、整丛或全林的姿态。在观形竹中选择了较为常见的楠竹（ Phyllostachys pubescens ）和慈竹（ Neosinocalamus affinis ）构成的竹林和竹径景观，单片竹林面积不少于20m×30m（林栋，2006；刘永红等，2011）。

视觉评价幻灯片一共分为5个部分：开场引导语—城市环境照片—竹林景观照片—城市环境照片—竹径景观照片。根据预备实验中测每个指标仪器稳定所需的时间以及观看者的舒适度，设计制作该视觉评价幻灯片。其中：所有幻灯片方向为"横向"，背景设置为黑色。换片方式为"无切换效果"，"无切换声音"，切换速度为"快速"；横向照片尽量铺满幻灯片，竖向照片以播放时展现最佳景致为准。所有照片不进行图像处理；第一部分幻灯片开场引导语应简洁易懂，字体较大，以一句话为宜。文字为："请想象，此时您正处于以下场景中"；第二部分幻灯片为4张城市环境照片。自定义动画"进入"为"出现"，换片方式为"在此之后自动设置动画效果"，时间设置为7秒；第三部分幻灯片为5张竹林景观照片。自定义动画"进入"为"淡出"，"速度"为"快速"；自定义动画"退出"为"淡出"，"速度"为"非常快"；换片方式为"在此之后自动设置动画效果"，时间设置为10秒；第四部分幻灯片为4张城市环境照片。幻灯片设计方式与第二部分相同；第五部分幻灯片为5张竹径景观照片。因这部分竹径景观照片均为竖向，为了能更完整展示景观内容而又实现图片最大化，制作时将自定义动画"进入"设置为上升，"速度"为"中速"；自定义动画"退出"为"淡出"，"速度"为"非常快"；换片方式为"在此之后自动设置动画效果"，时间设置为10秒。

选取的电脑为戴尔原装台式机（含音响）。用于播放幻灯片，实验进行时，屏幕面对被试者，屏幕亮度选择电脑默认值。配置要求：操作系统 Microsoft Windows XP 简体中文版及以上，预装 Microsoft Office 。

1.2 测试对象

本实验被试者的选择要求总体性别比达到 1∶1，每个年龄段的总人数达 30 人。不限定被试者专业、职业、学历水平，随机寻找实验参与的人员。被试者无感冒、听力障碍、色盲、神经及大脑的疾病。实验前无吸烟、饮咖啡等活动，排空膀胱。其中，年龄段的划分，根据社会经济学相关资料，以及 20 世纪 90 年代，联合国世界卫生组织（WHO）对全球人体素质和寿命测定评价对年龄划分的标准，在此基础上，将被试者划分成为 3 个群体：青年人（年龄 18 ~ 45 岁），中年人（年龄 46 ~ 60 岁），老年人（年龄 60 岁以上）。被试者来到实验室，根据个人心理及生理状况安静休息 5 ~ 10min 后，先记录静息状态下的生理信号指标作为对照值。然后进行正式实验。实验期间，避免各种因素，如兴奋谈话、深呼吸、激烈动作、吸烟等的影响（Hongratanaworakit，2004；Vera，1998）。

1.3 实验方法

通过让被试者在同一台电脑上观看同一有竹林竹径和城市环境照片的幻灯片，同时测量被试者在观看过程中的实时身体指标变化，测量指标有脑波（highα 和 highβ）、收缩压（高压）和脉搏的变化值。观看照片的顺序为空白屏幕—城市环境—竹林景观—城市环境—竹径景观。采用 SPSS 17.0 对实验数据进行分析处理。单因素方差分析（one - way ANOVA）分别比较分析不同性别、年龄段的人群在接受不同环境刺激后生理指标的平均值变化情况。本实验于 2013 年 3 月

至 5 月在四川农业大学第四教学楼一个安静通风无异味的房间里进行，实验场地易于被试者到达，且房间远离教学频繁的教室群。实验进行中不得有人打扰，且该感官性实验不能受环境的干扰，需要避开学校打铃的时间段。

2 结果与分析

2.1 总体被试者接受视觉刺激后生理指标的变化情况

与安静状态相比，接受城市图片刺激后，被试者的 highα 脑波幅值平均值显著降低并且 highβ 脑波幅值显著升高（P < 0.01），血压和脉搏都呈现上升趋势，但未达到显著程度（P = 0.09，P = 0.069）。被试者在观赏竹林照片时，highα 脑波幅值平均值极显著升高并且 highβ 脑波幅值极显著降低（P < 0.01），但收缩压和脉搏的变化不具显著性；在观赏竹径照片后，被试者的 highα 脑波幅值平均值显著升高并且 highβ 脑波幅值显著降低（P < 0.01），收缩压显著降低（P = 0.042），脉搏呈现下降趋势，但不具有显著性。

与观赏城市照片相比，被试者观赏竹林和竹径的照片均能极显著升高 highα 脑波幅值平均值却极显著降低 highβ 脑波幅值均值（P < 0.01），且对被试者收缩压均值的降低有显著作用（P < 0.05），对脉搏的降低有极显著作用（P < 0.01）。

此外，分别观看竹林和竹径的照片对人体各生理指标的影响无显著差别（表 1）。

表 1 不同模拟视觉环境对被试者生理指标变化产生的影响

Table 1 The P value of physiological index between the testee are separately in different simulated visual environment

项目	单因素方差分析 P 值			
	highα	highβ	收缩压	脉搏
空白 – 城市	0.001	0.013	0.09	0.069
空白 – 竹林	0.03	0.025	0.118	0.148
空白 – 竹径	0.004	0.017	0.042	0.056
城市 – 竹林	<0.001	<0.001	0.01	0.001
城市 – 竹径	<0.001	<0.001	<0.001	0.001
竹林 – 竹径	0.723	0.749	0.635	0.866

2.2 不同性别被试者接受视觉刺激后生理指标的变化情况

与安静状态下相比，结果表明，城市环境均能极

显著降低男女性 highα 脑波幅值和升高 highβ 脑波幅值平均值（P < 0.01），且对女性血压的升高有极显著影响（P = 0.006），对女性脉搏和男性血压脉搏的变化没有显著改变（图 1）。竹林和竹径照片能显著升高

男女性 highα 脑波幅值,且显著降低 highβ 脑波幅值平均值(P < 0.05),对女性血压降低有极显著作用(P = 0.006),对女性脉搏降低和男性脉搏和血压的变化没有显著影响。

与观看城市照片相比,竹林和竹径均能极显著升高男女性 highα 和降低 highβ 脑波幅值,能显著降低男女性被试的血压均值(P < 0.05),且对两性脉搏均值的降低有极显著作用(P < 0.01)。

观赏竹林和竹径的照片分别对男女性生理指标的影响间没有统计学意义。

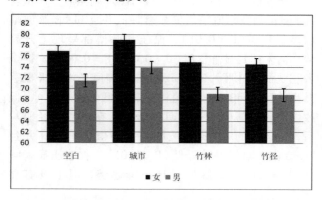

图1　不同性别的试者在安静状态、接受模拟城市、模拟竹林和竹径环境的视觉刺激时脉搏均值大小(n = 45 × 2)

Fig. 1　The sphygmus average when the male and female are separately at rest state, in simulated urban, bamboo forest and bamboo path visual environment (n = 45 × 2)

2.3　不同年龄段被试者接受视觉刺激后生理指标的变化情况

与安静状态下相比,城市照片刺激使 3 类人群的 highα 脑波幅值均呈现下降趋势,其中在青年人群中达到极显著水平(P < 0.01),在中年人群中达到显著水平(P < 0.05),对老年人的影响不具统计学意义;城市照片使 3 类人群 highβ 脑波幅值均呈现上升趋势,且在青年和中年人群中达到极显著水平(P < 0.01),在老年人群中达到显著水平(P = 0.014)。城市环境照片对 3 类人群血压和脉搏的升高都不具统计学意义。

与安静状态下相比,观看竹林和竹径的照片使 3 类人群的 highα 脑波幅值均呈现上升趋势,且对青年和中年人群有显著影响,对老年人群影响不显著。竹林照片刺激使 3 类人群的 highβ 脑波幅值呈现下降趋势,但对中年和老年人群影响比青年人群更显著。竹林和竹径照片能使 3 类人群血压和脉搏均呈现下降趋势,但影响程度都未达到显著水平。

与城市环境相比,3 个年龄段的人群观看竹林和

竹径照片均能极显著升高 highα 脑波幅值并且极显著降低 highβ 脑波幅值(P < 0.01),且竹林和竹径照片能极显著降低青年人群的血压均值(P < 0.01),对中年人血压影响不显著,观看竹径照片能显著降低老年人血压均值(P = 0.018);观看竹林照片能显著降低青年人脉搏均值(P = 0.039),竹径照片能显著降低老年人群的脉搏均值(P = 0.019)。

3　结论与讨论

3.1　观赏竹景观对人体生理有积极的影响

在模拟城市环境的的刺激下,被试者身体趋于压力和紧张,出现 α 脑波振幅减少、β 脑波幅值增加、收缩压升高和脉搏升高的生理反应;而在模拟竹林景观环境的刺激下,被试者则表现出积极的生理反应,包括增加 α 脑波幅值、减少 β 脑波幅值、降低收缩压和脉搏,且与城市环境相比这种变化程度比与对照组相比更加显著,表明竹景观环境具有使人体趋向平静和放松的作用。这与大量学者研究所得出的结论,相对于城市环境自然环境可让人生理趋于放松,是一致的(常青等,1996;陈方华等,2005;Fjeld,2000)。

3.2　观赏竹景观对人体的促进作用在不同性别、年龄的人群中表现不一

在考察不同性别人群对观赏竹景观环境刺激的反应中发现,女性往往对环境变化的敏感度更高。这与刘芳芳、Miedema 等研究发现的,女性对环境更加更加情绪化,并且通常可以感知到非常细微的环境变化,这些结论是一致的(刘芳芳等,2012;Miraftab & Faranak,1998)。在考察不同年龄段人群对观赏竹景观环境刺激的反应中发现,青年人对环境的敏感度更高,中年人其次,老年人生理指标变化最不显著。

3.3　竹林与竹径景观对人体生理的影响

本研究表明,竹林和竹径景观对人生理的影响间,差异表现不大。两种不同的景观对人体影响差异不大,这有可能与本实验取景比较单一、景观差异针对性不强有关。

本研究获得了目前社会主要人群(男性、女性,青年、中年、老年)对观赏竹景观的不同视觉生理反应,筛选出了上述不同人群对观赏竹视觉体验的生理偏好。在此基础上,试验可将被试对象扩展到不同工种的工作者,以研究不同职业环境中的人群对感官的偏好;试验亦可将观赏竹这一绿化材料扩大到其他树种、花灌木或植物配置方式,以综合研究各类绿地科学完整的植物配置方案。

参考文献

1. 王晓俊. 1995. 城市、植被与人类身心健康[J]. 中国园林, 3(1): 33-36.

2. Ulrich R S, Simons R F, Losito B D, Fiorito E, Miles M A, and Zelson M. 1991. Stress recovery during exposure to natural and urban environments[J]. Journal of Environmental Psychology, 11(3): 201-230.

3. Hartig T M, Evans G W. Jammer L D, Davis D S, and Garling T. 2003. Tracking restoration in natural and urban field setting[J]. Journal of Environment and Psychology, 23(2): 109-123

4. Korpela K and Ylen M. 2007. Perceived health is associated with visiting natural favorite places in the vicinity[J]. Health Place, 13(1): 138-151.

5. Coeterier J F. 1983. A photo validity test[J]. Journal of Environmental Psychology, 3(4): 315-323.

6. Hull R B and Stewart W P. 1992. Validity of photo - based science beauty judgments[J]. Journal of Environmental Psychology, 12: 101-114.

7. 孙基哲. 2007. 室内植物可以挽救人的生命[M]. 长沙: 湖南人民出版社.

8. Chang C Y and Chen P K. 2005. Human response to window views and indoor plants in the workplace[J]. HortScience., 40(5): 1354-1359.

9. Shibata S and Suzuki N. 2004. Effects of an indoor plant on creative task performance and mood[J]. Scandinavian Journal of Psychology, 45(5): 373-381.

10. Adachi M. 2002. Psychological effect and preference of flower color [J]. Agriculture and Horticulture, 77(1): 11-16.

11. Asaumi H, Nishina H, Nakamura H, Masui Y and Hashimoto Y. 1995. Effect of ornamental plants to visual fatigue caused by visual display terminal operation[J]. Journal of Shita., 7: 138-143.

12. Coleman C K and Mattson R H. 1995. Influences of foliage plants of human stress during thermal biofeedback training [J]. HortTechnology, 5(2): 137-140.

13. Park S H and Mattson R H. 2008. Effects of flowering and foliage plants in hospital rooms on patients recovering from abdominal surgery[J]. Techonology, 18(4): 563-568.

14. Raanaas R K, Patil G G, and Hartig T. 2010. Effects of an indoor foliage plant intervention on patient well - being during a residential rehabilitation program[J]. HortSceience,

15. Tennessen C N and Cimprich B. 1995. View to nature: Effects on attention[J]. Journal of Environmental Psychology, 15(3): 77-85.

16. 康宁, 李树华, 刘国杰. 2008. 苹果花树叶的观赏活动对人体脑波的影响[J]. 西北林学院学报, 23(4): 62-68。

17. 张大力. 2009. 太极拳对女大学生脑电α波影响的实验研究[J]. 搏击(体育论坛), (4): 67-71.

18. Ulrich R S, Simons R F, Losito B D, Fiorito E, Miles M A, and Zelson M. 1991. Stress recovery during exposure to natural and urban environments[J]. Journal of Environmental Psychology, 11(3): 201-230.

19. Kondo M and Toriyama T. 1989. Experimental research on the effectiveness of using green in reducing of visual fatigue caused by VDT operation[J]. Journal of Japanese Institute of Landscape Architecture, 52: 139-144.

20. 林栋. 2006. 观赏竹的特色分类与园林应用[J]. 福建农业科技, 4: 45-47.

21. 刘永红, 张艳峰, 周围, 陈亮明. 2011. 竹林景观美学价值研究[J]. 中南林业科技大学学报, 3: 187-190.

22. Hongratanaworakit T. 2004. Physiological effects in aromatherapy[J]. Songklanakarin Journal of Science and Technology, 26(1): 117-125.

23. Vera Mackie. 1998. Dialogue, distance and difference: feminism in contemporary Japan[J]. Women's Study International Forum, 21(6): 599-615.

24. 常青, 岩松, 周梅. 1996. 皮电生物反馈训练前后被试皮电反应参数的变化[J]. 中国行为医学科学, 2: 58-61.

25. 陈方华, 柯文棋, 顾卫国. 2005. 皮电生物反馈训练对被试者生理及心理影响的研究[J]. 海军医学杂志, 26(2): 115-116.

26. Fjeld T. 2000. The Effects of Interior Planting on Health and Discomfort among Workers and School Children[J]. Hort Technology, 10(1): 46-52.

27. 刘芳芳, 刘松茯, 康健. 2012. 城市户外空间声环境评价中的性别差异研究——以英国谢菲尔德市为例[J]. 建筑科学, 28(6): 50-56

28. Miraftab, Faranak. 1998. Complexities of the margin: Housing decisions by female householders in Mexico[J]. Environment & Planning, 16(3): 289-310.

花卉混播在低影响开发的城市雨水生态系统中的应用[*]

符 木[1]　刘晶晶[1]　高亦珂[1][①]　白伟岚[2]　王媛媛[2]

（[1]花卉种质创新与分子育种北京市重点实验室，国家花卉工程技术研究中心，城乡生态环境北京实验室，
北京林业大学园林学院，北京 100083；[2]中国城市建设研究院有限公司，北京 100120）

摘要　低影响开发是指在园林景观工程建设中最大限度降低对环境的干扰，在实现其美学、社会学功能的同时，维持生态系统的稳定。采用雨水利用技术，营造雨水生态系统，模拟场地开发前的水文过程，来减少人为开发对场地的影响，已经成为城市开发的重点和热点问题。低影响开发雨水生态系统中的植物景观设计，则是使景观达到观赏和生态功能并存，实现景观可持续发展的关键。花卉混播作为一种新兴的景观营造形式，因其具有建造低影响，景观可持续，效益生态化的特点，越来越多地被应用于低影响开发的城市雨水生态系统中。

关键词　低影响开发；雨水生态系统；城市空间；花卉混播；应用

Application of Flower Meadow in Low Inpact Developed Rain Ecosystem

FU Mu[1]　LIU Jing-jing[1]　GAO Yi-ke[1]　BAI Wei-lan[2]　WANG Yuan-yuan[2]

（[1]*Beijing Key Laboratory of Ornamental Plants Germplasm Innovation & Molecular Breeding，
National Engineering Research Center for Floriculture，Beijing Laboratory of Urban and Rural Ecological
Environment and College of Landscape Architecture，Beijing Forestry University，Beijing* 100083；
[2]*China Urban Construction Design & Research Institute Co. Ltd，Beijing* 100120）

Abstract　Low inpact development can reduce the interference of the environment during landscape engineering construction to a minimum，and maintain a balance in aesthetics，social function and the stability of the ecosystem. It has become the focus of the urban development that using rain utilization technology to construct rain ecosystem to simulate the natural hydrological process. The key to low inpact landscape plant design is to achieve the coexistence and sustainable development of landscape and ecological functions. As a new urban landscape form，Flower meadow's application in low impact development of urban rain ecosystem is more common because of its low construction impact，sustainable landscape and ecological benefits.

Key words　Low impact development；Rain ecosystem；Urban space；Flower meadow；Application

近年来，国家大力加强生态文明建设，提倡并践行可持续发展理念，推进生态园林建设的发展，从最近的"海绵城市"概念的提出和践行力度就可见一斑。传统的城市景观设计只注重美学和观赏价值，在飞速的城镇化进程中，这种对自然环境高影响的开发导致越来越多生态环境问题的出现。因此人们开始反思，开始寻求新的设计和建造理念，探索如何最低影响程度的去开发土地，通过较少的环境影响来获取较大的景观价值（董丽 等，2013）。

低影响开发中，雨水的利用技术是重点和热点问题，它倡导将雨水利用与城市园林有机结合，来达到维护城市水系统生态平衡。这是一项以雨水生态系统作为实现载体的城市雨洪管理和面源污染控制技术，它通过分散式、小规模的源头控制措施达到对城市暴雨径流和污染的控制，达到模拟或保持建造区域的自然水文过程（王媛媛 等，2014）。

花卉混播是以一、二年生花卉和多年生花卉为材料，混合播种建立一种模拟自然槽点交错生长状态的

---

* 基金项目："十二五水体污染控制与治理科技重大专项"《城市道路与开放空间低影响开发关键技术研究》（2010ZX07320-002）。
① 通讯作者：高亦珂，教授，主要从事花卉育种与花卉混播研究。E-mail：gaoyk@bjfu.edu.cn。

现代花卉应用形式。花卉混播营建成本低，对环境影响小，且具有高效生态价值，符合构建节约园林，生态园林和可持续发展的需求。因此花卉混播也越来越多的被应用在低影响开发的城市雨水生态系统中（方翠莲 等，2012）。

1 低影响开发的雨水生态系统及其意义

1.1 低影响开发的雨水生态系统

随着城市化的加剧，城市中不透水面（Impervious Cover，IC）所占比例越来越高，传统的"集中，快速排放"的雨水处理模式引发的雨水问题凸显，如城市地表径流、洪涝灾害等。低影响开发（Low Impact Development，LID）中，开始着重研究对水循环的改善。低影响开发是一种雨洪管理策略，其基本思路是通过有效的水文设计使城市开发区域的水文功能尽量接近开发前的状态，模拟自然生态过程来管理雨水（刘保莉 等，2009）。这种雨洪管理策略主要通过雨水生态系统作为承载模式，包括雨水花园（Rain Gardens）、生态浅沟（Bioswales）、下沉式绿地（Bioretentions）、绿色屋顶（Green Roof）等，这些要素组成一个相互联系、有机统一的网络系统，其实现的生态效益是传统园林模式难以比拟的——研究显示，低影响开发技术可减少30% ~ 99%的暴雨径流，延迟暴雨径流峰值5 ~ 20min，舒缓降低市政排水管网系统的压力。而且透过植物根系和土层的过滤，能够有效地去除雨水径流中的重金属污染物，降低酸雨影响，减小雨水污染，节省雨水回收成本（许秀华 等，2005；陈蔚镇 等，2011）。

1.2 低影响开发的雨水生态系统的意义

低影响开发的雨水生态系统是生态城市的重要组成部分。城市建设用地的扩张，导致城市自然下垫面所占比例不断减小，诱发了热岛效应、局部特大暴雨、城市内涝等生态恶化问题。我国大约60%以上的城市存在不同程度的缺水问题，但是基于"快速排放"原则设计的现有城市雨水排放系统，每年都会导致大量雨水径流流失，造成巨大的资源浪费（中华人民共和国水利部，2011）。因此低影响开发的核心——雨水生态系统，是目前建设生态城市的重要实现终端。它们作为小而分散的雨水调蓄设施，能够灵活地分布于城市各地，通过植物根系和土壤的多重过滤作用净化雨水，又能联系起来作为整体生态网络，营造景观优美，生物多样性丰富的园林系统，既能起到美化城市环境的作用，又能提高城市的雨洪管理效率，有机地联合自然环境和人工环境，提高城市的生态效益。

国外低影响开发的雨水生态系统发展迅速。低影响开发的雨水生态系统在国外发展日趋标准化和产业化。在美国，特别是马里兰州、俄勒冈州、马萨诸塞州等的一些城市已有大量的雨水生态系统（车伍 等，2008）。澳大利亚的水敏感城市设计（Water Sensitive Urban Design，WSUD）强调通过城市规划和设计的整体分析方法来减少对自然水循环的负面影响，保护水生态系统健康。新西兰自然优美的生态环境得益于现代雨洪管理法规和实践[10]。在土地资源紧缺的日本，雨季时为雨洪调蓄景观水体，非雨季时为街区公园，这种雨洪调蓄与公园绿地相结合的方式被广泛应用（王思思 等，2010）。英国则将可持续排水系统（Sustainable Urban Drainage Systems，SUDS）与城市绿化、生态多样性和雨洪管理理念相融合，营建出许多优秀的雨水生态系统（王媛媛 等，2014）。

国内低影响开发的雨水生态系统发展前景广阔。随着我国城市内涝问题加重，雨水生态系统开始获得政策上的支持，目前国家和地方都为低影响雨水生态系统给予了政策保障，例如北京市规定新建建设工程每公顷硬化面积应配建不小于500m³的雨水调蓄设施，绿地中至少应有50%作为用于滞留雨水的下凹式绿地，透水铺装率不小于70%。技术方面，我国积极开展各项规范编辑和图集编制工作，使得雨水利用区域规范化。如在《室外排水设计规范》中加入了雨水综合利用、内涝防治的章节。《城市道路与开放空间低影响开发雨水设施设计》标准图集的编制，也会对其设计水平、设计效率与推广应用起到积极作用（中华人民共和国水利部，2011；国务院办公厅，2013）。我国也建成了一些低影响的雨水生态系统，都表现出了较为良好的景观效果。如北京东方太阳城居住区项目、北京奥林匹克森林公园、上海世博园、上海虹桥机场、深圳市雨水综合利用示范项目等（胡爱兵 等，2010；沈珍瑶 等，2012；北京市规划委员会，2013；赵宇 等，2013）。此外，最近"海绵城市"概念的提出和践行，也标示着雨水作为一种非常重要的非传统水资源，在城市建设中的考量开始占据愈来愈重要的位置。

2 花卉混播在低影响开发的雨水生态系统中的应用意义

低影响开发的雨水生态系统主要包括水花园（Rain Gardens）、生态浅沟（Bioswales）、下沉式绿地（Bioretentions）、绿色屋顶（Green Roof）等。无一例外，这些现代的园林景观应用形式都有低建植成本、高生态效益和景观效果的诉求。而花卉混播所具有的特点，能够高度吻合这些诉求，因此具有良好的应用意义。

2.1 优美的景观效果

花卉混播中植物种类丰富，一般可达 15～25 种，有时候场地面积允许甚至可达 30 种之多。不同的花卉种类具有不同的株高、叶形、花型、花色、质感等观赏性状，因此构成的景观外貌丰富多样（李冰华等，2010）。而且不同的植物种类观赏期不同，长短不一，因此花卉混播具有较长的持续观赏期。而且作为一个模拟自然草甸的人工群落，花卉混播富有自然野趣的景观效果能够维持演替多年，能够实现自然又可持续的景观效果（王荷 等，2009）。

2.2 建植成本低廉

花卉混播是指通过混合播种的方式进行景观营造，即在整理好的地面上均匀播种，稍加覆盖压实，水肥要求低，管理简单粗放，只需要在播种后和幼苗期保证一定的浇水频率和除草次数，播后 2～3 个月就能达到多种花卉盛开的效果（Fieldhouse K，2004）。因此建植成本十分低廉，据统计，美国铺设草坪的费用是 30000 美元/hm²，而营建花卉混播则只需 9800 美元/hm²（Kutka F T G，1996）。

2.3 较高的生态效益

花卉混播因其自然富有野趣的效果，能够很好地成为从城市人工环境到自然环境的过渡景观，拉近人们和自然环境的距离。此外花卉混播地的植物群落不仅能吸引当地无脊椎动物和鸟类，为蝴蝶、昆虫、小动物提供栖息地，保护本地的野生动物，提高生物多样性（Hitchmough J，2006），还较传统的单一种类草坪而言具有更高的雨水截留效率，相对于常见的地被植物能更好地截留雨水，对阻缓径流、提高水分利用具有重要作用（Nagase A，2012）。

3 花卉混播在低影响开发的雨水生态系统中的应用实例

3.1 雨水花园（Rain Garden）

雨水花园是指以植物为主体景观，具有雨水收集和管理功能的小型园林。它通常包括雨水花园本身——种植植物的略微凹陷的地面，用来暂时储存、收集、渗透多余雨水，起到减缓雨水径流的作用；雨水花园周围的停车场、街道、人行道——起到将雨水引入雨水花园的作用，也可以做成下凹可渗透式的，用于储存多余雨水；雨洪收集池——高床种植池，用

于直接收集屋顶雨水。因此我们可以看出，雨水花园是从建筑物表面、人行道、街道等硬质路面收集雨水，暂时储存、过滤、缓慢释放到城市排水系统或土壤中，以缓解城市雨天的排水泄洪压力，同事还能利用植物的过滤作用对雨水进行初步净化过滤。与升级城市排水系统而言，雨水花园建造成本小，雨洪管理功能强，还给城市带来可观的生态效益和景观效果。

2008 年，奈吉尔·邓内特（Nigel Dunnett）在考文垂一个工厂利用花卉混播的形式建植了一个雨水花园。这个工厂停车场附近，夏季暴雨季节经常遭受内涝。解决方法是引入雨水花园，将相邻屋顶的雨水引入其中，而不是挖开地面重新铺设管道。混播植物群落建植在常用在绿色屋顶建植的种植基质（压砖和绿肥的混合物）之上，基质厚度至少 200mm，下垫陶粒，最后引水入排水系统中。管理措施包括每年 2 月进行一次修剪，3～4 月进行一次杂草拔除。混播群落中使用的植物种类有细香葱 *Allium schoenoprasum*、羽衣草 *Alchemilla mollis*、白花海石竹 *Armeria maritima* 'Alba'、西洋蓍 *Achillea* 'Moonshine'、智利鸢尾 *Libertia formosa*、智利豚鼻花 *Sisyrinchium striatum*、火炬花 *Kniphofia* 'Border Ballet'、芒 *Miscanthus* 'Silver Feather'、紫菀 *Aster* 'Purple Dome'。其中细香葱、白花海石竹、西洋蓍花期从早春到夏初，智利豚鼻花、羽衣草、智利鸢尾、火炬花花期贯穿夏季，芒草和紫菀的观赏期则是在秋季，这些植物建植的群落花期几乎贯穿全年，景观效果丰富。

图 1 展示了考文垂工厂雨水花园混播植物群落不同时期的景观特点。由此可以看出，利用花卉混播作为雨水花园的植物景观建植形式，不仅能够满足雨水花园的功能需求，还可以带来非凡的景观效果。

3.2 生态浅沟（Bioswales）

生态浅沟用于收集地表流动的雨水，通常包括：人行道——弧形的不透水硬质地面，将雨水混入浅沟的作用；生态浅沟——收集、储存、过滤雨水；行道树区域——地表铺设透水的沙砾，让树木的根系起到收集过滤雨水的作用。整个系统还可以与城市绿地系统中的水网相互连通，形成联系城市绿地间的网络和骨架。与传统的城市排水系统将雨水汇入地下排水管道的理念相反，生态浅沟就是要将雨水在城市中的循环可视化，让雨水尽可能多地保留在浅沟内，一部分通过蒸发（包括植物吸收蒸腾）返回大气，一部分下渗进入土壤，一部分最后汇入城市水网。这样可以达到减缓城市排水系统压力，充分管理利用雨水的目的。

6月，细香葱花期刚刚结束，智利豚鼻花开始迎来花期　　7月，是智利鸢尾、火炬花和 *Alchemilla mollis* 的花期

夏末景观11月，紫菀和芒草成为主要的景观营造者

图源：http://www.nigeldunnett.info/

图1　考文垂工厂雨水花园

Fig. 1　The rain garden of a factoryin Coventry

2012伦敦奥林匹克公园所设计的一条生态浅沟十分经典。在弧形人行道的两侧，一侧是建立混播群落的生态浅沟，一侧是行道树区域，地面是透水材料。生态浅沟中混播群落的植物种类大部分都是原生欧洲湿润草甸的花卉植物，力图凸显英国本地湿地草甸的秀美风光。从生态适应性角度来说，沟底积水最多的地方，选择的植物耐水湿能力也较强，主体植物有草甸碎米荠 *Cardamine pratensis*、洋剪秋罗 *Lychnis flos-cuculi*、灯心草 *Juncus effusus*，填充植物有银叶老鹳草 *Geranium sylvaticum*、缬草 *Geranium sylvaticum* 等，而密花千屈菜 *Lythrum salicaria* 则作为重点植物配置其中。浅沟两边的坡地土壤含水量不及沟底，因此选择的植物耐水湿能力可稍差，但要具备一定的抗旱能力，主体植物是滨菊 *Leucanthemum vulgare*、草地碎米荠 *Cardamine pratensis*、洋剪秋罗 *Lychnis flos-cuculi*、药水苏 *Betonica officinalis* 和大矢车菊 *Centaurea nigra* 作为填充植物配置。另外从群落外貌结构考虑，在沟底可以安排高大的竖线条植物，在沟边，为了防止植物倒伏和平衡视觉效果，一般选用丛生的高度在低、中层的植物[11]。

3.3　绿色屋顶（Green Roof）

绿色屋顶是在建筑物的表面（通常是屋顶）铺设一定厚度的种植基质，然后再种植植物，对建筑物表面进行绿化，可以说是最适合城镇环境的绿化形式之一，不仅改善了不可渗透表面，减缓城镇雨季的雨水径流，还能给公众带来绿色的感受，让整个城镇的绿化更加立体。通常，我们根据绿色屋顶应用方式的不同，将绿色屋顶分为三大类。第一类是广泛应用的绿色屋顶，这种绿色屋顶的基质一般铺设的较浅，主要注重其功能性，对其景观效果要求不高。第二类是集约应用的绿色屋顶，这类的绿色屋顶更多地注重景观效果，通常采用传统的植物种植方法，类似屋顶花园。第三类是半集约型的绿色屋顶，这类绿色屋顶介于前两类之间，除满足其功能性，还注重其景观效果。广泛应用型和半集约型绿色屋顶通常是根据所在地的环境条件来选择多种不同的植物，这些植物种类通常是原生于干旱环境，通过不同植物种类的组合，建植出一定的植物群落，这类植物群落不仅能满足绿色屋顶的功能，还具有一定的景观效果，并且能够在屋顶环境中很好地生长，仅仅需要很少的管理养护措施。

图2　2012 伦敦奥林匹克公园生态浅沟

Fig. 2　The Biowales in the Olympics garden of London

　　Yako Nagase 等于 2006 年在谢菲尔德大学研究利用一年生草甸花卉混播建植绿色屋顶的可行性。研究表明一年生混播群落利用种子建植，安装容易价格低廉，大多数植物种类具备一定耐旱性，且具有较长的花期，而且该绿色屋顶需要很少的灌溉和养护措施。这说明利用花卉混播来建植绿色屋顶是可行的，而且相较传统的绿色屋顶建植方法，具有景观丰富、成本低廉、养护简单的有点。同时还建议，如用混播建植绿色屋顶，在水分充足时，建议采取低播种密度，以确保植物个体生长良好。当水资源匮乏时候建议采用较高的播种密度来确保足够植物数量。一年生草甸花卉种类丰富，花期长，从播种后一个月开始有花，景观效果一直延续到 10 月底。在该实验中表现优良的物种有香雪球 *Alyssum maritimum*，蓝蓟 *Echium plantagineum* 'Blue Bedder'，细小石头花 *Gypsophila muralis*，香屈曲花 *Iberis amara*，伞形屈曲花 *Iberis umbellata* 'Fairy'，柳穿鱼 *Linaria elegans*，姬金鱼草 *Linaria maroccana*（Nagase A，2013）。

图源：Nagase A，Dunnett N. Establishment of an annual meadow on extensive green roofs in the UK[J]. Landscape and Urban Planning, 2013，112：50 – 62.

图3　在英国利用一年生花卉混播建植绿色屋顶

Fig. 3　Establishment of an annual meadow on extensive green roofs in the UK

4　结语

　　随着社会发展和文明进程的加快，低影响开发的景观设计将会成为现代园林设计中的主要关注点。在某些情况下，人们对于园林景观的生态意义的诉求甚至会超过其景观价值。因此，低影响开发显得尤为重要。

　　低影响开发的雨水生态系统作为低影响开发的实

现载体，是一种分散的、生态型的景观模式，它强调城市水系统的良性循环，维持和补充地下水，保护水环境和生态系统，注重景观设计和土地开发的良好结合。国内外一些优秀的案例都为今后在我国大力推行低影响开发的雨水生态系统提供了技术和经验上的借鉴和积累。因此在城市空间中广发的运用雨水生态系统前景广阔，不仅能够达到景观效果需求，更重要的是能缓解城市内涝，改善人居生态环境。

花卉混播建植成本低廉，景观效果优良，生态效益良好，其对城市生态环境多样性的丰富，对雨水的截留和过滤作用，以及可持续发展的动态稳定的规律，都十分吻合低影响开发的设计理念。因此越来越多的雨水生态系统开始应用花卉混播作为终端实现模式。这也启示这我们，在对雨水生态系统进行植物配置时，要体现可持续发展的思想，在展示优美景观的同时，还要考虑长远角度的表现和生态功能的解决，整个生态系统才能真正的完成生态文明和景观价值的优良结合，才能真正的为"生态城市""海绵城市"的建设添砖加瓦。

参考文献

1. 董丽，王向荣．低干预·低消耗·低维护·低排放——低成本风景园林的设计策略研究[J]．中国园林，2013(5)：61－65．

2. 王媛媛，白伟岚，王莹．基于低影响开发的城市空间雨水景观工程设计方法[J]．农业科技与信息（现代园林），2014(2)：16－22．

3. 方翠莲，高亦珂，白伟岚．花卉混播的特点与研究应用[J]．广东农业科学，2012，24：53－55．

4. 刘保莉．雨洪管理的低影响开发策略研究及在厦门岛实施的可行性分析[D]．厦门大学，2009．

5. 许秀华．发达国家如何利用雨水[EB/OL]．http：//scitech. people. com. cn/GB/41163/3698229. html，2005－9－157/2014－2－10．

6. 陈蔚镇．城市规划学刊．[EB/OL]．http：//www. upforum. org/knowledge. php? id＝481&fid＝9，2011－7－20/2014－2－10．

7. 中华人民共和国水利部．2011年中国水资源公报[EB/OL]．http：//www. mwr. gov. cn/zwzc/hygb/szygb/qgszygb/201212/t20121217_ 335297. html，2012－12－17/2014－2－10．

8. 车伍，周晓兵．城市风景园林设计中的新型雨洪控制利用[J]．中国园林，2008(11)：52－56．

9. 王思思，张丹明．澳大利亚水敏感城市设计及启示[J]．中国给水排水，2010，26(20)：64－68．

10. 车伍，Frank Tian，等．奥克兰现代雨洪管理介绍（一）相关法规及规划[J]．给水排水，2012，38(3)：30－34．

11. 国务院办公厅．国务院办公厅关于做好城市排水防涝设施建设工作的通知[Z]．2013－3．

12. 北京市规划委员会．新建建设工程雨水控制与利用技术要点（暂行）．2013－4－17．

13. 赵宇．低影响开发理念在城市规划中的应用实践[J]．规划师，2013(S1)：42－46．

14. 沈珍瑶，陈磊，谢晖，等．基于低影响开发的城市非点源污染控制技术及其相关进展[J]．地质科技情报，2012(5)：171－176．

15. 胡爱兵，任心欣，俞绍武，等．深圳市创建低影响开发雨水综合利用示范区[J]．中国给水排水，2010(20)：69－72．

16. 李冰华，高亦珂．草花混播发展历程研究[J]．北方园艺，2010(19)：218－220．

17. 王荷．野生花卉用于野花草地的营建初探[D]．北京：北京林业大学，2009．

18. Fieldhouse K, Hitchmough J. Plant user handbook：a guide to effective specifying[M]. Oxford：Blackwell Pub, 2004：247－257．

19. Kutka F T G. Native wildflower seed production[J]. Small Farm Today, 1996, 6(13)：21－23．

20. Hitchmough J, Marcus de la Fleur. Establishing north American prairie vegetation in urban parks in northern England：Effect of management and soil type on long－term community development[J]. Landscape and Urban Planning, 2006, 78：386－397．

21. Nagase A, Dunnett N. Amount of water runoff from different vegetation types on extensive green roofs：effects of plant species, diversity and plant structure[J]. Landscape and urban planning, 2012, 104(3)：356－363．

22. Nagase A, Dunnett N. Establishment of an annual meadow on extensive green roofs in the UK[J]. Landscape and Urban Planning, 2013, 112：50－62. http：//www. nigeldunnett. info/

基于 AVC 理论的成都地域景观竹文化应用评价

姜之未　陈旭黎　刘玉蓉　陈其兵①　宋会兴
（四川农业大学 风景园林学院，成都 611130）

摘要　成都悠久的栽竹传统和竹子自身的自然、人文特性使成都地域景观深受竹文化的影响，竹文化亦成为成都地域文化的重要组成部分。本文运用实地调研研究了 AVC 理论下成都地域景观的竹文化特性，发现成都地域景观中竹文化 AVC 评价，AVC 三力的重要性和贡献度排序一致，均为吸引力（A）＞生命力（V）＞承载力（C），且 AVC 评价值处于较好等级，三力发展较均衡，综合评价值尤其是吸引力有待进一步提升，并得出成都地域景观发展应本着"提升竹文化 AVC 综合评价值，优先提升吸引力，兼顾生命力与承载力"的规划发展理念。

关键词　AVC 理论；成都；地域景观；竹文化；评价

Chengdu Regional Landscape of Bamboo Culture Based on the Theory of the AVC Application Evaluation

JIANG Zhi-wei　CHEN Xu-li　LIU Yu-rong　CHEN Qi-bing　SONG Hui-xing
（*College of Landscape Architecture*，*Sichuan Agricultural University*，*Chengdu* 611130）

Abstract　Chengdu has a long tradition of planting bamboo and bamboo's own natural, humanistic features the chengdu regional landscape under the influence of bamboo culture, bamboo culture has also become an important part of regional culture in chengdu. On－the－spot investigation, this paper studied the characteristics of bamboo culture of chengdu regional landscape under the AVC theory, found in the chengdu regional landscape AVC evaluation of bamboo culture, the importance and contribution of AVC sanli sorting is consistent, Attractive（A）＞ vitality（V）＞ capacity（C）, In better grades and AVC evaluation value, sanli development more balanced, especially attractive to further enhance the integrated evaluation, And it is concluded that the chengdu regional landscape development should be in line with "ascension AVC bamboo culture, the integrated evaluation priority enhance attraction, vitality and bearing capacity of give attention to two or morethings" planning and development concept.

Key words　AVC theory；Chengdu；Regional landscape；Bamboo culture；Evaluate

竹文化博大精深，源远流长，作为一门交叉科学，不同的学者从不同角度对其进行了研究。目前国内竹文化的研究主要集中在文学艺术、园林应用、竹文化旅游、竹产业经济以及少数民族的竹崇拜和宗教信仰等方面。国内对竹文化的研究总体涉及面较广泛、相关研究也逐步深入，尤其是竹文化在园林中的应用方面较集中，针对竹文化资源评价体系具有初步的探讨；国外对竹文化的研究较少，目前仅有的研究多是针对竹子生理特性、城市公园、庭院设计等方面。

有关景观评价的体系涉及面广，大致可分为乡村生态环境评论、风景资源评价和乡村景观评价，其中又涉及乡村景观资源评价、景观视觉质量评价、景观敏感度评价等。关于直接以地域景观为载体，结合环境、社会、文化等综合价值的研究较少。随着地域景观日益发展与人们心理需求的变化，都直指对地域景观进行文化探讨与文化价值评价分析，进而反馈评价结果并指导实践。

AVC 理论由刘滨谊于 2002 年提出，是以景观与

① 通讯作者。陈其兵（1963—），男，汉族，四川万源人。四川农业大学教授，博士生导师，从事竹育种、栽培、竹文化及其景观应用研究。邮箱 cqb@ sicau. edu. cn

旅游区域的吸引力（attraction）、生命力（vitality）和承载力（capacity）为核心的理论（简称 AVC），是旨在提升 AVC 三力的景观与旅游规划理论依据和评判体系。随着国家自然科学基金会资助项目"风景旅游规划 AVC 评价体系研究"的逐渐发展完善，AVC 理论的研究对象已由初始的风景旅游地拓展至整个人类聚居环境，包括乡村景观、城市公共性景观环境等。AVC 理论由元素吸引力、生命力和承载力组成，其中吸引力指能够满足游客审美、游憩或娱乐等需求的因素以及产生出游动机的作用力；生命力指能够长期并持续保持吸引力、承载力的因素及其作用力；承载力是指景观、资源环境的承载容量及其与旅游需求之间的关系。

图 1 第 20 届成都竹文化节启动仪式（2013）

Fig. 1 The bamboo culture festival ceremony of The twentieth session in Chengdu（2013）

1 观赏竹在城市公园绿地景观营造中的作用

1.1 组织空间

用大面积竹子密植成流畅的线条或成片林。这种做法可以在空间上把不同景点协调统一起来，构成格调一致的景观效果。同时，也可以将与主格调相悖的因素进行有效遮挡。

1.2 渲染空间

紫竹、菲白竹、斑竹等，由于其枝干色彩引人注目，常成为景观园林中的焦点。竹渲染空间的功能，主要归功于竹雅致而不张扬的外形，在空间中衬托或指引出景物，使得景物因其株型大小、形态外貌及色泽而凸显出来。

1.3 协调空间

以大面积竹林面植、线植或带状列植，可使景观空间和谐统一。用竹子做绿篱，如观音竹双行列植于草坪或建筑物周围，不但会使景物更明显，增加多样化美感，而且还与修剪的植物造型外观相呼应，使周围环境更协调。

1.4 分隔空间

选用竹类造成各种高度不等的绿篱，包括不修剪的生篱，或修剪成不同高度的矮篱，将景区分为大小不等的空间。

1.5 强调空间

一些竹类茎秆、叶片的形态及色彩奇特，如佛肚竹竹节中部膨胀像佛肚、紫竹的秆为黑色、方竹的秆下半部截面为方形、金丝竹叶片似丝状、黄金间碧玉竹节兼具黄绿色条纹等。这些竹类种植于室外空间的视觉焦点上，常引人注意，成为景观中心点。

1.6 柔化线

选择较低矮的竹类，如观音竹植于屋基、墙角，其独特形态与质地可柔化建筑物生硬线条，使空间显得和谐而有生气。

2 评价体系构建与方法

国内许多学者对"吸引力、生命力、承载力"三力的评价体系已进行了大量研究，以刘滨谊为主导的观点一致认为"吸引力"的影响因素包括可达性与舒适性、独特性和多样性、被认知程度以及风景旅游地形象，生命力的影响因素包括风景旅游产品、风景旅游需求和经营者的管理，承载力的影响因素包括环境生态承载量、资源空间承载量等。针对竹文化的特性，2011 年蔡碧凡将竹类自然和人文景观资源划分为观赏游憩价值、科学文化价值、珍稀奇异程度、完整性、知名度、基础设施条件等指标因素。同时，结合成都地域景观空间特征与两者的相关性，融入旷奥特性的三个层次，即直觉空间、知觉空间和意境空间，如刘滨谊在湿地景观的旷奥感知中将其指标因素划分为复杂度、神秘度、自然度、明晰度和易解度。综上所述，评价指标应建立在"吸引力、生命力、承载力"三力基础之上，结合旅游资源的分类，融入竹文化特征以及成都地域景观中的空间特性，合理提炼相关影响因子，并通过咨询 20 位专家意见，将成都地域景观中竹文化 AVC 评价构建结构确定为一级指标 1 个，二级指标 3 个，三级指标 11 个，四级评价指标 27 个。

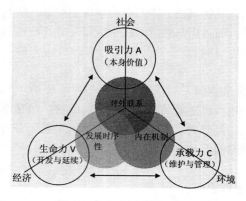

图2　AVC 三力辩证关系

Fig. 2　The dialectical relationship of AVC

本文通过采用 AHP 层次分析法来确定评价指标的权重。AHP 层次分析法是通过专家打分，先构造判断矩阵，以建立的评价指标体系为基准，针对每一层构造相应的判断矩阵。由各位专家将同一层中的各指标因子同上一层的重要性进行比较并给予评分，以确定下层指标因子对上层因子的贡献度，通过判断矩阵，计算各单项指标权重。计算过程中，必须进行判断矩阵的一致性检验，以缩小误差，检验一致性的方法为计算矩阵的一致性指标 CI 值，将 CI 值与平均随机一致性 RI 值比较，若 CR = CI/RI < 0.1，即矩阵具有合理的一致性；若 CR = CI/RI ≥ 0.1，则需要重新调节矩阵，一直到 CR < 0.1。

由成都地域景观中竹文化 AVC 评价体系的指标确立，笔者通过采用发放问卷调查的方式进行评价指标的量化。本次发放的问卷总量为 600 份，其中针对成都地域景观整体的问卷量为 200 份，回收问卷 193 份，剔除漏填、错填或乱填的作答问卷，有效问卷 181 份，有效率为 90.5%；另外每个研究地分别为 100 份，回收有效问卷 374 份，其中望江楼公园 93 份，武侯祠 95 份，杜甫草堂 95 份，大熊猫繁育研究基地 91 份，整体有效率为 93.5%。

问卷调查的方式主要采用现场发放与网络征集两种途径，其中"成都地域景观"的现场问卷发放较随机，发放点不仅包括 4 个研究地，还包括宽窄巷子、文殊院、新都桂湖 3 个地点，访谈时对调查者不明白的问题及时解释说明；网络征集的对象主要集中在本科及以上学历的青年和中年人群。针对具体研究地的网络调查问卷，鉴于了解熟悉调查地的前提，问卷发放时提供该调查地的竹文化分类图片以进一步保证调查者填写问卷的有效性。

表1　成都地域景观中竹文化分类

Table 1　The bamboo culture classification of regional landscape of Chengdu

大类	业类		代表性景观及元素
物质文化景观	历史遗迹		薛涛墓、薛涛井、碧鸡坊、诸葛井、东汉后棺、孔明苑、惠陵、茅屋故居、茅屋水槛、柴门、工部祠、翠竹长廊、枇杷门巷、读竹苑、红墙竹影、听鹂苑、香叶轩、草堂花径、水竹居、草堂影壁、大熊猫铜
	景观建筑		像雕塑、竹林长廊、大熊猫博物馆
非物质文化景观	民风民俗	竹宗教文化	仰止堂、万佛楼、佛珠竹壁
		竹工艺展示	竹屋、竹制兵器、竹编百寿图、竹椅、竹篓、竹篱、竹筒、竹笛、竹制农具、竹餐具、竹水车、竹香炉、竹船
		竹艺术欣赏	九龙壁、竹雕《清明上河图》、竹盆景、竹屏风、竹石浮雕、杜诗书法木雕廊
		竹饮食文化	竹笋、清漪苑食、竹筒饭、竹韵餐厅
	文学艺术	竹诗词绘画	咏竹诗词、竹画、石刻书法及绘画
		竹人文情怀	吟诗楼、曲水流觞、古城记忆、三绝碑、恰受航轩、国际友城竹林
	商业文化	传统商业文化	传统码头、渡船、黄包车
		现代商业文化	品茗、购物、棋牌、儿童娱乐

3　成都地域景观的竹文化 AVC 评价

3.1　AVC 三力现状分析

成都地域景观中竹文化 AVC 评价值为 3.3984，处于 3.0~4.0 的区间内，属于较好标准。由图 3 可以得出 AVC 三力分值排序为：吸引力（A）>生命力（V）>承载力（C），其排序与权重大小一致，不能直观地反映 AVC 三力发展现状。因此，将结合加权分值与权重的比值，来反映三力发展状况。三力加权分值与权重大小排序一致，比值走势不同。通过算术平均法，由成都地域景观中竹文化 AVC 的评价分值

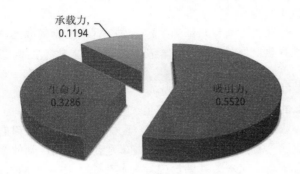

图3 AVC 三力权重值饼状图

Fig. 3 The histogram of AVC weight score

得出其比值分别为 3.4045、3.4119、3.3330，均属于较好标准。但其具体分值排序为生命力＞吸引力＞承载力，说明吸引力发展状况不仅低于生命力，且与承载力差距较小。

吸引力包含 7 个影响因子 18 个评价指标，奇特度、符号值、意境值、心理认同感、参与度及旅游费用的评价分值较低，源于虽然竹文化表达形式较多，但过于大众与泛化，缺少新颖感；基本可以在步行游览时观赏，参与度弱；旅游费用评价值偏低反映的是景点门票整体价格水平偏高，存在一定程度的"门票经济"形象，尤其是部分旅游纪念品价格偏贵。

生命力包含 2 个影响因子 5 个评价指标。基础设施、管理服务水平和客源市场的评价分值整体偏于稳定趋势。竹文化保护与体现的评价分值较低，说明目前成都地域景观中竹文化的体现形式、保护力度还不够，一方面是重视程度不够，另一方面是竹文化存在一定的单一性。

承载力包含 2 个影响因子 4 个评价指标。承载力4 个指标的分值差异较小。其中环境质量的评价分值略低，这与客源市场广阔，具有较大人流量相关，且存在绿地率较低、枯落物未及时清理、人为破坏、乱扔纸皮屑、乱刻乱画等现象。

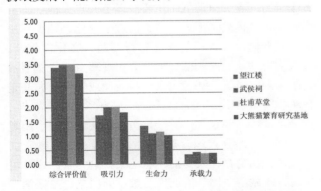

图4 四个研究地中竹文化 AVC 三力分值差异柱状图

Fig. 4 The difference of bamboo culture AVC score in four research

3.2 三力发展建议

成都地域景观中竹文化 AVC 三力发展均衡度 S = 0.584 ＜ 1，表明其 AVC 三力发展均衡度较高，具有较大的发展潜力与长远发展机制。同时，AVC 三力的加权分值随权重值的变化而变化，吸引力（A）对整体评价值的贡献度最大。因此，提升成都地域景观中竹文化的吸引力分值非常重要。

3.2.1 吸引力

（1）丰富符号内容

成都地域景观中竹文化符号表达的整体新颖度较低。因此，应该丰富竹文化表达内容，如竹涉及许多艺术领域，可利用部分现代化装饰材质，结合成都地域范围的历史人物、神话传说或人物事件等进行景观塑造，利用现代科技进行竹文化的展示，让游人感受视觉冲击，进一步提升人们的关注度，增强文化认同度。

（2）强化大众参与

参与性指不仅应有可供观赏的美景，还应具有可供参与的游憩活动项目与公共活动空间。可结合现代人对大自然、"田园生活"的青睐，营造人们可以真正参与其中的景观环境，如竹制农具并不是摆设，诗词楹联不仅只供瞻仰，而可以让人们参与体验。

（3）规范景区消费机制

旅游消费过高会一定程度是影响游人的到访率，尤其是规范景点门票管理，应切实响应景区优惠政策，规范管理；大力推广竹文化产品，合理控制景区内纪念品价格过高或无缘涨价的现象。

3.2.2 生命力

针对竹文化保护与展现力度较弱的情况，应本着开发与保护并重的原则，引起公众的重视，如竹文化文艺作品、艺术摄影等多样化展现竹文化的方式，弱化其在地域景观中的单一性。

3.2.3 承载力

提升环境质量不仅在于对于游人不文明行为的劝导及旅游景点的强化管理，同时绿化环境杂乱、单一也是其影响因素。因此，应提升绿化质量，不断改善原来较为"陈旧"的绿化方式，如艺术小品花坛等。

4 结论与讨论

本文初步构建了成都市地域景观中竹文化 AVC 评价体系，该体系中 AVC 三力的重要性和贡献度排序一致，均为吸引力（A）＞生命力（V）＞承载力（C），且 AVC 评价值处于较好等级，三力发展较均衡，综合评价值尤其是吸引力有待进一步提升。整体指标中奇特度、符号值、意境值、心理认同感及参与度及旅游费用亟需提高。并得出成都地域景观发展应本着"提升竹文化 AVC 综合评价值，优先提升吸引力，兼顾生命力与承载力"的规划发展理念。

针对 4 个研究地的竹文化 AVC 评价，评价值具有一定差异，排序为：杜甫草堂 > 武侯祠 > 望江楼 > 大熊猫繁育研究基地，均处于较好等级；但各研究地的问卷分值排序各不相同，分别为：

①杜甫草堂：吸引力 > 生命力 > 承载力，整体分值较高，需进一步提升吸引力。其中知名度和人文值贡献度大，符号值、明晰度、参与度与环境质量相对较低。

②武侯祠：吸引力 > 承载力 > 生命力，生命力亟需提升。知名度、人文值、客源市场贡献度较大，竹文化保护与展现、符号值、复杂度、意境值较低。

③望江楼：生命力 > 吸引力 > 承载力，吸引力亟需提升。竹文化保护与传承因素指标贡献度大，奇特度、复杂度、易解度与参与度分值很低。

④大熊猫繁育研究基地：吸引力 > 承载力 > 生命力，生命力亟需提升。奇特度、知名度与科研值贡献度大，基础设施、管理服务水平、竹文化保护与展示、符号值、意境值、人文值低。

同时，由各研究地 AVC 三力的单力评价结果可知：

①吸引力（A）：杜甫草堂 > 武侯祠 > 大熊猫繁育研究基地 > 望江楼。

②生命力（V）：望江楼 > 杜甫草堂 > 武侯祠 > 大熊猫繁育研究基地。

③承载力（C）：武侯祠 > 大熊猫繁育研究基地 > 杜甫草堂 > 望江楼。

针对 AVC 三力的单力评价进行分析。

4.1　吸引力（A）

杜甫草堂和武侯祠均有极高的知名度，历史悠久，人文资源丰富，景观环境优美，具有强大的吸引力；大熊猫繁育基地作为当代科研保护基地，年代值低，竹文化塑造方面也很弱，但其海内外的高知名度和影响力为吸引力提供了强大的支撑；而望江楼公园的吸引力分值最低，源于知名度、复杂度、参与度等较低，尤其是景观形式存在一定局限，故提升望江楼公园竹文化吸引力极为重要。建议如下：

①加强园林开放区景观的塑造，丰富园林景观的季相色彩和空间层次；同时注重景观表达的新颖性，如科技化的工艺品展示，提升其复杂性与奇特度。

②强化竹文化特色，注重景观小品功能与艺术的结合，对难于解读的诗词碑帖（草书）进行正确地解说与引导。

③将竹文化与休闲主题相结合，增设相关的参与性景观，如竹林沙盘，丰富竹饮食文化，提高参与度。

4.2　生命力（V）

望江楼作为竹专类园，竹文化保护与展示程度高，具有强大的生命力；杜甫草堂和武侯祠广阔的客源市场、完备的基础设施等为其生命力注入了动力；大熊猫繁育研究基地生命力分值最低，源于其本身竹文化较弱，基本是单一的竹景观，文化性缺乏，基础设施不完善，故亟需提升其生命力：

①将大熊猫文化与竹文化充分结合，强化二者在色彩、肌理等在景观小品中的运用。

②增添特色座椅、垃圾箱及休闲娱乐设施等，强化基地的管理服务水平。

③举办主题文化活动，以主题文化、主题产品带动竹文化的发展及衍生产品的推广，如大熊猫文化动漫节。

4.3　承载力（C）

4 个研究地均具有较大的承载力，与其整个景区的容量、规模等密切相关，但仍然存在环境质量问题，如杜甫草堂中的水环境、望江楼公园园林开放区中的枯落物、脏水沟等。因此，需要加强环境管理，尤其是水质管理，如每天定时清理水中落叶、漂浮物等。

整体来看，成都地域景观中竹文化涉及面较广，以 4 个研究地为主的景区知名度高，且迅速发展的城市交通、景观营建与文化打造等形成了较强的吸引力，旅游管理服务水平的提升、基础设施的完善、时代元素的融入、新地标的崛起等都为其注入了持久的生命力和较大的承载力，故整体综合评价值较好。但其吸引力问卷分值偏低，主要有以下几点原因：①虽然竹文化整体表达形式较多，但过于泛化，缺少新颖感，且普遍以竹景观的常态进行塑造，文化性较弱；②人们心理认同度较低，大部分景观塑造或文化展示仅供参观、游览，缺乏大众参与活动或项目；尤其是 1980、1990 年代的人，似乎已经没有了"竹子情结"，中老年群体与年轻一代对于竹文化的认识出现了明显的断层；③部分景观营建追求"要素堆砌"，缺乏文化特色，加之存在人为损坏等现象，毫无氛围或意境可言；④旅游费用分值低说明景点的门票、景区消费等整体价格水平偏高，存在一定程度的"门票经济"形象，尤其是部分旅游纪念品价格偏贵。

参考文献

1. 何明. 中国竹文化小史[J]. 寻根, 1999(2): 13 - 15.
2. 鲍振兴. 中国竹文化及园林应用[D]. 福建农林大学, 2011.
3. He Xingyuan. Song Li. Xu Wenduo Application of AHP on developing an evaluation system for tree species of UF[J]. Liaoning Forestry Science and Technology, 2006(03): 55 - 56.
4. 潘伟, 朴永吉, 岳子义. AHP 层次分析法分析道观园林道教特色评价指标[J]. 现代园林, 2011(3): 25 - 30.
5. He Xingyuan. Song Li. Xu Wenduo Application of AHP on developing an evaluation system for tree species of UF[J]. Liaoning Forestry Science and Technology, 2006(03): 55 - 56.
6. 关传友. 中国竹子造园史考. 竹子研究汇刊[J]. 1994(3): 53 - 62.
7. 李宝昌, 汤庚国. 竹文化与竹子造景的意境创造研究[J]. 浙江林业科技, 2000, 20(3): 58 - 61.
8. 陈飞虎. 竹文化在环境艺术中的运用与研究[D]. 湖南大学, 2006.
9. 朱红霞, 王铖. 论竹与园林造景[J]. 河北林业科技, 2005(4): 155 - 157.
10. 林奕贤, 杜文琴. 竹纤维的性能及其产品开发[J]. 五邑大学学报, 2006, 20(3): 76 - 78.
11. 蓝晓光. 中国佛教里的竹[J]. 世界竹藤通讯, 2003(1): 39 - 43.
12. 戚善成. 竹制自行车轻巧又环保[N]. 北京: 消费日报, 2010 - 11 - 09(B3).
13. 余树勋. 中国古典园林艺术的奥秘[M]. 北京: 中国建筑工业出版社, 2008.
14. 叶菲. 竹文化及其景观构建研究[D]. 中南林业科技大学, 2011.
15. 何明, 廖国强. 中国竹文化[M]. 北京: 中国文联出版社, 2009.
16. 王磊, 汤庚国. 植物造景的基本原理及应用[J]. 林业科技开发, 2003, (5): 71 - 73.
17. 路培. 浅析园林中的竹文化[J]. 科技信息, 2012, (30): 330.
18. 胡蓉. 地域性景观与非物质文化遗产的互联性研究[D]. 西安建筑科技大学, 2010.
19. 赵汝芝. 城市中心广场地域性景观设计研究[D]. 山东建筑大学, 2012.
20. 杨鑫. 地域性景观设计理论研究[D]. 北京林业大学, 2009.
21. 朱建宁. 展现地域自然景观特征的风景园林文化[J]. 中国园林, 2011, (1): 1 - 4.
22. 许乐龙. 宗教文化对川西林盘景观生命存续性的影响[D]. 四川农业大学, 2012.
23. 郑阳. 城市历史景观文脉的延续[J]. 视觉 · 经验, 2006, (2): 157 - 158.
24. 关传友. 中华竹文化概览[J]. 竹子研究汇刊, 2001, 20(3): 48 - 51.
25. 李世东, 颜容. 中国竹文化浅析[J]. 生态文化, 2006, (2): 41 - 45.
26. 陈守常. 苏轼竹诗考析[J]. 文史博览(理论), 2009(1): 20 - 22.

基于评判模型优选食用菊花品种[*]

宋雪彬　温小蕙　戴思兰[①]　鲁芮　张真真　季玉山　王朔　张辕

（北京林业大学，花卉种质创新与分子育种北京市重点实验室，
国家花卉工程技术研究中心，北京林业大学园林学院，北京 100083）

摘要　我国拥有丰富的菊花品种资源，其中以观赏品种居多而食用菊花品种相对较少，且传统的品种筛选方法存在一定缺陷。为了发挥资源优势，充分利用观赏大菊品种资源，丰富食用菊花品种资源，并建立更为科学的品种筛选方法。本研究采用建立评判模型的方法，从观赏大菊中优选综合品质较高的品种开发为食用菊花。以 12 个观赏大菊品种和 1 个食用菊品种为试验材料，采用加权 TOPSIS – 灰色关联综合评判模型，对感官评分法、气相色谱法（GC）和液相色谱法（LC）分别对营养物质含量、口感和及农药残留量等指标进行评价，最终从观赏菊品种中初步优选出营养物质含量高、甘甜爽口、农药残留量低的 4 个食用菊新品种'高原之云''银链荷花''童发娇容''西厢待月'。本研究将评判模型的建立和综合评价体系相结合，不仅有效地优选出了综合品质优良的食用菊花品种，也为今后其他食用花卉品种的筛选提供了科学方法和参考。
关键词　食用菊花；营养品质；口感评价；有毒物质含量；筛选

Preliminary Studies on the Method of Optimization of Edible Cultivars of Chrysanthemum

SONG Xue-bin　WEN Xiao-hui　DAI Si-lan　LU Rui　ZHANG Zhen-zhen　JI Yu-shan　WANG Shuo　ZHANG Yuan

（*Beijing Forestry University，Beijing Key Laboratory of Ornamental Plants Germplasm Innovation & Molecular Breeding，
National Engineering Research Center for Floriculture and College of Landscape
Architecture，Beijing Forestry University，Beijing* 100083）

Abstract　China has rich resources of chrysanthemums, which are mostly ornamental varieties but fewer edible cultivars. And selection systems have some defects. In order to make use of the rich resources, enrich the varieties of the edible cultivars, this study intends to select high quality edible cultivars from the ornamental varieties with a new method. Taking 12 ornamental cultivars and 1 commercially edible cultivars as the test materials, we use the comprehensive evaluation model based weighted TOPSIS – Grey Correlation Analysis Method, sensory evaluation method, gas chromatographic(GC) techniques and liquid chromatography (HPLC) to evaluate the materials, finally we obtained four new edible cultivars：'Gaoyuanzhiyun', 'Yinlianhehua', 'Tongfajiaorong', 'Xixiangdaiyue'. They have a high content of nutrients, low pesticide residues. And it also tastes sweet and refreshing. In this study, we combine scientific evaluation model and evaluation system, not only effectively select the high quality edible cultivars, but also provide a rigorous scientific methods and reference for other edible flowers and nutrition food.
Key words　Edible chrysanthemum；Nutritional quality；Taste evaluation；Poisonous material content；Selection

我国花卉资源多样，其中菊花（*Chrysanthemum × morifolium* Ramat.）作为中国最早的栽培植物之一（李鸿渐和邵建文，1990），不仅可供人们观赏，亦可作食物入馔。食用花卉由来已久，已成为中华民族花文化的一部分。早在《诗经·幽风》中就有记载"采紫祁祁"，"紫"即白色小野菊。如今食用花卉作为一类无污染的绿色食品，其营养丰富，被认为是 21 世纪食品消费的新潮流（张华 等，2000）。作为食物入馔的

* 基金项目：北京市园林绿化局计划项目（YLHH201400106）。
① 通讯作者：戴思兰，Tel：010 – 62336252，E-mail：silandai@ sina. com。

菊花品种称为食用菊花，简称食用菊，其花瓣具有可食性。据《史记》记载，远在战国时期人们就已将菊花作为一种食用花卉。屈原《离骚》中有"朝饮木兰之坠露兮，夕餐秋菊之落英"的名句。唐宋时期，食菊之风更盛。苏东坡的《后杞菊赋》曰："吾方以杞为粮，以菊为粮，春食苗，夏食叶，秋食花实而冬食根，庶几乎西河南之寿"，将食菊的乐趣展现得淋漓尽致。北京的菊花火锅、杭州的菊花咕佬肉、广州的菊花肉饼等都是值得一尝的佳馔。近年来研究发现食用菊花含有丰富的营养物质，包括可溶性糖、可溶性蛋白、水分、纤维素、有机酸、维生素C和矿物元素等，具有平肝明目、清风散热、抗菌消炎和延缓衰老的保健功效（苏爱国 等，2013）。随着食用花卉逐渐成为一种流行，菊花作为传统的无污染绿色食用花卉之一更是引起了人们的广泛关注。研究发现，目前对国内食用菊花的研究主要集中在引种驯化、营养繁殖方法和高产技术栽培等方面，对食用菊花新品种的开发研究较少（张树林和戴思兰，2013）。

中国传统食用菊花品种主要有'蜡黄''早白''蟹爪'等，其中以'白莲羹''梨香菊''紫凤牡丹'等。这些传统的食用菊花品种大多具有特殊的香味，做成食物口感甘甜爽口（李煜坤 等，2013）。然而，近年来由于食用菊花品种研发技术、生产技术尤其是无污染栽培技术的欠缺，造成了传统食用菊品种退化、品质参差不齐、农药残留量超标的现状，导致不能满足当今人们对食用菊花的需求。目前国内栽培的品质较好的食用菊花品种多为日本引进品种。经全国审定的国内开发的食用菊花品种仅有3个——'白玉1号''粉玳1号''金黄1号'。相对于食用菊花品种严重匮乏的现状，观赏大菊品种十分丰富。因此可以考虑从观赏大菊中筛选营养价值较高、甘甜爽口、有毒物质残留量低的观赏大菊进一步开发为食用菊花。

我国拥有丰富的种质资源，从丰富的种质资源中筛选出符合要求的植物品种是一项极为艰巨的环节。因此，建立科学合理的评判模型对种质资源的筛选具有极为重要的意义。近年来在观赏园艺新品种的筛选过程中，育种工作者不断引进新的数学方法建立多指标综合评判模型，对观赏植物新品种的优选工作具有极为重要的意义。最早的育种工作者多采用直觉进行选择，缺乏科学性和可操作性。随后，出现了百分制评价法、层次分析法、模糊数学法、灰色关联法等一系列较为科学合理的评价方法。但不同数学方法都具有一定的缺陷，因此我们应将各种方法结合应用，建立最为科学合理的评判模型。目前已经有研究者将层次分析法和灰色关联法相结合、模糊数学法和灰色关联法相结合、层次分析法和模糊数学法相结合的科学

评价体系（王青，2013）。评判指标也由最初的单一指标分析拓展到了多指标综合评价。但无论采用何种评价方法，都应根据育种目标和育种对象，选择适宜的评价指标，对筛选品种进行科学合理的评价，只有这样才能优选出符合育种目标的新品种。目前食用花卉营养品质的筛选主要采用主成分分析法。但是利用传统的主成分分析存在一定的缺陷，如使用不同的统计软件，得到的特征向量的各分量绝对值相等而方向截然相反（阎慈琳，1998）。感官评分法虽然存在着参比点难以固定、费时费力、易受外界影响等缺点，但感官评分法相对于化学或仪器分析法具有成本低、效率高的优点，因此被大众广泛使用（黄天柱 等，2012）。米饭、牙膏、甘薯等口感评价皆使用感官评分法（杨庆娟 等，2009）。近年来对农药等有毒物质残留量的测定多采用气相色谱法和液相色谱法。陈玲等采用气相色谱法对蔬菜中菊酯类农药的残留量进行了检测（陈玲 等，2012）；尹建吉等采用高效液相色谱法对敌敌畏、氧化果乐和甲基托布津的残余量进行了检测（尹建吉 等，2012）。因此本文在对食用菊花营养物质进行评价时采用了基于加权TOPSIS法的灰色关联分析法（Grey Correlation Analysis Method，GCA），并将营养物质、口感和有毒物质残留量3项指标相结合，建立了较为综合的科学评价体系。

本研究通过对12个观赏大菊品种和1个食用菊品种进行了营养品质评价、口感评价以及有毒物质含量检测，筛选出了可以开发为食用菊花的观赏大菊品种'高原之云''银链荷花''童发娇容''西厢待月'，其均具有营养价值含量高、甘甜爽口以及农药残留量低等优点，极具开发潜力。筛选食用菊品种时对营养品质、口感品质及有毒物质含量的指标建立科学评价方法和综合评价体系，不仅可以进一步从观赏大菊品种中筛选出品质优良的食用菊品种，为食用菊花品质的提高以及规模化、现代化生产提供参考，也可以为其他食用花卉以及观赏植物优良种质的筛选提供一种有效方法，对其他园艺作物品种和食用食品的筛选也具有参考价值。

1 材料和方法

1.1 试验材料、试剂与仪器

试验材料：供试的13个菊花品种均来自北京林业大学菊花品种资源圃，分别为'西厢待月''童发娇容''风清月白''瑶台玉凤''千丝万缕''舞鹤游天''碧海英风''白鹭横江''高原之云''五大洲''银链荷花''水云香''丰香'。其中'丰香'为食用菊主栽品种，其余皆为观赏大菊品种。

试剂：高效氯氰菊酯、敌敌畏标准液标准品（100μg/mL，农业部环境保护科研监测所）、丙酮、正乙烷、石油醚（沸程 60～90℃）、二氯甲烷均为分析纯（AR，国药集团化学试剂有限公司）、甲醇、乙腈为色谱纯（美国 Tedia 公司）、C_{18} 色谱柱（高效液相色谱常用）、弗罗仪器里硅土小柱，活性炭。

仪器：7890A 安捷伦气相色谱仪（美国 Agilent 公司）配有火焰光度检测器、1260 安捷伦高效液相色谱（美国 Agilent 公司）、AB204-E 电子天平（赛多利斯科学仪器北京有限公司）、FA25 高速组织捣碎机（上海弗克机电有限设备公司）、氮吹仪、KQ-200VDE 型双拼数控超声波清洗器（昆山市超声仪器有限公司）、SHZ-82 恒温振荡器（常州国华电器有限公司）、滤纸及常用玻璃仪器等。

1.2 试验方法

1.2.1 营养物质测定及数据分析方法

（1）测定方法

在盛花期取其舌状小花进行营养含量的测定：干物质用烘干称量法测定（邹琦，1997），可溶性蛋白质用考马斯亮蓝 G-250 染色法（邹琦，1997）；维生素 C 用 2,6-二氯靛酚钠盐滴定法（宁正祥，1997）；有机酸用酸碱中和滴定法（李合生，2000）；可溶性糖和纤维素采用蒽酮比色法（邹琦，1997）；矿质元素采用 Parkin Elmer Optimal 2100 DV ICP 仪测定（AMIR Y et al.，2007）。

（2）数据分析方法

利用 PASW Statistics 20.0（IBM，Armonk，NY，USA）软件对 12 个指标的测量数据进行单因素方差分析以及主成分分析，并进行 Duncan 多重比较分析（Duncan，1965）。通过引入灰色关联系数将加权矩阵转换为灰色关联系数矩阵，计算各方案与正理想解的贴近度，以贴近度作为评价依据，构建加权 TOPSIS－灰色关联综合评判模型。

1.2.2 口感评价方法

食用菊花以口感甘甜、爽口为优。通过采用感官评分法，对其口感评价。随机选取 100 位志愿者品尝 13 种菊花花瓣，以 0 分为最低分，10 分为最高分进行打分，将 100 人评分的平均数作为最终的口感评价结果。

1.2.3 农药残留量测定方法

停药 20 天后采收，采用气相色谱法和液相色谱法分别对敌敌畏和高效氯氰菊酯残留量进行检测。食用菊花的主要食用部位为菊花花瓣，主要测定菊花花瓣的农药残留量。因此叶菜类蔬菜的农药残留量检测方法对食用菊花花瓣的农药残留量检测具有参考作用（郭华 等，2007）。将样品提取、净化并检测，气相色谱、液相色谱条件如下：

气相色谱：色谱柱：HP-5（30m × 320μm × 0.25μm）；分流进样，分流比为 5∶1；程序升温：80℃保持 1min，以 30℃/min 升至 190℃，以 5℃/min 升至 200℃，保持 2min，再以 50℃/min 升至 250℃，共 9.67min；载气为氮气，流速为 1.50mL/min；ECD 检测器，检测器温度 300℃；尾吹氮气：40mL/min；进样量：1μl。

液相色谱：色谱柱：Extend－C_{18} 250mm × 4.6mm；流动相为：乙腈∶水 = 85∶15；柱温：25℃；流速：1.0mL/min；检测器：二极管阵列检测器，检测波长：220nm；进样量：10μl。

2 结果与分析

2.1 营养品质评价

2.1.1 营养物质含量的差异显著性结果与分析

由表 1 可知，13 个菊花品种的舌状小花营养成分相对含量较高主要是纤维素。所有的营养元素含量在各个品种间差异显著。其中纤维素含量在 2.5%～7.36%，'水云香'和'千丝万缕'的纤维素含量最高，'舞鹤游天'的最低；可溶性糖含量在 1.01%～3.74%，最高的为'高原之云'，最低的为'风清月白'；蛋白质含量在 0.08%～0.65%，'千丝万缕'的可溶性蛋白含量最高；维生素 C 含量在 1～40.41mg/g，最高的为'银链荷花'；有机酸含量在 0.16%～0.45%，其中'西厢待月'有机酸含量最低；含水量在 86%～91.73%，其中'丰香'的含量相对其他品种来说是最低的；矿质元素钾含量在 0.95%～0.98%，钙含量在 0.06%～0.93%，镁含量在 0.11%～0.60%，钠含量在 0.01%～0.23%，锌含量在 34.74～76.52mg/kg，铁含量在 161.75～310.3mg/kg。其中'童发娇容'的钾含量最高，'白鹭横江'含钙量最高，'银链荷花'的镁、锌和钠相对较高，而含铁最高的为'高原之云'。

2.1.2 主成分分析

对测得的 13 个菊花品种的各营养成分进行主成分分析。由表 2 可见，前 4 个主成分的贡献率分别为 34.60%、20.40%、16.14% 和 10.00%。前 4 个主成分的累计贡献率为 81.13%，表明前 4 个主成分能够代表全部性状的 81.13% 的综合信息。

第 1 主成分主要反映的是菊花舌状小花中各种矿质元素含量高低的综合指标；第 2 主成分主要反映的是水分和纤维素含量的 2 个指标；第 3 主成分主要反映的是蛋白质、维生素 C 以及 K 含量 3 个指标；第 4

主成分主要反映的是可溶性糖及 Ca 的含量。

2.1.3 层次分析

如表 1 所示，由于各个指标之间差异都较为显著，因此选择这些指标，建立一个由目标层、约束层和指标层组成的综合评价体系的分层结构模型。其中目标层（A）为"食用菊的综合营养品质"；约束层（C）为：营养元素含量（C1）、口感（C2）；指标层包括维生素 C 含量（P1）、纤维素含量（P2）、蛋白质含量（P3）、全 Ca 含量（P4）、全 Fe 含量（P5）、全 Zn 含量（P6）、全 K 含量（P7）、全 Na 含量（P8）、全 Mg 含量（P9）、可溶性糖含量（P10）、水分含量（P12）、有机酸含量（P11）。最终构成一个由目标层、约束层和指标层组成的综合评价体系的分层结构模型。

利用 YAAHP（ver. 0.6，Xinshengyun Software Technique Co. Ltd.，Beijing，China）软件计算 7 个判断矩阵的归一化特征向量和最大特征值，并进行一致性检验。依据公式①和公式②对构建的食用菊的综合评价体系的 3 个判断矩阵进行一致性检验，计算结果表明：3 个判断矩阵的 CR 值均小于 0.1，说明这 3 个判断矩阵都具有一致性，即各评价因子的关系比较一致，符合逻辑（表 3）。

$$CI = (\lambda_{max} - n) / (n - 1) \quad ①$$
$$CR = CI / RI \quad ②$$

将约束层（C）对目标层（A）、指标层（P）对约束层（C）以及指标层（P）对目标层（A）的权重值汇总并排序，以反映各营养成分对食用菊花品质的影响，结果表明，不同营养元素在食用菊优选中的影响程度依次为：可溶性糖（0.3653）> 维生素 C（0.1541）> 纤维素（0.1117）> 水分（0.0942）> 蛋白质（0.0785）> Ca（0.0542）> 有机酸（0.0405）> Fe（0.0371）> Zn（0.0255）> K（0.0176）> Na（0.0123）> Mg（0.0090）；其中前 6 位的指标的权重和达到了总权重的 84.48%，因此这 6 个指标对食用菊品种的筛选影响最为关键，在今后的食用菊筛选的过程中应重点对这些指标进行考察。

2.1.4 灰色关联和加权 TOPSIS 法

利用原始数据构建决策矩阵，之后依据公式③、公式④对决策矩阵进行归一化处理，得到标准化矩阵（表 4）。

$$b_{ij} = \frac{a_{ij} - \min\limits_{j}(a_{ij})}{\max\limits_{j}(a_{ij}) - \min\limits_{j}(a_{ij})} \quad ③$$

$$b_{ij} = \frac{\max\limits_{j}(a_{ij}) - a_{ij}}{\max\limits_{j}(a_{ij}) - \min\limits_{j}(a_{ij})} \quad ④$$

针对食用菊花各个营养元素，除了有机酸和纤维素按照④公式计算，其余都按照③公式计算。

利用层次分析法计算的各个指标的权重值（表 5），计算出 13 个菊花品种的 12 个观测指标的加权标准化决策矩阵；然后根据公式⑤构建关联系数矩阵（表 6）。

$$\delta_i(k) = \frac{\min\limits_{j}\min\limits_{k}\Delta_i(k) + \rho\max\limits_{i}\max\limits_{k}\Delta_i(k)}{\Delta_i(k) + + \rho\max\limits_{i}\max\limits_{k}\Delta_i(k)} \quad ⑤$$

根据公式⑥、⑦、⑧、⑨、⑩计算出所有指标的距正理想解的距离、距负理想解的距离以及各方案的相对接近度（表 7），最终建立食用菊筛选的综合评判模型。

正理想方案
$$\delta_i^+ = \{\delta^+ \mid \max(\delta_{ij}, \delta_{2j}, \cdots, \delta_{ij}) \mid \},$$
$$j = 1, 2, \cdots, m \quad ⑥$$

负理想方案
$$\delta_i^+ = \{\delta^+ \mid \min(\delta_{ij}, \delta_{2j}, \cdots, \delta_{ij}) \mid \},$$
$$j = 1, 2, \cdots, m \quad ⑦$$

⑥式和⑦式中，δ_i^+ 和 δ_i^- 分别为正理想解和负理想解。

评价对象距正、负理想解的距离
$$D_i^+ = \sqrt{\sum\limits_{k}^{n} = [(\delta_i(k) - \delta_0^+(k))]^2} \quad ⑧$$

$$D_i^- = \sqrt{\sum\limits_{k}^{n} = [(\delta_i(k) - \delta_0^-(k))]^2} \quad ⑨$$

确定相对贴近度
$$Z_i = \frac{D_i^-}{D_i^- + D_i^-}, i = 1, 2, \cdots, nn \quad 0 \leq Z^+ \leq 1 \quad ⑩$$

式中，贴近度 Z^+ 反映评价对象靠近正理想解远离负理想解的程度，通过对贴近度值降序排列，可以对评价对象进行优劣判断（张钦礼 等，2013）。

最终的综合评判结果如表 7，营养品质排名依次为'高原之云''丰香''银链荷花''童发娇容''西厢待月''五大洲''千丝万缕''白露横江''水云香''舞鹤游天''风清月白''瑶台玉凤''碧海英风'。

2.2 口感评价

口感评分越高代表越能被大众广泛接受。由表 8 可知，食用菊花品种'丰香'口感评分结果为 5.0 分，'童发娇容''高原之云''银链荷花''瑶台玉凤''千丝万缕''舞鹤游天''白鹭横江''五大洲'等口感评分均高于'丰香'。表明，本实验所选取的大部分观赏大菊口感均优于食用菊花品种。其中'童发娇容'口感评分最高，为 7.1 分，'高原之云'、'银链荷花'口感评分略低于'童发娇容'，分别为 6.9 分、6.4 分；'西厢待月''舞鹤游天''瑶台玉凤''白鹭横江''千丝万缕'等品种的口感评分相对较低，但是也都高于'丰香'；口感评分较低的有'风清月白''碧海英风'，其中'碧海英风'的口感评分最低，为 2.8 分，这表明这 2 个品种的口感是大多数人无法接受的，在筛选的过程中可以先不做考虑。

2.3 农药残留量检测

以空白观赏大菊为基质，作敌敌畏 0.10mg/kg、0.50mg/kg、1mg/kg 三个水平的加标回收实验，计算各农药的回收率，每个样品平行测试 3 次，结果如表 9。敌敌畏的平均加样回收率在 80.93% ~ 86.74%，变异系数（CV）在 6.86% ~ 10.03%；高效氯氰菊酯的平均加样回收率在 80.21% ~ 86.60%，变异系数在 6.03% ~ 8.13%。实验结果说明该方法的样品制备效果好，检测的准确度、精密度符合农药残留量检测标准。

故此可在上述气相色谱、液相色谱条件下对营养物质含量较高、口感评分高的观赏大菊品种进行提取、净化、测定，结果见表 10。'丰香'中敌敌畏残留量为 0.13mg/kg，高效氯氰菊酯的残留量为 0.36mg/kg。其中'银链荷花'、'西厢待月'及'高原之云'中敌敌畏的残留量分别为 0.08mg/kg、0.09mg/kg、0.11mg/kg，均低于'丰香'中敌敌畏的农药残留量。'高原之云''童发娇容'中高效氯氰菊酯残留量分别为 0.12mg/kg、0.17mg/kg，低于'丰香'中的高效氯氰菊酯残留量。其他品种中高效氯氰菊酯的残留量均高于'丰香'。综上可见，'高原之云'中两种农药的残留量均处于较低水平。'银链荷花'中敌敌畏残留量较低，但高效氯氰菊酯的残留量却为 0.45mg/kg，高于'丰香'中高效氯氰菊酯的残留量。'西厢待月'中高效氯氰菊酯的残留量也高达 0.73mg/kg，敌敌畏的残留量却仅为 0.09mg/kg。

3 讨论

3.1 不同食用菊花品种营养成分及口感的差异

研究资料显示，花卉中含有丰富的蛋白质、脂肪、氨基酸、各种维生素、生物碱、有机酸及大量元素与微量元素。据黄国清等测定桃花、玫瑰、金银花、菊花中 Fe 含量是大白菜的 2 ~ 12 倍（黄国清，2002）。除了含有丰富的营养物质外，一些食用花卉还具有药用价值。紫茉莉的根、叶、种子均可入药，有利尿、泻热、活血散瘀的功效（危英 等，2004）；金银花具有清热解毒的功效等（王力川，2009）。菊花是我国传统十大名花之一，蕴含着丰富的花文化，其中的食用菊花兼具食用价值和药用价值，被公认为药食同源植物，极具民族特色。因此本试验以食用菊花为研究对象，选取 12 种观赏大菊及 1 种食用菊花为

试验材料，通过加权 TOPSIS - 灰色关联法对营养品质进行分析可知，'高原之云''丰香''银链荷花''童发娇容''西厢待月''五大洲''千丝万缕''水云香'等营养含量较高。其中'丰香'是公认的食用菊品种。'高原之云'的营养品质排名高于'丰香'，具有更为丰富的营养价值。从各个营养成分上看，'千丝万缕'舌状小花的蛋白质以及纤维素含量较高，可以满足人体对于植物蛋白以及纤维素的需求。'银链荷花'舌状小花的维生素 C 和锌含量较高。汪志君（1995）研究中发现菊花中的维生素 C 含量比白菜、苹果以及香蕉的含量要多，维生素 C 有助于清除体内自由基、预防癌症的作用。而锌对人体的免疫力功能起调节作用。'高原之云'舌状小花的可溶性糖以及铁含量相对较高，铁是血红蛋白的重要部分，同时也可以提高人体免疫力。钙是骨骼的主要组成部分，直接影响人体的生长发育，实验结果表明'水云香'舌状小花的纤维素和钙含量相对较高，它可以促进大肠蠕动，从而促进消化吸收其他营养物质。进一步运用感官评分法对它们的口感评价，筛选出'童发娇容''高原之云''银链荷花''西厢待月'等口感明显优于食用菊花'丰香'。这些口感优于'丰香'的观赏大菊品种更易于人们接受，增加大众对食用菊花的喜爱程度。

3.2 基于评判模型优选观赏植物新品种的优势

目前国内外有许多关于多属性决策分析方法的研究，如模糊数学法（Guo，2006）、层次分析法（王新民等，2008）、理想解法（TOPSIS）（Wang and Elhag，2006；Chen，2000；Chen and Tsao，2008）、灰色关联分析法（Kayacan et al.，2010；Pai et al.，2007）等，这些都为筛选食用花卉提供了良好的数学基础。近年来筛选食用花卉品种时，主要集中在对其营养成分的评价分析且多采用主成分分析法。金潇潇等通过主成分分析从 20 种菊花品种中筛选出了 3 种营养品质较高的可食用菊花（金潇潇 等，2010）。杨秀莲也利用主成分分析对 19 个桂花品种舌状小花中的营养成分进行主成分分析，筛选了 4 个适合作为食用桂花的品种（杨秀莲，2012）。然而营养成分含量的高低并非品种筛选的唯一指标。在食用菊花筛选的过程中，不仅应重视其营养价值的高低、口感的优劣、抗逆性的高低、有毒物质残留量的多少等也是需要考量的指标。本实验在进行食用菊花品种筛选时，不仅创新性地利用一种新的方法加权 TOPSIS - 灰色关联法对观赏大菊的营养品质进行分析，还采用感官评分法对其食用口感评分，气相色谱法和液相色谱法对其有毒物质残留量检测。最终鉴于'高原之云'营养品质较高，口

感甘甜爽口、农药残留量低等一系列优点，建议将其进一步开发为食用菊花品种。虽然'银链荷花''童发娇容''西厢待月'总体的营养成分相对于'丰香'来说并不是太高，但其口感优质、农药富集量也较低，可以作为备选方案。此外个别营养指标含量高、口感优质或是农药残留量低的观赏大菊品种也可以作为改良食用菊花的育种材料。如根据'童发娇容'口感甘甜爽口的优点改良一些食用菊花口感苦涩的缺点。基于综合的评价体系，更能优选出营养价值高、口感优、农药残留量低的食用菊花新品种。在今后其他观赏园艺品种的筛选过程中，可以合理地利用加权TOPSIS－灰色关联法进行品种筛选，并结合多方面指标建立综合的评价体系，优化品种筛选体系。

3.3 可食用菊花品种的安全生产

食用菊花的安全生产也是值得引起我们注意的问题。作为观赏用途的菊花，在生产过程中农药施用量无需严格控制，只需做到最大程度减少病虫害，保持其植株健壮、花朵姿态优美即可。而食用菊花栽培过程中，应严格控制农药施用量，减少病虫害，做到绿色安全生产。本实验中采用敌敌畏和高效氯氰菊酯两种农药对食用菊花的病虫害进行控制。并采用气相色谱法和液相色谱法对营养物质含量高、口感优质的观赏大菊进行有毒物质残留量检测，筛选农药残留量相对较低的观赏大菊品种。最终结果显示：'银链荷花'、'西厢待月'和'高原之云'对敌敌畏农药富集量低，'童发娇容''高原之云'和'丰香'对高效氯氰菊酯富集量低。在食用菊花栽培生产过程中，我们应该做到3个安全：种植环境安全、栽培技术安全、加工技术安全。在选择食用菊花的种植地时，尽量选取土层深厚、肥沃疏松、富含腐殖质的高地，最好与其他作物轮作。最大程度减少食用菊花病虫害的产生。在栽培生产过程中，应该本着"预防为主，防治结合"的原则，严格控制农药的施用量，选取农药残留量低的食用菊花品种。加工生产过程中，禁止使用各种添加剂或者化学试剂对食用菊花熏蒸或者保鲜。

食用花卉不仅口味独特，具有丰富的营养物质，也是人们公认的绿色无污染保健食品。食用花卉产业更是被认为是21世纪的朝阳产业之一，极具发展潜力。我们应该抓住这一机遇，在发挥观赏植物观赏价值的同时，大力开发其在食用、药用等其他方面的应用价值。在开发食用花卉的时候，应注意从民族文化因素、营养价值因素、特色风味因素、药膳保健因素以及绿色健康等方面对食用花卉进行全方位多层次的筛选（苏爱国 等，2008）。充分利用我国丰富的花卉资源优势，开发特色花卉食用价值，拓宽中国传统名花应用价值进而促进我国花卉产业的规模化、产业化生产。

参考文献

1. Amir Y, Haenni A L, Youyou A. 2007. Physical and biochemical differences in the composition of the seeds of Algerian leguminous crops[J]. Journal of food composition and analysis, 20(6)：466 –471.

2. Chen Chen – tung. 2000. Extensions of the TOPSIS for group decision – making under fuzzy environment[J]. Fuzzy sets and systems, 114(1)：1 – 9.

3. 陈玲，王春. 2012. 气相色谱法测定蔬菜中菊酯类农药残留[J]. 新疆环境保护，(1)：27 – 28.

4. Chen Ting – yu, Tsao Chueh – yung. 2008. The interval – valued fuzzy TOPSIS method and experimental analysis[J]. Fuzzy Sets and Systems, 59(11)：410 –1428.

5. Duncan DB. 1965. A bayesian approach to multiple comparisons[J]. Technometrics, 7(2)：171 –222.

6. Esra A, Yasemin CE. 2004. Using analytic hierarchy process（AHP）to improve human performance：An application of multiple criteria decision making problem[J]. Journal of Manufacturing, 15：491 –503.

7. Guo Feng. 2006. A survey on analysis and design of model – based fuzzy control systems[J]. Fuzzy systems, IEEE Transactions on, 14(5), 676 –697.

8. 郭华，赵维佳，金射凤，荣维广，李国华，朱红梅，郭巧生，杨红. 2007. 中药菊花中12种农药残留量的气相色谱检测方法研究[J]. 安全与环境学报，7(2)：115 –118.

9. 黄国清，彭珊珊. 2000. 药食两用花卉中营养元素的光谱测定[J]. 光谱学与光谱分析，20(3)：376 –378.

10. 黄天柱，吴卫国，李高阳，冯秀娟. 2012. 大米理化特性与米饭口感品质的相关性研究[J]. 中国食物与营养，18(3)：24 –28.

11. 金潇潇，陈发棣，陈素梅，房伟民. 2010. 20个菊花品种舌状小花的营养品质分析[J]. 浙江农林学报，27(1)：22 –29.

12. Kayacan E, Ulutas B, Kaynak O. 2010. Grey system theory-based models in time series prediction[J]. Expert Systems with Applications, 37(2)：1784 –1789.

13. 李合生. 2000. 植物生理生化实验原理和技术[M]. 北京：高等教育出版社.

14. 李鸿渐，邵建文. 1990. 中国菊花品种资源的调查收集和分类[J]. 南京农业大学学报，13(1)：30 –36.

15. 李煜坤，谭雪，郑丽. 2013. 中国食用菊花研究应用现状[J]. 农学学报，3(02)：54 –56.

16. 宁正祥. 1997. 食品成分分析手册[M]. 北京：中国轻工业出版社.

17. Saaty TL. 1978. Modeling unstructured decision problems—the theory of analytical hierarchies[J]. Mathematics and Computers in Simulation, 20(3)：147 – 158.

18. 苏爱国，孙长花，张素华. 2008. 食用花卉的营养价值及开发前景[J]. 中国食物与营养，2：19 – 21.

19. 苏爱国. 2013. 菊花食用价值研究[J]. 江苏调味副食品，(1).

20. Wang Chao – hung. 2004. Predicting tourism demand using fuzzy time series and hybrid grey theory[J]. Tourism management, 25(3)：67 – 374.

21. 王力川. 2009. 金银花的化学成分及功效研究进展[J]. 安徽农业科学，37(5)：2036 – 2037.

22. 王青. 2013. 盆栽多头小菊株型改良的育种研究[D]. 北京：北京林业大学.

23. 王新民，赵彬，张钦礼. 2008. 基于层次分析和模糊数学的采矿方法选择[J]. 中南大学学报：自然科学版，39(5)：875 – 880.

24. Wang Ying – min, Taha M. S. Elhag. 2006. Fuzzy TOPSIS method based on alpha level sets with an application to bridge risk assessment[J]. Expert Systems with Applications 31：309 – 19.

25. 汪志君. 1995. 菊花营养价值的初步研究[J]. 农业工程学报，11(3)：188 – 191.

26. 危英，杨小生，郝小江. 2004. 紫茉莉根的化学成分[J]. 中国中药杂志，28(12)：1151 – 1152.

27. 阎慈琳. 1998. 关于主成分分析做综合评价的若干问题[J]. 数理统计与管理，17(2)：22 – 25.

28. 杨庆娟，魏宏斌，邹平，王志海. 2009. 纳滤水的口感分析[J]. 净水技术，28(5)：25 – 28.

29. 杨秀莲，王良桂，文爱林. 2012. 桂花花瓣营养成分分析[J]. 江苏农业科学，40(12)：334 – 336.

30. 尹建吉，殷建忠，邵金良，李玉琼，莫瑶，杨云斌，张莫，王琦. 2012. 高效液相色谱法检测几种蔬菜中啶虫脒农药残留[J]. 现代预防医学，39(3)：23 – 23.

31. 张华，张芳，叶施水. 2000. 食用花卉的利用概况及其发展趋势[J]. 观点与角度，7(7)：56 – 57.

32. 张钦礼，程健，王新民，曾佳龙，宋广晨. 2013. 基于灰色关联和加权 TOPSIS 法的采矿方法优选[J]. 科技导报，31(31)：38 – 41.

33. 张树林，戴思兰. 2013. 中国菊花全书[M]. 北京：中国林业出版社.

34. 邹琦. 1997. 植物生理生化实验指导[M]. 北京：中国农业出版社.

表1　13个菊花品种营养物质含量的差异显著性分析

Table 1　Significant difference analysis of some nutrient compositions in 13 cultivars of chrysanthemum

品种名	样品水分含量（%）	样品蛋白质含量（%）	样品有机酸含量（%）	样品维生素C含量（mg/100g）	样品可溶性糖含量（%）	样品纤维素含量（%）	K含量（%）	Ca含量（%）	Mg含量（%）	Na含量（%）	Zn含量（mg/kg）	Fe含量（mg/kg）
'西厢待月'	90.48±0.42de	0.44±0.00de	0.16±0.01a	17.58±0.21d	1.34±0.08a	4.06±0.02abc	0.97±0.00bc	0.82±0.00b	0.35±0.00cd	0.13±0.00bc	55.07±0.00abc	254.15±0.00bcd
'童发姣容'	89.04±1.39cd	0.17±0.00ab	0.33±0.11cd	34.42±7.00f	1.70±0.41a	2.31±1.06a	0.98±0.02c	0.15±0.01a	0.19±0.02ab	0.06±0.05bc	38.26±6.53ab	209.43±14.58abc
'风清月白'	88.14±0.49abc	0.44±0.14de	0.29±0.05bc	4.45±2.54ab	1.01±0.19a	4.14±0.00abcd	0.97±0.01bc	0.33±0.04a	0.26±0.01abc	0.13±0.03cd	42.82±12.98abc	176.92±63.8ab
'瑶台玉凤'	88.94±0.81cd	0.37±0.16cde	0.32±0.05bc	11.54±1.15c	1.65±0.33a	6.64±0.00e	0.95±0.02a	0.14±0.03a	0.16±0.05ab	0.06±0.04ab	43.16±10.34abc	218.35±68.35abc
'千丝万缕'	86.54±1.62a	0.66±0.17f	0.29±0.02bc	4.47±1.94ab	1.38±0.47a	7.36±2.72e	0.95±0.01ab	0.36±0.04a	0.29±0.01bcd	0.14±0.01cd	60.74±30cd	253.27±20.33bcd
'舞鹤游天'	89.02±0.27cd	0.27±0.02bcd	0.38±0.03cde	9.94±0.27bc	1.22±0.17a	2.50±0.31ab	0.95±0.00a	0.11±0.00a	0.11±0.00a	0.02±0.00a	34.74±0.00a	195.3±0.00abc
'碧海英风'	87.17±0.94abc	0.41±0.17cde	0.43±0.05de	1.00±0.32a	1.56±0.71a	4.42±0.86bcd	0.97±0.02abc	0.18±0.08a	0.20±0.04abc	0.01±0.00a	41.42±5.55abc	161.75±28.41a
'白鹭横江'	88.05±2.14bc	0.31±0.02bcd	0.45±0.03e	4.24±1.24ab	1.13±0.12a	5.48±2.10cde	0.96±0.01ab	0.93±0.53b	0.32±0.04bcd	0.14±0.04cd	53.11±2.68abc	269.14±107.27cd
'高原之云'	88.60±1.11bcd	0.41±0.12cde	0.19±0.02a	25.46±5.85e	3.74±0.30b	4.04±0.00abc	0.96±0.01a	0.06±0.01a	0.45±0.32de	0.18±0.01de	61.63±12.9cd	310.3±4.43d
'五大洲'	91.02±0.57e	0.55±0.13ef	0.22±0.05ab	4.96±0.39ab	1.10±0.23a	3.06±0.00ab	0.96±0.00ab	0.31±0.12a	0.24±0.01abc	0.1±0.07bc	35.32±8.15a	158.59±29.91a
'银链荷花'	91.73±0.70e	0.47±0.01de	0.30±0.06bc	40.41±1.59g	1.32±0.01a	2.96±0.00ab	0.95±0.00a	0.29±0.00a	0.60±0.00e	0.23±0.00e	76.52±0.00d	273.35±0.00cd
'水云香'	87.96±0.28abc	0.08±0.04a	0.33±0.00cd	14.49±3.21cd	1.18±0.72a	7.36±0.00e	0.96±0.01ab	0.96±0.37b	0.29±0.03bcd	0.09±0.04bc	59.31±12.48bcd	263.61±43.68cd
'丰香'	86.96±0.41ab	0.23±0.05abc	0.39±0.1cde	29.59±4.32ef	3.32±0.41b	5.99±0.00de	0.97±0.00bc	0.84±0.00b	0.27±0.00ab	0.14±0.00cd	37.62±0.00a	271.93±0.00cd
Sig.	0.000*	0.000	0.000	0.000	0.000	0.000	0.000	0.000	0.000	0.000	0.002	0.002

注：以上是在 p=0.05 水平上的差异显著性分析。

表 2　12 个营养成分的主成分分析的特征值，方差贡献率和因子特征向量

Table 2　The eigenvalues, contribution rate of variance and component matrix of 12 nutritional components in the principle component analysis

性状	第 1 主成分	第 2 主成分	第 3 主成分	第 4 主成分
样品水分含量	0.3774	− 0.7496	0.1252	0.4096
样品蛋白质含量	0.2290	− 0.4894	− 0.6324	− 0.3370
样品有机酸含量	− 0.4861	0.4942	0.0282	0.1513
样品维生素 C 含量	0.6121	− 0.0521	0.6787	0.0187
样品可溶性糖含量	0.3404	0.3043	0.5020	− 0.6877
样品纤维素含量	0.0350	0.7770	− 0.4974	− 0.1101
样品 K 含量	− 0.2616	0.0792	0.6730	0.1318
样品 Ca 含量	0.1705	0.6528	− 0.0511	0.5992
样品 Mg 含量	0.9462	− 0.0692	− 0.0240	0.1046
样品 Na 含量	0.9219	0.0212	− 0.0781	0.0218
样品 Zn 含量	0.8617	0.0994	− 0.2971	0.1222
样品 Fe 含量	0.8025	0.5059	0.0970	− 0.0866

表 3　层次分析判断矩阵及一致性检验

Table 3　Judgment matrix and consistency check based on hierarchical analysis

A – Ci

A	C1	C2	Wi
C1	1.0000	1.0000	0.5000
C2	1.0000	1.0000	0.5000

$\lambda max = 2.0000$；$CR = 0.0000 < 0.1$

C1 – Pi

C1	P1	P2	P3	P4	P5	P6	P7	P8	P9	Wi
P1	1.0000	2.0000	3.0000	4.0000	5.0000	6.0000	7.0000	8.0000	9.0000	0.3081
P2	0.5000	1.0000	2.0000	3.0000	4.0000	5.0000	6.0000	7.0000	8.0000	0.2235
P3	0.3333	0.5000	1.0000	2.0000	3.0000	4.0000	5.0000	6.0000	7.0000	0.1570
P4	0.2500	0.3333	0.5000	1.0000	2.0000	3.0000	4.0000	5.0000	6.0000	0.1084
P5	0.2000	0.2500	0.3333	0.5000	1.0000	2.0000	3.0000	4.0000	5.0000	0.0743
P6	0.1667	0.2000	0.2500	0.3333	0.5000	1.0000	2.0000	3.0000	4.0000	0.0509
P7	0.1429	0.1667	0.2000	0.2500	0.3333	0.5000	1.0000	2.0000	3.0000	0.0352
P8	0.1250	0.1429	0.1667	0.2000	0.2500	0.3333	0.5000	1.0000	2.0000	0.0247
P9	0.1111	0.1250	0.1429	0.1667	0.2000	0.2500	0.3333	0.5000	1.0000	0.0179

$\lambda max = 9.4005$；$CR = 0.0343 < 0.1$

C2 – Pi

C2	P10	P11	P12	Wi
P10	1.0000	5.0000	7.0000	0.7036
P11	0.2000	1.0000	3.0000	0.1884
P12	0.1429	0.3333	1.0000	0.0810

$\lambda max = 3.0649$；$CR = 0.0624 < 0.1$

表 4　标准化矩阵

Table 4　Standardized matrix

品种编号	水分	蛋白质	有机酸	维生素 C	可溶性糖	纤维素	K	Ca	Mg	Na	Zn	Fe
1	0.7636	0.6207	1.0000	0.4207	0.1209	0.3465	0.6667	0.8444	0.4898	0.5455	0.4866	0.6299
2	0.4845	0.1552	0.4138	0.8480	0.2527	0.0000	1.0000	0.1000	0.1633	0.2273	0.0843	0.3351
3	0.3101	0.6207	0.5517	0.0875	0.0000	0.3624	0.6667	0.3000	0.3061	0.5455	0.1934	0.1208
4	0.4651	0.5000	0.4483	0.2674	0.2344	0.8574	0.0000	0.0889	0.1020	0.2273	0.2015	0.3939
5	0.0000	1.0000	0.5517	0.0880	0.1355	1.0000	0.0000	0.3333	0.3673	0.5909	0.6223	0.6241
6	0.4806	0.3276	0.2414	0.2268	0.0769	0.0376	0.0000	0.0556	0.0000	0.0455	0.0000	0.2420
7	0.1221	0.5690	0.0690	0.0000	0.2015	0.4178	0.6667	0.1333	0.1837	0.0000	0.1599	0.0208
8	0.2926	0.3966	0.0000	0.0822	0.0440	0.6277	0.3333	0.9667	0.4286	0.5909	0.4397	0.7287
9	0.3992	0.5690	0.8966	0.6207	1.0000	0.3426	0.3333	0.0000	0.6939	0.7727	0.6436	1.0000
10	0.8682	0.8103	0.7931	0.1005	0.0330	0.1485	0.3333	0.2778	0.2653	0.4091	0.0139	0.0000
11	1.0000	0.6724	0.5172	1.0000	0.1136	0.1287	0.0000	0.2556	1.0000	1.0000	1.0000	0.7564
12	0.2752	0.0000	0.4138	0.3423	0.0623	1.0000	0.3333	1.0000	0.3673	0.3636	0.5881	0.6922
13	0.0814	0.2586	0.2069	0.7255	0.8462	0.7287	0.6667	0.8667	0.3265	0.5909	0.0689	0.7471

表 5　各性状的权重值

Table 5　The weight values of each character

层次 C 对层次 A 的权重		指标层 P	层次 P 对层次 C 的权重	层次 P 对层次 A 的权重	排名
		P1	0.3081	0.1541	2
		P2	0.2235	0.1117	3
		P3	0.1570	0.0785	5
		P4	0.1084	0.0542	6
C1	0.0500	P5	0.0743	0.0371	8
		P6	0.0509	0.0255	9
		P7	0.0352	0.0176	10
		P8	0.0247	0.0123	11
		P9	0.0179	0.0090	12
		P10	0.7036	0.3653	1
C2	0.0500	P11	0.1884	0.0942	4
		P12	0.0810	0.0405	7

表 6　关联系数矩阵

Table 6　Correlation coefficient matrix

品种编号	水分	蛋白质	有机酸	维生素 C	可溶性糖	纤维素	K	Ca	Mg	Na	Zn	Fe
1	0.4713	0.4623	0.5000	0.4018	0.2661	0.4167	0.4921	0.4887	0.4938	0.4925	0.4827	0.4819
2	0.4413	0.4232	0.4695	0.4699	0.2862	0.3829	0.5000	0.4411	0.4899	0.4873	0.4700	0.4684
3	0.4245	0.4623	0.4763	0.3610	0.2500	0.4184	0.4921	0.4530	0.4916	0.4925	0.4733	0.4590
4	0.4394	0.4515	0.4712	0.3820	0.2832	0.4791	0.4770	0.4405	0.4892	0.4873	0.4736	0.4710
5	0.3975	0.5000	0.4763	0.3611	0.2682	0.5000	0.4770	0.4550	0.4923	0.4932	0.4872	0.4816
6	0.4409	0.4369	0.4612	0.3770	0.2600	0.3863	0.4770	0.4385	0.4880	0.4844	0.4674	0.4643
7	0.4077	0.4576	0.4532	0.3517	0.2780	0.4244	0.4921	0.4430	0.4901	0.4837	0.4723	0.4548
8	0.4229	0.4426	0.4501	0.3604	0.2556	0.4489	0.4844	0.4975	0.4931	0.4932	0.4812	0.4866
9	0.4329	0.4576	0.4943	0.4310	0.5000	0.4163	0.4844	0.4354	0.4963	0.4962	0.4879	0.5000
10	0.4836	0.4804	0.4888	0.3625	0.2542	0.3967	0.4844	0.4516	0.4911	0.4902	0.4678	0.4539
11	0.5000	0.4671	0.4746	0.5000	0.2650	0.3948	0.4770	0.4503	0.5000	0.5000	0.5000	0.4879
12	0.4213	0.4116	0.4695	0.3914	0.2580	0.5000	0.4844	0.5000	0.4923	0.4895	0.4860	0.4848
13	0.4042	0.4313	0.4596	0.4481	0.4333	0.4617	0.4921	0.4903	0.4918	0.4932	0.4695	0.4875

表 7　综合评判结果

Table 7　The results of comprehensive evaluation

d^+	d^-	Z^+	排序	品种名
0.2729	0.1788	0.3959	5	'西厢待月'
0.2761	0.1835	0.3992	4	'童发姣容'
0.3177	0.1273	0.2861	11	'风清月白'
0.2722	0.1083	0.2845	12	'瑶台玉凤'
0.2954	0.1432	0.3265	7	'千丝万缕'
0.3188	0.1338	0.2957	10	'舞鹤游天'
0.3098	0.1137	0.2684	13	'碧海英风'
0.3073	0.1313	0.2994	8	'白鹭横江'
0.1506	0.2991	0.6651	1	'高原之云'
0.3110	0.1719	0.3559	6	'五大洲'
0.2667	0.2374	0.4709	3	'银链荷花'
0.2935	0.1239	0.2969	9	'水云香'
0.1596	0.2370	0.5975	2	'丰香'

表 8　13 个菊花品种花瓣的口感评分

（按照分值从高到低的顺序排列）

Table 8　Taste score of 13 varieties of chrysanthemum petals

品种名称	口感评分	品种名称	口感评分
'童发姣容'	7.1	'千丝万缕'	5.4
'高原之云'	6.9	'丰香'	5.0
'银链荷花'	6.4	'水云香'	4.5
'西厢待月'	5.9	'五大洲'	4.3
'舞鹤游天'	5.8	'风清月白'	3.4
'瑶台玉凤'	5.5	'碧海英风'	2.8
'白鹭横江'	5.4		

表9 样品添加回收率及变异系数
Table 9 Sample recoveries and coefficient of variatio

农药种类	添加水平(mg/kg)	回收率(%)	变异系数(%)
敌敌畏	0.10	80.93	10.03
	0.50	86.74	6.86
	1.00	83.69	7.12
高效氯氰菊酯	0.10	86.60	6.18
	0.50	80.21	8.13
	1.00	82.81	6.03

表10 敌敌畏、高效氯氰菊酯残留量检测结果统计表
Table 10 Dichlorvos andcypermethrin testing results

样品名称	检测指标(mg/kg)	
	敌敌畏	高效氯氰菊酯
'高原之云'	0.11	0.12
'银链荷花'	0.08	0.45
'童发娇容'	0.19	0.17
'西厢待月'	0.09	0.73
'五大洲'	0.15	1.29
'千丝万缕'	0.21	0.81
'白鹭横江'	0.13	0.36
'水云香'	0.15	0.62

图1 本研究选用的12个观赏大菊品种
Fig. 1 12 kinds of ornamental cultivars that we selected to use in the study

墨兰'小香'花蕾的精油成分分析*

李 杰　王再花　章金辉　徐晔春　朱根发①

（广东省农业科学院环境园艺研究所，广东省园林花卉种质创新综合利用重点实验室，广州 510640）

摘要　采用同时蒸馏萃取法（SDE）提取了墨兰品种'小香'花蕾的精油，并进行 GC－MS 检测分析。结果表明，'小香'花蕾精油中检测到 42 种组分，相对含量为 91.19%。精油的主要组分为棕榈酸（17.55%）、二十五烷（12.45%）、二十三烷（9.96%）、二十七烷（5.55%）、二十四烷醇（5.07%）、邻苯二甲酸二异丁酯（3.68%）、合金欢醇（3.65%）、己醛（3.38%）、反式-2,4-癸二烯醛（2.79%）、二十七烷醇（2.75%）、（E）-2-庚烯醛（2.18%）、2-正戊基呋喃（2.07%）、苯乙醛（1.95%）、苯甲醇（1.50%）和十八碳二烯酸甲酯（1.45%）。四氢二聚环戊二烯（单萜）和 beta-紫罗兰酮（酮类）在精油中含量较低，分别仅 0.35% 和 0.85%。

关键词　墨兰；精油；同时蒸馏萃取；GC-MS

Composition Analysis on Bud Essential Oils of *Cymbidium sinense* 'Xiao Xiang'

LI Jie　WANG Zai-hua　ZHANG Jin-hui　XU Ye-chun　ZHU Gen-fa

（*Guangdong Key Lab of Ornamental Plant Germplasm Innovation and Utilization*，*Environmental Horticulture Research Institute*，*Guangdong Academy of Agricultural Sciences*，*Guangzhou* 510640）

Abstract　Essential oils in the buds of *Cymbidium sinense* 'Xiao Xiang' were analyzed by simultaneous distillation extraction (SDE) and GC-MS. The results indicated that 42 components were identified, with the relative content of 91.19%. The main compounds were n-Hexadecanoic acid (17.55%), Pentacosan (12.45%), Tricosane (9.96%), Heptacosane (5.55%), Behenic alcohol (5.07%), Phthalic acid, isobutyl octyl ester (3.68%), farnesyl alcohol (3.65%), Hexanal (3.38%), (E, E)-2,4-Decadienal (2.79%), 1-Heptacosanol (2.75%), (E)-2-Heptenal (2.18%), 2-pentyl-Furan (2.07%), Benzeneacetaldehyde (1.95%), Benzyl alcohol (1.50%) and Methyl octadecadienoate (1.45%). 4,7-Methano-1H-indene, octahydro-(0.35%) and beta-Ionone(0.85%) were low in the essential oils.

Key words　*Cymbidium sinense*；Essential oils；SDE；GC-MS

墨兰（*Cymbidium sinense*）又称报岁兰，为兰科兰属地生植物，在兰花家族中占有非常重要的地位，主产于我国广东、广西、海南、福建、台湾、安徽、江西、贵州、云南和四川等地，也见于日本、越南、泰国、缅甸和印度东北部（陈心启和吉占和，1998）。墨兰作为我国传统观赏兰花，现已发展园艺栽培品种上千种（颜学亮等，2001），因其叶色叶形（叶艺）多变，花序直立，花色丰富，具特殊幽香且春节前后开花，观赏价值较高。

目前，国内外有关墨兰的研究报道较少，主要集中于快繁（Gao *et al.*，2014；朱根发等，2004）、生长栽培（Pan *et al.*，1997；陈翠云，2010；施祖荣等，2013）、花发育（Chang *et al.*，2000；Zhang *et al.*，2013；朱永平等，2011）和遗传多样性（朱根发等，2009）方面的研究。魏丹等（2013）初步分析了墨兰花朵自然挥发的香气成分，而有关其花朵精油的研究还属空白。本研究以广东地区栽培的墨兰品种'小香'为试材，对其花蕾的精油进行提取与分析，以期为墨兰花朵精油成分研究提供参考。

---

*　基金项目：广东省战略性新兴产业核心技术攻关项目（2012A020800003），广东省科技计划项目（2012B040400008），广东省科技型中小企业技术创新专项（2012CY003）。

①　通讯作者。E－mail：genfazhu@163.com。

1 材料和方法

1.1 试验材料

供试材料墨兰品种'小香',栽培于广东省农业科学院环境园艺研究所基地温室大棚内,采集新鲜的花蕾样品,去除花柄,室温阴干表面水分后进行精油提取。

1.2 试验方法

1.2.1 精油提取

采用同时蒸馏萃取法(SDE)提取墨兰花蕾精油。参考 Nunes 等(2008)的方法,准确称取样品 25g 置于 500mL 的圆底烧瓶内,加入 250mL 的双蒸水,将此圆底烧瓶与另一装有 20mL 二氯甲烷的 500mL 圆底烧瓶同时接于 SDE 装置的两端(接口用保鲜膜封住),均加热至沸腾,萃取 3h。将萃取后的有机相转入干净玻璃瓶,−20℃冷冻,去除结冰水,无水 Na_2SO_4 过滤干燥,置于 −20℃ 冰箱中保存至 GC − MS 检测,重复提取 3 次。

1.2.2 GC − MS 分析

将上述精油样品注入气相色谱 − 质谱联用仪(安捷伦 7890A − 5975C)进行精油的成分鉴定。气相色谱条件:色谱柱:HP − 5MS(30m × 0.25mm × 0.25μm);载气:高纯氦气;流速 0.8mL/min;无分流;柱温为 40℃,保持 3min,5℃/min 升温至 90℃ 保持 1min,再 3℃/min 升温至 250℃,保持 5min。进样量 1μL。质谱条件:采用 EI 离子源,离子源温度 180℃;轰击电子能量 80eV;传输线温度为 250℃,扫描范围 40 ~ 550 AMU,以 EI 为电离源进行 GC − MS 联用分析。成分鉴定:采集的质谱数据利用 NIST 数据库检索,同时采用保留指数(RI)定性的方法辅助质谱检索定性,用于测定保留指数的正构烷烃标准品为 C8 − C40。依据离子流峰面积归一化法计算各组分在精油中的相对含量。

2 结果与分析

图 1 为墨兰品种'小香'花蕾精油成分的总离子流量图。经 GC − MS 分析,测得'小香'花蕾的精油成分共 42 种,其含量占精油成分总含量的 91.19%。由表 1 可知,不同精油组分的相对含量差异较大,相对含量在 1% 以上的组分有 18 种,分别为己醛、(E)-2-庚烯醛、2-正戊基呋喃、苯甲醇、苯乙醛、反式-2,4-癸二烯醛、1,2,3,4-四氢-1,1,6-三甲基萘、合金欢醇、邻苯二甲酸二异丁酯、棕榈酸、十八碳二烯酸甲酯、二十三烷、二十四烷、二十四烷醇、二十五烷、二十六烷、二十七烷、二十七烷醇,这 18 种精油组分的相对含量达到了 80.81%,其中,棕榈酸相对含量最高,达 17.55%,其次为二十五烷、二十三烷和二十七烷 3 种烷烃,分别达 12.45%、9.96% 和 5.55%。'小香'花蕾精油中,检测到单萜化合物和酮类化合物各 1 种,即四氢二聚环戊二烯和 beta-紫罗兰酮,其相对含量分别为 0.35% 与 0.85%,同时也检测到了一种含氮化合物油酸酰胺,其相对含量并不高,为 0.48%。

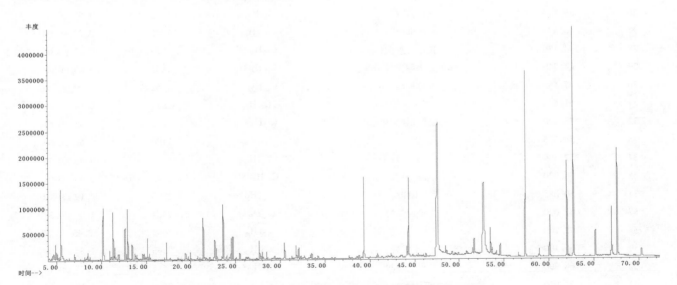

图1 墨兰'小香'花蕾精油成分的 GC/MS 总离子流图

Fig. 1 Total ionic chromatogram of essential oil components in the buds of 'Xiao Xiang'

表 1 ‘小香’花蕾精油成分与相对含量

Table 1　Composition and relative content of essential oils from ‘Xiao Xiang’ buds

编号	保留时间（min）	名称	化学式	保留指数	相对含量(%)
1	5.144	异戊烯醛	C_5H_8O	801	0.19 ± 0.00
2	5.480	己醛	$C_6H_{12}O$	811	3.38 ± 0.06
3	7.002	反式-2-己烯醛	$C_6H_{10}O$	857	0.21 ± 0.02
4	8.471	庚醛	$C_7H_{14}O$	900	0.28 ± 0.01
5	10.207	(E)-2-庚烯醛	$C_7H_{12}O$	950	2.19 ± 0.18
6	11.340	2-正戊基呋喃	$C_9H_{14}O$	983	2.07 ± 0.06
7	11.508	(E,E)-2,4-庚二烯醛	$C_7H_{10}O$	999	0.54 ± 0.04
8	12.651	苯甲醇	C_7H_8O	1019	1.50 ± 0.00
9	12.862	3,5-辛二烯-2-醇	$C_8H_{14}O$	1025	0.23 ± 0.01
10	12.978	苯乙醛	C_8H_8O	1029	1.95 ± 0.09
11	13.464	反-2-辛烯醛	$C_8H_{14}O$	1042	0.60 ± 0.02
12	13.803	(Z)-2-辛烯-1-醇	$C_8H_{16}O$	1051	0.22 ± 0.01
13	14.029	4-甲基苯酚	C_7H_8O	1057	0.18 ± 0.02
14	14.625	四氢二聚环戊二烯	$C_{10}H_{16}$	1074	0.35 ± 0.04
15	15.144	壬醛	$C_9H_{18}O$	1088	0.94 ± 0.03
16	15.422	苯乙醇	$C_8H_{10}O$	1095	0.27 ± 0.01
17	17.252	1,2,3,4-四氢萘	$C_{10}H_{12}$	1145	0.74 ± 0.03
18	19.409	(E,E)-2,4-壬二烯醛	$C_9H_{14}O$	1202	0.32 ± 0.02
19	19.965	2,3,5-三甲基苯酚	$C_9H_{12}O$	1217	0.35 ± 0.00
20	22.883	茶香螺烷	$C_{13}H_{22}O$	1293	0.52 ± 0.02
21	23.485	4-乙烯基-2-甲氧基苯酚	$C_9H_{10}O_2$	1309	0.17 ± 0.02
22	23.607	反式-2,4-癸二烯醛	$C_{10}H_{16}O$	1312	2.79 ± 0.10
23	25.489	椰子醛	$C_9H_{16}O_2$	1361	0.33 ± 0.02
24	27.662	1,2,3,4-四氢-1,1,6-三甲基萘	$C_{13}H_{18}$	1417	1.28 ± 0.10
25	30.479	beta-紫罗兰酮	$C_{13}H_{20}O$	1490	0.85 ± 0.05
26	39.318	合金欢醇	$C_{15}H_{26}O$	1723	3.65 ± 0.34
27	40.876	菲	$C_{14}H_{10}$	1765	0.23 ± 0.03
28	44.136	正十五烷酸	$C_{15}H_{30}O_2$	1855	0.57 ± 0.06
29	44.319	邻苯二甲酸二异丁酯	$C_{16}H_{22}O_4$	1861	3.69 ± 0.28
30	47.555	棕榈酸	$C_{16}H_{32}O_2$	1952	17.55 ± 1.46
31	51.640	二十一烷	$C_{21}H_{44}$	2077	0.64 ± 0.02
32	53.470	十八碳二烯酸甲酯	$C_{19}H_{34}O_2$		1.45 ± 0.01
33	54.573	二十二烷	$C_{22}H_{46}$	2170	0.64 ± 0.03
34	57.399	二十三烷	$C_{23}H_{48}$		9.96 ± 0.40
35	58.920	油酸酰胺	$C_{18}H_{35}NO$	2315	0.48 ± 0.02
36	60.085	二十四烷	$C_{24}H_{50}$	2356	2.19 ± 0.10
37	62.000	二十四烷醇	$C_{24}H_{50}O$	2424	5.07 ± 0.37
38	62.700	二十五烷	$C_{25}H_{52}$	2449	12.45 ± 0.09
39	65.190	二十六烷	$C_{26}H_{54}$	2543	1.35 ± 0.08
30	66.996	二十七烷醇	$C_{27}H_{56}O$	2614	2.75 ± 0.18
41	67.616	二十七烷	$C_{27}H_{56}$	2638	5.55 ± 0.59
42	70.311	二十八烷	$C_{28}H_{58}$	2749	0.54 ± 0.03

将鉴定出的精油成分划分为醛类、醇类、芳香族类、萜烯类、酮类、烷烃和烯烃类、羧酸和酯类、其他(呋喃和酰胺)共8类化合物,各类组分占化合物总数的百分比见图2。可以看出,'小香'花蕾精油中醛类、烷烃和烯烃类、芳香族类化合物最多,分别占化合物总数的23.81%、21.43%和19.05%,这3类化合物已达化合物总数的64.29%,醇类、羧酸和酯类化合物相对少些,其所占比重分别为14.3%和11.9%,而萜烯类和酮类最少,各仅1种化合物。从相对含量上来说,烷烃和烯烃类含量最高,达33.84%,羧酸和酯类次之,为23.58%,醇类和醛类二者含量相近,分别为13.41%和11.44%,芳香族类则为5.17%,萜烯类和酮类则低于1%。

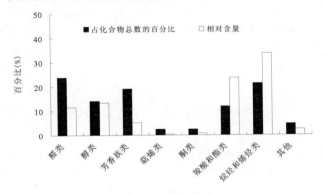

图2　墨兰'小香'花蕾精油成分分类

Fig. 2　Classification to the essential oil compositions
of 'Xiao Xiang' buds

3　讨论

兰花的种类较多,一些香气成分往往在不同的兰花香气中均能检测到。本研究中,墨兰'小香'精油中的金合欢醇、壬醛、棕榈酸、4-甲基苯酚和2-正戊基呋喃等成分均在蕙兰的香气挥发物中检测到(彭红明,2009;杨慧君,2011),而4-甲基苯酚和棕榈酸在春兰的香气挥发物中也被检测到(杨慧君,2011)。邻苯二甲酸二异丁酯则在蝴蝶兰和建兰的香气挥发物中检测到(杨淑珍和范燕萍,2008;杨慧君,2011)。己醛、庚醛、反-2-辛烯醛在石斛的挥发物成分中也检测到(张莹等,2011)。同时,在蕙兰、建兰、春兰和寒兰4种兰花的挥发性香气中均检测到了多种烷烃,而本研究在'小香'精油中检测到8种烷烃组分,其总相对含量高达33.32%,说明烷烃在国兰的花朵精油中占有一定的比重。同时,本研究中棕榈酸相对含量最高,达17.55%,而前人分别在樟科植物黑壳楠叶片精油中检测到相对含量6.09%的棕榈酸(卞京军等,2014),文殊兰精油中检测到相对含量15.77%的棕榈酸(符佳海,2012),九里香精油中检测到相对含量28.76%的棕榈酸(卢远倩等,2011),这些精油多具有抑菌活性,而墨兰精油也可能具抑菌活性。此外,冯立国等(2008)在'唐紫'玫瑰的盛开末期检测到了含氮的酰胺(相对含量0.92%),本研究中,'小香'花蕾精油中也同样检测到了酰胺,其相对含量也不高(0.48%)。

薛敦渊等(1989)发现苦水玫瑰精油与其鲜花挥发物的组分存在较大的差异,墨兰上也与其相似。本研究利用同时蒸馏萃取法(SDE)检测分析了'小香'花蕾精油成分,共检测出42种组分,而魏丹等(2013)利用顶空固相微萃取(SPME)技术提取的墨兰鲜花的挥发性香气成分,仅检测出22种组分,组分差异较大,而含量上如己醛在本研究相对含量为3.38%,而在挥发性香气中仅0.3%,这也可能与其品种不同有关。张莹等(2011)在兰科植物石斛、文心兰上的研究表明,兰花香气挥发物组分及其含量与品种和花朵发育阶段密切相关,而有关不同墨兰品种和花期的精油组分差异还有待于进一步研究。

参考文献

1. 陈心启,吉占和. 中国兰花全书[M]. 北京:中国林业出版社,1998:100-102.

2. 颜学亮,何清正,刘清涌. 中国墨兰[M]. 广州:广东科技出版社,2001:209-215.

3. Gao R, Wu S Q, Piao X C, Park S Y, Lian M L. Micropropagation of *Cymbidium sinense* using continuous and temporary airlift bioreactor systems [J]. Acta Physiol Plant, 2014, 36:117-124.

4. 朱根发,陈明莉,罗智伟,罗思琼,吕复兵,王碧青. 墨兰与大花蕙兰种间杂种原球茎的诱导及增殖研究[J]. 园艺学报,2004,31(5):688-690.

5. Pan C R, Ye Q S, Hew C S. Physiology of *Cymbidium sinense*: a review[J]. Scientia Horticuhurae, 1997, 70:123-129.

6. 陈翠云. 墨兰无土栽培的基质筛选[J]. 广东农业科学,2010,6:89-91.

7. 施祖荣,张云霞,黄江华,向梅梅. 广东地区墨兰和大花蕙兰炭疽病菌的鉴定[J]. 仲恺农业工程学院学报,2013,26(2):22-25.

8. Chang C, Chang W C. Effect of thidiazuron on bud development of *Cymbidium sinense* Willd *in vitro*[J]. Plant Growth Regulation, 2000, 30:171-175.

9. Zhang J X, Wu K L, Zeng S J, *et al*. Transcriptome analysis of *Cymbidium sinense* and its application to the identification

of genes associated with floral development[J]. BMC Genomics, 2013, 14: 279 – 295.

10. 朱永平, 杨德, 杨晓虹, 关文灵, 吴红芝, 和凤美. 墨兰多舌奇花 MADS 特异表达基因筛选及分析[J]. 西北植物学报, 2011, 31(11): 2155 – 2171.

11. 朱根发, 李冬梅, 郭振飞. 中国墨兰品种遗传多样性的 AFLP 分析[J]. 中山大学学报, 2009, 48(3): 69 – 73.

12. 魏丹, 李祖光, 徐心怡, 聂晶, 邓丰涛, 向林, 孙崇波. HS – SPME-GC-MS 联用分析 3 种兰花鲜花的香气成分[J]. 食品科学, 2013, 34(16): 234 – 237.

13. Nunes C, Coimbra M A, Saraiva J, *et al.* Study of the volatile components of a candied plum and estimation of their contribution to the aroma[J]. Food Chemistry, 2008, 111: 897 – 905.

14. 彭红明. 中国兰花挥发及特征花香成分研究[D]. 博士论文, 中国林业科学研究院图书馆. 2009.

15. 杨慧君. 中国兰花挥发性成分分析[D]. 硕士论文, 内蒙古农业大学图书馆. 2011.

16. 杨淑珍, 范燕萍, 蝴蝶兰 2 个品种挥发性成分差异性分析[J]. 华南农业大学学报, 2008, 29(1): 114 – 119.

17. 卞京军, 程密密, 罗思源, 陈思伶, 刘世尧, 白志川. 黑壳楠叶片精油挥发性成分的 GC/MS 鉴定与应用分析[J]. 西南大学学报(自然科学版), 2014, 36(10): 82 – 88.

18. 符佳海, 曹阳, 骆焱平. 文殊兰精油的抑菌活性及 GC – MS 分析[J]. 广东农业科学, 2012, 19: 95 – 97.

19. 卢远情, 王兰英, 骆焱平. 九里香精油的抑菌活性及成分分析[J]. 农药, 2011, 50(6): 443 – 448.

20. 冯立国, 生利霞, 赵兰勇, 于晓艳, 邵大伟, 何小弟. 玫瑰花发育过程中芳香成分及含量的变化[J]. 中国农业科学, 2008, 41(12): 4341 – 4351.

21. 薛敦渊, 陈宁, 李兆琳, 陈耀祖. 苦水玫瑰鲜花香气成分研究[J]. 植物学报, 1989, 31(4): 289 – 295.

22. 张莹, 李辛雷, 王雁, 田敏, 范妙华. 文心兰不同花期及花朵不同部位香气成分的变化[J]. 中国农业科学, 2011, 44(1): 110 – 117.

中国观赏园艺研究进展 2015：707～713
Advances in Ornamental Horticulture of China，2015：707～713

新多年生植物运动设计思想及方法研究
——以皮耶特·奥多夫的多年生花园为例

刘 玮　李 雄①

（北京林业大学园林学院，北京 100083）

摘要　新多年生植物运动是 20 世纪 90 年代兴起的植物景观设计思想，其理念在于崇尚植物的"野性"，在植物选择中，植物的形态、结构特征与植物的色彩同样重要。皮耶特·奥多夫是当代新多年生运动的领军人物，本文从植物与自然的关系、种植设计的层次结构、自然元素的组合三个方面，对皮耶特·奥多夫的种植设计创作手法进行研究。并探讨了多年生植物运动设计思想对当代种植设计的指导意义。

关键词　新多年生植物运动；花境；混合种植

Study on the Design Idea and Approach of the New Perennial Movement
——Take Piet Oudolf's perennial garden design for example

LIU Wei　LI Xiong

（*School of Landscape Architecture*，*Beijing Forestry University*，*Beijing* 100083）

Abstract　New perennial movement is the planting concept raised in the twentieth Century ninety. The key point of the concept is to advocate the ferity of the plants and low maintenance. In plant choosing, the morphology and structure is as important as color. Piet Oudolf is the leading figure of the new perennial movement. The paper studied the design method of Piet Oudolf from the relationship between plant and nature, the layers of planting design and the combination of natural elements. And discussed the guiding significance in the modern planting design.

Key words　New Perennial Movement；Flower Border；Mixed planting

植物景观设计的手法经历了漫长的演变发展过程：从早期实用型的药草园、蔬菜园到草本花卉构成的几何花坛，20 世纪前期出现了混合花境、野生花园、随机种植等种植设计思想。20 世纪末，设计师们开始关注生物多样性的转变，新多年生植物运动在这一时期出现，并对当代植物景观设计产生了很大的影响。

1　新多年生植物运动

新多年生植物运动是 20 世纪 90 年代兴起的植物景观设计思想，其理念在于崇尚植物的"野性"，在植物选择中，植物的形态、结构特征与植物的色彩同样重要。通过展现植物的枝干、种穗、果实、形态结构以扩展植物的观赏层面，延长植物景观的观赏期。

新多年生植物运动的设计师们运用一系列的多年生草本植物，使它们看起来更自然，重点强调花园设计与自然之间建立联系。新多年生植物运动在植物选择上，更注重形态和结构及与场地的适应性。

皮耶特·奥多夫是多年生植物运动的代表设计师，其主要作品包高线公园、鲁瑞花园等。多年生植物由于其在整个自然生命循环中都可观赏的特性而被广泛的运用。传统的花园设计手法往往依赖一些花期短暂、需要持续养护的植物材料，奥多夫向传统的设计方式提出了挑战：他运用丰富而富有表现力的多年生植物，创造出观赏期长、更加生态化的植物景观[1]。

2　新多年生植物运动发展概述及特征

19 世纪末 20 世纪初复杂的规则式种植开始运用于多年生植物，植物多呈条状种植，每条植物以规则

---

①　通讯作者。

的间隔重复。在这一时期，出现了团块种植：即大面积的单一种类植物成片种植。设计师格特鲁特·杰基尔（Gertrude Jekyll）提出"飘带形"种植组团，使人们可以沿着花境看到不同的植物景观效果。巴西艺术家布雷·马克思（Roberto Burle Marx）将绘画中的有机线条运用到园林中，自由流畅的曲线花床是最能体现马科斯绘画式平面的造园要素之一。花床界限清晰，植物形成大块面的色彩、质感、体量、高低的对比[2]。20世纪90年代末，美国的詹姆斯·范·斯维登（James van Sweden）和沃尔夫冈·奥义姆（Wolfgang Oehme）在华盛顿特区将耐寒植物与多年生植物混合种植，创造出低养护的庭院与疏林草地[3]。20世纪，团块式种植成为主导风格，对种植设计产生巨大的影响。

随着自然式种植的兴起，两种关注植物组团细节的设计思想出现。一种是随机的思想，由随机播种野花草甸派生出来；另一种是德国的设计师理查德·汉森（Richard Hansen）和弗里德里希·斯塔尔（Friedrich Stahl），从20世纪60年代起，发展形成了一种高度结构化的方法，目的是研究一种自然植物群落的固定搭配组合。观赏性多年生植物关注点更多的放在植物的生态自然特性，不再仅仅是花卉的形态、色彩、高度等特征。他们认为，重视多年生植物的生态需求，能够降低景观维护成本[4]。

20世纪末，设计师们开始反对单一种类植物团块种植。种植设计的趋势向关注生物多样性开始转变，具体表现在设计师们对野花混播的兴趣以及对生态的广泛关注。

新多年生植物运动属于生态主义园林设计思想的一种体现，其特征要是强调所有植物景观设计必须建立在尊重自然的基础上，应顺应基质的原有自然条件，通过人工科学、合理的干预来创造良性循环的生态系统；注重乡土植物（特别是乡土的多年生野生花卉、禾本科的草本植物）的运用，形成自然有趣的景观；生态系统观念指导下的植物景观设计，注重物种多样性的创造和保护；注重植物的景观功能和生态功能的统一。[5]

3 多年生植物运动设计方法研究

3.1 植物与自然

现代种植设计的方式寻求表现自然，与自然协调的途径，关注花园植物管理养护的可持续性。研究表明，观赏者的关注点通常在植物的混合性、多样性、复杂性、相关性、变化和区别。

3.1.1 合理运用混合种植

两种或多种植物之间色彩和形式互补能满足很好的观赏效果。重复种植的手法是混合种植的第一步。两种植物组合可能会产生较好的效果，但缺少深度且很难保证全年的观赏效果。将4~5种植物混合可以创造出一个简单的混合群落，结合季相进行植物选择，全年都能有良好的景观效果。

3.1.2 静态与动态——自然与变换

随着时间的推移，多年生植物为主的群落会衰退。多年生植物有它们自身的循环过程：生长、替换、自然播种。

多年生植物群落的修复，有两种可能的方式：被动和主动。被动的方法包括除草、强力除掉自播种类、每年修剪枯死的植物，补植主题植物等。主动的方法则更多地结合植物群落的自然特性。植物群落精确的恢复重建不具必要性和可行性，使用新的种植方法进行改造，新旧植物并存，通过种植反映时代的特点是一种更合理的恢复方式。

3.2 种植设计的层次结构

一个野生植物群落，色彩鲜艳的花卉是最先吸引人的，然后是结构，仔细观察会发现更多细节色彩，有趣的形态，植物搭配组合。重点元素的重复可以打造震撼的视觉效果。在种植设计中能产生"即时效应"的物种非常重要，在整体景观中非常突出。

从花园设计长期发展史上来看，对视觉强度的要求逐渐降低。维多利亚花坛色彩和内容非常丰富，每种元素都有强烈的视觉冲击，容易造成视觉疲劳。后来很多设计师开始用更微妙的手法处理植物：例如德国的卡尔·福斯特（Karl Foerster）使用观赏草和蕨类植物；贝丝·查托（Beth Chatto）更多注重植物的形式、线条、自然，她更倾向于运用奶油色星芹属（Astrantia）、绿色大戟属（Euphorbia），宽叶的心叶牛舌草属（Brunnera）的植物。现代植物设计的风格受到查托很大的影响，使野花爱好者、园艺师和设计师对于种植设计的思路更加开放。

3.2.1 主题植物

主题植物是对植物景观有主要影响的植物组团。在传统种植设计中，所有的植物都是主题植物，通常选择色彩艳丽或结构感强的种类。在新的种植设计思想中，主题植物和背景植物形成对比。植物如建筑、地形一样可以形成丰富的空间变化，而植物自身的呈现也需要空间上的营造和空间尺度上的细心把握[6]。

（1）组团

组团种植是主题植物表达的一种方式，由单一的植物种类组成，易于养护管理，适合面积较大的公共空间的种植设计。大面积的同种植物使植物的色彩和形态更加突出。而有些植物在花期过后或生长环境欠佳的状况下，观赏效果会大打折扣。组团种植集中展示植物的优势同时也会暴露它的缺点。

综合运用不同大小、不同形态的植物组团，穿插随机分散植物以及重点组团的重复出现都可以一定程度上减弱单一组团种植的缺陷。两种或更多种类植物构成的组团，通过调配植物种类之间的比例，或加入一些比主题植物花期早或晚一点的植物种类可以延长观赏期，并弥补主题植物花期过后景观效果欠佳的不足。这种方法向传统的单一品种组团提出了挑战，向混合种植迈进了一步[1]。

组团的重复能体现出节奏感和整体感，选用能长期保持良好结构的植物或花期较长且花期后仍能保持良好观赏性的植物。以特伦特海姆公园（Trentham）种植设计为例，设计师共选用了120种植物，植物之间的紧密联系使群落变得协调统一。

在特伦特海姆公园中的花卉迷宫（Floral Labyrinth）中最常用到的11种植物显示出重复组团的重要性：粉红大星芹（Astrantia 'Roma'），松果菊（Echinacea 'Rubinglow'），斑茎泽兰（Eupatorium 'Riesenschirm'），帚枝千屈菜（Lythrum virgatum），弗吉尼亚腹水草'魅力'（Veronicastrum 'Fascination'）等这些植物观赏期很长，打破了传统的观赏花卉为主导的观念。该花园120m长50m宽，包括草坪小路和两个核心草本观赏区。它是基于均等大小的组团来设计的，同时显示出混合种植复杂性的一些特质（图1）。

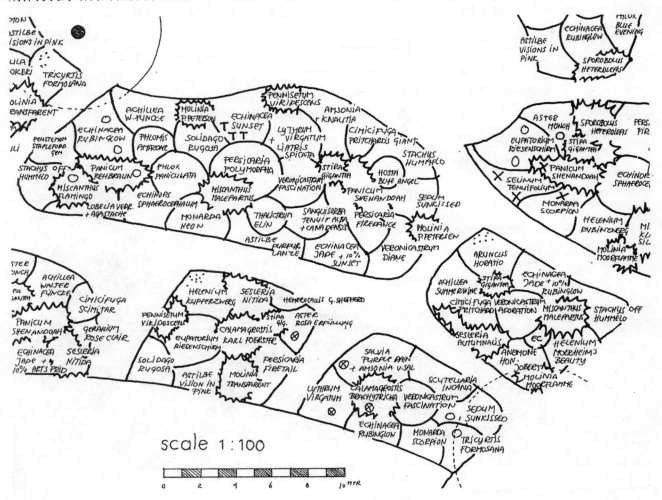

图1　特伦特海姆公园中的花卉迷宫

Pic. 1　Floral Labyrinth in Trentham Park

（2）飘带

飘带形种植是主题植物表现的另一种方式。飘带状的种植条块是杰基尔标志性的形式语言，条状的植物组块沿着长长的花境交错着排布，犹如在长长的溪流中漂浮。漂浮物状的种植方式使植物在开花时能最大数量地展现出来，花朵凋谢时突出其他植物，不同植物之间可以更好地搭配、互相衬托，达到设计特征上的统一[7]。

飘带是一个折中的方案，既可以打破传统的规则种植模式又便于养护管理。飘带可以创造一种混合的错觉，复杂程度较低。

（3）重复

主题植物的重复种植可以用于单体植物或小型组团，通常用在团块间隔中以增加节奏和变化，打破厚重感。几种长观赏期植物组成的重复组团营造了一种场所感，经过统筹设计并且具有整体的视觉效果，有引导视线的效果。

对于小尺度空间来说，重复可以定义场所特征，同时尊重其周边环境。

好的重复式种植需要有个性并具有较长的观赏期，或者花期过后不会显得很杂乱荒凉。例如德国的马克西公园（Maximilian Park）中的花境，大小相似的

植物组团被重复的植物点缀，设计师选择了观赏期较长且色彩、形态优美的植物，或者叶形优美可以保证后期观赏效果。亚美尼亚老鹳草（Geranium psilostemon）是个例外，它结构性不强，花期后观赏效果较差，逐渐在灌丛中消隐。但它在初夏开花，花色鲜艳充满活力，有极强的视觉冲击力，能够很好地凸显花境的特征和个性。花境中使用较多的植物材料通常视觉导向性较强，包括两种观赏草：麦氏草属 Molinia 'Transparent'，细枝稷'山纳多'Panicum 'Shenandoah'，具有一定结构性但视觉效果上较低调（图2）。合理控制这两种结构性组团的疏密和位置，构建串联整个花境的结构线，亚美尼亚老鹳草组团也位于结构线上。该花境虽然植被种类多且组团大小相似，但有一个清晰的结构，花境的整体感较强。

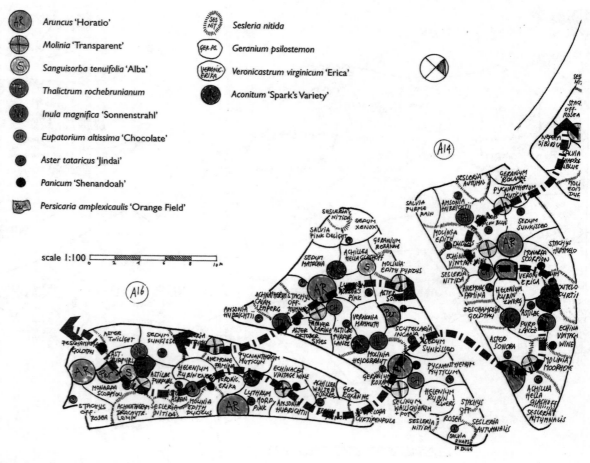

Excerpt from a plan for the Maximilianpark in Hamm, Germany (2009–10).

图2　德国马克西公园（Maximilianpark）结构分析图
Pic. 2　Structure Analysis of Maximilian park，Germany

3.2.2　基底植物

基底植物的打造是通过视觉导向较强的植物大面积种植。基底植物唤起了模仿自然生境的组合模式：

少量种类组成了大面积的群落，种类多数量少、观赏性较好的植物镶嵌其中。因此，基底植物应选择视觉上相对低调，色彩柔和，没有强势的结构形态。为了

掩盖裸露的土地，植株之间要能够尽量无缝隙交织；同时必须长期保持良好的观赏效果，即使在主要观赏期过后，也必须有良好的形态来支撑。

观赏草是最常用的基底植物，特别是丛生的品种。从生理角度来说，观赏草在温带气候基本都能生长。丛生观赏草成本较低，观赏期很长，具有独立的营养循环，可从腐烂的落叶中汲取养分。它们既能有效抑制野草的生长又不会与主题植物形成强烈竞争。

皮耶特·奥多夫早期的基底种植以无芒发草（*Deschampsia cespitosa*）为主，寿命较短，但具有较强的自播繁衍能力。发草可以跟很多植物和谐共处，不会绞杀其他植物。酸沼草（*Molinia caerulea*）的很多品种也

是长寿的种类，稳定性较好。它们的组团会露出土壤，与蔓延性较低的多年生植物形成很好的组合，如新风轮属（*Calamintha*）。草原鼠尾粟（*Sporobolus heterolepis*）潜力很大，是重要的自然基底植物。

很多设计师和园艺师喜欢简单的基底植物，用尽量少的种类，随机分散在大空间里。而真实的自然并不是这样的。自然群落是很复杂的，大面积的观赏草和多年生花卉融入复杂的肌理和不断变化中。自然的过程总是趋于将植物群落发展成过渡效果。大面积的团块可以种植不同的基质——营造出组团互相覆盖的效果[1]。

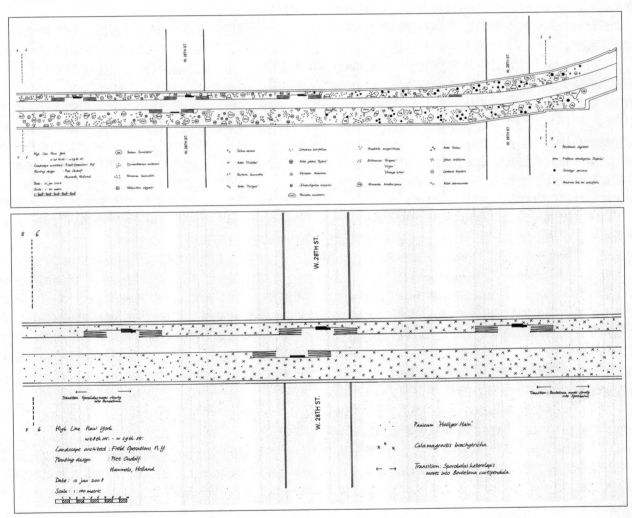

图 3 纽约高线公园 28－29 段

Pic. 3   Part 28－29 of High Line Park in New York

基质是一种填充和背景，无论它本身有什么样的观赏特性，它的责任是把主题植物突出并强调它们的特质。将基质与主题植物清晰地区分，比起单纯地把所有元素随机分布更能提升观赏效果。

3.2.3 分散式种植

分散种植植物在群落中随机散布，增添群落的自然感。

这种设计手法适用于多种植物形式，通过季节性

展现色彩或长期突出的结构来加强种植设计的效果。在大尺度上，像白野靛（*Baptisia alba* subsp. *macrophylla*）这种体积较大的植物也可以很好地作为分散植物。当它的白色花开白以后，它的叶片肌理、灌丛形态、深色的心皮使它与众不同。在小尺度上，最好的植物种类通常是那些体积较小的，花期过后不会太明显，例如欧石竹（*Dianthus carthusianorum*），亮粉色的花在相同体量的植物中很显眼，而花期过后几乎看不到。

3.2.4 分层的植物

自然界中一些植物组团呈现清晰的图形，有些呈复杂网络。通过分层的方式来分析一个植物群落是很有效的方法。理解了野生或半自然植物群落层次的概念，就可以把这个概念引入种植设计群落中，既可以帮助设计师构建框架空间，又可以简化种植设计方案和施工养护。

在种植设计中，分层是为了把植物分离开，以保证视觉效果上的清晰连贯，简化设计过程。从设计的角度来看，两到三个层次已经足够，这些层次中包含丰富的植物种类。

纽约高线公园是一个很好的例子。高线公园的一段上，灌木和地被层有清晰的区分。在其他区域内，种植被划分为概念性的层次——一个基底层和一个组团层次，分散植物可以看做第三个层次。

高线公园 28～29 段，这段公园位于西 28 街，中间的水平条带是步行道。第一层是一个简单相对开放的基底，展示出黍属植物（*Panicum*）（图中圆点·）和短毛野青茅（*Calamagrostis brachytricha*）（图中 x）的过渡，这些草本间隔 1～1.5m。第二层是一系列多年生植物小组团，与基底草本混合。花境运用了大约 20 种不同的晚花多年生植物。为了达到这种混合的效果，多年生植物组团的种植密度大约是普通种植群落的 50%，以保证草本与多年生花卉的契合。留出的所有空隙都被观赏草填满：异鳞鼠尾粟（*Sporobolus heterolepis*），垂穗草（*Bouteloua curtipendula*）比另外两种草本要低矮一些。把较高植物如拂子茅属（*Calamagrostis*）和黍属（*Panicum*）控制在一个较低的密度，有助于凸显多年生花卉。高线公园的种植设计视觉上的成功在于塑造了一种多年生花卉从观赏草中生长出来的景观效果[8]。

一般来说，种植设计的第一层是最简单的，通常是基底或者大片的组团，第二层覆盖的植物需要更好的肌理质感：更小的组团或者更复杂的图案。在生态学中，粗线条植物组团是由大的灌丛、草丛构成，精致的植物组团更密集。将这个概念，转移到种植设计，设计师会先考虑粗线条的组团，进而叠加精致的组团。

3.3 植物元素的组合搭配

组合是种植设计的基本构成单位。要设计出精彩的植物组合，需要很好地了解植物的观赏特征。植物的色彩固然重要，但是植物的结构则作为观赏期最长的要素是更基本的，也是研究的重点。植物的形态比起花朵更基础，不同形态的植物组合决定着花境中的整体结构、韵律、对比、季相特征。

4 新多年生植物运动设计风格在现代种植设计中的影响

新多年生植物运动启发了很多现代设计师们对生态自然的种植设计方法进行深入探索，产生了很多不同的设计思想。

设计师受到植物生态科学的启发，模仿植物自然生长的方式，形成了一些多年生植物混合设计方法，旨在混合运用不同的植物种类。他们不只是画出一个平面图，而是创造一种混合的植物组合。

随机种植的设计思想刚提出时，看似奇怪，几乎与设计背道而驰。例如野花草甸或牧场看起来很随机，事实上并不是这样，它存在一种组合的规则。创造一个设计过的随机混合组团，需要根据场地环境条件选择植物种类，要能够在均等的间隔里相互兼容，在具体的设计标准下，在特定的季节展现其观赏价值，包括色彩、高度和结构。混合群落可以形成一种模式，用在任何一个合适的场所。

野花草甸最早是英国和德国设计师在 20 世纪 70 年代发展起来的，草原混合种植在同一时期的美国中西部发展起来，由于它们是播种产生的，所以不可避免随机性。詹姆斯·希契莫夫（James Hitchmough）专注于自然式草本群落在可持续城市环境中的设计与应用；开创了"生态、美学、功能"相结合的"低成本生态景观"学科，发明了撒播建立复杂生态草本群落的技术。

5 结语

新多年生植物运动是对传统种植设计的大胆突破，除了传统设计中关注的花，更多的关注植物的果实、枝干等，扩展了多年生花卉的观赏层面，并大量运用观赏草。从设计出发，推崇人工植物群落的低成本养护管理，植物群落自成完整的生态系统，有完整的营养循环，能自播繁衍，并不断变化发展。从种植设计的整个发展过程来看，新多年生植物运动早期，更多的关注植物能否在设计场地生长，而容易忽略是否为本土植物。设计师的认识层面在于创造新的多样化景观。而目前，本土植物花园（Native Garden）是种植设计发展的主导方向。

参考文献

1. Piet Oudolf, Noel Kingsbury. Planting：A New Perspective [M]. Timber Press. 2013

2. 任京燕. 巴西风景园林设计大师布雷·马克思的设计及影响[J]. 中国园林，2000(5)：60 – 63.

3. 张纵. 现代园林与高技术的完美结合[J]. 中国园林，2004(06)：21 – 28.

4. Richard Hansen, Friedrich Stahl, Perennials and Their Garden Habitats[M]. Timber Press, 4 edition (June 1, 1993)

5. 李雄. 园林植物景观的空间意向与结构解析研究[D]. 北京林业大学，2006.

6. 尹豪. "盒"中之美宿根花卉园设计中的空间营造[J]. 风景园林，2011.2

7. 尹豪. 身为艺术家的园丁——工艺美术造园的核心人物格特鲁德·杰基尔[J]. 中国园林，2008(3)：72 – 76.

8. Piet Oudolf, Noel Kingsbury. Landscapes in Landscapes[M]. The Monacelli Press. 2011

图片来源：Piet Oudolf, Noel Kingsbury. Planting：A New Perspective. Timber Press. 2013

光叶红蜡梅花香成分分析

王艺光　黄耀辉　张超　付建新　赵宏波①
（浙江农林大学风景园林与建筑学院，临安 311300）

摘要　采用顶空固相微萃取与 GC‒MS 联用技术对盛开期光叶红蜡梅（*Calycanthus floridus* var. *glaucus*）鲜花香气成分进行测定分析。结果检测到 24 种挥发性物质，包括酯类、萜烯类、腈类、醇类、醛酮类和烷烃类，其中酯类为相对含量最高的物质，其次是腈类和萜烯类化合物，分别占 51.77%、27.66% 和 15.27%。主要花香成分是丁酸乙酯（28.58%）、反油酸甲酯（10.57%）、2‒甲基丁酸乙酯（5.74%）、己酸乙酯（3.63%）、柠檬腈（27.66%）、α‒花柏烯（4.25%）、（‒）‒g‒杜松烯（3.98%）。因此，可推测光叶红蜡梅的特殊花香是以酯类化合物起主导作用，其他物质为辅助效应的作用下形成。

关键词　光叶红蜡梅；顶空固相微萃取；GC‒MS；花香成分

Analysis of Aroma Compounds from *Calycanthus floridus* var. *glaucus* Flowers

WANG Yi-guang　HUANG Yao-hui　ZHANG Chao　FU Jian-xin　ZHAO Hong-bo
（*College of Landscape Architecture*，*Zhejiang A&F University*，*Lin' an* 311300）

Abstract　The aroma compounds from the fresh flowers of *Calycanthus floridus* var. *glaucus* at the full opening stage were analyzed by means of Headspace Solid Phase Micro-extraction (SPME) and gas chromatography-mass spectrometry (GC-MS). Result showed that 24 kinds of volatile compounds were detected, including esters, terpenes, nitriles, alcohols, alkanes, aldehydes and ketones. Among these components, esters showed the highest relative content, and the next were nitriles and terpenes, which accounted for 51.77%、27.66% and 15.27%. The main compounds were Ethyl butyrate (28.58%), (E)-9-Octadecenoic acid methyl ester (10.57%), Ethyl 2-methylbutyate (5.74%), Ethyl hexanoate (3.63%), Lemonile (27.66%), a-Chamigrene (4.25%), (-)-g-Cadinene (3.98%). Therefore, it was concluded that the formation of special fragrance in *Calycanthus floridus* var. *glaucus* flowers was contributed by the dominated function of eaters in combination with the effect of other components.

Key words　*Calycanthus floridus* var. *glaucus*；SPME；GC-MS；Aroma compounds

自然界中，植物所散发出的香气物质为其次生代谢产物（Pichersky E，Gang D R，2000），分别来源于植物的叶片、根、花和果实等部位（邓晓军、陈晓亚等，2004）。其中，花香的释放对植物自身在吸引传粉、防御天敌等方面起到重要的作用（马波，2010）。于人而言，植物花香不仅能帮助人们缓解压力，使人心情愉悦，还能有益于人的身体健康，是现今兴起的园艺疗法的重要组成部分（Hyunju Jo *et al*，2013；卢起等，2010）。随着花香测定方法的不断完善，目前已有多种植物的花香成分被报道，其中包括梅花（*Prunus mume*）、玫瑰（*Rosa rugosa*）、芍药（*Paeonia*

lactiflora）、桂花（*Osmanthus fragrans*）等多种观赏花卉（赵印泉 等，2010；冯立国 等，2008；黄雪 等，2010；侯丹 等，2015）。不同植物的花香都由其特殊成分组成，从而形成了不同的香气类型。

光叶红蜡梅（*Calycanthus floridus* var. *glaucus* Linn. Syst. Nat. ed.）为蜡梅科（Calycanthaceae）美国蜡梅（*Calycanthus floridus*）的变种。落叶灌木，花呈褐紫色或红褐色，原产于美国东部，中国南京、杭州、江西庐山有引种栽培（张若蕙 等，1998）。蜡梅科多种植物的花都有香气，其中蜡梅（*Chimononthus praecox*）为中国著名花卉，而光叶红蜡梅的花香明显区别

---

①　通讯作者。赵宏波，副教授，硕士生导师，主要从事观赏植物遗传育种和植物繁殖生态研究。Email：zhaohb@zafu.edu.cn。

图1　光叶红蜡梅的花

Fig. 1　The flower of *Calycanthus floridus* var. *glaucus*

于蜡梅花的清香，是一种近似发酵水果的迷人芳香，目前对其成分的分析未见报道。光叶红蜡梅作为引进栽培的优良观赏植物，无论花的颜色、外形还是香气都有极高的园林应用价值。因此，本实验采用顶空固相微萃取与GC-MS联用技术对其处于盛开期时的花香成分进行分析，以期对光叶红蜡梅花香及种质资源的开发利用奠定理论基础。

1　材料与方法

1.1　材料与仪器

供试材料为从美国密苏里州引种的光叶红蜡梅（图1），现栽种于浙江省临安市浙江农林大学植物园内，采集时间为2015年4月开花期，选择天气晴朗的上午进行花香测定。

气相-质谱联用仪的型号为GC-MS QP2010 Plus，为日本岛津公司产品；SPME进样手柄与100μmPDMS萃取头均为美国Supelco公司产品。

1.2　方法

1.2.1　花香采集

用镊子取下3朵处于盛花期的光叶红蜡梅花，将其快速转移到100ml的锥形瓶中，并用封口膜密封，在室温下平衡40min；提前将SPME进样手柄与萃取头组装，并在GC-MS进样口处老化1h，温度250℃；然后把经过老化的萃取头插入平衡后的锥形瓶中，萃取时间40min。3次平行重复试验。

1.2.2　香气成分测定

将萃取花香的萃取头插入GC-MC联用仪的进样口中进行分析。

GC-MS分析条件：色谱柱HP-5MS（50m×0.25mm×0.33μm）；载气He气，流速1mL·min⁻¹；进样口温度250℃；起始柱温50℃，保持3min，以

5℃·min⁻¹升至120℃，然后以6℃·min⁻¹升温至260℃，保持15min；电力方式为EI，电子能源70 eV；离子阱温度为230℃，质谱扫描范围33～650 amu。

1.2.3　数据分析

利用GC-MC联用仪计算机的NIST05/NIST05s标准谱库自动检索分析各组分质谱数据，并将检索结果与相关文献进行比对，从而完成对花香成分的定性分析；根据总离子流色谱图，使用面积归一法算出各组分的相对含量。

2　结果与分析

经GC-MS分析得到光叶红蜡梅挥发性物质成分总离子流色谱图，从图2中可以看出混合香气成分中由多种物质组成，其中有几个较大离子峰，相对含量明显高于其他组分，是主要的花香组成成分。

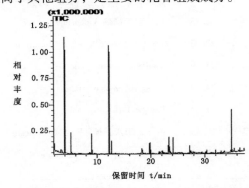

图2　光叶红蜡梅挥发性成分GC-MS总离子色谱图

Fig. 2　Total ionic chromatogram of *Calycanthus floridus* var. *glaucus*

将质谱数据分析结果列入表1。在盛开期光叶红蜡梅花香中共有24种花香物质被检测出，可分为酯类、萜烯类、腈类、醇类、醛酮类和烷烃类共六大类物质，其中以酯类、萜烯类和腈类为主要成分（图3）。

酯类化合物共检测到8种，相对含量最高，占总含量的51.77%，超过其他挥发性物质的总和。以丁酸乙酯（28.58%）、反油酸甲酯（10.57%）最高，其次是2-甲基丁酸乙酯（5.74%）和己酸乙酯（3.63%），还检测到一些相对含量较低的酯类，如（Z）-十六烯酸甲酯（1.22%）、三反油酸甘油酯（0.70%）、亚油酸甲酯（0.64%）等。

萜烯类化合物为盛开期光叶红蜡梅花香中种类最多的物质，检测到11种，占总含量的15.25%。主要成分包括（-）-g-杜松烯（3.98%）、α-花柏烯（4.25%）、α-布藜烯（1.76%）、大牛儿烯 D（1.15%）等。

腈类化合物仅柠檬腈1种，但具有较高的相对含量，占挥发物总量的27.66%。

在花香成分中还检测到少量的醇类、酮醛类和烷烃类挥发性物质，如棕榈醇（1.14%）、6-甲基-5-庚烯-2-酮（0.22%）、十五醛（0.33%）和2-（1, 1-二甲基-2-戊烯基）-1, 1-二甲基-环丙烷（3.63%）。

表1 光叶红蜡梅的香气成分及其相对含量

Table 1 Relative contents of aroma compounds in the flowers of *Calycanthus floridus* var. *glaucus*

序号 NO	保留时间 t/min	化合物名称 component name	分子式 Molecular	相对含量 Relative content /%
1	4.04	丁酸乙酯 Ethyl butyrate	$C_6H_{12}O_2$	28.58
2	5.12	2-甲基丁酸乙酯 Ethyl 2-methylbutyate	$C_7H_{14}O_2$	5.74
3	8.68	6-甲基-5-庚烯-2-酮 6-methyl-5-Hepten-2-one	$C_8H_{14}O$	0.22
4	9.02	己酸乙酯 Ethyl hexanoate	$C_8H_{16}O_2$	3.63
5	12.23	柠檬腈 Lemonile	$C_{10}H_{15}N$	27.66
6	12.65	2-（1, 1-二甲基-2-戊烯基）-1, 1-二甲基-环丙烷 Cyclopropane, 2-(1, 1-dimethyl-2-pentenyl)-1, 1-dimethyl-	$C_{10}H_{22}$	3.63
7	19.82	（-）-g-杜松烯 （-）-g-Cadinene	$C_{15}H_{24}$	3.98
8	19.95	大牛儿烯 D Germacrene D	$C_{15}H_{24}$	1.15
9	21.50	反式-α-香柑油烯（香柠檬烯）trans-a-Bergamotene	$C_{15}H_{24}$	0.54
10	21.60	a-愈创木烯 a-Guaiene	$C_{15}H_{24}$	0.67
11	22.08	β-倍半水芹烯 β-Sesquiphellandrene	$C_{15}H_{24}$	0.44
12	22.09	（E）-β-金合欢烯 （E）-β-Farnesene	$C_{15}H_{24}$	0.69
13	22.23	巴伦西亚橘烯 Valencene	$C_{15}H_{24}$	0.95
14	22.23	（+）-环苜蓿烯 （+）-Cyclosativene	$C_{15}H_{24}$	0.43
15	23.49	α-布藜烯 a-Bulnesene	$C_{15}H_{24}$	1.76
16	24.08	α-花柏烯 a-Chamigrene	$C_{15}H_{24}$	4.25
17	27.34	棕榈醇 1-Hexadecanol	$C_{16}H_{34}O$	1.14
18	29.43	（E）-3-十八碳烯 （E）-3-Octadecene	$C_{18}H_{37}$	0.38
19	32.05	棕榈酸甲酯 Methyl palmitate	$C_{17}H_{34}O_2$	0.69
20	33.68	十五醛 Pentadecanal	$C_{15}H_{30}O$	0.33
21	34.89	亚油酸甲酯 Methyl linoleate	$C_{19}H_{34}O_2$	0.64
22	34.99	反油酸甲酯 （E）-9-Octadecenoic acid methyl ester	$C_{19}H_{36}O_2$	10.57
23	35.09	（Z）-十六烯酸甲酯 （Z）-9-Hexadecenoic acid, methyl ester	$C_{18}H_{38}O_4$	1.22
24	37.30	三反油酸甘油酯 （E, E, E）-9-Octadecenoic acid, 1, 2, 3-propanetriyl ester	$C_{57}H_{104}O_6$	0.70

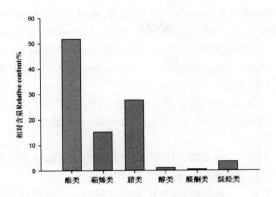

图3　光叶红蜡梅主要挥发物类别

Fig. 3　Main volatile categories from the flowers of *Calycanthus floridus* var. *glaucus*

3　讨论

目前关于蜡梅科蜡梅属花香的研究较多，虽然因品种、提取工艺及测定方法的不同，对蜡梅花香分析的具体结果并不完全相同，但基本能确定蜡梅花的主要香气物质是萜烯类化合物（DENG C H *et al*，2004；AZUMA H *et al*，2005；周明芹 等，2007；FARSAM H *et al*，2007；LI Z G *et al*，2009），大多数萜烯类化合物的香气类型较为柔和（孙宝国和何坚，2004），从而决定了蜡梅花香清新别致、淡雅宜人的特点。

本实验通过测定发现，光叶红蜡梅最主要的花香物质为酯类化合物，相对含量为萜烯类化合物的近3倍。有研究报道，低分子酯类是许多水果香气的主要成分，包括苹果（*Malus pumila*）、梨（*Pyrus*）、甜瓜（*Cucumis melo*）、甜樱桃（*Prunus avium*）等（乜兰春 等，2004）。其中，苹果的主要挥发性香气是乙酸、丁酸和己酸分别与乙醇、丁醇和己醇形成的低分子酯

类（Dixon J *et al*，2000），味感阈值非常低的2-甲基丁酸乙酯则是苹果重要的香气组成成分之一（Rowan D D *et al*，1996），而丁酸乙酯、己酸乙酯和2-甲基丁酸乙酯在所测花香含量中占有较高的比例，这就解释了光叶红蜡梅花香与成熟苹果芳香极为相似的原因。

从光叶红蜡梅花香中还检测到较高相对含量的柠檬腈，又名3，7-二甲基-2，6-辛二烯腈，这种腈类化合物香气特征强烈而持久，具有油脂样青鲜味，似柠檬香（孙宝国和何坚，2004）。以往的有关报道仅限于人工合成香料，未在天然产物中发现（沈睿漫 等，1994；农克良 等，1997；崔志敏 等，2003；Ye Wang *et al*，2013），柠檬腈作为光叶红蜡梅特征香气物质，在香料制作上是一项重大的发现，可直接作为植物性天然香料加以开发利用。

作为百合、水仙、白玉兰与望春玉兰等多种花卉的主要芳香物质（张辉秀 等，2013；窦雅君 等，2014；冯立国 等，2009），萜烯类化合物虽然在光叶红蜡梅香气成分中所占比例低于酯类和腈类化合物，但在花香形成中也有一定的贡献。试验所测花香中有多种萜烯类化合物，以（-）-g-杜松烯、α-花柏烯、α-布藜烯为主，而其他萜烯类成分相对含量都较低，其中杜松烯的异构体在蜡梅花香中也能被检测到（周明芹 等，2007）。

综上所述，在光叶红蜡梅花香的形成中酯类占有主导地位，多种香气成分起到一定调和辅助的作用，最终赋予光叶红蜡梅甜美而浓郁的芳香，这也是导致光叶红蜡梅与蜡梅花香特征具有显著差异的重要原因。而关于光叶红蜡梅花香中的不同物质对人味觉感受的影响效应，以及特有成分的代谢途径，还需要进一步的研究。

参考文献

1. Pichersky E, Gang D R. 2000. Genetics and biochemistry of secondary metabolites in plants：An evolutionary perspective [J]. Trends Plant Sci, 5(10)：439 – 445.

2. 邓晓军，陈晓亚，杜家纬. 2004. 植物挥发性物质及其代谢工程[J]. 植物生理与分子生物学学报，30(1)：11 – 18.

3. 马波. 2010. 植物挥发物代谢工程在改良香气品质和植物防御中的应用[J]. 生物技术通报，(12)：16 – 24.

4. Hyunju Jo, Susan Rodiek, Eijiro Fujii, *et al*. 2013. Physiological and psychological response to floral scent [J]. HORT SCIENCE, 48(1)：82 – 88.

5. 卢起，彭爱铭，刘双信，等. 2010. 中国水仙花香对人体血压心率和呼吸频率的影响[J]. 安徽农业科学，38(26)：14329 – 14330.

6. 赵印泉，潘会堂，张启翔. 2010. 梅花花朵香气成分时空动态变化的研究[J]. 北京林业大学学报，32(4)：201 – 206.

7. 冯立国，生利霞，赵兰勇，等. 2008. 玫瑰花发育过程中芳香成分及含量的变化[J]. 中国农业科学，41(12)：4341 – 4351.

8. 黄雪，王超，王晓菡，等. 2010. 芍药'杨妃出浴'和'大富贵'花香成分初探[J]. 园艺学报，37(5)：817 – 822.

9. 侯丹，付建新，张超，等. 2015. 桂花品种'堰虹桂''玉玲珑'和'杭州黄'的香气成分及释放节律[J]. 浙江农林大学学报，32(2)：208 – 220.

10. 张若蕙，刘洪谔，沈湘林，等. 1998. 世界蜡梅[M]. 北京：中国科学技术出版社.

11. DENG C H, SONG G X, HU Y M. 2004. Rapid determina-

tion of volatile compounds emitted from *Chimonanthus prae-cox* flowers by HSSPME – GC – MS［J］. Zeitschrift Fur Naturforschung Section C – a Journal of Biosciences, 59（9 – 10）：636 – 640.

12. AZUMA H, TOYOTA M, ASAKAWA Y. 2005. Floral scent chemistry and stamen movement of *Chimonanthus praecox* (L.) Link (Calycanthaceae)［J］. APG：Acta phytotaxonomica et geobotanica, 56（2）：197 – 201.

13. 周明芹, 向林, 陈龙清. 2007. 蜡梅花香及花色色素成分的初步研究［J］. 北京林业大学学报, 29（增刊1）：22 – 25.

14. FARSAM H, AMANLOU M, TAGHI – CHEETSAZ N, *et al.* 2007. Essential oil constituents of *Chimonanthus fragrans* flowers population of Tehran［J］. Daru – Journal of Faculty of Pharmacy, 15（3）：129 – 131.

15. LI Z G, CAO H, LEE M R, *et al.* 2009. Analysis of volatile compounds emitted from *Chimonanthus praecox* (L.) Link in different florescence and QSRR study of GC retention indices［J］. Chromatographia, 70（7 – 8）：1153 – 1162.

16. 孙宝国, 何坚. 2004. 香料化学与工艺学［M］. 北京：化学工业出版社.

17. 乜兰春, 孙建设, 黄瑞虹. 2004. 果实香气形成及其影响因素［J］. 植物学通报, 21（5）：631 – 637.

18. Dixon J, Hewett E W. 2000. Factors affecting apple Aroma/flavor volatile concentration：review［J］. New Zealand J of Crop and Hort Sci, 28：155 – 173.

19. Rowan D D, Lane H P, Allen J M, *et al.* 1996. Biosynthesis of 2 – methylbutyl, 2 – methyl – 2 – butenyl and 2 – methyl butanoate esters in 'Red Delicious' and 'Granny Smith' apples using deuterium – labeled substrate［J］. J Agric Food Chem, 44：3276 – 3285.

20. 沈睿漫, 沈雨生, 黄金昆, 等. 1994. 用山苍子油合成国际新型香料——柠檬腈的新探［J］. 精细化工, 11：28 – 30.

21. 农克良, 黄文榜. 1997. 由柠檬醛合成柠檬腈最佳工艺条件的探索［J］. 广西化工, 27（4）：8 – 11.

22. 崔志敏, 陈学恒. 2003. 由柠檬醛合成柠檬腈的工艺研究［J］. 化学世界, （4）：206 – 208.

23. Ye Wang, Shao Feng Pi, Jin Hua Zhou, *et al.* 2013. One – Step Synthesis of Lemonile from Citral by Liquid Phase Catalytic Ammoxidation［J］. Advanced Materials Research, 959 – 961.

24. 张辉秀, 冷平生, 胡增辉等. 2013. '西伯利亚'百合花香随开花进程变化及日变化规律［J］. 园艺学报, 40（4）：693 – 702.

25. 窦雅君, 翟娟, 侯芳梅, 等. 2014. 不同光照强度对'金盏银台'水仙花香释放的影响［J］. 西北农业学报, 23（4）：85 – 91.

26. 冯立国, 孟祥申, 周力, 等. 2009. 白玉兰与望春玉兰花香成分和含量的比较研究［J］. 山东农业大学学报（自然科学版）, 40（3）：377 – 380.

中国观赏园艺研究进展 2015：719～726

Advances in Ornamental Horticulture of China，2015：719～726

银川市公园绿地植物景观特色研究

王超琼　董丽①

（花卉种质创新与分子育种北京市重点实验室，国家花卉工程技术研究中心，城乡生态环境北京实验室，
北京林业大学园林学院，北京 100083）

摘要　公园绿地植物景观的构建可以体现城市的绿化水平，更可以突显城市特色。为今后银川市公园绿地植物景观的构建能更加科学且突出当地特色，研究针对银川市三区内 10 个公园植物景观现状进行调研，从植物种类、群落结构以及植物景观特色方面分析出银川市公园植物景观现状，并对如何更好地构建植物景观提出建议：①出现植物共计 216 种，乔木 74 种，灌木 54 种，藤本 5 种，草本 84 种（42 种观赏和 42 种野生），植物数量仍可以丰富；②植物群落中常绿植物种类远少于落叶，灌木种类少于乔木，且群落结构以乔 + 草、灌 + 草为主，也有乔 + 灌 + 草结构出现，但灌木、草本层较为单一，故灌木种类、常绿植物种类仍待丰富；③现状滨水植物景观丰富，但后期管理尤待加强；季相植物景观多样，但早春及夏季观赏植物比例应有所提高；地被植物的应用尤待增强。

关键词　公园绿地；植物景观；特色；银川市

The Characteristic of the Plant Landscaping of Public Park in Yinchuan City

WANG Chao-qiong　DONG Li

（*Beijing Key Laboratory of Ornamental Plants Germplasm Innovation & Molecular Breeding*，
National Engineering Research Center for Floriculture，*Beijing Laboratory of Urban and Rural Ecological
Environment and College of Landscape Architecture*，*Beijing Forestry University*，*Beijing* 100083）

Abstract　The construction of the plant landscaping in Public park can not only reflect the level of a city's verdurization，but also highlight the characteristic of the city．In order to make the plant landscaping more scientific and special，this paper investigated the present plant landscaping of 10 parks in 3 regions of Yinchuan city．After analysing the characteristics of Yinchuan public park from species，community composition and traits，we proposed several suggestions：1）the species have been used amounted to 216（74 arbors；54 shrubs；5 Fujimoto；84 Herbaceous－42 ornamental plants and 42 wild plants），the number of the species can be increased；2）the amount of the evergreen plant species were far less than the deciduous plant species，and the shrub species were less than arbor species in the plant community，though the community were mainly arbor（shrub）+ herbaceous structure，and the arbor + shrub + herbaceous structure were also appeared，the shrubs or the herbaceous were pretty simple，so the shrubs and the evergreen species need to be abundant；3）the waterfront plant landscaping were rich，but the management should be strengthen；diverse arrangement of seasonal plants were used，but the proportion of the plants in the early spring and summer need to be improved；the application of the ground cover plants need to be enhanced too.

Key words：Public park；Plant landscape；Characteristic；Yinchuan city

　　园林植物景观的构建不仅能够改善城市环境、体现城市的绿化水平，更是突出城市的地方特色的重要载体。作为具有独特自然环境和丰厚历史民族文化的宁夏回族自治区首府银川市近年来大力发展园林绿化，大大提升了绿化覆盖率、绿地率及人均绿地面积，因而于 2007 年成为"国家园林城市"。但由于银川市园林发展的时间并不长，为能够更好地建设科学而具地域特色的园林植物景观，对处于发展初期的银川市园林的植物景观进行研究十分必要。公园绿地一定程度上可以反映城市园林绿化的水平，体现园林植物景观构建的特色，故本研究针对银川市公园绿地现状进行调研分析，旨在寻找当地公园绿地今后建设的方向。

1　研究区域特色

　　银川市位于宁夏中部平原，西靠贺兰山，东临黄河，地形总体来说平坦开阔，水渠的引流在当地形成交错的水文网，所以虽然属于中温带的银川市，气候

---

①　通讯作者。

干旱少雨，地表水系却较为丰富。此外，银川市日照充足，蒸发量大，风大沙多，无霜期短，自然植被以温带、暖温带疏林草原和荒漠草原为主。作为全国101座历史文化名城之一的银川市，悠久的历史发展令"回族文化"、"西夏文化"、"黄河文化"、"沙漠文化"、"丝绸之路文化"和"中原文化"在此交织，形成了"塞上湖城、西夏古都、回族之乡"的称号。银川市独特的环境和多样的文化为当地园林植物景观地域性特色的形成打下基础。

2 研究内容及方法

2.1 研究内容

研究以银川市三区（兴庆区、金凤区和西夏区）主要的10个公园绿地作为调查对象，分别是兴庆区的中山公园、宁园、丽景湖公园、海宝公园、鸣翠湖公园，金凤区的阅海公园、森林公园、宝湖公园、唐涞公园和西夏区的丽子园。其中中山公园修建最早，丽子园建成最晚，其余公园建成的时间集中在2005年左右；公园中面积最小仅有1.4hm²，最大达2000hm²；中山公园、宁园、森林公园、丽子园养护管理程度高于其他公园，鸣翠湖公园、阅海公园、宝湖公园作为湿地公园，水体面积大，养护管理较粗放。虽然这10个公园修建时间、面积大小、定位及养护程度不同，但造景元素，尤其是植物景观的营造有相通之处，故基本上能够反映银川市公园绿地的植物景观现状（表1）。

表1　银川市10个公园绿地概况

Table 1　General information of green space in ten parks in the Yinchuan City

公园名称	位置	建成年代	面积（hm²）	绿地面积（hm²）	水域面积（hm²）	主题定位
中山公园	兴庆区	1929	32	21	6.7	休闲、游乐
宁园	兴庆区	1987	1.4	0.7	0.3	休闲
丽景湖公园	兴庆区	2009	15	5	9.8	休闲
海宝公园	兴庆区	2007	216	120	97	休闲
鸣翠湖公园	兴庆区	2005	200	150	40	休闲游乐、生态
阅海公园	金凤区	2005	2000	1000	1200	休闲游乐、生态
森林公园	金凤区	2008	100	70	25	休闲、游乐
宝湖公园	金凤区	2004	87	56	33	休闲、生态
唐涞公园	金凤区	2005	62.7	42	16	休闲、运动
丽子园	西夏区	2010	14.5	11.3	2	休闲

2.2 研究方法

公园绿地由于受人为影响较大，调查采用斑块取样结合样方法，于2013年4月和8月在各公园以道路分隔的斑块上选取样方，其中乔灌木样方面积10m×10m，草本样方1m×1m，位于乔灌木样方的4个顶点和中心。调研乔灌木样方共计122个，草本样方610个，样方内记录植物种类及数量（灌木、草本为盖度）、胸径或地径以及植物群落树种组成等。

对调研数据从植物种类、群落构成及景观特色方面分析，其中物种应用频度按某植物物种出现的公园数占总公园数目的百分比来计算；群落构成包括对植物的乔灌木及常绿落叶植物种类比及群落层次结构的分析；景观特色的研究则针对与植物景观相关的要素进行分析。

3 结果与分析

3.1 银川市公园植物种类及应用频度

经调查统计，银川市10个公园绿地出现的植物种类216种，分属63科134属，其中乔木74种，灌木54种，藤本5种，草本84种，植物集中在蔷薇科（34种）、蝶形花科（16种）、杨柳科（15种）、木犀科（15种）以及菊科（14种），这5个科植物种类占整体的43.5%，而仅含1个种的单种科属共计29个，占所有科的46%。这些植物中乡土植物有135种，占整体植物的62.5%，分属50科101属。乡土植物的应用种类可以有所丰富，多种观赏特性极佳的野生乡土植物可供选择（罗乐，2010）。

公园绿地出现的132种木本植物中常绿乔木包括侧柏（*Platycladus orientalis*）、圆柏（*Sabina chinensis*）、

青海云杉（*Picea crassifolia*）、油松（*Pinus tabuliformis*）和白皮松（*Pinus bungeana*）5 种；落叶乔木有 69 种，包括华北落叶松（*Larix gmelinii* var. *principis-rupprechtii*）、银杏（*Ginkgo biloba*）、二乔玉兰（*Magnolia soulangeana*）、杜仲（*Eucommia ulmoides*）、榆科榆（*Ulmus pumila*）等 5 种、桑科桑（*Morus alba*）等 2 种、胡桃楸（*Juglans mandshurica*）、枫杨（*Pterocarya stenoptera*）、杨柳科胡杨（*Populus euphratica*）、毛白杨（*Populus tomentosa*）、旱柳（*Salix matsudana*）等 20 种、蔷薇科紫叶李（*Prunus cerasifera* 'Pissardii'）、山杏（*Prunus sibirica*）、杜梨（*Pyrus betulifolia*）等 18 种、合欢（*Albizia julibrissin*）、皂荚（*Gleditsia sinensis*）、蝶形花科国槐（*Sophora japonica*）、龙爪槐（*Sophora japonica* 'Pendula'）等 5 种、沙枣（*Elaeagnus angustifolia*）、火炬树（*Rhus typhina*）、丝绵木（*Euonymus maackii*）、枣（*Zizyphus jujuba*）、槭树科元宝枫（*Acer truncatum*）等 4 种、栾树（*Koelreuteria paniculata*）、臭椿（*Ailanthus altissima*）、香椿（*Toona sinensis*）、木犀科暴马丁香（*Syringa reticulata*）等 3 种和紫葳科梓树（*Catalpa ovata*）等 2 种；常绿灌木包括龙柏（*Sabina chinensis* 'Kaizuca'）、沙地柏（*Sabina vulgalis*）、大叶黄杨（*Euonymus japonicus*）、雀舌黄杨（*Buxus bodinieri*）以及沙冬青（*Ammopiptanthus mongolicus*）5 种；落叶灌木 48 种，分别为紫叶小檗（*Berberis thunbergii*）、芍药科牡丹（*Paeonia suffruticosa*）等 2 种、柽柳（*Tamarix chinensis*）、蔷薇科华北珍珠梅（*sorbaria kirilwi*）等 15 种、紫穗槐（*Amorpha fruticosa*）、白刺（*Nitraria tangutorum*）、牛奶子（*Elaeagnus umbellate*）、红瑞木（*Cornus alba*）、栓翅卫矛（*Euonymus phellomanus*）、枸杞（*Lycium chinense*）、马鞭草科莸（*Caryopteris incana*）等 2 种、互叶醉鱼草（*Buddleja alternifolia*）、木犀科水蜡（*Ligustrum obtusifolium*）等 11 种及忍冬科金银木（*Lonicera maackii*）等 6 种；藤本包括紫藤（*Wisteria sinensis*）、爬山虎（*Parthenocissus tricuspidata*）、五叶地锦（*Parthenocissus quinquefolia*）、山荞麦（*Polygonum aubertii*）4 种；观赏草本植物包括芦苇（*Phragmites australis*）、荷花（*Nelumbo nucifera*）等水生植物 10 种，还有千屈菜（*Lythrum salicaria*）、费菜（*Phedimus aizoon*）、蜀葵（*Alcea rosea*）、八宝景天（*Hylotelephium erythrostictum*）及马蔺（*Iris lactea* var. *chinensis*）等共计 42 种。这其中出现频度高的乔木包括侧柏、榆树、国槐、白蜡（频度为 1）＞圆柏、刺槐（频度为 0.9）＞青海云杉、绦柳、沙枣（频度为 0.8）＞毛白杨、臭椿（频度为 0.7）；灌木中出现频度高的植物为榆叶梅（频度为 0.9）＞沙地柏、紫丁香（频度为 0.8）＞黄刺玫、连翘（频度为 0.7）＞柽柳、碧桃、紫穗槐、金银木（频度

为 0.6）＞紫叶小檗、月季花、玫瑰、粉花桃、枸杞、贴梗海棠（频度为 0.5）；观赏草本中出现植物种类频度由高到低的排序为马蔺（频度为 0.8）＞芦苇、千屈菜（频度为 0.7）＞费菜、蜀葵（频度为 0.6）＞八宝景天（频度为 0.5）。根据吴征镒教授确定的我国种子植物的分布区，表明银川市公园绿地应用频度较高的植物以北温带成分居多（吴征镒，1980）。

除 42 种观赏草本外，银川市公园绿地尤其是阅海公园、宝湖公园和鸣翠湖湿地公园中还出现如鹅绒藤（*Cynanchum chinense*）、藜（*Chenopodium album*）、刺沙蓬（*Salsola ruthenica*）、马齿苋（*Portulaca oleracea*）、野西瓜苗（*Hibiscus trionum*）、早开堇菜（*Viola verecunda*）、紫花地丁（*Viola philippica*）、苦马豆（*Sphaerophysa salsula*）、野苜蓿（*Medicago falcata*）、罗布麻（*Apocynum venetum*）、曼陀罗（*Datura stramonium*）、龙葵（*Solanum nigrum*）、砂引草（*Messerschmidia sibirica*）、苦苣菜（*Sonchus arvensis*）、青甘莴苣（*Lactuca roborowskoo*）、盐蒿（*Artemisia halodendron*）、花花柴（*Karelinia caspica*）、苍耳（*Xanthium sibiricum*）、刺儿菜（*Cirsium setosum*）、狗尾草（*Setaria viridis*）、芨芨草（*Achnatherum splendens*）等多种野生草本，其中部分因优良的观赏特征及能够适应当地干旱沙质土壤或盐碱地的能力而具有作为地被应用的潜力。

根据中国外来入侵物种数据库的名录，入侵植物共 11 种，其中乔木有刺槐、火炬树 2 种，草本有五叶地锦、百日菊、曼陀罗、百脉根、紫苜蓿、白花草木犀、野西瓜苗、非洲凤仙、稗 9 种（中国外来入侵物种数据库），这之中野生草本为多，故对于地被植物的选取和管理可以减少入侵物种的出现。

3.2 公园植物群落构成特征

3.2.1 外貌特征

银川市公园绿地群落构成中常绿植物种类数量仅有 10 种，各公园常绿和落叶植物种类的比例在 1：4.4 ～ 1：14 间。作为北方城市，为营造冬季的景观常绿植物的应用比例很重要，一般要达到 30% 左右（苑征，2010），故常绿植物种类需要丰富。

银川市公园绿地群落构成中灌木种类数量远少于乔木种类，乔木、灌木植物种类比例多为 1：1 以下，仅丽景湖公园达 1：2（表 2）。城市园林中乔木与灌木种类的比例应保持在 1：3 ～ 1：6 间（鲁敏，2005），银川市的灌木种类应用比例仍待提高。此外，银川市草本植物种类不多且应用较为单调，宝湖公园、鸣翠湖公园、阅海公园植物群落中草本植物野生种偏多，对野生种类的搭配加以研究可以形成效果良好的地被景观。

表2   银川市各公园乔木、灌木及常绿、落叶植物比较表

Table 2   The comparison between arbors \ shrubs；evergreen plants \ deciduous plants of parks in Yinchuan City

公园名称	乔木		灌木		草本	木本数量	乔木种类:灌木种类	常绿种类:落叶种类
	常绿	落叶	常绿	落叶				
中山公园	6	32	2	22	16	64	1：0.63	1：6.75
宁园	3	17	2	9	2	31	1：0.55	1：5.2
丽景湖公园	3	6	2	16	6	27	1：2	1：4.4
海宝公园	4	37	1	22	14	65	1：0.56	1：11.8
鸣翠湖公园	3	19	2	10	26	34	1：0.57	1：5.8
阅海公园	3	14	1	10	21	27	1：0.65	1：6.25
森林公园	3	23	0	19	15	45	1：0.73	1：14
宝湖公园	3	22	2	11	27	37	1：0.52	1：6.6
唐涞公园	4	26	3	20	18	53	1：0.77	1：6.6
丽子园	4	20	2	17	18	43	1：0.83	1：6.2

3.2.2   结构特征

统计调查发现银川市公园绿地的群落层次一般以乔＋灌＋草、乔＋灌、乔＋草以及灌＋草结构出现，最多由于高度差异较大的乔木而产生乔＋小乔＋灌＋草四层结构。其中面积大、管理较为粗放的湿地公园——鸣翠湖公园、宝湖公园、阅海公园植物群落以灌＋草结构为主（图1至图3），其他城市公园植物群落以乔＋草（图4、图5）、乔＋灌＋草结构为多，建园最早的中山公园植物群落层次最为丰富（图6），其他公园乔＋灌＋草结构中灌木层、草本层并不丰富（图7、图8）。

图1   宝湖公园——灌草（圆柏、柽柳、沙地柏
＋黄香草木犀、青甘莴苣、西伯利亚蓼（夏））

Fig. 1   Baohu park：Shrub and grass structure
（Sabina chinensis、Tamarix chinensis、Sabina
vulgaris + Melilotus officinalis、Lactuca
roborowskii、Polygonum sibiricum）

图2   鸣翠湖公园——灌草（柽柳＋巨序剪股颖）

Fig. 2   Mingcuihu park：Shrub and grass structure
（Tamarix chinensis + Agrostis gigantean）

图3   阅海公园——灌草（紫穗槐、沙冬青＋马蔺）

Fig. 3   Yuehai park；Shrub and grass structure（Amorpha
fruticosa、Ammopiptanthus mongolicus + Iris lactea
var. chinensis）

图4 丽子园——乔草(沙枣、圆柏+巨序剪股颖)
Fig. 4 Lizi park：arbor and grass structure (*Elaeagnus angustifolia*、*Sabina chinensis* + *Agrostis gigantean*)

图5 唐涞公园——乔草(白蜡、河北杨+巨序剪股颖)
Fig. 5 Tanglai park：arbor and grass structure (*Fraxinus chinensis*、*Populus* × *hopeiensis* + *Agrostis gigantean*)

图6 中山公园——乔灌草(白蜡+圆柏球、黄刺玫、牡丹+早熟禾)
Fig. 6 Zhongshan park：arbor、shrub and grass structure (*Fraxinus chinensis* + *Sabina chinensis*、*Rosa xanthina*、*Paeonia suffruticosa* + *Poa pratensis*)

图7 森林公园——乔灌草(圆柏、国槐、青海云杉+紫丁香、麦李)
Fig. 7 Forest park：arbor、shrub and grass structure (*Sabina chinensis*、*Sophora japonica*、*Picea crassifolia* + *Syringa oblata*、*Prunus glandulosa*)

图8 海宝公园——乔灌草(国槐+西府海棠、金银木、刺柏球+马蔺)
Fig. 8 Haibao park：arbor、shrub and grass structure (*Sophora japonica* + *Malus micromalus*、*Lonicera maackii*、*Juniperus formosana* + *Iris lactea* var. *chinensis*)

3.3 银川市公园绿地植物景观

3.3.1 滨水植物景观多样

银川市公园绿地以水体作为主体，建筑、植物等构景要素围绕其布置。唐涞公园多列植绦柳突出线形硬质驳岸景观(图9)；宁园硬质水池岸边常种植香椿、白蜡，除此外，各公园以自然式曲折驳岸为主，由于较大的水体面积，水中多片植荷花、丛植芦苇以增添水面视觉层次，滨水常群植水生植物芦苇配以香蒲、荻、芒、千屈菜等植物以突出水岸线，岸边则或种植紫穗槐、柽柳等小灌木，或种植绦柳、沙枣等大乔木以营造舒适滨水空间(图10至图12)。

但由于后期管理不到位，滨水的植物常会大面积蔓延从而破坏景观效果(图13至图14)，故对于公园中滨水植物的种植需要进行管理，比如水中芦苇的种植限制其生长条件从而阻断其蔓延。

图9 唐涞公园——绦柳、香椿
Fig. 9 Tanglai park (*Salix matsudana* f. *pendula*、*Toona sinensis*)

图 10　鸣翠湖公园——芦苇、荷花

Fig. 10　Mingcuihu park (*Phragmites australis*、*Nelumbo nucifera*)

图 11　宝湖公园——柽柳、紫穗槐 + 芦苇、千屈菜、黑心菊

Fig. 11　Baohu park (*Tamarix chinensis*、*Amorpha fruticosa* + *Phragmites australis*、*Lythrum salicaria*、*Rudbeckia hirta*)

图 12　海宝公园——柽柳 + 芦苇

Fig. 12 Haibao park (*Tamarix chinensis* + *Phragmites australis*)

图 13　丽子园——大面积芦苇

Fig. 13　Lizi park (*Phragmites australis*)

图 14　阅海公园——紫穗槐 + 芒

Fig. 14　Yuehai park (*Amorpha fruticosa* + *Miscanthus sinensis*)

3.3.2　园林植物景观色彩丰富

由于银川市处于温带大陆性气候区，其植物景观具有明显的季相变化。对银川市公园绿地木本植物观赏特征进行分类发现其春季观花植物居多，有 61 种，夏季仅 16 种，花期为 9、10 月份的仅有 2 种。花色以白色系为主（39 种），其次是红色系（25 种），然后是黄色（14 种）和蓝色系（13 种），同花色系间有些许差异，如红色系花卉包括有粉色、橘色及红紫色，植物的季相景观更为多彩。

除此外，银川市园林也多应用观叶植物表达季相的变化，园林中应用的常年异色叶植物有 15 种，以金黄色（金叶莸、金叶榆、金叶女贞）、紫色（紫叶小檗、紫叶矮樱、紫叶李）和发白叶色（沙枣、牛奶子）为主；秋季变色叶植物有 27 种，其中以山杨、胡杨、元宝枫、白蜡为代表的 23 种植物变黄，火炬树、红瑞木、爬山虎、五叶地锦 4 种变红。彩叶植物多大面积种植以形成色带，并体现色彩的搭配（图 15、图 16），由于光照时间长，色叶植物的颜色更为鲜艳。

图 15　中山公园——白蜡、香椿、白皮松 + 紫叶李、黄刺玫、沙地柏

Fig. 15　Zhongshan park (*Fraxinus chinensis*、*Toona sinensis*、*Pinus bungeana* + *Prunus cerasifera* f. *atropurpurea*、*Rosa xanthina*、*Sabina vulgaris*)

为体现季相变化，丰富园林色彩，观花、色叶植物的使用需要提高，银川市冬长春短，草本植物返青晚，为提前早春景观的观赏期，需要更多地开发和应用早春观花观叶的植物种类，夏季观花植物也需要多种植。

图16　海宝公园——金叶复叶槭＋紫叶矮樱、金叶榆

Fig. 16　Haibao park（*Acer negundo* 'Aurea' +

Prunus × *cistena*、*Ulmus pumila* 'Jinye'）

3.3.3　地被植物营造尤待增强

银川市公园绿地植物景观构建时通常种植耐修剪的冷季型草或是以草花植物进行搭配，为增添当地干旱的沙质且有些盐碱化的土壤的植被覆盖度，除了观赏草本外，还多大面积种植灌木，如紫叶矮樱小苗、金叶莸、金叶榆作为地被植物（图17、图18）。

对于管理粗放的宝湖公园、阅海公园，更多以杂生的野生草本作为地被植物覆盖，对于公园中一些大乔木为主的群落，下层由于过阴而使得草本地被植物无法生长（图19、图20）。由于草本地被植物返青晚，秋季枯黄早，故除筛选观赏期较长的优良草本地被外，对于灌木做地被的种类和比例可以有所提高，调查中小灌木类藜科白刺、木犀科迎春，藤本类葡萄科爬山虎、蓼科山荞麦等都可以用作地被。

图17　丽子园——巨序剪股颖、细叶百脉根

Fig. 17　Lizi park grand cover plants

（*Agrostis gigantean*、*Lotus tenuis*）

图18　唐徕公园——色叶植物紫叶矮樱、金叶榆

Fig. 18　Tanglai park grand cover plants（*Prunus* ×

cistena、*Ulmus pumila* 'Jinye'）

图19　宝湖公园——刺沙蓬地被

Fig. 19　The grand cover plants in Baohu park

（*Salsola ruthenica*）

图20　唐徕公园——国槐林下无草本

Fig. 20　Tanglai park（*Sophora japonica*）

without grand cover plants

4　讨论与建议

为使得银川市公园绿地植物景观更能够体现当地特色，今后建设公园绿地时需要注意以下几方面：

（1）多选择应用银川市乡土植物，对贺兰山、干旱地区有观赏特色的植物进行研究、引种、驯化和应用从而丰富当地公园植物的应用种类，突显当地植物的特色。

（2）植物群落构建时要注重常绿和落叶植物、乔木和灌木的比例，银川市公园绿地仍需要提高常绿植物、灌木的应用比例；同时也要根据不同的公园定位、不同的位置营造不同的群落，中心城区的公园尤其要注重乔＋灌＋草的结构构成，郊野湿地公园维持灌＋草结构居多，适当也提高乔＋灌＋草的搭配。

（3）植物景观的营造中需要对滨水植物景观、季相景观营造、地被植物种植更加投入。大面积水域作为主景是银川市公园的特色，滨水植物景观的构建需要利用丰富的植物种类进行搭配，更需要进行适当管理以防止植物蔓延影响景观效果；重视彩叶植物的配植，并多种植返青早、早春观赏特征优良的植物和夏季观花的植物种类；对于地被植物的应用可以选用观赏效果好的乡土野生草本或是低矮小灌木以减少地表的裸露。

参考文献

1. 鲁敏，李英杰. 城市生态绿地系统建设——植物种选择与绿化工程构建[M]. 北京：中国林业出版社，2005：96－97.

2. 罗乐，张启翔，潘会堂，孙明，于超. 宁夏野生观赏植物资源调查[C]. 中国观赏园艺研究进展，2010（5）：5－9.

3. 吴征镒. 中国植被[M]. 北京：科学出版社，1980.

4. 苑征，李湛东，徐海生，张晓华，葛琳. 公园绿地常绿与落叶树种比例的比较分析[J]. 北京林业大学学报，2010，（1）：194－199.

5. 中国外来入侵物种数据库（http：//www.chinaias.cn/wj-Part/SpeciesSearch.aspx? speciesType＝3）

云台花园植物意境的营造

胡希军　于慧乐　金晓玲①

（中南林业科技大学风景园林学院，长沙 410004）

摘要 广州云台花园是一个设计和植物配置都非常优秀的公园。通过实地调查，分析了云台花园的植物景观营造特点。结果表明：云台花园具有景点布局合理；植物种类丰富；用南亚热带或热带树种作骨架，地域特色明显和用植物造景突出景区意境等特点。但仍然存在花坛、花境植物种类缺少变化；水生植物、湿地植物少；植物的季相变化不明显等不足。

关键词 云台花园；植物造景；"飞瀑流彩"

The Creation Landscape of Artistic Conception in Yuntai Garden

HU Xi-jun　YU Hui-le　JIN Xiao-ling

（*College of Landscape Architecture*，*Central South University of Forestry and Technology*，*Changsha* 410004）

Abstract Yuntai Garden of Gunagzhou is an excellent garden in plant configuration and design. To found the characteristics of plant landscaping, we field worked the Yuntai garden. It was showed that the layout of scenery spot was reasonable；plant species was variety；using south subtropical or tropical plants as dominant tree species and region characteristic was obviously；the creation landscape of artistic conception by plants. But there are some insufficient, such as plant species in flower bed or flower border was limited, aquatic plant, wetland plant, and seasonal changes of plants were also very less.

Key words Yuntai garden；Plant Landscaping；Waterfall and colorful flying

　　"植物配置"就是运用乔木、灌木、藤本及其他草本植物来创造景观，充分发挥植物本身形体、线条、色彩等自然美，与其他园林元素配植成一幅幅动人的画面，供人们欣赏（金辉，2012；苏雪痕，2012）。植物配置不仅要重视植物景观的视觉效果，更要营造出适应当地自然条件、具有自我更新能力、能够体现当地自然景观风貌的植物类型，使之成为一个园林景观作品，乃至一个地区的主要特色（金煜，2008；邓玉平，2011）。广州的云台花园就是以著名的加拿大布查特花园为蓝本，又有中国古典园林的精髓，主要表现植物景观，具有浓郁的岭南特色，将古今文化、标志景观、中西建筑和世界名花异卉有机地结合起来，在植物造景上独具特色，极具创新意识（梁心如等，1998；翁殊斐等，2004）。本文通过对云台花园的实地调查，分析其在利用植物进行景观意境营造方面的独到之处，为公园绿地景观的营造提供一些依据和借鉴。

1　研究地概况与方法

1.1　研究地概况

　　云台花园坐落在广州市白云山风景区南麓的三台岭内，南临广园路，东倚白云索道，北靠连绵群山。第一期总面积约 12 万 m^2，绿化面积达 85% 以上，1995 年建成，由广州林建筑规划设计。该设计分别于 1996、1997 年被评为广州市和广东省优秀工程设计一等奖，1998 年评为建设部优秀工程二等奖（梁心如等，1998）。云台花园是我国大型的以各种观赏花木造景为主的园林式花园，享有"花城明珠"的美誉。花园以绿化造景、表现植物景观为主，除必要的休息、服务、展馆和管理设施处，尽量少设建筑，充分利用花园有限面积设置大面积草坪、疏林草地、林缘花境、喷泉雕塑等，力图营造一个繁花似锦、舒朗大方、美丽宜人的大自然环境。园内建有新颖雅致，各

---

①　通讯作者。金晓玲，女，1963 年生，从事园林植物与观赏园艺研究，教授，博导。

具特色的景区共14处。

1.2 研究方法

采用实地踏勘法,对云台花园所用的植物景观进行全面调查,拍照记录。分析云台花园在利用植物营造景观意境的特点,合理评价景观效果,对其不足之处提出改进意见。

2 结果与分析

2.1 景区布局

花园整体布局以正对着大门的宽大台阶为轴心展开,台阶左右两边是对称的大理石阶梯,中间则是特制玻璃铺砌而成台阶,见图1。台阶上端是滟湖,滟湖的水沿中轴线下泻,使得滟湖成为中轴线的源头,为了突出这一源头,又在滟湖的岸边建一罗马柱廊,既突出了轴心线上的景点在云台花园的作用,又与具有东西合璧特色的花园大门相对应。更为有趣的是,建造者借鉴了苏州园林中花墙的效果,在罗马柱廊的后面又安放了一群图腾石柱。在轴心线的两侧,云台大花园分别排列出不同的功能区,200多种中外名贵四时花卉就被巧妙地种植在不同的功能区里。

图1 云台花园平面图

2.2 利用植物营造景观的多样性

云台花园是以观花、观景为主的园林式花园。花园利用多样的植物种类营造景观的多样性,以南亚热带或热带树种作骨架,具有岭南地域特色。在各个景区的营造上用植物造景突出景区意境,造景方式以乔、灌、草复层式搭配为主,植物形态丰富,以自然式生长的棕榈科、蕉类形态为主,搭配造型类植物。

花园中多样的植物种类配置组合成玫瑰园、花坛(固定花坛和临时花坛)、石山植物、温室植物、滨水植物、密林区、墙缘绿化带、稀树草地等多样的植物景观。花坛遍布于园内,常用观花植物30余种;温室内的多浆肉质植物有5科60余种,均生长奇特,有广州市难以露天过冬的热带植物32种,如椰子树、棍棒椰、鹤望兰;露天栽培有广州市最近引进的梧桐

科的佛肚树、茄科的金杯藤等;岩石园内还种植了很多澳大利亚新南威尔士州人民所赠送的澳洲土生树木,如禾木胶科的黑仔树;在醉华苑内设有多肉植物展示区,将多肉植物做成微型景观,极具趣味性。

2.3 用南亚热带或热带树种作骨架,具有地域特色

云台花园地处我国南亚热带,该园在植物造景上充分体现了南亚热带地域特色。以代表南亚热带或热带气候的树种作为植物造景骨架,营造出具有岭南风情的植物景观。选择的骨架树种,以棕榈科植物为主,搭配具有热带风情的桑科榕树属、南洋杉类、桃金娘科、苏木科中的植物。园内有棕榈科植物17种,其中单干生长、高大挺拔,属于乔木的棕榈科植物有11种,呈丛生状属于灌木的棕榈科植物有7种。这些棕榈科植物采用孤植、对植、丛植、列植、群植等配植方式布局于园区的60%地段,形成一派椰林风光。园区内的桑科榕属类植物属于典型的热带树种,它们生长迅速、树冠伞状。尤其是其适应热带气候而形成的气根悬挂或入土生根后,地上部分经过扶持,逐渐形成一木多干现象,具有一树成林的景观,树龄达到一定数值还会产生板根现象。基于其冠大荫浓多植于墙边、亭旁、屋侧或孤植于草地,既作观赏,又可遮阴;花园中还用其制作盆景和桩景树。这种用主体树种为骨架来体现地域特色的造景方法应用得非常成功。

2.4 用植物造景突出景区意境

云台花园善用植物造景突出景区意境,根据每个分区的名字,用植物将其所具有的特色表达出来,增加其景观的独特性。

2.4.1 "飞瀑流彩"景区

"飞瀑流彩"景区,在高差9m的坡地上,利用跌水、喷泉的动感和植物鲜艳的色彩烘托出景区主题。该区模仿意大利台地园林设计成宽敞的大台阶。大台阶分为三部分,应用时令花坛进行分隔。中间为叠水景观,两侧人行台阶的边缘是大量色彩鲜艳的整形灌木和草本花卉。大台阶上摆设有巨型石雕花盆,两侧的绿地是以对称种植的两丛大王椰子树丛为主景的疏林草地景观。树丛下散植小乔美丽针葵和球状灌木美蕊花、扶桑,在草坪边缘则设置向日葵、四季秋海棠、一串红、蜀葵、新几内亚凤仙、康乃馨等时花花带,草坪上点缀的奶牛、风车、花钵等小品,为景区增添了浪漫的彩色。整个入口色彩缤纷,水的动感加上植物艳丽的色彩给人一种热烈欢迎的感觉,见图2。

图2 "飞瀑流彩"景区

1. 跌水、喷泉；2. 台阶两边模纹花坛；3. 大王椰子树丛；4. 草坪上的花带；5. 草坪上的牛、风车、花钵小品

2.4.2 玫瑰园

玫瑰园种植众多品种的玫瑰花，有'花园城''金徽章''醉香酒''漂多斯''黑夫人''洛斑斯''摩纳哥公主''第一夫人''戴安娜'等十几个珍贵品种。这些玫瑰花大，四季开放、色彩丰富明丽。根据玫瑰花的花语——"浪漫"，花园设有西式花廊，营造浪漫的气氛，令人陶醉。园中设置有曲曲小道，而玫瑰根据品种的不同分块种植，这些小道将一块块土地分隔开来，能够让人近距离地欣赏玫瑰花。玫瑰园后面种植的密林为玫瑰园增添了绿色的背景色，同时绿色也更加衬托出玫瑰的娇艳，图3。

图3 玫瑰园景观

1. 玫瑰园西式花廊　2. 园后深绿色背景密林

2.4.3 "花溪浏香"

"花溪浏香"模仿自然溪流，用块石和卵石作驳岸。岸边种植水石榕、荷花玉兰等观花植物，且花具芳香，呼应"花溪浏香"的香，而"花"则通过在乔木下种植的色彩艳丽的朱蕉、新几内亚凤仙、红檵木、花叶鹅掌柴、花叶艳山姜等植物体现，并在水中种植有唐菖蒲、纸莎草、香菇草、睡莲等水生植物，一段小小的溪流植物种类却相当得丰富，各类植物成自然式种植，使溪涧显得自然流畅，通过多样的植物种类营造出暗香浮动、花团簇拥的意境。在水石榕树下，搭配了苏铁、春羽、朱蕉、花叶鹅掌柴、新几内亚凤仙，对面种植有细叶榕、花叶艳山姜、红宝石喜林芋，一小块区域植物种类就有8种，见图4。

图4 "花溪浏香"
1. 块石、卵石做成的驳岸　2. 色彩亮丽、种类丰富的植物景观

2.4.4 谊园

谊园景区内有外国友好城市赠送给广州市的标志性艺术品为主题而做成的雕塑小品。根据这个特点绿化设计侧重于植物造型、色彩的搭配。选用的植物材料有呈尖塔形的南洋杉、龙柏、罗汉松等常绿树，可修剪成球形的大红花、红绒球、勒杜鹃、双荚槐等以及红桑、紫茎木、金边紫苏、山丹、各色马樱丹等一批花灌木，精心将各种造型、色彩各异的乔、灌木、

草花配置起来，构成了一幅幅美丽、生动的植物风景画，并形成了该区的景观特色。园内西侧山坡上部设置的球形大石雕，象征"地久天长"，在植物造景上，其背景为乔、灌、草结合的森林，三面为开阔的草地、彩色的花坛、散植的龙柏、球形的灌木、弯曲延伸的游道，不仅给人一种强烈的视觉感受，更衬托出"天长地久"的意境，如图5。

图5 谊园景观
1. "地久天长"雕塑　2. 雕塑后整形的乔木　3. "欧洲亚洲"雕塑

2.4.5 生态园

生态园用大面积的水体、密林、湿地、木栈道体现"生态"的特点。在植物造景上以常绿阔叶林为主体，模拟自然界中的植物群落，主要采用由多层乔木、灌木、阴生植物、层间植物及耐阴植物等组成的

复层结构，形成地带性森林景观，丰富的植物种类和结构，使群落较为稳定，同时起到很好的生态效益。如图6可以看到，为了模拟自然热带雨林景观，在榕树上附生的兰科类植物。

图6 生态园
1. 大面积水体　2. 木栈道　3. 附生景观

3　讨论

　　云台花园植物造景突出岭南的地域特征，以亚热带或热带树种为骨架；植物色彩丰富，大量使用大花植物、彩叶植物，园内一年四季花团锦簇、郁郁葱葱（徐沐野，2011）；用装饰性花坛、花带、花盆、花境装点花园、营造西式风情；采取乔、灌、草相组合的复层式造景结构，以自然形态为主、搭配造型形态，开阔大草坪的运用形成开阔明朗的园林空间；用植物造景突出景区意境，创造富有意境的植物景观（李传霞，2004，2005）。植物配置力求单纯简洁，遵循自然植物群落的发展规律，模拟自然植物群落（许筠，2013）。但仍然存在花坛、花境植物种类缺少变化；水生植物、湿地植物少；植物的季相变化不明显等不足。

参考文献

1. 邓玉平. 基于环境心理学的城市公园植物景观设计[D]. 重庆：西南大学，2011.
2. 金辉. 无锡市锡惠公园植物景观调查与分析[D]. 杭州：浙江农林大学，2012.
3. 李传霞. 广州市四大公园观赏植物造景的初步研究[D]. 长沙：中南林业科技大学，2004.
4. 李传霞，张毅川，乔丽芳. 广州市云台花园植物造景特点[J]. 安徽农业科学，2005，33(12)：2321 - 2333.
5. 梁心如，孟杏元，沈虹. 霍晋华. 广州市云台花园规划设计[J]. 中国园林，1998，55(1)：18 - 21.
6. 苏雪痕. 植物景观规划设计[M]. 北京：中国林业出版社，2012.
7. 翁殊斐，陈锡沐. 广州市公园植物景观特色与品种配置相关性研究[J]. 亚热带植物科学，2004，33(1)：42 - 45.
8. 许筠. 长沙市月湖公园的植物应用现状及分析研究[D]. 长沙：中南林业科技大学，2013.
9. 徐沐野，徐梦琦. 江汇. 浅谈云台花园中植物色彩的应用[J]. 黑龙江农业科学，2011，36(8)：63 - 65.

长沙市城市植物多样性分析与保护规划研究[*]

张旻桓[1]　金晓玲[1]　叶烨[2]

（[1]中南林业科技大学，长沙 410004；[2]湖南涉外经济学院，长沙 410000）

摘要　本文在长沙市园林绿地资源调查的基础上，研究了长沙市的植物物种的现状，分析长沙市城市植物多样性现状中存在的问题，进行了长沙市城市植物多样性保护规划研究。同时对湖南省长沙市城市规划区内的植被类型、植物种类、古树名木和珍稀植物等现状对植物多样性的影响进行了详细调查和分析，提出了长沙市植物多样性保护规划的指导思想和建设策略，研究结果为城市植物多样性的保护规划提供参考，也为长沙市城市植物多样性的有效保护和利用提供依据。

关键词　植物多样性；植物保护；保护规划；长沙市

Research on Plant Biodicersity Conservation and Protection Planning in Changsha City

ZHANG Min-huan[1]　JIN Xiao-ling[1]　YE Ye[2]

（[1] *Central South University of Forestry and Technology*，*Changsha* 410004；
[2] *Hunan International Economics University*，*Changsha* 410000）

Abstract　Based on the investigation of landscape resources in Changsha City, this paper research on the current situation of Changsha City plant species, analysis of Changsha City present situation of plant diversity in question and the Changsha City Planning of plant diversity conservation. At the same time the influence of Hunan Province, Changsha city planning area of vegetation type, species of plants, trees and rare plants on plant diversity were investigated and analyzed in detail, the Changsha city biodiversity conservation planning guidelines and strategies, the research results provide a reference for the planning of City plant protection diversity, also provides the basis for the protection and Changsha City urban plant diversity effectively use.

Key words　Plant biodiversity；Plant protection；Protection planning；Changsha City

随着我国城市化进程的加快，生物栖息地破坏严重，生境逐渐破碎化，导致城市生物多样性丧失。加强城市生物多样性保护，对维持生态平衡、改善人居环境等具有重要意义。城市园林绿化以植物资源的光合潜力和城市土地的承载力、土壤肥力为条件，实现城市的自然物流、能流的良性循环，城市绿地是城市生态系统的重要组成部分，而城市植物稳定性构建是城市绿地系统生态功能的基础，也是城市生态园林建设的一个重要标志。城市生物多样性水平主要通过城市绿地建设来体现。为城市注入吸碳放氧、调节温度、增加湿度、滞尘吸污、减噪杀菌、回充地下水等生态环境功能，促进城市生态系统的良性循环（王鹏飞，2009；孟洁等，2014）。

植物多样性是生物多样性的重要组成部分（黄清平，2014），丰富的植物多样性能为其他生物营造适宜的生存繁衍环境，从而引导并实现其他生物的多样性，目前植物还是自然生态系统中的初级生产者，在维护生态平衡和物质循环中起重要的作用，而城市植物多样性是城市生态系统功能发挥和提高的基础，城市植物多样性水平也已成为城市生态环境建设的重要标志。但目前城市绿地系统植物多样性的建设保护还未引起人们足够的重视，其保护和建设途径还需深入研究。本文就湖南省长沙市的城市植物多样性有效保护和规划利用进行研究，以期为长沙市城市生态园林

* 基金项目：湖南省教育厅资助项目（13C1167）；湖南省教育厅"十二五"重点学科资助项目（2011－76）；长沙市科技局重点项目（K1406010－21）；中南林业科技大学青年基金重点项目（QJ2012008A）。

建设提供依据(黄清平,2014)。

1 研究地区与研究方法

1.1 自然环境概况

长沙市位于湖南省东北部,处于湘江下游和长浏盆地西缘。东经 111°53′~114°15′,北纬 27°51′~28°41′。全市地势东西两端高,中部低平,境内地势西南高而东北低。长沙属亚热带季风湿润气候区,气候温和,降水充沛,雨热同期。长沙市区年平均气温 17.2℃,市区年均降水量 1360mm,年平均雨日 152 天,年均日照时数 1677 小时,无霜期长达 275 天,年均相对湿度 80%左右。长沙夏冬季长,春秋季短。春季温度变化大,夏季初雨水较多,伏秋高温时间久,冬季严寒少。夏季日平均气温在 30℃ 以上有 85 天,气温高于 35℃ 以上年平均约 30 天,盛夏酷热少雨。长沙气候平均气温低于 0℃ 的严寒期很短暂,全年 1 月最冷,月平均为 4.4~5.1℃,越冬作物可以安全越冬,缓慢生长。境内成土母质主要是第四纪红色黏土。

1.2 研究方法

根据长沙市的地形地貌特点,依据植物群落的主要组成和生态结构特征,采用线路调查法,重点对城市规划区内的风景林地、周围山地及城市各类绿地的植物种类、古树名木、珍稀濒危植物和外来植物等进行详细的调查和分析,并在此基础上,结合长沙市自然环境条件、植被区划和城市绿地系统规划,以植物生态学理论为指导,提出长沙市城市植物多样性的保护和建设策略。

2 植物多样性的组成

据调查及资料统计长沙市现有植物约 199 科 688 属 1585 种,其中乡土植物 158 科 619 属 1116 种,乡土植物中蕨类植物 29 科 56 属 102 种,裸子植物 7 科 10 属 13 种,被子植物 122 科 553 属 1001 种。统计得出,长沙城市绿化常用树种 67 科 104 属 125 种,其中裸子植物 6 科 8 属 8 种,被子植物 51 科 83 属 96 种,蕨类植物 10 科 13 属 21 种。其中,常绿乔木 17 科 23 属 27 种,落叶乔木 30 科 35 属 38 种,常绿灌木 9 科 13 属 14 种,落叶灌木 14 科 17 属 16 种,常绿藤木 5 科 5 属 5 种,落叶藤木 3 科 3 属 4 种(徐琴,2013)。

表 1 长沙市植物区系的数量组成统计
(徐琴,2013;刘维斯等,2009)

Table 1 Number of Changsha City flora composition statistics

类群	长沙区数量			长沙乡土植物			长沙城市绿化常用植物		
	科	属	种	科	属	种	科	属	种
蕨类植物	32	58	351	29	56	102	10	13	21
被子植物	158	610	1203	122	553	1001	51	83	96
裸子植物	9	20	31	7	10	13	6	8	8

表 2 长沙市城市植物来源统计

Table 2 Changsha City plant sources statistics

	乔木		灌木		地被		小计	
	数量	比例(%)	数量	比例(%)	数量	比例(%)	数量	比例(%)
乡土植物	43	78.18	33	62.26	6	42.86	82	67.21
外来及栽培植物	12	21.82	20	37.74	8	57.14	40	32.79
合计	55	100	53	100	14	100	122	100

2.1 野生观赏植物多样性

长沙地区蕴藏着丰富的野生植物资源和多姿多态的种类,但真正应用于城镇绿化美化的种类很少。长沙野生木本观赏植物特有种丰富,据统计约 120 种,隶属 14 科 55 属,主要木本观赏植物除红木、绒毛皂荚、大红花山茶、栓壳红山茶、长果秤锤树之外,还有长柄含笑、凹叶拟单性木兰、湖南参(特有属)、石门小檗、菱叶花楸、杜鹃花属 9 个特有种,冬青属 5 个特有种,竹类 22 个特有种(王晓明等,2003)。这些野生植物具有丰富的观赏性和众多的园林用途,通过对野生植物的驯化和合理利用,可为实现乡土植物的园林应用提供丰富的材料。

表 3 长沙市野生观赏植物统计

Table 3 Changsha City wild ornamental plants statistics

类群	科	属	种
蕨类植物	6	6	6
裸子植物	4	5	7
被子植物	43	76	102
合计	53	87	115

此外,自然类群中近缘种的多样化,有利于观赏植物资源的开发利用和优良品种的培育,如当前世界主流花木兰花、杜鹃花、月季、山茶花等均应用了近缘种做亲本进行杂交,已培育出很多的优良品种,其中许多亲本原产中国(王晓明等,2003)。

2.2 古树名木多样性

古树名木是我国林木资源中的瑰宝，也是自然界和前人留下的珍贵遗产，具有重要的科学、文化和经济价值。目前我市共有零星分布的本土古树名木 37122 株（不含浏阳大围山和岳麓山 30~99 年的古树），分属 52 科 56 属 120 种，有蓝果树、樟树、乌柏、枫香、马尾松、苦槠、桂花、银杏、广玉兰、桂花、罗汉松、重阳木等。其中，树龄 500 年以上的一级古树名木 298 株，树龄 300 年至 499 年的二级古树名木 622 株，树龄 100 年至 299 年的三级古树名木 4822 株。树种株数最多的是香樟，有 19091 株，占全市调查古树名木总株数的 51.1%。树龄最大的是岳麓山的一株 1700 余年的罗汉松。古樟树占到全市古树名木的 1/3。包括新发现的 55 株古树名木在内，长沙现有 100 年以上国家保护古树名木达到 1292 株。古树种株数最多的是樟树，有 481 株，占全市建档古树名木总株数的 37.23%。

表 4　长沙市古树名木统计表

Table 4　Changsha City Famous Trees statistics

区域	30~99 年大树				100 年以上古树名木				300 年以上古树名木			
	株数	科	属	种	株数	科	属	种	株数	科	属	种
长沙市合计	31380	35	42	114	5742	52	56	105	920	22	25	20
芙蓉区	14801	26	32	102	228	26	32	41	3	1	1	1
天心区	9180	12	12	12	71	17	17	18	3	2	2	2
岳麓区	867	5	5	5	696	18	18	18	31	5	5	5
开福区	1225	3	3	3	126	21	21	23	6	1	1	1
雨花区	3582	3	3	3	60	14	14	14	2	1	1	1
长沙县	1182	25	38	41	585	26	30	35	34	5	6	6
望城县	165	2	2	2	114	17	17	17	4	2	2	2
浏阳市	182	7	7	7	1999	35	35	35	427	16	16	16
宁乡县	196	5	5	5	1863	48	48	48	410	20	20	20

2.3 长沙市珍稀濒危植物

长沙市国家重点保护的珍稀濒危植物共 22 种，隶属于 13 科 17 属。其中裸子植物 6 种，被子植物 16 种；国家 I 级保护植物 3 种，国家 II 级保护植物 6 种。长沙市珍稀濒危植物可以分为 3 类：①由广泛分布变成濒危的物种；②由濒危到逐渐广泛分布的物种；③保持或加深原有濒危程度的物种。

表 5　长沙市珍稀濒危植物及其分布（刘克旺和薛生国，1998）

Table 5　changsha city distribution of rare and endangered plants

种名	拉丁名	科名
银杉	*Cathaya argyrophylla*	松科
水杉	*Metasequoia glyptostrodoides*	松科
珙桐	*Davidia involucrata*	珙桐科
金钱松	*Pseudolarix kaempferi*	松科
水松	*Glyptostrobus pensilis*	杉科
白豆杉	*Pseudotaxus chienii*	红豆杉科
鹅掌楸	*Liriodendron chinense*	木兰科
杜仲	*Eucommia ulmoides*	杜仲科
光叶珙桐	*Davidia involuclata*	珙桐科
厚朴	*Magnolia officinalis*	木兰科
凹叶厚朴	*Magnolia officinalis* subsp. *biloba*	木兰科

（续）

种名	拉丁名	科名
红花木莲	*Manglietia insignis*	木兰科
乐东拟单性木兰	*Parakmeria lotungensis*	木兰科
沉水樟	*Cinnamomum micranthum*	樟科
楠木	*Phoebe zhennan*	樟科
绒毛皂荚	*Gleditsia vestita*	苏木科
半枫荷	*Semiliquidambar cathayensis*	金缕梅科
青檀	*Pteroceltis tatarinowii*	榆科
天麻	*Gastrodia elata*	兰科
牡丹	*Paeonia suffruticosa*	芍药科

表 6　长沙市珍稀濒危植物统计表（王勋矿，1995）

Table 6　Statistics of rare and endangered plants of Changsha

植物类群	科数			属数			种数		
	长沙	湖南省	全国	长沙	湖南省	全国	长沙	湖南省	全国
蕨类植物	2	11		2	12		2	13	
裸子植物	4	7	8	6	15	26	6	18	71
被子植物	9	31	83	11	48	207	16	56	305
合计	13	40	102	17	65	245	22	76	389

2.4 外来植物及其对植物多样性的影响

长沙市大部分是作为观赏植物引种的，如郁金香、美人梅、牡丹等，其他的外来种是作为林业用材树种和经济植物引种的，如新西兰红梨等。这些外来种有的长期引种栽培，有的为近期引入，已完成定居并逸为野生的外来种。但这些外来种有一些已成为有害植物，如加拿大一枝黄花、北美车前等。近年来，由于城市经济的发展和人口的增长，城市过度开发建设、环境严重污染和人为因素干扰，植物赖以生存的环境被破坏，威胁着植物的正常生长。同时，在植物应用上，乡土植物得不到重视，城市植物多样性受到严重影响，植物病虫害增加，植物种类数量和分布面积也逐渐减少（李倩生等，2009）。

3 城市植物多样性保护规划

3.1 城市植物多样性保护规划指导思想

城市植物物种多样性的保护和建设规划，要从保护植物环境的长远着眼，以生态学和景观生态学理论为指导，突出以人为本，人与自然、城市与自然和谐共存的良性互动生态关系，合理规划具有遗传多样性、物种多样性、生态多样性和景观多样性的城市生态园林绿地系统。保护城市及周边的自然保护区、风景名胜区、水体、风景林地、湿地的生态环境。以就地保护为主，迁地保护为辅，依靠科技的进步，开展对珍稀濒危植物和古树名木的保护，优良物种的引种驯化，依法保护生物多样性（林杨和王德明，2007），充分发挥植物多样性的生态和服务功能。

3.2 城市植物多样性保护规划原则

3.2.1 保护优先性原则

城市园林植物多样性的保护与建设规划应遵循"保护优先"的原则。根据国内城市发展的特点，近、中期内城市生物多样性保护的重点是：恢复发展和保护地带性植被，充分发挥其作为陆地生态系统的主体和景观基底在保护植物多样性方面的作用。城市园林绿地系统的规划与建设不应以牺牲原有的自然环境为代价，而应该对城市中原有的自然环境最大限度地保护、维护与提高和合理利用，通过人工重建生态系统的系列措施模拟地带性植被类型，在城市中对自然环境进行再创造，对能够塑造特色自然空间的园林植物资源在城市人工环境中进行合理的可持续利用。构筑具有地方特色、相对稳定的植物景观。

3.2.2 物种丰富性原则

绿色植物是城市自然生态系统主体，担负着生态平衡的重要任务，园林植物种类和数量的多少直接影响到生态环境质量。从园林绿地的占地规模方面看，绿地率应大于30%，绿化覆盖率应大于35%，并且要均匀分布，充分保证园林植物的数量和质量。只有这样，才能保证园林绿地系统在城市中发挥其多重功能作用。

3.2.3 适地适树和乡土植物优先原则

城市园林植物种类的选择应该以乡土植物为主，同时充分利用乡土植物以增强抵御自然灾害的能力。在发掘利用乡土树种的基础上，根据土壤条件和气候特点引进适地生长的、生态上安全的外来植物。在经过引种驯化和栽培试验后优选再进行大面积的推广（林杨和王德明，2007）。

3.3 城市植物多样性保护规划目标

植物多样性保护与建设规划是在保护现有园林植物的基础上发展的。努力提高长沙市城区物种多样性保护和利用水平，增加植物种类，丰富植物品种，提高绿地的物种多样性，实现城市可持续发展的最终目标，使城市绿化常用植物种类提高，并促进鸟类等野生动物的入城，通过绿地群落植物物种的培育促进生物多样性保护，为城市景观和区域景观整体的和谐、可持续发展创造条件。

3.4 城市植物多样性保护规划布局

根据长沙市的自然地理、气候条件及植物多样性，选用具有本地优势的乡土树种为主，适当选用引进外来树种，稳定骨干树种，实现植物多样化（林杨和王德明，2007）。布局总体框架应用景观生态学的"基底—廊道—斑块"及空间异质性理论，通过对以自然保护区、森林公园、风景名胜区等大型自然生境斑块形成的植物密集区的有效保护，实施植物廊道的恢复与重建，实现植物向城市中心的集聚，构成遗传、物种、群落与景观的植物多样性网络空间格局（黄清平，2014）。

4 植物多样性建设策略

4.1 遗传多样性保护规划

充分利用植物种的变种、变型等植物材料，使物种基因多样性不断提高，充分利用植物栽培品种的遗传多样性，充分利用植物起源的多样性，注重园林植物变异现象的观察与选育驯化乡土植物，适当引进外来物种，使物种基因多样性不断提高。注重树种规划：城市绿化骨干树种规划、道路绿化树种规划、居住区绿地与附属绿地主要树种规划、防护绿地主要树种规划、主要驯化树种规划。大力保护、筛选和开发变种、变型和变异等基因资源。加强园林植物栽培品种多样性的利用，应充分利用种、变种、变型和栽培品种，使物种遗传多样性不断提高，丰富园林植物的品种多样性。建立长沙市优良乡土植物种质资源保存、繁育基地或基因库，以建设植物园为主要措施，对乡土植物种质资源有计划的收集和保存。加强对樟科樟属、木兰科木兰属、木莲属、含笑属植物的种质资源收集和繁育，并适当引进有应用前景的各类园林绿化植物。同时要加强珍稀、濒危野生植物引种驯化工作。

4.2 物种多样性保护规划

4.2.1 古树名木保护规划

要加强古树名木保护知识的宣传和科普教育。通过各种媒体宣传和科普教育等方法，向市民传输古树名木的相关信息，增加市民关于古树名木的知识，提高市民对古树名木自觉保护的意识。同时对古树名木进行调查，记录年龄、树况、生境等，建立档案文件，整理存档。

4.2.2 珍稀濒危植物保护规划

根据长沙市珍稀濒危植物的现状，对于长沙市的珍稀濒危植物采取迁地保护和就地保护相结合的保护规划方法。对这些物种进行科学的研究，一方面扩大珍稀濒危植物的种类和数量，争取杜绝物种灭绝的困境，另一方面能够对这些珍稀濒危的物种进行引种和繁殖，把它们应用到园林建设中去，发挥其景观观赏的作用，做到对这些珍稀濒危物种的保护和发展，以此达到真正保护的目的。另外，在对珍稀濒危植物采取技术保护的同时，也要注重立法的加强和舆论监督，提高市民的保护意识，降低这些植物受到危害的可能。

4.2.3 乡土植物物种保护规划

乡土植物是构成城市特色植物景观的基础材料，同时乡土植物具有较强的适应性和抵抗性，是构建人工自然植物群落的良好材料，对于维持城市生物多样性的平衡具有重要的作用。同时要保护珍稀濒危的乡土植物，以就地保护为主、迁地保护为辅，扩大其生物种群，建立或恢复适生生境，保存和发展珍稀生物资源。发掘与应用乡土植物资源，筛选出生长势好、抗逆性强、观赏价值高的植物种类，推广于园林绿地中，逐步提高园林绿地植物物种的丰富度。

4.2.4 引种驯化植物物种保护规划

将乡土物种和外来物种进行引种驯化可以将长沙市植物景观建设成以地域植物景观为主，异域景观相辅的生态景观，有效地丰富了长沙市城市植物景观多样性。对于引种驯化的植物应以乡土物种为主，外来物种根据城市发展的需要，选择性地引进驯化。在对引入的植物进行生态安全性和适应性试验的前提下，规划审慎引进部分优良园艺品种，重点是花灌木、色叶植物和宿根花卉等品种，特别是那些原产我国，并经国外培育改良的优良品种。

4.2.5 外来植物物种安全保护规划

加强城市外来植物物种的入侵预警及防御措施。做好外来物种的入侵预警及防御措施，有效地防范外来物种的入侵，严格制定外来物种的引种计划，做好外来引种植物的管理工作，建立对外来物种引种的风险性评估制度，提倡使用当地物种，加强当地物种的可持续利用。

4.3 群落多样性保护规划

根据群落类型的原生性、稀有性、代表性以及群落结构的复杂性、物种的丰富性、群落生存环境的特殊性原则，确定长沙城市植物群落保护类型，将森林植物群落保护、湿地植物群落保护、人工自然群落保护共同规划，自然保护区作为国家级、省级保护区的补充及缓冲区，以此形成多层次的保护体系，共同保护长沙市域内的生境、自然植物资源及自然植物群落的多样性。

4.4 景观多样性保护规划

园林植物是城市绿地植物的主要组成部分，是丰富城市植物景观多样性的基础。根据长沙市目前城市植物景观多样性的现状，加强自然景观保护，保护和恢复长沙各种生态系统的自然形态；人工创建各类近自然景观，在城市大中型绿地建设中，充分借鉴、利用当地自然景观特点，形成多样化的景观类型；建立绿地生态（景观）廊道，增强不同绿地间的连通性；保护利用人文景观，重视保护长沙的历史文化遗迹，特别是古树名木。

参考文献

1. 王鹏飞. 2009. 郑州市园林植物多样性分析与保护研究[D]. 郑州：河南农业大学.

2. 孟洁，曾青兰，张德炎. 2014. 咸宁市城区绿地植物多样性研究[J]. 湖北农业科学，(04)：844 - 847.

3. 黄清平. 2014. 三明市城市植物多样性保护规划研究[J]. 中国园林，(04)：42 - 47.

4. 徐琴. 2013. 长沙市乡土植物城市园林适宜性指数研究[D]. 长沙：中南林业科技大学.

5. 刘维斯，颜玉娟，黄宇. 2009. 长沙城市公园绿地植物群落基本类型及物种多样性研究[J]. 南方园艺，(02)：7 – 15.

6. 王晓明，刘克旺，易霭琴，张冬林. 2003. 湖南野生木本观赏植物资源及利用[J]. 中国野生植物资源，(03)：16 – 20.

7. 刘克旺，薛生国. 1998. 湖南珍稀濒危植物区系特征及其保护[J]. 中南林学院学报，(02)：27 – 33.

8. 王勋矿. 湖南珍稀濒危植物资源及其保护[J]. 国土与自然资源研究. 1995(02)：54 – 57.

9. 李倦生，周凤霞，张朝阳，邓学建，喻勋林，唐昆，杨保华. 2009. 湖南省生物多样性现状调查与评价[J]. 环境科学研究，(12)：1382 – 1388.

10. 林杨，王德明. 2007. 湖南长沙生态入侵植物群落重要值研究[J]. 安徽农业科学，(04)：1102 – 1103.

不同配置模式带状绿地降噪效应研究[*]

张秦英　崔海南　马蕙　王小雨

（天津大学建筑学院，天津 300072）

摘要　交通噪声是影响城市居民的主要噪声源，绿地可以有效的进行噪声衰减，而当下城市绿地景观设计主要以视觉为主导，对降噪作用关注度不高。本研究以城市景观道路路旁绿地为研究对象，研究绿地相关配置因子与降噪的关系，为降噪型带状绿地的营建提供参考。

关键词　植物配置；降噪；绿地功能

Investigation of the Noise Reduction Provided by Vegetationbelt in Different Design Styles

ZHANG Qin-ying　CUI Hai-nan　MA Hui　WANG Xiao-yu

（*Department of Architecture*，*Tianjin University*，*Tianjin* 300072）

Abstract　Traffic noise is the main source of the urban noise，which could be reduced by green belt. However the landscape design was orientated on visual factors，ignoring the auditory function. In this study，the relationship between the design factors of the green space and the noise reduction by the roadside green belt in the urban landscape is studied. It had important significance to promote the sound attenuation function of green space.

Key words　Planting design；Sound attenuation；Green space function

噪声是城市环境的主要污染物之一，而交通噪声是城市噪声的主要因素，影响了人们享受安静环境的情境，干扰了城市居民的生活、工作，严重者会出现损伤听力，甚至引起心血管系统、神经系统、消化系统等方面的疾病。噪声污染的防治一直是声学研究的重点，绿色植物的降噪功能很早就引起了重视，最早关于植物对声音影响的报道见于 1946 年植物降噪效应的研究（Eyring，1946），之后从 20 世纪 70 年代至今的 40 多年中，植物对噪声的影响一直是降噪研究的热点之一。

大量的研究报道围绕植物种类特征及种植方式对噪声衰减的影响展开，但由于选择的植物种类、实验方法等不同，各报道的实验结果存在一定的差异。Aylor 比较声音通过玉米地、芹叶钩吻种植园、松树、硬木林及水面上密集的芦苇后的变化，发现高的叶面密度、宽而厚的叶片对噪声衰减作用最大，同时认为能见度并不是衡量植物降噪能力的主要标准（Aylor

D.，1972a，1972b）。而 Fang 等通过研究 35 种树木带对声音的衰减，多元线性回归分析得出植被的可见度和宽度是主要影响因素，而典型的叶片大小的影响却非常小（Fang C. and Ling D.，2003）。故植物种类不同、树龄不同、生长势不同以及配置组合方式的不同都使得研究很难取得一致的结论。

城市绿地系统中，带状绿地作为绿道的主要组成部分，发挥着重要的生态功能（李树华，2011）。带状绿地多设置在城市道路两侧，在滞尘（金荷仙，2011）降噪方面的作用尤为显著。研究对高速公路两侧绿地的降噪效应的研究表明，高速公路绿化带对交通噪声有一定的减轻作用，但在不同的绿化模式下，衰减效果存在较大差别。交通噪声的绿化衰减同绿地宽度有很大关系，绿地对噪声的绿化衰减与绿地宽度以及宽度和郁闭度的乘积均呈极显著的线性关系（杜振宇等，2007）。

在城市主干道的带状绿地，其树种组成及配置模

---

* 基金项目：国家自然科学基金"城市公园绿地植物群落降噪及声景观优化机制研究"（51308380）资助。

式更为丰富,满足生态功能的同时,又要发挥美化街景、提升城市形象的作用。当下的城市带状绿地景观设计主要以视觉为主导,关注层次、色彩、季相变化等因素。对降噪作用的关注度不高。本研究以城市景观道路路旁绿带为研究对象,研究绿带相关配置因子与降噪的关系,为提升景观绿道的降噪功能提供参考。

1　材料与方法

1.1　样地选择

选择天津大道路旁绿地,为了避免噪声通过绿地后受到屏障的干扰,尽可能模拟自由声场的环境,选择绿地后侧为空旷地的绿化段进行实验。根据绿地配置结构的不同,选定 14 个样地开展实验。

1.2　绿地结构调查

对绿化带配置模式的调查主要是以现场观察、测量记录、拍照等方式进行。重点测量了带状绿地的宽度、分层情况、垂直封闭度、配置模式、树种组成。垂直封闭度的计算方法是从绿地前观察,绿地垂直方向的封闭程度。乔灌宽度为绿带内种植乔木及灌木的实际宽度。

1.3　噪声强度测定

在采集数据时,将样地临近路面边缘一侧定为 0m 处,设置测点。并向绿地内部垂直于外边缘的方向延伸,在绿地的另一侧边缘设置第二个测点。高度设置为 1.2m。测定时必须选择湿度、温度、风速、风向等因素较小的时间段,风速为 5.5m/s 以上停止测量,以便最大程度地降低气象因子在噪声声波的传播与衰减的影响。具体时间为:3 月末与 4 月初采集冬季(枯叶期)的数据,在 8 月末与 9 月初采集夏季(茂叶期)的数据。

使用 AWA6228 型多功能声级计(浙江爱华仪器有限公司生产)进行噪声数据的采集。将声级计的采样间隔设定为 0.1s,每个测点连续测量数据 1min,每个测点测量 3 次。

噪声的衰减分布由距离和障碍物阻隔引起,本文分为距离衰减和绿地衰减。将交通噪声看成无限延伸的线声源,参照有关文献(杜振宇等,2007),距离衰减可按照公式:

$$\Delta L = 101g \frac{\gamma_2}{\gamma_1}$$

其中 γ_1 为绿化带前缘距声源的距离;γ_2 为绿化带后缘距声源的距离。本研究中 γ_1 为车辆距离绿地边缘的距离,统一估算为 10m。

2　结果与分析

2.1　绿地群落结构分析

天津大道路侧绿地植物以乡土植物为主,主要采用阶梯式的配置手法。调查样地的种类组成为:乔木:油松、云杉、白蜡、杨树、青桐、国槐、刺槐、榆树、旱柳、桑、山楂、杏、复叶槭;灌木:忍冬、金叶女贞、帚桃、西府海棠、小龙柏、石榴、大叶黄杨、紫叶小檗、丁香;地被:草坪草、萱草。从种类组成看以乡土植物为主,为植物的旺盛生长提供了科学保障。

绿地的配置结构,均采用靠近道路一侧为草坪草(少数样点配合种植景天等宿根草本),逐渐向外侧为低矮的灌木、小乔木,及由低到高到乔木种类,总体呈现阶梯式种植模式。各样地中路旁草坪草的宽度不等,为了分析乔灌层及草坪对降噪的贡献率,故将乔、灌木的种植宽度作为一个调查因子。不同样点,各个阶梯层次的宽度及高度也不相同,就形成了不同的乔灌层宽度、不同的层次,进而影响到垂直面的通透性。具体调查样地的结构特征见表1。

表 1　绿地结构调查及对噪声衰减分析表

Table1　The green belt construction and the result of sound attenuation by green belt

样地编号	植物组成	分层性	绿地宽度(m)	乔灌宽度(m)	垂直封闭度 夏	垂直封闭度 冬	噪声衰减值(dB) 夏	噪声衰减值(dB) 冬	距离衰减(dB)	绿地衰减值(dB) 夏	绿地衰减值(dB) 冬	噪声衰减值(dB)/10m 夏	噪声衰减值(dB)/10m 冬
1	白蜡－油松－草坪	上	23	17	0.85	0.80	12.5	11.8	8.2	3.6	8.9	3.9	3.6
2	杨树－青桐－忍冬－金叶女贞－草坪	上中下	23	21	0.90	0.35	14.8	11.3	7.7	3.6	11.2	4.9	3.3
3	杨树－青桐－忍冬－金叶女贞－八宝景天－草坪	上中下	22.5	12.5	0.91	0.29	13.8	10.8	7.3	3.5	10.3	4.6	3.2
4	杨树－国槐－帚桃－草坪	上中	23	19	0.77	0.17	15.1	13.9	10.3	3.6	11.5	5.0	4.5
5	白蜡－复叶槭－海棠－草坪	上中	32	23	0.68	0.17	19.2	16.8	11.7	5.1	14.1	4.4	3.7

（续）

样地编号	植物组成	分层性	绿地宽度（m）	乔灌宽度（m）	垂直封闭度		噪声衰减值（dB）		距离衰减（dB）	绿地衰减值（dB）		噪声衰减值（dB）/10m	
					夏	冬	夏	冬		夏	冬	夏	冬
6	白蜡－杏树－草坪	上中	17	13	0.79	0.16	14.1	10.7	8.4	2.3	11.8	6.9	4.9
7	刺槐－油松－小龙柏－萱草－草坪	上中下	24	17	0.93	0.86	17.2	11.2	7.4	3.8	13.4	5.6	3.1
8	刺槐－油松－石榴－草坪	上中	25	19	0.97	0.44	17.3	10.4	6.4	4.0	13.3	5.3	2.6
9	杨树－国槐－女贞－草坪	上下	20	17	0.73	0.10	14.8	11.7	8.7	3.0	11.8	5.9	4.3
10	杨树－榆树－山楂－大叶黄杨－草坪	上下	20	13	0.74	0.18	14.1	10.1	7.1	3.0	11.1	5.5	3.5
11	杨树－榆树－柳树－云杉－草坪	上中	20	15	0.87	0.33	15	14.4	11.4	3.0	12.0	6.0	5.7
12	国槐－龙桑－丁香－紫叶小檗－草坪	上中下	22	18	0.93	0.43	13.6	13	9.6	3.4	10.2	4.6	4.4
13	槐树－丁香－美人蕉－女贞－草坪	上中下	20	17	0.85	0.32	13	12.3	9.3	3.0	10.0	5.0	4.6

2.2　绿地结构与降噪能力关系分析

　　天津大道路旁绿地的宽度为17m到32m不等。为了保证绿地后为空旷场地，尽量模拟自由声场，把绿地后的测点均设置在绿地后缘。从噪声的声压级降低值看，绿地宽度与噪声衰减值具有很高的相关性，故可以认为距离是声音衰减的最主要因素（图1），这也是大多数相关文献一致的结果。

　　夏季绿地衰减值与垂直封闭度的变化趋势一致，其中样点5例外，因为距离的影响使得垂直封闭度的影响度降低。冬季二者之间变化的一致性较差，可以认为冬季植物枝干的阻挡、衍射、折射等，使得声音的传播路径变得复杂（图2）。

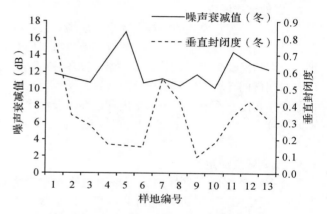

图2　绿地冬季垂直封闭度与噪声衰减值关系图

Fig. 2　The relationship of the verticalclosuredegree and sound attenuation of green belt in winter

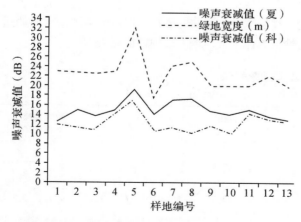

图1　绿地宽度与不同季节噪声衰减值关系图

Fig. 1　the relationship of the width of green belt and sound attenuation in winter and summer

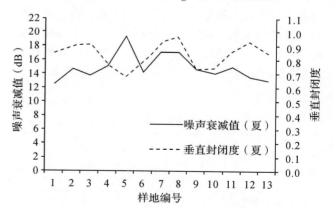

图3　绿地夏季垂直封闭度与噪声衰减值关系图

Fig. 3　The relationship of the verticalclosuredegree and sound attenuation of green belt in summer

　　夏季绿地衰减值均高于冬季，枝叶的繁茂生长，增加了绿地的降噪能力。然而夏季与冬季的衰减值差值，并不完全同垂直封闭度的变化呈相关性，进一步说明声音在绿地中传播途径的复杂性。不同层次的封闭性、枝干的粗度及排布方式等都会影响到衰减效果。这一结论可以与声子晶体概念相关联，即周期性排列的散射体能将一定频率的声波禁锢其中，形成"声学禁带"（Martínez-Sala R.，et al.，1995）。有学者利用声子晶体的原理进行植物降噪实验，将植物材料作为声子晶体研究中的散射体，研究不同类型的植物材料，不同的排列形式对噪声衰减的作用，结果表明通过周期性排列植物材料的方式能用比传统绿带更少的宽度实现更多的声衰减量（Martínez-Sala R.，2006，Gupta A.，2010）。具体的树干排列方式对声音衰减的作用规律有待于进一步实验验证。

　　进一步比较不同样点绿地对噪声衰减的差异。样点 2 和 3，植物种类基本相同，3 号的乔灌层宽度少于 2 号，冬夏的降噪值均低于 2 号，说明乔灌层对与降噪的贡献值要高于草坪及宿根地被。9 号、10 号乔木层均为刺槐、油松，中层分别为小龙柏和石榴，由于小龙柏的分枝点低，其分层性 9 号为上中下，10 号为上下。两样点的噪声衰减值，夏季相差 0.1dB，冬季相差 0.8dB。可以认为，常绿的小龙柏增加了冬季的降噪效果，而夏季小龙柏和石榴分枝点不同造成的分层性不同，对降噪值没有造成大的影响。样点 11、12、13、16 绿地宽度均为 20m，故可以忽略距离的因素。几个样点的分层性和乔灌层的宽度不同，其中 11 号、12 号同为上下层，11 号乔灌层宽度大于 12 号，冬季及夏季的绿地衰减值均大于 12 号。13 号为上中，乔灌层宽度处于 11 号和 12 号之间，但噪声的衰减值最高。可以认为中层植被对噪声的衰减作用更为有效，这与测点高度 1.2m，正处于中层有直接的关系。16 号，从层次上看，上中下三层都有，但在中下层的金叶女贞和丁香之间，稀疏地种植了美人蕉，而且长势不好，所以影响了噪声的衰减值。综合以上几个样点的具体分析，可以得出以下结论：绿地宽带，尤其是乔灌层的宽度对噪声的衰减值影响最大。植物的分层性方面，上中下、上中的结构层次优于上下层次。

　　依据线声源计算公式，计算出绿地对噪声的衰减值及每 10m 的噪声衰减值。可以看出，宽度为 20m 左右的绿地，每 10m 的噪声衰减值夏季为 3.9 ~ 6.9dB，冬季为 2.6 ~ 5.7dB。其中最高值 6.9dB 为绿地宽度最窄的 8 号样点，可以认为，绿地越靠近声源的部分衰减效率越高，同等情况下，绿地越宽，单位距离的噪声衰减值越低，这与杜振宇等（2007）的研究结果相一致。

3　讨论

　　由于声音传播过程中，会受到衍射、折射、散射、吸收等各种途径的干扰，而绿地可以看作质地和结构都非常复杂的屏障。本文通过测定不同树种及不同结构特征的绿地前后的噪声声压级，分析绿地结构特征对噪声衰减能力的影响，重点关注在绿地及乔灌木宽度、分层性、垂直方向的封闭性等指标，对具体的树种没有做具体的分析。提升绿地的降噪能力是为了完善绿地综合功能，故本研究的立足点是对现有绿地配置结构的比较，而不对具体的树种种类进行比较，这样在绿地植物景观设计实践中可以更自由的选择种类，增加绿地的种类多样性。降噪与绿地结构要素的相关性分析也是本研究的目标之一，但由于实验样点较少，而影响声音衰减的因素多样而复杂，故本文不做具体分析，待进一步加大实验样点及重复次数再做出评价。

参考文献

1. Aylor D.. 1972a. Noise reduction by vegetation and ground [J]. Journal of the Acoustical Society of America, 51: 197 – 205.

2. Aylor D.. 1972b. Sound transmission through vegetation in relation to leaf area density, leaf width, and breadth of canopy [J]. Journal of the Acoustical Society of America, 51: 411 – 414.

3. 杜振宇，邢尚军，宋玉民，张建锋，段春华. 2007. 高速公路绿化带对交通噪声的衰减效果研究[J]. 生态环境, 16(1): 31 – 35.

4. Eyring C. F.. 1946. Jungle acoustics[J]. Journal of the Acoustical Society of America, 18: 257 – 270.

5. Fang C., Ling D.. 2003. Investigation of the noise reduction provided by tree belts[J]. Landscape and Urban Planning, 63: 187 – 195.

6. 江胜利，金荷仙，许小连. 2011. 杭州常见道路绿化植物滞尘能力研究[J]. 浙江林业科技, 31(6): 45 – 50.

7. Martínez-Sala R., Sancho J., Sánchez J. V., Gómez V., Llinares J., Meseguer F.. 1995. Sound attenuation by sculpture[J]. Nature, 378: 241.

8. Martinez-Salaa R., Rubio C., García-Raffi L. M., Sánchez-Pérez J. V., Sánchez-Pérez E. A., Llinares J.. 2006. Control of noise by trees arranged like sonic crystals[J]. Journal of Sound and Vibration, 291(1 – 2): 100 – 106.

9. 朱春阳，李树华，纪鹏，任斌斌，李小艳. 2011. 城市带状绿地宽度与温湿效应的关系[J]. 生态学报, 31(2): 0383 – 0394.

北京地区委陵菜属植物资源及园林应用*

刘雪¹ 时海龙²① 袁涛¹①

（¹花卉种质创新与分子育种北京市重点实验室，国家花卉工程技术研究中心，城乡生态环境北京实验室，
北京林业大学园林学院，北京 100083；²北京绿普方圆园林工程有限公司，北京 100083）

摘要 委陵菜属植物资源丰富，观赏价值及经济价值较高。通过实地踏查、查阅相关资料及参与园林绿化施工等方式，发现北京地区委陵菜属植物主要以地被的方式应用，其中应用最广最多的是匍枝委陵菜，莓叶委陵菜及鹅绒委陵菜应用较少，从生态及景观效果两方面对其园林应用进行评价，并阐述了其生产方式。以期为委陵菜属植物的深入研究和合理开发利用提供参考。

关键词 委陵菜属；植物资源；园林应用

Plant Resources and Landscape Application of *Potentilla* in Beijing

LIU Xue¹ SHI Hai-long² YUAN Tao¹

（¹*Beijing Key Laboratory of Ornamental Plants Germplasm Innovation & Molecular Breeding*，
National Engineering Research Center for Floriculture，*Beijing Laboratory of Urban and Rural Ecological*
Environment and College of Landscape Architecture，*Beijing Forestry University*，*Beijing* 100083；
²*Beijing Lv Pu Fang Yuan Landscape Engineering Co. LTD*，*Beijing* 100083）

Abstract *Potentilla*, of high ornamental and economic value, are abundant in Beijing. By means of investigating on the spot, consulting relevant data and participating in the landscape construction, we find *Potentilla* are commonly used as groundcover plants, and that the *P. flagellaris* is the most widely used species comparing to *P. fragarioides* and *P. anserina*. We evaluate their landscape application from the perspective of ecology and ornamental effect, and explain its production method, which provides reference for further study and rational development of it.

Key words *Potentilla*；Plant resources；Landscape application

委陵菜属（*Potentilla*）为蔷薇科多年生或一年生草本，稀灌木。茎直立、上升或匍匐。奇数羽状或掌状复叶。花单生、聚伞或聚伞圆锥花序；萼片5，副萼5，与萼片互生；花瓣5，黄色，稀白色或紫红色。瘦果着生在干燥的花托上，萼片宿存。全世界200余种，大多分布在北半球温带、寒带及高山地区。我国有80多种，各地均产，主要分布在东北、西北和西南。北京地区有金露梅（*P. fruticosa*）、银露梅（*P. glabra*）、绢毛匍匐委陵菜（*P. reptans* var. *sericophylla*）、等齿委陵菜（*P. simulatrix*）、匍枝委陵菜（*P. flagellaris*）、朝天委陵菜（*P. supina*）、鹅绒委陵菜（*P. anserina*）、皱叶委陵菜（*P. ancistrifolia*）、莓叶委陵菜（*P. fragarioides*）、翻白委陵菜（*P. discolor*）、西山委陵菜（*P. sischanensis*）、大萼委陵菜（*P. conferta*）、多茎委陵菜（*P. multicaulis*）、轮叶委陵菜（*P. verticillaris*）、委陵菜（*P. chinensis*）、二裂委陵菜（*P. bifurca*）、菊叶委陵菜（*P. tanacetifolia*）、腺毛委陵菜（*P. longifolia*）、三叶委陵菜（*P. freyniana*）等种（贺士元 等，1984）。

近年来，城市绿化迅猛发展，委陵菜属以其自然性、原生性和抗逆性强、管理粗放等特点备受青睐，逐步成为园林绿化和美化中不可缺少的重要组成部分（王晓红 等，2006）。在乡土地被植物资源中，委陵菜属植物占有重要的地位，其应用广泛，并且具有较

＊ 基金项目：北京市科技计划项目——北京市节水型宿根地被植物速繁及建植技术研究与示范（Z151100001015015）。
① 通讯作者。Author for correspondence（Email：yuantao1969@163.com）。

高的经济价值和观赏价值，具有很广阔的开发前景（尤凤丽 等，2010）。崔艳桃（2013）发现目前园林绿化中应用较多的是蔓委陵菜、鹅绒委陵菜、光叉委陵菜等，其余大多数种类还处于野生状态。作者调查了北京地区委陵菜属资源的应用现状，以期为委陵菜属植物的深入研究和合理开发利用提供参考。

1 方法

自2014年开始，通过对各区县、城区各类园林绿地的实地调查、查阅相关资料及参与园林绿化施工等方式，确定北京地区园林景观中应用的委陵菜属植物的种类、生境、栽培生产及园林应用方式。

2 结果与分析

委陵菜属植物资源丰富，观赏价值高，适应性强，在园林应用中表现出很好的景观效果和生态效益。

2.1 园林中常用的种类

目前，北京园林中应用的委陵菜属种类较单一，以匍枝委陵菜应用最多，也最常见，其它的有莓叶委陵菜及鹅绒委陵菜。木本的种类虽有报道，但调查中基本没见到，极少应用。

2.1.1 匍枝委陵菜

多年生匍匐草本。匍匐枝长，被伏生短柔毛或疏柔毛。基生叶掌状5出复叶，叶柄被毛，小叶无柄；小叶片披针形或长椭圆形，边缘有缺刻状锯齿，下部两个小叶有时2裂。单花，与叶对生；萼片卵状长圆形，被短柔毛及疏柔毛；花瓣黄色，比萼片稍长。瘦果长圆状卵形，表面呈泡状突起。花果期5~9月。生阴湿草地、水泉旁边及疏林下，海拔300~2100m。分布于北京怀柔、延庆、房山、门头沟等地。

北京城区紫竹院公园、长春健身园、北京植物园、怀柔市区及雁栖湖中心岛等有应用。

2.1.2 莓叶委陵菜

多年生草本。丛生，上升或铺散。基生叶羽状复叶；小叶片倒卵形、椭圆形或长椭圆形，边缘有锯齿，被柔毛；茎生叶常有3小叶，与基生叶小叶相似。伞房状聚伞花序顶生，花梗外被毛；副萼片长圆披针形，与萼片近等长或稍短；花瓣黄色。瘦果近肾形。花期4~6月，果期6~8月。生地边、沟边、草地、冠层及疏林下，海拔350~2400m。分布于北京怀柔、门头沟。

2.1.3 鹅绒委陵菜

多年生草本。茎匍匐。基生叶为间断羽状复叶，小叶6~11对；小叶椭圆形或倒卵椭圆形，边缘有多数尖锐锯齿，下面密被银白色绢毛；茎生叶与基生叶相似。单花腋生；萼片三角状卵形，副萼片常2~3裂稀不裂；花瓣黄色，顶端圆，比萼片长1倍。生河岸、路边、山坡草地及草甸，海拔500~4100m。分布于北京的昌平、房山。

2.2 园林应用

委陵菜属植物在园林中主要用作地被，在多种生境（如路边、沟边、山坡、群落下层等）及场所（如庭院、停车场等）都有应用，且表现不俗，如替代冷季型草坪草建观赏草坪地被或在草坪中镶嵌镶边，形成带有点点黄花的绿色草坪，观赏效果颇佳，且具有良好的生态效益。

图1~3体现的是不同生境中的匍枝委陵菜，图1是匍枝委陵菜在北京绿普方园园林工程有限公司苗圃内的水沟附近及沟中的种植，可有效防止流水的冲刷，并创造优美的景观；图2是紫竹院公园中的匍枝委陵菜，表现委陵菜很好的护坡效果，可有效防止水土流失；图3是匍枝委陵菜在北京植物园营造的林下景观，可丰富景观的层次，是很好的林下造景植物。

图4、图5是匍枝委陵菜在海淀长春健身园不同场所的应用，图4是庭院中的匍枝委陵菜，创造了一个惬意的休憩场所，有益身心健康；图5体现的是匍枝委陵菜在停车场的应用，匍枝委陵菜以其优良的适应性和抗逆性在立地条件很差的停车场依旧长势旺盛，除了春天建植后的浇水，绿化工人可省略大部分养护工序。

图6是匍枝委陵菜营造的地被景观，对地表有很好的覆盖作用，其3月返青、5月遍地黄花、秋季一片褐色、冬季黄土不露天；另外，其高度常年控制在20cm以下，不需要修剪，省去了人工，综合优势远超冷季型草坪草。

图7分别是匍枝委陵菜与蛇莓、连钱草及毛茛混种形成的地被，绿色期和花期均延长，观赏效果可以相互补充，且效果稳定。

2.3 委陵菜属的生产

委陵菜可通过无性繁殖和播种进行生产。匍枝委陵菜播种难以成功，只能采取营养繁殖方法，在雨季利用匍匐茎生根，然后分栽上盆育苗最为经济。鹅绒委陵菜主要通过扦插匍匐茎进行繁殖，以夏季扦插为最佳，缓苗期短、成坪快。莓叶委陵菜可分株和播种繁殖，温室内或室外苗床育苗宜在春季，且尽可能赶前，直播应在4月末或5月初进行，整个生长期都可进行分株。

图1 水沟附近及沟中生长的匍枝委陵菜

Fig. 1 *P. flagellaris* grow in river bank and ditch

图2 匍枝委陵菜在边坡的应用

Fig. 2 Application of *P. flagellaris* in slope

图3 群落下层的匍枝委陵菜

Fig. 3 *P. flagellaris* of lower community

图4 庭院中的匍枝委陵菜

Fig. 4 *P. flagellaris* in courtyard

图5 匍枝委陵菜在停车场的应用

Fig. 5 Application of *P. flagellaris* in parking lot

图6 匍枝委陵菜营造的地被景观

Fig. 6 Ground landscape created by *P. flagellaris*

图7 匍枝委陵菜与蛇莓、连钱草及毛茛的混种

A 匍枝委陵菜和蛇莓；B 匍枝委陵菜和连钱草；C 匍枝委陵菜和毛茛

Fig. 7 Mixed seeding of *P. flagellaris*, *Ranunculus japonicus* and *Glechoma longituba*

图8 匍枝委陵菜的生产

A：地栽苗生产；B：盆栽苗生产

Fig. 8 Production of *P. flagellaris*

A：Production of pot seedlings；B：Production of plant seedlings.

地栽和盆栽均可进行生产。北京绿普方圆园林工程有限公司通过这两种方式生产了大量的委陵菜地栽苗与盆栽苗。

2.4 匍枝委陵菜与其他类似植物的区别

调查中发现，北京的园林绿地中，蛇莓（Duchesnea indica）也是较常应用的地被植物，两者株型相似，花色相同，花期重叠，应用方式类似，很多人都难以分清。匍枝委陵菜和蛇含委陵菜（P. kleiniana）也极其相似。三者的区别如下：①蛇莓：复叶，小叶3，偶5，具小叶柄。花单生叶腋；副萼片比萼片宽长，先端常3~5浅裂。花托于果期增大呈半球形，红色，富含水分，可食。②匍枝委陵菜：掌状复叶，小叶5或3，小叶无柄，小叶片披针形或长椭圆形，下部2个小叶有时2裂。单花，与叶对生；副萼片与萼片形状、长度相似，不分裂。瘦果表面呈泡状突起。③蛇含委陵菜：茎上升或匍匐。基生叶具长柄，掌状5小叶，下部茎生叶5小叶，上部茎生叶3小叶，小叶几无柄。聚伞花序密集枝顶；副萼片比萼片短，不分裂。

3 讨论

委陵菜属植物种类多，种群数量大，具有较高的观赏价值及经济价值，可用作园林观赏植物、畜牧业饲料及鞣料和染料等的来源（任艳利 等，2010）。其部分种花色艳丽、株型美观，早春开花，而且还具有

一定的抗旱抗寒性，容易栽培和管理，适宜作为观赏地被植物在城市园林绿化中应用（吴哲，2007；史丽，2010）。该属植物还具有很好的生态效益，能够保持水土、净化空气，根系发达且固土能力强，具有固沟、护坡等作用（张勇和王一峰，1998；郭瑶，2012），特别是光叉委陵菜（P. bifurca var. glabrata）还很耐践踏，繁殖能力强，在大庆师范学院被用于足球绿茵场地（尤凤丽 等，2010）。

调研发现，委陵菜属植物资源生态适应性强，具有广阔的园林应用前景。在边坡、干旱瘠薄地、群落下层、沟边等多种生境中均生长良好，且适用于停车场、庭院等场所进行绿化美化，也是良好的冷季型草坪替代植物。因此，北方地区天气干燥寒冷，可供选择的城市绿化材料局限性大，委陵菜属植物就成为较为理想的选择。但目前园林应用的委陵菜属植物种类较少，且多以地被的方式应用，园林景观不够丰富。鉴于委陵菜属植物在北方干旱地区园林绿化中发挥的作用，建议在园林景观中增加应用种类。大力推广鹅绒委陵菜、莓叶委陵菜在园林中的应用，同时增加二裂委陵菜、委陵菜、翻白委陵菜、西山委陵菜、多茎委陵菜等的应用。委陵菜属植物的应用以兼顾景观与生态为原则，丰富园林应用形式，使其从原先的多以地被为主发展为多种应用形式相结合的园林景观，如根据不同生态习性和观赏特性选择作为林下地被、公路及坡面绿化、生态修复、生态浅沟及园林景观中的雨水花园、屋顶绿化、缀花草坪、花坛镶边，或与建

图9 蛇莓、匍枝委陵菜及蛇含委陵菜的区别

A₁₋₃：蛇莓；B₁₋₂：匍枝委陵菜；C：蛇含委陵菜

Fig. 9 Difference of *D. indica*, *P. flagellaris* and *P. kleiniana*

A₁₋₃：D. indica；B₁₋₂：P. flagellaris；C：P. kleiniana

筑小品、水景搭配，或和其他植物搭配应用于岩石园。

委陵菜属资源中的木本种类，如金露梅、银露梅，抗性强、花色鲜艳、花期早，也是很好的庭院观赏植物，具有广阔的园林开发前景。应加强其繁殖、育种及园林应用研究，使其在生态恢复、园林绿化、资源利用等方面发挥生态和经济效益。

委陵菜属植物分布的生境较为脆弱，如果乱采滥挖，不但会严重破坏资源，还会造成不可估量的生态恶化(张勇，王一峰，1998)。因此，必须对本属资源进行有序的开发，保证资源的可持续利用。建立委陵菜属种苗基地，开发其种苗速繁技术，加大委陵菜属植物的生产，提高种苗的质量和数量，并尽快进行推广、应用。

参考文献

1. 崔艳桃 . 2013. 干旱胁迫对 4 种委陵菜属植物结构和生理的影响[D]. 黑龙江：东北林业大学 .

2. 郭瑶 . 2012. 干旱胁迫对绢毛委陵菜结构和生理的影响[D]. 黑龙江：东北林业大学 .

3. 贺士元，邢其华等 . 1984. 北京植物志(上下册)[M]. 北京：北京出版社 .

4. 任艳利，曲玮，梁敬钰 . 2010. 委陵菜属植物研究进展[J]. Strait Pharmaceutical Journal, 22 (5)：1 – 8.

5. 史丽 . 2010. 鹅绒委陵菜快繁技术与园林应用可行性探讨[D]. 黑龙江：黑龙江八一农垦大学 .

6. 吴哲 . 2007. 蛇含委陵菜园林应用配套栽培技术研究[D]. 湖南：湖南农业大学 .

7. 王晓红，王索玲，姜殿勤 . 2006. 野生地被植物光叉叶委陵菜的引种栽培[J]. 长春大学学报，16 (3)：69 – 71.

8. 尤凤丽，梁彦涛，曲丽娜，胡敏 . 2010. 乡土植物委陵菜属资源调查及应用前景[J]. 大庆师范学院学报，30 (3)：101 – 104.

9. 尤凤丽，赵晓菊，邵小强，薛建华，张启华 . 2011. 乡土植物委陵菜属资源调查及应用前景[J]. 大庆师范学院学报，39(21)：12974 – 12976.

10. 张勇，王一峰 . 1998. 国产委陵菜属植物资源[J]. 西北师范大学学报(自然科学版)，34 (1)：59.

11. 中国植物志编委会 . 中国植物志 37[M]. 北京：科学出版社：233 – 331.

12. http：//www. innerpath. com. au/matmed/herbs/Potentilla ~ kleiniana. html.

以低成本花卉混播的方法构建雨水花园景观[*]

刘晶晶[1]　符木[1]　高亦珂[1][①]　白伟岚[2]　王媛媛[2]

（[1]花卉种质创新与分子育种北京市重点实验室，国家花卉工程技术研究中心，城乡生态环境北京实验室，
北京林业大学园林学院，北京 100083；[2]中国城市建设研究院有限公司，北京 100120）

摘要　在对雨水花园的历史发展及应用现状进行研究的基础上，筛选了适宜我国南方地区雨水花园中生长的植物，在深圳地区采用花卉混播的建植方式构建了雨水花园，并对雨水花园的养护管理和存在的问题进行了归纳总结。雨水花园与花卉混播的结合不仅对城市雨洪调节与雨水利用有着显著的功效，也能营造出自然优美的景观绿地，具有极高的生态效益和社会效益，同时也是一种低成本、低维护、高效益的新型雨水花园应用模式，对雨水花园在我国的大规模应用具有重要的理论及实践意义。

关键词　风景园林；雨水花园；花卉混播；生态效益

Study on Application of Flower Meadow in Rain Garden

LIU Jing-jing[1]　FU Mu[1]　GAO Yi-ke[1]　BAI Wei-lan[2]　WANG Yuan-yuan[2]

（[1]*Beijing Key Laboratory of Ornamental Plants Germplasm Innovation & Molecular Breeding，
National Engineering Research Center for Floriculture，Beijing Laboratory of Urban and Rural Ecological
Environment and College of Landscape Architecture，Beijing Forestry University，Beijing 100083；
[2] China Urban Construction Design & Research Institute Co. Ltd.，Beijing 100120*）

Abstract　On the basis of study on historical development and application of rain garden，plants suited for rain garden in south China were selected，rain gardens were installed in Shenzhen with flower meadow，maintenance management and existed problems were summarized. The combination of rain garden and flower meadow not only has significant effect to urban waterlogging control and rainwater utilization，but also can achieve beautiful and natural landscape，which has high social and ecological benefits. Meanwhile，it is a new application mode of rain garden with low cost，low maintenance and high benefit，having important theoretical and practical significance to rain garden with large - scale application in China.

Key words　Landscape architecture；Rain garden；Flower meadow；Ecological benefit

中共十八大"建设美丽中国"口号提出后，生态文明建设更加受到重视。园林绿化作为生态文明建设的重要工程之一，在建设美丽中国中占有重要地位。近年来，人们不再单纯地追求园林景观的优美或新颖，转而重视园林景观的生态效益、经济效益和社会效益的统一。随着城镇化进程的飞速发展，我国城市建设面临的问题越来越多，市政建设破坏了原有的河流水系，导致在暴雨时地面径流量瞬间增大、径流污染严重，甚至因排水不畅而导致城市内涝。雨水花园的建造可有效降低城市雨水径流量和径流污染、增加雨水的有效利用率、降低城市绿地用水量。而将花卉混播应用于雨水花园中不但能增加雨水花园的生态效益，还能显著降低投入及维护成本，二者的结合是生态智慧的完美体现。

1　雨水花园的起源与发展

作为一种城市低影响开发措施，雨水花园是指在低洼处利用当地植物建植，收集雨水以减小径流量而后慢慢渗入地下以补充地下水，通过土壤和植物吸附、过滤、降解和吸收等作用降低径流污染以净化雨水的特殊花园。雨水花园也被称为生物滞留区域，是一种有效的城市雨水利用和雨水净化技术，是降低城

* 基金项目："十二五水体污染控制与治理科技重大专项"《城市道路与开放空间低影响开发关键技术研究》（2010ZX07320－002）。
① 通讯作者。高亦珂，教授，主要从事花卉育种与花卉混播研究。E-mail：gaoyk@bjfu.edu.cn。

市非点源污染和城市雨洪管理的最佳处置措施（Land-over，1993；United States Environmental Protection Agency：2000Nigel Dunnett and Andy Clayden，2007）；雨水花园最早起源于美国马里兰州的乔治王子郡（Prince Gorge County），Larry Coffman 等人首先提出了"生物滞留区域"的概念，并于 1993 年建造了第一个真正意义上的雨水花园，实现了降低雨水径流量和径流污染的生态目标。之后雨水花园因生态效益和经济效益良好在欧美国家开始大范围地应用，其中规模最大、最富盛名的是美国波兰特雨水花园，其巧妙地将东方银行大厦俄勒冈州会议中心屋顶的雨水通过雨水管经过一系列精心设计的浅滩和小瀑布将雨水汇集到高低错落的串联水池中，不仅减缓了径流速度和径流量，也通过植物和石砾的相互作用使径流污染得以降低，同时也营造了优美的景观水景。与此同时在波兰特的学校、居民区、公园等地涌现了大大小小的雨水花园，使其成为城市雨水利用和雨洪管理的典范城市。随着生态概念在城市中的深入，美国、法国、德国、澳大利亚、日本等地也出现了较负盛名的雨水花园，对雨水花园的全面推广做出了重大贡献（万乔西，2010）。近年来雨水花园作为一种生态的雨水利用措施被广泛应用于欧美等发达国家的城市道路、广场、建筑等旁边以减小城市不透水表面的雨水径流量和径流污染（向璐璐，李俊奇等，2008）。

雨水花园的概念在中国兴起不到 10 年的时间，目前对雨水花园的研究大多止于理论研究或对其结构和功能的探析（罗红梅，车伍等，2008；张钢，2010），但真正地将雨水花园从设计、建造、建植到维护的各个步骤悉数实践的案例却在国内鲜见。虽然雨水花园的设计和建造可参考国外的案例，但因气候的不同，雨水花园的植物选择和建植却不能照搬西方的案例。作为雨水花园重要的一部分，植被对雨水径流量的削减和对径流污染的吸附和降解起着至关重要的作用，因此，雨水花园的建植是使雨水花园发挥其生态效益的关键一步。

2 低成本的景观构建方法——花卉混播

传统的建植方式一般采用幼苗或成苗栽植，但其成本高、养护管理精细，不符合现代节约型园林的做法，而花卉混播这种新型的建植方式恰恰能弥补这方面的不足。花卉混播（flower meadow）是指人为筛选一二年生、多年生花卉，通过混合播种建立的一种模拟自然并富于景观效果的一种花卉应用形式。

花卉混播最早起源于中世纪欧洲的私家庭院，于19 世纪末分别由 William Robinson 和 Hermann Jager 在英国和中欧引领振兴，直到 20 世纪才在城市园林中广泛应用（Jan Woudstra and James Hitchmough，2000）。如今国外花卉混播已经在公园、道路两侧、分车带、高速公路、学校、私家庭院、高尔夫球场、飞机场、乡村景观恢复中广泛应用。最具典型的代表是 2012 伦敦奥林匹克公园，其采用大面积的花卉混播这种新的种植形式以区别传统的城市公园，被认为是至今以来奥林匹克运动会中最具可持续发展理念的公园（詹姆斯·希契莫夫，奈杰尔·邓内特撰，张秦英，2012）。

与国外相比，花卉混播在中国的起步较晚，但发展十分迅速。我国的花卉混播，最早出现在牧草生产领域，人们发现将牧草混播可以大大提高牧草产量[10]。而真正将花卉混播应用于园林绿化是在近 10 年中，尤其是近 5~6 年，随着节约型园林的大力倡导，这种见效快、成本低、效果好的园林应用形式受到日益重视。2005 年，北宫森林公园率先从美国引进花卉混播组合，并在 2006 年进行大面积应用。2008 年北京奥林匹克森林公园大面积的花卉混播不但实现了园林绿化的可持续性，同时也迎合了人们返璞归真、回归自然的向往和追求。近年来，花卉混播发展极为迅速，其已在上海世博公园、各大城市公园、高速公路、城市主干路、分车带、校园和居住区等得到了广泛地应用。

将花卉混播这种新型的种植方式引入雨水花园，是一种生态智慧的体现，可真正实现雨水花园低成本、低维护、高效益的生态诉求，同时也将优美的景观与生态因素完美结合，也是一种可大范围推广的低影响开发技术。

3 雨水花园的设计与建造

本案例中的雨水花园位于深圳市光明新区育新学校的展览温室一侧，通过雨水管收集来自温室屋顶的雨水。其占地面积 24m²，分为上、中、下三级，每级面积为 2.5m×3.2m = 8m²，上、中级与中、下级台阶高差分别为 77cm 和 75cm，种植土表下凹 15cm。每级台阶底部为在其底部未设防渗层，另收集的雨水慢慢渗入地下以补充地下水。为采集雨水在底部铺设管径为 DN100 的穿孔 PVC 管（穿孔率不小于 10%，孔径 5mm），呈十字交叉状，与每级台阶设相应的取样井（有防渗层）相连。每级台阶底部为 20cm 的砾石层（粒径 20~30mm）；砾石层向上为 30cm 的填料层，上、中、下三级台阶分别为炉渣层（粒径 0.5 - 5mm）、细砂层（粒径 2~10mm）和陶粒层（粒径 5~25mm）；再向上均为 25cm 的种植层（2/3 当地土 +1/3 腐殖土）。其中种植层和填料层之间用 5cm 的细砂相隔，填料层与砾石层用 2 道土工布相隔，以防止结构受到破坏。每层在距下一层种植层表面(地面) 25cm处设管径为DN100的排水管使雨水于上级台阶流入下级台阶,多余雨水排出该雨水花园系统。每级台阶距顶端5cm处设溢水管用于未渗透的多余雨水直接排入下一台阶或排出雨水花园,并在每级台阶设相应的取样井(有防渗层)用于雨水的采集(图1,图2)。

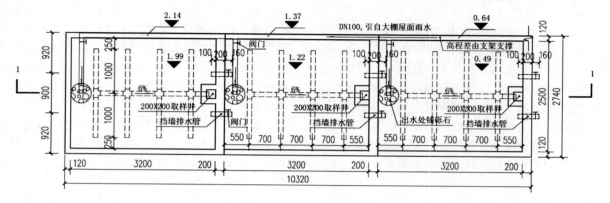

图1 深圳雨水花园平面图

Fig. 1 The plan of rain garden in Shenzhen

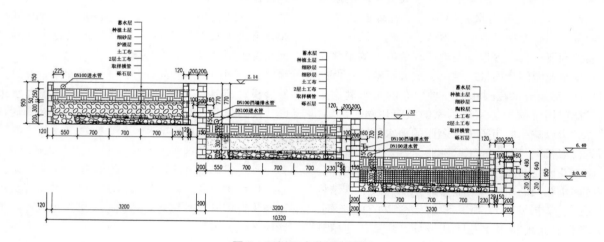

图2 深圳雨水花园剖面图

Fig. 2 The profile of rain garden in Shenzhen

4 雨水花园中花卉混播建植方法

通过在温室对植物进行干旱、水淹、污染物的胁迫实验后,筛选出以下植物用于雨水花园的混播建植:

表1 深圳雨水花园所用混播植物种类

Table 1 The plant species used in rain garden of Shenzhen

序号 Number	植物种类 Species	拉丁名 Latin name	科名 Family name	株高/cm Height	花期 Flowering	生活型 Life form
1	柳叶马鞭草	*Verbena bonariensis*	马鞭草科	80~100	5~9月	多年生
2	大花山桃草	*Gaura lindheimeri*	柳叶菜科	60~80	7~10月	多年生
3	随意草	*Physostegia virginiana*	唇形科	50~60	6~9月	多年生
4	大金鸡菊	*Coreopsis basalis*	菊科	30~50	6~10月	多年生
5	中国石竹	*Dianthus chinensis*	石竹科	30~50	6~9月	多年生
6	蓝花亚麻	*Linum perenne*	亚麻科	30~60	4~6月	多年生
7	马利筋	*Asclepias curassavica*	萝藦科	50~100	6~8月	多年生
8	穗花婆婆纳	*Veronica spicata*	玄参科	30~60	5~10月	多年生

（续）

序号 Number	植物种类 Species	拉丁名 Latin name	科名 Family name	株高/cm Height	花期 Flowering	生活型 Life form
9	宿根天人菊	*Gaillardia aristata*	菊科	40~60	5~9月	多年生
10	洋甘菊	*Anthemis nobilis*	菊科	30~50	5~10月	多年生
11	百里香	*Thymus mongolicus*	唇形科	20~30	6~7月	多年生
12	千屈菜	*Lythrum salicaria*	千屈菜科	70~80	7~10月	多年生
13	萱草	*Hemerocallis fulva*	百合科	60~70	6~8月	多年生
14	鸢尾	*Iris tectorum*	百合科	60~80	4~6月	多年生
15	美丽月见草	*Oenothera speciosa*	柳叶菜科	30~40	6~8月	多年生
16	西洋滨菊	*Leucanthemum vulgare*	菊科	30~50	5~8月	多年生
17	蓍草	*Achillea sibirca*	菊科	30~60	6~7月	多年生
18	黑心菊	*Rudbeckia hirta*	菊科	40~60	6~9月	多年生
19	白晶菊	*Chrysanthemum paludosum*	菊科	30~40	4~6月	二年生
20	银苞菊	*Ammobium alatum*	菊科	60~80	6~10月	二年生
21	矢车菊	*Centaurea cyanus*	菊科	40~65	4~8月	一年生
22	蛇目菊(矮生)	*Coreopsis tinctoria*	菊科	50~60	6~10月	一年生
23	粉萼鼠尾草	*Salvia farinacea*	唇形科	50~80	7~9月	一年生
24	红花鼠尾草	*Salvia coccinea*	唇形科	40~50	8~10月	一年生
25	美女樱	*Verbena tenera*	马鞭草科	20~40	6~10月	一年生
26	红花亚麻	*Linum grandiflora*	亚麻科	40~60	5~9月	一年生
27	香雪球	*Lobularia maritima*	十字花科	10~20	6~7月	一年生
28	黑种草	*Niglla glandulifera*	毛茛科	40~60	6~7月	一年生
29	柳穿鱼	*Linaria vulgaris*	玄参科	30~40	6~9月	一年生
30	琉璃苣	*Borago officinalis*	紫草科	50~60	5~6月	一年生
31	蓝花鼠尾草	*Salvia farinacea*	唇形科	40~60	7~9月	一年生
32	福禄考	*Phlox drummondii*	花荵科	20~30	5~6月	一年生
33	青葙	*Celosia argentea*	苋科	50~80	5~8月	一年生

为使雨水花园呈现自然的景观，播种方式均采用撒播。撒播时首先应将大粒种子和小粒种子分开，将其分别与细沙按1:4~1:10的比例混合，将大粒种子均匀地撒于地表，对于面积较大的种类可将土地划分为若干小块再分别播种，播种时要按多个方向进行撒播，可先按平行方向进行，再按垂直方向进行，以最大限度地保证种子撒播的均匀，播完大粒种子后用耙子将土壤稍做耕犁，使大部分种子滚落土壤表面，再按上述方法将小种子均匀地撒于地表，踩实或夯实土壤，使种子与土壤密切接触。其播种时间为2013年8月1日，因雨水花园中极端的立地条件，将播种密度增大到7~8g/m²（一般3~4g/m²）。

5 雨水花园的养护与管理

雨水花园建植后离不开合理的养护管理，才能达到预计的景观效果。

5.1 水肥管理

为使种子顺利萌发，在播种后1个月内应使土壤保持湿润状态，每隔3~5d进行一次灌溉，灌溉方式以喷灌为佳。1个月后种子基本萌发，小苗具一定抗性后延长喷灌间隔天数，改为10~15d一次，以使植物适应天然降水周期。播种2个月后可不再进行灌溉，若20d内无有效降水需结合实际情况进行灌溉。除了特别贫瘠的土壤，一般在雨水花园中不建议施肥，以免增加混播花卉之间的激烈竞争，或造成杂草长势过旺，影响景观效果。

5.2 除草

播种前在种植土上层铺设 3~5cm 细沙可有效控制杂草，但在播种后 1~2 个月内应严格控制杂草，这段期间杂草的有效抑制可保证花卉混播在雨水花园中第一年的景观效果。可在播种后 20~30d 和第 50~60d 时分别进行一次人工除草，也可慎重选择适宜的除草剂在不影响混播花卉的前提下除去杂草。

5.3 整形修剪

在雨水花园中一二年生花卉花期结束后应进行 1~2 次修剪，将残留的枯枝落叶去除以免堵塞结构，同时以帮助其种子有效地回到群落中，进行自播繁衍而增加来年景观效果。同时减去植株的残花和生长过于旺盛枝叶以维持较佳的景观。

5.4 受损后修复

雨水花园虽是可持续的生态景观，但其结构和植被有时也会有损伤，因此应定期检查其受损情况，以做出及时的修复措施。若结构损伤应及时修补或更换相关设施，若植被受损可采用栽苗或播种的方法进行修复。栽苗见效快但成本高，播种见效慢但成本低，可根据景观需求和经济条件进行选择。若采用栽苗修复，应选择健壮的植物在受损区域随机栽植，以保证自然的景观，栽后给予充分的水分供应；若采用播种修复，播种时尽量不要伤及已有植物的根系，若损伤区域面积较大采用撒播的方法，面积较小应采用条播和点播。播后 1 个月内要保证充足的水分供给以使种子顺利萌发。

6 存在问题

要发挥雨水花园的生态功能，健康良好的结构是基础。在该雨水花园的建造初期，因种植层的渗透率较小而导致雨水无法顺利渗入雨水花园底部的填料层而直接通过溢水管流入下一级台阶。后期通过在种植层混入细沙的方法增大其渗透率，使雨水顺利渗入地下。因此在设计雨水花园时必须准确把握种植层和填料层的渗透率，以确保流入雨水花园的雨水能顺利地通过种植层和填料层而蓄集在其中，使雨水除去供植物吸收外能慢慢深入地下而补充地下水。

植被是主导雨水花园景观的最主要因素，植物的抗逆性和个体的株型、株高、花色、花期、绿期等是决定其景观效果的关键因素。实践发现一二年生植物能快速形成景观，但因生活周期的限制，其常常不到 5 个月的时间便因生活期的结束而失去观赏效果，不但使局部景观空缺，残留的枯枝落叶也严重影响了景观。而多年生植物虽然从播种到开花经历的时间较长，但其较长的绿期能长期维持雨水花园的景观，同时多年生植物较为发达的根系吸附和降解污染物的能力也较强。因此，在雨水花园中应增大多年生植物的用量，降低一二年生植物的用量。但若需要快速形成景观效果，加入一二年生植物也是有必要的，但要控制其用量。

7 结语

传统的园林景观因景观同质性强、养护管理造价高、植物材料有限、人工雕琢痕迹重、形式过于呆板、生态效益差等弊端，已经远远不能满足目前园林景观建设的需求。而雨水花园和花卉混播都是近代西方园林中兴起的一种新型园林景观，二者结合具有物种丰富、景观优美、自然野趣感强、应用范围广、应用形式灵活、营建维护成本低、社会和生态效益良好等优点，符合构建节约型园林、生态型园林和可持续发展的需求，是一种很有前景的园林植物景观应用形式。但目前雨水花园与花卉混播在我国都刚刚起步，盲目地照搬西方国家的成功案例有很大的局限性，而国内的研究报道又十分缺乏，因此对雨水花园的结构设计、植物的筛选与配置、维护管理以及对花卉混播植物材料的科学配比、生态效益分析等方面进行研究，并应用于不同地区和场所，以打造优美自然、景观连续、高生态效益的园林景观仍需要大量的研究工作。

参考文献

1. Nigel Dunnett, Andy Clayden. Rain gardens: Sustainable Rainwater Management for the Garden and Designed Landscape[M]. Timberpress, 2007.

2. Prince George's County. Design Manual for Use of Bioretention in StormwaterManagement [M]. Landover, MD: Prince George's County (MD) Government, Department of Environ-mental Protection. Watershed Protection Branch, 1993.

3. United States Environmental Protection Agency: 2000, 'Low Impact Development (LID), a Literature Review', EPA - 841 - B - 00 - 005, Office of Water, Washington, DC, 20460.

4. 万乔西. 雨水花园设计研究初探[D]. 北京林业大

学，2010.

5. 向璐璐，李俊奇，邝诺，车伍，李艺，刘旭东. 雨水花园设计方法探析[J]. 给水排水，2008，(6).

6. 张钢. 雨水花园设计研究[D]. 北京林业大学，2010.

7. 罗红梅，车伍，李俊奇，汪宏玲，孟光辉，何建平. 雨水花园在雨洪控制与利用中的应用[J]. 中国给水排水，2008，(6).

8. Jan Woudstra, James Hitchmough. The enamelled mead：History and practice of exotic perennials grown in grassy[J]. Landscape Research. 2000，25(1)：29 - 47.

9. 詹姆斯·希契莫夫，奈杰尔·邓内特撰. 张秦英译. 2012伦敦奥林匹克公园的生态种植设计[J]. 中国园林，2012，(1).

10. 王元素，蒋文兰，洪绂曾，王堃. 白三叶与不同禾草混播群落17年稳定性比较研究[J]. 草业学报，2006，(3).

杭州西湖景区生态环境长效监测研究初报*

王恩　张鹏翀　谭远军　章银柯[1][①]

（杭州植物园，杭州 310013）

摘要　以申遗成功后的杭州西湖为研究对象，对其空气质量中的负离子、细颗粒物 PM2.5 和二氧化氮的含量进行了季节性的长效监测，结果表明：杭州西湖景区空气负离子呈显著的季节性变化，夏季最高，春、秋季次之，冬季最低，但总体空气质量优良。景区细颗粒物 PM2.5 也呈现显著的季节性变化，夏季最低，春、秋季较高，而冬季最高，与空气负离子含量变化有显著相关性。二氧化氮具有一定的季节性变化，春季最高，夏、秋季有所降低，而冬季最低。

关键词　杭州西湖；空气质量；长效监测；生态环境

Preliminary Study on Long Term Supervision in Ecological Environment

WANG En　ZHANG Peng-chong　TAN Yuan-jun　ZHANG Yin-ke

（*Hangzhou Botanical Garden*, *Hangzhou* 310013）

Abstract　A long term supervision of air quality including negative ion, PM2.5 and nitrogen dioxide in Westlake after the inscription of the times was conducted seasonally. The results shows that the change of negative ion was seasonal which is highest in summer, decreased in spring and autumn, and lowest in winter, and the air quality is above the national standard. Meanwhile the change of PM2.5 is also seasonal which lowest in summer, increased in spring and autumn and highest in winter and it is significant correlated with negative ion. At last, the change of nitrogen dioxide is somewhat seasonal which is highest in spring, decreased in summer and autumn, and lowest in winter. .

Key words　West Lake in Hangzhou; Air quality; Long term supervision; ecological environment

随着我国经济的不断发展，环境污染问题变的越来越严重，人们对环境问题的认识也越来越深化。为了保护生态环境，需要建立一个具体、实效的生态环境监测系统。生态环境监测即生态监测，主要是利用生态学的知识对生态系统进行系统性的监测，目前还没有一个统一的定义。我国对环境监测的含义是在一定的时间及空间上，应用可比的手段，针对特定区域的生态系统或组合体的结构、功能及类型开展系统的监测，并用监测的结果评价及预测人类对生态系统的影响，从而改善生态环境。与传统的污染治理和环境质量监测相比，生态环境监测由于生态系统的复杂性和驱动因子的多样性，使得其监测的因子较为复杂，反映面更广，综合评价程度要求更高，预测评估成分更多，更注重宏观和未来。

杭州西湖风景名胜区以其秀丽的湖光山色和众多的名胜古迹闻名中外，被誉为"人间天堂"，不仅是维护城市生态平衡的基地，也承担着城市公园和风景名胜区的功能，是名副其实的城市"绿肺"。2011 年 6 月 24 日被正式列入《世界遗产名录》，成为目前我国唯一的湖泊类世界文化遗产。为此，积极开展景区生态环境保护和提升研究，使西湖永葆青春和活力，显得尤为重要和迫切。本研究以杭州西湖风景名胜区为对象，就改善空气质量开展连续的监测，及时掌握景区生态环境质量的变化情况，并提出科学、合理的建议和措施，提升环境质量，改善生态环境，全力推进健康景区的各项建设工作。

---

*　国家自然科学基金青年科学基金项目（项目批准号：51408172），杭州市园林文物局科技发展计划项目（2012－001）。

①　通讯作者。章银柯，杭州植物园高级工程师，北京林业大学在读博士研究生，主要从事园林植物材料及其应用与景观生态交叉领域的研究和实践。E—mail：zyk1524@163.com.

1 研究方法

1.1 样点选择

采用了均匀布点与西湖十景相结合的方法确定样点。以西湖为中心,在其四面及中心位置分别选择了柳浪闻莺、茅乡水情、花港观鱼、苏堤春晓和三潭印月共 5 个样点。

1.2 监测方法及指标

自 2012 年冬季开始进行连续监测,每个季节(气象学)监测 1 次,每个样点设置 3 个重复。选择晴朗无风或微风(风速≤4m/s)的上午(9~11 时)进行监测,据相关的研究表明此时段负氧离子的含量较高。监测的主要指标为空气负离子、PM2.5 和二氧化氮,并同时记录了温度、湿度等环境因子。负氧离子采用 COM – 3200PRO(COM SYSTEM,日本)进行测定,并同时记录了正离子含量,计算出单极系数 q($q = n^+/n^-$,n^+ 表示空气中的正离子,n^- 表示空气中的负离子),并记录仪器读取的温度和湿度;PM2.5 采用 CW – HAT200(塞纳威,深圳)进行测定,连续测定 60s,取其平均值;二氧化氮采用 4150 – 1999B(INTERSCAN,美国)进行测定,仪器稳定 3min 后读取 5 个数值,然后取其平均值。

2 结果与分析

2.1 空气负离子及单级系数的季节动态变化

景区环湖空气负离子含量及单级系数的季节动态变化如图 1 所示,负离子的含量呈现规律性的季节变化,夏季最高,平均在 340 个/cm³ 左右,春、秋季次之,平均在 210 个/cm³ 左右,而冬季的含量最低,平均只有 100 个/cm³ 左右;单级系数规律性不显著,夏季略低,其余 3 个季节相近,除 2013 年春季的数值略微高于 1 外,其他数据均小于 1,平均数值为 0.80。

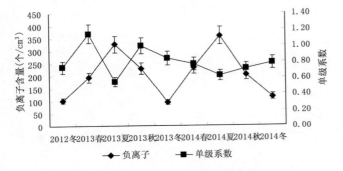

图 1 空气负离子含量及单级系数的季节动态变化

2.2 细颗粒物 PM2.5 的季节动态变化

景区环湖空气细颗粒物 PM2.5 的季节动态变化如图 2 所示,呈现出规律性的变化,即夏季的 PM2.5 含量最低,平均在 25μg/m³ 左右,春季其次,平均在 32μg/m³ 左右,秋季次之,平均在 50μg/m³ 左右,而冬季最差,平均在 85μg/m³ 左右。所有监测的数据除 2013 年和 2014 年冬季的数值超过了国家标准 75μg/m³ 外,其他时间的数据均超过了国家的达标标准。

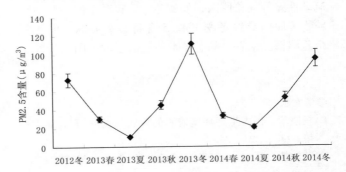

图 2 空气 PM2.5 含量的季节动态变化

2.3 二氧化氮的季节动态变化

景区环湖空气二氧化氮含量的季节动态变化如图 3 所示,测量的时间从 2013 年春季开始。从年度变化来看,春季二氧化氮的含量最高,2013 年为 45μg/m³,2014 年为 30.5μg/m³;夏、秋季较低,2013 年在 29μg/m³ 左右,2014 年在 20μg/m³ 左右;而冬季的含量最低,平均在 15~18μg/m³。但所有的测量数据都低于国家标准含量。

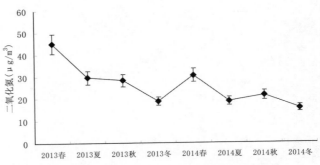

图 3 空气二氧化氮含量的季节动态变化

3 结论

杭州西湖风景名胜区环湖周围的空气负离子呈显著的季节性变化,夏季最高有可能与此时植被最茂密,植物的光合作用旺盛有关,此外,杭州夏季高温高湿以及强烈的紫外线照射等自然环境因素,都有利于空气的解离与负离子的形成;春、秋季节空气负离子有所下降，而冬季最低可能主要与植物的光合作用有关。为了更加直观地反映空气质量，我们计算出了单级系数，从整个监测情况来看，除 2013 年春季数值略微高于 1 外，其余时间的单级系数都小于 1，平均在 0.80 左右，说明环湖的空气质量在一年四季中都是洁净和健康的。

环湖空气中细颗粒物 PM2.5 也呈现出显著的季节性变化，夏季最低，春、秋季较高，而冬季最高，与空气负离子含量的变化有显著的相关性。由于空气流动性差等气象原因，外加冬季取暖产生的一些细颗粒物等原因导致冬季 PM2.5 含量显著升高。但从整个监测情况来看，除了冬季的数值超过了国家标准的

75μg/m³，属于轻度或中度污染外，其他时间的空气质量都处于良的状态，需要针对冬季的空气质量状况，采取有效的预防和治理措施。

环湖空气中二氧化氮也具有一定的季节性变化，春季最高，夏、秋季有所降低，而冬季最低。二氧化氮主要来源于燃料的燃烧和汽车尾气，景区环湖二氧化氮的变化是否主要与此相关还有待进一步的研究。

景区环湖整体的空气质量状况良好，为打造健康景区奠定了坚实的基础，同时也要针对出现的问题，如冬季空气中细颗粒物 PM2.5 超标等做出相应的对策，为进一步提升景区的品质，保护好这一人类共同的遗产做出不懈的努力。

参考文献

1. 杨晓荣. 国内生态环境监测的现状与发展[J]. 北方环境，28，6：23 – 24.

2. 黄志伟，王光焱. 论生态环境监测[J]. 污染防治技术，2005，18(4)：33 – 34.

3. 陈科平. 生态环境监测及其在我国的发展[J]. 资源与环境，2014，7：101.

4. 汪朝辉，欧绍华，吴文辉. 张家界国家森林公园生态环境监测体系构建的探讨[J]. 林业经济问题，2010，30(5)：435 – 438.

5. 张琳. 三江源区生态环境监测现状及展望[J]. 青海畜牧兽医杂志，2014，44(6)：54 – 55.

6. 李春娇，贾培义，董丽. 北京奥林匹克森林公园空气因子的测定[C]. 2007 年中国园艺学会观赏园艺专业委员会年会论文集. 北京：中国林业出版社，2007：633 – 636.

中国观赏园艺研究进展2015：757～766

Advances in Ornamental Horticulture of China，2015：757～766

杭州花港观鱼公园常见园林树种叶面积指数分析研究[*]

董延梅[1]　吕敏[2]　俞青青[3]　章银柯[4]　包志毅[5][①]

（[1]山东淄博奥景园林公司，淄博 255000；[2]杭州西湖风景名胜区钱江管理处，杭州 310025，
[3]中国美术学院建筑艺术学院，杭州 310024；[4]杭州植物园，杭州 310013；[5]浙江农林大学，临安 311300）

摘要　本文以杭州花港观鱼公园内应用的 57 种常见园林树种为例，对其叶面积指数进行了比较分析研究，结果表明：常绿灌木的叶面积指数普遍数值较大，而同类树种中，常绿乔木以桂花、广玉兰、石楠、浙江楠叶面积指数值为高，落叶乔木以红枫、悬铃木、枫杨叶面积指数居于前列，常绿灌木以洒金东瀛珊瑚、八角金盘、红花檵木叶面积指数值为高，供试验的落叶灌木叶面积指数都低于 3.00。

关键词　园林树种；叶面积指数；分析；杭州花港观鱼公园

Leaf Area Index Analysis of the Common Garden Trees in Huagangguanyu Park of Hangzhou

DONG Yan-mei[1]　LV Min[2]　YU Qing-qing[3]　ZHANG Yin-ke[4]　BAO Zhi-yi[5]

（[1]*Shandong Zibo Aojing Landscape Company*，*Zibo* 255000；[2]*Qianjiang Administrative Office of Hangzhou Landscape and Cultural Relics Bureau*，*Hangzhou* 310025；[3]*Department of Landscape Architecture*，*China Academy of Art*，*Hangzhou* 310024；[4]*Hangzhou Botanical Garden*，*Hangzhou* 310013；[5]*Zhejiang A&F University*，*Lin'an* 311300）

Abstract　Based on the 57 species of common garden trees in the Huagangguanyu park of Hangzhou as an example, their leaf area index are compared and analyzed, the results showed that the leaf area index universal value of the evergreen shrubs are bigger. Among the same type of tree species, leaf area index values of osmanthus, magnolia, heather, phoebe is high in evergreen trees, leaf area index values of red maple, sycamores, English walnut is high in deciduous trees, leaf area index value of sprinkle coral, anise gold plate, safflower konoha is high in evergreen shrubs, leaf area index value of the test deciduous shrub is below 3.00.

Key words　Garden tree；Leaf area index；Analysis；Huagangguanyu park in Hangzhou

近年来，随着城市园林绿化事业的蓬勃发展，园林绿地在改善城市景观河生态环境方面的作用正得到日益重视。党的十八大以来，党中央更是提出了建设生态文明，打造美丽中国的宏伟目标，足可见国家对于生态环境的高度重视。叶面积指数是生态系统的一个重要结构参数，用来反映植物叶面数量、冠层结构变化、植物群落生命活力及其环境效应，为植物冠层表面物质和能量交换的描述提供结构化的定量信息，并在生态系统碳积累、植被生产力和土壤、植物、大气间相互作用的能量平衡，植被遥感等方面起重要作用。

1　试验材料

选择杭州花港观鱼公园内常用园林树木 57 种（含变种，下同）为研究对象，对生长在特定立地条件下的树种按生活型分类，供试树种中乔木、小乔木统一归为乔木类，具体分为常绿乔木 8 种，落叶乔木 28 种，常绿灌木 16 种，落叶灌木 5 种（表1）。

---

　*　国家自然科学基金项目——国家自然科学基金项目"基于植物固碳能力和群落碳汇作用分析的低碳城市园林植物景观模式研究——以杭州西湖风景名胜区为例"（项目批准号31270743）。

　①　通讯作者。包志毅，男，博士，教授，博士生导师，浙江农林大学风景园林与建筑学院、旅游与健康学院院长，主要从事植物景观规划设计、园林植物资源和产业化、现代家庭园艺等领域的教学、研究和实践。E-mail：bao99928@188.com。

表 1　供试树种一览表

生活型	中文名	拉丁名	科属	生活型
常绿乔木	广玉兰	*Magnolia grandiflora*	木兰科木兰属	常绿乔木
	香樟	*Cinnamomum camphora*	樟科樟属	常绿乔木
	雪松	*Cedrus deodara*	松科雪松属	常绿乔木
	乐昌含笑	*Michelia chapensis*	木兰科含笑属	常绿乔木
	桂花	*Osmanthus fragrans*	木犀科木犀属	常绿乔木
	石楠	*Photinia serratifolia*	蔷薇科石楠属	常绿乔木
	浙江楠	*Phoebe chekiangensis*	樟科楠属	常绿乔木
	杜英	*Elaeocarpus decipiens*	杜英科杜英属	常绿乔木
落叶乔木	鹅掌楸	*Liriodendron chinensis*	木兰科鹅掌楸属	落叶乔木
	乌桕	*Sapium sebiferum*	大戟科乌桕属	落叶乔木
	垂柳	*Salix babylonica*	杨柳科柳属	落叶乔木
	榔榆	*Ulmus parvifolia*	榆科榆属	落叶乔木
	二乔玉兰	*Magnolia × soulangeana*	木兰科木兰属	落叶乔木
	朴树	*Celtis sinensis*	榆科朴属	落叶乔木
	垂丝海棠	*Malus halliana*	蔷薇科苹果属	落叶乔木
	枫杨	*Pterocarya stenoptera*	胡桃科枫杨属	落叶乔木
	紫薇	*Lagerstroemia indica*	千屈菜科紫薇属	落叶乔木
	合欢	*Albizia julibrissin*	豆科合欢属	落叶乔木
	悬铃木	*Platanus × acerifolia*	悬铃木科悬铃木属	落叶乔木
	白玉兰	*Magnolia denudata*	木兰科木兰属	落叶乔木
	麻栎	*Quercus acutissima*	壳斗科栎属	落叶乔木
	珊瑚朴	*Celtis julianae*	榆科朴属	落叶乔木
	银杏	*Ginkgo biloba*	银杏科银杏属	落叶乔木
	薄壳山核桃	*Carya illinoinensis*	胡桃科山核桃属	落叶乔木
	鸡爪槭	*Acer palmatum*	槭树科槭树属	落叶乔木
	无患子	*Sapindus mukurossi*	无患子科无患子属	落叶乔木
	碧桃	*Prunus persica* var. *duplex*	蔷薇科李属	落叶乔木
	日本晚樱	*Prunus serrulata* var. *lannesiana*	蔷薇科梅属	落叶乔木
	樱花	*Prunus serrulata*	蔷薇科李属	落叶乔木
	紫叶李	*Prunus ceraifera* 'Pissardi'	蔷薇科李属	落叶乔木
	羽毛枫	*Acer palmatum* 'Dissecrum'	槭树科槭树属	落叶乔木
	柿树	*Diospyros kaki*	柿树科柿属	落叶乔木
	红枫	*Acer palmatum* 'Atropurpureum'	槭树科槭树属	落叶乔木
	梅花	*Prunus mume*	蔷薇科李属	落叶乔木
	黄山栾树	*Koelreuteria integrifoliola*	无患子科栾树属	落叶乔木
	枫香	*Liquidambar formosana*	金缕梅科枫香属	落叶乔木
常绿灌木	杜鹃	*Rhododendron pulchrum*	杜鹃花科杜鹃花属	常绿灌木
	八角金盘	*Fatsia japonica*	五加科八角金盘属	常绿灌木

（续）

生活型	中文名	拉丁名	科属	生活型
	小叶黄杨	*Buxus sinica* var. *parvifolia*	黄杨科黄杨属	常绿灌木
	云南黄馨	*Jasminum mesnyi*	木犀科茉莉属	常绿灌木
	茶梅	*Camellia sasanqua*	山茶科山茶属	常绿灌木
	洒金东瀛珊瑚	*Aucuba japonica* var. *variegata*	山茱萸科桃叶珊瑚属	常绿灌木
	阔叶十大功劳	*Mahonia fortunei*	小檗科十大功劳属	常绿灌木
	含笑	*Michelia figo*	木兰科含笑属	常绿灌木
	山茶	*Camellia japomica*	山茶科山茶属	常绿灌木
	珊瑚树	*Viburnum odoratissimum*	忍冬科荚蒾属	常绿灌木
	金丝桃	*Hypericum monogynum*	藤黄科金丝桃属	常绿灌木
	夹竹桃	*Nerium indicum*	夹竹桃科夹竹桃属	常绿灌木
	枸骨	*Ilex cornuta*	冬青科冬青属	常绿灌木
	红花檵木	*Loropetalum chinense* var. *rubrum*	金缕梅科檵木属	常绿灌木
	海桐	*Pittosporum tobira*	海桐花科海桐花属	常绿灌木
	南天竹	*Nandina domestica*	小檗科南天竹属	常绿灌木
落叶灌木	蜡梅	*Chimonanthus praecox*	蜡梅科蜡梅属	落叶灌木
	大花六道木	*Abelia* × *grandiflora*	忍冬科六道木属	落叶灌木
	绣线菊	*Spiraea salicifolia*	蔷薇科绣线菊属	落叶灌木
	紫藤	*Wisteria sinensis*	豆科紫藤属	落叶藤本
	贴梗海棠	*Chaenomeles speciosa*	蔷薇科木瓜属	落叶灌木

2　试验方法

于晴朗的天气条件下，7～9月每个月连续5～10天早上或者傍晚，利用美国 Li - Cor 公司生产的 LAI－2000 植物冠层分析仪，选用270度镜头遮盖在树种的各个不同方向各取一对观测值，背对阳光进行测量，遮挡住日光和操作者本身，对植物冠层进行遮阴处理；LAI－2000 测量得到的数据至少10个：探头位于冠层上方时的5个数值，和探头位于冠层下方时的5个数值。采用冠层上方的数据后，要对冠层下方进行5次采集。保证冠层上下方观测时使用同一遮光板，使遮光部分正对观测员。同样调整到适当位置时，按下采集器 ENTER 或传感器手柄上的键位听到两声蜂鸣完成一次操作；变化冠层下方的观测位置后，继续采集，重复采集5次[8]。采集器会自动计算 LAI 数值。再运用观测分析仪的配套分析软件对采集的数据进行分析，计算叶面积指数，每个树种做3次重复，取其平均值。每个树种测量10～20株，植株选择标准：胸（基）径中等、树冠完整、个体差异小。不同月份的叶面积指数测定分别于选定月份完成相关测定内容。

3　结果分析

3.1　同类型树种不同月份的叶面积指数分析比较

表2　同类型植物不同月份的叶面积指数

生活型	中文名	7月（LAI）	8月（LAI）	9月（LAI）
常绿乔木	广玉兰	3.03	5.53	2.12
	香樟	2.84	2.75	2.07
	雪松	1.21	1.19	1.32
	乐昌含笑	1.98	2.08	1.98
	桂花	3.89	3.97	4.01
	石楠	3.46	3.32	3.59
	浙江楠	2.93	3.35	3.49
	杜英	1.76	1.84	1.55
落叶乔木	鹅掌楸	1.81	1.83	1.86
	乌桕	1.13	1.87	1.56
	垂柳	1.49	1.32	1.12

（续）

生活型	中文名	7月（LAI）	8月（LAI）	9月（LAI）
	榔榆	3.81	3.23	2.17
	二乔玉兰	2.77	3.04	2.6
	朴树	2.57	2.81	1.19
	垂丝海棠	2.8	2.35	1.25
	枫杨	3.76	3.43	3.12
	紫薇	3.62	3.27	1.87
	合欢	2.19	2.31	1.07
	悬铃木	3.9	3.79	3.02
	白玉兰	2.13	2.34	2.23
	麻栎	2.75	2.37	2.17
	珊瑚朴	3.03	3.36	2.78
	银杏	3.22	2.88	1.30
	薄壳山核桃	1.35	1.57	0.86
	鸡爪槭	2.8	2.56	1.83
	无患子	2.56	2.62	2.51
	碧桃	1.49	2.98	1.57
	日本晚樱	3.26	2.35	0.79
	樱花	1.93	1.67	0.42
	紫叶李	0.42	0.42	2.14
	羽毛枫	1.82	1.96	1.44
	柿树	2.51	3.45	3.56
	红枫	4.17	3.97	3.66
	梅花	2.69	2.54	2.31

（续）

生活型	中文名	7月（LAI）	8月（LAI）	9月（LAI）
	黄山栾树	1.56	1.78	1.21
	枫香	1.89	2.09	1.67
常绿灌木	杜鹃	3.67	3.98	4.25
	八角金盘	5.77	4.68	5.09
	小叶黄杨	4.15	4.57	4.04
	云南黄馨	2.28	2.53	2.72
	茶梅	3.77	3.21	3.52
	洒金东瀛珊瑚	5.75	5.88	5.37
	阔叶十大功劳	4.7	4.31	4.82
	含笑	3.49	3.54	5.65
	山茶	1.89	1.78	2.21
	珊瑚树	4.99	4.57	3.48
	金丝桃	3.21	3.49	3.37
	夹竹桃	1.78	2.12	2.29
	枸骨	4.44	4.79	4.25
	红花檵木	4.66	4.57	5.44
	海桐	4.79	4.58	3.62
	南天竹	2.24	2.17	1.71
落叶灌木	蜡梅	3.89	4.34	4.89
	大花六道木	2.43	3.02	3.16
	绣线菊	2.61	2.58	2.88
	紫藤	2.35	2.12	1.89
	贴梗海棠	2.03	1.92	1.86

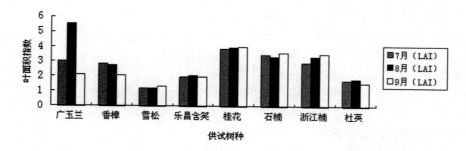

图1 常绿乔木不同月份的叶面积指数

图1为常绿树种不同月份的叶面积指数比较，可以清楚地看到，不同树种之间叶面积指数的差异以及同一树种不同月份的叶面积指数变化。根据图1的变化可知，对于常绿植物来说在生长季节叶面积指数的总体趋势基本是稳定的，变化不明显。其中，广玉兰、桂花、石楠、浙江楠3个月的叶面积指数均位居前四位，雪松在3个月中的叶面积指数都较其他树种的值小；由此可见，阔叶树种的叶面积指数大于针叶树种。为此，在园林绿地建设中为了发挥群落的最大生态效益，可以考虑适当增加常绿阔叶树种的比例，以增大叶面积指数，从而增加单位土地面积上的绿地绿量。

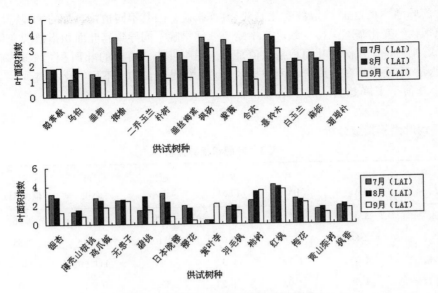

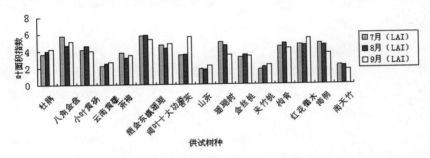

图2　落叶乔木不同月份叶面积指数

由图2可以看出，落叶树种在3个月的叶面积指数变化较常绿树种明显，主要体现在落叶树种在7月、8月两个月之间的叶面积指数变化不明显，9月份叶面积指数与7月、8月两个月的叶面积指数相比有了较明显的变化。其中榔榆、枫杨、悬铃木、珊瑚朴、柿树、红枫属于第一类树种，表现为叶面积指数在9月份呈现降低趋势；二乔玉兰、朴树、垂丝海棠、紫薇、白玉兰、麻栎、鸡爪槭、银杏、无患子、碧桃、日本晚樱、梅花属于第二类树种；鹅掌楸、乌柏、垂柳、合欢、薄壳山核桃、樱花、紫叶李、羽毛枫、黄山栾树、枫香属于第三类树种。叶面积指数大的树种相应的单位土地面积上的绿量就大，在进行植物群落结构的空间营造时榔榆、枫杨、悬铃木、珊瑚朴、柿树、红枫可以作为优良的上层园林绿化树种。

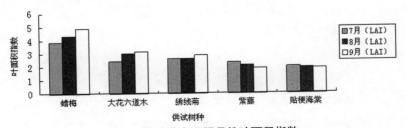

图3　常绿灌木不同月份叶面积指数

由图3分析得出，供试树种中常绿灌木的叶面积指数值3个月份中未出现较大幅度的升降情况，3个月份之间叶面积指数值基本保持稳定。除了云南黄馨、山茶、夹竹桃、南天竹之外，其他常绿灌木树种叶面积指数都属于第一类，其中洒金东瀛珊瑚、八角金盘、红花檵木、阔叶十大功劳、枸骨、海桐、小叶黄杨、含笑、茶梅的叶面积指数排名前10位，是优良的下层园林绿化树种。本试验中常绿灌木类综合来说具有比乔木更大的叶面积指数值，但因其冠幅较小，所以在园林应用中应注意灌木的合理配置和科学的修剪来增大冠幅，使其发挥更大的生态效益。

图4　落叶灌木不同月份叶面积指数

图4中为5种落叶灌木的叶面积指数变化趋势，在生长季节叶面积指数的变化基本保持一致。其中蜡梅、大花六道木、绣线菊每个月份的叶面积指数值是呈增长趋势的，紫藤、贴梗海棠在7月份叶面积指数值最大，8、9月份其值呈下降趋势。对于落叶植物来说，因其不同植物自身的生理特性不同，落叶的时间早晚不同导致其叶面积指数的变化趋势不一致。由图4可知，蜡梅的叶面积指数最高且属于第一类树种，是优良的中下层绿化材料。

3.2 供试树种的平均叶面积指数分析

表3 叶面积指数分析

生活型	中文名	7月（LAI）	8月（LAI）	9月（LAI）	冠幅大小	总叶面积	平均值（LAI）	排序	聚类
常绿乔木	广玉兰	3.03	5.53	2.12	120	427.20	3.56	15	1
	香樟	2.84	2.75	2.07	110	280.87	2.55	29	2
	雪松	1.21	1.19	1.32	90	111.60	1.24	55	3
	乐昌含笑	1.98	2.08	1.98	52.5	105.70	2.01	42	2
	桂花	3.89	3.97	4.01	42	166.18	3.96	12	1
	石楠	3.46	3.32	3.59	1	3.46	3.46	17	1
	浙江楠	2.93	3.35	3.49	96	312.64	3.26	20	1
	杜英	1.76	1.84	1.55	25	42.92	1.72	50	3
落叶乔木	鹅掌楸	1.81	1.83	1.86	42	77.00	1.83	48	3
	乌桕	1.13	1.87	1.56	56	85.12	1.52	51	3
	垂柳	1.49	1.32	1.12	48	62.88	1.31	54	3
	榔榆	3.81	3.23	2.17	15	46.05	3.07	22	1
	二乔玉兰	2.77	3.04	2.6	30	84.10	2.80	26	2
	朴树	2.57	2.81	1.19	170	372.30	2.19	36	2
	垂丝海棠	2.8	2.35	1.25	36	76.80	2.13	37	2
	枫杨	3.76	3.43	3.12	120	412.40	3.44	18	1
	紫薇	3.62	3.27	1.87	6	17.52	2.92	24	2
	合欢	2.19	2.31	1.07	110	204.23	1.86	47	3
	悬铃木	3.9	3.79	3.02	240	856.80	3.57	14	1
	白玉兰	2.13	2.34	2.23	35	78.17	2.23	35	2
	麻栎	2.75	2.37	2.17	106	257.58	2.43	33	2
	珊瑚朴	3.03	3.36	2.78	121	369.86	3.06	23	1
	银杏	3.22	2.88	1.3	80	197.33	2.47	32	2
	薄壳山核桃	1.35	1.57	0.86	56	70.56	1.26	55	3
	鸡爪槭	2.8	2.56	1.83	63	150.99	2.40	34	2
	无患子	2.56	2.62	2.51	72	184.56	2.56	28	2
	碧桃	1.49	2.98	1.57	9	18.12	2.01	43	2
	日本晚樱	3.26	2.35	0.79	24	51.20	2.13	38	2
	樱花	1.93	1.67	0.42	35	46.90	1.34	53	3
	紫叶李	0.42	0.42	2.14	20	19.87	0.99	57	3
	羽毛枫	1.82	1.96	1.44	22.5	39.15	1.74	49	3

（续）

生活型	中文名	7月（LAI）	8月（LAI）	9月（LAI）	冠幅大小	总叶面积	平均值（LAI）	排序	聚类
	柿树	2.51	3.45	3.56	42	133.28	3.17	21	1
	红枫	4.17	3.97	3.66	25	98.33	3.93	13	1
	梅花	2.69	2.54	2.31	20	50.27	2.51	30	2
	黄山栾树	1.56	1.78	1.21	110	166.83	1.52	52	3
	枫香	1.89	2.09	1.67	81	152.55	1.88	46	3
常绿灌木	杜鹃	3.67	3.98	4.25	2	7.93	3.97	11	1
	八角金盘	5.77	4.68	5.09	1	5.18	5.18	2	1
	小叶黄杨	4.15	4.57	4.04	30	127.60	4.25	9	1
	云南黄馨	2.28	2.53	2.72	1	2.51	2.51	31	2
	茶梅	3.77	3.21	3.52	1	3.50	3.50	16	1
	洒金东瀛珊瑚	5.75	5.88	5.37	1	5.67	5.67	1	1
	阔叶十大功劳	4.7	4.31	4.82	1	4.61	4.61	4	1
	含笑	3.49	3.54	5.65	9	38.04	4.23	10	1
	山茶	1.89	1.78	2.21	5	9.80	1.96	44	3
	珊瑚树	4.99	4.57	3.48	6	26.08	4.35	7	1
	金丝桃	3.21	3.49	3.37	1	3.36	3.36	19	1
	夹竹桃	1.78	2.12	2.29	30	61.90	2.06	40	2
	枸骨	4.44	4.79	4.25	3.6	16.18	4.49	5	1
	红花檵木	4.66	4.57	5.44	12	58.68	4.89	3	1
	海桐	4.79	4.58	3.62	12	51.96	4.33	8	1
	南天竹	2.24	2.17	1.71	1	2.04	2.04	41	2
落叶灌木	蜡梅	3.89	4.34	4.89	6	26.24	4.37	6	1
	大花六道木	2.43	3.02	3.16	1	2.87	2.87	25	2
	绣线菊	2.61	2.58	2.88	1	2.69	2.69	27	2
	紫藤	2.35	2.12	1.89	4	8.48	2.12	39	2
	贴梗海棠	2.03	1.92	1.86	1	1.94	1.94	45	3

　　园林植物的叶面积指数是衡量城市园林绿地本身的绿化水平及其生态效益的重要指标。植物的叶片是植物产生环境效应的主体，植物的叶片数量越多，单位叶片表面积越大，单株植物的总叶面积就会越大，对环境的改善作用也就越大。为了使单位土地面积上园林植物的绿化生态效益达到最大化，叶面积指数越高的园林绿化树种越具有较高的生态价值。

　　由表3可知，不同树种之间的叶面积指数及整株的总叶面积有明显的差异。从单株植物总叶面积来看，乔木树种总叶面积量远远大于灌木树种的总叶面积，这是由乔木树种自身具有较大的冠幅所决定的。但从叶面积指数来看，灌木树种的叶面积指数绝大多数分布于第一类，其中洒金东瀛珊瑚的叶面积指数位居第一位，其值最大高达5.67，远远超过其他树种；这说明虽然绿量是植物生态功能比较的基础，但仅仅从树冠冠幅大小或单株总面积单方面考虑是不全面的，应将两者结合起来综合考虑。乔木冠幅大、绿量高、对环境的生态功能就大；而中下层的灌木，可以有效地提高单位土地面积上的光能利用率。第一类树种，叶面积指数在5.67～3.06之间。主要有，常绿乔木：广玉兰、石楠、浙江楠、桂花；落叶乔木：红枫、悬铃木、枫杨、柿树、榔榆、珊瑚朴；常绿灌木：洒金东瀛珊瑚、八角金盘、红花檵木、阔叶十大功劳、枸骨、珊瑚树、海桐、小叶黄杨、含笑、杜鹃、茶梅、金丝桃；落叶灌木：蜡梅。第二类树种，叶面积指数在 2.92～2.01 之间。主要有，常绿乔木：香樟、乐昌含笑；落叶乔木：紫薇、白玉兰、麻栎、银杏、垂丝海棠、日本晚樱、梅花、二乔玉兰、鸡爪槭、朴树、无患子、碧桃；常绿灌木：云南黄馨、夹竹桃、南天竹；落叶灌木：大花六道木、紫藤、绣线菊。第三类树种，叶面积指数在 1.96～0.99 之间。主要有，常绿乔木：雪松、杜英；落叶乔木：枫香、合欢、鹅掌楸、羽毛枫、乌桕、黄山栾树、樱花、垂柳、薄壳山核桃、紫叶李；常绿灌木：山茶；落叶灌木：贴梗海棠。常绿灌木树种的叶面积指数大多数属于第一类；落叶灌木中，蜡梅叶面积指数最大，属于第一类；常绿乔木广玉兰、石楠、浙江楠、桂花的叶面积指数属于第一类；落叶乔木红枫、悬铃木、枫杨、柿树、榔榆、珊瑚朴的叶面积指数位于第一类之中。综合比较第一类树种的叶面积指数及叶面积总量发现，乔木类的叶面积总量高于灌木类叶面积总量，成为在城市绿化中乔木树种优于灌木树种的一个依据。

4　结论

通过试验研究，可以得出如下结论：

（1）对同类型植物进行排序发现，常绿乔木中，桂花、广玉兰、石楠、浙江楠叶面积指数值位居前四位，属于第一类树种；落叶乔木中红枫、悬铃木、枫杨、柿树、榔榆、珊瑚朴叶面积指数居于前列，属于第一类树种；常绿灌木中，洒金东瀛珊瑚、八角金盘、红花檵木、阔叶十大功劳、枸骨、珊瑚树、海桐、小叶黄杨、含笑、杜鹃、茶梅、金丝桃叶面积指数值均在 3.00 以上，属于第一类树种；落叶灌木中，叶面积指数都低于 3.00，属于第二类树种。对所有供试树种叶面积指数进行排序，结果显示排名前十位的均属于常绿灌木。

（2）在所有的供试树种范围内，单株总叶面积以及叶面积指数之间存在明显的差异。应用 EXCEL 进行叶面积指数排序，用 SPSS13.0 软件对叶面积指数进行聚类分析，主要分为三类，其结果如下：

一类树种，叶面积指数在 5.67～3.06 之间。排列顺序依次为：洒金东瀛珊瑚、八角金盘、红花檵木、阔叶十大功劳、枸骨、蜡梅、珊瑚树、海桐、小叶黄杨、含笑、毛鹃、桂花、红枫、悬铃木、广玉兰、茶梅、石楠、枫杨、金丝桃、浙江楠、柿树、榔榆、珊瑚朴。

二类树种，叶面积指数在 2.92～2.01 之间。排列顺序依次为：紫薇、大花六道木、绣线菊、二乔玉兰、无患子、香樟、梅花、云南黄馨、银杏、麻栎、鸡爪槭、白玉兰、朴树、垂丝海棠、日本晚樱、紫藤、夹竹桃、南天竹、乐昌含笑、碧桃。

三类树种，叶面积指数在 1.96～0.99 之间。排列顺序依次为：山茶、贴梗海棠、枫香、合欢、鹅掌楸、羽毛枫、杜英、乌桕、黄山栾树、樱花、垂柳、薄壳山核桃、雪松、紫叶李。

（3）从单位土地面积绿量这个指标来看，广玉兰、浙江楠、悬铃木、枫杨、合欢、珊瑚朴、柿树是城市绿化中优良的上层绿化树种；石楠、桂花、红枫、榔榆是城市绿化中优良的中层绿化树种；洒金东瀛珊瑚、八角金盘、红花檵木、阔叶十大功劳、枸骨、珊瑚树、海桐、小叶黄杨、含笑、杜鹃、茶梅、金丝桃、蜡梅都是优良的下层绿化灌木树种。

（4）植物的叶面积指数越大，说明叶片的密集程度越大，叶片的层叠程度也就越大，对光能的多层利用就越充分，植物进行光合作用的受光面积越大，植物的固碳能力越强，植物的生态效益越能得以充分发挥。

表 4　同类型植物叶面积指数排序

生活型	中文名	LAI 平均值	排序
常绿乔木	桂花	3.96	12
	广玉兰	3.56	15
	石楠	3.46	17
	浙江楠	3.26	20
	香樟	2.55	29
	乐昌含笑	2.01	42
	杜英	1.72	50
	雪松	1.24	56
落叶乔木	红枫	3.93	13
	悬铃木	3.57	14
	枫杨	3.44	18
	柿树	3.17	21
	榔榆	3.07	22
	珊瑚朴	3.06	23
	紫薇	2.92	24
	二乔玉兰	2.8	26
	无患子	2.56	28
	梅花	2.51	30
	银杏	2.47	32
	麻栎	2.43	33
	鸡爪槭	2.4	34
	白玉兰	2.23	35

（续）

生活型	中文名	LAI 平均值	排序
	朴树	2.19	36
	垂丝海棠	2.13	37
	日本晚樱	2.13	38
	碧桃	2.01	43
	枫香	1.88	46
	合欢	1.86	47
	鹅掌楸	1.83	48
	羽毛枫	1.74	49
	乌桕	1.52	51
	黄山栾树	1.52	52
	樱花	1.34	53
	垂柳	1.31	54
	薄壳山核桃	1.26	55
	紫叶李	0.99	57
常绿灌木	洒金东瀛珊瑚	5.67	1
	八角金盘	5.18	2
	红花檵木	4.89	3
	阔叶十大功劳	4.61	4
	枸骨	4.49	5
	珊瑚树	4.35	7
	海桐	4.33	8
	小叶黄杨	4.25	9
	含笑	4.23	10
	杜鹃	3.97	11
	茶梅	3.5	16
	金丝桃	3.36	19
	云南黄馨	2.51	31
	夹竹桃	2.06	40
	南天竹	2.04	41
	山茶	1.96	44
落叶灌木	蜡梅	4.37	6
	大花六道木	2.87	25
	绣线菊	2.69	27
	紫藤	2.12	39
	贴梗海棠	1.94	45

表5 供试树种叶面积指数排序

树种	LAI 平均值	排序
洒金东瀛珊瑚	5.67	1
八角金盘	5.18	2
红花檵木	4.89	3
阔叶十大功劳	4.61	4
枸骨	4.49	5
蜡梅	4.37	6
珊瑚树	4.35	7
海桐	4.33	8
小叶黄杨	4.25	9
含笑	4.23	10
毛鹃	3.97	11
桂花	3.96	12
红枫	3.93	13
悬铃木	3.57	14
广玉兰	3.56	15
茶梅	3.5	16
石楠	3.46	17
枫杨	3.44	18
金丝桃	3.36	19
浙江楠	3.26	20
柿树	3.17	21
榔榆	3.07	22
珊瑚朴	3.06	23
紫薇	2.92	24
大花六道木	2.87	25
二乔玉兰	2.8	26
绣线菊	2.69	27
无患子	2.56	28
香樟	2.55	29
梅花	2.51	30
云南黄馨	2.51	31
银杏	2.47	32
麻栎	2.43	33
鸡爪槭	2.4	34
白玉兰	2.23	35
朴树	2.19	36
垂丝海棠	2.13	37
日本晚樱	2.13	38

（续）

树种	LAI 平均值	排序
紫藤	2.12	39
夹竹桃	2.06	40
南天竹	2.04	41
乐昌含笑	2.01	42
碧桃	2.01	43
山茶	1.96	44
贴梗海棠	1.94	45
枫香	1.88	46
合欢	1.86	47
鹅掌楸	1.83	48

（续）

树种	LAI 平均值	排序
羽毛枫	1.74	49
杜英	1.72	50
乌桕	1.52	51
黄山栾树	1.52	52
樱花	1.34	53
垂柳	1.31	54
薄壳山核桃	1.26	55
雪松	1.24	56
紫叶李	0.99	57

参考文献

1. 王忠君. 福州植物园绿量与固碳释氧效益研究［J］. 中国园林, 2010, 26(12): 1 – 4.
2. 徐玮玮, 李晓储, 汪成忠, 等. 扬州古运河风光带绿地树种固碳释氧效应初步研究［J］. 浙江林学院学报, 2007, 24(5): 575 – 580.
3. 史红文, 秦泉, 廖建雄. 武汉市 10 种优势园林植物固碳释氧能力研究［J］. 中南林业科技大学学报, 2011, 31(9): 87 – 90.

杭州西湖景区常见落叶树种光合速率比较分析研究*

董延梅[1]　吕敏[2]　俞青青[3]　章银柯[4]　包志毅[5①]

（[1]山东淄博奥景园林公司，淄博 255000；[2]杭州西湖风景名胜区钱江管理处，杭州 310025；
[3]中国美术学院，杭州 310024；[4]杭州植物园，杭州 310013；[5]浙江农林大学，临安 311300）

摘要　本文以杭州西湖景区常见应用的 28 种落叶树种为试验对象，对其光合速率进行了测定分析，结果显示：落叶树种中光合速率较强的树种有黄山栾树、乌桕、枫香、合欢、垂柳、朴树、紫薇，光合速率较弱的树种有梅花、红枫、鹅掌楸、白玉兰、紫叶李等。而以梅花平均净光合速率最低，数值 $< 1.41\mu mol/m^2 \cdot s$。

关键词　落叶树种；光合速率；比较分析；杭州西湖风景名胜区

Compared Analysis of the Common Deciduous Trees in the West Lake of Hangzhou

DONG Yan-mei[1]　LV Min[2]　YU Qing-qing[3]　ZHANG Yin-ke[4]　BAO Zhi-yi[5]

（[1]*Shandong Zibo Aojing Landscape Company*，*Zibo* 255000；[2]*Qianjiang Administrative Office of
Hangzhou Landscape and Cultural Relics Bureau*，*Hangzhou* 310025；[3]*Department of Landscape Architecture*，*China Academy of Art*，
Hangzhou 310024；[4]*Hangzhou Botanical garden*，*Hangzhou* 310013；[5]*Zhejiang A&F University*，*Zhejiang Lin' an* 311300）

Abstract　28 deciduous trees which is used commonly in the west lake scenic area of Hangzhou as test object，its photosynthetic rates are determined and analyzed. The results showed that photosynthetic rates of the goldenrain tree，tallow，liquidambar，meadow，weeping willow，hackberry，crape myrtle are stronger among the deciduous trees，and photosynthetic rates of plum，red maple，liriodendron，magnolia，purple Ye Li，etc are weaker. Especially，average net photosynthetic rate of the plum blossom is the lowest，its values $< 1.41\mu mol/m^2 \cdot s$.

Key words　Deciduous tree；Photosynthetic rate；Compared analysis；West Lake Scenic Area of Hangzhou

植物是地球生物圈中的重要支柱，植物通过其光合作用吸收空气中的 CO_2，同时释放出 O_2，利用太阳光能合成碳水化合物。这一功能对于人类社会以及整个生物界乃至全球的大气平衡，都有着极为重要的意义。植物通过光合作用进行固碳释氧，在城市中改善碳氧平衡状况发挥着重要的作用，可改善局部空气质量，缓解或消除局部缺氧的状况。在城市这种特定的环境条件下，园林植物的固碳释氧功能，是其他手段所不能替代的。不同的树种因其生理特性的不同，同化二氧化碳、放出氧气的能力亦有差异。通过对杭州常见绿化树种（28 种）固碳释氧能力的研究，分析其固碳释氧效益，是对城市绿化功能的再认识，对今后城市绿化结构以及功能研究有着重要的意义。

1　试验材料

杭州西湖景区常见应用的 28 种落叶树种。

2　试验方法

根据植物光合作用原理，绿化树种的固碳释氧效应的计算，依赖于对树种光合速率（单位：$\mu mol/m^2 \cdot s$）的测定。采用美国生产的 LI – 6400 型便携式光合仪进行观测。于 7～9 月中每月的 10～20 日（排除阴雨天），进行 28 种落叶树种的光合速率测定工作。试验日选择晴朗、无风或者微风天气，在自然光照条件下，在不离体的情况下，每个供试树种选择生长状况良好的个体，从早 8：00 到晚 18：00，每隔 2 小时测

*　国家自然科学基金项目——国家自然科学基金项目"基于植物固碳能力和群落碳汇作用分析的低碳城市园林植物景观模式研究——以杭州西湖风景名胜区为例"（项目批准号 31270743）。

① 通讯作者。包志毅，男，博士，教授，博士生导师，浙江农林大学风景园林与建筑学院、旅游与健康学院院长，主要从事植物景观规划设计、园林植物资源和产业化、现代家庭园艺等领域的教学、研究和实践。E-mail：bao99928@188.com。

量 1 次，每次每个树种记录 3 次瞬时光合速率值，结果取其平均值。选取大小相似、生长健康的阳面叶片。测定时每个时间段内供试树种的顺序保持不变，为了计算结果的准确性，每一组的测定树种在一天内的 5 个时间段全部测定完成。所有数据均采用 Excel 软件和 SPSS 软件进行分析处理，在此基础上进行分析，利用 Excel 和 Origin 软件绘制各种图表。

3 结果分析

分析植物一天的光合生产能力，通过植物叶片净光合速率的日变化这一途径是分析其光合生产能力的重要生理基础。许多研究证明，一天中植物的叶片光合速率表现出明显的日变化现象，并且存在许多日变化类型，就植物光合碳代谢类型来说，有 C3 植物、C4 植物和景天科植物日变化类型，就光合作用日变化模式来说，可分为中午降低型、单峰曲线型和下午降低型。

关于光合作用的成因，既受生态环境的影响，也与植物叶片内生长节律的变化有关。随着测定技术手段的不断改进，特别是红外光合作用测定仪的出现，使得人们可以在不伤害叶片的条件下，对植物一天中光合速率日变化等多项指标进行同时测定，从不同生理生化角度探索光合日变化的原因。研究表明，影响光合日变化的因素有大气环境因子、叶片气孔导度、光抑制作用、光呼吸作用等诸多因素。但多数研究都是针对大田作物或自然环境中植物的研究，对城市绿地中的园林植物只有零星的研究。研究立地栽培条件下，特定生态环境下，光合作用的日变化，尤其是针对某一区域内园林植物的比较研究，对园林植物生态效益评价、估测园林植物在一天中的固碳释氧量并计算其固碳释氧能力，在园林景观营造中对选择生态效益良好的植物，营建景观效果较佳的城市绿地有很大的帮助。不同树种及同一个体在不同月份中净光合速率的日变化趋势各不相同。这主要与植物自身的生理特性及环境条件有关，是植物环境适应的表现。

3.1 主要大气环境因子的日变化和月份变化

论文的野外测定工作在杭州花港观鱼公园，于 7 ~ 9 月完成，在完成净光合速率测定的同时，同步观测了主要大气环境因子的变化。结果如下：不同月份的光合有效辐射、气温的日变化趋势一致，都呈单峰型，在中午 12：00 左右达到最高值。不同月份环境因子的变化较大，7 月份的最高平均光合有效辐射达 1800μmol/m^2·s 左右，8 月份最高为 1257μmol/m^2·s，9 月份最高达 1076μmol/m^2·s。气温的变化与光合有效辐射的变化成正相关，从 7 月到 9 月表现为依

次下降趋势，7 月最高平均气温达 37℃，且终日气温较高，8 月最高为 34℃，9 月最高为 29℃。

3.2 净光合速率的日变化

由野外调查数据分析可知，不同的树种在一天内的净光合速率变化趋势不同，各树种净光合速率的峰值出现的时间段也不一致。在早上或傍晚这一时间段净光合速率达到最大值的树种，其光饱和点较低，属于耐阴植物，能充分利用弱光进行光合作用，适合在复层植物群落中作下层地被或者中层地被，也适于种植在背阴面等光照强度较弱的环境中；在中午时段，光照强度达到最高，此时光合速率出现峰值的植物其光饱和点高，此类植物属于阳生植物，说明其能够在光照强度较高的环境中生长良好，可作为植物群落的上层绿化材料。具体结果分析如下：

图 1 是 28 种落叶乔木在 3 个月份的净光合速率日变化。7 月份（图 A1、B1）榔榆、紫薇、悬铃木、银杏、薄壳山核桃、鸡爪槭、羽毛枫、梅花、枫香的净光合速率日变化都呈“单峰”型，榔榆 Pn 最大值出现在 8：00，达 12.34μmol/m^2·s，最小值出现在 12：00，中午出现光合“午休”现象。紫薇最大值出现在 10：00 附近，为 8.24μmol/m^2·s；悬铃木的 Pn 最大值出现在 14：00 附近，达到 6.27μmol/m^2·s。银杏、鸡爪槭 Pn 最大值在 8：00 附近，分别为 6.49μmol/m^2·s、4.26μmol/m^2·s；薄壳山核桃 Pn 最大值出现在中午 12：00 左右，为 5.05μmol/m^2·s；羽毛枫、枫香 Pn 最大值出现在 8：00，分别为 4.76μmol/m^2·s、8.78μmol/m^2·s；梅花出现光合“午休现象”，午后开始回升，16：00 后达到最大值 2.39μmol/m^2·s。鹅掌楸、乌桕、垂柳、二乔玉兰、朴树、垂丝海棠、枫杨、合欢、白玉兰、麻栎、珊瑚朴、无患子、碧桃、日本晚樱、樱花、紫叶李、柿树、红枫、梅花、黄山栾树的净光合速率日变化都呈“双峰”曲线。鹅掌楸、柿树的最大峰值出现在 12：00，分别为 3.43μmol/m^2·s、2.65μmol/m^2·s；垂柳、榔榆、枫杨、白玉兰、碧桃、日本晚樱、樱花、紫叶李的最大峰值出现在 8：00，朴树、垂丝海棠、麻栎、珊瑚朴、黄山栾树的最大峰值出现在 10：00 左右，鹅掌楸、柿树的最大峰值出现在 12：00 附近，二乔玉兰、无患子、红枫的最大峰值出现在 14：00，乌桕的 Pn 值在 12：00 以后开始回升，16：00 附近出现最大值。8 月份（图 A2、B2），乌桕、二乔玉兰、朴树、悬铃木、鸡爪槭、无患子、碧桃、日本晚樱、樱花、羽毛枫、柿树、红枫、梅花、枫香的 Pn 曲线都呈“单峰”型。乌桕和二乔玉兰的最大峰值出现在 12：00 附近，分别为 10.47μmol/m^2·s、2.94μmol/m^2·s；朴

树、鸡爪槭、无患子、柿树的最大峰值出现在 8：00 左右，其值分别为 $12.08\mu mol/m^2 \cdot s$、$6.62\mu mol/m^2 \cdot s$、$11.18\mu mol/m^2 \cdot s$、$10.57\mu mol/m^2 \cdot s$，随着时间的推迟其值呈现依次下降趋势；悬铃木、碧桃、日本晚樱、樱花的峰值出现在 10：00 附近，分别为 $7.83\mu mol/m^2 \cdot s$、$8.63\mu mol/m^2 \cdot s$、$9.17\mu mol/m^2 \cdot s$、$11.70\mu mol/m^2 \cdot s$；梅花的最大值出现在 16：00 附近，为 $2.71\mu mol/m^2 \cdot s$。鹅掌楸、垂柳、榔榆、垂丝海棠、枫杨、紫薇、合欢、白玉兰、麻栎、珊瑚朴、银杏、薄壳山核桃、紫叶李、黄山栾树的 Pn 值

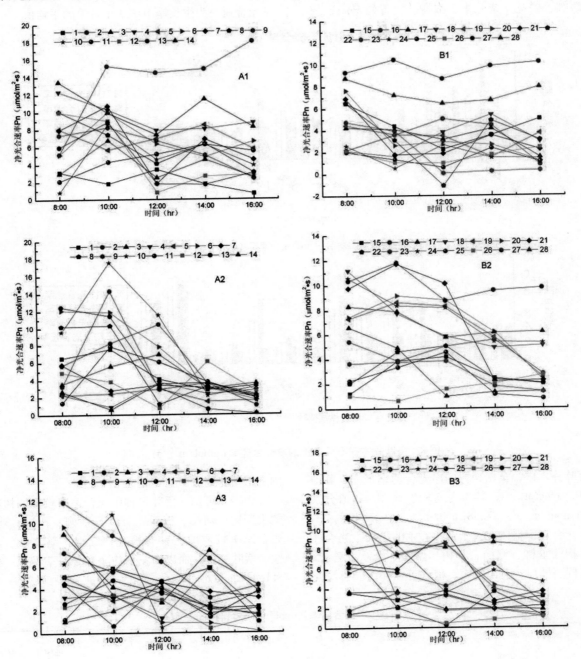

图1 28种落叶乔木不同月份的净光合速率日变化

备注：1. 鹅掌楸 2. 乌桕 3. 垂柳 4. 榔榆 5. 二乔玉兰 6. 朴树 7. 垂丝海棠 8. 枫杨 9. 紫薇 10. 合欢 11. 悬铃木 12. 白玉兰 13. 麻栎 14. 珊瑚朴 15. 银杏 16. 薄壳山核桃 17. 鸡爪槭 18. 无患子 19. 碧桃 20. 日本晚樱 21. 樱花 22. 紫叶李 23. 羽毛枫 24. 柿树 25. 红枫 26. 梅花 27. 黄山栾树 28. 枫香

A1、B1：7 月，A2、B2：8 月，A3、B3：9 月。

Pn：净光合速率

曲线为"双峰"型。9月份(图 A3、B3),鹅掌楸、朴树、紫薇、麻栎、日本晚樱、羽毛枫、红枫、梅花、黄山栾树的 Pn 值曲线呈现"单峰"型。乌桕、垂柳、榔榆、二乔玉兰、垂丝海棠、枫杨、合欢、悬铃木、白玉兰、珊瑚朴、银杏、薄壳山核桃、鸡爪槭、无患子、碧桃、樱花、紫叶李、柿树、枫香的 Pn 日变化

曲线呈"双峰"型。

3.3 供试树种平均净光合速率分析比较

对供试树种每天 5 个时间段的净光合速率取其平均值,作为测定月份当天的平均值,以下图中的平均净光合速率为生长季节中 3 个月份的平均值。

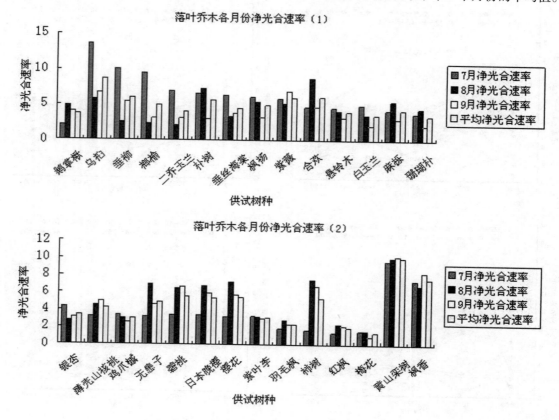

图2　落叶乔木在不同月份的净光合速率(μmol/m² · s)

落叶乔木中,黄山栾树的净光合速率最高,其值为 10.02μmol/m² · s,其次为乌桕、枫香,其值分别为 8.71μmol/m² · s、7.58μmol/m² · s。落叶乔木的平均净光合速率整体上大于常绿乔木的平均净光合速率,乌桕、垂柳、榔榆、朴树、紫薇、合欢、碧桃、日本晚樱、柿树、黄山栾树、枫香可以作为园林绿化

的上层落叶树种。

由表1可知,落叶树种中光合速率较强的树种有黄山栾树、乌桕、枫香、合欢、垂柳、朴树、紫薇,光合速率较弱的树种有梅花、红枫、鹅掌楸、白玉兰、紫叶李等。而以梅花平均净光合速率最低,数值 <1.41μmol/m² · s。

表1　平均净光合速率(μmol/m² · s)排序一览表

序号	树种名称	7月净光合速率	8月净光合速率	9月净光合速率	平均净光合速率	排序	聚类
1	鹅掌楸	2.15	4.86	4.04	3.68	36	2
2	乌桕	13.59	5.8	6.74	8.71	2	1
3	垂柳	10.11	2.54	5.43	6.03	8	1
4	榔榆	9.48	2.4	3.18	5.02	19	1
5	二乔玉兰	6.99	2.14	3.2	4.11	29	2

（续）

序号	树种名称	7月 净光合速率	8月 净光合速率	9月 净光合速率	平均 净光合速率	排序	聚类
6	朴树	6.58	7.29	3.02	5.63	10	1
7	垂丝海棠	6.38	3.4	3.84	4.54	24	2
8	枫杨	6.19	5.42	3.3	4.97	20	2
9	紫薇	5.94	5.22	6.94	6.03	9	1
10	合欢	4.82	8.79	4.77	6.13	7	1
11	悬铃木	4.67	4.18	3.26	4.04	30	2
12	白玉兰	5.05	3.63	2.14	3.61	38	2
13	麻栎	4.27	5.54	2.99	4.27	26	2
14	珊瑚朴	3.85	4.52	2.17	3.52	39	2
15	银杏	4.33	2.74	3.16	3.41	41	2
16	薄壳山核桃	3.21	4.52	5	4.24	27	2
17	鸡爪槭	3.43	3.03	2.6	3.02	46	2
18	无患子	3.19	6.95	4.65	4.93	22	2
19	碧桃	3.36	6.5	6.73	5.53	13	1
20	日本晚樱	3.4	6.79	5.9	5.36	15	1
21	樱花	3.25	7.22	5.78	5.42	14	1
22	紫叶李	3.3	3.21	2.98	3.16	44	2
23	羽毛枫	1.86	2.87	2.32	2.35	52	2
24	柿树	1.73	7.56	6.78	5.36	16	1
25	红枫	1.47	2.41	2.21	2.03	55	2
26	梅花	1.66	1.6	0.98	1.41	57	3
27	黄山栾树	9.72	10.05	10.28	10.02	1	1
28	枫香	7.43	6.87	8.42	7.58	4	1

4 结语

光合速率的高低直接影响着植物固碳释氧能力的强弱，从本试验结果可知，在今后营造低碳高效的杭州城市园林绿地过程中，应注重更多应用光合速率强的落叶树种，如黄山栾树、乌桕、枫香等，不仅能有效提升固碳释氧效益，而且能够营造出优良的秋色叶植物景观，可谓景观、生态效益兼具。

参考文献

1. 许大全，丁勇，武海. C4植物玉米叶片光合效率的日变化[J]. 植物生理学报，1993，9（1）：43－48.

2. 廖建雄，王根轩. 谷子叶片光合速率日变化及水分利用效率[J]. 植物生理学报，1999，2（4）：362－368.

3. 徐克章，黑田荣喜. 水稻叶片光合日变化[J]. 植物生理学通讯，1994，30（5）：340－343.

4. 高辉远，皱琦，等. 大豆光合日变化与内生节奏的关系[J]. 植物生理学通讯，1992，28（4）：262－264.

5. 余华，Bee Lian ONG. 马占相思的日光合作用和日碳固定总量研究[J]. 植物生态学报，2003，27（5）：624－630.

6. 孟庆伟. 田间小麦叶片光合作用的光抑制和光呼吸的防御作用[J]. 作物学报，1996，2（210）：470－475.

7. 邓瑞文，冯咏梅，陈天杏. 三种相思的光合作用与蒸腾作用的研究[J]. 生态学报，1989，9（2）：128－131.

8. 侯凤莲，纪兆兴，丁梦娟. 五种阔叶树光合特性研究[J]. 吉林林学院学报，1995，11（2）：100－104.

9. 张祝平. 荔枝的光合特性[J]. 应用与环境生物学报，1995，1（3）：226－231.

10. 李少昆. 作物光合作用研究方法[J]. 石河子大学学报（自然科学版），2000，（4）：131－141.

11. 曾小平，赵平，彭少鳞. 5种木本豆科植物的光合特性研究[J]. 植物生态学报，1997，2（6）：539－544.

12. 柯世省，金则新，陈贤田. 浙江天台山七子花等6种阔叶树光合生态特性[J]. 植物生态学报，2002，26（3）：363－371.